AF326143

ÉLÉMENTS

DE

ZOOLOGIE

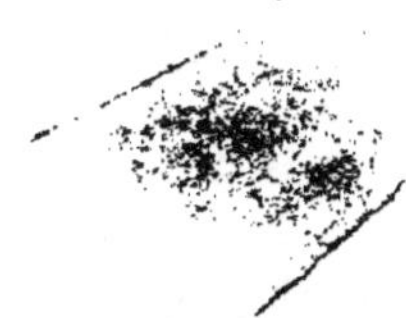

MOTTEROZ, Adm.-Direct. des Imprimeries réunies, A, rue Mignon, 2, Paris

ÉLÉMENTS

DE

ZOOLOGIE

PAR

HENRI SICARD

PROFESSEUR A LA FACULTÉ DES SCIENCES DE LYON
AGRÉGÉ A LA FACULTÉ DE MÉDECINE

Avec 758 figures intercalées dans le texte

PARIS

LIBRAIRIE J.-B. BAILLIÈRE ET FILS
RUE HAUTEFEUILLE, 19, PRÈS DU BOULEVARD SAINT-GERMAIN
1883

Tous droits réservés

PRÉFACE

Il s'est produit en France, depuis quelques années, un mouvement considérable en faveur des sciences naturelles ; les connaissances qu'elles fournissent, indépendamment de leur intérêt propre et de leur utilité spéciale, ont été reconnues comme donnant à la philosophie ses bases les plus solides ; leur étude, au lieu de rester l'apanage de quelques esprits curieux et originaux, a pris dans l'enseignement la place qui lui était due. Cela tient, hâtons-nous de le dire, aux progrès qui ont été réalisés dans le domaine de ces sciences, et qui les ont en quelque sorte transformées. Ces progrès successifs ont conduit les zoologistes à pénétrer de plus en plus dans l'organisation des animaux pour en découvrir les lois, à rechercher les rapports qui unissent les êtres animés entre eux et au milieu dans lequel ils vivent. Cette voie, ouverte au commencement du siècle par Lamarck, Cuvier, Et. Geoffroy Saint-Hilaire, a été suivie après eux, tant en France qu'à l'étranger, par d'éminents naturalistes, dont les travaux ont enrichi la science d'un nombre immense d'observations et de faits.

Au fur et à mesure que le champ de nos connaissances allait ainsi s'élargissant, la zoologie tendait à se modifier de plus en plus. D'abord elle se bornait à la considération des caractères extérieurs pour classer les animaux suivant leur degré de ressemblance ; elle était simplement descriptive. Cuvier montra la nécessité de recourir à l'anatomie pour arriver à une juste appréciation des rapports existant entre les diverses formes organiques ; il créa l'anatomie comparée. Avec Von Baer commença l'étude du développement ou de l'embryologie, dont l'importance devait aller croissant, et qui est devenue fondamentale en zoologie par la valeur des résultats qu'elle a fournis. La recherche des éléments primordiaux qui entrent dans la composition des organismes est venue à son tour éclairer d'un jour nouveau le mode de constitution des êtres vivants et a montré que le même élément, la cellule, en formait la base, comme l'embryologie avait montré qu'il en était l'origine.

Pendant ce temps les naturalistes voyageurs ajoutaient de nouveaux matériaux à ceux qui avaient servi aux observations antérieures, et, d'un autre côté, la découverte de nombreuses formes fossiles apportait de précieux documents pour l'histoire des faunes éteintes. Non seulement les pays lointains étaient explorés et les couches du globe fouillées, mais plus récemment les profondeurs des mers étaient sondées, et l'existence d'un monde inconnu se révélait là où l'on avait cru que la vie était impossible.

Dans ces directions diverses, le travail accompli par notre siècle a été considérable et aurait suffi à renouveler le champ de la zoologie, mais un changement plus profond encore s'est opéré dans la façon dont les zoologistes ont envisagé les êtres soumis à leur étude. Ce changement a été provoqué par le célèbre naturaliste anglais, Charles Darwin, qui, soulevant de nouveau la question de l'origine des formes vivantes, s'est appliqué avec une rare puissance à démontrer leur filiation, et à réunir des preuves en faveur de la doctrine de l'évolution. Par l'intérêt même du problème dont il poursuivait la solution, il a suscité de toutes parts des recherches et des travaux qui ont fait faire de remarquables progrès à la science des êtres organisés.

On voit par ce rapide aperçu combien l'état de la zoologie s'est modifié de nos jours (1). Des mémoires originaux importants, des ouvrages sur des sujets spéciaux ont été publiés

(1) Pour l'histoire de la zoologie, nous renvoyons au livre érudit de Carus, qu'une traduction française met à la portée de tous les lecteurs

en grand nombre, mais aucun livre ayant un caractère élémentaire, n'a été consacré à exposer dans leur ensemble les données sur lesquelles repose actuellement la zoologie. Il en existe en Allemagne et en Angleterre ; il n'y en avait pas en France, alors que les *Éléments de Botanique* de Duchartre et les *Éléments de Géologie* de Contejean, édités par la librairie Baillière dans ces dernières années, avaient été rédigés en vue de répondre à un besoin analogue pour ce qui regarde chacune de ces sciences. C'est là le vide que nous avons essayé de combler par la publication du présent volume qui n'a pas d'autre raison d'être.

Pour atteindre le but que nous nous sommes proposé, nous avons suivi un plan très simple. D'abord nous nous sommes placé au point de vue de la zoologie proprement dite, parce qu'il n'était pas possible, dans le cadre où nous devions nous renfermer, d'aborder les diverses branches que comprend l'étude si vaste des animaux : Anatomie, Embryologie, etc., chacune d'elles ayant son domaine propre, et constituant pour ainsi dire une science distincte. Les résultats qu'elles fournissent à la zoologie ont été exposés dans la première partie de ce livre, sous le titre de ZOOLOGIE GÉNÉRALE. Nous avons pensé que la grande question de l'*Origine des espèces* et la *Théorie de l'évolution* occupaient une place trop considérable dans la science pour pouvoir être passées sous silence, et nous nous sommes efforcé de résumer le plus clairement possible la doctrine de Lamarck et de Darwin qu'il ne saurait être aujourd'hui permis d'ignorer, même à ceux qui débutent dans l'étude des sciences naturelles.

La seconde partie, ou ZOOLOGIE DESCRIPTIVE, traite des caractères et de l'organisation des animaux appartenant aux différents groupes, en partant des formes inférieures les plus simples, pour s'élever progressivement jusqu'aux formes supérieures les plus complexes. La classification que nous avons adoptée dans cet exposé est à très peu près celle de Milne Edwards, qui est en quelque sorte classique en France, et nous avons évité, pour ne pas rendre plus difficile la tâche des élèves à leurs débuts, d'y introduire des changements dont la nécessité ne s'imposait pas. Dans un livre élémentaire, il faut, en effet, ne donner autant que possible que des résultats acquis et non sujets à revision. Au milieu de la multiplicité des classifications proposées, chaque auteur ayant pour ainsi dire la sienne, c'est le parti qui nous a paru le plus sage.

De nombreuses figures intercalées aideront à l'intelligence du texte. Ces figures empruntées à divers ouvrages ont été puisées surtout dans les *Annales des sciences naturelles*, dont la partie zoologique, publiée sous la direction de Milne Edwards, forme le recueil le plus riche que nous ayons en matériaux et documents de toutes sortes sur cette science; d'autres ont été tirées d'un recueil de date plus récente, mais d'une valeur qui n'est pas moindre : les *Archives de zoologie expérimentale* de Lacaze-Duthiers.

C'est un devoir pour nous de remercier les éditeurs de cet ouvrage, MM. J.-B. Baillière et fils, du soin qu'ils ont apporté à le rendre par son exécution aussi parfait que possible. Ils n'ont rien négligé pour y arriver et pour lui mériter un accueil favorable du public auquel il s'adresse.

Quant à nous, notre unique ambition en entreprenant ce long travail a été de faciliter aux élèves de nos Facultés et de nos Écoles l'étude d'une science qu'ils trouveront intérêt et profit à cultiver, quelle que soit la direction spéciale qu'ils doivent donner à leurs travaux; y réussir même dans une faible mesure serait notre plus douce récompense.

Henri SICARD.

Lyon, février 1883.

TABLE MÉTHODIQUE DES MATIÈRES

PREMIÈRE PARTIE
ZOOLOGIE GÉNÉRALE

DEUXIÈME PARTIE

ZOOLOGIE DESCRIPTIVE OU SYSTÉMATIQUE

FIN DE LA TABLE DES MATIÈRES

ÉLÉMENTS

ZOOLOGIE

INTRODUCTION

La *Zoologie* (de ζῶον, animal, λόγος, discours) est cette branche de l'histoire naturelle qui a pour objet l'étude des animaux. Pour déterminer le champ qui lui appartient, il importe donc de définir tout d'abord ce qu'on doit entendre par animal.

Distinction des corps bruts et des êtres vivants. — Parmi les corps répandus autour de nous, il en est qui se présentent doués de caractères et de propriétés auxquels l'esprit attache immédiatement l'idée de vie. Ces corps se distinguent des autres appelés *corps bruts* ou inorganiques, non par la nature des éléments primitifs qui les constituent et que l'analyse chimique reconnaît comme des corps simples ou indécomposables, mais par l'arrangement et le groupement de leurs particules matérielles formant alors ce qu'on nomme des *Cellules* ou *Organismes élémentaires* (Brücke). La cellule peut exister d'une manière indépendante; toutefois c'est par la réunion d'un grand nombre d'entre elles que se constituent d'ordinaire les divers organismes si variables dans leur complexité. Ceux-ci, au moins dans la limite des faits qu'il est permis à l'observation de constater, ne peuvent être produits de toutes pièces et sous l'influence des seules forces chimiques ou physiques.

La génération spontanée ou *Archigonie* de Haeckel (1), qui expli-

(1) Voy. Haeckel, *Histoire de la création des êtres organisés*, trad. par le docteur Létourneau, p. 163 et 299.

querait d'une manière si simple, si séduisante même, la première apparition de la vie sur notre globe, n'a pu être démontrée jusqu'ici et ne doit être considérée, dans l'état actuel de nos connaissances, que comme une pure hypothèse. On peut donc établir que les corps vivants proviennent toujours d'êtres semblables à eux, qui leur ont donné naissance suivant des modes divers de reproduction. De plus, ils offrent une certaine constance dans leur forme extérieure qui répond à un type morphologique déterminé, mais sans avoir rien du caractère géométrique des minéraux qui sont à l'état de cristaux. Cette forme réapparaît sensiblement la même dans les organismes qui dérivent les uns des autres, quand ils ont atteint leur complet développement, et cela, en vertu d'une loi générale dite loi d'hérédité. Du moment où ils ont commencé à exister jusqu'au moment où ils sont parvenus à cette forme qui doit finalement leur appartenir, les êtres organisés passent par une suite de transformations qui dépendent du mouvement moléculaire continuel dont ils sont le siège et grâce auquel ils renouvellent sans cesse la matière dont ils sont formés, matière tour à tour détruite et remplacée par des emprunts faits au monde extérieur. Ce double mouvement de composition et de décomposition qui s'accomplit au sein des organismes constitue leur propriété essentielle, caractéristique, la *Nutrition*. C'est par cet échange de matériaux que les êtres vivants sont producteurs de forces et manifestent l'activité vitale qui leur est propre ; mais ces phénomènes n'ont qu'une durée limitée pour chacun d'eux et prennent fin au bout d'un certain temps. Ainsi tout être organisé, après avoir pris naissance, parcourt des phases successives qui sont régulièrement déterminées et qui se terminent par la cessation des actes fonctionnels qu'il accomplissait, c'est-à-dire par la mort. Il se distingue en conséquence des corps bruts par son origine et par son mode d'existence, aussi bien que par sa structure et par sa forme.

Distinction des animaux et des végétaux. — Ce que nous avons dit des êtres organisés s'applique également aux animaux et aux végétaux ; les uns et les autres sont doués de vie, mais ils n'en forment pas moins deux catégories qui semblent nettement séparées, et dès les temps les plus anciens on a distingué en effet les premiers des seconds, le Règne animal du Règne végétal. Rien de plus légitime au premier abord que cette division ; si l'on envisage des animaux d'une organisation élevée, tels, par exemple, qu'un Vertébré ou un Insecte, quel abîme ne trouve-t-on pas entre eux et un végétal quelconque ? Mais il n'en est pas de même si l'on examine les formes les plus simples de l'un et de l'autre règne ; alors les limites s'effacent et parfois la difficulté peut être grande de placer un être vivant parmi les animaux ou parmi les plantes. Si, d'une manière générale, on trouve des différences notables entre les uns et les autres, il n'y a réellement pas de caractère absolu qui puisse dans tous les cas servir à les distinguer. Les caractères différentiels qu'on a successivement invoqués ont dû être écartés par suite des progrès de la science, en tant du moins qu'établissant une séparation tranchée entre les deux règnes. Ces caractères peuvent être rapportés à cinq chefs principaux : 1° la conformation générale; 2° la structure; 3° la composition chimique; 4° le processus nutritif; 5° la motilité et la sensibilité.

Conformation générale. — Sous ce rapport l'animal et la plante semblent séparés par des différences essentielles. Le premier présente dans sa composition des parties diversement constituées et servant à des usages spéciaux. On donne le nom d'organes à ces instruments des différentes fonctions, lesquelles s'accomplissent par le concours d'un certain nombre d'entre eux formant alors ce qu'on appelle des appareils. Ainsi, l'estomac est un organe qui fait partie avec beaucoup d'autres (bouche, intestin, foie, etc.) de l'appareil digestif.

La plante ne possède pas ces appareils variés qu'on observe dans l'animal; elle est constituée par un parenchyme composé de cellules et de vaisseaux, plus ou moins homogène d'aspect et ne présentant aucune disposition qui réponde à ce qu'on entend par organe.

L'organisation de l'animal est donc, d'une manière générale, plus compliquée que celle de la plante, mais ces différences s'effacent à mesure que l'on considère des animaux plus simples, chez lesquels disparaissent des organes et des appareils tout entiers, de sorte qu'au plus bas de l'échelle on en trouve qui se rapprochent singulièrement des plantes, avec lesquelles on les a souvent confondus.

Parmi les appareils, celui qui, tout en se simplifiant, offre le plus de constance chez les animaux, est l'appareil digestif, et Cuvier avait pensé qu'il pouvait servir à les caractériser. Cette opinion ne saurait subsister en présence de ce fait que certains animaux sont dépourvus de cavité intérieure pour la réception des matières alimentaires. A la vérité, chez les représentants les plus inférieurs de la vie animale privés d'appareil digestif, la substance dont le corps est formé se creuse en un point quelconque de sa masse pour envelopper les particules alimentaires, mais réduit même à la faculté d'introduire ainsi dans l'intérieur du corps une nourriture solide, ce caractère, quoique vrai dans la plupart des cas, ne l'est pas d'une manière absolue, car on connaît des animaux qui se nourrissent exclusivement par voie d'endosmose, comme les plantes (Grégarines et certains autres parasites).

Structure. — Elle fournit une différence importante et qui fait rarement défaut entre les deux règnes. Chez les animaux, les éléments primordiaux qui constituent les tissus se modifient de diverses façons et prennent des formes variées, lesquelles, combinées entre elles de différentes manières, entrent dans la composition des organes; par suite de ces transformations, les cellules perdent le plus souvent leur individualité première. Dans les plantes, au contraire, cette individualité est conservée; les cellules gardent leur forme primitive et se présentent comme des parties nettement distinctes et séparées. Cette disposition est en rapport avec la constitution même de la cellule qui est ici enveloppée d'une membrane plus ou moins épaisse, formant une paroi propre, tandis que chez les animaux cette membrane d'enveloppe fait défaut ou n'est représentée que par une couche extérieure très mince et à peine différenciée de la substance fondamentale. Pourtant, il n'y a dans ceci encore rien d'absolu. Car on sait que les cellules conservent leur individualité dans quelques tissus animaux (cartilage), et l'on connaît d'autre part des cellules végétales dépourvues d'enveloppe (utricule primordiale). Enfin, certains organismes monocellulaires, c'est-à-dire représentés par une cellule simple, appartiennent au règne animal, comme d'autres au règne végétal.

Composition chimique. — La composition chimique dans laquelle on avait cru trouver un caractère différentiel important entre les animaux et les végétaux n'offre pas une base meilleure à cette distinction. On regardait les composés ternaires, c'est-à-dire formés de carbone, d'oxygène et d'hydrogène, comme propres aux végétaux, et les composés quaternaires renfermant ces mêmes éléments plus de l'azote, comme particuliers aux animaux. Il est vrai que chez ces derniers c'est l'azote qui domine, tandis que chez les premiers c'est le carbone ; mais on sait maintenant que les substances ternaires (matières amylacées et sucrées) existent normalement dans l'économie animale. La cellulose même, qu'on croyait appartenir exclusivement au règne végétal, entre dans la composition des squelettes d'animaux inférieurs, et la chlorophylle, cette matière colorante qui joue un si grand rôle dans la vie végétale, se rencontre chez certains animaux (Hydre verte, Bonellie), tandis que toute une classe de végétaux en est dépourvue (Champignons). Il est établi, d'autre part, que les substances azotées quaternaires existent dans les plantes et que l'azote est un élément essentiel de la matière vivante végétale.

Processus nutritif. — Tous les êtres vivants, ainsi que nous l'avons déjà vu, se nourrissent, c'est-à-dire qu'ils font un échange continuel de matériaux avec le monde extérieur; mais, en règle générale, la nature de cet échange n'est pas la même dans les animaux et dans les plantes, et les phénomènes chimiques qui s'accomplissent dans les uns et dans les autres sont d'ordre différent.

La plante emploie, pour se les assimiler, les matériaux que lui fournissent l'air et le sol (eau, acide carbonique, ammoniaque, certains sels) et elle forme des composés organiques plus complexes et moins stables au moyen des principes qu'elle puise ainsi au dehors à l'état de combinaisons inorganiques. En même temps elle exhale de l'oxygène, de sorte qu'elle joue le rôle d'un appareil de réduction ou de désoxydation. Elle transforme en force de tension la force vive qu'elle tire de la chaleur et de la lumière des rayons solaires, car on sait qu'il se développe de la force de tension quand une combinaison fixe est remplacée par une autre qui l'est moins.

L'animal, lui, emprunte aux végétaux les aliments dont il se nourrit et les transforme en combinaisons plus oxygénées au moyen de l'oxygène qu'il puise dans l'air par la respiration ; les produits ultimes de ces transformations sont précisément les mêmes composés qui servent à la nutrition de la plante : eau, acide carbonique et ammoniaque. C'est donc un appareil d'oxydation qui met en liberté la force vive accumulée à l'état de force de tension dans les végétaux qu'il consomme.

On voit donc que les phénomènes de nutrition sont différents dans les deux règnes, mais qu'ils sont liés entre eux de telle sorte que la vie végétale et la vie animale sont dans une mutuelle dépendance et véritablement fonctions l'une de l'autre. La plante puise dans le monde inorganique des éléments qu'elle élabore et qui servent ensuite à la nutrition de l'animal, lequel par de nouvelles transformations finit par rendre au monde extérieur les matériaux mêmes que la plante en avait tirés. C'est là ce qu'on a appelé du nom de *Circulation de la matière*. Sous le rapport de la production des forces, animaux et végétaux se complètent également, les premiers ne pouvant manifester de la force vive sous forme de mouvement, chaleur, etc., que par suite de la transformation effectuée par les végétaux de la chaleur et de la lumière solaires en force de tension.

Si par le sens général des phénomènes qui s'accomplissent en eux, la plante et l'animal jouent un rôle inverse dans la nature, l'antagonisme qu'ils présentent à cet égard n'est pas sans exception. Chez certains végétaux parasites dépourvus de chlorophylle et chez les Champignons la nutrition s'opère d'une manière analogue à celle des animaux, il y a alors absorption d'oxygène et exhalation d'acide carbonique. Du reste, ces phénomènes d'oxydation existent aussi chez tous les végétaux, car on a reconnu que par une respiration analogue à celle des animaux, ils absorbent de l'oxygène et éliminent de l'acide carbonique (*Respiration générale*, Duchartre) (1). Mais, d'autre part, il y a chez eux, comme nous l'avons indiqué, un processus nutritif dont l'effet est une réduction de l'acide carbonique et une élimination d'oxygène; il s'opère dans les parties vertes pourvues de chlorophylle et seulement sous l'influence de la lumière (*Respiration chlorophyllienne*). Comme celle-ci l'emporte sur la première, il en résulte finalement une absorption d'acide carbonique et un dégagement d'oxygène comme phénomène prédominant.

De même, ce que nous avons dit du rôle des végétaux relativement à la transformation des forces n'a rien d'absolu; la plante est, à la vérité, un organisme qui transforme essentiellement de la force vive en force de tension; mais on peut néanmoins constater chez elle dans certains cas un dégagement de force vive, par exemple, la chaleur développée pendant la germination et dans la floraison, les mouvements observés en assez grand nombre dans le Règne végétal, la production de phénomènes lumineux.

Motilité et Sensibilité.— La faculté de se mouvoir et la faculté de sentir ont toujours passé pour être essentiellement caractéristiques de l'animalité. En ce qui concerne la première, on ne peut plus la regarder comme l'apanage des animaux, car on a reconnu qu'elle appartenait aussi à des corps de nature incontestablement végétale, les Zoospores des Algues qui se meuvent au moyen de cils vibratiles, comme les animaux les plus simples. On a de plus observé des mouvements chez un grand nombre de plantes (Sensitive, Gobe-mouche), et, au commencement de ce siècle, Treviranus avait déjà signalé des phénomènes de même ordre dans le contenu de la cellule végétale susceptible de se contracter. On a voulu alors chercher une différence dans la nature de ces mouvements qui ne seraient volontaires, c'est-à-dire appropriés à un but déterminé et liés à la sensibilité, que chez les animaux. C'était revenir à la distinction établie par Linné dans cet aphorisme célèbre : « *Vegetabilia, corpora organisata et viva, non sentientia; Animalia corpora organisata et viva et sentientia, sponteque se moventia.* » Mais l'appréciation de la sensibilité qui va diminuant à mesure que l'on considère des animaux plus simples est souvent difficile, impossible même, et ne peut fournir qu'un critérium bien incertain, quand il s'agit des êtres placés au plus bas degré de l'échelle. Cependant, si cette différence était réelle, la difficulté de la reconnaître dans certains cas ne diminuerait pas son importance, et, une fois son existence prouvée, il n'y aurait plus qu'à chercher un moyen sûr de la constater. Le problème se trouvait donc ramené à cette question : les végétaux sont-ils, comme les animaux,

____

(1) Voy. Duchartre, *Botanique*, 2ᵉ édit., p. 855.

doués de sensibilité ? La physiologie répond aujourd'hui par l'affirmative.

Pour les physiologistes, la sensibilité se caractérise par les réactions manifestées sous forme de mouvements à la suite de stimulations venues du dehors ; ce sont ces réactions motrices qui seules nous permettent de l'apprécier. Or, on en connaît de nombreux exemples dans les végétaux auxquels on ne saurait par conséquent refuser cette faculté. C'est là l'opinion exprimée par Claude Bernard, avec toute l'autorité qui lui appartient, dans les lignes suivantes : « La sensibilité n'est point l'apanage exclusif de l'animalité, comme l'avaient cru à tort les anciens naturalistes (*animalia sentiunt*). Beaucoup de végétaux présentent des phénomènes de réactions motrices que l'on doit considérer, à cause de leur rapport étroit avec les stimulations extérieures, comme des manifestations de la sensibilité. Les exemples de mouvements appropriés à un but fourmillent chez les Cryptogames. Les anthérozoïdes, les zoospores des Algues se meuvent, se déplacent en nageant ; ils semblent être avertis de la présence des obstacles qu'ils rencontrent et qu'ils évitent. Les Phanérogames présentent des exemples non moins remarquables de réaction aux excitations que l'on porte sur elles. Telles sont les Légumineuses *Smithia*, *Robinia*, et surtout la Sensitive *Mimosa pudica* qui rapproche ses folioles et abaisse ses pétioles secondaires sur le pétiole commun lorsque l'on vient à faire agir les excitants connus de la sensibilité animale secousses, chocs, brûlures, actions caustiques, décharges électriques (1). » Enfin, une preuve encore à l'appui de cette manière de voir, c'est que l'action des anesthésiques, éther, chloroforme, est la même sur les animaux et sur les végétaux et ne présente dans l'un et l'autre cas que des différences de degré.

Il n'y a donc pas de caractère qui permette d'établir une distinction fondamentale, absolue, entre le Règne animal et le Règne végétal qui, comme deux lignes divergentes mais partant d'un même point, vont s'écartant de plus en plus à mesure qu'elles s'éloignent de leur commune origine. Les différences, d'autant plus marquées que l'on envisage des organismes plus élevés dans l'une et l'autre série, se réduisent à néant si l'on compare les êtres les plus inférieurs, animaux et végétaux. Ces formes si simples, qui établissent ainsi le passage entre les deux règnes, constituent une zone intermédiaire que Bory de Saint-Vincent, en 1824, avait déjà considérée comme un règne à part sous le nom de *Règne psychodiaire*, et que Haeckel appelle aujourd'hui *Règne des Protistes*. Les protistes se divisent en huit classes qui sont : 1° les *Monères*; 2° les *Protoplastes* ou *Amiboïdes*;

____

(1) Cl. Bernard, *Cours de physiol. gén.* (*Revue sc.*, 2ᵉ série, 5ᵉ an., p. 498).

3° les Infusoires vibratiles ou *Flagellates* ; 4° les *Catallactes* ; 5° les *Labyrinthules* ; 6° les *Diatomées* ; 7° les *Myxomycètes* ; 8° les *Rhizopodes* (1).

De ce qu'il n'existe pas de ligne de démarcation entre les deux règnes qui se relient l'un à l'autre par des formes inférieures communes et qui n'accusent leurs différences que dans des organismes plus élevés, la nécessité d'établir les caractères qui, dans l'immense majorité des cas, permettent de distinguer l'animal de la plante, ne s'en impose pas moins. Si la nature, en effet, n'admet pas ces divisions toujours plus ou moins factices, l'esprit humain ne saurait s'en passer sous peine de tomber dans une déplorable confusion. Ces caractères, il faut les chercher dans l'ensemble de l'organisme, et ils ressortent de la comparaison que nous venons de faire. Ils se résument dans le tableau suivant que nous empruntons à Beaunis (2) :

PLANTE.	ANIMAL.
Présence de la chlorophylle.	Absence de la chlorophylle.
Prédominance de l'assimilation sur la désassimilation.	Prédominance de la désassimilation sur l'assimilation.
Absorption d'eau, d'acide carbonique et d'ammoniaque.	Absorption d'oxygène.
Élimination d'oxygène.	Élimination d'eau, d'acide carbonique et d'ammoniaque (urée).
Dégagement très faible de forces vives (mouvement et chaleur).	Dégagement intense de forces vives (mouvement, chaleur, innervation).
Transformation de forces vives en forces de tension.	Transformation de forces de tension en forces vives.
Pas de locomotion.	Locomotion volontaire.
Pas de sensibilité.	Sensibilité.
Organisation moins compliquée.	Organisation plus complexe.
Tendance au polyzoïsme (3) (formation de colonies ou d'agrégats d'individus).	Tendance à l'individualisation.
Accroissement presque indéfini.	Accroissement s'arrêtant à un moment donné.
Variabilité plus grande.	Variabilité plus faible.

Subdivision de l'étude des animaux. — Nous venons de définir autant qu'il est possible de le faire ce qu'on entend par animal et

(1) Voy. Haeckel, *Generelle Morphologie der Organismen*, t. I, p. 191, et *Histoire de la création*, trad. par Létourneau, p. 371.

(2) Beaunis, *Nouveaux éléments de physiologie humaine*, Paris 1881, p. 25.

(3) L'animal, sauf le cas où il est représenté par une seule cellule, n'est autre chose qu'une réunion, une société d'organismes élémentaires; seulement la solidarité plus ou moins grande qui lie ces organismes de façon à rendre la vie de chacun d'eux ou d'un groupe particulier, dépendante de la vie sociale dans son ensemble, et qui fait de la société un tout complet physiologiquement et morphologiquement, constitue ce qu'on appelle l'individualité. On donne le nom de *Polyzoïsme* à la réunion en colonies d'un certain nombre d'individus.

nous avons ainsi marqué les limites du domaine que la Zoologie a le droit de revendiquer. Ce domaine est immense, car on sait combien sont nombreuses et variées les ·formes qui appartiennent à l'animalité ; mais l'étude même de ces formes pour être complète doit être faite à des points de vue divers, lesquels constituent autant de branches différentes de la Zoologie. Parmi ces branches, il en est dont l'importance est telle qu'elles forment aujourd'hui des sciences distinctes et en quelque sorte indépendantes. A mesure, en effet, que ce champ si vaste a été mieux connu, mieux exploré, il a fallu le subdiviser pour rendre plus faciles et plus fécondes les recherches des travailleurs.

La description des animaux a dû tout d'abord fixer l'attention de ceux qui se sont occupés de leur étude ; la connaissance de leurs formes extérieures, l'histoire de leurs habitudes, de leurs mœurs .. ont fait l'objet de la *Zoologie descriptive*. Cette branche de la science est regardée par le vulgaire comme la Zoologie tout entière, mais elle ne correspond en réalité qu'à un des points de vue qu'elle comporte.

Le nombre des formes animales étant considérable, il a fallu dès le principe les ranger suivant un ordre déterminé qui permît de les reconnaître en simplifiant pour l'esprit la connaissance des innombrables détails dont se compose l'histoire de chacune d'elles ; c'est là le but des classifications, et la partie de la Zoologie qui leur est consacrée porte le nom de *Zoologie systématique* ou *taxionomique*. Elle se confond le plus souvent avec la précédente dont elle n'est que l'exposé méthodique.

L'étude qui s'occupe de la conformation du corps des animaux et des parties qui le constituent est appelée *Anatomie zoologique* ou *Zootomie*, et lorsqu'elle compare entre eux les faits observés pour en déduire les rapports qui unissent les formes diverses d'un même organe, on la nomme *Anatomie comparée*. On donne plus spécialement le nom d'*Anatomie philosophique* à l'exposé des lois qui régissent les faits morphologiques et qui découlent de la comparaison de ces faits ; on voit donc que cette anatomie est l'expression la plus élevée des résultats fournis par l'Anatomie comparée, et par conséquent ne doit pas être séparée de celle-ci, comme on le fait généralement.

Mais l'Anatomie comprend encore d'autres subdivisions : ainsi, l'*Anatomie générale*, fondée par l'illustre Bichat ,qui s'occupe de la recherche des parties similaires entrant dans la composition des différents organes ; l'*Histologie*, branche elle-même de l'Anatomie générale, et qui a pour objet la connaissance des éléments anatomiques formant par leur réunion les divers tissus organiques.

La science ne se borne pas à étudier les animaux qui sont complètement formés ; elle les suit dans les diverses phases de leur évolution. La recherche des transformations successives que présentent les organismes en voie de développement fait l'objet de l'*Embryologie*. Quelquefois des causes, le plus souvent inconnues, interviennent au cours de ce développement pour en modifier la marche, et il en résulte des déviations du type normal qui constituent ce qu'on appelle des vices de conformation ou des monstruosités. L'observation de ces faits anormaux est d'un grand secours pour la connaissance des lois qui régissent la formation des organismes ; de là l'intérêt qui s'attache à cette branche de l'Anatomie que l'on désigne sous le nom de *Tératologie* et qui est née des travaux d'Et. Geoffroy Saint-Hilaire.

La Zoologie étend ses recherches non seulement aux animaux qui vivent actuellement, mais encore à ceux qui, vivant à des époques antérieures, ont aujourd'hui disparu de la surface de la terre et dont l'existence est révélée par les débris qui sont restés enfouis dans les couches géologiques. La reconstruction de ces formes éteintes, au moyen des vestiges qui en ont été conservés, constitue l'un des plus beaux titres de gloire de Cuvier et fait l'objet de cette partie spéciale de la science qu'on appelle la *Paléontologie,* partie dont les applications à la Géologie sont si importantes par les données qu'elle fournit sur l'âge relatif des terrains de sédiment. De plus, l'étude de ces animaux fossiles se relie étroitement à celle des animaux existants, car on peut les regarder comme représentant la série des transformations par lesquelles sont passées les espèces actuelles depuis que la vie est apparue sur notre globe. Envisagée de cette façon, la Paléontologie peut être définie : l'histoire du développement des espèces d'animaux (Phylogénie de Haeckel) et prend place à côté de l'Embryologie qui n'est autre chose que l'histoire du développement des animaux en tant qu'individus.

Les parties de la Zoologie que nous venons d'indiquer sont consacrées à l'étude des animaux considérés au point de vue *statique.* Elles constituent par leur ensemble cette partie de la science qui se propose la connaissance des Formes ou la *Morphologie;* mais ce n'est là qu'une moitié de l'histoire des animaux qui, pour être complète, doit comprendre aussi leur étude au point de vue *dynamique,* et celle-ci, qui n'est pas moins importante que la première, porte le nom de *Physiologie.* Elle peut être divisée en deux branches principales : l'une qu'on a appelée *Physiologie de conservation* et à laquelle appartiennent tous les phénomènes de nutrition qui ont pour effet soit la conservation de l'individu, soit la conservation de l'espèce (Physiologie de la reproduction). Ces fonctions de nutrition étant communes à la fois aux animaux et aux végétaux sont désignées aussi sous le nom de *Fonctions de la vie végétative* ou *organique* (Bichat) (1). L'autre branche de la physiologie s'occupe des rapports des organismes vivants avec le monde extérieur et par conséquent des fonctions dites de relation (sensibilité, motricité), qui, regardées comme l'attribut exclusif des animaux, constituent la *vie animale* de Bichat : c'est la *Physiologie de relation*. L'histoire des mœurs, des instincts des animaux fait partie de cette branche de la physiologie, bien que dans le plus grand nombre des ouvrages elle soit traitée concurremment avec leur description, formant ainsi ce qu'on entend vulgairement par Histoire naturelle des animaux.

Les fonctions sont loin de s'accomplir de la même manière chez les différents animaux ; elles présentent au contraire d'infinies variétés et leur étude pour une espèce en particulier donne lieu à une *Physiologie spéciale*, comme la Physiologie de l'Homme, par exemple ; mais la connaissance des manifestations de l'activité vitale poursuivie dans ce qu'elles ont d'essentiel et de commun malgré leurs modalités phénoménales si diverses, constitue la Physiologie générale. Or, comme tout corps vivant n'est, en définitive, qu'un assemblage de cellules qui diversement modifiées forment les élé‑ ments anatomiques des tissus, c'est dans les propriétés de ces éléments qu'il faut rechercher la raison d'être des phénomènes vitaux. Aussi, Claude Bernard définit-il la Physiologie générale : « *L'étude des propriétés des éléments anatomiques, de leurs manifestations isolées et des manifestations complexes qui naissent de leur arrangement en organismes plus ou moins élevés (2).* »

Nous venons d'énumérer les diverses branches dont se compose la Zoologie considérée comme l'ensemble des connaissances qui ont pour objet la vie animale sous toutes ses formes et dans toutes ses manifestations différentes. Il nous reste à indiquer quelques dénominations qui répondent à des points de vue particuliers. C'est ainsi que certaines d'entre elles s'appliquent à l'étude spéciale de tel ou tel groupe : l'*Anthropologie*, quand il s'agit de l'Homme ; la *Mammalogie*, quand il s'agit des Mammifères ; l'*Ornithologie*, quand il s'agit des Oiseaux, etc. D'autres sont tirées du but pratique qu'on se propose dans l'étude des animaux ; elles ont trait aux applications de la Zoologie ; ainsi, la *Zootechnie*, qui est la science de l'exploitation des animaux domestiques ; la *Zoologie médicale*, qui fait connaître les ressources que la médecine tire de la connaissance des animaux.

(1) Bichat, *Recherches physiol. sur la vie et la mort*, édit. Cerise, p. 2.
(2) Claude Bernard, *Cours de physiol. gén.* (*Revue sc.*, 2ᵉ série, 5ᵉ année, p. 448). Voy. aussi Cl. Bernard, *De la physiologie générale*, p. 193 et 323.

On voit par l'exposé qui précède combien est immense l'étendue du domaine zoologique, et l'on comprend la nécessité des subdivisions qui y ont été introduites, chacune d'elles correspondant à une science en quelque sorte particulière. Quels sont donc les points de ce vaste champ que nous devons parcourir dans ces *Éléments de Zoologie?* Dans quelles limites devrons-nous nous renfermer pour répondre au titre de l'ouvrage? Nous appartient-il d'exposer les principes de ces deux divisions primordiales de la Zoologie que nous avons indiquées, la Morphologie et la Physiologie? Nous ne l'avons pas pensé. Ces diverses branches de la science des animaux, Anatomie, Embryologie, etc., ont trop d'importance pour qu'elles puissent utilement se résumer dans quelques pages. Renvoyant donc le lecteur aux ouvrages spéciaux qui leur ont été consacrés, nous nous bornerons à mettre à profit les lumières qu'elles fournissent à cette partie de la science qu'on est convenu de considérer comme la Zoologie proprement dite et qui a pour objet la classification méthodique des animaux d'après les caractères de leur organisation. Nous verrons plus loin quel sens on doit attacher à cette classification et comment on peut la regarder comme l'expression abrégée de nos connaissances sur les différentes formes animales; mais nous croyons d'abord nécessaire d'exposer quelques notions générales relatives au mode de constitution et de développement des organismes. Ces notions préliminaires indispensables feront le sujet de notre première partie intitulée : *Zoologie générale*. La seconde partie sera consacrée à l'étude successive des divers groupes entre lesquels on a partagé le règne animal, c'est-à-dire à la *Zoologie taxionomique*.

PREMIÈRE PARTIE

ZOOLOGIE GÉNÉRALE

CHAPITRE PREMIER

CONSTITUTION DES ANIMAUX

I. — THÉORIE CELLULAIRE

Il est aujourd'hui démontré, grâce aux travaux des histologistes, que les organismes animaux comme les organismes végétaux ont pour élément primordial constitutif une petite masse de substance homogène albumineuse que Dujardin appelait *Sarcode* et qu'on désigne ordinairement sous le nom de *Protoplasma*. C'est sous l'aspect

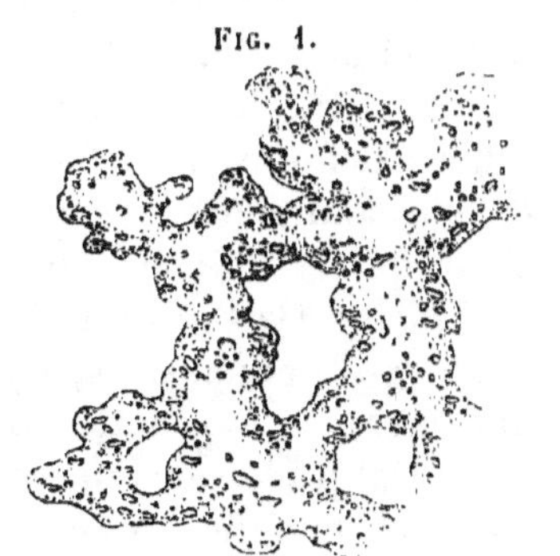

FIG. 1.

FIG. 1. — *Bathybius Haeckelii.*

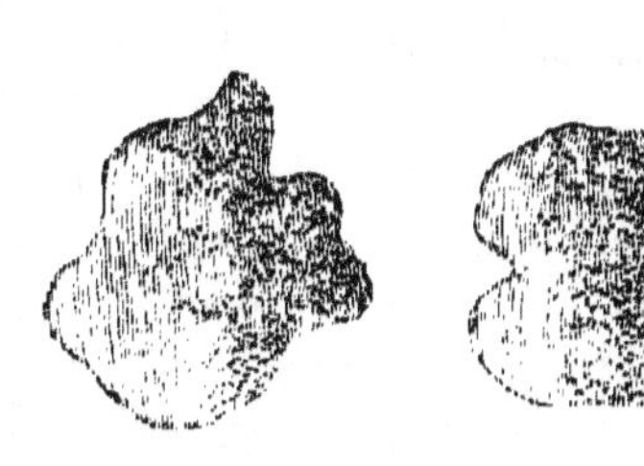

FIG. 2.

FIG. 2. — Monère. — *Protamœba.*

de petites masses de substance amorphe, comme dans le *Bathybius Haeckelii* (fig. 1), ou sous forme de globules protoplasmatiques que se présentent les organismes à leur plus grand état de simplicité; telles sont les Monères dont l'histoire a été faite par Haeckel (1) et

(1) Haeckel, *Studien über Moneren und andere Protisten*, Leipzig, 1870.

dont l'une est représentée par la figure 2. Or, les organismes les plus compliqués sont formés par la réunion de ces éléments modifiés et associés de diverses manières.

Le petit corps qui consiste en une masse homogène de protoplasma représente le degré le plus simple de l'élément primordial; autour de ce petit corps peut apparaître par une modification de sa couche superficielle une enveloppe de consistance plus grande et formant ainsi une membrane protectrice. Haeckel a donné le nom de *Cytodes* à ces deux formes de l'élément primitif: il a appelé la première *Gymnocytode* et la seconde *Lépocytode;* celle-ci est spécialement végétale. Lorsque les éléments laissent voir au sein du protoplasma un corps différencié circonscrit, le *nucléus* ou *noyau*, il les nomme *Cellules* et il distingue les cellules nues sans enveloppe (*Gymnocyta*) des cellules pourvues d'une membrane (*Lepocyta*). Enfin, il réunit ces diverses formes des éléments constitutifs sous la dénomination commune de *Plastides* (1).

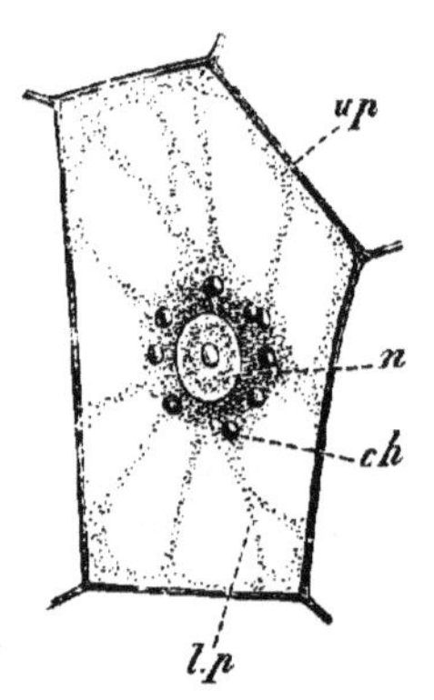

Fig. 3. — Cellule végétale. — *up*, utricule primordiale; *n*, nucléus; *ch*, chlorophylle; *lp*, trabécules protoplasmiques circonscrivant les vacuoles et unissant le nucléus à l'utricule primordiale.

Dans le langage courant on emploie le mot cellule pour désigner d'une manière générale l'élément primordial dont se composent les organismes, car la forme sous laquelle on a d'abord connu cet élément était celle d'une cavité limitée par une paroi et renfermant un contenu, d'où le nom de cellule qui lui fut donné par de Mirbel en 1808. De là vient que la théorie préparée par les travaux de Turpin, de Dutrochet et définitivement fondée par Schleiden et Schwann, théorie d'après laquelle tout organisme est une collectivité qui résulte de l'union de ces éléments, a été nommée *Théorie cellulaire*. Mais les cellules, quoique groupées et associées pour constituer les organismes, n'en conservent pas moins dans une certaine mesure leur autonomie et leur activité propre; ce sont donc en réalité des *organismes élémentaires*, suivant l'expression de Brücke, et les êtres formés par leur assemblage représentent des sociétés dont les manifestations vitales ne sont autre chose que la résultante de la vie individuelle de chacun des éléments constituants (2).

Tout être vivant, quel que soit le degré de complexité auquel il doive atteindre, se développe par multiplication et par différenciation

(1) Voy. Haeckel, *Théorie des Plastides.* (*Generelle Morphologie der Organismen*, t. I, p. 269-289, et *Histoire de la création*, éd. française, p. 306).

(2) Voy. Claude Bernard, *Rev. scient.*, 2ᵉ série, 5ᵉ année, p. 450.

de cet élément cellulaire qui en est le point de départ, l'*origine*, car l'ovule d'où il sort le plus souvent est une simple cellule. Cette cellule primitive ne constitue alors que passagèrement l'ensemble de l'organisme; elle donne bientôt naissance par division successive (segmentation de l'œuf) à un amas de cellules qui, dans les phases ultérieures de développement, vont en se multipliant et, de plus, en se transformant de différentes manières pour édifier l'organisme, constitué en définitive par des agrégations d'innombrables cellules diversement modifiées, mais toutes dérivées de la première.

Nous avons déjà indiqué que dans certains cas la cellule restait isolée et libre, formant à elle seule tout l'organisme; l'être vivant qu'elle représente est dit *monocellulaire*. Parmi ces êtres, on en

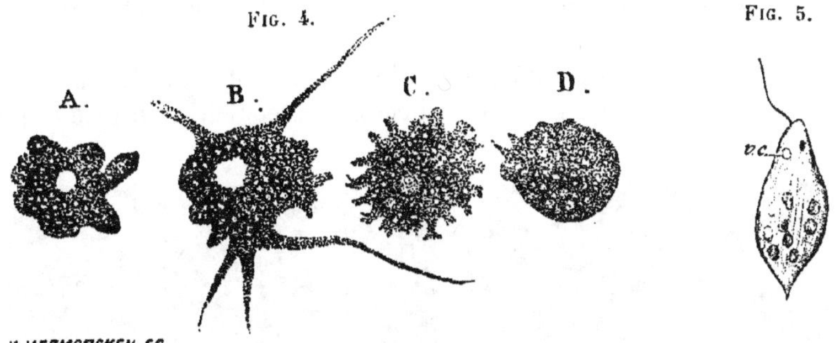

Fig. 4. — Amibe. — *Amœba diffluens*, remplie de granules, vue sous diverses formes (A,B,C,D) successivement présentées pendant un quart d'heure, grossie 400 fois (Ch. Robin, *Anatomie et physiologie cellulaires*).

Fig. 5. — *Euglena viridis*. — *vc*, vésicule contractile (Ch. Robin).

voit qui correspondent aux diverses formes de plastides que nous avons mentionnées. Ainsi les Monères (fig. 1) sont constituées comme les Cytodes primitives ou Gymnocytodes par une petite masse de protoplasma, sans noyau ni membrane. D'autres, pourvues d'un noyau mais sans enveloppe, ont la forme de cellules nues, comme les Amibes (fig. 4). Enfin, il y en a qui ont à la fois noyau et enveloppe de même que les cellules à membranes; tels sont l'*Euglena viridis* et beaucoup d'Infusoires (fig. 5).

On trouve aussi dans les organismes les plus complexes des éléments à l'état de liberté, par exemple les globules du sang sur lesquels nous aurons à revenir.

II. — TISSUS

On a vu que l'élément fondamental dont se composait le corps des animaux ou la cellule subissait des transformations diverses et ne conservait sa forme primitive que pendant les premières phases du développement de l'organisme. Les cellules ainsi modifiées de différentes façons forment des agrégations spéciales qui sont désignées sous le nom de *Tissus*. Chacun de ces tissus est affecté à un ordre particulier de phénomènes qui dans la cellule primitive se réduisent à de simples manifestations des propriétés du protoplasma et peuvent être produits par toutes ses parties indistinctement. La différenciation morphologique des éléments qui composent les organismes est donc corrélative de la localisation des fonctions ou de ce que Milne Edwards a appelé la *division du travail physiologique* (1).

La formation des tissus est essentiellement liée à deux phénomènes qui ont la cellule pour siège ; ces deux phénomènes sont la multiplication et la différenciation des cellules. Leur étude appartient à l'Histologie et nous ne pouvons qu'en résumer ici les points les plus importants (2).

Il est généralement admis aujourd'hui que toute cellule qui prend naissance provient d'une cellule préexistante. Schwann et d'autres

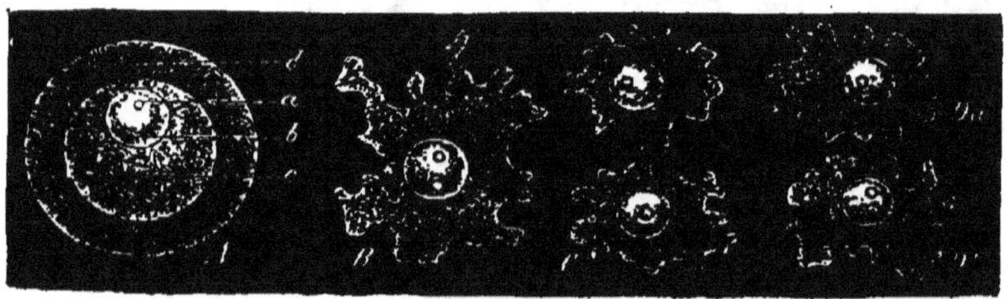

Fig. 6. — A, *Amœba* constituée par une simple cellule. — *a*, nucléole ; *b*, noyau ; *c*, masse protoplasmatique ; *d*, membrane enveloppante. — B, *Amœba* qui a déchiré et quitté la membrane cellulaire. — C, la même commençant à se diviser ; son noyau s'est partagé en deux et le protoplasma est divisé par un étranglement. — D, la séparation est complète entre les deux moitiés (D*a*, D*b*), d'après Haeckel, création naturelle.

après lui pensaient que les cellules pouvaient se former au sein d'une matière amorphe fluide ou demi-fluide, qu'ils appelaient *Blastème* ou *Cytoblastème* « ayant, grâce à sa composition chimique et à son degré de vitalité, le pouvoir de donner naissance à de nouvelles cellules ». C'est surtout aux travaux de Remak (3) et de Virchow (4) qu'on doit l'abandon de cette manière de voir et l'adoption de la théorie nouvelle qui rejette cette formation libre ou spontanée des cellules. Celle-ci cependant compte encore quelques défenseurs, parmi lesquels Charles Robin (5).

(1) Voy. Milne Edwards, *Introduction à la Zoologie générale*, p. 35.
(2) Voy. pour plus de détails les Traités spéciaux d'histologie.
(3) Remak, *Untersuchungen über die Entwickelung der Wirbelthiere*, p. 164
(4) Virchow, *Pathologie cellulaire*, 1ʳᵉ édit., 1874.
(5) Ch. Robin, *Anatomie et physiologie cellulaires*, 1873, p. 173.

Le mode général de multiplication cellulaire est celui de la *scission* ou de la *division*. La cellule, quand elle a acquis un certain développement, grâce aux matières nutritives qu'elle tire du milieu ambiant, se partage à un moment donné en deux moitiés qui forment deux cellules nouvelles. Celles-ci résultent donc de la division en parties égales du nucléus et du protoplasma de la cellule mère (fig. 6)(1). Dans certains cas, la cellule de nouvelle formation apparaît d'abord plus petite que celle dont elle provient, puis grandit et se développe jusqu'au moment où elle s'en sépare, et l'on dit alors qu'elle est produite par *bourgeonnement* (fig. 7); mais ce n'est là qu'une variété de la multiplication par division. Enfin, on désigne encore sous le nom de *multiplication endogène*, celle qui s'effectue

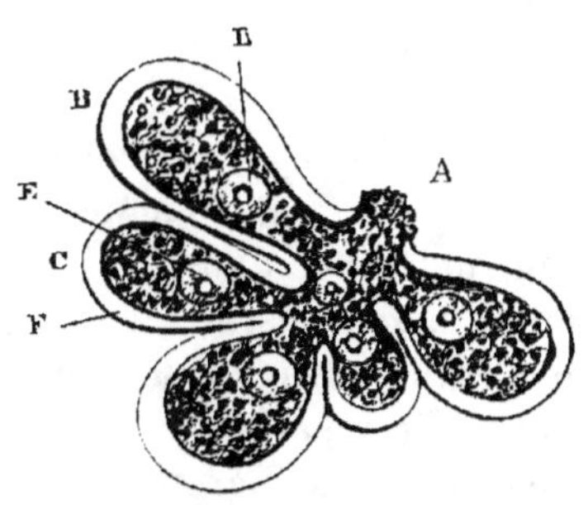

Fig. 7. — Multiplication par bourgeonnement. — Ovulation d'un Mollusque lamellibranche (*Venus decussata*). — A, cellule mère. — B,C, bourgeons formés par le refoulement de la paroi cellulaire F sous la pression des nouveaux noyaux D,E provenant de la division du nucléus primitif (d'après Leydig).

(1) D'après les recherches les plus récentes, le phénomène de la multiplication des cellules par scission n'est pas aussi simple qu'il le paraît tout d'abord, et il comporte une série de phases dont la figure ci-contre permet de se rendre facilement compte. Au début, on voit apparaître dans le noyau des filaments ou *bâtonnets* qui s'étendent d'un pôle à l'autre (2). Ces bâtonnets sont plus épais dans leur milieu, et les renflements qu'ils présentent forment, en s'unissant entre eux, une sorte de disque qui occupe la zone équatoriale du noyau (3) et qu'on nomme *disque nucléaire*. Ce disque se partage transversalement en deux moitiés qui s'éloignent l'une de l'autre et se rapprochent des pôles, où elles viennent former deux petites masses reliées entre elles par des filaments (5). Ceux-ci s'allongent, s'étranglent dans leur partie moyenne (6 et 7), puis se rompent, et il y a alors séparation complète des deux noyaux qui se sont ainsi formés (8). Chacun de ces noyaux, accompagné par une portion du protoplasma primitif, constitue une nouvelle cellule.

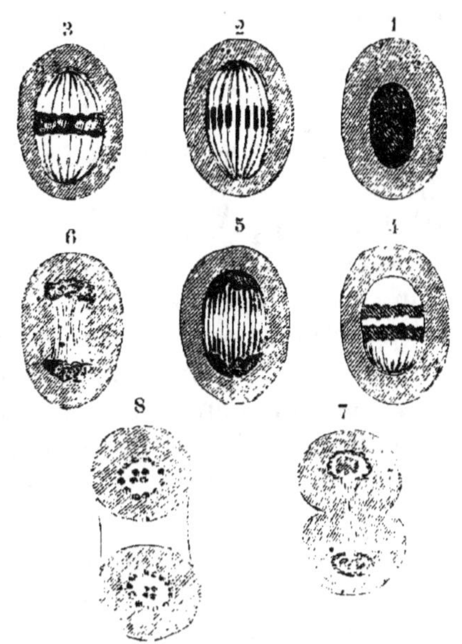

Fig. 6 *bis*. — Phases successives de la division d'un globule sanguin (Butschli).

SICARD.   2

dans l'intérieur de cellules enveloppées d'une membrane, mais
sans se différencier par aucun caractère essentiel de la reproduction
par division. Comme exemple de cette forme de multiplication cellulaire, nous citerons la segmentation de l'œuf (fig. 8).

La différenciation des éléments constitutifs a pour point de départ
le protoplasma de la cellule, le noyau ne paraissant jouer un rôle
que dans les phénomènes de reproduction. Les cellules qui prennent naissance dans la segmentation de l'œuf sont d'abord homogènes, mais elles ne tardent pas à se différencier les unes des autres
et à revêtir des formes nouvelles pour la constitution de tissus spéciaux. C'est par suite de modifications chimico-physiques du protoplasma que s'opèrent ces métamorphoses qui ont pour résultat la
formation des divers éléments organiques. Nous ne saurions suivre
ici la marche de ces transformations dont le but est la production

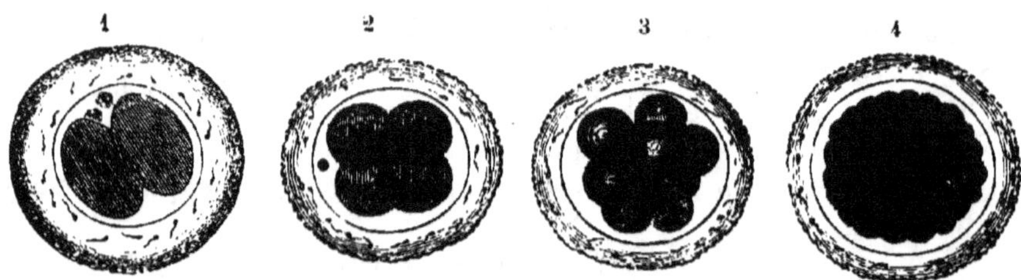

Fig. 8. — Segmentation de l'œuf. — 1, ovule à vitellus divisé en deux sphères ; 2, ovule à
vitellus divisé en quatre sphères ; 3, vitellus à huit sphères ; 4, ovule à segmentation
vitelline très avancée (Bischoff, *Développement*). — Tous ces ovules ont leur membrane
pellucide couverte de spermatozoïdes.

des tissus (1) ; nous nous bornerons à indiquer comment on peut
diviser ces tissus d'après la nature des éléments qui les constituent.
On les distingue d'abord, suivant le mode de différenciation des
cellules, en deux groupes correspondant aux deux ordres de fonctions entre lesquels Bichat a partagé la vie de l'animal (2). On
aura donc les *tissus végétatifs* qui sont affectés à la nutrition, et les
tissus animaux qui servent aux fonctions de relation ; les premiers ont leurs analogues dans les végétaux comme les phénomènes
nutritifs eux-mêmes ; les seconds sont propres, comme les actes de
la vie animale, aux seuls animaux (3).

(1) Voy. sur ce point les Traités d'histologie, et Robin, *Anat. et physiol. cell.*,
p. 291.

(2) Voy. plus haut, p. 11.

(3) Il n'y a rien d'absolu dans cette classification, qui est celle de Leydig
(*Vom Bau des thierischen Körpers.* p. 28). Nous l'adoptons ici parce qu'elle nous
semble la plus naturelle et la plus conforme aux données générales de la bio-
logie.

Tissus végétatifs. — Les tissus végétatifs se subdivisent à leur tour en *tissus épithéliaux* et *tissus de substance conjonctive*.

TISSUS ÉPITHÉLIAUX. — Ce qui caractérise ces tissus, c'est que les cellules dont ils se composent gardent leur individualité, restent *autonomes*, suivant l'expression de Leydig.

On appelle en particulier *épithéliums* les couches de cellules juxtaposées qui occupent les surfaces libres soit à l'extérieur soit à l'intérieur du corps. Les cellules se présentent avec des formes variées. Elles peuvent être aplaties de sorte qu'elles s'étendent en

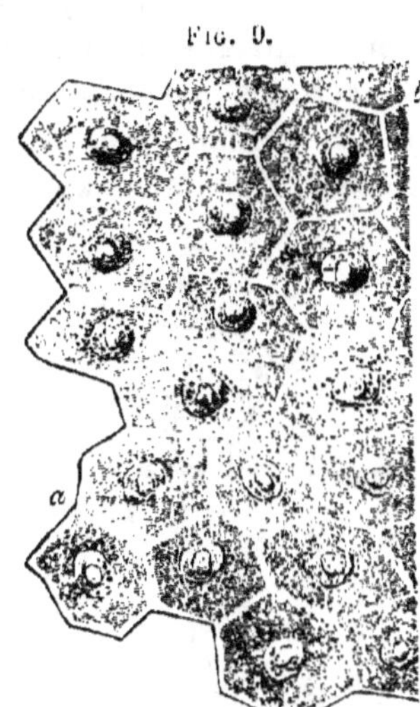

FIG. 9.

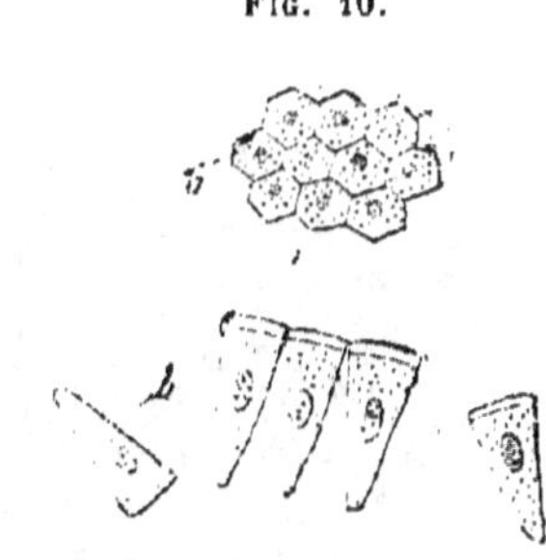

FIG. 10.

FIG. 9. — Épithélium pavimenteux (Robin).
FIG. 10. — Épithélium cylindrique. — *a*, lambeau d'épithélium vu par sa face externe. *b*, cellules épithéliales détachées.

surface et diminuent d'épaisseur, ou bien elles sont comprimées latéralement et s'allongent dans le sens longitudinal : dans le premier cas, l'épithélium est appelé *pavimenteux* (fig. 9); dans le second cas, il est appelé *cylindrique* (fig. 10). Parfois les cellules épithéliales présentent à leur surface libre des prolongements mobiles de la substance protoplasmatique qu'on nomme *cils vibratiles*, à cause des mouvements d'oscillation dont ils sont animés, et l'épithélium est alors qualifié de *vibratile* (fig. 11). Lorsque l'épithélium pavimenteux n'est formé que d'une seule couche de cellules, on le dit *simple*, et quand il est composé d'un certain nombre de couches superposées, on lui donne le nom de *stratifié*. Les cellules superficielles sont, dans ce dernier cas, bien plus modifiées que les cellules profondes qui ont la forme sphérique ; les premières, minces et plates, prennent une consistance cornée et finissent par se détacher à l'état de petites lamelles ou écailles. On désigne la couche qu'elles forment sous le nom d'*épiderme*.

Une autre différenciation se produit quand la membrane dont

s'enveloppent les cellules par suite d'une modification de la couche extérieure du protoplasma présente un épaississement plus considérable à la face externe de chaque cellule. Cette partie épaissie peut se différencier davantage et former par son union avec la partie correspondante des cellules voisines, une membrane homogène qu'on nomme *Cuticule*. On y distingue parfois des lignes de stratification qui résultent du dépôt successif des diverses couches qu'on doit donc considérer comme des produits de sécrétion et l'on y constate souvent l'existence de petits canalicules dirigés perpendiculairement (*canaux poreux*) par lesquels les cellules placées au-dessous sont en communication avec l'extérieur. Ces canaux quelquefois vides sont, dans d'autres cas, remplis par des prolongements cellu-

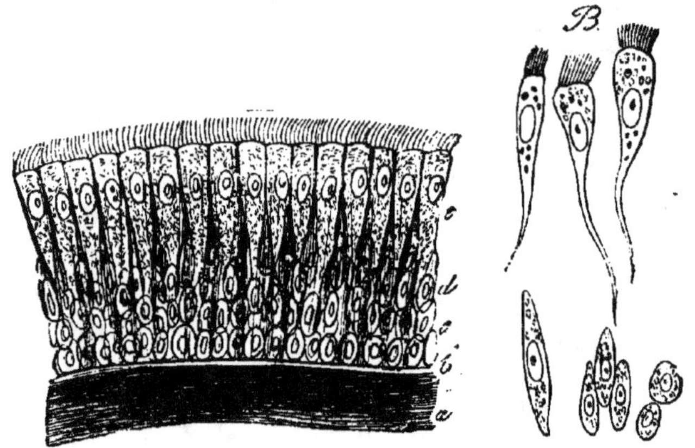

Fig. 11. — Épithélium vibratile de la trachée. — *a*, portion extérieure des fibres élastiques longitudinales ; *b*, couche homogène la plus extérieure de la muqueuse ; *c*, cellules moyennes allongées ; *e*, cellules superficielles vibratiles. — B, cellules isolées. Grossissement, 350 fois (Kölliker).

laires ou bien encore donnent passage à des appendices cuticulaires en forme de poils ou d'écailles (1). Enfin, la cuticule peut acquérir une dureté considérable en se chitinisant et parfois en s'incrustant de sels calcaires ; elle devient alors pour l'organisme un appareil de soutien et constitue ce qu'on appelle le *squelette extérieur* des animaux articulés.

Les cellules disposées en couches épithéliales peuvent devenir le siège de sécrétions et produisent des liquides qui ont un certain rôle physiologique. Elles forment alors un tissu nouveau qu'on appelle *tissu glandulaire* et qui n'est qu'une modification du tissu épithélial. Une glande est en général constituée par la réunion d'un certain nombre de cellules épithéliales donnant un produit de sécré-

(1) Voy. Leydig, *Histologie*, trad. Lahilonne, p. 41 et 119, et Gegenbaur, *Anat. comp.*, p. 32.

tion particulier, mais elle peut se réduire à une seule cellule jouissant de cette propriété. C'est le cas le plus simple et la glande est

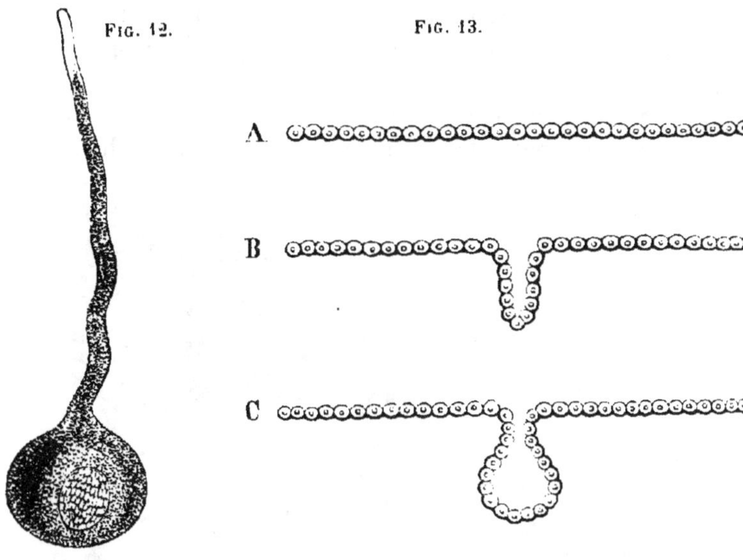

FIG. 12. -- Glande monocellulaire de la *Piscicola*.
FIG. 13. — Formation des glandes. — A, épithélium tégumentaire ; B. dépression de l'épithélium formant un tube glandulaire en cul-de-sac ; C, dépression de l'épithélium terminée
par un cul-de-sac dilaté ou acinus.

dite alors *monocellulaire* (fig. 12). Quand elle est *polycellulaire*,
c'est-à-dire composée de plusieurs cellules, celles-ci se groupent

dans une dépression en forme de
cul-de-sac, déterminée par l'en-
foncement de la portion d'épithélium qui s'est modifiée pour constituer la glande (fig. 13). De
cette forme fondamentale dérivent
des dispositions diverses et plus
ou moins compliquées dans lesquelles interviennent différents
tissus pour la formation de membranes enveloppantes, de canaux
excréteurs, etc. (fig. 14). Les
glandes représentent alors des organes complexes et de formes
variées dont la description ne
saurait trouver place ici.

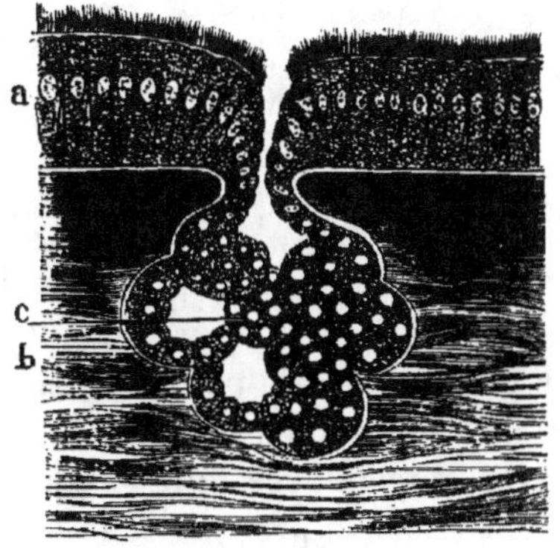

FIG. 14. — Glande polycellulaire, acineuse.
— *a*, épithélium vibratile ; *b*, stratum
conjonctif ; *c*, glande.

On peut ranger à côté des tissus épithéliaux ceux qui sont composés de cellules demeurées libres et isolées, en suspension dans un
liquide particulier nommé *Plasma :* tels sont le sang, la lymphe et

le chyle. Chez les Invertébrés, le sang est généralement incolore :
les cellules qu'on y trouve, pourvues d'un noyau mais sans enveloppe, ont un contour irrégulier et une forme variable par suite des
mouvements amiboïdes dont elles sont le siège. Chez tous les Vertébrés, à l'exception de l'Amphioxus, le sang est rouge et doit sa
coloration à la présence d'innombrables globules (*Hématies*)
qui ont été signalés pour la première fois par Malpighi en 1661.

FIG. 15.

FIG. 17.

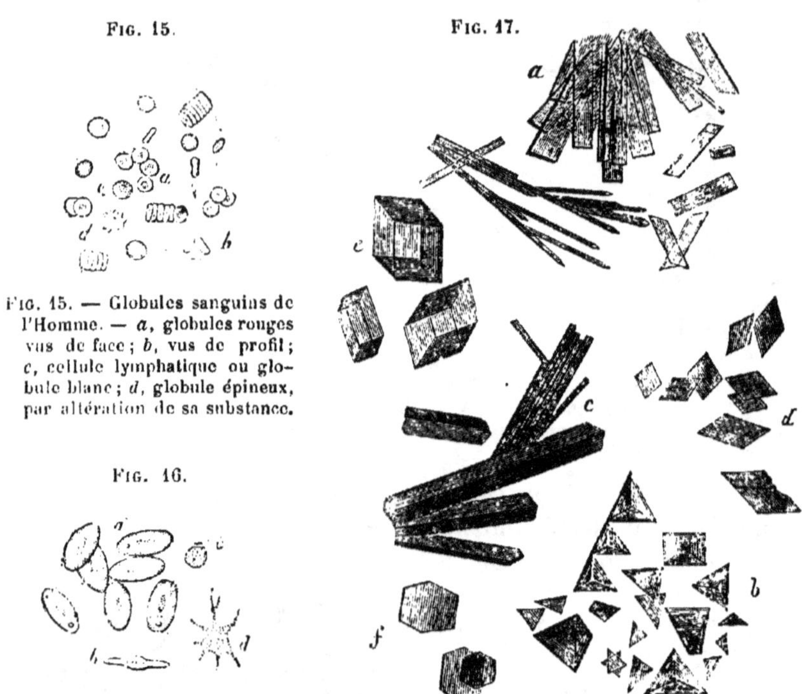

FIG. 15. — Globules sanguins de
l'Homme. — *a*, globules rouges
vus de face ; *b*, vus de profil ;
c, cellule lymphatique ou globule blanc ; *d*, globule épineux,
par altération de sa substance.

FIG. 16.

FIG. 16. — Globules sanguins de la Grenouille. — *a*, globule rouge vu de face ; *b*, vu de profil ;
c, cellule lymphatique ; *d*, cellule lymphatique avec prolongements amiboïdes.
FIG. 17. — Cristaux d'hémoglobine. — *a* et *b*, de l'Homme ; *c*, du Chat ; *d*, du Cochon d'Inde ;
e, du Castor ; *f*, de l'Écureuil.

La forme de ces globules n'est pas toujours la même. Chez l'Homme
et chez la plupart des Mammifères, ce sont de petits disques circulaires biconcaves qui n'ont ni membrane cellulaire ni noyau
(fig. 15). Chez presque tous les Vertébrés des autres classes (1), les
globules sanguins ont un noyau et sont elliptiques (fig. 16). Ils sont
colorés en rouge par une substance particulière et cristallisable,
l'*hémoglobine* ou *hématocristalline*, dont le rôle est considérable
dans les phénomènes respiratoires. Indépendamment de ces glo-

(1) Chez quelques Poissons inférieurs (Myxine, Petromyzon), on trouve des globules ronds, semblables à ceux des Mammifères.

bules rouges, le sang des Vertébrés renferme des *globules blancs* mais en nombre très petit comparativement aux premiers. Ces globules blancs ont une analogie complète avec ceux que l'on rencontre dans le sang des Invertébrés et présentent les mêmes caractères. Ce sont eux qu'on trouve également dans le chyle et dans la lymphe. Ils prennent naissance dans les ganglions lymphatiques et paraissent destinés à se transformer en globules rouges dont ils représenteraient les premières phases de développement, selon quelques observateurs.

TISSUS DE SUBSTANCE CONJONCTIVE. — Le groupe des tissus de substance conjonctive est admis comme naturel par un grand nombre d'histologistes, Kölliker, Virchow, Leydig... Ils ont, d'après ce dernier, les *caractères morphologiques* suivants : « Dans le plus grand nombre de ses formes, la substance conjonctive est formée de cellules et d'une masse homogène intercellulaire ; les rapports de quantité dans lesquels l'une de ces parties constituantes se trouve avec l'autre, varient de cette sorte : les deux éléments se partagent la masse en portions égales, ou bien il y a prépondérance de l'un d'eux ; tantôt les cellules dominent et la masse intermédiaire est comme comprimée et même réduite à un minimum ; tantôt, inversement, la substance intermédiaire empiète sur les cellules, même jusqu'à les exclure.

» Bien des changements se manifestent soit dans la forme et le contenu des cellules, soit dans l'essence de la substance intercellulaire. Les cellules peuvent être rondes, et de cette forme, par de nombreuses transitions, passer à des formations étoilées se reliant entre elles d'une manière restiforme ; parfois, elles croissent en longs canaux ramifiés (canalicules dentaires, par exemple). Le contenu paraît être tantôt de nature indifférente, ou bien il est formé par de la graisse, du pigment, du calcaire, de l'air, et même en partie, à ce qu'il me semble, par de la matière contractile. La substance intercellulaire varie depuis la consistance semi-fluide jusqu'à celle de la gélatine, du mucus, de la colle, de la cellulose ; elle peut se chitiniser, devenir calcaire (1). »

On voit donc que ces tissus présentent entre eux de grandes différences, aussi distingue-t-on les formes spéciales suivantes : 1° tissu conjonctif cellulaire ; 2° tissu gélatineux (muqueux, Virchow) ; 3° tissu conjonctif fibreux ; 4° tissu cartilagineux ; 5° tissu osseux.

Tissu conjonctif cellulaire. — Dans cette forme de tissu conjonctif, les cellules sont plus ou moins arrondies et séparées par

____

(1) Leydig, *loc. cit.*, p. 19.

une petite quantité de matière intercellulaire, de sorte que c'est l'élément figuré qui prédomine (fig. 18). On le rencontre particulièrement chez les Invertébrés (Articulés, Mollusques); chez les Vertébrés, on ne le trouve que comme forme transitoire, dans la corde dorsale.

Tissu gélatineux ou muqueux. — Ce qui caractérise ce tissu, c'est l'aspect et la consistance de la matière intercellulaire qui ressemble à de la gélatine. Les cellules y sont peu nombreuses et de formes diverses, rondes, fusiformes ou ramifiées, et, dans ce dernier cas, s'anastomosant entre elles par leurs prolongements de manière à former des réseaux (fig. 19). Ce tissu se rencontre chez les embryons des Vertébrés (gelée de Wharton); il persiste quelquefois

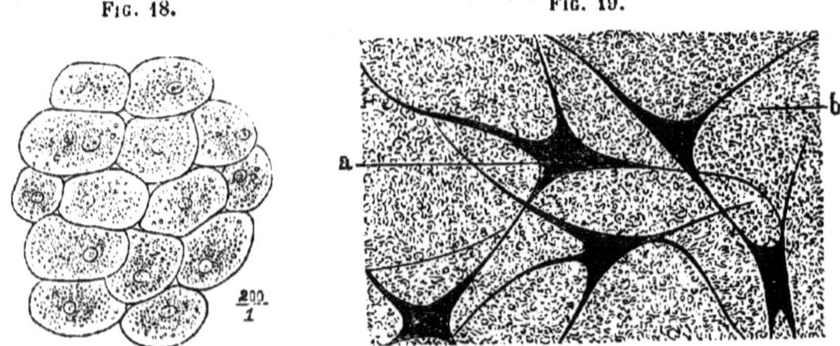

Fig. 18.   Fig. 19.

FIG. 18. — Tissu conjonctif cellulaire.
FIG. 19. — Tissu muqueux. — *a*, charpente cellulaire; *b*, substance intermédiaire gélatiniforme.

chez ces animaux devenus adultes (corps vitré). Il est très répandu chez les animaux inférieurs (Mollusques, Acalèphes); c'est lui qui constitue l'ombrelle des Méduses où il se présente à l'état d'une substance homogène, gélatineuse, par suite de la disparition des cellules.

Tissu conjonctif fibreux. — C'est la forme de tissu conjonctif la plus commune chez les Vertébrés, aussi lui donne-t-on souvent le nom de tissu conjonctif ordinaire. On y voit des cellules allongées ou ramifiées au milieu d'une substance intercellulaire abondante, d'apparence striée par suite de sa division en fibrilles extrêmement ténues. La disposition de ces fibrilles est variable; elles sont le plus souvent ondulées et parallèles entre elles, parfois entre-croisées ou bien en réseaux. Par leur réunion, ces fibrilles constituent les faisceaux du tissu conjonctif, lequel est mou ou résistant suivant que ces faisceaux sont lâchement unis ou serrés étroitement (tissu tendineux).

La substance fibrillaire, sous l'action de l'acide acétique ou de la solution de potasse, se gonfle, devient transparente et perd son

aspect strié ; on voit alors qu'elle contient une autre forme de fibres
sur lesquelles ces réactifs restent sans effet. Ce sont les fibres qu'on
appelle *élastiques* et qui sont mélangées aux premières en quantité

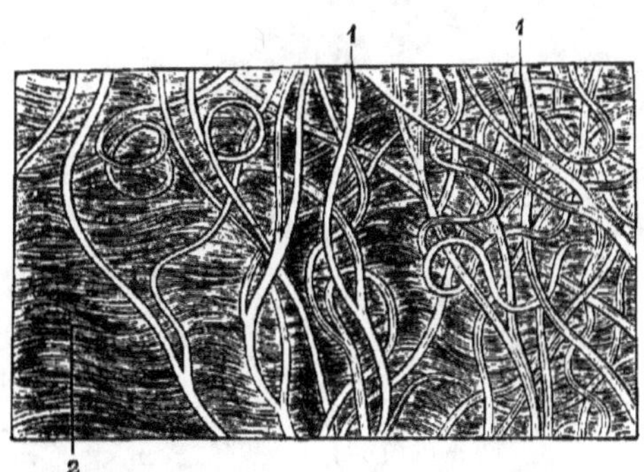

FIG. 20. — Fibres élastiques 1 avec tissu conjonctif fibreux 2 (Morel, *Histologie*).

plus ou moins grande (fig. 20). On nomme quelquefois *tissu élastique* celui dans lequel elles prédominent, mais ce n'est là, comme
on voit, qu'une modification du tissu conjonctif.

Il faut noter que dans le tissu conjonctif le contenu des cellules
peut varier beaucoup. S'il consiste en gouttelettes graisseuses, on a

FIG. 21. — Tissu conjonctif avec cellules adipeuses *a*, et cellules pigmentaires *b* ;
c, substance fondamentale fibrillaire (Leydig).

des cellules qu'on appelle *adipeuses* et le tissu qu'elles forment
prend alors le nom de *tissu adipeux ;* si ce contenu est chargé
de matières colorantes, les cellules prennent le nom de *cellules pigmentaires* (fig. 20).

Tissu cartilagineux. — Dans ce tissu les cellules généralement
arrondies ou ovalaires, quelquefois ramifiées (Poissons), sont plongées dans une matière intercellulaire de consistance plus ferme que
dans les formes précédentes (fig. 22). Cette rigidité de la substance
fondamentale constitue le caractère distinctif du cartilage dont on
reconnaît du reste plusieurs variétés. On appelle *cartilage hyalin*
celui dans lequel cette substance présente un aspect homogène ;

le *fibro-cartilage* ou *cartilage fibreux* est celui dans lequel elle a
une composition fibrillaire; enfin, quand elle renferme des fibres

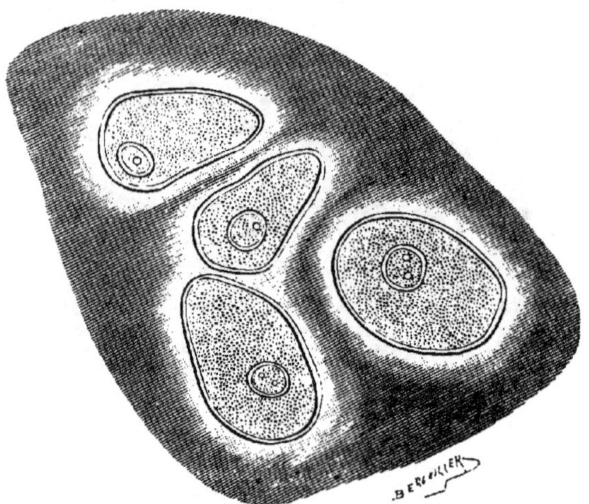

FIG. 22. — Cellules cartilagineuses, d'après une préparation de M. le prof. J. Renaut.

élastiques disposées en réseaux, le cartilage est dit *élastique* ou
réticulé.

Les cellules de cartilage sont souvent entourées d'une couche
particulière de substance qui leur forme une enveloppe distincte;

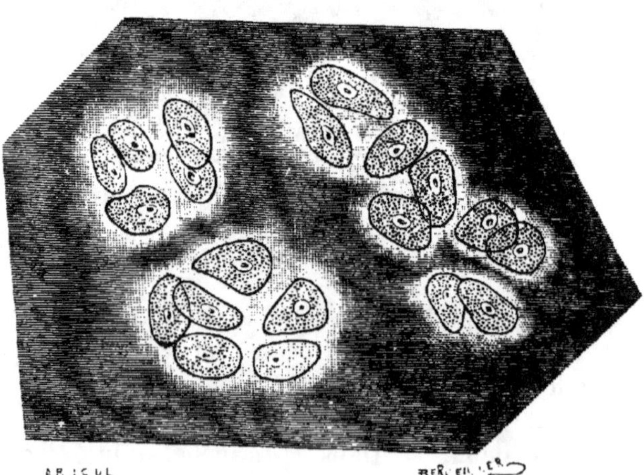

FIG. 23. — Raie. — Cartilage d'enveloppe des branchies. — Prolifération des cellules
d'après une préparation de M. le prof. J. Renaut.

c'est ce qu'on nomme les *capsules de cartilage*, regardées par les
uns comme des produits de sécrétion de la cellule devenus solides,
et par d'autres comme résultant d'une transformation de la zone

superficielle du protoplasma. Les cellules se multiplient par division dans l'intérieur de ces capsules (multiplication endogène) (fig. 23). Parfois on observe des variations dans leur contenu : il s'y développe souvent des gouttelettes graisseuses qui quelquefois remplissent toute la cavité cellulaire ; fréquemment encore il s'y dépose des sels calcaires qui incrustent de même la substance fondamentale et donnent au cartilage une consistance osseuse. On dit alors qu'il est *calcifié*.

La rigidité du tissu cartilagineux lui permet de servir dans certains cas d'organe de soutien ; il y a des Vertébrés, les Plagiostomes, dont tout le squelette est formé de cartilage.

Tissu osseux. — Rangé par la plupart des histologistes dans le groupe des tissus conjonctifs, le tissu osseux s'y rattache, en effet,

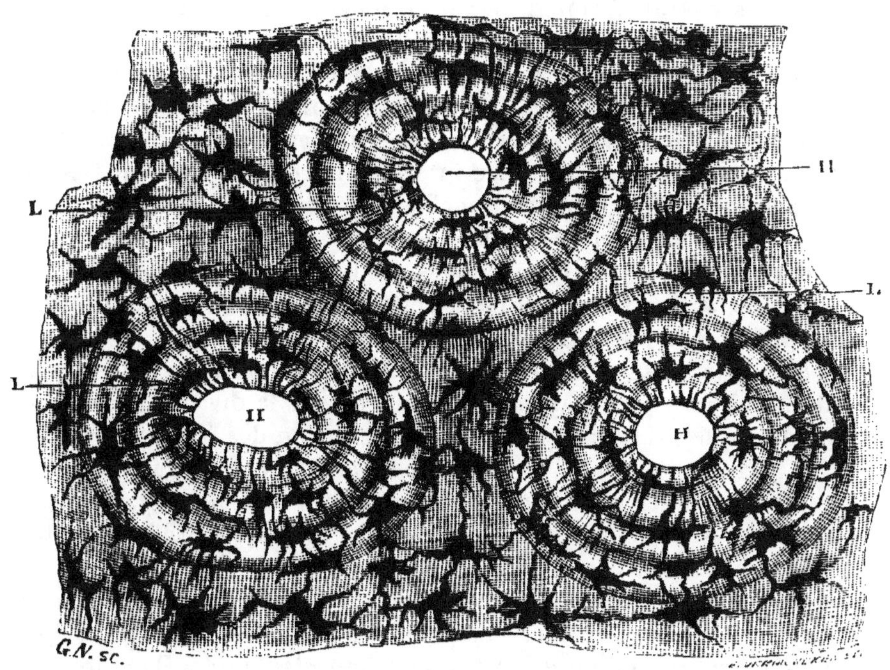

Fig. 24. — Coupe représentant les corpuscules du tissu osseux et les canaux de Havers. — H, canaux de Havers ; L, lamelles osseuses et ostéoplastes disposés en zones concentriques autour des canaux de Havers.

malgré de profondes différences dans sa structure, par son mode d'origine. Il est caractérisé par la dureté de la substance fondamentale composée d'une proportion considérable de sels calcaires unis à la matière organique. On y trouve disséminées en grand nombre des cellules ramifiées (*corpuscules osseux*, fig. 24), dont les prolongements s'anastomosent entre eux, cellules qui disparaissent parfois (chez les Sélaciens) ou ne sont plus représentées que par leurs prolongements sous forme de fins canalicules (ivoire ou dentine).

On voit aussi dans le tissu osseux des canaux qui communiquent entre eux et qui logent les petits vaisseaux nourriciers de l'os : on les appelle *canaux de Havers*. Partant de la superficie, ils aboutissent au canal médullaire central des os longs et dans les lacunes ou espaces celluleux de la moelle des os courts.

Le tissu osseux ne se développe pas toujours de la même manière. Il y a deux cas à distinguer : celui où il se forme par ossification du tissu conjonctif, et celui où il provient du tissu cartilagineux, bien qu'il n'y ait pas transformation directe de celui-ci en os. Dans le premier cas, la substance fondamentale s'incruste de sels calcaires et acquiert ainsi la dureté spéciale à l'os ; en même temps les cellules se transforment en corpuscules osseux. Dans le second cas, et c'est le plus fréquent, le cartilage se détruit et est remplacé par une nouvelle substance conjonctive (*substance ostéogène*) dont les cellules appelées *ostéoblastes* (Gegenbaur) sécrètent la matière incrustante et se transforment en corpuscules osseux, quand elles sont entourées par la substance intercellulaire ainsi ossifiée. Les os croissent de plus en épaisseur par l'adjonction des couches de tissu osseux qui se forment extérieurement aux dépens de la membrane conjonctive dont ils sont enveloppés et qu'on nomme *périoste*.

Tissus animaux. — Dans cette division se rangent le tissu musculaire et le tissu nerveux.

Tissu musculaire. — La contractilité est une propriété de la matière vivante qui, dans les organismes où la division du travail physiologique s'introduit avec la différenciation des éléments constitutifs, devient l'attribut d'une forme particulière de ces éléments donnant naissance par leur réunion au *tissu musculaire*. Ce tissu est donc essentiellement contractile et affecté à la production des mouvements.

Les éléments dont se compose le tissu musculaire peuvent se présenter sous deux formes différentes, d'après lesquelles on a distingué les muscles en *muscles lisses* et *muscles striés*. Dans le premier cas, les cellules fusiformes ou rubanées sont lisses et d'apparence homogène ; dans le second, le protoplasma s'est transformé en une substance striée transversalement, mais, en général, les cellules ne conservent pas leur autonomie et elles se réunissent pour former une *fibre musculaire* (1). Quand il s'agit de muscles lisses,

(1) Suivant certains observateurs, la fibre musculaire serait toujours formée par une seule cellule considérablement développée en longueur et à noyaux multiples.

ce que l'on appelle fibre musculaire ne se différencie guère de la
cellule et le seul caractère auquel on puisse reconnaître qu'elle
représente un certain nombre de ces éléments, c'est la présence de
plusieurs noyaux; aussi quand il n'y a qu'une cellule qui constitue la fibre, lui donne-t-on le nom de *fibre-
cellule* (fig. 25, *a*).

Dans les muscles striés, au contraire, on
trouve une transformation profonde des éléments constituants. La fibre présente, d'après
la théorie la plus accréditée et qui a été proposée par l'histologiste anglais Bowman, un
contenu qui s'est différencié en une foule de
petits corpuscules, *sarcous elements*, reliés
entre eux suivant leur longueur et suivant leur
largeur par une substance unissante (fig. 26
et 27). On distingue même à cause de l'action
différente des réactifs deux substances unis-
santes, l'une pour la réunion des *sarcous elements* dans le sens longitudinal, et l'autre pour
leur réunion dans le sens transversal.

Ces corpuscules superposés les uns aux autres forment ainsi des séries longitudinales
susceptibles de se dissocier, de sorte que la
fibre peut être décomposée en *fibrilles élémentaires* (fig. 28), aussi a-t-elle été considérée
par bon nombre d'observateurs comme un assemblage de fibrilles et désignée alors sous le
nom de *faisceau primitif*. Mais, ce qui vient
à l'appui de la théorie de Bowman, c'est
qu'on obtient également, quoique avec moins
de facilité, la décomposition de la fibre en petits disques correspondant à son épaisseur et

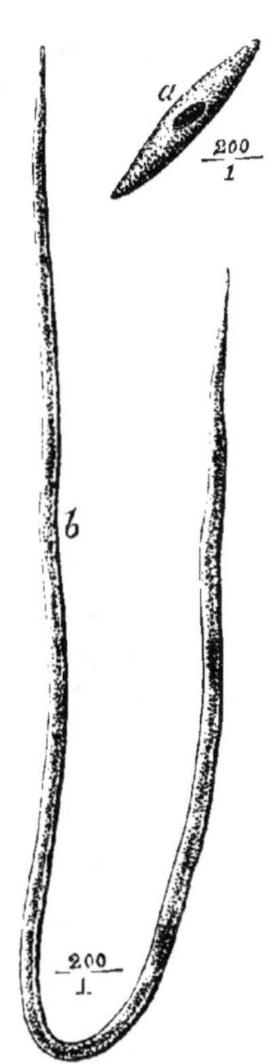

Fig. 25. — Fibre muscu-
laire lisse. — *a*, fibre-
cellule ; *b*, fibre lisse.

résultant de la séparation des assises que forment les corpuscules
unis entre eux transversalement.

La fibre musculaire est revêtue extérieurement d'une membrane
homogène appelée *sarcolemme*. Les fibres, à leur tour, sont unies
par du tissu conjonctif et disposées parallèlement les unes aux
autres dans les muscles des Vertébrés pour former des faisceaux
secondaires plus ou moins volumineux. On nomme *périmysium* la
substance conjonctive qui enveloppe ces faisceaux, et l'on distingue
le périmysium externe qui entoure le muscle dans son ensemble du
périmysium interne qui sépare les uns des autres les faisceaux
musculaires.

On observe quelquefois des fibres musculaires ramifiées et anastomosées entre elles ; cette disposition, fréquente chez les animaux inférieurs (Arthropodes), se rencontre aussi dans le muscle cardiaque de l'Homme et des Vertébrés.

Malgré les différences que nous venons d'indiquer entre les deux sortes de fibres musculaires, elles se relient l'une à l'autre par des formes de passage, et il ne faudrait pas croire qu'elles sont toujours séparées par une ligne de démarcation bien nette ; il n'y a rien d'absolu dans cette division, pas plus que dans toute autre de celles qu'on a établies entre les divers éléments dérivés de la cellule.

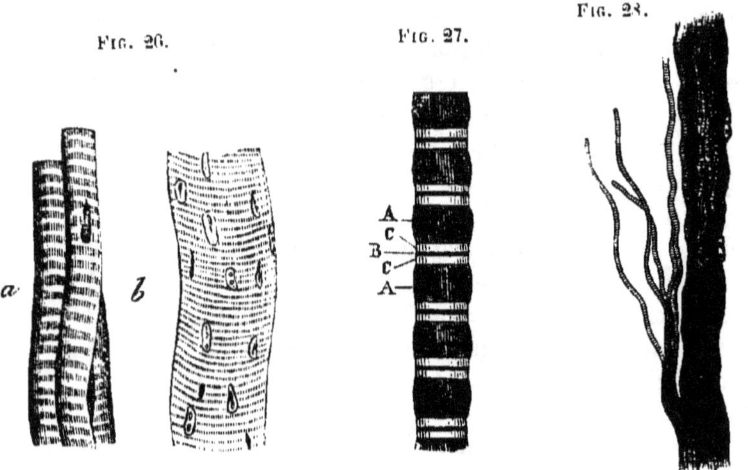

Fig. 26. — Fibres musculaires striées. — *a*, fibre musculaire d'un enfant à terme ; *b*, fibre traitée par un acide (300 diamètres).

Fig. 27. — Fibrille musculaire d'insecte isolée. — A, segment obscur (*Sarcous element*) ; B, bande obscure (disque intermédiaire) traversant le segment clair C (1000 diamètres).

Fig. 28. — Fibre musculaire divisée partiellement en fibrilles.

Ainsi, il n'y a pas de séparation rigoureuse entre les fibres-cellules et les cellules fusiformes du tissu conjonctif qui peuvent présenter également des phénomènes de contraction. On voit donc que le tissu musculaire se rattache par là au tissu conjonctif.

Physiologiquement, le tissu lisse se distingue du tissu strié par la lenteur avec laquelle il réagit sous l'influence nerveuse ; la contraction est longue à se produire et se maintient encore après que l'excitation a cessé ; dans les muscles striés, la contraction est rapide, brusque, et ne dépasse pas l'excitation en durée.

Tissu nerveux. — Ce tissu a un rôle physiologique considérable ; il transmet aux muscles l'impulsion motrice ; il est le siège de la sensibilité et de l'activité de l'âme. Il comprend deux sortes d'éléments : les *cellules nerveuses* ou *globules ganglionnaires* et les *fibres nerveuses.* Ces premières constituent les parties centrales et les secondes les parties périphériques du système nerveux, ou plutôt les cordons conducteurs qui vont à la périphérie et se terminent par des formations nerveuses spéciales servant à recevoir les impressions ou à provoquer l'activité des éléments avec lesquels elles sont en rapport (contraction musculaire, sécrétion glandulaire).

Les cellules nerveuses sont formées par une masse de protoplasma granuleux qui n'est pas toujours limitée extérieurement par une enveloppe distincte (fig. 29). On y distingue un noyau généralement pourvu d'un nucléole, et elles émettent des

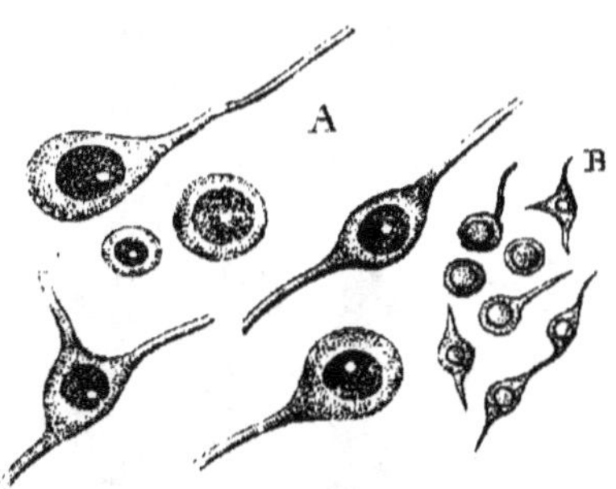

Fig. 29. — Cellules nerveuses.

prolongements qui relient les cellules entre elles ou qui forment par leur réunion les racines des nerfs. Les cellules sont dites *unipolaires, bipolaires, multipolaires* (fig. 30), suivant qu'elles ont un, deux ou plusieurs prolongements. L'existence des cellules *apo-*

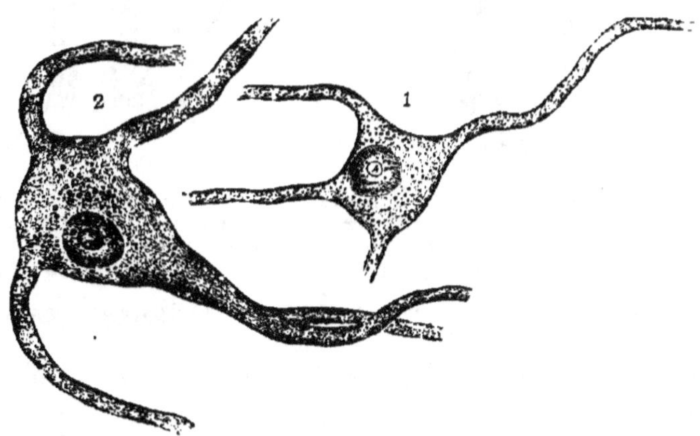

Fig. 30. — 1, cellules nerveuses multipolaires de la substance grise du cervelet. — 2, cellule de la substance grise du quatrième ventricule, d'après Morel.

laires, c'est-à-dire sans prolongements, est douteuse et niée par un certain nombre d'observateurs (Wagner).

Les fibres nerveuses se présentent sous deux formes différentes. Tantôt elles sont foncées sur leurs bords et contiennent une substance médullaire; tantôt elles sont pâles, homogènes et dépourvues de moelle. Les premières (fig. 31) sont composées d'une enveloppe conjonctive mince, *gaine de Schwann,* et d'une substance médullaire. Celle-ci réfracte fortement la lumière et présente à l'état frais une apparence homogène; mais bientôt elle se coagule et dessine une seconde ligne au dedans de celle qui correspond au bord de la fibre, d'où le nom de *fibre à double contour*, par lequel on la désigne souvent. On aperçoit aussi dans la moelle un filament central de nature albuminoïde, le *Cylindre-axe*, entouré par une matière grasse particulière, la *myéline*. Ces fibres sont

Fig. 31.   Fig. 32.

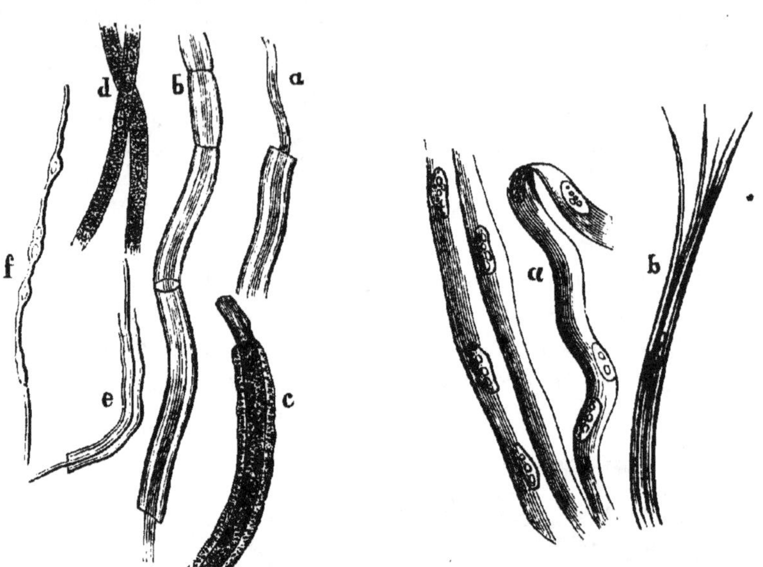

Fig. 31. — Différentes espèces de tubes nerveux. — *a*, tube nerveux de la Grenouille après traitement par l'alcool absolu ; *b*, tube nerveux du même animal après traitement par le collodion ; *c*, tube nerveux du *Pétromyzon* ; *d*, tube pris dans le nerf olfactif du Veau ; *e* et *f*, tubes nerveux pris dans le cerveau de l'Homme. — Préparation traitée par l'acide chromique (Frey).

Fig. 32. — Fibre de Remak chez le Veau. — *a*, filaments simples plats pourvus de noyaux ; *b*, fibre divisée en haut en fibrilles (Frey).

celles qui contiennent les nerfs cérébro-spinaux de la plupart des Vertébrés.

Les fibres pâles n'ont pas de moelle nerveuse et sont réduites au cylindre-axe et à la gaine de Schwann, avec des noyaux de distance en distance (fig. 32). Dans certains cas, le cylindre-axe se montre lui-même comme un faisceau composé de fibres très fines, qu'on a appelées les *fibrilles-axes* .Cette forme des fibres nerveuses est très fréquente chez les Invertébrés; on l'observe aussi dans le nerf olfactif des Vertébrés et dans le grand sympathique des mêmes animaux, où elles sont connues sous le nom de *Fibres de Remak*.

Souvent les nerfs des Invertébrés se montrent formés par l'assemblage de filaments ténus qui paraissent être des cylindres-axes réunis en faisceaux, et autour de chacun desquels on ne peut distinguer d'enveloppe. On voit donc que le cylindre-axe est l'élément le plus important du tube nerveux ; et en effet, dans l'union de ce tube avec la cellule nerveuse, c'est lui seul qui entre en connexion avec la substance dont celle-ci est formée, la moelle n'arrivant pas jusque-là.

Les fibres nerveuses se groupent entre elles et s'entourent de tissu conjonctif qui leur forme une enveloppe qu'on appellle *névrilème*. Le nerf résulte de la réunion d'un certain nombre de ces faisceaux secondaires. Les cordons nerveux ainsi constitués se terminent à la périphérie par des parties différenciées de diverses manières. Quelquefois ce sont de simples renflements analogues aux cellules ganglionnaires (plaques motrices, corpuscules tactiles), ou bien l'appareil terminal se complique, tout en ayant pour élément essentiel des cellules nerveuses modifiées, par l'adjonction de parties accessoires plus ou moins nombreuses formées de différents tissus (organes des sens).

III. — ORGANES ET INDIVIDUS

Les tissus que nous avons passés en revue se combinent de diverses manières et forment par leur réunion des parties du corps de structure plus ou moins compliquée, mais de forme définie et accomplissant des actes fonctionnels particuliers. Ce sont les *Organes*.

L'organe, dans son expression la plus simple, peut être représenté par une cellule unique, et nous en avons déjà donné un exemple dans la glande monocellulaire. Il y a là, en effet, une partie bien nettement différenciée et chargée d'une fonction déterminée, la sécrétion d'un produit spécial. Dans la plupart des cas, l'organe est formé par un grand nombre d'éléments agrégés entre eux, et comprend dans sa constitution plusieurs espèces de tissus : ainsi le cœur des animaux vertébrés renferme du tissu musculaire, différentes formes de tissu conjonctif, des épithéliums, du tissu nerveux.

On entend par *Système anatomique* un ensemble de parties présentant la même composition élémentaire, mais distribuées en divers points de l'organisme, où elles peuvent entrer dans la composition de différents organes ; c'est dans ce sens que l'on dit : système musculaire, système nerveux.

Un *Appareil* est formé, au contraire, par un groupe d'organes de constitution différente, mais en connexion anatomique directe et formant un tout coordonné pour l'accomplissement d'une fonction, comme l'appareil respiratoire, par exemple.

On sait que la cellule, cet élément primordial dont se composent les organismes, peut exister isolément et vivre d'une vie indépendante, auquel cas elle constitue ce qu'on appelle un *Individu*. Or, la plupart des êtres vivants étant formés, ainsi que nous l'avons indiqué déjà, par la réunion d'un nombre plus ou moins considérable de cellules, représentent par conséquent des sociétés. Le terme d'individu devrait donc être réservé aux unités organiques qui s'agrègent entre elles pour la constitution de ces sociétés, mais ce n'est pas dans ce sens qu'il est généralement employé, et on l'applique le plus souvent à ces sociétés elles-mêmes. Il importe donc de déterminer ce qu'on entend par ce mot, individu, et quelle signification on lui attribue. L'idée d'indivisibilité qu'il exprime (*individuum*) doit être écartée, depuis qu'on sait que certains animaux peuvent être coupés, divisés, sans cesser d'exister, et qu'on connaît des faits de reproduction par division ou scissiparité. Ce caractère n'est vrai que pour les animaux supérieurs et pour l'Homme.

On peut se placer pour l'appréciation de l'individualité, soit au point de vue morphologique, soit au point de vue physiologique. On appelle individu, morphologiquement parlant, toute agglomération de cellules qui représente sous une forme définie un tout distinct. Physiologiquement, l'individu est caractérisé par la faculté de mener une vie propre, indépendante ; mais ces notions de l'individualité ne sont pas toujours concordantes, et telle forme qui mérite d'être regardée comme un individu morphologique, ne représente pas nécessairement un individu physiologique. Ainsi il y a des animaux dits *polymorphes*, qui sont formés d'individus morphologiques réunis en certain nombre, et dont la vie est liée à celle de la communauté à laquelle ils appartiennent ; c'est cette communauté qui répond à l'idée d'individualité physiologique, vis-à-vis de laquelle les unités morphologiques composantes jouent le rôle d'instruments ou d'organes. De même, en effet, que les organismes élémentaires ou cellules se groupent en société pour former un ensemble organique plus complexe, correspondant à une individualité supérieure, de même ces composés cellulaires s'agrègent et se combinent diversement pour donner naissance à des assemblages dont ils représentent les parties constitutives. Chacune de ces nouvelles sociétés à son tour, par suite de la solidarité et des connexions qui existent entre ses diverses parties, doit être regardée comme un individu d'ordre plus élevé. Il y a donc lieu de distinguer diverses catégories d'individualités qui se présentent comme telles au point de vue morphologique, mais qui, dans la constitution d'un ensemble organique supérieur, ont une existence plus ou moins subordonnée à celle de cet ensemble. Ces catégories sont les suivantes :

1° Les organismes élémentaires, *Cellules* ou *Plastides* ;

2° Les agrégats qui résultent de l'union des cellules entre elles et qui sont très divers suivant la forme et l'arrangement de celles-ci : ce sont les *Organes* ;

3° L'ensemble qui résulte de la réunion d'un certain nombre d'organes en connexion plus ou moins étroite et concourant chacun par son rôle physiologique à la conservation de l'être collectif dont il fait partie. Cet ensemble représente une individualité supérieure aux précédentes et correspond à l'idée qu'on est habitué à se faire de l'individu envisagé dans les formes élevées de l'organisation. Haeckel donne aux individus de cet ordre le nom de *Personnes*.

Les organes unis pour constituer une individualité de rang plus élevé peuvent se grouper en parties similaires. Quand ces parties sont homotypes, c'est-à-dire placées symétriquement par rapport à un plan médian, on leur donne le nom d'*Antimères* (Haeckel). Quand elles se répètent avec la même structure et les mêmes fonctions le long de l'axe longitudinal, elles forment les *Zoonites* de Moquin-Tandon qui a le premier appelé sur ces faits l'attention des zoologistes (1); Haeckel les nomme *Métamères*. Chaque zoonite possède une autonomie réelle et suffisante dans certains cas pour qu'il puisse continuer à vivre en dehors de la collectivité à laquelle il appartenait; il constitue donc une individualité subordonnée mais supérieure à l'organe; on en peut dire autant des antimères.

Quelquefois les personnes se présentent groupées et unies entre elles morphologiquement, parfois même en connexion physiologique les unes avec les autres; elles forment alors par leur association des *Colonies*, *Cormes* d'Haeckel, correspondant à une individualité d'un ordre supérieur à la personne elle-même. L'existence de semblables agrégations animales constitue ce qu'on nomme Polyzoïsme; les polypes en fournissent un exemple bien connu.

En se plaçant uniquement au point de vue physiologique on arriverait sans peine à des individualités de rang plus élevé que les personnes; ainsi, chez tous les animaux à sexes séparés qui ne peuvent se reproduire que par l'accouplement, si les individus mâles et femelles ont la faculté de mener une vie indépendante sous le rapport de leur propre conservation, ils sont dans une dépendance mutuelle pour ce qui regarde leur reproduction ou la conservation de l'espèce. En pareil cas, le *Couple* forme donc une individualité physiologique supérieure à la personne et qui sert à son tour de base à des groupements plus importants.

---

(1) Moquin-Tandon, *Monographie de la famille des Hirudinées*. Montp., 1ʳᵉ édit. 1827, p. 89.

On voit par ce qui précède tout ce qu'il y a de relatif dans la notion de l'individualité zoologique et par quels degrés on passe de la cellule pouvant représenter une unité de vie indépendante, aux organismes les plus compliqués, assemblages variés d'éléments cellulaires dont les groupes diversement coordonnés ont le rôle d'instruments dans cet ensemble harmonique de phénomènes qui constitue la vie de l'animal. Nous devons examiner maintenant quelles sont les lois d'après lesquelles ces éléments s'unissent et s'associent pour la constitution des organismes.

CHAPITRE II

ACCROISSEMENT ET PERFECTIONNEMENT DES ORGANISMES

I. — DIFFÉRENCIATION DES ORGANES ET DIVISION DU TRAVAIL PHYSIOLOGIQUE

On a vu déjà que dans les animaux les plus simples, formés uniquement de protoplasma, les phénomènes dont se compose la vie avaient pour siège cette matière homogène et n'étaient localisés en aucun point; les fonctions, qui ne sont alors autre chose que les manifestations des propriétés de la matière vivante, n'ont pas d'organes à leur service et sont remplies indifféremment par toutes les parties de l'organisme. La fonction existe donc là en dehors de l'organe et, dans certains cas, on voit celui-ci se produire d'une façon temporaire, comme, par exemple, quand il se forme une cavité accidentelle pour la digestion d'une particule nutritive au sein de la masse protoplasmatique qui représente le corps d'une amibe. L'organe résulte ici de la localisation de la fonction, localisation passagère qui n'a rien de définitif, comme l'organe lui-même.

Cette localisation de la fonction n'est temporaire que dans les êtres les plus inférieurs; elle devient permanente, en même temps que la partie qui en est le siège se différencie morphologiquement des autres parties de l'organisme, aussitôt que celui-ci présente un degré moindre de simplicité. C'est un phénomène analogue à celui qui se produit dans la formation des tissus doués chacun de propriétés particulières et résultant de la différenciation d'éléments primitivement homogènes. On voit ainsi, au fur et à mesure que l'organisation se perfectionne, la localisation des fonctions s'accroître par l'attribution des divers actes dont elles se composent à des organes spéciaux. Les manifestations qui appartenaient à l'ensemble du corps constitué par du protoplasma sont dévolues à des parties de plus en plus distinctes par leur structure et ayant chacune un rôle particulier. C'est à Milne Edwards qu'appartient l'honneur d'avoir établi cette loi, que le perfectionnement des animaux est d'autant plus grand que la spécialisation des parties qui servent à l'accomplissement des fonctions est plus complète ou que la *division du travail physiologique* est poussée plus loin.

« Dès qu'on s'élève, dit-il, dans chacune des séries d'êtres de plus en plus parfaits dont l'ensemble compose le Règne animal, on voit la division du travail s'introduire de plus en plus complètement dans l'organisme; les facultés diverses s'isolent et se localisent; chaque acte vital tend à s'effectuer au moyen d'un instrument particulier, et c'est par le concours d'agents dissemblables que le résultat général s'obtient. Or, les facultés de l'animal deviennent d'autant plus exquises que cette division du travail est portée plus loin; quand un même organe exerce à la fois plusieurs fonctions, les effets produits sont tous imparfaits et chaque instrument physiologique remplit d'autant mieux son rôle que ce rôle est plus spécial (1). » Cette loi se vérifie non seulement quand on examine les formes si variées de l'organisation animale, mais encore quand on suit le développement d'un organisme en particulier qui, partant de la cellule, atteint souvent à un si haut degré de complication.

L'organisme se partage donc en parties d'autant plus distinctes et présente une structure d'autant plus complexe qu'il se perfectionne davantage, et la différenciation morphologique est un fait corrélatif de la division du travail physiologique. « De même que la similitude dans les fonctions des différentes parties du corps suppose l'uniformité dans leur mode de constitution, la diversité dans les rôles doit être accompagnée de particularités dans la structure et par conséquent aussi, plus la spécialité d'action et la division du travail sont portées loin, plus aussi le nombre de parties dissemblables doit augmenter et la complication de la machine s'accroître (2). »

On sait que les organismes sont formés par des agrégations de cellules, mais quelquefois l'être vivant est représenté par un seul de ces éléments et les actes vitaux sont alors réduits à leur plus grande simplicité ; ils consistent uniquement en un échange de matériaux avec le monde extérieur, échange qui s'effectue par voie d'endosmose à travers la paroi du corps, ainsi qu'on l'observe chez

(1) Milne Edwards, *Introduction à la Zoologie générale*, p. 38, et *Leçons sur la physiologie et l'anatomie comparées*, t. 1, p. 19.
(2) Milne Edwards, *loc cit.*, t. I, p. 20.

certains parasites, tels que les *Grégarines* et les *Opalines*. Le protoplasma qui constitue ces organismes inférieurs est en relation par
sa surface externe avec le milieu ambiant, et pour que les phénomènes de nutrition puissent s'accomplir, il faut que l'étendue de
cette surface soit suffisante par rapport au volume de la masse;
c'est ce qui a lieu généralement pour les cellules libres dans les
limites de grandeur où elles sont renfermées. Mais, quand des cellules s'unissent entre elles en nombre plus ou moins grand, comme
on le voit dans la constitution des organismes, la masse formée par
leur assemblage n'aurait plus qu'une surface relativement beaucoup
plus faible, et insuffisante pour l'accomplissement des fonctions
nutritives (absorption et exhalation). La vie ne peut donc se maintenir dans ce cas que si l'étendue de la surface est augmentée, et ce
résultat s'obtient tout d'abord par la formation d'une surface
interne, *Cavité digestive*. L'importance de dispositions semblables,
propres à assurer la vie individuelle des cellules groupées en
société, ressort de ce que les organismes présentent en général une
organisation d'autant plus élevée qu'ils renferment un nombre plus
considérable de ces éléments. Cette influence du nombre des éléments constitutifs sur l'énergie des manifestations vitales, et par
suite sur le degré de supériorité des animaux, a été très bien mise
en lumière par Milne Edwards. « Le raisonnement, dit-il, aussi
bien que l'observation, nous montre donc l'accroissement de la
masse du corps comme devant tendre à augmenter la puissance
physiologique des animaux, et comme cette puissance est un élément de supériorité, nous pouvons déjà prévoir que dans l'ensemble
de la création, il doit y avoir une certaine relation entre le rang
zoologique de ces êtres et la masse plus ou moins grande de matière
vivante que la nature affecte à la constitution de l'organisme dans
chaque espèce (1). » Or, cette masse, c'est-à-dire le nombre des
cellules constituantes, ne peut s'accroître que s'il y a augmentation
proportionnelle de la surface, condition réalisée en premier lieu
par la formation d'une cavité digestive. Avec l'apparition de cette
cavité, se présente l'application du principe de la division du travail. En effet, les mêmes fonctions ne sont pas dévolues à la couche
cellulaire externe et à la couche cellulaire interne, et chacune d'elles
offre dans sa structure des différenciations en rapport avec le rôle
physiologique qui lui appartient. La première est spécialement
affectée à la vie de relation, la seconde à la vie végétative. Cette
simplicité d'organisation se rencontre dans la forme larvaire
nommée *Gastrula* (Haeckel), et qui correspond à une première

(1) Milne Edwards, *Introd. à la Zool. gén.*, p. 25.

phase de développement d'un grand nombre d'animaux. La gastrula est constituée par deux couches, l'une externe formée de
petites cellules ciliées, l'autre interne et circonscrivant la cavité
digestive, formée de cellules plus grandes non ciliées.

Le perfectionnement ultérieur des organismes résulte d'une complication qui va toujours croissant, mais qui s'obtient par les mêmes
procédés : extension des surfaces, différenciation successive des parties. Ainsi, on voit l'étendue des surfaces s'augmenter dans le
développement des organes respiratoires (poumons, branchies) et
dans celui des organes glandulaires ; dans la formation, entre les
deux lames cellulaires externe et interne, d'une cavité nouvelle
(cavité générale) qui a une grande importance, car c'est là que
prennent naissance l'appareil vasculaire et le liquide nourricier ou
sang. Ce liquide constitue un *milieu intérieur* (Claude Bernard)
qui fournit aux cellules dans la profondeur de l'organisme les matériaux de leur nutrition, et par conséquent joue vis-à-vis d'elles le
même rôle que le milieu ambiant vis-à-vis des cellules isolées et
libres. En même temps, se forment par différenciation morphologique les divers tissus et se produisent ces dispositions organiques
variées, en rapport avec la subdivision des fonctions, qu'on observe
dans les animaux.

La supériorité des organismes repose donc sur une division du
travail physiologique de plus en plus marquée, et cette division
implique un fractionnement de plus en plus grand du corps en parties différenciées et spécialement chargées de l'accomplissement des
actes fonctionnels dont se compose la vie. Dans l'état de complication organique qui en est la conséquence, il importe de rechercher
quels sont les rapports qui unissent ces différentes parties entre
elles pour la constitution de l'assemblage harmonique représenté
par l'être vivant.

II. — LOIS QUI RÉGISSENT LES ORGANES DANS LEURS RAPPORTS RÉCIPROQUES

La différenciation morphologique qui accompagne la division du
travail physiologique, produit cette grande diversité de formes qu'on
remarque dans les animaux, bien que tous aient la cellule pour
origine. Cette différenciation a pour conséquence la multiplication
des organes dont se composent les organismes; mais ces organes,
quels que soient leur nombre et leur complexité, concourent à un
résultat commun, à l'accomplissement des phénomènes fonctionnels
par lesquels se manifeste la vie. Ils sont coordonnés de telle sorte
que la structure de chacun d'eux est dans un rapport déterminé avec

la structure des autres, « car il est évident, dit Cuvier, que l'harmonie convenable entre les organes qui agissent les uns sur les autres, est une condition nécessaire de l'existence de l'être auquel ils appartiennent (1). » Cet état de dépendance réciproque ou de *corrélation* des organes constitue un principe fondamental en zoologie ; c'est grâce à lui qu'on peut déduire de la forme d'un organe celle de plusieurs autres, et souvent même de l'organisme tout entier.

Cuvier a insisté sur ce point dans son *Discours sur les révolutions du globe* : « Tout être organisé forme un ensemble, un système unique et clos dont les parties se correspondent mutuellement et concourent à la même action définitive par une réaction réciproque. Aucune de ces parties ne peut changer sans que les autres changent aussi; et par conséquent chacune d'elles, prise séparément, indique et donne toutes les autres. Ainsi, si les intestins d'un animal sont organisés de manière à ne digérer que de la chair et de la chair récente, il faut aussi que ses mâchoires soient construites pour dévorer une proie ; ses griffes pour la saisir et la déchirer; sés dents pour la couper et la diviser; le système entier de ses organes du mouvement pour la poursuivre et pour l'atteindre, ses organes des sens pour l'apercevoir de loin; il faut même que la nature ait placé dans son cerveau l'instinct nécessaire pour savoir se cacher et tendre des pièges à ses victimes. Telles sont les conditions générales du régime carnivore; tout animal destiné pour ce régime les réunira infailliblement, car sa race n'aurait pu subsister sans elles, etc. (2). »

On sait avec quel succès Cuvier s'est servi de ce principe pour reconstruire, à l'aide de quelques-unes de leurs parties seulement, nombre d'animaux éteints et disparus ; il a fondé ainsi une science nouvelle, la *Paléontologie*. — C'est par la comparaison des organes qu'on arrive à la connaissance de leurs rapports; or, cette comparaison peut être poursuivie dans un seul et même animal ou dans des animaux de forme et d'organisation différentes.

L'étude des rapports que présentent entre elles les diverses parties d'un même individu, constitue la recherche des *homologies*; elle fait connaître les répétitions de pièces similaires, quoique modifiées dans leur forme, qu'on trouve dans le corps de chaque animal. C'est Vicq d'Azyr (1774) qui a le premier envisagé les organes à ce point de vue, dans un mémoire consacré à la comparaison des membres antérieurs et postérieurs de l'Homme et des

(1) Cuvier, *Leçons d'anatomie comparée*, 2ᵉ édition, p. 50.
(2) Cuvier. *Discours sur les révolutions*, etc., 6ᵉ édit., 1830, p. 98.

Quadrupèdes (1). Cette même étude a été reprise depuis par divers anatomistes, et, en dernier lieu, par le professeur Martins, à qui l'on doit la démonstration, complétée depuis par Julien (2), de cette homologie (3). Par l'application du principe des homologues, on est arrivé de même à admettre qu'un certain nombre de vertèbres modifiées entrait dans la constitution de la tête. C'est à Gœthe qu'appartient la première idée de la composition vertébrale de la tête (1791); mais il ne publia ses vues à ce sujet que plus tard, alors que déjà Oken, en Allemagne (1807), et Duméril, en France (1808), eurent soutenu cette interprétation dans des travaux presque simultanés. Cette question a fixé l'attention de la plupart des zoologistes qui ont suivi, et la théorie vertébrale de la tête, combattue par Cuvier, a été défendue, bien qu'avec des divergences d'opinion dans la détermination des vertèbres constitutives, par des naturalistes éminents, tels que de Blainville, Carus, Geoffroy Saint-Hilaire, Richard Owen.

La comparaison des animaux entre eux et celle des différentes parties dont leur corps est constitué, de façon à établir leurs rapports ou leurs ressemblances, est aussi ancienne que la Zoologie elle-même, car on en trouve déjà l'indication dans les écrits d'Aristote. « Il y a, dit-il, des animaux tels que toutes les parties des uns sont semblables aux parties correspondantes des autres... Il y a d'autres animaux dont on ne peut pas dire que les parties sont de même figure, ni qu'elles diffèrent du plus au moins ; on peut seulement établir une *analogie* entre les unes ou les autres. C'est ainsi que la plume étant à l'Oiseau ce que l'écaille est au Poisson, on peut comparer les plumes et les écailles, et de même les os et les arêtes, les ongles et la corne, la main et la pince de l'Écrevisse. Voilà de quelle manière les parties qui composent les individus sont les mêmes et sont différentes (4). » Mais, la recherche des rapports de similitude que présentent les organes dans les différents animaux n'a pris de l'importance que depuis les travaux d'Ét. Geoffroy Saint-Hilaire, qui en a posé les principes et qui a ainsi créé la *Théorie des analogues* (5). Il a établi les règles qui doivent con-

(1) Vicq d'Azyr, *Mém. de l'Acad. des sc.*, 1774, p. 254.

(2) *De l'homotypie des membres thoraciques et abdominaux*, 1879.

(3) Ch. Martins, *Nouvelle comparaison des membres pelviens et thoraciques chez l'homme et chez les mammifères, déduite de la torsion de l'humérus* (*Mém. de l'Acad. des sciences et lettres de Montpellier*, 1857).

(4) Aristote, *Histoire des animaux*, trad. de Camus, 1783, t. 1, p. 5.

(5) Les termes *homologue* et *analogue* sont souvent employés aujourd'hui dans une acception un peu différente de celle qu'ils avaient primitivement ; on appelle homologues les organes qui ont la même signification morphologique, et analogues ceux qui ont le même rôle physiologique.

duire à la détermination réelle des organes et à la découverte des analogies *cachées*, c'est-à-dire qui ne se présentent pas avec le caractère de l'évidence.

Deux principes surtout doivent servir de guide dans la recherche des analogies : le principe des *connexions* et le principe du *balancement des organes*. Le premier est celui de la fixité des rapports de position que présentent les organes entre eux, rapports qui restent constants alors que la forme et les usages de ces parties ont changé. « Un organe, dit Geoffroy Saint-Hilaire, est plutôt altéré, atrophié, anéanti que transposé (1). » Et si cette loi n'est pas aussi absolue que le pensait son auteur, elle est néanmoins très générale et d'un emploi des plus féconds pour la détermination des analogues. Le second principe est celui du balancement des organes. « J'appelle ainsi, dit Geoffroy Saint-Hilaire, cette loi de la nature vivante en vertu de laquelle un organe normal ou pathologique n'acquiert jamais une prospérité extraordinaire qu'un autre de son système ou de ses relations n'en souffre dans une même raison (2). » Chose remarquable ! ces idées, émises par le créateur de l'anatomie philosophique en France, avaient été indiquées par l'illustre Gœthe, en Allemagne, dans des travaux demeurés d'abord inédits. Le principe des connexions est nettement exprimé dans ces passages : « L'ostéogénie est constante en ce qu'un même os est toujours à la même place, en ce qu'il a toujours la même destination. » — « Ce qui est constant, c'est la place qu'un os occupe dans l'économie et le rôle qu'il y joue (3). » Le principe du balancement organique se retrouve tout entier dans les lignes suivantes : « Il existe une loi en vertu de laquelle une partie ne saurait augmenter de volume qu'aux dépens d'une autre, et *vice versâ*... Le total général au budget de la nature est fixé ; mais elle est libre d'affecter les sommes partielles à telle dépense qu'il lui plaît. Pour dépenser d'un côté, elle est forcée d'économiser de l'autre ; c'est pourquoi la nature ne peut jamais ni s'endetter ni faire faillite (4). »

C'est par la connaissance des analogies qu'on arrive à établir la véritable nature des organes qui, atrophiés et inutiles dans certaines espèces, ont été qualifiés de *rudimentaires*. Par exemple, le repli semi-lunaire situé à l'angle interne de l'œil chez l'Homme est la trace de la troisième paupière qui défend l'œil des Oiseaux contre l'action trop vive des rayons solaires ; le plantaire grêle, petit

<hr>

(1) Et. Geoffroy Saint-Hilaire, *Philosophie anatomique*, t. I, p. 30.
(2) *Ibid.*, t. II, p. 33.
(3) Gœthe, *Œuvres d'hist. nat.*, trad. par Ch. Martins, p. 11 et 19.
(4) *Ibid.*, p. 30.

muscle long et mince placé à la partie postérieure de la jambe, sans
usage dans notre espèce, représente un muscle puissant qui, très
développé chez certains carnivores, leur permet d'exécuter des
bonds prodigieux.

Les rapprochements les plus intéressants ressortent de la considération des analogies. Ainsi, par elle on a reconnu que les mains
de l'Homme, les membres antérieurs des Mammifères ou des Reptiles, les ailes des Chauves-souris ou des Oiseaux, les nageoires
thoraciques des Poissons, ne sont que des modifications d'un même
organe. De là résulte, comme conséquence, que la même partie
peut être adaptée à des fonctions différentes, car les usages auxquels sont employés les membres antérieurs varient chez ces divers
animaux ; l'instrument qui sert si merveilleusement à la préhension
chez l'Homme, est approprié au vol dans la Chauve-souris, à la progression chez les Quadrupèdes, à la natation chez les Poissons. Des
recherches de même ordre ont permis à Savigny de démontrer que
les appendices buccaux des Insectes, tantôt disposés pour broyer les
aliments, tantôt pour aspirer les sucs des végétaux ou le sang des
animaux, n'en étaient pas moins, malgré cette variété de formes,
composés des mêmes parties diversement modifiées et n'étaient
autre chose en réalité que des pattes transformées. Ces vues ont
été étendues à l'organisation tout entière des Articulés par les
travaux ultérieurs d'Audouin, de Milne Edwards et de Lacaze-Duthiers.

La considération des organes analogues dans les différents animaux a servi de base à la doctrine de l'*Unité de composition*, d'après
laquelle tous les organismes, sous une apparente diversité de
formes, seraient constitués d'après un même type d'organisation.
Cette idée, déjà énoncée d'une façon plus ou moins explicite dans
les écrits de quelques zoologistes, et entre autres de Buffon, fut
nettement formulée par Et. Geoffroy Saint-Hilaire, en 1796, dans
les termes suivants : « La nature, dit-il, a formé tous les êtres
vivants sur un plan unique, essentiellement le même dans son principe, mais qu'elle a varié de mille manières dans toutes ses parties
accessoires (1). » Depuis lors, tous les travaux de cet illustre
naturaliste eurent pour but la démonstration de cette théorie,
qu'il considérait comme « la conclusion la plus élevée de ses
recherches ».

L'idée de l'unité de composition repose sans contredit sur une
généralisation excessive des rapports de similitude que présentent
les animaux dans leur organisation ; celle-ci, en effet, ne répond

(1) Et. Geoffroy Saint-Hilaire, *Mém. sur les Makis (Mag. encycl.,* t. I, p. 20).

pas à un seul et même schéma, mais bien à des types différents ou plans d'organisation de Cuvier. Toutefois, si les vues de Geoffroy Saint-Hilaire ne se sont pas confirmées sur ce point, ses travaux n'en ont pas moins été féconds en résultats de la plus haute importance pour les progrès de la Zoologie.

L'examen des homologies et des analogies montre que les mêmes parties sont répétées dans les organismes et adaptées à des usages différents par suite de modifications plus ou moins profondes, sans que le plus souvent des organes nouveaux interviennent pour remplir des fonctions nouvelles. C'est là une loi que Milne Edwards a appelée *loi d'économie* et dont il a fait ressortir l'influence par de nombreux exemples (1). On observe donc comme un fait général dans la constitution des animaux la répétition de parties similaires diversement modifiées en vue d'un perfectionnement de l'organisme, mais on voit aussi un phénomène inverse se produire parfois et avoir au contraire pour résultat une simplification de l'organisme. C'est celui qu'on désigne par le nom de *rétrogradation* ou *réduction*.

La rétrogradation se manifeste comme la conséquence d'une adaptation à des conditions particulières d'existence; elle peut frapper le corps tout entier ou seulement une de ses parties. Ainsi le manque d'usage amène l'atrophie des organes : les animaux, par exemple, qui vivent dans l'obscurité deviennent aveugles; chez eux les yeux ont disparu ou sont du moins très imparfaitement développés. Tels sont ceux de la Taupe ordinaire, ceux du Chrysochlore du Cap, du *Ctenomys* de l'Amérique du Sud dont la vie est également souterraine; les Cécilies et les Protées, qui habitent les lacs souterrains de la Carniole, sont aveugles, etc. Qui ne sait que les membres se fortifient par l'exercice et diminuent au contraire de volume par le repos prolongé? C'est à un phénomène de rétrogradation que sont dus ces organes rudimentaires dont nous avons parlé plus haut, et qui, sans utilité pour l'organisme, se transmettent néanmoins par hérédité et se réduisent ainsi progressivement avant de disparaître.

L'influence des conditions d'existence comme cause de rétrogradation s'exerçant sur l'ensemble de l'organisme, se montre de la manière la plus évidente dans les cas de parasitisme. En effet, c'est l'hôte du parasite qui accomplit en majeure partie le travail nécessaire pour assurer la vie de celui-ci et les organes tendent chez lui à s'atrophier en raison de leur inutilité. Ainsi, le parasite fixé au sein d'un autre organisme cesse d'être en rapport avec le monde

(1) Milne Edwards, *Introd. à la Zoologie générale*, p. 9 et suiv., p. 61 et suiv

extérieur et la rétrogradation porte tout d'abord sur les appareils de la vie de relation ; de plus, les matériaux nutritifs lui étant fournis par son hôte prêts à être absorbés, l'appareil digestif se simplifie et peut même disparaître dans certains cas, la nutrition se faisant alors uniquement par endosmose (Cestoïdes).

Au cours du développement de l'être, la rétrogradation peut concourir, bien que d'une manière indirecte, à la production d'un état supérieur d'organisation en atteignant des organes ou des appareils provisoires dont le rôle est borné à une certaine phase de ce développement. C'est ce qui arrive quand disparaissent certains organes appartenant à des formes larvaires, comme, par exemple, les branchies du têtard.

On voit comment la connaissance des lois qui régissent la constitution des animaux explique la production de cette étonnante variété de formes qu'on observe dans les êtres vivants et qui résulte de simples modifications, subies par des parties similaires, mais adaptées à des fonctions différentes.

CHAPITRE III

STRUCTURE ET FONCTIONS DES ORGANES EN GÉNÉRAL

Les organes envisagés au point de vue de leurs fonctions peuvent être divisés, comme ces fonctions elles-mêmes, en deux groupes principaux :

1° Les organes qui servent aux relations de l'être vivant avec le monde extérieur : organes de la vie animale ;

2° Les organes qui sont affectés à la conservation de l'être et qui se subdivisent en organes de la vie végétative ou de nutrition et organes de reproduction ; suivant qu'il s'agit de la conservation de l'individu ou de la conservation de l'espèce.

Il importe, pour avoir une idée générale de la constitution des animaux, de jeter un coup d'œil sur la structure et les fonctions de ces organes.

I. — ORGANES DE LA VIE ANIMALE

Le corps est en rapport par sa surface avec le milieu qui l'entoure : c'est par elle qu'il reçoit les impressions venues du dehors. Quand il est constitué simplement par du protoplasma, une portion quelconque de cette masse homogène peut venir à la surface toujours formée par une couche de substance que ne distingue aucun caractère particulier; mais dans beaucoup d'organismes inférieurs on voit déjà cette couche externe présenter des modifications qui la différencient du contenu placé à l'intérieur. Elle représente alors la forme la plus simple de l'enveloppe tégumentaire, telle qu'on peut l'observer dans certains animaux monocellulaires : c'est cette couche périphérique qu'on appelle *membrane cellulaire* quand elle se montre distincte dans la cellule. Les téguments se compliquent en même temps que le corps lui-même, qui n'offre que rarement un pareil degré de simplicité. On les trouve formés par des épithéliums (Cœlentérés) ou par des épithéliums et du tissu conjonctif; puis on voit du tissu musculaire, des nerfs... entrer dans leur composition et, dans les animaux supérieurs, la peau se présente comme un organe de structure complexe.

Souvent les cellules épithéliales, ou des glandes monocellulaires qui en dérivent, produisent par sécrétion des parties solides qui contiennent des matières calcaires en quantité plus ou moins grande, et qui jouent un rôle important comme organes de protection ou de soutien. Telles sont les coquilles des Mollusques et ces formations tégumentaires, dures et résistantes, qu'on observe chez les Articulés et qui constituent leur squelette dermique.

La locomotion, cette fonction qui caractérise à un si haut degré la vie animale, n'est produite dans les conditions les plus simples que par la contractilité du protoplasma; le mouvement résulte des changements de forme que le corps éprouve par suite de cette contractilité. D'autres fois la matière sarcodique projette des expansions ou des filaments nommés *Pseudopodes* qui servent à faire mouvoir l'animal en se fixant par leur extrémité et en se contractant ensuite de façon à rapprocher le corps du point où ils sont attachés (Rhizopodes). Les premiers organes de locomotion qui se montrent, par suite d'une différenciation plus avancée, sont les *cils vibratiles* dont les mouvements rapides déterminent le déplacement de l'animal (fig. 33). Ils sont très répandus chez les animaux inférieurs, occupant tantôt toute la surface du corps (Turbellariés), tantôt seulement une partie de cette surface (Rotateurs, beaucoup d'Infusoires). Souvent on observe la présence de cils vibratiles pendant les premières phases de développement, tandis qu'ils disparaissent ensuite (Cœlentérés, la plupart des Vers et des Mollusques).

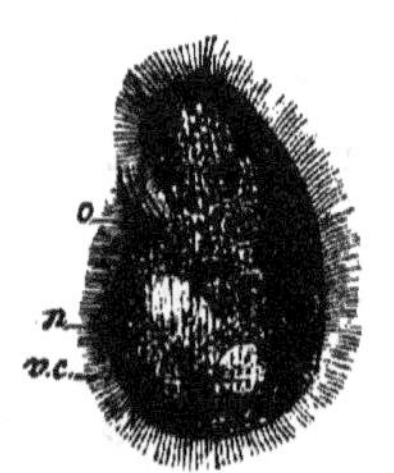

FIG. 33. — *Kolpoda parvifrons*. — Infusoire cilié. — o, bouche; n, nucléus; v, c, vésicule contractile (Claparède et Lachmann).

Chez les animaux d'une organisation plus élevée, on voit apparaître l'élément essentiellement moteur, c'est-à-dire le tissu musculaire. Il se montre **d'abord en connexion** intime avec la peau, formant ainsi au corps **une enveloppe musculo-dermique** qui, par des mouvements alternatifs de contraction et de dilatation, amène la progression de l'animal (Vers). Les fibres musculaires affectent des dispositions variables et donnent parfois naissance à des organes particuliers : ainsi, chez certains Vers (Hirudinées, Trématodes), elles forment par places des *ventouses* composéesde faisceaux annu-

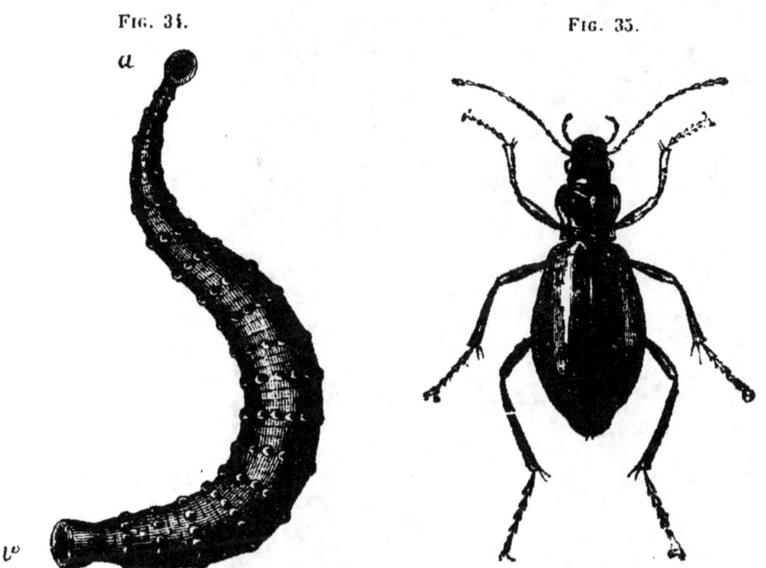

Fig. 34. — Ventouses (*Pontobdella verrucosa*) (Moquin-Tandon, *Monogr. des hirudinées*). — *a*, ventouse orale ; *v*, ventouse anale.
Fig. 35. — Membres d'un Articulé. — Carabe.

laires ou rayonnants (fig. 34); chez les Mollusques gastéropodes, elles se réunissent à la face inférieure du corps où elles constituent un organe qui sert essentiellement à la locomotion et qui est connu sous le nom de *pied*. Dans les organismes pourvus de parties solides comme pièces de soutien et composés de segments placés à la suite les uns des autres, on trouve des groupes de muscles similaires correspondant à chacun de ces métamères (Articulés, Vertébrés). Les parties solides appartiennent à un squelette épidermique extérieur ou à une charpente osseuse placée à l'intérieur du corps : squelette intérieur des Vertébrés. La locomotion résulte alors de la mobilité des segments ou anneaux les uns par rapport aux autres, tant qu'il ne se produit pas un état supérieur de perfectionnement marqué par la formation d'appendices affectés d'une façon spéciale au mouvement : ce sont les *membres*. Ceux-ci se présentent d'abord comme de simples prolongements de l'enveloppe musculo-dermique auxquels Huxley a donné le nom de *Parapodes* (Annélides) ; mais sous cette forme ils ne peuvent se mouvoir par eux-mêmes et n'agissent comme organes locomoteurs que par le mouvement des anneaux qui les portent. Les membres proprement dits composés de pièces mobiles et articulées ont pour point d'appui le squelette externe dans les Arthropodes (fig. 35) et le squelette intérieur dans les Vertébrés (fig. 36); ils représentent des leviers qui sont mus par les muscles auxquels ils donnent attache et réalisent ainsi le mode de locomotion le plus parfait.

On sait que la sensibilité est, comme la contractilité, une propriété de la matière vivante; chez les animaux les plus simples elle n'est

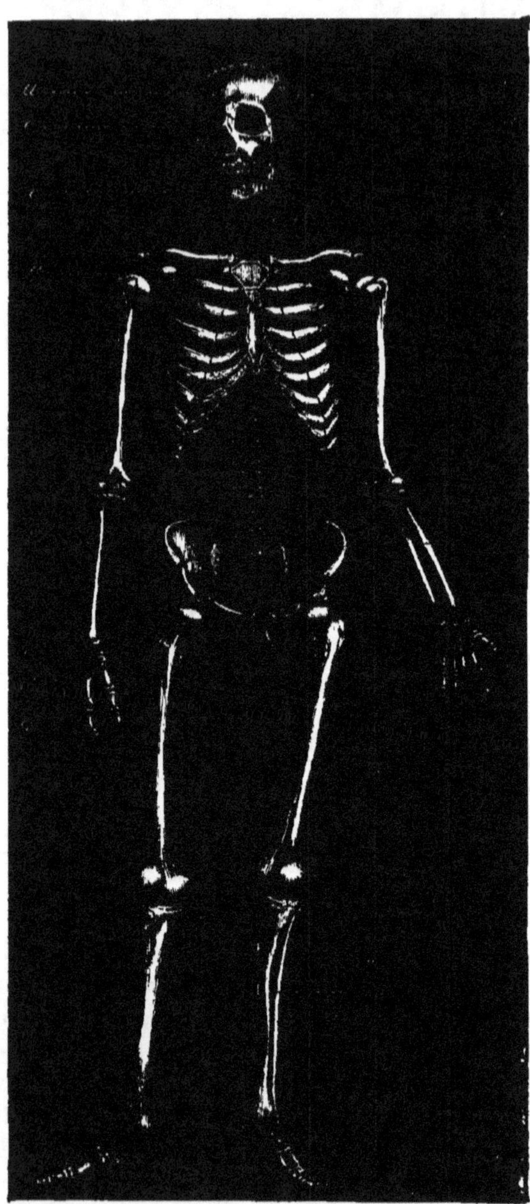

Fig. 36. — Squelette humain. — *a*, os frontal ; *b*, os pariétal ; *c*, orbite ; *d*, os temporal ; *e*, mâchoire inférieure ; *f*, vertèbres cervicales ; *g*, omoplate ; *h*, clavicule ; *i*, humérus ; *k*, vertèbres lombaires ; *l*, os iliaque ; *m*, cubitus ; *n*, radius ; *o*, os du carpe ; *p*, os du métacarpe ; *q*, phalanges ; *r*, fémur ; *s*, rotule ; *t*, tibia ; *u*, péroné ; *v*, tarse ; *x*, métatarse ; *y*, phalanges.

localisée dans aucune partie déterminée du corps, mais dans les organismes plus élevés, elle a pour siège le système nerveux qui apparaît par différenciation de la substance fondamentale. Il semble y avoir des degrés dans cette différenciation qui, d'après les observations de Kleinenberg (1), se montre incomplètement réalisée dans les cellules dont se compose le revêtement externe de l'hydre d'eau douce. Ces cellules sont munies de prolongements musculaires, tandis qu'elles-mêmes sont dépourvues de contractilité et ont pour rôle de recevoir les excitations venues du dehors pour les transmettre à la partie contractile. Le même élément est donc nerveux dans une de ses parties, musculaire dans l'autre, d'où le nom de néuro-musculaires donné par Kleinenberg aux cellules de cette sorte.

Le système nerveux à l'état le plus simple est représenté par une partie centrale composée de cellules, ou *ganglion*, d'où partent des filaments, fibres nerveuses, qui vont à la périphérie du corps (Bryozoaires). Les différentes formes de ce système dans ses complications ultérieures résultent de l'union d'un certain nombre de ganglions reliés suivant une disposition déterminée. Dans les Radiaires, cette disposition est rayonnée, comme le corps lui-même de l'animal, et à chacun des rayons correspond un centre nerveux; ces centres sont unis par des commissures formant un anneau nerveux qui entoure la bouche (fig. 37).

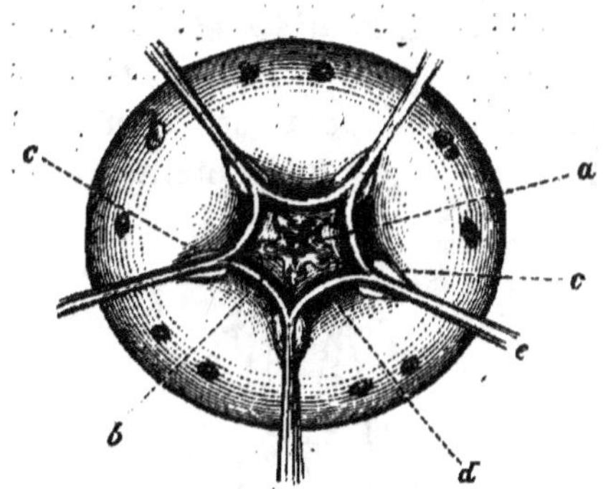

FIG. 37. — Système nerveux d'un Radiaire (*Echinus*). — *a*, œsophage coupé en travers; *b*, fond de la cavité buccale; *c, c*, bandelettes qui lient ensemble les extrémités des pyramides de l'appareil masticateur; *d*, commissures nerveuses formant autour de l'œsophage un anneau pentagonal; *e*, troncs nerveux rayonnants (Krohn).

La disposition est bilatérale chez les animaux qui sont constitués suivant ce type; une paire de ganglions placés sur les côtés ou au-dessus de l'œsophage, et émettant des nerfs dans différentes directions, voilà à quoi se réduit ce système chez certains des animaux les plus inférieurs (Turbellariés, Rotateurs); mais le plus souvent ces ganglions, dits sus-œsophagiens, sont unis par des cordons latéraux à une seconde masse ganglionnaire placée au-dessous de l'œsophage (ganglions sous-œsophagiens), et cet ensemble constitue autour de cet organe un collier nerveux auquel on donne le nom d'*anneau œsophagien* (Mollusques, Articulés) (fig. 38 et 39). De ces

(1) Kleinenberg, *Hydra, Eine anatomisch-entwickelungsgeschichtliche Untersuchung*. Leipzig, 1872.

SICARD.   4 ganglions partent différents nerfs, et ceux qui sont destinés aux organes des sens ont leur origine dans les ganglions supérieurs, qui pour ce motif sont aussi appelés *cérébroïdes*.

Parfois, outre ces ganglions qui appartiennent au collier œsophagien, il n'en existe qu'une seule paire située en arrière (Mollusques acéphales, fig. 38) mais quand le corps des animaux est composé de métamères, le nombre des ganglions augmente, car il y en a alors une paire pour chaque segment. Ces ganglions, placés dans la région ventrale et reliés entre eux par des connectifs, constituent la *double chaîne ganglionnaire abdominale* qui caractérise le système nerveux des Annélides et des Arthropodes (fig. 39). Les deux troncs longitudinaux dont se compose cette chaîne se présentent dans

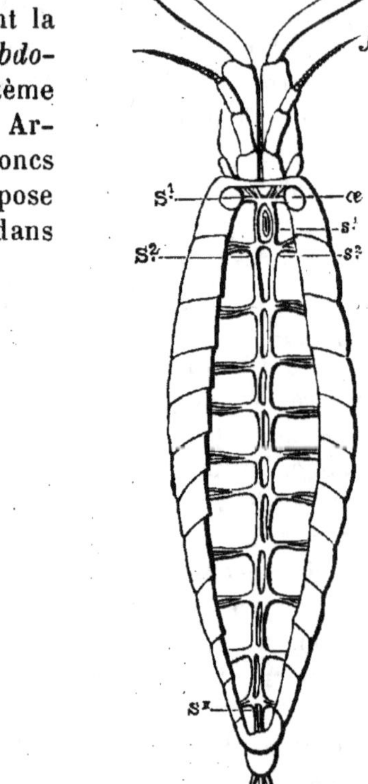

Fig. 39.

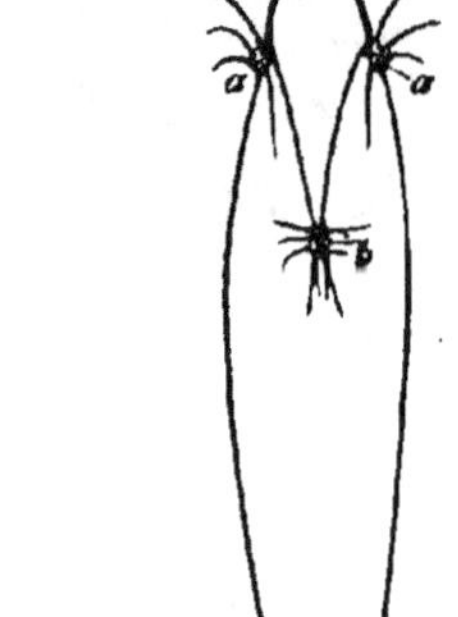

Fig. 38.

Fig. 38. — Système nerveux d'un Mollusque (Anodonte). — *a*, ganglions œsophagiens supérieurs ou cérébroïdes ; *b*, ganglions œsophagiens inférieurs ou pédieux ; *c*, ganglions branchiaux ou viscéraux (Gegenbaur).

Fig. 39. — Système nerveux d'un Articulé (Talitre). — *j*, antenne ; *j'*, antenne interne ; *œ*, yeux ; S¹, ganglions sus-œsophagiens ; S², ganglions sous-œsophagiens ; Sˣ, onzième paire de ganglions ; *s¹*, cordons latéraux qui embrassent l'œsophage et unissent les ganglions cérébroïdes aux ganglions sous-œsophagiens, formant ainsi l'*anneau œsophagien* ; *s²*, seconds cordons interganglionnaires.

certains cas écartés l'un de l'autre (Malacobdelles), mais le plus souvent ils sont rapprochés sur la ligne médiane et plus ou moins confondus en un seul. Il se produit en outre des différenciations, résultant d'une concentration plus ou moins grande de ces ganglions qui se fusionnent entre eux comme les métamères auxquels ils appartiennent, pour constituer des masses plus volumineuses, par un phénomène dit de coalescence (beaucoup d'Arthropodes).

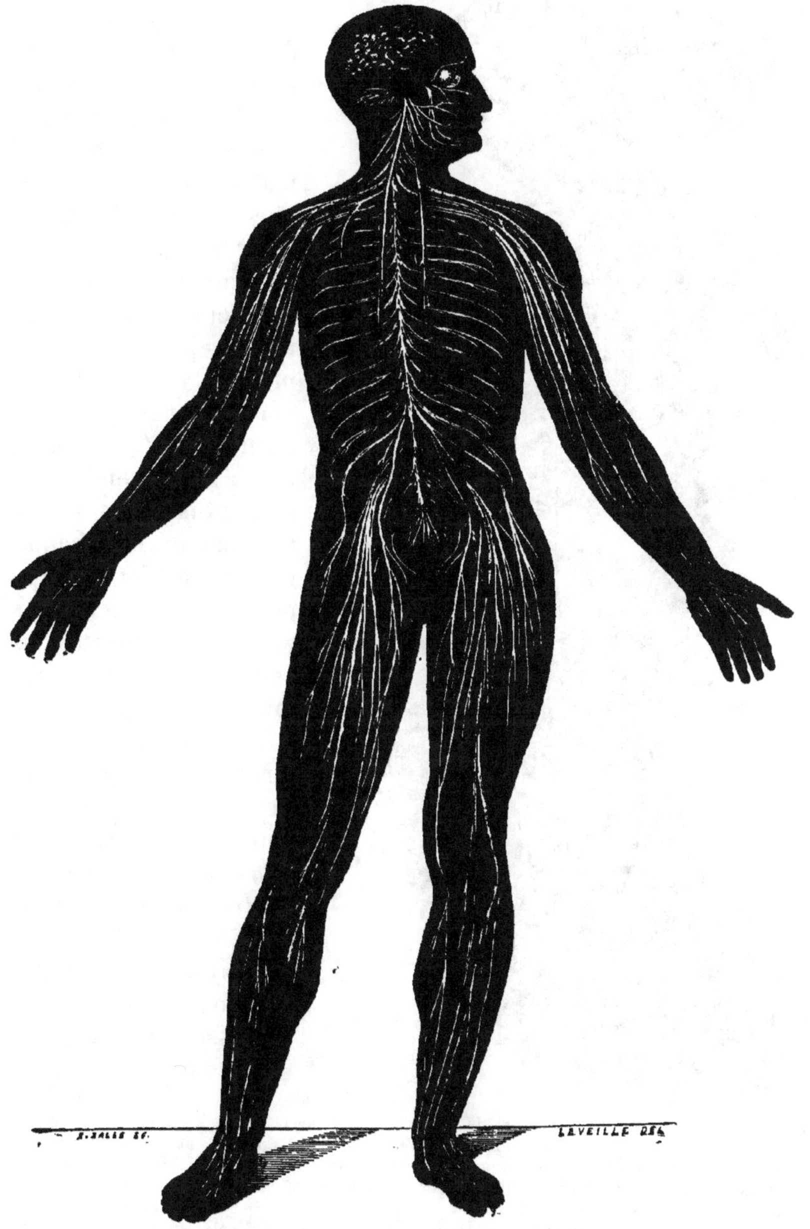

FIG. 40. — Système nerveux cérébro-spinal de l'Homme.

Dans les Vertébrés, les centres nerveux se présentent sous forme d'un long cordon qui occupe la ligne médiane de la région dorsale,

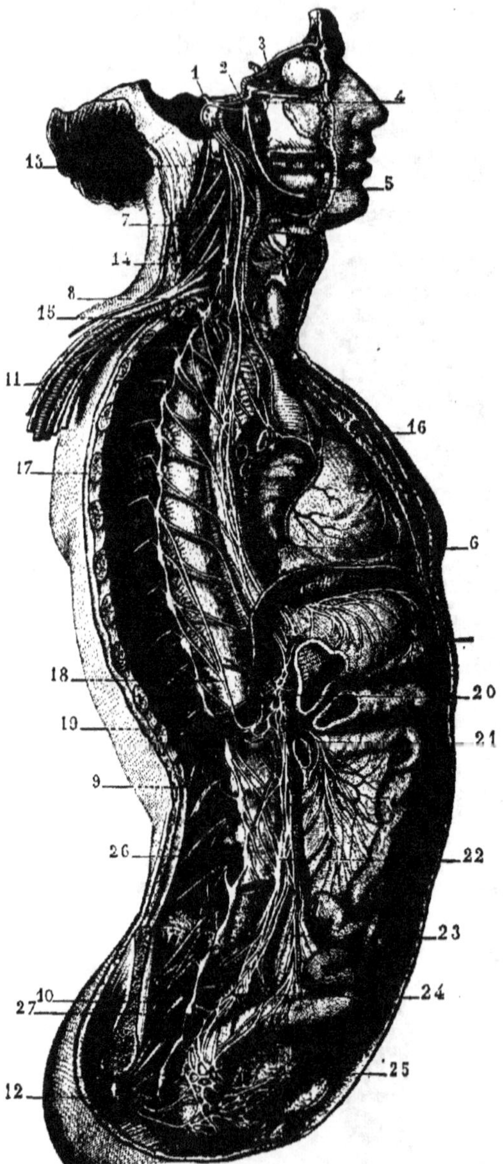

et se trouve contenu dans le canal rachidien formé par la succession des anneaux vertébraux. C'est la *moelle épinière*, dont l'extrémité antérieure est renflée et différenciée en une partie spéciale, le *cerveau*, qui existe plus ou moins développé chez tous les Vertébrés, à l'exception de l'Amphioxus. De cet axe nerveux (*névraxe*, Ch. Robin, *myélencéphale*, Owen) naissent, par paires disposées symétriquement de chaque côté, les nerfs qu'on appelle Nerfs rachidiens et qui sont affectés au service de la vie de relation (fig. 40).

Chez les animaux inférieurs, les organes de la vie végétative reçoivent des nerfs qui émanent des mêmes centres que les nerfs sensitifs ; chez les animaux d'une organisation plus élevée apparaissent pour cet usage, des parties distinc-

FIG. 41. — Système nerveux viscéral de l'Homme. — **1**, nerf facial; **2**, ganglion otique ; **3**, ganglion ophthalmique; **4**, ganglion sphéno-palatin ; **5**, nerf lingual; **6**, nerf pneumogastrique droit ; **7**, branche antérieure du cinquième nerf cervical; **8**, première branche antérieure intercostale ; **9**, première branche antérieure lombaire ; **10**, première branche antérieure sacrée ; **11**, nerfs du plexus brachial ; **12**, plexus lombaire ; **13**, cordon cervical du grand sympathique ; **14**, ganglion cervical moyen ; **15**, ganglion cervical inférieur ; **16**, plexus cardiaque ; **17**, un des ganglions thoraciques ; **18**, nerf grand splanchnique ; **19**, ganglion semi-lunaire droit ; **20**, plexus solaire ; **21**, plexus mésentérique supérieur ; **22**, plexus aortique ; **23**, plexus mésentérique inférieur ; **24**, anastomoses du plexus aortique et du plexus hypogastrique ; **25**, plexus hypogastrique ; **26**, un des ganglions lombaires ; **27**, un des ganglions sacrés.

tes, constituant un appareil relié par des filets de communication au système nerveux proprement dit, mais qui en est jusqu'à un certain point indépendant. C'est le *système grand sympathique*, nommé aussi *système nerveux ganglionnaire* ou *viscéral* (fig. 41). Il est composé de ganglions unis entre eux par des connectifs, et d'où partent des nerfs afférents qui se rendent dans les organes. Ces branches produisent, par leur entrelacement et leurs anastomoses, dès réseaux compliqués ou *plexus*, dans lesquels on voit souvent des renflements ganglionnaires. Les fonctions auxquelles préside le grand sympathique sont soustraites à l'empire de la volonté; ce sont les *fonctions de la vie organique* (digestion, circulation, etc...).

On distingue les nerfs en nerfs *moteurs* et nerfs *sensitifs*, suivant qu'ils servent à transmettre aux muscles les excitations motrices venues des centres (*n. centrifuges*), ou qu'ils portent au centre les diverses impressions venues du dehors (*n. centripètes*). Les uns et les autres aboutissent à des organes nerveux périphériques particuliers. Les premiers se terminent dans les muscles par des extrémités renflées, en forme de bouton, que Rouget a fait connaître et qu'on appelle *plaques terminales* des nerfs moteurs (fig. 42).

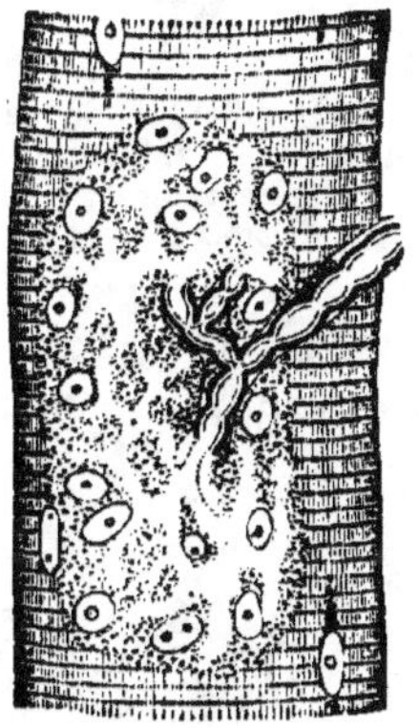

Ces plaques sont formées par une substance finement granuleuse et pourvue de noyaux.

Les organes qui reçoivent à la périphérie les impressions produites par les agents extérieurs et les transmettent par

Fig. 42. — Plaque terminale des nerfs moteurs.

l'intermédiaire de nerfs aux centres nerveux, où s'opère la perception, sont les *organes des sens*. Ils sont constitués essentiellement par des cellules ganglionnaires en connexion avec les extrémités nerveuses, mais chacun d'eux est organisé d'une façon spéciale pour réagir en présence d'un excitant déterminé : vibrations sonores, vibrations lumineuses...

Le sens le plus répandu est celui du *tact* ou du *toucher*, qui a pour siège la surface même du corps, l'enveloppe tégumentaire ou des appendices qui en dépendent, comme les tentacules des Cœlentérés et des Mollusques, les palpes, les antennes des Articulés. Quand l'organisme atteint un certain degré de perfectionnement, les nerfs de la peau se terminent dans des organes spéciaux nommés *organes tactiles;* tels sont les corpuscules du tact, les corpuscules de Krause, de Pacini (fig. 43). Parfois la terminaison du nerf est en rapport avec des productions épidermiques saillantes, qui servent d'intermédiaire entre elle et le corps dont le contact est senti ; c'est ce qu'on observe dans les *soies* ou *baguettes tactiles* des Vers et des Arthropodes, dans les *poils tactiles* des Vertébrés.

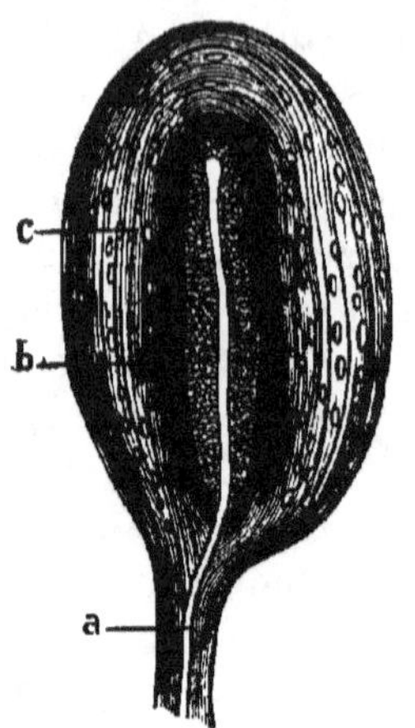

FIG. 43. — Corpuscule de Pacini du Mulot. — *a*, fibre nerveuse ; *b*, cylindre central ; *c*, capsules concentriques (Leydig).

Le sens du *goût*, au sujet duquel on ne sait rien de précis chez les animaux inférieurs, a pour siège, chez les animaux supérieurs, certaines parties de la langue et de l'arrière-bouche ; il a pour organes les papilles caliciformes et fongiformes, et pour nerfs spéciaux le lingual et le glosso-pharyngien. Le goût, très développé chez la plupart des Mammifères, l'est beaucoup moins dans les autres classes de Vertébrés. Les sensations gustatives se combinent avec celles qui résultent du contact, de la température ou de l'odeur des corps, et il est souvent bien difficile de distinguer les impressions purement sapides.

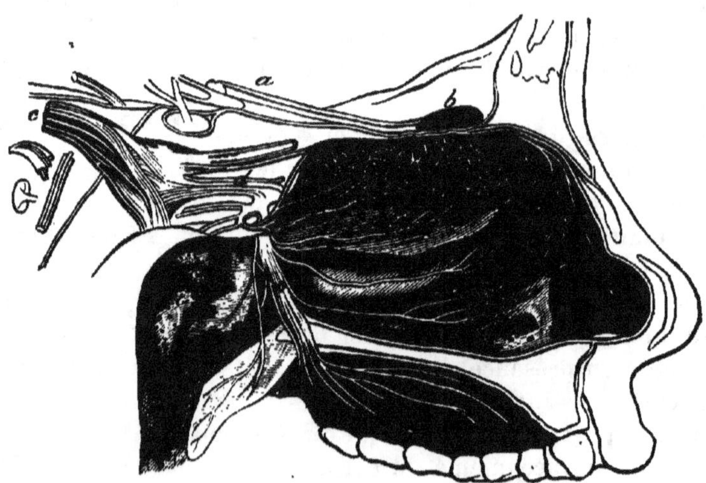

FIG. 44. — Paroi externe des fosses nasales avec les trois cornets et les trois méats. — *a*, nerf olfactif ; *b*, bulbe olfactif appliqué sur la lame criblée de l'ethmoïde ; au-dessous on voit la disposition plexiforme des rameaux olfactifs sur le cornet supérieur et moyen ; *c*, nerf de la cinquième paire avec le ganglion de Gasser ; *o*, ses rameaux palatins (maxillaire supérieur et leurs filets pituitaires).

L'*odorat*, ce goût à distance, comme l'appelait Kant, paraît beau-

coup plus répandu que le goût. Il consiste dans l'excitation que
produisent sur les extrémités de nerfs spéciaux les particules odo-
rantes. Les organes de l'odorat ne sont bien connus que chez les
Vertébrés. Ils sont constitués par une double cavité creusée dans la
région faciale (*fosses nasales*), et tapissée par une muqueuse (*membrane pituitaire*) dans laquelle se distribuent les nerfs olfactifs
(fig. 44). Les fosses nasales s'ouvrent au dehors par les narines et
communiquent, d'autre part, chez les Vertébrés à respiration pulmonaire, avec la bouche ou le pharynx par des arrière-narines ; elles
sont alors traversées d'ordinaire par l'air que l'inspiration amène
dans les voies respiratoires.

Par analogie, on a considéré comme des organes olfactifs, chez
les Vers et les Mollusques, des *fossettes à cils vibratiles* auxquelles

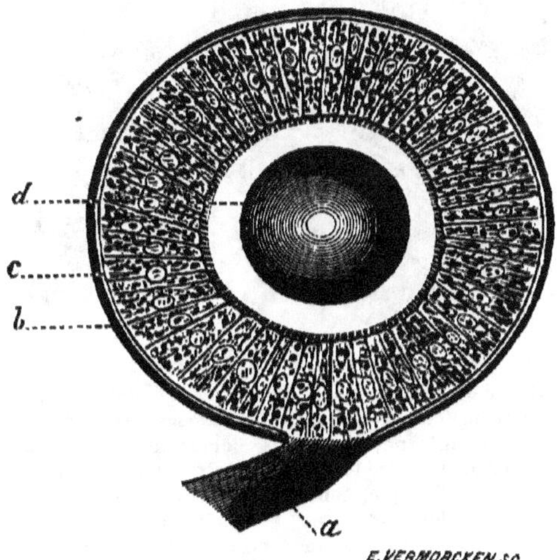

Fig. 45. — Organe auditif de l'Unio. — *a*, nerf auditif ; *b*, tunique conjonctive de l'otocyste ;
c, cellules vibratiles ; *d*, l'otolithe (d'après Leydig).

aboutit un nerf terminé par un renflement ganglionnaire. Chez les
Arthropodes, on a attribué la même signification à de fins appendices en connexion avec des extrémités nerveuses, découverts par
Leydig sur les antennes de ces animaux, et désignés par lui sous le
nom de *baguettes olfactives;* mais ce ne sont là que des conjec-
tures.

Le sens de l'*ouïe* sert à la perception des vibrations sonores, et
on appelle *oreille* l'organe périphérique qui en reçoit l'impression.
Cet organe, sous sa forme la plus simple (fig. 45), est représenté
par une vésicule pleine de liquide (*otocyste*, de Lacaze Duthiers)
et contenant un ou plusieurs corpuscules calcaires (*otolithes*), qui
sont agités de mouvements particuliers; la paroi de la vésicule est

souvent revêtue de cils vibratiles et présente quelquefois une garniture de poils (*Décapodes*). Ces organes sont unis aux centres nerveux par un nerf particulier, le nerf *auditif* ou *acoustique*. Chez certains animaux aquatiques (*Décapodes*), l'otocyste n'est pas close et communique avec l'extérieur. Dans les Arthropodes, les organes auditifs sont peu connus; on ne les a observés que chez un petit nombre d'entre eux. On a décrit comme tels, chez les Insectes, des cavités en forme de tambour, formées par une membrane tendue sur un anneau résistant, et dans l'intérieur desquelles aboutit un

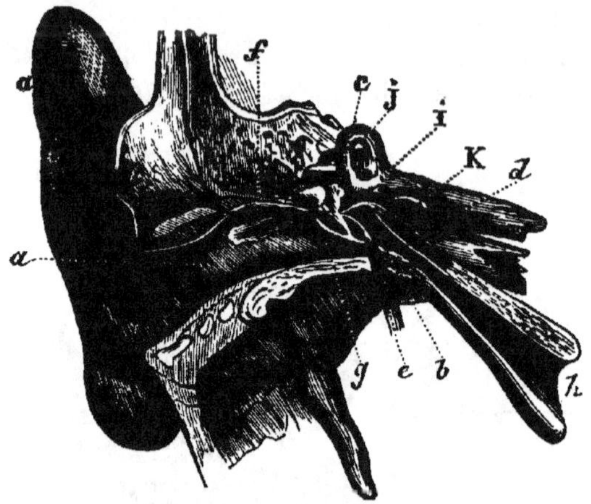

FIG. 46. — Appareil auditif de l'Homme. — *a*, pavillon et conduit auditif externe, ou oreille externe ; *b*, cavité tympanique (oreille moyenne) contenant les osselets ; *c*, marteau et ses muscles, savoir: *d*, muscle interne, logé dans l'épaisseur de la paroi supérieure de la trompe d'Eustache ; ce muscle se réfléchit à angle droit pour venir s'insérer à la partie supérieure du manche du marteau ; *e*, muscle antérieur du marteau, né de l'épine sphénoïdale, il traverse la fissure glénoïdale pour se rendre à l'apophyse grêle du marteau ; *f*, muscle externe du marteau ; il se dirige de la partie supérieure du conduit auriculaire, où il nait, vers l'apophyse courte du marteau ; *g*, moitié inférieure de la membrane du tympan tenant au manche du marteau ; *h*, trompe d'Eustache ; *i*, oreille interne ou labyrinthe ; *j*, canaux demi-circulaires ; *k*, limaçon (Hirschfeld et Leveillé, *Névrologie*, pl. 83).

nerf qui présente un renflement ganglionnaire et se termine par de petits filaments en forme de bâtonnets. Chez les Acridiens, ce petit appareil est placé de chaque côté, à la partie postérieure du thorax; chez les Sauterelles et les Grillons, dans le tibia des pattes antérieures. Enfin, d'après des observations récentes, il paraîtrait que les poils qui garnissent les antennes de beaucoup d'Insectes servent à la perception des sons, mais le fait est loin d'être démontré.

Chez les Vertébrés, la vésicule simple qui constitue l'organe auditif de beaucoup d'animaux inférieurs se complique par la formation d'un système de cavités nommé *labyrinthe* ou *oreille interne*, dans lequel vient se terminer le nerf acoustique et par

l'adjonction de parties propres à recueillir et à renforcer les sons :
oreille externe et *oreille moyenne* (fig. 46).

La sensation visuelle est produite par l'action de la lumière sur
un organe nerveux périphérique nommé *œil*. Les yeux se présentent à des degrés très divers de perfectionnement; ils peuvent être
formés simplement par l'extrémité d'un nerf, dit nerf *optique*,
aboutissant à une tache pigmentaire ; c'est là l'état le plus rudimentaire de ces organes. Dans les formes un peu plus élevées, les
terminaisons nerveuses montrent des parties différenciées qui
reçoivent l'impression lumineuse, *cônes* ou *bâtonnets;* elles peuvent
rester isolées (certains Vers) ou se grouper pour former des organes

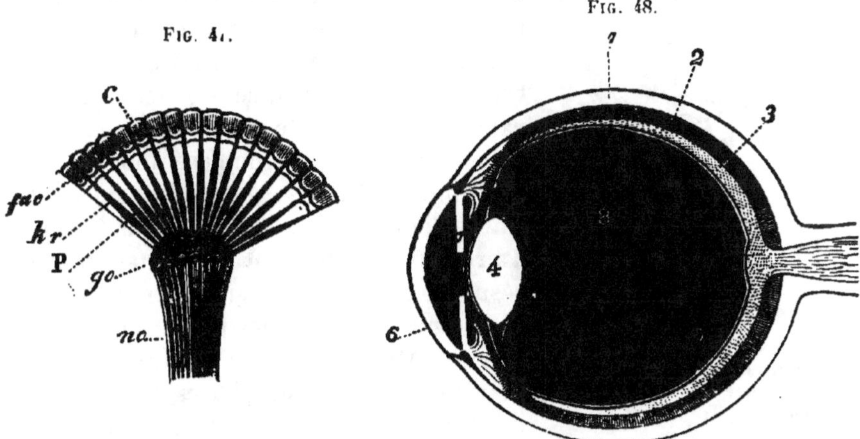

Fig. 47. — Œil composé d'Arthropode (schéma). — *c,* cornée ; *fac,* cônes ; *kr,* bâtonnets.
— P., gaines pigmentaires des bâtonnets ; *go,* ganglion du nerf optique ; *no,* nerf optique
(d'après Nuhn).
Fig. 48. — Ensemble du globe de œil section verticale). — 1, Sclérotique ; 2, choroïde ;
3, rétine ; 4, cristallin ; 5, membrane hyaloïde ; 6, cornée ; 7, iris ; 8, corps vitré (Dalton).

plus complexes, comme les yeux composés des Arthropodes (fig. 47).
C'est également par la réunion d'un nombre plus ou moins grand
de terminaisons nerveuses que se constitue la membrane sensible de
l'œil des animaux supérieurs ou la *rétine,* qui est, comme on voit,
la partie essentielle de cet organe (fig. 48). Différents perfectionnements résultent de l'adjonction de parties secondaires. Ce sont
d'abord des organes réfringents qui modifient la marche des rayons
lumineux pour la formation des images : *cornée, cristallin,* etc.,
puis un diaphragme, l'*iris,* dont l'ouverture centrale, nommée *pupille,* susceptible de se dilater et de se contracter, règle la quantité
de lumière qui pénètre dans l'œil ; un appareil d'accommodation
pour la vision des objets à différentes distances ; des muscles qui
font mouvoir l'œil dans des directions variées ; des pièces enfin qui

servent à le protéger. L'organe de la vue devient ainsi, chez les animaux supérieurs, un appareil des plus compliqués.

II. — ORGANES DE LA VIE VÉGÉTATIVE.

On sait que la nutrition, cette propriété caractéristique des êtres vivants, consiste dans un échange incessant qui s'opère entre la substance dont le corps est formé et le milieu ambiant. Elle se réduit à deux termes essentiels qui sont : d'une part, l'assimilation de matériaux absorbés par la surface du corps, et, d'autre part, l'excrétion de matériaux usés pour la production de forces vives. Dans la cellule, la nutrition se présente avec ce caractère de sim-plicité, mais dans la vie coloniale des organismes constitués par un grand nombre de ces éléments, cette fonction générale se complique de plus en plus, et les actes dont elle se compose vont en se multipliant. Elle se subdivise alors en un certain nombre de fonctions secondaires qui concourent toutes au même résultat final, mais qui correspondent chacune à un ordre particulier de phénomènes. Ainsi l'on peut distinguer dans la nutrition diverses phases : réception des matériaux nutritifs ou aliments ; leur

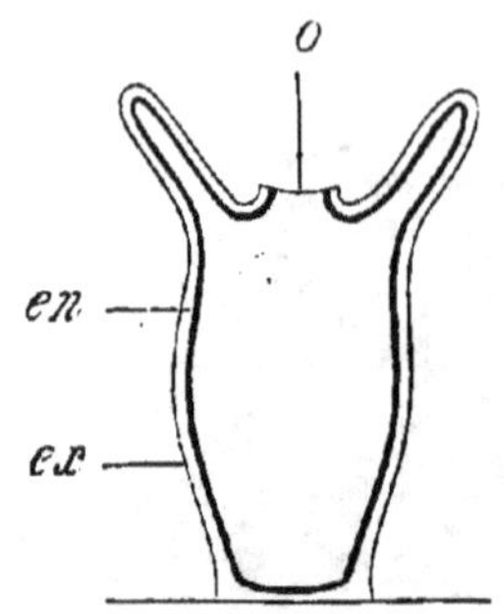

Fig. 49. — Schéma de la cavité digestive d'un Cœlentéré. — *ex*, exoderme ; *en*, endoderme ; *o*, bouche.

élaboration mécanique et chimique ou digestion ; formation d'un liquide nutritif contenant les matières ainsi élaborées ; distribution de ce liquide dans les différentes parties du corps social pour la vie de chaque organisme élémentaire ; sa régénération par la respiration ; l'expulsion enfin des matériaux usés devenus impropres à l'entretien de la vie.

La première trace que l'on observe d'un appareil digestif consiste, chez les animaux constitués simplement par du protoplasma, dans la formation d'une cavité temporaire, sorte d'estomac adventif, pour la réception des particules nutritives ; mais cette cavité se présente dans la plupart des cas comme un organe permanent, bien défini, communiquant avec l'extérieur par une ouverture, la *bouche*, qui sert à la fois à l'introduction des aliments et à l'expulsion des résidus de la digestion (Cœlentérés, etc...) (fig. 49). Cette forme, la plus simple que puisse avoir cet appareil, se perfectionne d'abord par l'apparition d'un second orifice, l'*anus*, qui fait de la poche terminée en cul-de-sac un tube ouvert à ses deux extrémités. En même temps, ce tube se montre divisé en parties distinctes, ayant un rôle physiologique différent. La première est l'*œsophage*, qui conduit les aliments dans une portion plus large, l'*estomac*, où ils séjournent et où s'opère principalement leur digestion; puis vient la portion terminale ou *intestin*, dans laquelle se complète le travail digestif, et qui s'ouvre au dehors pour l'excrétion des fèces. Ces divisions sont fondamentales et subsistent toujours, quelles que soient les complications ultérieures de l'appareil (fig. 50).

Des organes surajoutés interviennent pour la préhension et la division des aliments; ils offrent la plus grande variété. Ils sont parfois représentés par de simples appendices, *cils, tentacules,* placés au voisinage de la bouche et qui y amènent les corpuscules nutritifs soit par les courants qu'ils déterminent dans l'eau, soit en s'emparant directement ·de ceux qui viennent à leur portée. Dans les animaux d'une organisation plus élevée, ils sont ordinairement constitués par des *membres* adaptés à cet usage spécial; c'est ce qui a lieu en particulier dans les Arthropodes. Chez ceux qui se nourrissent de matières solides, les organes masticateurs sont aussi formés par ces mêmes membres, modifiés à cet effet de diverses façons, mais souvent on voit des parties tout autres servir à la trituration des aliments. Ce sont alors des pièces solides dont la bouche est armée, comme l'appareil maxillaire des Gastéropodes et des Céphalopodes, le bec de certains oiseaux, les dents d'un grand nombre de Vertébrés (fig. 51).

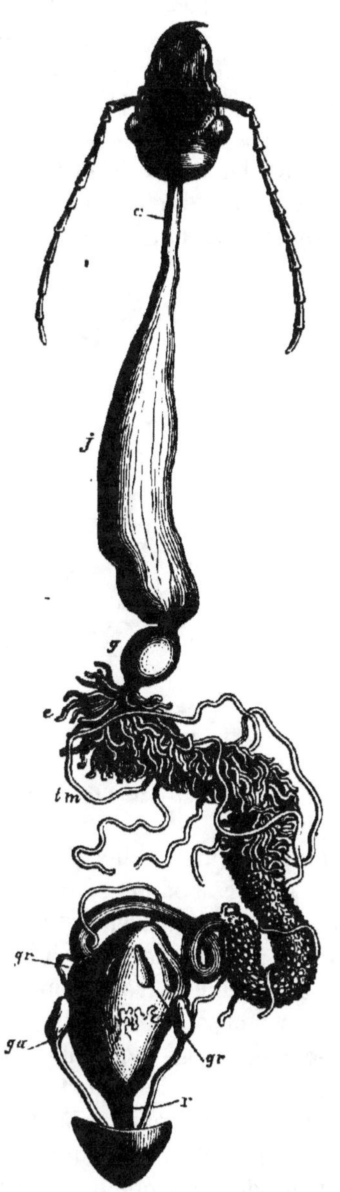

Fig. 50. — Appareil digestif d'Insecte (*Carabus monilis*). — *œ,* œsophage; *j,* jabot; *g,* gésier; *e,* estomac; *r,* rectum; *gr,* glandes rectales; *ga,* glandes anales (d'après Newport).

Quelquefois on trouve un appareil masticateur non plus à l'entrée, mais sur d'autres points du tube digestif; ainsi, l'estomac des Crustacés est muni de pièces solides qui agissent comme organes de trituration. Des portions dilatées et musculeuses de ce canal remplissent dans certains cas le même rôle, par exemple le *gésier* des Insectes et des Oiseaux.

Indépendamment de la poche stomacale, il se forme sur le parcours du tube digestif des dilatations secondaires qui augmentent sa capacité. Ainsi, la bouche s'ouvre d'ordinaire dans une partie

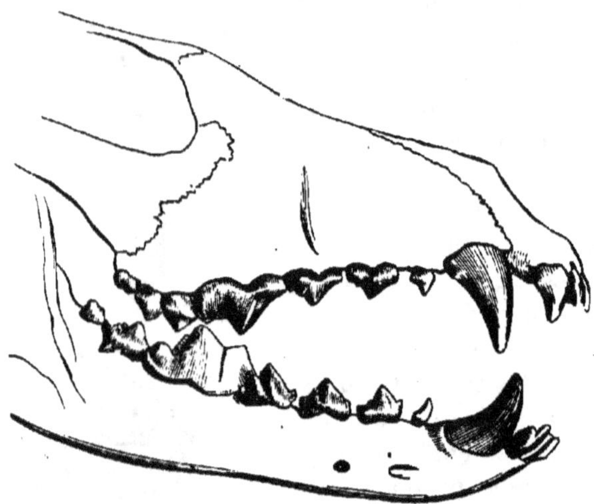

FIG. 51. — Dentition du Chien (Chauveau, *Anatomie comparée*).

élargie, la cavité buccale, qui présente quelquefois des annexes telles que les abajoues, les sacs laryngiens. On nomme *jabots* les expansions qui naissent sur l'œsophage ; *cæcums*, celles qui appartiennent à l'estomac ou à l'intestin. Chez les animaux supérieurs, le canal alimentaire a une longueur beaucoup plus grande que celle du corps et l'intestin, replié alors et enroulé sur lui-même, forme une masse contenue dans la cavité abdominale. Cet intestin se subdivise en deux portions distinctes, l'*intestin grêle* et le *gros intestin*, ainsi nommés à cause de la différence de leur calibre et dont le rôle physiologique n'est pas le même; le premier est le siège de phénomènes chimiques qui achèvent la digestion des aliments, le second ne fait que conduire au dehors les matières non digérées.

Les aliments introduits dans la cavité digestive y subissent l'action de liquides particuliers, qui modifient leur constitution chimique et les rendent propres à l'assimilation. Chez les animaux les plus

inférieurs, il n'y a aucune partie différenciée pour la production de
ces liquides qui, en règle générale, sont sécrétés par des glandes
disséminées dans les parois du tube digestif, ou localisées et circonscrites de manière à former des organes spéciaux et distincts :
les *glandes salivaires* qui s'ouvrent dans la cavité buccale ; le *foie*
qui verse son produit de sécrétion, nommé *bile*, dans la première
portion de l'intestin grêle ; le *pancréas* situé près du foie et qui ne
se rencontre que chez les animaux les plus élevés en organisation
(fig. 52). Le liquide qui joue le rôle principal dans la digestion des
aliments, c'est-à-dire le *suc gastrique*, est sécrété par de petits
follicules logés dans l'épaisseur de la muqueuse stomacale.

Pour que la nutrition se fasse, il faut que les matières élaborées
par le travail de la digestion soient transmises aux diverses parties
du corps qui doivent se les assimiler. Ce résultat est atteint chez
certains animaux (Cœlentérés) par le transport même du liquide
nutritif dans des diverticules ou des canaux qui partent de l'estomac. C'est là ce que Milne-Edwards appelle irrigation gastrique (1) ; dans ce cas, le même appareil est chargé des fonctions
digestives et irrigatoires. Cette forme si simple se complique
d'abord par la séparation de la cavité digestive et de la cavité générale du corps ; celle-ci renferme alors un liquide épanché dans tous
les espaces lacunaires interorganiques et différent de celui que
contient le tube intestinal ; c'est le *sang*. On y observe des courants
produits par les mouvements de l'enveloppe musculo-cutanée ou par
des cils vibratiles, premiers vestiges d'une *circulation*. On ne voit
apparaître des organes spéciaux pour l'accomplissement de cette
fonction qu'à un degré supérieur d'organisation (fig. 53). Ce sont les
vaisseaux, c'est-à-dire des canaux ayant une paroi propre et constituant un système de tubes ramifiés, qui remplacent d'une façon plus
ou moins complète les lacunes interorganiques. Il se développe par
places dans la paroi de ces vaisseaux du tissu musculaire qui leur
donne la faculté de se contracter, et ces points pulsatiles impriment
au sang un mouvement oscillatoire régulier. Ainsi, se montrent, par
différenciation d'une partie de l'appareil circulatoire, les premières
traces d'un organe moteur particulier, appelé *cœur*. Tantôt c'est un
tube ouvert aux deux extrémités ou divisé en plusieurs chambres et
pourvu d'ouvertures latérales ; tantôt c'est une poche qui présente des
compartiments distincts, oreillettes et ventricules (fig. 54). La direction du courant produit par les contractions du cœur est constante par
suite de la présence de soupapes ou *valvules* placées aux orifices, et
dont le jeu permet au liquide sanguin de se mouvoir dans un sens

(1) H. Milne-Edwards, *Leçons sur la Physiologie*, etc., t. III, p. 48.

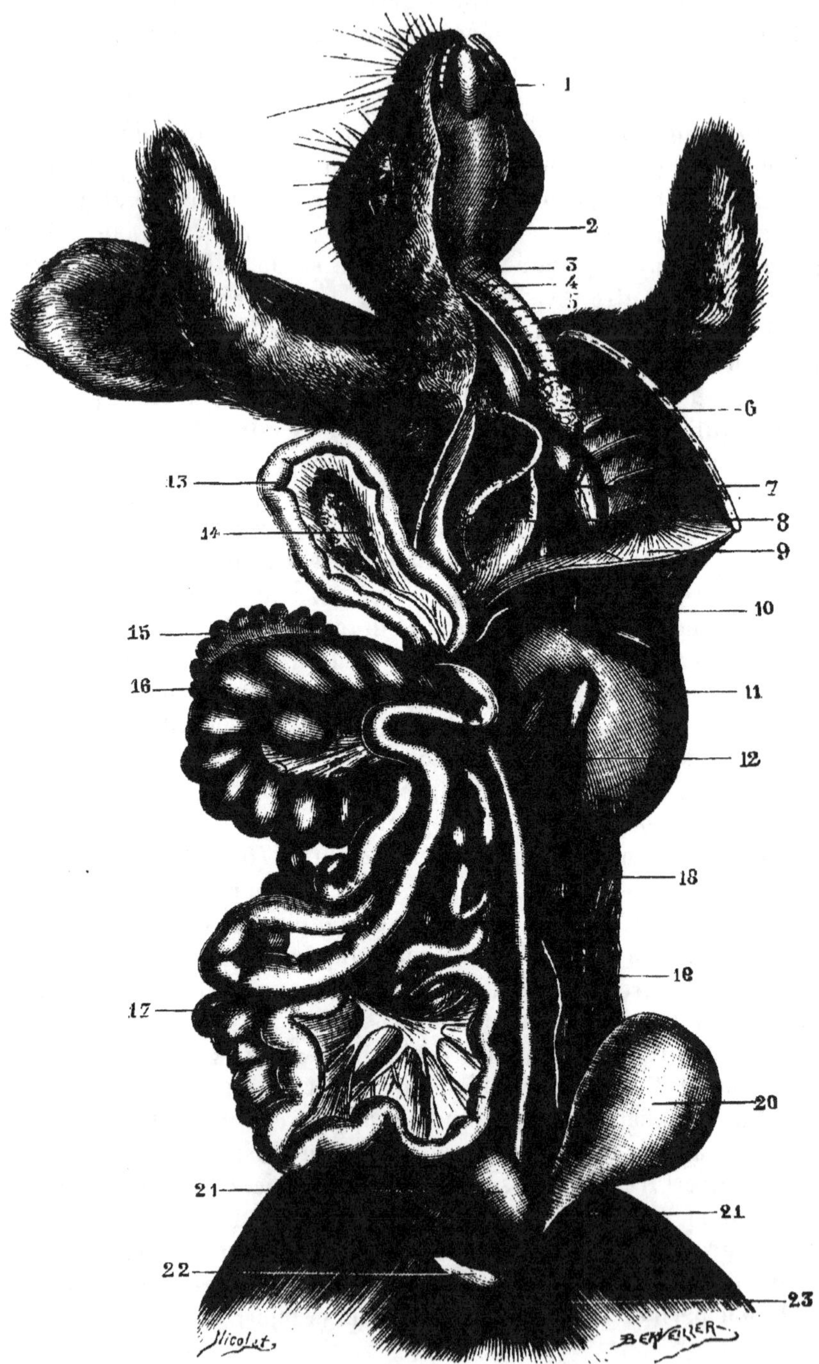

Fig. 52. — Anatomie du Lapin (1).

déterminé, mais s'oppose à son retour en arrière. Au sortir du cœur, le sang peut se répandre dans les espaces lacunaires interorganiques, puis retourner au cœur sans que son cours s'effectue dans de véritables canaux. Quand du cœur partent des vaisseaux nettement définis, on nomme *artères* ceux qui conduisent le sang vers la périphérie et *veines* ceux qui le ramènent au cœur. Les artères et les veines sont reliées soit par un système de lacunes formant une portion du cercle circulatoire (Mollusques, Arthropodes), soit par un réseau de fins canalicules appelés *capillaires* (Vertébrés). Dans ce cas, il existe en outre un appareil particulier, composé de vaisseaux qui servent à l'absorption du liquide nourricier élaboré dans les voies digestives, *v. chylifères,* ou à ramener dans le sang le plasma

FIG. 53. — Appareil circulatoire d'une Épeire (Arachnide, d'après Blanchard)
(*Ann. des sc. nat.*, 3ᵉ série, t. XII).

qui a transsudé à travers la paroi des petites artères et des capillaires, *v. lymphatiques.* Sur certains points se trouvent des organes producteurs de cellules, ou *ganglions lymphatiques*, destinés à former les éléments figurés de la lymphe, c'est-à-dire les globules blancs.

Le sang qui apporte aux différentes parties du corps les éléments de leur nutrition se modifie dans sa constitution par suite de l'échange qui s'opère entre les tissus et lui. Or, les transformations que subissent ces éléments étant en définitive des phénomènes d'oxydation, elles entraînent une consommation continuelle d'oxygène et une production d'acide carbonique, lequel doit être éliminé et remplacé constamment par de nouvelles quantités d'oxygène puisées dans le milieu ambiant ; c'est l'absorption de cet oxygène par le sang et l'exhalation d'acide carbonique qui constituent essentiellement la *respiration*.

(1) 1, Langue ; 2, glande sous-maxillaire ; 3, larynx ; 4, trachée ; 5, œsophage ; 6, thymus ; 7, cœur ; 8, poumon droit ; 9, diaphragme ; 10, foie ; 11, estomac ; 12, rate ; 13, duodénum ; 14, pancréas ; 15, côlon ; 16, cæcum ; 17, intestin grêle soutenu par le mésentère ; 18, rein gauche ; 19, uretère ; 20, vessie ; 21, testicules ; 22, pénis ; 23, anus.

Chez un grand nombre d'êtres inférieurs, cette fonction n'est localisée dans aucune partie déterminée et s'opère par la surface tout entière du corps. Sauf le cas exceptionnel où il n'y a pas de membrane limitante extérieure (Monères, Rhizopodes), elle se fait à travers l'enveloppe tégumentaire. Chez les animaux plus élevés en organisation, cette enveloppe participe dans une mesure variable aux échanges respiratoires, mais son action est le plus souvent insuffisante et on voit alors apparaître des parties spécialement adaptées à cet usage. Ce sont des régions de la peau, dans lesquelles la res-

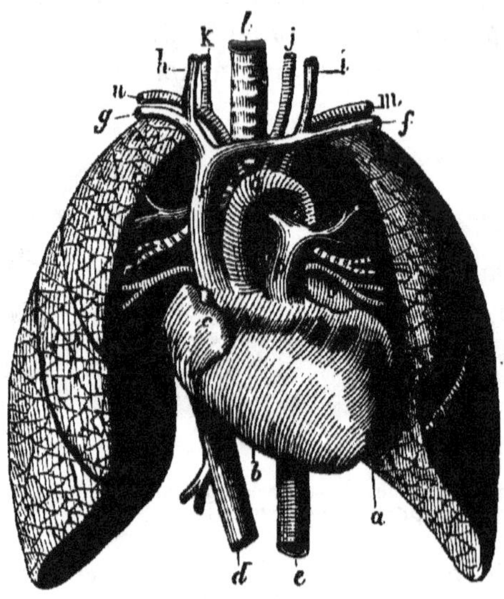

Fig. 54. — Poumons, cœur et principaux vaisseaux de l'Homme. — *a*, ventricule gauche ; *b*, ventricule droit ; *c*, oreillette droite ; *d*, veine cave inférieure ; *e*, aorte pectorale ; *f* et *g*, veines du bras ; *h* et *i*, veines jugulaires ; *j* et *k*, artères carotides ; *l*, trachée-artère ; *m* et *n*, artères du bras ; *o*, oreillette gauche ; *p*, artère pulmonaire ; *q*, crosse de l'aorte ; *r*, veine cave supérieure (d'après Milne-Edwards).

piration s'est localisée et où se trouvent réunies des conditions propres à en favoriser l'accomplissement. Mais, en somme, tout appareil respiratoire, quelque perfectionné qu'il soit, se réduit à une membrane interposée entre le fluide respirable d'un côté et le liquide nourricier de l'autre. Les conditions favorables à l'échange des gaz à travers cette membrane tiennent : 1° à sa qualité et à sa nature (minceur, composition chimique); 2° à son étendue; 3° au renouvellement du sang à sa face interne; 4° au renouvellement du milieu ambiant à sa face externe (1).

Les dispositions par lesquelles ces conditions sont réalisées présentent certaines différences suivant que les organes sont appropriés

(1) Paul Bert, *Leçons sur la Phys. comp. de la respiration*, p. 168.

à la respiration aquatique ou à la respiration aérienne. Dans le premier cas ces organes sont généralement formés par des expansions tégumentaires plus ou moins ramifiées dont l'ensemble représente une étendue considérable ; ce sont des *branchies* (fig. 55 et 56). Dans le second cas, ils consistent en un système de cavités produites par invagination de l'enveloppe cutanée et offrant une grande surface. Ce sont tantôt des poches membraneuses, de structure plus ou moins compliquée, sur la paroi desquelles s'étale un réseau vasculaire très riche, destiné à mettre le sang en rapport avec l'air qui arrive dans leur intérieur, c'est-à-dire des *poumons* (fig. 54); tantôt des canaux ramifiés qui conduisent l'air dans les différentes parties

FIG. 55.

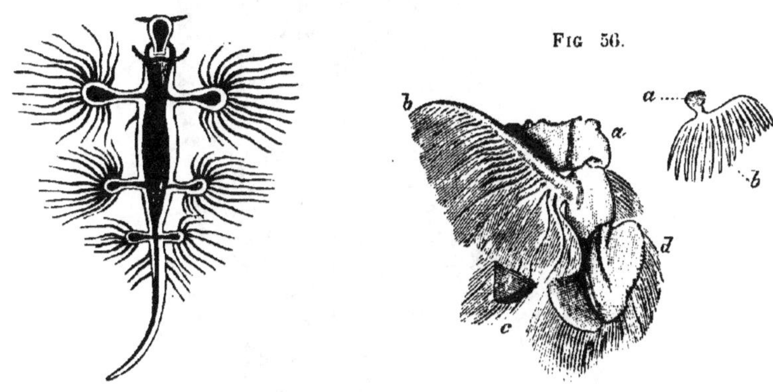

FIG 56.

FIG. 55. — *Glaucus atlanticus.*
FIG. 56. — Branchies de Squille. — 1. Branchie de Squille : *a*, base de la fausse patte ; *b*, branchie ; *c*, *d*, les deux branches terminales de la fausse patte. — 2. L'une des branches de cette branchie rameuse : *a*, section transversale de la tige principale de la branchie ; *b*, appendices lamelleux (d'après Milne Edwards).

du corps et qui baignent dans le liquide sanguin, c'est-à-dire des *trachées* (fig. 57). On appelle *stigmates* les orifices par lesquels ces tubes aérifères communiquent avec l'extérieur (Insectes).

On sait que l'activité vitale manifestée par les animaux n'est autre chose qu'une production de force vive, par suite des phénomènes d'oxydation qui s'accomplissent dans la profondeur des organes, et l'oxygène nécessaire à cette combustion étant fourni au corps par l'acte respiratoire, il s'ensuit que cette activité est en rapport avec la respiration ; elle est d'autant plus grande que celle-ci s'effectue avec plus d'intensité. Dans la respiration aquatique, c'est l'oxygène dissous dans l'eau qui est absorbé et comme il ne s'y trouve qu'en petite quantité, l'échange des gaz est nécessairement faible ; c'est pourquoi les animaux qui vivent sous l'eau (Zoophytes, Mollusques, Poissons) n'ont pas une puissance physiologique aussi grande que ceux qui vivent dans l'air (Insectes, Oiseaux, Mammifères).

Une partie seulement de la force vive calorifique produite par les combustions internes est transformée en travail extérieur, et l'autre

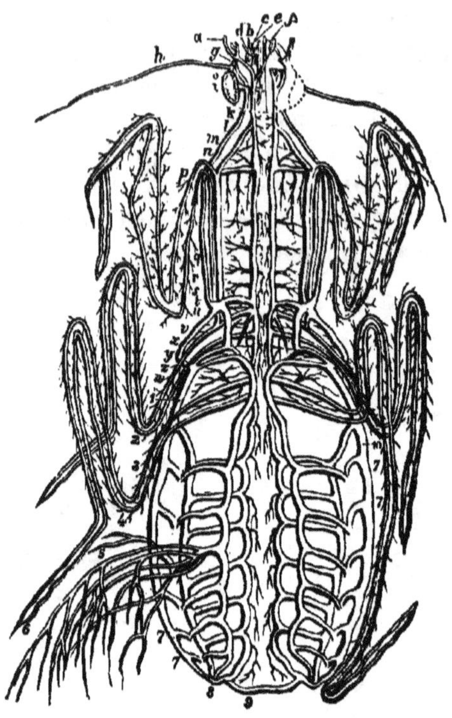

Fig. 57.— Appareil trachéen d'un insecte (Mante religieuse). —*a*, trachées des palpes maxillaires ; *b*, trachées des galètes ; *c*, trachée des mâchoires ; *d*, trachées des palpes labiaux ; *e, f*, trachées de la lèvre inférieure ; *g*, trachées mandibulaires ; *h*, nerfs antennaires ; *i*, trachée circulaire qui se rend dans les yeux composés ; *k*, trachées triangulaires qui proviennent de la division de la trachée circulaire ; *l*, tronc externe des trachées artérielles qui vont former la branche transversale d'où part la trachée circulaire ; *m*, tronc interne des trachées artérielles, lequel se joint avec le tronc des trachées pulmonaires ; *n*, tronc des trachées pulmonaires ; *o*, trachée transversale qui établit une communication directe des troncs des trachées pulmonaires avec les trachées artérielles ; *p*, trachées artérielles qui se rendent dans la première paire de pattes ; *q*, continuation du tronc des trachées artérielles ; *r*, trachées artérielles qui prennent l'air dans un stigmate placé à la base du corselet ; *s*, tronc qui établit la communication des trachées artérielles avec les pulmonaires ; *t*, disposition des trachées dans le premier anneau de l'abdomen ; *u, v*, trachées qui partent des troncs pulmonaires pour se rendre dans les pattes ; *w*, anastomose des trachées artérielles qui s'anastomosent avec la précédente ; *y*, ramifications fournies par les trachées qui se rendent dans les pattes ; *z*, branche secondaire principale fournie par le tronc commun artériel, et qui va se joindre au tronc des trachées pulmonaires ; 1, trachées qui se rendent dans la troisième paire de pattes ; 2, ramifications fournies par ces trachées ; 3, tronc commun des trachées artérielles qui, à l'aide des branches 4, va recevoir l'impression de l'air au moyen de l'ouverture des stigmates ; 5, 6, trachées fournies par les troncs des trachées artérielles et qui se rendent dans les organes de la génération ; 7, dernier stigma'e de l'abdomen ; 8, trachées qui joignent les troncs des trachées artérielles avec les troncs des trachées pulmonaires (d'après Marcel de Serres).

partie se manifeste sous forme de chaleur sensible : c'est la *chaleur animale.*

Aussi, tous les animaux ont-ils une température propre supérieure à celle du milieu dans lequel ils sont placés ; souvent cette température ne dépasse guère celle du milieu ambiant et varie avec elle ; c'est ce qui arrive quand la chaleur produite est trop faible pour que le corps résiste aux causes extérieures de refroidissement. Tous les Invertébrés et les Vertébrés inférieurs, Poissons, Batraciens, Reptiles, sont dans ce cas. Chez les Vertébrés supérieurs, au contraire, Mammifères et Oiseaux, la chaleur produite est suffisante pour que la température reste sensiblement constante malgré l'influence des circonstances extérieures. Ces animaux étaient désignés sous la dénomination d'*animaux à sang chaud* et les premiers sous la dénomination d'*animaux à sang froid*, mais à ces expressions « qui tendent à établir que la production de chaleur est l'apanage exclusif des Oiseaux et des Mammifères, et à perpétuer dans la science des idées fausses en contradiction avec les données de la physiologie expérimentale », Gavarret a proposé de substituer celles *d'animaux à température constante* et *d'animaux à température variable*, qui ont l'avantage d'être parfaitement exactes (1).

Indépendamment de l'exhalation d'acide carbonique et de vapeur d'eau qui s'opère par la respiration, les fonctions de nutrition comportent, comme nous l'avons vu, l'élimination des matières solides ou liquides devenues inutiles. Cette élimination se fait chez les animaux les plus simples par toute la surface du corps, mais quand l'organisation atteint un certain degré de perfectionnement, elle est effectuée par des organes spéciaux d'excrétion ou des *glandes*. Parmi les produits fournis par les glandes, il en est qui jouent un rôle dans l'économie et ne sont pas de simples excrétions ; on

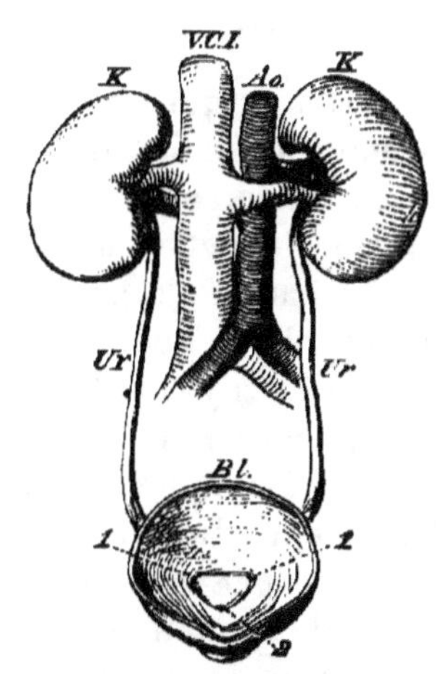

FIG. 58.—Appareil urinaire de l'Homme. — K. Reins. — Ur. Uretères. — Bl. Vessie dont la partie supérieure est enlevée de manière à montrer les ouvertures des uretères (1,1) et celle de l'urèthre (2). — Ao. Aorte. — VCI. Veine cave inférieure (Huxley).

les distingue alors sous le nom de *sécrétions :* par exemple, les liquides sécrétés par les glandes salivaires et autres, annexées à l'appareil digestif. Ces produits, à la vérité, sont souvent de nature complexe, et il n'est pas possible d'établir entre eux une division bien tranchée ; en outre, chez bon nombre d'animaux la signification physiologique

(1) Gavarret, *De la chaleur produite par les êtres vivants*, p. 139.

de certains organes glandulaires est encore mal déterminée. Quoi qu'il en soit, les produits ultimes les plus importants qui résultent des métamorphoses que subissent les éléments nutritifs sont des composés très riches en azote ; ils sont expulsés par les organes urinaires ou les *reins* (fig. 58). Il y a des animaux inférieurs chez lesquels on n'a pu reconnaître l'existence de ces organes. On regarde comme tels chez certains Vers les *vaisseaux aquifères* qui servent en même temps à l'introduction de l'eau dans l'intérieur du corps ; chez les Annélides, des tubes pelotonnés et disposés par paires dans chaque segment du corps (*organes segmentaires*). On ne sait rien de positif sur les organes urinaires des Crustacés ; dans les Arthropodes à respiration aérienne, ce sont des tubes longs et grêles en connexion avec le canal digestif, et qu'on nomme *tubes de Malpighi*. L'appareil urinaire est bien développé chez les Mollusques, *corps spongieux* des Céphalopodes, *corps de Bojanus* des Gastéropodes et des Acéphales ; chez les Vertébrés il est représenté par les *reins*.

III. — ORGANES DE LA REPRODUCTION.

Les organes qui viennent de nous occuper remplissent des fonctions dont le but est d'assurer la vie de l'individu ; nous avons à examiner maintenant ceux qui servent à sa reproduction. Chaque organisme, en effet, n'ayant qu'une existence limitée, se perpétue par la formation d'organismes no uveaux qui tirent de lui leur origine. C'est là ce que l'observation de tous les jours permet de constater, mais n'y a-t-il pas possibilité que des êtres vivants prennent naissance dans la nature sans l'intervention de parents, et aux dépens de la matière organique ou inorganique ? Certains physiologistes l'ont admis et l'on a désigné par les noms de *génération spontanée, génération équivoque, hétérogénie, archigonie*, etc., ce mode de formation de corps organisés. Longtemps on a cru que de nombreux animaux dont on n'avait pas pénétré l'origine étaient produits ainsi par génération spontanée. Qui ne connaît la fable, racontée par Virgile, des Abeilles du berger Aristée, naissant par putréfacttion du corps d'un jeune taureau ? Ces opinions étaient celles des naturalistes de l'antiquité et elles régnèrent jusqu'à l'époque (1638) où Redi montra par de nombreuses expériences que les vers qui se développent dans la viande corrompue ne sont pas produits par elle et sont des larves de mouches. Vallisnieri, Swammerdam et plus tard Réaumur, complétèrent, en les confirmant, les observations de Redi. Dès lors l'hypothèse de la génération spontanée dut être abandonnée en ce qui concerne ces organismes relativement élevés ; elle ne fut plus appliquée qu'à ces parasites,

appelés *Entozoaires*, qui vivent dans l'intérieur du corps d'autres
animaux et dont on ne pouvait s'expliquer l'origine, ou à ces petits
êtres de structure très simple, dont le microscope a révélé l'existence, et qu'on a nommés *Infusoires* parce qu'ils apparaissent en
grand nombre dans l'eau où l'on fait infuser des matières organiques. Pour ce qui est des premiers on connaît aujourd'hui leur
mode de propagation et de développement ; on sait qu'ils proviennent de parents et l'on a déterminé le cycle de leur évolution. On a
de même reconnu que la reproduction des Infusoires s'effectuait par
des procédés analogues à ceux qu'on observe chez les autres animaux ; aussi, de nos jours, les partisans de l'hétérogénie ne soutien-
nent-ils l'existence de ce mode de génération que pour les organismes les plus inférieurs ou *proto-organismes*, placés aux limites
mêmes du monde vivant. Mais on s'accorde généralement, depuis les
travaux de Pasteur, à regarder l'apparition de ces êtres microscopiques au sein de certains liquides comme produite par des germes
préexistants. Cet habile expérimentateur, en effet, a prouvé que si
l'on prenait de l'eau dépouillée par la chaleur de tout corps vivant, et
si on la plaçait dans des conditions telles que les germes flottant
dans l'air ne pussent y arriver, on ne voyait aucun organisme s'y
développer. Nous ne saurions relater ici la discussion célèbre soulevée entre Pouchet et Pasteur par cette question de l'hétérogénie, pour laquelle nous renvoyons aux publications spéciales sur
ce sujet et au résumé qu'en a donné Milne Edwards dans ses
Leçons sur la physiologie et l'anatomie comparée (1). La « pan-
spermie » soutenue par Pasteur est sortie victorieuse du débat
et a rallié l'immense majorité des naturalistes : cependant on ne
peut regarder la question comme entièrement résolue ; car, de ce que
dans les conditions où l'on a expérimenté, il ne se forme pas d'êtres
vivants, on n'est pas en droit de conclure qu'il ne s'en puisse former
dans d'autres conditions encore inconnues, et l'impossibilité de
l'apparition des premiers organismes dans les âges primitifs par
voie de génération spontanée n'est pas pour cela démontrée (2).
Quoi qu'il en soit, on peut établir comme règle générale que, dans la
nature actuelle, tout corps vivant provient d'un corps préexistant
doué de vie ou d'un *parent*, et ce mode de formation a été distingué, sous les noms d'*homogénie* ou de *tocogonie* (Haeckel) de la
production sans parents ou hétérogénie.

(1) Pouchet, *Hétérogénie*, 1859. — *Eludes expérimentales sur la genèse spontanée. (Annales des sciences nat.*, 1862). — Pasteur, *Mém. sur les corpuscules organisés qui existent dans l'atmosphère*... (*Annales des sc. nat.*, 1861). — Milne
Edwards, *Leçons sur la physiol. et l'anat. comp.*, etc., t. VIII, p. 237 et suivantes.
(2) Haeckel, *Histoire de la création.*, etc., p. 299 et 307.

La formation des êtres vivants par des parents ou générateurs, la seule dont on constate l'existence dans la multiplication des organismes, constitue la génération proprement dite. Elle n'est au fond qu'un phénomène particulier de nutrition, caractérisé par l'emploi des matériaux nutritifs surabondants à la procréation d'un

FIG. 59. — Reproduction par fissiparité d'une Monère. — A. Une Monère entière (*Protamoeba*). B. La même en voie de division. — C. Les deux moitiés complètement séparées (Haeckel.)

individu nouveau ; dans les cas les plus simples, elle se réduit à un excès de croissance du corps, dont une partie se sépare et reproduit un être semblable au premier. On distingue deux modes différents de reproduction, suivant que le nouvel être est produit par l'action d'un seul ou par le concours de deux éléments générateurs, l'un mâle, l'autre femelle. La reproduction est dite *asexuelle* dans le premier cas, *sexuelle* dans le second.

La reproduction asexuelle, ou *monogonie* d'Haeckel, présente elle-même diverses formes à considérer. La plus simple est celle qui s'opère par scission ou division, et qu'on désigne par suite

FIG. 60. — Reproduction par gemmiparité. — Hydre avec un rejeton complètement développé.

sous le nom de *scissiparité* ou de *fissiparité*. On l'observe dans les organismes inférieurs, tels que les Monères, certains Infusoires, etc. Quand le corps a atteint un volume déterminé, il s'étrangle dans son milieu et se divise en deux moitiés qui, en se séparant, forment deux individus distincts (fig. 59).

A côté de la fissiparité se place la reproduction par *bourgeons* ou *gemmiparité*. Elle consiste dans le développement d'une partie limitée de l'organisme générateur en un point de sa surface pour la formation d'un nouvel être, qui s'en détache à un moment donné et vit alors d'une vie propre, indépendante. Ce mode de reproduction est fréquent dans les Zoophytes, les Bryozoaires, etc. (fig. 60). Il arrive souvent que les individus produits par division ou par bourgeonnement restent unis à l'animal souche, formant alors ce qu'on appelle des *colonies animales*, dans lesquelles chacun des organismes constituants peut être regardé comme partie d'une individualité supérieure représentée par l'ensemble social (fig. 61) (Polypes hydraires, Ascidies composées).

Fig. 61.　　　　　　　　Fig. 62.

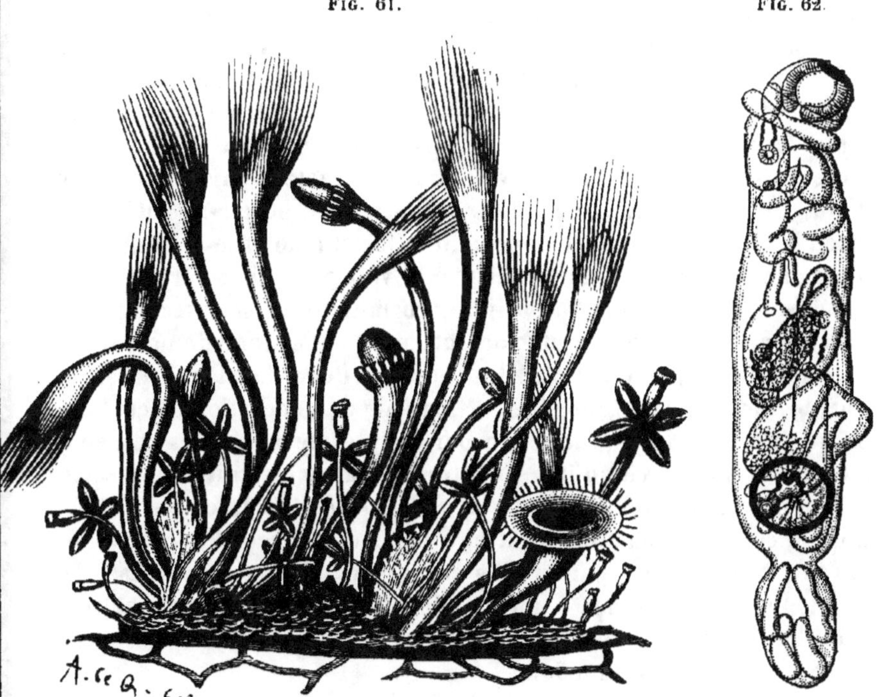

Fig. 61. — Colonie de Polypes synhydres, d'après Quatrefages.
Fig. 62. — Reproduction par gemmiparité interne. — Sporocyste.

On donne le nom de *reproduction par germes* à un troisième mode de génération qui ne diffère du précédent que par le siège de la formation des bourgeons, placé à l'intérieur du corps, au lieu d'être à sa surface. C'est une sorte de bourgeonnement interne qui se distingue en outre de la gemmiparité proprement dite, en ce que le germe d'où naîtra le nouvel individu se sépare du générateur plutôt que le bourgeon externe, et à un degré de développement moins avancé. On rencontre cette forme de reproduction dans les Sporocystes des Trématodes (fig. 62), dans certains Infusoires. Quelquefois, les germes sont produits par segmentation de la masse totale du corps (Grégarines), et leur formation constituerait un simple phénomène de scissiparité, si elle ne s'accompagnait d'une différenciation, en ce sens que le germe possède des qualités propres que n'aurait pas eues toute autre partie de l'organisme.

On appelle *cellules germinatives* les germes qui sont formés chacun par une seule cellule; on les observe surtout chez les végétaux cryptogames, où on leur donne plus particulièrement le nom de *spores*. Cette reproduction par cellules germinatives établit un passage entre les deux formes de génération asexuelle et sexuelle. Dans la première, le germe ou cellule germinative a par lui-même la faculté de se développer, pour donner naissance à un nouvel individu; dans la seconde, le germe, constitué également par une simple cellule, ne peut se développer que sous l'influence d'un autre élément, *élément fécondant*, qui lui donne la puissance évolutive. Ce germe est alors appelé *ovule*, mais il n'y a aucun caractère par lequel il se distingue nettement d'une cellule germinative, et la nécessité de la fécondation pour son développement ultérieur ne crée pas entre les deux une différence absolue, puisque l'ovule peut, dans certains cas, se développer, comme la cellule germinative, sans fécondation préalable. On désigne ce phénomène, dont on connaît de nombreux exemples principalement chez les Insectes (Pucerons, Psychés, etc.), sous le nom de *parthénogénèse*. Ce mode de génération se confond en réalité avec la reproduction par cellules germinatives et n'en a été séparé que parce qu'il se montre chez certains animaux associé à la génération sexuelle. On l'a alors considéré comme une réduction de celle-ci; mais ce n'est là qu'une différence d'appréciation qui ne repose sur aucun critère certain, et, dans tous les cas, le développement spontané d'une cellule, ovule ou cellule germinative, pour la formation d'un être nouveau, rattache l'une à l'autre ces deux formes de reproduction.

La *parthénogénèse*, ou *reproduction virginale*, a été observée pour la première fois par Bonnet sur les Pucerons. On savait déjà que parmi ces animaux il y en avait d'ovipares et de vivipares, mais on ignorait que ces derniers pussent se reproduire sans le concours du mâle. C'est ce que Bonnet reconnut en isolant un individu aussitôt après sa naissance, et il constata qu'un certain nombre de générations peuvent ainsi se succéder par reproduction agame (1).

(1) Bonnet, *Traité d'Insectologie*, 1745, t. I.

Les choses ne se passent pas autrement dans la nature : pendant tout l'été on n'observe que des pucerons vivipares qui se multiplient par parthénogenèse ; en automne seulement il naît des mâles, et les femelles s'accouplent alors, pondent des œufs qui traversent l'hiver, éclosent au printemps suivant et ne fournissent de nouveau que des individus vivipares. Des phénomènes analogues ont été observés depuis chez d'autres animaux, tels que les Psychés, les Abeilles, etc., parmi les Insectes, les Daphnies, parmi les Crustacés. On appelle *pseudovum* ou faux œuf cet œuf agamogénique et *pseudovaire* l'organe qui le produit, par comparaison avec l'œuf véritable, *ovum*, et avec l'organe, nommé *ovaire*, où se forme ce dernier.

La *reproduction sexuelle*, ou *amphigonie* d'Haeckel, qu'il nous reste maintenant à examiner, est la forme la plus commune parmi les animaux d'une organisation un peu élevée. Elle est caractérisée par l'intervention d'un élément générateur nouveau, l'*élément mâle*, ou *sperme*, dont l'action est nécessaire pour le développement ultérieur du germe, ou *élément femelle*, représenté par l'*ovule*.

Dans les cas les plus simples, ces produits prennent naissance en certains points de la paroi du corps qui ne sont pas différenciés, de sorte qu'il n'y a pas d'organes spéciaux pour leur formation : c'est ce qu'on observe chez les Cœlentérés. Quand ces parties productrices des éléments sexuels présentent des caractères particuliers qui les distinguent des parties environnantes, elles constituent alors des glandes, et, suivant qu'elles sécrètent le sperme ou les ovules, on leur donne le nom de *testicules* ou d'*ovaires*. Les organes génitaux se montrent rarement ainsi, à l'état de simples glandes dont les produits tombent soit dans la cavité générale du corps, soit au dehors (Echinodermes). Il survient en général diverses complications, par l'adjonction de parties accessoires destinées à conduire ces produits et à les mettre en présence pour que la fécondation s'opère (fig. 63).

Les testicules sont munis, à cet effet, d'un conduit excréteur, nommé *canal déférent*, dont une partie est souvent dilatée en forme de réservoir spermatique ou *vésicule séminale*. Des glandes accessoires mêlent au sperme leur produit de sécrétion, comme les *prostates*, ou quelquefois lui fournissent une enveloppe, de sorte que les éléments fécondateurs sont renfermés dans des étuis tubulaires auxquels Milne Edwards a donné le nom de *spermatophores* (1) (Mollusques, Crustacés). Les canaux déférents débouchent dans un

---

(1) Milne Edwards, *Observations sur la structure, etc.. (Ann. des sc. nat.,* 2ᵉ série, t. XVIII).

conduit qui leur fait suite et dont les parois sont riches en tissu musculaire : c'est le *canal éjaculateur*. D'autres organes, très divers dans leur constitution, mais destinés à réaliser l'accouplement et à assurer ainsi la rencontre des œufs et de la matière fécondante, complètent d'ordinaire l'appareil génital mâle.

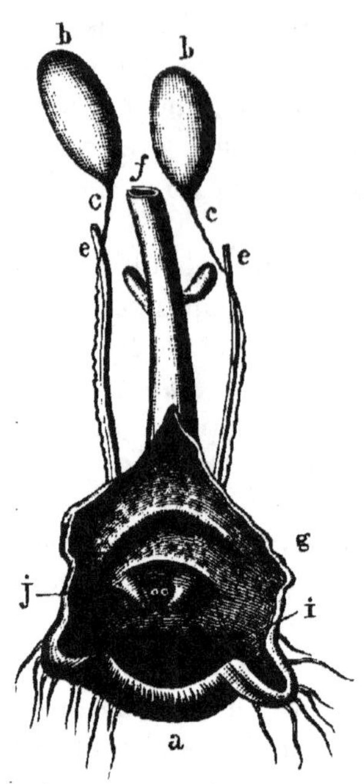

Fig. 63.— Appareil générateur mâle du Pigeon. — *a*, anus; *b b*, testicules; *c c*, conduits déférents; *e e*, uretères; *f*, gros intestin; *g*, renflement cloacal du rectum; *i*, loge copulatrice du vestibue commun; *j*, papille sexuelle droite au sommet de laquelle débouche le canal déférent. Entre celle-ci et la papille gauche se trouvent les orifices des uretères (d'après Martin Saint-Ange, *Savants étrangers*, 1856, t. XIV, pl. VIII).

Les ovaires sont également pourvus d'un canal vecteur appelé *oviducte*, dont certaines portions forment, en s'élargissant, des cavités où les œufs séjournent plus ou moins longtemps pour y parcourir différentes phases de leur développement; c'est ce qui a lieu dans la *chambre incubatrice* de certains Insectes, dans l'*utérus* des Mammifères. Des glandes annexes interviennent aussi pour fournir à l'œuf des parties complémentaires, comme l'albumen dont l'ovule est souvent entouré, ou l'enveloppe protectrice plus ou moins résistante qui forme le chorion ou la coque de l'œuf. Enfin, la portion terminale de l'oviducte présente des dispositions particulières servant soit à l'accouplement, soit à la conservation du sperme, telles que *vagin, poche copulatrice, réceptacle séminal.*

Dans les formes inférieures, les deux éléments génésiques, ovules et liqueur séminale, peuvent être réunis chez le même individu qui alors est à la fois mâle et femelle; c'est cet état qu'on a désigné sous le nom d'*hermaphrodisme* et les animaux qui le présentent sont dits *hermaphrodites* ou *androgynes*.

Dans ce cas il n'est besoin que d'un seul individu pour la conservation de l'espèce, puisqu'il produit à la fois les deux germes dont l'action réciproque a pour résultat le développement de l'embryon; ainsi, dans les Synaptes par exemple, les éléments sexuels se trouvent en présence dans le corps même de l'animal qui se féconde lui-même, comme l'a observé de Quatrefages (1). L'hermaphro-

(1) Quatrefages, *Mém. sur la Synapte de Duvernoy.* (*Ann. des sc. nat.*, 2ᵉ série, t. XVII).

disme est alors aussi complet que possible, mais souvent, malgré
que le même animal porte des testicules et des ovaires, la disposition de ces organes est telle, que leurs produits ne peuvent se
rencontrer, et restent sans emploi s'ils n'arrivent pas au contact
d'éléments fournis par un autre individu dont le concours devient
ainsi nécessaire. Dans cette forme d'hermaphrodisme *restreint*
ou *relatif*, les procédés de fécondation ne sont pas toujours
semblables. Quand, dans l'accouplement entre deux individus,
chacun joue en même temps le rôle de mâle et de femelle, on
dit que la fécondation est réciproque, comme dans le Colimaçon
par exemple. Quelquefois aussi, le même animal fonctionne
à la fois comme mâle et comme femelle, mais vis-à-vis d'individus différents : c'est ce qu'on observe chez les Limnées qui sont
souvent accouplées de cette façon en une longue chaîne. Enfin, il y
a des hermaphrodites dont les organes sexuels n'entrent pas en activité à la même époque ; c'est alors d'une façon alternative que ces
animaux font office de mâle et de femelle : tels sont les Ancyles fluviatiles. Ce mode de fécondation établit le passage entre l'hermaphrodisme et la séparation des sexes.

Cet état de diœcie dérive de l'hermaphrodisme qui l'a précédé dans
l'évolution des animaux, et constitue une forme perfectionnée de la
génération sexuée, mais cette forme ne diffère par rien d'essentiel de
la première et ne se produit que secondairement. Il résulte, en effet,
des recherches de Waldeyer (1) que, chez les animaux supérieurs,
les organes sexuels sont primitivement réunis et que l'individu, à
une période peu avancée de son développement, présente une conformation hermaphrodite. L'embryon est tout d'abord mâle et femelle ;
c'est là un fait du plus haut intérêt qui est aujourd'hui acquis à la
science et qui montre comment se réalise la séparation des sexes.

Cette dernière forme de génération sexuée, *gonochorisme* d'Haeckel, la plus parfaite de toutes, est celle qu'on rencontre d'une manière générale chez les animaux d'une organisation élevée. Elle
résulte de la disparition, par atrophie, de l'un des appareils sexuels,
de sorte que la division du travail physiologique est complétée par
l'attribution de chacun des sexes à des individus différents. Dans ce
cas la rencontre des éléments génésiques est amenée le plus souvent
par l'accouplement du mâle et de la femelle ; cependant il n'en est
pas toujours ainsi, et quelquefois la fécondation s'opère en dehors
de l'organisme de la femelle, sans qu'il y ait rapprochement entre
elle et le mâle, comme on le voit chez beaucoup de Poissons.

La séparation des sexes entraîne dans l'ensemble de l'organisme

(1) Waldeyer. *Eierstock und Ei*. Leipzig, 1870, p. 152.

des modifications en rapport avec le rôle différent qui appartient à chacun des parents. Quand ces différences ne sont qu'indirectement liées à l'acte de la reproduction, elles constituent ce que Hunter a appelé des caractères sexuels secondaires; c'est ainsi que le plus souvent les sexes se distinguent au premier abord par l'apparence extérieure du corps, et parfois ce dimorphisme sexuel est porté si loin, que les mâles et les femelles paraissent appartenir à des espèces ou à des genres différents : on en trouve de nombreux exemples dans les Insectes, dans les Crustacés (1).

CHAPITRE IV

DÉVELOPPEMENT DES ANIMAUX OU EMBRYOGÉNIE

I. — CONSTITUTION DE L'OVULE; PREMIÈRES PHASES DE DÉVELOPPEMENT; FÉCONDATION.

Nous avons vu que la cellule était le point de départ commun d'où procédaient tous les organismes. Cette cellule, pour donner naissance à un être nouveau, doit subir dans la plupart des cas l'influence d'un second élément de nature particulière, l'élément mâle : on la nomme alors *ovule*. Elle est le siège de modifications successives qui ont pour résultat le développement de l'embryon, et qui consistent essentiellement en une multiplication cellulaire compliquée d'une différenciation ultérieure.

L'ovule est d'abord constitué par une simple masse de protoplasma pourvue d'un noyau (ovule primordial). Il se présente sous cette forme chez certains animaux inférieurs, par exemple chez les Éponges. A un état plus avancé de développement, il acquiert une membrane limitante, la masse protoplasmique s'accroît par l'adjonction d'éléments nutritifs, le noyau renferme des granulations nucléolaires... On reconnaît alors dans l'ovule les parties constituantes suivantes (fig. 64) : une enveloppe transparente ou *membrane vitelline;* un contenu, le *vitellus,* dans lequel se trouve une vésicule nettement limitée, la *vésicule germinative* ou de *Purkinye,* et dans celle-ci un ou plusieurs nucléoles, les *taches germinatives* ou *de Wagner.*

(1) Voy. les chapitres consacrés par Darwin à l'étude des caractères sexuels secondaires dans les diverses classes d'animaux. (*La descendance de l'homme et la sélection sexuelle*, trad. par Moulinié, Paris, 1872.)

Souvent la membrane vitelline est percée d'une ouverture nommée *micropyle*, par laquelle les éléments fécondateurs pénètrent dans l'ovule.

Le vitellus est formé de deux parties : l'une, *corpuscules plastiques*, servant à la formation de l'embryon, et l'autre, *globules vitellins*, servant à sa nutrition, d'où la distinction établie par Reichert, d'un *vitellus formatif* et d'un *vitellus nutritif*. Ces deux vitellus sont en proportion variable dans l'ovule suivant les cas. Il y a des œufs dans lesquels les éléments nutritifs sont en quantité insuffisante pour le développement de l'embryon, et celui-ci se nourrit alors aux dépens de l'organisme maternel; ils ont été appelés pour cette raison *œufs incomplets* par Milne Edwards. On les nomme aussi *œufs simples* ou *holoblastes*, parce que les deux éléments dont se compose le vitellus s'y trouvent intimement mélangés

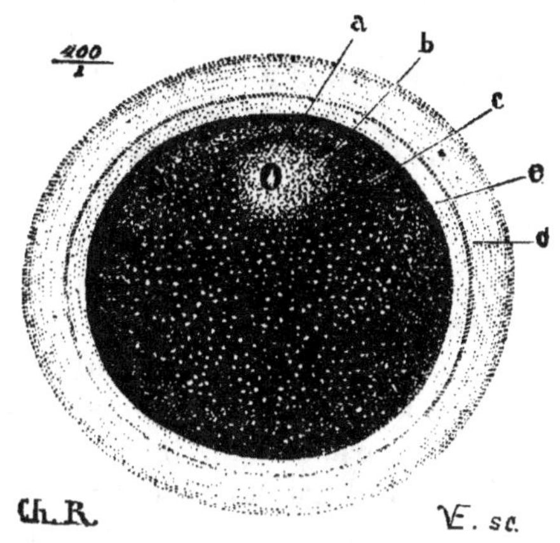

FIG. 64. — Ovule pris dans la vésicule de de Graaf d'une Femme. — *a*, la tache germinative ou nucléole de la vésicule germinative *b*, ou noyau du vitellus *c*, ou contenu de la membrane vitelline, ou paroi *d* de la cellule proprement dite que l'œuf a représentée dans les premières phases de son évolution ; *e*, espace clair laissé entre le vitellus (*c*) et la membrane vitelline (*d*) par suite du retrait du vitellus, grossi 400 fois. (Robin, *Anatomie et Physiologie cellulaires*.)

(Mammifères). D'autres contiennent une réserve nutritive assez grande pour que l'embryon se développe indépendamment de la mère ; ce sont des *œufs complets* qu'on désigne aussi sous le nom d'*œufs complexes* ou *méroblastes*, parce que les deux vitellus y sont séparés. Dans ce cas, on distingue ceux qui renferment des matériaux nutritifs en grande abondance, et dont les corpuscules plastiques ne forment plus qu'une tache limitée, ou *cicatricule*, sur la sphère vitelline très développée, de ceux dans lesquels les éléments nutritifs étant moins abondants, les corpuscules plastiques occupent une portion plus grande de cette sphère. Les premiers sont les œufs à *grand vitellus* ou à *cicatricule* des Oiseaux et des Céphalopodes ; les seconds, les œufs à *petit vitellus* des Reptiles, des Batraciens, de la plupart des Poissons et de presque tous les Invertébrés.

Outre la vésicule de Purkinje, Balbiani a signalé dans l'œuf l'existence d'un élément particulier, nommé *vésicule embryogène*. Cette vésicule naît par bourgeonnement de l'une des cellules épithéliales qui entourent l'œuf. D'abord extérieure à celui-ci, elle y pénètre ensuite et se montre comme enchâssée dans le vitellus. A cette cellule appartiendrait, selon Balbiani, un rôle important dans le développement de l'embryon. C'est toujours autour d'elle, en effet, que se produit la matière plastique qui constitue le germe. Elle exercerait une action analogue à celle d'une cellule séminale et représenterait un élément mâle primordial, qui interviendrait par une sorte de fécondation anticipée ou de *préfécondation*, sous l'influence de laquelle l'ovule, avant d'avoir été fécondé, parcourt les premières phases de son développement; mais en règle générale ce développement est très limité; il s'arrête si la fécondation ne s'effectue pas et l'ovule meurt.

Pendant cette première période qui précède la fécondation, *période ovogénique*, on constate dans le globe vitellin des phénomènes particuliers. La vésicule de Purkinje se porte au centre de l'ovule et disparaît ensuite; le vitellus subit un retrait d'où résulte la formation d'une zone claire périphérique entre la membrane vitelline et son contenu. Parfois même il se produit d'autres changements qui, à la vérité, sont d'ordinaire consécutifs à la fécondation, tels que certains mouvements dans la masse vitelline, ou l'expulsion des globules transparents appelés *globules polaires* (Ch. Robin), dont le rôle est encore mal connu. Quoi qu'il en soit, l'évolution de l'œuf, excepté dans les cas de parthénogénèse, ne va pas plus loin si la fécondation n'a pas lieu. En quoi consiste donc cet acte si important, nécessaire pour que le développement de l'ovule se continue et que l'embryon se forme?

Longtemps on a eu les idées les plus erronées sur la nature de ce phénomène, et c'est seulement à la fin du siècle dernier que les expériences de Spallanzani (1777) ont montré qu'il fallait que l'œuf, pour produire un être nouveau, subît l'action directe de la liqueur séminale. Cependant les agents essentiels de la fécondation, ou les *Spermatozoïdes*, avaient été découverts un siècle auparavant par Louis Ham, et ce fait ayant été communiqué à Leeuwenhœck, celui-ci avait observé les animalcules spermatiques, comme on les appelait alors, chez un grand nombre d'animaux : Mammifères, Oiseaux, Poissons, Mollusques et Insectes; de nos jours cette étude a été poursuivie dans toutes les classes du règne animal.

D'une manière générale, les Spermatozoïdes (fig. 65) sont constitués par des filaments flexibles dont la partie antérieure, renflée, porte le nom de *tête*, tandis qu'on appelle *queue* la partie mince et graduellement atténuée qui lui fait suite. Celle-ci a pour fonction de faire mouvoir le Spermatozoïde dans le liquide ambiant. Ces corpuscules séminaux présentent quelques variations dans leur forme et leurs dimensions. Chez l'homme, leur tête est ovalaire ou plutôt piriforme, et donne attache à la queue par sa portion élargie. Leur longueur totale est de $0^{mm},06$ environ ; ceux des autres Mammifères ont avec les précédents la plus grande analogie. Il y a des Spermatozoïdes dont la longueur est beaucoup plus considérable ; ceux des Oiseaux par exemple, dont la partie céphalique peu élargie est souvent contournée en spirale ; ceux des Gastéropodes pulmonés atteignent jusqu'à 1 millimètre de long (*Helix pomatia*), et ils ont l'aspect de fils terminés par un léger renflement de forme conique. Dans certains Vers, ils sont linéaires et sans le moindre épaississement, etc.

Le développement des Spermatozoïdes, bien qu'il ait été l'objet de nombreuses recherches, n'est encore qu'imparfaitement connu. On sait que ces éléments tirent leur origine des cellules épithéliales qui revêtent les canalicules séminifères, et, d'après Kölliker, ils se développeraient aux dépens des noyaux que contiennent ces cellules ; mais, d'après les observations de Balbiani (1), ils seraient produits par bourgeonnement de ces mêmes cellules. De plus, cette prolifération s'opérerait sous l'influence d'un élément cellu-

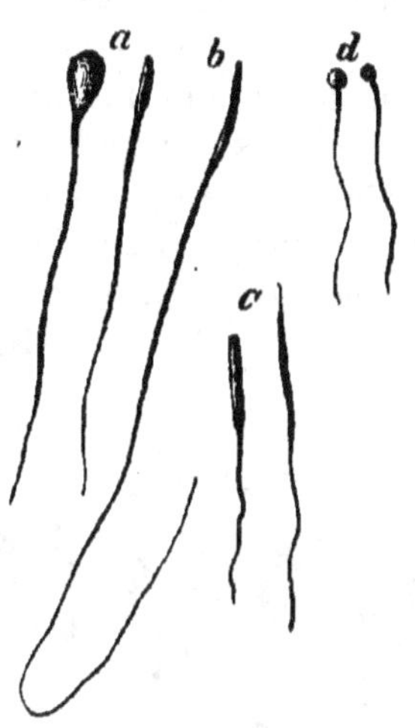

Fig. 65. — Spermatozoïdes. : *a*, de taureau ; *b*, de pigeon ; *c*, de grenouille ; *d*, de carpe.

laire voisin, regardé par lui comme un élément femelle ou ovule primordial, qui existe toujours dans la glande mâle des jeunes Vertébrés, et qui, en se conjuguant avec la cellule épithéliale, communiquerait à celle-ci l'aptitude à procréer des filaments spermatiques. Malgré que la découverte des animalcules spermatiques soit ancienne, leur action comme éléments fécondateurs a été longtemps méconnue et n'a été démontrée expérimentalement qu'en 1824, par Prévost et Dumas. Aujourd'hui il est établi, grâce aux recherches de ces physiologistes et à celles de Barry, Leuckart, Meissner, Lacaze-Duthiers, etc., que les Spermatozoïdes doivent être portés au contact de l'ovule pour que la fécondation puisse se faire, et, de plus, qu'ils doivent pénétrer dans le vitellus, soit qu'ils passent par une ouverture de la membrane vitelline ou micropyle, soit qu'ils perforent cette membrane pour la traverser. Il faut qu'un certain nombre de Spermatozoïdes arrivent ainsi dans l'intérieur de l'ovule pour que celui-ci soit fécondé.

(1) Voy. Balbiani, *Leçons sur la génération*, etc.

II. — DÉVELOPPEMENT DE L'EMBRYON.

Quand la fécondation est effectuée, l'ovule, grâce à cette impulsion particulière, poursuit son évolution et entre dans une nouvelle phase de développement, *période embryogénique*, dont le début a pour caractère distinctif le fractionnement ou *segmentation* du vitellus. La segmentation, qui n'est autre chose en somme qu'un phénomène de multiplication cellulaire, fut constatée pour la première fois par Prévost et Dumas qui déjà venaient de reconnaître le rôle des Spermatozoïdes dans la fécondation ; depuis, elle a été l'objet d'observations nombreuses. Elle aboutit à la formation d'une masse sphérique et muriforme de cellules pressées les unes contre les autres, *Morula* de Haeckel. Une différence s'observe dans la segmentation,

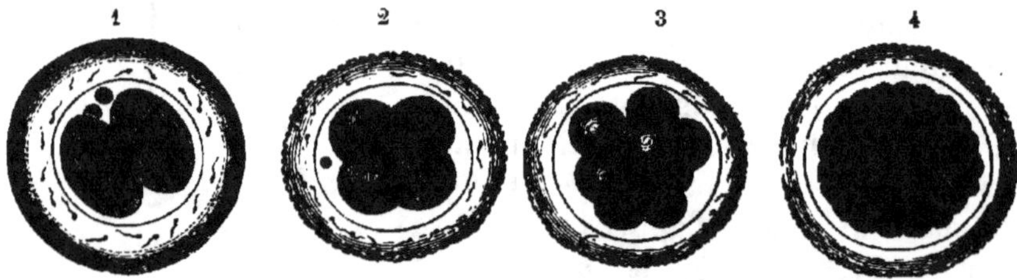

Fig. 66. — Segmentation du vitellus. — 1, ovule à vitellus divisé en deux sphères ; 2, ovule à vitellus divisé en quatre sphères ; 3, vitellus à huit sphères ; 4, ovule à segmentation vitelline très avancée (Bischoff, *Développement*). — Tous ces ovules ont leur membrane pellucide couverte de Spermatozoïdes.

suivant que les œufs sont holoblastes ou méroblastes. Dans le premier cas, elle porte sur le vitellus tout entier, qui se divise en deux, puis en quatre, huit... globules de segmentation, et on dit alors qu'elle est *totale* (fig. 66). Elle est partielle, au contraire, c'est-à-dire qu'elle intéresse seulement une portion du vitellus, le vitellus formatif, dans les œufs méroblastes, où la portion nutritive est très abondante et séparée de la précédente ; c'est ce qu'on voit très bien dans l'œuf de poule, dont la cicatricule seule présente des phénomènes de segmentation. Chez certains animaux, la masse vitelline se divise par un procédé un peu différent, observé pour la première fois par Zaddach (1854), et qui a reçu le nom de *fendillement* (Insectes, Arachnides).

Les cellules dont nous venons de voir la formation sont destinées à se métamorphoser ensuite, suivant des modes divers, pour la constitution de l'embryon. Elles se réunissent en une couche cellulaire disposée à la périphérie du vitellus, formant ainsi une sphère creuse, *vésicule blastodermique* ou *blastosphère*, dont la cavité centrale est occupée par une matière liquide albumineuse. Souvent les cellules vitellines forment, à la surface du vitellus, une tache circulaire qu'on nomme *cumulus* ou *blastoderme;* puis, cette tache va en s'agrandissant, de façon à envelopper, comme dans le cas précédent, le vitellus dans une tunique membraneuse. Quoi qu'il en soit, celle-ci se montre plus ou moins vite divisée en deux lames ou feuillets, qu'on désigne sous le nom de *feuillets du blastoderme.* C'est de ces feuillets que dérivent toutes les parties qui entrent dans la constitution de l'embryon; mais la marche que suit le développement embryonnaire présente des différences trop nombreuses dans les divers groupes d'animaux, pour qu'il soit possible d'en faire l'exposé à un point de vue général. Qu'il nous suffise d'indiquer que des deux feuillets du blastoderme, l'un, extérieur, a été appelé *ectoderme*, et l'autre, intérieur, *endoderme*. On distingue en outre un feuillet moyen, de formation secondaire, ou *mésoderme*, constitué par des couches intermédiaires de cellules, qui proviennent de l'un des deux feuillets primitifs, l'ectoderme d'après Kölliker; mais, à cet égard, la divergence des opinions est grande entre les observateurs. Quelle que soit son origine, le mésoderme se dédouble, comme l'a montré Remak, en deux feuillets intermédiaires, dont l'un, adhérent à l'ectoderme, est désigné sous le nom de *lame musculo-cutanée*, et l'autre, adhérent à l'endoderme, sous celui de *lame fibro-intestinale.*

Chacun des feuillets blastodermiques a un rôle important dans la formation de l'embryon, rôle qui ne semble pas toujours le même, et au sujet duquel règnent encore bien des incertitudes. L'homologie de ces feuillets, regardée par Haeckel comme générale, est loin d'être démontrée, et des faits connus on ne peut dégager de loi qui s'applique à tous les cas. On sait cependant avec assez d'exactitude quelle est la part de chaque feuillet dans la constitution de l'organisme. Le feuillet externe forme l'épiderme, le système nerveux et les organes des sens; aussi Remak l'a-t-il nommé *feuillet sensitif* (feuillet animal de Baer; feuillet séreux de Sander). Le feuillet interne, appelé par Remak *feuillet trophique* ou intestino-glandulaire (feuillet végétatif de Baer; feuillet muqueux de Sander), donne naissance à l'épithélium et aux glandes de l'intestin, au foie, au pancréas et au poumon. Enfin, dans le feuillet moyen ou *germinativo-moteur* de Remak, la lame musculo-cutanée forme le derme, le squelette et les muscles; la lame fibro-intestinale forme les systèmes vasculaires sanguin et lymphatique, ainsi que les parties musculaires et fibreuses de l'intestin. La *cavité générale* du corps (*cœlom* de Haeckel) est produite par l'écartement de ces deux feuillets secondaires, ou simplement constituée par un espace qui sépare l'ectoderme de l'endoderme.

Haeckel, se fondant sur l'existence regardée par lui comme générale de deux feuillets blastodermiques primaires homologues, dont l'un, l'ectoderme, forme le tégument externe, et l'autre, l'endoderme, limite la cavité digestive, considère la forme embryonnaire ainsi réalisée comme commune à tous les animaux, qu'il nomme *Métazoaires*, par opposition aux Protozoaires, qui n'ont pas de blastoderme. Cette forme embryonnaire est la *gastrula* (fig. 67), qui consiste en un corps creux, muni d'un orifice, dont la cavité simple représente à l'état rudimentaire la cavité digestive, et dont la paroi est formée de deux couches de cellules, l'une interne, correspondant à l'endoderme ou feuillet intestinal, l'autre externe, correspondant à l'ectoderme ou feuillet cutané. Cette *gastrula*, qui se présenterait constamment la même dans les embryons de toutes les classes de Métazoaires, fournirait la preuve que tous ces animaux descendent d'une forme ancestrale commune, forme depuis longtemps éteinte, et appelée *gastræa* par

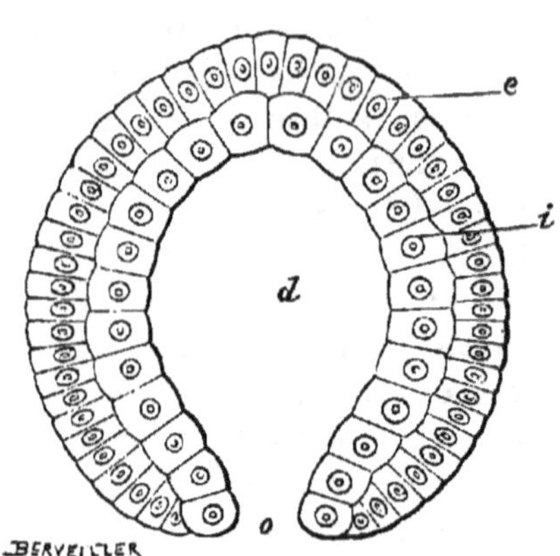

Fig. 67. — Gastrula. — *e*, feuillet cutamé ou *ectoderme*; *i*, feuillet intestinal ou *endoderme*; *d*, intestin primitif; *o*, bouche primitive (d'après Haeckel).

Haeckel. Telle est l'idée qui sert de base à la théorie connue sous le nom de *théorie de la gastræ*. Nous avons voulu l'indiquer à cause de son grand retentissement ; mais nous ne pouvons ici entrer dans la discussion des faits qui, à vrai dire, ne paraissent pas tous favorables à la doctrine soutenue par le savant professeur d'Iéna (1).

Au cours du développement de l'embryon aux dépens du blastoderme, on observe des différences qui vont en s'accentuant d'autant plus que les animaux adultes s'écartent davantage par leur organisation ; ces différences fournissent par conséquent des caractères distinctifs essentiels entre les divers groupes. L'importance de ces caractères embryogéniques a été reconnue à la suite des remarquables travaux de Baer, qui datent seulement de 1827. Cet illustre naturaliste admettait quatre types de développement correspondant aux quatre embranchements de Cuvier. A la vérité, les observations

(1) V. Haeckel, *Die Gastræa-Theorie* (Iena. *Zeit. für Naturw.*, t. VIII, p. 1, 1874). — G. Moquin-Tandon, *De quelques applications*, etc. (*Ann. des sc. nat.*, 1876).

ultérieures n'ont pas confirmé en tous points les distinctions établies
par Baer, et les procédés embryologiques ne se prêtent pas à un
classement aussi simple ; mais les vues émises par lui n'en sont pas
moins restées vraies dans ce qu'elles avaient d'essentiel, et se résument dans les lignes suivantes : « L'être vivant provient d'une cellule primitivement identique, l'œuf primordial ; il s'édifie par formation progressive ou *épigénèse*, par
suite de la prolifération de cette cellule
primitive qui forme des cellules nouvelles,
qui se différencient de plus en plus et
s'associent en cordons, en tubes, en

FIG. 68.

FIG. 69.

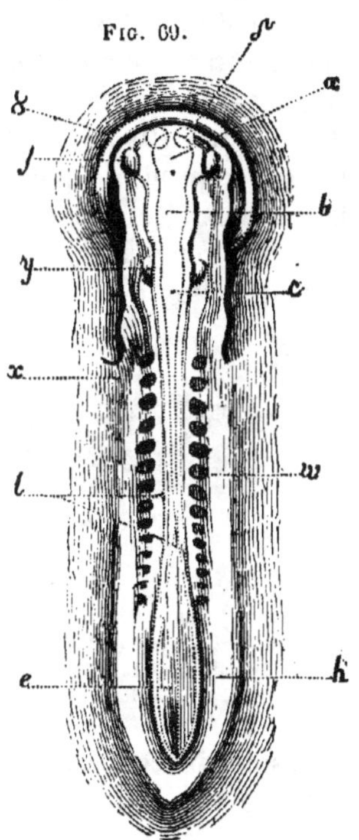

FIG. 68. — Œuf avec la 1ʳᵉ ébauche de l'embryon. — 1, gouttière primitive ; 2, aire embryonnaire ; 3, aire transparente ; 4, aire opaque. Grossi 10 fois. (Bischoff, *Traité du développement de l'homme et des mammifères.*)

FIG. 69. — Embryon du poulet montrant les protovertèbres. — *a*, vésicule du troisième ventricule ; *b*, vésicule de l'aqueduc de Sylvius ; *c*, vésicule du quatrième ventricule ; 8, région
indiquée ici par deux cercles, où se produisent un peu plus tard les deux vésicules des
hémisphères ; *g*, rudiment du nerf optique ; *j*, rudiment du nerf acoustique ; *y*, feuillet de
l'amnios, s'élevant en capuchon céphalique ; *x*, région où les bras postérieurs du cœur se
portent latéralement à l'*area vasculosa*. (Reichert.)

lames, pour arriver à constituer les différents organes. Cette structure va se compliquant successivement, de manière que les formes
se particularisent de plus en plus à mesure que le développement
avance. C'est la forme la plus générale, celle de l'embranchement
qui se manifeste la première, puis celle de la classe, puis celle de
l'ordre, et ainsi de suite, jusqu'à l'espèce. »

L'embryon des Vertébrés se montre d'abord sous forme d'une bande
allongée et blanchâtre, *bandelette primitive*, divisée en deux moitiés, dans le sens longitudinal, par un trait connu sous le nom de

ligne primitive ou *cordon axial*. Cette ligne marque le fond d'un sillon, *gouttière primitive, gouttière cérébro-spinale* ou *sillon dorsal* (fig. 68), qui se forme aux dépens du feuillet externe du blastoderme, et dont les bords constituent deux bourrelets qu'on appelle *lames dorsales*. Au fond de la gouttière primitive, et dans l'épaisseur du blastoderme, apparaît un petit cylindre de structure cellulaire, rudiment de l'axe vertébral : c'est la *corde dorsale*. Plus tard, cette corde dorsale donnera naissance, par sa division transversale, à des segments ou vertèbres représentant des métamères (fig. 69). La bandelette primitive se développe au centre d'une tache circulaire bleuâtre, produite par une accumulation de cellules en un point du blastoderme, et qu'on nomme *tache embryonnaire* ou *germinative*. L'espace qu'on désigne ainsi se trouve, chez les Oiseaux et les Reptiles, vers le milieu de la calotte blastodermique ; chez les Batraciens et les

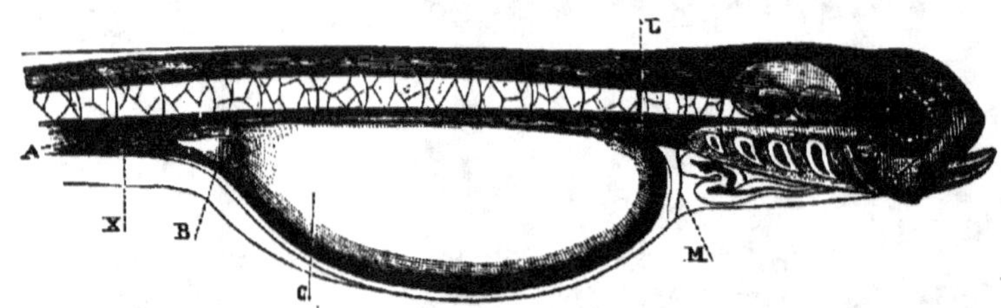

Fig. 70. — Embryon de l'alose (4 jours) d'après Fiippi. — A. Intestin. — B. Vessie biliaire — c, vitellus. — L. Œsophage. — M. Diaphragme. — X. Partie qui en se développant formera le foie et le mésentère.

Poissons, il occupe une position excentrique, rapprochée du bord de cette calotte. Quoi qu'il en soit, chez tous les Vertébrés le corps de l'embryon est en rapport avec le vitellus par sa face ventrale, tandis que la face extérieure et dorsale est libre (fig. 70). C'est là une disposition constante, pour laquelle on a qualifié ces animaux d'*épivitellins*, tandis qu'on a donné le nom d'*hypovitellins* à ceux dont le vitellus est situé dans la région dorsale (Articulés).

Il existe, pendant le développement, des organes transitoires qui jouent un rôle physiologique important et qui fournissent des caractères de grande valeur pour la classification. Ces organes annexes sont : la *vésicule ombilicale*, la *vésicule allantoïde* et l'*amnios*. Les deux derniers ne se rencontrent que chez les Vertébrés supérieurs ; les Batraciens et les Poissons, ainsi que tous les Invertébrés, en sont dépourvus. L'amnios, qui sert uniquement à la protection de l'embryon, est formé par le feuillet externe du blastoderme, tandis que la vésicule ombilicale et l'allantoïde tirent leur origine du feuillet interne.

La vésicule ombilicale est constituée par la portion du feuillet interne du blastoderme qui est extérieure à la bandelette embryonnaire. Celle-ci s'incurve par ses extrémités et par ses bords, de façon à présenter l'aspect d'une nacelle dont les flancs, appelés *lames ventrales*, limitent une cavité qui est doublée en dedans par le feuillet muqueux. Ce feuillet subit ainsi un étranglement d'autant plus marqué que les lames ventrales, en se rapprochant, tendent à diminuer de plus en plus l'ouverture de la cavité, et par suite, il se divise en deux parties, l'une intra-embryonnaire, l'autre extra-embryonnaire, sorte de poche suspendue au corps de l'embryon et renfermant un dépôt de matière nutritive. C'est cette poche qu'on nomme *vésicule ombilicale* ou *vésicule vitelline* (fig. 71, o). Elle communique d'abord largement avec la cavité ventrale et n'est plus ensuite en rapport avec elle que par un pédicule creux connu sous les noms de *pédicule vitellin, conduit vitello-intestinal* ou *omphalo-mésentérique*. La vésicule ombilicale a une durée variable, suivant qu'elle fournit plus ou moins longtemps à l'animal les matériaux de sa nutrition. Chez l'Homme et la plupart des Mammifères, elle disparaît promptement; chez les Poissons, au contraire, on voit souvent le jeune nager en la portant encore suspendue à son ventre.

La division du sac vitellin en deux parties, l'une intérieure et l'autre extérieure, n'est pas générale pour tous les animaux. Souvent ce sac reste contenu dans la cavité viscérale et, parmi les Invertébrés, les Mollusques céphalopodes sont les seuls qui soient munis d'une vésicule ombilicale externe.

Chez les Vertébrés supérieurs, Mammifères, Oiseaux et Reptiles, il se développe un autre organe temporaire qui sert à mettre l'embryon en rapport avec le milieu ambiant : c'est la *vésicule allantoïde*. Elle naît dans la partie postérieure de la fosse ventrale, sous forme d'un petit mamelon qui se creuse bientôt d'une cavité; elle grandit rapidement, sort de l'abdomen par l'orifice ombilical et s'applique à la face interne de l'ectoderme sous-jacent à la membrane vitelline (fig. 71, al). On y distingue donc une portion intra-embryonnaire et une portion extra-embryonnaire; la première forme la vessie urinaire chez les Mammifères; elle se détruit chez les Reptiles et les Oiseaux; la seconde fournit à l'enveloppe extérieure de l'œuf ou *chorion*, une double lame membraneuse, et entre par conséquent dans la constitution de cette enveloppe.

La vésicule allantoïde est riche en vaisseaux et joue un rôle important dans la nutrition de l'embryon. Sa présence, qui caractérise les Vertébrés des trois premières classes, a valu à ce groupe d'animaux le nom d'*Allantoïdiens*, tandis qu'on a donné celui d'*Anallantoïdiens* à ceux qui en sont dépourvus, Batraciens et Poissons.

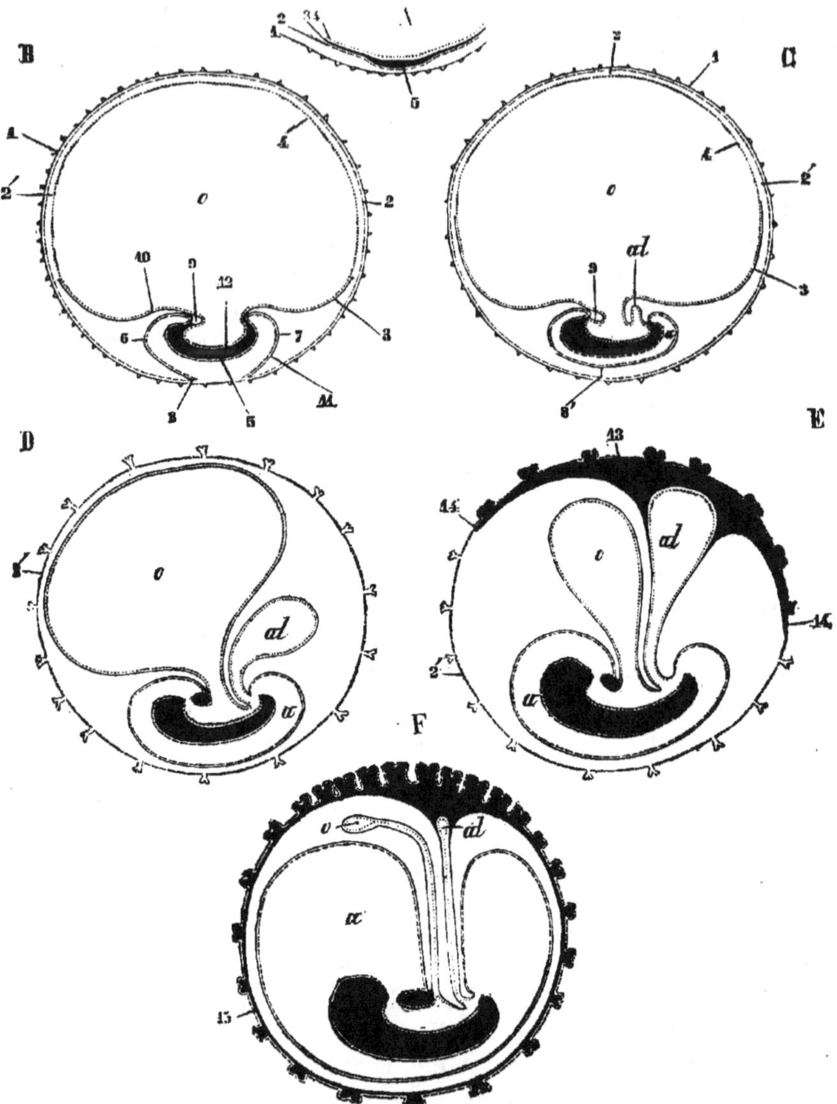

FIG. 71. — Développement des feuillets du blastoderme — A. Portion de l'œuf avec la membrane vitelline et l'aire embryonnaire. — B, C, D, E, F, stades divers du développement. — 1, membrane vitelline; 2, feuillet externe du blastoderme; 2', vésicule séreuse formée par ce feuillet: 3, feuillet moyen du blastoderme; 4, son feuillet interne; 5, ébauche de l'embryon futur; 6, capuchon céphalique de l'amnios; 7, capuchon caudal; 8, extrémité du capuchon céphalique tendant à rejoindre l'extrémité correspondante du capuchon caudal; 8', ombilic amniotique ; 9, cavité cardiaque : 10, feuillet externe fibreux de la vésicule ombilicale; 11, feuillet externe fibreux de l'amnios: 12, feuillet interne du blastoderme qui formera l'intestin: 13, 14, feuillet externe de l'allantoïde s'étendant à la face interne de la vésicule séreuse; 15, le même appliqué complètement à la face interne de la vésicule séreuse; o, vésicule ombilicale ; al, vésicule allantoïde ; a, cavité amniotique. (Beaunis et Bouchard.)

Les lignes ponctuées indiquent les parties qui appartiennent au feuillet interne du blastoderme ; les lignes pleines, celles qui appartiennent au feuillet moyen ; les lignes à traits interrompus, celles qui appartiennent au feuillet externe.

Chez les Mammifères ordinaires, de la vésicule allantoïde dérive un organe vasculaire transitoire important : c'est le *placenta*. Chez eux, en effet, le vitellus ne suffit pas pour fournir à l'embryon les matériaux nutritifs nécessaires à son développement jusqu'au moment de la naissance, et le jeune puise alors dans l'organisme maternel, par l'intermédiaire du placenta qui s'est développé, les éléments de sa nutrition. L'existence de cet organe, qui met ainsi en relations la mère et l'embryon, sert de base à la division des Mammifères, établie par Owen, en *placentariés* et *implacentariés*.

Le placenta (fig. 72) est formé par des villosités vasculaires très développées du chorion, ou *cotylédons*, qui reçoivent le sang des vais-

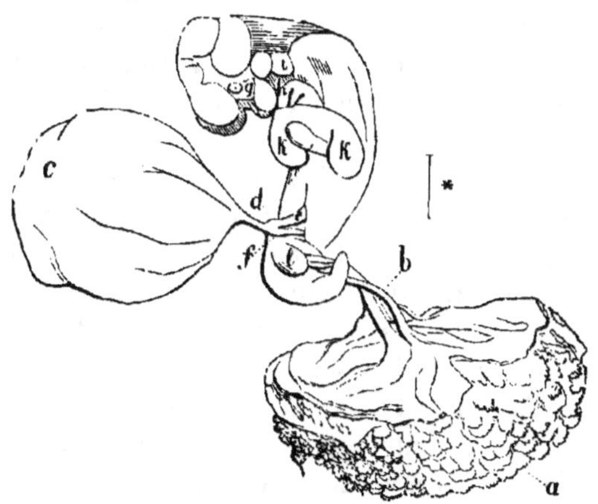

Fig. 72. — Embryon de taupe. — *a*, chorion avec le placenta ; *b*, pédicule de l'allantoïde et vaisseaux omphalo-mésentériques ; *c*, vésicule ombilicale et conduit omphalo-mésentérique *d* ; *e*, intestin gastrique ; *f*, intestin anal ; *g*, œil ; *h*, arcs branchiaux, qui s'effacent ; *i*, vésicule auditive ; *k*, membres antérieurs ; *l*, membres postérieurs (d'après Wagner).

seaux allantoïdiens. Il est implanté sur les parois de l'utérus qui se garnissent dans les parties correspondantes de productions vasculaires analogues, constituant ce qu'on nomme le *placenta maternel*, tandis qu'on appelle *placenta fœtal* l'assemblage des cotylédons. Il n'existe entre les deux placentas que des rapports de contiguïté ; il n'y a jamais communication directe entre les vaisseaux de l'un et de l'autre. C'est pourquoi la séparation peut s'en faire souvent sans entraîner aucune déchirure ; d'autres fois cependant il y a une adhérence assez grande entre la muqueuse utérine et le placenta pour que celui-ci, en se détachant, entraîne une partie de cette muqueuse qui forme alors ce qu'on appelle la *decidua* ou *membrane caduque*. Huxley a fondé sur ce caractère la division des Placentariés en deux groupes, suivant qu'ils ont ou non une membrane caduque : les *Décidués* et les *Adécidués*. Le placenta en outre n'a pas la même forme chez les différents animaux qui en sont pourvus: il est *discoïde* chez les uns, par exemple les Primates, les Chiroptères; *zonaire* chez les autres, comme les Carnivores; *cotylédonaire* ou multiple chez les Ruminants; *diffus* chez les Pachydermes, les Solipèdes.

Nous avons vu que chez les Vertébrés supérieurs, le feuillet externe du blastoderme fournissait à l'embryon une enveloppe particulière nommée *amnios*. Son mode de formation est facile à saisir à l'aide de la figure 69. Le feuillet séreux, à mesure que l'embryon se recourbe sur lui-même, se soulève autour de lui et forme un repli qui, partant de l'ouverture ventrale, se porte en arrière sur la face dorsale de l'embryon. On désigne sous le nom de *capuchon céphalique* la portion de ce repli qui enveloppe la tête, et sous le nom de *capuchon caudal*, celle qui est à l'extrémité opposée. Ces capuchons, de même que les bords latéraux du repli, marchent à la rencontre les uns des autres, se rapprochent au point de ne plus circonscrire qu'une ouverture (*ombilic amniotique*), puis finissent par s'affronter, par se réunir, et l'embryon se trouve alors enkysté dans une poche, qui n'est autre chose que l'amnios, où il baigne dans un liquide séreux appelé *eau de l'amnios* ou *liquide amniotique*.

En se repliant ainsi que nous venons de le voir, le feuillet externe forme par le fait, autour de l'embryon, deux lames membraneuses, l'une qui constitue l'amnios, l'autre qui regarde la membrane vitelline, et s'unit à elle comme partie constituante de l'enveloppe externe de l'œuf; de sorte qu'en définitive le chorion se trouve composé, en allant de dehors en dedans : 1° de la membrane vitelline primitive; 2° de la couche fournie par le feuillet externe du blastoderme; 3° enfin par les deux lames accolées de la vésicule allantoïde.

On rencontre un amnios chez les mêmes animaux qui ont une allantoïde, Mammifères, Oiseaux et Reptiles, de façon que les expressions, proposées par Haeckel, d'*Amniotes* et d'*Anamniotes* sont synonymes de celles que nous avons indiquées plus haut d'Allantoïdiens et Anallantoïdiens, employées antérieurement par Milne Edwards.

La vésicule ombilicale et l'allantoïde servent à l'accomplissement des actes nutritifs nécessaires à la vie de l'embryon. Celui-ci tire soit du dépôt vitellin, soit de l'organisme maternel, les éléments dont il a besoin, et l'échange respiratoire corrélatif des phénomènes de nutrition s'effectue par l'intermédiaire de l'un ou de l'autre de ces organes transitoires. Cette fonction implique le développement d'une circulation sanguine; chez les Anallantoïdiens, elle se fait uniquement dans la vésicule ombilicale qui seule suffit pendant la période embryonnaire à la nutrition et à la respiration de l'animal. Chez les Allantoïdiens, à cette circulation ombilicale ou vitelline succède celle qui s'exécute au moyen de l'allantoïde, circulation allantoïdienne ou placentaire. Chez les Oiseaux et les Reptiles, quand l'allantoïde est formée et devient le siège de l'hématose, la vésicule ombilicale, qui avait servi jusque-là comme organe de nutrition et de respiration, ne reste plus chargée que des fonctions nutritives. Chez les Mammifères, le rôle de cette vésicule est très réduit et sa durée beaucoup plus courte; le placenta une fois constitué sert à puiser dans l'organisme maternel les sucs nutritifs tout élaborés, en même temps qu'à opérer les échanges respiratoires; c'est tout à la fois un organe de respiration et de nutrition.

III. — MODES DIVERS DE DÉVELOPPEMENT : DÉVELOPPEMENT DIRECT, — MÉTAMORPHOSE, — GÉNÉRATION ALTERNANTE.

Le développement de tout être vivant comporte, d'après ce que nous avons vu, une série de transformations qui, ayant la cellule pour point de départ, conduisent le germe, par une succession d'états intermédiaires, jusqu'à la forme définitive qu'il doit atteindre. Cet ensemble de phénomènes constitue ce que d'une manière générale on doit entendre par *métamorphose* dans le langage zoologique, et, à ce point de vue, on peut par conséquent poser en principe que tout être vivant subit des métamorphoses. Cependant on donne d'ordinaire à cette expression un sens plus restreint, et on l'emploie seulement pour désigner les changements de forme très remarquables que subissent certains animaux ovipares après l'éclosion, les Insectes par exemple. La naissance ne correspond pas, en effet, pour tous les animaux à une même phase de la vie embryonnaire, et le jeune peut déjà présenter en naissant les traits de ses parents, ou n'avoir avec eux aucun rapport de ressemblance. Quand l'embryon naît ainsi à un degré de développement peu avancé et dans un état d'imperfection relative, on lui donne le nom de *larve* et, dans ce cas, il ne reproduit le type originel qu'après de nouvelles modifications plus ou moins profondes, accomplies pendant sa vie extérieure ; ce sont ces modifications qu'on désigne particulièrement sous le nom de *métamorphoses* (fig. 73). Lorsque le développement, au contraire, est poussé assez loin, au sein de l'œuf ou de l'organisme maternel, pour que le jeune en naissant possède les caractères morphologiques de l'individu sexué dont il provient, on qualifie ce développement de *direct*. Dans ce cas, le nouveau-né n'a plus, pour compléter son évolution et devenir adulte, qu'à s'accroître et à acquérir, par l'achèvement de ses organes génitaux, la faculté de se reproduire à son tour.

Il y a un rapport intime entre ces deux formes de développement et la quantité de matières nutritives que renferme le vitellus. Chez les animaux à développement direct, il faut que ces matières soient assez abondantes pour suffire aux besoins de l'embryon jusqu'à ce qu'il ait complété son organisation, comme on le voit chez les Oiseaux par exemple; ou, si elles ne suffisent pas, il faut que l'embryon tire du sein de sa mère les matériaux de sa nutrition, comme cela arrive chez les Mammifères. Il en est autrement pour les animaux à métamorphoses. Chez eux, le vitellus nutritif est insuffisant pour que l'embryon puisse achever son développement; cet embryon

FIG. 73. — Métamorphose d'un Insecte (Abeille). — *a*, larve de grandeur naturelle; *b*, grossie; *c*, nymphe de grandeur naturelle vue en dessus; *d*, nymphe grossie vue en dessous; *e*, adulte.

doit se procurer alors lui-même, à l'état de liberté, les aliments qu'il ne peut tirer ni de l'œuf ni de l'organisme maternel, et il parcourt ainsi les phases qui le séparent de sa forme définitive. La larve n'est donc qu'un embryon à vie indépendante, comme l'a fort bien dit de Quatrefages (1). On voit, en résumé, qu'il n'y a aucune différence essentielle entre les transformations que subit l'animal dans l'œuf ou dans le corps de sa mère et les métamorphoses proprement dites, qui ne sont autre chose que des transformations de même ordre, mais accomplies après l'éclosion.

Dans le développement direct et dans la métamorphose, le même être partant de l'œuf arrive, par des changements successifs, à reproduire la forme même de l'animal qui lui a donné naissance. Il n'en est pas toujours ainsi. Dans certains cas, l'animal né de l'œuf fécondé meurt sans avoir présenté aucun trait de ressemblance avec le parent dont il provient, mais il produit lui-même par génération agame des êtres chez qui reparaît ensuite la forme du parent sexué. C'est ce mode de développement, caractérisé par cette alternance de générations sexuelles et asexuelles, qu'on a désigné sous le nom de

(1) De Quatrefages, *Métamorphoses de l'homme et des animaux*, p. 133.

génération alternante, de *métagénèse* (Owen) ou de *généagénèse* (de Quatrefages).

Les phénomènes de cet ordre sont d'observation récente; ils furent signalés pour la première fois, en 1819, par un poète naturaliste, Chamisso, qui les avait observés sur des animaux pélagiens de la division des Molluscoïdes, nommés Biphores (*Salpa*), pendant un voyage de circumnavigation avec Kotzebue. Ce fut là le point de départ de nos connaissances sur la génération alternante. On savait que ces animaux se montrent tantôt isolés, tantôt réunis en certain nombre et de façon à constituer de longues chaînes; on considérait comme appartenant à des espèces différentes ceux qui étaient solitaires et ceux qui étaient agrégés. Chamisso reconnut que ces Biphores provenaient les uns des autres, et reproduisaient alternativement chacune de ces formes « de sorte qu'un Biphore, dit-il, ne ressemble ni à sa mère ni à ses fils, mais à son aïeule et à ses petits-fils (1). »

Cette observation passa presque inaperçue et l'on n'y attacha pas d'abord l'importance qu'elle méritait; l'histoire des Biphores en particulier ne fut complétée que beaucoup plus tard par les travaux de Krohn, Huxley, etc. Cependant, Steenstrup publia en 1842 son *Traité de la génération alternante* (2), dans lequel il coordonnait les faits déjà connus et cherchait à en déduire la signification physiologique. Il donna des noms aux individualités de forme différente qui se succèdent généalogiquement; ainsi il appela *Nourrices* les animaux sortis de l'œuf, qui se reproduisent par agamie, et il les distingua en *Grand-nourrices* et *Nourrices proprement dites,* quand deux de ces générations agames se suivent avant le retour à la forme sexuée. Ces dénominations furent choisies par le savant danois à cause de l'idée particulière qu'il se faisait du rôle de ces animaux dans la reproduction; il ne les regardait pas, en effet, comme de véritables parents, capables de produire des germes nouveaux, mais comme étant chargés simplement d'élever ou de nourrir des germes qu'ils portaient déjà avec eux en naissant, et qu'ils tenaient *par héritage* de l'individu sexué dont eux-mêmes étaient issus. Bien que cette manière de voir soit aujourd'hui abandonnée, les termes proposés par Steenstrup sont encore employés en Allemagne; c'est pourquoi nous avons cru bon de les indiquer.

En France, on a adopté d'autres dénominations empruntées à Van Beneden, à qui l'on doit de remarquables travaux sur ce

____

(1) Chamisso, *De animalibus quibusdam, etc.*. Fasc. prim. *De Salpis*, 1819.
(2) Steenstrup, *Ueber die Generationswechsel in den niederen Thierklassen,* 1842.

sujet; il importe donc de les faire connaître. Le naturaliste belge a distingué d'abord les animaux en *monogénétiques* et *digénétiques*, suivant qu'ils se reproduisent par la voie ordinaire ou par généra- ion alternante; il a ensuite désigné les divers états par lesquels passent ces derniers, au cours de leur évolution généalogique, en partant de l'œuf, sous les noms de *scolex*, *strobile* et *proglottis*. Voyons quel est le sens de ces expressions.

O. F. Muller avait appelé *scolex* un genre particulier de Cestoïdes qui fut ensuite reconnu comme composé uniquement de formes agames appartenant à d'autres Vers de la même classe. Ce mot, devenu sans emploi comme dénomination générique, sert à désigner les larves agames qui naissent de l'œuf. Parfois il arrive que deux formes de larves se succèdent avant le retour à la forme génératrice initiale; la première reçoit alors le nom de *proto-scolex*, la deuxième celui de *deuto-scolex*.

Comme le mot de scolex, celui de *strobile* avait été donné par erreur, comme nom générique, à une forme transitoire d'une Méduse (*Medusa aurita*) observée par Sars. Van Beneden l'a appliqué à l'état sous lequel l'animal se montre composé d'un certain nombre d'individus produits par voie agame, mais qui acquièrent en se développant des organes générateurs.

Comme les précédents, le nom de *proglottis* était celui d'un genre que Dujardin avait proposé pour des Vers qui n'étaient autre chose que des articles séparés de Cestoïdes, et qui, par conséquent, ne représentaient qu'un état transitoire de ces animaux. Van Bene- den a étendu cette dénomination à tous les individus reproducteurs isolés, qui, associés dans le strobile, sont devenus libres en se séparant de lui.

Ainsi, dans le cycle formé par l'alternance régulière de généra- tions agames et sexuées, les scolex correspondent à la phase de reproduction asexuelle, les strobiles et les proglottis à la phase de reproduction sexuelle. Prenons un exemple : l'Aurélie rose (*Medusa aurita*) est une Méduse dont les formes transitoires ont été observées d'abord par Sars et sont bien connues. L'œuf de cette Méduse donne naissance à une larve ciliée ovalaire, *Planula*, qui nage librement et puis, au bout de quarante-huit heures environ, se fixe sur quelque corps solide; elle prend alors la forme d'un polype que Sars, croyant avoir affaire à une espèce zoologique nouvelle, avait appelé *Scyphistome* (fig. 73, 1). Il reconnut plus tard que ce Scyphi- stome n'était que le premier âge d'un autre polype qu'il avait nommé *Strobile* (fig. 74, 2 et 3). Celui-ci, qui n'est lui-même, comme nous l'avons vu, qu'une forme transitoire de la Méduse, présente une série d'étranglements qui divisent le corps en un certain nombre de segments, lesquels se développent ensuite, deviennent libres (fig. 74, 5) et constituent autant de Méduses sexuées (fig. 74, 6). Ici la larve ciliée et l'état polypiforme, qui avait reçu le nom de scyphistome, représentent le proto- et le deuto-scolex ; le Strobile apparaît ensuite qui se désagrège en donnant naissance à des Proglottis, c'est-à-dire à de nouvelles Méduses sexuées.

Les phénomènes sont plus ou moins compliqués, suivant que le développement présente un nombre plus ou moins grand de phases

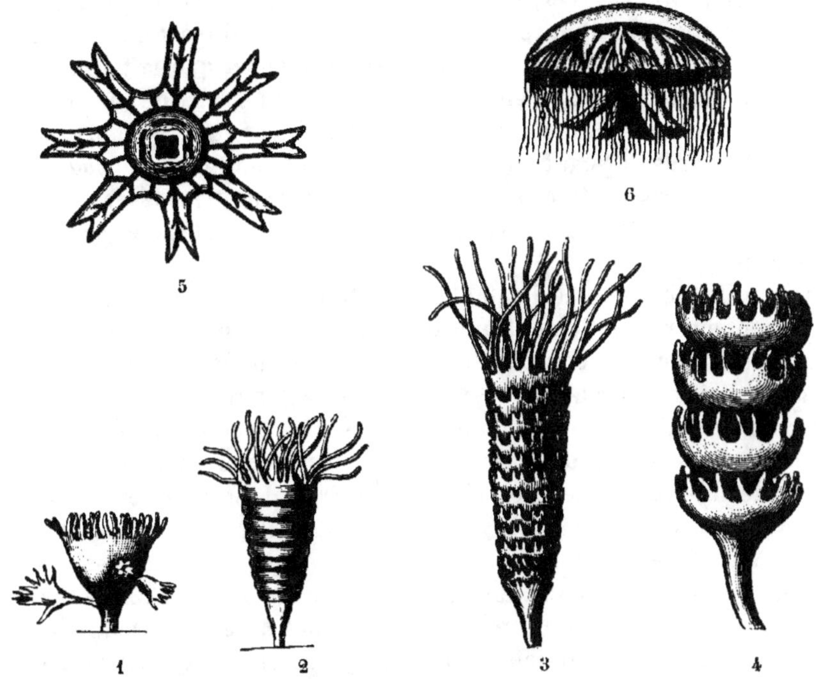

FIG. 74. — Développement de l'Aurélie rose (*Medusa aurita*), d'après Sars. — 1, forme polypoïde avec des bourgeons en voie de formation (*Scyphistome*) ; 2, la même commençant à
se diviser en segments transversaux (*strobile*) ; 3, la même dont la division est plus avancée;
4, la même dont il ne reste plus que quatre segments prêts à se détacher ; 5, l'un de ces
segments (*proglottis*) détaché et libre (*ephyra*) ; 6, forme médusoïde (*Medusa aurita*) complètement développée.

distinctes marquées par des changements de forme de l'animal, mais la nature en est toujours la même. Il y a des cas très simples; dans les Biphores par exemple, dont nous avons déjà parlé, ceux de ces animaux qui sont solitaires et agames constituent les scolex, ceux qui sont agrégés et pourvus d'organes sexuels montrent confondus l'état strobilaire et l'état proglottique, car on peut les considérer comme des Strobiles qui ne se désagrègent pas ou comme des Proglottis qui restent unis.

Les faits de génération alternante paraissent constituer de véritables anomalies et n'avoir aucun rapport avec les diverses phases de développement des animaux supérieurs, mais Milne Edwards a mis en lumière les analogies qui les rattachent aux lois générales de la reproduction. Nous allons essayer de donner un aperçu des idées professées sur ce sujet par cet éminent naturaliste (1). Il nomme *Protoblaste* l'être primordial représenté par l'ovule au début de son existence ; ce Protoblaste donne naissance à des éléments qui s'organisent de manière à former un nouvel individu qu'il appelle *Métazoaire ;* celui-ci succède donc au Protoblaste, qui se détruit et disparaît après l'avoir créé. Dans la plupart des cas, il faut, pour que le Métazoaire vive et se développe, que la fécondation intervienne. Il donne alors naissance, par une sorte de germination, à un corps nouveau qui n'est autre chose que l'embryon ; Milne Edwards désigne celui-ci sous le nom de *Typozoaire* « parce qu'il est destiné à réaliser la forme définitive de sa race, celle sous laquelle une nouvelle génération de Protoblastes pourra être produite. »

Ces trois individus, le Protoblaste, le Métazoaire et le Typozoaire, représentent naturellement une seule et même espèce zoologique, mais l'existence de chacun d'eux peut correspondre à une période plus ou moins importante dans l'évolution de l'animal, et se montrer avec un caractère plus ou moins marqué d'indépendance. Chez les animaux supérieurs, le Métazoaire né de l'ovule est représenté par le blastoderme qui devient le siège d'un travail organisateur, d'où résulte la formation de l'embryon ou du Typozoaire. Ici le Métazoaire, d'une structure très simple, reste contenu dans l'œuf et ne se distingue guère de l'embryon dont il paraît être simplement le premier vestige. Dans ce cas, le Protoblaste ne produit qu'un Métazoaire qui ne donne lui-même naissance qu'à un Typozoaire ; mais dans d'autres cas le Protoblaste et le Métazoaire peuvent engendrer des individus homœomorphes, c'est-à-dire qui leur soient semblables, et ceux-ci donneront chacun à leur tour, les premiers des Métazoaires et les seconds des Typozoaires. Bien plus, le Métazoaire peut se développer de façon à acquérir une individualité bien accusée et à vivre librement dans le monde extérieur. Comme les animaux ordinaires, il peut alors produire agamogénétiquement de nouveaux Métazoaires, d'où sortiront ensuite des Typozoaires. C'est quand ces dernières conditions sont plus ou moins complètement réalisées qu'on voit se manifester les phénomènes auxquels on a donné le

---

(1) V. Milne Edwards, *Leçons sur la phys. et l'anat.*, etc., t. VIII, p. 388 et suivantes.

nom de *génération alternante ;* le Métazoaire, en effet, est représenté par la forme asexuée et le Typozoaire par la forme sexuée. Ainsi, chez les Biphores, le Protoblaste contenu dans l'œuf donne naissance à un Métazoaire ou Biphore solitaire et agame qui, par gemmation, produit des Typozoaires ou Biphores agrégés et pourvus d'organes sexuels. Chez les Méduses dont il a été question plus haut, l'œuf produit la larve ciliée ; c'est le Métazoaire. Celui-ci se fixe et se multiplie par bourgeonnement ; puis de ces Métazoaires naissent par segmentation de nouvelles Méduses sexuées, c'est-à-dire des Typozoaires.

Il y a des relations étroites entre la reproduction virginale ou parthénogénèse, dont il a été déjà question, et la génération alternante. Dans la parthénogénèse, en effet, le corps reproducteur considéré comme un ovule se développe sans l'intervention de l'élément mâle ; mais nous avons vu (p. 75) qu'aucun caractère ne distinguait d'une manière positive cet œuf agamogénique (*pseudovum*) d'une cellule germinative ou d'un bourgeon. Il résulte de là que les phénomènes de cet ordre, chez les Pucerons par exemple, peuvent être rapportés également à la parthénogénèse ou à la génération alternante. Dans la première interprétation on considérera ceux de ces animaux qui sont vivipares comme des femelles parthénogénétiques, et dans la seconde, comme des individus agames, se reproduisant par germes et donnant naissance, au bout d'un temps déterminé, à des animaux sexués. Ainsi que l'a dit de Quatrefages : « la parthénogénèse n'est qu'un cas particulier de la généagénèse (1). »

Ces divers modes de reproduction, si différents en apparence et si anormaux, rentrent dans la loi commune qui règle l'évolution des êtres vivants. Il ressort de tous les faits observés que la reproduction asexuelle est insuffisante pour assurer la perpétuité de l'espèce ; il faut que la sexualité intervienne de temps à autre, pour donner une nouvelle impulsion à la faculté génératrice, qui sans cela ne tarderait pas à s'épuiser, et ainsi se constitue un véritable cycle formé par l'intercalation de générations agames entre deux générations sexuées. Cette succession de phénomènes peut être regardée comme générale dans l'évolution des animaux.

« On pourrait ainsi, dit Claude Bernard, en se plaçant à un point de vue philosophique, regarder l'évolution d'un être animal ou végétal comme une sorte de *parthénogénèse histologique* ou encore de *génération alternante* d'éléments anatomiques. Dans cette façon de voir, un phénomène sexuel élémentaire (union d'un élément cellulaire mâle à un élément cellulaire femelle) donnerait une

---

(1) De Quatrefages, *Métamorphoses de l'homme et des animaux.* 1862, p. 294.

nouvelle cellule, l'œuf fécondé ou germe, douée au plus haut degré de la puissance plastique et évolutive. De cette cellule primitive naîtraient, par modes agames, le nombre immense de générations cellulaires qui formeront le blastoderme et plus tard l'organisme animal. Leur fécondité, constamment décroissante, aboutit fatalement à la ruine de l'édifice, à la mort de l'individu. L'existence individuelle se prolonge aussi longtemps que la fécondité asexuée des éléments, aussi longtemps que dure l'influence sexuelle du début. L'espèce disparaîtrait également si, avant épuisement total, deux éléments cellulaires sexués ne se séparaient de l'organisme pour se comporter comme les premiers. Ils formeront par génération sexuelle une nouvelle cellule dont l'impulsion évolutive s'étendra à une série de générations histologiques agames en s'atténuant successivement. Et ainsi, l'*espèce* sera restaurée périodiquement par la réapparition d'une génération sexuelle entre les générations agames; la sexualité, source de toute impulsion nutritive, rouvrira constamment le cycle vital qui tend à se fermer (1). »

CHAPITRE V

DE LA CLASSIFICATION

I. — CONSIDÉRATIONS GÉNÉRALES ET HISTORIQUES.

La nécessité d'une classification s'impose du moment que l'on étudie des objets dont le nombre est quelque peu considérable ; on tomberait autrement dans une inévitable confusion. Il ne suffit pas, en effet, que ces objets soient nommés afin qu'on puisse les désigner clairement ; il faut encore qu'ils soient caractérisés par l'indication de quelques traits, qui permettent non seulement de les reconnaître et de les distinguer parmi les autres, mais encore de les grouper dans un ordre tel qu'il soit facile, à un moment donné, de trouver la place qu'ils occupent dans le catalogue général qu'on en aura fait. Ces traits peuvent être choisis d'une façon arbitraire, et en vue seulement d'arriver à une détermination rapide et commode, ou bien ils sont tirés de la nature même des objets, de manière à les rapprocher ou à les éloigner, suivant le degré de ressemblance qu'ils ont entre eux. Dans le premier cas, on a une *classification artificielle* ou *système ;* dans le second, une *classification naturelle* ou *méthode* qui a pour but d'exprimer les rapports existant entre les

(1) Cl. Bernard, *Revue scientifique*, 1874, p. 291.

objets eux-mêmes. C'est à ce dernier ordre qu'appartiennent les classifications zoologiques.

Le premier essai qui ait été fait pour classer les animaux est dû au fondateur même de la zoologie, à Aristote, un des plus vastes génies de l'antiquité, qui vécut de l'an 384 à l'an 322 avant Jésus-Christ. Ses travaux relatifs à la science des animaux sont immenses, portent sur les points les plus divers, organisation, fonctions, mœurs, instincts, etc., et dénotent un remarquable esprit d'observation. « On ne saurait concevoir, dit Cuvier, comment un seul homme a pu comparer et recueillir la multitude de faits particuliers que supposent les nombreuses règles générales, la grande quantité d'aphorismes renfermés dans cet ouvrage, et dont ses prédécesseurs n'avaient jamais eu l'idée. L'*Histoire des animaux* n'est pas une zoologie proprement dite ; c'est plutôt une sorte d'anatomie générale, où l'auteur traite des généralités d'organisation que présentent les divers animaux, où il exprime leurs différences et leurs ressemblances appuyées sur l'examen comparatif de leurs organes,... et où il pose les bases de grandes classifications de la plus parfaite justesse (1). »

Aristote divisait les animaux en *Animaux pourvus de sang* et *Animaux exsangues*. Bien que ces expressions fussent fausses, car elles supposaient l'absence de tout liquide sanguin dans le cas où celui-ci n'était pas coloré en rouge, elles marquaient une distinction juste au fond, en séparant les animaux en deux catégories, correspondant l'une à nos Vertébrés, et l'autre à nos Invertébrés. Chacune de ces catégories était subdivisée à son tour : la première en *Quadrupèdes vivipares* (nos Mammifères), *Quadrupèdes ovipares* (Tortues, Lézards), *Oiseaux, Serpents, Poissons*, et la seconde en *Mollusques* (nos Céphalopodes), *Testacés* (Gastéropodes et Lamellibranches), *Crustacés* et *Insectes*. Les groupes plus restreints dont se composaient les divisions principales que nous venons d'indiquer n'avaient pas une valeur hiérarchique bien déterminée ; les mots γένος et εἶδος, qui servaient à les désigner, n'étaient pas employés dans un sens bien précis, cependant εἶδος correspond d'une manière générale à l'espèce actuelle ; mais on trouve le terme γένος appliqué à des groupes d'importance très différente, tels que seraient le genre, la famille ou l'ordre dans nos classifications. Aussi Agassiz estime-t-il qu'Aristote n'a pas proposé une classification régulière. « Il parle constamment de groupes plus ou moins étendus, dit-il, en les désignant par la même appellation. Évidemment il les considère comme des divisions naturelles ; mais nulle part il n'ex-

____

(1) Cuvier, *Histoire des sc. nat.*, t. I, p. 146.

prime la conviction que ces groupes soient susceptibles d'un arrangement méthodique de nature à exprimer les affinités réelles de ces animaux (1). »

Après Aristote, il faut franchir une longue série de siècles et arriver à Linné (1707-1778) pour rencontrer une classification méthodique des animaux. L'influence exercée par cet illustre naturaliste fut immense, et contribua puissamment au développement de la science dont il fut en quelque sorte le législateur. Il introduisit la *nomenclature binaire*, dont le principe consiste à donner aux objets deux noms, le premier indiquant le genre et le second l'espèce, suivant un procédé analogue à celui par lequel on distingue dans la société chaque individu par un nom de famille et un nom de baptême; il s'ensuivit une grande clarté et une grande simplicité dans la désignation des animaux et des végétaux. Au-dessus des genres, il établit des groupes d'une valeur déterminée et d'une importance croissante, les *ordres* et les *classes*, formant ainsi les cadres dans lesquels les êtres vivants devaient prendre chacun leur place respective. Mais, en 1735, Linné avait proposé pour la classification des végétaux le système célèbre connu sous le nom de *système sexuel*, et qui fut accueilli par un succès tel, qu'il fit oublier l'intérêt que l'auteur lui-même attachait à la recherche de la méthode naturelle, dont les règles devaient être formulées plus tard par Ant. Laur. de Jussieu. Il en avait cependant tenté l'application au Règne végétal, et dans maints passages de ses écrits il avait montré qu'à ses yeux le but à poursuivre était l'édification de cette méthode (2); sa classification zoologique, d'un autre côté, n'avait rien d'artificiel, et la plupart des groupes établis par lui ont mérité d'être conservés. A cet égard, du reste, justice lui a été rendue, peut-être même avec quelque exagération, par Is. Geoffroy Saint-Hilaire, quand il s'écrie : « Restituons donc à Linné l'honneur d'avoir le premier inventé la méthode naturelle ; reconnaissons en lui l'auteur non seulement des formes présentes, mais aussi du fond actuel de la classification zoologique, et que dans l'accomplissement définitif de cette œuvre capitale, chacun reprenne enfin la part de gloire qui lui appartient (3). » Le tableau ci-dessous donne la division du Règne animal en classes, et la subdivision de celles-ci en ordres, d'après Linné (4) :

(1) Agassiz, *De l'espèce et de la classification en zoologie*, trad. par Vogeli, 1869, p. 311.
(2) Linné, *Philosophia botanica. Fragmenta methodi naturalis.*
(3) Is. Geoffroy Saint-Hilaire, *Essais de zoologie générale*, p. 37.
(4) Linné, *Systema naturæ*, 12ᵉ édit., Holmiae, 1766.

Classe   I. — *Mammalia*. — Ord. Primates, Bruta, Feræ, Glires, Pecora, Belluæ, Cete.
  —   II. — *Aves.* — Ord. Accipitres, Picæ, Anseres, Grallæ, Gallinæ, Passeres.
  —   III — *Amphibia.* — Ord. Reptiles, Serpentes, Nantes.
  —   IV. — *Pisces.* — Ord. Apodes, Jugulares, Thoracici, Abdominales.
  —   V. — *Insecta.* — Ord. Coleoptera, Hemiptera, Lepidoptera, Neuroptera, Hymenoptera, Diptera, Aptera.
  —   VI. — *Vermes.* — Ord. Intestina, Mollusca, Testacea, Lithophyta, Zoophyta.

Jusqu'à Cuvier, cette classification domina dans la science et ne subit que des modifications secondaires ; mais ce grand naturaliste, en donnant pour bases à la méthode naturelle les faits anatomiques, réalisa, suivant le témoignage d'Agassiz, « les plus solides progrès que la classification générale ait faits depuis Aristote (1). » Pour arriver à la distribution méthodique du Règne animal, il s'appuya sur deux principes fondamentaux, celui des *corrélations organiques* et celui de la *subordination des organes*. Nous avons déjà indiqué le premier, d'après lequel les diverses parties dont se compose l'organisme sont dans un état de mutuelle dépendance ou de corrélation tel, que tout changement dans l'une d'elles doit entraîner des modifications dans toutes les autres (voy. p. 40) ; il faut, en effet, pour que l'animal puisse subsister, qu'il y ait entre les organes une harmonie convenable, signalée par Cuvier comme « condition nécessaire de l'existence de l'être auquel ils appartiennent ». Mais l'influence exercée à cet égard sur le reste de l'économie animale est loin d'être égale pour tous les organes. Il en est dont la disposition règle en quelque sorte celle d'un certain nombre d'autres, qui leur sont ainsi subordonnés ; d'où il résulte que les caractères fournis par les premiers ont une valeur bien plus grande que ceux tirés des derniers. Ce principe de la subordination des caractères, posé par A. L. de Jussieu (2), sert de base à la classification naturelle. C'est par son application au Règne animal que Cuvier a pu établir une classification de beaucoup supérieure à celle de Linné ; mais il est allé au delà de la réalité des faits en admettant l'existence de *caractères dominateurs*, c'est-à-dire ayant sous leur dépendance la constitution de l'être tout entier ; c'était exagérer l'importance de ceux que de Jussieu appelait caractères *de premier ordre*. Milne Edwards a victorieusement réfuté cette manière de voir dans son *Introduction à la Zoologie générale*. « Le principe de la subordination des caractères, dit-il, c'est-à-dire de l'inégalité dans leur valeur relative, est indubitable ; mais existe-t-il, dans

(1) Agassiz, *loc. cit.*, p. 317.
(2) A. L. de Jussieu, *Exposition d'un nouvel ordre de plantes adopté dans les démonstrations du Jardin royal (Mém. de l'Acad. des sciences, 1774).*

l'organisation de l'animal, une partie dont la disposition règle l'ordonnancement du reste de l'économie? Connaît-on un caractère anatomique quelconque dont la présence suppose nécessairement la coexistence d'une série d'autres particularités organiques qui manquent lorsque ce caractère est absent? Y a-t-il même incompatibilité entre tel mode de conformation d'un instrument déterminé et un type essentiel quelconque? » La réponse à ces questions est négative, et la conclusion de Milne Edwards se résume ainsi : « Dans chaque groupe naturel, il existe dans l'organisme certains *caractères prédominants*, sans qu'il y ait des *organes dominateurs* (1). » Mais les hypothèses sont nécessaires aux progrès des sciences, et celle-ci est devenue aux mains de Cuvier un précieux instrument pour la classification méthodique des animaux, et pour la reconstitution, au moyen de quelques débris restés dans le sol, des faunes anciennes depuis longtemps disparues.

Ce qu'il y a de capital dans la distribution du règne animal proposée par Cuvier, c'est l'introduction de quatre grandes divisions qu'il a nommées *embranchements*, et qui correspondent, d'après lui, à quatre plans différents d'organisation. Il exprima pour la première fois ses vues à ce sujet dans un mémoire demeuré célèbre, où il dit : « J'ai trouvé qu'il existe quatre formes principales, quatre plans généraux d'après lesquels tous les animaux semblent avoir été modelés, et dont les divisions ultérieures, de quelque nom que les naturalistes les aient décorées, ne sont que des modifications assez légères, fondées sur le développement ou sur l'addition de quelques parties, mais qui ne changent rien à l'essence du plan (2). »

Les quatre embranchements établis par Cuvier sont ceux des *Vertébrés*, des *Mollusques*, des *Articulés* et des *Rayonnés* ou *Zoophytes*. Les caractères qui les distinguent se résument de la façon suivante :

I. Vertébrés. — Le système nerveux composé d'un cerveau et d'une moelle épinière est enfermé dans un canal osseux formé par le crâne et par les vertèbres.

Les organes des sens sont au nombre de cinq et logés dans la tête; les mâchoires sont au nombre de deux et horizontales. Le sang est rouge, le cœur musculaire; il n'y a jamais plus de quatre membres.

II. Mollusques. — Le système nerveux est composé de ganglions épars, reliés entre eux par des filets nerveux et dont les principaux (g. sus-œsophagiens) représentent le cerveau. Il n'y a pas de sque-

____

(1) Milne Edwards, *Introd. à la Zoologie générale*, pp. 166 et 172.
(2) Cuvier, *Sur un nouv. rapprochement, etc. (Ann. du Muséum*, t. XIX, p. 76).

lette intérieur ; les muscles s'insèrent à la peau qui sécrète souvent des parties dures, pierreuses, nommées *coquilles*. Le système circulatoire est assez complet ; les organes respiratoires sont circonscrits.

III. ARTICULÉS. — Le système nerveux est formé par deux cordons qui occupent la face ventrale et présentent d'espace en espace des renflements ganglionnaires ; ceux-ci se correspondent par paires et s'unissent ordinairement sur la ligne médiane ; les premiers placés au-dessus de l'œsophage constituent le cerveau. Le corps est divisé extérieurement en un certain nombre de segments ou d'anneaux, et la peau, de consistance parfois très dure (squelette extérieur), donne attache aux muscles ; souvent il y a des membres articulés en nombre plus ou moins grand.

IV. ZOOPHYTES. — Les organes de ces animaux sont disposés autour d'un centre comme les rayons d'un cercle (animaux rayonnés), au lieu d'être placés symétriquement des deux côtés d'un axe. En général, il n'existe chez eux ni système nerveux distinct, ni appareils spéciaux de circulation et de respiration. « C'est dans cet embranchement, dit Cuvier, que s'observe la disparition, la fusion graduée et successive de tous les organes dans la masse générale. »

Chacun de ces embranchements comprend un certain nombre de classes subdivisées à leur tour en groupes secondaires, mais d'une manière qui n'est pas uniforme. Dans certains cas, il n'existe pas de division intermédiaire à la classe et au genre ; dans d'autres, au contraire, il y en a plusieurs et l'on rencontre indépendamment des ordres, comme dans Linné, des groupes qui leur sont supérieurs, tels que les séries et les sections, ou des groupes qui leur sont inférieurs, tels que les familles et les tribus. Voici le tableau de la classification à laquelle Cuvier était arrivé après des modifications successives (*Règne animal*, 2ᵉ édition, 1829).

PREMIER EMBRANCHEMENT. — *Animaux vertébrés.*

Classe I. — *Mammifères.* — Ord. Bimanes, Quadrumanes, Carnivores, Marsupiaux, Rongeurs, Édentés, Pachydermes, Ruminants, Cétacés.

— II. — *Oiseaux.* — Ord. Rapaces, Passereaux, Grimpeurs, Gallinacés, Échassiers, Palmipèdes.

— III. — *Reptiles.* — Ord. Chéloniens, Sauriens, Ophidiens, Batraciens.

— IV. — *Poissons.* — 1ʳᵉ série. *Poissons proprement dits.* Ord. Acanthoptérygiens, Abdominaux, Subbrachiens, Apodes, Lophobranches, Plectognathes. — 2ᵉ série. *Chondroptérygiens.* Ord. Sturioniens, Sélaciens, Cyclostomes.

DEUXIÈME EMBRANCHEMENT. — *Animaux mollusques.*

Classe I. — *Céphalopodes.* — Ni ordres ni familles.

— II. — *Ptéropodes.* — Ni ordres ni familles.

Classe III. — *Gastéropodes.* — Ord. Pulmonés, Nudibranches, Inférobranches, Tectibranches, Hétéropodes, Pectinibranches, Tubulibranches, Scutibranches, Cyclobranches.

— IV. — *Acéphales.* — Ord. Testacés, Tuniciers.

— V. — *Brachiopodes.* — Ni ordres, ni familles.

— VI. — *Cirrhopodes.* — Ni ordres, ni familles.

TROISIÈME EMBRANCHEMENT. — *Animaux articulés.*

Classe I. — *Annélides.* — Ord. Tubicoles, Dorsibranches, Abranches.

— II. — *Crustacés.* — 1re section. *Malacostracés.* Ord. Décapodes, Stomapodes, Amphipodes, Læmodipodes, Isopodes. — 2e section. *Entomostracés.* Ord. Branchiopodes, Pœcilopodes, Trilobites.

— III. — *Arachnides.* — Ord. Pulmonées, Trachéennes.

— IV. — *Insectes.* — Ord. Myriapodes, Thysanoures, Parasites, Suceurs, Coléoptères, Orthoptères, Hémiptères, Névroptères, Hyménoptères, Lépidoptères, Rhipiptères, Diptères.

QUATRIÈME EMBRANCHEMENT. — *Animaux rayonnés.*

Classe I. — *Echinodermes.* — Ord. Pédicellés, Apodes.

— II. — *Vers intestinaux.* — Ord. Nématoïdes (Entozoaires et Epizoaires), Parenchymateux.

— III. — *Acalèphes.* — Ord. Simples, Hydrostatiques.

— IV. — *Polypes.* — Ord. Charnus, Gélatineux, à Polypiers.

— V. — *Infusoires.* — Ord. Rotifères, Homogènes.

La division du Règne animal en quatre embranchements trouva une remarquable confirmation dans les résultats auxquels Von Baer fut conduit par ses travaux embryologiques. Ces résultats concordaient en effet avec ceux que Cuvier avait obtenus par une autre voie ; ils établissaient l'existence de quatre modes de développement, d'après lesquels Von Baer admettait quatre types d'animaux, qui coïncidaient avec les embranchements de Cuvier. Ces types sont les suivants :

I. — Type périphérique. — *Evolutio radiata* (Rayonnés).
II. — Type massif. — *Evolutio contorta* (Mollusques).
III. — Type longitudinal. — *Evolutio gemina* (Articulés).
IV. — Type à symétrie double. — *Evolutio bigemina* (Vertébrés).

La classification de Cuvier a été modifiée depuis en bien des points, quoiqu'elle soit restée dans ce qu'elle avait d'essentiel. De Blainville introduisit le nom de *type* pour désigner les grandes divisions établies d'après les différents modes d'organisation des animaux. Il sépara des Zoophytes ou Rayonnés les animaux dont la forme est irrégulière ou indéterminée, et il en fit la division des *Hétéromorphes* ou *Amorphozoaires*. Il apporta de notables perfectionnements à la délimitation des groupes : le premier, il forma une classe distincte des Amphibiens (Batraciens) rangés jusque-là parmi les Reptiles. Il rapprocha des animaux articulés les Vers intestinaux placés par Cuvier dans les Zoophytes. D'autres changements encore que nous ne saurions indiquer ici ont été successivement apportés à la classification, en particulier par Milne Edwards auquel on doit, entre autres, la division des Vertébrés en Allantoïdiens et Anallantoïdiens, comme on l'a vu dans un précédent chapitre.

Cependant, les idées de Cuvier accueillies avec faveur par la plupart des naturalistes furent combattues en France par Et. Geoffroy Saint-Hilaire, en Allemagne par l'école des *Philosophes de la nature*.

L'auteur de la doctrine de l'unité de composition, qui s'efforçait de démontrer que tous les animaux étaient constitués sur un plan unique, ne pouvait admettre les principes sur lesquels Cuvier faisait reposer la classification. La divergence de leurs opinions et de leurs vues éclata dans une discussion célèbre qui passionna le monde savant (1830) (1). Une des questions les plus importantes soulevée dans ce débat était celle de l'immutabilité de l'espèce, admise dans la science comme un dogme fondamental, et regardée par Cuvier comme « une condition nécessaire à l'existence même de l'histoire naturelle ».

De l'idée qu'on se fait de l'espèce dépend, en effet, la façon dont on conçoit le monde organisé; de cette idée dépendent aussi le sens et la valeur qu'on attribue à la classification. Il est donc nécessaire d'examiner ce qu'il faut entendre par ce mot, *espèce*.

II. — DE L'ESPÈCE; THÉORIE DE LA DESCENDANCE OU LAMARCKISME.

Dans la classification, l'unité qui sert de point de départ pour la formation des groupes porte le nom d'espèce, et ce mot représente à l'esprit un ensemble d'individus semblables entre eux. A ce point de vue l'accord est général parmi les naturalistes, et de plus, comme il est d'observation vulgaire que ces rapports de similitude existent entre les individus qui ont une origine commune, l'idée de filiation se trouve le plus souvent associée à l'idée de ressemblance dans les définitions qu'on a données de l'espèce.

Ces définitions sont nombreuses; nous en ferons connaître quelques-unes :

« L'espèce n'est autre chose qu'une succession constante d'individus semblables et qui se reproduisent. » (Buffon.)

« On appelle *espèce* toute collection d'individus semblables qui furent produits par des individus pareils à eux. » (Lamarck.)

(1) Voy. Is. Geoffroy Saint-Hilaire, *Vie, travaux, etc.*, d'Et. Geoffroy Saint-Hilaire, 1847, p. 375.

« L'espèce est la réunion des individus descendus l'un de l'autre ou de parents communs et de ceux qui leur ressemblent autant qu'ils se ressemblent entre eux. » (Cuvier.)

« L'espèce est l'individu répété et continué dans le temps et dans l'espace. » (De Blainville.)

« L'espèce est la réunion de tous les individus qui tirent leur origine des mêmes parents, et qui redeviennent par eux-mêmes ou par leurs descendants semblables à leurs premiers ancêtres. » (C. Vogt.)

« L'espèce est une collection ou une suite d'individus caractérisés par un ensemble de traits distinctifs dont la transmission est naturelle, régulière et indéfinie, dans l'ordre actuel des choses. » (Is. Geoffroy Saint-Hilaire.)

« On appelle *espèce*, le groupe d'individus qui se ressemblent entre eux au même degré que l'on sait devoir se ressembler ceux qui naissent d'une même souche ; groupe que l'on peut considérer par conséquent comme ayant une origine commune. » (Milne Edwards.)

L'accord qui règne dans ces définitions cesse dès qu'il s'agit de déterminer ce que c'est au fond que l'espèce. Deux opinions sont en présence : l'une qui a dominé longtemps dans la science et qui est fondée sur la croyance à l'*invariabilité* de l'espèce, considérée comme une forme produite par un acte particulier de création : « *Tot numeramus species*, a dit Linné, *quot ab initio creavit infinitum Ens.* » L'autre, qui n'a acquis une sérieuse importance que dans ces dernières années, et qui repose sur l'hypothèse de la *variabilité*, d'après laquelle les caractères des êtres vivants peuvent se modifier, de façon que ces êtres en se transformant à travers le temps représentent des *espèces* successives.

On comprend l'intérêt capital que cette question de l'origine des espèces présente en elle-même. Suivant que l'on adopte, en effet, l'une ou l'autre des deux opinions qui divisent les naturalistes, on est conduit à une conception entièrement différente de la nature. Dans la première hypothèse, les espèces, indépendantes les unes des autres, auraient été créées isolément, et les formes nouvelles qui ont apparu dans la suite des âges n'auraient pu prendre naissance que par l'intervention directe du Créateur; dans la seconde, les espèces, issues d'une ou d'un petit nombre de formes primitives, seraient unies par un véritable lien de parenté, et leurs transformations successives expliqueraient les changements observés dans la faune et la flore aux diverses époques géologiques.

La question de l'espèce n'a pas une moindre importance au point de vue de la classification. Celle-ci, en effet, n'a plus la même signification suivant qu'on la résout dans un sens ou dans l'autre. Pour les partisans de l'invariabilité, le classification a pour objet de ranger les espèces dans les cadres zoologiques, chacune à la place qui lui convient, selon les caractères qu'elles présentent, et sans indiquer autre chose que le degré de ressemblance qu'elles ont entre elles; pour les autres, au contraire, elle est l'expression des rapports de descendance qui unissent les espèces entre elles, et elle constitue en réalité l'arbre généalogique du règne animal.

La théorie du *transformisme* ou de la *descendance*, qui a pour base l'hypothèse de la variabilité des espèces, a été exposée en France, dès 1809, dans ses points essentiels par un naturaliste éminent, Lamarck (1), dont les idées passèrent presque inaperçues à l'époque où il les publia. La doctrine qui devait avoir, un demi-siècle après, un retentissement si grand quand parut le livre célèbre de Darwin sur l'*Origine des espèces*, n'obtint même pas les honneurs de la discussion, tant la croyance contraire dominait à cette époque parmi les savants. L'auteur de la *Philosophie zoologique* pose le problème dans les termes suivants :

« Ce n'est pas un objet futile que de déterminer positivement l'idée que nous devons nous former de ce que l'on nomme des *espèces* parmi les corps vivants, et que de rechercher s'il est vrai que les espèces ont une constance absolue, sont aussi anciennes que la nature, et ont toutes existé originairement telles que nous les observons aujourd'hui ; ou si, assujetties aux changements de circonstances qui ont pu avoir lieu à leur égard, quoique avec une extrême lenteur, elles n'ont pas changé de caractère et de forme par la suite des temps (2). » — Invoquant les preuves tirées de la difficulté même que présente la détermination des espèces, entre lesquelles il existe si souvent des nuances telles qu'elles se fondent pour ainsi dire les unes dans les autres, Lamarck conclut à leur variabilité. Pour expliquer les transformations subies par elles, il fait intervenir l'action de deux causes principales : la première consiste dans l'influence des circonstances extérieures, dont les changements amènent de nouveaux besoins qui ne peuvent être satisfaits que par des modifications appropriées de l'organisme : on désigne aujourd'hui les phénomènes de cet ordre sous le nom d'*adaptation;* la seconde n'est autre que l'*hérédité* dont le rôle est considérable, et en vertu de laquelle tout changement produit dans l'organisation des individus se transmet par voie de reproduction à leur descendance. De plus, Lamarck considère le *temps* comme élément nécessaire de la transformation des espèces, celles-ci ne se modifiant que

____

(1) Lamarck, *Philosophie zoologique*, 1809; *Introduction de l'Histoire nat. des Animaux sans vertèbres*, 1815.

(2) *Philosophie zoologique*, édit. Martins, t. I, p. 71.

lentement et par gradations insensibles. « Ainsi, dit-il, parmi les corps vivants, la nature ne nous offre, d'une manière absolue, que des individus qui se succèdent les uns aux autres par la génération et qui proviennent les uns des autres ; mais les *espèces* parmi eux n'ont qu'une constance relative, et ne sont invariables que temporairement (1). »

De cette théorie, Lamarck déduit les conséquences qu'elle comporte au point de vue de la classification. Il considère les animaux des différents groupes comme unis par un lien commun de filiation. Chez eux l'organisation va se perfectionnant et se compliquant, depuis les formes les plus simples jusqu'aux formes les plus élevées, bien qu'il existe certaine slacunes, certaines anomalies, résultant de circonstances accidentelles. Il n'admet pas que les êtres forment une série linéaire continue, comme le pensait Bonnet, mais « ils forment, dit-il, une série rameuse, irrégulièrement graduée et qui n'a point de discontinuité dans ses parties, ou qui, du moins, n'en a pas toujours eu, s'il est vrai que, par suite de quelques espèces perdues, il s'en trouve quelque part. Il en résulte que les *espèces* qui terminent chaque rameau de la série générale tiennent, au moins d'un côté, à d'autres *espèces* voisines qui se nuancent avec elles (2). » A l'appui de cette manière de voir il signale l'existence d'animaux intermédiaires entre des groupes qui semblaient avoir des caractères bien tranchés, tels que l'Ornithorhynque et l'Échidné entre les Mammifères et les Oiseaux.

Justice n'a été rendue à Lamarck que tardivement ; la valeur de ses idées philosophiques fut méconnue de son vivant, mais elle a été appréciée depuis. Darwin lui accorde l'honneur d'avoir appelé le premier l'attention des savants sur les principes qui devaient servir de base à la doctrine de la formation généalogique des espèces ; Haeckel proclame son œuvre *admirable* et revendique pour lui « l'impérissable gloire d'avoir, le premier, élevé la théorie de la descendance au rang d'une théorie scientifique (3) ». Martins enfin termine l'introduction qu'il a écrite pour une édition récente de la *Philosophie zoologique* par ces lignes : « Venu trop tôt, il (Lamarck) n'a été qu'un précurseur ; mais depuis sa mort la science a grandi, elle s'est prodigieusement enrichie, et les faits accumulés ont confirmé des généralisations qui ne pouvaient être comprises par ses contemporains. L'heure de la justice a sonné, et la gloire posthume de Lamarck jette un éclat inattendu sur la France ; grâce

(1) *Loc. cit.*, p. 90.
(2) *Loc. cit.*, p. 77.
(3) Haeckel, *Histoire de la création*, trad. par Letourneau, p. 99.

à lui, elle peut revendiquer une part notable dans le mouvement déjà irrésistible qui transformera bientôt la science des êtres organisés (1). »

Après Lamarck, Et. Geoffroy Saint-Hilaire soutint en France l'opinion de la variabilité et de la descendance commune des espèces; ce fut là le fond de la discussion retentissante qui s'éleva entre Cuvier et lui en 1830. Il s'écarte sur quelques points des idées de son célèbre devancier; ainsi, il attribue un rôle prépondérant, comme cause modificatrice, à l'influence directe du *monde ambiant*, et n'accorde qu'une importance secondaire à la réaction de l'organisme soumis à de nouveaux besoins et obligé à de nouvelles habitudes par suite d'un changement dans les circonstances extérieures; il est aussi plus réservé dans ses conclusions. « Néanmoins, dans cet ordre d'idées, il procède de Lamarck, et il s'est plu à se proclamer lui-même en plusieurs occasions le disciple de son illustre collègue (2). »

Parmi les naturalistes français qui ont suivi, les seuls qui aient été partisans de la doctrine de la descendance sont Bory de Saint-Vincent et Charles Naudin.

En Allemagne, les idées philosophiques de Lamarck et de Geoffroy Saint-Hilaire furent partagées par Gœthe, qui lui-même avait fait en histoire naturelle des travaux conçus dans un esprit analogue.

A la même époque, Treviranus, Oken regardaient aussi les espèces comme issues les unes des autres et produites par la modification graduelle de formes préexistantes; plus tard, Léopold de Buch, Von Baër, Schleiden, etc., se rangèrent à cette manière de voir.

En Angleterre, l'hypothèse du transformisme fut soutenue dès la fin du siècle dernier par Erasme Darwin, le grand-père de l'auteur de l'*Origine des espèces*, et plus récemment W. Herbert (1822), Grant (1826), Huxley (1859) prirent parti pour elle.

Cependant la théorie de la descendance était repoussée par presque tous les naturalistes, et la croyance à l'immutabilité de l'espèce était générale, quand parut en 1859 le livre célèbre de Darwin. La puissance avec laquelle la question était traitée dans cet ouvrage, la valeur des preuves apportées par l'auteur à l'appui de son opinion, forcèrent l'attention du monde savant. Accueillies par les uns avec enthousiasme, combattues par les autres avec passion, les idées

____

(1) *Philosophie zoologique*, édit. Martins, *Introduction*, p. 84.

(2) Is. Geoffroy Saint-Hilaire, *Vie, travaux, etc.*, d'*Et. Geoffroy Saint Hilaire*, p. 346.

de Darwin ont été depuis lors l'objet d'une controverse qui n'a pas toujours gardé le caractère d'une calme et froide discussion scientifique ; quoi qu'il en soit, l'œuvre du naturaliste anglais a été le point de départ d'un mouvement tel en faveur de la doctrine généalogique, que celle-ci est souvent désignée sous le nom de *Darwinisme*. Un court résumé des vues de Darwin doit donc trouver ici sa place.

III. — DARWINISME OU THÉORIE DE LA SÉLECTION.

A Darwin revient le très grand mérite d'avoir scientifiquement développé la doctrine généalogique fondée par Lamarck, en lui donnant pour base un nombre immense d'observations et de faits, et de l'avoir complétée par l'introduction d'un principe nouveau d'une grande importance, le principe de la *sélection naturelle*.

Comme Lamarck, Darwin soutient la variabilité de l'espèce ; à l'appui de cette opinion, il invoque l'existence d'espèces *douteuses* et l'impossibilité d'établir une séparation bien nette entre l'espèce et ses subdivisions que l'on appelle races ou variétés. Il n'existe pas, en effet, de critérium qui permette de les distinguer toujours avec certitude les unes des autres. Cependant on a donné la fécondité des croisements entre formes différentes comme un moyen de reconnaître les variétés des véritables espèces, celles-ci devant, dans ce cas, rester infécondes, ou tout au moins ne produire qu'une descendance stérile. Malheureusement, la valeur de ce caractère est très contestable. Il est vrai que la fécondité n'est possible qu'entre formes présentant une certaine analogie organique ; elle n'a plus lieu au delà d'un certain degré de différenciation morphologique, aussi peut-on dire d'une manière générale que les croisements sont d'autant plus faciles que les formes ont plus de ressemblance entre elles. Ils doivent donc être plus fréquents entre variétés qu'entre espèces, mais il n'y a dans ce fait aucune ligne de démarcation résultant d'une différence fondamentale et de nature particulière entre les uns et les autres ; c'est une distinction purement relative, basée sur une différenciation plus ou moins marquée. Que cette différenciation s'accentue davantage dans une forme regardée comme une variété et celle-ci deviendra une espèce. « On peut donc considérer, dit Darwin, une variété bien prononcée comme une espèce naissante (1). »

Mais il ne suffit pas d'établir que les espèces sont variables ; il faut encore rechercher quels sont les procédés par lesquels s'opè-

(1) Darwin, *Origine des espèces*, trad. Moulinié, p. 58.

rent les changements qu'elles subissent. Pour cela, Darwin a étudié avec un soin particulier les variations produites sous l'action de l'homme chez les espèces domestiques. On sait que l'élevage des animaux, la culture des végétaux, donnent des résultats étonnants au point de vue de la modification dans un sens déterminé des formes vivantes. L'art des éleveurs et des horticulteurs consiste à faire choix des individus les mieux doués sous le rapport de telle ou telle qualité qu'on recherche en eux. On trie ainsi et l'on réserve pour la reproduction, pendant une série de générations successives, ceux qui présentent au plus haut degré le caractère qu'il s'agit de développer. L'accumulation répétée par voie d'hérédité de différences primitivement très faibles amène, au bout d'un certain temps, des modifications telles, que les formes ainsi obtenues seraient regardées, par un naturaliste qui les rencontrerait à l'état sauvage, comme des espèces distinctes. C'est là la sélection par l'homme, ou *sélection artificielle*, qui est basée, comme on le voit, sur ces deux propriétés fondamentales des animaux et des végétaux, la variabilité et l'hérédité.

Darwin s'est demandé s'il existait dans la nature un procédé analogue à celui de la sélection, et il l'a trouvé dans les conditions d'existence auxquelles les êtres vivants sont soumis, conditions qui déterminent une *sélection naturelle* comparable à celle par laquelle l'homme modifie si profondément les espèces domestiques. La théorie de cette sélection naturelle forme la partie essentielle de l'œuvre de Darwin et constitue véritablement le Darwinisme.

La sélection naturelle est la conséquence d'un fait général et incontestable que Darwin désigne par l'expression de lutte pour l'existence, *struggle for life*. Par ces mots, il faut entendre les difficultés de tout genre que rencontrent, pour vivre et se reproduire, les êtres organisés dont la plupart périssent au début même de l'existence. Il ne peut en être autrement, car si tous les germes produits réussissaient à se développer, la multiplication des individus vivants serait telle, que la nourriture et l'espace leur manqueraient bientôt. Il faut donc que beaucoup d'entre eux succombent sous des influences diverses. « C'est, dit Darwin, la doctrine de Malthus appliquée aux règnes animal et végétal, agissant avec toute sa puissance, et dont les effets ne sont mitigés ni par un accroissement artificiel de nourriture, ni par des entraves restrictives apportées à la reproduction (1). »

Comme exemple, il cite l'éléphant, celui de tous les animaux qui se reproduit le plus lentement, et il trouve qu'au bout de 740 à

____

(1) Darwin, *loc. cit.*, p. 68.

750 ans, il y aurait, si tous avaient vécu, près de 19 millions d'individus issus d'une seule paire primitive. Tout organisme doit donc lutter dès sa naissance contre une foule d'influences ennemies ; la vie pour lui est un combat incessant dans lequel il succombera, s'il n'est pas suffisamment armé, ou s'il est placé dans de mauvaises conditions. Les individus privilégiés l'emportent seuls dans cette lutte ; les autres, et c'est le plus grand nombre, sont condamnés à périr.

Les rapports qu'ont entre eux les êtres organisés dans la lutte pour l'existence sont souvent très complexes. Darwin en donne des exemples bien curieux, entre autres celui dans lequel il montre la relation qui existe entre la fécondité du trèfle et de la pensée et le nombre de Chats qui vivent dans la même localité. Il a reconnu que l'intervention du Bourdon était nécessaire pour la fécondation de ces deux plantes ; c'est par l'entremise de cet insecte que s'effectue le transport du pollen d'une fleur à l'autre, par conséquent plus il y aura de bourdons, plus la multiplication de ces végétaux sera grande ; mais, d'autre part, la quantité de Bourdons dépend elle-même en grande partie du nombre des Mulots, car ceux-ci détruisent leurs nids ; les Mulots à leur tour ont pour ennemis les Chats, or ces derniers en les poursuivant favorisent le développement des Bourdons, et par suite celui des trèfles et des pensées qui sont fécondés par ces insectes.

Dans cette concurrence à laquelle sont soumis tous les êtres organisés, la victoire ne saurait être le fruit du hasard ; elle appartient évidemment aux individus les mieux doués, à ceux qui ont sur leurs rivaux une supériorité quelconque. Les autres, moins bien partagés, doivent succomber, et c'est ce résultat nécessaire et fatal de la lutte pour l'existence que Darwin a appelé du nom de « sélection naturelle ou survivance du plus apte ». Or, l'avantage auquel les individus favorisés ont dû de triompher dans la lutte est transmis par eux à leurs descendants, en vertu de la loi d'hérédité, et parmi ceux-ci, les mieux dotés, c'est-à-dire ceux chez qui la même particularité sera le plus développée, l'emporteront à leur tour sur leurs compétiteurs. Il s'ensuit qu'à chaque génération cette particularité s'accentuera davantage, et atteindra au bout d'un certain temps une importance suffisante pour différencier à un haut degré les organismes ainsi modifiés, de leurs premiers parents. La lutte pour l'existence intervient donc comme le ferait l'éleveur ou le cultivateur par la sélection artificielle, et a pour conséquence le perfectionnement de l'être par rapport aux conditions de milieu où il se trouve. Le rôle de la sélection qui se fait ainsi dans la nature est défini par Darwin dans les termes suivants : « On peut par métaphore dire que la sélection naturelle est, à chaque instant et dans l'univers entier, occupée à scruter les moindres variations ; rebutant celles qui sont mauvaises, conservant et additionnant toutes celles qui sont bonnes ; travaillant insensiblement et sans bruit, partout et toutes les fois que l'occasion s'en présente, à l'amélioration de chaque être organisé, dans ses rapports tant avec le monde organique qu'avec les conditions inorganiques (1). »

La théorie de la sélection a pour point de départ les variations qui se manifestent dans les êtres organisés, variations dont elle constate l'existence comme un fait, mais dont les causes sont encore mal connues. Cependant on doit considérer tout changement dans les conditions de la vie comme pouvant entraîner une modification des organismes, soit par son action directe, soit par son influence sur l'appareil de la reproduction, influence qui se traduit alors chez les descendants par une déviation de la forme primitive. Quoi qu'il en soit, la sélection ne détermine pas la variabilité ; « elle n'implique que la conservation des variations qui apparaissent chez l'être, et, dans les conditions où il se trouve, lui sont utiles (2). »

Non seulement ces variations vont grandissant de génération en génération, mais la différenciation morphologique qui en résulte s'accroît encore par la production de modifications secondaires qu'elles entraînent à leur suite, en vertu de la corrélation qui unit les organes entre eux. C'est là ce que Darwin désigne sous le nom de *variation corrélative*. « J'entends par cette expression, dit-il, le fait que les différentes parties de l'organisation sont, dans le cours de leur croissance et de leur développement, si intimement liées entre elles, que lorsque de légères variations en affectent une et s'accumulent par sélection naturelle, d'autres se modifient aussi (3). »

La sélection sexuelle ajoute souvent ses effets à ceux de la sélection naturelle. Quand les mâles, en effet, combattent pour la possession des femelles, la victoire appartient aux plus vigoureux ou à ceux qui sont le mieux armés, et ceux-ci en se reproduisant transmettent leurs qualités à leurs descendants. On sait que ces luttes sont très ardentes chez certains animaux, tels que les Cerfs et les Chevreuils parmi les Mammifères, les Coqs parmi les Oiseaux, etc. Dans d'autres cas, il y a simplement rivalité entre les mâles pour charmer la femelle par la séduction de certains avantages ; quelquefois c'est par la beauté de leur chant qu'ils cherchent à plaire, comme on le voit chez bon nombre d'Oiseaux ; d'autres fois, c'est par l'éclat de la parure, mais le résultat de la lutte est toujours le même, car le succès assure la reproduction de ceux qui possèdent quelque caractère de supériorité. Darwin attribue à cette sélection la plupart des diffé-

(1) Darwin, *loc. cit.*, p. 89.
(2) Darwin, *loc. cit.*, p. 85.
(3) Darwin, *loc. cit.*, p. 160.

rences sexuelles secondaires qui sont si remarquables chez certains animaux ; par exemple, le bois du Cerf, l'ergot du Coq, la queue du Paon, etc.

Diverses influences se combinent en outre à la sélection naturelle pour modifier les organismes, en mettant en jeu leur faculté d'adaptation au milieu dans lequel ils vivent ; telles sont les conditions d'alimentation, de climat, ou celles, si importantes aux yeux de Lamarck, qui tiennent aux habitudes, à l'usage et au défaut d'usage des parties. Les exemples de ce genre sont nombreux, et nous avons déjà cité dans un chapitre précédent quelques-uns de ceux qui sont fournis par les faits de rétrogradation. Darwin a constaté que chez les Canards domestiques les os des ailes sont moins développés que chez les Canards sauvages, tandis que ceux des pattes le sont davantage, et cela vient de ce qu'ils se servent beaucoup moins des unes et beaucoup plus des autres.

La sélection naturelle a une puissance infiniment plus grande que la sélection pratiquée par l'homme. Elle s'exerce pendant la durée de périodes géologiques d'une incalculable longueur et atteint à des effets prodigieux par l'accumulation des résultats. La condition essentielle de cette puissance, c'est le temps, et Darwin insiste avec force sur la lenteur extrême avec laquelle agit la sélection naturelle ; mais il n'admet pas de limite à la variation qui résulte de l'accroissement dans une direction donnée d'une modification première. « Si lente, dit-il, que puisse être la marche de la sélection, puisque l'homme peut, avec ses faibles moyens, faire beaucoup par sélection artificielle, je ne vois aucune limite à l'étendue des changements, à la beauté et à l'infinie complication des coadaptations entre tous les êtres organisés, tant les uns avec les autres, qu'avec les conditions physiques dans lesquelles ils se trouvent, qui peuvent, dans le cours des temps, être effectuées par la sélection naturelle. ou la survivance des plus aptes (1). »

La différenciation produite par la sélection naturelle entraîne l'extinction des formes intermédiaires qui, étant moins favorisées dans la lutte pour l'existence, diminuent d'abord en nombre et finissent par disparaître pour faire place à celles qui ont pris naissance par suite d'une variation avantageuse. Il résulte de là que les formes issues d'une souche commune et qui n'étaient d'abord séparées que par des différences légères, présentent un écart de plus en plus grand, qui devient considérable avec le temps. C'est ce principe de *divergence des caractères* qui rend compte comment les variétés parviennent à différer assez entre elles pour s'élever au rang d'espèces.

(1) Darwin, *loc. cit.*, p. 114.

La sélection naturelle en développant les variations qui sont avantageuses à l'être vivant amène, en règle générale, le perfectionnement graduel de l'organisme ; mais le progrès ainsi réalisé est relatif et subordonné aux conditions de milieu, car il consiste essentiellement dans une *adaptation* plus parfaite de l'être à ce milieu. Or, tel caractère qui, dans des conditions déterminées, constitue une réelle supériorité, peut perdre toute valeur, devenir inutile ou même nuisible, si ces conditions sont différentes ; de là, les faits de rétrogradation que nous avons eu plusieurs fois l'occasion de mentionner.

Il est aussi des cas où la sélection naturelle n'a pas lieu de s'exercer, par exemple, quand les êtres sont en harmonie avec les conditions de milieu ; si ces conditions restent les mêmes, ils peuvent se perpétuer sans changement pendant des périodes indéfiniment prolongées, et c'est ainsi que s'explique, selon Darwin, le maintien d'un grand nombre de formes inférieures. « La cause principale de leur existence, dit-il, se trouve dans le fait qu'une organisation élevée ne saurait être d'aucun avantage, ni avoir aucune utilité, pour un être placé dans des conditions de vie les plus simples ; il est possible même qu'elle fût nuisible, comme entraînant une nature trop délicate et plus sujette à être dérangée et détruite (1). »

Certaines circonstances, au contraire, sont particulièrement favorables à l'exercice de la sélection naturelle : ainsi la multiplicité des individus qui représentent une forme organique et leur distribution sur une vaste surface. En effet, plus les individus sont nombreux, plus il y a de chances pour qu'il se produise parmi eux des variations avantageuses qui sont ensuite développées par la sélection ; de même, plus une forme est répandue, plus elle est exposée, sous l'influence de conditions extérieures diverses, à subir des modifications qui donnent prise à la sélection.

La transformation lente des organismes, tel est donc le résultat général des influences diverses que les êtres vivants subissent dans la nature. Cette transformation ne suit pas une marche uniforme dans tous les cas, et peut même être nulle. Elle s'opère suivant des directions différentes et donne lieu à l'apparition d'un nombre plus ou moins grand de formes, dont les unes s'éteignent et dont les autres deviennent le point de départ de variations nouvelles. Les formes ainsi produites vont donc en s'écartant toujours davantage les unes des autres et de la souche primitive, et elles atteignent, au bout d'une longue série de générations, un degré de différenciation suffisant pour constituer ce qu'on appelle des espèces distinctes. Selon cette doctrine, l'espèce n'a donc rien d'absolu ni d'immuable ; Darwin la

____

(1) Darwin, *loc. cit.*, p. 133.

définit : « L'ensemble des cycles de générations correspondant à des conditions d'existence définies et conservant, tant que celles-ci ne varient pas, une certaine constance dans leurs caractères essentiels.»

Les rapports de ressemblance qu'on remarque entre les espèces et qu'on désigne sous le nom d'affinités naturelles, s'expliquent par le lien commun de descendance qui les unit. Ces affinités vont en diminuant en même temps que le degré de parenté s'éloigne, d'où la formation de ces groupes subordonnés les uns aux autres, genres, familles, etc., dont se compose la Classification. Celle-ci n'est en réalité rien autre chose que l'arbre généalogique des êtres vivants.

IV. — EXAMEN DE LA THÉORIE DE LA DESCENDANCE

Le succès obtenu par les idées de Darwin est dû à l'accord remarquable que les faits présentent en général avec la doctrine; c'est dans cet accord qu'on a trouvé les preuves les plus convaincantes en faveur du transformisme. Ces preuves sont tirées de la morphologie, de l'embryologie, de la succession géologique et de la distribution géographique des êtres organisés.

a. — Faits morphologiques.

Les faits morphologiques trouvent dans la doctrine de Darwin une explication satisfaisante. Les caractères de ressemblance qui existent entre les animaux de différents groupes tiennent à la parenté qui les unit, et la conformité de structure qui se révèle dans ce que Cuvier appelait le « plan d'organisation », est tout simplement le résultat d'une descendance commune. Le défaut de ligne de démarcation tranchée entre les groupes vient à l'appui de cette manière de voir. Dans l'hypothèse de la création indépendante des formes organiques, comment se rendre compte, en effet, de l'existence des types de transition, tels que le Lepidosiren entre les Poissons et les Reptiles, l'Ornithorhynque entre les Oiseaux et les Mammifères, tandis que dans l'hypothèse généalogique, ce sont les représentants de souches anciennes qui, grâce à des conditions spéciales, se sont perpétués sans modification notable ?

Les rapports de similitude que présentent entre eux les organes analogues et les organes homologues sont inexplicables selon l'ancienne théorie ; au contraire, selon la nouvelle, ils n'ont rien que de naturel, puisqu'il s'agit de parties primitivement semblables, qui se sont modifiées par adaptation à des usages différents. On comprend ainsi que les membres des Mammifères puissent affecter les diverses formes qu'on leur connaît, tout en restant identiques dans leur mode de constitution. « Quoi de plus curieux, dit Darwin, que

de voir la main de l'Homme faite pour saisir, celle de la Taupe con-
formée pour fouir ; la jambe du Cheval, la palette du Marsouin et
l'aile de la Chauve-souris, toutes construites sur un même modèle, et
comprenant les mêmes os situés dans les mêmes positions relatives (1)? » Mais on en trouve la raison dans l'origine commune de
tous ces animaux, si on les suppose issus d'un ancêtre primitif. Un
exemple non moins frappant est fourni par la bouche des Insectes,
où l'on trouve toujours les mêmes éléments pour former soit la
trompe délicate des Papillons, soit l'armature puissante des Coléoptères. La sélection naturelle explique également l'homologie des
membres antérieurs et des membres postérieurs chez les Vertébrés,
celle des pattes et des organes de préhension et de mastication
chez les Crustacés.

Si des parties similaires peuvent être modifiées diversement, par
adaptation, à des usages différents, par contre, des parties primitivement dissemblables peuvent acquérir une grande ressemblance
par adaptation aux mêmes usages. Lamarck a le premier signalé
ces ressemblances analogiques, produites sous l'influence de conditions d'existence semblables. Ainsi, par la forme générale du corps,
par la transformation des membres en nageoires, les Cétacés, bien
qu'ils appartiennent à la classe des Mammifères, ont l'apparence
extérieure des Poissons, et cela tient à ce qu'ils mènent comme
ceux-ci une vie aquatique. Les cas de ce genre sont fréquents chez
les Insectes. C'est également par adaptation à des conditions analogues que prennent naissance dans des groupes différents des modifications correspondantes, qui établissent entre ces groupes une
sorte de *parallélisme*, comme on l'observe entre les Mammifères
ordinaires et les Marsupiaux, où, de part et d'autre, on trouve des
Carnivores, des Insectivores et des Rongeurs.

Ces faits restent sans explication dans la doctrine ordinaire. A
côté d'eux prennent place des phénomènes bien remarquables, récemment observés, surtout par Bates et Wallace, et désignés sous
le nom de *mimétisme*. Ils constituent, en effet, une imitation véritable de certaines espèces par d'autres qui, appartenant à des
genres ou même à des familles différentes, revêtent néanmoins l'aspect des premières, à tel point que l'observateur le plus exercé peut
y être aisément trompé. La raison en est dans l'avantage que la
forme imitatrice trouve à prendre une livrée qui ne lui appartient
pas, et qui la soustrait à quelque danger habituel ; de sorte que toute
variation qui tend à la faire ressembler à une forme plus favorisée
donnera prise à la sélection naturelle, et se développera de plus en

____

(1) Darwin, *loc. cit.*, p. 457.

plus. Les exemples de ce genre ne sont pas rares, principalement chez les papillons.

L'existence d'organes rudimentaires est invoquée à juste titre comme une des preuves les plus convaincantes en faveur de la théorie, car elle est absolument inconciliable avec l'hypothèse des créations successives Les exemples en sont frappants et nombreux ; nous en avons cité quelques-uns dans un chapitre précédent. « Il serait difficile, dit Darwin, de nommer un animal supérieur chez lequel il n'y ait pas quelque partie qui ne se trouve à l'état rudimentaire. Dans les Mammifères, par exemple, les mâles possèdent toujours des rudiments de mamelles; un des lobes des poumons se trouve dans cet état chez les Serpents ; chez les Oiseaux, l'aile bâtarde n'est qu'un doigt rudimentaire, et dans un certain nombre d'espèces, les ailes sont incapables de servir au vol, ou en sont même réduites à un simple rudiment. Quoi de plus curieux que la présence de dents dans les fœtus de Baleines, qui, adultes, n'ont pas trace de ces organes; ou des dents qui, occupant la mâchoire supérieure du Veau avant sa naissance, ne percent jamais la gencive (1)? »

L'origine de ces organes rudimentaires trouve une explication toute simple dans la doctrine généalogique, qui attribue leur maintien à l'hérédité et leur atrophie à un phénomène de rétrogradation, produit par le défaut d'usage ou par sélection naturelle. L'influence du défaut d'usage, si bien mise en lumière par Lamarck, est manifeste dans la plupart des cas, par exemple chez les animaux qui vivant sous terre ou dans des cavernes obscures, sont aveugles et n'ont que des yeux atrophiés, ou chez les Oiseaux coureurs, comme l'Autruche, qui, ayant perdu l'habitude de voler, ne présentent plus que des rudiments d'ailes. Il est des cas dans lesquels l'intervention de la sélection naturelle se laisse reconnaître ; c'est quand un organe, par suite de conditions d'existence nouvelles, est devenu non seulement inutile, mais nuisible. Darwin cite le fait observé par Wollaston, que, dans l'île de Madère, les Coléoptères à ailes imparfaites et ne pouvant voler, sont en proportion considérable, et il l'explique par le danger que crée pour les insectes ailés le vent qui les emporte souvent à la mer, où ils périssent; aussi pense-t-il « que l'état aptère de tant de Coléoptères de Madère est principalement dû à une action de sélection naturelle combinée avec le défaut d'usage. En effet, pendant les générations successives, tout individu volant le moins, soit par paresse, soit par imperfection de ses ailes, aura eu plus de chances de survivance en n'étant pas emporté en mer, tandis que,

(1) Darwin, *loc. cit.*, p. 474.

d'autre part, les Coléoptères disposés à prendre souvent leur vol auront dû plus souvent être entraînés loin des côtes, et par conséquent détruits (1). »

Il y a des organes qui, bien qu'ils soient fort peu développés, ne doivent pas être regardés comme frappés de rétrogradation ; ce sont ceux qui, loin d'être nuisibles ou seulement inutiles, servent à quelque usage. Darwin les regarde alors comme des organes naissants, susceptibles de se développer ultérieurement sous l'influence de la sélection naturelle. On peut citer comme étant à l'état naissant les membres filiformes du Lepidosiren, les glandes mammaires de l'Ornithorhynque.

Comment comprendre la signification des organes rudimentaires en dehors de la théorie de la descendance? On a donné comme raison de leur présence le « respect de la symétrie ou du plan de la nature » ; mais une pareille explication ne supporte pas l'examen, tandis que leur existence, dit Darwin, « loin de constituer une difficulté embarrassante, comme cela est le cas pour l'hypothèse ordinaire de la création, devait au contraire être prévue comme une conséquence des principes que nous avons développés (2) ».

b. — Faits embryologiques.

Un des résultats les plus remarquables fournis par l'embryologie est celui de l'identité d'origine des animaux, qui tous ont pour point de départ la cellule, et l'on a vu dans un précédent chapitre quels sont les phénomènes généraux qui constituent l'évolution de cette cellule, pour la formation des organismes.

Quand on compare les embryons d'animaux répondant à un même type d'organisation, on est frappé de la ressemblance qu'ils présentent pendant les premières périodes de leur développement. Les différences qui les distinguent à l'état adulte ne se montrent que plus tard. Darwin cite comme preuve de ce fait ces paroles de Von Baer : « Les embryons de Mammifères, d'Oiseaux, de Lézards, Serpents, probablement aussi ceux des Tortues, sont très semblables entre eux aux premiers états de leur développement, tant dans leur ensemble que par le mode d'évolution de leurs parties ; au point qu'en fait nous ne pouvons les distinguer que par leur grosseur. Je possède, conservés dans l'alcool, deux petits embryons dont j'ai omis d'inscrire le nom, et il me serait actuellement impossible de dire à quelle classe ils appartiennent. Ce sont peut-être des Lézards, des petits Oiseaux ou de très jeunes Mammifères, tellement la similitude

(1) Darwin, *loc. cit.*, p. 153.
(2) Darwin, *loc. cit.*, p. 180.

du mode de formation de la tête et du tronc chez ces animaux est
grande. Les extrémités de ces embryons ne sont pas encore formées;
mais même le fussent-elles au premier état de leur développement,
que nous n'en saurions pas davantage, car les pattes des Lézards et
des Mammifères, les ailes et les pattes des Oiseaux, ainsi que les
mains et les pieds de l'Homme, dérivent tous de la même forme
fondamentale (1). »

Cette ressemblance des formes embryonnaires, d'autant plus
grande que l'on considère des espèces plus voisines, est en parfait
accord avec l'hypothèse d'une parenté réelle entre ces espèces, car
les traits de similitude qu'on observe dans leur développement s'expliquent alors par la transmission héréditaire de dispositions organiques appartenant à un ancêtre commun. Dans l'évolution de l'embryon, l'influence de l'hérédité, qui tend à maintenir la forme
ancestrale, est souvent modifiée par des phénomènes particuliers
d'adaptation, d'où résultent des différences considérables. On en
trouve un exemple manifeste chez les animaux à métamorphose,
dont les larves vivant en liberté s'adaptent aux conditions ambiantes
aussi complètement que des animaux adultes. C'est ainsi qu'il existe
parfois une étroite ressemblance entre certaines formes larvaires,
qui appartiennent à des insectes d'ordres différents, tandis que, par
contre, il peut y avoir une grande dissemblance entre larves appartenant à des insectes de même ordre.

L'embryon suit d'une manière générale une marche progressive
dans le cours de son développement; il est cependant des cas dans
lesquels l'animal adulte se montre inférieur par son organisation à
sa forme larvaire, et cette métamorphose régressive est le résultat
d'une adaptation à des conditions particulières d'existence. C'est
ce qu'on observe, par exemple, chez les Cirrhipèdes, qui, à l'état
de larve, mènent une vie indépendante, puis se fixent sur les corps
étrangers et prennent la forme adulte. Cette rétrogradation est
poussée plus loin encore dans les espèces parasites, parfois réduites
à une sorte de sac informe (*sacculina*).

Une preuve capitale en faveur de la théorie de la descendance
résulte de la comparaison du développement embryogénique de l'individu et du développement paléontologique de l'espèce. Le premier reproduit dans ses phases successives et sous forme transitoire
des dispositions qui, à l'état permanent, caractérisent les groupes
inférieurs du même type. Ce parallélisme entre l'évolution de l'individu et l'évolution de l'espèce se montre nettement dans bien des
cas, chez les Crustacés par exemple, qui passent par les formes de

(1) Von Baer, cité par Darwin, *Origine des Especes*, p. 162.

Nauplius et de *Cypris* avant d'arriver à l'état adulte, alors que ces mêmes formes demeurent définitives pour certains autres.—Haeckel a appelé *ontogénie* (1) l'histoire du développement individuel de chaque organisme, et *phylogénie* (2) l'histoire de l'évolution paléontologique de l'espèce ; la première n'est qu'une rapide récapitulation de la seconde, ainsi que l'a énoncé Fr. Müller dans une phrase souvent citée : « L'histoire de l'évolution individuelle est une répétition courte et abrégée, une récapitulation en quelque sorte de l'histoire de l'évolution de l'espèce (3). » Il arrive souvent toutefois que cette répétition ne soit pas complète, que certaines phases de la phylogénèse soient supprimées dans l'ontogénèse, ou même modifiées par adaptation à des conditions particulières. On dit dans ce dernier cas qu'il y a *cænogénèse* (de καινὸς, nouveau, γένος génération). Ainsi, la formation de l'amnios et celle de l'allantoïde, au cours du développement des vertébrés supérieurs, constituent des phénomènes cænogénésiques.

Des considérations précédentes, il ressort que les caractères embryologiques sont de la plus haute importance pour déterminer les véritables affinités des animaux, c'est-à-dire, d'après la théorie généalogique, leur degré de parenté, importance reconnue par von Baer et aujourd'hui incontestée, mais qui reste sans explication dans l'hypothèse ordinaire. « Nous pouvons être certains, dit Darwin, que, lorsque deux ou plusieurs groupes d'animaux, si différents qu'ils puissent être d'ailleurs par leur conformation ou leurs habitudes, passent par des phases embryonnaires très semblables, ils descendent d'une souche commune, et sont par conséquent unis entre eux par un lien de parenté. Communauté de conformation embryonnaire révèle donc communauté d'origine (4). »

c. — Succession géologique des êtres organisés.

Darwin a trouvé de nombreuses preuves à l'appui de sa doctrine dans les données fournies par la paléontologie. L'examen des restes fossiles tirés des couches sédimentaires qui entrent dans la composition de l'écorce terrestre conduit à ce premier résultat, que les formes organiques anciennes diffèrent de celles qui vivent actuellement. Cuvier attribuait ces changements successifs dans la faune et la flore des diverses époques géologiques à une série de bouleversements ou de *révolutions*, dont chacune aurait détruit tous les êtres

---

(1) Ὤν, ὄντος, être ; γένος, génération, naissance.

(2) Φυλή, tribu ; γένος, génération.

(3) Fritz Müller, *Für Darwin*. Leipzig, 1864.

(4) Darwin, *loc. cit.*, p. 473.

qui existaient alors et aurait été suivie de la création d'un monde organique nouveau (1).

Cette hypothèse a régné dans la science jusqu'au moment où Lyell a réformé la géologie, en démontrant que tous les changements survenus à la surface de la terre s'expliquaient tout simplement par l'action continue et longtemps prolongée des causes qui agissent encore de nos jours (2). Il est hors de doute que la terre a passé par une évolution lente et graduelle, et n'a pas été le théâtre de cataclysmes subits marquant des périodes distinctes de création, comme le pensait Cuvier. La théorie biologique de la descendance et de la transformation des espèces est en parfait accord avec cette doctrine géologique.

Les diverses formations sédimentaires ont à la vérité leurs fossiles caractéristiques, mais il y a des espèces qui se continuent de l'une dans l'autre, et l'on en trouve aujourd'hui qui sont identiques à celles de l'époque tertiaire (3). Il existe donc une continuité manifeste entre les êtres appartenant aux différentes périodes géologiques. De plus, les formes éteintes se rattachent toujours par leurs caractères à certaines formes vivantes, de sorte que dans la classification, elles prennent naturellement place à côté de celles-ci et tendent à combler les vides qui les séparent en les reliant les unes aux autres. La théorie exigerait que tous les degrés de transition par lesquels sont passées les espèces dans la suite des âges jusqu'à nos jours, fussent représentés par des restes enfouis au sein des couches géologiques, véritables « médailles de la création » qui permettraient de reconstituer la série des variations subies par les formes organiques. Il n'en est pas ainsi ; mais l'absence des innombrables variétés intermédiaires qui ont dû exister s'explique par l'imperfection des documents que la géologie nous fournit. Bien des causes ont empêché, en effet, la plupart des êtres organisés de laisser des restes fossiles, et parmi ceux-là même qui en ont laissé, combien peu nous sont connus ! De la discussion approfondie des faits il ressort qu'on doit, avec Darwin et Lyell, considérer « les archives géologiques comme une histoire du globe qui a été incomplètement conservée, écrite dans un dialecte changeant, et dont nous ne possédons que le dernier volume, traitant de deux ou trois pays seulement. De ce volume quelques fragments de chapitres et quelques lignes éparses de chaque page sont seuls parvenus à nous. Chaque mot de ce langage

(1) Cuvier, *Discours sur les révolutions de la surface du globe*. Paris, 1825.

(2) Voy. Ch. Lyell, *Principes de géologie*, trad. par Jules Ginestou, 2 vol. in-8°. Paris, 1873.

(3) Voy. A. Gaudry, *Les enchaînements du monde animal*. Paris, 1878.

changeant lentement, plus ou moins différent dans les chapitres successifs, peut représenter les formes qui ont vécu, sont ensevelies dans les formations consécutives et nous paraissent à tort avoir été brusquement introduites (1). »

Malgré cette pénurie de documents on connaît en paléontologie des exemples de passage d'une forme à l'autre par degrés insensibles, au point que la délimitation des espèces en devient souvent très difficile. Ainsi, certaines d'entre elles ont été rabaissées au rang de simples variétés par suite de la découverte de transitions conduisant de l'une à l'autre, ce qui montre bien la valeur purement relative de cette distinction. Nous citerons les Ammonites dont les espèces présentent de si grandes variations et sont reliées entre elles par de si nombreux intermédiaires, qu'on ne saurait méconnaître le lien génétique qui les unit ; il en est de même des Bélemnites, etc.

On constate que, d'une manière générale, les formes éteintes s'éloignent d'autant plus des formes actuelles qu'elles sont plus anciennes et que, des premières aux dernières, l'organisation va en se compliquant et se perfectionnant de plus en plus. Cette loi du progrès des êtres dans le temps, admise par tous les paléontologistes, s'accorde entièrement avec la théorie de Darwin, car on sait que la sélection naturelle a pour conséquence nécessaire ce perfectionnement graduel des organismes.

Nous avons mentionné plus haut la ressemblance qu'on observe entre les animaux anciens et les embryons des animaux actuels appartenant aux mêmes groupes. Ce parallélisme remarquable que présente le développement progressif des êtres dans leur succession géologique et celui des individus vivants dans leur évolution embryologique, ne trouve d'explication que dans l'hypothèse de la descendance.

D'autres faits encore et non moins probants sont invoqués par Darwin, comme l'extinction des espèces, leur disparition définitive, etc., et il conclut ainsi : « Toutes les lois essentielles établies par la paléontologie proclament clairement que les espèces sont le produit de la génération ordinaire, les formes anciennes ayant été remplacées par des formes nouvelles et améliorées, elles-mêmes le résultat de la variation et de la survivance du plus apte (2). »

d. — Distribution géographique des êtres organisés.

Les phénomènes qui déterminent la distribution géographique des animaux et des plantes sont trop compliqués et encore trop im-

(1) Darwin, *loc. cit.*, p. 340.
(2) Darwin, *loc. cit.*, p. 374.

parfaitement connus pour qu'on puisse formuler dans leur ensemble les lois de cette science à laquelle Haeckel donne le nom de *Chorologie*. Cependant les faits observés présentent avec la théorie de la descendance un accord dans lequel celle-ci trouve une précieuse confirmation.

Il est à remarquer tout d'abord qu'on ne peut expliquer par la seule influence des conditions climatériques et physiques, soit les ressemblances, soit les différences offertes par les habitants des diverses régions. Ainsi, les productions vivantes de l'ancien et du nouveau monde sont très dissemblables, bien que les mêmes conditions d'existence se rencontrent dans l'un et dans l'autre. En Australie, dans le sud de l'Afrique et de l'Amérique, sous la même latitnde, la faune et la flore sont entièrement différentes quoique, dans ces contrées, les conditions climatériques soient presque semblables. En Amérique, au contraire, malgré la diversité des climats qu'on y trouve, les formes vivantes ont entre elles un caractère général de ressemblance incontestable.

L'affinité particulière que l'on remarque entre les êtres appartenant à un même continent ou à une même mer a frappé tous les observateurs. « C'est une loi de la plus haute généralité, dit Darwin, et dont chaque continent offre des exemples remarquables..... Les plaines avoisinant le détroit de Magellan sont habitées par une espèce d'Autruche américaine (*Rhea*) et les plaines de la Plata, situées plus au nord, par une espèce différente, du même genre ; et non par une véritable Autruche ou Ému, comme celles de l'Afrique et de l'Australie, sous les mêmes latitudes. Dans ces mêmes plaines de la Plata, nous trouvons l'Agouti et la Viscache, animaux ayant à peu près les mœurs de nos Lièvres ou Lapins, appartenant au même ordre des Rongeurs, mais présentant évidemment un type américain de conformation. Sur les cimes élevées des Cordillères, nous trouvons une espèce alpine de Viscache ; dans les eaux, nous ne trouvons ni Castor, ni Rat musqué, mais le Coypou et le Capybara ayant le type sud-américain (1). »

Tandis qu'il y a ainsi un cachet de commune ressemblance entre les êtres qui occupent une surface continue de terre ou de mer, on observe entre les habitants de diverses régions des différences d'autant plus grandes que les barrières qui les séparent et qui font obstacle aux migrations sont plus considérables ; par exemple, l'Australie, l'Afrique et l'Amérique du Sud, dont les populations ont si peu d'analogie entre elles, sont des contrées aussi isolées que possible les unes des autres. Ces faits généraux de distribution géogra-

---

(1) Darwin, *loc. cit.*, p. 378.

phique ne peuvent s'expliquer que par l'action combinée des migrations et de la sélection naturelle.

La théorie de la descendance exige que la même forme occupant des lieux différents et éloignés les uns des autres, ait pris néanmoins naissance sur un seul point regardé comme son *centre de création*, d'où elle s'est ensuite répandue dans des directions diverses. Quand la surface habitée par une espèce est continue, il n'y a pas de difficulté ; mais dans certains cas, il semble que toute migration a dû être impossible entre régions complètement séparées et qui ont cependant des espèces communes. Les faits de ce genre s'expliquent soit par la puissance des moyens qui servent à la dispersion des êtres vivants, soit par les changements qui se sont produits à la surface du globe aux diverses époques géologiques. Un cas remarquable et qui paraît tout d'abord incompatible avec l'hypothèse des centres uniques de création, est celui offert par les espèces alpines, qui habitent les sommets neigeux des montagnes de l'Europe, et qu'on retrouve dans les pays arctiques, alors que toute communication entre ces points éloignés est pour elles impossible dans les conditions présentes. Pourtant, la raison de ce phénomène nous est donnée par l'existence, reconnue de tous les naturalistes, d'une période géologique relativement récente pendant laquelle le climat de l'Europe centrale était celui qui règne maintenant dans les régions polaires ; cette période est connue sous le nom de *période* ou *âge glaciaire*. A cette époque, les contrées aujourd'hui tempérées de l'hémisphère septentrional étaient peuplées de plantes et d'animaux arctiques ; quand la chaleur revint, ces espèces propres aux pays froids se retirèrent devant elle, soit en remontant vers le nord, soit en s'élevant sur les flancs des montagnes à une altitude suffisante pour y trouver les conditions climatériques dont elles avaient besoin, et l'identité spécifique de leurs descendants n'a donc rien qui doive surprendre.

Un autre fait du même ordre et susceptible d'une explication analogue est le suivant. Il y a des formes communes à l'Europe et à l'Amérique du Nord, et l'on peut s'étonner de leur présence dans des continents séparés par l'Atlantique et le grand Océan ; mais, selon toute probabilité, l'âge glaciaire a été précédé d'une période pendant laquelle la température était beaucoup plus élevée qu'à l'époque actuelle et les régions circompolaires étaient alors peuplées d'habitants qui vivent de nos jours sous une latitude plus basse. Or, les terres forment autour du pôle une zone presque continue ; on comprend donc que les espèces qui s'y trouvaient répandues aient pu, quand la température s'est refroidie, émigrer dans les deux mondes, d'où l'analogie que présentent leurs descendants actuels.

Ceux-ci, cependant, soumis à des conditions d'existence différentes, se sont modifiés en sens divers et sont allés en s'écartant de plus en plus les uns des autres. Ainsi s'explique très simplement ce fait important que les productions des États-Unis et de l'Europe étaient plus voisines à l'époque tertiaire qu'elles ne le sont aujourd'hui.

Une émigration semblable vers le sud des animaux marins rend compte de l'existence de formes communes dans les bassins totalement séparés, par exemple, dans la Méditerranée et les mers du Japon, sur les côtes occidentales et les côtes orientales de l'Amérique du Nord.

Des faits de distribution géographique, en apparence plus inexplicables encore que les précédents, seraient, d'après Darwin, le résultat d'une alternance de périodes glaciaires dans l'hémisphère septentrional et dans l'hémisphère méridional, alternance établie par Croll et qui a amené des migrations tantôt du nord au sud et tantôt du sud au nord. C'est ce phénomène « qui a permis un mélange des productions des deux hémisphères opposés, et en a laissé, dans toutes les parties du globe, d'échouées pour ainsi dire sur les sommités des hautes montagnes (1). »

On peut comprendre par là que Hooker ait trouvé quarante ou cinquante espèces de plantes phanérogames communes à la Terre-de-Feu, à l'Amérique du Nord et à l'Europe; qu'on rencontre sur les sommets élevés de l'Amérique équatoriale des espèces appartenant à des genres européens; qu'en Afrique on retrouve dans les montagnes de l'Abyssinie des formes européennes et quelques représentants de la flore du Cap de Bonne-Espérance, etc.

La distribution des productions d'eau douce, l'extension des mêmes espèces dans des lacs et des rivières séparés par de grands espaces de terre, s'expliquent soit par des changements dans le niveau du sol, soit par l'action de moyens accidentels de dispersion, tels que inondations, trombes, transport des graines et des œufs par des animaux aquatiques. Les faits observés dans la composition des faunes et des flores insulaires, les rapports d'analogie qui existent entre les habitants des îles et ceux du continent le plus rapproché, s'accordent également avec l'hypothèse d'un centre unique de création pour chaque espèce, celle-ci se répandant ensuite par irradiation à partir de ce point, et se modifiant ultérieurement par adaptation à de nouvelles conditions d'existence.

Cette modification ultérieure des formes émigrantes a un grand intérêt comme servant de point de départ au développement d'espèces nouvelles. Transportées, en effet, loin de leur patrie d'origine,

____

(1) Darwin, *loc. cit.*, p. 431.

ces formes ont varié non seulement parce qu'elles ont changé de milieu, mais aussi et surtout parce qu'elles ont trouvé d'autres conditions dans la lutte pour l'existence. La sélection naturelle s'exerçant alors sur les variations avantageuses apparues dans ces circonstances, a agi avec d'autant plus de succès que les colons étaient plus éloignés de la forme souche et avaient par là moins de chances de faire retour au type primitif par l'effet du croisement avec des individus non modifiés. Cette influence de l'isolement sur la formation des espèces nouvelles est très grande, en effet, ainsi que l'ont montré Darwin et Wallace, sans aller toutefois jusqu'à en être une condition nécessaire, comme l'a soutenu Wagner (1).

On voit par ce court aperçu que les faits relatifs à la distribution géographique des êtres vivants sont, comme les faits morphologiques, embryologiques et paléontologiques, inexplicables dans l'ancienne théorie de la création, tandis qu'ils s'éclairent d'une vive lumière dans la doctrine des migrations et de la descendance.

e. — Objections élevées contre le transformisme.

La théorie formulée par Lamarck et si puissamment développée par Darwin a entraîné l'assentiment d'un grand nombre de naturalistes, mais elle a soulevé néanmoins des objections dont quelques-unes doivent nous arrêter un instant.

On a invoqué comme preuve de la stabilité des types spécifiques la constance des formes connues depuis les temps historiques, et l'on s'est appuyé sur l'identité des espèces trouvées dans les monuments égyptiens avec celles qui vivent de nos jours; mais de ce que ces espèces n'ont pas varié depuis trois ou quatre mille ans, doit-on conclure qu'elles ne sont pas susceptibles de modification? Non, car, ainsi que l'observe Lamarck, les conditions d'existence paraissent n'avoir pas sensiblement changé en Égypte depuis l'époque où elles y vivaient, et en outre, cette suite de siècles si considérable à nos yeux est peu de chose relativement à la longueur des périodes géologiques; il n'y a donc là qu'une apparence de stabilité. De plus, ce fait n'est en rien contraire à la théorie darwinienne qui n'implique pas la nécessité d'une transformation continue et progressive, mais qui suppose que la sélection naturelle peut n'exercer son action qu'à de longs intervalles s'il vient à se produire des variations avantageuses, en rapport avec de lentes et graduelles modifications dans les conditions extérieures. Ainsi quoique, d'après la théorie, chaque

(1) Moritz Wagner, *Die Darwins'che Theorie und das Migrationsgesetz der Organismen.* Leipzig, 1868.

espèce ait dû passer par une série de formes transitoires, il a pu s'écouler de longues périodes de repos au cours desquelles nul changement ne se sera manifesté, périodes d'une durée vraisemblablement beaucoup plus grande que celles pendant lesquelles l'espèce a varié.

On a objecté que si la transformation des espèces était réelle, les êtres vivants devraient se confondre les uns avec les autres au lieu de présenter les caractères distinctifs qu'on leur connaît, et que le maintien de formes définies n'est possible que s'il y a entre elles une ligne de démarcation profonde. Mais nous avons vu que la disparition des intermédiaires était précisément une conséquence de la sélection naturelle, dont l'action tendait à accroître de plus en plus les différences nées d'une première variation, en vertu du principe de divergence des caractères. Ces mêmes intermédiaires manquent, a-t-on dit, quand on interroge les documents fournis par la géologie, et, par conséquent, rien ne prouve qu'ils aient existé. Darwin a longuement discuté ce point qui forme, dit-il, « l'objection la plus apparente et la plus sérieuse qu'on puisse opposer à la théorie ». Ces lacunes dans la série des formes qui nous sont connues doivent être attribuées, ainsi que nous l'avons dit plus haut, à l'imperfection des archives géologiques. Cette explication est repoussée par les adversaires du transformisme comme insuffisante, mais on ne saurait nier que la découverte de types intermédiaires de plus en plus nombreux ne soit singulièrement favorable à cette hypothèse.

Les partisans de l'immutabilité des formes organiques ont donné le croisement fécond comme critérium de l'espèce, et c'est à ce caractère physiologique qu'ils attachent le plus d'importance. Pour eux, toute variation produite dans les limites d'une même espèce et donnant naissance par transmission héréditaire à des variétés constantes ou races, laisse subsister entre ces représentants modifiés de l'espèce la faculté de produire par leur croisement des descendants (métis) féconds; au contraire, le croisement entre individus d'espèces différentes est stérile, ou tout au moins ne donne que des produits (hybrides) inféconds. Nous avons déjà dit que ce fait, quoique généralement vrai, n'établissait pas une ligne de démarcation absolue entre l'espèce et la variété ou la race; il souffre, en effet, des exceptions. On connaît des races qui se comportent comme de véritables espèces, en ce sens qu'elles ont perdu la faculté de se croiser; ainsi notre Cochon d'Inde ne s'accouple plus avec son ancêtre du Brésil, et le Chat domestique importé au Paraguay ne s'accouple plus avec la forme européenne dont il descend. « Un exemple de ce genre, et particulièrement intéressant, dit Haeckel, nous est fourni par le Lapin de l'île Porto-Santo (*Lepus Huxleyi*).

En l'année 1419, quelques Lapins nés à bord d'un navire d'un Lapin espagnol domestique, furent déposés sur l'île Porto-Santo, près de Madère. Comme l'île était dépourvue d'animaux de proie, ces petits animaux se multiplièrent en peu de temps d'une façon si extraordinaire, qu'ils devinrent une vraie calamité, et même amenèrent la suppression d'une colonie établie dans cette localité. Encore aujourd'hui, ils habitent l'île en grand nombre; mais, dans l'espace de quatre cent cinquante ans, ils ont formé une variété toute spéciale, ou, si l'on veut, une « bonne espèce » caractérisée par une couleur particulière, une forme qui se rapproche de celle du Rat, des habitudes noctambules et une sauvagerie extraordinaire. Mais le plus important, c'est que cette nouvelle espèce dénommée par moi, *Lepus Huxleyi*, ne se croise plus avec le Lapin européen dont elle descend, et ne produit avec elle aucun bâtard, métis ou hybride (1). »

D'autre part, la stérilité des hybrides n'est pas constante, et ne s'observe pas dans tous les cas. Parmi les végétaux, on a reconnu que beaucoup de formes ou d'espèces bâtardes étaient le résultat de croisements entre espèces voisines.

Des faits analogues se rencontrent chez les animaux, et certaines formes à l'état sauvage, regardées comme de véritables espèces, paraissent avoir été produites par hybridation; ainsi, d'après Von Siebold, le *Tetrao medius*, l'*Abramidopsis Leuckartii*, etc., sont des hybrides; des zoologistes de grande valeur considèrent plusieurs de nos animaux domestiques comme descendant d'espèces différentes; enfin on a obtenu des séries de générations d'hybrides féconds par le croisement de la Hase et du Lapin (Léporides), et au Chili on élève dans un but industriel les produits du Mouton et de la Chèvre (Chabins).

Il n'y a donc rien dans la génération qui marque une limite absolue entre l'espèce et la variété. Des faits observés on peut seulement conclure que deux formes pour se reproduire entre elles doivent avoir un certain degré de similitude, degré qui est le plus souvent dépassé quand la variation s'est accentuée suffisamment pour que ces formes s'élèvent au rang de ce qu'on appelle espèces ; dans ce cas, la transformation subie par l'organisme s'accompagne d'une modification corrélative de l'appareil reproducteur, et quand la différenciation dans les éléments sexuels est poussée trop loin, la reproduction cesse d'être possible. On peut donner ce caractère comme base à la distinction des espèces, mais c'est par pure convention, et, comme le dit Darwin, « il est impossible d'admettre que la stérilité des prétendues bonnes espèces, lorsqu'on les croise, et

(1) Haeckel, *Hist. de la création*, p. 130.

celle de leurs hybrides, dénote entre elles une différence d'une nature autre que celle qui existe entre les variétés ou les individus d'une même espèce (1). »

On a demandé aux transformistes de fournir la démonstration directe de leur théorie, en créant des espèces nouvelles. En cela, on n'a pas tenu compte que cette preuve expérimentale est incompatible avec la théorie elle-même; car, en supposant que l'homme réussît à se rendre maître des conditions complexes qui provoquent la variabilité et mettent en jeu la sélection naturelle, il ne saurait disposer du temps, ce facteur si important de la transformation des organismes. Entre les partisans et les adversaires du transformisme, la question se réduit en réalité à des termes fort simples que l'un des plus considérables parmi les seconds, de Quatrefages, a parfaitement posés quand il a dit : « Par cela même qu'on accepte l'existence des races, on reconnaît que le type spécifique est variable. La discussion ne peut porter que sur le plus ou moins d'étendue qu'atteint la variation (2). » Or, du moment que cette variation ne saurait être contestée, et du moment qu'elle amène la formation des races, il est difficile de ne pas admettre que la même action qui a produit ce premier résultat, continuée pendant une longue suite de générations, à travers l'immense durée des périodes géologiques, n'ait pas pu atteindre au degré de différenciation qu'on observe entre les espèces. Le passage suivant de Quatrefages lui-même ne vient-il pas à l'appui de cette conclusion? En effet, « il est impossible, dit-il, de méconnaître aujourd'hui que les dissemblances tant extérieures qu'anatomiques existant parfois entre animaux de *même espèce* mais de *races différentes*, sont telles que, rencontrées chez des individus sauvages, elles motiveraient l'établissement de genres distincts et parfaitement caractérisés (3). »

On a objecté enfin que la doctrine de la descendance ne nous apprend rien sur l'origine première des êtres vivants, sur l'apparition des formes inférieures, et ne nous donne pas le dernier mot de l'énigme offerte par la création organique. Sans doute, mais cette recherche nécessairement vaine n'est pas de celles que la science doive et puisse poursuivre. « Les causes premières, a dit l'illustre Claude Bernard, ne sont point du domaine scientifique et elles nous échappent à jamais, aussi bien dans la science des corps vivants que dans les sciences des corps bruts. » Aussi, Darwin a-t-il eu soin de déclarer qu'il ne prétendait point rechercher l'origine de la vie

(1) Darwin, *La fécondation directe ou croisée (Rev. sc.*, 14 avril 1877).
(2) De Quatrefages, *Darwin et ses précurseurs français*, p. 230.
(3) De Quatrefages, *loc. cit.*, p. 230.
(4) Cl. Bernard, *Introd. à l'Étude de la médec. expér.*, p. 113.

elle-même. Ainsi que nous l'avons montré, l'hypothèse soutenue par lui présente avec les faits un remarquable accord ; si elle ne les explique pas tous, il y a lieu de croire que la raison en est dans l'insuffisance de nos connaissances actuelles, mais, parmi ces faits, il n'y en a pas un seul qui infirme sérieusement la théorie. Les adversaires du transformisme se renferment simplement dans la négation et n'opposent à ses défenseurs qu'une fin de non-recevoir, basée sur leur inébranlable croyance au dogme de l'immutabilité de l'espèce.

V. — SENS DE LA CLASSIFICATION

La conséquence qui découle de la doctrine transformiste au point de vue de la classification est que les rapports de ressemblance, ou les affinités des êtres vivants, ne sont autre chose que l'expression du lien de parenté qui les unit, de sorte que les divers groupes subordonnés dans lesquels on a rangé ces êtres représentent simplement les branches de leur arbre généalogique, dont les dernières ramifications correspondent aux différentes espèces. Le but que doit se proposer la taxionomie est donc la construction de cet arbre généalogique ; quelques tentatives ont été faites dans cette voie par Lamarck d'abord, puis par Haeckel et par Semper en Allemagne, par Giard en France, mais l'état actuel de nos connaissances ne permet pas d'établir d'une manière positive la filiation complète des formes organiques. La communauté de descendance n'apparaît avec une suffisante clarté que dans les bornes de certaines catégories distinctes de formes, et l'on manque des données nécessaires pour rattacher sûrement ces catégories les unes aux autres. Aussi, est-ce seulement à titre d'essai que les naturalistes précités ont présenté leurs tableaux généalogiques, et en faisant appel à des recherches ultérieures, pour les compléter et les perfectionner, « bien qu'on puisse prédire hardiment, dit l'un d'eux, Haeckel, que jamais l'arbre généalogique du monde organisé ne sera parfait (1). »

Mais si, d'après cette conception, le sens attaché à la classification est différent de ce qu'il était quand on ne voyait dans celle-ci qu'un arrangement méthodique conforme au « plan de la création », les procédés employés restent les mêmes, qu'on ait en vue de grouper les animaux suivant leurs rapports naturels, ou suivant leur degré de consanguinité. C'est par l'examen des caractères tirés de la morphologie et de l'embryologie, et avec l'aide des données fournies par la paléontologie, qu'on y arrive dans les deux cas.

L'*espèce*, considérée comme l'ensemble des individus qui nous

______

(1) Haeckel, *Histoire de la création*, p. 361.

paraissent anatomiquement et physiologiquement semblables, forme le premier terme des groupes hiérarchiques.

On appelle *genre* le groupe immédiatement supérieur au précédent, et qui réunit un certain nombre d'espèces ayant entre elles une grande ressemblance : ainsi, le genre *Felis* (Chat, Lion, Tigre), le genre *Canis* (Chien, Loup, Renard). Parfois, le genre se subdivise en sous-genres : Rhinocéros à une seule corne et Rhinocéros à deux cornes.

Au-dessus du genre se place la *famille*, groupe plus étendu, plus compréhensif que le genre, mais difficile à caractériser avec exactitude; cependant on peut le regarder comme formé par la réunion des genres que rapprochent étroitement les traits communs de leur organisation, par exemple : les *Cervidés* (Cerfs, Élans, Daims, etc.), les *Équidés* (Chevaux, Anes, Zèbres).

A un rang plus élevé se trouve l'*ordre*, correspondant à une agrégation naturelle de familles (Carnivores, Rongeurs, etc.), et enfin vient la *classe* composée d'ordres qui présentent une certaine conformité de structure : classes des Mammifères, des Oiseaux, etc.

Nous avons vu que pour Linné il n'y avait pas de division supérieure à la classe, mais que Cuvier et von Baer avaient établi dans le règne animal quatre coupes primordiales, ou *embranchements*, comprenant chacune un certain nombre de classes. Certains naturalistes, à l'exemple de de Blainville, donnent à ces grandes divisions le nom de *types*. Ces deux mots, embranchement et type, ont donc la même signification.

Depuis longtemps, on s'est préoccupé de représenter, par le mode d'arrangement des divers groupes, la façon dont ils s'enchaînent, dont ils se relient les uns aux autres, et, entre autres dispositions, celle que présente la ramification d'un arbre avait été proposée pour indiquer leurs rapports réciproques; de là même le terme d'embranchement employé par Cuvier. Or, dans la théorie de la descendance, ces groupes correspondent réellement aux branches, rameaux, ramuscules de l'arbre généalogique des animaux.

Haeckel désigne sous le nom de *phylum*, ou *souche*, les catégories dans lesquelles la parenté des organismes se montre avec une netteté suffisante. « Pour nous, dit-il, la lignée organique, le *phylum*, est la collection de tous les organismes dont la consanguinité, établie sur des preuves anatomiques ou embryologiques, nous autorise à les considérer comme descendant à l'origine d'une forme ancestrale commune. Nes lignées, tribus ou phyles, sont aussi essentiellement identiques avec les quelques « grandes classes » ou « catégories principales » dont chacune, selon Darwin, renferme seulement les organismes consanguins, et qui, dans chacun des deux règnes organiques, sont seulement au nombre de quatre ou cinq. Dans le règne animal, nos phyles répondent à peu près aux quatre ou six grandes divisions que depuis Baer et Cuvier les zoologistes appellent « types principaux », « groupes généraux », « embranchements », etc. Baer et Cuvier en distinguent seulement quatre : 1° les *Vertébrés ;* 2° les *Articulés ;* 3° les *Mollusques ;* 4° les *Radiés.* Actuellement on en rencontre ordinairement six, en subdivisant les groupes articulés et radiés chacun en deux groupes, savoir, les Articulés en *Arthropodes* et en *Vers,* et les Radiés en *Échinodermes* et en *Zoophytes.* Quelle que soit la diversité de forme et de structure des animaux compris dans chacun de ces six groupes, pourtant ils ont en commun tant de caractères importants, qu'on ne saurait douter de leur consanguinité dans les limites de chacun des groupes (1). »

Haeckel admet sept types fondamentaux correspondant à autant de lignées organiques ; car, aux précédents, il ajoute les *Protozoaires* ou animaux primaires, qui renferment les Infusoires et les Rhizopodes ; mais faut-il considérer ces diverses lignées comme descendant d'une forme commune (hypothèse *monophylétique*), ou bien attribuer à chacune d'elles une origine isolée (hypothèse *polyphylétique*)? Haeckel adopte la première de ces hypothèses, et « cependant, dit-il, il est sage de se demander s'il ne vaudrait pas mieux s'arrêter, au moins provisoirement, avant de franchir ce dernier pas, et admettre une consanguinité véritable seulement dans chaque groupe ou phylum, là où des faits empruntés à l'anatomie comparée, à l'ontogénie et à la phylogénie, ne permettent pas de révoquer en doute une étroite parenté (2). » En effet, ce sont là des questions non encore résolues, et qu'il convient par suite de réserver.

Le nombre des types ou souches n'est pas le même pour tous les naturalistes. On a vu comment il avait été augmenté par la subdivision de certains embranchements de Cuvier ; il est de sept pour Haeckel, Gegenbaur ; de huit pour le professeur Claus, de Vienne. Une réelle incertitude règne donc à cet égard, et, parmi les groupes élevés à la dignité de types, il en est pour qui ce rang est contestable. Par conséquent, il n'y a pas lieu d'abandonner, pour le moment du moins, les grandes coupes de Cuvier et de Baer, coupes qui indiquent dans leur ensemble les principales lignes de la généalogie des animaux. A ces quatre divisions, il faut pourtant en ajouter une cinquième, celle des Protozoaires ; nous admettrons donc les cinq types ou embranchements suivants :

I. PROTOZOAIRES. — Petits animaux très simples, constitués par

____

(1) Haeckel, *Hist. de la création,* p. 367.
(2) Haeckel, *loc. cit.,* p. 369.

du protoplasma, ne renfermant ni tissus ni organes composés d'éléments cellulaires différenciés.

II. Zoophytes ou Radiaires. — Symétrie rayonnée; système nerveux peu développé ou nul ; organes de la nutrition plus ou moins différenciés ; parfois un squelette dermique ou test (Échinodermes).

III. Annelés ou Entomozoaires. — Symétrie binaire ; système nerveux formé par une chaîne ganglionnaire ventrale ; corps composé d'une suite d'anneaux ou métamères ; squelette épidermique plus ou moins résistant.

IV. Mollusques ou Malacozoaires. — Symétrie binaire, mais souvent altérée par torsion de l'axe de symétrie. Système nerveux composé de ganglions ne formant pas une chaîne ventrale. Corps mou, dépourvu de squelette, non divisé en segments ou anneaux, tantôt nu, plus souvent revêtu d'une coquille sécrétée par la peau.

V. Vertébrés ou Ostéozoaires. — Symétrie binaire : squelette intérieur composé de pièces articulées, formant un canal osseux pour le système nerveux cérébro-spinal et une cavité pour les organes de la vie de nutrition.

DEUXIÈME PARTIE

ZOOLOGIE DESCRIPTIVE OU SYSTÉMATIQUE

PREMIER EMBRANCHEMENT

PROTOZOAIRES

On appelle *Protozoaires* les animaux les plus simples par leur
organisation, et dont le corps, constitué par une petite masse de
substance contractile, nommée sarcode ou protoplasma, ne se compose pas d'éléments cellulaires différenciés. Ces petits êtres sont
donc placés sur les confins des deux règnes, animal et végétal, et on
sait qu'il y a un certain nombre de formes ambiguës qu'on ne saurait rapporter avec certitude à l'un ou à l'autre, et qui occupent
une zone intermédiaire entre les deux (règne des Protistes de
Haeckel) ; il en résulte que la délimitation du groupe est fort incertaine, comme celle du règne animal lui-même.

Le corps des Protozoaires consiste parfois en un simple globule
de sarcode qui, n'étant pas limité par une enveloppe extérieure, peut
changer constamment de forme par suite de la contractilité de
cette substance ; de plus, la petite masse homogène qui représente l'animal peut émettre des prolongements grêles ou des filaments qui s'étendent au dehors en rayonnant, et qu'on nomme *pseudopodes* (Rhizopodes) (fig. 75). Souvent le corps est circonscrit
par une membrane extérieure différenciée, et conserve alors une
forme définie ; cette enveloppe est généralement munie de cils vibratiles, de cirres ou de soies qui servent à la locomotion (Infusoires). Il y a aussi des Protozoaires qui sont pourvus de pièces
solides, produites par sécrétion de la substance sarcodique, telles
que coquilles (Foraminifères), spicules siliceux (Radiolaires).

Ces animaux ne présentant aucune partie différenciée, n'ont pas
d'organes de nutrition distincts ; les particules alimentaires qui
viennent au contact du corps ou qui sont saisies par les pseudopodes

sont simplement enveloppées par le protoplasma, qui forme ainsi autour d'elles une cavité digestive temporaire; les matières non digérées sont rejetées de même par un point quelconque de la surface du corps. Quand il existe une enveloppe tégumentaire sans ouverture, la nutrition peut se faire par endosmose à travers cette membrane (Grégarines, Opalines). Un état plus élevé s'observe chez les Infusoires, où apparaissent par un commencement de localisa-

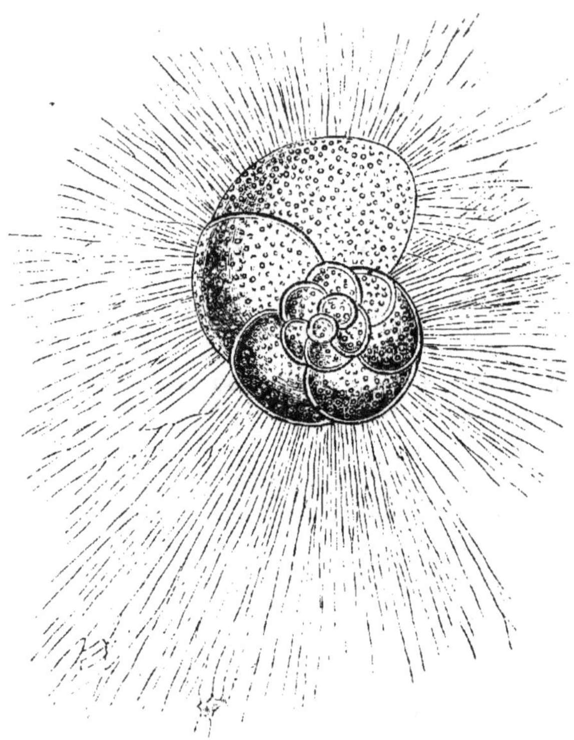

Fig. 75. — Foraminifère à coquille perforée avec pseudopodes déployés (*Discorbina globularis*, d'après Max Schultze).

tion des orifices particuliers pour l'introduction des aliments et pour l'expulsion des résidus de la digestion, c'est-à-dire une bouche et un anus (fig. 76); mais ces ouvertures ne conduisent dans aucun organe différencié, et les matières ingérées ne suivent pas de voie déterminée dans la masse protoplasmatique intérieure. Chez les Acinètes, il n'y a pas d'ouverture buccale, et c'est par des prolongements sarcodiques, jouant le rôle de suçoirs, que l'animal aspire les sucs des proies qu'il a capturées (fig. 77). On voit que, dans aucun cas, la nutrition n'est localisée anatomiquement.

Chez un grand nombre de Protozoaires, on rencontre dans l'intérieur du protoplasma de petites cavités, qui se remplissent et se vident alternativement de liquide par une contraction régulière, et

auxquelles ce caractère a valu le nom de *vésicules contractiles ;* leur fonction est mal connue et diversement appréciée.

La reproduction est le plus souvent

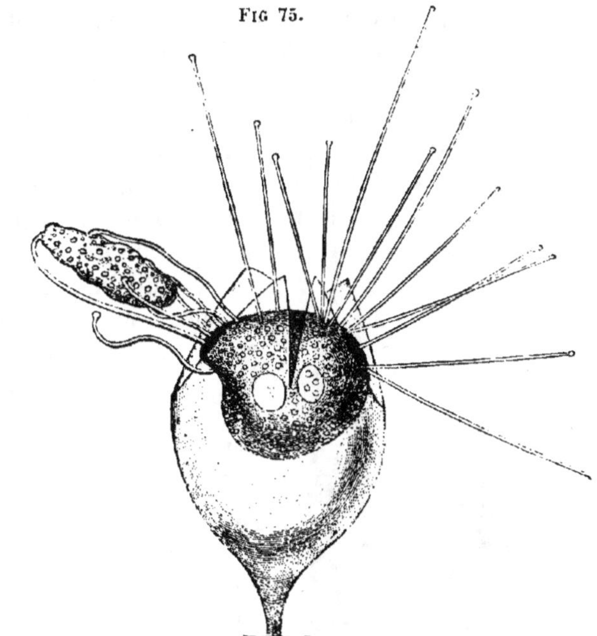

FIG. 75.

FIG. 76.

FIG. 76. — *Paramecium glaucum.* — *o,* bouche; *vc,* vésicule contractile (d'après Claparède, *Infusoires,* planche XIII).
FIG. 77. — *Acineta mystacina* suçant une proie (d'après Claparède, *Infusoires,* 2ᵉ partie).

asexuelle; cependant on observe chez beaucoup d'Infusoires une reproduction sexuelle dans laquelle des corps particuliers, appelés *nucléus* et *nucléole,* jouent le rôle d'organes générateurs.

On divise les Protozoaires en deux classes, les Rhizopodes et les Infusoires, qu'on peut caractériser de la façon suivante :

I. Corps formé de sarcode nu, sans membrane d'enveloppe, projetant des expansions filamenteuses, et pourvu généralement d'une coquille calcaire, ou d'un squelette siliceux : *Rhizopodes.*

II. Corps limité par une enveloppe distincte, portant des appendices mobiles, tels que cils, cirres, flagellums, souvent muni d'une ouverture buccale et parfois d'une ouverture anale : *Infusoires.*

Parmi les Protozoaires, il faut encore ranger, selon toute vraisemblance, les *Grégarines* et les *Noctiluques,* dont la nature animale est regardée comme contestable par certains naturalistes, mais qui se rapprochent par leurs affinités, les premières des Rhizopodes et les secondes des Infusoires : nous consacrerons d'abord quelques lignes à ces deux groupes de rang et de siège douteux.

Grégarines. — Les Grégarines ont été ainsi nommées par Léon Dufour, qui le premier les a décrites (1), du mot latin *grex, gregis,* parce qu'on les trouve toujours réunies en certain nombre dans l'intestin des Invertébrés, où elles vivent en parasites. Elles étaient regardées par ce naturaliste comme des Vers trématodes. Depuis, elles ont donné lieu à des travaux importants, dus à Siebold, Henle, Kölliker, Lieberkühn, etc., et plus récemment à Ed. van Beneden et A. Schneider. Aujourd'hui, la plupart des auteurs s'accordent pour placer les Grégarines au voisinage des derniers Rhizopodes.

Ce sont des organismes unicellulaires, dont le corps ovoïde et vermiforme, est limité par une membrane extérieure dans laquelle on peut distinguer parfois trois couches, appelées par Schneider (2) *épicyte, sarcocyte* et *couche striée.* Ce dernier nom s'applique à l'ensemble des fibrilles que renferme dans certains cas le sarcocyte, et qu'on a considérées comme de nature musculaire (Ed. van Beneden). Cette enveloppe contient une masse granuleuse ou *entocyte*, remplissant la cavité du corps ; on y trouve toujours un noyau, *nucléus*, avec ou sans nucléoles, et on y voit quelquefois une ou deux cloisons membraneuses ou *septums*, divisant cette cavité en deux ou trois segments ; de là la distinction des Grégarines en Monocystidées et Polycystidées. L'extrémité antérieure du corps porte fréquemment des appendices particuliers qui servent d'appareil de fixation. A cet égard, Schneider a reconnu que les Grégarines se présentent sous deux états successifs. D'abord fixées, elles perdent ensuite normalement leur appareil de fixation et deviennent libres.

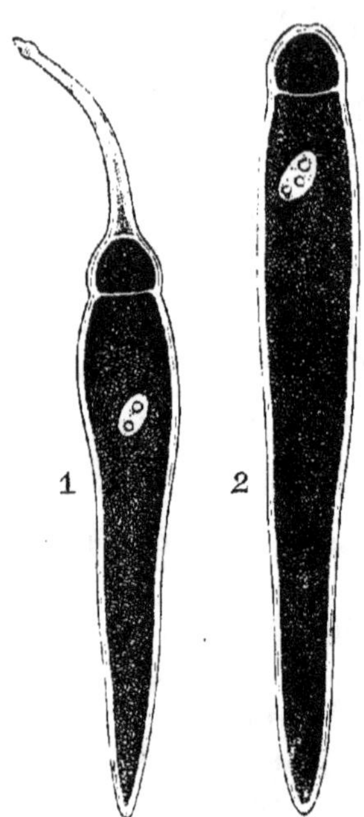

Fig. 78. — Grégarines. — 1, Céphalin et 2, Sporadin du *Stylorhynchus longirostris* (d'après A. Schneider).

Il les appelle *Céphalins* dans le premier cas, *Sporadins* dans le second (fig. 78). Il n'y a ni ouverture buccale ni tube digestif, et la nutrition se fait par endosmose, à travers la membrane tégumentaire.

Les mouvements sont partiels, ou consistent en une translation

(1) Léon Dufour, *Note sur la Grégarine*, nouveau genre de Vers qui vit en troupeau. (*Ann. des sc. nat.*, 1re série, t. XIII, p. 366, 1828).

(2) A. Schneider, *Contributions à l'histoire des Grégarines*, in *Archiv. de Zool. expér.*, t. IV, 1875, p. 401.

totale du corps, qui s'opère par glissement, sans contraction apparente. La reproduction des Grégarines présente encore certains points obscurs, malgré les recherches dont elle a été l'objet. Une seule Grégarine ou deux, réunies par une sorte de conjugaison, s'entourent d'une enveloppe particulière, forment un kyste dont le contenu, sans noyau et uniformément granuleux, donne naissance, par un phénomène de segmentation, à un grand nombre de petites vésicules qui se transforment ensuite en corpuscules reproducteurs, nommés *pseudo-navicelles* par Frantzius, *psorospermies* par Lieberkühn (1), et enfin *spores* par A. Schneider. La dissémination de ces spores développées dans l'intérieur du kyste se fait le plus souvent par rupture de la paroi, parfois aussi à l'aide d'appareils particuliers consistant en conduits vecteurs (Sporoductes).

Chaque pseudo-navicelle ne se développe pas directement en Grégarine, mais produit, d'après Lieberkühn, un corps amiboïde. Celui-ci donne naissance, en passant par une phase dite de *cytode générateur*, à deux corpuscules allongés, *Pseudofilaires*, qui deviennent, par développement d'une paroi et d'un noyau, de jeunes Grégarines (Ed. van Beneden). L'existence d'un état amiboïde transitoire est contestée par Schneider, qui a observé la formation de corpuscules allongés dits *falciformes* (Pseudofilaires ?) dans l'intérieur de la spore de certaines Monocystidées, corpuscules qui se convertiraient directement en Grégarines.

Les Grégarines se divisent en Monocystidées et Polycystidées. Nous citerons comme exemple des premières le *Monocystis agilis*, qui vit dans le Lombric, et comme exemple des secondes, la *Gregarina* ou *Porospora gigantea*, qui habite l'intestin du Homard, et sur laquelle van Beneden a fait ses observations relatives au développement, depuis la phase monérienne jusqu'à la Grégarine normale.

Noctiluques. — Les Noctiluques sont de petits animaux marins sur lesquels l'attention fut appelée, en 1810, par Suriray, médecin au Havre, comme produisant le phénomène de la phosphorescence des eaux de la mer ; c'est à cette propriété qu'ils doivent leur nom. De Quatrefages en fit connaître l'organisation en 1850 (2), et depuis, un grand nombre de naturalistes s'en sont occupés.

Les Noctiluques ont une forme sphéroïdale ; leurs dimensions varient de 2 à 3 millimètres ; elles présentent sur un point de leur

---

(1) Lieberkühn assimilait, en effet, ces corpuscules reproducteurs aux organismes parasites découverts par J. Müller, et nommés par lui psorospermies.

(2) De Quatrefages, *Observations sur les Noctiluques* (*Ann. des sc. nat.*, 3ᵉ série, t. XIV, p. 226).

surface une dépression qui renferme la bouche, et où s'insère un appendice mobile dont la longueur est d'environ la moitié du diamètre de l'animal (fig. 79). Le corps est limité par une membrane résistante et est constitué par un réseau sarcodique, dont les filaments irréguliers et anastomosés circonscrivent des espaces lacunaires remplis d'un liquide transparent, et se terminent par de fines ramifications à la face interne de l'enveloppe générale.

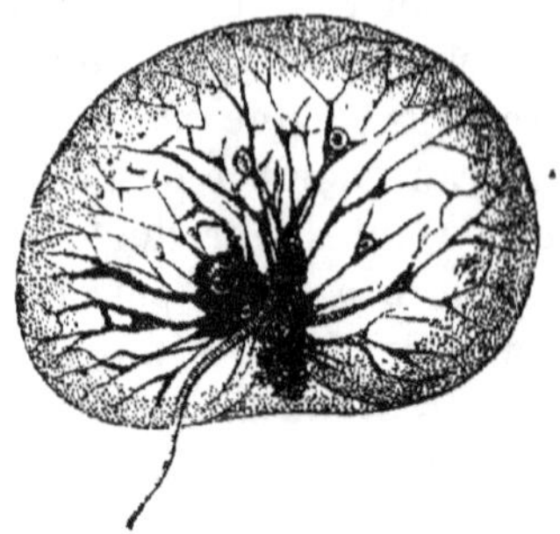

FIG. 79. — Noctiluque miliaire, (d'après de Quatrefages).

Les corpuscules nutritifs qui pénètrent par l'ouverture buccale dans le parenchyme interne y déterminent la formation de cavités temporaires ou vacuoles, qu'on voit se déplacer et se modifier le long des trabécules de protoplasma.

La reproduction se fait par division, et aussi, d'après Cienkowski, par production de germes internes ou de spores, à la suite d'une conjugaison. L'espèce de Noctiluque la plus commune, celle qu'on rencontre sur nos côtes, est la Noctiluque miliaire, *Noctiluca miliaris*.

1re CLASSE. — RHIZOPODES

Le corps des Rhizopodes est formé de sarcode libre, sans membrane ; il a la propriété d'émettre des expansions de forme variée, le plus souvent filamenteuses, ou *pseudopodes,* qui servent à la locomotion et à la préhension des aliments ; toutes les parties de la substance constituante peuvent entrer tour à tour dans la composition de ces prolongements contractiles, où l'on n'observe aucune différenciation ; on y voit seulement les mêmes granulations qui se trouvent en grand nombre dans le protoplasma, et qui se déplacent en formant des courants réguliers. On rencontre quelquefois de petites cavités ou vésicules contractiles remplies de liquide ; souvent le corps est enveloppé d'une coquille calcaire sécrétée à la surface (Foraminifères); d'autres fois il renferme à l'intérieur une sphère membraneuse ou *capsule centrale,* et il est pourvu de pièces siliceuses qui forment une sorte de charpente solide (Radiolaires).

La classification des Rhizopodes présente beaucoup d'incertitude, à cause des caractères peu tranchés de leur organisation qui comprend une série d'intermédiaires, rattachant les différentes formes qu'on y observe.

On peut néanmoins les diviser en trois ordres :

I. Animaux amiboïdes, ordinairement pourvus d'une ou de plusieurs vésicules contractiles, à pseudopodes souvent en formes d'expansions larges, digitées : *Protéens.*

II. Animaux sans vésicules contractiles, renfermés dans une coquille généralement calcaire, quelquefois membraneuse : *Foraminifères.*

III. Animaux sans vésicules contractiles, pourvus d'une capsule centrale et le plus souvent d'un squelette siliceux, à disposition radiaire : *Radiolaires.*

ORDRE I. — PROTÉENS

Les Protéens sont des animaux dont le corps sarcodique est généralement nu et caractérisé par la présence d'une ou de plusieurs vésicules pulsatiles. Parfois, ils sont entourés d'une coque soit flexible (*Pseudochlamys*), soit solide (*Arcella*), et dans certains cas formée par des matières étrangères agglutinées (*Difflugia*).

Les Protéens se divisent en deux familles : les Amibiens et les Actinophryens qui se distinguent par la nature de leurs pseudopodes. « Les pseudopodes des Amibiens sont de larges expansions à *apparence sarcodique*, qui paraissent ne jamais pouvoir se souder les unes avec les autres, sauf dans les cas de conjugaison de plusieurs individus, et qui ne montrent jamais à leur surface la circulation de granules qui est si caractéristique pour les autres Rhizopodes. Ces animaux rampent ou marchent sur leurs expansions élargies. Les Actinophryens ont au contraire des pseudopodes minces, effilés, souvent bifurqués, qui sont susceptibles de se souder les uns aux autres, comme chez les Foraminifères et les Gromides, bien que les soudures se montrent chez eux sur une moins grande échelle que chez ces derniers. Les Actinophryens ne progressent point en rampant sur une expansion élargie, mais ils reposent sur la pointe de leurs pseudopodes et se meuvent lentement à l'aide de ces extrémités. » (Clap. et Lachm.) (1).

Ici se placent les formes les plus simples, réunies par Haeckel sous le nom de *Monères*, et constituées par du protoplasma homogène sans nucléus différencié, comme les *Protamœba* dont il a été question dans un précédent chapitre. L'une des plus remarquables est le célèbre *Bathybius Haeckelii*, découvert, par Huxley en 1868, dans le limon tiré des profondeurs de la mer et qui consiste en un réseau de substance sarcodique (fig. 1) présentant des mouvements

____

(1) Claparède et Lachmann, *loc. cit.*, p. 419.

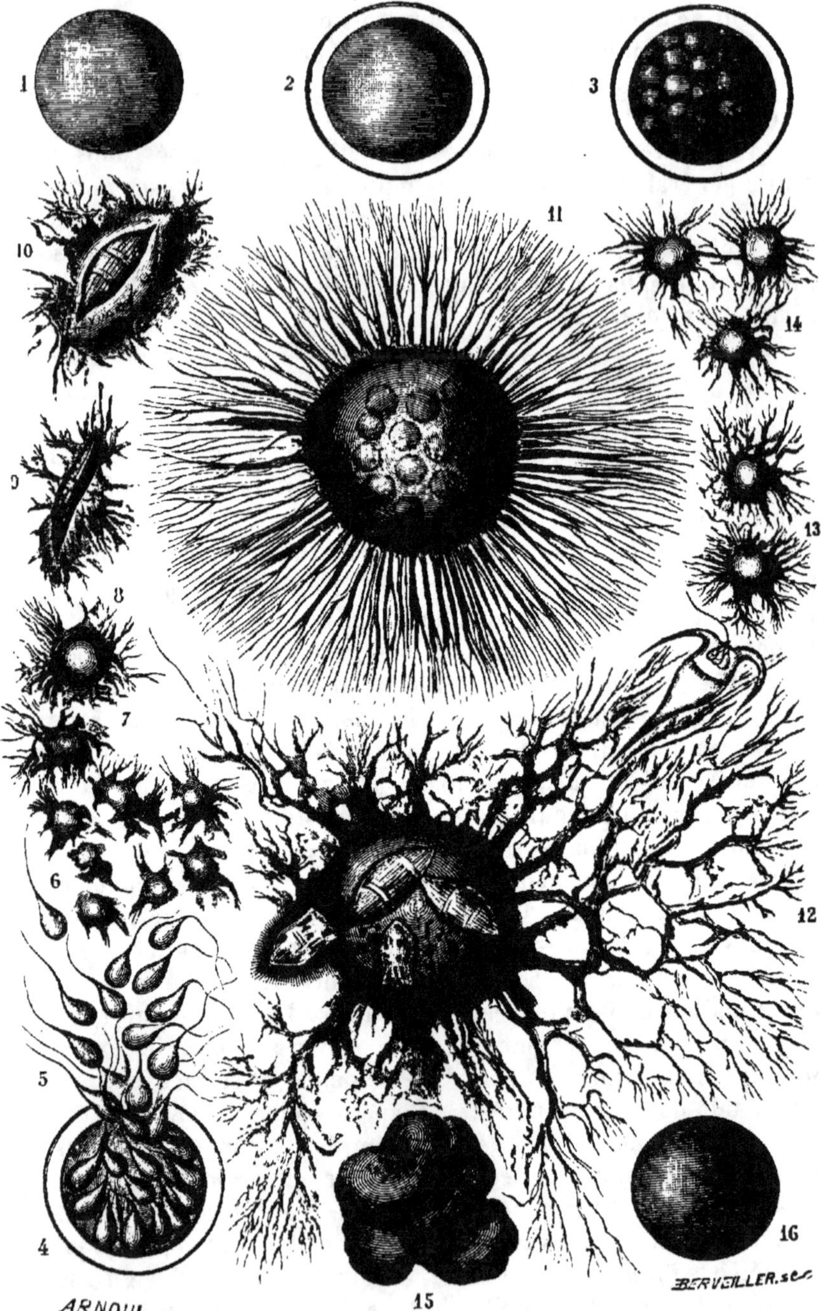

FIG. 80. — Évolution de la *Protomyxa aurantiaca*. — Les figures 11 et 12 représentent la
Monère complètement développée. Quand la *Protomyxa* a faim, elle émet des pseudopodes
ramifiés mais non anastomosés entre eux (fig. 11). Quand elle mange, ces pseudopodes
s'anastomosent et forment un réseau changeant qui enlace les corpuscules tels que Diato-

amiboïdes. Une autre Monère des plus intéressantes, observée par Haeckel aux îles Canaries (1867) et nommée par lui *Protomyxa*

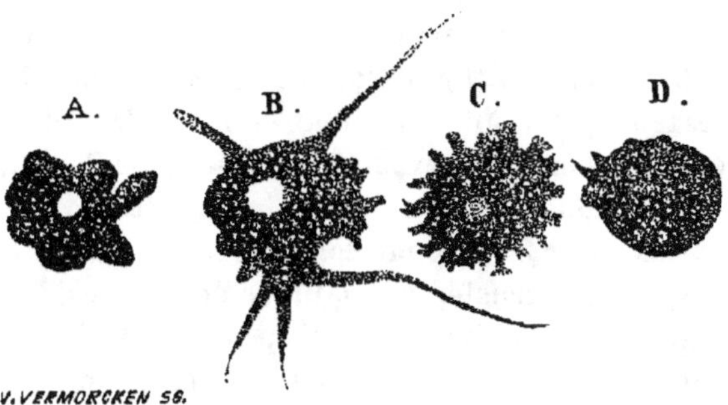

FIG. 81. — Amibe. — *Amœba diffluens*, remplie de granules, vue sous diverses formes (A,B,C,D) successivement présentées pendant un quart d'heure, grossie 400 fois (Ch. Robin, *Anatomie et physiologie cellulaires*).

aurantiaca, est représentée dans la figure 80 qui montre cet organisme élémentaire aux différentes phases de sa vie.

AMIBIENS. — Parmi les Amibiens, nous citerons : les Amibes

FIG. 82.   FIG. 83.

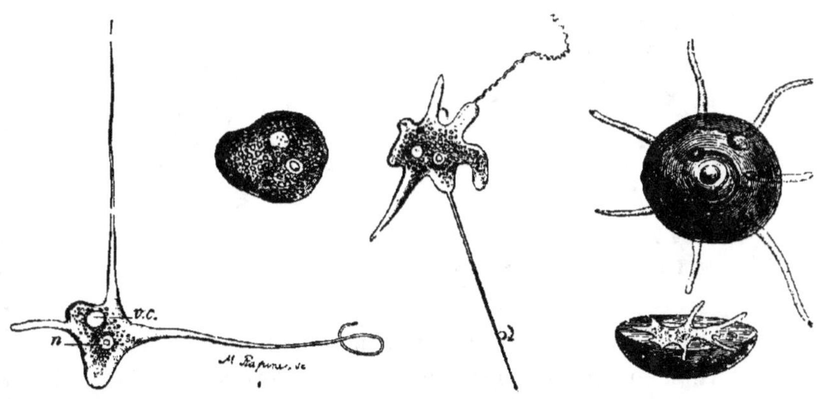

FIG. 82. — *Podostoma filigerum*. — *n*, nucleus; *vc*, vésicule contractile (d'après Claparède, *Infusoires*).
FIG. 83. — *Arcella vulgaris*.

(G. *Amœba*) à corps nu, remarquables par l'instabilité de leur forme que l'on voit se modifier à chaque instant, quand on les observe au

mées, Infusoires,... destinés à la nutrition de l'animal, et qui finissent par pénétrer dans le corps même de la Monère (fig. 12). Quand celle-ci n'a plus faim, elle rétracte ses pseudopodes et prend la forme sphéroïdale (fig. 15 et 16). Dans cet état de repos, la *Protomyxa* sécrète une membrane externe amorphe (fig. 2) et se segmente ensuite en un grand nombre de petites sphérules (fig. 3). Bientôt ces sphérules commencent à se mouvoir; elles deviennent piriformes (fig. 4), s'échappent de l'enveloppe commune, et nagent dans la mer à l'aide d'un flagellum (fig. 5). Elles se comportent alors comme des amibes et rampent sur les petits corps qu'elles rencontrent à l'aide de prolongements polymorphe (fig. 6, 7 et 8); elles absorbent de la nourriture (fig. 9 et 10) et augmentent de volume, soit par simple croissance, soit en se fusionnant les unes avec les autres (fig. 13 et 14). Elles revêtent ainsi la forme adulte (d'après Haeckel).

microscope (fig. 81) ; on en rencontre dans l'eau de mer, dans l'eau douce et à la surface du sol (*A. terricola*) ; les *Podostoma* qui ont deux sortes de pseudopodes, les uns larges, servant à la locomotion, les autres en forme de fouet, servant à la préhension des corpuscules alimentaires (*P. filigerum*) (fig. 82); les *Petalopus*, dont les pseudopodes ne partent que d'un seul point de la surface du corps et s'étalent à leur extrémité en expansions minces, (*P. diffluens*) ; les *Pseudochlamys*, dont la région dorsale est revêtue d'un bouclier mol et flexible ; les *Arcella*, à coque solide (*A. vulgaris*) (fig. 83); les *Difflugia*, à coque incrustée de matières étrangères.

Actinophryens.— Ces animaux réunis par Joh. Müller aux Amibiens sous le nom d'Infusoires-Rhizopodes, à cause de l'existence

Fig. 84.

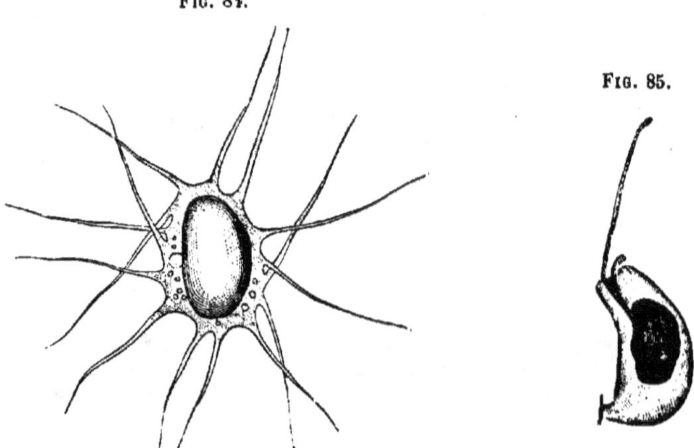

Fig. 85.

Fig. 84. — *Actinophrys tenuipes* (Clap. et Lachm).
Fig. 85. — *Urnula epistylidis* (Clap. et Lachm).

d'une vésicule contractile, présentent néanmoins beaucoup d'affinité avec les formes du groupe des Radiolaires, dans lequel ils sont placés par certains naturalistes.

« Les Actinophrys, disent Claparède et Lachmann, semblent tendre la main d'une part aux Acanthomètres, aux Polycystines, aux Polythalames, aux Gromies (Radiolaires) et d'autre part aux Rhizopodes amibiens (1). » On comprend donc qu'on puisse les ranger soit avec les premiers soit avec les seconds.

Parmi les Actinophryens, il y en a qui sont nus ; tels sont les *Actinophrys*, dont le corps peut émettre des pseudopodes par tous les points de sa surface (*A. sol, A. tenuipes*) (fig. 84). D'autres ont une coque, incrustée de substances étrangères dans les *Pleurophrys*,

(1) Claparède et Lachmann., *loc. cit.*, p. 419.

membraneuse et fixée par sa partie postérieure dans les *Urnula* (*U. epistylidis*) (fig. 83), vivant sur les colonies d'*Epistylis plicatilis*.

ORDRE II. — FORAMINIFÈRES

Les Foraminifères possèdent en général une coquille calcaire dont la cavité intérieure est quelquefois simple, mais plus souvent divisée en loges qui communiquent entre elles par des ouvertures pratiquées dans les cloisons de séparation (fig. 86); de là la distinction des *Monothalames* et des *Polythalames*. De plus, la coquille présente fréquemment un grand nombre de petits trous percés dans son épaisseur, et par lesquels les pseudopodes se projettent au dehors. C'est sur ce carac-

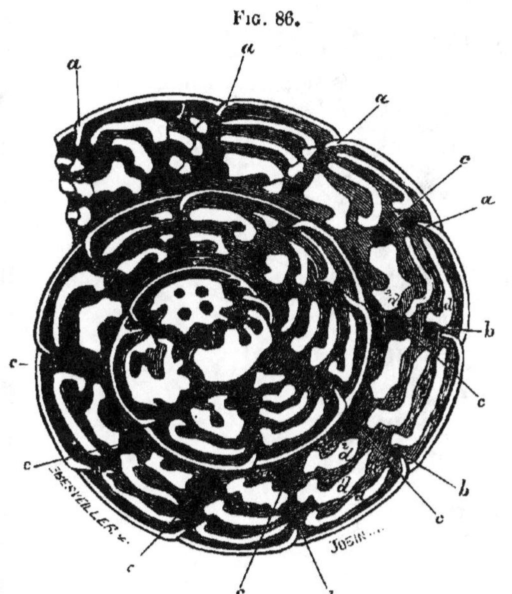

Fig. 86.

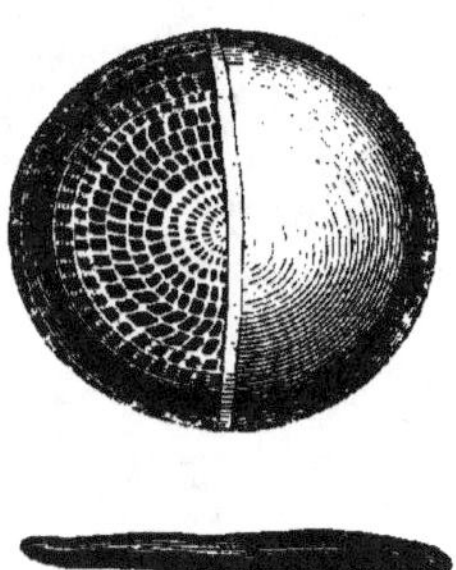

Fig. 87.

Fig. 86. — Coupe transversale d'une coquille d'*Alveolina Quoyi*. — *a, a, a*, inflexions de la lame superficielle indiquant la division de la spire en segments principaux; *b, c*, ouvertures qui mettent en communication les segments des différentes spires; *d, d', d²*, lames qui divisent chacun des segments en une série de chambres superposées, *e, e', e², e³*.
Fig. 87. — *Nummulites Puchii*.

tère qu'est fondée la division des Foraminifères en *Perforés* et *Imperforés*.

Ces petits êtres, malgré l'exiguïté de leur taille, ont joué un rôle important à certaines époques géologiques. Ainsi, le calcaire à nummulites se compose presque entièrement de coquilles qui leur appartiennent, et qui par leur forme discoïde et aplatie ont quelque ressemblance avec une petite pièce de monnaie, ce qui leur a valu le nom qu'elles portent (de *nummulus*) (fig. 87). Dans le calcaire grossier des environs de Paris, à la base de l'éocène moyen, se trouve une couche puissante exploitée comme pierre à bâtir (calcaire à milioles), couche également formée par un dépôt considérable de coquilles de Foraminifères. Ces coquilles se rencontrent encore mêlées en grand nombre au sable de certaines plages, et les dra-

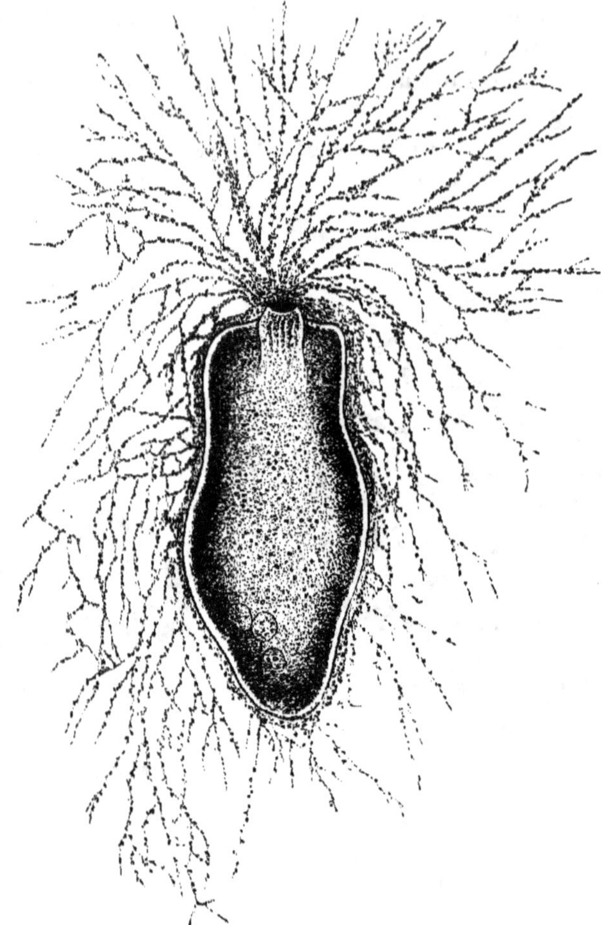

Fig. 88. — *Gromia oviformis.*

gages exécutés dans ces dernières années ont montré qu'il y en avait une immense quantité au fond des mers.

La plupart des Foraminifères sont marins; il y en a cependant qui vivent dans les eaux saumâtres, quelques-uns dans les eaux douces (*Liberkühnia Wageneri*). On les divise généralement, à l'exemple de Carpenter, en deux groupes ou sous-ordres, les Imperforés et les Perforés, suivant que la coquille est percée ou non de pores pour le passage des pseudopodes.

Imperforés.

Ce groupe comprend les familles suivantes :

Les GROMIDÉS, dont Claparède et Lachmann font un ordre distinct, mais qui ne se distinguent des autres Foraminifères que par la nature de leur coquille membraneuse : *Gromia oviformis* (fig. 88), *Lieberkühnia Wageneri;*

Les MILIOLIDÉS, dont la coquille est à une ou plusieurs chambres : G. *Uniloculina, Biloculina, Triloculina ;* de d'Orbigny...

Les LITUOLIDÉS, dont les coquilles sont incrustées de matières étrangères.

Perforés.

Ce groupe se partage en plusieurs familles, d'après les différentes formes de la coquille :

Les LAGÉNIDÉS, en forme de bouteille : G. *Lagena;*

Les GLOBIGÉRIDÉS, de forme globuleuse : G. *Globigerina, Sphœroïdina, Rotalia, Discorbina* (fig. 75).

Les NUMMULIDÉS, de forme discoïde, les plus grands des Foraminifères (fig. 87).

ORDRE III. — RADIOLAIRES

Ce nom a été donné au groupe à cause de la disposition radiaire offerte par le squelette siliceux des animaux qui le composent (Claparède et Lachmann ont proposé celui d'*Èchino-cystides*). La substance protoplasmatique dont leur corps est formé présente quelques différenciations, et on observe dans son milieu une « capsule centrale », dans l'intérieur de laquelle se trouve du sarcode qui contient des globules de graisse et de petites vésicules ; ce sarcode intra-capsulaire est sans doute en rapport avec le sarcode

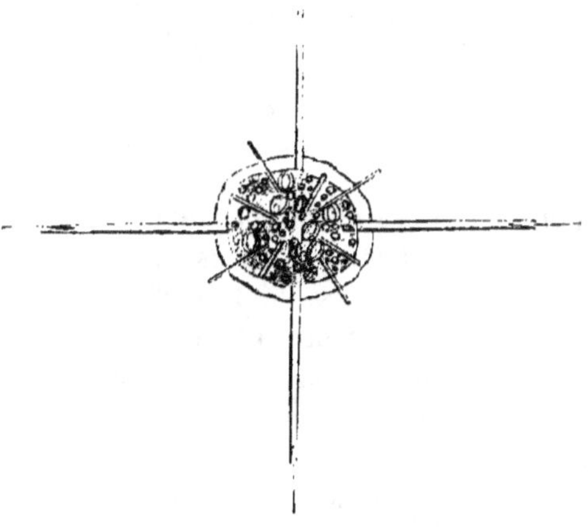

FIG. 80. — *Acanthometra pallida.*

extra-capsulaire, à travers la membrane poreuse de la capsule. Ce dernier renferme des cellules jaunes particulières ; c'est lui qui émet les pseudopodes. La capsule centrale manque quelquefois et n'est pas développée dans le jeune âge.

La plupart des Radiolaires ont un squelette siliceux qui affecte des dispositions variées. Tantôt il est extérieur à la capsule centrale et consiste simplement en petits spicules isolés ou unis entre eux, et formant alors une sorte de lacis (*Acanthodesmia*); tantôt il part du centre et se compose de piquants qui rayonnent au dehors (*Acanthometra*) (fig. 89). — Parfois, il existe entre ces piquants des spicules disposés concentriquement, et, dans les Polycystines, le squelette consiste en un test treillissé de formes variéess. Il y a des

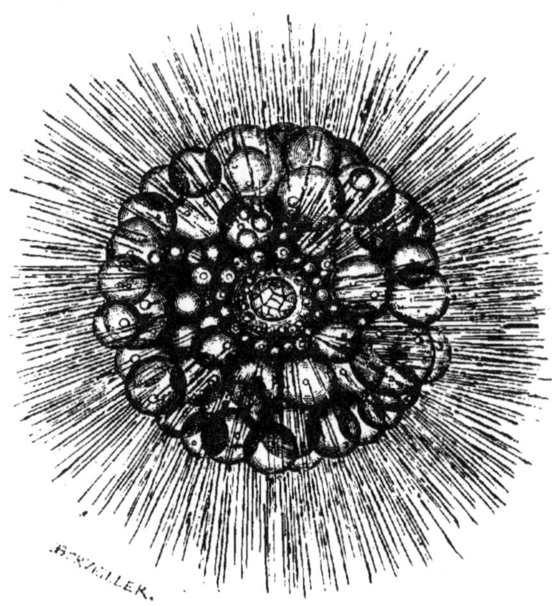

Fig. 90. — *Thalassicolla pelagica.*

Radiolaires qui vivent en colonies et dont le polyzoïsme se manifeste par l'existence de plusieurs capsules centrales.

Tous ces animaux sont marins; leurs tests, comme ceux des Foraminifères, se trouvent en grand nombre dans le sable du fond des mers. On en connaît aussi beaucoup à l'état fossile.

Les Radiolaires isolés se divisent en Thalassicolles, Polycystines et Acanthomètres.

Les THALASSICOLLES (Collides de Haeckel) sont dépourvus de squelette (*Thalassicolla* Huxley) (fig. 90) ou n'ont que des spicules siliceux autour de la capsule centrale.

Les POLYCYSTINES ont un test treillissé dont la disposition très variée sert à caractériser les différents genres.

Les ACANTHOMÈTRES n'ont pas de test, mais des piquants qui partent comme des rayons de la partie centrale du corps (fig. 89).

Chacun de ces groupes a été lui-même subdivisé en un certain nombre de familles.

Les Radiolaires composés renferment comme les précédents des formes dans lesquelles le squelette fait défaut (*Collozoon*) ; d'autres qui n'ont que des spicules épars dans le sarcode extra-capsulaire (*Sphœrozoon*) ; d'autres enfin à test treillissé (*Collosphœra*).

2ᵉ CLASSE. — INFUSOIRES

Ce nom a été donné aux petits organismes observés pour la première fois à la fin du dix-septième siècle par Lecuwenhoek et qui se trouvent en abondance dans des infusions, c'est-à-dire dans de l'eau où séjournent des matières animales ou végétales. Depuis, ces êtres microscopiques ont été l'objet d'un grand nombre de travaux dont les plus importants sont dus à O.-F. Müller, Ehrenberg, Dujardin, Stein, Claparède et Lachmann, Balbiani.

Au début, on rangeait parmi les Infusoires tous les animalcules que le microscope faisait découvrir dans les eaux stagnantes, mais on a reconnu depuis que certains d'entre eux devaient en être séparés, pour prendre place dans divers groupes dont ils se rapprochent par les caractères de leur organisation ; ainsi, les Anguillules appartiennent aux Nématoïdes, les Rotifères forment une classe particulière de Vers. En outre, un grand nombre de formes, regardées d'abord comme étant des Infusoires, ne sont autre chose que des végétaux inférieurs, ou des germes de Cryptogames (Zoospores). Aujourd'hui même on est loin d'être d'accord sur les limites qu'il convient d'assigner à cette classe, dans laquelle les uns font rentrer toute une catégorie d'êtres qui en sont exclus par les autres (les Flagellés et les Cilio-Flagellés).

Il y a aussi divergence d'opinions sur le mode de constitution de ces petits animaux. Ehrenberg, que Claparède et Lachmann appellent le Linné des Infusoires, leur attribuait une organisation des plus compliquées. Dujardin s'éleva contre cette manière de voir ; il s'attacha à démontrer que leur corps est uniquement formé par une masse homogène de sarcode et, après lui, von Siebold, Kölliker ont aussi soutenu qu'il consiste en une simple cellule. Cependant l'hypothèse de l'unicellularité a été combattue depuis par Claparède et Lachmann, Stein, Balbiani, et, en effet, les différenciations que présentent certains de ces organismes paraissent indiquer dans bien des cas une composition multicellulaire.

Le corps est limité par une membrane mince, sans structure, et nommée *cuticule* par Cohn, qui en a démontré l'existence. Il y a des Infusoires qui possèdent une carapace de consistance variable

(*Euplotes*, *Coleps*); souvent celle-ci n'adhère pas au corps et constitue alors une sorte d'étui ou de fourreau qui protège l'animal (fig. 91). On rencontre de nombreuses formes qui sont fixées, les unes sessiles, les autres portées par des pédoncules dont l'axe est souvent occupé

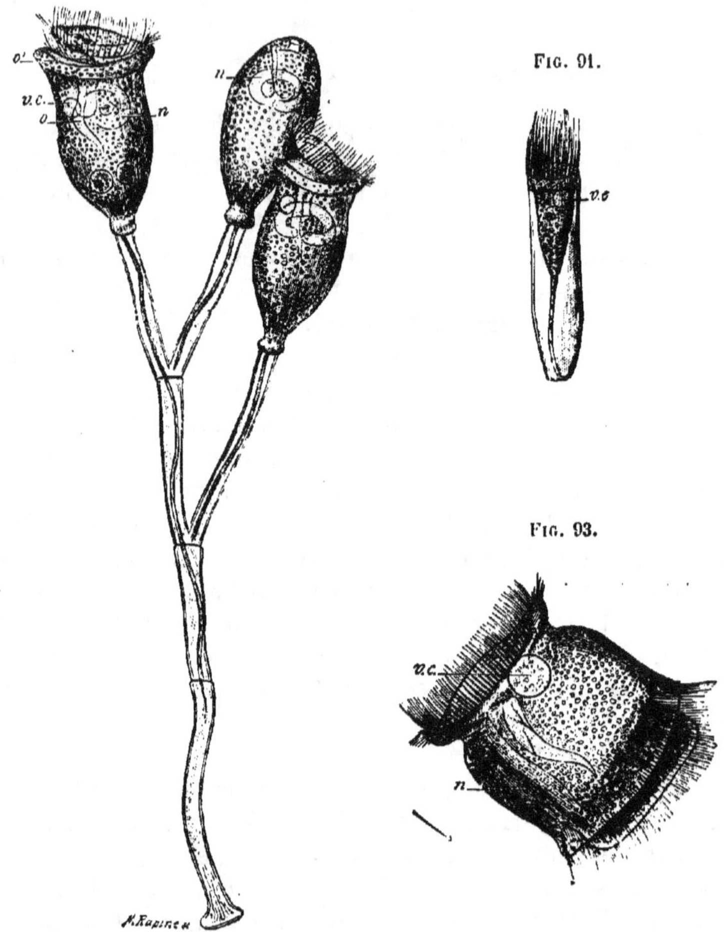

Fig. 92.

Fig. 91.

Fig. 93.

Fig. 91. — *Tintinnus inquilinus*. Animal et coque (Claparède et Lachmann, pl. VIII).
Fig. 92. — *Carchesium Epistylis* (Claparède et Lachmann, pl. I).
Fig. 93. — *Epistylis invaginata* (Claparède et Lachmann, pl. I).

n, nucléus; o, bouche; v c, vésicule contractile; o', entrée du vestibule.

par un cordon contractile (Vorticelles) (fig. 92); cependant, ces mêmes formes se montrent par moments à l'état de liberté (fig. 93).

Les appendices dont les Infusoires sont pourvus consistent le plus ordinairement en cils vibratiles répandus sur toute la surface, ou limités à certaines régions du corps. Ces cils ne sont pas de simples productions cuticulaires, mais sont formés par des prolongements

de la substance protoplasmatique interne, qui traversent la couche
corticale (Kölliker); souvent on trouve des cils plus développés que
les autres ou des *cirres*, principalement autour de la bouche dans
laquelle ils amènent des particules nutritives par l'effet de tourbil-
lons que leurs mouvements produisent dans l'eau. Certains appendices servent spécialement à la locomotion, ainsi les pieds-crochets
ou pieds-marcheurs des *Stylonychia*, des *Euplotes*, des *Aspidisca*...
(fig. 94); il y en a d'autres, rigides et fins, nommés *soies*, dont l'existence paraît être liée à la propriété d'exécuter des sauts chez les
animaux qui en sont pourvus.

Suivant la manière dont ces différents appendices sont répartis

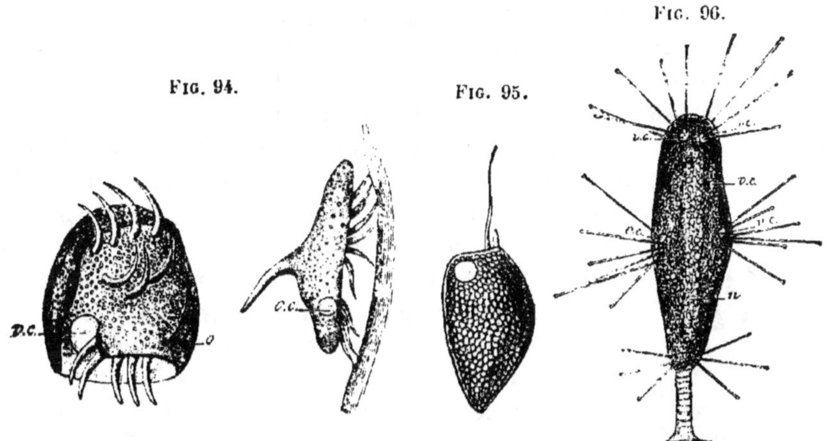

Fig. 94. — *Aspidisca turrita*, vu de face; le même, vu de profil (Claparède et Lachmann,
pl. VII, fig. 11 et 12).
Fig. 95. — Infus. flagellé. *Prorocentrum micans* (Ehrenberg, Inf., p. 44. Claparède, pl. V,
et Lachmann, pl. XX).
Fig. 96. — *Podophrya elongata* (Claparède et Lachmann, pl. XXI, fig. 11).

n, nucléus; *o*, bouche; *vc*, vésicule contractile.

chez les Infusoires ciliés, Stein a classé ceux-ci en quatre groupes
ou sous-ordres :

Holotriches, dont le corps est uniformément recouvert de cils sur
toute sa surface ;

Hétérotriches, dont le corps est garni de cils comme celui des
Holotriches et dont la bouche est entourée par une couronne de
cirres;

Hypotriches, dont le corps est nu sur la face dorsale et muni de
cils ou de cirres sur la face ventrale ;

Péritriches, dont le corps, généralement nu ou portant des cils
en ceinture, présente des cirres buccaux rangés en spirale.

Enfin, certains Infusoires sont caractérisés par la présence d'un
ou de plusieurs longs filaments contractiles en forme de fouet et

qu'on appelle *flagellum* (fig. 95). Chez les Acinétiens, on voit des prolongements dont la signification est différente, car ils jouent le rôle de suçoirs et servent à la nutrition (fig. 96).

La masse du corps circonscrite par l'enveloppe tégumentaire comprend une couche périphérique, et un parenchyme interne demi-fluide regardé par quelques observateurs comme du chyme contenu dans une véritable cavité digestive, mais qui paraît bien être formé de protoplasma non différencié. La nutrition se fait rarement par simple endosmose (Opalines) ; le plus souvent les matières alimentaires sont portées par une ouverture buccale dans l'intérieur du corps, où elles se creusent des cavités temporaires, dans le parenchyme au sein duquel s'opère la digestion. On a aussi constaté chez un certain nombre d'Infusoires l'existence d'une ouverture anale pour l'expulsion des résidus, mais un tube intestinal à parois propres fait toujours défaut ; les estomacs multiples décrits par Ehrenberg chez ces animalcules, qu'il avait réunis à cause de ce caractère sous la dénomination de *Polygastriques*, n'étaient autre chose que les espaces occupés dans le parenchyme par les bols alimentaires.

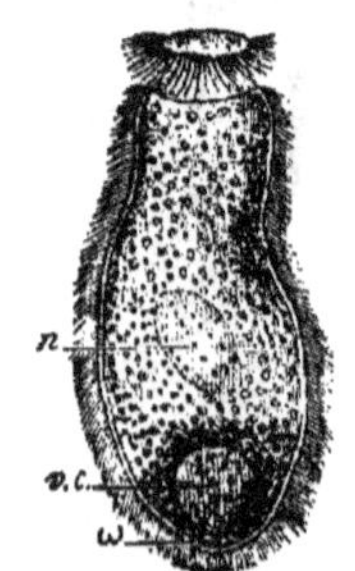

Fig. 97. — *Phialina vermicularis* (Ehrenb., *Infus.*, pl. XXXV, fig. 3).

La couche corticale périphérique présente quelques différenciations que nous devons mentionner. On y observe des stries de nature musculaire, qui sont très développées dans certains cas (Stentors) et susceptibles de contractions énergiques. Souvent aussi on y voit des conformations particulières sous forme de bâtonnets, découvertes par Allmann et nommées par lui *Trichocystes*. Ces trichocystes, sous l'influence de certaines excitations, projettent un fil rigide semblable à une aiguille cristalline, et sont considérés comme des organes urticants.

On remarque dans le parenchyme cortical une ou plusieurs *vésicules contractiles*, sans parois propres, mais occupant une position constante (fig. 97, *vc.*). Quelquefois la cavité de la vésicule est en communication avec des espaces canaliformes qui se dilatent quand elle se contracte et réciproquement (*Paramœcium aurelia*). Le rôle de ces petits organes est fort incertain ; Claparède et Lachmann les considèrent comme constituant un appareil de circulation, tandis que Stein et O. Schmidt les regardent comme les analogues des vaisseaux aquifères des Vers, et par suite comme des organes d'excrétion ; ils admettent que ces vésicules communiquent avec l'extérieur par de petites ouvertures correspondant à la tache claire. Cette dernière opinion est la plus probable.

Les Infusoires présentent un mode de reproduction asexuelle et un mode de reproduction sexuelle. Dans le premier cas, c'est par scissiparité que se forment les individus nouveaux, qui parfois restent unis au parent et constituent alors avec lui des colonies, comme chez les *Epistylis*, par exemple. La scission est le plus souvent transversale, plus rarement longitudinale (Vorticelles). Elle est maintes fois précédée d'un enkystement, c'est-à-dire de la formation d'une coque dans laquelle s'enveloppe l'animal (fig. 98); la division se fait alors dans l'intérieur du kyste et les jeunes qui sont ainsi produits sont mis en liberté par rupture de la paroi. On a aussi observé dans certains cas la formation de germes internes provenant de la division

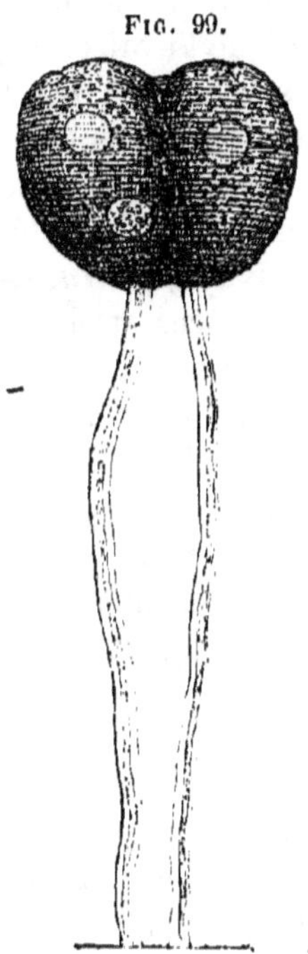

Fig. 99.

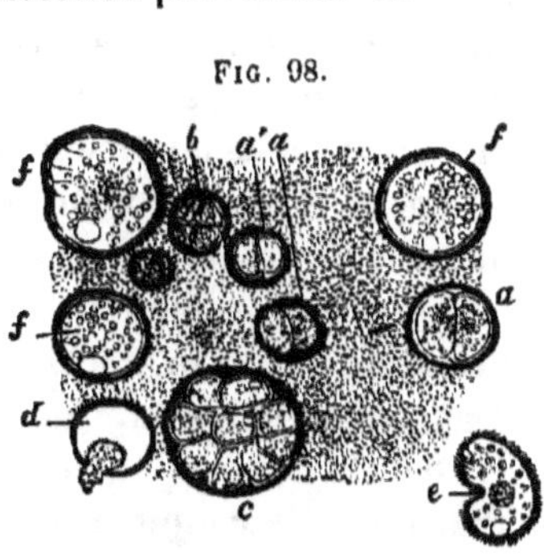

Fig. 98.

Fig. 98. — Enkystement des Kolpodes. — *a b c*, Kolpodes se divisant dans l'intérieur de leurs kystes en deux, quatre et plus grand nombre de Kolpodes nouveaux; *d*, Kolpode sortant de son kyste; *e*, Kolpode libre; *ff*, Kolpode enkysté.

Fig. 99. — Conjugaison de deux Vorticelles (Claparède et Lachmann).

du noyau, et donnant naissance à de petits embryons mobiles qui, devenus libres, se développent en individus nouveaux (Vorticelles, Acinètes). Le développement de ces germes dans un organe déterminé, le nucléus ou *embryogène*, nous conduit à la reproduction sexuelle, dans laquelle ce même développement succède à la conjugaison, ou *zygose*, de deux, quelquefois de plusieurs individus, primitivement séparés (fig. 99).

Ces phénomènes de génération par sexes chez les Infusoires, ont été étudiés par Stein et Balbiani; des recherches de ces observateurs, qui à vrai dire laissent encore bien des points dans le doute, voici ce qui paraît résulter de plus général. Le nucléus joue le rôle d'organe femelle ou d'ovaire; ce petit corps placé dans la couche corticale du parenchyme est de forme très variable; tantôt rond ou ovale, tantôt allongé et diversement contourné sur lui-même, quelquefois moniliforme. Il se compose, d'après Balbiani, d'une membrane d'enveloppe et d'un contenu granuleux. L'organe mâle est représenté par le nucléole, analogue au nucléus par sa constitution, mais d'un plus petit volume. On n'en a constaté l'existence que chez un nombre assez restreint d'Infusoires; il est situé au voisinage de l'ovaire, et parfois logé dans l'intérieur de celui-ci.

Après la zygose qui consiste dans la fusion plus ou moins complète de deux êtres unis par une sorte d'accouplement, des modifications importantes se montrent dans le nucléus et le nucléole. L'organe femelle est fécondé, et il se forme, par division de sa substance, des *masses germinatives* (placenta de Stein) qui produisent de petites sphères transparentes ou *sphères embryonnaires*, que Balbiani considère comme de véritables œufs, et d'où naissent les embryons. Ces germes sont expulsés par des conduits particuliers, ou bien se développent en embryons dans l'intérieur du corps de la mère. De son côté, le nucléole a augmenté de volume et a produit par segmentation des filaments très fins, qu'on a regardés comme des spermatozoïdes. D'après Balbiani, il y aurait fécondation croisée entre les deux individus conjugués; d'après Stein, il n'en serait rien; la réunion de deux individus n'aurait pour effet que de déterminer le complet développement des organes reproducteurs, et la fécondation se ferait ensuite par pénétration dans le nucléus des corpuscules spermatiques appartenant au même individu. Quoi qu'il en soit, ce rôle des spermatozoïdes produits par le nucléole est encore fort problématique, et le phénomène de la conjugaison suivi du développement de germes par le nucléus est le seul fait positif qui indique une reproduction par voie sexuelle.

La classification des Infusoires est loin d'être définitivement établie. Claparède et Lachmann répartissent ces animaux en quatre ordres dont les caractères sont résumés dans le tableau suivant :

Infusoires	Pas de flagellum	Des cils ou cirres, même à l'état adulte..	*Ciliés.*
		Pas de cils à l'état adulte; des suçoirs...	*Suceurs.*
	Un ou plusieurs flagellum	Outre le ou les flagellum, encore des cils.	*Cilio-flagellés.*
		Pas de cils............................	*Flagellés.*

ORDRE I. — FLAGELLÉS

Les petits êtres dont se compose cet ordre sont caractérisés, comme l'indique leur nom, par la présence d'un ou de deux flagellum; ils n'ont pas de cils vibratiles. Ce sont les plus simples des Infusoires et ils sont du nombre de ces formes sur la nature desquelles règne beaucoup d'incertitude, que les uns regardent comme

des végétaux, d'autres comme des animaux. Cependant l'existence
de vésicules contractiles, et parfois d'un orifice buccal pour l'introduction de matières nutritives dans l'intérieur du corps, plaide
en faveur de leur animalité. Cet ordre comprend plusieurs
familles.

MONADIENS. — Ce sont des êtres unicellulaires très simples qui
consistent en un corps globuleux ou ovoïde, quelquefois dépourvu
d'appendice extérieur. Les particules alimentaires sont ingérées par
un orifice buccal difficile à apercevoir, mais leur pénétration à l'intérieur est manifeste, quand on colore avec
du carmin l'eau dans laquelle sont plongés
ces animalcules. La reproduction chez eux
se fait par scissiparité.

Ces Infusoires sont très communs et se
divisent en différents genres : *Monas,
Bodo*, etc. Il y en a qui vivent en parasites
sur le corps de l'homme, *Cercomonas uri-
narius; C. intestinalis; Trichomonas va-
ginalis*.

Fig. 100.

Fig. 101.

Fig. 100. — *Monas elongata*.   Fig. 101. — *Bodo viridis*.

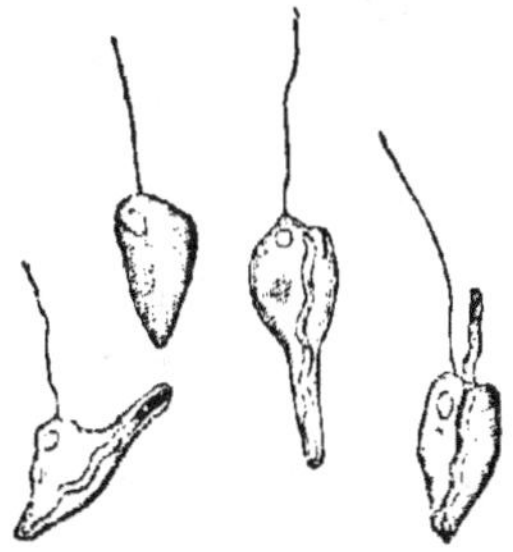

VOLVOCIENS.—Ceux-ci vivent en colonies et forment par leur réunion
des masses gélatineuses sphéroïdales. Ils sont munis d'un double
flagellum. Ils se multiplient par division, chaque individu pouvant
ainsi donner naissance à une colonie nouvelle; on a aussi observé
chez eux une reproduction sexuelle. Les uns mâles produisent en
se segmentant des corpuscules séminaux en forme de bâtonnets;
d'autres représentent l'élément femelle et sont fécondés par les
premiers qui se fusionnent avec eux. Ils s'entourent alors d'une
membrane, et donnent ensuite naissance par division à des Volvoces
agames.

Parmi les Volvociens nous citerons les genres *Volvox* (fig. 102),
Gonium, etc.

DINOBRYENS. — Soudés les uns aux autres par leurs téguments, ils forment des colonies ramifiées, comme le montre la figure 103 qui représente le *Dinobryon sertularia*.

 EUGLÉNIENS. — Les Eugléniens vivent isolés et ne forment pas

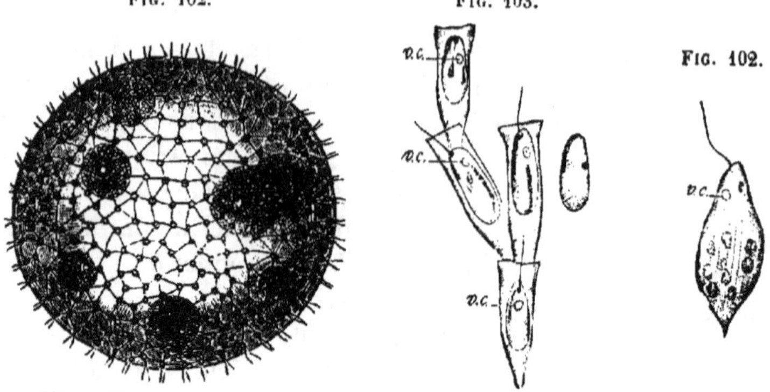

FIG. 102.

FIG. 103.

FIG. 104.

FIG. 102. — *Volvox globator*.
FIG. 103. — *Dinobryon sertulari t*.
FIG. 104. — *Euglena viridis* (Ehr.). — *vc*, vésicule contractile (Ch. Robin).

de colonies comme les Volvoces et les Dinobryens. Ils se font remarquer par la contractilité de leurs corps. Ils présentent des phénomènes de reproduction analogues à ceux qu'on observe chez les Volvoces, G. *Euglena* (fig. 104), *Phacus*, *Astasia*, etc.).

ORDRE II. — CILIO-FLAGELLÉS

Les Cilio-flagellés possèdent, indépendamment d'un ou de plusieurs flagellum, une rangée de cils vibratiles, portés sur le bord antérieur d'un sillon tracé sur le corps de tous ces Infusoires, à l'exception des *Prorocentrum*. Quand ils sont adultes, ils sont munis d'une cuirasse, armée parfois de prolongements en forme de corne (*Ceratium*) (fig. 105), et divisée par le sillon transversal en deux moitiés qui sont souvent très inégales. Les formes nues ne représentent pas des espèces distinctes, mais correspondent à certaines phases de développement. On n'a constaté chez aucun Infusoire

FIG. 105. — *Ceratium cornutum* (Claparède et Lachmann, pl. XX).

de cet ordre la présence de vésicules contractiles, mais on leur reconnaît un nucléus. La multiplication se fait par division, et souvent elle est précédée de l'enkystement de l'animal.

Les Cilio-flagellés ne forment qu'une seule famille, celle des PÉRIDINIENS. Les principaux genres qui la composent sont les *Ceratium* (fig. 105); *Peridinium; Dinophysis; Prorocentrum*.

ORDRE III. — SUCEURS

Les Infusoires de cet ordre n'ont pas de cils à l'état adulte, mais ils sont munis de suçoirs nombreux et rétractiles à l'aide desquels ils se nourrissent. Ces suçoirs sont quelquefois ramifiés (*Dendrocometes*). Ces animaux sont réunis dans une seule famille, celle des

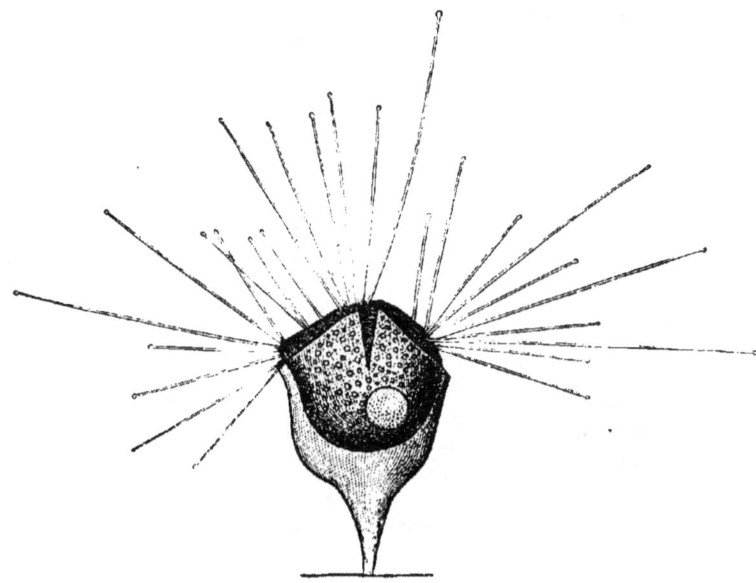

FIG. 106. — *Acineta mystacina.*

ACINÉTIENS. Ils sont tous fixés, à l'exception des *Sphœrophrya* qui sont libres.

Certains d'entre eux sont plus ou moins longuement pédonculés (*Podophrya, Acineta*) (fig. 106). Les uns possèdent une coque, les autres en sont dépourvus (*Podophrya*) (fig. 96). Les *Denarosoma* sont caractérisés par la formation de colonies ramifiées.

ORDRE IV. — CILIÉS

Les Infusoires ciliés, c'est-à-dire munis de cils à l'état adulte, se distribuent en un certain nombre de familles, mais leur classification présente encore bien des incertitudes. Nous donnons ici celle de Claparède et Lachmann résumée dans le tableau suivant :

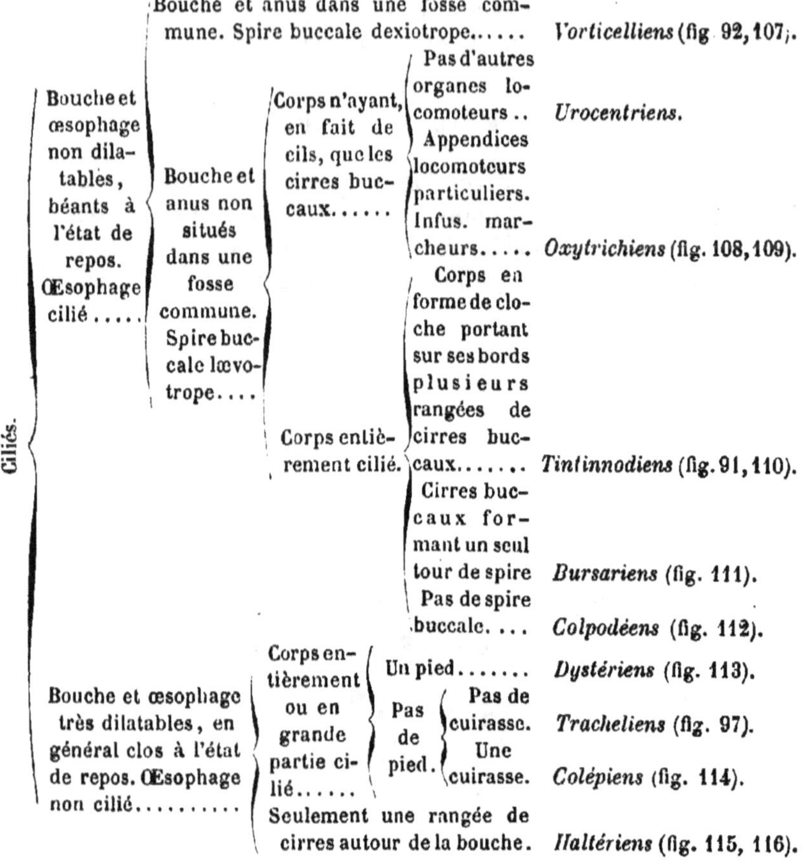

Ciliés.

Bouche et œsophage non dilatables, béants à l'état de repos. Œsophage cilié .....

  Bouche et anus dans une fosse commune. Spire buccale dexiotrope...... *Vorticelliens* (fig. 92,107).

  Bouche et anus non situés dans une fosse commune. Spire buccale lœvotrope....

    Corps n'ayant, en fait de cils, que les cirres buccaux......

      Pas d'autres organes locomoteurs .. *Urocentriens.*

      Appendices locomoteurs particuliers. Infus. marcheurs..... *Oxytrichiens* (fig. 108,109).

    Corps entièrement cilié.

      Corps en forme de cloche portant sur ses bords plusieurs rangées de cirres buccaux....... *Tintinnodiens* (fig. 91,110).

      Cirres buccaux formant un seul tour de spire *Bursariens* (fig. 111).

      Pas de spire buccale. ... *Colpodéens* (fig. 112).

Bouche et œsophage très dilatables, en général clos à l'état de repos. Œsophage non cilié.........

  Corps entièrement ou en grande partie cilié......

    Un pied....... *Dystériens* (fig. 113).

    Pas de pied.

      Pas de cuirasse. *Tracheliens* (fig. 97).

      Une cuirasse. *Colépiens* (fig. 114).

  Seulement une rangée de cirres autour de la bouche. *Haltériens* (fig. 115, 116).

Dans ce tableau ne figurent pas les Opalines que certains auteurs ont regardées comme des larves d'Helminthe (Max Schultze), mais qui paraissent bien être des Infusoires ciliés, parasites et dépourvus de bouche. L'*Opalina lineata* M. Sch. (fig. 117) se trouve dans les Naïs et les Grenouilles; l'*O. recurva* Cl. et L. dans les Planaires, etc.

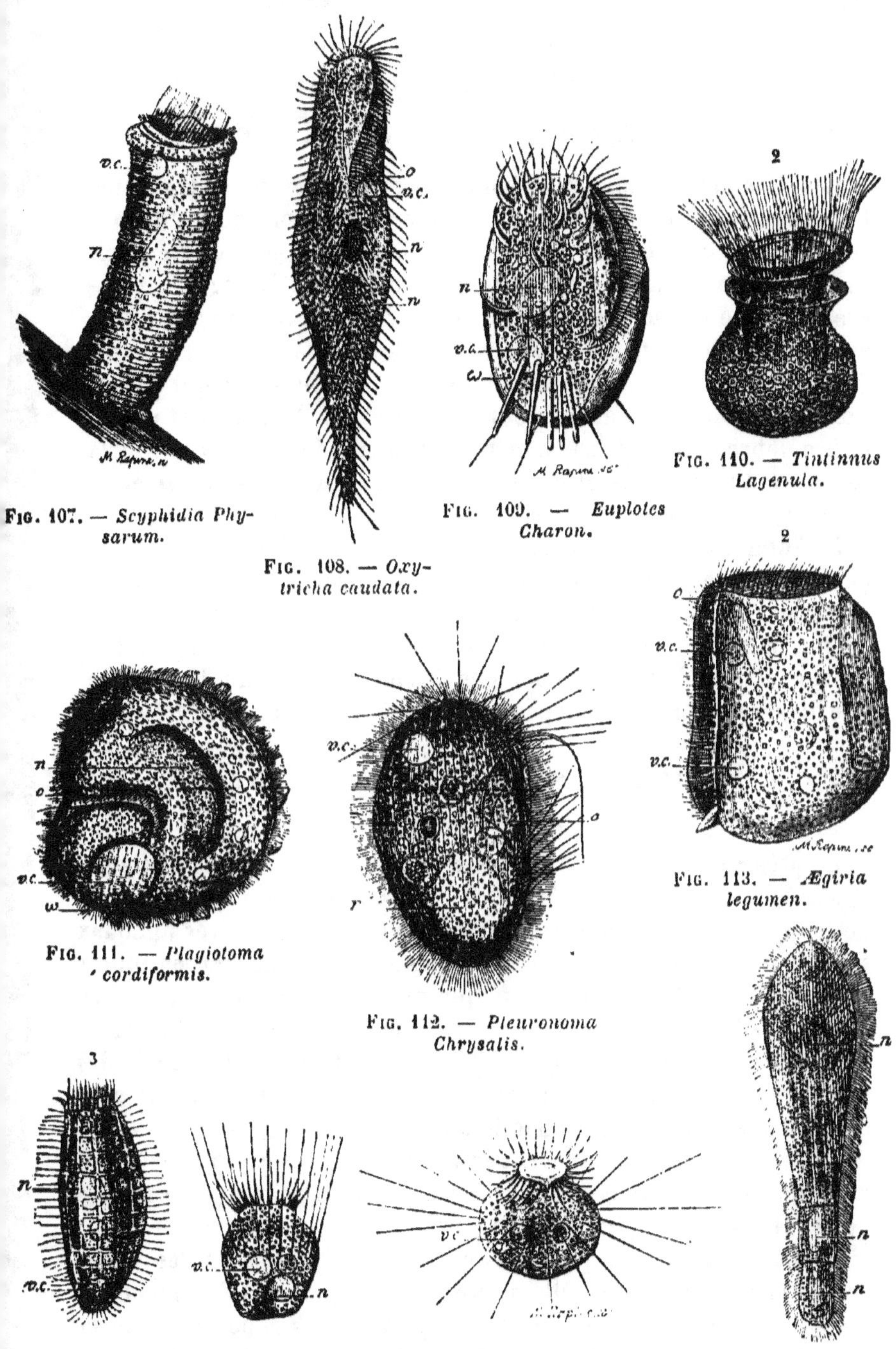

FIG. 107. — *Scyphidia Phy-sarum.*

FIG. 108. — *Oxy-tricha caudata.*

FIG. 109. — *Euplotes Charon.*

FIG. 110. — *Tintinnus Lagenula.*

FIG. 111. — *Plagiotoma cordiformis.*

FIG. 112. — *Pleuronoma Chrysalis.*

FIG. 113. — *Ægiria legumen.*

FIG. 114. — *Coleps uncinatus.*

FIG. 115. — *Halteria grandinella.*

FIG. 116. — *Halteria grandinella.* à l'état de repos.

FIG. 117. — *Opalina lineata.*

n, nucléus; *o*, bouche; *vc*, vésicule contractile; *w*, anus; *o'*, entrée du vestibule.

DEUXIÈME EMBRANCHEMENT
ZOOPHYTES OU RADIAIRES

Les Zoophytes (animaux-plantes) sont plus justement nommés Radiaires ou Rayonnés, à cause du genre de symétrie qu'ils présentent. Le corps de ces animaux, quoique d'une grande simplicité de structure, est formé de parties cellulaires différenciées, et est creusé d'une cavité pour la digestion des aliments. Le système nerveux, quand il existe, est toujours peu développé.

Les Rayonnés comprennent deux grandes divisions qui constituent deux sous-embranchements, regardés par Leuckart et un certain nombre de naturalistes, comme formant deux *types* distincts; ce sont les Cœlentérés et les Échinodermes, qu'on peut caractériser de la façon suivante :

I. Animaux à corps mou, creusé d'une cavité digestive, servant à l'élaboration et à la circulation du fluide nourricier (cavité gastro-vasculaire), pourvue d'un seul orifice : *Cœlentérés*.

II. Animaux à enveloppe tégumentaire dure (dermo-squelette), souvent munie de piquants mobiles ; système vasculaire distinct ; cavité digestive généralement pourvue de deux orifices : *Échinodermes*.

PREMIER SOUS-EMBRANCHEMENT
CŒLENTÉRÉS

La présence d'organes et de tissus composés de cellules distingue essentiellement les Cœlentérés des Protozoaires, chez qui l'absence de toute différenciation est caractéristique. Le corps de ces animaux se compose de parties similaires, disposées comme des rayons autour d'un axe central, et se répétant quatre ou six fois, ou suivant un multiple d'un de ces nombres. Des modifications dans la forme extérieure peuvent résulter, soit du développement inégal des rayons, soit de l'allongement variable de l'axe, et constituent parfois des passages à la symétrie binaire.

L'ouverture qui conduit dans la cavité digestive est située à l'un des pôles de l'axe longitudinal; cette cavité est tantôt une simple poche et tantôt se complique par l'adjonction de canaux périphériques qui portent le liquide nourricier ou chyme dans les différentes parties du corps; elle remplit donc à la fois les fonctions d'appareil digestif et d'appareil circulatoire : c'est pourquoi on la désigne sous le nom de *cavité gastro-vasculaire*. Milne Edwards appelle *irrigation gastrique* ce mode de distribution des éléments nutritifs dans l'organisme.

A une certaine phase de développement, le corps des Cœlentérés est simplement constitué par deux couches de cellules qui forment sa paroi et limitent une cavité intérieure (*gastrula*). Cette cavité est tapissée par la couche placée en dedans ou endoderme, laquelle se continue autour de l'orifice buccal avec la couche externe ou ectoderme. De celle-ci dérivent, par différenciation, des parties fort diverses, telles que tissu musculaire, tissu gélatineux formant le disque des Méduses, pièces solides constituant des appareils de soutien, etc., mais l'enveloppe tégumentaire reste constituée par un simple revêtement de cellules épithéliales, pourvues parfois de cils vibratiles. Certaines de ces cellules se développent en organes particuliers dont l'existence est générale chez les Cœlentérés ; ce sont les organes urticants, ou *nématocystes* (fig. 118). Ils consistent en petites capsules contenant un liquide clair et un filament plus ou moins long, roulé en spirale. Ce filament est creux, en forme de tube grêle et, au moindre contact, se projette au dehors en se retournant comme un doigt de gant. La sensation de brûlure provoquée sur la peau par ces petits organes paraît due à l'action caustique du liquide que renferme la capsule. Les nématocystes se trouvent en grande quantité sur certaines parties du corps, comme les tentacules, les fils pêcheurs des Méduses.

On trouve chez les Cœlentérés des organes de soutien variés de forme et différents d'origine. Tantôt ce sont des produits de sécrétion des cellules tégumentaires, comme les étuis chitineux ou cornés des Polypes hydraires, tantôt ce sont des produits de différenciation des tissus eux-mêmes, formés de substance gélatineuse, cartilagineuse ou cornée, comme le disque des Méduses, l'axe corné des Gorgones, tantôt

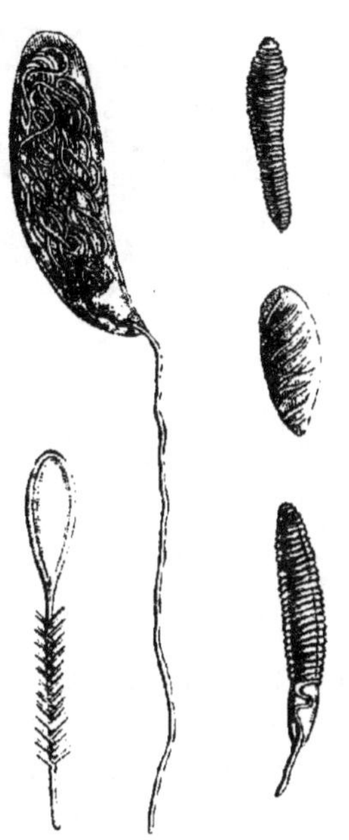

FIG. 118. — *Nématocystes* (d'après J. Haime).

enfin ce sont des dépôts calcaires donnant lieu aux formations squelettiques pierreuses (polypiers) si communes chez les Coralliaires.

Les Cœlentérés renferment un grand nombre de formes fixées, mais qui toujours sont mobiles pendant certaines phases de leur existence. Dans le jeune âge, la locomotion s'effectue au moyen de cils vibratiles qui couvrent la surface du corps chez toutes les larves. Ces cils, alors même qu'ils se conservent par places sur l'animal développé, perdent leur signification d'organes locomoteurs ; cependant, chez les Cténophores, ils se transforment en lamelles natatoires disposées en séries longitudinales sur les côtés que présente le corps de ces animaux. Souvent il existe des parties musculaires qui servent à la locomotion ; ainsi l'ombrelle des Méduses est munie à sa face inférieure d'une couche de fibres contractiles (sous-ombrelle) qui, par des mouvements alternatifs de diastole et de systole provoquant l'entrée d'une certaine quantité d'eau dans l'intérieur du corps et la chassant ensuite brusquement, amène ainsi la progression de l'animal. Chez les Actinies, les contractions du disque musculeux par lequel ces Zoophytes adhèrent aux rochers produisent un mouvement de reptation qui leur permet de se déplacer.

Les Méduses et les Cténophores sont les seuls Cœlentérés où l'on ait trouvé jusqu'ici un système nerveux. Chez les Méduses, il est constitué par un cordon qui suit le bord de l'ombrelle et présente de distance en distance des renflements ganglionnaires en connexion avec les *corpuscules marginaux*, qu'on s'accorde à regarder comme des organes des sens. Chez les Cténophores, Milne Edwards a signalé au pôle dorsal un ganglion simple, et, en

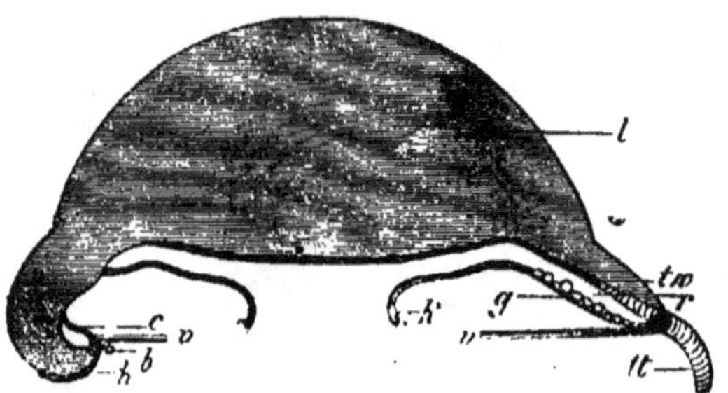

Fig. 119. — Coupe verticale à travers le disque d'une Méduse (*Cunina rhododactyla*) suivant un plan radial à droite, interradial à gauche. — *l*, disque gélatineux muni à sa face inférieure d'une couche musculaire (sous-ombrelle) ; *h*, son repli marginal ; *v*, volum ; *k*, cavité gastrovasculaire ; *r*, canal rayonnant ; *g*, produits sexuels ; *c*, canal annulaire ; *b*, corpuscules marginaux ; *tt*, un des tentacules ; *tw*, sa racine (Gegenbaur).

outre, le long de chacune des côtes ciliées, un filament formant chaîne avec une série de petits corps gangliformes.

Les *corpuscules marginaux* (fig. 119, *b*), dont la signification spéciale comme organes des sens est encore incertaine, se présentent sous deux formes : tantôt ce sont des vésicules renfermant des concrétions solides et considérées comme vésicules auditives, tantôt ce sont de simples amas de pigment auxquels s'ajoute parfois un corps réfringent, et regardés comme des organes visuels, d'où les noms de *taches oculaires*, *points oculiformes* par lesquels on les désigne. La sensibilité tactile semble s'exercer par toute la surface du corps, mais plus particulièrement par les tentacules circumbuccaux, et par les appendices qui, chez les Méduses, garnissent les bords du disque (*cils marginaux*).

Les Cœlentérés présentent les deux modes de reproduction sexuelle et asexuelle. La reproduction asexuelle, par scission ou par bourgeonnement, est très commune, et quand les nouveaux individus qui prennent ainsi naissance restent unis à l'individu souche, il en résulte la formation de *colonies animales,* telles qu'on les observe chez un grand nombre de Polypes. Dans les cas de reproduction sexuée, les sexes sont tantôt réunis et tantôt séparés. Les zoospermes ou les œufs sont produits dans certains points des parois de la cavité gastro-vasculaire, mais le plus souvent ces parties qui fonctionnent comme organes générateurs, ne sont pas différenciées anatomiquement des tissus environnants. Les produits sexuels s'échappent par déhiscence des cellules où ils se sont formés, et tombent soit directement au dehors, soit dans la cavité gastro-vasculaire, d'où ils sont ensuite expulsés par la bouche.

On observe communément, chez les Cœlentérés, les phénomènes de reproduction, connus sous le nom de *génération alternante,* et exposés dans la première partie.

De l'œuf sort une larve ciliée (*Planula*) qui se fixe et qui, sous cette forme polypoïde, se reproduit par bourgeonnement; puis, à cette génération agame, succède une génération d'individus sexués, semblables à ceux dont la larve était primitivement issue.

Dans les colonies polymorphes de Siphonophores, les individus produits agamogénétiquement se rangent, suivant leur forme et suivant leur fonction, en un certain nombre de catégories différentes, et chacun d'eux, par suite de cette division du travail, joue vis-à-vis de la communauté le rôle d'organe, tandis que cette communauté, dans son ensemble, présente le caractère d'un individu physiologique.

A quelques exceptions près, comme les Éponges d'eau douce, l'Hydre d'eau douce, les Cœlentérés sont des animaux marins. On les divise en quatre classes, de la façon suivante :

<table>
<tr><td rowspan="4">Corps pourvu d'une cavité gastro-vas-culaire s'ouvrant par un seul orifice.</td><td>Cavité gastro-vasculaire divisée en deux parties par un étranglement contractile. Des côtes frangées à la surface du corps.</td><td>*Cténophores.*</td></tr>
<tr><td>Cavité gastro-vasculaire simple. Génération polypoïde agame, et génération médusoïde sexuée . . . .</td><td>*Polypoméduses.*</td></tr>
<tr><td>Cavité gastro-vasculaire divisée en loges par des replis mésentéroïdes. Pas de génération médusoïde sexuée . . . . .</td><td>*Coralliaires.*</td></tr>
</table>

Corps formé par une masse celluleuse, creusée de canaux s'ou-vrant au dehors par divers orifices (pores et oscules). . . . . *Spongiaires.*

1re CLASSE. — SPONGIAIRES

La place qu'il convient d'assigner aux Éponges dans la classification a été, jusqu'ici, fort incertaine et, fort longtemps même, on a douté si ces singulières productions appartenaient au règne animal ou au règne végétal. Cependant on s'accordait à les ranger parmi les animaux les plus inférieurs, *Amorphozoaires* de de Blainville, *Sarcodaires* de Milne Edwards, lorsque Leuckart, se fondant sur l'affinité qu'ils présentent avec les Polypes, proposa de les rapprocher des Cœlentérés, et cette manière de voir a été confirmée depuis par les travaux nombreux dont ils ont été l'objet.

La différenciation des parties ne se montre chez les Spongiaires qu'à un faible degré ; leur corps est généralement formé par une masse parenchymateuse de cellules amiboïdes, et creusé à l'intérieur d'un système de canaux plus ou moins compliqué. On y trouve, sauf dans quelques cas exceptionnels (*Halisarca*), une charpente

FIG. 120.   FIG. 121.

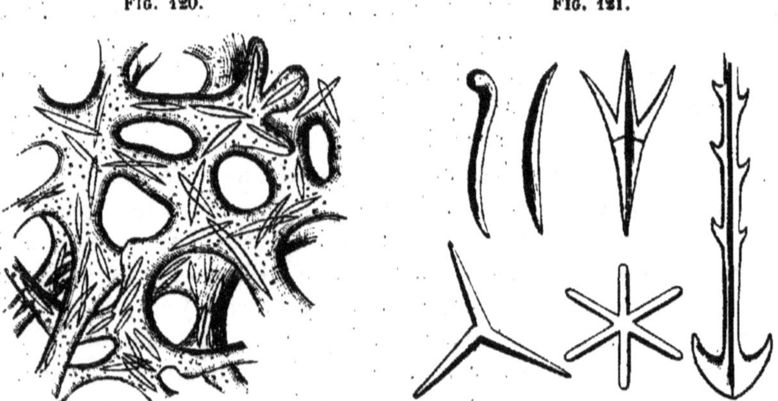

FIG. 120. — Parenchyme d'une éponge contenant des spicules.
FIG. 121. — Spicules d'éponge.

solide, constituée soit par une substance organique cornée, soit par des corpuscules minéraux, spicules siliceux ou calcaires (fig. 120).

Les filaments élastiques kératoïdes paraissent dériver de la matière sarcodique (O. Schmidt) et sont disposés en réseau. Les spicules, composés tantôt de silice, tantôt de carbonate de chaux, sont produits dans l'intérieur des cellules, et présentent des formes très variées (fig. 121), de même qu'une grande diversité dans leur mode d'arrangement. Dans certaines Éponges siliceuses, ils s'unissent les uns aux autres de manière à former une charpente d'une grande élégance et d'une remarquable délicatesse (*Euplectella aspergillum*, fig. 122). D'après la nature des matériaux constitutifs de la charpente solide, on a divisé les Éponges en trois groupes : Éponges cornées, Éponges siliceuses, Éponges calcaires, mais souvent les spicules siliceux et les fibres cornées sont associés, de sorte que la

distinction qui re-
pose sur le carac-
tère siliceux ou
corné du squelette
n'est pas fondée.

La configura-
tion extérieure des
Éponges, comme
aussi la disposi-
tion des canaux
qui existent à l'in-
térieur, n'offrent
rien de fixe ni de
constant. Ces mo-
difications s'expli-
quent par le mode
de constitution et
de développement
de ces animaux.
A l'état jeune, en
effet, l'éponge con-
siste en une sim-
ple cavité limitée
par une paroi for-
mée de deux cou-
ches de cellules,
l'ectoderme et l'en-
doderme. On ap-
pelle *oscule* l'ou-
verture de cette
cavité; mais cette
forme primitive
ne persiste que
rarement. Des
pièces squeletti-
ques prennent
naissance dans
l'ectoderme, et à
travers la paroi
se développent de
petits canaux qui

FIG. 122. — Éponge siliceuse (*Euplectella aspergillum*).

mettent la cavité interne en rapport avec l'extérieur; on donne
le nom de *pores* à leurs orifices. Ce système de canaux, très

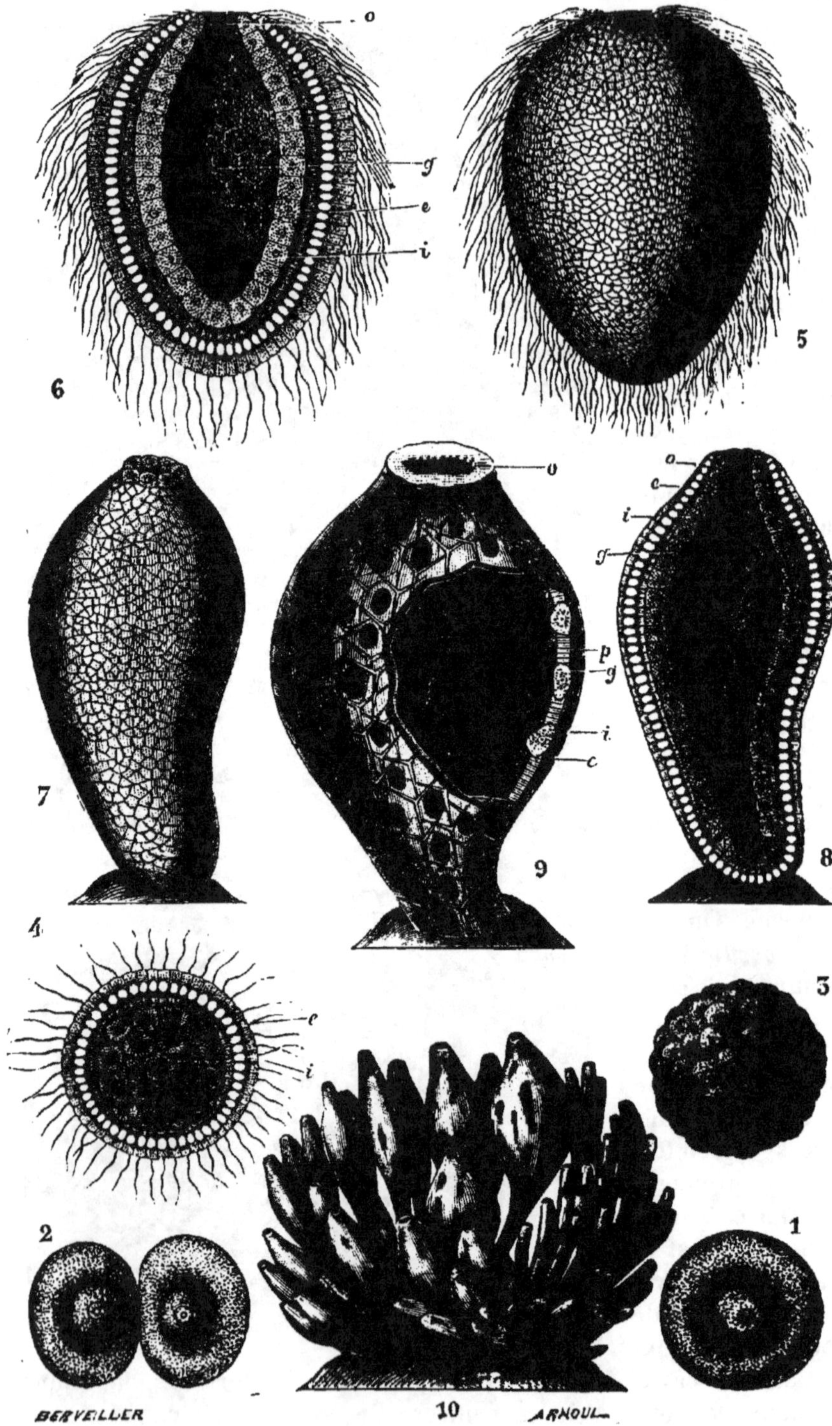

Fig. 123. — Développement de l'Olynthus (Éponge calcaire) d'après Haeckel *.

variable dans ses dispositions, se complique encore dans les Éponges polyzoïques, c'est-à-dire constituées par l'association de plusieurs individus. Dans ce cas, les canaux de chacune des Éponges dont se compose la colonie, s'unissent entre eux pour former un système général commun ; en outre, les interstices qui séparent les individus primitifs peuvent donner naissance à de nouveaux espaces lacunaires. Parfois, le nombre des oscules que présente la colonie correspond au nombre d'Éponges simples dont elle est formée, mais, le plus souvent, il est réduit par atrophie ou par soudure de certains d'entre eux.

Les canaux dont nous venons de parler représentent l'appareil de nutrition des Éponges ; l'eau tenant en suspension des matières alimentaires, y pénètre par les pores qui servent d'orifices d'entrée ; elle y est mise en mouvement par les cils vibratiles dont leurs parois sont garnies, puis elle est rejetée au dehors par les oscules. C'est aussi dans ces canaux que s'effectuent les phénomènes respiratoires, favorisés par le renouvellement continuel du liquide dans leur intérieur.

Les Spongiaires se multiplient par voie asexuelle au moyen de germes ou *gemmules*, et par voie sexuelle au moyen d'ovules développés sur les parois des canaux aquifères ; les spermatozoïdes ont été observés par Lieberkühn sur les Éponges d'eau douce. Les ovules subissent une segmentation totale, et se transforment ensuite en larves ciliées qui, après avoir nagé quelque temps en liberté, se fixent et produisent une nouvelle Éponge (fig. 123).

A l'exception des Spongilles, qui sont particulières aux eaux douces, toutes les Éponges habitent les eaux marines. Les couches géologiques renferment un grand nombre d'espèces fossiles ; elles apparaissent dans les terrains les plus anciens, dans le silurien, et atteignent leur maximum de développement dans les terrains crétacés.

Les particularités que présentent dans leur structure les diverses formes de Spongiaires ont trop peu de fixité pour qu'il soit facile d'établir une classification naturelle de ces animaux. Nous avons vu

* Fig. 1, œuf de l'Olynthus. — De cet œuf, par segmentation réitérée (fig. 2), provient une *Morula* (fig. 3). Les cellules se différencient en cellules externes, brillantes et ciliées (*ectoderme*) et d'autre part en cellules sombres non ciliées (*endoderme*); d'où résulte la larve ciliée, appelée *Planula* (fig. 4). Celle-ci prend une forme ovulaire et se creuse d'une cavité. *cavité digestive* (fig. 6, *g*), munie d'un orifice buccal (fig. 6, *o*). La paroi de cette cavité, est formée par deux feuillets cellulaires, l'ectoderme cilié et l'endoderme non cilié ; cette forme larvaire est une *Gastrula* (fig. 5, vue extérieure de la Gastrula ; fig. 6, section longitudinale). Cette Gastrula se fixe, perd ses cils vibratiles externes et se transforme en *Ascula* (fig. 7, Ascula vue extérieurement ; fig. 8, coupe longitudinale). Celle-ci, par la formation de pores à travers sa paroi (*c*, *p*,), par le développement d'aiguilles calcaires, devient un *Olynthus* (fig. 9). De cette forme simple dérivent des formes diverses dont l'une (*Ascometra*) est représentée figure 10.

que la distinction des Éponges cornées et des Éponges siliceuses ne pouvait être maintenue ; cependant, les caractères tirés du squelette sont ceux qui ont le plus de constance ; aussi base-t-on sur eux la division de cette classe en groupes secondaires. Tantôt le squelette fait complètement défaut ; tantôt il est constitué soit par des fibres cornées, soit par des spicules siliceux ou par ces deux éléments associés ensemble ; tantôt enfin il est formé par des spicules calcaires ; de là les trois ordres suivants :

ORDRE I. — ÉPONGES GÉLATINEUSES

Leur corps, dépourvu de squelette, est uniquement composé d'une masse parenchymateuse. Elles forment une seule famille représentée par le G. *Halisarca* de Dujardin.

ORDRE II. — ÉPONGES FIBREUSES

Elles comprennent un certain nombre de familles parmi lesquelles nous citerons les *Spongidés*, dont le squelette consiste en un réseau de fibres élastiques, sans spicules, et qui fournissent les éponges employées à des usages domestiques et médicaux.

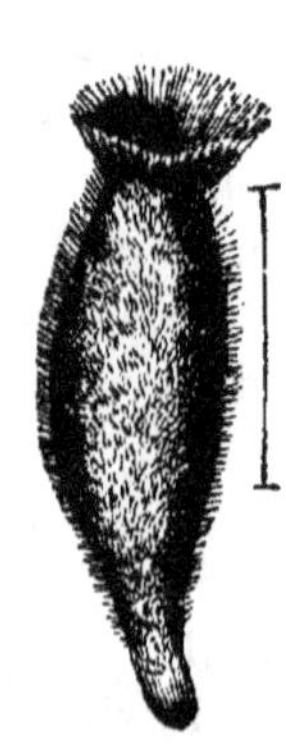

FIG. 124. — *Sycandra ciliata* (Éponge calcaire).

ORDRE III. — ÉPONGES CALCAIRES

Elles sont caractérisées par la présence de spicules composés de carbonate de chaux, souvent en forme d'étoiles à trois ou quatre rayons. On les divise en familles d'après la disposition des canaux qui sont tantôt simples, tantôt ramifiés, tantôt simples et rayonnant de la cavité centrale à la surface externe où ils forment des saillies coniques (*Syconides*, fig. 124), etc.

2ᵉ CLASSE. — CORALLIAIRES OU POLYPOZOAIRES

On réunissait autrefois sous le nom de Polypes tous les animaux fixés, vivant au sein des eaux, dont la cavité digestive est munie d'une seule ouverture et entourée d'une couronne de tentacules, mais on a reconnu que certains d'entre eux devaient en être séparés à cause de leur organisation qui se rapproche de celle des Mollusques (Bryozoaires), et que d'autres correspondent à un stade de développement de formes bien différentes qui flottent librement dans l'eau, et qu'on appelle des Méduses, formes appartenant à une classe voisine, celle des Acalèphes de Cuvier. Force a donc été de séparer ces prétendus polypes des Polypes vrais qui constituent la classe dont nous devons maintenant nous occuper. A cette classe, ainsi restreinte dans ses limites, on peut donner le nom de *Coralliaires* employé par Milne Edwards, ou le nom de *Polypozoaires* préférable à celui d'Anthozoaires qui a été proposé, mais qui a le défaut d'être semblable, par sa prononciation, au mot Entozoaires dont le sens est tout autre.

Les Polypozoaires se distinguent des formes polypoïdes qui produisent des Méduses, par une organisation plus compliquée de leur cavité digestive. Celle-ci, en effet, n'est pas simple, mais présente des loges formées par des cloisons membraneuses ou replis mésentéroïdes disposés radiairement autour d'un estomac central ; ces loges se prolongent dans des tentacules et se continuent avec un système de canaux périphériques, mais elles ne sont pas fermées et s'ouvrent par en bas dans une cavité commune, où débouche également le tube gastrique (fig. 125, B, *j* ; B″). Celui-ci est muni, à son extrémité inférieure, d'un muscle sphincter (B, *i*) de telle sorte que les matières alimentaires y sont retenues plus ou moins longtemps pour y être digérées, avant de passer dans les loges périgastriques et les canaux qui les suivent. Ainsi le système gastro-vasculaire tend à se diviser en une portion stomacale et une portion irrigatoire.

Les parois du corps sont formées par l'endoderme, par l'ectoderme et par un tissu de substance conjonctive, le mésoderme, intermédiaire aux deux autres et dérivé de l'ectoderme. Les cellules de la couche interne limitant la cavité gastro-vasculaire sont grandes et ciliées ; celles de la couche externe sont plus petites et dépourvues de cils ; on y trouve de nombreux nématocystes. Le mésoderme contient des fibres musculaires qui prennent parfois un développement considérable, dans le pied des Actinies, par exemple ; il est ordinairement le siège de dépôts solides donnant naissance aux formations squelettiques qu'on appelle *polypiers*.

En général, ces animaux ne restent pas isolés, mais forment des colonies qui résultent de la multiplication, par scissiparité ou par bourgeonnement (blastogénèse), d'un Polype simple issu d'un œuf (*Oozoïte*, Lac.-Duth.). Les individus ainsi produits restent unis par un tissu général commun appelé *cœnenchyme* ou *sarcosome* (fig. 125, A, A). L'agrégation qu'ils constituent est désignée par Lacaze-Duthiers sous le nom de *zoanthodème*. Les différents Polypes qui la composent sont en communication les uns avec les autres au moyen

de canaux qui parcourent le cœnenchyme, et dans lesquels circule le
fluide nourricier (fig. 125, *h, f*), de sorte qu'à côté de la vie propre à
chaque habitant de la colonie, il existe une vie commune à la colonie
tout entière. Les formations squelettiques ou polypiers, qui ont

Fig. 125. — Coupe d'une portion de tige de Corail, d'après Lacaze-Duthiers. — Portion d'une
tige dont l'écorce a été fendue suivant la longueur et en partie enlevée. — B, B', B'', Polypes
ouverts et vus dans des positions différentes. — B, Polype dont les tentacules (*d*) sont épanouis : *k*, bouche ; *m*, œsophage ; *i*, bourrelet ou sphincter inférieur de l'œsophage ;
j, replis radiés ou mésentéroïdes. — B', Polype à tentacules (*d*) rentrés dans les loges périœso-
phagiennes ; *e*, espace circulaire autour de la bouche et œsophage ; *c*, orifice correspondant
aux tentacules retournés ; *b*, partie du corps formant le tube saillant lorsque l'animal est
épanoui ; *a*, festons du calice. — B'', Polype coupé profondément et montrant les huit
cloisons rayonnantes ou replis radiés libres vers le milieu de la cavité. — A, A, sarcosome
avec ses vaisseaux en réseaux irréguliers (*h*) ; en réseaux à tubes longitudinaux (*f*). —
P, polypier : *g*, ses cannelures, dans lesquelles se logent les vaisseaux longitudinaux (*f*)
(d'après Lacaze-Duthiers, *Histoire du Corail*, pl. IV, Paris, 1864).

tant d'importance chez la plupart des Coralliaires, sont le plus souvent constituées par des corpuscules calcaires nommés *sclérites* ou

spicules (fig. 126) qui se déposent dans les parties molles sous-tégu-
mentaires. Le tissu qui renferme des sclérites a reçu de Milne Edwards le nom de *sclérenchyme*. Quand ces sclérites sont disséminés

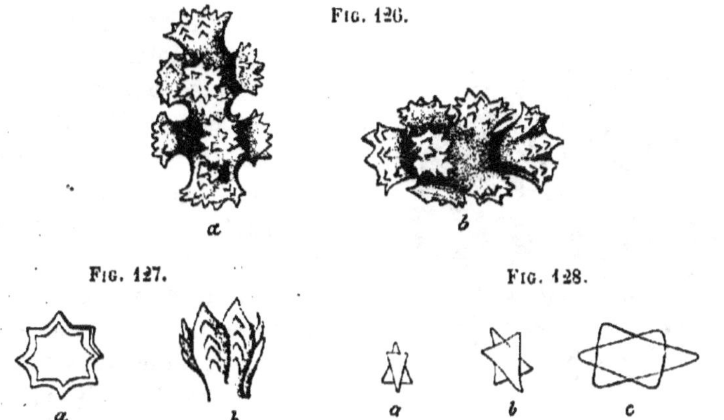

FIG. 126.

FIG. 127.   FIG. 128.

FIG. 126. — Spicules du Corail (1/500), d'après Lacaze-Duthiers. — *a*, le même que *b*, vu un
peu de côté.
FIG. 127. — Nodosités spinuleuses terminales des spicules. — *a*, de face ; *b*, de profil.
FIG. 128. — Spicules (*a*, *b*, *c*) en voie de développement.

dans le tissu, ils lui donnent une consistance coriace, granuleuse
(Alcyoniens), mais quand ils sont en grand nombre et soudés, agglutinés entre eux, ils lui communiquent une dureté pierreuse.

La formation des polypiers s'effectue suivant deux modes différents. Dans certains cas, le dépôt calcaire se fait dans les couches
extérieures du parenchyme et, de là, s'étend vers le centre en se
propageant dans les cloisons rayonnantes de la cavité gastro-vasculaire (Madréporaires). La partie qui se forme d'abord est la portion pariétale ou *muraille* ; elle débute
à la face basilaire du

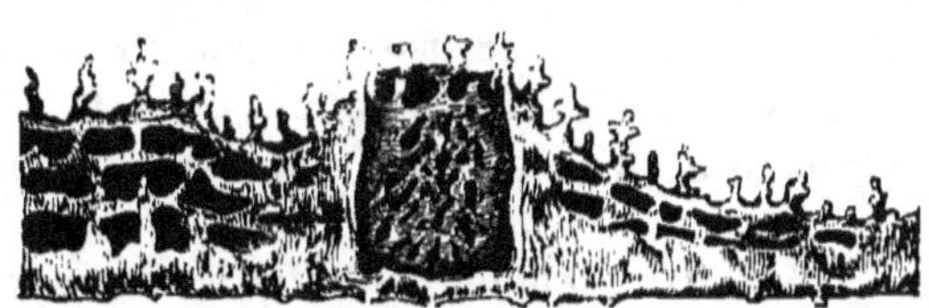

FIG. 129. — *Echinopora rosularia*.— Coupe verticale montrant un calice au milieu du Cœnenchyme (d'après Milne
Edwards.)

corps et se développe latéralement à mesure que l'animal grandit,
donnant ainsi naissance à une sorte de coupe ou de tube (*calice*)
(fig. 129). Souvent la surface externe de la muraille présente des saillies ou côtes qui correspondent aux cloisons. A l'intérieur, des dispositions variées résultent du développement de parties accessoires ;
souvent le centre est occupé par un axe vertical ou *columelle*, et
celle-ci est parfois entourée d'une couronne de prolongements analogues nommés *palis* (fig. 130). Les *synapticules* sont de petites barres

transversales s'étendant d'une cloison à l'autre. On donne le nom de *planchers* à des lames horizontales qui divisent le polypier en étages superposés; celui de *dissépiments* ou *traverses endothécales* à des lamelles qui naissent irrégulièrement sur les parois des loges, se soudent entre elles et forment une sorte de tissu aréolaire.

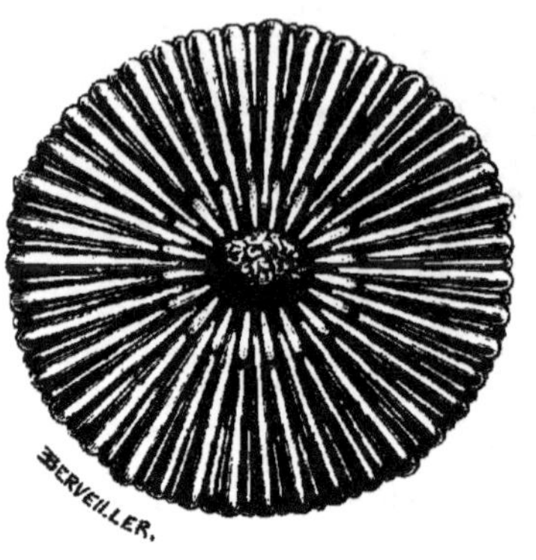

Fig. 130. — *Cyathina Cyathus.* — Calice vu d'en haut, montrant au centre la columelle, plus en dehors les palis et extérieurement les cloisons (d'après Milne Edwards, *Annales des sciences naturelles*, 3ᵉ série, t. IX).

Les *traverses exothécales* sont semblables aux précédentes, mais développées au dehors de la muraille entre les côtes. Enfin on appelle *épithèque* une lame extérieure continue qui parfois enveloppe ces diverses parties. De plus, il faut noter que le nombre des cloisons rayonnantes va s'augmentant avec l'âge du Polype; il est primitivement de 4 ou de 6, mais il est porté à 12, 24, et souvent plus par le développement de nouvelles cloisons dans les espaces interseptaux (fig. 130).

Dans un second mode de formation, les sclérites unis par une substance organique fondamentale, ou quelquefois par une matière calcaire intermédiaire jouant le rôle de ciment (Corail), constituent dans l'axe du corps le squelette auquel Milne Edwards a donné le nom de *sclérobase*. Quand la substance organique prédomine ou existe seule, le squelette est de nature cornée (Gorgones); parfois cette substance s'incruste de calcaire, mais sans qu'il y ait de spicules distincts (Gorgonella). Dans les Isis, le squelette axial se compose de segments lithoïdes alternant avec des segments cornés.

Indépendamment de la multiplication par scissiparité ou par gemmation, les Coralliaires se reproduisent par voie sexuelle. Les organes génitaux sont représentés par des cordons pelotonnés ou par des amas de capsules, souvent pédonculées (Corail), qui sont portés sur les bords ou les faces latérales des replis mésentéroïdes. Leurs produits tombent par déhiscence dans la cavité gastro-vasculaire et sont ensuite évacués par la bouche. Ordinairement les sexes sont séparés, cependant les formes unisexuées présentent parfois des cas d'hermaphrodisme, et celui-ci est de règle chez les Cérianthes. Tantôt les individus mâles et femelles sont réunis dans la même colonie, tantôt ils forment des colonies séparées. La fécondation a lieu dans l'intérieur de la cavité gastro-vasculaire; les jeunes naissent sous forme de larves ciliées qui se fixent après avoir nagé quelque temps en liberté (fig. 131).

Les Coralliaires habitent la mer et se trouvent en grande abondance dans les régions chaudes. Souvent leurs polypiers s'accumulent en masses considérables au point de constituer des récifs, nommés *récifs de corail*, dont le mode de développement nous est connu par la remarquable étude qu'en a faite Ch. Darwin (1). Il y a des îles, les îles madréporiques, qui n'ont pas d'autre origine. L'étendue des formations, qui résultent de l'amoncellement des polypiers, est parfois prodigieuse ; ainsi, sur la côte ouest de la Nouvelle-Calédonie se trouve une barrière de récifs madréporiques qui mesure 400 milles de longueur, c'est-à-dire plus de 600 kilomètres, et une barrière semblable le long de la côte nord-est de l'Australie atteint

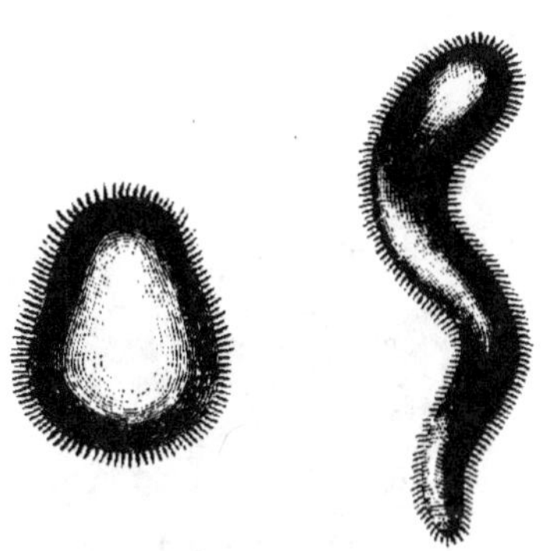

FIG. 131. — Larve de Corail (d'après Lacaze-Duthiers. (*Histoire du Corail*, pl. XIV.)

1100 milles de longueur environ, soit près de 1800 kilomètres. On comprend donc que les polypiers aient joué un rôle important dans la constitution de la croûte terrestre, et, en effet, c'est principalement par eux que sont formées certaines couches géologiques puissantes, comme le calcaire corallien du terrain jurassique, par exemple. Les formes appartenant à la période paléozoïque se distinguent des autres Madréporaires par leur appareil septal qui dérive de quatre éléments primitifs au lieu de six ; ils constituent le groupe des *Madréporaires rugueux* de Milne Edwards.

On divise les Coralliaires en deux ordres : les *Alcyonaires* et les *Zoanthaires*.

ORDRE I. — ALCYONAIRES

De Blainville avait donné aux Polypes de cet ordre le nom de *Cténocères* tiré du caractère que présentent leurs tentacules bipinnés et comme dentés en scie sur leurs bords. Ces tentacules sont au nombre de huit et forment un seul cycle autour de la bouche. Les replis mésentéroïdes sont également au nombre de huit et ne renferment jamais de cloison solide. Les polypiers varient dans leur constitution et celle-ci sert de base à la division des Alcyonaires en familles.

(1) Ch. Darwin, *Les récifs de corail*, trad. par Cosserat. Paris, 1878.

1° Les ALCYONIDÉS ont un polypier charnu formé uniquement de spicules disséminés dans les tissus (fig. 132).

2° Les PENNATULIDÉS (Polypiers flottants de Lamarck) sont remarquables en ce que leur polypier sclérobasique n'est pas fixé et s'enfonce simplement dans le sable ou la vase, par la portion basilaire de sa tige (fig. 133).

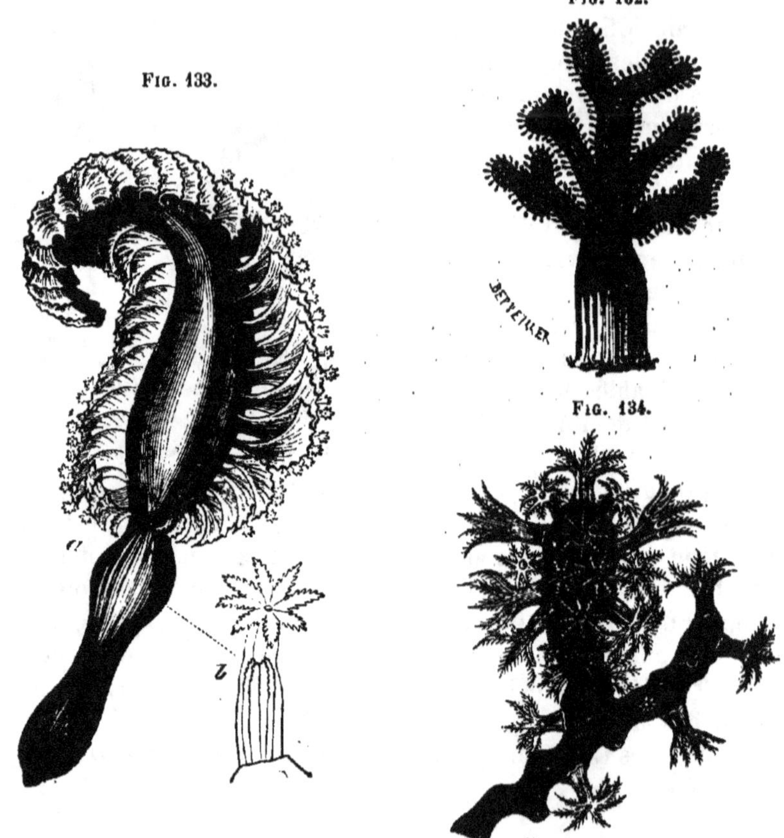

FIG. 132. — *Alcyonium aurantiacum* (Quoy et Gaimard).
FIG. 133. — *Pennatula*. — *a*, polypier; *b*, Polype ouvert.
FIG. 134. — Branche de Corail avec Polypes épanouis (d'après Lacaze-Duthiers, *Hist. du Corail*).

3° Les GORGONIDÉS ont leur polypier constitué par un axe soit calcaire soit corné, revêtu d'une partie corticale qui renferme des spicules épars comme le Corail (fig. 134).

4° Les TUBIPORES sont ainsi appelés à cause de leur polypier calcaire formé de tubes dont la disposition leur a valu le nom vulgaire d'Orgues de mer (*Tubipora musica*) (fig. 135).

C'est à la famille des Gorgonidés qu'appartient le Corail (*Corallium rubrum*) (fig. 134), connu de temps immémorial et recherché comme objet de parure, mais dont la véritable nature n'a été dévoilée que vers le milieu du dernier siècle, par les observations d'un naturaliste français, Peyssonnel, qui avait été envoyé en mission scientifique sur les côtes de Barbarie. Rien de plus intéressant que de parcourir l'histoire des différentes opinions qui, depuis l'antiquité, ont été émises sur cette singulière production, tour à tour rangée dans chacun des trois règnes de la Nature. L'idée que c'était une

Fig. 135. — *Tubipora musica*.

plante marine parut triompher quand Marsigli annonça, au commencement du dix-huitième siècle, qu'il avait observé les fleurs du Corail ; aussi la découverte de Peyssonnel fut-elle accueillie d'abord avec la plus entière incrédulité. Cependant ceux-là mêmes qui l'avaient repoussée durent plus tard l'admettre et rendre justice à son auteur. Depuis, les recherches des naturalistes, de Milne Edwards en particulier, ont confirmé les assertions de Peyssonnel, et, en dernier lieu, l'histoire naturelle du Corail a été complétée par Lacaze-Duthiers qui en a fait l'objet d'une remarquable monographie (1).

ORDRE II. — ZOANTHAIRES

Les Zoanthaires se distinguent des Alcyonaires par leurs tentacules qui ne sont jamais bipinnés, ni au nombre de huit. On en compte six chez les Antipathes, mais le plus souvent ils se multiplient avec l'âge et forment plusieurs cycles ou couronnes autour

(1) Lacaze-Duthiers, *Histoire nat. du Corail.* Paris, 1864.

de la bouche. Le nombre des replis mésentéroïdes s'accroît dans la même proportion, suivant un multiple de six ou de quatre. En général, ces animaux sont pourvus d'un polypier calcaire à structure rayonnée.

Milne Edwards a divisé les Zoanthaires en trois sous-ordres :

1° Les Zoanthaires malacodermés ou *Actiniaires*, à corps mou, sans squelette ;

2° Les Zoanthaires sclérobasiques ou *Antipathaires*, à squelette constitué par un axe corné ;

3° Les Zoanthaires sclérodermés ou *Madréporaires*, à polypier résultant de l'incrustation calcaire du cœnenchyme.

1. — Actiniaires.

Les Actiniaires se partagent en deux familles :

1° Les ACTINIDÉS, dont les tentacules des différents cycles alternent entre eux, et correspondent chacun à une loge périgastrique particulière.

Cette famille et le sous-ordre lui-même tirent leur nom du groupe des Actinies (fig. 136) qu'on appelle

Fig. 136.

Fig. 137.

FIG. 136. — *Actinia effoeta.*   FIG. 137. — *Cerianthus* (d'après J. Haime).

aussi Anémones de mer, à cause de leur ressemblance avec des fleurs, dont elles ont les couleurs brillantes et variées. Ces animaux adhèrent aux corps étrangers au moyen d'un disque pédieux charnu dont les contractions leur permettent de se déplacer, comme nous l'avons indiqué plus haut ; leurs tentacules sont simples et coniques. Ils se distribuent en un grand nombre de genres.

2° Les CÉRIANTHIDÉS, dont les tentacules sont disposés d'une ma-

FIG. 138. — *Antipathes arborea.*

nière opposée sur deux cercles concentriques et naissent ainsi au nombre de deux, un interne et un externe, sur chaque loge périgastrique (fig. 137). Ces animaux ne sont pas pourvus d'un pied charnu comme la plupart des Actinidés ; ils s'enfoncent, par leur extrémité inférieure, dans la vase ou le sable du fond de la mer ; leur corps est entouré d'une gaine flexible sécrétée par la peau.

2. — Antipathaires.

Les Antipathaires (fig. 138) sont caractérisés par un axe corné analogue à celui des Gorgones. Leur bouche est entourée d'une couronne de six tentacules simples ; chez les *Gerardia* (Lac.-Duth.) ces appendices sont au nombre de vingt-quatre.

3. — Madréporaires.

Ce sous-ordre, beaucoup plus vaste que les précédents, renferme les Zoanthaires ayant un polypier calcaire à structure rayonnée.

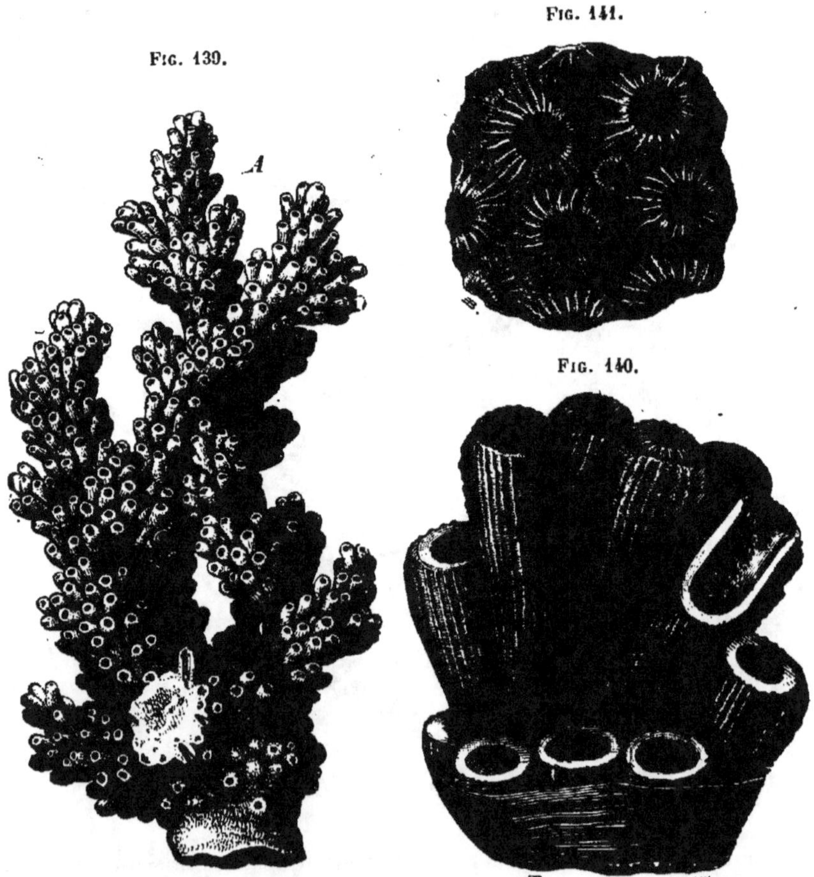

FIG. 139. — *Madrepora verrucosa.*
FIG. 140. — *Astræa cavernosa.* — Groupe de polypiérites dont plusieurs sont coupés horizontalement à peu de distance de la base et l'un d'eux coupé verticalement, d'après M. Edwards.
FIG. 141. — *Astræa cavernosa.* Calices.

Les formes actuelles appartenant à ce groupe se rangent en

deux sections : les Madréporaires perforés et les Madréporaires apores.

1° *Madréporaires perforés.* — Ils sont ainsi nommés parce que, chez eux, la muraille et le sclérenchyme sont traversés par des pores nombreux. Ils comprennent deux familles : les PORITIDÉS et les MADRÉPORIDÉS (fig. 139).

2° *Madréporaires apores.* — Ils se distinguent des précédents par une muraille et un sclérenchyme compacts. D'après les particularités de forme et de structure que présentent les polypiers, on les divise en plusieurs familles : FONGIDÉS, ASTRÉIDÉS, OCULINIDÉS, TURBINOLIDÉS (fig. 140 et 141).

Les Madréporaires renferment de nombreuses formes fossiles et apparaissent dans les terrains les plus anciens. Les espèces qui n'ont pas de représentants dans la faune actuelle constituent deux groupes particuliers : celui des *M. tubuleux*, dont le polypier est formé par une muraille, sans cloison ni columelle à l'intérieur, et celui des *M. rugueux*, dont l'appareil cloisonnaire, bien développé, appartient au type tétraméral.

Nous devons mentionner ici un petit groupe, celui des *Podactiniaires* ou *Lucernaires*, dont la position est intermédiaire entre les Coralliaires et les Polypoméduses. Leur corps est mou, en forme de cloche renversée, et se prolonge par son sommet en un pédoncule au moyen duquel l'animal est fixé. Au centre de la face concave se trouve la bouche ; les bords sont prolongés par des bras au nombre de huit, qui portent chacun un groupe de tentacules (fig. 142).

La cavité gastro-vasculaire est divisée par des cloisons périgastriques en quatre loges, qui correspondent chacune à deux bras et qui se continuent dans leur in-

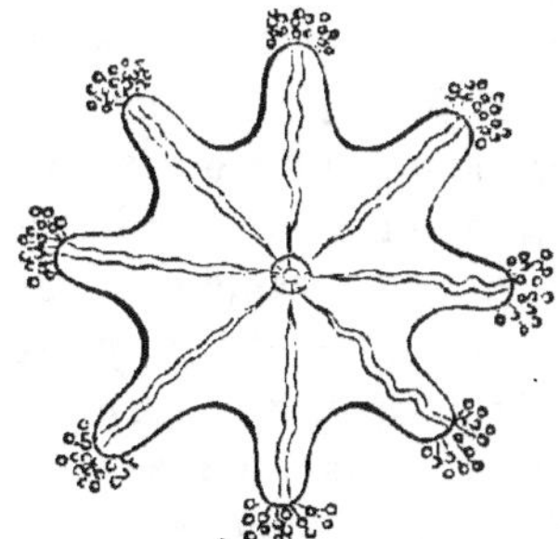

FIG. 14 . — *Lucernaria campanula*, vue de face, les tentacules écartés.

térieur. Ces loges sont garnies sur leur bord libre de filaments mésentériques ; elles renferment les organes génitaux qui s'étendent par paires, en rayonnant autour de la bouche, jusque dans les bras. Le développement n'est qu'imparfaitement connu ; cependant il paraît être direct.

Ces animaux peuvent se déplacer à l'aide des contractions de leur cloche, mais d'ordinaire ils sont fixés par leur pédoncule aux corps sous-marins.

3ᵉ CLASSE. — HYDROMÉDUSES OU POLYPOMÉDUSES

Cette classe, instituée par C. Vogt, comprend des animaux qui pour la plupart se présentent sous deux formes : une forme agame ou polypoïde et une forme sexuée ou médusoïde. Ces Polypes, qui étaient autrefois confondus avec ceux que nous avons étudiés sous le nom de Coralliaires, s'en distinguent non seulement parce qu'ils n'ont pas d'organes sexuels et produisent par gemmation des Méduses sexuées, mais encore parce que leur cavité digestive est plus simple et dépourvue de replis mésentéroïdes. Ce n'est que par exception qu'ils possèdent des parties solides semblables aux polypiers (Millepores) ; en général ils sont munis d'une gaine de consistance cornée sécrétée par la couche épidermique.

Les Méduses ou individus sexués correspondent à un état plus élevé d'organisation que les Polypes ; l'appareil digestif se complique par le développement de chambres ou de canaux périphériques, qui rayonnent autour de la portion centrale de ce système gastro-vasculaire et ont une disposition analogue à celle que nous avons indiquée dans les Coralliaires. Tandis que le Polype est fixé, la Méduse est libre, mais il y a des degrés dans l'individualisation de cette forme sexuée, qui peut rester à l'état de bourgeon sur l'organisme générateur ou s'en séparer à l'état de Méduse. C'est ainsi que chez les Polypes hydraires, les produits sexuels se développent dans des excroissances (gonophores) qui sont le siège d'une différenciation plus ou moins marquée, différenciation qui arrive à un point suffisant chez beaucoup d'entre eux, pour que ces bourgeons deviennent capables d'une vie indépendante sous la forme médusoïde. De cette façon se rattachent entre elles des productions très dissemblables en apparence, car elles se montrent sous leur état le plus inférieur comme de simples organes, et acquièrent par un développement plus avancé une individualité propre. Dans ce dernier cas, les deux modes de reproduction sexuelle et asexuelle, réalisés le premier par l'individu médusoïde libre, le second par l'individu polypoïde fixe, alternent l'un avec l'autre, donnant ainsi naissance aux phénomènes de la génération alternante.

Souvent les individus produits asexuellement par les Polypes leur restent unis, de façon à constituer des colonies dans lesquelles s'établit une certaine division du travail physiologique. Les individus ainsi associés se différencient morphologiquement entre eux, et remplissent des fonctions d'ordre divers dans la vie de la communauté, qui correspond alors à une individualité physiologique dont ils représentent eux-mêmes les organes. C'est ce qu'on observe au plus haut point chez les Siphonophores.

On comprend comment, par suite de la prédominance de telle ou telle des formes que nous venons d'indiquer dans le cycle évolutif compris entre deux générations sexuelles, ce ne sont pas toujours des états correspondants qui servent à caractériser les espèces. Tantôt c'est l'individu polypoïde qui a la plus grande valeur morphologique, à cause du développement incomplet des bourgeons médusoïdes; tantôt ces bourgeons atteignent l'état médusiforme, deviennent libres et les Méduses ainsi produites ont été regardées, tant qu'on n'a pas connu leur origine, comme formant des espèces particulières appartenant à une autre classe, celle des Acalèphes. D'autres fois, il se forme par gemmation des colonies composées d'individus polymorphes, dans lesquelles les bourgeons sexués médusoïdes restent unis aux autres et constituent avec eux une agrégation que l'on considère comme représentant l'espèce. Enfin, l'état polypoïde peut se réduire beaucoup en importance et en durée, disparaître même, et, dans ce cas, c'est nécessairement la forme de Méduse sexuée qui caractérise l'espèce.

On a, d'après ces considérations, divisé la classe des Polypoméduses en trois ordres:

1° Les *Hydroïdes*, caractérisés par la prépondérance de la forme polypoïde et par la production d'une forme médusoïde sexuée à divers degrés de développement (bourgeons médusoïdes, Méduses libres);

2° Les *Siphonophores*, caractérisés par la réunion en colonies d'individus morphologiques polymorphes, les uns polypoïdes, les autres médusoïdes;

3° Les *Discophores*, caractérisés par l'individualité prépondérante et bien accusée de l'animal sexué (Méduse) et la réduction de l'état polypoïde (Scyphistome, Strobile) lequel fait parfois défaut.

ORDRE I. — HYDROÏDES

A l'état polypoïde ces animaux sont généralement réunis en colonies; souvent ils sont revêtus d'une gaine chitineuse cornée (*périderme* ou *périsarc*) sécrétée par la couche tégumentaire externe, et formant à chacun d'eux un tube dont l'extrémité s'élargit d'ordinaire en manière de coupe (*hydrothèque*). Parfois les individus qui composent une colonie ou *hydrosome* présentent un certain polymorphisme; parmi eux les uns sont nourriciers (*Hydranthes*), les autres sont reproducteurs (*Gonoblastidies*).

Ceux-ci produisent les bourgeons ou *gonophores*, dans lesquels se développent les éléments sexuels et qui se montrent sous divers états.

La structure des Polypes hydraires est très simple. Leur corps est creusé d'une cavité digestive, sans cloisons périgastriques comme celles qu'on observe dans les Coralliaires. Chez ceux qui vivent en colonies, cette cavité communique par un canal viscéral commun avec celles des autres individus appartenant au même groupe. La paroi du corps est formée de deux couches cellulaires, l'ectoderme et l'endoderme, entre lesquelles il y a souvent une lamelle hyaline interposée qui sert d'organe de soutien. Dans l'Hydre, Kleinenberg a signalé l'existence de cellules neuro-musculaires superficiellement placées et impressionnables aux excitations venant du dehors, mais présentant en dedans des prolongements contractiles (1). Le plus souvent il existe au-dessous de la couche épidermique une mince couche musculaire différenciée. Enfin, chez ces animaux, comme chez les Cœlentérés en général, on constate la présence de nématocystes.

Nous avons dit que les bourgeons sexuels, ou gonophores, se développaient d'une façon fort inégale. Ils sont parfois constitués par de simples excroissances de la paroi du corps (Hydre), et cette forme passe par degrés à celle que réalise la Méduse, dont l'organisme est assez complet pour en faire un individu indépendant et libre. Ce passage du bourgeon à l'état médusiforme a été représenté par Gegenbaur dans les figures que nous reproduisons, et pour l'explication desquelles nous ne saurions mieux faire que de laisser parler l'auteur lui-même :

« Parmi les *Hydroïdes*, l'état le plus inférieur est celui de l'Hydre, Polype sur le corps duquel naissent des excroissances qui développent des œufs ou de la semence. Dans d'autres Hydroïdes, ces bourgeons sont pourvus d'un prolongement de l'appareil gastro-vasculaire, chez l'*Hydractinia* (fig. 143, B, C.) par exemple, et sont fréquemment réunis en grappes qui ne sont plus en connexion que par leur tige avec l'appareil gastro-vasculaire du Polype (*Tubularia*). Chez d'autres, ces bourgeons acquièrent une plus grande indépendance, et, après avoir parcouru les phases que nous venons d'indiquer, se différencient davantage, de manière à séparer de la

(1) Kleinenberg. *Hydra...* Leipzig, 1872.

* Coupes (d'après Gegenbaur). — *a*, cavité générale du corps avec prolongements dans les bourgeons ; *a'*, continuation de la cavité du corps dans une cavité analogue à l'estomac d'une Méduse ; *a''*, prolongement latéral de la cavité du corps représentant les canaux rayonnants ; *b*, manteau comme équivalent du disque ou de la cloche d'une Méduse, *b'*, passant chez les formes achevées (L,M,) dans une membrane circulaire ou velum, *b''*, qui rétrécit l'ouverture du manteau ; *c*, produits sexuels.

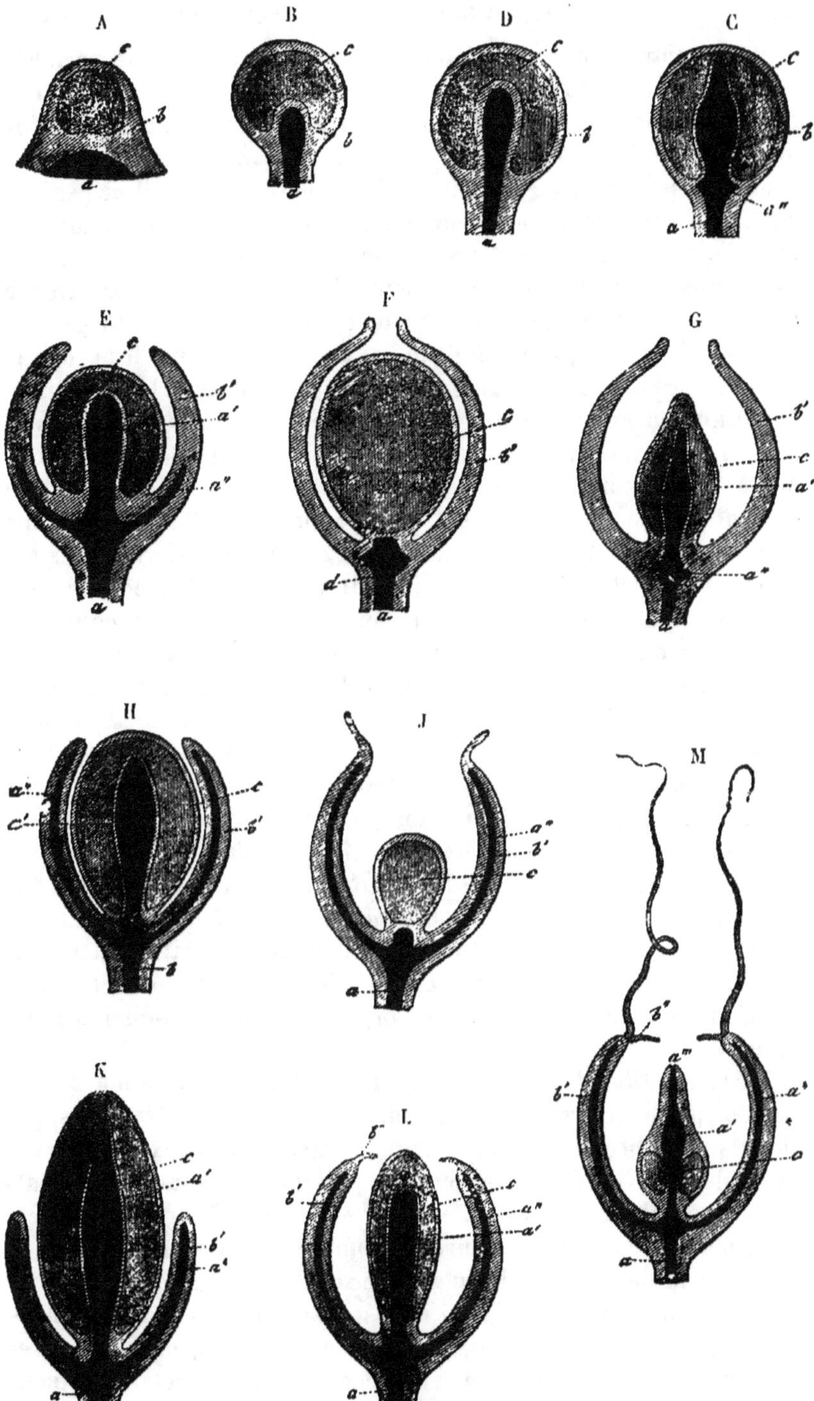

Fig. 143. — Schéma de la morphologie de l'organe générateur chez les Hydroïdes *.

portion centrale qui reste attachée à la tige, une partie périphérique qui enveloppe la première comme un manteau (fig. 143, E, H). Les produits sexuels se développent toujours dans les parties axiales du bourgeon. Le canal qui se continue de l'animal mère au bourgeon peut présenter des conditions fort différentes. Ou il ne pénètre pas jusqu'à la tige du bourgeon, ou il se continue encore dans son axe (G), ou enfin il envoie des prolongements dans le manteau (E). Ce dernier, par un développement ultérieur, prend l'apparence d'une cloche présentant une ouverture, vers laquelle se dirige l'extrémité libre de la partie de l'axe sur laquelle naissent les produits sexuels. Les canaux du manteau en atteignent ensuite le bord où ils se réunissent en un canal circulaire, ou présentent des anastomoses irrégulières. Le développement du manteau avec ses canaux rayonnants rend la nature *médusiforme* du bourgeon évidente. Elle devient encore plus manifeste par l'apparition d'une membrane marginale et de tentacules. Les bourgeons médusiformes restent dans cet état chez beaucoup d'Hydroïdes, le renflement de l'axe étant le lieu de développement des éléments de la reproduction; mais, chez d'autres, ce point devient le siège d'une différenciation ultérieure, car sa cavité, s'ouvrant à l'extérieur, devient l'estomac du bourgeon qui, détaché et libre, revêt la forme de *Méduse* pour produire plus tard des éléments générateurs par les parois de l'estomac ou du système gastro-vasculaire.

« *Ainsi donc, une conformation paraissant comme un organe à son état le plus inférieur, devient un individu indépendant qui, dissemblable par sa forme de l'animal dont il provient, ne retourne que par sa progéniture à l'état hydroïde antérieur* (1). » Et, par suite, on peut, selon Gegenbaur, considérer la génération alternante comme « le résultat d'une marche de différenciation basée sur une division de travail, qui élève un organe au rang d'individu nouveau ».

L'organisation des Méduses, représentant la génération sexuée des Polypes hydraires, est plus simple que celle des Méduses supérieures. L'ombrelle est composée d'un tissu gélatineux sans structure; de la cavité digestive centrale partent des canaux rayonnants en petit nombre, quatre, six ou huit seulement. La couche musculaire placée à la face inférieure de l'ombrelle, ou sous-ombrelle, se continue au delà des bords du disque sous forme d'un repli membraneux annulaire, *velum*, qui n'existe pas chez les Méduses supérieures, d'où le nom de *Craspédotes* donné par Gegenbaur aux premières, et celui d'*Acraspèdes* aux secondes. Un caractère distinctif

(1) Gegenbaur, *Anatomie comparée,* éd. franç., p. 138.

est encore fourni par les corpuscules marginaux qui sont nus chez les unes (*Gymnophthalmes*, de Forbes), tandis qu'ils sont couverts de lobes membraneux chez les autres (*Stéganophthalmes*, de Forbes).

Le système nerveux est représenté par un anneau qui suit le bord de l'ombrelle ; cet anneau est pourvu de renflements ganglionnaires régulièrement espacés, d'où partent quelques filets nerveux. Les ganglions sont en rapport avec les corpuscules marginaux regardés comme organes sensitifs. Ceux-ci sont de deux sortes : tantôt ce sont des vésicules auditives renfermant des concrétions ou otolithes ; tantôt des organes visuels consistant en taches de pigment, munies parfois d'un corps réfringent.

Les produits sexuels se forment dans les parois de la cavité gastro-vasculaire ou des canaux rayonnants, fonctionnant sur une certaine étendue comme organes générateurs, et sont expulsés par rupture des tissus. Les éléments mâles et femelles se développent toujours sur des individus différents. On a observé chez certaines Méduses des phénomènes de gemmation coexistant parfois avec la reproduction sexuelle (*Cunina prolifera, Carmarina hastata*), et on a constaté aussi quelques faits de multiplication par scissiparité.

Les embryons issus des œufs sont ciliés (*Planula*) et, après une période de vie libre, se fixent et se transforment en Polypes, mais les Méduses ne passent pas toutes par cette phase polypoïde et parfois ne présentent, au cours de leur développement, qu'une métamorphose plus ou moins compliquée. Les Méduses qui naissent par gemmiparité des Polypes hydraires subissent de même quelques changements, pour compléter leur organisation, après s'être détachées de l'individu souche.

On comprend combien cette variété de formes que présentent les Hydroïdes doit rendre leur classification difficile et incertaine, car d'une part, le développement de toutes les Méduses n'est pas connu, d'autre part, certaines d'entre elles, quoique ayant une grande similitude, proviennent de Polypes hydraires différents, tandis que des Polypes voisins donnent naissance à des formes sexuées très diverses. On peut diviser cependant les Hydroïdes en quatre groupes ou sous-ordres assez nettement caractérisés : *Tabulés, Tubulaires, Campanulaires, Trachyméduses*.

1. — Tabulés.

Ces animaux ont un polypier calcaire solide et étaient, pour cette raison, rangés dans les Coralliaires, mais Agassiz a reconnu que leur cavité digestive était simple comme celle des Hydroïdes, et il en a conclu qu'ils devaient être placés parmi eux, quoiqu'on ne connaisse pas leur reproduction sexuelle.

Il n'y a qu'une famille de Tabulés, les Milléporidés (fig. 144), à laquelle appartiennent un grand nombre d'espèces fossiles.

2. — Tubulaires.

Ces Polypes sont nus ou pourvus de tubes chitineux dans lesquels ils ne peuvent rentrer, et dont l'extrémité n'est pas évasée en forme de calice (hydrothèque). Ils se partagent en plusieurs familles.

Les Hydridés comprennent des polypes, sans enveloppe péridermique. Ils se produisent par gemmation, quelquefois par scissiparité. Chez eux, les bourgeons sexuels consistent dans une simple excroissance de la paroi du corps où se développent soit des œufs, soit des spermatozoïdes.

L'Hydre ou Polype d'eau douce (fig. 145) a été rendue célèbre par les expériences de Trembley, publiées en 1744. Les remarquables

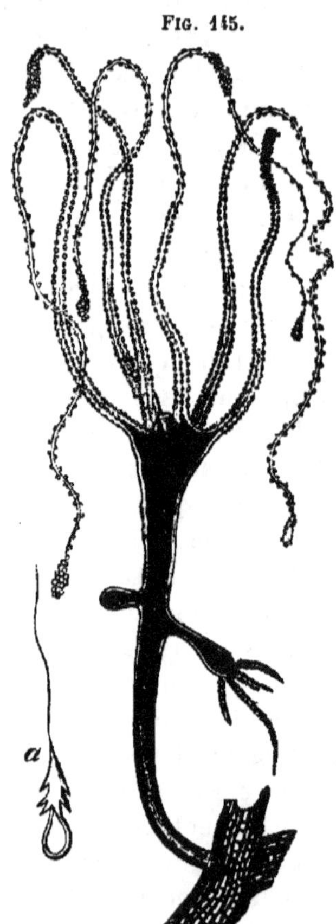

Fig. 145.

Fig. 144.

Fig. 144. — *Millepora alcicornis* (Polypier).
Fig. 145. — *Hydra fusca*, avec deux bourgeons. — *a*, nématocyste.

mémoires de ce naturaliste excitèrent au plus haut degré la curiosité du monde savant, par la nouveauté et l'étrangeté des faits qui y étaient rapportés. Des observations de l'auteur il résultait, en effet, que ces animaux, étant coupés en morceaux, chacune des parties de leur corps ainsi fractionné pouvait reproduire un individu entier ou que, étant retournés comme un doigt de gant, de façon que leur surface externe devînt interne et réciproquement, ils pouvaient continuer à vivre dans ces conditions nouvelles. L'Hydre verte (*Hydra viridis*) est commune dans tous les bassins, où on la trouve fixée sur les plantes aquatiques.

Les HYDRACTINIDÉS, les CORYNIDÉS, les TUBULARIDÉS, etc., renferment des formes réunies d'ordinaire en colonies à l'état polypoïde (fig. 146). Les individus

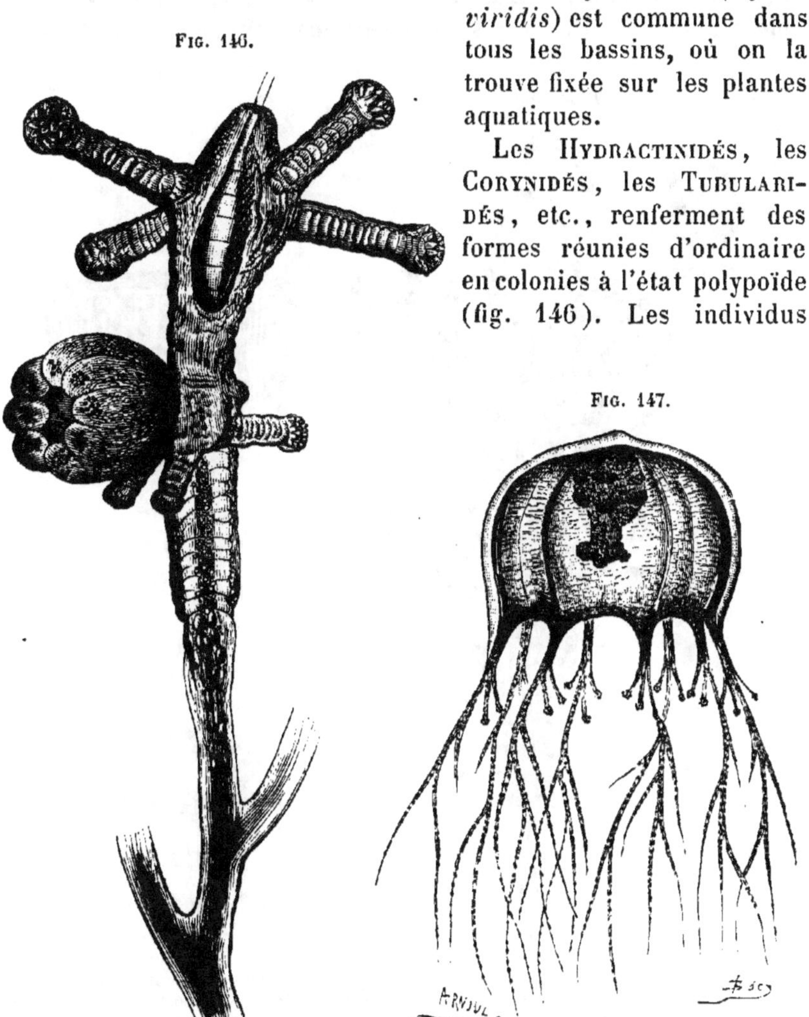

FIG. 146.

FIG. 147.

FIG. 146. — *Cladonema radiatum* en voie de développement (d'après Dujardin).
FIG. 147. — *Cladonema radiatum*, Méduse vue de profil.

sexués médusoïdes qui en naissent appartiennent, pour la plupart, à l'ancienne famille des Océanidés, dans les Acalèphes (fig. 147).

3. — Campanulaires.

Chaque Polype est ici entouré d'une hydrothèque dans laquelle il peut se retirer. En général, on distingue dans les colonies des individus nourriciers et des individus prolifères. Les Méduses qui en proviennent (fig. 149) formaient les familles des Eucopidés, des Thaumantidés et des Equoridés, dont certaines ont pris place dans les

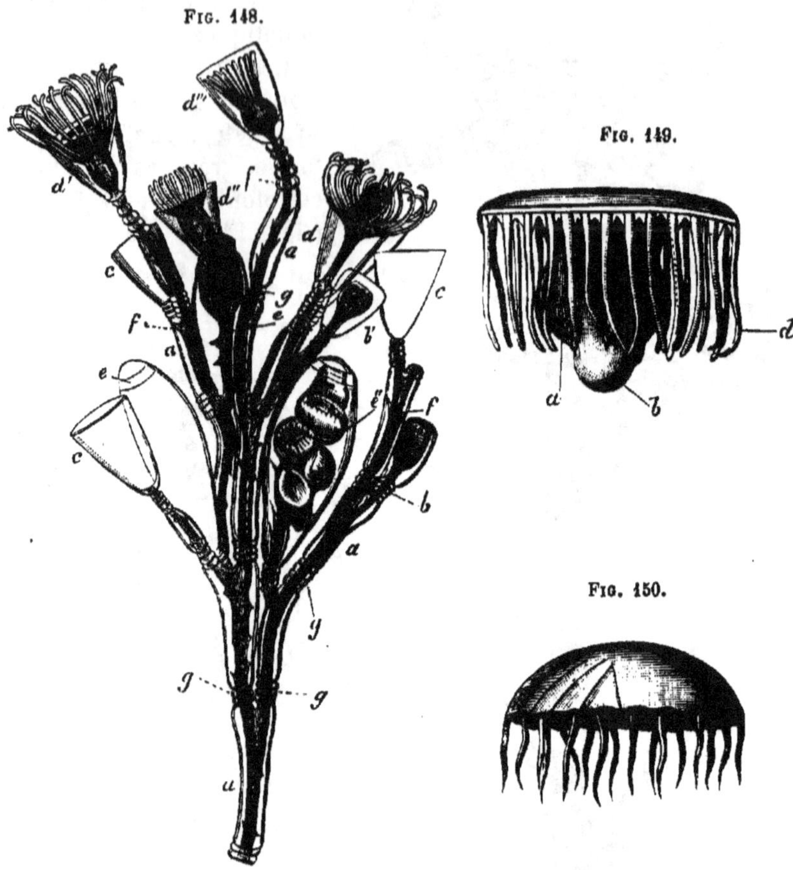

Fig. 148.

Fig. 149.

Fig. 150.

Fig. 148. — *Campanularia gelatinosa* (forme polypoïde), d'après van Beneden (*Mémoires de l'Académie royale de Bruxelles*). — *a*, branches terminales portant des Polypes; *b*, *b'*, bourgeons en voie de développement; *c*, *c'*, loges (hydrothèques) vides de Polypes; *d*, *d'*, *d''*, loges renfermant des Polypes; *e*, *e'*, *e''*, loges renfermant des bourgeons sexuels (*gonophores*); *f*, *f*, *f*, substance charnue qui réunit entre eux les divers Zooïdes (*cœnosarc*); *g*, *g*, étranglements annulaires à la base des rameaux.
Fig. 149. — Forme médusoïde de la *Campanularia gelatinosa*. — *a*, corps; *b*, bouche; *d*, tentacules (van Beneden).
Fig. 150. — *Æquorea cyanogramma* (la forme polypoïde n'est pas connue).

Hydroïdes sous leur ancienne dénomination. En effet, ce sous-ordre des Campanulaires comprend les familles suivantes : PLUMULARIDÉS, SERTULARIDÉS, CAMPANULARIDÉS (fig. 148), THAUMANTIDÉS, EQUORIDÉS (fig. 149).

4. — Trachyméduses.

Ce groupe se compose des Méduses qui, se rapprochant par leur organisation de celles que produisent les Polypes hydraires, se développent néanmoins sans passer par la forme polypoïde. Elles se distinguent des premières (Leptoméduses de Haeckel) par leurs bords lobés, par la consistance plus grande de leur ombrelle. Les principales familles de ce sous-ordre sont les ÆGINIDÉS et les GERYONIDÉS (fig. 151).

FIG. 152.

FIG. 151.

FIG. 151. — *Geryonia proboscidalis.*
FIG. 152. — *Physalia pelagica,* (d'après Lesson).

ORDRE II. — SIPHONOPHORES

Ce groupe, établi par Eschscholtz, comprend des colonies flottantes polymorphes composées de plusieurs sortes d'individus, qui remplissent des fonctions différentes, et jouent le rôle d'organes par rapport à l'ensemble de la communauté dont ils font partie. On distingue deux catégories principales d'individus : les individus polypoïdes nourriciers, et les individus médusoïdes sexués qui, en règle générale, ne deviennent pas libres et restent attachés à la colonie.

Les divers membres qui, par leur agrégation, forment un Siphono-
phore, sont portés sur une tige commune, creusée d'un canal dans
lequel circule le liquide nutritif, et généralement munie, à son extrémité supérieure, d'un appareil hydrostatique consistant en un réser-

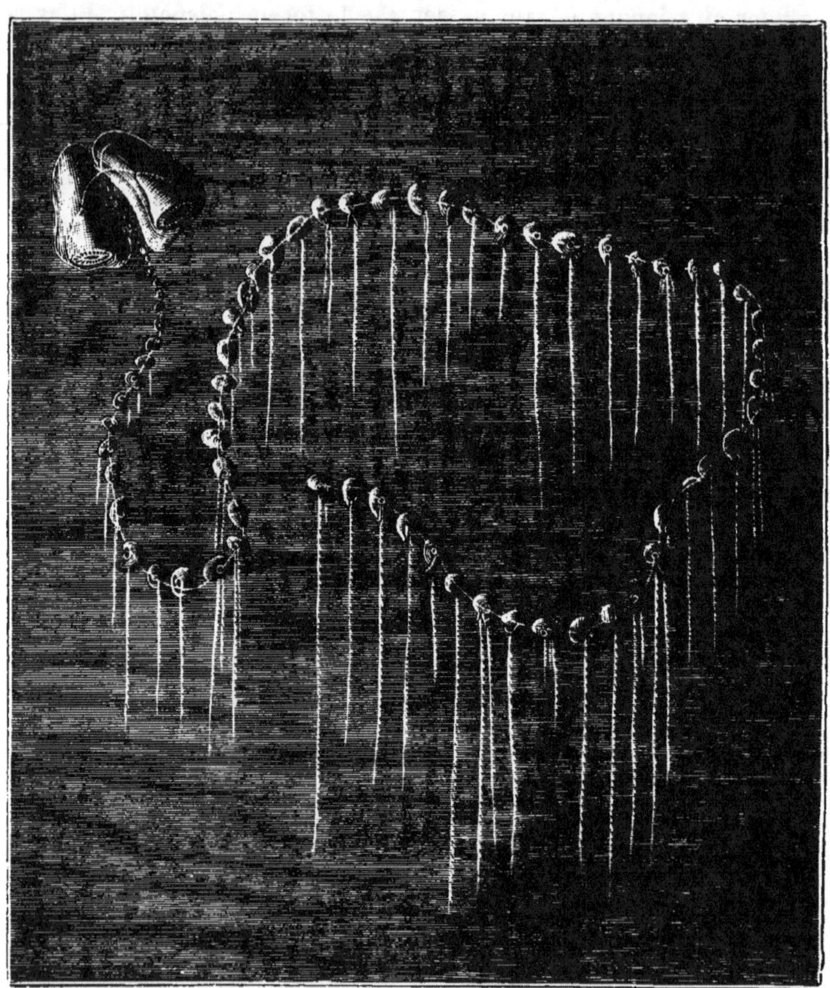

Fig. 153. — *Praya diphyes* (d'après C. Vogt, *Siphonophores de la mer de Nice*).

voir d'air qu'on appelle *vessie aérienne* (fig. 152). Souvent il existe
des organes actifs de locomotion représentés par des individus médusiformes qu'on distingue, à cause de leur rôle physiologique,
sous le nom de *vésicules* ou *cloches natatoires* (fig. 153 et 154).

Les individus nourriciers (*Polypes* ou *tubes en suçoir*) affectés à
la réception des aliments ne sont, pour ainsi dire, que des estomacs

qui, par le fond, communiquent avec le canal central commun. Ils ont la forme de tubes courts, renflés dans leur partie moyenne dont les parois renferment des cellules hépatiques, et prolongés à leur extrémité orale en une sorte de trompe. Ils sont suspendus à la tige par un pédoncule, de la base duquel part un filament préhensile ou *fil pêcheur*, le plus souvent ramifié et toujours armé de capsules urticantes. On appelle improprement *tentacules* (fig. 155, *a*) des appendices tubulaires sans orifice buccal qui, par leur forme et leur structure, ressemblent aux Polypes dont ils paraissent n'être qu'une modification.

Les bourgeons sexuels présentent plus ou moins l'aspect médusiforme, mais ne se transforment

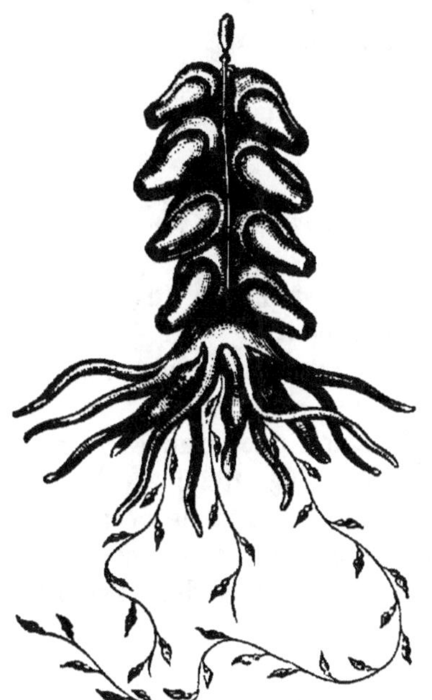

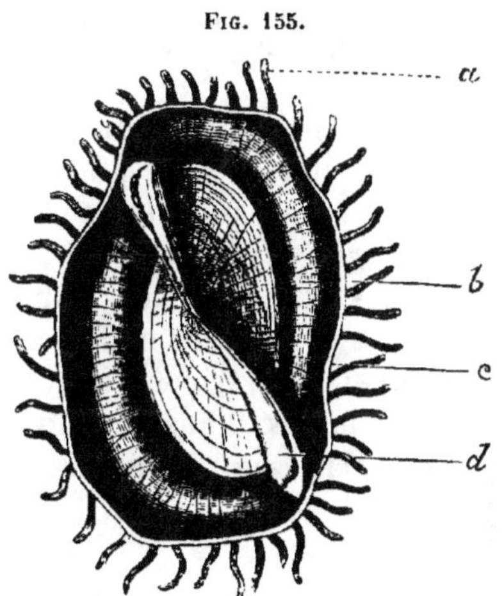

FIG. 154.

FIG. 155.

FIG. 154. — *Physophora Philippii*.
FIG. 155. — *Velella spirans*, vue par sa face supérieure. — *a*, tentacules; *b*, limbe; *c*, bouclier de la coquille; *d*, crête de la coquille (Vogt, *Siphonophores*).

qu'exceptionnellement en petites Méduses libres (Vélelles); les uns sont mâles et les autres femelles: ils sont, en général, réunis dans la même colonie; cependant, on a observé des Siphonophores dioïques.

Indépendamment des parties que nous venons d'indiquer, il existe parfois des pièces de consistance cartilagineuse, en forme de plaques ou d'écailles, servant d'organes protecteurs, et qu'on nomme *boucliers* (fig. 155, *c*).

L'œuf subit une segmentation totale et donne naissance à un embryon cilié qui se développe sous forme de Polype. Celui-ci produit par gemmation, les différents individus dont se compose la colonie,

Les Siphonophores sont tous marins ; ils se présentent sous les aspects les plus gracieux et les plus singuliers. On les a rangés en · plusieurs familles parmi lesquelles nous citerons seulement les plus importantes :

Les Physophoridés, dont la tige est contournée en spirale et porte

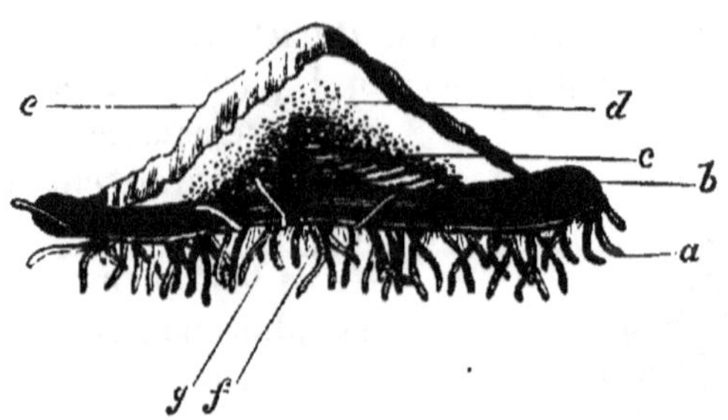

Fig. 156. — *Velella spirans*, vue de profil. — *a, d*, même signification ; *e*, frange de la crête ; *f*, Polype central ; *g*, individus reproducteurs (d'après C. Vogt).

des cloches natatoires sur deux rangs *Physophora* (fig. 154), *Agalma :* quelquefois sur plusieurs *Stephanoma ;*

Les Diphyidés, qui ont deux cloches natatoires inégales : *Dyphyes*, *Praya* (fig. 153);

Les Physalidés, à tige globuleuse formant une grande vessie aérienne, sans vésicules natatoires : *Physalia* (fig. 152);

Les Velellidés, dépourvus, comme les précédents, de vésicules natatoires, munis d'une coquille aérifère discoïde au-dessous de laquelle sont fixés des appendices polypoïdes et médusoïdes : *Vellela* (fig. 156), *Porpita*.

ORDRE III. — DISCOPHORES

A cet ordre appartiennent les Méduses les plus élevées en organisation et possédant une individualité hautement accusée, tandis que l'état polypoïde, de courte durée, n'est plus qu'une phase dans l'évolution de la forme sexuée qui représente l'espèce ; néanmoins, entre ces Méduses et celles de l'ordre des Hydroïdes, il n'y a pas de caractère différentiel absolu. Leur taille est plus grande ; leur ombrelle plus épaisse ne porte pas de voile sur les bords, ce qui leur a valu le nom d'*Acraspèdes* que leur a donné Gegenbaur, bien que cette règle ne soit pas sans exception. La substance gélatineuse dont le disque est formé n'est pas homogène, comme dans les Méduses inférieures, et renferme des éléments cellulaires; la couche musculaire, qui constitue la sous-ombrelle, est beaucoup plus développée; le système gastro-vasculaire est aussi plus compliqué.

L'ouverture buccale, placée au centre de la face inférieure du disque, est entourée par des prolongements en forme de bras qui sont au nombre de quatre ou de huit, par division des premiers ; mais quelquefois la bouche se ferme et les bras se soudent ; les aliments arrivent alors dans la cavité digestive par des canaux qui parcourent ces bras, et qui s'ouvrent en dehors par un grand nombre d'orifices jouant le rôle de bouches (Rhizostome).

De l'estomac central partent des prolongements qui se dirigent en rayonnant vers le bord de l'ombrelle et qui, le plus souvent, prennent la forme de canaux étroits, ramifiés, aboutissant à un canal marginal, et donnant parfois naissance, par leurs anastomoses, à un réseau vasculaire périphérique.

On ne sait jusqu'ici rien de positif sur le système nerveux de ces Méduses. D'après Eimer, il y aurait huit centres ganglionnaires marginaux correspondant à huit zones ou segments radiaires, qui jouiraient d'une certaine autonomie. Les corpuscules marginaux sont placés dans des échancrures du bord de l'ombrelle, et sont recouverts par des lobes membraneux (Stéganophthalmes) ; ils sont pé-

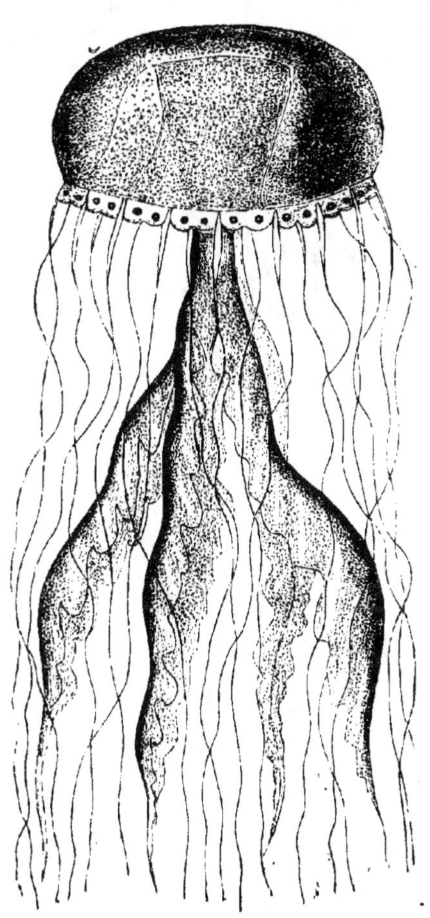

FIG. 157. — *Chrysaora ocellata.*

donculés et composés d'une vésicule auditive et d'un ocelle. Les fils marginaux manquent parfois (Rhizostomes) ; chez les Cyanées, où ils font également défaut, on trouve à la face inférieure de l'ombrelle quatre touffes d'appendices filamenteux, mais dont l'analogie avec les premiers est douteuse.

Les glandes sexuelles, généralement au nombre de quatre, sont logées dans des cavités périgastriques qui correspondent aux espaces compris entre les bras circumbuccaux et s'ouvrent à la face inférieure de l'ombrelle par des orifices spéciaux. Ces glandes sont composées de capsules renfermant, soit des œufs, soit des spermatozoïdes, qui s'en échappent par déhiscence, quand ils sont mûrs, et arrivent directement au dehors ; quelquefois, cependant, ils tombent dans la cavité digestive d'où ils sont évacués par l'ouverture buccale (*Aurelia*). En règle générale, les sexes sont séparés ; la seule exception connue est offerte par la *Chrysaora* (fig. 157), dont l'hermaphrodisme a été signalé par Wright.

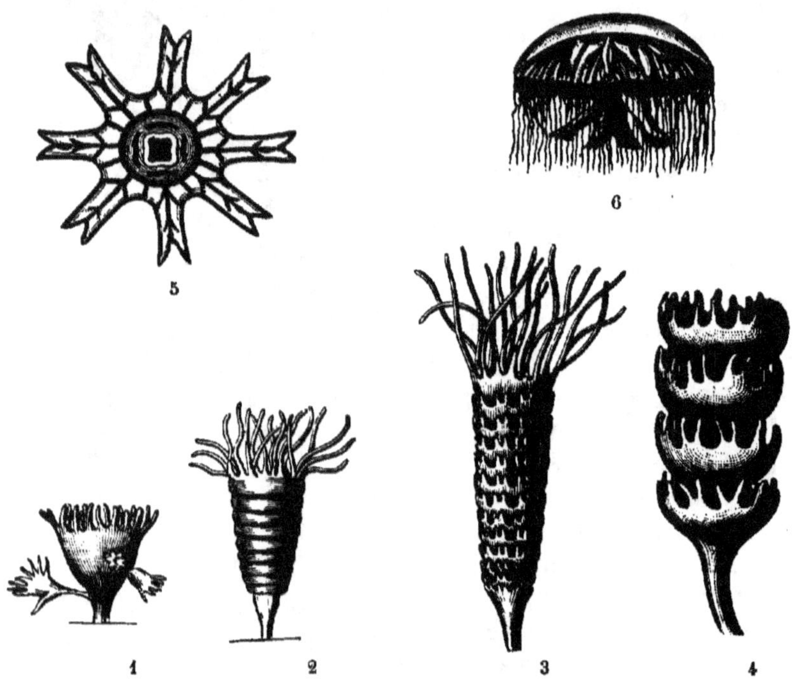

Fig. 158. — Développement de l'Aurélie rose (*Medusa aurita*) (d'après Sars). — 1, forme polypoïde avec des bourgeons en voie de formation (*Scyphistome*) ; 2, la même commençant à se diviser en segments transversaux (*strobile*) ; 3, la même dont la division est plus avancée ; 4, la même dont il ne reste plus que quatre segments prêts à se détacher ; 5, l'un de ces segments (*proglottis*) détaché et libre (*ephyra*) ; 6, forme médusoïde (*Medusa aurita*) complètement développée.

Les phénomènes de la génération alternante sont communs chez les Discophores. L'œuf fécondé donne naissance à une larve ciliée, *Planula*, qui se fixe et prend la forme polypoïde à laquelle on a donné le nom de *Scyphistome* (fig.) 158. Celui-ci s'étrangle de distance en distance et se divise en une série d'anneaux superposés ; c'est l'état qu'on appelle *Strobile*. Puis ces différents segments se séparent les uns après les autres de la colonie et revêtent la forme de jeunes Méduses ou *Ephyra* qui, une fois libres, complètent leur organisation et acquièrent les caractères propres à l'individu sexué. Quelquefois le développement se fait par simple métamorphose, et alors la planula se transforme en Ephyra sans passer par l'état polypoïde (*Pelagia*) (fig. 159).

Les animaux de cet ordre sont de grande taille et nagent par un mouvement alternatif de systole et de diastole que nous avons déjà indiqué. Ils capturent à l'aide de leurs fils préhenseurs ou de leurs tentacules les proies dont ils se nourrissent ; celles-ci, chez les Rhizostomes, ne peuvent être ingérées à cause de la disposition de l'appareil digestif, mais leurs sucs nutritifs sont aspirés par les petits orifices que portent les bras.

Les Discophores se partagent en deux groupes :

FIG. 159. — *Pelagia ponopyra.*   FIG. 160. — *Rhizostoma aldrovandi.*

Les *Monostomes*, à bouche centrale entourée par quatre bras plus ou moins longs, comprenant les familles des PÉLAGIDÉS (fig. 159), des CYANÉIDÉS et des AURÉLIDÉS ;

Les *Rhizostomes*, à orifices buccaux nombreux portés sur les bras, au nombre de huit, divisés en RHIZOSTOMIDÉS (fig. 160), CÉPHÉIDÉS, CASSIOPÉIDÉS...

4ᵉ CLASSE. — CTÉNOPHORES

Les Cténophores formaient avec les Méduses et les Siphonophores l'ancienne classe des Acalèphes de Cuvier. De Blainville leur donnait le nom de Ciliobranches par allusion aux lamelles hyalines disposées en séries longitudinales sur leur corps, et qu'il regardait comme servant à la respiration, mais qui sont essentiellement des organes de locomotion : le mot cténophores (de κτείς, peigne ; φορός, porteur) rappelle la forme pectinée de ces mêmes parties.

Le corps de ces animaux est sphérique ou cylindrique, quelquefois rubané (Ceste) et susceptible de contractions dues à la présence d'éléments musculaires dans le parenchyme qui le constitue. Cette contractilité produit des mouvements qui sont parfois très marqués, dans les Cestes, par exemple. Le système nerveux est mal connu ; on a décrit, comme lui appartenant, un ganglion unique situé au pôle apical et des rameaux placés le long des côtes ciliées, mais c'est là un point qui réclame de nouvelles recherches. Au voisinage du corps ganglionnaire, il existe un petit organe vésiculeux contenant des particules solides et ayant les caractères d'une vésicule auditive. On appelle *aires polaires* des surface

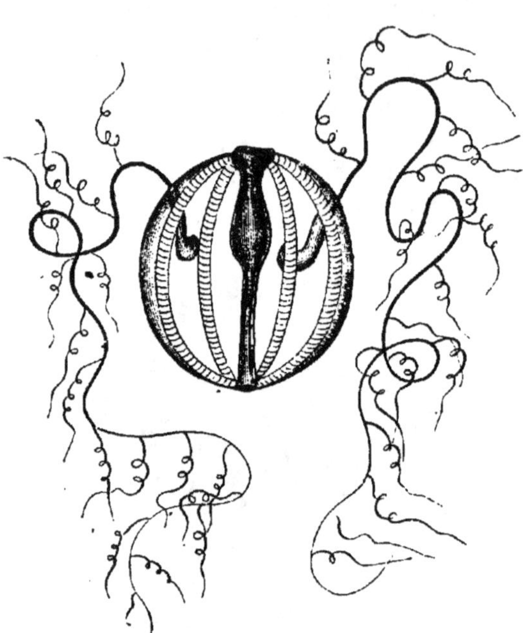

FIG. 161. — *Cydippe pileus.*

ciliées qui se trouvent aussi au pôle apical et qui reçoivent des filaments nerveux émanés du ganglion ; Fol les considère comme des organes d'olfaction (?).

Beaucoup de Cténophores sont pourvus de deux longs appendices tentaculaires placés sur les côtés de la bouche, et naissant au fond de poches particulières dans lesquelles ils peuvent se retirer (fig. 161) ; ce sont des organes de préhension armés de nombreux nématocystes.

L'appareil gastro-vasculaire présente quelques particularités dignes d'attention. La cavité stomacale, plus ou moins vaste, s'ouvre au dehors par un seul orifice, entouré parfois d'expansions en forme de lobes. Cet orifice buccal est tantôt large (Eurystomes), tantôt étroit (Sténostomes). L'estomac est divisé par un étranglement contractile, sorte de sphincter en deux parties dont la plus profonde, désignée sous le nom d'*entonnoir*, se continue directement avec le système des canaux cœlentériques. Les canaux partent de l'entonnoir au nombre de quatre et se divisent en huit branches qui accompagnent les côtes frangées. En outre, il part de l'entonnoir deux canaux, quelquefois très larges, qui suivent la face externe de la paroi stomacale; Milne Edwards les nomme *vaisseaux périgastriques inférieurs.* Tous ces vaisseaux aboutissent dans un canal circulaire qui entoure la bouche, ou bien se terminent en cul-de-sac (Cydippidés). Sur leur trajet, ils fournissent un grand nombre de ramifications qui s'anastomosent entre elles et donnent naissance à un réseau capillaire. Enfin l'entonnoir est mis en communication avec l'extérieur par deux canaux dont les orifices, situés sur les côtés des aires polaires, peuvent se fermer.

La reproduction est toujours sexuelle chez les Cténophores et les sexes sont réunis sur le même individu. Les produits sexuels prennent naissance dans les parois latérales des canaux costaux, les ovules d'un côté, les capsules séminales de l'autre; ils arrivent dans la cavité digestive, et, de là, passent au dehors.

Le développement est direct et sans métamorphoses, mais, à leur sortie de l'œuf, les jeunes Cténophores ont une organisation encore incomplète et présentent avec les adultes des différences parfois très marquées. Ces animaux vivent dans la haute mer où ils apparaissent

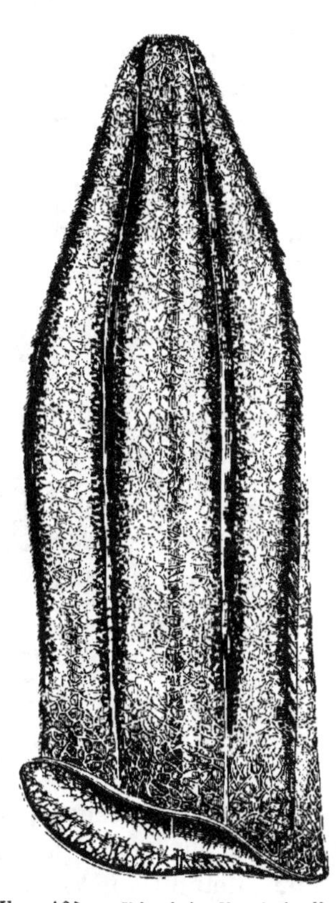

Fig. 162. — Béroé de Forskal, d'après Milne Edwards (*Annales des sciences naturelles*, 2ᵉ série, tome XVI, pl. 5.)

souvent en grand nombre; ils nagent le pôle buccal tourné en arrière et se nourrissent, comme les autres Cœlentérés, de petits animaux qu'ils capturent au moyen de leurs organes préhensiles. Leur corps étant d'une grande mollesse dans toutes ses parties, ils n'ont laissé aucune trace dans les formations géologiques.

On divise les Cténophores en deux groupes, *Eurystomes* et *Sténostomes,* suivant qu'ils ont une bouche large ou étroite.

ORDRE I. — EURYSTOMES

Aux Eurystomes caractérisés par la largeur de leur bouche (εὐρύς, large ; στόμα, bouche) appartiennent les formes les plus inférieures parmi lesquelles les *Béroés* dont on connaît plusieurs espèces : *B. Forskalii* (fig. 162), *ovatus*…, formant avec quelques autres la famille des BÉROÏDÉS.

ORDRE II. — STÉNOSTOMES

Ainsi nommés à cause de leur bouche étroite (στενός, étroit ; στόμα, bouche), ces animaux se rangent, d'après la forme de leur corps et quelques autres particularités de leur organisation, en trois groupes ou sous-ordres :

1° Les *Globuleux*, dont les principaux genres : *Cydippe, Mertensia, Callyanire*, servent de types à autant de familles.

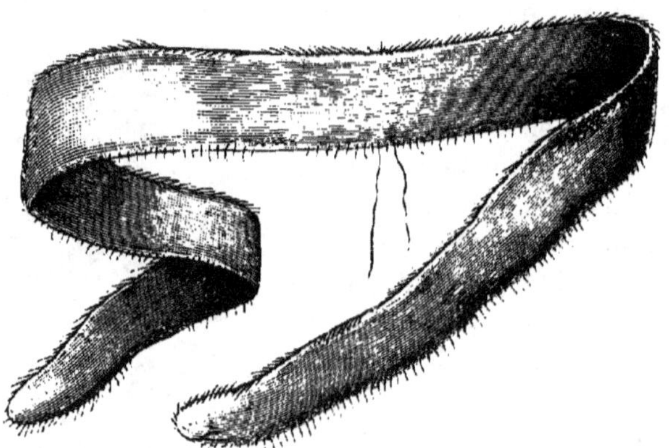

FIG. 163. — Ceste.

2° Les *Rubanés*, remarquables par leur corps en forme de ruban, comprenant une seule famille, les CESTIDÉS. Le *Cestum Veneris* (fig. 163), Ceinture de Vénus, est une belle espèce méditerranéenne.

3° Les *Lobaires*, qui se distinguent par des expansions tégumentaires en forme de lobes autour de la bouche. Ici se placent les *Lesueuria, Chiaja, Bolina*, etc… répartis en un petit nombre de familles.

DEUXIÈME SOUS-EMBRANCHEMENT
ÉCHINODERMES

Les Échinodermes possèdent une organisation supérieure à celle des Cœlentérés. Ils ont un tube digestif pourvu de deux orifices et un système vasculaire distinct, mais, comme les Cœlentérés, ils présentent une symétrie rayonnée. Chez eux la forme fondamentale du corps est celle d'une sphère dont le grand axe est terminé par deux pôles, l'un supérieur ou *apical*, l'autre inférieur, *oral* ou *ventral*. Si par ce grand axe on fait passer cinq plans formant entre eux des angles égaux, ces plans déterminent par leur inter-section avec la sphère dix demi-lignes méridiennes (fig. 164); cinq de celles-ci correspondent aux points qu'occupent les principaux or-ganes (R), et on les désigne sous le nom de *rayons*, tandis qu'on appelle *rayons intermédiaires* les cinq autres qui marquent aussi la place de certains organes, et qui alternent avec les premières (*i*). Remarquons que si l'on mène un plan passant par le grand axe de la sphère et perpendiculaire à l'un des méridiens (*pq*), ce plan divisera les rayons en deux groupes : l'un qui est formé par trois, l'autre seule-ment par deux de ces rayons. Le premier est appelé *trivium* et le

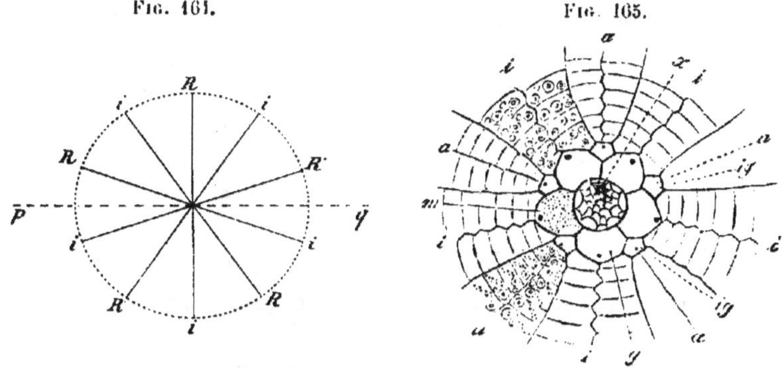

Fig. 164.   Fig. 165.

Fig. 164. — Schéma des méridiens déterminant les rayons et les rayons intermédiaires.
Fig. 165. — Pôle apical d'un test d'Oursin. — *a*, aires ambulacraires ; *i*, aires interambula-craires ; *g*, plaques génitales ; *ig*, plaques intergénitales ; *m*, plaque madréporique ; *x*, ouverture anale. Les tubérosités des plaques n'ont été figurées que sur une aire inter-ambulacraire et sur une aire ambulacraire ; sur celle-ci les pores ont aussi été indiqués (d'après Gegenbaur).

second *bivium* par Jean Müller. Cette forme idéale d'une sphère parfaite ne se trouve jamais exactement réalisée dans la nature, mais on nomme Échinodermes *réguliers* ceux qui s'en rapprochent le plus, tels que les Oursins. On comprend aisément comment les autres formes peuvent se rattacher à ce type fondamental. Que le grand axe de la sphère se raccourcisse beaucoup, et que les rayons s'allongent, on a la forme étoilée des Astérides ; que ce grand axe, au contraire, s'étende suffisamment, et le corps, au lieu d'être sphé-roïdal, deviendra cylindrique, comme on le voit dans les Holo-thuries, la face ventrale correspondant au trivium.

Les téguments des Échinodermes sont caractérisés par l'existence dans l'épaisseur du derme d'un dépôt calcaire plus ou moins abondant, d'où résulte la formation d'un squelette dermique. Les particules calcaires sont unies entre elles de façon à constituer des pièces ou des plaques solides, tantôt mobiles, tantôt soudées les unes aux autres comme celles qui composent le test des Oursins. Le squelette de ces animaux est formé par vingt rangées de plaques appelées *pièces coronales* et disposées d'un pôle à l'autre suivant des zones méridiennes. Ces rangées, considérées par groupes alternants de deux, se distinguent en ce que les unes sont percées de pores pour le passage des organes locomoteurs appelés *pieds ambulacraires*, tandis que les autres ne le sont pas. Les premières correspondent aux rayons et forment les *aires* dites *ambulacraires* (fig. 165); les secondes correspondant aux rayons intermédiaires forment les *aires interambulacraires*. On distingue encore, disposées circulairement autour du pôle supérieur, les *plaques apicales* dont les unes portent les orifices des organes génitaux et sont, pour ce motif, appelées *plaques génitales;* l'une d'elles, connue sous le nom de *plaque madréporique*, est en connexion avec le canal du sable sur lequel nous aurons à revenir. Ces plaques sont placées au sommet des aires interambulacraires, tandis qu'au sommet des ambulacres, alternant avec les premières et sur un cercle extérieur, se trouvent les *plaques intergénitales* ou *ocellaires*.

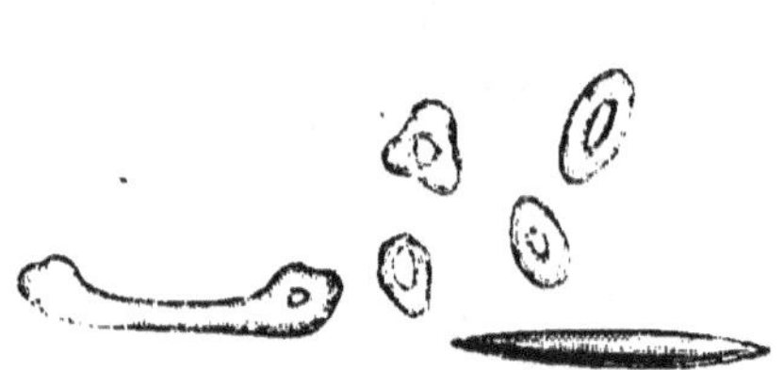

FIG. 166. — Concrétions calcaires des muscles de la Synapte de Duvernoy.

Chez les Étoiles de mer le squelette dermique est également formé par les plaques calcaires soudées, disposées en séries et s'étendant sur les bras; mais ceux-ci présentent en outre une charpente solide intérieure, constituée par des segments dont les pièces mobiles sont placées symétriquement, de chaque côté de la ligne médiane qui est marquée, à la face inférieure, par un sillon où sont logés les appendices ambulacraires. Ces sillons correspondent donc aux aires ambulacraires des Oursins.

Chez les Crinoïdes, au squelette dermique s'ajoute la charpente solide du pédoncule par lequel ces animaux sont fixés; elle est constituée par des pièces calcaires superposées, de forme arrondie ou pentagonale, et percées d'un trou au centre.

Chez les Holothuries, le squelette tégumentaire n'est représenté que par des pièces calcaires isolées, disséminées, présentant des formes particulières, plaques criblées, rosaces, etc. La peau est généralement très épaisse et en connexion avec des couches musculaires dont les fibres présentent une disposition annulaire ou formant des faisceaux longitudinaux. Parfois ces muscles renferment aussi des concrétions calcaires, par exemple, chez les Synaptes, où de Quatrefages les a observées (fig. 166).

A la surface du corps des Échinodermes, on remarque des appendices variés. Ce sont d'abord les épines ou piquants dont le test de ces animaux est généralement hérissé et d'où vient le nom qu'on leur a donné (Εχῖνος, hérisson, et δέρμα, peau). Ces appendices sont mobiles, articulés par la base avec des tubercules appartenant au squelette dermique et mus par des muscles spéciaux. La structure de ces piquants est rayonnée, et, sur des coupes transversales vues au microscope, elle donne lieu à des dessins d'une grande élégance.

FIG. 167.   FIG. 168.

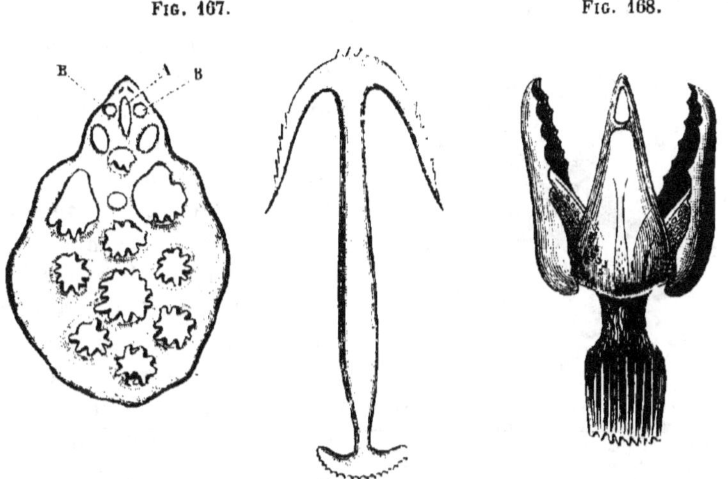

FIG. 167. — Hameçon et bouclier de la Synapte (d'après Quatrefages , *Annales des sciences naturelles*, 2ᵉ série, tome XVII). — **A**, ouverture qui reçoit une crête que présente la tige du hameçon au voisinage de la tête. — **B, B**, ouvertures où se logent les deux extrémités de la tête articulaire.
FIG. 168. — Pédicellaire de *Leiocidaris Stokesi*, d'après Perrier.

Chez les Synaptes, la peau est garnie de petits crochets en forme d'ancre, nommés *hameçons*, qui par leur tête s'articulent avec une pièce, percée de plusieurs ouvertures et située dans l'épaisseur du derme, qu'on appelle *bouclier* (fig. 167).

Chez les Oursins et les Étoiles de mer, il existe aussi de petits organes connus sous le nom de *pédicellaires* (fig. 168); ils consistent en une tige qui porte une pince à deux ou trois branches, formée par des pièces calcaires. Enfin, les pieds ambulacraires sont constitués par des tubes cylindriques, susceptibles d'extension et terminés par une espèce de ventouse au moyen de laquelle ils peuvent adhérer aux objets environnants. Une fois fixés par leur extrémité, ces appendices se raccourcissant font avancer le corps de l'animal qui se trouve ainsi halé, suivant un terme de marine. Ces tubes sont en rapport avec le système intérieur des vaisseaux aquifères dont nous parlerons plus loin, et se gonflent sous la pression du liquide qui leur est fourni par cet appareil. Leur distribution à la surface du corps est variable; quelquefois ils sont disséminés sur toute cette surface, par exemple chez certaines Holothuries, ou n'occupent que la face ventrale, comme on le voit chez d'autres animaux du même groupe, mais d'ordinaire ils forment cinq systèmes qui partent en rayonnant de la bouche, pour se porter vers le pôle apical, dans les aires ambulacraires.

Le système nerveux des Échinodermes est constitué par autant de troncs qu'il y a de rayons composant le corps; ces troncs sont unis par des commissures qui forment autour de l'œsophage un anneau nerveux; ils fournissent de nombreuses ramifications aux organes qui occupent les ambulacres. L'anneau œsophagien ne représente pas ici, comme dans les Invertébrés des autres groupes (Vers, Articulés, Mollusques), les parties nerveuses centrales; celles-ci se trouvent au contraire dans les cordons eux-mêmes qui, vers le milieu de leur longueur, sont renflés et renferment des cellules ganglionnaires (*cerveaux ambulacraires* de Jean Müller).

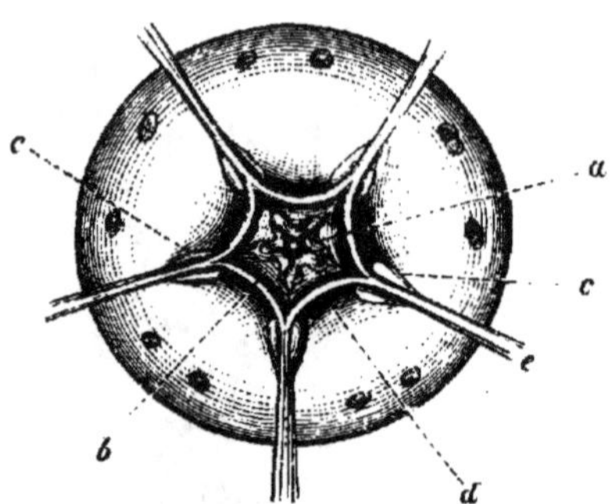

Fig. 169. — Anneau et troncs nerveux de l'*Echinus lividus* (d'après Krohn). — *a*, œsophage coupé en travers; *b*, fond de la cavité buccale; *c,c*, bandelettes qui lient ensemble les extrémités des pyramides de l'appareil masticateur; *d*, commissures nerveuses formant autour de l'œsophage un anneau pentagonal; *e. e*, troncs nerveux rayonnants (*cerveaux ambulacraires*).]

Dans les Holothuries, toutefois, l'anneau œsophagien paraît avoir la signification d'un organe central. Quoi qu'il en soit, nos connaissances sur la structure du système nerveux de ces animaux sont encore très incomplètes.

Les organes des sens sont bien peu développés. On regarde comme servant au tact les pieds ambulacraires et les tentacules circumbuccaux. L'existence d'organes visuels a été reconnue chez certains Échinodermes et en particulier chez les Astéries. Ces yeux, placés à l'extrémité des rayons sur la face ventrale, sont formés par une masse pigmentaire rouge entourant un grand nombre de cônes cristallins recouverts par une cornée simple; à ces cônes aboutissent des terminaisons nerveuses fournies par le nerf ambulacraire. Chez les Synaptes, il y aurait, d'après Baur, des vésicules auditives situées à l'origine des cordons nerveux rayonnants, mais la nature de ces organes est encore bien incertaine.

Le tube digestif est distinct de la cavité générale et s'ouvre d'ordinaire au dehors par deux orifices, une bouche et un anus. La première occupe l'une des extrémités de l'axe du corps, le pôle oral, tandis que l'anus est placé à l'extrémité opposée de cet axe ou en un point qui s'en rapproche plus ou moins; quelquefois il occupe à

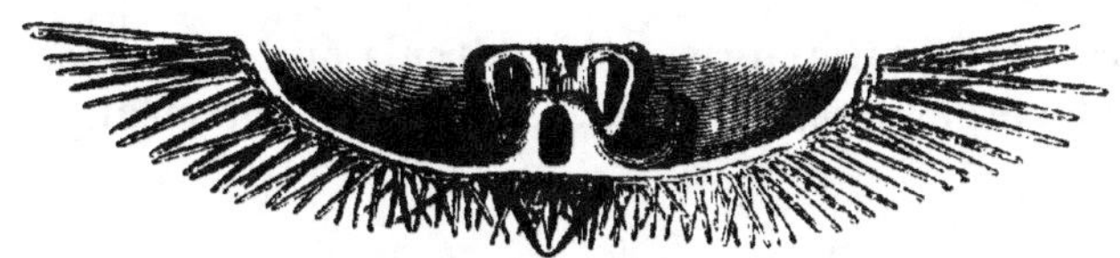

FIG. 170. — Lanterne d'Aristote, vue en place.

la face supérieure une position interradiale au voisinage de la bouche (Crinoïdes); dans certains cas il fait défaut et le tube digestif se termine en cul-de-sac (Ophiures, Euryales). Souvent la bouche est armée de pièces solides qui servent d'organes masticateurs et dont l'assemblage constitue l'appareil nommé *lanterne d'Aristote* (fig. 168) (Échinides). Cet appareil se compose de cinq mâchoires en forme de pyramides, à sommet dirigé en bas, et portant chacune une dent (fig. 171); chaque pyramide constituée par plusieurs pièces calcaires est creuse à l'intérieur et ouverte à sa base (fig. 172). Le canal digestif, divisé en œsophage, estomac et intestin, décrit des circonvolutions qui sont fixées par des brides membraneuses aux parois de la cavité viscérale; chez les Comatules, il est enroulé

FIG. 171.   FIG. 172.

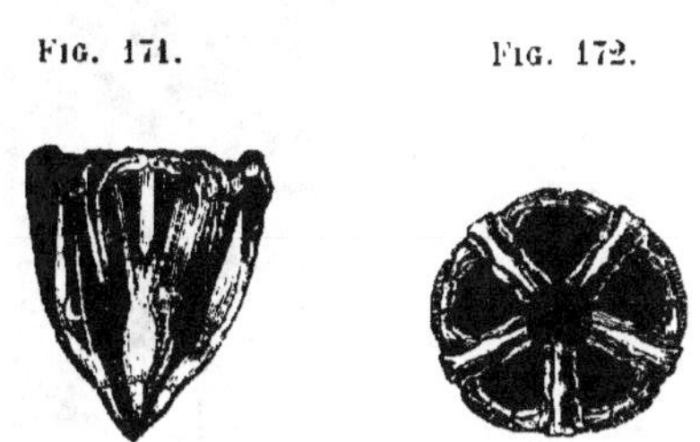

FIG. 171. — Lanterne d'Aristote, vue de profil.
FIG. 172. — Lanterne d'Aristote, vue en dessous.

en spirale autour d'un axe calcaire; chez les Astéries, ou Étoiles de mer, ce tube très raccourci a la forme d'une poche qui présente des diverticulums ramifiés et disposés par paires dans l'intérieur des bras (fig. 173). Il existe, en outre, dans les espaces interradiaires, des appendices cæcaux plus courts que les précédents, en connexion avec l'intestin et paraissant jouer le rôle d'organes urinaires.

L'appareil circulatoire des Échinodermes se compose de deux parties souvent décrites comme indépendantes : l'une formée par les vaisseaux du système ambulacraire (*appareil aquifère*), l'autre constituant le système vasculaire proprement dit; mais les recherches récentes de Perrier ont démontré la continuité de ces deux appareils entre lesquels il n'y a donc pas lieu d'établir la distinction absolue admise par certains auteurs. Perrier a reconnu en outre que, chez les Oursins, l'organe considéré unanimement jusqu'ici comme un cœur n'était autre chose qu'une glande, dont le produit de sécrétion est versé sous la plaque madréporique. Déjà Jourdain avait signalé la nature glandulaire du prétendu cœur des Astéries, et il n'existe chez aucun Échinoderme d'organe vasculaire central.

La première partie du système circulatoire correspondant à ce qu'on nomme l'appareil aquifère, est formée d'une manière générale

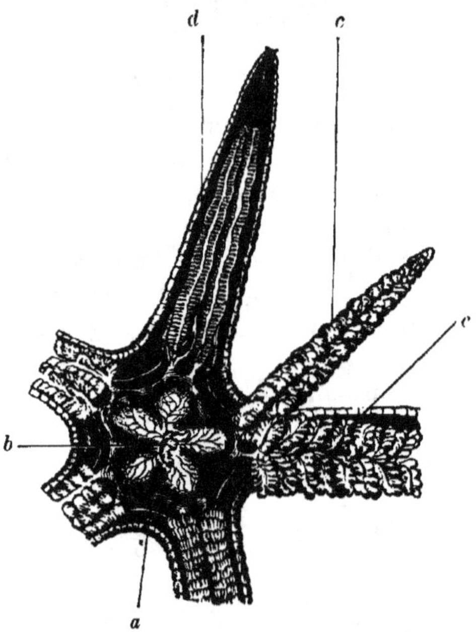

FIG. 173. — Appareil digestif de l'Astérie orangée, d'après Tiedemann.— *a*, estomac ; *b*, appendices cæcaux situés sur la face supérieure de l'estomac (organes excréteurs); *c, c*, cæcums rameux de l'estomac dans l'état de distension ; *d*, les mêmes dans leur état normal, mais ouverts.

de la façon suivante (fig. 174) : un tube appelé *canal pierreux* ou *canal du sable*, parce que sa paroi renferme des dépôts calcaires, et débouchant d'ordinaire sous la plaque madréporique, aboutit à un cercle vasculaire circumbuccal situé sur le plancher supérieur de la lanterne et qui porte cinq appendices contractiles en forme d'ampoules (*vésicules de Poli*). De ce cercle partent cinq canaux qui suivent, sur la face interne du test, les lignes méridiennes radiaires, et remontent vers le pôle apical, où ils se terminent en cul-de-sac. On donne à ces canaux l'épithète d'*ambulacraires*, parce qu'ils communiquent avec les pieds ambulacraires. Chacun d'eux présente, de chaque côté, une série d'expansions vésiculeuses que l'on a appelées improprement *branchies internes*.

L'autre portion de l'appareil circulatoire des Oursins consiste en deux vaisseaux qui longent le tube digestif, l'un du côté interne, vaisseau marginal interne, l'autre du côté externe, vaisseau marginal externe, et souvent appelés le premier *artère intestinale*, et le second *veine intestinale* (fig. 175). C'est par une branche anastomotique de l'artère intestinale avec le canal circulaire que s'établit la communication qui existe entre les deux parties du système vasculaire. A la veine intestinale est annexé un canal qui en tire son origine par

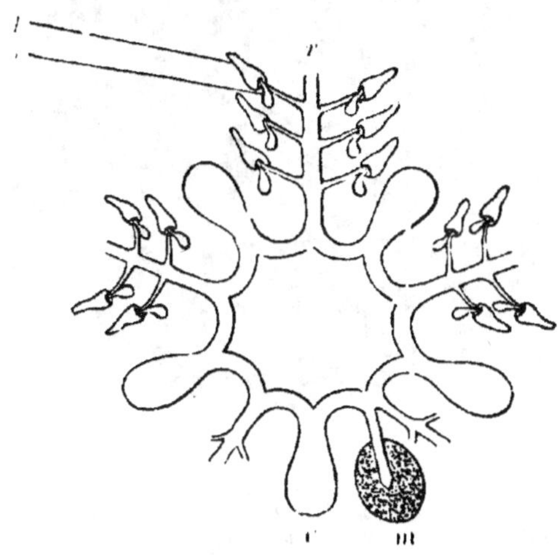

Fig. 174. — Schéma de l'appareil aquifère des Astéries. — *r*, canal ambulacraire avec ses expansions vésiculeuses latérales, *a*. — *p*, pieds ambulacraires. — *P*, vésicules de Poli. — *m*, plaque madréporique avec le canal du sable.

une dizaine de branches et qui, après un trajet circulaire au-dessous de l'intestin, vient déboucher dans le même vaisseau; Perrier lui a donné le nom de *canal collatéral*.

Les vaisseaux marginaux ne fournissent de ramifications qu'à la première courbure de l'intestin, qui paraît être spécialement affectée au service de la digestion, tandis que la seconde courbure serait le siège de phénomènes respiratoires. En effet, celle-ci se remplit d'eau de mer par l'intermédiaire d'un tube qui, de la partie supérieure de l'œsophage, s'étend le long du bord interne de l'intestin, et vient s'ouvrir dans ce canal au niveau de la seconde courbure; Perrier désigne ce tube sous le nom de *siphon intestinal* (fig. 175, *x*).

La respiration s'effectue, chez les Échinodermes, au moyen d'organes divers. Nous venons de voir qu'une portion du tube digestif intervenait dans l'accomplissement de cette fonction, mais il faut placer au premier rang, parmi les parties servant à cet usage, les appendices ambulacraires qui reçoivent le liquide sanguin poussé par les petites ampoules placées à l'intérieur du corps, et nommées branchies internes (fig. 175, *f*) parce qu'on les regardait à tort comme des instruments spéciaux de respiration. Ce sont, en réalité, des

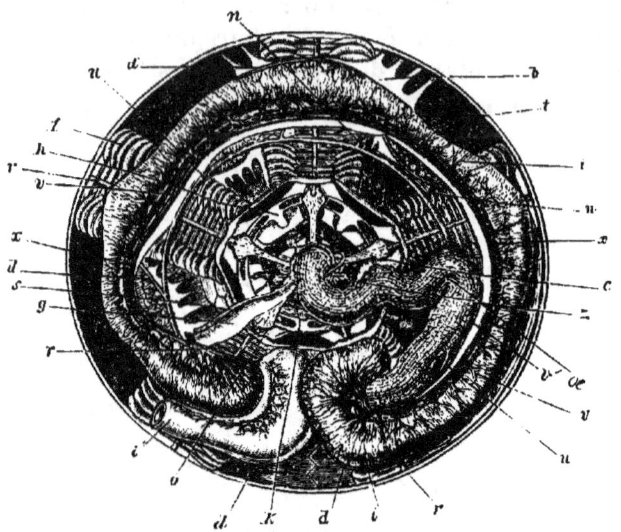

Fig. 175. — Appareil vasculaire de l'*Echinus sphera*, d'après Perrier. — *t*, test calcaire; *œ*, œsophage; *i*, première courbure de l'intestin; *i'*, seconde courbure coupée tout près de sa naissance pour laisser voir les détails de la première; *b*, brides unissant au test le bord dorsal de l'intestin; *h*, pyramides de la lanterne d'Aristote; *k*, plumes dentaires; *o*, auricules; *g*, glande excrétrice (prétendu cœur); *s*, canal du sable; *c*, anneau vasculaire situé sur le plan supérieur de la lanterne et auquel aboutit le canal du sable; *z*, vésicules de Poli; *r*, vaisseaux ambulacraires; *v'*, vaisseau naissant de l'anneau *c*, remontant le long de l'œsophage et se réfléchissant sur le bord libre de l'intestin pour former le vaisseau marginal interne *v*; *d*, vaisseau marginal externe. Ce vaisseau ne se prolonge ni sur l'œsophage ni sur la plus grande partie de la seconde courbure de l'intestin. Il est réuni tout le long de la première courbure avec le vaisseau *v*, par des arborescences vasculaires formant un réseau capillaire très riche; *u*, grand canal de dérivation du vaisseau *d*, flottant librement dans la cavité générale et s'abouchant dans ce canal par ses deux extrémités (*canal collatéral*); *n*, branches vasculaires ascendantes faisant communiquer le vaisseau *u* avec le vaisseau *d*; *f*, feuillets des branchies internes; *x*, *siphon intestinal*.

réservoirs contractiles qui agissent comme des pompes dans l'extension ou la rétraction des pieds ambulacraires.

Il existe parfois à la surface du corps d'autres prolongements en forme de cæcums qui communiquent, non avec l'appareil aquifère comme les précédents, mais avec la cavité générale. On les considère aussi comme des organes respiratoires, et on les désigne sous le nom de *branchies dermiques;* tels sont les petits cæcums simples que l'on observe à la région dorsale des Astéries et ces appendices rameux qui, au nombre de cinq paires, sont placés dans les échancrures du test autour de la bouche, chez les Échinides. Chez les

Holothuries, on trouve un appareil particulier que Milne Edwards a appelé *trachée aquifère* (fig. 176, L, L'L''). Il consiste en un gros tronc qui part de la portion terminale du canal intestinal et qui bientôt se divise et se ramifie en un grand nombre de tubes membraneux terminés en cul-de-sac. L'ensemble de ces tubes constitue un système qui s'étend dans presque toute la longueur de la cavité viscérale et se remplit d'eau par l'intermédiaire de l'anus. Sa surface interne est munie d'un épithélium ciliaire. L'eau, introduite dans cet appareil, est ensuite rejetée avec force par les contractions de la paroi du corps et produit ainsi un mouvement de progression assez rapide.

La reproduction est généralement sexuelle et les sexes, chez les

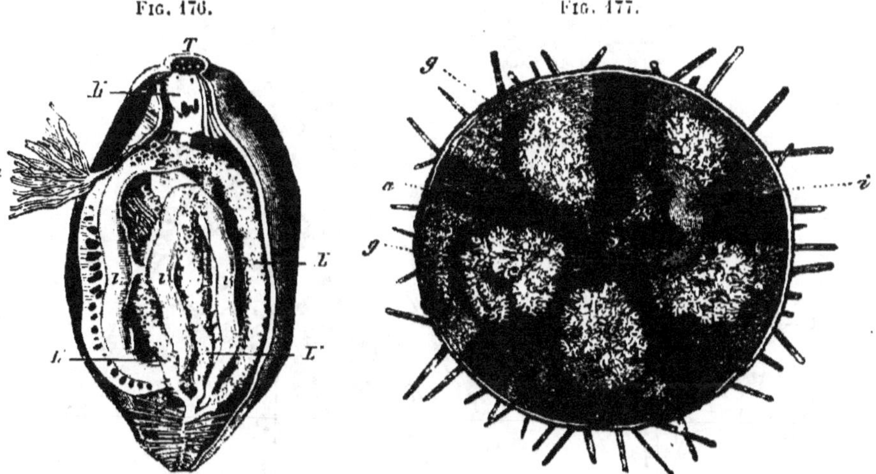

FIG. 176.   FIG. 177.

FIG. 176. — *Haplodactyla holothuroïdes*, d'après Selenka. — L L'. L'', tubes foliacés respiratoires — T, orifice buccal. — K, cercle calcaire. — I, tube intestinal. — G, appareil reproducteur.

FIG. 177. — Organes sexuels d'un Oursin (*Echinus napolitanus*). — *a*, ampoules des ambulacres (*branchies internes*); *i*, dernière portion de l'intestin; *g*, glandes sexuelles.

Synaptes excepté, sont séparés, mais il n'y a pas de caractères différentiels entre les individus mâles et femelles. Les organes reproducteurs, constitués simplement par les glandes sexuelles et leurs canaux d'excrétion, ont la même structure, que ce soient des ovaires ou des testicules, et leur nature ne se révèle que par l'examen des produits sécrétés. Il n'y a pas d'accouplement ; la fécondation se fait à l'extérieur par l'intermédiaire de l'eau ambiante.

Cinq glandes placées autour du pôle dorsal, dans les espaces interradiaux, constituent, chez les Oursins, les ovaires ou les testicules (fig. 177); leurs canaux excréteurs débouchent au dehors par cinq orifices qui occupent les plaques génitales dont il a été question plus haut. On trouve chez les Stellérides une disposition analogue des

organes reproducteurs, mais, dans certains cas, les canaux évacuateurs manquent et les œufs tombent dans la cavité générale du
corps. Ils en sortent, chez les Ophiurides, par des fentes situées à
la face ventrale, entre les bras. Les Holothuries ont leurs glandes
génitales constituées par une touffe de tubes en cæcum, plus ou
moins ramifiés, ayant un canal excréteur commun qui s'ouvre dans la
région antérieure du corps au voisinage de la bouche (fig. 176, G).
Les organes reproducteurs des Synaptes, ont, par leur conformation,

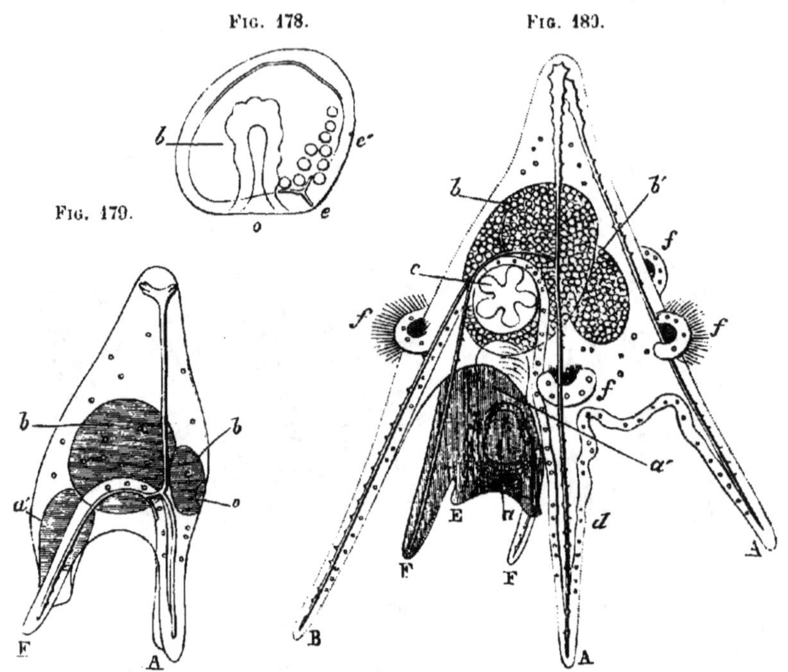

FIG. 178. — **Larve de l'*Echinus pulchellus*, deux jours après la fécondation. — *o*, premier
orifice de la cavité digestive, *b*; *e*, premier état des tiges calcaires; *e'*, cellules qui se
montrent dans l'endroit où commence la sécrétion calcaire.
FIG. 179. — **Larve de l'*Echinus pulchellus*; sept jours après la fécondation. — *a*, bouche;
a', pharynx; *b*, estomac; *b'*, intestin; *o*, anus; A, bras ventraux du voile ou de la marquise;
F, bras de l'appareil buccal ou du voile oral.
FIG. 180. — **Larve de l'*Echinus pulchellus*. — Mêmes lettres, et de plus : *d*, frange ciliée;
f, épaulettes ciliées; *c*, disque échinodermique; B, bras latéraux postérieurs; E, bras
accessoires de l'appareil buccal (d'après J. Müller).

beaucoup d'analogie avec les précédents, mais ce sont des organes
hermaphrodites; en effet, dans chaque tube, il se développe à la
fois des cellules ovariques et des cellules spermatiques.

L'embryon des Échinodermes se présente d'abord sous forme
d'une larve sphérique dont la surface est recouverte de cils vibratiles. Bientôt apparaît en un point une dépression qui s'enfonce de
plus en plus et donne naissance à une cavité représentant l'appareil

digestif (*Gastrula*). Cette cavité n'a alors qu'un seul orifice qui deviendra l'anus, la bouche se formant plus tard (fig. 178). De très bonne heure on observe la première ébauche du système aquifère consistant en un canal terminé en ampoule, et qui s'ouvre au dehors par un orifice auquel on a donné, à cause de sa position, le nom de *pore dorsal*. Ce pore indique l'endroit où se développera plus tard la plaque madréporique, et le canal qui lui fait suite devient le canal pierreux.

En se développant, les larves subissent des modifications différentes connues depuis les travaux de J. Müller, et les diverses formes qui en résultent ont reçu les noms de *Pluteus, Bipinnaria, Brachiolaria* et *Auricularia*. Toutes ces larves sont bilatérales et

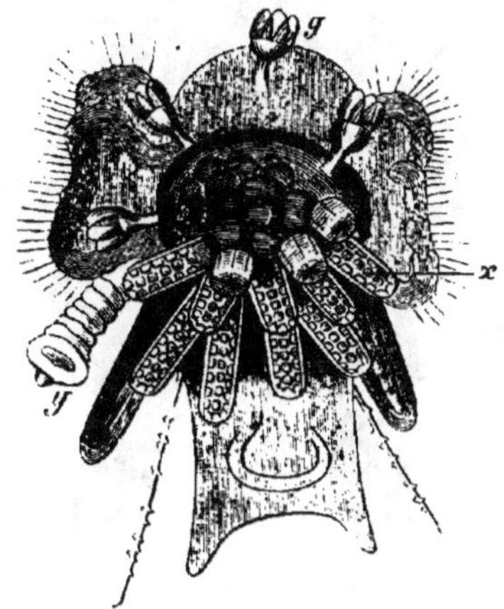

Fig. 181. — Larve se transformant en Échinoderme. — *g*, pédicellaires; *y*, tentacules; *x*, ambulacres (d'après J. Müller).

pourvues d'une frange ciliée qui, placée sur les côtés du corps, s'étend sur ses deux faces et, dans la région ventrale, circonscrit par deux cordons transversaux un espace où se trouve la bouche. La forme des larves se modifie surtout en ce que, sur les bords du corps, se développent des appendices variés le long desquels s'étend la frange ciliée. Parfois ces appendices allongés renferment des tiges calcaires (dans la forme de *Pluteus*) dont la présence donne aux larves un aspect particulier qui leur a valu le nom de *Staffelei,* en allemand chevalet, pour rappeler leur forme singulière (fig. 180). Cette forme appartient aux larves des Oursins (fig. 179-81) et des Ophiures (fig. 182).

Les *Bipinnaria,* nom sous lequel Sars avait décrit, en 1835, un animal énigmatique (*B. asterigera*), furent plus tard reconnues par lui pour être des Astéries en voie de développement, opinion confirmée par les observations de Koren et Daniellsen, mais surtout par celles de J. Müller. Les Bipinnaria n'ont pas de squelette calcaire : la frange ciliée qu'elles portent « entoure le corps comme une élégante écharpe » (Müller). Elle est double, et les deux cordons qui la composent sur les côtés du corps, l'un passant en dessus et l'autre en dessous de la bouche, il s'ensuit que la partie antérieure de la face ventrale est circonscrite par une bordure ciliée. Cette disposition est caractéristique des Bipinnaria (fig. 183), pourtant on la trouve aussi chez les *Brachiolaria*, larve très voisine des

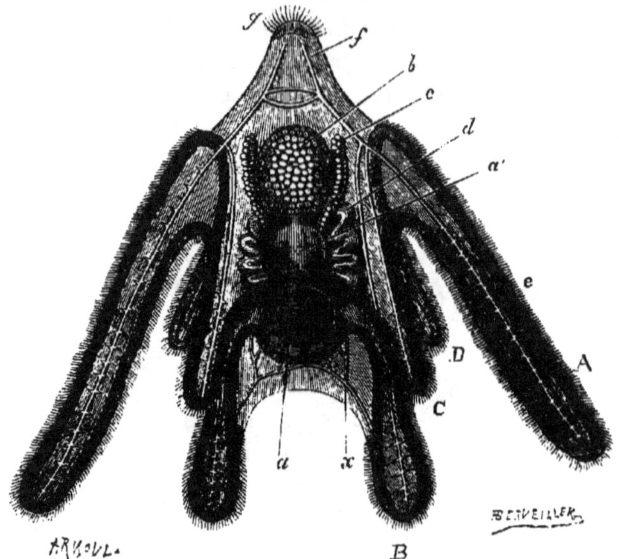

Fig. 182. — *Pluteus paradoxus*, larve d'Ophiure. — A, A, bras latéraux. — B, B, bras inférieurs. — C, C, bras antérieurs. — D, D, bras postérieurs. — *a*, bouche ; *a'*, œsophage ; *b*, estomac ; *c*, corps granuleux ; *d*, petits cæcums, premier indice du développement de l'étoile ; *e*, frange ciliée ; *f*, tiges calcaires du squelette ; *g*, bourrelet cilié de l'extrémité supérieure ; *x*, noyaux et filets nerveux (d'après J. Müller).

précédentes, mais qui s'en distingue par la présence sur la partie antérieure du corps de trois bras contractiles.

Les larves d'Holothuries, *Auricularia* (fig. 184), n'ont pas de tiges calcaires et ne présentent pas le champ ventral antérieur, entouré par la frange ciliée propre aux Bipinnaria et aux Brachiolaria. Le nom qui leur a été donné vient de ce que les appendices postérieurs dorso-ventraux ont la forme d'auricules. Ces mêmes appendices se trouvent plus ou moins développés chez les autres larves, à l'exception des larves d'Oursins, où ils font défaut. On y voit, chez certaines Auricularia, de petites roues calcaires caractéristiques (fig. 185). La transformation des larves en Échinodermes se fait, dans la plupart des cas, par une sorte de bourgeonnement comparable à la phase asexuée d'une génération alternante, de sorte que, d'après Müller, il

n'y aurait pas là des larves à proprement parler et dans l'acception qu'on donne en zoologie à ce mot, mais plus exactement des
nourrices, suivant l'expression de Steenstrup, pour désigner les
formes asexuées qui produisent un animal nouveau et lui four-

FIG. 185.

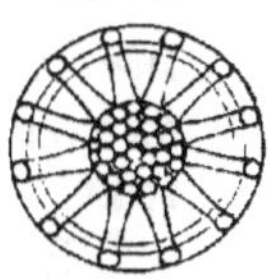

FIG. 183.

FIG. 184.

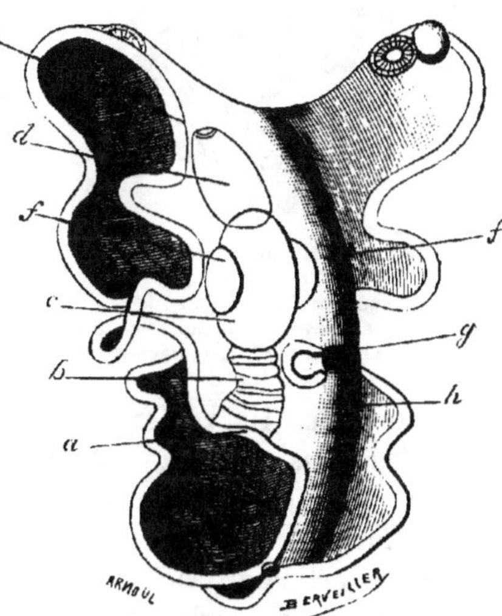

FIG. 183. — *Bipinnaria* (larve d'Astérie), vue par la face ventrale. — *b,* œsophage; *c,* estomac. (*Ann. des sc. nat.,* 3e série, t. XIX.)

F IG. 184. — *Auricularia* (larve d'Holothurie), vue par la face dorsale. — *a,* bouche ; *b,* œsophage; *c,* estomac ; *d,* intestin ; *e,* anus ; *g,* filament canaliculé attaché latéralement sur
la face dorsale; *h,* vésicule qui lui est suspendue et aux dépens de laquelle se forme la
couronne de tentacules. (*Ann. des sc. nat.,* 3e série, t. XX.)

FIG. 185. — Petite roue calcaire grossie.

nissent la nourriture nécessaire pendant les premiers temps de son
existence.

Dans le développement des Auricularia on observe une période
analogue à celle pendant laquelle la chrysalide se transforme en papillon. Lorsque se montrent les premiers phénomènes qui dénotent
la formation du corps de l'Holothurie, l'apparence extérieure de la
larve se modifie et devient celle d'un tonneau garni de cinq cercles
ciliés (fig. 186), sorte de nymphe dans laquelle s'opère la métamorphose.

Parfois l'état larvaire est très réduit ou fait même défaut et le développement est direct ; c'est en particulier ce qui arrive quand l'embryon se développe dans une cavité incubatrice de l'organisme maternel, chez certaines espèces vivipares telles que le *Pteraster militaris* parmi les Astérides, l'*Amphiura squamata* parmi les Ophiurides, le *Phyllophorus urna* parmi les Holothurides.

Depuis longtemps on a observé la facilité avec laquelle les Étoiles de mer reproduisent les bras qu'elles ont accidentellement perdus ; dans certains cas même la multiplication de ces animaux peut s'effectuer par scissiparité spontanée.

Les Échinodermes sont tous marins ; ils rampent en général à l'aide de leurs tubes ambulacraires, mais certains d'entre eux, les Crinoïdes, sont fixés au sol et portés sur une

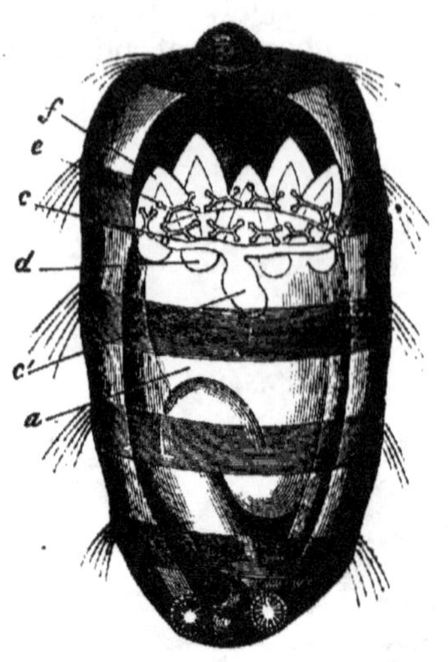

Fig. 186. — Chrysalide d'Holothurie. — *a*, intestin ; *c*, canal circulaire du système aquifère ; *c'*, vésicule de Poli ; *d*, vésicules avec les doubles noyaux ; *e*, anneau calcaire ; *f*, tentacules.

longue tige. Ils renferment un nombre considérable de formes fossiles appartenant en grande partie aux terrains sédimentaires les plus anciens. On les divise en quatre classes :

I. Corps en forme de coupe ou de calice, généralement fixé par une tige articulée ; bouche supérieure : *Crinoïdes.*

II. Corps de forme pentagonale ou étoilée ; bouche inférieure : *Astéroïdes.*

III. Corps globuleux ou discoïde ; bouche inférieure : *Échinides.*

IV. Corps allongé, cylindrique ; bouche antérieure, anus terminal : *Holothurides.*

1re CLASSE. — CRINOÏDES

Les Crinoïdes comprennent surtout des formes fossiles appartenant à l'époque paléozoïque et ne sont représentés dans la faune actuelle que par un petit nombre d'espèces vivantes. Ces animaux sont fixés au sol par une tige calcaire articulée naissant de leur pôle apical et portant de distance en distance des cirres rangés en verticilles. Leur corps a la forme d'une coupe ou d'un calice composé de pièces calcaires disposées avec beaucoup de régularité et dont les bords donnent naissance à des bras articulés simples ou

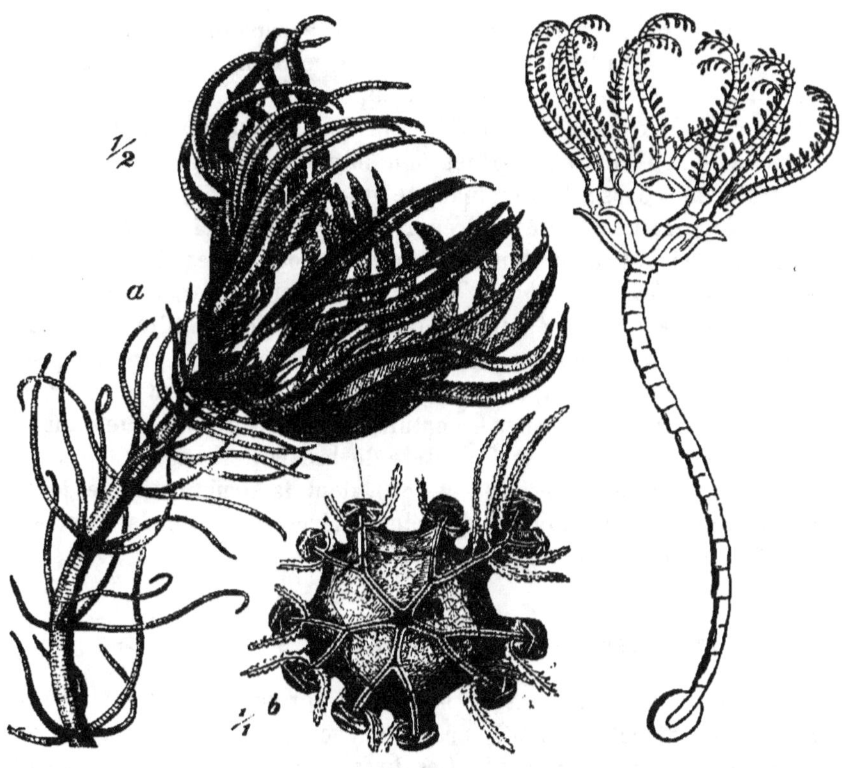

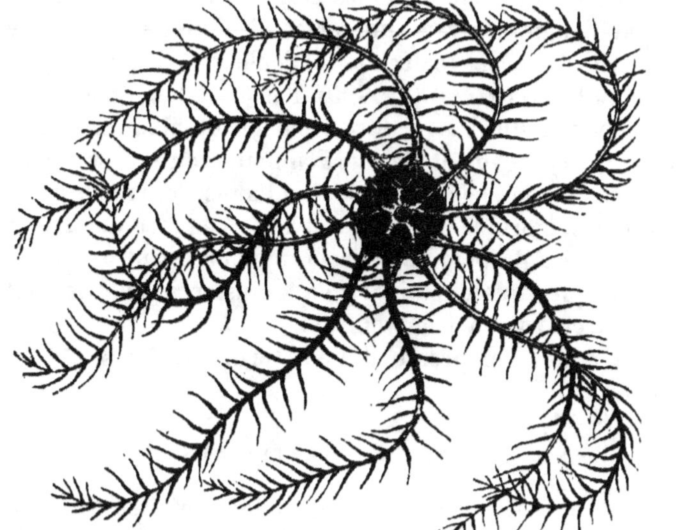

FIG. 187. — a, *Pentacrinus caput medusæ*; b, disque calicinal du même, vu d'en haut, les bras enlevés.
FIG. 188. — Larve de *Comatula*.
FIG. 189. — *Comatula mediterranea*, vue en dessous.

ramifiés. Sur ces bras on remarque des expansions latérales que l'on appelle *pinnules* à cause de leur disposition, et où s'élaborent les produits sexuels ; à leur face supérieure se trouve un sillon comparable aux ambulacres des Stellérides (*sillons ambulacraires*). La bouche et l'anus sont situés non loin l'un de l'autre à la face ventrale du corps ; l'anus manque quelquefois ; on ne trouve ni canal pierreux ni plaque madréporique. Parmi les rares formes de Crinoïdes vivant actuellement nous citerons : les Pentacrines, *Pentacrinus caput medusæ* (fig. 187) qu'on trouve à vingt-cinq brasses environ de profondeur dans la mer des Antilles, *Pentacrinus Wywille Thomsoni* récemment découvert à de grandes profondeurs (1095 brasses) dans les dragages faits à bord du *Porcupine* par Gwyn Jeffreys ; les Comatules qui n'ont de tige que dans le jeune âge, par exemple la Comatule de la Méditerranée, *Comatula mediterranea* Lam. (fig. 188 et 189), dont la structure et le développement ont été l'objet d'études intéressantes de la part de W. Thomson, Carpenter, Ed. Perrier.

2e CLASSE. — ASTÉROÏDES OU STELLÉRIDES

Les Stellérides doivent ce nom à la forme souvent étoilée de leur corps discoïde, aplati, présentant en général cinq rayons ou bras plus ou moins allongés. Ces bras sont creusés inférieurement d'une gouttière qui loge les tubes ambulacraires, et qui est déterminée par l'angle rentrant que forme, à l'intérieur des bras ; une double série de pièces calcaires articulées et disposées par paires (*plaques ambulacraires*) (fig. 190). Dans ce sillon fermé en dessous par une peau molle, ou recouvert parfois de plaques solides, sont contenus le vaisseau et le nerf ambulacraires. La bouche est située au centre de la face ventrale, et l'anus s'ouvre au pôle apical, mais ce dernier orifice manque souvent. A la face dorsale, on voit, chez les Astéries, la plaque madréporique occupant une position un peu excentrique ; quelquefois il y en a plusieurs ; chez les Ophiures, elle est placée sur la face ventrale.

Les Astéroïdes comprennent deux ordres : les *Astérides* et les *Ophiurides*.

ORDRE I. — ASTÉRIDES

La forme des Astérides est pentagonale ou étoilée par le prolongement des rayons qui constituent les bras ; ceux-ci présentent à la face inférieure un sillon plus ou moins profond portant deux ou quatre rangées de pieds ambulacraires ; ils renferment dans

leur intérieur des appendices du tube digestif et souvent une
portion des organes reproducteurs. L'anus fait rarement défaut. A
la face dorsale, on trouve des pédicellaires et des branchies der-

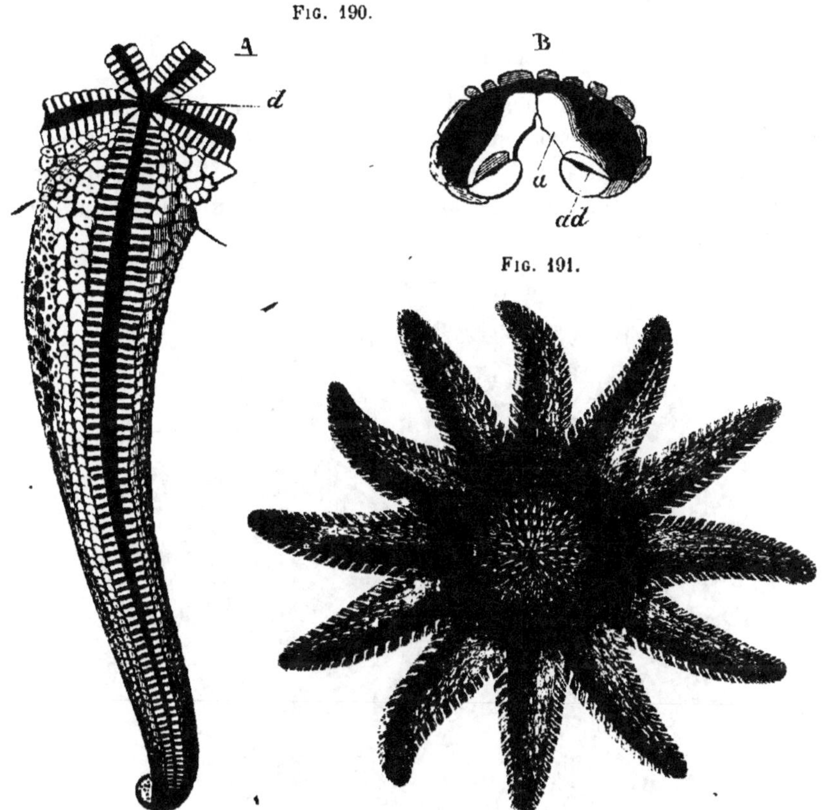

Fig. 190.

Fig. 191.

Fig. 190. — Squelette des Stellérides. — A, *Echinaster sepositus*, vu en dessous : *d*, dent. —
B, section d'un bras du même : *a*, pièce ambulacraire : *ad*, pièce adambulacraire (d'après
Viguier).
Fig. 191. — Astérie à aigrettes.

miques. La plupart des Astéries passent par l'état larvaire sous
forme de *Bipinnaria* ou de *Brachiolaria*.

On range les Astérides en un certain nombre de familles dont les
principales sont (1) :

Les ASTÉRIADÉS, ainsi nommés du genre *Asterias* L. auquel appartiennent les Étoiles de mer communes sur nos côtes, l'Astérie
vulgaire ou rougeâtre (*A. rubens*), l'Astérie glaciale (*A. glacialis*), l'Astérie à aigrettes (*Solaster papposus*) (fig. 191), etc. ;

(1) Voy. C. Viguier, *Anatomie comparée du squelette des Stellérides.* Thèse, 1879.

Les Échinastéridés, qui portent à leur surface des épines plus ou moins longues.

Les Astropectinidés, dépourvus d'anus, qui ont pour type l'Astérie orangée (*Astropecten aurantiacus*).

ORDRE II. — OPHIURIDES.

Les Ophiurides sont caractérisés par leurs bras généralement arrondis, très mobiles, souvent très longs et portés comme des appendices flexibles par le corps, de forme discoïde (fig. 192). Les organes digestifs et génitaux ne se prolongent pas dans leur intérieur ; des

FIG. 192. — *Euryale (Astrophyton) verrucosum.*

pièces calcaires dermiques recouvrent les sillons ambulacraires ; il n'y a pas de pédicellaires ; le tube digestif n'a qu'un seul orifice. Chez quelques Ophiurides le développement est direct, mais, en général, il y a métamorphose, et les larves ciliées se présentent sous forme de *Pluteus*.

Cet ordre comprend les *Ophiures*, qui se distribuent en un petit nombre de familles, et les *Euryales*, qui se distinguent des premiers par leurs bras ramifiés, enroulés du côté de la bouche, à sillon ventral formé par une peau molle. Une remarquable espèce appartenant à ce groupe est celle de l'*Astrophyton arborescens* (Rondelet) qui se trouve dans la Méditerranée.

3ᵉ CLASSE. — ÉCHINIDES.

Le corps des Échinides est globuleux, parfois déprimé ou ovulaire ; il est revêtu d'un test calcaire formé par la réunion de plaques polygonales soudées entre elles ; sa surface est armée de piquants articulés et mobiles. On y distingue des zones méridiennes au nombre de dix, alternant entre elles et formées chacune par deux rangées de plaques ; ce sont les aires ambulacraires ou ambulacres et les aires interambulacraires. Parfois les ambulacres, circonscrits dans leur étendue, forment sur la face dorsale du squelette une rosette à cinq lobes pétaloïdes (Clypéastres, Spatangues), (fig. 195).

La bouche est située au pôle inférieur, quelquefois excentrique

FIG. 193. — Test d'Oursin dont une moitié est dépourvue de ses piquants.

(Spatangues); généralement elle est armée d'un appareil puissant de mastication connu sous le nom de Lanterne d'Aristote. Cet appareil se compose d'un certain nombre de pièces calcaires qui constituent par leur réunion cinq mâchoires en forme de pyramides renversées, terminées chacune par une dent à leur sommet (fig. 171). L'anus s'ouvre au pôle apical, à l'opposite de la bouche, ou bien il est placé excentriquement et plus ou moins rapproché du bord du test, quelquefois même à la face ventrale (fig. 194). Autour de l'ouverture anale sont les plaques génitales qui portent les orifices des organes de la génération. Les Échinides ne se développent pas directement et passent par la forme larvaire de *Pluteus*.

Ces animaux ont des mouvements, se déplacent par reptation ; ils se nourrissent de petits coquillages et d'algues marines. Certaines espèces se creusent dans les rochers des trous proportionnés à leur taille. De nombreuses formes fossiles appartenant à cette classe se rencontrent dans les couches terrestres, principalement dans celles des époques secondaire et tertiaire.

On divise les Échinides en *Réguliers* et *Irréguliers.*

ORDRE I. — ÉCHINIDES RÉGULIERS.

Les Échinides réguliers, Oursins proprement dits de Lamarck, ont, en général, une forme sphéroïdale ; leur bouche est centrale et munie d'un appareil masticateur ; l'anus est placé à l'opposite ; les ambulacres s'étendent comme des méridiens d'un pôle à l'autre.

Dans ce groupe prennent place :

Les CIDARIDÉS, remarquables par la double rangée de gros tubercules perforés qu'ils portent sur les aires ambulacraires ;

Les OURSINS, dont plusieurs espèces sont communes sur nos côtes, et sont recherchées comme comestibles : *Echinus esculentus; E. melo...;*

Les ECHINOMÈTRES, de forme oblongue par allongement de leur diamètre transversal, etc.

ORDRE II. — ÉCHINIDES IRRÉGULIERS.

Le test de ces Échinides s'éloigne de la forme sphéroïdale ; tantôt il est déprimé, tantôt ovalaire ou cordiforme ; l'anus n'est pas placé à l'opposite de la bouche ; les ambulacres sont généralement péta-

FIG. 194.

FIG. 195.

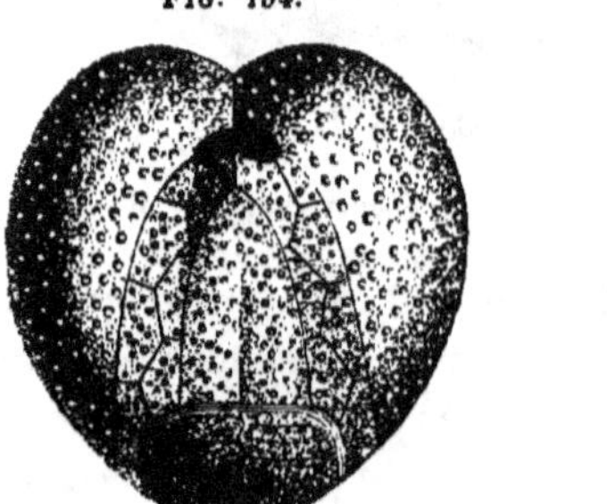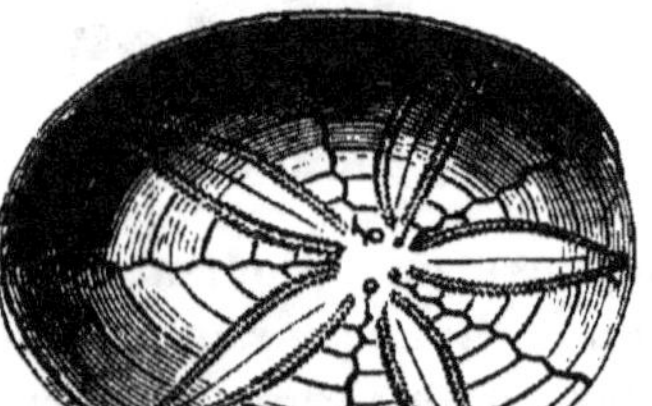

FIG. 194. — *Micraster cor anguinum.*
FIG. 195. — *Echinolampas* montrant les ambulacres pétaloïdes.

loïdes et le plus souvent inégaux. Cet ordre se partage en trois familles :

Les CLIPÉASTRIDÉS, à bouche centrale et pourvue d'un appareil masticateur, comme dans les Oursins réguliers ;

Les CASSIDULIDÉS, à bouche centrale ou très voisine du centre, mais sans appareil masticateur ;

Les SPATANGIDÉS, à bouche sans appareil masticateur, comme dans les Cassidulidés, mais excentrique et portée en avant (fig. 194).

4ᵉ CLASSE. — HOLOTHURIDES.

Ces Échinodermes sont de forme allongée et cylindrique; leur corps n'est pas recouvert d'un test solide, celui-ci n'étant représenté que par des dépôts calcaires contenus dans les téguments mous et coriaces. A l'extrémité antérieure se trouve la bouche entourée de tentacules le plus souvent rétractiles ; à l'extrémité opposée s'ouvre l'anus. Ces animaux montrent le passage de la symétrie rayonnée à la symétrie bilatérale, et l'on distingue chez eux deux faces : l'une dorsale, l'autre ventrale. Les tubes ambulacraires sont rangés en séries longitudinales au nombre de cinq, représentant les aires ambulacraires, mais, parfois, ils sont irrégulièrement distribués ou ne se développent que sur la face ventrale qui devient ainsi une face plantaire (*Psolus*). Chez les Synaptes les tubes ambulacraires font complètement défaut.

Le système musculaire présente un développement en rapport avec l'absence d'un squelette dermique. Il consiste en une couche de fibres annulaires placée sous la peau et, au dedans de cette couche, en cinq faisceaux rubanés de fibres longitudinales, irrégulièrement espacés entre eux. Ces faisceaux s'insèrent en avant sur un anneau calcaire solide qui entoure l'œsophage et se compose généralement de dix pièces. Auprès du bord antérieur de ce cercle, et intérieurement à lui, se trouve l'anneau nerveux d'où partent cinq cordons qui se dirigent vers l'extrémité postérieure du corps en longeant les muscles longitudinaux ; l'anneau nerveux fournit aussi des nerfs aux tentacules.

Le canal pierreux s'ouvre librement dans la cavité du corps au lieu d'aboutir à une plaque madréporique qui fait ici défaut. Les organes respiratoires sont représentés chez les Holothuries par la trachée aquifère dont nous avons déjà parlé (fig. 176). Chez les Synaptes, on regarde comme tels des canaux longitudinaux qui sont peut-être les analogues de la trachée aquifère et qui s'ouvrent dans la cavité générale par des orifices en forme d'entonnoir.

L'appareil de la génération n'est plus constitué par des glandes séparées comme chez les autres Échinodermes, mais par une seule masse de tubes en cæcum groupés à l'extrémité d'un canal excréteur commun.

Chez les Synaptes, ces glandes sont hermaphrodites. Le développement est tantôt direct, tantôt compliqué de métamorphoses, et, dans ce cas, les larves présentent la forme d'*Auricularia*.

On divise les Holothurides en *Pédicellés* et *Apodes*, suivant qu'ils sont pourvus ou non de pieds ambulacraires.

ORDRE I. — PÉDICELLÉS.

Les Pédicellés sont caractérisés par la présence de tubes ambulacraires, par l'existence d'une trachée aquifère et par la séparation

Fig. 196. — Holothurie tubuleuse.

des sexes. On peut les partager d'après la forme de leurs tentacules en deux familles établies par Brandt : les Aspidochirotes (de ἀσπίς,

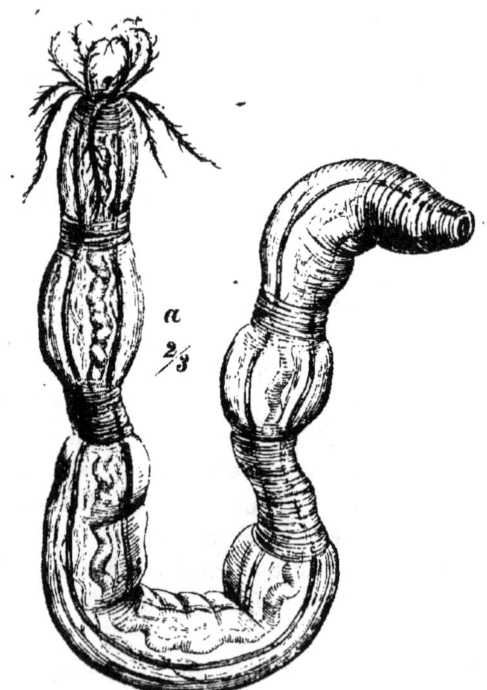

Fig. 197. — Synapte de Duvernoy.

ίδος, bouclier, et χείρ, bras), et les Dendrochirotes (de δένδρον, arbre, et χείρ, bras).

Le genre Holothurie prend place parmi les premiers. L'*Holothuria tubulosa* (fig. 196) est commune dans la Méditerranée et utilisée comme aliment par la classe pauvre dans plusieurs pays du littoral. Certaines espèces, *H. edulis*, *H. tremula*, sont très recherchées comme comestibles aux îles Moluques, en Chine, et, sous le nom vulgaire de *Trépang*, font l'objet d'un commerce important.

ORDRE II. — APODES.

Les animaux de cet ordre se distinguent des précédents par l'absence de tubes ambulacraires. Les uns possèdent un arbre respiratoire, ce sont les Molpadidés ; les autres en sont dépourvus, ce sont les Synaptidés. Ces derniers sont hermaphrodites ; les premiers le seraient également, d'après Semper (?). L'hermaphrodisme des Synaptes, et beaucoup d'autres particularités intéressantes de leur organisation, ont été dévoilés par de Quatrefages qui, en 1841, en a étudié aux îles Chausey une espèce nommée par lui Synapte de Duvernoy (1) (fig. 197).

(1) De Quatrefages, *Mémoire sur la Synapte de Duvernoy* (*An. des sc. nat.*, 2ᵉ série, 1842, t. XVII).

TROISIÈME EMBRANCHEMENT

ANNELÉS OU ENTOMOZOAIRES

On réunit dans cette grande division les animaux dont le corps se compose de segments ou anneaux plus ou moins distincts et placés à la suite les uns des autres. Ces segments qui se répètent ainsi, offrant entre eux une certaine uniformité de structure, constituent des *zoonites* ou *métamères*.

C'est ce caractère essentiel que rappellent les noms d'Annelés et d'Entomozoaires donnés à ces animaux.

La forme du corps est déterminée par une couche externe cuticulaire plus ou moins solide et formée d'une matière spéciale, la *chitine*, dont la dureté s'augmente souvent par le dépôt de sels calcaires, par exemple chez les Crustacés. Cette enveloppe résistante fournit des points d'attache aux muscles et constitue ce qu'on appelle un squelette extérieur ou *squelette épidermique*. Chaque anneau com-

F_{IG} 199.

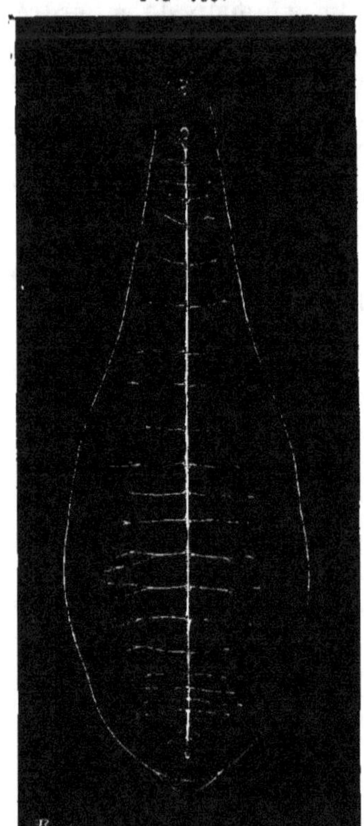

F_{IG}. 198.

F_{IG}. 198. — Coupe verticale d'un anneau du corps d'un Annélide. — *br*, branchies, et *c*, cirre correspondant au parapode dorsal; P, parapode ventral; *c'*, cirre ventral.
F_{IG}. 199.— Système nerveux d'un annelé, *Clepsine* (d'après Blanchard, *Annales des sciences naturelles*, 1845).

prend un arceau dorsal et un arceau ventral qui portent chacun une paire de prolongements ou d'appendices, *parapodes* de Huxley (fig. 198). Ceux-ci présentent un développement très variable et des modifications par suite desquelles ils se transforment en organes des plus divers : antennes, pièces buccales, pattes, organes respiratoires, etc....

La répétition de segments similaires dans la structure du corps se traduit par une disposition analogue du système nerveux. Celui-ci se compose, en effet, d'une série de ganglions réunis par paires qui correspondent chacune à un métamère et qui sont reliées longitudinalement par des connectifs, formant ainsi une double chaîne ganglionnaire placée au-dessous du tube digestif (fig. 199). Antérieurement, cette chaîne présente un collier nerveux œsophagien qui comprend une masse ganglionnaire supérieure ou sus-œsophagienne et une masse glanglionnaire inférieure ou sous-œsophagienne. Souvent les ganglions qui forment la chaîne se rapprochent entre eux et, par un phénomène de coalescence en rapport avec la contraction des métamères correspondants, plusieurs paires peuvent se fusionner en une seule masse.

L'embranchement des Annelés se divise, d'après Milne Edwards, en deux sous-embranchements : les *Vers* et les *Arthropodes*, qui se distinguent nettement par la présence chez ces derniers de pattes articulées dont les premiers sont dépourvus. Aujourd'hui, les Allemands, suivant l'opinion de Siebold et de Leuckart, donnent à ces deux divisions l'importance de *types*, mais il n'y a là qu'une différence d'appréciation portant sur la valeur hiérarchique de ces groupes qui présentent une incontestable analogie, de structure et dont par conséquent la séparation comme types distincts n'est qu'imparfaitement justifiée.

PREMIER SOUS-EMBRANCHEMENT
VERS

Sous la dénomination de Vers (*Vermes*) Linné comprenait tous les animaux sans vertèbres qui n'appartenaient pas à sa classe des Insectes, correspondant à nos Arthropodes actuels ; aussi les divisait-il en *Intestina, Mollusca, Testacea, Lithophyta* et *Zoophyta*. Plus tard ce nom est resté à un groupe beaucoup plus restreint d'animaux caractérisés par leur ressemblance avec ceux que l'on appelle vulgairement ainsi. Il sert aujourd'hui à désigner les Annélides et les Vers intestinaux de Cuvier que ce naturaliste avait séparés à tort et rangés dans des embranchements différents. Il plaçait, en effet, les premiers parmi les Articulés et les seconds parmi les Zoophytes. Ce fut de Blainville qui reporta les vers intestinaux à la place qui leur convient auprès des Annélides.

Les Vers ont le corps allongé, cylindrique ou aplati, tantôt nettement divisé en segments ou métamères, tantôt ne présentant qu'une segmentation obscure ou même tout à fait indistincte. Leur symétrie est bilatérale. Quand ils ont des appendices locomoteurs (*parapodes*), ceux-ci sont toujours inarticulés. Les téguments sont unis à une couche musculaire sous-jacente de façon à constituer une enveloppe musculo-cutanée. Celle-ci est en connexion directe avec les organes internes, lorsque la cavité générale fait défaut, ainsi qu'on l'observe chez les Hirudinées et la plupart des Vers plats. Ces muscles sous-cutanés, composés de fibres longitudinales et annulaires, jouent un rôle important dans la locomotion de ces animaux; pourtant, il existe aussi des organes locomoteurs, tels que les cils vibratiles, qu'on trouve à la surface du corps chez les larves d'une manière générale, et qui chez les Turbellariés persistent à l'âge adulte; les parapodes, qui portent souvent des soies ou des cirres (fig. 198) et qui sont disposés latéralement par paires sur chaque anneau, une paire dorsale et une ventrale.

Les Vers présentent dans leur organisation des différences considérables en rapport avec leur genre de vie, et on observe chez eux des exemples remarquables de rétrogradation par suite de parasitisme. Le système nerveux est très inégalement développé et parfois nul (*Cestoïdes*); on lui trouve certaines différences de forme. Dans les Vers plats, il se compose seulement de deux ganglions situés dans la région antérieure du corps, au-dessus de l'œsophage et réunis par une commissure transversale. De ces ganglions partent deux troncs latéraux qui s'étendent jusqu'à l'extrémité postérieure du corps, et quelques rameaux qui se rendent en avant dans l'enveloppe musculo-cutanée et aux organes des sens. Chez les Vers ronds, il existe une sorte d'anneau comparable à un collier œsophagien, mais dans lequel les cellules nerveuses, au lieu de former des masses ganglionnaires, sont en quelque sorte disséminées. De cet anneau partent plusieurs nerfs se dirigeant soit en avant soit en arrière. Chez les Géphyriens, il y a un collier œsophagien présentant supérieurement un ganglion cérébroïde et relié inférieurement à un cordon médian sous-intestinal unique et dépourvu de renflements ganglionnaires. Chez les Annélides, l'anneau œsophagien est en connexion avec deux cordons longitudinaux qui offrent sur leur trajet des ganglions correspondant à la formation de métamères et unis par des commissures transversales. Ces cordons restent quelquefois séparés (Serpule), mais d'ordinaire ils se rapprochent l'un de l'autre sur la ligne médiane et forment ainsi une double chaîne ganglionnaire abdominale.

On trouve chez les Vers des organes des sens différenciés. Les organes du tact sont représentés par des appendices tégumentaires de formes diverses, tels que tentacules, cirres, soies, ou papilles, qui sont en connexion avec des terminaisons nerveuses. Quelquefois il existe sur les côtés de la tête des fossettes à cils vibratiles, dont le rôle paraît être de percevoir certaines modifications du milieu ambiant et qu'on peut regarder comme des organes d'olfaction (Némer-

tiens). Des vésicules auditives ont été observées chez quelques
Annélides et quelques Turbellariés. Enfin, les organes de la vue
sont tantôt de simples taches de pigment, tantôt des
ocelles pourvus de corps réfringents, cônes cristallins, auxquels aboutissent les terminaisons nerveuses. La position de ces yeux est très variable ;
en général ils sont placés sur la tête, mais chez
certains Tubicoles ils sont portés par les appendices branchiaux développés dans la région céphalique (*Branchiomma*) ; quelquefois il en existe une
paire à cha-
que extrémi-
té du corps
(*Amphicora,
Oria*, etc.) et
chez le Polyo-
phthalme, il y
en a une paire
sur chaque
métamère.

L'appareil
digestif des
Vers affecte
des formes di-
verses. Dans
certains cas,
par suite d'u-
ne rétrogra-
dation due au
parasitisme,
il peut faire
défaut (*Ces-
toïdes, Acan-
thocéphales*).
Alors la nu-
trition se fait
par endosmo-
se à travers
l'enveloppe té·

Fig. 200.

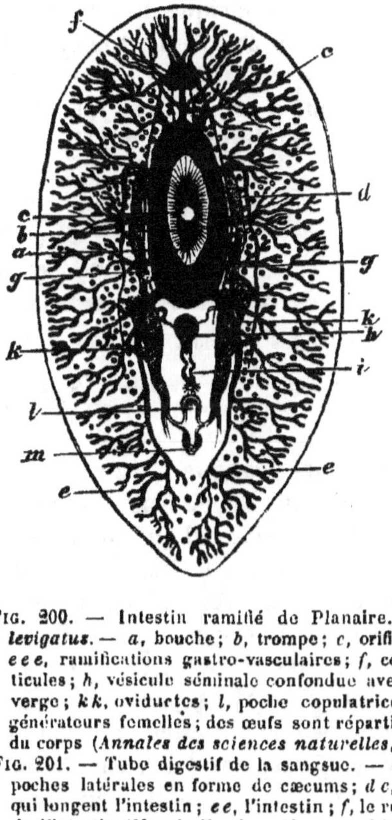

Fig. 201.

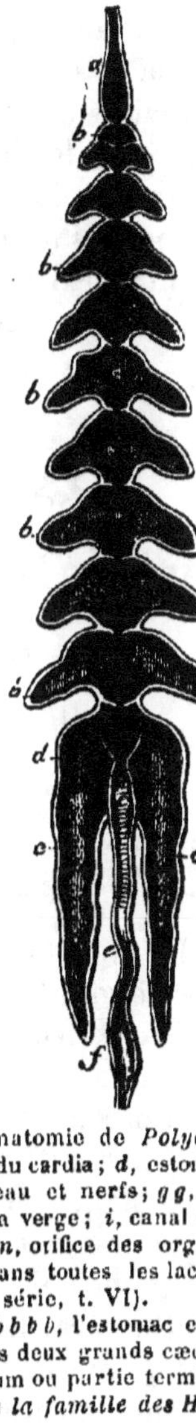

FIG. 200. — Intestin ramifié de Planaire. Anatomie de *Polycelis
levigatus*. — *a*, bouche ; *b*, trompe ; *c*, orifice du cardia ; *d*, estomac ;
e e e, ramifications gastro-vasculaires ; *f*, cerveau et nerfs ; *g g*, testicules ; *h*, vésicule séminale confondue avec la verge ; *i*, canal de la
verge ; *k k*, oviductes ; *l*, poche copulatrice ; *m*, orifice des organes
générateurs femelles ; des œufs sont répartis dans toutes les lacunes
du corps (*Annales des sciences naturelles*, 3ᵉ série, t. VI).
FIG. 201. — Tube digestif de la sangsue. — *a*, *b b b b*, l'estomac et ses
poches latérales en forme de cæcums ; *d c*, les deux grands cæcums
qui longent l'intestin ; *e e*, l'intestin ; *f*, le rectum ou partie terminale
de l'intestin (Moquin Tandon, *Monographie de la famille des Hirudinées*. Paris, 1846).

gumentaire. Parfois il consiste en une cavité terminée en cul-de-sac,
et ne s'ouvrant à l'extérieur que par un seul orifice qui joue à la fois
le rôle de bouche et d'anus (*Trématodes*, nombre de *Turbellariés*) ;
souvent cette cavité digestive présente des ramifications nombreuses

(*Turbellariés dendrocœles* (fig. 200), certains *Trématodes*, par exemple la Douve du foie). Enfin on trouve généralement un tube digestif complet, étendu dans la longueur du corps, la bouche étant placée à l'extrémité antérieure et à la face ventrale, et l'anus à l'extrémité opposée, mais tantôt à la face ventrale, tantôt à la face dorsale. Dans ce tube on distingue une portion pharyngienne ou buccale, une portion moyenne ou stomacale et une portion terminale ou intestinale. Chez certains Annélides (*Hirudinées*) l'estomac présente une série de poches latérales correspondant aux métamères et dont les dernières peuvent s'étendre de chaque côté de l'intestin jusqu'à l'extrémité du corps (fig. 201) ; cette disposition n'est marquée souvent que par de simples étranglements qui indiquent une division métamérique du tube digestif. Parfois le pharynx est protractile et constitue une trompe ; parfois aussi il est muni de pièces dures formant un appareil maxillaire plus ou moins compliqué (fig. 202).

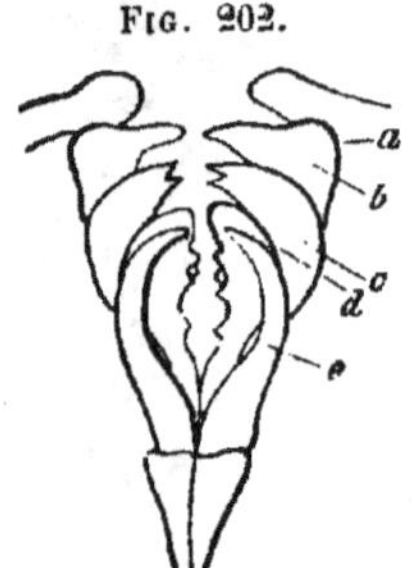

FIG. 202.

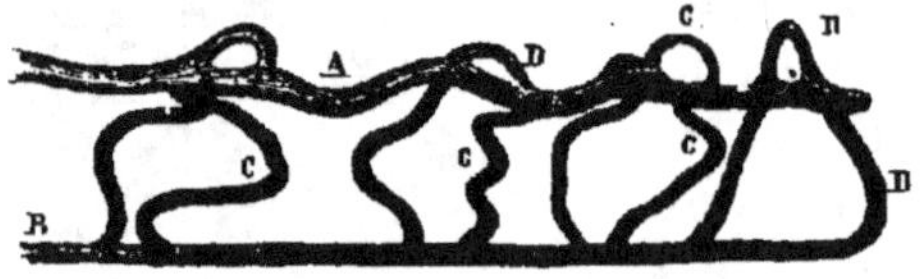

FIG. 203.

FIG. 202. — Appareil maxillaire d'une Eunicide. — *a-e*, paires de mâchoires (d'après Milne Edwards).

FIG. 203. — Vaisseaux sanguins des Naïs. — A, vaisseau dorsal. — B, vaisseau ventral. — C, arcs anastomotiques. — D, arc antérieur (d'après Schmidt, *Annales des sciences naturelles*, 3ᵉ série, t. VII.)

Le système circulatoire manque chez un grand nombre de Vers ; les Helminthes en sont tous dépourvus à l'exception des Némertiens. Chez eux, il consiste en trois troncs longitudinaux dont deux sont placés latéralement et le troisième sur la ligne médiane du dos. Ces troncs sont en communication les uns avec les autres dans la région céphalique et l'extrémité postérieure du corps ; de plus ils sont quelquefois unis de distance en distance par de petits canaux transversaux. C'est par la contraction des parois des vaisseaux que le sang est mis en mouvement, mais il ne suit pas une direction constante et la circulation est oscillatoire. Le système vasculaire des Annélides se rattache à celui des Némertiens bien qu'il atteigne un degré beaucoup plus élevé de complication. En effet, il se compose essentiellement de troncs longitudinaux qui se réunissent dans les régions antérieure et postérieure du corps et sont reliés dans chaque segment par des branches anastomotiques (fig. 203). De ces troncs l'un occupe une position dorsale, l'autre une position ventrale, et en outre il y a parfois deux troncs latéraux, mais cet appareil présente des modifications nombreuses qui sont principalement en rapport avec la disposition des organes respiratoires. Ceux-ci font défaut chez un très grand nombre de Vers ; ainsi les Helminthes respirent uniquement par la peau et on ne trouve chez eux aucun organe spécial affecté à cette fonction, mais chez les Annélides la respiration tend à se localiser, et souvent elle s'opère au moyen de branchies. Celles-ci présentent deux formes à considérer ; tantôt ce sont des appendices dérivés des parapodes et développés dans la région dorsale du corps, tantôt ce sont des organes tentaculiformes qui occupent la région céphalique, où ils forment une sorte de couronne (Serpules, etc...). On considère comme servant à l'excrétion chez les Vers des organes qui présentent une disposition différente suivant que ces animaux sont segmentés ou non. Chez ceux-ci ce sont des canaux longitudinaux appelés *Vaisseaux aquifères*, qui s'ouvrent d'une part à la surface du corps et débouchent d'autre part dans la cavité générale si elle existe, ou se terminent dans le cas contraire par des extrémités en cul-de-sac. Chez les Annélides, ce sont les organes dits *segmentaires* parce qu'il y en a une paire dans chaque segment du corps ; ils consistent en un tube pelotonné ou replié en lacet, et qui d'ordinaire s'ouvre à l'intérieur par une ouverture en forme d'entonnoir (fig. 204).

La reproduction des Vers s'effectue suivant divers modes ; tantôt elle est sexuelle et tantôt asexuelle.

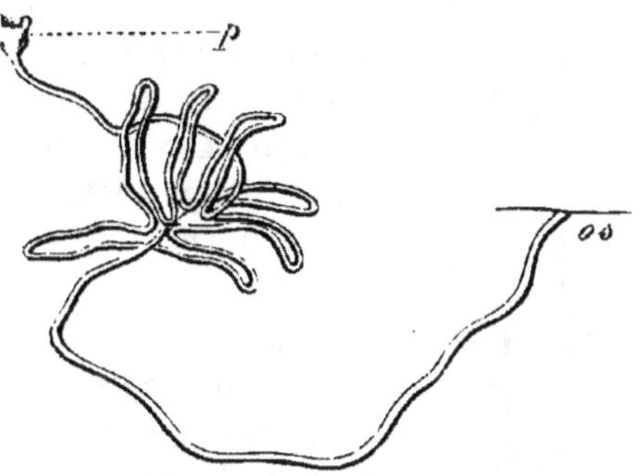

Fig. 204. — Organe segmentaire de Ver (*Urocheta*). — *os*, orifice externe ; *p*, pavillon vibratile (d'après Perrier, *Arch. de zoologie expérimentale*, t. III.)

Celle-ci, intercalée dans la première, donne lieu aux phénomènes de la génération alternante. Parfois le développement est direct, mais souvent il se complique de métamorphoses, et alors les larves sont pourvues de cils vibratiles qui occupent toute la surface du corps, ou sont disposés en couronnes. L'hermaphrodisme se rencontre fréquemment chez ces animaux ; il est de règle dans les Plathelminthes, les Hirudinées, etc...; les sexes, au contraire, sont séparés chez la plupart des Vers ronds et chez les Annélides supérieurs (Polychètes).

On peut partager les Vers en cinq classes, comme l'indique le tableau suivant :

Système nerveux composé d'un collier œsophagien et d'une chaîne	{ double..........		*Annélides.*
	{ simple.........		*Géphyriens.*
Système nerveux rudimentaire ou nul	Un appareil cilié à l'extrémité céphalique.		*Rotateurs.*
	Pas d'appareil cilié à l'extrémité céphalique	{ Corps rond.	*Némathelminthes.*
		{ Corps plat..	*Plathelminthes.*

Avant d'aborder l'étude des Plathelminthes, nous devons mentionner quelques formes de Vers parasites d'une extrême simplicité, qui ont été récemment observées par Giard et considérées par lui comme formant une classe nouvelle du *phylum* des Vers, la classe des *Orthonectida* qu'il caractérise de la façon suivante :

« Animaux métazoaires gardant pendant toute leur existence la forme *planula ;* à exoderme cilié (cils raides en touffe à la partie céphalique antérieure, cils vibratiles sur les autres parties du corps); présentant des métamères qui ne correspondent à aucune division intérieure ; à endoderme sacciforme, donnant naissance à un pseudo-mésoderme musculaire splanchno-pleural. Reproduction double : 1° gemmipare à l'intérieur de sporocystes constitués par le développement de l'endoderme ; 2° ovipare, s'accomplissant à l'aide de produits mâles et femelles formés probablement chez des individus différents (1). »

A cette classe appartiennent les deux genres *Rhopalura* et *Intoshia* de Giard. Il y faut joindre un parasite trouvé par Jourdain sur une Planaire marine, le *Leptoplana tremellaris* Œrsted , et pour lequel il a proposé un genre spécial sous le nom de *Prothelminthus* (2).

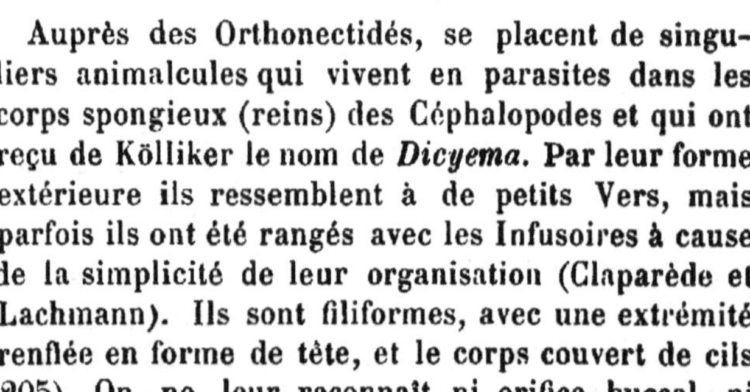

FIG. 205.
Dicyema Mülleri.

Auprès des Orthonectidés, se placent de singuliers animalcules qui vivent en parasites dans les corps spongieux (reins) des Céphalopodes et qui ont reçu de Kölliker le nom de *Dicyema.* Par leur forme extérieure ils ressemblent à de petits Vers, mais parfois ils ont été rangés avec les Infusoires à cause de la simplicité de leur organisation (Claparède et Lachmann). Ils sont filiformes, avec une extrémité renflée en forme de tête, et le corps couvert de cils vibratiles (fig. 205). On ne leur reconnaît ni orifice buccal, ni cavité digestive, ni organe d'aucune sorte. Dans l'intérieur de leur corps constitué par du protoplasma finement granuleux, on a trouvé des embryons de deux sortes: les uns, dits *infusoriformes,* ressemblent à des Infusoires, les autres sont allongés, *vermiformes.*

Ed. van Beneden qui a fait des Dicyémides une étude spéciale, leur assigne une place à part dans la classification, et les considère

(1) A. Giard, *Les Orthonectida*, classe nouvelle du phylum des Vers (in *Journal de l'Anatomie*, t. XV, p. 460, 1879).

(2) Jourdain, *Sur une forme très simple du groupe des Vers* (in *Revue des sciences naturelles*, juin 1880).

même comme formant une grande division du règne animal, inter-médiaire aux Protozoaires d'une part, et de l'autre aux Métazoaires d'Haeckel; aussi a-t-il proposé pour eux le nom de *Mésozoaires*. Supérieurs aux premiers, comme étant composés de plusieurs cellules, ils sont inférieurs aux seconds comme ne présentant pas de tissus différenciés, et n'acquérant pas le feuillet cellulaire embryonnaire appelé mésoderme; leur constitution serait celle d'une sorte de gastrula. Van Beneden caractérise cet embranchement des Mésozoaires, représenté par le seul groupe des Dicyémides, de la façon suivante :

« Les Mésozoaires : 1° sont des organismes pluricellulaires. — 2° Ils sont constitués de deux espèces de cellules : d'une couche de cellules externes ou périphériques, présidant à l'accomplissement des fonctions animales et constituant un véritable ectoderme ; et d'une ou de plusieurs cellules internes ou centrales chargées plus spécialement de l'accomplissement des fonctions végétatives ; ces dernières constituent l'endoderme. L'ectoderme et l'endoderme sont formés de cellules juxtaposées entre elles comme le sont les éléments d'un épithélium on d'un tissu végétal. — 3° Il n'existe aucune trace de feuillet moyen ; il n'y a chez les Mésozoaires ni tissu conjonctif, ni cœlome, ni vaisseaux, ni tissu musculaire, ni tissu nerveux. — 4° L'organisme se développe à la suite d'une multiplication par division de la cellule œuf et d'une différenciation des substances de l'œuf en deux couches : l'une périphérique, l'autre centrale (1). »

1ʳᵉ CLASS E. — PLATHELMINTHES

Les Plathelminthes sont des animaux très inférieurs par leur organisation; beaucoup d'entre eux vivant en parasites ont subi une réduction très grande sous l'influence de ce genre de vie particulier. Ainsi que l'indique leur nom, ces Vers sont caractérisés par leur corps plat, parfois très long et de forme rubanée ; dans ce cas, il est souvent composé de métamères produits par bourgeonnement, qui possèdent une certaine autonomie, et sont spécialement affectés à la reproduction (Cestoïdes). Le système nerveux, quand il y en a un, est rudimentaire et formé par deux ganglions cérébroïdes d'où partent, indépendamment de quelques filets, deux cordons longitudinaux qui suivent les côtés du corps (Némertiens). Le système digestif peut manquer entièrement (Cestoïdes), ou consister en une cavité munie d'un seul orifice et parfois ramifiée (Trématodes). Il existe toujours des organes excréteurs représentés par les canaux dits vaisseaux aquifères. A l'exception de quelques Turbellariés

---

(1) Ed. van Beneden, *Recherches sur les Dicyémides*, p. 93. ¡Bruxelles, 1876 (*Bulletins de l'Acad. roy. de Belgique*, 2ᵉ série, t. XLI, n° 6 et t. XLII, n° 7).

tous ces animaux sont hermaphrodites ; les cas de reproduction par génération alternante sont chez eux très fréquents.

Les Plathelminthes se divisent en trois ordres, comme le montre le tableau suivant :

Vers plats	Un tube digestif à un ou deux orifices	Çorps couvert de cils vibratiles...	*Turbellariés.*
		Corps dépourvu de cils vibratiles..	*Trématodes.*
	Pas d'appareil digestif....,........................		*Cestoïdes.*

ORDRE I. — CESTOÏDES

Les Cestoïdes ou Vers rubanés sont ainsi nommés à cause de la forme en ruban de leur corps. Ils se composent le plus souvent d'une série de segments disposés comme les anneaux d'une chaîne, « animalia composita simplici catena » (Linné). Chacun de ces anneaux peut être considéré comme un individu subordonné, faisant partie d'un ensemble qui représente une individualité d'ordre plus élevé. La vie de ces Vers est parasite et leur organisation très inférieure. Ils n'ont ni bouche, ni tube digestif ; ils sont également dépourvus d'organes respiratoires et d'appendices locomoteurs ; chez eux, la présence d'un système nerveux est tout au moins douteuse et les organes des sens font défaut.

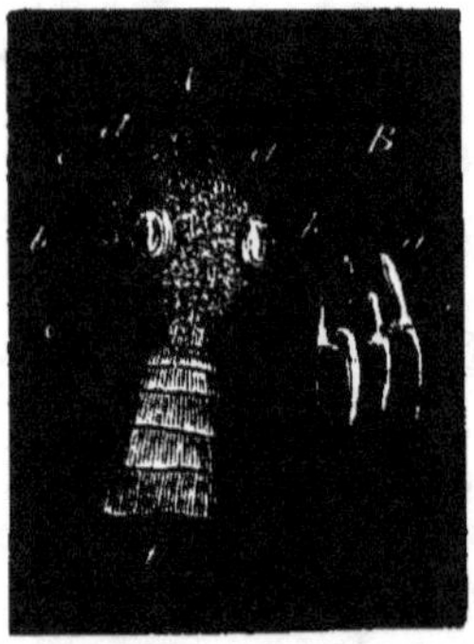

L'une des extrémités du corps est renflée et forme ce qu'on appelle la *tête*. Elle est munie de ventouses et de crochets, au moyen desquels l'animal se fixe à la muqueuse intestinale de l'hôte qui le nourrit. Souvent ces crochets sont disposés en couronne sur une protubérance, sorte de trompe non perforée qui fait saillie en avant et qu'on nomme *proboscide* ou *rostelle* (fig. 206).

Fig. 206. — Tête de *Tænia solium.* — A, tête : *a*, partie antérieure un peu atténuée ; *bb*, ventouses ; *c*, double couronne de crochets ; *d*, proboscide ; *e*, commencement du cou ; *f*, premiers articles. — B, crochets : *a*, manche ; *b*, garde ; *c*, griffe.

La tête est portée par une partie rétrécie ou col, derrière lequel viennent les anneaux ou métamères. Ceux-ci sont d'autant plus développés qu'ils sont plus éloignés de la tête, et les derniers, parvenus à maturité, se détachent pour former, en s'isolant, les corps connus sous les noms de *cucurbitains* ou *proglottis*.

L'enveloppe musculo-cutanée que possèdent ces animaux est recouverte d'une couche de cellules épidermiques, pourvues pendant la période embryonnaire de cils vibratiles, qui disparaissent le plus souvent à l'âge adulte ; l'épiderme est alors recouvert par une mince membrane cuticulaire.

Le parenchyme du corps est incrusté de granulations calcaires plus ou moins abondantes, de forme et de grosseur variables. Des canaux longitudinaux, ordinairement au nombre de quatre, fonctionnent comme organes d'excrétion ; ils sont reliés de distance en distance par des anastomoses transversales, et aboutissent le plus souvent à l'extrémité postérieure dans une portion élargie, en forme de vésicule contractile, qui s'ouvre au dehors. Chacun des articles dont se compose la chaîne qui constitue le Ver, possède à la fois les organes mâle et femelle, et représente un individu hermaphrodite (fig. 207). L'appareil mâle consiste en un testicule, formé de plusieurs vésicules qui débouchent dans un canal déférent commun.

Celui-ci est large, contourné sur lui-même et joue le rôle de réservoir séminal. Son extrémité, susceptible de se renverser au dehors, constitue un organe copulateur ou *cirre*, qui, à l'état de repos, est renfermé dans une petite poche nommée *sac du cirre*. L'appareil femelle est formé d'un organe double, producteur de germes, véritable ovaire ou *germigène*, et de glandes vitellogènes, disposées de chaque côté du corps. Le canal évacuateur de ces glandes débouche dans l'oviducte, où vient également s'ouvrir le col d'une vésicule séminale. L'oviducte conduit dans un réservoir ovigère ou *matrice* et se termine par une

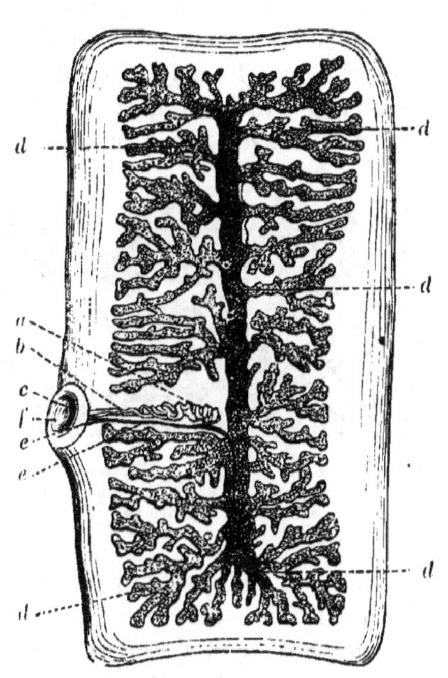

FIG. 207. — Proglottis de *Tænia solium*. — *a*, testicule ; *b*, spermiducte ; *c*, orifice du pénis ; *d*. matrice remplie d'œufs ; *e*, vagin ; *f*, cloaque sexuel (d'après Gervais et van Beneden, *Zool. méd.*, t. II, fig. 160, p. 228).

portion qui aboutit à l'orifice génital et qu'on appelle *vagin*. Cet orifice est généralement placé à côté de l'orifice sexuel mâle, dans une fossette ou *pore génital*, dont la position varie ; le plus souvent il est situé sur les bords latéraux du corps et alternativement à droite et à gauche (Tænia) ; mais parfois il se trouve au milieu de la face ventrale (Bothriocéphale).

Lorsque les organes sexuels ont atteint leur complet développement, la fécondation a lieu, chaque proglottis pouvant, paraît-il,

se féconder lui-même. Alors la matrice se remplit d'œufs,
augmente de volume et envahit l'anneau presque en entier. Celui-
ci, arrivé à maturité, se détache et, rejeté par l'animal qui porte le
parasite, va disséminer les œufs au dehors. Ces œufs (fig. 208) sont
petits, ronds ou ovales et ordinairement entourés par une coque résistante qui leur permet d'échapper aux nombreuses causes de
destruction auxquelles ils sont exposés. Ils renferment un embryon
qui, pour se développer et reproduire le Ver rubané d'où il provient, devra passer par diverses phases correspondant à des formes
qui vivent dans des milieux différents ; de là des migrations qui
ont rendu très difficile l'étude de ces animaux, dont l'histoire est
connue seulement d'une manière satisfaisante depuis les beaux
travaux de van Beneden (1850) (1).

Quand les œufs, qui ont été disséminés sur le sol ou dans l'eau,
sont portés avec les aliments dans le tube digestif de certains
animaux, ils éclosent, et les
embryons contenus dans leur
intérieur (fig. 208, c) deviennent libres.

Ces embryons, pourvus en
général de six crochets qui
leur ont valu le nom de
larve hexacanthe, perforent
au moyen de ces instruments
la tunique digestive et pénètrent dans les tissus où ils
s'enkystent. A cet état (*état
hydatique*), la larve se présente sous la forme d'une vésicule remplie de liquide séreux, constituant ce qu'on appelait autrefois un
Ver cystique, quand on ne connaissait pas ses rapports avec la
forme cestoïde. Sur la paroi interne de cette vésicule se développent, par bourgeonnement, une ou plusieurs têtes de Tænia,
caractère d'après lequel on distingue plusieurs sortes d'Hydatides.
Ainsi, on appelle *Cysticerques* (fig. 209) celles qui ne présentent
qu'une tête, et *Cœnures* celles qui en renferment plusieurs. On
donne le nom d'*Échinocoques* (fig. 210) à celles qui produisent
des vésicules secondaires ou cellules filles, lesquelles donnent
naissance aux têtes de Tænia, et enfin on applique la dénomination
d'*Acéphalocystes* aux vésicules qui restent stériles ; mais ces diverses formes correspondent toutes au même état : l'état hydatique.

Arrivé à ce stade de son développement, le Ver reste stationnaire,
s'il n'est porté dans un autre milieu, c'est-à-dire dans le tube

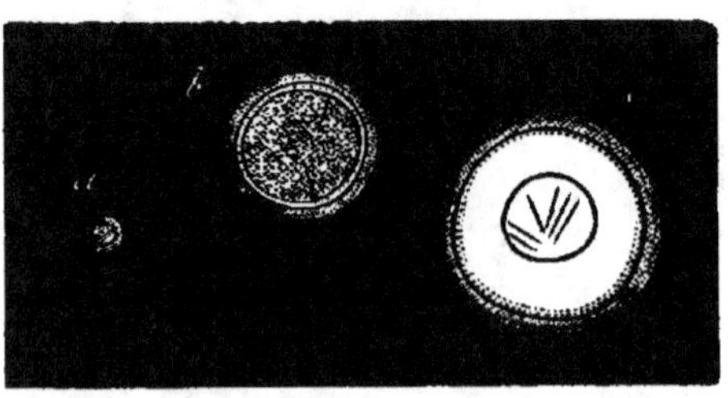

Fig. 208. — Œuf de *Tænia solium*. — *a*, grossi
70 fois ; *b*, grossi 34 fois ; *c*, le même traité par la
potasse caustique pour rendre apparent l'embryon
hexacanthe.

(1) Van Beneden, *Les Vers cestoïdes ou acotyles...*, Bruxelles, 1850.

digestif d'un animal se nourrissant des tissus qui le renferment.
Alors, la tête, dégagée de la vésicule qui la contenait, se fixe sur
la muqueuse intestinale de ce nouvel hôte et se développe en un
Ver rubané. D'après la nomenclature de van Beneden, l'embryon
est le *proto-scolex* et le ver cystique le *deuto-scolex* ; le Ver rubané
représente le *strobile* formé par une agrégation d'individus sexués
qui, en s'isolant, donnent les *proglottis*. Parfois le développement
se simplifie et peut être regardé comme une simple métamorphose (Caryophyllées).

On partage les Cestoïdes en plusieurs familles.

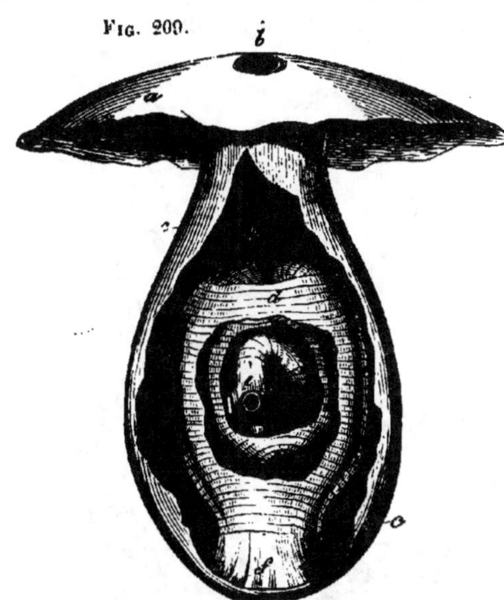

Fig. 209.

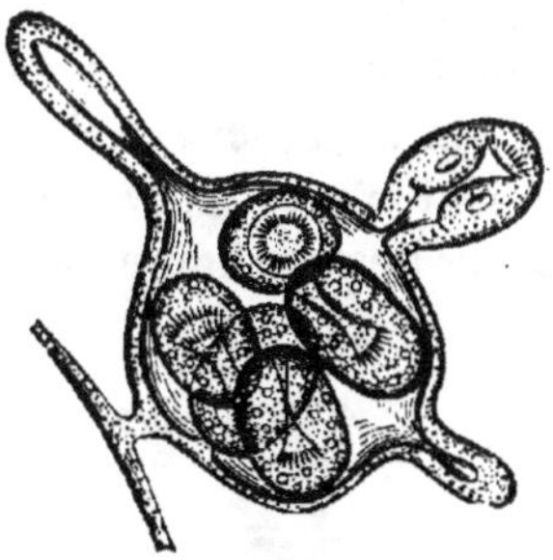

Fig. 210.

Fig. 209. — Cysticerque dans sa vésicule. — *a*, portion de la membrane hydatique ; *b*, le point
par lequel la tête du Ver sortira ; *c*, portion de la membrane dans laquelle il est invaginé ;
d, corps du Cysticerque invaginé en lui-même ; *e*, sa tête avec les ventouses et les crochets ;
f, point de jonction du corps avec la membrane enveloppante.
Fig. 210. — Échinocoque.

TÉNIADÉS. — Leur tête est munie de quatre suçoirs ou ventouses,
au centre desquels se trouve souvent un rostelle qui porte une
couronne de crochets. Leur corps est nettement divisé en segments,
à orifices sexuels latéraux.

Il y a un grand nombre d'espèces de Tænias dont beaucoup sont
encore imparfaitement connus. Van Beneden les divise en *Gymno-téniins* et *Échinoténiins*, suivant qu'ils sont dépourvus ou munis
de crochets.

Comme appartenant au groupe des Gymnoténiins, nous citerons :

Le *Tænia mediocanellata ;* il vit dans le tube digestif de
l'Homme, de même que le *Tænia solium*, mais il se distingue de
ce dernier par une tête plus forte, à suçoirs très développés, sans
rostelle ni crochets (fig. 211).

Autour des ventouses on remarque des taches de pigment foncé.
Les proglottis (fig. 212) se détachent très facilement, mais la tête

paraît être fixée plus solidement que celle du *Tænia solium* ; car, par l'emploi des anthelminthiques, le Ver se rompt fréquemment sans que sa partie antérieure soit expulsée. Le cysticerque de ce Tænia habite les muscles du Bœuf.

Les Echinoténiins renferment plusieurs espèces particulièrement intéressantes :

Le *Tænia solium* (fig. 213) ou Ver solitaire de l'Homme porte au milieu de ses ventouses un rostelle muni d'une double couronne de crochets (fig. 206). A l'état de cysticerque il vit dans le tissu cellulaire du Porc (*Cysticercus cellulosæ*) (fig. 209) et envahit presque tous les organes de l'animal auquel sa présence cause la maladie connue sous le nom de *ladrerie*. Les migrations et les diverses phases de développement

FIG. 213.

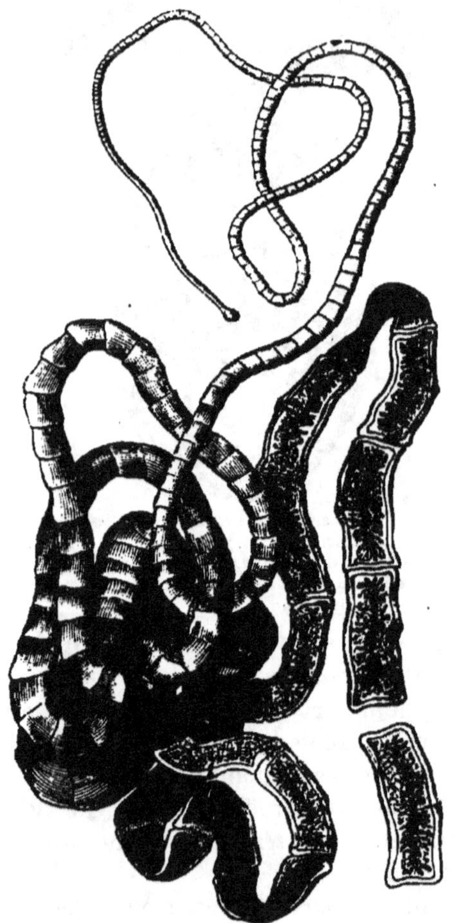

FIG. 211.

FIG. 211. — Tête de *Tænia mediocanellata*.

FIG. 212.

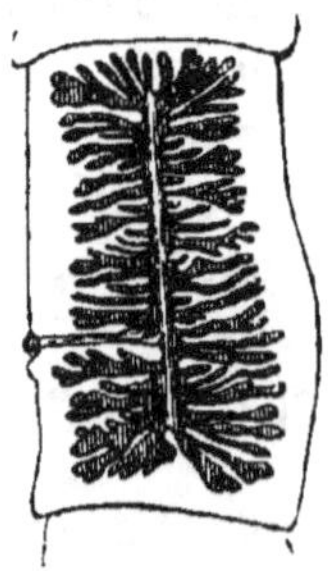

FIG. 212. — Proglottis du *Tænia mediocanellata*.
FIG. 213. — *Tænia solium*.

du *Tænia solium* ont été mises hors de doute par les expériences de van Beneden, Küchenmeister, Leuckart, etc... Notons en passant que l'épithète de solitaire donnée à ce Ver n'est nullement justifiée, car on en trouve souvent plusieurs sur le même sujet.

Le *Tænia nana*, également parasite de l'Homme, n'a été observé qu'une fois en Égypte par Bilharz, dans l'intestin grêle d'un jeune garçon et n'est pas connu à l'état de scolex.

Le *Tænia serrata* ressemble beaucoup au *Tænia solium*. A l'état strobilaire il habite l'intestin grêle du Chien : son scolex (*Cysticercus pisiformis*) vit dans les viscères abdominaux du Lièvre et du Lapin, et détermine chez ces animaux la maladie qu'on appelle *boule*, *gros ventre*, *bouteille*.

Le *Tænia crassicollis* du Chat se trouve à l'état de scolex (*Cysticercus fasciolaris*) dans les Rats et les Souris.

Le *Tænia cœnurus* se rencontre sous sa forme hydatique

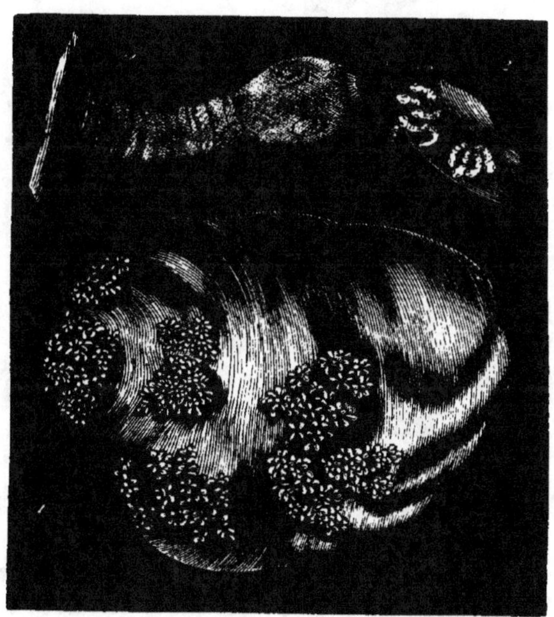

Fig. 214. — *Cœnure du Mouton.* — 1, vésicule portant des groupes de têtes ou scolex 1/1 ; 2, deux groupes de têtes, grossis 4 fois ; 3, une des têtes avec sa forme naturelle et fortement grossie.

(*Cœnurus cerebralis*) (fig. 214) dans la substance cérébrale des Moutons, chez lesquels il produit la maladie nommée *tournis*. Son strobile se développe dans le canal digestif du Chien et du Loup.

Le *Tænia echinococcus* était connu depuis longtemps à l'état hydatique sous le nom d'Échinocoque (*Echinococcus polymorphus*) (fig. 210), observé dans certains viscères et en particulier dans le foie de l'Homme et des animaux domestiques. Cette forme se distingue par la production fréquente d'une ou de plusieurs générations de vésicules filles ; celles-ci, parfois, restent stériles, c'est-à-dire ne développent pas de têtes de Tænia, et constituent alors des *acéphalocystes* qui peuvent atteindre un volume considérable.

Le strobile (fig. 215) est très petit, d'une longueur de quelques millimètres seulement, et composé de trois ou quatre segments ; il vit dans l'intestin du Chien et du Loup.

Dɪʙᴏᴛʜʀɪᴅᴇ́s ou Bᴏᴛʜʀɪᴏᴄᴇ́ᴘʜᴀʟɪᴅᴇ́s. — La tête de ces Cestoïdes est pourvue seulement de deux ventouses latérales en forme de fossettes allongées ; les ouvertures génitales sont ordinairement placées sur le milieu de la face ventrale du proglottis.

Le G. Bothriocéphale renferme une espèce qui vit dans le tube

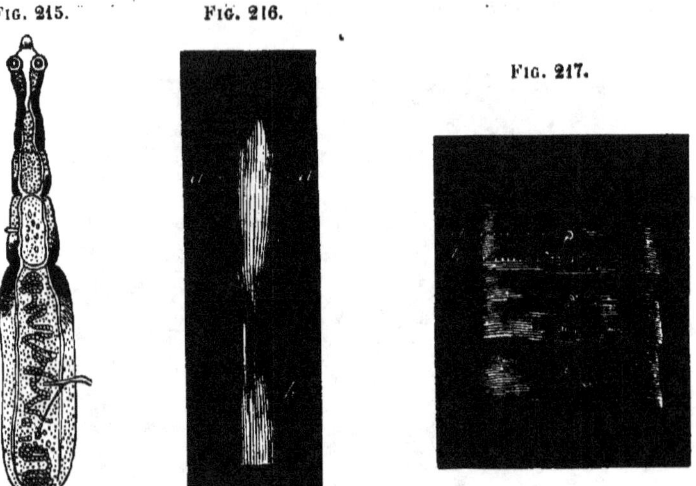

FɪG. 215.   FɪG. 216.

FɪG. 217.

FɪG. 215. — *Tænia echinococcus.*
FɪG. 216. — Tête de Bothriocéphale. — *a a,* fossettes ; *b,* cou.
FɪG. 217. — Articles isolés du Bothriocéphale. — *a,* orifice mâle avec son spicule ; *b,* orifice femelle.

intestinal de l'Homme ; c'est le *Bothriocephalus latus.* Il se distingue du Tænia, comme lui parasite de l'Homme, par la forme de sa tête (fig. 216) et par la position médiane de ses orifices sexuels (fig. 217). Ce Ver s'observe fréquemment en Suisse, en Pologne et en Russie ; il peut atteindre jusqu'à vingt mètres de long. On ne sait rien de positif sur son développement. L'œuf éclôt dans l'eau par le soulèvement d'un opercule situé au pôle supérieur. Il s'en échappe un embryon hexacanthe (fig. 218) de forme sphéroïdale, entouré d'une enveloppe ciliée (embryophore) qu'il abandonne plus tard par une sorte de mue. Mais, quelle est la destinée ultérieure de cet embryon ? Passe-t-il par la phase cystique ? L'analogie permet de supposer qu'il en est probablement ainsi, et Bertolus, se fondant sur la ressemblance que présente avec la tête du Bothriocéphale la *Ligula nodosa* des anciens Helminthologistes qui se trouve enkystée chez les Truites, a pensé que cette prétendue ligule pourrait bien être le scolex de ce Cestoïde ; malheureusement l'occasion lui a manqué de vérifier cette hypothèse par l'expérience directe (1). D'un autre côté, Knoch, de Saint-Pétersbourg, soutient que l'embryon du Bothriocéphale ne subit pas de métamorphose particulière à la manière de l'embryon des Tænias, c'est-à-dire qu'il ne passe pas par l'état de Cysticerque avant de se convertir en Ver rubané. La plus grande incertitude règne donc à cet égard.

Auprès des Bothriocéphales se placent quelques autres genres : le *Schistocephalus* qui se trouve à l'état sexué dans le canal digestif des oiseaux aquatiques ; le *Duthiersia* Perrier, parasite chez les Varans, etc..... On en peut rapprocher aussi le G. *Ligula* Bloch. dont on forme générale-

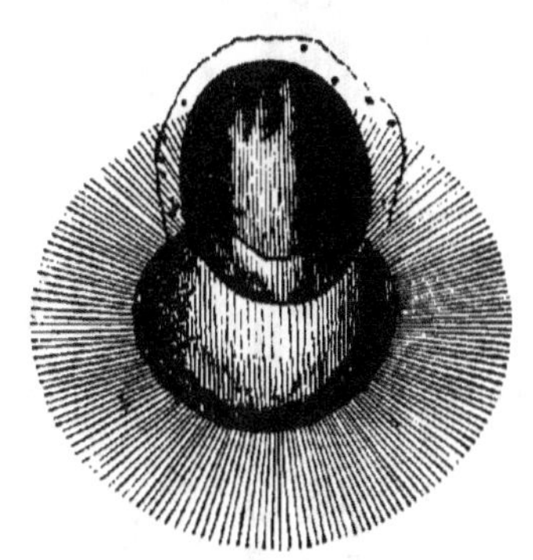

FIG. 218. — Embryon de Bothriocéphale.

ment une famille distincte sous le nom de LIGULIDÉS, mais qui ne se distingue des Bothriocéphales que par des caractères peu importants.

Chez les Ligules la segmentation du corps est obscure ; néanmoins la multiplicité des organes sexuels indique clairement l'existence des métamères. L'œuf et l'embryon libre qui en provient ont la plus complète ressemblance avec ceux du Bothriocéphale. Cet embryon se développe sous forme de larve (*Ligula simplicissima* Rud.) dans la cavité péritonéale des Poissons et en particulier des Cyprinoïdes. Cette larve présente les caractères des Ligules, mais ne possède que des organes génitaux rudimentaires ; ceux-ci n'acquièrent leur complet développement que si la larve est portée dans le canal intestinal des Oiseaux aquatiques, Canards, Harles, etc..., où elle devient adulte (*Ligula monogramma* Crepl.).

TÉTRAPHYLLIDÉS. — Leur tête porte quatre suçoirs très mobiles, tantôt inermes (*Phyllobothries*), tantôt armés de crochets (*Acanthobothries*) (fig. 219). Chez les *Tétrarhynques* ou *Rhynchobothries*, ces suçoirs hérissés de crochets se prolongent en forme de trompes (fig. 220). Ces Cestoïdes vivent à l'état de larve enkystée dans différents Poissons, et à l'état de Ver sexué dans le tube digestif des Squales, des Raies.

<hr>

(1) Mémoire sur le développement du *Dibothrium latum*, par le docteur Bertolus, in Duchamp, *Recherches sur les Ligules*. Paris, 1876.

Fig. 219.

Fig. 220.

Fig. 221.

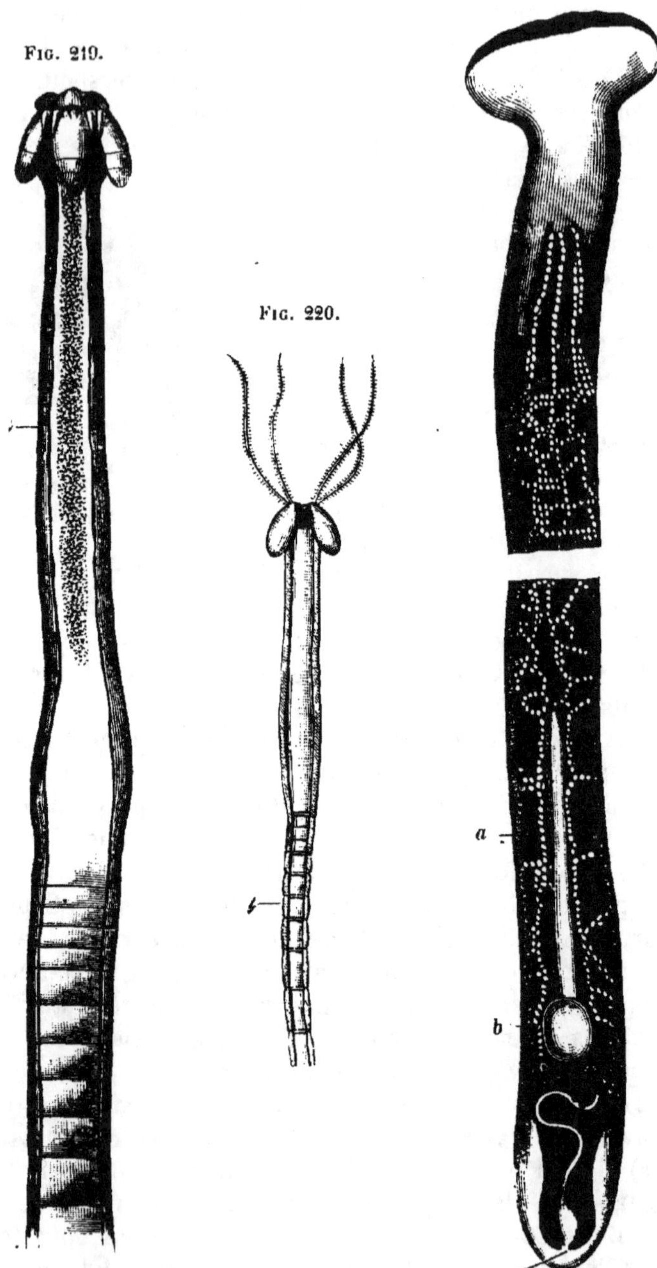

Fig. 219. — *Acanthobothrium coronatum* (d'après Blanchard).
Fig. 220. — *Rhynchobothrius corollatus.* (Id.)
Fig. 221. — *Caryophyllæus mutabilis.* — *a*, testicule ; *b*, capsule spermatique ; *c*, origine de l'utérus. Les ovaires se voient dans presque toute la longueur du corps (*Annales des sciences naturelles*, 3e série, tome X).

Caryophyllidés. — Leur corps n'est pas segmenté et son extrémité antérieure élargie a des bords frangés, mobiles (fig. 221). Il
peut être regardé comme formé d'un scolex et d'un proglottis
unique qui ne peut s'en séparer; l'appareil sexuel est simple,
situé en arrière.

La Caryophyllée changeante (*Caryophylleus mutabilis*) habite le
tube digestif de plusieurs Cyprins; sa forme larvaire se trouve dans
un Annélide, le *Tubifex rivulorum*.

ORDRE II. — TRÉMATODES

Les Vers plats qui composent ce groupe ont un corps mou,
inarticulé, souvent d'apparence foliacée et muni d'une ou de
plusieurs ventouses. Ces organes, produits par différenciation de
l'enveloppe musculo-cutanée, sont situés sur la face ventrale, soit
en avant, soit au milieu, soit en arrière. La peau présente la même
structure que celle des Cestoïdes, seulement on y trouve par places
des glandes monocellulaires, ordinairement réunies en groupes
auprès des ventouses. Le système nerveux se compose d'un double
ganglion cérébroïde, d'où partent deux cordons latéraux qui
s'étendent jusqu'à l'extrémité du corps. L'appareil digestif est
représenté par une cavité, souvent ramifiée, qui n'a jamais qu'un
seul orifice. Cet orifice est placé dans la région céphalique, et
généralement au fond d'une ventouse, dite ventouse buccale. Deux
canaux longitudinaux débouchant en arrière dans une vésicule
contractile commune forment l'appareil excréteur.

Ces Vers, à quelques exceptions près, sont hermaphrodites
(fig. 222). Les organes femelles se composent de glandes, dans lesquelles on distingue, de même que chez les Cestoïdes, un germigène
et deux vitellogènes. Les canaux excréteurs de ces glandes aboutissent à un canal commun ou oviducte, qui se continue en un tube
élargi et plusieurs fois replié sur lui-même, fonctionnant comme
utérus. Celui-ci se termine par une portion plus étroite ou vagin.
L'appareil mâle est formé de deux testicules (quelquefois d'un seul),
dont les conduits excréteurs se réunissent en un canal déférent commun; la portion subterminale de ce canal est en général dilatée
pour former une vésicule séminale, et son extrémité constitue un
organe copulateur renfermé dans une poche spéciale (*sac du cirre*).
D'ordinaire les orifices génitaux, quoique très voisins l'un de l'autre,
sont séparés et situés sur la face ventrale, dans la région antérieure,
et à peu de distance de la ventouse buccale.

Tantôt le développement est direct, tantôt il se fait par génération alternante, compliquée de métamorphoses et de migrations.

Les Trématodes qui sont dans le premier cas, ou Trématodes mono-
genèses, sont toujours munis de plusieurs ventouses, tandis que les
autres, ou Trématodes dige-
nèses, en ont deux au plus.
D'après ce caractère, on a partagé ces animaux en deux sous-
ordres : les *Distomiens* et les
Polystomiens.

Distomiens.

Les Trématodes munis de
deux ventouses, ou parfois d'une
seule (*Monostomes*), vivent en
parasites dans l'intérieur du
corps de divers animaux, mais
sont libres pendant certaines
phases de leur développement,
qui présente une intéressante
succession de métamorphoses.

De l'œuf naît un embryon ou
larve ciliée, d'apparence infu-
soriforme, qui, une fois en
liberté, arrive par migration
dans le corps d'un Mollusque.
Là, cet embryon se fixe et se
transforme en une sorte de sac
fermé, susceptible de produire
des germes par sa surface interne. Ces sacs germinatifs, appelés *Sporocystes*, se montrent
parfois pourvus d'un appareil
digestif et sont alors distingués
sous le nom de *Rédies* (fig. 223,1)
(de Filippi). Les Sporocystes
produisent soit des corps sem-

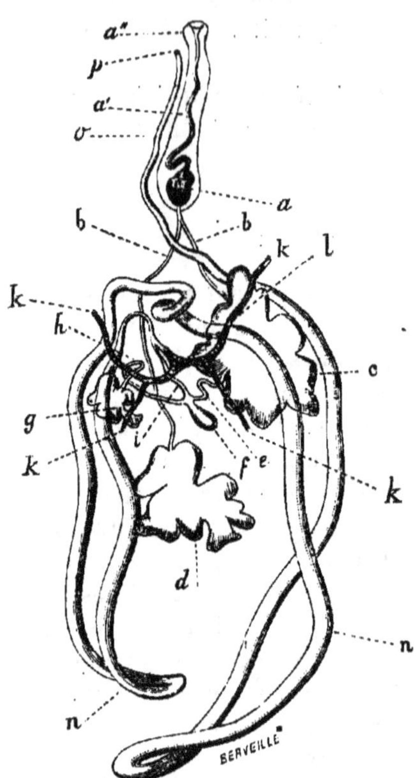

Fig. 222. — Organes de la génération du *Distomum globiporum*. — *a*, vésicule séminale ;
a', canal éjaculateur ; *a''*, pénis dans le sac
du cirre ; *b b*, canaux déférents ; *c d*, testicules ; *e*, troisième canal déférent ; *f*, vésicule
séminale postérieure ; *g*, germigène ; *h*, son
canal excréteur ; *i*, canal résultant de la réunion du troisième canal déférent avec le canal
excréteur du germigène ; *k k k k*, canaux
excréteurs des glandes vitellogènes ; *l*, leur
réservoir commun ; *n*, utérus ; *o*, vagin ; *p*,
vulve (d'après von Siebold, *Archiv für Na-
turgeschichte*, 1836).

blables à eux, soit des animaux très différents, nommés *Cercaires*
(fig. 223,2), de forme ovale, et portant en arrière une queue mobile
qui leur donne l'aspect de petits Têtards. Les Cercaires s'échappent
à un moment donné de la Sporocyste et se répandent dans l'eau, où
ils vivent librement ; aussi les a-t-on regardés, tant qu'on a ignoré
leur véritable nature, comme des Infusoires. Sous cet état, leur
organisation se rapproche déjà de celle des Distomes ; mais on ne

trouve encore chez eux aucune trace d'organes sexuels; ceux-ci
n'apparaissent qu'à la suite d'une métamorphose qui s'accomplit

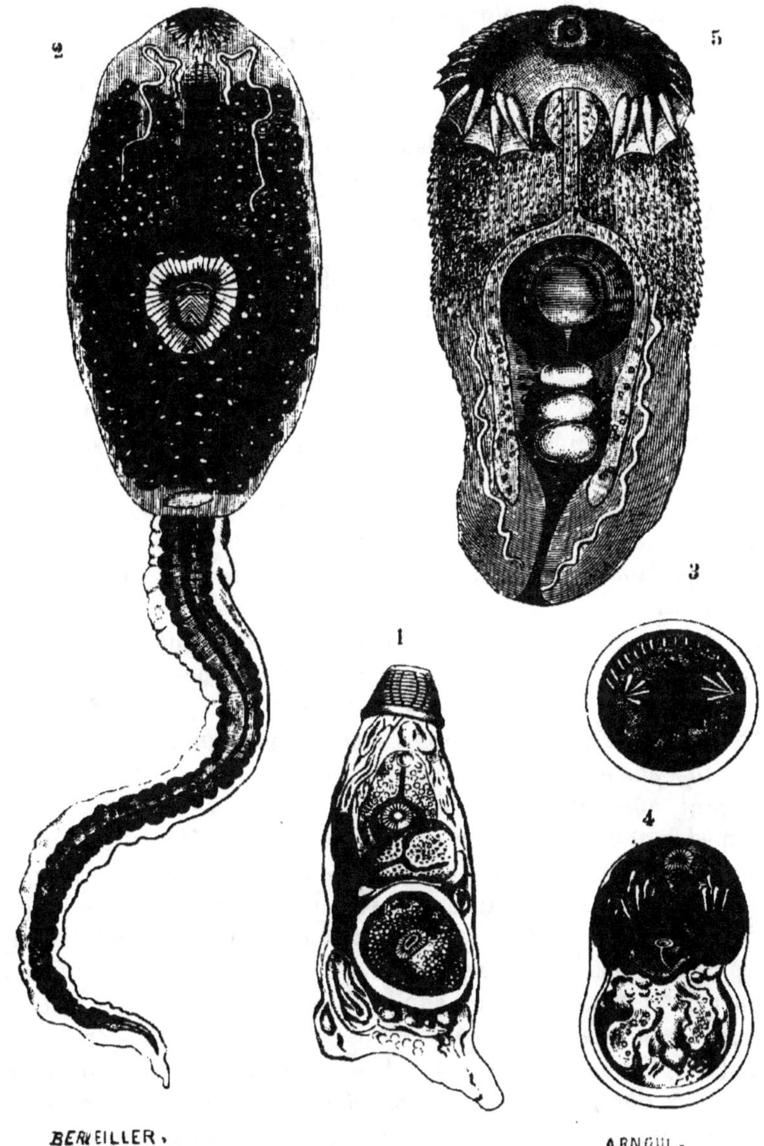

Fig. 223. — Développement de la *Cercaria echinatoïdes.* — 1, Rédie contenant des Cercaires; 2, Cercaire très grossi; 3, Distome enkysté; 4, le même tiré de ses enveloppes et très grossi; 5, le même sur le point d'éclore dans l'intestin d'une Grenouille (d'après de Filippi).

dans un autre milieu. Le Cercaire pénètre en effet dans le corps
d'un nouvel animal aquatique, où il s'enkyste (fig. 223,3); là il perd

sa queue, mais reste encore dépourvu d'organes génitaux. Pour compléter son développement et devenir sexué, il faut qu'il passe, avec la chair de l'hôte qui le recèle, dans le tube digestif d'un autre animal, dont il devient alors le parasite sous sa forme adulte.

Les Distomes parcourent donc un cycle de développement dont les phases successives sont représentées par l'embryon cilié, la Sporocyste, le Cercaire, la forme enkystée, et enfin l'animal sexué, chacun de ces états correspondant à un milieu différent et comportant des migrations, soit actives, soit passives. Si on applique à ces animaux la nomenclature proposée par van Beneden pour désigner les états qui se suivent dans la reproduction métagénétique, on regardera la larve ciliée comme un scolex, la Sporocyste comme un strobile et les Cercaires comme des proglottis ; mais ceux-ci n'arrivent à l'état parfait que par une métamorphose qui exige de nouveaux changements de milieu. Quelquefois cependant certaines de ces phases évolutives font défaut, et le développement est alors abrégé ; ainsi les Sporocystes peuvent donner naissance non à des Cercaires, mais à de jeunes Distomes ; d'autres fois les Cercaires, au lieu de s'enkyster, peuvent passer directement dans l'hôte où ils se transforment en Distomes sexués...

Les Distomiens se partagent en deux familles : *Monostomidés* et *Distomidés*.

Les Monostomidés n'ont qu'une seule ventouse placée à la partie antérieure du corps, et entourant d'ordinaire la bouche.

Le genre Monostome (*Monostomum*) comprend plusieurs espèces : le *M. flavum,* qui vit chez les Oiseaux aquatiques et provient du *Cercaria ephemera* des Planorbes ; le *M. mutabile,* Monostome changeant, qui habite les fosses nasales et la cavité viscérale des Palmipèdes et des Échassiers ; il est vivipare ; le *M. lentis,* qui a été observé dans le cristallin de l'Homme ; il est dépourvu d'organes sexuels et représente vraisemblablement une forme jeune, etc.... Les *G. Hemistomum, Holostomum...* se rangent dans cette famille.

Les Distomidés sont munis de deux ventouses, l'une antérieure ou buccale et l'autre placée sur la face ventrale, plus ou moins en arrière de la première, quelquefois à l'extrémité postérieure du corps (*Amphistomum*). Le genre Distome (*Distomum*) renferme des espèces particulièrement intéressantes, parce qu'on les rencontre chez l'Homme ; ainsi la Douve du foie (*D. hepaticum*) (fig. 224), dont le corps est ovalaire, aplati et a la forme d'une petite feuille ; elle est longue de 30 millimètres environ et large de 8 à 10 ; elle vit dans les canaux biliaires de certains mammifères, et en particulier des Ruminants, mais elle se trouve souvent chez l'Homme. Le Distome lancéolé (*D. lanceolatum*) est une espèce voisine de la précé-

dente, avec laquelle elle a été longtemps confondue, parce qu'elle a
le même habitat. On ignore quels sont les Cercaires de ces deux
Distomes, et comment ils s'introduisent dans le corps des animaux
qui les renferment. Plusieurs autres Distomes ont pu être suivis dans
les différentes phases de leur développement; ainsi le *D. retusum*,
qui habite l'intestin des Grenouilles, provient du *Cercaria armata*,
des Limnées et des Planorbes; le *D. militare* du Canard et autres

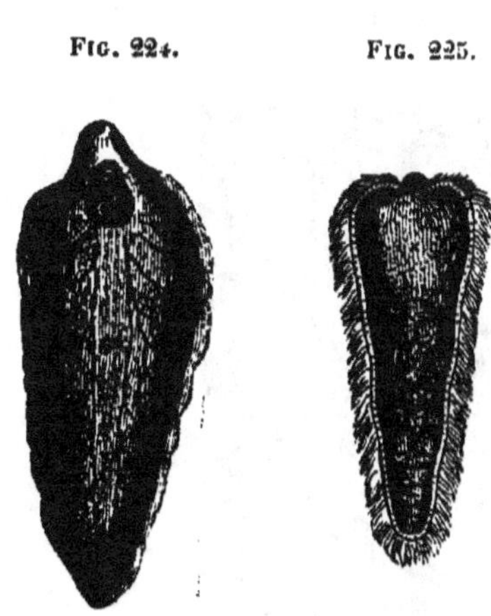

FIG. 224.

FIG. 225.

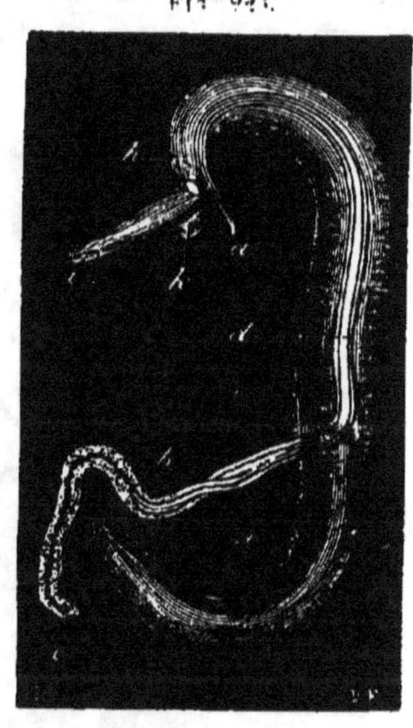

FIG. 226.

FIG. 224. — *Distoma hepaticum*.
FIG. 225. — Sa larve ciliée.
FIG. 226. — *Distoma hæmatobium*, mâle et femelle fortement grossis. — *a b*, femelle en
partie contenue dans le canal gynæcophore; *a*, l'extrémité antérieure; *c*, l'extrémité postérieure; *d*, le corps vu par transparence dans le canal; *e, f, g, h, i*, mâle; *e, f*, canal
gynæcophore entr'ouvert en avant et en arrière de la femelle extraite en partie; *g, h*, limite
vers le dos de la dépression de la face ventrale constituant le canal; *i*, ventouse buccale;
k, ventouse ventrale; entre *i* et *h*, le tronc; en arrière de *h*, la queue (d'après Bilharz).

Oiseaux aquatiques provient du *Cercaria echinifera* enkysté dans
les Paludines, etc.

Il y a des Distomes à sexes séparés : le *D. filicolle*, qu'on rencontre par couples dans des enfoncements de la muqueuse branchiale de la Castagnole (*Brama Raji*), et le *D. hæmatobium*
(*Gynæcophorus* de Diesing), qui vit dans la veine porte et dans ses
ramifications chez l'Homme (fig. 226). Ce Ver présente une remarquable particularité; le mâle porte la femelle, plus petite et plus
grêle, logée dans une gouttière (canal gynæcophore) que forment en
se courbant les bords marginaux de son corps. Ce parasite n'a
été observé qu'en Égypte, où il est très commun.

Le G. *Rhopalophorus*, voisin des Distomes, est caractérisé par

deux trompes rétractiles, hérissées de piquants, placées auprès de
la ventouse buccale. Le G. *Amphistomum* se distingue par la position de sa deuxième ventouse à l'extrémité postérieure du corps.
L'amphistome de la Grenouille provient du *Cercaria diplocotylea*,
qu'on rencontre dans le *Cyclas cornea*.

Polystomiens.

Les Vers rangés dans ce groupe sont pourvus de deux petites
ventouses antérieures et d'une ou de plusieurs ventouses postérieures. Ils se distinguent en outre des Distomiens par leur déve-

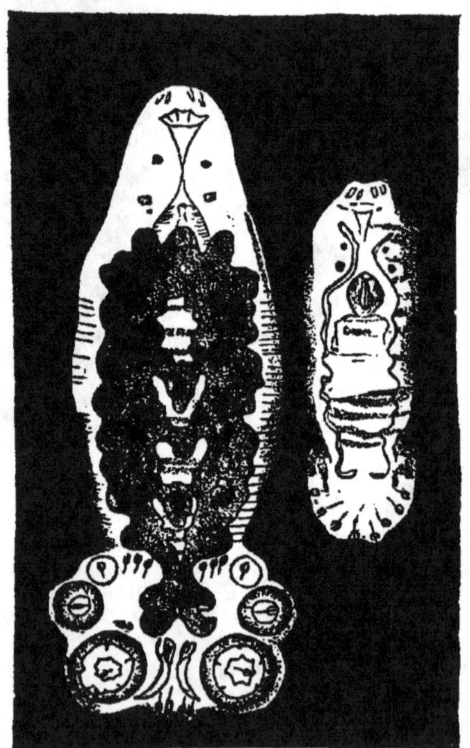

Fig. 227. — *Polystomum integerrimum* et sa larve.

loppement direct (*monogénèse* de van Beneden). Ce sont pour la
plupart des parasites extérieurs ou Ectoparasites, qui vivent sur la
peau ou sur les branchies des Poissons, des Crustacés ou autres
animaux aquatiques.

On les divise en plusieurs familles.

Les Tristomidés n'ont qu'une ventouse postérieure ; ils comprennent les G. *Tristoma, Epibdella, Udonella,* etc.

Les Polystomidés ont des ventouses postérieures multiples et munies de crochets. Parmi eux se rangent les G. *Polystomum* (fig. 227), *Octobothrium, Aspidogaster*, etc., et le *Diplozoon paradoxum*, le plus curieux peut-être de tous ces animaux. En effet,

Fig. 228.

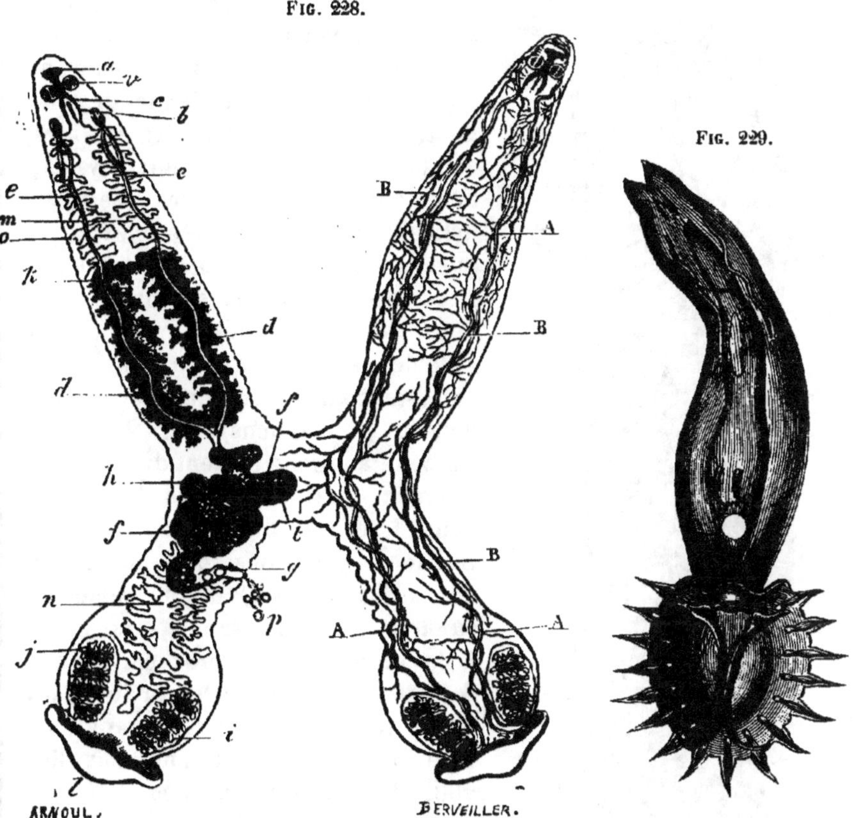

Fig. 228. — *Diplozoon paradoxum.* — A, tronc vasculaire portant le sang d'avant en arrière. — B, tronc vasculaire portant le sang en sens contraire. — *a*, bouche; *b*, appendice linguiforme contenu dans le pharynx; *c*, ouverture située à l'extrémité de cet appendice; *m, n*, canal digestif, tronqué en *k*; *o*, appendices en forme de cæcums; *d*, ovaires; *e e*, oviductes; *f*, utérus; *g*, ouverture génitale externe; *p*, œufs; *t*, testicule; *h*, son canal spiralé; *v*, ventouses antérieures; *i*, disques; *j*, ventouses postérieures; *l*, languette (d'après Nordmann).

Fig. 229. — *Gyrodactylus elegans* (d'après Nordmann).

simples dans leur jeune âge, ces Vers s'unissent deux à deux et ne se séparent plus désormais, formant ainsi un individu double, tel que le représente la figure 228.

Les Gyrodoctylidés ont pour type le *Gyrodactylus elegans* Nordm. (fig. 229), remarquable par le développement qui se fait chez lui de plusieurs générations emboîtées les unes dans les autres.

ORDRE III. — TURBELLARIÉS

Les Turbellariés ont le corps plat et lisse, couvert de cils vibratiles. Leurs téguments sont parfois colorés, en particulier par un pigment vert (*Vortex viridis*, etc.), que
Max Schultze a reconnu pour être de
la chlorophylle. On y trouve souvent
des corpuscules en forme de baguettes, contenus dans des cellules
comparables à des nématocystes;
l'existence de véritables cellules
urticantes a été constatée chez quelques-uns d'entre eux (*Microstomum*).
Le système nerveux se compose de
deux ganglions situés dans la partie
antérieure du córps et unis entre eux
par une commissure qui parfois est
double (Némertiens) (fig. 230, *cc*).
De ces ganglions partent divers filets
nerveux, parmi lesquels deux cordons latéraux dirigés en arrière.
Comme organes des sens, on trouve
des *soies tactiles*, tantôt réparties
sur tout le corps, tantôt restreintes
à la région céphalique; parfois des
fossettes ciliées placées sur les côtés
de la tête et reliées aux ganglions
cérébroïdes par un filet nerveux (fig.
230, *bb*); quelquefois des vésicules
auditives, et plus fréquemment des
taches oculaires simples ou pourvues
d'un cône cristallin.

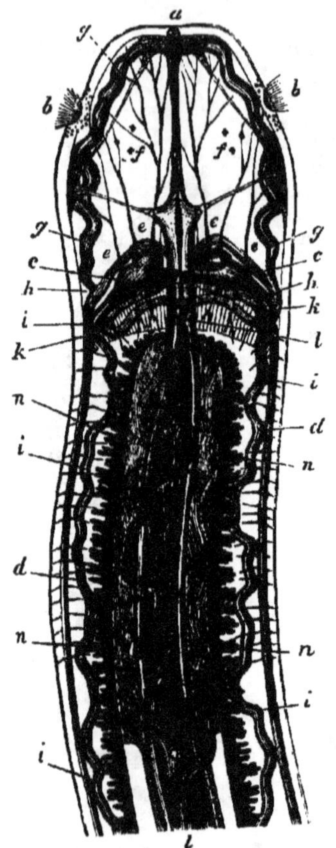

FIG. 230. — Portion antérieure du corps
de la *Borlasia camillea* (Némertien) *.

Le tube digestif peut présenter
deux orifices (*Rhynchocœles*) ou n'en avoir qu'un seul; dans ce cas,
il est tantôt simple (*Rhabdocœles*), tantôt ramifié (*Dendrocœles*). La
position de l'ouverture buccale varie; elle est située à la partie
antérieure du corps ou reculée jusqu'au milieu de la face ventrale,

* *a*, orifice buccal; *b*, *b*, fossettes céphaliques ciliées; *c*, *c*, lobes du cerveau réunis par
une bandelette sous-œsophagienne; *d d*, troncs nerveux longitudinaux; *e e e e*, nerfs céphaliques; *f f*, yeux; *g g g*, anse vasculaire céphalique; *l l*, vaisseau médio-dorsal, se bifur-
quant pour donner les branches *k k*, qui entourent le cerveau et viennent se réunir en *h h* aux
vaisseaux latéraux *i i i*; *m m m m*, diaphragme horizontal formant le canal propre de la première portion de la trompe *o o*; *n n n*, ovaires ou testicules (*Annales des sciences naturelles*, 3ᵉ série, tome VI, planche 9).

et même au delà. Le pharynx qui lui fait suite est ordinairement musculeux et souvent protractile ; quelquefois il prend la forme d'une véritable trompe.

Il n'existe de système vasculaire que chez les Némertiens ; il consiste en trois troncs longitudinaux, dont l'un dorsal et les deux autres latéraux, qui sont en communication à l'extrémité antérieure et à l'extrémité postérieure du corps ; les parois de ces vaisseaux sont contractiles (fig. 230). Le sang qui y est contenu est généralement incolore, quelquefois coloré en rouge ; il se meut d'arrière en avant dans le vaisseau dorsal, et d'avant en arrière dans les vaisseaux latéraux. L'appareil excréteur est constitué par deux troncs princi-paux, qui sont situés sur les côtés du corps et émettent de nom-breuses ramifications. Ces troncs s'ouvrent au dehors, soit par des orifices latéraux placés plus ou moins en avant, soit par un seul situé en arrière, sur la ligne médiane. Le liquide qu'ils renfer-ment est mis en mouvement par des cils vibratiles implantés sur leurs parois.

Chez les Turbellariés, les sexes sont le plus souvent réunis, par-fois séparés (*Microstomes, Némertiens*). L'appareil femelle présente de grandes variations. Il se compose d'un ovaire, tantôt simple, tantôt double, et parfois de glandes vitellogènes dont les conduits excréteurs s'ouvrent dans l'oviducte. Celui-ci se différencie dans certaines de ses parties qui fonctionnent comme utérus, et se ter-mine par un vagin, auquel est annexée dans certains cas une poche copulatrice. Souvent il y a deux oviductes qui ne se réunissent que dans leur portion terminale. L'appareil mâle est constitué par des testicules allongés, tubuliformes, dont les canaux déférents débou-chent dans une vésicule séminale ; il est pourvu d'un organe copula-teur, ordinairement protractile et pourvu de piquants. Tantôt il n'y a qu'un pore génital commun aux organes mâles et femelles, tantôt les orifices sexuels sont séparés.

Les embryons naissent couverts de cils vibratiles et présentent pour la plupart un développement direct, mais quelquefois ils subissent des métamorphoses. Indépendamment de la reproduction sexuelle, on observe aussi chez les Turbellariés des cas de reproduction agame par scissiparité.

Ce sont des animaux qui vivent dans les eaux douces ou marines, et parmi lesquels on ne rencontre qu'un petit nombre de formes parasites. On les divise en trois groupes ou sous-ordres, d'après les caractères tirés de leur tube digestif. Celui-ci est droit et n'a qu'un orifice chez les *Rhabdocœles ;* il n'a également qu'un orifice, mais il est ramifié chez les *Dendrocœles ;* enfin il est pourvu de deux orifices, une bouche et un anus, chez les *Rhynchocœles.*

Rhabdocœles.

Ce sont les Turbellariés les plus petits de taille et les plus simples d'organisation. Leur corps est plus ou moins cylindrique. Dans le jeune âge, leur tube digestif est peu différencié, et parfois leur bouche conduit dans un parenchyme mou. Cet état persiste dans quelques formes (*Convoluta*, *Nadina*, *Schizopora*) que Ulianin range pour ce motif dans un groupe particulier sous le nom d'*Acœles*. La position de la bouche est très variable et sert à caractériser divers genres : *Opisthomum*, *Mesostomum*, *Prostomum*... Le pharynx est généralement musculeux et protractile. Les sexes sont le plus souvent réunis et il y a une ouverture génitale commune; cependant, un certain nombre de Rhabdocœles (*Microstomidés* et quelques autres) sont dioïques, et dans les formes hermaphrodites on trouve parfois deux orifices sexuels séparés. Le développement se fait sans métamorphose. On a observé quelques cas de reproduction par scissiparité, par exemple, chez les *Catenula* (fig. 231) dont le corps est segmenté et composé de plusieurs individus réunis en chaîne.

Fig. 231. — *Catenula quaterna.*

Ces animaux vivent dans les eaux douces et stagnantes. D'après la situation de la bouche et la disposition du pharynx on les a partagés en familles : les OPISTHOMIDÉS, les DÉROSTOMIDÉS, les MÉSOSTOMIDÉS, etc.

Dendrocœles.

Les Dendrocœles ont le corps large et plat, l'intestin ramifié sans orifice anal. La bouche située vers le milieu de la région ventrale est munie d'un pharynx protractile. Parfois la région céphalique présente des appendices ou des prolongements tentaculiformes. L'hermaphrodisme est de règle et la séparation des sexes ne se rencontre que par exception, comme dans la *Planaria dioica*. L'orifice génital est tantôt simple (Planariées terrestres et d'eau douce), tantôt double (Planariées marines). Le développement est direct, cependant, chez quelques espèces marines, il se complique de métamorphoses (J. Müller).

La plupart des Dendrocœles habitent la mer; mais il y en a qui vivent dans les eaux douces, et quelques-uns sont terrestres.

Selon que la tête est distincte ou indistincte, selon qu'il existe ou non des tentacules et selon la position de ceux-ci, on a réparti ces

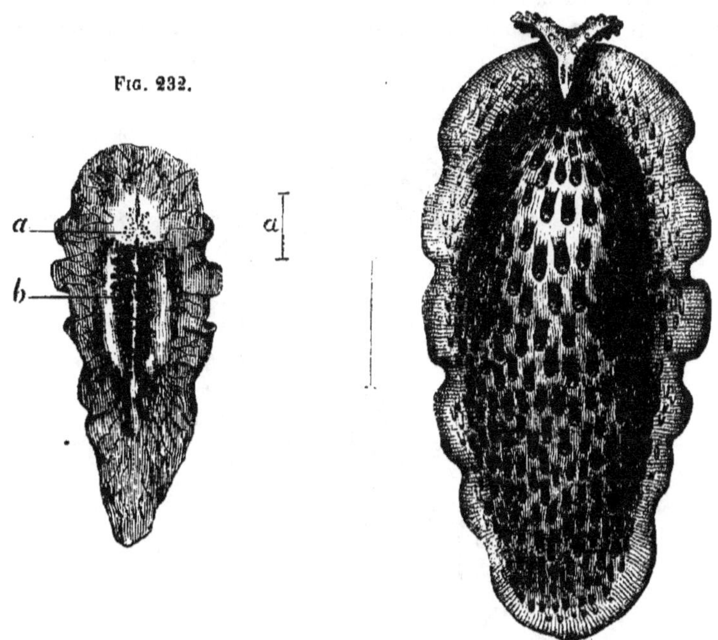

FIG. 232.

FIG. 233.

FIG. 232. — *Polycelis lœvigatus*. — *a*⌐, grandeur naturelle; *a*, taches oculaires, *b*, région dorsale colorée en brun.
FIG. 233. — *Eolidiceros Brochii* (de Quatrefages).

animaux en plusieurs familles sous les noms de ACÉRIDÉS (fig. 232), PSEUDOCÉRIDÉS (fig. 233).... et PLANARIDÉS.

Rhynchocœles (Némertiens).

Les Rhynchocœles ont le corps allongé, en forme de ruban. Leur tube digestif est complet et se termine postérieurement par un ori-fice anal. Au-dessus de la bouche, et s'étendant en arrière au-dessus du tube digestif, se trouve un organe tubulaire protractile ou *trompe*, plus ou moins long et parfois muni de piquants (fig.234); c'est sans doute une arme, mais le rôle en est assez mal connu. Le système nerveux est relativement développé; la commissure qui unit les ganglions cérébroïdes est formée de deux cordons entre lesquels passe la trompe. Les cordons latéraux sont volumineux et se pro-longent jusqu'à l'extrémité postérieure du corps. Souvent il existe sur les côtés de la tête deux fossettes ciliées qui reçoivent des nerfs émanés des ganglions cérébroïdes, et qui paraissent être des organes sensitifs, mais dont la signification n'est pas bien déterminée. Les organes visuels représentés, en général, par de simples tubes oculaires se rencontrent communément ; des vésicules auditives ne s'observent que rarement.

On sait que les Némertiens possèdent seuls un système circulatoire. Leur appareil excréteur est formé par deux troncs longi-

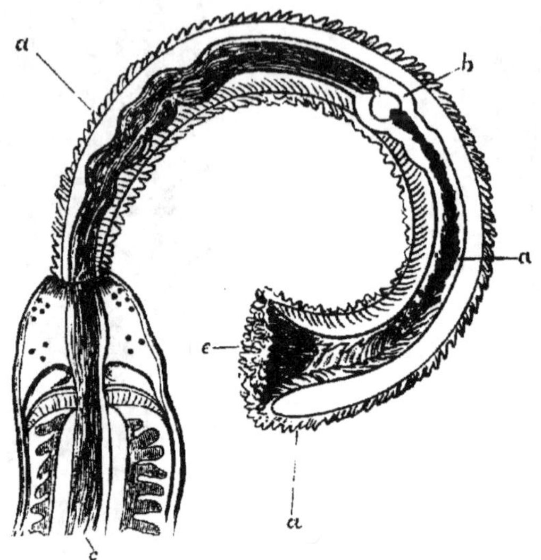

FIG. 234. — Polie émettant sa trompe qui est à demi extroversée.— *a a a*, trompe ; *b*, appareil stylifère ; *c*, intestin. Le mouvement d'extroversion s'exécutant d'arrière en avant, on comprend sans peine que le stylet doit venir se placer en *e*.

tudinaux, qui s'ouvrent isolément de chaque côté du corps. Les sexes sont presque toujours séparés et les cas d'hermaphrodisme

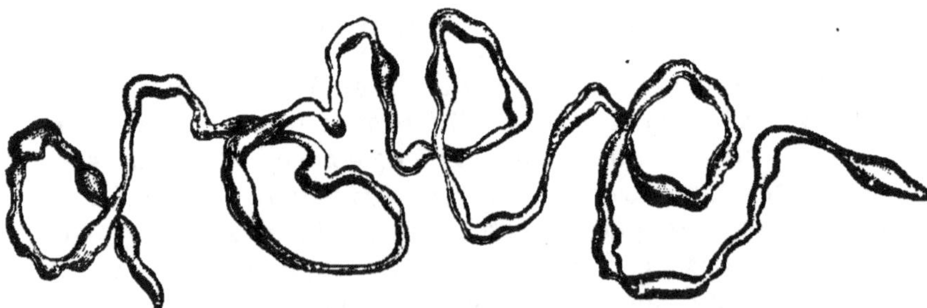

FIG. 235. — *Ommatoplea ophiocephala*.

sont exceptionnels (*Borlasia hermaphroditica*). Certaines espèces sont vivipares, et chez elles le développement est direct, mais celles qui sont ovipares présentent des métamorphoses. Elles naissent

sous forme de larves ciliées qu'on avait regardées d'abord comme
constituant un genre spécial, nommé *Pilidium*.

Les Némertiens sont des animaux marins. Quelques-uns construisent des tubes qui leur servent de demeure. En se basant sur
les caractères tirés de la trompe qui est armée d'épines ou inerme,
sur la présence ou l'absence de fossettes céphaliques, Keferstein a
divisé ce groupe en trois familles :

Les Trémacéphalidés, à trompe armée de crochets, comprenant
les genres *Polia, Borlasia, Ommatoplea* (fig. 235);

Les Rhochmocéphalidés, à trompe inerme, et pourvus de fentes
céphaliques : *Nemertes, Ophiocephalus,* etc...;

Enfin les Gymnocéphalidés, à trompe inerme, et dépourvus de
fentes céphaliques : *Cephalothrix*.

2ᵉ CLASSE. — NÉMATHELMINTHES

Les Némathelminthes ou Vers ronds, de forme cylindrique, sont
parfois très longs et ressemblent à un fil, d'où le nom qui leur a été
donné (νῆμα, fil). Ils sont revêtus d'une couche épaisse de cuticule
qui donne à leur corps une certaine rigidité et leur surface est
généralement marquée de stries ou de rides transversales. Ils
sont dépourvus d'appendices locomoteurs et se meuvent par une
sorte de reptation due aux contractions de leur enveloppe musculo-
dermique; d'ordinaire ils portent à l'extrémité céphalique des
organes de fixation, tels que papilles ou crochets.

La présence d'un système nerveux a été reconnue chez ces animaux. Il existe, en effet, un anneau pharyngien d'où partent des
filets nerveux qui se dirigent les uns en avant, les autres en arrière.
Des taches oculaires et parfois de véritables yeux se rencontrent
dans les formes libres; les vésicules auditives font généralement
défaut. L'appareil digestif consiste en un tube allongé, qui s'étend
de l'extrémité antérieure où se trouve la bouche, jusque dans le
voisinage de l'extrémité postérieure où il se termine par un orifice
anal. Quelquefois cet appareil disparaît par un phénomène de
rétrogradation (Acanthocéphales). Il n'existe ni système vasculaire,
ni organes de respiration. Les organes d'excrétion sont représentés
par deux canaux situés sur les côtés du corps (dans les champs
latéraux), et qui se réunissent en un tronc commun s'ouvrant sur
la face ventrale.

Les sexes sont séparés, sauf dans un petit nombre de cas. Le
développement est direct ou comprend des métamorphoses qui parfois comportent des migrations dans des milieux différents. Ces
animaux sont pour la plupart parasites, les uns pendant toute leur

vie, les autres seulement pendant une période déterminée de leur existence. On les divise en trois ordres :

Vers ronds
— Un tube digestif — Des nageoires, sexes réunis... *Chétognathes.*
Pas de nageoires; sexes séparés *Nématoïdes.*
Pas de tube digestif; trompe rétractile armée de crochets.............................. .... *Acanthocéphales.*

ORDRE I. — ACANTHOCÉPHALES

Les Acanthocépales se distinguent des Nématoïdes par l'absence d'un tube digestif. Ils portent à la partie antérieure du corps une trompe mobile qui peut rentrer dans une gaine par l'action d'un muscle rétracteur (fig. 236). Cette trompe est munie de crochets, au moyen desquels ces animaux se fixent aux parois du tube intestinal de l'hôte sur lequel ils vivent en parasites. La nutrition chez eux se fait par absorption des matières alimentaires à travers la peau. Ces matières pénètrent dans un système de canaux ramifiés, sans parois propres, qui parcourent les téguments en dehors de l'enveloppe musculaire du corps. A côté de la trompe et faisant saillie dans la cavité viscérale se trouvent deux petits organes particuliers, pourvus d'un riche réseau vasculaire, nommés *lemnisques;* on les considère comme servant à l'excrétion. Le système nerveux est représenté par un ganglion situé à la base de la gaine de la trompe. Les organes des sens font défaut.

Les sexes sont séparés. Les glandes génitales sont portées par un cordon qui traverse la cavité viscérale, et qu'on nomme *ligament suspenseur.* Chez les mâles il y a deux testicules dont les conduits excréteurs débouchent dans un canal déférent commun, qui se rend à l'extrémité postérieure où il s'ouvre, avec les canaux de quelques glandes accessoires, dans un organe cupuliforme (*bourse copulatrice*) au centre duquel est situé un pénis conique. Chez la femelle, les œufs détachés de l'ovaire tombent dans la cavité viscérale; de là ils passent dans un organe en forme d'entonnoir, auquel fait suite un oviducte qui débouche à la partie postérieure du corps.

Les œufs, quand ils sont expulsés, renferment des embryons dont le développement ultérieur se complique de migrations. Portés d'abord dans le canal digestif de petits Crustacés (Amphipodes, Isopodes), ils y deviennent libres, perforent les parois de l'intestin, et restent comme enkystés dans la cavité viscérale de leur hôte, jusqu'à ce qu'ils parviennent avec celui-ci dans le tube intestinal d'un vertébré, tel que Poisson ou Oiseau aquatique, auquel ces animaux servent de nourriture. Ils atteignent alors leur complet développement et arrivent à l'état adulte.

Cet ordre ne renferme qu'un seul genre, l'Échinorhynque (*Echinorhynchus*) dont on connaît de nombreuses espèces : *E. polymorphus*, dans l'intestin du Canard et autres Oiseaux aquatiques ; *E. gigas*, dans l'intestin grêle du Porc ; *E. acus*, dans la Morue (fig. 236), etc.

ORDRE II. — NÉMATOÏDES

Ces Vers doivent le nom qu'ils portent à leur corps allongé, cylindrique, filiforme. On ne leur trouve ni appendices locomoteurs, ni ventouses, mais en général ils présentent à l'extrémité antérieure des papilles situées autour de la bouche, ou des pièces de chitine formant une armature buccale. Leur canal digestif est complet et se termine par un orifice anal placé en arrière, près de la queue. La partie

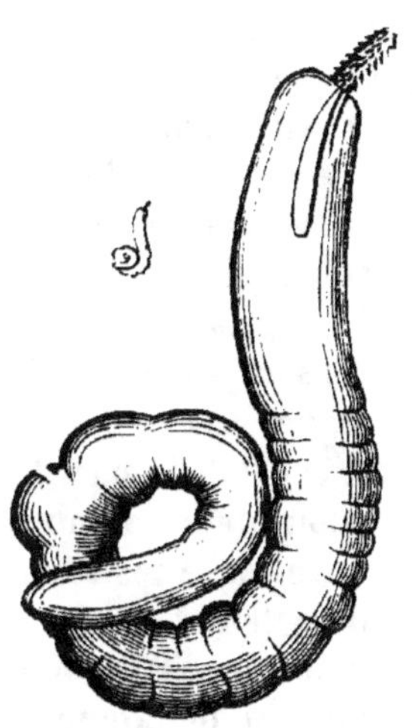

FIG. 236. — *Echinorhynchus acus.*

antérieure ou œsophagienne de ce canal se dilate souvent en un renflement musculaire, nommé pharynx, qui fonctionne comme appareil de succion.

La peau de ces animaux est revêtue d'une cuticule épaisse dont la surface est fréquemment marquée de stries annulaires. On y observe parfois des saillies en forme de tubercules ou de piquants. Les muscles qui sont situés au-dessous des téguments, formant avec ceux-ci l'enveloppe musculo-dermique, sont constitués par des fibres longitudinales disposées en faisceaux aplatis. Ces faisceaux laissent entre eux sur les côtés du corps, et sur le milieu de ses faces supérieure et inférieure, des bandes plus ou moins larges, auxquelles, selon la position qu'elles occupent, on donne le nom de *lignes latérales* ou *champs latéraux* et de *lignes médianes*, l'une dorsale et l'autre ventrale. Les champs latéraux sont parcourus par deux canaux qui, dans la partie antérieure du corps, se réunissent en un tronc commun, lequel débouche au dehors par un orifice situé sur la face ventrale. Ces canaux sont considérés comme des organes d'excrétion.

Le système nerveux des Nématoïdes présente une disposition toute particulière. Il consiste en un anneau qui entoure l'œsophage et d'où partent huit nerfs, dont six dirigés en avant et deux en arrière. Des premiers, il y en a deux qui suivent les champs latéraux ; les quatre autres sont situés entre ceux-ci et les lignes médianes. Les nerfs postérieurs sont l'un dorsal, l'autre ventral, et suivent chacun la ligne médiane correspondante. Dans les points d'où ces différents nerfs tirent leur origine sur l'anneau œsophagien, il existe des cellules ganglionnaires; il s'en trouve aussi qui sont disséminées le long de leur trajet. Les organes des sens ne sont représentés chez les Nématoïdes que par des papilles tactiles situées soit auprès de la bouche, soit auprès de l'orifice génital; néanmoins on a constaté l'existence de taches oculaires chez quelques-uns d'entre eux qui vivent en liberté.

La reproduction est toujours sexuelle, et en règle générale les sexes sont séparés; l'hermaphrodisme ne se rencontre que dans quelques cas exceptionnels. Les organes, soit mâles soit femelles, sont constitués par de longs tubes qui décrivent des circonvolutions plus ou moins nombreuses, et dont la partie supérieure représente l'ovaire ou le testicule, tandis que la partie inférieure sert de conduit vecteur pour les éléments sexuels. Chez les mâles, ce tube est impair (fig. 237), le canal déférent qui lui fait suite porte une dilatation qui fonctionne comme *vésicule séminale*, et débouche dans un cloaque où aboutit également l'intestin. Ce cloaque renferme un ou deux appendices cornés, sétiformes, susceptibles de se projeter au dehors et nommés *spicules*, qui jouent le rôle d'organes copulateurs. Chez les femelles, les tubes ovariens sont généralement pairs (fig. 238). Ils se continuent avec les oviductes dont la portion terminale renflée est désignée sous le nom d'utérus. Cet organe est tantôt double, et tantôt simple par suite de la réunion des deux oviductes en ce point. Le vagin, toujours unique qui y fait suite, s'ouvre vers le milieu de la face ventrale du corps, parfois plus en avant, rarement en arrière. Dans beaucoup d'espèces, les mâles diffèrent des femelles par des dimensions moindres. Ces animaux sont pour la plupart ovipares; quelques-uns sont vivipares.

Les œufs sont généralement entourés d'une coque protectrice. Après l'éclosion l'embryon présente souvent des métamorphoses plus ou moins marquées qui se compliquent de migrations. Ainsi, beaucoup de ces Vers qui vivent en parasites se trouvent chez des ani-

---

* FIG. 237. — *Ascaride lombricoïde*, mâle, ouvert dans une partie de sa longueur. — *a*, tête; *b*, extrémité caudale; *c c'*, l'intestin enlevé entre ces deux points pour montrer les replis multipliés du tube génital flottant dans la cavité abdominale, testicule et conduit déférent continus s'insérant en *d* sur une vésicule séminale allongée; *b*, extrémité caudale grossie montrant le double pénis.

** FIG. 238. — *Ascaride lombricoïde*, femelle, grandeur naturelle, ouvert dans toute sa longueur. — *a*, tête avec les trois valves; à la naissance de l'œsophage, on voit un cordon transversal qui est l'anneau œsophagien; *b*, extrémité caudale; de *a* en *b*, intestin droit fixé aux parois par des fibres transversales dans la portion antérieure et postérieure où n'existe pas le tube génital; *d d*, deux lignes latérales indiquant la division des fibres musculaires en bandes longitudinales; *c*, orifice vaginal très peu apparent; *e e*, ovaire et trompe continus formant deux tubes repliés un grand nombre de fois autour de l'intestin et s'abouchant en un tube commun ou matrice qui ne se distingue point, chez cette espèce, par une forme ou par un renflement particuliers (Davaine).

maux différents dans le jeune âge et à l'âge adulte, ou bien mènent
une vie indépendante à une certaine période de leur existence. Par

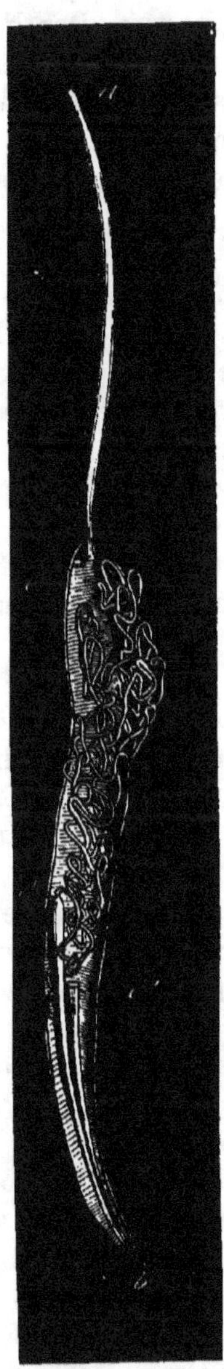

FIG. 237 *.

FIG. 238 **.

exemple, le *Cucullanus elegans*, parasite de la Perche, habite à
l'état d'embryon la cavité viscérale des petits Crustacés appelés Cyclopes; le *Dochmius trigonocephalus* qui se trouve dans l'intestin du

Chien vit librement pendant son jeune âge, tandis que les *Gordius*, les *Mermis*, qui sont libres à l'état adulte, ont leurs larves parasites des Insectes. Quelques-uns, comme les Trichines, peuvent passer chez le même individu d'un organe dans un autre. Des Nématoïdes parasites se rencontrent dans les points les plus divers des organismes, parfois même il s'en trouve dans le sang (*Hématozoaires*) ; à l'état jeune et agame ils sont généralement enkystés dans les tissus. Certaines formes enfin, comme l'Anguillule du vinaigre, etc., vivent toujours en liberté.

Cet ordre renferme un nombre considérable d'espèces, dont quelques-unes offrent un intérêt particulier, comme parasites de l'Homme. On peut les partager en deux groupes suivant que chez les mâles l'orifice sexuel est terminal (*Acrophalliens*), ou ventral (*Hypophalliens*), chacun de ces groupes comprenant plusieurs familles dont nous ne citerons que les plus importantes.

Aux Acrophalliens appartiennent les *Strongylidés* et les *Trichotrachélidés*.

Les Strongylidés ont la bouche entourée de papilles (Strongles) ou munie d'une armature cornée (Sclérostomes) ; les mâles sont pourvus tantôt d'un seul, tantôt de deux spicules situés dans une bourse terminale.

Le Strongle géant (*Eustrongylus gigas* Dies.) (fig. 239) est le plus grand de tous les Vers intestinaux ; la femelle peut atteindre jusqu'à 1 mètre de long, le mâle 40 centimètres seulement. Il vit dans les reins de différents Carnivores, Chien, Martre, etc.., et il a été rencontré, par exception, chez l'Homme.

Le Strongle filaire (*Strongylus filaria* Rud.) se trouve dans les voies respiratoires du Mouton, de la Chèvre, etc... Une espèce voisine, le Strongle à long fourreau (*St. longevaginatus* Dies.) a été trouvé une fois dans les poumons d'un enfant de six ans.

On rencontre fréquemment chez le Cheval un Nématoïde nommé Sclérostome (*Sclerostoma equinum* Duj.) qui habite soit l'intestin, soit les artères mésentériques et produit dans ce cas des anévrysmes vermineux. Il vit librement dans le jeune âge, sous forme de *Rhabditis* et arrive dans le tube digestif du Cheval avec l'eau qui lui sert de boisson.

Le Syngame trachéal (*Sclerostoma syngamus* Dies.) habite la trachée-artère de certains Oiseaux, particulièrement des Gallinacés, et cause chez eux la maladie connue en Angleterre sous le nom de *gapes*.

L'Anchylostome duodénal (*Anchylostomum duodenale* Dub.) (fig. 240 et 241), découvert par Dubini, à Milan, a été observé ensuite par Bilharz et Greisinger en Égypte où il est commun, et où il occasionne la maladie appelée *chlorose d'Égypte*, par suite des hémorrhagies constantes que provoquent ces Vers, en blessant avec leur armature buccale la muqueuse de l'intestin, sur laquelle ils sont fixés parfois en très grand nombre.

Fig. 239.

Les Trichotrachélidés (de τρίξ, τριχός, cheveu, et τραχῆλος, cou) se distinguent par la minceur de la partie antérieure de leur corps, plus grêle que la postérieure. Les mâles ont un pénis simple renfermé dans un fourreau, ou en sont dépourvus (Trichine).

Dans cette famille se trouve un des parasites les plus communs chez l'Homme, le *Trichocephalus dispar* Rud. (fig. 242) qui

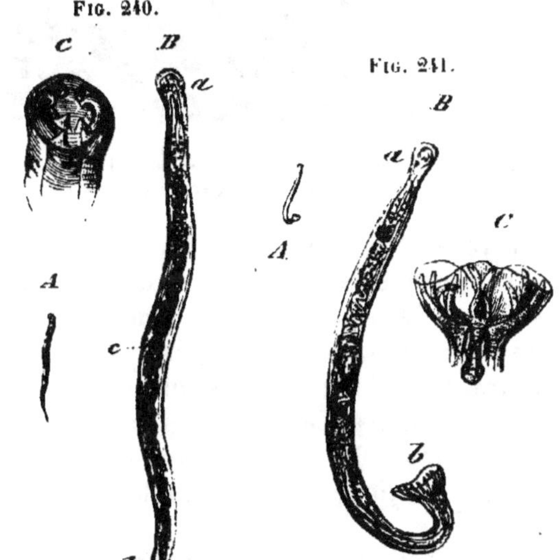

Fig. 240.

Fig. 241.

Fig. 239. — Strongle géant.
Fig. 240. — *Anchylostome duodénal*, femelle. — A, l'animal de grandeur naturelle. — B, le même, grossi : *a*, extrémité céphalique; *b*, orifice anal; *c*, orifice sexuel; C, extrémité céphalique considérablement grossie.
Fig. 241. — *Anchylostome duodénal*, mâle. — A, l'animal de grandeur naturelle. — B, le même, grossi : *a*, extrémité céphalique; *b*, bourse ou cupule; C, cupule considérablement grossie.

habite le gros intestin et le cæcum, engagé dans la muqueuse par son extrémité céphalique, sans que sa présence produise de désordre sensible.

C'est également parmi les Trichotrachélidés que se range la

célèbre Trichine (*Trichina spiralis*) (fig. 243) que R. Owen a fait connaître en 1835. A l'état sexué, ce Ver vit dans l'intestin de l'Homme et de beaucoup de Mammifères, particulièrement de ceux qui sont carnivores. L'accouplement a lieu, et les femelles vivipares engendrent des embryons, en nombre considérable, qui traversent les parois intestinales et envahissent les muscles striés. Arrivés là, ils s'enroulent en spirale et s'enkystent dans une double capsule, qui se forme par dégénérescence de la substance musculaire, et qui peu à peu s'incruste de calcaire (fig. 244). Les Trichines peuvent rester

FIG. 242. — *Trichocéphale dispar*. — *a*, mâle; *b*, femelle; *c*, extrémité céphalique avec la bouche terminale; *d*, extrémité caudale du mâle avec son spicule; *e*, œuf.

ainsi enkystées fort longtemps, jusqu'à ce que la chair qui les renferme étant introduite dans l'estomac d'un animal à sang chaud, elles soient mises en liberté sous l'influence de la digestion. Elles atteignent alors très vite l'état sexué et deviennent aptes à se reproduire. Quand l'Homme est infecté, c'est par l'usage de la viande de Porc trichinisé, cet animal pouvant lui-même s'infecter facilement en mangeant des Rats qui sont les hôtes ordinaires de ce parasite.

Les familles suivantes rentrent dans le groupe des Hypophalliens.

Les ASCARIDÉS, ainsi nommés du nom d'un de leurs principaux genres, l'Ascaride, sont caractérisés par l'existence autour de la bouche de trois lobes saillants et nettement marqués (fig. 245). Les mâles sont généralement pourvus de deux spicules cornés. Certains d'entre eux sont parasites de l'Homme. Ainsi, l'Ascaride lombricoïde (*Ascaris lumbricoïdes*) habite souvent en très grande quantité dans l'intestin grêle des enfants. Les œufs sont expulsés au dehors, mais on ignore quelles sont les conditions nécessaires à leur éclosion et au développement ultérieur des embryons. Il est probable que ceux-ci doivent passer dans un hôte intermédiaire avant de retourner à l'Homme, car l'ingestion directe des œufs n'entraîne pas la présence d'ascarides dans le tube digestif. Toutefois, ce n'est là qu'une supposition basée sur l'analogie et qui demande à être confirmée.

D'autres espèces d'Ascarides se trouvent dans différents animaux : l'*Ascaris megalocephala*, chez le Chat, l'*Ascaris mystax*, chez le Chien et le Chat, etc...

Les Oxyures sont des Vers de très petite taille, qui n'atteignent que quelques millimètres de longueur; les mâles ont un spicule simple. Ils vivent dans la partie terminale de l'intestin de divers animaux, et l'un d'eux, l'Oxyure vermiculaire (*Oxyuris vermicularis*) est fréquent chez l'Homme. Ils paraissent se développer par l'introduction directe des œufs dans le tube digestif.

Les FILARIDÉS ont le corps très long semblable à un fil. C'est parmi eux que se place le fameux Dragonneau ou Filaire de Médine (*Filaria medinensis* Gm.) qui atteint une longueur de 75 centimètres et même plus, d'après certains observateurs. La femelle seule est connue. Elle habite le tissu

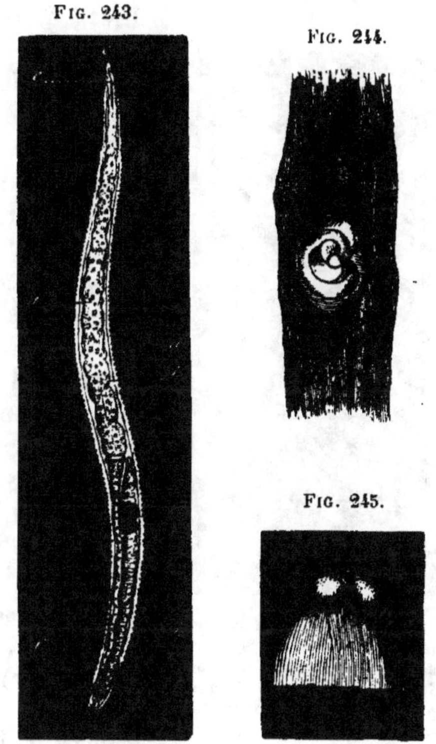

FIG. 243.

FIG. 244.

FIG. 245.

FIG. 243. — *Trichina spiralis.* — *a,* téguments; *b,* couche musculaire; *c,* extrémité céphalique; *d,* extrémité caudale et anus ; *e,* œsophage; *ff,* tube intestinal; *ih,* tube génital rudimentaire; en *i,* dépôt indéterminé dans l'intérieur de ce tube (d'après Bristowe et Rainey).
FIG. 244. — Trichine dans son kyste.
FIG. 245. — Extrémité céphalique de l'*Ascaride lombricoïde.*

cellulaire sous-cutané de l'Homme, dans les contrées tropicales de l'ancien monde, et en particulier sur la côte de Guinée. Elle est vivipare et constitue, quand elle est arrivée à maturité, une gaine remplie d'embryons (fig. 246), lesquels s'échappent au dehors avec le contenu de l'abcès dont la présence du parasite a déterminé la formation. Quand on veut extraire ce Ver, il faut procéder avec beaucoup de soin et de lenteur pour en éviter la rupture, car la dissémination des embryons dans la plaie occasionne des accidents. D'après Leuckart, les jeunes Dragonneaux émigrent dans les Cyclopes et seraient transmis à l'Homme par l'intermédiaire de ces petits Crustacés, avalés avec l'eau servant de boisson.

La Filaire de l'œil (*F. loa* Guyot) a été observée chez les nègres, entre la conjonctive et la sclérotique ; une autre forme (*F. lentis* Dies.) a été rencontrée dans le cristallin chez l'Homme. La Filaire du Cheval (*F. papillosa* Rud.) vit dans la cavité péritonéale de cet animal. La Filaire hématique (*F. immitis* Leidy) a été trouvée dans le cœur chez le Chien...

Nous citerons encore, comme appartenant à cette famille, les Spiroptères, dont l'espèce la plus connue, le Spiroptère mégastome, occasionne des *tumeurs vermineuses* qui se développent dans les parois de l'estomac chez le Cheval et contiennent un certain nombre de ces parasites.

Les ANGUILLULIDÉS vivent pour la plupart en liberté, les uns dans la terre ou dans l'eau, les autres dans des matières en fermentation ; quelques-uns sont parasites des végétaux. Les *Rhabditis* Duj. (*Leptodera* et *Pelodera* de Schneider) se développent, soit à l'état de liberté, soit à l'état de parasitisme. Ainsi, la larve du *Rh. appendiculata*

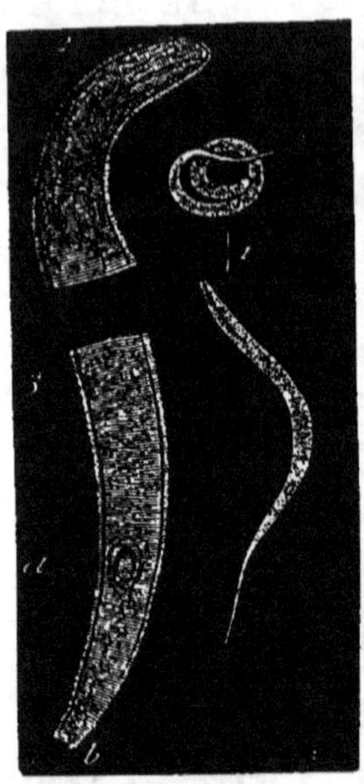

Fig. 246.— Embryon de la Filaire de l'homme. — 1, grossissement de 65 diamètres ; 2, tête, grossie de 350 diamètres ; 3, fragment présentant la naissance de la queue *b*, même grossissement ; *a*, l'anus.

peut habiter le pied de l'Arion et diffère alors par certains caractères des larves de la même espèce qui vivent librement ; celle du *Rh. pellio* se rencontre dans le corps des Lombrics. Un cas singulier nous est offert par un parasite qui se trouve dans les poumons de la Grenouille et qu'on a improprement nommé *Ascaris nigrovenosa*. Sous cette forme il est hermaphrodite, et produit des embryons qui émigrent dans le rectum de la Grenouille. Ces embryons, expulsés avec les fèces, se développent plus ou moins vite, suivant la température, en animaux sexués représentant une génération libre de *Rhabditis* (*Leptodera* de Schneider). Ceux-ci sont dioïques, s'accouplent et donnent naissance à des embryons qui, après avoir vécu quelque temps dans l'eau, émigrent de nouveau dans les Grenouilles, et là recommence le cycle évolutif que nous venons d'indiquer. Ainsi, des Vers monoïques et parasites engendrent des Vers dioïques et libres, ces deux formes succédant l'une à l'autre par une sorte de génération alternante.

Certaines espèces sont parasites sur des végétaux; l'Anguillule du blé (*Tylenchus scandens*) (fig. 247, 248) est la cause de la maladie du grain, comme sous le nom de *nielle*, etf ournit un remarquable exemple de reviviscence. En effet, les larves aessecnées remplissent les grains malades sous forme d'une poussière farineuse blanche et peuvent se conserver ainsi indéfiniment sans mourir. Quand les grains tombent à terre et sont soumis à l'action de l'humidité, ces larves se raniment, deviennent libres, puis grimpent sur les jeunes

Fig. 248.

Fig. 247.

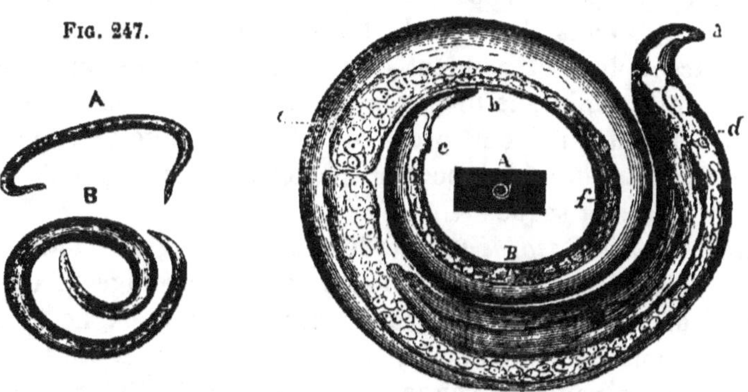

Fig. 247. — Anguillules du blé niellé à l'état jeune. — A, mâle. — B, femelle.
Fig. 248. — Anguillule femelle adulte — A, grandeur naturelle. — B, grossie 40 fois : *a*, tête; *b*, queue; *c*, vulve; *d*, repli antérieur de la trompe; *e*, matrice; *f*, vagin, vus à travers des téguments, dans leur position naturelle (Davaine).

tiges de blé en voie de développement et, à l'époque de la floraison, arrivent dans l'ovaire où elles atteignent la maturité sexuelle. Là elles pondent des œufs, d'où sortent les embryons qui forment en définitive le contenu farineux des grains, et qui restent sous cet état jusqu'à ce qu'ils soient rappelés à la vie par l'humidité. Une espèce voisine, le *Tylenchus dipsaci*, attaque de la même façon les capitules du chardon à foulon.

Comme forme non parasite, nous citerons l'Anguillule bien connue du vinaigre (*Anguillula oxophila*), qui se trouve aussi dans la colle d'amidon aigrie.

Sous le nom d'ENOPLIDÉS on peut désigner, au moins provisoirement, un certain nombre de Nématoïdes qui vivent librement, soit dans les eaux douces ou marines, soit dans la vase ou la terre humide, et que Dujardin réunissait dans la famille des Enopliens, mais qui paraissent former, d'après Marion (1), un groupe plus

(1) Marion, *Recherches sur des Nématoïdes non parasites marins* (*Annales des sciences naturelles*, 5e série, t. XIII, 1870).

important, sous-ordre des Nématoïdes errants, divisible lui-même en familles. Ces Vers sont supérieurs aux précédents et possèdent en général des organes des sens ; ainsi on leur trouve des yeux bien développés.

Enfin, aux Nématoïdes il faut rapporter le groupe des GORDIACÉS dont on fait souvent un ordre distinct. Il comprend des Vers qui, parfois, se montrent en très grande abondance dans les eaux douces ou sur le sol, après des pluies d'orage, et qui ont fixé depuis longtemps l'attention des naturalistes, mais dont l'histoire n'a été élucidée que dans ces dernières années. Ils sont longs, filiformes et ont un appareil digestif incomplet. Ils passent une partie de leur vie à l'état de parasites, l'autre à l'état libre ; c'est pendant cette dernière phase, dans l'eau ou la terre humide, qu'ils deviennent sexués, s'accouplent et pondent des œufs. Les embryons qui en naissent, tantôt émigrent directement dans des larves d'insectes, d'où ils ne sortent que pour prendre la forme adulte (*Mermis*), et tantôt séjournent successivement dans deux hôtes différents avant de devenir libres et sexués (*Gordius*).

Les GORDIIDÉS (G. *Gordius*) ont le corps très grêle, atteignant jusqu'à un pied de longueur. La bouche et le tube digestif existent chez les jeunes, mais s'oblitèrent chez les adultes. Le système nerveux est constitué par un cordon ventral présentant un ganglion céphalique et un ganglion caudal ; un réseau de cellules ganglionnaires, situées sous la peau, en forme la partie périphérique (Villot). Il y a deux ovaires ou deux testicules qui débouchent dans une sorte de cloaque, à l'extrémité postérieure du corps. Cette extrémité est indivise chez les femelles et bifurquée chez les mâles ; ceux-ci ne possèdent point de pénis.

Les embryons ont l'extrémité céphalique en forme de rostre et munie à la base d'une double couronne d'aiguillons ; ils pénètrent, à l'aide de cette armature, dans la cavité viscérale des larves aquatiques de certains Insectes et s'y enkystent. D'après Villot, ces larves sont avalées par des Poissons (*Phoxinus cobitis*), et les embryons qu'elles contenaient, devenus libres dans l'intestin de ce nouvel hôte, s'enkystent une seconde fois. Au bout de cinq ou six mois, les larves de Gordius percent les kystes dans lesquels elles étaient enfermées, et sortant de l'intestin, arrivent dans l'eau où elles perdent leur armature céphalique et complètent leur développement. Cette seconde phase larvaire peut s'accomplir chez d'autres animaux que des Poissons, par exemple chez les Crustacés, des Insectes..., où Villot considère alors ces Vers comme *égarés* ; mais en tout cas, ces anomalies d'habitat seraient bien fréquentes.

L'espèce la plus commune est le *Gordius aquaticus* ou *Dragonneau* (1).

Les MERMITIDÉS (G. *Mermis*) (fig. 249) ont, comme les Gordiidés, un corps filiforme, mais moins long, ne dépassant pas douze centimètres. Ils se distinguent de ceux-ci par l'existence d'une bouche entourée de six papilles et par l'absence d'une ouverture anale ; de plus, les mâles n'ont pas l'extrémité caudale bifurquée et ils sont pourvus de deux spicules. Leurs œufs donnent naissance à des embryons qui pénètrent dans la cavité viscérale des insectes, où ils vivent sans s'y enkyster ; puis, arrivés à un certain degré de développement, ils abandonnent leur hôte pour venir dans la terre humide; là, ils deviennent adultes, s'accouplent et pondent des œufs.

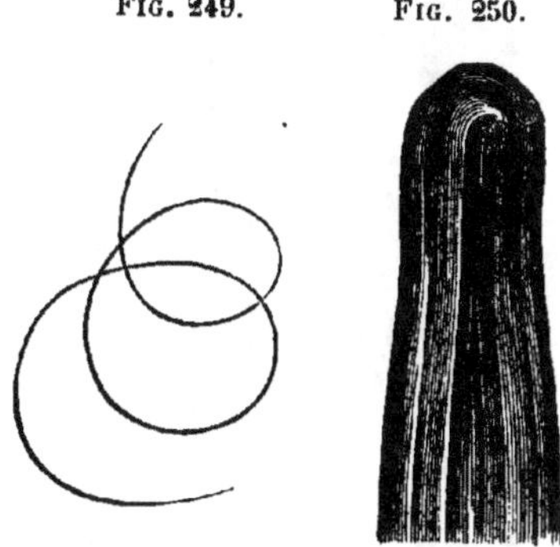

FIG. 249. FIG. 250.

FIG. 249. — *Mermis nigrescens*, de grandeur naturelle (d'aprs Dujardin, *Annales des sciences naturelles*, 2e série, t. XVIII).

FIG. 250. — Tête du *Mermis nigrescens*, grossie $\frac{105}{1}$.

Les *Mermis nigrescens* apparaissent parfois brusquement, et en si grand nombre, après un orage, qu'ils semblent tombés du ciel, ce qui a donné lieu à la fable des *pluies de vers*.

On place encore parmi les Gordiacés, comme formant une famille distincte, les *Sphærularia bombi* (Dufour), qui habitent la cavité viscérale des Bourdons femelles, mais dont l'organisation est mal connue et diversement interprétée.

ORDRE III. — CHÉTOGNATHES

Cet ordre, établi par Leuckart, ne comprend qu'un seul genre, celui des Sagitelles ou Flèches (*Sagitta*, Quoy et Gaimard) dont la position est restée longtemps incertaine, mais qu'on s'accorde généralement aujourd'hui à placer auprès des Nématoïdes. Ce sont des Vers transparents, longs de cinq centimètres environ et munis de nageoires dans la partie postérieure du corps. Leur tête est distincte et on y remarque sur les côtés de la bouche deux groupes de crochets ; le tube digestif est simple et droit ; l'anus s'ouvre sur la face ventrale, à la base de la queue. Le système nerveux consiste

1. Voy. Villot, *Monographie des Dragonneaux* (*Archives de Zool. expér*, t. III, 1874.)

en deux ganglions cérébroïdes et un ganglion ventral situé à une assez grande distance en arrière des premiers, auquel il est uni par deux cordons latéraux (fig. 251). La tête porte deux yeux qui renferment un grand nombre de corps réfringents.

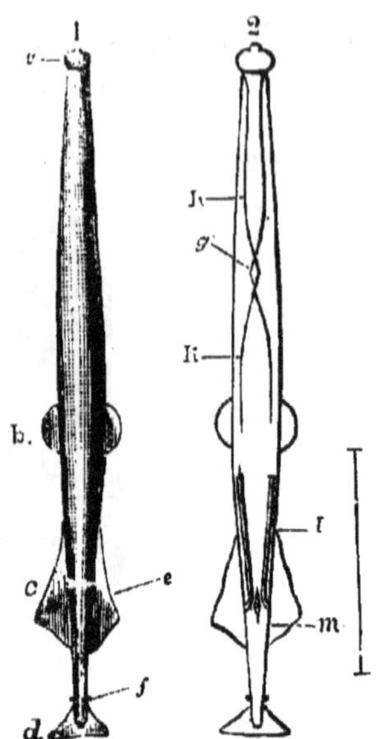

FIG. 251. — *Sagitta bipunctata*, un peu au-dessus de sa grandeur naturelle *.

Ces animaux sont hermaphrodites ; ils possèdent deux ovaires qui s'ouvrent au dehors par des orifices situés au voisinage de l'anus, et, derrière les ovaires, deux testicules dont les canaux déférents débouchent sur les côtés de la queue (fig. 251). Le développement est direct, et les embryons ne présentent pas de revêtement vibratile.

Les *Sagitta* vivent librement à tous les âges et habitent les eaux marines. On en connaît plusieurs espèces répandues dans les mers des régions chaudes et tempérées. Ils se nourrissent de petits crustacés.

3ᵉ CLASSE. — ROTATEURS

Les Rotateurs ou Rotifères sont de petits animaux aquatiques qui ont été d'abord considérés comme des Infusoires, rapprochés ensuite des Crustacés par Burmeister, et définitivement rangés parmi les Vers. Leur corps est revêtu d'une membrane chitineuse, qui présente, surtout en arrière, une segmentation marquée. Cette partie postérieure, annelée et en forme de queue, est désignée sous le nom de pied. Elle se termine le plus souvent par deux appendices ou soies rigides, qui sont mobiles et peuvent servir soit à la locomotion, soit à la fixation de l'animal. Le caractère le plus saillant des Rotifères, celui auquel ils doivent leur nom, consiste dans la présence d'expansions cutanées, garnies d'une bordure de cils vibratiles et portées par l'extrémité céphalique. On les appelle *organes rotateurs*,

* FIG. 251. — 1, *a*, tête; *b*, première paire de nageoires latérales ; *c*, deuxième paire de nageoires latérales; *d*, nageoire caudale ; *e*, embouchure du conduit excréteur des ovaires; *f*, saillie des cavités séminales. — 2, le même, vu par sa face ventrale; *g*, ganglion ventral du système nerveux, vu par transparence; *h*, branches nerveuses postérieures; *l*, les ovaires, vus par transparence; *m*, anus (d'après Krohn).

parce que les mouvements des cils vibratiles leur donnent l'apparence de roues qui tourneraient sur leur axe. Ces organes varient, du reste, dans leur disposition et leur forme ; parfois même ils font défaut. Ils jouent un rôle important dans la locomotion ; de plus, les courants qu'ils déterminent dans l'eau amènent à la bouche les particules nutritives et favorisent la respiration, qui s'effectue par toute la surface du corps.

Le système nerveux est représenté par un ganglion cervical, situé au-dessus de l'œsophage, et qui envoie des filets dans différentes directions. Sur ce ganglion se trouvent des organes visuels, constitués par une ou par deux taches pigmentaires renfermant chacune plusieurs cônes cristallins. Des soies ou baguettes tactiles portées par la peau fonctionnent comme organes du toucher.

Le tube digestif est complet ; d'ordinaire la bouche s'ouvre à l'extrémité antérieure et est suivie d'un pharynx armé de deux mâchoires cornées.

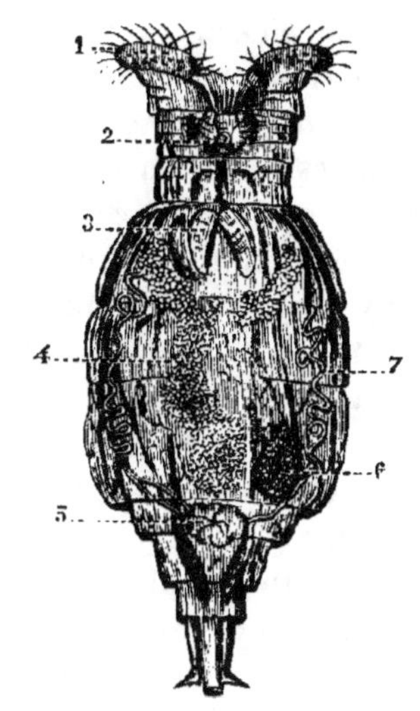

Fig. 252. — Rotifère des toits. — 1, organes ciliés ; 2, tube dit respiratoire (organe tactile) ; 3, appareil masticateur ; 4, intestin ; 5, vésicule contractile ; 6, ovaire ; 7, canal d'excrétion (d'après Claude Bernard, *Phénomènes de la vie*, t. I).

L'anus est situé sur la face ventrale et s'ouvre à l'origine de la queue. Il n'y a pas d'appareil circulatoire. Des canaux placés sur les parties latérales du corps, et en communication avec la cavité générale, correspondent aux organes segmentaires. Ils débouchent dans la partie terminale de l'intestin, au voisinage de l'anus, qui forme ainsi une ouverture cloacale ; parfois ils se réunissent, avant d'y arriver, dans une vésicule contractile qu'on avait appelée *vésicule respiratoire*, parce qu'on considérait ce système comme un appareil de respiration aquatique, quand son véritable rôle comme appareil d'excrétion n'était pas encore connu.

Les Rotateurs ont les sexes séparés ; d'abord on avait cru qu'ils étaient hermaphrodites (Ehrenberg), parce que les mâles n'étaient pas encore découverts. Ceux-ci, beaucoup plus petits que les femelles et de forme plus ou moins différente, sont dépourvus d'appareil digestif et ont une existence très courte. Les organes sexuels consistent en une poche, ovaire ou testicule, dont le canal excréteur va s'ouvrir dans le cloaque. Ce canal se termine chez les mâles par un pénis protractile. Ces animaux sont généralement ovipares et produisent deux sortes d'œufs : les uns, qu'on appelle *œufs d'été*, éclosent de suite ; les autres, entourés d'une coque plus dure, sont pondus en automne, traversent la saison froide et n'éclosent que l'année suivante ; ce sont les *œufs d'hiver*. Le développement a lieu sans métamorphose.

Les Rotateurs habitent pour la plupart les eaux douces et y vivent en liberté ; certaines espèces sont fixées par leur extrémité caudale et logées dans une gaine gélatineuse transparente (*Floscularia*); quelques-unes forment des colonies (*Lacinularia socialis*); d'autres enfin sont parasites (*Albertia*). Plusieurs de ces animaux sont reviviscents, c'est-à-dire possèdent la propriété de pouvoir être desséchés et puis rappelés à la vie sous l'influence de l'humidité.

On divise cette classe en familles, d'après les caractères tirés de la disposition de l'appareil rotateur, de la forme de la queue, du genre de vie, etc. Les FLOSCULARIDÉS sont fixés et généralement munis d'une gaine ; les ALBERTIDÉS sont parasites et dépourvus de pied; les ASPLANCHNIDÉS n'ont ni intestin ni anus ; les PHILODINIDÉS sont caractérisés par leur appareil rotatoire formé de deux roues ; les HYDATINIDÉS et les BRACHIONIDÉS ont un appareil vibratile diversement lobé, et les derniers se distinguent par leur corps large et cuirassé.

4ᵉ CLASSE. — GÉPHYRIENS

Les animaux dont se compose cette classe ont été longtemps rangés parmi les Échinodermes, à cause de leur ressemblance avec les Holothuries, mais se rapprochent des Annélides par les caractères de leur organisation. Leur corps est cylindrique et ne présente pas de segmentation extérieure distincte ; quelquefois il est muni d'un petit nombre de soies, dont les unes situées à l'extrémité antérieure et les autres disposées en cercle dans la région postérieure (Échiures). Les téguments sont formés d'une couche cuticulaire épaisse, sillonnée de rides, et d'une couche dermique de tissu conjonctif, qui renferme de nombreux follicules glandulaires s'ouvrant à la surface par de fins canaux poreux. Au-dessous de la peau se trouve l'enveloppe musculo-cutanée, composée d'un premier plan de fibres annulaires et d'un second plan de fibres longitudinales.

Le système nerveux est constitué par un anneau œsophagien, présentant à sa partie supérieure un ganglion cérébroïde, et par un cordon ventral simple, dépourvu sur son trajet de renflements ganglionnaires en rapport avec l'existence de métamères. De ce cordon partent de nombreux filets qui vont à la périphérie. Les organes des sens proprement dits font généralement défaut; cependant il existe des taches oculaires.

La partie antérieure du corps se termine chez le plus grand nombre des Géphyriens par une trompe ordinairement rétractile, quelquefois armée de crochets. La bouche se trouve soit à la base de la trompe, qui dans ce cas est imperforée (Échiuridés), soit à son extrémité, et alors elle est souvent entourée de tentacules (Sipunculidés). L'intestin

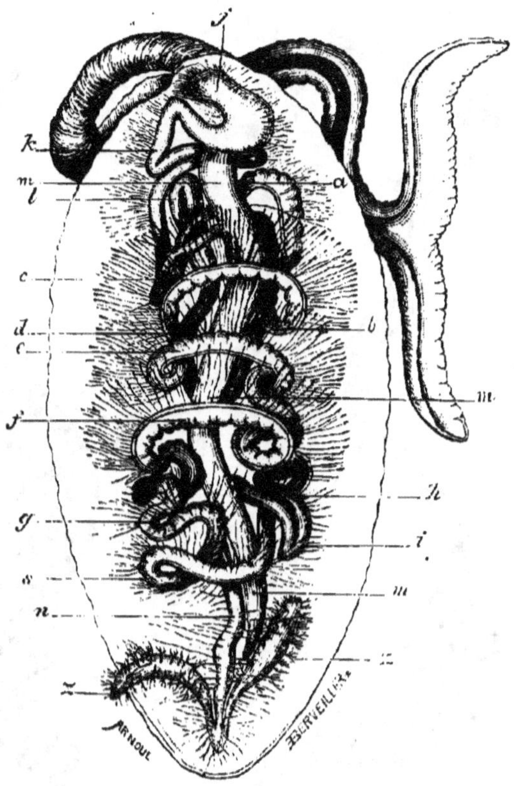

Fig. 253. — *Bonellia viridis.* Bonellie ouverte par le dos. — *a*, portion moyenne de l'intestin; *b c d e...*, ses circonvolutions successives; *i*, sa portion anale; *q*, trabécules qui fixent l'intestin aux parois du corps; *n*, matrice; *s*, organes excréteurs (Lacaze-Duthiers, *Annales des sciences naturelles*, 4ᵉ série, t. X, 1858).

est en général très long et forme dans la cavité générale de nombreux replis contournés en spirale (fig. 253); l'anus est situé dans la région dorsale, et parfois reporté fort loin en avant. Le système vasculaire consiste essentiellement en deux troncs longitudinaux, l'un dorsal, qui accompagne le tube digestif, l'autre ventral, qui suit la paroi du corps. Ces deux troncs, indépendamment d'une double anastomose qui embrasse le tube digestif, sont unis entre eux dans la région antérieure par des branches anastomotiques. Chez les Sipunculidés, ils aboutissent à un anneau vasculaire qui entoure la bouche et communique avec la cavité des tentacules péribuccaux. Le sang, tantôt incolore, tantôt rougeâtre ou bleuâtre, coule d'avant en arrière dans le vaisseau ventral et suit une direction inverse dans le vaisseau dorsal.

La respiration s'effectue d'une manière générale par la peau; cependant on considère comme des organes respiratoires particuliers

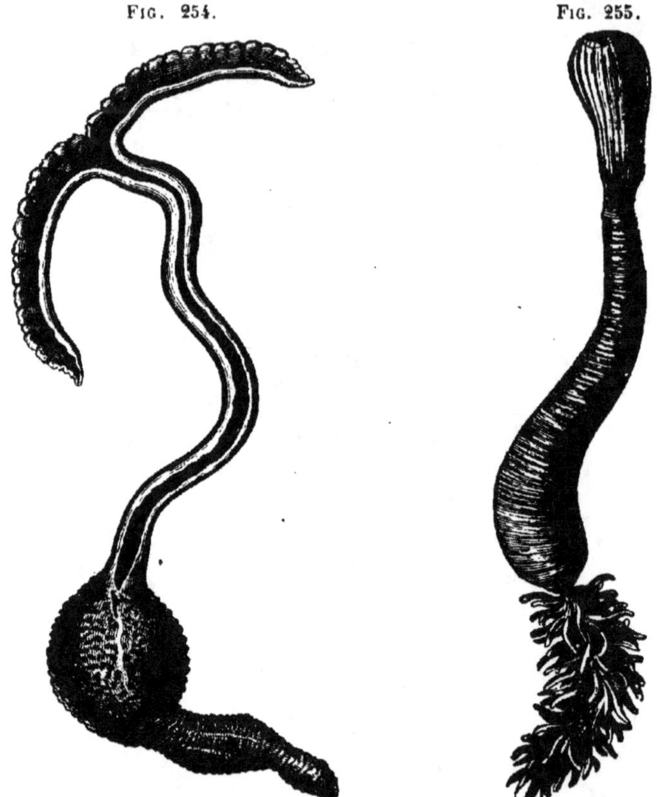

FIG. 254.

FIG. 255.

FIG. 254. — Bonellie (*Bonellia viridis*) (d'après Lacaze-Duthiers).
FIG. 255. — *Priapulus caudatus*.

les tentacules des Siponcles et les vésicules papilliformes situées à l'extrémité postérieure du corps chez les Priapules (fig. 255). Les organes excréteurs affectent deux formes différentes : tantôt ce sont deux poches qui s'ouvrent dans la partie terminale de l'intestin et communiquent avec la cavité générale par des entonnoirs ciliés (fig. 253), tantôt ce sont des tubes analogues aux organes segmentaires des Annélides, débouchant sur la face ventrale et présentant parfois une ouverture interne dans la cavité du corps; ils peuvent servir en même temps à l'évacuation des produits sexuels.

Les sexes sont séparés, mais les organes générateurs montrent une grande variété de dispositions et ne sont encore qu'imparfaitement connus. En général, ce sont des glandes paires, dont les produits tombent dans la cavité générale et sont expulsés par l'intermédiaire des organes excréteurs. Chez la Bonellie, les œufs passent dans une poche incubatrice (utérus), qui débouche sur la face ventrale et paraît correspondre à un organe segmentaire développé d'un seul côté. Les Géphyriens subissent des métamorphoses, et leurs larves sont munies d'une couronne de cils placés derrière la bouche. Ces animaux habitent tous la mer, enfoncés dans le sable, la vase ou les interstices des pierres. Ils se partagent en deux groupes, suivant qu'ils ont des soies ou qu'ils en sont dépourvus. Les premiers, *Géphyriens armés*, forment la famille des ÉCHIURIDÉS, dans laquelle se range la Bonellie (fig. 254), qui a été l'objet d'une importante étude de Lacaze-Duthiers (1). Les seconds, *Géphyriens inermes*, se divisent en SIPUNCULIDÉS et PRIAPULIDÉS (fig. 255) ; les uns sont munis de tentacules et ont l'intestin contourné en spirale ; les autres sont dépourvus de tentacules et ont l'intestin droit.

5ᵉ CLASSE. — ANNÉLIDES

La classe des Annélides renferme des Vers dont le corps est nettement divisé en segments ou métamères disposés en série linéaire les uns derrière les autres; ces segments sont la plupart *homonomes*, c'est-à-dire semblables entre eux. L'enveloppe tégumentaire est revêtue d'une cuticule plus ou moins épaisse, et unie par sa face interne à des faisceaux musculaires, dont les fibres sont les unes annulaires et les autres longitudinales. Les organes locomoteurs sont constitués le plus souvent par des soies portées sur les appendices latéraux qu'on nomme *parapodes* (fig. 198) ; chez les Hirudinées, ils sont représentés par des ventouses qui occupent les extrémités du corps.

Le système nerveux se compose de deux cordons longitudinaux, qui présentent de distance en distance des ganglions correspondant aux différents métamères. Ces deux cordons restent quelquefois séparés l'un de l'autre et sont situés latéralement (fig. 256); mais, dans la plupart des cas, ils se rapprochent et se réunissent sur la ligne médiane, de façon à constituer une chaîne ganglionnaire ventrale. La partie antérieure de cette chaîne forme un collier œsophagien, don' la masse ganglionnaire supérieure ou cérébroïde fournit les nerfs destinés aux organes des sens. Souvent on distingue en outre un

(1) Lacaze-Duthiers, *Recherches sur la Bonellie* (*Annales des sciences naturelles*, 4ᵉ série, t. X, 1858).

système nerveux viscéral. Le toucher s'exerce par des appendices tégumentaires qui sont situés soit sur la tête (*tentacules*), soit sur les anneaux (*cirres*), et qui reçoivent des terminaisons nerveuses. En général, il existe des yeux dans la région céphalique, et parfois on trouve des vésicules auditives sur les côtés des ganglions cérébroïdes.

Le tube digestif présente une disposition en rapport avec la segmentation générale du corps, qui se traduit par une série de dilatations ou de poches latérales paires. La bouche, située à l'extrémité antérieure, est armée souvent de pièces cornées qui constituent un appareil masticateur, et, chez beaucoup d'Annélides, le pharynx protractile prend la forme d'une *trompe*. Presque toujours ces animaux sont pourvus d'un système vasculaire, composé de troncs longitudinaux, situés dans les régions dorsale et ventrale, parfois aussi sur les côtés du corps, et reliés entre eux par des anastomoses transversales. Le sang qui s'y trouve contenu est ordinairement coloré soit en vert, soit en rouge ; il est mis en mouvement par les contractions dont les gros vaisseaux, et en particulier le vaisseau dorsal, sont le siège. Cet appareil subit, du reste, de nombreuses modifications, déterminées surtout par la disposition des organes respiratoires. Dans certains cas, il fait défaut (Glycères...) ; la cavité générale est alors garnie de cils vibratiles, et le liquide cavitaire, chargé d'éléments figurés, remplace le sang. Parfois, c'est la cavité générale qui disparaît à peu près complètement (Hirudinées); mais, en général, elle coexiste, tout en variant d'étendue, avec le système vasculaire proprement dit, et le liquide dont elle est remplie se distingue du sang qui circule dans les vaisseaux, par ses caractères comme par son rôle physiologique. Le premier (*liquide péri-entérique* de Gegenbaur) serait plus spécialement en rapport avec les fonctions nutritives, et le second avec les fonctions respiratoires.

Chez les Hirudinées, la respiration est simplement cutanée ; mais, chez la plupart des Annélides, il existe à la surface du corps des appendices branchiaux diversement situés. L'appareil excréteur est constitué par des organes segmentaires, c'est-à-dire par des tubes enroulés et répétés par paire dans chaque segment, qui sont toujours munis d'un orifice extérieur, et d'un autre côté communiquent souvent avec la cavité générale.

Les Annélides sont, les uns hermaphrodites, les autres dioïques. Les produits sexuels tombent le plus souvent dans la cavité générale et sont amenés au dehors par les organes segmentaires ; quelquefois ils y sont conduits directement par les canaux excréteurs particuliers. Le développement est tantôt direct et tantôt compliqué de métamorphoses. A côté de la reproduction par sexes, on observe assez fréquemment des cas de multiplication par bourgeonnement (Naïs, Syllis...).

Ces animaux vivent dans l'eau ou la terre humide ; quelques-uns sont accidentellement parasites (Hirudinées). On les divise en deux groupes, les *Chétopodes* et les *Apodes*, suivant qu'ils sont pourvus ou dépourvus de soies.

<table>
<tr><td rowspan="4">Annélides</td><td rowspan="2">Anneaux portant des soies
Chétopodes</td><td>Soies nombreuses ; des branchies..........</td><td>*Polychètes.*</td></tr>
<tr><td>Soies rares ; pas de bran-chies..............</td><td>*Oligochètes.*</td></tr>
<tr><td colspan="2">Anneaux dépourvus de soies ; une ou deux ventouses.</td></tr>
<tr><td>*Apodes*...</td><td>*Hirudinées.*</td></tr>
</table>

SOUS-CLASSE. — ANNÉLIDES APODES

Hirudinées.

Les Hirudinées sont caractérisées par l'absence de parapodes et de soies. Leur corps nu, contractile, ne montre extérieurement qu'une segmentation obscure et ne se différencie guère dans sa partie antérieure, de façon à former une tête distincte. Il porte en arrière une ventouse qui sert comme organe de fixation (fig. 257) ; souvent il existe une seconde ventouse plus petite autour de la bouche ou au-devant d'elle.

Le système nerveux n'est que par exception constitué par deux cordons latéraux écartés l'un de l'autre (Malacobdelle) (fig. 256) ; en règle générale, ces deux cordons sont réunis sur la ligne médiane et forment une double chaîne abdominale, dont l'extrémité anté-rieure est représentée par le collier œsophagien (fig. 259). Le sys-tème nerveux viscéral consiste en un nerf impair qui longe la face inférieure du tube digestif, auquel il envoie des rameaux. Dans la région céphalique, on trouve des taches pigmentaires en nombre variable, symétriquement disposées et munies de corps réfractant la lumière (fig. 258) ; en outre, Leydig a signalé l'existence d'*organes cupuliformes*, garnis à l'intérieur de prolongements en forme de soies très fines, mais dont le rôle comme organes sensitifs est indé-terminé.

Le tube digestif présente une division marquée par des étrangle-ments ou par la formation de cæcums latéraux (fig. 259) ; dans sa portion buccale, il est armé de pièces cornées servant de mâchoires, ou muni d'une trompe protractile (Clepsine, etc.) ; il se termine en arrière par un orifice anal situé au-dessus de la ventouse posté-rieure. L'appareil circulatoire subit de notables modifications, sui-vant que la cavité générale, plus ou moins réduite, s'est transformée elle-même en canaux vasculaires. Chez les Branchiobdelles, il y a simplement deux vaisseaux, l'un dorsal, l'autre ventral, qui sont reliés entre eux, principalement à leur extrémité antérieure, par des branches anastomotiques, et dont le dernier est en communication avec la cavité générale ; mais, le plus souvent, celle-ci diminue

FIG. 256.

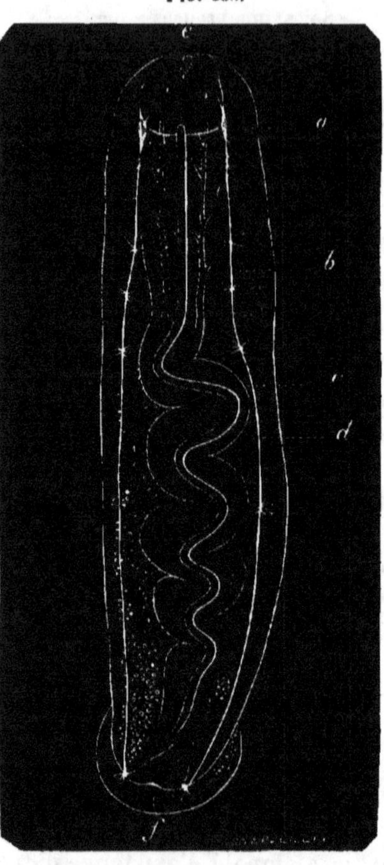

FIG. 257.

FIG. 257. — Ventouse anale de la Sangsue. — *b*, muscles entre-croisés du corps ; *c*, muscles longitudinaux ; *d*, quelques muscles longitudinaux épanouis dans la ventouse anale au milieu des muscles circulaires.

FIG. 258.

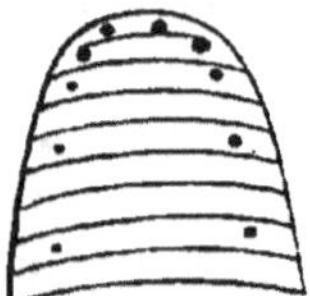

FIG. 258. — Extrémité céphalique de la Sangsue montrant les yeux.

FIG. 256. — *Malacobdella Valenciennæi*. — *a*, ganglions cérébroïdes ; *b*, chaîne ganglionnaire formée de deux cordons latéraux ; *c*, canal intestinal ; *d*, vaisseau dorsal ; *e*, orifice buccal ; *f*, ouverture anale (d'après Blanchard, *Annales des sciences naturelles*, 3ᵉ série, t. IV, 1845).

d'étendue et forme trois sinus sanguins longitudinaux, l'un médian, le plus considérable, autour de l'intestin et de la chaîne ganglionnaire (Clepsine), les deux autres latéraux, qui communiquent entre eux et avec le premier par des anastomoses transversales. Chez les *Hirudo*, le sinus médian, beaucoup moins développé, ne renferme dans la région ventrale que la chaîne ganglionnaire, et il est remplacé par un réseau vasculaire autour de l'intestin. En même temps que ces divers canaux prennent naissance par réduction de la cavité générale, les troncs médians primitifs tendent à disparaître ; le vaisseau ventral d'abord, qu'on ne trouve plus que rarement, et parfois même le vaisseau dorsal (*Nephelis*).

Les Hirudinées, à quelques exceptions près, n'ont pas d'organes respiratoires particuliers. Les organes segmentaires en forme de tubes pelotonnés (*canaux en lacet*) débouchent de chaque côté sur la face ventrale du corps ; tantôt ils communiquent par un orifice interne avec la cavité générale ou avec les sinus sanguins latéraux, et tantôt ils sont dépourvus de cet orifice interne (*Hirudo*, fig. 260).

La plupart des Hirudinées sont hermaphrodites. Les testicules, en nombre variable, sont disposés par paires dans autant de segments du corps et versent de chaque côté leur produit dans un canal déférent qui s'enroule à son extrémité, de manière à former une sorte d'épididyme (fig. 259). Il se termine ensuite par une portion dilatée qui débouche, avec celle du côté opposé, dans une vésicule piriforme à fond glanduleux, dont le canal excréteur constitue le pénis. L'appareil femelle s'ouvre en arrière de l'orifice génital mâle et occupe un seul anneau. Il se compose de deux ovaires dont les oviductes aboutissent tantôt simplement à une ouverture commune, et tantôt s'unissent en un canal

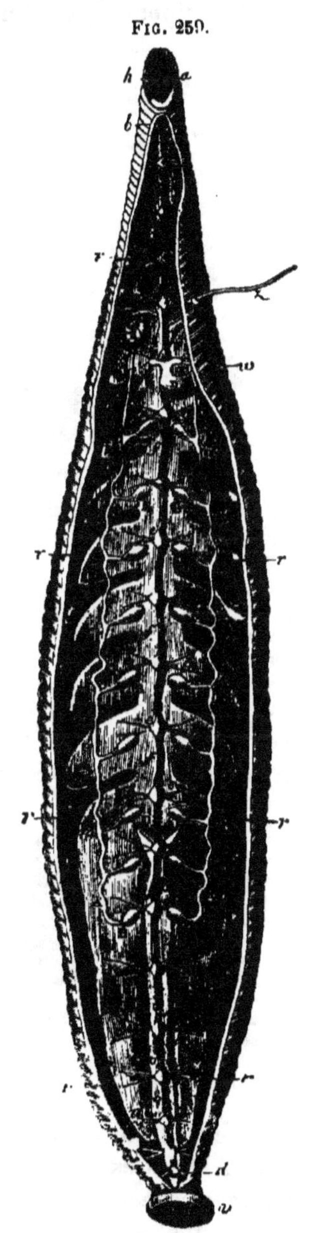

Fig. 259.

Fig. 259. — Anatomie de la Sangsue médicinale. — L'animal est vu par sa face ventrale et ouvert. — *a* et *h*, ventouse buccale ; *b*, premier renflement ganglionnaire de la chaîne nerveuse sous-intestinale ; *e e e*, la suite des ganglions de la même chaîne ; *d*, le dernier ganglion de cette chaîne ou ganglion anal ; *f f f*, les filets de jonction des ganglions composant la chaîne nerveuse ; *g g g*, nerfs servant à la locomotion et à la sensibilité, qui partent des masses ganglionnaires ; *i*, œsophage ; *k k k k*, les dilatations en cæcums de l'estomac ; *m*, le dernier de ces compartiments ; *p p*, l'intestin visible ainsi que l'estomac au-dessus de la chaîne nerveuse ; *q*, rectum ; *r r r*, poches de la mucosité ; *s*, bourse de la verge ; *x*, fourreau de la verge ; *z*, la verge ; *t*, l'épididyme droit ; A A A, cordons spermatiques droit et gauche ; B B B, testicules ; D, matrice ; E E, ovaires ; W, vulve (d'après Moquin-Tandon, *Monogr. de la fam. des Hirudinées*, 1846).

flexueux qui porte des glandes accessoires, et dont la partie terminale renflée prend les noms d'utérus et de vagin. L'accouplement
des Hirudinées est réciproque. Les spermatozoïdes, enveloppés

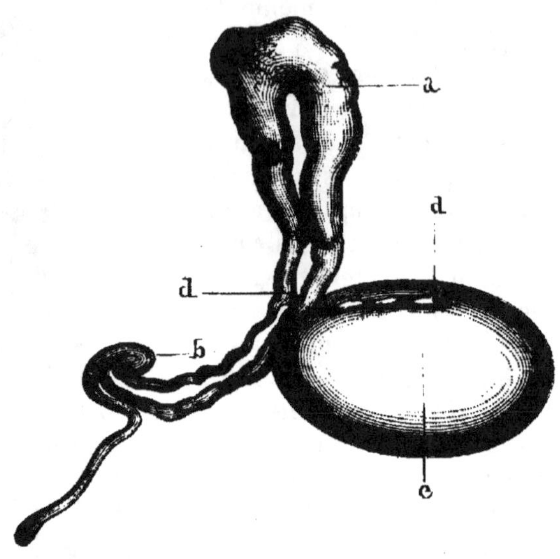

FIG. 260. — Organe mucipare de la Sangsue (*org. segmentaire*). — *a*, partie supérieure de
l'anse mucipare ; *b*, son extrémité enroulée ; *c*, son appendice cæcal ; *d*, canal excréteur de
l'anse ; *e*, vésicule mucipare (d'après Gratiolet).

dans un spermatophore, sont portés dans l'organe femelle; la
fécondation est donc intérieure. La ponte a lieu quelque temps
après; tantôt les œufs sont pondus· isolément (Pontobdelles), tantôt ils sont renfermés dans une
capsule qui ressemble à un *cocon*,
et qu'on désigne sous ce nom (Sangsues) (fig. 261). Cette capsule est
formée par une matière visqueuse
que sécrètent les glandes cutanées
des segments génitaux, qui sont
alors gonflés et constituent ce qu'on
appelle la *ceinture*. A l'éclosion, les
embryons présentent déjà les carac-

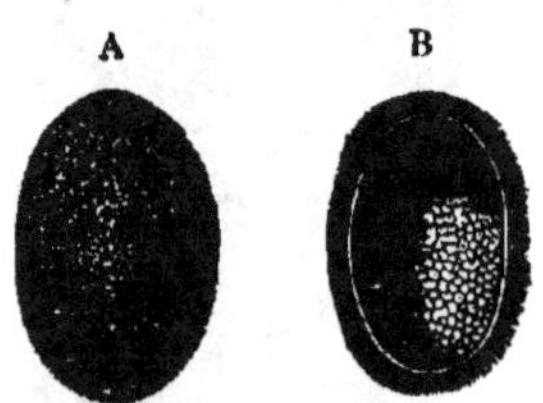

FIG. 261. — Cocon de Sangsue. —
A, cocon entier, de grandeur naturelle. — B, coupe longitudinale du
même.

tères de l'adulte et ne subissent pas de métamorphoses.

Ces Annélides vivent pour la plupart dans les eaux douces, mais
certaines espèces habitent la mer, et quelques-unes sont terrestres.
Presque toutes sont parasites de différents animaux, dont elles sucent
le sang.

On partage les Hirudinées en six familles ; les unes en petit
nombre sont dioïques : ce sont les MALACOBDELLIDÉS (fig. 000) et

les HISTRIOBDELLIDÉS ; les autres sont hermaphrodites. Ce sont :

Les ACANTHOBDELLIDÉS, qui portent deux paires de soies à la région antérieure du corps ;

Les RHYNCHOBDELLIDÉS ou Sangsues à trompe, qui comprennent les Piscicoles (*Ichthyobdella*), les Clepsines, les Branchellions, etc...

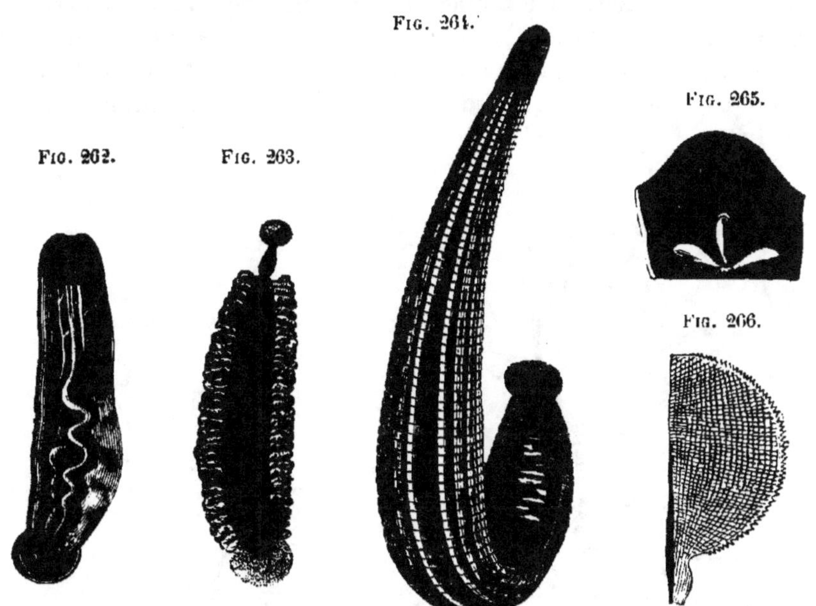

FIG. 264.

FIG. 265.

FIG. 262.   FIG. 263.

FIG. 266.

FIG. 262. — *Malacobdella Valenciennæi*, de grandeur naturelle (d'après Blanchard, *Annales des sciences naturelles*, 3ᵉ série, t. IV).

FIG. 263. — Branchellion de d'Orbigny, de grandeur naturelle (d'après Quatrefages, *Annales des sciences naturelles*, 3ᵉ série, t. XVIII).

FIG. 264. — Sangsue grise (*Hirudo medicinalis*).

FIG. 265. — Sangsue. — Bouche ouverte montrant les mâchoires.

FIG. 266. — Coupe d'une mâchoire de Sangsue.

Ces derniers sont caractérisés par la présence de filaments branchiaux sur les côtés du corps (fig. 263) ;

Les MICROBDELLIDÉS, dont le corps se compose de segments inégaux, et dont la cavité buccale est armée de deux mâchoires ;

Les GNATHOBDELLIDÉS ou HIRUDINIDÉS, dont la cavité buccale est armée de trois mâchoires (fig. 265). A cette famille appartiennent les genres *Hæmopis*, *Aulastomum*, *Nephelis*, et enfin les Sangsues proprement dites (*Hirudo*), dont plusieurs espèces sont employées en médecine : la Sangsue grise (*H. medicinalis*) (fig. 264), la Sangsue verte (*H. officinalis*) et la Sangsue dragon (*H. interrupta*).

2ᵉ SOUS-CLASSE. — CHÉTOPODES

Les Annélides compris dans ce groupe sont caractérisés, comme l'indique leur nom, par la présence de soies portées sur des parapodes ou parfois implantées directement dans des cryptes de la peau (Oligochètes). Le corps est composé de segments homonomes, mais dont les deux premiers sont plus ou moins différenciés et forment la région céphalique, généralement pourvue d'appendices particuliers : antennes et tentacules. Souvent, les appendices qui suivent ressemblent aux tentacules et sont alors appelés *cirres tentaculaires*. Du reste, les soies portées par les pieds ont des formes très variées, piquants, crochets, etc..., et ce sont des formations analogues qui, dans bien des cas, constituent des branchies.

FIG. 267.

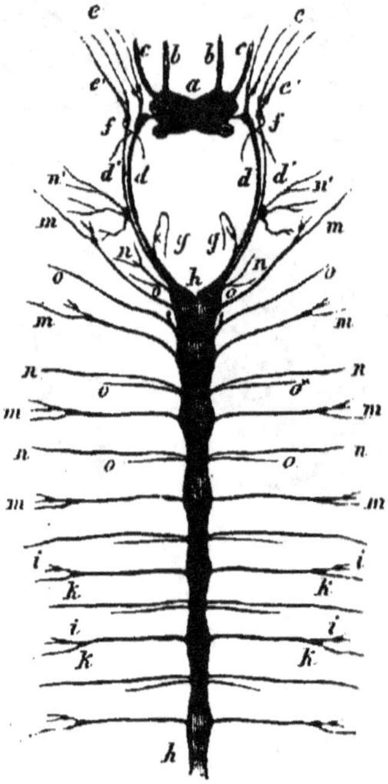

FIG. 268.

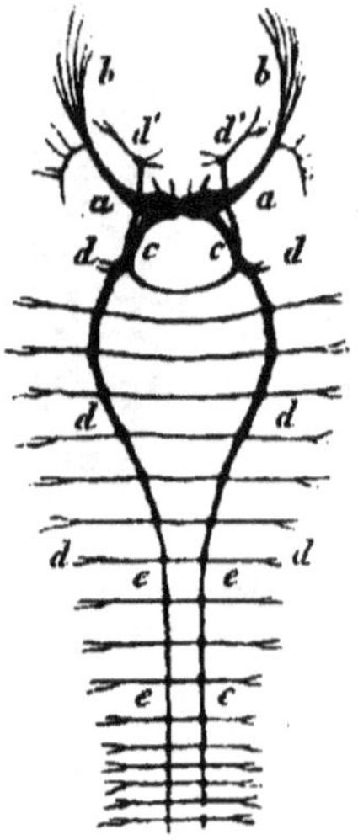

FIG. 267. — Ensemble du système nerveux de la *Nereis regia*. — *a*, cerveau portant les quatre yeux ; *b b*, nerfs des petites antennes ; *c c*, nerfs des grosses antennes ; *d d*, connectif proprement dit ; *d′ d′*, connectif accessoire ; *e e*, nerfs des cirres tentaculaires internes ; *e′ e′*, nerfs des cirres tentaculaires externes ; *f f*, origine des nerfs labiaux inférieurs ; *g g*, origine du système nerveux viscéral ; *h h*, chaîne ganglionnaire abdominale ; *m m m*, troncs nerveux pédieux ; *n n n*, troncs nerveux des cloisons et des muscles ; *o o o*, troncs nerveux qui passent d'un anneau dans l'autre à travers la cloison ; *k k*, ganglion d'où part la branche cutanée du tronc pédieux ; *i i*, ganglion pédieux (d'après Quatrefages, *Annales des sciences naturelles*, 3ᵉ série, t. XVI).

FIG. 268. — Système nerveux de la *Serpula contortuplicata*. — *a*, cerveau ; *b b*, nerfs branchiaux ; *c c*, connectifs ; *d′ d′*, nerfs du voile palléal ; *d d*, ganglions thoraciques de la chaîne abdominale ; *e e*, ganglions abdominaux de la même chaîne (d'après Quatrefages, *loc. cit.*).

La peau est recouverte par une cuticule épaisse de nature chitineuse, qui lui donne parfois une résistance assez grande ; par places, et en particulier sur les prolongements, tels que tentacules,

cirres et branchies, on observe des cils vibratiles. Au-dessous de la
cuticule, on trouve une couche dermique de substance conjonctive,
qui renferme souvent des cellules pigmentaires auxquelles sont
dues les couleurs que présentent ces animaux ; cependant, de
Quatrefages a fait remarquer que certaines teintes irisées de la
peau proviennent de la décomposition de la lumière par les stries de
la cuticule. Dans cette couche on ren-
contre aussi des corpuscules en forme
de bâtonnets, soit libres, soit contenus dans des cellules et comparés
par Claparède aux nématocystes des
Cœlentérés, mais dont le rôle n'est
pas connu ; enfin, on y trouve des
glandes le plus souvent unicellulaires. Les deux couches de fibres
musculaires qui entrent dans la composition de l'enveloppe musculo-
dermique sont bien développées.

Les deux cordons nerveux longitudinaux qui forment la double
chaîne ganglionnaire ventrale, sont
le plus souvent rapprochés sur la
ligne médiane, et même juxtaposés
au point de paraître fusionnés en un
cordon unique (Néréides) (fig. 267);
mais ils sont parfois écartés l'un
de l'autre, et les ganglions de chaque paire sont alors unis par des
commissures transversales plus ou
moins longues (*Annélides tubicoles*)
(fig. 268).

Parmi les organes des sens, ceux
qui servent au tact sont représentés
par les tentacules et les cirres, lesquels portent des soies ou des papilles
en rapport avec des terminaisons
nerveuses sensitives. Des yeux consistant en taches pigmentaires, gé-

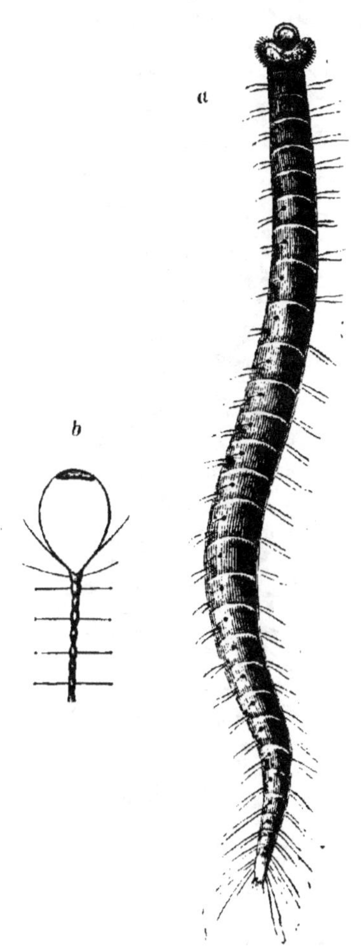

FIG. 269. — Polyophthalme. — *a*, animal
dans son ensemble et grossi ; *b*, appareil
nerveux (d'après Quatrefages, *Annales
des sciences naturelles*, 3ᵉ série, t. XIII).

néralement munies d'un corps cristallin, se rencontrent dans des
positions variables; le plus souvent ils sont placés dans la région
céphalique, mais on en trouve aussi à l'extrémité postérieure du
corps, et quelquefois ils sont distribués par paires sur chacun
des anneaux (*Polyophthalme*) (fig. 269). L'existence de vésicules

auditives n'a été constatée que dans un petit nombre de cas.

Le tube digestif s'étend en ligne droite de l'extrémité antérieure du corps, où est la bouche, à l'extrémité postérieure où se trouve anus. Souvent sa portion pharyngienne forme une trompe protractile, tantôt inerme, tantôt armée de

FIG. 270.

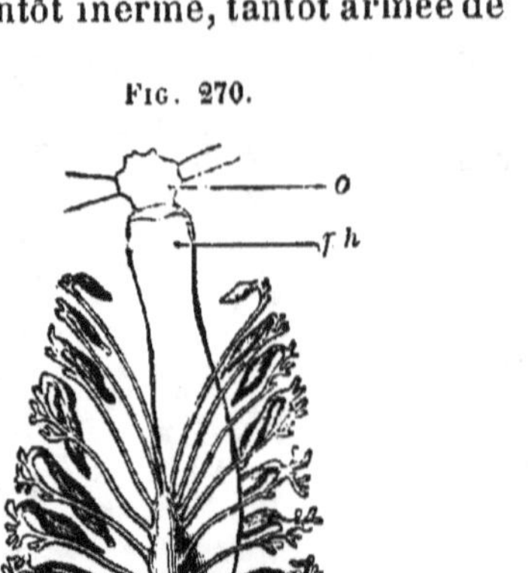

FIG. 271.

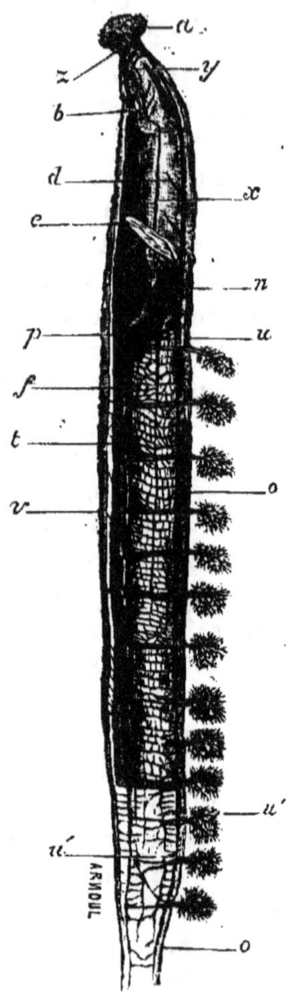

FIG. 270. — Appareil digestif de l'Aphrodite (d'après Milne Edwards). — *o*, bouche ; *ph*, pharynx ; *i*, intestin avec ses appendices cæcaux ; *a*, anus.
FIG. 271. — Appareil circulatoire de l'Arénicole vu de profil. — *a*, trompe ; *b*, pharynx ; *d*, seconde portion du pharynx ou premier estomac ; *e*, appendices cæcaux ; *f*, estomac ; *n*, le cœur ; *o*, vaisseau dorsal ; *p*, vaisseaux intestinaux latéraux ; *t*, vaisseau ventral ; *v*, vaisseaux cutanés ventraux ; *u*, branches latérales des vaisseaux afférents des branchies ; *u'*, les mêmes moins développées ; *x*, vaisseau pharyngien latéral ; *y*, *z*, anneaux vasculaires labiaux (d'après Milne Edwards).

pièces cornées qui jouent le rôle de mâchoires. L'intestin moyen est uni aux parois du corps par des bandes membraneuses, qui le divisent en segments correspondant aux divers métamères, et chacune des poches ainsi déterminées peut se développer en cæcums qui, dans certains cas même, sont ramifiés (fig. 270). La surface interne est recouverte d'un épithélium vibratile.

L'appareil circulatoire consiste essentiellement en deux vaisseaux longitudinaux, l'un dorsal et l'autre ventral, reliés entre eux dans chaque segment par des branches latérales qui entourent l'intestin (fig. 271). Ce système, où circule d'ordinaire un sang coloré, est entièrement clos et ne communique pas avec la cavité générale qui renferme un liquide incolore. Les branches latérales fournissent de nombreux rameaux qui se distribuent, les uns à l'intestin, les autres aux parois du corps. Le sang est mis en mouvement par les contractions des vaisseaux sur certains points, et en particulier du vaisseau dorsal, où il coule d'arrière en avant. Après avoir parcouru les réseaux viscéraux et cutanés, il est ramené dans le tronc abdominal et passe de là dans la partie postérieure du vaisseau dorsal. Les principales modifications que présente ce système tiennent à l'influence exercée par le développement des organes respiratoires. Alors, en effet, des anses vasculaires pénètrent dans l'intérieur des branchies, et quand ces appendices sont groupés dans la région céphalique, la portion correspondante de l'appareil vasculaire prend une plus grande importance. Ainsi, chez les Térébelles, le vaisseau dorsal présente au-dessus de l'œsophage une portion dilatée et contractile, qui envoie un rameau à chacune des branchies et qui forme en conséquence une sorte de cœur branchial (fig. 272).

Il y a un petit nombre de Chétopodes dont la respiration est simplement cutanée (Oligochètes), mais, en général, ces animaux sont pourvus de branchies. On reconnaît à ces organes deux formes différentes, suivant qu'ils appartiennent aux segments du corps ou qu'ils sont développés dans la région céphalique. Les premiers sont des cirres plus ou moins modifiés, des parapodes dorsaux, adaptés à la fonction respiratoire (fig. 273); les seconds sont des tentacules transformés. Les branchies segmentaires ont, les unes, l'apparence foliacée, les autres, la forme de peignes ou de panaches, et présentent une distribution variable. Tantôt elles sont réparties sur tous les segments; tantôt elles sont limitées à certains d'entre eux, quelquefois aux plus antérieurs, et alors situées auprès des branchies céphaliques (Térébelles) (fig. 272). Ces dernières, parmi lesquelles on distingue celles qui renferment du sang, et celles qui sont remplies par le liquide cavitaire (*Branchies lymphatiques* de Quatrefages) portent des cils vibratiles et sont disposées en cercle ou en touffes autour de la bouche.

Les organes d'excrétion, *organes segmentaires*, ont un orifice interne cilié, en forme d'entonnoir, et un orifice externe sur les

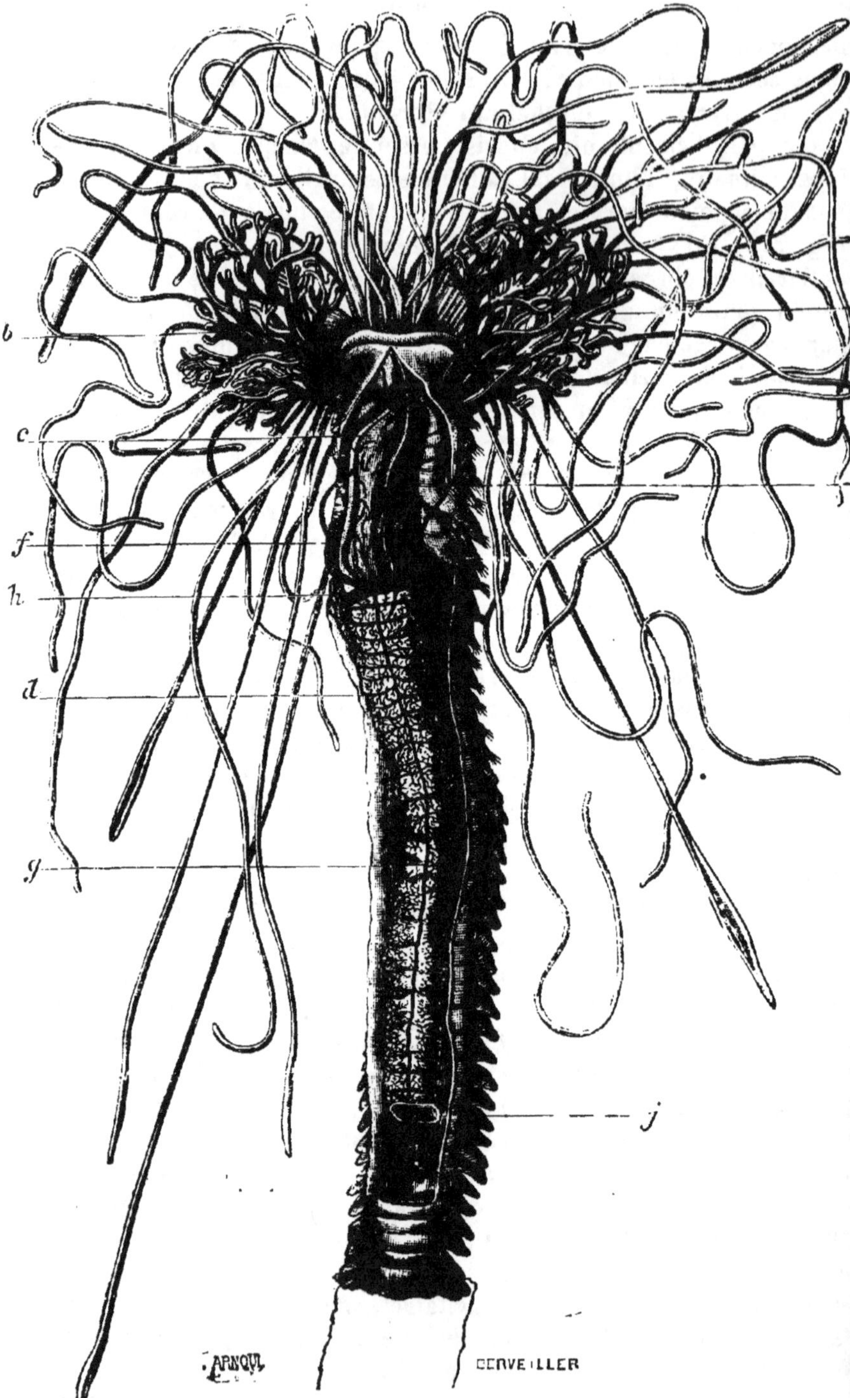

FIG. 272. — Appareil circulatoire de la Térebelle (*Terebella nebulosa*), grossie et ouverte par le dos +.

côtés du corps ; ils fonctionnent souvent comme oviductes et canaux déférents.

Certains Annélides présentent des phénomènes de reproduction asexuelle. Dans les Naïs, par exemple, un certain nombre de segments se séparent de l'individu souche, et forment un individu nouveau ; c'est un cas de scissiparité. D'autres fois, c'est par bourgeonnement sur un des derniers anneaux du corps que se développe l'individu fille, comme on l'a observé chez les Myrianides (Milne Edwards). Les sexes sont généralement séparés ; cependant, il y a des formes hermaphrodites (Oligochètes) ; parfois il existe un dimorphisme marqué entre les mâles et les femelles. Chez les Oligochètes, les ovaires et les testicules sont situés par paires dans quelques-uns des segments de la région antérieure du corps ; des conduits excréteurs ne se trouvent que chez certains d'entre eux, et, quand ils font défaut, ce sont les organes segmentaires qui servent à l'évacuation des produits sexuels. Chez les Polychètes, les éléments

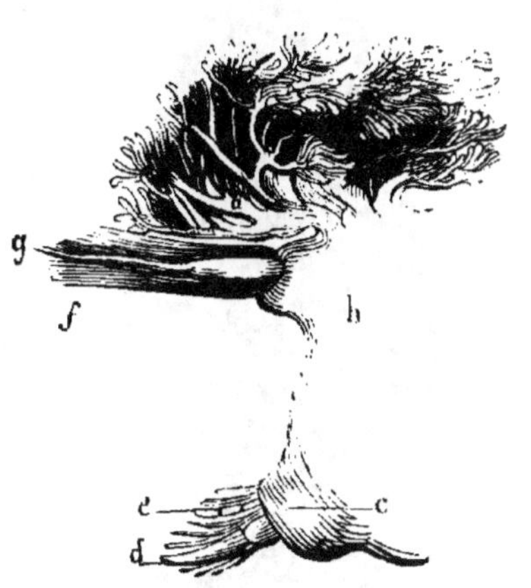

Fig. 273. — Organe respiratoire de l'*Amphinoma*. — *a*, branchies ramifiées ; *b*, rame dorsale ; *c*, rame ventrale ; *d*, cirre ; *e*, soies de la rame ventrale ; *g*, cirre ; *f*, soies de la rame dorsale (d'après J. Müller).

sexuels prennent naissance dans le revêtement péritonéal de la paroi du corps et tombent dans la cavité générale, d'où ils sont amenés au dehors par les canaux en lacet. Chez les animaux à sexes séparés il n'y a donc pas d'organes génitaux différenciés, et la nature seule du produit permet de déterminer le sexe. Quelques espèces de Chétopodes sont vivipares, mais la plupart pondent des œufs, qui parfois sont renfermés dans des cocons, comme ceux des Hirudinées (Oligochètes). A l'exception de ces derniers, tous subissent des métamorphoses et se montrent d'abord sous forme de larves ciliées.

La plupart des Chétopodes habitent la mer ; certaines espèces cependant vivent dans les eaux douces (*Naïs*, *Tubifex*...), d'autres dans la terre humide (*Lombrics*). On partage ces animaux en deux ordres, les Oligochètes et les Polychètes.

* *t*, tentacules ; *b*, branchies ; *c*, pharynx ; *d*, intestin dont la partie postérieure est coupée ; *f*, portion dilatée du vaisseau dorsal ; *g*, vaisseau dorsal, au-dessus de l'intestin ; *h*, anneau vasculaire entourant l'œsophage ; *i*, vaisseau ventral ; *j*, le même en arrière, au-dessous de l'intestin (d'après Milne Edwards).

ORDRE I. — OLIGOCHÈTES

Les Olygochètes (ὀλίγος, peu ; χαίτη, soie) sont dépourvus de parapodes et n'ont que des soies en petit nombre, implantées dans des
cryptes de la peau. Ils ne possèdent ni tentacules, ni cirres, ni branchies, et ce dernier caractère leur a valu aussi le nom d'Abranches. Chez eux, les sexes sont réunis, et le développement se fait sans métamorphose. La région où sont situés les organes génitaux se tuméfie d'ordinaire à l'époque de la reproduction, par suite du développement des glandes dermiques, formant sur les parties dorsale et latérales du corps une ceinture qu'on désigne sous le nom de bât ou *clitellum*.

On divise ces Vers en deux groupes : les Terricoles ou Lombriciens et les Limicoles.

I. TERRICOLES. — Ce sont de gros Vers à sang rouge, qui vivent plus ou moins profondément dans le sol, et chez lesquels, par adaptation à ce mode d'existence, les yeux font défaut. Leurs organes sexuels sont munis de conduits excréteurs spéciaux. Ils pondent, comme les sangsues, leurs œufs renfermés dans des capsules ; il n'y

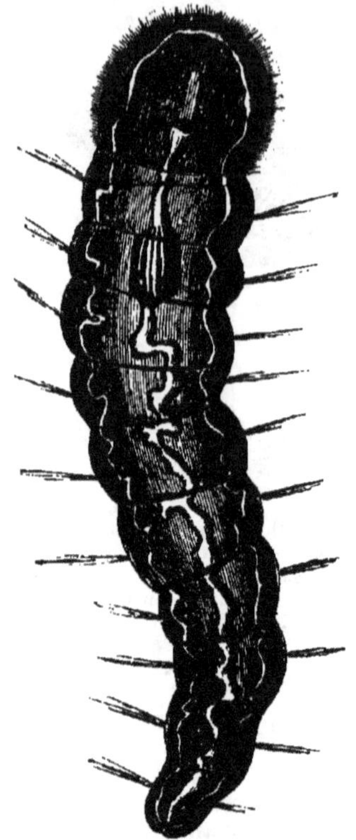

Fig. 274. — *Ælosoma ternarium.*

a d'ordinaire qu'un seul de ces œufs qui se développe, les autres servant de nourriture à l'embryon qui en provient. Ces animaux avalent de la terre et s'assimilent les matières nutritives qui y sont contenues.

Ils forment une seule famille, celle des LOMBRICIDÉS, dont l'espèce la plus connue est le *Lumbricus terrestris* ou Ver de terre.

II. LIMICOLES. — Ceux-ci vivent dans l'eau ; chez eux il n'existe ni oviductes ni canaux déférents, et ce sont les organes segmentaires qui servent à l'évacuation des produits sexuels.

On les divise en un petit nombre de familles, dont les principales sont celles des TUBIFICIDÉS (G. *Tubifex, Lumbriculus*) et des NAÏDÉS (G. *Naïs, Dero, Ælosoma...*, fig. 274). Ces derniers présentent des cas nombreux de reproduction par bourgeonnement. On rencontre parmi eux quelques formes parasites : *Naïs proboscidia, Chœtogaster lymnœi*, etc.

ORDRE II. — POLYCHÈTES

Les Annélides de cet ordre sont munis de soies nombreuses (πόλυς, nombreux ; χαίτη, soie) implan-tées sur des parapodes (fig. 275 et 276) ; de plus, ils sont généralement pourvus de tentacules, de cirres et de branchies. Ils ont une tête plus ou moins distincte, formée de deux anneaux dont le premier, nommé lobe céphalique (*prœstomium* de Huxley), porte des yeux et des tenta-cules, et le second, appelé anneau buccal (*peristomium* de Huxley), porte la bou-che. Celle-ci est souvent en forme de trompe protractile, tantôt inerme et tan-

FIG. 276.

FIG. 275.

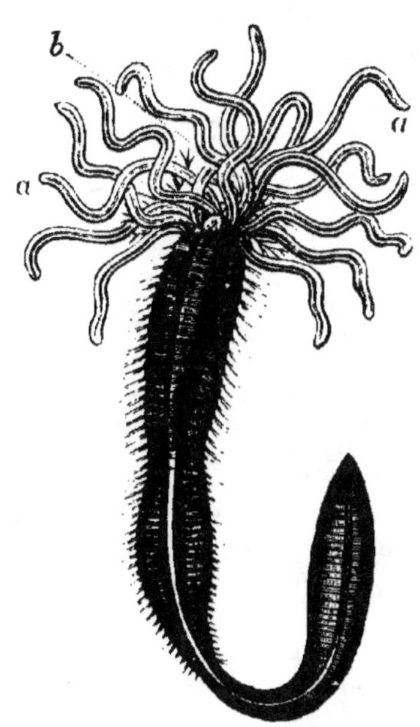

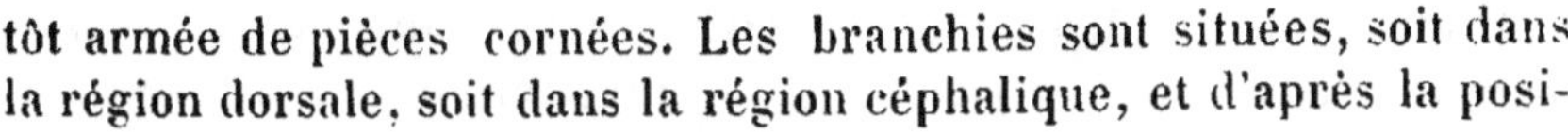

Fig. 275. — *Terebella messinensis*. Animal grossi avec ses tentacules *a a*, et ses arbuscules branchiaux *b b*.
Fig. 276. — *Nereis nuntia*.

tôt armée de pièces cornées. Les branchies sont situées, soit dans la région dorsale, soit dans la région céphalique, et d'après la position de ces organes, on a divisé les Polychètes en Dorsibranches et Céphalobranches (Cuvier), mais ce caractère n'est pas toujours bien net. En règle générale les sexes sont séparés; cependant on rencontre quelques formes hermaphrodites. Le développement se complique de métamorphoses, et les embryons se montrent d'abord sous forme de larves ciliées (fig. 277). Les cils sont distribués à la surface du corps de diverses manières; et, d'après leur disposition, on a donné aux larves des noms différents. En général, ils forment des couronnes. Tantôt il en existe une au voisinage de chaque extrémité (*Télotroques*); tantôt l'extrémité céphalique seule en est pourvue (*Céphalotroques*); parfois, il y en a d'autres dans une portion intermédiaire (*Polytroques...*); enfin les cils peuvent être répandus sur tout le corps et n'être pas rangés en couronnes (*Atroques*).

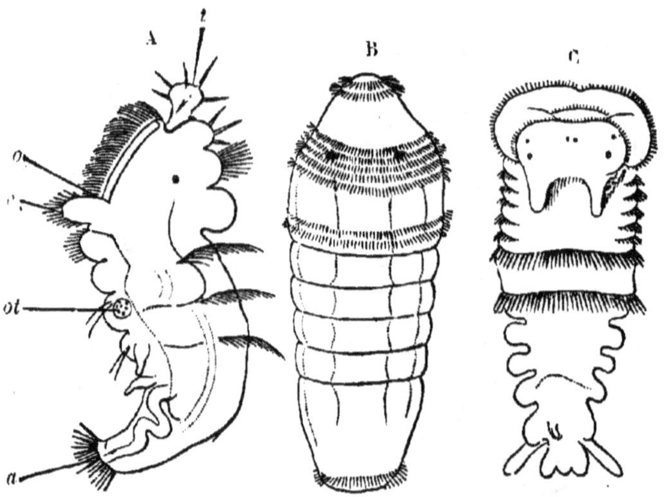

FIG. 277. — Larves d'Annélides Chétopodes. — A, larve télotroque de *Terebella* (d'après Claparède) : *t*, tentacules; *o*, bouche; *a*, anus et couronne ciliée postérieure; *ot*, otocyste; *c*, couronne ciliée antérieure. — B, larve polytroque d'*Arenicola* (d'après Schultze). — C, larve mésotroque de *Spiochætopterus* (d'après Busch).

Les Polychètes sont tous marins. On les divise en deux sous-ordres : les Sédentaires ou Tubicoles, et les Errants.

Tubicoles.

Ces Annélides doivent leur nom à leur genre de vie; ils habitent des tubes formés avec une matière que sécrète leur corps, et qui prend la consistance du parchemin (Amphitrites) ou de la pierre (Serpules); parfois des matériaux étrangers, tels que les particules de sable, entrent dans leur construction (Hermelles...). Leur tête

est peu distincte, munie d'une trompe courte, souvent non protractile, toujours inerme. Les pieds sont peu développés, et les branchies
sont généralement groupées dans la partie antérieure du corps (Cé-

FIG. 278. — *Serpula contortuplicata*.

phalobranches), excepté chez les Arénicoles qui sont dorsibranches.

Ils se distribuent en un certain nombre de familles, dont les
principales sont celles des TÉRÉBELLIDÉS (fig. 275), des HERMEL-
LIDÉS, des SERPULIDÉS (fig. 278), etc.

FIG. 279. — Arénicole des pêcheurs.

Les CAPITELLIDÉS (G. *Capitella*) rattachent ce groupe à celui
des Oligochètes avec lesquels on les a souvent rangés, tandis que
les ARÉNICOLIDÉS (*Arenicola*, fig. 279) établissent le passage entre
les Tubicoles et les Néréides.

Errants ou Néréides.

Les Polychètes errants ont une tête toujours distincte formée par les deux premiers anneaux qui portent des yeux et des tentacules. Ce sont des animaux carnassiers et ils sont munis d'une trompe protractile, qui souvent est armée de pièces maxillaires (fig. 202). Leurs pieds sont bien développés et constituent des rames servant à la locomotion. Parfois ils portent dans la région dorsale des prolongements en forme de boucliers nommés *élytres* (Aphrodites). Les branchies sont situées sur le dos (Dorsibranches). Certaines espèces sécrètent des tubes membraneux qu'elles habitent temporairement. Parmi les familles qui composent ce sous-ordre, nous mentionnerons : les APHRODITIDÉS, les AMPHINOMIDÉS, les EUNICIDÉS, les NÉRÉIDÉS (fig. 276), les SYLLIDÉS...

On s'accorde généralement à placer auprès des Vers, mais dans un groupe distinct, le singulier genre *Balanoglossus* (fig. 280) qui fut découvert à Naples par Delle Chiaje, et qui depuis a été particulièrement étudié par Kowalewsky, Metschnikoff et A. Agassiz.

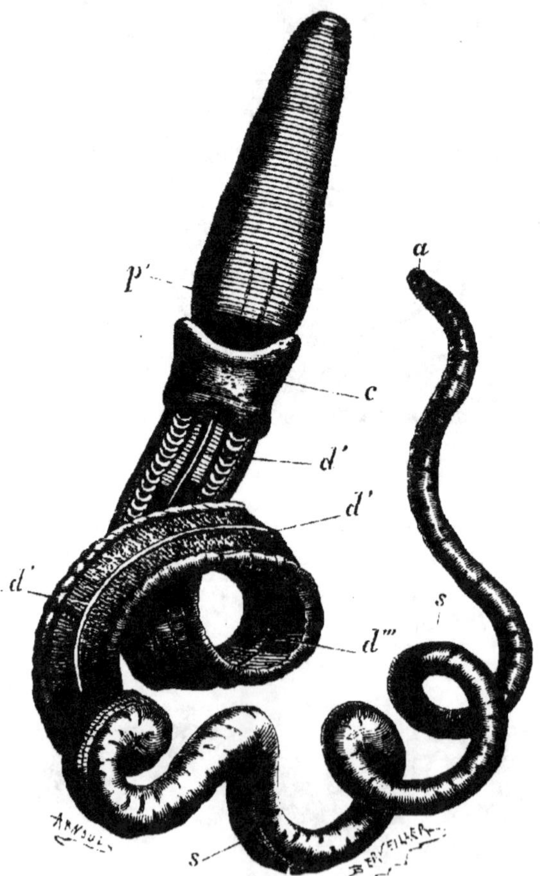

FIG. 280. — Balanoglosse (*Balanoglossus Kowalewski*). — *a*, anus ; *c*, collet ; *d' d' d'*, vaisseau dorsal central ; *d '''*, vaisseau ventral central ; *p'*, trompe ; *s*, estomac ou *canal alimentaire* (d'après Agassiz, *Memoirs of American Academy of arts and sciences*, 1873).

Cet animal se différencie de tous les autres Vers par la disposition de son appareil respiratoire placé au commencement du tube digestif ;

c'est pourquoi on a donné le nom d'*Entéropneustes* à la classe
qu'on a proposée pour lui. L'extrémité antérieure du corps porte
une trompe contractile qui constitue une sorte de siphon, dont l'orifice postérieur est situé au-dessus de la bouche, où il amène l'eau
nécessaire à la respiration. De la bouche qui n'est jamais complètement fermée, cette eau pénètre dans les branchies soutenues par
une charpente chitineuse particulière, puis elle s'écoule au dehors
par des pores, situés de chaque côté sur la face dorsale.

Derrière la trompe se trouve un collier large et musculeux, qui
est suivi d'une région dont le milieu présente des plis transversaux
correspondant aux branchies ; c'est la *région branchiale*. On remarque, sur les bords, des glandes jaunes, glandes génitales, qui se
continuent au delà, disposées sur quatre rangées à la face supérieure du corps, mais qui vont en diminuant d'avant en arrière, et
font place à des appendices brun verdâtre appartenant au foie. Cette
seconde région est dite *stomacale*. Vient enfin une région caudale
nettement annelée qui se termine par l'anus.

La peau est revêtue sur toute sa surface de cils vibratiles ; elle
renferme un grand nombre de glandes muqueuses unicellulaires.
Le tube digestif, dans les régions branchiale et stomacale, est entièrement uni aux parois du corps par du tissu conjonctif ; dans la
région caudale, il est fixé seulement le long de la ligne médiane du
dos et du ventre, et autour de lui il existe une cavité viscérale distincte. Le système vasculaire se compose de deux troncs, l'un dorsal, l'autre ventral, qui envoient des ramifications aux parois du
corps et à l'intestin, et en
outre, de deux vaisseaux
latéraux. Le sang se meut
d'arrière en avant dans le
vaisseau dorsal.

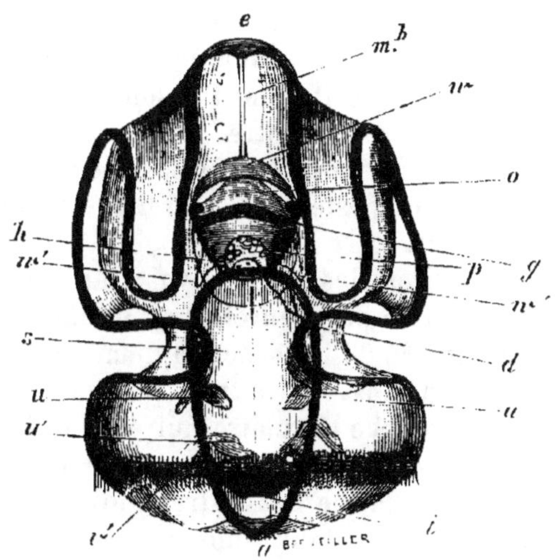

Fig. 281. — Larve de Balanoglosse
(*Tornaria*). — *e*, taches oculaires ; *d*, pore dorsal ; *g*, branchies ; *h*, cœur ; *i*, intestin ; *m b*,
bande musculaire s'étendant des
taches oculaires à la partie antérieure du système aquifère ;
o, œsophage ; *p*, squelette de la
base de la trompe ; *s*, estomac ou
canal alimentaire ; *u u*, ses appendices supérieurs ; *u'*, ses
appendices inférieurs ; *v'*, bande
ciliée longitudinale ; *w*, système
aquifère ; *w' w'*, éperons (*spurs*)
droit et gauche de ce système ;
a, anus (d'après Agassiz).

Les sexes sont séparés ; l'œuf donne naissance à une larve ciliée,
connue sous le nom de *Tornaria* (fig. 281) et qui avait été d'abord

regardée comme une larve d'Échinoderme, à cause de sa ressemblance avec celles qui appartiennent à ces animaux.

Les Balanoglosses sont marins et vivent dans le sable qu'ils imprègnent de mucus tout autour d'eux.

DEUXIÈME SOUS-EMBRANCHEMENT

ARTHROPODES

Les Arthropodes (ἄρθρον, articulation; ποῦς, pied) sont caractérisés par la présence sur leurs anneaux d'appendices articulés, ou *membres*, qui constituent des organes locomoteurs, et se modifient en outre de diverses façons par adaptation à des usages particuliers. Ces pieds articulés dérivent des parapodes des Vers, et correspondent à un degré d'organisation plus élevé; ils fournissent des instruments pour les différents modes de locomotion aquatique, terrestre et aérienne.

Les animaux qui appartiennent à cette grande division sont construits sur le même type que les Vers, et leur corps est composé de zoonites ou de métamères qui représentent des individus morphologiques subordonnés, mais ces métamères perdent le caractère de similitude que nous leur avons trouvé chez les Annélides, et sont plus ou moins *hétéronomes*. Parfois aussi un certain nombre d'entre eux s'unissent et se fusionnent de façon à constituer un tronçon unique. En général, ils se groupent de manière à former trois régions distinctes : la *tête*, le *thorax*, l'*abdomen*, comme on le voit chez les Insectes; mais, dans certains cas, il n'y a que deux régions, soit que la tête et le thorax se confondent en un *céphalothorax* (Arachnides), soit que l'abdomen ne se sépare pas du thorax (Myriapodes). Par contre, on observe quelquefois une subdivision de l'abdomen en deux parties, l'une antérieure et large, le *préabdomen*, l'autre postérieure, étroite et caudiforme, le *postabdomen* (Scorpions).

Les Arthropodes sont pourvus d'un squelette extérieur ou *épidermique*, formé par l'enveloppe cuticulaire qui se chitinise et prend la consistance de la corne, ou même qui s'incruste de sels calcaires et acquiert ainsi une dureté pierreuse (Crustacés); au-dessous se trouve la couche cellulaire qui sécrète la cuticule et qu'on désigne sous le nom d'*hypoderme*, mais bien improprement, car elle correspond à l'épiderme des autres animaux. Le squelette se compose d'une série d'anneaux, unis par la peau demeurée molle et flexible dans l'intervalle qui les sépare, et jouissant ainsi d'une certaine mobilité les uns par rapport aux autres. Chaque anneau comprend deux arceaux, l'un dorsal ou *tergal*, l'autre ventral ou *sternal*, formés eux-mêmes de deux paires de pièces; dans l'arceau dorsal on appelle *tergites* celles de ces pièces qui occupent une position médiane, et *épimères* ou *épimérites*, celles qui sont placées latéralement; dans l'arceau ventral on donne aux premières le nom de *sternites*, et aux secondes, celui d'*épisternites* (Milne Edwards). Les membres articulés sont portés par ces anneaux; ils naissent en général sur les côtés de l'arceau sternal, mais quelquefois l'arceau tergal peut en être pourvu (ailes des Insectes). Ces appendices présentent des modes de conformation très variés, suivant les fonctions qu'ils remplissent; ainsi, ils constituent non seulement des pattes locomotrices, mais des antennes, des mâchoires, des organes copulateurs, etc...., ils nous fournissent, par conséquent, un remarquable exemple d'homologies organiques.

L'existence d'un revêtement tégumentaire solide ferait obstacle au développement du corps, si cette enveloppe extérieure ne se renouvelait pas à différents intervalles par un phénomène connu sous le nom de *mue*, et qui s'observe principalement pendant le jeune âge, quand la croissance de l'animal est rapide. Les muscles ne s'unissent plus comme chez les Vers avec le tégument pour constituer une enveloppe musculo-dermique, mais ils forment de nombreux faisceaux qui prennent leur insertion à la face interne des anneaux ou sur des prolongements qui en naissent (*Apodèmes*). La disposition de ces faisceaux varie avec la signification des métamères, et est d'autant plus uniforme que ceux-ci ont entre eux plus de similitude (Myriapodes). Des groupes spéciaux de muscles servent à mouvoir les membres.

Le système nerveux présente le même mode de constitution que celui des Annélides. A chaque segment correspond une paire de ganglions unis transversalement par des commissures, et rattachés longitudinalement aux ganglions des segments voisins par des cordons ou connectifs, d'où résulte une double chaîne sous-intestinale, dont les deux moitiés restent quelquefois séparées (Talitres), mais sont le plus souvent réunies sur la ligne médiane; les ganglions d'une même paire paraissent alors confondus en un seul (fig. 282). L'extrémité antérieure de cette chaine forme un *collier œsophagien* qui se compose des ganglions cérébroïdes situés au-dessus de l'œsophage, et reliés par des cordons latéraux à la première masse ganglionnaire ventrale constituée par les ganglions sous-œsophagiens. Cette conformation du système nerveux peut se modifier par suite du rapprochement, et même de la fusion, d'un certain nombre de paires ganglionnaires, qui obéissent au même mouvement de centralisation en vertu duquel s'opère la réunion de plusieurs métamères. La chaine ventrale peut alors se présenter comme une masse unique produite par la coalescence des centres primitifs (Crabe) (fig. 283).

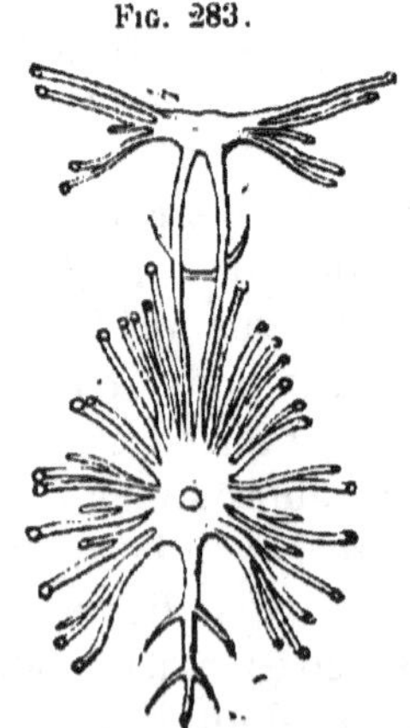

FIG. 282.

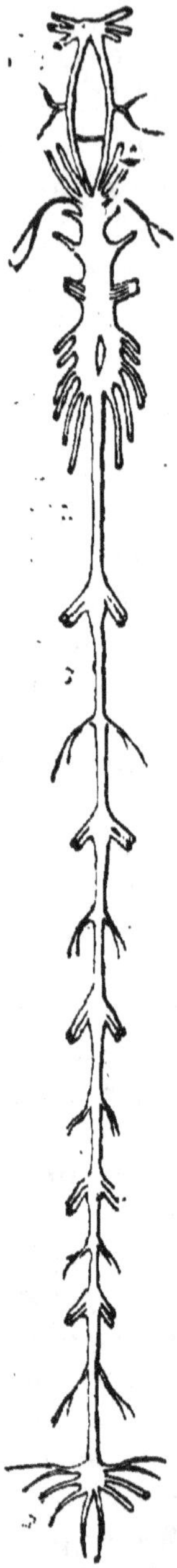

Les ganglions cérébroïdes sont ordinairement volumineux et donnent naissance aux nerfs de la sensibilité spéciale; les ganglions de la chaîne fournissent des nerfs mixtes, sensitifs et moteurs.

Indépendamment de ce système qui préside à la vie de relation, on distingue chez les Arthropodes supérieurs quelques ganglions en connexion avec la masse cérébroïde, et constituant un système appelé *stomato-gastrique*, parce que ses filets se distribuent à l'appareil digestif. Enfin on a comparé au sympathique des Vertébrés quelques autres ganglions observés chez les Insectes, qui envoient des nerfs aux viscères et sont reliés à la chaîne ventrale.

Les sens sont parfois très développés, comme on le voit chez certains Insectes. Le tact s'exerce par les antennes, les palpes labiaux, quelquefois par les extrémités des pattes (Arachnides) munies de baguettes tactiles. Chez les Crustacés on trouve à la base des antennes internes, des prolongements analogues qu'on a regardés comme propres à recueillir des impressions olfactives (?); de même les antennes des Insectes passent pour être le siège de l'olfaction.

Des vésicules auditives se rencontrent chez les Crustacés; elles sont généralement placées à la base des antennes internes et contiennent des otolithes; chez quelques insectes on a découvert des organes spéciaux servant aussi à l'audition (voy. p. 56). Les yeux sont très répandus, mais de structure fort diverse; ils sont représentés quelquefois par de simples taches pigmentaires; le plus souvent ils sont formés par l'assemblage d'un grand nombre d'extrémités nerveuses ou *bâtonnets optiques*, entourés chacun d'une couche de pigment et terminés par un corps réfringent nommé *cône cristallin*, en gé-

FIG. 283.

FIG. 282. — Système nerveux de la Squille.
FIG. 283. — Système nerveux du Crabe.

néral, ils sont dépourvus de cristallin proprement dit et les
éléments bacillaires qui constituent la rétine sont en contact avec le
système tégumentaire. Ces yeux ont été appelés par Milne Edwards
yeux rétiniens (1). — Tantôt le tégument recouvre l'œil sans présenter aucune modification en rap-
port avec la fonction visuelle, et
tantôt il se transforme dans le point
correspondant à l'œil et lui fournit
une cornée transparente. Dans le
premier cas, les yeux sont dits *réti-*
niens internes ; dans le second,
rétiniens externes. Enfin ceux-ci
peuvent être munis d'une cornée
indivise, à surface lisse (*yeux lisses,*
stemmates), ou divisée en segments
correspondant à chacun des bâtonnets (*yeux réticulés* ou à *facettes*)
(fig. 288).

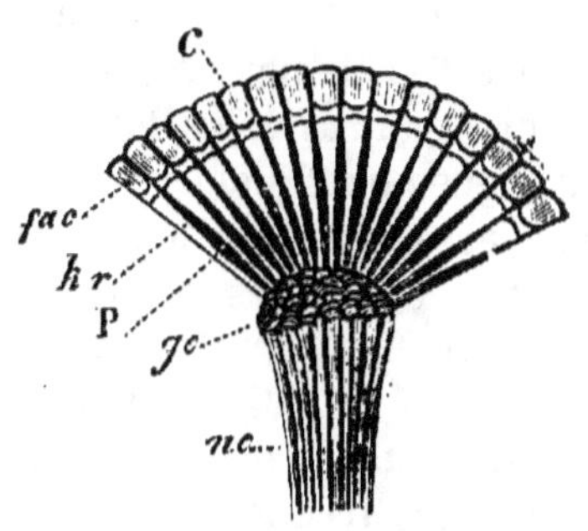

FIG. 284. — Œil composé d'Arthropo
(schéma). — *c*, cornée; *f a c*, cônese
k r, bâtonnets. — P, gaines pigmentaires des bâtonnets; *go*, ganglion
du nerf optique; *no*, nerf optique
(d'après Nuhn).

Le tube digestif s'étend d'une
extrémité à l'autre du corps. La
bouche est située à la face inférieure de la région céphalique et est
munie d'organes particuliers, qui présentent les dispositions les
plus variées, suivant le régime alimentaire de l'animal : ces pièces
buccales ne sont autre chose que les appendices du corps modifiés
et adaptés soit à la mastication, soit à la succion. On distingue dans
le canal digestif un œsophage, un estomac et un intestin qui débouche sur le dernier segment du corps; le plus souvent, il existe sur
certains points des dilatations qui, selon leur position et leur rôle,
reçoivent différents noms : tels sont, par exemple, le *jabot* et le
gésier qu'on rencontre chez beaucoup d'insectes. Des organes glandulaires sont annexés à l'appareil digestif; on appelle glandes salivaires, celles qui sont en rapport avec l'œsophage, et foie celles qui
sont en connexion avec l'estomac.

Chez les Crustacés, on regarde comme servant à l'excrétion des
glandes qui s'ouvrent directement au dehors, à la base des antennes
extérieures, et sont comparables aux organes segmentaires des Vers
(*glande du test* des Ostracodes, des Branchiopodes; *glande verte* de
l'Écrevisse); chez les autres Arthropodes, ce sont des tubes longs et
grêles qui débouchent dans l'intestin, et sont connus sous le nom
de *tubes de Malpighi*.

Le système vasculaire présente un développement fort inégal, et

____

(1) Milne Edwards. *Leçons sur la phys. et l'anat. comp.*, t. XII. p. 320.

en rapport avec le mode de constitution de l'appareil respiratoire.
Chez un grand nombre d'Arthropodes, celui-ci est constitué par un
ensemble de canaux remplis d'air, qui parcourent le corps et qu'on
nomme *trachées*. L'air est ainsi distribué dans l'intérieur de l'organisme où l'échange gazeux s'opère sur tous les points. Le sang est
alors répandu dans les lacunes interorganiques et l'appareil circulatoire est seulement représenté par un cœur tubulaire divisé en
chambres, ou *vaisseau dorsal*, dont l'extrémité antérieure prolongée
est désignée quelquefois sous le nom d'aorte (Insectes). Quand les
organes respiratoires occupent une région circonscrite, soit qu'ils
consistent en poches pulmonaires dérivant des trachées (certaines
Arachnides), soit qu'ils aient la forme de branchies, chez les animaux
à respiration aquatique (Crustacés), l'appareil circulatoire se développe davantage ; du cœur partent quelques vaisseaux artériels qui
suivent une direction déterminée et aboutissent, après un trajet plus
ou moins long, dans le système lacunaire ; d'autres vaisseaux, vaisseaux veineux, conduisent le sang dans les organes respiratoires et
le ramènent ensuite au cœur. Parfois, dans les formes inférieures,
la respiration est simplement cutanée.

Chez les Arthropodes, la reproduction est sexuelle, et, en règle
générale, les sexes sont séparés ; l'hermaphrodisme ne se rencontre
qu'exceptionnellement (Cirripèdes, Tardigrades). Souvent les mâles
et les femelles présentent un dimorphisme marqué. Les produits
sexuels prennent naissance dans des organes distincts, ordinairement pairs et symétriques ; ce sont les glandes génitales, ovaires ou
testicules, dont les conduits excréteurs subissent diverses modifications propres à assurer la fécondation des œufs et le développement
des embryons. Ainsi, dans l'appareil femelle on trouve fréquemment des cavités, utérus, poche copulatrice, constituées par des
portions dilatées de l'oviducte, et des organes glandulaires qui fournissent aux œufs l'enveloppe particulière ou *coque* dont ils s'entourent. De même, dans l'appareil mâle une partie du canal déférent
forme un réservoir pour le sperme, ou vésicule séminale, et des
glandes accessoires sécrètent une matière qui réunit les éléments
séminaux en masses, constituant des *spermatophores*. Enfin, parfois des membres, ou même des segments entiers du corps, servent
comme organes copulateurs et présentent une conformation en rapport avec leur rôle spécial.

La reproduction n'a jamais lieu par scissiparité ou gemmiparité
mais elle s'effectue dans certains cas au moyen d'œufs qui se développent sans avoir été fécondés. Ce mode de génération, ou parthénogénèse, observé d'abord chez les Pucerons vivipares, a été
constaté depuis chez plusieurs autres Arthropodes. Le développe

ment s'accompagne le plus souvent de métamorphoses, et les larves n'atteignent la forme adulte qu'après une série de mues et de transformations plus ou moins compliquées. Parfois il se produit une métamorphose régressive, en particulier chez ceux de ces animaux qui vivent en parasites. On divise les Arthropodes en quatre classes, comme le montre le tableau suivant :

Arthropodes.	Des trachées ou des sacs pulmonaires *Trachéates*	Tête et thorax distincts	Trois paires de pattes. *Insectes.*
			Dix paires de pattes ou plus............ *Myriapodes.*
		Un céphalothorax; quatres paires de pattes.....................	*Arachnides.*
	Des branchies (quand il y a des organes respiratoires distincts).		*Crustacés.*

1ʳᵉ CLASSE. — CRUSTACÉS.

La classe des Crustacés a été établie par Lamarck; les animaux qui en font partie étaient précédemment rangés, avec les Arachnides et les Myriapodes, parmi les Insectes dépourvus d'ailes, ou *Insectes aptères*, de Linné. Ils se distinguent néanmoins par d'importants caractères. Chez eux, la respiration est aquatique et ne s'effectue jamais par des trachées, mais par des branchies qui dépendent des organes locomoteurs, quand elle n'est pas simplement cutanée. Leur tête porte une double paire d'antennes et est en général unie au thorax, avec lequel elle forme un céphalothorax; enfin les pattes, de conformation très variable, sont ordinairement nombreuses.

L'enveloppe tégumentaire acquiert chez beaucoup de Crustacés une dureté très grande par suite du dépôt de matière calcaire dans la couche cuticulaire, et de là vient le nom qu'on leur a donné (de *crusta*, croûte). Ce squelette épidermique se renouvelle par des mues qui se produisent à différents intervalles. Les anneaux dont il se compose peuvent rester mobiles les uns sur les autres, mais souvent ils se soudent entre eux dans certaines régions, en particulier dans la région céphalothoracique, où ils forment par leur réunion une sorte de grand bouclier qu'on appelle *carapace*. Le nombre typique des anneaux est de vingt, mais il est parfois dépassé et souvent il est moindre par suite de l'avortement ou de la fusion de quelques-uns d'entre eux. Chacun de ces anneaux porte une paire d'appendices dont la forme, comme le rôle, sont fort divers. C'est par eux que sont constituées les deux paires d'antennes, distinguées en antennes internes ou antérieures (*antennules*), et antennes externes ou postérieures, ainsi que les pédoncules oculaires qu'on trouve chez les Crustacés supérieurs ou *Podophthalmes*. Les appendices qui suivent et sont placés autour de la bouche se transforment en organes masticateurs (fig. 285), et prennent le nom de *mandibules* et de *mâchoires*, ces dernières au nombre de deux paires; puis viennent les *pattes-mâchoires*, qu'on appelle ainsi parce qu'elles sont intermédiaires par leur forme entre les pattes proprement dites et les mâchoires, et établissent le passage des unes aux autres ; il peut y en avoir une ou plusieurs paires. Parfois les membres qui appartiennent au thorax et à l'abdomen sont semblables entre eux et conformés de façon à servir d'organes locomoteurs et respiratoires (Branchiopodes), mais le plus souvent ils présentent des modifications en rapport avec leur adaptation à des fonctions différentes. Ainsi, chez les Décapodes, les appendices thoraciques prennent le caractère de pattes ambulatoires, tandis que les appendices abdominaux, beaucoup moins développés (fausses pattes) servent comme rames natatoires, comme organes suspenseurs des œufs chez les femelles, comme organes de copulation, du moins ceux des deux paires antérieures, chez les mâles.

Fondamentalement, les membres des Crustacés se composent de sept articles, qui ont reçu de Milne Edwards des noms particuliers (fig. 286). En allant de la base à l'extrémité, il les a nommés : *coxopodite, basipodite, ischiopodite, méropodite, carpopodite, propodite* et *dactylopodite*. Quand il s'agit des mâchoires ou des antennes, il l'indique en changeant la dernière partie du mot; ainsi, les articles correspondant à ceux des pattes sont appelés *Coxognathite, basignathite*, etc...., ou *coxocérite, basicérite*, etc...., suivant qu'ils appartiennent aux premières ou aux secondes. Bien entendu, la série complète de ces espèces n'existe pas toujours, et parfois aussi leur nombre augmente par fractionnement des articles primitifs, comme on le voit en particulier dans les antennes. De plus, à la branche principale ou *Protopodite*, constituée de la façon que nous venons d'indiquer, peuvent s'ajouter des branches accessoires que Milne. Edwards désigne sous le nom de *Parergopodites*, et qu'il distingue, d'après leur position, en *mésopodite, exopodite* et *épipodite*. Cette nomenclature est fort utile pour mettre en évidence les homologies (1).

Le système nerveux, dont on connaît la disposition typique, subit des variations nombreuses, par suite de la coalescence plus ou moins grande des paires ganglionnaires qui constituent la chaîne ventrale. Souvent celle-ci est composée de ganglions espacés entre eux et a réellement l'aspect d'une chaîne, mais parfois ces ganglions se rapprochent, se fusionnent et dans certains cas ne forment qu'une seule masse nerveuse, d'où partent en rayonnant les nerfs du tronc et des membres (fig. 283). Les ganglions sus-œsophagiens

(1) Milne Edwards, *Annales des sciences naturelles*, 3ᵉ série, t. XVI, 1851.

ou cérébroïdes donnent naissance aux nerfs optiques, aux nerfs des
antennes, etc..... Le système stomato-gastrique est constitué par un
nerf impair qui part du cerveau et se rend à un ganglion situé sur
l'estomac, le ganglion stomato-gastrique; il communique par deux
branches anastomotiques avec les cordons latéraux du collier œsophagien, qui au point où naissent ces branches, présentent un renflement ganglionnaire.

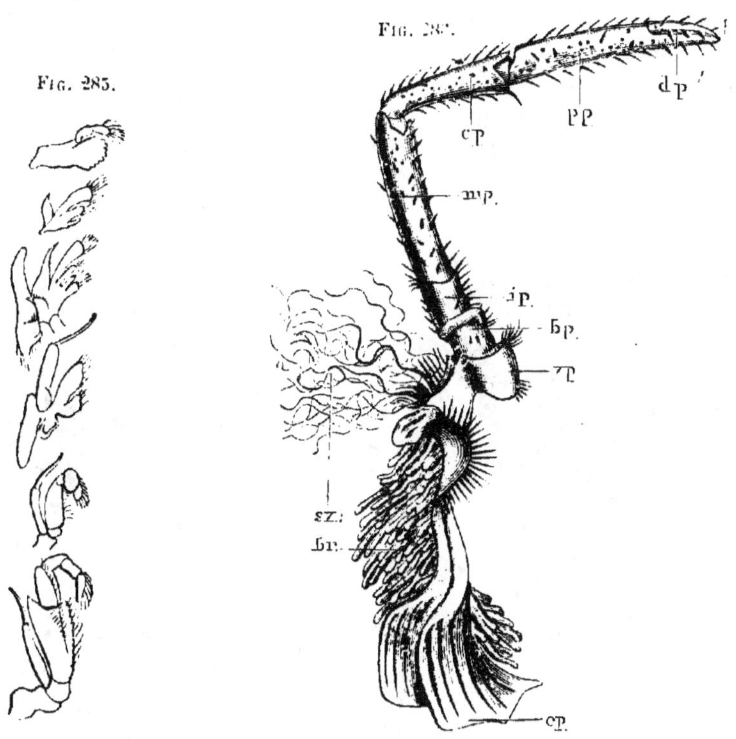

Fig. 285. — Organes appendiculaires masticatoires d'un Crustacé.
Fig. 286. — Patte ambulatoire de l'Écrevisse. — *xp*, coxopodite; *sx*, soies du coxopodite;
bp, basipodite; *ip*, ischiopodite; *mp*, méropodite; *cp*, carpopodite; *pp*, propodite;
ap, dactylopodite; *ep*, épipodite ou lame branchiale; *br*, branchie.

Les Crustacés n'ont que des facultés bornées. Le sens le plus
généralement développé est celui de la vue; les yeux sont tantôt
simples, tantôt composés et pourvus d'une cornée lisse ou à facettes.
Chez ceux de ces animaux les plus élevés en organisation, ils sont
portés par des pédoncules mobiles (Podophthalmes). Certaines
formes inférieures possèdent seulement un œil impair dans la région
frontale. Des vésicules auditives existent assez fréquemment; d'ordinaire elles sont situées à la base des antennes intérieures; chez
les *Mysis*, elles se trouvent dans les lamelles internes de la nageoire caudale.

Le tube digestif s'étend directement de la région antérieure à la partie postérieure du corps (fig. 287). La bouche est située sur la face ventrale, et munie d'appendices, *mandibules, mâchoires* et *pieds-mâchoires* qui sont formés, comme nous l'avons vu, par des membres modifiés d'une façon plus ou moins complète. Les bords saillants qui limitent l'ouverture buccale en avant et en arrière constituent la lè-

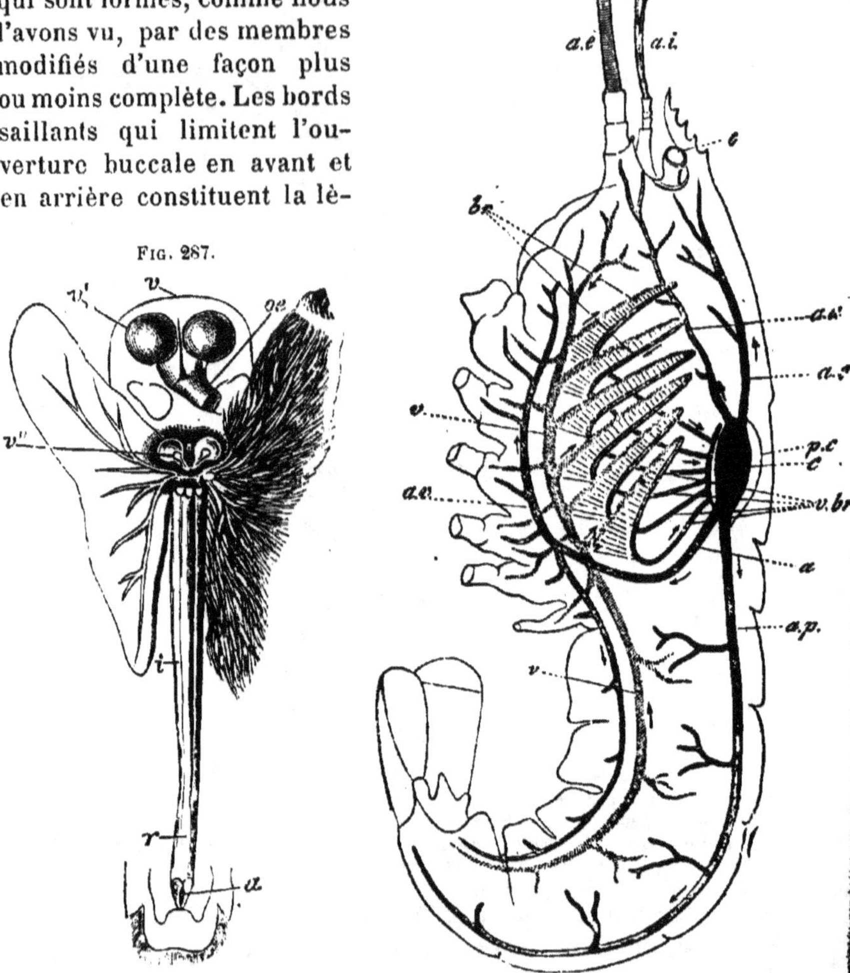

FIG. 287.

FIG. 288

FIG. 287. — Appareil digestif de l'Écrevisse (*Astacus fluviatilis*). — oe, œsophage; v, estomac; v', concrétions calcaires; v'', portion pylorique de l'estomac; h, foie; i, intestin; r, rectum; a, ouverture anale (d'après Carus).

FIG. 288. — Schéma de l'appareil circulatoire du Homard. — o, yeux; a e, antennes extérieures; a i, antennes intérieures; b r, branchies; c, cœur; p c, péricarde; a o, artère médiane antérieure; a a, artère hépatique; a p, artère postérieure; a, artère sternale; a v, artère ventrale; v, sinus veineux ventral; v b r, veines branchiales (les flèches indiquent la direction des courants sanguins).

vre supérieure et la lèvre inférieure. Chez les Crustacés suceurs (Siphonostomes), les lèvres se transforment en une trompe dans

laquelle sont contenus deux stylets représentant les mandibules.
L'œsophage conduit, en général, dans une partie dilatée et armée
de pièces chitineuses solides, qui servent à la trituration des matières ingérées; c'est pourquoi on désigne cette poche sous le nom
d'*estomac masticateur*. La portion suivante, ou portion chylifique
du canal digestif, est en connexion avec des glandes annexes parfois très développées, parfois réduites à de simples cæcums et regardées comme des organes hépatiques.

L'appareil circulatoire atteint, chez les Crustacés supérieurs, un
degré assez élevé de perfectionnement. Du cœur partent des vaisseaux artériels qui portent le sang dans différentes directions. On
trouve en avant un tronc médian, *l'artère céphalique*, et deux paires
de vaisseaux latéraux, les *artères antennaires* et les *artères hépatiques ;* en arrière, un tronc qui se divise aussitôt en deux vaisseaux
impairs. De ceux-ci, l'un, nommé *artère abdominale supérieure*,
occupe la région dorsale de la partie postérieure du corps ; l'autre,
appelé *artère sternale*, descend vers la face ventrale où elle forme
l'artère abdominale inférieure (fig. 288). Le sang distribué par ces
vaisseaux se répand dans les lacunes interorganiques et arrive dans
des sinus situés au voisinage des branchies, dans la région ventrale; de là, il est conduit, par des vaisseaux afférents aux organes
respiratoires, et ramené enfin au cœur par des *canaux branchio-
cardiaques*. Ces canaux ne débouchent pas directement dans le
cœur, mais dans une chambre péricardique, d'où le sang pénètre,
au moment de la diastole, dans l'intérieur de cet organe par des
orifices, au nombre de plusieurs paires et garnis de valvules. Dans
les formes inférieures, l'appareil circulatoire est beaucoup moins
développé et se réduit au cœur, qui peut lui-même disparaître
(Cirripèdes); la circulation est purement lacunaire.

Les organes respiratoires présentent une grande variété de formes
et de dispositions. Dans certains cas, ils sont constitués par les
pattes elles-mêmes, véritables *pattes branchiales*, qui sont élargies,
lamelleuses et servent à la fois à la locomotion et à la respiration
(Branchiopodes). Chez les Isopodes, les membres abdominaux sont
spécialement adaptés à la fonction respiratoire et transformés en
branchies; chacune de ces branchies est composée de deux lames
membraneuses dont l'externe, en prenant une consistance plus
grande, peut devenir pour l'autre un organe de protection. Le plus
souvent ce ne sont pas des membres entiers qui forment les branchies, mais seulement certaines de leurs parties appendiculaires.
Chez les Amphipodes, elles consistent en vésicules insérées à la
base des pattes thoraciques; chez les Crustacés supérieurs, elles
sont parfois extérieures et ressemblent à des panaches qui, portés

par les pattes natatoires, flottent librement dans l'eau (Squilles)
(fig. 289), mais ordinairement elles sont annexées aux membres
thoraciques et enfermées dans une
chambre particulière formée de
chaque côté du thorax par un repli
du système tégumentaire (fig. 320)
(Décapodes).

On trouve parmi les Crustacés
d'intéressants exemples d'adaptation à la vie terrestre. Ainsi chez
certains Isopodes (Porcellions ,
Armadilles, Tylos), les lamelles
branchiales se creusent de cavités
dans lesquelles l'air pénètre, et
se transforment de la sorte en un
système aérifère qui forme transition avec l'appareil respiratoire
des articulés aériens. De même la
cavité branchiale des Crabes terrestres, d'après les récentes observations de Jobert,
est toujours rem-
plie d'air et fonc-
tionne comme un
véritable poumon.

Chez les Crusta-
cés, la séparation
des sexes est de
règle ; les Cirripè-
des seuls sont her-
maphrodites.   Le
mâle et la femelle
se distinguent en
général par des
caractères sexuels
secondaires ;   les
premiers sont or-
dinairement plus
petits,   pourvus

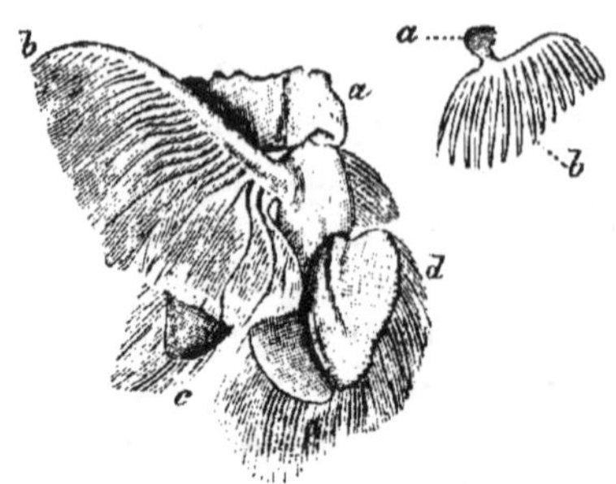

F IG. 289. — Branchies de Squille — 1, branchie de Squille : *a*, base de la fausse patte ;
b, branchie ; *c d*, les deux branches terminales de la fausse patte. — 2, l'une
des branches de cette branchie rameuse :
a, section transversale de la tige principale de la branchie ; *b*, appendices lamelleux (d'après Milne Edwards).

F IG. 290.

F IG. 291.

FIG. 290. — Appareil génital mâle de l'Écrevisse. — *t*, testicules ; *v d*, canaux déférents ; *o g*, orifices génitaux.
FIG. 291. — Appareil génital femelle de l'Écrevisse. — *o*, ovaires ;
o d, oviductes ; *o g*, orifices génitaux.

d'organes d'accouplement ; quelquefois ils sont de taille très exiguë
(mâles nains) et vivent en parasites sur les femelles. Les glandes
génitales sont parfois impaires (Copépodes), plus souvent paires, tubu-
leuses ou lobées et présentant souvent des connexions l'une avec l'autre
(fig. 290 et 291); elles ont leurs conduits excréteurs qui débouchent

à la partie postérieure du thorax, soit sur un segment du corps, soit sur l'article basilaire d'une paire de pattes. Les femelles portent ordinairement leurs œufs, soit fixés aux appendices abdominaux, soit

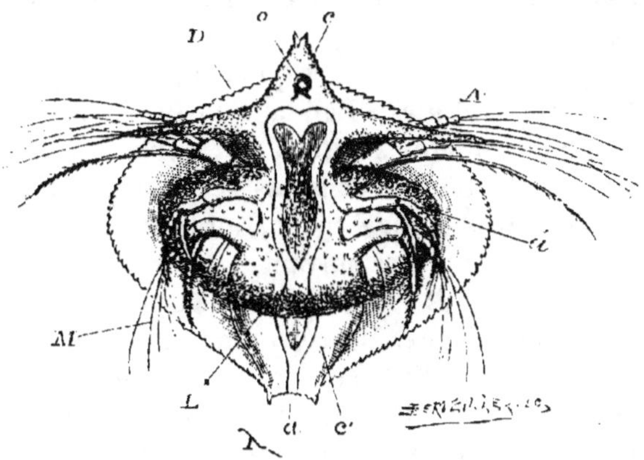

Fig. 292. — Larve (Nauplius) de *Limnetis brachyurus* avec ses deux prolongements céphaliques en forme de cornes. — *a*, anus ; D, test ; *o*, œil ; A', appendices antérieurs à la base desquels sont articulés deux autres appendices *a'* ; M, appendices postérieurs ; *c'*, portion du corps non encore pourvue de membres articulés ; *c*, tête.

renfermés dans des chambres incubatrices. Le développement s'accompagne de métamorphoses. La forme originelle de ces animaux,

Fig. 293. — Larve Zoéa (d'après Claus).

observée chez un grand nombre d'entre eux, est celle d'une larve munie de trois paires d'appendices et d'un œil frontal impair, qu'on appelle *Nauplius* (fig. 292), mais parfois cette première phase évolutive est franchie ; ainsi, la plupart des Crustacés supérieur ou Podophthalmes se montrent, au sortir de l'œuf, à un état plus avancé de développement, et déjà pourvus de sept paires de membres, sous une forme qui a reçu le nom de *Zoëa* (fig. 293). Ils passent ensuite par des transformations et des mues successives, avant d'acquérir leurs caractères définitifs.

Certaines espèces présentent des phénomènes de parthénogénèse, par exemple, les Daphnies. Pendant la belle saison les femelles produisent des œufs, nommés œufs d'été, qui se développent agamogénétiquement; à l'automne et après accouplement, elles produisent des œufs plus gros, œufs d'hiver, qui traversent la saison froide et n'éclosent qu'au printemps suivant.

Parmi les Crustacés, il y a de nombreux parasites, chez lesquels on observe des phénomènes de rétrogradation plus ou moins marqués; il en est de même chez ceux qui, sans être parasites, sont fixés à l'âge adulte (Anatifes, Balanes); les uns et les autres mènent d'abord, à l'état de larve, une vie indépendante et libre.

La classification des Crustacés et leur division en ordres peut se résumer dans le tableau suivant :

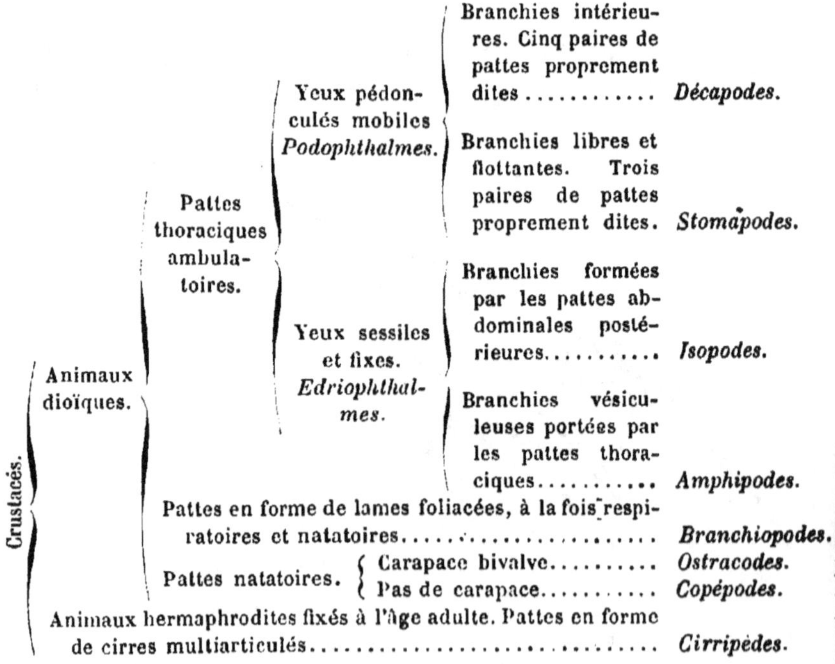

ORDRE I. — CIRRIPÈDES

Les Cirripèdes ont été longtemps rangés parmi les Mollusques sous le nom de *Multivalves* ou *Plurivalves*, à cause de la ressemblance que leur tégument incrusté de calcaire présente avec une coquille à plusieurs valves. Ces pièces solides développées dans un repli cutané qui enveloppe l'animal, sont en nombre variable. Chez les Anatifes on en compte cinq, dont l'une dorsale, impaire et recourbée, se nomme *carène*, tandis que les autres placées latéralement sont paires, et limitent par leur bord libre l'ouverture du manteau (*plaques marginales* de Milne Edwards); Darwin donne le nom de *scuta* à celles qui sont à la base du test et le nom de *terga* à celles qui sont à l'extrémité. Fréquemment de nouvelles pièces viennent s'ajouter aux précédentes, soit entre les plaques marginales

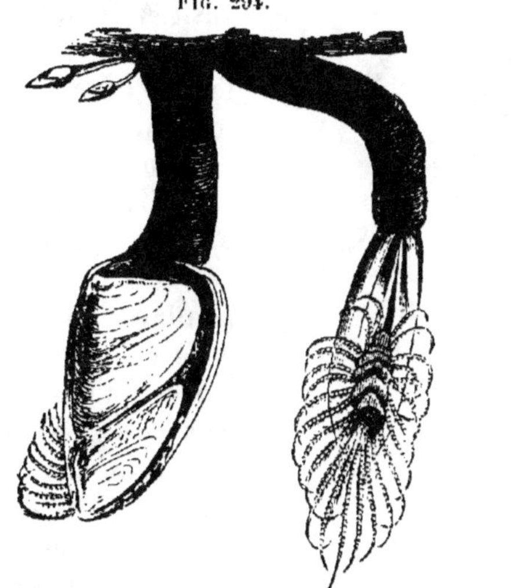

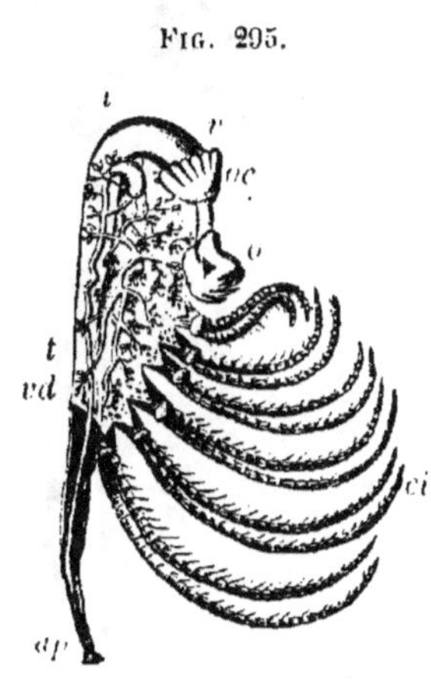

Fig. 294. — *Lepas anatifera.*
Fig. 295. — Anatomie de *Lepas anatifera* (d'après Martin Saint-Ange). — *o*, bouche; *o e*, œsophage; *i*, intestin; *t*, testicules formés par des vésicules; *v c*, canaux déférents; *a p*, appendice caudiforme (pénis); *c i*, cirres.

et la carène (*pièces pleurales*), soit à l'opposé de celle-ci, entre les bords des scuta (*pièce rostrale*); autour du pédoncule en particulier il se développe des pièces accessoires disposées en verticilles et dites *coronales*. Chez les Balanes, ces dernières forment avec la carène et le rostrum une sorte de couronne au-dessus de laquelle les plaques marginales constituent un opercule mobile.

A l'âge adulte, les Cirripèdes sont fixés aux corps sous-marins par leur extrémité céphalique qui parfois se développe et s'allonge en forme de pédoncule (Anatifes) (fig. 294). Ces animaux sont pourvus de six paires de membres cirriformes qui peuvent se déployer au dehors du test dans lequel ils sont renfermés et qui servent, par les courants qu'ils déterminent dans l'eau, à la respiration et à la préhension des aliments (fig. 295). La tête ne porte qu'une seule paire d'antennes, les antérieures, fort peu développées; à leur base débouchent les conduits excréteurs de glandes particulières (*glandes cémentaires*) dont le produit de sécrétion sert à fixer l'animal. La bouche, située au-dessous de l'espèce de panache formé par les cirres, présente une lèvre supérieure suivie de deux mandibules et de deux paires de mâchoires dont la dernière constitue une lèvre inférieure. Un œsophage étroit conduit dans un estomac auquel sont annexés des appendices hépatiques; l'intestin débouche au dehors entre les deux derniers pieds cirriformes. Chez certaines espèces parasites le tube digestif fait défaut et la nutrition s'opère par endosmose.

Il n'y a ni appareil circulatoire, ni organes respiratoires distincts; cependant on considère comme jouant le rôle de branchies des expansions membraneuses portées à la base des membres chez les Anatifes, et des lamelles situées à la face interne du manteau chez les Balanes.

Fig. 296. — Nauplius de Lepas.

Les Cirripèdes sont pour la plupart hermaphrodites; ceux d'entre eux qui ont les sexes séparés présentent un dimorphisme très marqué. Les mâles sont rudimentaires, dépourvus de tube digestif et fixés sur le corps des femelles (*mâles complémentaires* de Darwin). Au sortir de l'œuf, les larves ont la forme de *Nauplius* (fig. 296); elles subissent une ou plusieurs mues accompagnées de modifications successives, et arrivent à une seconde phase évolutive caractérisée par la ressemblance que l'animal présente alors avec les petits Crustacés à coquille bivalve, nommés *Cypris*. Cette larve cyprinoïde (fig. 297) est munie de six paires de pieds nageurs et d'une paire d'antennes, correspondant à la première paire de membres du Nauplius, qui lui servent, après une certaine période de vie libre, à s'attacher aux objets sous-marins où elle se fixe bientôt solidement, au moyen de la matière sécrétée par les glandes du cément. L'animal ainsi fixé subit une dernière mue, complète son développement et acquiert sa forme définitive.

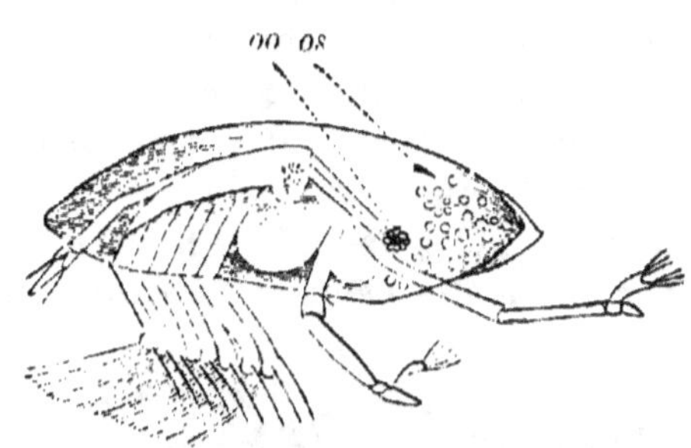

FIG. 207. — Larve cyprinoïde de Balane.
os, bouche; *oo*, œil.

Les Cirripèdes se divisent en plusieurs groupes ou familles.

Il en est chez qui le parasitisme a amené une métamorphose régressive telle que leur corps, dépourvu de tube digestif et de membres, consiste en une sorte de sac qui renferme les organes génitaux, et d'où partent des prolongements radiciformes, au moyen desquels ils sont implantés sur l'abdomen des Crabes qui leur servent d'hôtes. On leur donne le nom de RHIZOCÉPHALES et ils renferment les G. *Peltogaster, Sacculina*, etc.

Darwin a appelé ABDOMINAUX ceux dont le tégument ne présente pas de pièces calcaires et dont le corps, inégalement segmenté, porte dans sa partie postérieure trois paires de pieds cirriformes au plus; ils ont les sexes séparés et vivent sur les Gastéropodes. Parmi eux nous citerons, les *Alcippe* et les *Proteolepas*, ces derniers entièrement privés de cirres.

FIG. 208.—*Balanus Balanoïdes.*

D'autres, généralement munis de valves ou de plaques solides, et pourvus de six paires d'appendices cirriformes, se partagent en deux grandes familles: les LÉPADIDÉS et les BALANIDÉS. Les premiers sont caractérisés par l'existence d'un pédoncule qui leur sert de support. Les Anatifes Pouce-pied (*Lepas anatifera*) (fig. 294) que l'on trouve sur nos côtes nous donnent le type de cette famille.

Les BALANIDÉS n'ont pas de pédoncule et leur coquille disposée en cercle est fermée par un opercule mobile. Ils renferment plusieurs genres, parmi lesquelles: Coronules (*Coronula*), les Balanes ou Glands de mer (*Balanus balanoïdes*) (fig. 298), etc.

ORDRE II. — COPÉPODES

Les Copépodes (de κώπη, rame, et πούς, ποδός, pied) appelés aussi quelquefois Entomostracés, sont de petits animaux dont le corps est d'ordinaire nettement segmenté, et n'est pas enveloppé par une carapace bivalve comme celui des Ostracodes, qui forment un ordre voisin. La tête, généralement unie au premier anneau thoracique, porte deux paires d'antennes. Les appendices buccaux sont représentés par une paire de mandibules et une paire de mâchoires, suivies d'une paire de pattes-mâchoires. Les rames natatoires sont au nombre de quatre ou cinq paires portées chacune par un anneau du thorax; chez les mâles la dernière paire est modifiée, et sert à fixer la femelle pendant l'accouplement. L'abdomen se compose de cinq anneaux dépourvus de membres et se termine par une nageoire caudale bifurquée.

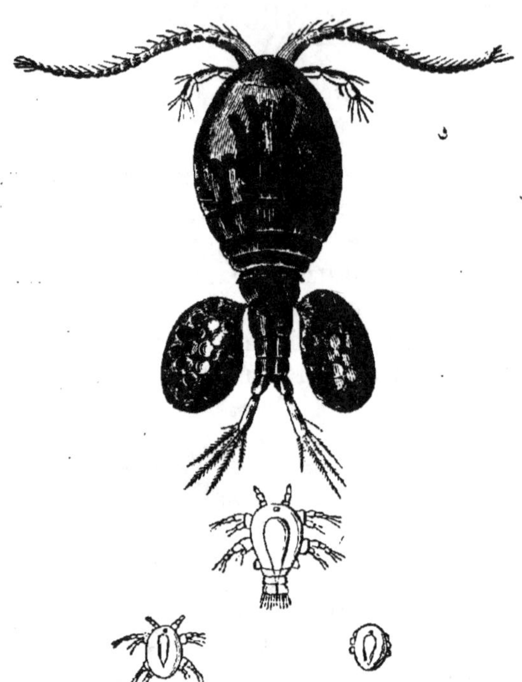

FIG. 299. — *Cyclops quadricornis* et ses formes larvaires.

Les antennes antérieures très développées sont le siège du tact et de l'olfaction; les antennes postérieures sont courtes; les unes et les autres concourent à la locomotion. Ordinairement il existe un œil impair, ou deux yeux pairs, qui ne font défaut que chez certaines formes parasites. Le système nerveux est constitué par un cerveau et une chaîne abdominale composée de plusieurs ganglions, ou représentée par une seule masse sous-œsophagienne.

Le tube digestif comprend une portion moyenne élargie, estomac d'où partent parfois deux tubes en cæcum, première ébauche de l'organe hépatique; l'anus s'ouvre à la face dorsale du dernier segment. L'appareil circulatoire consiste simplement dans un cœur tubulaire qui lui-même fait souvent défaut. Il n'y a pas d'organes spéciaux pour la respiration qui s'exerce par la surface générale du corps.

Les sexes sont séparés; les mâles sont plus petits de taille et plus agiles que les femelles; chez eux les antennes antérieures et les membres de la dernière paire servent dans l'accouplement pour maintenir la femelle, et pour fixer à l'orifice des voies génitales les Spermatophores qui contiennent la matière fécondante. Les femelles portent généralement les œufs dans des sacs situés de chaque côté de l'abdomen, et dont l'enveloppe est sécrétée par une glande particulière (fig. 299). A l'éclosion les larves présentent la forme de *Nauplius* et subissent ensuite une métamorphose compliquée, qui s'accompagne de plusieurs mues, et consiste principalement dans l'apparition de nouveaux anneaux et de nouveaux membres. Les trois premières paires d'appendices appartenant au Nauplius se transforment en antennes et en mandibules ; une quatrième paire qui se développe ultérieurement constitue les mâchoires, etc.

On observe sur les espèces parasites des phénomènes remarquables de rétrogradation. Leur corps se déforme plus ou moins et perd parfois toute apparence de segmentation ; les membres de certaines paires sont rudimentaires ou disparaissent, d'autres se transforment en organes de fixation ; les pièces de la bouche sont disposées pour piquer et sucer ; aussi, est-ce la connaissance de leur évolution qui seule a permis de reconnaître la parenté de ces formes avec les Copépodes. Jusque-là on en faisait un groupe distinct, celui des *Suceurs* ou *Siphonostomes*.

On admet donc aujourd'hui deux subdivisions dans l'ordre des Copépodes ; la première, celle des *Siphonostomes*, comprenant les espèces parasites et dégradées dont nous venons de parler ; la seconde, celle des *Gnathostomes*, comprenant celles qui vivent librement, dont le corps est nettement segmenté et dont les appendices buccaux constituent des organes de mastication.

FIG. 300. — *Penella sagitta* (Lernéidé).

Parmi les parasites se rangent les Lernées (fig. 300), les Lernéopodes, les Ergasiles, les Argules (fig. 302), les Caliges (fig. 301) qui servent de types à autant de familles, et qui habitent particulièrement sur la peau et les branchies des Poissons.

Les Gnathostomes renferment des formes qui vivent les unes dans les eaux douces, d'autres dans les eaux marines. L'une d'elles appelée Cyclope ou Monocle (*Cyclops*) (fig. 299) est très commune dans les eaux douces de nos pays et a donné son nom à la famille dans laquelle on réunit la plupart de ces animaux, celles des CYCLOPIDÉS. Une petite famille voisine, celle des NOTODELPHIDÉS, se compose de quelques espèces qui se distinguent par cette particularité que les œufs, au lieu de former chez les femelles des masses latérales, sont portés dans une poche incubatrice constituée

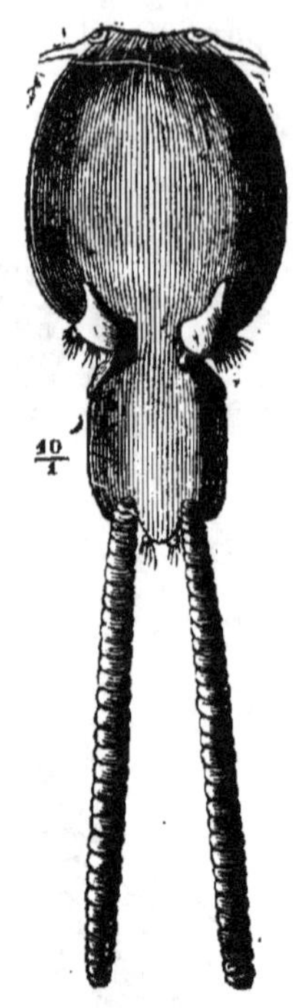

FIG. 301.

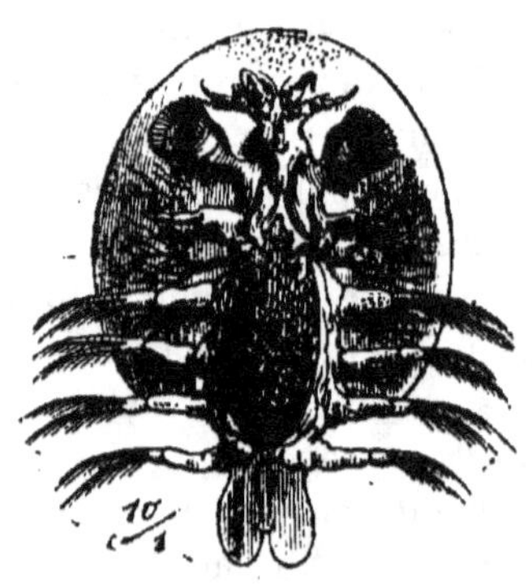

FIG. 302.

FIG. 301. — *Caligus*.   FIG. 302. — *Argulus foliaceus* vu en dessous.

par le quatrième et le cinquième anneau thoracique; ils vivent en qualité de commensaux dans la cavité branchiale des Ascidies.

ORDRE III. — OSTRACODES

Les petites Crustacés appartenant à cet ordre sont caractérisés par une carapace bivalve, souvent incrustée de calcaire, qui ressemble à une coquille de Mollusque acéphale; de là vient leur nom (de ὄστρακον, coquille, et εἶδος, forme). Les deux valves sont réunies par un ligament élastique situé sur le milieu du côté dorsal, et elles se ferment par l'action d'un muscle adducteur double qui s'insère sur leur face interne. Le corps renfermé dans cette coquille est comprimé latéralement et muni de sept paires d'appendices variés de forme. Les pattes proprement dites sont tantôt au nombre d'une paire seulement (Cypridines), tantôt au nombre de deux (Cypris) ou de trois paires (Cythérées). Il y a deux paires d'antennes qui ordinairement sont très développées et fonctionnent comme organes de locomotion; la troisième paire d'appendices constitue des mandibules qui portent un palpe allongé et la quatrième des mâchoires, munies également d'un palpe. La cinquième et la sixième paire présentent soit la forme de pattes-mâchoires, soit la forme de pattes; enfin, la septième paire a toujours la conformation de pattes.

On remarque, sur l'article basilaire des mâchoires et des membres des deux paires suivantes, une lamelle dont le bord est garni de soies et qu'on nomme *lamelle branchiale*, bien qu'elle ne joue qu'un rôle indirect dans la respiration, car celle-ci

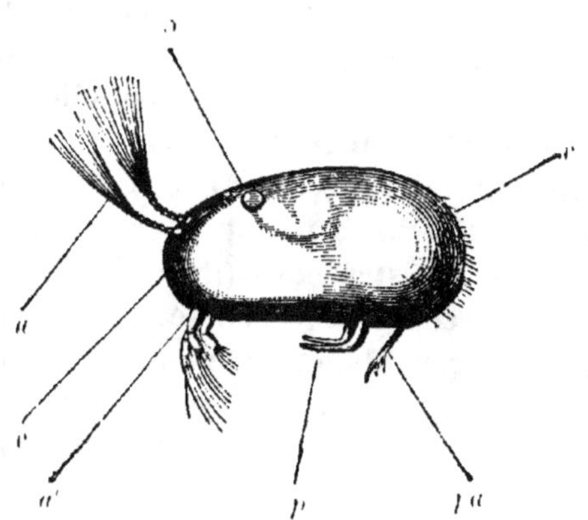

FIG. 303. — *Cypris fusca*. — *v*, valves de la carapace; *o*, œil; *a*, antennes antérieures; *a'*, antennes postérieures; *p*, pattes; *p a*, portion terminale et caudiforme de l'abdomen.

se fait par la surface générale du corps, et ces appendices foliacés n'agissent qu'en favorisant le renouvellement de l'eau autour de lui. En général, il n'existe pas d'organes distincts de circulation, cependant on trouve quelquefois un cœur en forme de poche, situé dans la région dorsale. L'organe de la vue est représenté par deux yeux latéraux, souvent réunis en un seul sur la ligne médiane; chez les Cypridines, il y a à la fois deux yeux latéraux composés, et un œil impair médian.

Les mâles se distinguent des femelles par quelques dispositions spéciales et par l'existence d'un organe copulateur compliqué qui paraît formé par une paire de membres modifiés. Les femelles sont généralement ovipares et leurs œufs sont tantôt déposés sur les plantes aquatiques (*Cypris*), tantôt portés entre les valves de la coquille (*Cypridina*). Les larves, au sortir de l'œuf, sont pourvues de trois paires de membres, comme les *Nauplius*, et passent ensuite par une série de phases évolutives, qui ont été observées par Claus chez les Cypris, et qui sont, d'après lui, au nombre de neuf; mais, chez les Ostracodes marins, le développement s'abrège et la métamorphose est peu marquée.

Certaines formes, comme les *Cypris*, vivent dans les eaux douces; d'autres, comme les *Halocypris*, les *Cythérées*, les *Cypridinées*.... habitent la mer. Elles constituent autant de familles distinctes : CYPRIDÉS, HALOCYPRIDÉS, etc...

ORDRE IV. — BRANCHIOPODES

Les Crustacés dont se compose cet ordre doivent leur nom (de βράγχια, branchie, et πούς, ποδός, pied), à la disposition de leurs membres qui sont élargis, lamelleux et forment de véritables pattes branchiales qui servent à la fois à la respiration et à la locomotion (fig. 304). Leur corps ne présente pas toujours la même conformation extérieure; tantôt il est muni d'une carapace bivalve, comme celui des Ostracodes (fig. 305); tantôt il est recouvert d'un large bouclier céphalothoracique, en arrière duquel se trouvent les anneaux de la région abdominale qui se termine par deux longs filaments sétiformes (*Apus*); tantôt, enfin, il est dépourvu de carapace et se montre composé d'une longue série d'anneaux distincts (*Branchipus*).

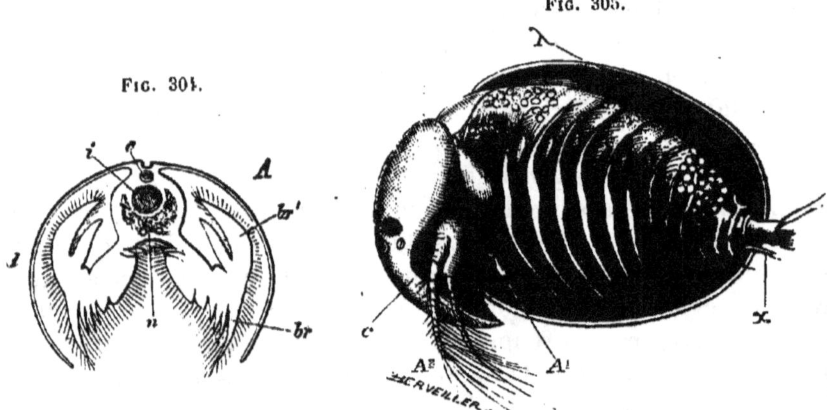

Fig. 304. — *Limnetis*. Coupe transversale, passant par le segment qui porte la première paire de pattes. — *i*, canal intestinal; *c*, cœur; *n*, chaîne ganglionnaire: *d*, duplication des téguments formant la carapace; *b r*, patte natatoire avec un appendice branchial *br'* (d'après Grube).

Fig. 305. — *Limnetis brachyurus* (d'après Grube). — *A¹*, antennes de la première partie. — *A²*, antennes de la deuxième paire servant de rames natatoires; *c*, voûte céphalique: *λ*, repli ligamenteux; *x*, appendice lamelleux impair porté par le dernier anneau.

La tête porte deux paires d'antennes dont les postérieures sont ordinairement transformées en rames natatoires; quelquefois celles-ci constituent chez le mâle des bras préhensiles qui servent à fixer la femelle pendant l'accouplement (*Branchipus*). La bouche est munie de deux mandibules bien développées, mais sans appendice palpiforme, et d'une ou deux paires de mâchoires rudimentaires. Les pattes branchiales, généralement nombreuses, forment à la face inférieure du corps une double série qui peut en contenir jusqu'à quarante paires et plus, et vont en diminuant de taille de la région antérieure à la partie postérieure du corps.

Le système nerveux est parfois remarquable par l'écartement transversal que présentent les ganglions de la chaîne ventrale (*Apus*). Les yeux pairs et composés, à cornée lisse, sont situés sur les côtés de la tête et quelquefois portés sur des pédoncules mobiles (*Branchipus*); en outre, il existe le plus souvent un œil impair simple. On trouve toujours chez les Branchiopodes des organes de circulation consistant soit en un vaisseau dorsal, soit en un cœur de forme arrondie, d'où le sang se répand dans le système lacunaire.

Les sexes sont séparés et se distinguent par des différences extérieures de forme. Les femelles portent leurs œufs dans une cavité incubatrice, sous la partie dorsale de la carapace bivalve, ou dans des poches particulières situées sous l'abdomen. En général, les jeunes naissent sous forme de *Nauplius* (fig. 306) et subissent ensuite une métamorphose compliquée; parfois le développement est direct (*Cladocères*). On a observé chez les Daphnies une reproduction parthénogénétique, et sans doute des phénomènes semblables existent pour d'autres espèces dont les mâles paraissent être fort rares, comme les Apus, les Limnadies.

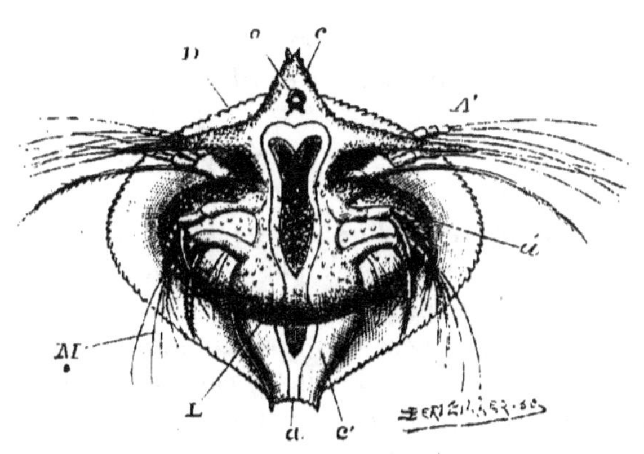

Fig. 306. — Larve (Nauplius) de *Limnetis brachyurus* avec ses deux prolongements céphaliques en forme de cornes. — *a*, anus; D, test; *o*, œil; A', appendices antérieurs à la base desquels sont articulés deux autres appendices *a'*; M, appendices postérieurs; *c'*, portion du corps non encore pourvue de membres articulés; *c*, tête.

On divise les Branchiopodes en deux groupes ou sous-ordres : les *Cladocères* et les *Phyllopodes*.

1. Cladocères.

Ce groupe comprend de petits Branchiopodes, dont le corps non segmenté est généralement renfermé dans une carapace bivalve, et n'est pourvu que d'un petit nombre de pattes (de 4 à 6 paires). Les antennes postérieures constituent de grands bras natatoires, divisés en deux branches, d'où le nom de Cladocères (de κλάδος, branche, et κέρας, corne). Ces animaux vivent pour la plupart dans les eaux douces, comme les Daphnies ou Puces d'eau (fig. 307), et quelques autres qui forment, avec les premières, la famille des DAPHNIDÉS, ou qui se répartissent en familles distinctes : LYNCÉIDÉS, POLYPHEMIDÉS, etc.

FIG. 307. — Daphnie puce, mâle et femelle.

On ne rencontre que par exception des formes marines, comme les *Evadne*, de la mer du Nord.

2. Phyllopodes.

Les Phyllopodes (de φύλλον, feuille, et πούς, ποδός, pied), se distinguent des Cladocères par leur corps nettement segmenté et pourvu d'un nombre beaucoup plus grand de paires de pattes (10-40 paires). Les uns présentent, comme les Cladocères, une carapace bivalve (ESTHÉRIDÉS) (fig. 305); d'autres portent un large bouclier dorsal, en arrière duquel se trouve un abdomen caudiforme (APUSIDÉS); d'autres, enfin, ont un corps allongé sans bou-

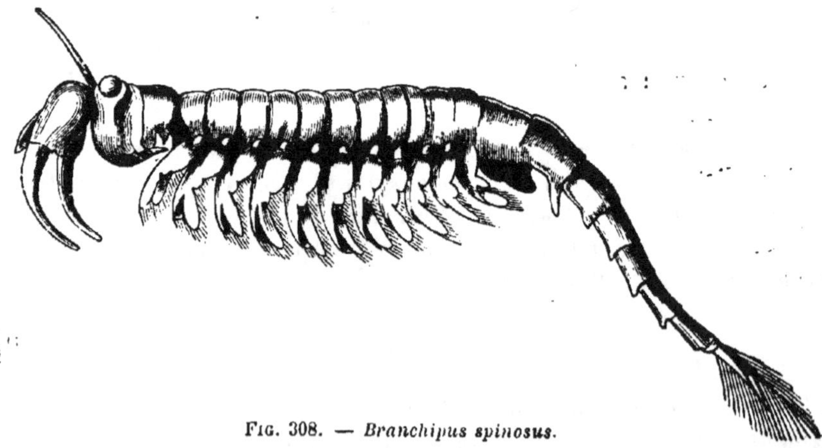

FIG. 308. — *Branchipus spinosus*.

clier ni carapace (BRANCHIPODIDÉS) (fig. 308). Presque tous ces Crustacés habitent les eaux douces; quelques-uns les eaux saumâtres, par exemple, l'*Artemia salina*, qu'on rencontre dans les marais salants.

ORDRE V. — AMPHIPODES

Les Crustacés Amphipodes ont été réunis par Milne Edwards, avec les Isopodes, dans une même division, celle des *Édriophthalmes*, ainsi nommés parce que chez eux les yeux sont sessiles, au lieu d'être portés sur des pédoncules mobiles, comme on le voit chez les Crustacés supérieurs ou *Podophthalmes*. Les anneaux dont se compose leur corps sont au nombre de vingt; ceux qui appartiennent au thorax ne sont pas réunis avec la tête, de manière à former un céphalothorax, et la plupart restent libres; on en compte ordinairement sept. La tête porte deux paires d'antennes, cependant les postérieures manquent quelquefois (femelles de *Phronima*); les appendices qui constituent l'appareil buccal sont représentés par deux mandibules, deux paires de mâchoires et une paire de pieds-mâchoires. Les sept paires de membres thoraciques suivantes sont des pattes ambulatoires qui varient beaucoup de forme et de grandeur. L'abdomen est formé, en règle générale, de sept anneaux, dont les six premiers portent chacun une paire de fausses pattes, tandis que le dernier en est dépourvu; chez les Lémodipodes, l'abdomen est rudimentaire et représenté par un simple tubercule.

Les Amphipodes possèdent un cœur tubuleux situé dans la région thoracique. De ce cœur naissent deux aortes, l'une abdominale, l'autre céphalique; celle-ci présente une disposition particulière et caractéristique des Amphipodes que Delage a fait connaître récemment (1). Cette aorte se bifurque au voisinage du cerveau en deux branches, dont l'une traverse avec l'œsophage le collier nerveux, tandis que l'autre passe au-dessus du cerveau et se réunit au-devant de lui avec la branche profonde pour reconstituer le vaisseau primitif. Il en résulte que le cerveau est entouré par un *anneau vasculaire péricérébral*, situé dans le plan de symétrie de l'animal.

Les branchies sont portées par les membres thoraciques et consistent en vésicules insérées sur l'article basilaire des six dernières paires de pattes; elles sont protégées par la base élargie de ces appendices et par des prolongements lamellaires des flancs. Les trois premières paires de pattes abdominales ont la forme de rames natatoires et déterminent, par leurs mouvements, un courant dirigé d'arrière en avant qui amène le renouvellement de l'eau autour des organes respiratoires.

Les organes génitaux situés sur les côtés du tube digestif sont représentés, chez les femelles, par deux ovaires tubuleux et deux

(1) Delage, *Contribution à l'étude de l'appareil circulatoire des Crustacés édriophthalmes marins* (thèse de Paris et *Archiv. de Zool. expér.*, t. IX, 1881).

oviductes qui s'ouvrent sur l'article basilaire de la cinquième paire
de pattes thoraciques. Les œufs sont reçus dans une poche incubatrice formée par des lamelles imbriquées et bordées de soies, qui
naissent de la base des pattes. Les testicules ont la même situation
que les ovaires, et leurs conduits excréteurs débouchent sur la face
ventrale du dernier anneau thoracique. A l'éclosion, les jeunes présentent déjà la forme de l'adulte, et les changements qu'ils subissent après la naissance ne constituent pas une véritable métamorphose.

Ces animaux vivent soit dans les eaux douces, soit dans les eaux
marines. On s'accorde généralement aujourd'hui pour ranger parmi
les Amphipodes un petit groupe, celui des *Lémodipodes*, regardé
parfois comme formant un ordre à part. Ces Crustacés se distinguent par l'état rudimentaire de leur abdomen et par le petit nombre
de leurs vésicules branchiales, qui ne sont développées que sur le
troisième et le quatrième anneau thoracique, dont les membres
sont atrophiés ou même font défaut: ils ressemblent, du reste, aux
Amphipodes par leur organisation. Ils se partagent en deux familles:

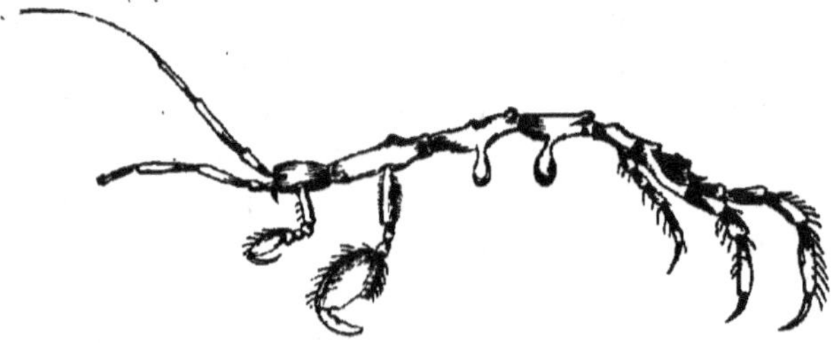

FIG. 309. — *Caprella acuminifera.*

Les Caprellidés, remarquables par leur corps linéaire et leur
forme singulière, représentés sur nos
côtes par plusieurs espèces du G. Che-
vrolle (*Caprella*) (fig. 309);

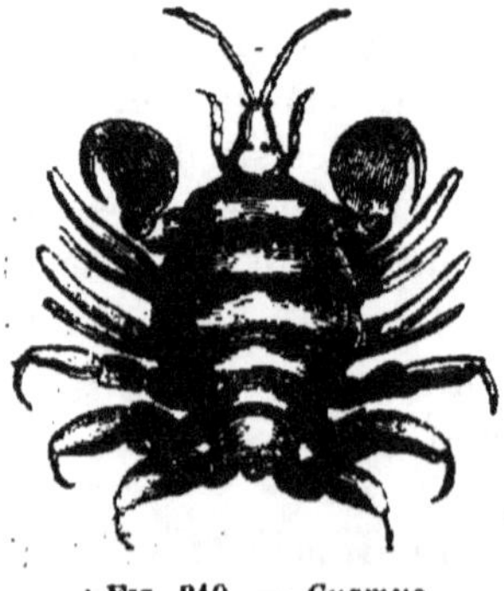

Les Cyamidés ou Cyames, dont le
corps est au contraire élargi et court
(fig. 310). Ils vivent en parasites sur
la peau des Cétacés, aussi les nomme-
t-on vulgairement *Poux de Baleines.*

Les Amphipodes proprement dits
forment deux grandes familles: les *Hypéridés* et les *Gammaridés.*

FIG. 310. — *Cyamus.*

Les premiers, Hypéridés, ont le
corps lourd, la tête grosse et de forme bizarre, l'abdomen terminé
par une nageoire caudale. Ils nagent avec facilité, mais vivent

d'ordinaire fixés sur d'autres animaux marins, et en particulier sur les Méduses. Les Hypéries (*Hyperia*), les Phronimes (*Phronima*), appartiennent à cette famille.

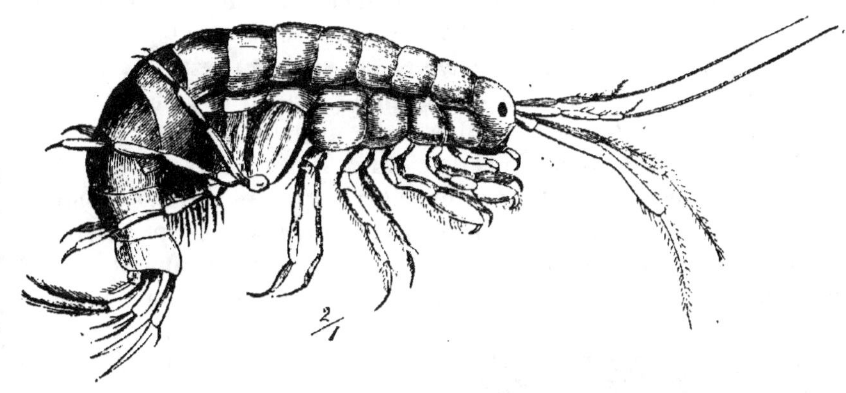

Fig. 311. — Crevette des ruisseaux (*Gammarus pulex*).

Les Gammaridés (fig. 311 et 312) ont le corps élancé, la tête petite; les pattes postérieures sont souvent très longues et ne forment jamais une nageoire caudale. Certains d'entre eux peuvent sauter comme les Puces, par exemple les Talitres (*Talitrus saltator*), qui se trouvent sur les bords sablonneux de la mer. On connait sous le nom de *Crevette des ruisseaux*, une espèce du G. *Gammarus*, qui est très commune dans les petits cours d'eau : G. *Pulex*.

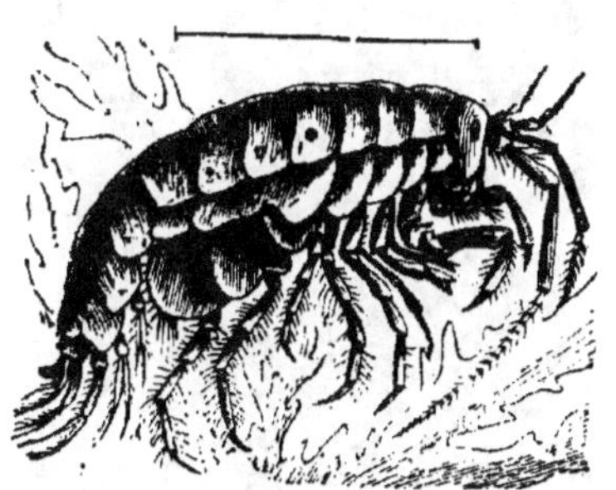

Fig. 312. — *Talitrus locusta*.

ORDRE VI. — ISOPODES

Les Isopodes ont le corps généralement aplati, mais se rapprochent beaucoup des Amphipodes par leur conformation extérieure. Les sept anneaux dont se compose le thorax sont libres et portent chacun une paire de pattes, disposées pour servir à la locomotion et quelquefois à la fixation de l'animal, mais qui ne jouent aucun rôle dans la respiration. Celle-ci s'effectue au moyen de cinq paires de pattes abdominales transformées en branchies membraneuses. Chacune de ces branchies est composée de deux lames, dans l'intérieur desquelles le sang circule en abondance. La position du cœur est en rapport avec celle des organes respiratoires. Il est situé dans la région abdominale et entouré par un péricarde; il donne naissance à plusieurs troncs artériels qui constituent un système vasculaire assez compliqué, dont la connaissance est due aux travaux de Delage. Cet observateur a signalé sur la face ventrale l'existence d'un long vaisseau, placé entre la chaîne nerveuse et les téguments, et qu'il appelle *artère prénervienne*. Ce vaisseau est uni par des branches anastomotiques avec ceux que fournit le cœur aux différents anneaux du thorax; de plus, il reçoit deux branches de l'aorte céphalique, qui naissent de celle-ci au-dessus de l'œsophage, et qui le contournent au-devant du collier nerveux œsophagien, de manière à former autour de lui un *anneau vasculaire péri-œsophagien*.

Ces deux branches, après s'être réunies inférieurement, se continuent avec l'artère prénervienne, qui tire d'elles sa principale origine. Le collier vasculaire, dont l'existence est constante chez les Isopodes, est regardé par Delage comme caractéristique de ce groupe d'animaux. Le sang épanché dans les lacunes est recueilli dans deux sinus thoraciques latéraux qui aboutissent à un sinus abdominal impair et médian, d'où il est conduit par des vaisseaux afférents dans les organes respiratoires; de là il est ramené au cœur, c'est-à-dire dans le péricarde, par des vaisseaux afférents ou *branchio-péricardiques*.

Fig. 313. — *Praniza* (mâle).

Les autres appareils ne présentent, dans leur disposition, aucune particularité importante à signaler.

Parfois il existe, chez les Isopodes, un dimorphisme sexuel très marqué, comme on le voit chez les *Praniza*, dont les figures 313 et 314 représentent des individus de sexe différent. Chez les femelles, des lamelles membraneuses, portées par les pattes thoraciques, constituent une cavité incubatrice. A l'éclosion, les jeunes se montrent déjà avec la forme de l'adulte, cependant ils ne possèdent pas encore tous leurs membres; ceux de la dernière paire font défaut. Dans certains cas, on observe des phénomènes de métamorphose régressive provoqués par le parasitisme (*Bopyres*).

Parmi les animaux de cet ordre, la plupart sont marins; quelques-uns vivent dans les eaux douces (*Asellus aquaticus*), et d'autres sont terrestres (*Cloporte*).

On les divise en plusieurs familles :

Les BOPYRIDÉS (*Bopyrus*, etc.), composés d'espèces parasites, principalement sur les Crustacés ;

Les CYMOTHOÏDÉS, qui sont les uns parasites (*Cymothoe*), les autres libres (*Serolis*) ;

Les IDOTÉIDÉS (*Idotea...*) ; les SPHÆROMIDÉS (*Sphæroma* (fig. 315), *Cymodocea...*), qui sont aquatiques ;

FIG. 314.　　　　　　FIG. 315.　　　　　　FIG. 316.

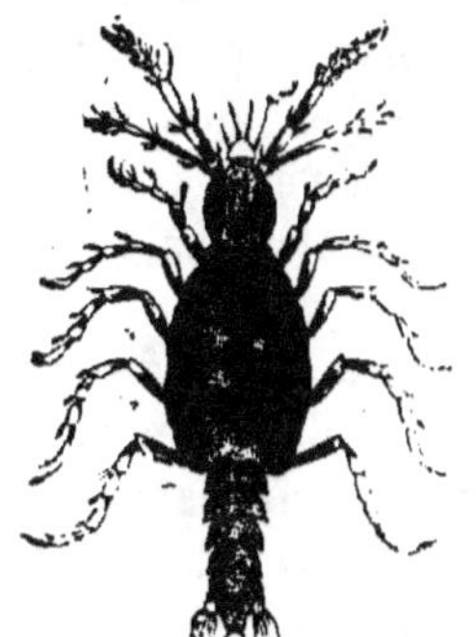

FIG 314. — *Praniza* (femelle).　　FIG. 315. — *Sphæroma*.　　FIG. 316. — *Porcellio*.

Les ONISCIDÉS, enfin, qui vivent à terre dans les lieux humides et comprennent les Cloportes (*Oniscus*), les Porcellions (*Porcellio*) (fig. 316), les Armadilles (*Armadillo*).

ORDRE VII. — STOMAPODES

Les Crustacés supérieurs ont, à quelques exceptions près, les yeux portés sur des pédoncules mobiles, caractère qui les a fait réunir, par Milne Edwards, sous le nom de *Podophthalmes*, par opposition aux *Édriophthalmes*, dont nous venons de nous occuper. Comme ceux-ci, ils ont le corps composé de vingt anneaux, dont treize appartiennent à la région thoracique et portent chacun une paire d'appendices, antennes, mandibules, mâchoires, etc. Ceux de ces Crustacés qui constituent l'ordre des *Stomapodes* (de στόμα, bouche, et πούς, pied), ont d'ordinaire cinq paires de pieds-mâchoires groupés autour de la bouche, et par suite trois paires seulement de membres thoraciques affectés à la locomotion. Ils possèdent un céphalothorax, mais celui-ci ne comprend le plus souvent que la partie antérieure du thorax dont les trois ou quatre derniers anneaux restent libres. L'abdomen est, en général, pourvu de pattes natatoires bien développées et se termine par une nageoire disposée en éventail. Des branchies en forme de houppes, libres et flot-

tantes, sont fixées à la base de ces pattes abdominales (fig. 317);
quelquefois elles sont portées parles membres thoraciques (*Euphau-*
sia), et, dans certains cas, elles font complètement défaut (*Mysis*). Le cœur a la forme d'un vaisseau allongé qui s'étend dans le thorax et l'abdomen, et qui présente plusieurs paires d'orifices (*Squilles*); il donne naissance, par son extrémité antérieure, à une aorte céphalique et fournit à chacun des anneaux du corps une paire d'artères transversales qui se ramifient dans les organes.

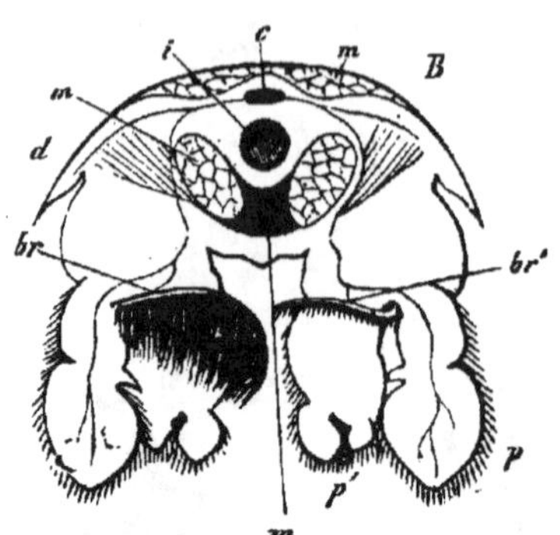

IG. 317. — *Squille.* Coupe transversale. — *c*, cœur; *i*, intestin; *n*, chaîne ganglionnaire; *m*, muscles; *d*, duplication du tégument dorsal; *p*, branche externe du pied; *p'*, branche interne; *br*, branchie; *br'*, pièce portant les feuillets branchiaux.

Les œufs sont tantôt déposés à terre, tantôt portés dans des chambres incubatrices formées par des appendices lamelleux des pattes (*Mysidés*). Le développement s'accompagne en général d'une métamorphose compliquée, et c'est ainsi que certaines formes larvaires de Squillidés, comme les *Erichthus* et les *Alima*, ont été prises d'abord pour des espèces particulières dont on avait même formé une famille distincte, la famille des ÉRICHTHIDÉS.

Les Stomapodes sont tous marins et répandus dans différentes mers. Ils se partagent en deux familles : les *Squillidés*, qui présentent essentiellement les caractères de l'ordre, et les *Mysidés*, qui s'écartent suffisamment des premiers, pour que certains auteurs en fassent un groupe distinct (Schizopodes).

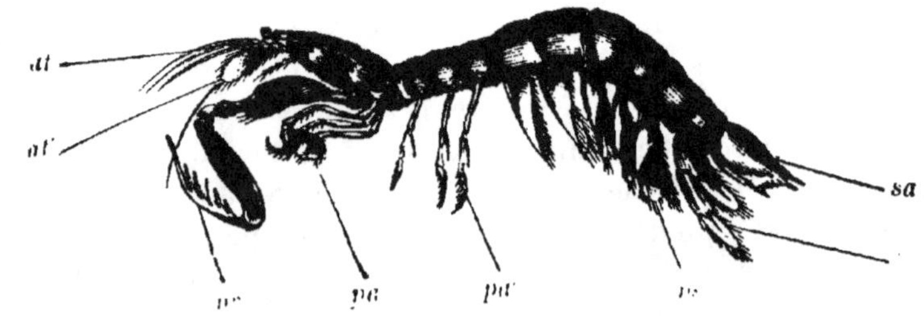

FIG. 318. — *Squilla maculata.* — *a t*, antennes internes; *a t'*, antennes externes; *p r*, pattes ravisseuses; *p a*, pattes-mâchoires; *p a'* pattes thoraciques; *p s*, pattes natatoires portant les branchies; *f*, appendices en forme de nageoires; *s a*, dernier segment du corps.

Les SQUILLIDÉS ont un céphalothorax peu développé, dont le segment antérieur portant les yeux et les antennes est libre. Les pattes-mâchoires de la seconde paire sont très grandes et constituent de puissantes pattes ravisseuses. Les G. *Squilla* (fig. 318), *Coronis*, *Gonodactylus*, etc..., appartiennent à cette famille.

Les MYSIDÉS (*Schizopodes*) ont un céphalothorax qui s'étend plus ou moins complètement sur toute la région thoracique, les pattes-mâchoires et les pattes proprement dites sont semblables entre elles et divisées en deux branches; il existe un dimorphisme sexuel marqué entre les mâles et les femelles. Dans ce groupe, nous citerons : les *Mysis* (fig. 319), remarquables par l'absence d'appendices

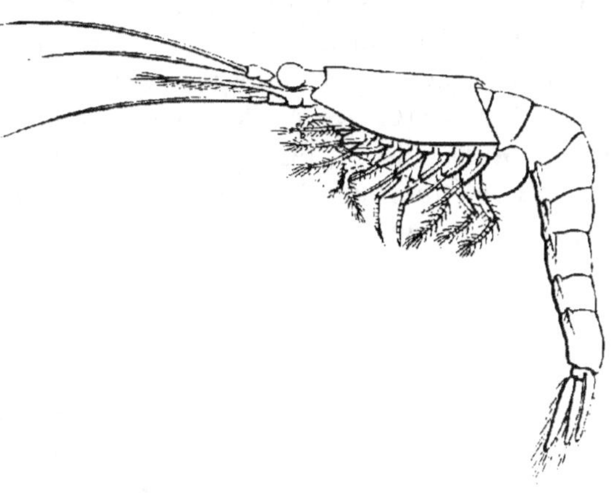

FIG. 319. — *Mysis spinulosus.*

branchiaux et par l'existence de vésicules auditives dans les lames internes de la nageoire caudale; les *Euphausia*, pourvus d'organes oculiformes, situés à la base des deuxième et septième paires de membres thoraciques et entre les quatre pattes natatoires antérieures de l'abdomen; enfin, les *Nebalia*, que la présence d'une carapace bivalve et de pattes lamelleuses lobées a fait ranger aussi avec les Phyllopodes, mais qui, par leur développement embryonnaire, se rapprochent des Mysidés (C. Claus).

ORDRE VIII. — DÉCAPODES

Les Crustacés décapodes se distinguent par le développement de leur bouclier céphalothoracique, qui comprend tous les anneaux de la tête et du thorax, et par le nombre de leurs pattes ambulatoires, dont on compte cinq paires, d'où le nom de Décapodes donné à ces animaux.

La tête porte deux yeux pédonculés et quatre antennes. Celles de la première paire ou *antennules* sont munies de deux ou trois filaments terminaux appelés *fouets*, et sont regardées comme servant à l'olfaction ; à leur base se trouvent les vésicules auditives. Les antennes postérieures ne présentent qu'un seul fouet, mais parfois il existe sur leur côté externe une large écaille correspondant à l'exopodite (Macroures). Les trois paires d'appendices qui suivent constituent les mandibules et les mâchoires. Viennent ensuite trois paires

de pieds-mâchoires, et enfin les pattes proprement dites. Celles-ci
se terminent par des griffes simples, mais souvent les paires antérieures ont leur extrémité en forme de pince didactyle et agissent
comme organes de préhension. Les appendices de la région abdominale sont petits et grêles et constituent ce qu'on appelle les
fausses pattes ; ils servent à porter les œufs chez la femelle, et ceux
des deux paires antérieures sont transformés chez le mâle en
organes copulateurs. L'abdomen est tantôt bien développé et terminé
par une large nageoire composée de lamelles latérales représentant
les appendices de la dernière paire, et d'une partie médiane nommée *telson* (Macroures) ; tantôt au contraire il est rudimentaire,
dépourvu de nageoire caudale et replié sous le thorax (Brachyures).

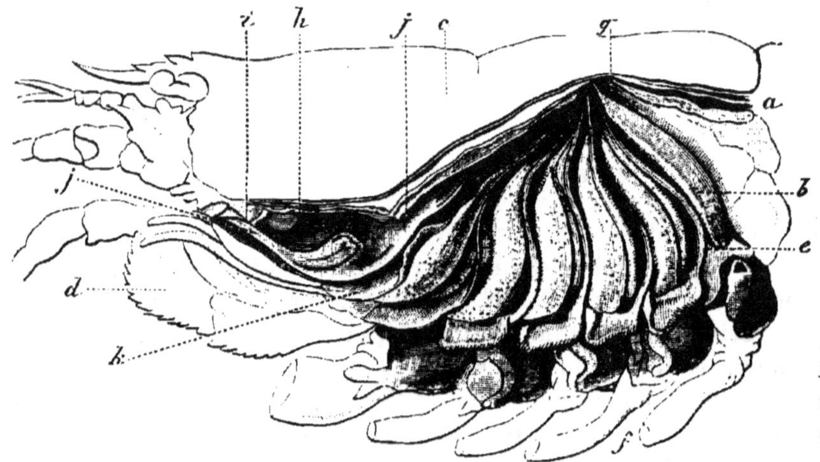

Fig. 320. — Appareil respiratoire du Homard ; la partie latérale de la carapace formant la
paroi externe de la cavité branchiale a été enlevée. — *a,* base de l'abdomen ; *b,* cavité
branchiale ; *c,* carapace ; *d,* pattes-mâchoires externes ; *e,* fouets des pattes ; *f,* base des
pattes ; *g,* branchies ; *h,* canal efférent de la respiration ; *i,* orifice externe de ce canal ; *j, j,*
grande valvule motrice appartenant à la mâchoire de la deuxième paire ; *k,* appendice flabelliforme de la première patte-mâchoire, constituant le plancher du canal efférent (d'après
Milne Edwards).

Le système nerveux des Décapodes se fait remarquer par le
volume des ganglions cérébroïdes et par le haut degré de coalescence que peuvent atteindre les ganglions de la chaîne ventrale,
qui sont parfois réunis en une seule masse dans la région thoracique (Brachyures). Il existe chez ces animaux un estomac masticateur qui renferme des concrétions calcaires connues sous le nom
d'*yeux d'écrevisses* (fig. 287). L'appareil circulatoire est bien développé ; le cœur en forme de poche est situé dans la partie postérieure du céphalothorax et envoie le sang dans un système de vaisseaux dont nous avons déjà fait connaître la disposition (p. 295).

Les branchies sont annexées aux pattes ambulatoires et sont renfermées dans une chambre particulière qui est formée de chaque côté du thorax par un repli du système tégumentaire (fig. 320). Ce repli partant du dos passe au-dessus des branchies, se recourbe ensuite en bas et en dessous pour venir s'appliquer à la partie inférieure des flancs. Il constitue ainsi l'espèce de voûte qu'on désigne sous le nom de *carapace* et qui limite en dehors la chambre respiratoire. Parfois la carapace, n'arrivant pas au contact de la partie inférieure du corps, cette chambre n'est pas close en dessous, et il existe dans toute la longueur du thorax une fente plus ou moins large par laquelle l'eau y pénètre ; c'est ce qu'on observe chez les Macroures. Chez les Brachyures, les bords opposés de la carapace se rejoignent inférieurement et s'unissent avec les flancs, de sorte que la cavité branchiale ne communique avec l'extérieur que par deux orifices dont l'un est inspirateur et l'autre expirateur ; celui-ci est toujours placé sur les côtés de la bouche. Le courant d'eau qui traverse la chambre branchiale est déterminé par le jeu d'une sorte de palette située dans le canal expirateur. Cette palette est formée par la branche externe des mâchoires de la seconde paire ; elle exécute un mouvement de bascule par lequel son extrémité postérieure, s'abaissant et se relevant alternativement, rejette l'eau au dehors. Souvent il existe des appendices flabelliformes qui s'élèvent entre les branchies et qui naissent de la base des mâchoires auxiliaires ou de la base des pattes.

Le nombre des branchies est très variable ; on en compte de six jusqu'à vingt ou vingt et une dans chaque chambre respiratoire. Leur structure varie également beaucoup ; elles ont en général la forme d'une pyramide. Chacune d'elles est fixée par un pédoncule étroit et libre dans toute son étendue ; son centre est occupé par une tige que parcourent deux canaux sanguins, et qui porte latéralement des lamelles ou des filaments.

A l'éclosion, les Décapodes présentent en général la forme larvaire désignée sous le nom de *Zoëa* ; quelques-uns cependant (*Penæus*) abandonnent l'œuf à l'état de *Nauplius*. La Zoé subit des transformations ultérieures accompagnées de mues ; chez les Brachyures elle passe par une nouvelle forme, celle de *Megalopa*, dans laquelle l'abdomen, développé et muni d'une nageoire caudale, rappelle celui des Macroures. Ces animaux sont presque tous marins ; ils se partagent en deux groupes ou sous-ordres, les *Macroures* et les *Brachyures*, caractérisés par la forme de leur abdomen.

<h3 style="text-align:center">1. Macroures.</h3>

On compte dans ce sous-ordre un assez grand nombre de familles. Les DIASTYLIDÉS ou CUMACÉS s'éloignent par plusieurs de leurs

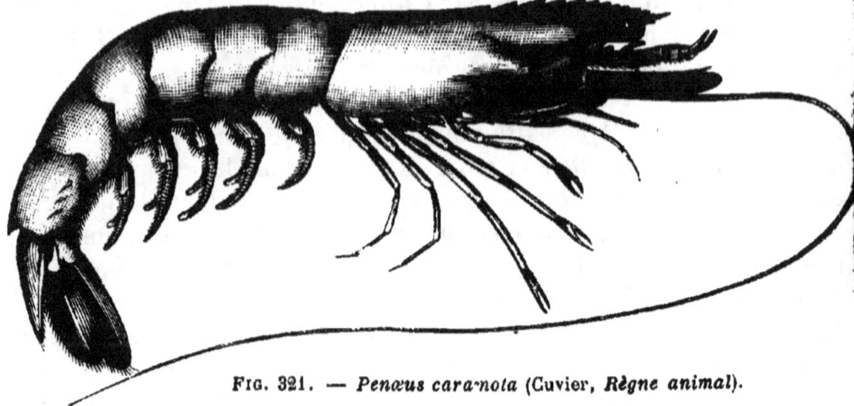

FIG. 321. — *Penœus cara-nota* (Cuvier, *Règne animal*).

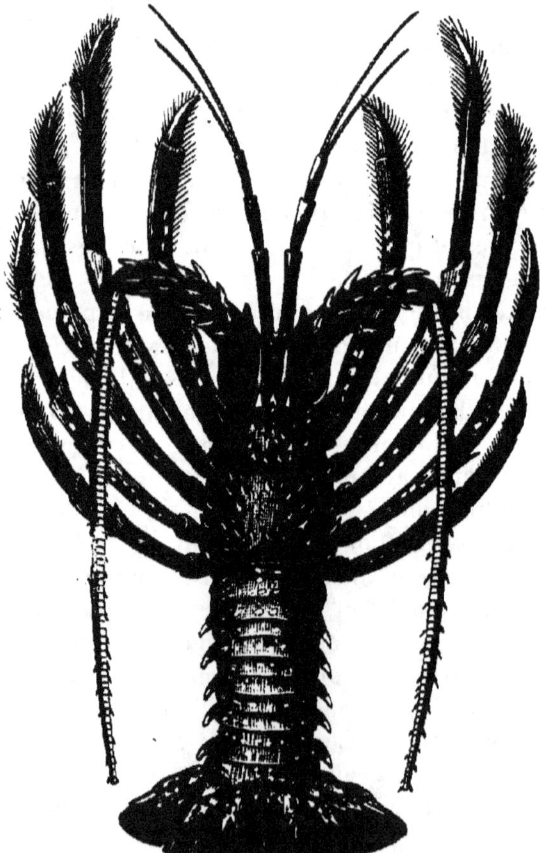

FIG. 322. — *Palinurus guttatus*.

caractères des autres Macroures et sont parfois regardés comme

formant un groupe distinct (Claus). Leur céphalothorax est petit et
ne comprend que les anneaux antérieurs de la région thoracique.
Il n'y a que deux pattes-mâchoires, et les pattes proprement dites
sont par suite au nombre de six paires. On ne trouve des appendices en forme de branchies que sur les pattes-mâchoires de la
deuxième paire, et la face inférieure du bouclier dorsal paraît être
le siège de phénomènes respiratoires. Chez les mâles il existe des
pattes natatoires en nombre variable développées dans la région
abdominale. Les femelles portent leurs œufs dans une poche incubatrice, formée par les pattes abdominales élargies.

Les CARIDINIDÉS ont le corps comprimé et sont pour la plupart de
petite taille ; ils comprennent divers genres dont plusieurs sont
recherchés comme aliments, ainsi : les Pénées (*Penæus*) (fig. 321) ;
les Palemons (*Palæmon*) connus sous le nom de Crevettes ; les
Crangons (*Crangon*), etc...

Les ASTACIDÉS ont pour type les Écrevisses qui vivent dans nos

FIG. 323.

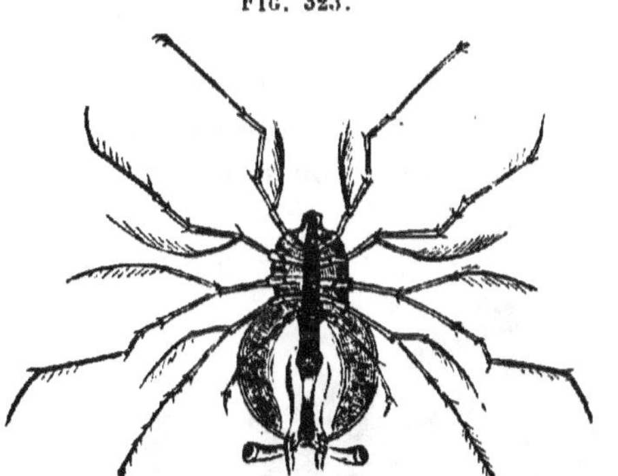

FIG. 323. — *Phyllosoma*. Larve de Langouste.

FIG. 324.

FIG. 324. — *Clibanarius barbatus*.

eaux douces (*Astacus fluviatilis*) ; les Homards (*Homarus*) appartiennent également à cette famille.

Les PALINURIDÉS (fig. 322) fournissent une espèce comestible bien
connue, la Langouste (*Palinurus vulgaris*). Les larves de ces animaux appelées *Phyllosomes* (fig. 323) ont été longtemps décrites
comme genre, et même comme groupe distinct (Stomapodes bicui-
rassés de Latreille).

Les PAGURIDÉS sont remarquables par la conformation de leur
abdomen mou et contourné sur lui-même, et par l'habitude qu'ils
ont de se loger dans des coquilles de Mollusques gastéropodes ; c'est
à cette circonstance qu'ils doivent les noms de *Bernard l'ermite*,
de *Soldat*, par lesquels on les désigne souvent. La figure 324 en représente une espèce, le *Clibanarius barbatus*.

2. Brachyures.

Les Brachyures rappellent tous par leur forme extérieure les Crabes de nos côtes. Ils se répartissent en tribus ou en familles plus ou moins nombreuses, suivant les auteurs ; nous ne ferons que les indiquer sommairement.

Les Drômiidés (G. *Dromia*) (fig. 325) se distinguent par l'inser-

FIG. 325. — Dromie.

tion de la dernière ou des dernières paires de pattes sur le côté dorsal. Ce caractère a aussi valu à ce groupe le nom de « Notopodes ».

Les Leucosiidés (Oxystomes M. Edw.) sont caractérisés par la forme triangulaire de la bouche.

Les Majidés (Oxyrhynques M. Edw.) ont la carapace de forme triangulaire. Le *Maja squinado* est une grosse espèce qui se trouve sur notre littoral où on le nomme vulgairement Araignée de mer.

FIG. 326. — *Thalamita natator.*

Les Cancridés (Cyclométopes M. Edw.) (fig. 326) ont la carapace arquée dans sa partie antérieure. Cette famille renferme les Crabes les plus connus qu'on rencontre sur nos côtes, comme le Tourteau (*Cancer pagurus*), le Cancer ménade ou Crabe enragé (*C. mœnas*), etc...

Les GRAPSIDÉS (Catométopes M. Edw.) ont la carapace quadrangulaire ou ovalaire. C'est dans ce groupe que se rangent les Grapses (*Grapsus*) dont une espèce (*G. varius*) est répandue sur tout le littoral européen ; les Pinnothères (*Pinnotheres*) qui vivent dans les coquilles des Lamellibranches ; les Ocypodes (*Ocypoda*) et les Gélasimes (*Gelasimus*) (fig. 327) remarquables par la longueur de leurs pédoncules oculaires ; les Telphuses (*Telphusa*) ou Crabes fluviatiles ; les Gécarcins ou Crabes terrestres, parmi lesquels le célèbre Tourlourou des Antilles (*Gecarcinus ruricola*).

FIG. 327. — *Gelasimus*.

XIPHOSURES OU PŒCILOPODES

Nous plaçons ici, comme annexe des Crustacés, le groupe des Xiphosures qui présente d'autre part beaucoup d'affinités avec les Arachnides auxquels même Straus-Durckeim a proposé de le réunir, et qui, suivant l'opinion d'A. Milne Edwards, devrait former une classe distincte, celle des *Mérostomes*.

Ces animaux ne sont représentés dans la Faune actuelle que par les Limules ou Crabes des Moluques (fig. 328). Ils ont le corps recouvert par un grand bouclier céphalothoracique derrière lequel se trouve un second bouclier plus petit qui correspond à l'abdomen et qui se termine par une longue queue en guise de stylet, particularité que rappelle leur nom (ξίφος, épée, et οὐρά, queue).

Le céphalothorax porte deux yeux composés latéraux et deux ocelles rapprochés sur la ligne médiane ; il est muni, en dessous, de six paires de membres qui entourent la bouche, et dont la première représente

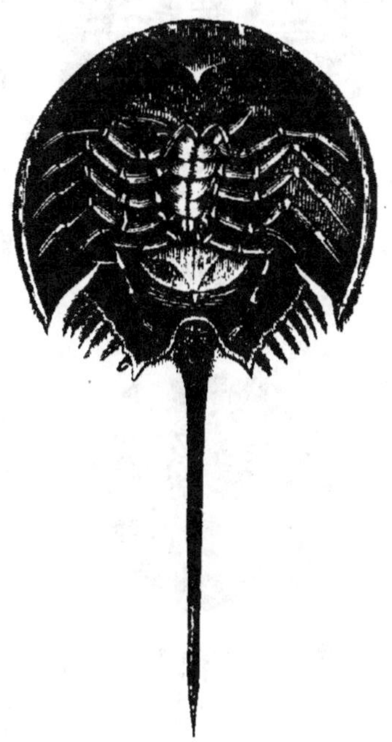

FIG. 328. — *Limulus moluccanus* vu en dessous.

des antennes transformées. Par leur article basilaire ou hanche ces membres servent à la division des aliments ; ce sont donc de véritables pattes-mâchoires. Leur extrémité a la forme d'une pince didactyle, mais chez les mâles c'est un simple crochet qui termine celle de la première ou des deux premières paires. L'abdomen est articulé avec le bouclier céphalothoracique et armé, de chaque côté, d'aiguillons mobiles ; il porte à sa face inférieure des appendices lamelleux qui constituent des branchies, et qui correspondent aux cinq dernières paires de membres abdominaux, la première paire formant un opercule qui les recouvre.

Les Limules naissent dépourvus de l'aiguillon caudal et des trois dernières paires de branchies ; ils ressemblent alors à des crustacés fossiles appelés *Trilobites :* c'est pourquoi on donne à cette phase le nom de phase de Trilobite. Ces animaux atteignent des dimensions considérables, jusqu'à 1 mètre de long. Ils vivent dans les mers de l'Inde et du Japon (*Limulus moluccanus*), ou dans l'Océan atlantique, sur les côtes de l'Amérique septentrionale (*L. polyphemus*). On en connaît quelques espèces fossiles qui apparaissent dans le terrain carbonifère (*Belinurus*), etc.

A côté des Xiphosures se range un groupe important de formes aujourd'hui éteintes, celui des TRILOBITES, dont le nombre est considérable dans les terrains paléozoïques, et qui comprend plusieurs familles.

Leur corps se compose de trois parties : une tête, un thorax et un abdomen ou *pygidium*. Il est parcouru dans toute sa longueur par deux sillons parallèles qui se divisent en trois lobes, un médian et deux latéraux ; d'où le nom de Trilobite. La partie médiane de la tête est saillante et forme ce qu'on appelle la *glabelle ;* les parties latérales ou *joues* se terminent par deux pointes dirigées en arrière et qui acquièrent parfois une grande longueur. En général, on y trouve deux yeux composés, portés sur des éminences. Le thorax et l'abdomen renferment un nombre variable d'anneaux ; on donne le nom de *plèvres* à leurs

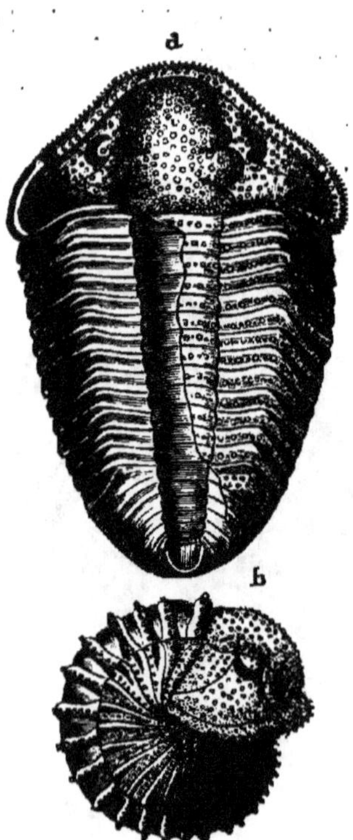

FIG. 329. — *Calymene Blumenbachii. — a,* l'animal étendu ; *b,* l'animal enroulé.

lobes latéraux et on distingue les plèvres *à sillon* ou *à bour-relet*, suivant que leur milieu est marqué par une dépression ou par une saillie. La plupart des Trilobites avaient la faculté de se rouler en boule. Leurs principaux genres sont les *Calymene* (*C. Blumenbachii*) (fig. 329), les *Paradoxides*, les *Asaphus*, les *Ogygia*, etc...

2ᵐᵉ CLASSE. — ARACHNIDES

Les Arachnides appartiennent à la catégorie des Arthropodes dont la respiration est aérienne, et s'exécute au moyen des organes connus sous le nom de trachées (Trachéates). Leurs pattes sont au nombre de huit, caractère qui leur a valu la dénomination d'*Octopodes* que leur a donnée de Blainville. Ils sont toujours dépourvus d'ailes; aussi étaient-ils placés par Linné dans ses *Insectes aptères*, d'où Lamarck le premier les a retirés, pour en former une classe distincte, sous le nom d'Arachnides qui a prévalu.

La tête est généralement réunie au thorax (excepté chez les Solpugides) et constitue avec lui un céphalothorax qui porte des yeux, mais qui est dépourvu d'antennes proprement dites. L'abdomen varie beaucoup dans sa forme ; souvent il est globuleux et nettement séparé du céphalothorax auquel il est rattaché par un pédicule, comme on le voit chez les Araignées ; parfois il continue le thorax, sans qu'il y ait aucun étranglement entre les deux, et il se compose d'une série d'anneaux dont les derniers plus étroits forment une sorte de queue (Scorpions); d'autres fois, il n'est pas distinct et se confond avec le céphalothorax (Acariens); enfin, chez les Linguatules, le corps est vermiforme, et les membres sont remplacés par deux paires de crochets situés à son extrémité antérieure.

La région céphalique est pourvue de deux paires d'appendices seulement, lesquels fonctionnent comme organes de préhension et de mastication. Ce sont d'abord les *Chélicères* qui, suivant l'opinion de Latreille, correspondent aux antennes, et qui reçoivent, en effet, comme celles-ci, des nerfs émanés des ganglions cérébroïdes. Elles ont tantôt la forme de petites pinces didactyles (Scorpions), et tantôt elles se terminent par un crochet mobile qui, à l'état de repos, se replie contre le bord de l'article précédent (Araignées); parfois, chez les Acariens, elles sont styliformes et rétractiles. Les mandibules et les mâchoires sont tout à fait rudimentaires, et les appendices de la seconde paire représentent des pattes-mâchoires. Chez les Scorpions, ce sont les deux grands bras qui sont dirigés en avant, et qui portent à leur extrémité de puissantes pinces didactyles; le plus souvent ils constituent des palpes qui parfois sont terminés par un crochet (Araignées).

Les quatre paires de membres qui suivent, dans la région thoracique, servent à la locomotion, cependant quelquefois ceux de la première paire ont la forme de palpes et sont dépourvus d'ongle à leur extrémité; c'est ce qu'on observe chez les Phrynes et les Télyphones. Les articles dont se composent les pattes sont ordinairement au nombre de sept, et sont désignés par les mêmes noms que chez les Insectes. On appelle *hanche* l'article basilaire, et *trochanter* une petite pièce au moyen de laquelle il s'articule avec le troisième article beaucoup plus long, nommé *cuisse* ou *fémur*; celui-ci est suivi de la *jambe* ou *tibia*, composé de deux articles inégaux, et, enfin, vient le tarse formé également de deux articles et terminé par une griffe. Parfois ce nombre peut s'augmenter, ainsi on compte quatre articles à chaque tarse chez les Phrynes, et plus encore chez les Faucheurs, mais d'un autre côté, il y a des espèces dont les membres sont plus ou moins réduits, et quelquefois représentés par de simples moignons (certains Acariens).

Le système nerveux (fig. 330) présente divers degrés de développement et une concentration très inégale des ganglions appartenant à la chaîne ventrale. Celle-ci est étroitement unie au cerveau et forme chez les Araignées une masse commune, d'où partent les nerfs des palpes et des membres et des cordons postérieurs destinés aux viscères abdominaux. Chez les Acariens, il n'y a au-dessous de l'œsophage qu'un seul ganglion envoyant des filets nerveux dans différentes directions; les ganglion cérébroïdes sont très développés, et, chez les Linguatules, ils sont représentés par une simple bande commissurale.

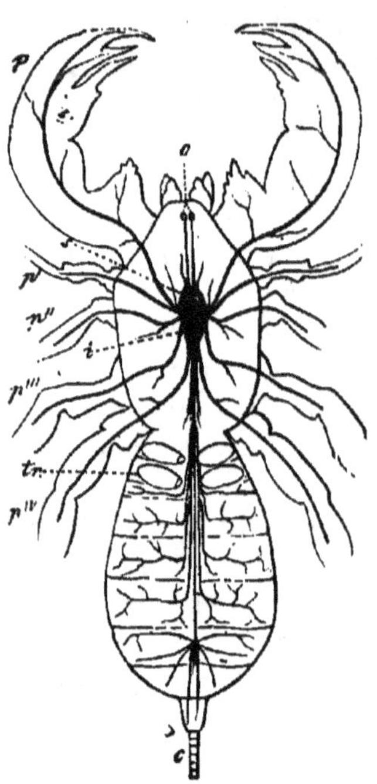

Fig. 330. — Système nerveux du *Thelyphonus Caudatus.* — *s*, ganglion cérébral; *i*, ganglion ventral; *o*, yeux; *p*, palpes; *p'* *p'''*, pattes; *tr*, poumons; *c*, appendice caudiforme (d'après Blanchard, *Organisation du règne animal*).

Les yeux, toujours pourvus d'une cornée simple, sont en nombre variable, de deux à douze, et situés sur la partie antérieure du céphalothorax. Il n'y a pas jusqu'ici d'organes auditifs connus chez les Arachnides. Les organes tactiles sont représentés par les palpes et par les extrémités des pattes très riches en terminaisons nerveuses.

Le tube digestif est le plus souvent pourvu de cæcums, qui parfois s'étendent jusque dans les membres (Galéodes, Pycnogonidés). Chez les Aranéides il présente une disposition remarquable ; l'estomac, en effet, offre la forme d'un anneau d'où partent de chaque côté cinq cæcums qui se dirigent en rayonnant vers la base des membres (fig. 331). En arrière cet estomac annulaire se continue avec l'intestin qui traverse l'abdomen et s'ouvre dans une portion dilatée, sorte de cloaque où débouchent également les canaux urinaires (canaux de Malpighi). Au tube digestif sont annexées des glandes salivaires, et, chez les Scorpions et les Araignées, des organes glandulaires hépatiques bien développés.

L'appareil de la circulation fait défaut chez les Arachnides inférieurs, tels que les Acariens, mais il existe dans les formes d'une organisation plus élevée, et il présente une analogie complète avec celui que nous avons rencontré chez les Crustacés. Le cœur est situé dans l'abdomen ; il est tubuleux et a la forme d'un vaisseau dorsal divisé en plusieurs chambres, qui sont pourvues chacune d'une paire d'orifices afférents. Il se continue

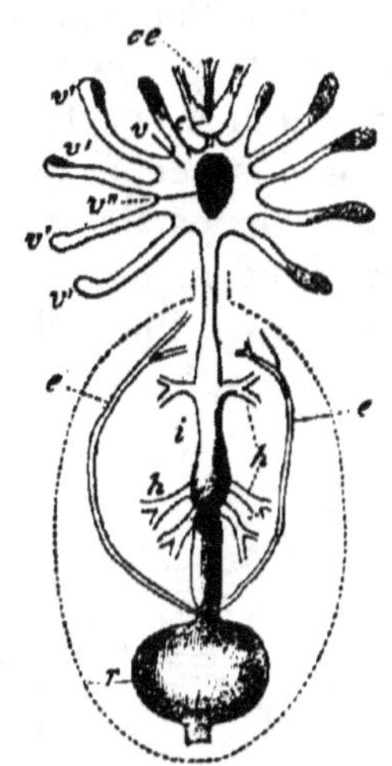

FIG. 331. — Organe digestif de la Mygale. — *œ*, œsophage ; *c*, ganglion œsophagien supérieur ; *v*, estomac ; *v'*, prolongements latéraux ; *v''*, appendices dirigés en dessus ; *i*, intestin moyen ; *r*, extrémité de l'intestin, élargie en forme de cloaque ; *h, h*, ouvertures du foie dans l'intestin ; *e*, canaux urinaires (d'après Dugès).

en avant avec une artère appelée *aorte* ou *artère céphalique*, en arrière avec une artère caudale, et il fournit latéralement des artères qui se distribuent dans le foie, et sont nommées *artères hépatiques*. Le sang est porté par ces vaisseaux et leurs branches dans toutes les parties du corps, passe dans les lacunes inter-organiques et arrive dans des sinus abdominaux, d'où il pénètre dans les organes respiratoires. Il est ensuite ramené par des vaisseaux *pneumocardiaques* dans le sinus vestibulaire que forme le péricarde, et, de là, rentre dans le cœur. Cette disposition se rencontre chez les Scorpions, où l'appareil respiratoire atteint son plus haut degré de développement ; dans les autres Arachnides on observe une réduction du système vasculaire, qui est surtout marquée dans les espèces à respiration trachéenne.

Les organes respiratoires manquent parfois complètement, mais en règle générale ils sont représentés par des trachées ou des sacs pulmonaires. Chez la plupart des Acariens, on trouve des trachées d'une grande ténuité ; cependant on peut reconnaître sur celles qui appartiennent aux grosses espèces, l'épaississement en forme de fil spiral qui existe dans leur paroi ; ces trachées naissent de deux stigmates dont la position varie. Les Arachnides qui forment le groupe des Phalangides et celui des Solpugides, présentent un système trachéen bien développé. D'autres, tels que les Araignées, les Scorpions, ont des organes respiratoires qui consistent en des sacs ou des poches que l'on nomme *poumons*. Ils sont placés par paires à la partie inférieure et antérieure de l'abdomen ; ils communiquent au dehors par des orifices que l'on appelle stigmates, comme les orifices des trachées. Chacun de ces stigmates s'ouvre dans une espèce de petite chambre vestibulaire, au fond de laquelle

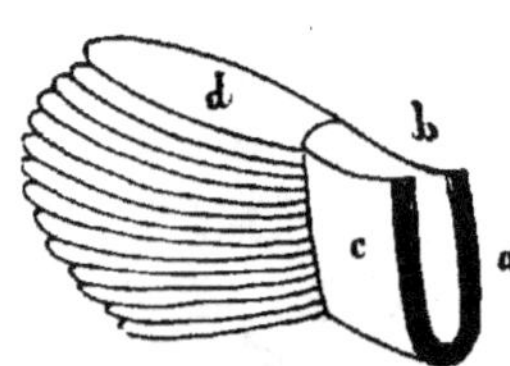

FIG. 332. — Poumons du Scorpion. — *a*, bord du stigmate ; *b*, paroi de la vésicule qui naît du bord du stigmate et couvre l'ouverture ; *c*, autre paroi de la vésicule qui repose sur le squelette ; *d*, poumon en éventail, continuation de la vésicule (d'après Müller).

de petits trous donnent accès dans des vésicules qui sont comprimées et qui ont l'aspect de feuillets serrés (fig. 332). Le nombre des poumons varie suivant les espèces. Chez les Araignées ordinaires il n'y en a qu'une paire ; il y en a deux paires chez quelques Aranéides qu'on a appelées pour ce motif *quadripulmonaires*. Chez les Scorpions on en trouve quatre paires, dont les stigmates s'ouvrent sur les quatre premiers anneaux de l'abdomen. Il y a des espèces dont l'appareil respiratoire est pour ainsi dire mixte, et se compose en partie de poumons, en partie de trachées. Chez les Ségestries et chez les Dysdères, sur quatre stigmates placés à la base de l'abdomen, les deux antérieurs communiquent avec des poumons semblables à ceux des autres Aranéides, tandis que les deux postérieurs débouchent dans des tubes trachéens qui vont les uns dans l'abdomen, les autres dans la région céphalothoracique. C'est Dugès qui a le premier signalé cette disposition ; on l'a observée depuis chez quelques autres espèces (Saltiques, Épeires...) où cet appareil trachéen est plus ou moins rudimentaire.

A l'exception des Tardigrades, tous les Arachnides ont les sexes séparés. En général, les mâles se distinguent des femelles par certains caractères sexuels secondaires, et notamment par leur taille plus petite. Une particularité remarquable est offerte par les Araignées dont les palpes maxillaires sont modifiés chez le mâle de façon à servir au transport du sperme dans les organes génitaux de la femelle, et présentent parfois une structure fort compliquée (fig. 333). Les glandes sexuelles sont paires, mais souvent unies par des connexions transversales. Les conduits excréteurs, canaux déférents ou oviductes, débouchent à la base de l'abdomen par un orifice ordinairement simple ; ils sont parfois pourvus d'organes glandulaires accessoires et d'expansions servant de réservoirs pour le sperme.

La plupart des Arachnides sont ovipares ; quelques-uns seulement, par exemple, les Scorpions, sont vivipares. Leur développement est direct, toutefois les Acariens ne sont le plus souvent munis en

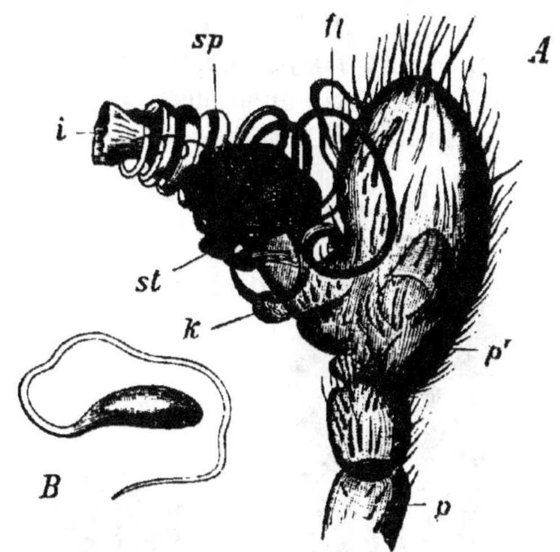

FIG. 333. — A, palpe maxillaire d'une araignée mâle ; B, spermatophore d'une Épeire (*Lyniphia triangularis*). — *p*, avant-dernier, et *p'*, dernier article du palpe ; *k*, coussin ; *st*, spermatophore ; *sp*, organe spiralé ; *i*, son extrémité ; *fl*, flagellum.

naissant que de six ou même de quatre pattes, et n'acquièrent les autres que plus tard ; quelques-uns d'entre eux même, les *Trombidés* et les *Hydrachnidés*, présentent une véritable métamorphose.

Le tableau suivant donne la division des Arachnides en ordres :

Arachnides.	Des organes respiratoires	Abdomen distinct	Plusieurs articles au céphalothorax et à l'abdomen................... *Galéodes*		
			Céphalothorax non articulé	Abdomen inarticulé et pédiculé....................... *Aranéides.*	
				Abdomen composé de plusieurs articles et non pédiculé	des sacs pulmonaires.. *Scorpionides.*
					des trachées. *Phalangides.*
		Abdomen confondu avec le céphalothorax........ *Acariens.*			
	Pas d'organes respiratoires	Des pattes	en forme de tronçons............. *Tardigrades.*		
			longues et multiarticulées........... *Pantopodes.*		
		Pas de pattes ; corps vermiforme............... *Linguatulides.*			

ORDRE I. — LINGUATULIDES

Les Linguatulides sont des parasites qui, par leur apparence extérieure, ressemblent à des Vers, et qu'on a longtemps rangés parmi ceux-ci, mais que les caractères de leurs embryons (fig. 336) ont fait reporter dans la division des Arthropodes et dans la classe des Arachnides.

Leur corps a la forme d'une languette allongée, ce qui leur a valu leur nom (de *linguatus*, en forme de langue). Il est nettement annelé et ne porte que deux paires d'appendices constitués par des crochets rétractiles auprès de la bouche. Ces animaux ont un tube

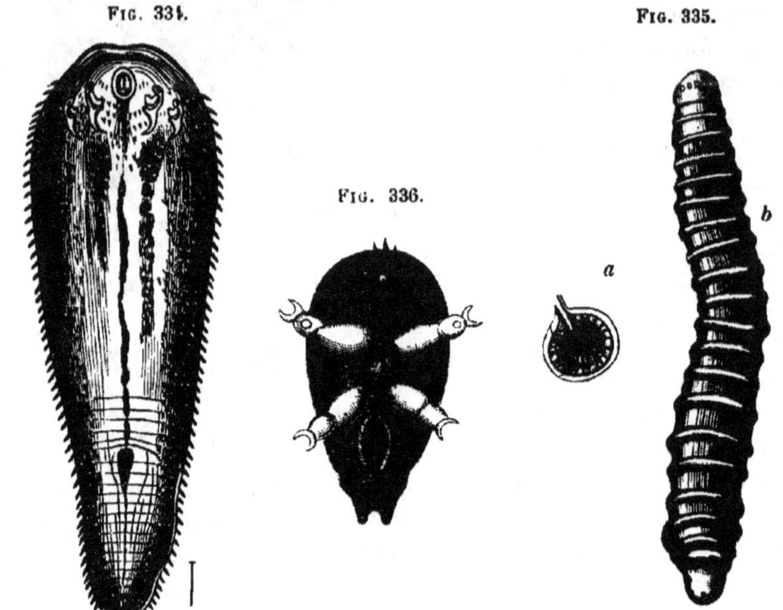

FIG. 334. — Linguatule (*Pentastomum denticulatum*).
FIG. 335. — *a*, *Linguatula Diesingii*, de grandeur naturelle, renfermée dans son kyste ; *b*, la même retirée du kyste et grossie (d'après Van Beniden).
FIG. 336. — Embryon de la *Linguatula Diesingii*, vu en dessous et montrant deux paires d'appendices terminés par un crochet double.

digestif complet qui se termine par un orifice anal situé à l'extrémité postérieure. Ils n'ont ni organes de circulation ni organes de respiration. Leur système nerveux consiste en un collier œsophagien, dans lequel les ganglions cérébroïdes sont représentés par une simple commissure. Les sexes sont séparés; chez le mâle, l'orifice génital est situé en avant, derrière la bouche, tandis que chez la femelle il est situé dans la partie postérieure, près de l'anus. Ce sont des animaux ovipares. A l'état adulte, ils se rencontrent dans les fosses nasales et les voies respiratoires de différents Vertébrés.

Leuckart a suivi le développement d'une espèce, le *Pentastomum tænioïdes*, et a démontré que les œufs déposés sur les plantes passent de là dans l'estomac d'animaux herbivores, tels que le Lapin, le Lièvre. Ces embryrons émigrent dans le foie, où ils s'enkystent; sous cette forme agame, ils ont reçu le nom de *Pentastomum denticulatum* (fig. 334). Ils ne complètent leur évolution et ne deviennent sexués que s'ils sont portés dans les voies respiratoires d'un autre animal, tel que le Chien.

Les Linguatules forment une seule famille, qui elle-même ne comprend qu'un seul genre, le G. *Pentastomum*, ainsi nommé parce qu'on avait pris d'abord ses crochets pour des bouches. On en a observé une espèce enkystée dans le foie de l'Homme (*P. constrictum* Siebold). Van Beneden a trouvé chez le Mandrill, dans des kystes péritonéaux, une Linguatule remarquable par la division du corps en anneaux saillants, au nombre de vingt à peu près, et séparés les uns des autres par un étranglement profond. Il lui a donné le nom de *Linguatula Diesingii* (fig. 335).

ÓRDRE II. — PANTOPODES

On s'accorde assez généralement aujourd'hui pour placer dans les Arachnides ces singuliers petits animaux qui vivent dans la mer,

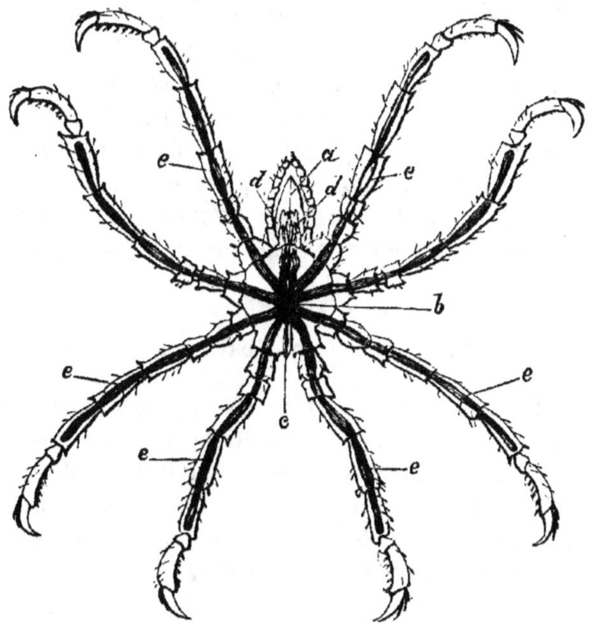

FIG. 337. — Organisation des Pycnogonidés (*Ammothoa pycnogonoïdes*). — *a*, œsophage; *b*, estomac; *c*, intestin; *dd*, cæcums digestifs des pattes-mâchoires; *ee*, cæcums digestifs des pattes ambulatoires (d'après de Quatrefages, *Ann. des Sciences nat.*, 3e série, t. IV).

principalement au milieu des algues, et qui sont remarquables par le grand développement de leurs membres (πάς, πάντος, tout, et ποῦς, ποδός, pied). Ceux-ci, au nombre de quatre paires, sont multi-articulés et terminés par des griffes. Le céphalothorax est composé de quatre anneaux et porte en avant un rostre, à la base duquel se trouvent deux paires d'appendices, correspondant aux chélicères et aux pattes maxillaires. L'abdomen est rudimentaire. Le tube digestif présente une disposition extrêmement curieuse; on voit, en effet, partir de l'estomac de longs prolongements cæcaux qui s'étendent dans les pattes (fig. 337). Il n'y a pas d'organes respiratoires, mais l'appareil vasculaire est représenté par un cœur muni de deux ou trois paires d'orifices, et qui émet un court vaisseau aortique. Le système nerveux est formé par un collier œsophagien et une chaîne ventrale composée de quatre paires de ganglions. Au-dessus du cerveau, sur le céphalothorax, se trouvent des stemmates au nombre de quatre.

Les glandes sexuelles sont situées dans les pattes et s'ouvrent sur leur article basilaire. Les œufs sont gé-néralement portés par une paire d'appendices ou de pattes accessoi-res placées au-devant des pattes proprement dites. Ils donnent nais-

Fig. 338. — *Pycnogonum littorale.*

sance à des larves dont le corps est inarticulé et pourvu seulement de deux paires de pattes à deux ou trois articles... Cet ordre ne ren-ferme qu'une seule famille, celle des Pycnogonidés, dont les prin-cipaux genres sont les *Pycnogonum* (fig. 338), *Nymphon*, *Ammo-thoa*, etc.

ORDRE III. — TARDIGRADES

On appelle Tardigrades des animaux microscopiques, qui vivent pour la plupart dans la mousse des toits ou le sable des gouttières, quelques-uns dans l'eau, et qui, comme les Rotifères et les Anguil-lules, sont doués de la propriété de *réviviscence*. Leur corps est obscurément segmenté (fig. 339), sans abdomen distinct, et porte quatre paires de petites pattes courtes en forme de moignons, munies chacune de trois ou quatre griffes; la quatrième paire est située tout à fait en arrière. En avant, une sorte de rostre, armé de deux mâ-choires styliformes, constitue un appareil de succion. Le tube diges-tif qui y fait suite est pourvu d'un œsophage musculeux, et présente d'ordinaire plusieurs cæcums. Les organes de circulation et de res-piration font défaut. Le système nerveux se compose d'une chaîne

abdominale, qui comprend quatre ganglions, et d'un collier œsophagien dans lequel les deux ganglions cérébroïdes sont un peu écartés
l'un de l'autre ; de ceux-ci par-
tent des nerfs destinés aux
yeux et aux palpes.

Ces animaux sont herma-
phrodites. Ils possèdent un
ovaire tubuleux impair et
deux testicules dont les canaux sont en connexion avec
une vésicule séminale, et
aboutissent, de même que
l'ovaire, dans un cloaque
formé par la portion terminale
dilatée de l'intestin. Le développement est direct.

Les Tardigrades ne forment
qu'une famille, celle des
ARCTISCONIDÉS, comprenant
plusieurs genres : *Arctiscon*,
Macrobiotus (fig. 339), etc.

ORDRE IV. — ACARIENS

Les Acariens, que l'on désigne aussi sous le nom d'*Acares* ou de *Mites*, sont des
Arachnides de petite taille, et
dont le corps discoïde ou globuleux ne laisse pas distinguer l'abdomen du thorax,
avec lequel il est confondu.
Souvent on voit à sa surface
des prolongements de l'enveloppe tégumentaire en forme
de poils ou de soies.

Les pattes varient dans leur

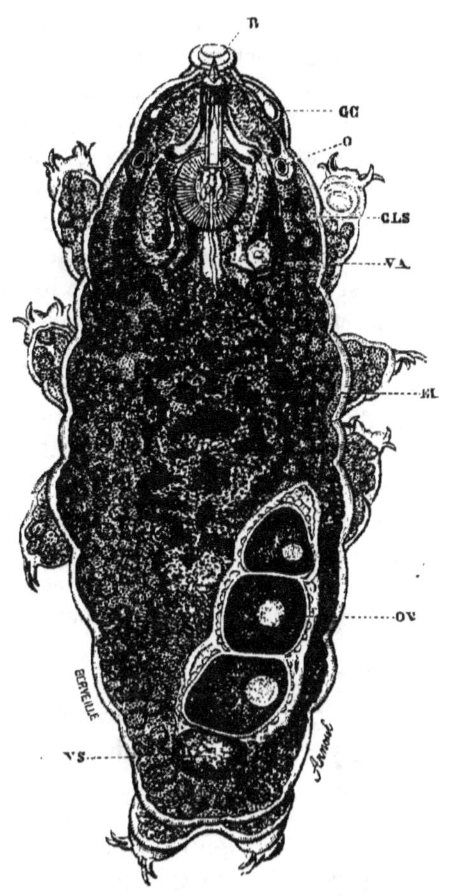

FIG. 330. — *Macrobiotus Hufelandii*, vu en
dessus par transparence et grossi 240 fois. —
B, bulbe pharyngien ; GC, ganglion céphalique
latéral ; O, points oculaires ; GLS, glandes
salivaires ; VA, vacuole ; EI, estomac ou sac
stomaco-intestinal coloré par les sucs alimentaires ; OV, ovaire ; VS, vésicule séminale
(d'après Doyère, *Ann. des Sciences naturelles*,
2e série, t. XIV).

conformation, suivant le genre de vie de l'animal ; en général,
elles sont terminées par deux griffes ; parfois, chez les espèces
parasites, leur extrémité porte une ventouse pédiculée (Sarcopte).
Les appendices buccaux sont aussi de forme variable, disposés
tantôt pour mordre et tantôt pour sucer. Le système nerveux
est remarquable par la concentration des ganglions en une masse

unique. Des yeux, au nombre de deux ou de quatre, se rencontrent quelquefois, mais le plus souvent ils font défaut. Le canal digestif est pourvu d'appendices cæcaux, et s'ouvre au dehors par une fente située sur la face inférieure ventrale. Dans sa partie antérieure, il est en connexion avec des glandes salivaires, qui sont parfois très développées (Ixodes). Dans quelques cas, on a reconnu l'existence de tubes de Malpighi (Gamases). Il n'existe pas d'appareil circulatoire, et le sang est partout répandu dans la cavité générale; mais les organes respiratoires ne manquent qu'aux espèces parasites; ce sont des trachées disposées en faisceaux, qui communiquent avec l'extérieur par une paire de stigmates.

Les sexes sont séparés. Chez les mâles, il existe parfois un organe copulateur ou pénis, et chez les femelles, un oviscapte protractile qui sert à porter les œufs sous l'épiderme des végétaux ou des animaux. Le développement embryonnaire comporte en général une sorte de métamorphose, les jeunes n'ayant en naissant que trois paires de pattes, quelquefois deux, et passant par des mues successives pour arriver à la forme adulte.

Ces animaux ont des formes d'existence très variées. Les uns sont aquatiques, comme les Hydrachnes; d'autres vivent à la surface du sol, se nourrissant de matières organiques diverses; la plupart sont parasites, et, à ce point de vue, plusieurs d'entre eux offrent un intérêt particulier.

Les Acariens se distribuent en plusieurs familles, dont nous ferons rapidement l'énumération.

Les Démodicidés ne renferment qu'un seul genre, dont l'espèce type est le *Demodex folliculorum*, qui vit en parasite sur l'Homme, dans les glandes sébacées et les follicules pileux de la face et des ailes du nez en particulier. Ces petits Arachnides, dont la longueur est de 0,3 dixièmes de millimètre environ, se distinguent par leur prolongement abdominal, qui leur donne une apparence vermiforme. La tête porte un suçoir muni de deux stylets et de deux palpes latéraux. Les pattes, très courtes, sont composées de trois articles et terminées par trois griffes; chez les jeunes, il y en a seulement trois paires. Jusqu'ici les mâles sont inconnus.

Fig. 340. — *Demodex folliculorum.*

On trouve des *Demodex* sur les corps de différents animaux, Chiens, Chats, etc.

Les Sarcoptidés, auxquels appartient l'Acarus de la gale, ont le corps ramassé et les pieds généralement terminés par des ventouses pédiculées. Ils vivent en parasites dans l'épaisseur de la peau des Vertébrés à sang chaud.

L'animal qui produit la gale, *Sarcoptes scabiei* (fig. 341-343) est à peine visible à l'œil nu, punctiforme, ne dépassant pas un tiers de millimètre environ. Les mâles sont plus petits que les femelles. Leur corps marqué de sillons à sa surface présente par places des prolongements épineux et quelques longues soies. Le rostre est large et court, armé de chélicères en forme de pinces et de palpes triarticulés. Les pattes ont cinq articles; il y en a deux paires situées en

FIG. 241.   FIG. 242.

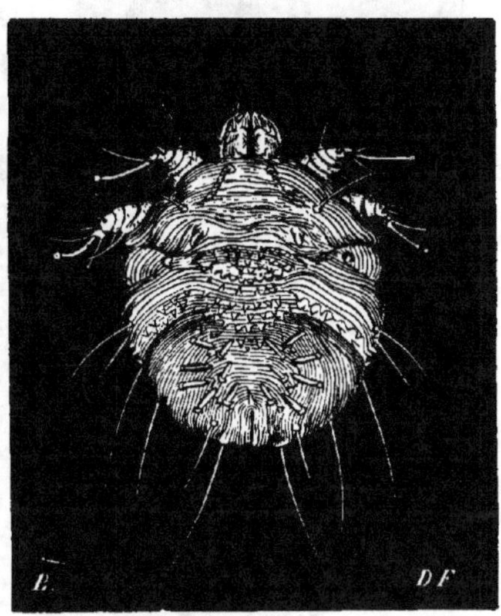

FIG. 341. — *Sarcoptes scabiei*, Latreille; femelle vue par la face ventrale. — a, œuf.
FIG. 342. — La même, vue par le dos, grossie 250 fois.

avant, les deux autres étant assez éloignées en arrière. Les antérieures sont munies de ventouses pédiculées (*ambulacres*), les postérieures sont toutes terminées par des soies raides chez les femelles, tandis que chez les mâles celles de la dernière paire portent aussi des ventouses. Les jeunes naissent pourvus de six pattes seulement et subissent plusieurs mues.

Les femelles creusent dans l'épaisseur de la peau des galeries, improprement appelées *sillons*, où elles déposent leurs œufs dans des points marqués par la formation de vésicules transparentes; de là vient l'insupportable démangeaison causée par la présence de ces parasites.

Nous ne saurions donner ici plus de détails sur cet Acarus dont l'existence, comme cause de la gale, après avoir été connue des anciens, n'a été définitivement démontrée et admise qu'en 1834 (1).

On a observé la gale sur divers animaux, chez qui elle est alors produite par des espèces voisines de la précédente : *Sarcoptes equi; S. canis ; S. cati*, etc.

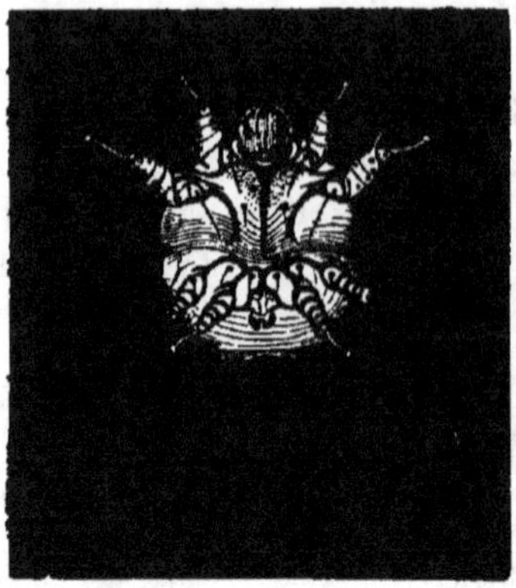

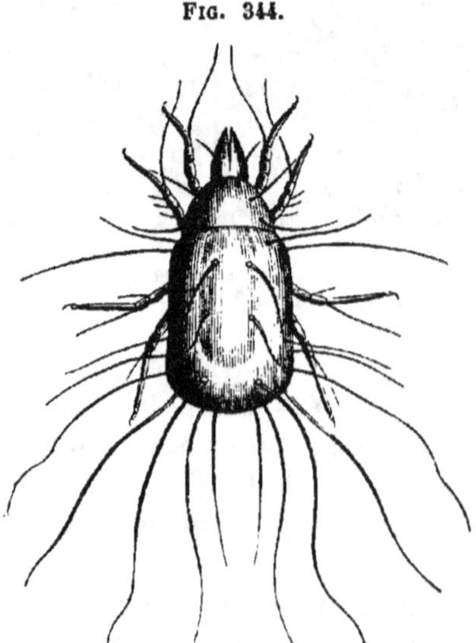

FIG. 343. — Le Sarcopte mâle, vu par la face ventrale, au même grossissement.

Quelques autres genres, tels que les *Psoroptes*, les *Chorioptes*, etc., prennent place dans cette famille.

Les TYROGLYPHIDÉS sont très voisins des précédents avec lesquels on les réunit souvent; ils vivent sur des matières animales ou végétales fermentées. Les Mites du fromage (*Tyroglyphus siro*, *T. longior*)(fig.344), et la Mite de la farine (*T. farinæ*) en sont les espèces les plus connues.

Les GAMASIDÉS commencent la série des Acariens pourvus de trachées, mais sans yeux : leurs pattes sont terminées par des griffes et une ventouse vésiculaire. Ils comprennent un certain nombre de formes qui vivent en parasites sur des animaux fort divers : Insectes, Oiseaux, Mammifères, et qui appartiennent aux genres Gamase (*Gamasus coleopteratorum*), Dermanysse (*Dermanyssus avium*), etc.

FIG. 344.

FIG. 345.

FIG. 344. — *Tyroglyphus longior.*

FIG. 345. — *Ixodes reduvius.*

Les IXODIDÉS sont quelquefois pourvus de deux yeux. Tantôt ils

(1) Voy. *Histoire naturelle des Insectes aptères*, par Walckenaer et P. Gervais, Paris, 1837-44, et Delafond et Bourguignon, *Traité pratique... de la Psore ou Gale*, 1862.

vivent en liberté, à terre ou sur les végétaux, et tantôt ils se fixent sur le corps de certains animaux dont ils sucent le sang. On donne vulgairement le nom de *Tiques* à des Ixodes qui s'attaquent aux Mammifères, tels que les Chiens, les Moutons, et quelquefois à l'Homme. Les espèces en sont nombreuses : *Ixodes ricinus*, *I. reduvius* (fig. 345), *I. nigua*, etc. Cette dernière est propre à l'Amérique et connue sous le nom de *Garapatte*.

Dans cette famille se range encore l'Argas de Perse, ou Punaise de Miana (*Argas persicus*) (fig. 346), qui s'attaque à l'Homme et dont la piqûre est fort douloureuse. Une espèce européenne,

FIG. 346.

FIG. 347.

FIG. 348.

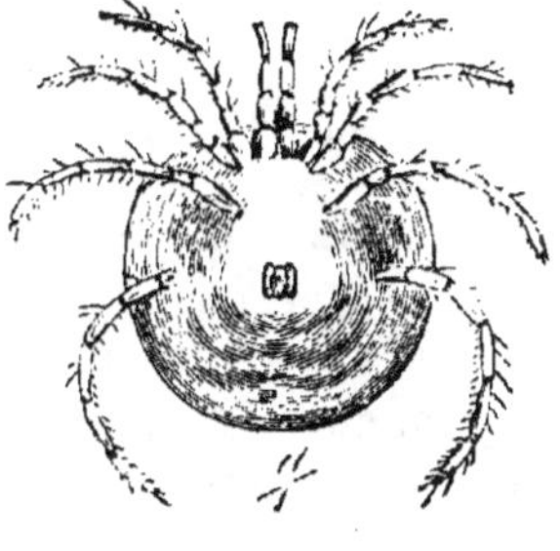

FIG. 346.
Argas persicus.

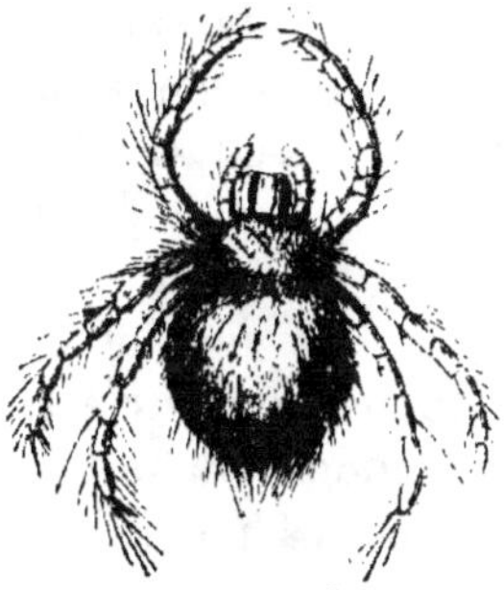

FIG. 347. — Rouget ou Lepte automnal.

FIG. 348. — *Atax spinipes*, vu en dessous.

l'*Argas reflexus*, se trouve dans les colombiers, sur les Pigeons, et accidentellement sur l'Homme.

Les TROMBIDIDÉS se font généralement remarquer par leur brillant coloris et sont errants sur le sol ou sur les plantes, mais leurs larves sont parasites. Ainsi, le *Rouget* ou Lepte automnal (fig. 347) qui attaque l'Homme et lui cause de vives démangeaisons, est la larve hexapode du *Trombidium holosericeum*.

Les HYDRACHNIDÉS sont des Acariens aquatiques dont les pattes sont modifiées pour la locomotion dans l'eau. Ils se répartissent en plusieurs genres : *Hydrachna*, *Atax* (fig. 348), *Limnocharis*, etc.

Enfin, les ORIBATIDÉS dont le corps est revêtu par une cuirasse solide, et les SCIRIDÉS (Bdellidés) qui se distinguent par leurs grands palpes antenniformes et coudés, terminent la série de familles que comprend l'ordre des Acariens.

ORDRE V. — PHALANGIDES

Les Phalangides longtemps réunis aux Acariens sous le nom d'*Holitres*, ont l'abdomen composé de plusieurs articles et largement uni au céphalothorax, de sorte que leur corps est de forme ovale ou arrondie. Leurs chélicères sont terminées par des pinces didactyles et leurs palpes maxillaires sont filiformes, quelquefois garnis d'épines (*Gonyleptes*). Leurs pattes sont longues et grêles. Ils ont deux yeux qui occupent sur le céphalothorax un tubercule médian ; parfois il y en a deux autres plus petits sur les côtés. Ils respirent au moyen de trachées, qui s'ouvrent au dehors par une seule paire de stigmates placés sous les hanches des pattes de la dernière paire. De ces stigmates naissent deux troncs qui se dirigent vers l'extrémité céphalique et qui fournissent un grand nombre de branches. Celles-ci se répandent dans les diverses parties du corps et pénètrent jusque dans les membres et dans les palpes. L'appareil circulatoire est représenté par un vaisseau dorsal divisé en trois chambres. Les organes génitaux débouchent entre les pattes postérieures, et sont munis d'un pénis chez les mâles, d'un oviscapte chez les femelles.

FIG. 349. — *Gonyleptes curvipes.*

Les Faucheurs de nos bois (*Phalangium opilio*), remarquables par l'extrême longueur de leurs pattes, appartiennent à cette famille dont les espèces sont généralement exotiques et réparties en plusieurs genres : *Gonyleptes* (fig. 349), *Ostracidium*, *Goniosoma*.

ORDRE VI. — SCORPIONIDES

Les Scorpionides (Pédipalpes de Latreille), dont le type nous est fourni par le Scorpion de nos pays, sont caractérisés par leurs palpes maxillaires, en forme de grands bras, et terminés par une pince didactyle puissante.

A côté des Scorpions proprement dits, ce groupe renferme quelques Arachnides qui présentent avec ceux-ci de nombreux caractères communs, mais qui en diffèrent sous certains rapports, de sorte qu'on les considère parfois comme formant des ordres distincts : ce sont les Pseudo-Scorpions et les Phrynidés. Nous nous occuperons d'abord des vrais Scorpions, ou *Scorpionidés*.

SCORPIONIDÉS. — Ces animaux sont remarquables par la grosseur

de leurs palpes maxillaires et des pinces didactyles qui les terminent. Leur abdomen se divise en une portion large qui continue le
thorax et comprend sept anneaux, et une portion rétrécie qui simule
une queue et se compose de six anneaux. On donne à la première le
nom de *préabdomen*, et à la seconde celui de *postabdomen*. A

l'extrémité postérieure se
trouve un appareil veni-
meux constitué par une
double glande renfermée
dans une vésicule que termine un aiguillon acéré et
recourbé (fig. 350). Celui-
ci présente, près de la
pointe, deux petits orifices
par lesquels s'écoule le venin, quand l'animal se sert
de cette arme pour atta-
quer ou pour se défendre.

L'organisation des Scor-
pions atteint à un degré
de perfectionnement re-
lativement élevé. Le sys-
tème nerveux est bien dé-
veloppé ; il se compose
d'un cerveau bilobé, re-
lié à une masse sous-
œsophagienne formée par
la réunion de plusieurs
paires de ganglions tho-
raciques, et suivie d'une
chaîne abdominale qui s'é-

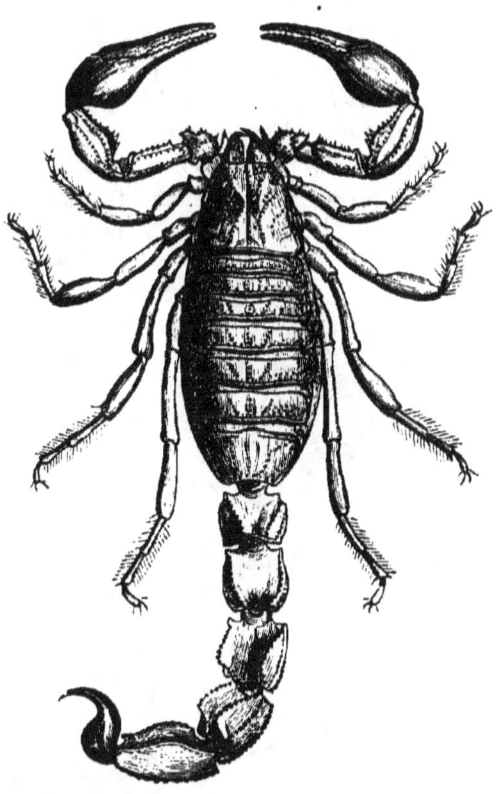

Fig. 350. — Scorpion tunisien.

tend jusqu'à l'extrémité postérieure et comprend sept ou huit renflements ganglionnaires. Les yeux sont au nombre de plusieurs paires
(de 3 à 6), dont l'une est située sur le milieu du céphalothorax, et
les autres plus petites sont placées latéralement, sur le bord frontal.
On a vu déjà quelle était la disposition des organes internes, et, en
particulier, des appareils circulatoire et respiratoire.

L'orifice génital est situé à la base de l'abdomen, entre des appendices spéciaux auxquels on a donné, à cause de leur forme, le nom
de *peignes*, et qui jouent probablement un rôle dans l'accouplement.
Ils sont innervés par une grosse branche nerveuse. Ces animaux
sont vivipares.

Les Scorpions sont répandus dans les régions chaudes ou tem-

pérées. On en distingue plusieurs genres, caractérisés principalement par le nombre et la position des yeux. Les plus connus sont :
le Scorpion flavicaude (*Scorpio* (*europæus*) *flavicaudus* de Geer),
commun dans tout le midi de la France ; le Scorpion roussâtre
(*Androctonus occitanus*), qui habite le nord de l'Afrique, et qu'on
trouve sur quelques points de notre littoral méditerranéen ; le Scorpion tunisien (*Andr. tunetanus*) (fig. 350) plus grand de taille que
les précédents, et dont la piqûre est dangereuse ; le Scorpion afri-
cain (*Buthus afer*), qui est le plus grand de tous, et se rencontre en
Afrique et dans l'Inde, etc.

PSEUDOSCORPIONS. — On a réuni sous ce nom de petits animaux qui,
par leur forme générale, par la disposition de leurs chélicères et de

FIG. 351. — *Chelifer cancroides*.

leurs palpes maxillaires, ressemblent
aux Scorpions. Leur abdomen se compose d'articles distincts, mais ne se
termine pas par un postabdomen. Leur
respiration s'effectue à l'aide de trachées, qui naissent de deux paires de
stigmates placés sur les deux premiers anneaux de l'abdomen. Ils possèdent, comme les Araignées, des
glandes à soie. Ils n'ont qu'une ou
deux paires d'yeux latéraux. Les Pseudoscorpions forment une
seule famille, celle des CHÉLIFÉRIDÉS, comprenant les genres *Che-*

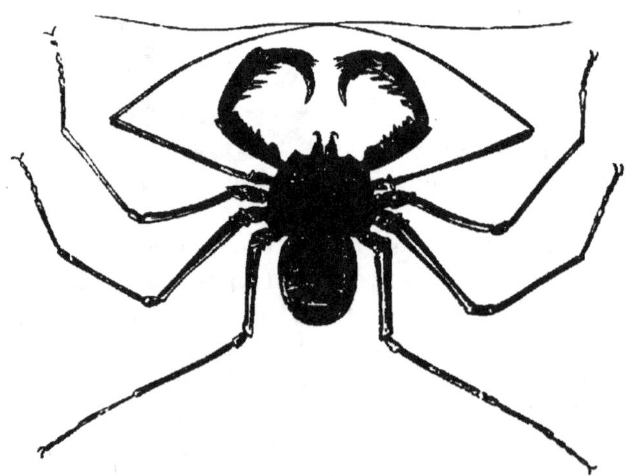

FIG. 352. — *Phrynus reniformis*.

lifer (fig. 351) et *Obisium*. Ils vivent dans la mousse, sous l'écorce
des arbres, et on en trouve parfois dans les vieux livres, dans les
herbiers. Ils se nourrissent de petits Insectes.

PHRYNIDÉS. — Les Phrynidés se distinguent des Scorpionidés par leurs chélicères dont l'extrémité est en forme de griffe, et par leur abdomen qui est plus ou moins pédiculé, sans postabdomen ni appareil venimeux. Les palpes sont terminés soit par une simple griffe (Phryne) soit par une pince didactyle (Thélyphone). Les pattes de la première paire, très longues, ressemblent à des antennes et ne servent pas à la locomotion. Les yeux sont au nombre de huit. La respiration se fait, comme chez les Scorpions, au moyen de quatre sacs pulmonaires.

Les Phrynidés habitent les régions chaudes de l'Asie et de l'Amérique. On en connaît deux genres : les Phrynes (*Phrynus*) (fig. 352), et les Thélyphones (*Thelyphonus*). Ces derniers ont leur abdomen terminé par un appendice filiforme articulé.

ORDRE VII. — ARANÉIDES

Cet ordre comprend les Arachnides auxquels on donne vulgairement le nom d'Araignées, et qui formaient le grand genre *Aranea* de Linné. Leur abdomen ne se compose pas d'articles distincts et se rattache au céphalothorax par un court pédicule, ce qui donne à leur corps une forme caractéristique.

FIG. 353.

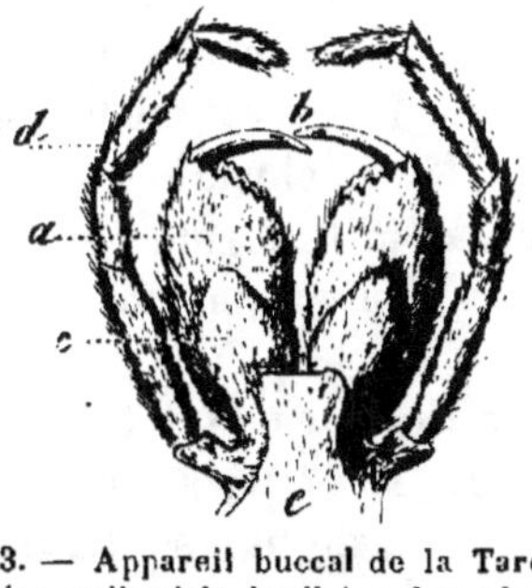

FIG. 354.

FIG. 353. — Appareil buccal de la Tarentule. — *a*, chélicères ; *b*, leurs griffes ; *c*, lobes formés par l'article basilaire des pieds mâchoires *d*, désignés d'ordinaire sous le nom de palpes maxillaires ; *e*, mentonnière.

FIG. 354. — Glande venimeuse et chélicère. — *a*, glande à venin ; *b*, son canal excréteur aboutissant à un orifice *d*, percé près de l'extrémité de la griffe *c* ; *e*, gouttière à bords dentelés dans laquelle se replie la griffe pendant le repos.

Les chélicères (fig. 353) sont terminées par une griffe mobile, à l'extrémité de laquelle débouche le canal excréteur d'une glande venimeuse située de chaque côté dans la région céphalique et regardée comme l'analogue d'une glande salivaire (fig. 354). La liqueur toxique sécrétée par cette glande est versée dans la plaie produite par la morsure, et suffit à tuer les petits animaux dont les Araignées font leur proie. Les palpes sont multiarticulés, ressemblent à de

petites pattes, et présentent chez le mâle une conformation particulière en rapport avec leur rôle dans l'accouplement. Les pattes ambulatoires, généralement longues, sont terminées par des griffes.

Les yeux sont au nombre de huit, quelquefois de six, diversement
groupés, et leur disposition a été utilisée comme moyen de classification. On sait que le système nerveux est remarquable par la coalescence de la chaîne ventrale en une masse ganglionnaire unique.

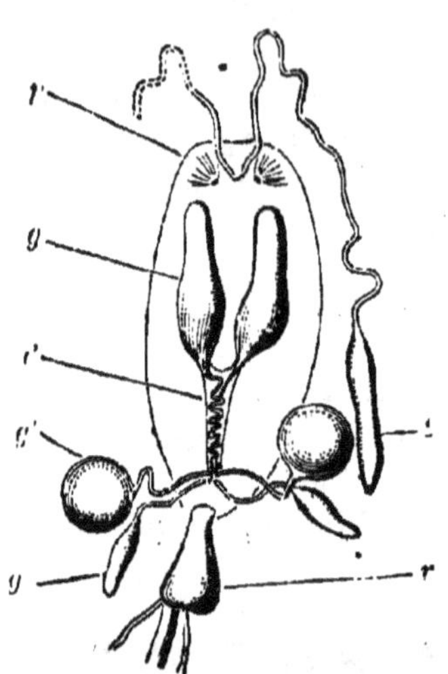

FIG. 355. — Glandes séricipares et organes génitaux mâles du *Pholcus
phalangista*. — *p*, poches pulmonaires; *g*, première paire de glandes
séricipares; *g'*, deuxième paire; *g''*,
troisième paire; *d*, canal excréteur;
t, testicule; *r*, rectum coupé et ra-
battu en arrière.

L'appareil respiratoire se compose
tantôt exclusivement de sacs pulmonaires, et tantôt à la fois de poumons
et de trachées. A la face inférieure
et postérieure de l'abdomen, au voisinage de l'anus, se trouvent quatre
ou six petits mamelons dont le sommet est percé de pores. Ce sont les
filières par où passent les fils de
soie, au moyen desquels les Araignées tissent leurs toiles. La matière
en est sécrétée par des glandes situées dans l'abdomen (fig. 355).

Les mâles se distinguent des femelles par leur taille plus petite,
leur abdomen moins développé, et
leurs palpes transformés en organes
copulateurs. Les Araignées sont ovipares, et, à l'éclosion, les jeunes
présentent déjà la forme des adultes,
de sorte qu'il n'y a pas de métamorphoses.

Les mœurs de ces animaux sont très diverses et ont donné lieu
aux observations les plus intéressantes. Ils se nourrissent de proies
vivantes dont ils s'emparent souvent au moyen de pièges dressés avec
une étonnante habileté ; les toiles d'Araignées que tout le monde
connaît servent à cet usage. Certaines espèces, comme la Mygale
maçonne, se construisent dans le sol des demeures qui se ferment
à l'aide d'un opercule mobile, et qui renferment parfois à l'intérieur
des dispositions extrêmement ingénieuses (1).

On divise les Aranéides en deux groupes ou sous-ordres : les *Té-
trapneumones* et les *Dipneumones*, suivant qu'elles sont pourvues
de quatre ou seulement de deux poches pulmonaires.

____

(1) Voy. J. Traherne-Moggridge, *Harvesting Ants and Trap-door Spiders*.
London. 1873.

1. Tétrapneumones.

Ce groupe comprend une seule famille, celle des MYGALIDÉS qui, pour la plupart, habitent les pays chauds et sont remarquables par leur grande taille.

Les Mygales (*Mygale*) sont des Aranéides géantes connues dans les colonies sous le nom d'*Araignées-Crabes*. L'espèce la plus commune, la Mygale aviculaire du Brésil (fig. 356), a le corps velu, noirâtre, mesurant de 6 à 8 centimètres ; elle est assez forte pour s'attaquer non seulement aux plus gros Insectes, mais encore aux Oiseaux-mouches et aux petits Reptiles. Ces Araignées se construisent sous l'écorce des grands arbres, ou entre des pierres, un tube dont le tissu fin et serré ressemble à de la mousseline.

Une espèce très intéressante par ses mœurs, la Mygale maçonne (*Cteniza cæmentaria* Latr.) appartient à l'Eu

FIG. 356. — Mygale aviculaire.

rope méridionale. Elle se creuse dans la terre une galerie en forme de boyau, tapissée à l'intérieur d'un tissu soyeux, et fermée par un couvercle mobile en guise de porte. Ce couvercle retombe par son propre poids, mais, si l'on essaye de l'ouvrir, l'Araignée se cramponne à sa face inférieure et le retient avec beaucoup de force. Elle sort la nuit de sa retraite pour aller en chasse des Insectes dont elle fait sa nourriture.

2. Dipneumones.

Les Aranéides dipneumones sont caractérisées par l'existence d'une seule paire de poches pulmonaires Parfois elles possèdent en outre des trachées et celles-ci s'ouvrent au dehors par une seconde paire de stigmates. Les filières sont toujours au nombre de six, tandis qu'il n'y en a que quatre chez les Mygalidés.

Ce sous-ordre renferme plusieurs familles et se subdivise en deux groupes, savoir : les Araignées vagabondes qui chassent leur proie sans tisser de toiles, et les Araignées sédentaires qui filent des toiles servant de pièges pour capturer leur proie.

a. — Vagabondes.

Elles se partagent en deux familles : les *Saltigrades* et les *Citigrades*.

Les SALTIGRADES ou ATTIDÉS, nommées aussi Araignées sauteuses, sont organisées pour le saut et s'élancent sur leur proie quand

Fig. 357. — Lycose tarentule.

celle-ci passe à leur portée. Les Saltiques (*Salticus* Latr.) en constituent le genre principal.

Les CITIGRADES ou LYCOSIDÉS sont essentiellement propres à la course. A cette famille appartient la célèbre Tarentule (*Lycosa tarentula*) (fig. 357) qui habite l'Europe méridionale, et en particulier l'Apulie. Tout le monde connaît la légende d'après laquelle la morsure de cette Araignée causerait des accidents très graves, et même mortels, qu'on a désignés sous le nom de *tarentisme* (1). Il y a des espèces de Tarentules en Espagne, en Grèce, et dans le midi de la France, par exemple la Tarentule narbonnaise, qu'on

____

(1) Voy. Walckenaer, *Histoire des Insectes aptères*, t. I.

trouve sur le littoral de la Méditerranée et dont les mœurs ont été de la part de Léon Dufour l'objet d'intéressantes observations (1).

b. — Sédentaires.

Ces Araignées se divisent en *Latérigrades* et *Rectigrades*.

Les premières ou THOMISIDÉS marchent de côté et à reculons ; elles forment une seule famille dont les principaux genres sont les Thomises (*Thomisus*), les Philodromes (*Philodromus*), etc.

Les secondes ou Rectigrades se subdivisent en plusieurs familles.

Les TUBITÈLES ou DRASSIDÉS se construisent soit des tubes, soit

FIG. 358. — Argyronète aquatique.

des cellules qui leur servent de demeure. Les Tégénaires (*Tegenaria*), parmi lesquelles se range notre Araignée domestique ; les Argyronètes (*Argyroneta aquatica*), qui vivent dans l'eau où elles se tissent une sorte de cloche pleine d'air (fig. 358) ; les Segestries (*Segestria*), les Dysdères (*Dysdera*), etc..., appartiennent à cette famille.

Les INÉQUITÈLES ou THÉRIDIDÉS filent des toiles disposées en réseaux irréguliers. Ici se placent les genres Pholque (*Pholcus*), The-

(1) Voy. Léon Dufour, *Annales des sciences naturelles*, 1835.

ridion (*Theridion*), Latrodecte (*Latrodectus*), etc... On trouve dans le midi de l'Europe une espèce de Latrodecte, la Malmignatte, qui passe pour être très venimeuse.

Les ORBITÈLES ou ÉPEIRIDÉS tissent des toiles composées de fils, dont les unes partent en rayonnant d'un point central et les autres, croisant les premiers, forment des cercles concentriques. Les Araignées se tiennent parfois sur cette toile, parfois dans une retraite voisine.

FIG. 359. — Épeire Diadème.

Le principal genre de cette famille est celui des Épeires (*Epeira*) dont une espèce, l'Épeire Diadème, très commune en France, doit son nom aux taches qui ornent son abdomen (fig. 359).

ORDRE VIII. — SOLIFUGES (GALÉODES)

Les Solifuges ou Galéodes sont des Arachnides de grande taille, au corps velu, qui sont propres aux pays chauds. Leur céphalothorax se compose de segments distincts dont l'antérieur porte les yeux, au nombre de deux seulement, les chélicères terminées par des pinces didactyles, les palpes maxillaires en forme de pattes, et enfin les pattes de la première paire. Ce segment est suivi de trois anneaux thoraciques sur chacun desquels est insérée une paire de pattes; celles-ci sont munies de griffes, tandis que les premières et les palpes en sont dépourvus. L'abdomen est également composé d'ar-

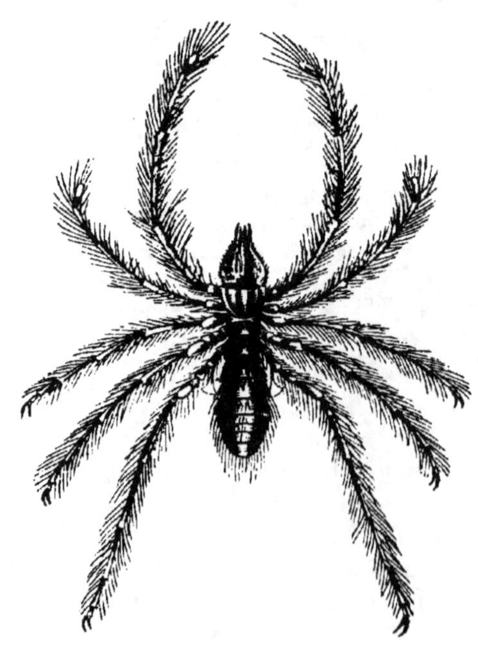

FIG. 360. — *Galéodes araneoïdes.*

ticles distincts. Ces Arachnides respirent au moyen de trachées qui communiquent avec l'extérieur par trois paires de stigmates, dont une au thorax, entre la base des pattes de la deuxième et de la troisième paires et les deux autres à la face inférieure des deuxième et troisième anneaux de l'abdomen. Les trachées qui viennent de ces orifices forment un gros tronc, de chaque côté du corps, et ce tronc se divise ensuite en un grand nombre de rameaux.

On ne connaît aux Galéodes aucun appareil venimeux bien que leur morsure passe pour être dangereuse. Ils sont très agressifs et font leur proie de petits animaux qu'ils chassent pendant la nuit (*Solifuges*). Par leur organisation, ils établissent le passage entre les Arachnides et les Insectes. Leur principal genre est celui des Galéodes (*Galeodes* Oliv., *Solpuga* Latr.) (fig. 360), dont le nom sert souvent à désigner l'ordre. Ils habitent l'Afrique, le sud de l'Europe et de l'Asie.

3ᵉ CLASSE. — MYRIAPODES

Les animaux de cette classe ont le corps composé d'un grand nombre d'anneaux qui portent chacun une ou deux paires de pattes articulées, de sorte que celles-ci sont fort nombreuses, d'où le nom de Myriapodes (de μύριοι, dix mille, πούς, pied). Chez eux la tête est distincte, mais les anneaux qui suivent sont semblables les uns aux autres, et il n'existe aucune ligne de démarcation entre le thorax et l'abdomen. Le système nerveux en rapport avec cette conformation du corps est remarquable par la longueur de la chaîne ventrale, qui comprend un nombre de renflements ganglionnaires correspondant à celui des anneaux, et présente ainsi une grande analogie avec le système nerveux des Annélides.

La tête est munie d'une paire d'antennes multiarticulées, filiformes, et d'un nombre variable d'yeux ordinairement lisses, rarement réticulés (Scutigère). L'appareil buccal présente deux dispositions différentes; tantôt les mâchoires en se réunissant constituent derrière les mandibules la lèvre inférieure, c'est ce qu'on voit chez les *Chilognathes*, comme les Iules (χεῖλος, lèvre, γνάθος, mâchoire); tantôt les mâchoires, au nombre de deux paires, restent séparées et la lèvre inférieure est formée par la soudure des hanches des pattes ravisseuses; c'est ce qu'on observe chez les *Chilopodes*, comme les Scolopendres (χεῖλος, lèvre, πούς, pied). Dans certains cas la bouche est allongée en forme de suçoir (*Polyzonium, Siphonotus*).

Le canal digestif s'étend en ligne droite de l'extrémité antérieure à l'extrémité postérieure du corps, et ce n'est que par exception qu'il forme des replis (*Glomeris*); dans sa portion buccale, il est muni de deux ou trois paires de glandes salivaires. L'œsophage est quelquefois dilaté en forme de jabot (Iule); il est suivi d'un estomac très long, cylindrique, dont la surface extérieure est souvent recouverte de petits tubes en cæcum, ou follicules gastriques. L'intestin très court reçoit de deux à six canaux urinaires analogues aux tubes de Malpighi, et s'élargit dans sa portion terminale ou rectum, qui aboutit sur le dernier segment du corps à l'ouverture anale.

L'appareil circulatoire est représenté par un vaisseau dorsal qui règne dans presque toute la longueur du corps, et se trouve divisé en autant de chambres qu'il y a d'anneaux. Chacune de ces chambres est pourvue d'une paire d'orifices afférents par où pénètre le sang contenu dans le sinus péricardique, et il part de chacune d'elles une paire d'artères latérales. En avant, le cœur se continue par une aorte, d'où naissent une artère céphalique et deux branches qui, entourant l'œsophage, s'unissent au-dessous pour former une artère spinale récurrente.

Les organes respiratoires sont constitués par des trachées qui partent de stigmates situés de chaque côté du corps, et s'anastomosent le plus souvent entre elles, de façon à former deux longs tubes latéraux.

Les sexes sont toujours séparés ; l'appareil génital (fig. 361 et 362) présente généralement une forme tubulaire, allongée, et l'apparence d'un organe simple, au moins dans sa partie fondamentale, mais les conduits excréteurs sont souvent doubles. Ces conduits sont en connexion avec des glandes accessoires paires, et parfois, chez les femelles, avec des réceptacles séminaux. Tantôt il n'y a qu'un orifice génital situé à l'extrémité postérieure du corps (*Chilopodes*), et tantôt il en existe deux, à la base de la deuxième paire de pattes (*Chilognathes*). Dans ce cas, on trouve les mâles munis d'organes copulateurs constitués par les appendices modifiés du septième anneau ; ces organes, préalablement chargés de sperme, l'introduisent pendant l'accouplement dans les vulves de la femelle. Chez la plupart des Chilopodes, les spermatozoïdes réunis sous des enveloppes communes forment des spermatophores.

Au sortir de l'œuf, les Myriapodes n'ont qu'un petit nombre d'anneaux dont quelques-uns privés de membres, et ils présentent seulement trois ou six paires de pattes, quelquefois huit. Ils subissent des mues successives, et atteignent leur complet développement par la multiplication des anneaux et l'apparition de nouveaux membres.

Les Myriapodes sont des animaux terrestres qui habitent les lieux sombres et humides, sous les pierres, sous la mousse, etc.... On en a trouvé quelques formes fossiles dans les terrains jurassiques. Latreille les a divisés en deux ordres : les *Chilopodes* et les *Chilo-*

gnathes ; aujourd'hui il y faut joindre un troisième groupe formé

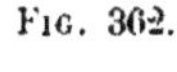

FIG. 362.

FIG. 361.

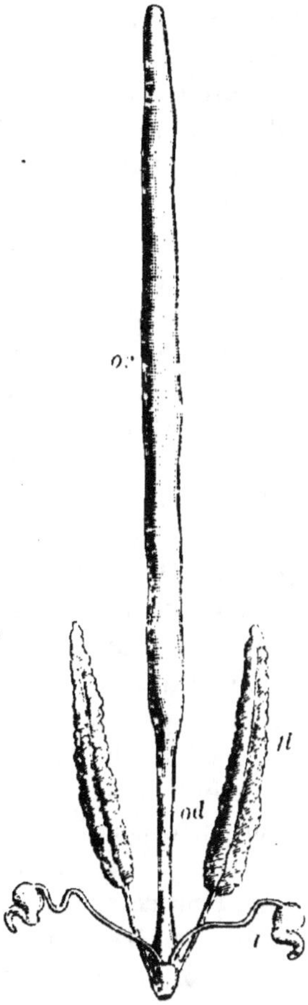

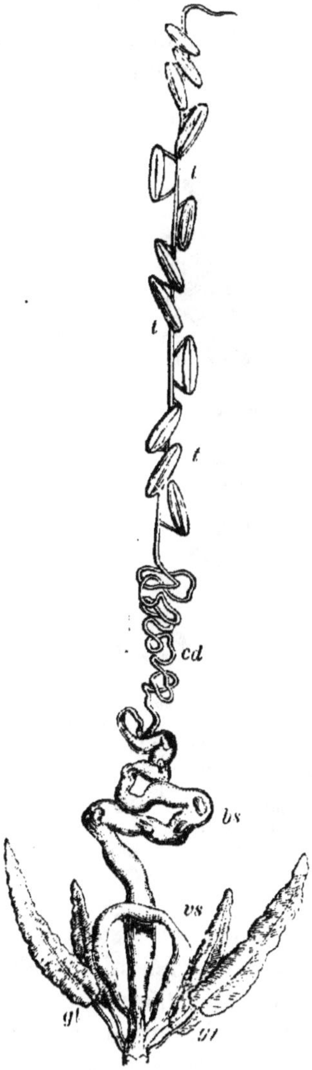

FIG. 361. — Organes femelles de *Scolopendra complanata.* — *or,* ovaire ; *od,* oviducte ; *gl,* glandes accessoires (d'après Fabre, *Annales des Sciences naturelles,* 4ᵉ série, t. III).
FIG. 362. — Organes mâles de *Scolopendra complanata.* — *t,* utricules testiculaires ; *cd,* canal déférent ; *bs,* bourse des spermatophores ; *vs,* vésicule séminale ; *gl,* glandes accessoires (d'après Fabre).

par le genre Péripate dont la place est restée longtemps incertaine, mais qui paraît, en définitive, devoir être rangé dans cette classe.

ORDRE I. — MALACOPODES BLAINV.

Cet ordre se compose d'un genre unique découvert par Guilding en 1826, et nommé par lui Péripate (*Peripatus*). Il le considéra comme formant une classe particulière parmi les Mollusques (*Mollusca polypoda*), mais on ne tarda pas à reconnaître qu'il devait être reporté parmi les Annelés ; toutefois on a hésité jusque dans ces derniers temps pour savoir si l'on avait affaire à un Annélide ou à un Myriapode, à cause des caractères intermédiaires qu'il présente entre ces deux classes d'animaux, et on en a fait souvent un groupe particulier parmi les Vers, celui des *Onychophores*, de Grube.

Le corps des Péripates est composé d'un nombre de segments variable suivant les espèces ; chacun de ces segments porte sur la face ventrale une paire de pieds coniques, sortes de mamelons charnus, terminés à leur extrémité par une double griffe. La tête peu distincte est munie de deux antennes et de deux yeux. Le système nerveux est constitué par un ganglion cérébroïde pair et par deux cordons latéraux éloignés l'un de l'autre ; ces cordons ne présentent pas de renflements ganglionnaires, mais sont unis,

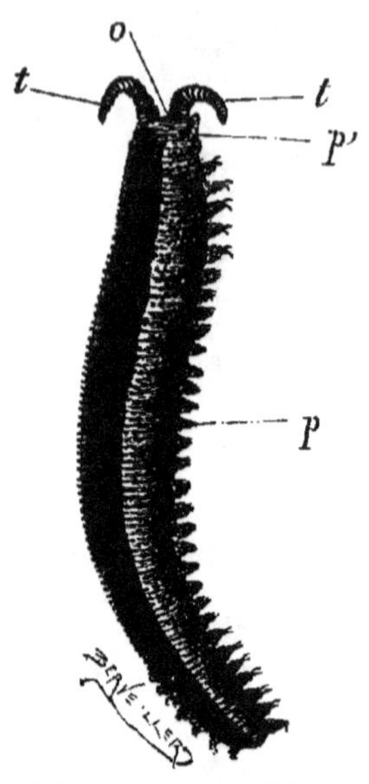

FIG. 363. — *Peripatus Edwarsii*. — *o*, œil du côté droit ; *t*, antennes ; *p*, pieds du côté droit ; *p'*, pied de la première paire du côté droit, portant, au lieu d'une double griffe terminale, l'orifice excréteur des glandes qui sécrètent la matière dont est formée la toile (d'après Grube).

de distance en distance, par des commissures transversales. La bouche est armée de mâchoires qui ne sont autre chose que des membres modifiés ; le tube digestif est droit et présente une série de légères dilatations correspondant à la division du corps en segments. Le système vasculaire est représenté par un long vaisseau dorsal. Les organes respiratoires consistent en trachées courtes et sans fil spiral ; ces trachées s'ouvrent au dehors par des stigmates dont la position sur les anneaux n'a rien de régulier.

D'après Grube, les Péripates seraient hermaphrodites, mais Moscley a reconnu que chez eux les sexes sont séparés ; ils se reproduisent par ovoviviparité. Ces animaux vivent à terre, dans les endroits humides, et peuvent sécréter à la manière des Araignées une toile dont la substance est formée par une paire de glandes qui débouchent au voisinage de la bouche.

Ils forment la famille des PÉRIPATIDÉS comprenant le seul genre Péripate. On en connaît plusieurs espèces qui toutes sont propres aux pays chauds, les Antilles, le Chili, le Cap....

ORDRE II. — CHILOGNATHES

Les Chilognathes ont la plupart de leurs anneaux réunis deux à deux, de sorte que chaque segment ainsi formé porte une double paire de pattes; c'est pourquoi Gervais a proposé pour ces animaux le nom de *Diplopodes*.

Ils ont le corps plus ou moins cylindrique, des antennes courtes qui ne comptent que sept articles. Les mandibules sont fortes et dentées; derrière elles, les mâchoires forment une sorte de lèvre inférieure; les pattes des deux premières paires diffèrent peu des pattes ordinaires. Les quatre ou cinq anneaux qui suivent la tête sont simples et ne portent chacun qu'une seule paire de membres, tandis que les autres en ont deux.

Les stigmates sont situés sur la face ventrale, au-dessous de la base des pieds, et tous les segments en sont pourvus; ils donnent accès dans des trachées disposées en touffes, qui se distribuent aux organes voisins sans fournir de rameaux anastomotiques. De chaque côté du dos se trouve une série de pores (*foramina repugnatoria*) qu'on a quelquefois confondus avec les stigmates; ce sont les ouvertures de glandes cutanées qui sécrètent une humeur acide, d'une odeur désagréable, et dont ces animaux se servent comme moyen de défense.

On sait que les orifices génitaux sont situés sur l'un des anneaux de la région antérieure du corps, et que les mâles sont pourvus d'organes copulateurs particuliers. Les petits naissent avec trois paires de pattes seulement.

Les Chilognathes se nourrissent en général de matières végétales; ils vivent à terre dans

Fig. 364. — *Glomeris limbata.*

les lieux humides, et beaucoup d'entre eux ont la propriété de se rouler en boule ou en spirale. Ils forment plusieurs familles :

Les POLYZONIDÉS, remarquables par la disposition de leur appareil buccal en forme de suçoir, et comprenant les genres *Polizo-nium, Siphonotus, Siphonophora ;*

Les GLOMÉRIDÉS (fig. 364), qui par leur aspect extérieur ressemblent aux Cloportes et peuvent comme eux se rouler en boule ;

Les IULIDÉS (fig. 365) dont une espèce, l'Iule des sables (*Iulus sabulosus* L.) est commune en Europe ;

FIG. 365. — *Julus maximus.*

Enfin, les POLYDESMIDÉS (*Polydesmus*) et les POLYXÉNIDÉS (*Polyxenus*).

ORDRE III. — CHILOPODES

Les Chilopodes ont le corps déprimé, et formé de segments plus ou moins nombreux qui ne portent chacun qu'une paire de pattes ; de ces pattes, celles de la dernière paire sont ordinairement plus allongées et dirigées en arrière. Ils ont des antennes longues et grêles dont les articles sont au nombre de quatorze au moins. L'armature buccale se compose, indépendamment des mandibules, de deux paires de mâchoires, dont la seconde a la forme de palpes ; ces mâchoires restent séparées, et, derrière elles, les pattes-mâchoires, par la soudure des hanches, constituent une lèvre inférieure. Ces pattes ravisseuses, ou *forcipules,* sont terminées par un crochet mobile, à l'extrémité duquel débouche le canal excréteur d'une glande à venin située à leur base, ce qui rend parfois la morsure de ces animaux redoutable.

FIG. 366. — Scolopendre. — Extrémité antérieure.

Les stigmates sont placés sur la membrane qui unit la portion dorsale à la portion ventrale des anneaux, et ne se rencontrent pas sur tous les segments, mais seulement de deux en deux. L'orifice génital est situé à l'extrémité postérieure du corps, au-dessus de l'anus. Les jeunes naissent avec six paires de pattes, quelquefois huit, et, chez les Scolopendres qui sont vivipares, ils sont pourvus de tous leurs membres (Gervais).

Ces animaux sont carnassiers et tuent leur proie à l'aide du venin qui pénètre dans les piqûres que font leurs pattes ravisseuses. On les partage en deux familles principales, les *Scolopendridés* et les *Scutigéridés*.

Les SCOLOPENDRIDÉS ont les antennes plus courtes que le corps, des yeux lisses, des stigmates latéraux. Cette famille a pour type

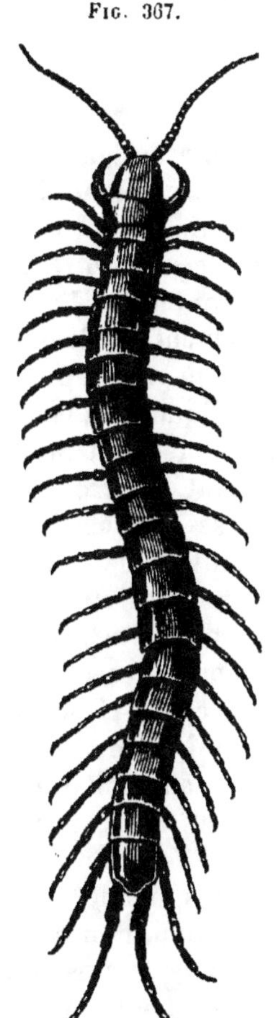

FIG. 367.

les Scolopendres (*Scolopendra*) (fig. 367) dont certaines espèces passent dans les pays chauds pour être dangereuses. On trouve dans le midi de la France la Scolopendre cingulée (*Sc. cingulata*) dont la piqûre occasionne un état fébrile avec frissons, qui dure plusieurs heures.

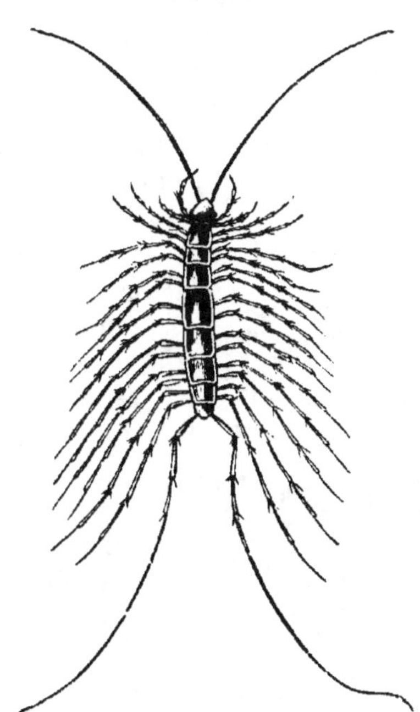

FIG. 368.

FIG. 367. — *Scolopendra morsitans*.   FIG. 368. — *Scutigera araneoides*.

A côté des Scolopendres se placent les Lithobies (*Lithobius*), qui vivent sous les pierres, et les Géophiles (*Geophilus*) dont on fait parfois des familles distinctes. Ces derniers sont remarquables par le grand nombre d'anneaux dont se compose leur corps qui peut en contenir jusqu'à 160 ; ils sont dépourvus d'yeux. On les a vus quelquefois s'introduire dans les fosses nasales.

Les SCUTIGÉRIDÉS (Schizotarses Brandt) ont les antennes plus longues que le corps, des pattes d'une longueur extraordinaire et qui va croissant d'avant en arrière, des yeux réticulés, des stigmates rapprochés de la ligne médiane du dos. Les Scutigères (*Scutigera*) (fig. 368) vivent pour la plupart dans les pays chauds, mais il en existe une espèce en Europe, la Scutigère commune (*Sc. coleoptrata*), que l'on trouve parfois dans les maisons, surtout là où il y a des boiseries, et qui court avec une extrême agilité.

4ᵉ CLASSE. — INSECTES

Pendant longtemps, à l'exemple de Linné, on a désigné sous le nom d'Insectes tous les animaux qui composent aujourd'hui la grande division des Articulés ou Condylopodes. Ce terme, Insecte, est tiré du latin *insectum*, contracté de *inter-sectum*, entrecoupé, par allusion au caractère commun à tous ces animaux d'avoir le corps divisé en segments ou anneaux. Successivement les Crustacés, les Arachnides et les Myriapodes ont été séparés du groupe primitif, de sorte que le nom d'Insectes ne s'est plus appliqué qu'à ceux des Articulés qui, respirant par des trachées, ont une tête, un thorax et un abdomen distincts, et qui, en outre, ne portent que trois paires de pattes. Cette classe a donc été fort restreinte dans ses limites, mais elle n'en est pas moins restée une des plus importantes par le nombre des formes vivantes qui en font partie, comme aussi par l'intérêt que présentent celles-ci, au point de vue de leur organisation, de leurs mœurs et de leur rôle dans la nature.

On peut définir les Insectes comme étant des animaux qui respirent par des trachées (*Trachéates*), qui ont le corps divisé en trois parties, tête, thorax et abdomen (fig. 369), dont la tête est munie de deux antennes et le thorax formé de trois anneaux portant chacun une paire de pattes (*Hexapodes*), qui sont ordinairement pourvus d'une ou deux paires d'ailes insérées sur les deux derniers anneaux du thorax, qui sont dioïques, et

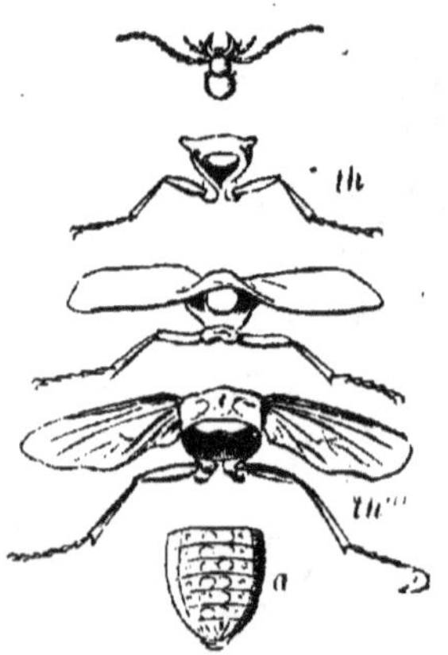

Fig. 369. — Parties dont se compose le corps d'un Coléoptère. — *c*, tête; *th'*, premier anneau du thorax (prothorax); *th''*, deuxième anneau du thorax (mésothorax); *th'''*, troisième anneau du thorax (métathorax); *a*, abdomen.

subissent le plus souvent des métamorphoses. Indépendamment de ces traits généraux, l'organisation des Insectes nous offre de nombreuses particularités.

Le squelette épidermique a une consistance variable, par suite de la formation d'une couche plus ou moins épaisse de chitine. On y observe des prolongements cuticulaires, tels que soies, poils, écailles (fig. 370) qui sont parfois en connexion avec des terminaisons nerveuses, et constituent des organes sensitifs. Souvent il existe dans les téguments des glandes dermiques qui sont, pour la plupart, unicellulaires, et dont les canaux excréteurs s'ouvrent à la surface de la cuticule par des canaux poreux.

FIG. 370. — Poils et écailles de différents Insectes.

La tête est formée d'un seul tronçon qui porte les yeux et les antennes. On peut la considérer comme composée de quatre métamères, car, outre les antennes, elle est munie de trois paires d'appendices qui constituent l'armature buccale. On y distingue différentes parties dont la supérieure, ou *épicrâne*, formant la calotte crânienne, se divise en régions qu'on a nommées *front*, *vertex*, *occiput*, *joues*, *tempes*, toutes dénominations empruntées par analogie à l'anatomie des Vertébrés. On appelle *épistome* ou *chaperon* (clypeus) la portion inférieure du front, dont le bord s'articule avec une lame transversale qui constitue une lèvre supérieure ou *labre*. La partie inférieure du crâne se compose de deux pièces, l'une dite *basilaire*, et l'autre *prébasilaire*, souvent fort peu distincte de la première, et située au-devant d'elle.

Les antennes représentant la première paire de membres sont composées d'un nombre variable d'articles, et affectent des formes extrêmement diverses (fig. 371). Elles servent au toucher, et sont regardées comme étant aussi le siège de l'odorat.

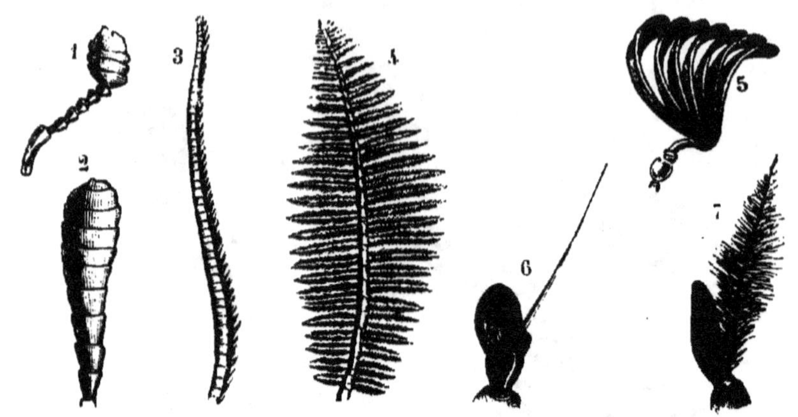

FIG. 371. — Diverses formes d'antennes. — 1, antenne de Nécrophore; 2, antenne de Machaon ; 3, antenne de Sphinx; 4, antenne d'Attacus; 5, antenne de Hanneton ; 6, antenne d'Éristalis ; 7, antenne de Volucelle.

Le thorax est formé de trois anneaux à chacun desquels on a donné un nom particulier, d'après la position qu'il occupe. Le premier est appelé *prothorax*, celui du milieu *mésothorax* et le troisième *métathorax*. Tous trois portent des pattes, et d'ordinaire les deux derniers portent aussi des ailes, mais le prothorax en est toujours dépourvu. Leur portion dorsale ou *tergum* comprend, d'avant en arrière, quatre paires de pièces sclérodermiques, connues sous les noms de *proscutum*, *scutum*, *scutellum* et *postscutellum*, qui sont généralement soudées entre elles. L'arceau ventral ou *pectus* est formé par une pièce médiane ou *sternum*, en dedans de laquelle il existe souvent une lame verticale nommée *entothorax*; sur les côtés on trouve une paire de pièces épisternales (*épisternums*), une paire d'épimères, et quelquefois une paire de pièces accessoires appelées *paraptères*.

Les pattes sont toujours articulées sur l'arceau sternal; chacune d'elles se divise en quatre parties qui sont : la portion coxale comprenant deux articles, l'article basilaire ou *hanche*, et le *trochanter*; la cuisse ou *fémur*; la jambe ou *tibia*, et le tarse, composé de deux à cinq articles dont le dernier est terminé par des crochets ou ongles mobiles. Ces pattes présentent du reste une très grande variété de conformation (fig. 372). Chez les Insectes nageurs, comme les Dytiques, elles prennent la forme de rames ciliées ; chez les Insectes sauteurs, comme les Sauterelles, les Grillons, les postérieures sont beaucoup plus longues que les autres ; chez ceux de ces animaux qui creusent la terre, comme la Courtilière, les pattes antérieures, courtes et massives, sont transformées en organes propres à fouir ; enfin quelquefois ces mêmes pattes sont rudimentaires, et paraissent faire défaut, comme on le voit chez certains Papillons.

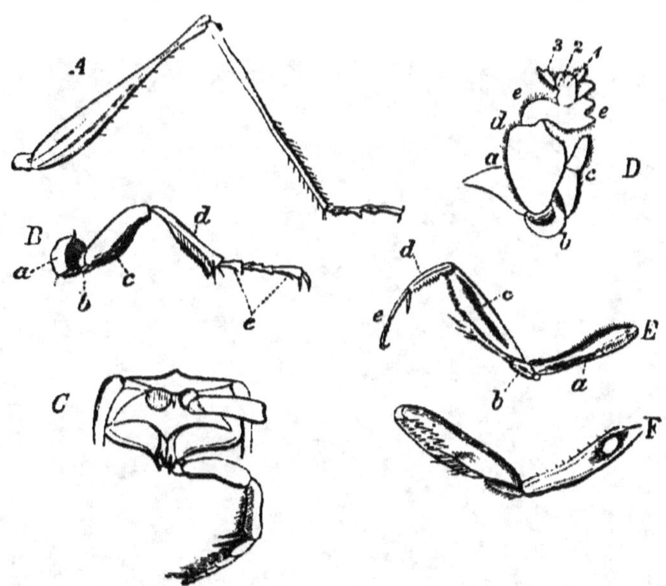

Fig. 372. — **Diverses formes de pattes.** — **A**, patte sauteuse de la grande Sauterelle verte. — **B**, patte ambulatoire du Carabe : *a*, hanche ; *b*, trochanter ; *c*, fémur ; *d*, tibia ; *e*, tarse. — **C**, anneau thoracique du Dytique, portant une patte natatoire ciliée. — **D**, patte fouisseuse de la Courtilière : *a*, hanche ; *b*, trochanter portant un prolongement *c* en forme de dent ; *d*, fémur ; *e*, tibia ; 1, 2, 3, articles du tarse. — **E**, patte ravisseuse de la Mante religieuse : *a*, hanche ; *b*, trochanter ; *c*, fémur ; *d*, tibia ; *e*, tarse. — **F**, la même avec la jambe repliée contre la cuisse.

On sait que la plupart des Insectes, à l'état adulte, portent des ailes au nombre de deux paires, insérées sur les deuxième et troisième segments thoraciques. Les premières sont appelées ailes *antérieures* ou *supérieures*, les secondes ailes *postérieures* ou *inférieures*. Ces appendices varient dans leur forme et dans leur structure. Ce sont, d'une manière générale, des expansions membraneuses formées de deux lames soudées entre elles, et parcourues par des lignes saillantes de consistance cornée, auxquelles on donne le nom de *nervures*. Celles-ci partent de la base de l'aile et se dirigent vers son sommet ; elles émettent des ramifications qui forment un réseau plus ou moins compliqué, et circonscrivent des espaces qu'on appelle *aréoles* ou *cellules*. Leur mode d'arrangement varie dans les différents groupes, et fournit des caractères utilisés dans la classification. Elles sont constituées par des espèces de tubes chitineux, dans l'intérieur desquels se répand le fluide nourricier, et où se distribuent les nerfs et les trachées appartenant à l'aile.

Souvent les quatre ailes sont membraneuses, comme chez les Papillons, par exemple, mais parfois celles de la première paire se modifient dans leur consistance, deviennent cornées et se transforment en boucliers plus ou moins solides qui recouvrent les ailes

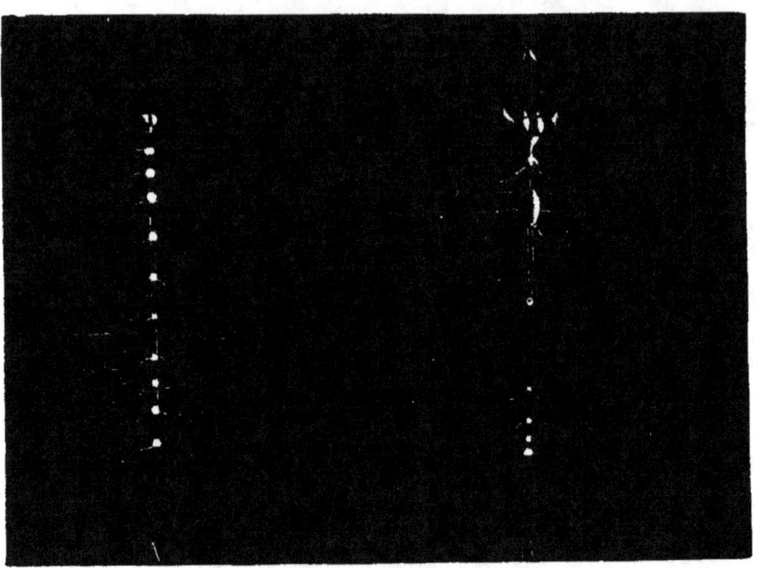

Fig. 373. — Système nerveux de l'Abeille (*Apis mellifica*). — A, système nerveux de la larve ; B, système nerveux de l'Insecte adulte (d'après Blanchard).

inférieures, ainsi qu'on le voit en particulier chez les Coléoptères; on leur donne alors le nom d'*élytres*. Dans certains cas, une portion seulement de l'aile est ainsi transformée du côté de la base, tandis que la portion terminale reste membraneuse, et on a alors affaire à des demi-élytres ou *hémelytres* (Hémiptères). A l'état de repos, les ailes inférieures, pour se cacher sous les élytres, se replient tantôt longitudinalement (Orthoptères), et tantôt transversalement (Coléoptères).

Les ailes ne sont pas toujours au nombre de quatre : chez les Mouches et les autres Diptères, on n'en trouve que deux qui appartiennent au mésothorax. Celles du métathorax sont représentées par deux petits appendices, renflés à l'extrémité, et connus sous le nom de *balanciers*. Au contraire, dans le petit groupe des Strepsiptères, les ailes postérieures sont grandes et bien développées, tandis que les ailes antérieures sont rudimentaires. Enfin, dans tous les ordres d'Insectes, on rencontre des formes aptères, c'est-à-dire complètement privées d'ailes.

L'abdomen est distinct du thorax, chez les animaux adultes, et se compose de dix anneaux dont le squelette tégumentaire est moins développé que dans le tronçon thoracique. Dans chacun de ces anneaux, l'arceau dorsal et l'arceau ventral, formés par une seule pièce cornée, sont presque toujours séparés sur les côtés par un espace membraneux où se trouvent les stigmates. Cette région est dépourvue de pattes chez l'adulte, mais chez la larve elle porte parfois des appendices courts dont l'existence est transitoire et qu'on désigne sous le nom de *fausses pattes* ; le nombre en est variable, mais il est généralement de cinq paires. Sur les anneaux postérieurs il existe souvent des appendices qui jouent un rôle dans les fonctions de reproduction, et sont transformés en organes copulateurs chez les mâles, en oviscaptes ou tarières chez les femelles.

Le système nerveux (fig. 373-374) est constitué chez les Insectes suivant le type général qui appartient aux Articulés, mais la coalescence, qui se produit à divers degrés entre les ganglions dont se compose la chaîne ventrale, entraîne de nombreuses modifications secondaires dans la disposition de cet appareil. C'est principalement dans les larves qu'on voit

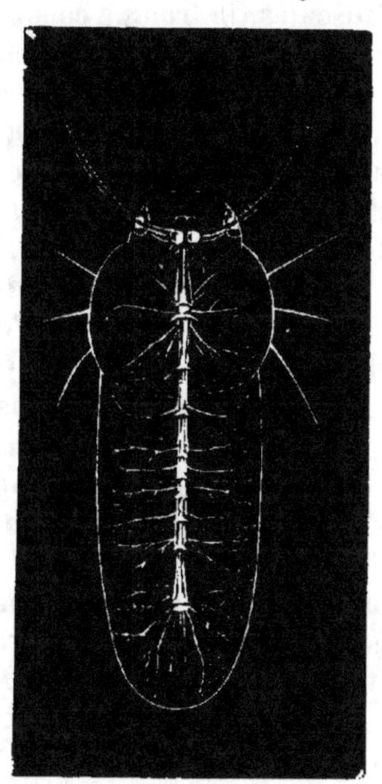

Fig. 374. — Système nerveux du Ver-à-soie du Mûrier (*Sericaria Mori*) à l'âge adulte (d'après Blanchard).

cette chaîne formée par une série uniforme de ganglions, correspondant chacun à un segment du corps (fig. 373, A). Le ganglion céphalique placé au-dessus de l'œsophage est ordinairement bilobé, et donne naissance aux nerfs des sens, parmi lesquels les nerfs optiques se font remarquer par leur volume considérable. Le système nerveux stomatogastrique est représenté par un nerf impair placé sur la face supérieure du tube digestif, et uni au cerveau par deux filets en forme de crosses ; on trouve sur le trajet de ce nerf plusieurs renflements ganglionnaires, les ganglions frontal, œsophagien et gastrique. De plus, il existe latéralement deux nerfs symétriques reliés au précédent et au cerveau par des filets anastomotiques, et présentant deux paires de ganglions qui envoient des branches au vaisseau dorsal et aux trachées (ganglions *angéens* et *trachéens*). Enfin, à la face supérieure de la chaîne ventrale, on a décrit une série de petits ganglions rattachés par des filaments aux nerfs latéraux qui émanent de cette chaîne, et fournissant en particulier des rameaux aux muscles de l'appareil respiratoire (*nerfs respiratoires*, ou *nerfs surajoutés* de Newport).

Les Insectes ont des sens développés. Le toucher s'exerce principalement par les antennes et les appendices buccaux; chez les Muscidés, la trompe constitue un organe tactile délicat. L'odorat est parfois d'une très grande finesse; il a son siège dans les antennes. Il est certain que l'ouïe existe chez un très grand nombre de ces animaux, mais on ne sait que peu de chose relativement aux organes au moyen desquels elle s'exerce; nous avons déjà eu l'occasion d'indiquer en quoi consiste l'appareil qui a été décrit chez les Criquets, les Sauterelles et les Grillons, comme servant à l'audition (p. 56).

La vision s'opère chez les Insectes au moyen d'yeux réticulés, *à facettes*, remarquables d'ordinaire par leur grosseur, et au moyen de *stemmates* ou ocelles. Ceux-ci se trouvent surtout chez les larves, mais on les rencontre aussi chez beaucoup d'Insectes qui ont des yeux composés; ils sont alors au nombre de trois, et situés entre ces derniers sur la région frontale. Les yeux réticulés, dont nous avons déjà fait connaître la structure, se composent en général d'un nombre immense de bâtonnets optiques, correspondant à autant de facettes oculaires. Ce nombre, très variable du reste, s'élève parfois à plusieurs milliers, et atteindrait le chiffre énorme de 25000 environ chez les Coléoptères du genre Mordelle.

D'une manière générale, les fonctions de la vie de relation acquièrent chez les Insectes un haut degré de perfection, et quelques-uns d'entre eux possèdent la faculté de produire des sons. On en distingue de plusieurs sortes. Sous le nom de *stridulation*, on désigne ceux qui résultent du frottement de certaines parties du squelette les unes contre les autres, ainsi qu'on l'observe chez beaucoup de Coléoptères et d'Orthoptères, tels que les Grillons, les Criquets. On appelle *bourdonnement* un bruit particulier et connu de tout le monde, que font entendre en volant les Mouches, les Bourdons, les Abeilles; il est dû aux vibrations des ailes et des muscles du thorax, les unes produisant un son grave et les autres un son aigu, à l'octave du premier (Jousset de Bellesme). Enfin, il existe chez la Cigale, dont le chant a une si grande intensité, un appareil musical complexe, dans lequel on trouve des membranes qui produisent le son (*timbales*), et des organes qui le renforcent.

Le tube digestif varie dans sa conformation, selon le régime alimentaire de l'Insecte auquel il appartient. Les appendices buccaux, en particulier, présentent des formes très différentes, suivant que ces animaux se nourrissent de matières solides, ou de matières liquides; mais, quelle que soit leur apparente diversité, ces organes n'en sont pas moins composés des mêmes parties fondamentales; seulement celles-ci sont modifiées par adaptation à des genres de vie différents. C'est à Savigny que revient l'honneur d'avoir établi cette analogie entre les diverses pièces constitutives de l'appareil buccal des Insectes.

Chez les Insectes broyeurs ou masticateurs (fig. 375), on trouve : au-devant de la bouche, une pièce médiane impaire qui constitue la lèvre supérieure ou *labre ;* au-dessous du labre, une paire de *mandibules;* derrière celles-ci, une paire de *mâchoires,* et enfin une *lèvre inférieure.*

Le labre s'articule sur le bord inférieur de l'épistome ; c'est une lamelle ordinairement mobile, de forme et de consistance variables. Les mandibules situées sur les côtés de la bouche, et opposées l'une à l'autre, sont des parties dures, chéliformes, propres à diviser les aliments, et offrent sur leur bord interne des saillies qu'on a comparées aux dents des Mammifères. Les mâchoires ont une structure plus compliquée et se composent de plusieurs pièces. On y trouve une portion basilaire, ou *corps,* formée de

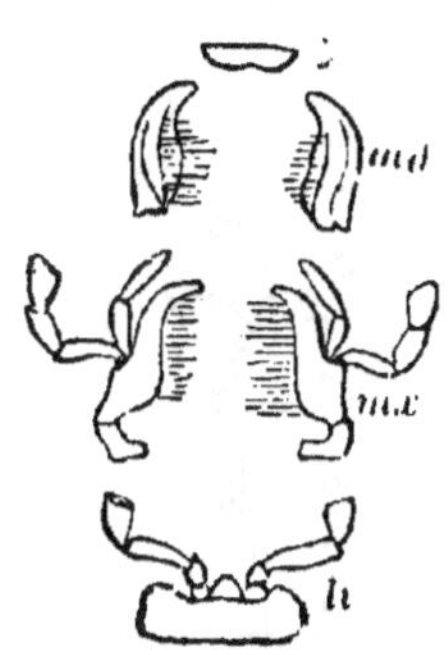

Fig. 375. — Appareil masticateur d'un Coléoptère. — *ls,* lèvre supérieure ou labre ; *md,* mandibules; *mx,* mâchoires avec les palpes maxillaires ; *li,* lèvre inférieure portant les palpes labiaux.

deux articles, dont le second, appelé *tige,* se termine par deux lobes de dimensions fort inégales, et porte extérieurement un appendice filiforme qui constitue un palpe (palpe maxillaire). Le lobe externe varie beaucoup dans sa forme; parfois il se présente comme un palpe accessoire (palpe maxillaire interne); parfois il s'élargit et ressemble à une sorte de casque ou *galea* (chez les Orthoptères). Le lobe interne a généralement son bord garni d'une rangée de soies ou de dents aiguës. La lèvre inférieure est produite par la soudure de deux organes appendiculaires analogues aux mâchoires. On donne le nom de *menton* à la pièce impaire formée par la réunion des deux parties basilaires de ces mâchoires postérieures. Cette pièce porte latéralement une paire de palpes, nommés *palpes labiaux,* et les parties situées entre ceux-ci, correspondant à la tige des mâchoires, constituent ce qu'on appelle la *languette.* Cette pièce subit de nombreuses modifications, et porte souvent à sa base deux petits appendices membraneux, connus sous le nom de *paraglosses*.

A cet ensemble de pièces qui composent l'appareil buccal des Insectes broyeurs, il faut ajouter des parties saillantes qui existent d'ordinaire dans l'intérieur de la bouche, et qu'on appelle *épipharynx* ou *hypopharynx*, selon qu'elles sont situées à la face supérieure ou inférieure de cette cavité.

Les modifications au moyen desquelles les appendices buccaux se transforment en organes de succion donnent lieu à des formes et à des dispositions variées, dont nous ne ferons connaître que les plus importantes.

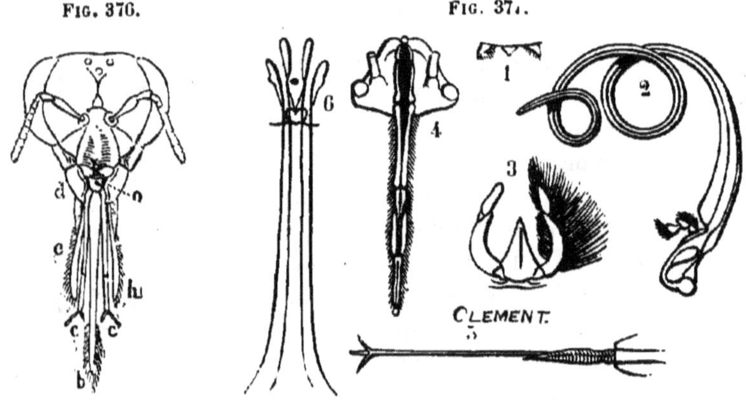

FIG. 376.　　　　FIG. 377.

FIG. 376. — Bouche d'un Hyménoptère. — *b*, languette ; *c c*, palpes labiaux ; *d*, mandibules ; *e*, mâchoires ; lobe interne ; *o*, lèvre supérieure ou labre.

FIG. 377. — Bouche de Lépidoptère et d'Hémiptère. — 1, labre et mandibules rudimentaires de la *Zygæna scabiosæ*, Lépid ; 2, spiritrompe (moitié) ou mâchoire modifiée du même Insecte avec son palpe ; 3, lèvre inférieure, très grossie, avec ses palpes, l'un dénudé ; 4, tête, vue en dessous, du *Cimex nigricornis* (Hémipt.), avec le rostre droit et articulé ; 5, détails du rostre précédent ; labre, à la base, deux paires de soies ou filets séparés au sommet, représentant les mandibules et les mâchoires ; 6, mêmes filets écartés.

Chez les Hyménoptères ou Insectes *lécheurs*, comme l'Abeille (fig. 376), la lèvre supérieure et les mandibules présentent à peu près les mêmes caractères que chez les Insectes masticateurs, mais la languette s'allonge considérablement, de même que les mâchoires, qui ont pris une forme tubulaire et engainent la première.

. On sait que les Lépidoptères puisent dans les corolles des fleurs les liquides dont ils se nourrissent, par l'intermédiaire d'une trompe longue et flexible qui se roule en spirale pendant le repos (fig. 377, 2). Cette trompe est formée par les mâchoires dont les palpes sont rudimentaires, et dont les lobes internes, très allongés et creusés en gouttière, s'unissent par leurs bords. Le labre et les mandibules sont atrophiés, et représentés par de petites pièces semblables à des

écailles ; la lèvre inférieure est aussi très réduite, mais porte sur les
côtés deux palpes labiaux bien développés (fig. 377, 3).

Chez les Hémiptères (fig. 377, 4), c'est la lèvre inférieure qui
forme un tube dans lequel sont renfermés quatre stylets ou aiguillons
très déliés, à l'aide desquels ces Insectes perforent les tissus animaux
ou végétaux dont ils aspirent
les sucs. Les stylets représentent les mandibules et
les mâchoires, et le labre
complète en dessus, dans
sa partie basilaire, le tube
formé par la lèvre inférieure
(fig. 277, 5). Chez les Diptères
enfin, l'appareil de succion
est également composé
d'une gaine et d'un certain
nombre de stylets, mais il
offre de grandes variations.
Chez les Cousins, par exemple, où il est très compliqué, il est formé d'un faisceau d'aiguilles logées dans
un demi-étui qui appartient
à la lèvre inférieure.

La bouche est suivie d'un
œsophage qui, le plus souvent, est dilaté dans sa partie inférieure de façon à
constituer un *jabot*. Parfois
même cette poche se pré-
sente comme un organe
appendiculaire du tube digestif et fonctionne comme
appareil de succion, ce qui

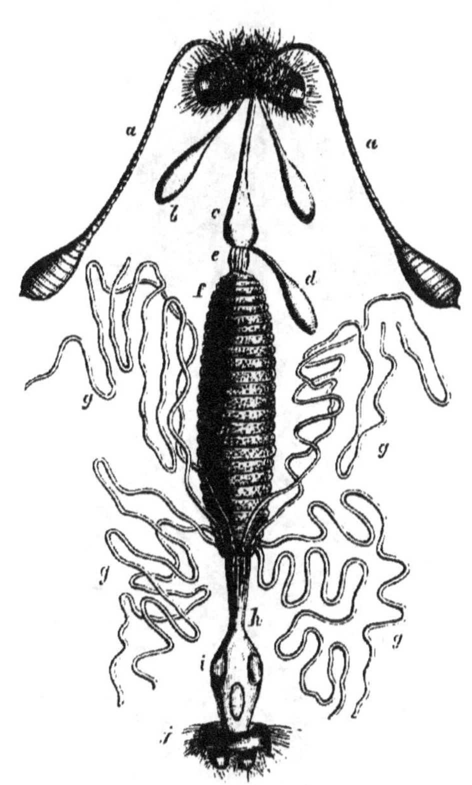

FIG. 378. — Appareil digestif de l'*Ascalaphus meridionalis*. — *a*, tête et antennes étaléos ; *b*, glandes
salivaires ; *c*, œsophage ; *d*, estomac suceur ; *e*, gésier ; *f*, ventricule chylitique ; *g g*, tubes de Malpighi ; *h*, intestin ; *i*, rectum ; *j*, dernier segment
abdominal (d'après Léon Dufour).

lui fait donner le nom d'*estomac suceur* (Diptères, etc.) (fig. 378, *d*).
Chez les Insectes broyeurs, on rencontre un second renflement à parois musculaires épaisses, et garni à l'intérieur de saillies chitineuses ; c'est le *gésier* ou estomac triturant (fig. 379, *g*), qui est surtout
développé chez les Orthoptères et un certain nombre de Coléoptères,
tels que les Cicindèles, les Carabes, les Dytiques, etc., dont la nourriture se compose de matières dures et solides, tandis qu'il manque ou
ne se rencontre qu'à l'état rudimentaire chez les Insectes dont les aliments sont liquides, comme les Hyménoptères, les Lépidoptères, etc.

La portion du tube intestinal qui constitue l'estomac ou le *ventricule chylifique* est très variable sous le rapport du volume et de la forme, mais c'est celle qui a le plus d'importance au point de vue des phénomènes digestifs, car elle renferme les glandes gastriques qui tantôt sont logées dans l'épaisseur des parois, et tantôt ont l'apparence de *villosités*, faisant saillie à la surface externe de cet organe ; ces villosités se trouvent chez la plupart des Coléoptères. Souvent aussi l'estomac donne naissance à des prolongements ou *cæcums gastriques*, qu'on observe principalement chez les Orthoptères, et qui paraissent être de simples diverticules sans aucun rôle spécial (fig. 379, *cg*).

L'intestin qui fait suite à l'estomac n'en est pas toujours séparé par une ligne de démarcation bien nette, mais la limite en est assez exactement indiquée par l'insertion des *tubes de Malpighi*. Cette portion intestinale du tube digestif se divise en intestin grêle, gros intestin et rectum, et se termine à l'ouverture anale située sur le dernier segment de l'abdomen.

Les organes glandulaires annexés au canal digestif sont : des glandes salivaires,

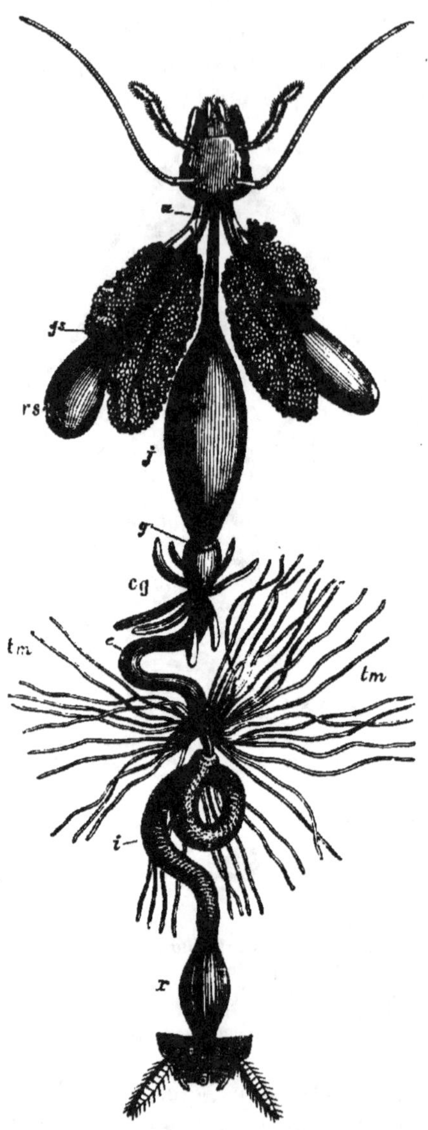

Fig. 379. — Appareil digestif de la Blatte. — *œ*, œsophage ; *j*, jabot ; *g*, gésier ; *e*, estomac ; *i*, intestin ; *r*, rectum ; *gs*, glandes salivaires ; *rs*, réservoir des glandes salivaires ; *cg*, *cæcums* ou glandes gastriques ; *tm*, tubes de Malpighi (d'après Léon Dufour).

des tubes de Malpighi et des glandes anales.

Les glandes salivaires manquent parfois ; dans ce cas, les utricules sécréteurs sont logés dans les parois de l'œsophage. Quand elles existent, elles sont au nombre d'une paire ou deux, rarement trois, et varient beaucoup dans leur conformation ; tantôt ce sont des tubes simples ou ramifiés, et tantôt des glandes en grappe, lobulées (fig. 379, *gs*).

Les canaux ou *tubes de Malpighi* sont toujours longs, grêles et contournés sur eux-mêmes, mais ils présentent une très grande variété dans leur nombre et leur disposition. On les a longtemps considérés comme des organes producteurs de la bile, et on les désignait sous le nom de *vaisseaux biliaires ;* mais la présence d'acide urique dans leur intérieur les fait regarder aujourd'hui comme des organes d'excrétion analogues aux reins. Cependant certains observateurs, et Leydig en particulier, pensent que ces canaux ne sont pas exclusivement affectés à l'une ou à l'autre de ces fonctions ; chacune d'elles appartiendrait soit à des tubes de Malpighi différents, soit à des portions différentes d'un même tube (1).

Les glandes anales ne font pas partie, à proprement parler, de l'appareil digestif, bien qu'elles débouchent dans la portion terminale de l'intestin, au voisinage de l'anus. Elles sécrètent une humeur âcre et infecte qui sert à l'animal comme moyen de défense. Gegenbaur les range dans la catégorie des glandes dermiques.

La circulation a été longtemps niée chez les Insectes et n'a été démontrée que par l'observation directe du courant sanguin, faite par Carus en 1827, sur les larves transparentes de l'Éphémère. L'appareil circulatoire est à la vérité fort réduit chez ces animaux et consiste uniquement en un *vaisseau dorsal* situé sur la ligne

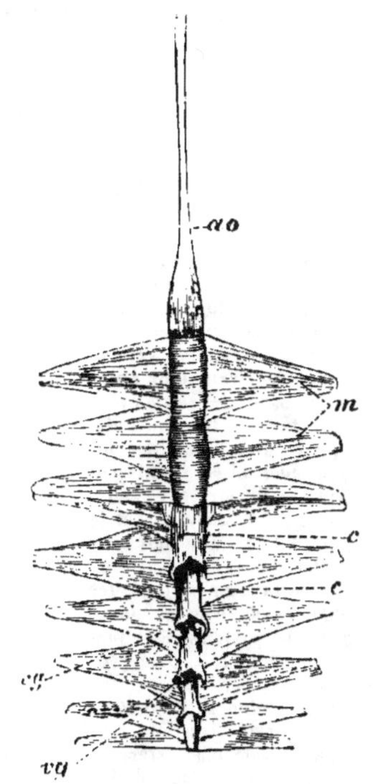

Fig. 380. — Vaisseau dorsal du Hanneton. — *ao*, sa portion aortique; *cc*, chambres ou ventriculites; *vg*, orifices latéraux; *m*, expansions musculaires ou *ailes du cœur*.

médiane du dos (fig. 380). Ce vaisseau est fixé à la paroi du corps par des expansions musculaires auxquelles on donne le nom d'*ailes du cœur ;* les ailes ne s'insèrent pas directement sur cet organe et

______

(1) Leydig, *Histologie comparée*, édit. française. Paris, 1866, p. 531 et suiv.

circonscrivent autour de lui un sinus péricardique, dans lequel le sang arrive, avant de pénétrer dans le cœur. Celui-ci présente une série d'étranglements qui le divisent en un certain nombre de chambres ou *ventriculites*, ordinairement au nombre de huit. Chacune de ces chambres est munie d'une paire d'orifices latéraux, par lesquels le sang passe du vestibule péricardique dans le cœur, où il est poussé d'arrière en avant par la contraction successive des divers ventriculites; le reflux du liquide en arrière est empêché par des replis valvulaires qui entourent le bord des orifices latéraux et qui, au moment de la systole, ferment à la fois ces orifices et le détroit interventriculaire postérieur. Du cœur, le sang est conduit par le prolongement de la chambre antérieure, ou portion aortique du vaisseau dorsal, dans un système lacunaire; là il forme des courants (fig. 381) réguliers, qui le ramènent en définitive au cœur, après qu'il a parcouru les différentes régions du corps. Le liquide sanguin est généralement incolore, quelquefois cependant de couleur jaunàtre ou verdàtre; il renferme de petits globules doués de mouvements amiboïdes.

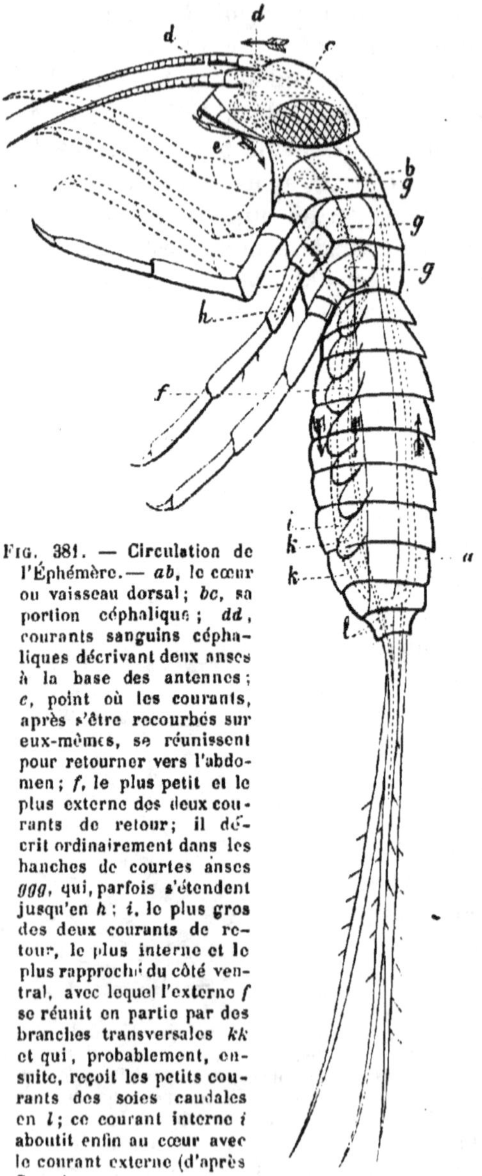

FIG. 381. — Circulation de l'Éphémère.— *ab*, le cœur ou vaisseau dorsal; *bc*, sa portion céphalique; *dd*, courants sanguins céphaliques décrivant deux anses à la base des antennes; *c*, point où les courants, après s'être recourbés sur eux-mêmes, se réunissent pour retourner vers l'abdomen; *f*, le plus petit et le plus externe des deux courants de retour; il décrit ordinairement dans les hanches de courtes anses *ggg*, qui, parfois s'étendent jusqu'en *h*: *i*, le plus gros des deux courants de retour, le plus interne et le plus rapproché du côté ventral, avec lequel l'externe *f* se réunit en partie par des branches transversales *kk* et qui, probablement, ensuite, reçoit les petits courants des soies caudales en *l*; ce courant interne *i* aboutit enfin au cœur avec le courant externe (d'après Carus).

L'appareil trachéen des Insectes fut découvert par Malpighi en

1669. Il consiste en un système de tubes ramifiés et pleins d'air, qui communiquent avec l'extérieur par une double série d'orifices ou *stigmates* situés sur les parties latérales du corps. Ils sont placés symétriquement sur la membrane qui unit la portion supérieure et la portion inférieure de chaque anneau dans la région abdominale, et entre les anneaux ou plus rarement sur les anneaux mêmes, dans la région thoracique. Il n'y en a qu'une paire pour chaque anneau, et la tête, ainsi que la partie postérieure de l'abdomen, en sont dépourvus. Chez la plupart des Insectes, on en compte neuf paires, quelquefois dix, par exemple dans les Orthoptères, mais leur nombre peut être moindre. Il est réduit à huit paires chez les Cousins (Diptères), chez les Termites (Névroptères); il n'est que de sept paires chez les Guêpes (Hyménoptères) et chez la plupart des Hémiptères; il descend à six et à cinq paires chez certains Diptères, et à deux chez la plupart des Mouches, qui sont aussi des Diptères, chez les Libellules et les Éphémères (Névroptères); enfin, on n'en trouve plus qu'une paire chez les Hémiptères des genres Nèpe et Ranatre.

Les stigmates consistent parfois en une simple fente en forme de boutonnière, par exemple les stigmates thoraciques des Carabes (fig. 382); le plus souvent ils sont pourvus d'une sorte de cadre nommé *péritrème*. Dans les stigmates simples, les bords de ce cadre sont nus ou garnis simplement de poils ; dans certains cas le péritrème porte deux replis membraneux que Réaumur nommait des *paupières*, et qui sont garnis de cils ou présentent des digitations sur les bords. D'autres fois, la membrane encadrée par le péritrème est perforée d'une ouverture centrale qu'entourent des zones colorées, ou bien elle est criblée de petits trous. Enfin,

Fig. 382. — Stigmate thoracique du Carabe doré.

chez quelques Orthoptères, les stigmates sont garnis d'une ou deux petites pièces cornées, qui ont la forme de battants de volet ; Marcel de Serres leur donne alors le nom de *trémaères*.

Les trachées sont des tubes cylindroïdes, destinés à porter dans toutes les parties du corps l'air nécessaire à la respiration. Elles doivent à la présence de ce gaz dans leur intérieur, l'aspect blanc argenté qui les caractérise. Sur certains points de leur trajet, on remarque des dilatations dont l'existence a fait donner aux trachées qui les portent le nom de *trachées vésiculeuses*, tandis qu'on appelle *trachées tubulaires*, celles qui en sont dépourvues. Les trachées tubulaires ont la forme de cylindres creux, et leur paroi est formée de deux membranes entre lesquelles on voit un fil contourné en spirale (fig. 383). La tunique interne semble n'être qu'un prolongement de la membrane épidermique qui couvre le corps, ce qui explique comment, dans le phénomène de la mue, elle se détache en

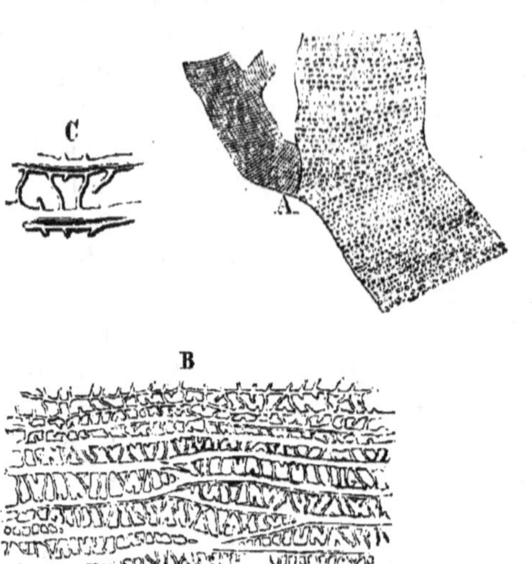

même temps que la couche épidermique cutanée. Newport a constaté que cette desquamation se fait dans toute l'étendue de l'appareil trachéen. Le fil spiral paraît n'être que le résultat d'un épaississement partiel de cette membrane interne de laquelle, en effet, on ne peut l'isoler. La membrane externe est formée d'un tissu de substance conjonctive.

Dans les trachées vésiculeuses, le fil spiral disparaît; quelquefois cependant on voit un petit nombre de lignes irrégulières qui en sont comme les vestiges. Les larves des Insectes n'ont jamais que des trachées tubulaires, et les

Fig. 383. — Trachée du Grillon domestique, prise près d'un stigmate thoracique. — A. tronc principal, à structure réticulée, duquel part une branche dont la tunique interne se montre avec ses épaississements spiroïdes(fil spiral) ; B, partie de la tunique interne du tronc à structure réticulée, grossie; C, petit fragment de cette même partie, grossissement plus fort (d'après Paul Bert).

trachées vésiculaires n'existent pas chez tous les Insectes parfaits; il paraît y avoir une certaine relation entre leur développement et la persistance du vol; ainsi, elles font défaut chez ceux de ces animaux qui ont une vie sédentaire, tels que la plupart des Coléoptères et des Orthoptères; elles sont, au contraire, très développées chez les Sauterelles, les Abeilles, les Papillons, les Mouches, qui sont organisés pour le vol.

Nous devons examiner maintenant quelles sont les formes du système trachéen et quel est son mode de distribution.

On nomme *trachées d'origine* les troncs qui naissent de chacun des stigmates, et on appelle *trachées de distribution* les diverses branches qui en partent. Lorsque ces branches vont se distribuer directement au milieu des organes, et que chaque trachée d'origine donne naissance à un système qui reste pour ainsi dire indépendant, on a une forme qui se trouve réalisée chez quelques Hémiptères, les Scutellaires, par exemple; mais, le plus souvent les trachées d'origine d'un même côté s'anastomosent entre elles par des canaux

importants ou trachées de communication, dont l'ensemble forme
deux gros troncs latéraux. C'est à eux que Lyonnet donnait le nom
de *trachée-artère*. Leur volume est souvent plus considérable que
celui des trachées d'origine, ainsi qu'on le voit dans l'Hydrophile,
par exemple, et, chez la larve de cet Insecte, ils ne communiquent
avec l'extérieur que par les deux stigmates placés à l'arrière de
l'abdomen. Chez la Nèpe (fig. 384), on trouve de chaque côté un
long canal qui unit toutes les trachées d'origine, mais de celles-ci
les deux postérieures seulement aboutissent à des stigmates, tandis
que les autres sont en rapport avec des points stigmatiques imperforés : elles n'ont donc plus d'utilité, mais elles montrent d'une
façon évidente le mode de formation de ces canaux latéraux.

Outre ces anastomoses longitudinales, on trouve des anastomoses
transversales qui mettent en communication les deux moitiés latérales du système trachéen. Ainsi, chez la Nèpe, on voit un tronc
transversal qui relie dans chaque anneau les trachées d'origine, et
cette disposition se rencontre chez la plupart des Insectes.

Ces rameaux anastomotiques peuvent se multiplier soit en travers, soit en long, et présenter divers degrés de complication. Chez
la Mante religieuse, par exemple, dont le système respiratoire a été
figuré par Marcel de Serres, il y a quatre paires de troncs longitudinaux reliés par des anastomoses transversales (fig. 55, p. 66).

Les fines ramifications des tubes secondaires qui vont aux organes
ne s'y terminent pas, mais les traversent et leur servent ainsi de
ligaments suspenseurs. Toutes les parties de l'Insecte en sont pourvues : les pattes, les antennes et même les yeux.

La disposition des vésicules trachéennes présente des différences
nombreuses suivant les espèces. Quelquefois elles sont extrêmement
multipliées, mais le volume de chacune d'elles n'est pas considérable, et elles se développent sur presque tous les points du système respiratoire, notamment sur les rameaux de distribution ; c'est
ce qu'on voit chez le Hanneton, par exemple. Ces vésicules peuvent exister sur les branches anastomotiques transversales qui unissent entre elles les trachées d'origine, et elles forment alors dans la
région dorsale une série de poches ou réservoirs aériens qu'on
observe chez les Orthoptères des genres Œdipode et Truxale. D'autres fois, ce sont les canaux longitudinaux qui donnent naissance à
ces vésicules, et même qui se transforment en deux grandes poches
à air placées de chaque côté de l'abdomen. Chez le Bourdon et
l'Abeille, où l'on peut voir ces sacs pneumatiques, ils ont la forme
d'une poire, dont la grosse extrémité serait en avant. Enfin, chez
divers Diptères, c'est seulement la portion antérieure de ces canaux
qui se dilate et constitue ainsi deux grandes poches que Léon

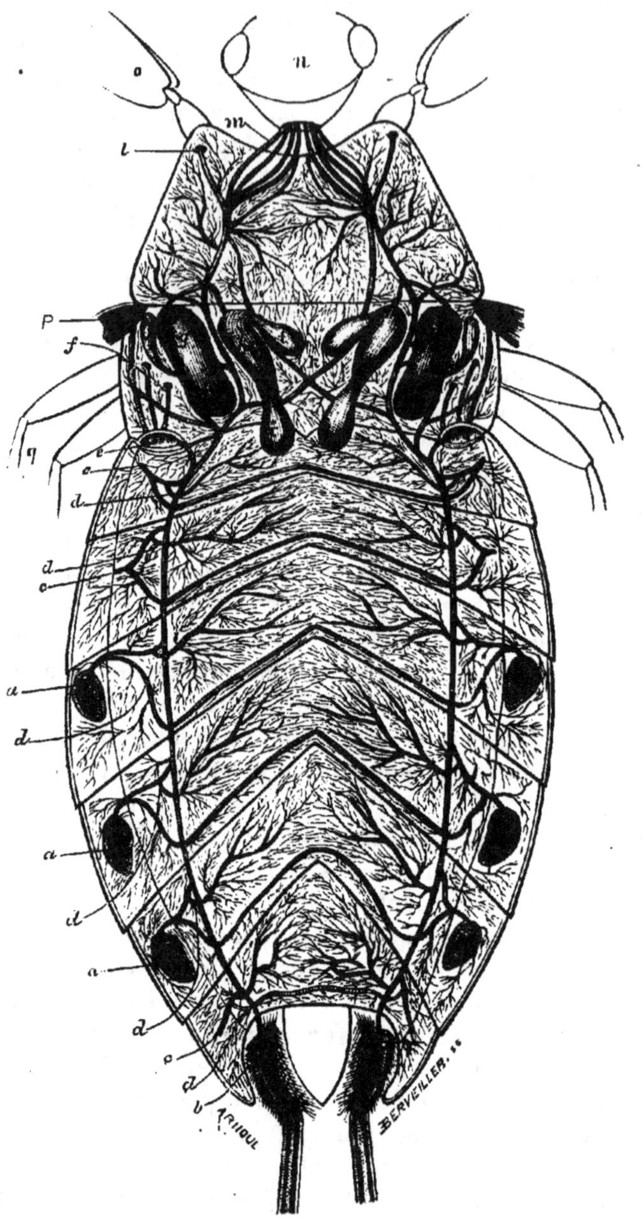

Fig. 384. — Appareil respiratoire très grossi de la Nèpe cendrée (*Nepa cineræa*). — *aaa*, les faux stigmates vus par leur face interne, avec le tronc trachéon qui s'y insère; *b*, stigmate caudal ou du siphon respiratoire, auquel aboutit, de chaque côté, le tronc principal des trachées; *ccc*, insertions borgnes des troncs trachéens correspondant aux 1er, 2e et 6e sagments ventraux; *ddd*, deux trachées naissant de chacun des troncs d'origine, l'une destinée aux organes, l'autre formant une arcade de communication; *eghij*, vésicules trachéennes; *f*, trois trachées destinées aux ailes et aux élytres, aux pattes intermédiaires et postérieures; *k*, sinus trachéen formé par la confluence de quatre trachées; *l*, trachée destinée aux pattes antérieures; *m*, faisceau de trachées destinées à la tête; *n*, portion de la tête; *o*, portion de la patte antérieure; *p*, portion d'hémélytre; *q*, portion des pattes intermédiaire et postérieure (d'après L. Dufour).

Dufour a comparées à des *ballons*. Ces expansions vésiculeuses qui servent de réservoirs pneumatiques aux Insectes dont le vol est rapide et prolongé, peuvent être comparées aux sacs aériens que l'on trouve chez les Oiseaux.

La plupart des Insectes vivent dans l'air, mais il y en a quelques-uns qui sont aquatiques et dont l'appareil respiratoire présente alors des particularités en rapport avec ce nouveau genre de vie. Ceux qui, à l'état parfait, vivent dans l'eau sont en très petit nombre; ils respirent comme les espèces terrestres, au moyen d'un système de trachées s'ouvrant au dehors par des stigmates, et ils sont obligés de venir à la surface de l'eau prendre l'air qui leur est nécessaire. Les Punaises aquatiques des genres Nèpe et Ranatre sont pourvues à cet effet de deux longs appendices placés à l'extrémité de l'abdomen. Chacun de ces appendices est creusé d'un demi-canal, et ils forment par leur réunion un tube respirateur qui conduit l'air aux deux stigmates placés en arrière, dans une sorte de chambre aérienne. Les Hydrophiles ont la surface abdominale garnie de poils nombreux et enduits de matière grasse, qui retiennent ainsi au voisinage des stigmates une couche d'air. Cette provision est entretenue, pour ainsi dire, par les antennes garnies également de poils, et qui viennent à la surface de l'eau se charger de bulles d'air qu'elles portent ensuite sous le thorax. Les Dytiques, pour respirer, relèvent l'extrémité abdominale du corps à la surface de l'eau, et, soulevant leurs élytres, ils emprisonnent au-dessous une petite quantité d'air.

Chez les larves aquatiques de quelques Diptères, la respiration s'effectue par un mécanisme analogue à celui que nous avons vu chez les Nèpes et les Ranatres; leur abdomen se termine par un tube rétractile plus ou moins long, formé d'anneaux qui amènent l'air aux deux stigmates placés à la partie postérieure du corps. Mais chez la plupart des larves aquatiques le séjour dans l'eau détermine une modification plus profonde des organes respiratoires transformés en *branchies trachéennes* (fig. 385). A la place des stigmates on trouve alors sur plusieurs segments des appendices foliacés, fili-formes ou ramifiés, parcourus par de fines divisions d'un ou de plu-sieurs tubes trachéens (Phryganides, Éphémérides). En ce cas le renouvellement de l'air dans le système trachéen s'effectue indirec-tement par l'intermédiaire de l'eau, et l'on a affaire ici à de véri-tables organes de respiration aquatique. Les branchies trachéennes présentent une grande diversité de forme et de position. Elles sont foliacées ou fasciculées et placées à la face dorsale de l'abdomen chez les larves des Éphémérides; elles sont filiformes chez les larves des Phryganides et portées sur les quatre premiers segments

abdominaux; chez les Sialides, les segments postérieurs en sont
pourvus. Chez les larves de Tipules, les branchies trachéennes
manquent et la respiration s'effectue par toute la surface du corps.
Quelquefois enfin, c'est par la surface intérieure de l'intestin, mise
en contact avec l'eau, que se fait l'échange des gaz, comme on le
voit, chez les larves d'Æshnes et de Libellules. Leur intestin volumineux, à parois musculaires, se dilate et se contracte alternativement, agissant à la manière d'une pompe, et
exécute une sorte de mouvement respiratoire
régulier. De plus, il se présente à l'intérieur de
nombreux replis qui renferment une infinité de
ramifications trachéennes, disposition essentiellement favorable à la respiration.

Chez les Insectes, on trouve sous la peau et entre
les viscères des amas de grosses cellules luisantes,
colorées et remplies de matières graisseuses, qui
forment ce qu'on appelle le *corps adipeux*. Ces
cellules abondent principalement chez les larves,
où elles constituent une réserve de substances
nutritives, destinée à fournir les éléments nécessaires au développement de l'Insecte. Le grand
nombre de ramifications trachéennes qui s'y dis-

FIG. 385. — Larve
d'Éphémère portant
des branchies tra-
chéennes.

tribuent, indique que les échanges respiratoires y sont très actifs. On
remarque une grande analogie de structure entre le corps adipeux et
les organes lumineux des Lampyres et des Élatéridés, qui sont également très riches en trachées, et dont les propriétés phosphores-
centes sont, d'après Kölliker, en relation intime avec les phénomènes
respiratoires.

Nous avons vu, à propos des organes annexés au canal digestif,
que la fonction urinaire avait son siège dans les tubes de Malpighi,
ou du moins dans une partie de ces tubes. Ceux-ci sont longs, grêles,
cylindriques, plus ou moins contournés sur eux-mêmes; ils s'ouvrent dans le canal digestif au voisinage du pylore, tantôt isolément,
tantôt de chaque côté par un canal excréteur commun, ou même
par un canal unique (Gryllidés). Leur nombre varie dans les différents groupes; ainsi, il n'y en a souvent que deux paires; parfois on
en trouve trois ou quatre paires (fig. 378); enfin dans certains cas,
ils sont très nombreux (fig. 379). Le liquide sécrété par ces organes
contenant de l'acide urique, ils constituent bien un appareil urinaire;
mais est-ce là leur unique fonction? La question n'est pas résolue.

Il nous reste encore à signaler certaines sécrétions spéciales qu'on
observe chez les Insectes, et qui ont des usages fort divers. De ce
nombre est celle qui fournit le fil de soie au moyen duquel beau-

coup de larves tissent une enveloppe protectrice ou cocon, dans lequel elles s'enferment pour accomplir leur métamorphose. Les glandes productrices de la soie ou *glandes séricigères* consistent en deux tubes allongés s'ouvrant près de la bouche, et qu'on regarde généralement comme des glandes salivaires modifiées. On appelle *glandes cirières* celles qui, chez certains Insectes, sécrètent la matière grasse connue sous le nom de cire. Parfois ce sont simplement des glandes unicellulaires réunies par groupes sous la peau et produisant des filaments de cire très ténus, qui recouvrent le corps comme d'un fin duvet (Pucerons, Cochenilles). Chez les Abeilles, il existe de chaque côté de la ligne médiane, sur les anneaux de l'abdomen, des espèces de cupules à fond plat, tapissées d'une membrane, nommée *pellicule cirière*, où débouchent les cellules glandulaires qui sécrètent cette substance qu'on voit se solidifier sous forme de minces lamelles.

Les Abeilles, les Guêpes et quelques autres Hyménoptères, sont pourvus d'un appareil venimeux. Cet appareil situé à l'extrémité postérieure du corps est constitué par deux glandes en tube qui aboutissent à un canal commun, renflé de façon à former un réservoir, et en relation avec un aiguillon destiné à inoculer le venin. Enfin, on rencontre parfois des glandes dites *odorifères* comme celle qui, chez les Punaises, est logée dans le métathorax, et qui sécrète un liquide d'une odeur repoussante.

La reproduction est presque toujours sexuelle chez les Insectes ; il n'y a d'exception que dans les cas de parthénogenèse. Les sexes sont séparés, et souvent il existe entre le mâle et la femelle des différences très marquées, soit dans la coloration, soit dans la forme de diverses parties du corps. En général, les mâles ont des couleurs plus brillantes ; ils sont plus petits de taille, plus sveltes, plus agiles que les femelles ; parfois celles-ci sont aptères tandis que les mâles sont ailés, et le dimorphisme peut être poussé si loin qu'on a pris pour des représentants d'espèces différentes le mâle et la femelle d'une même espèce. Quelquefois à côté des individus sexués on rencontre des *neutres,* ainsi nommés parce qu'ils sont stériles, mais qui ne sont autre chose que des individus sexués frappés d'arrêt de développement, et dont les organes génitaux sont restés rudimentaires ; telles sont les ouvrières chez les Abeilles et les Fourmis. L'accouplement se fait parfois dans des conditions assez singulières ; ainsi, chez quelques espèces, les Abeilles par exemple, il a lieu pendant le vol. La femelle ne s'accouple jamais qu'une fois, et d'ordinaire le mâle meurt bientôt après la copulation. L'appareil génital se compose chez le mâle (fig. 386) de deux testicules constitués chacun soit par un faisceau de petits tubes en cæcum ou de

capsules spermifiques, soit par un long tube pelotonné sur lui-même.
Les canaux déférents qui y font suite sont plus ou moins sinueux et
se réunissent en un tronc commun, ou canal éjaculateur, de longueur
variable. Il existe généralement une paire de vésicules séminales
formées par une portion dilatée des canaux déférents, mais parfois
il n'y a qu'une vésicule simple constituée par un renflement du
canal terminal commun. Des glandes accessoires sont souvent
annexées à ces conduits évacuateurs et y versent une matière qui
sert à la formation des spermatophores dont on a reconnu l'existence chez certains Insectes. Ce sont quelquefois des corps de struc-

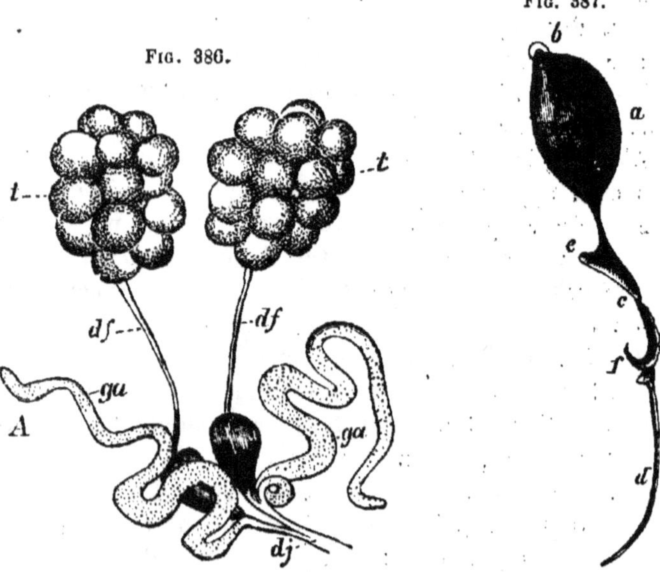

Fig. 386.

Fig. 387.

FIG. 386. — Appareil génital mâle de l'*Aphrophora spumaria*. — *t t*, testicules; *d f*, canaux
déférents dilatés inférieurement en forme de vésicule séminale; *d j*, canal éjaculateur;
g a, glandes accessoires.
FIG. 387. — Spermatophore du Grillon champêtre, vu de profil. — *a*, vésicule; *b*, papille
postérieure; *c*, lamelle avec ses crochets *e* et *f*; *d*, filet corné (d'après C. Lespès).

ture assez complexe, comme, par exemple, ceux du Grillon décrits
par Lespès et représentés dans la figure 387. L'extrémité du canal
éjaculateur constitue un pénis tubuleux, protractile et entouré d'ordinaire par un certain nombre de pièces solides formant ce qu'on
nomme l'*armure copulatrice*.

L'appareil génital femelle (fig. 388) montre une répétition exacte
des parties dont se compose l'appareil mâle. Il existe deux ovaires
qui correspondent aux testicules et sont situés de même dans
l'abdomen. Ces organes, rarement simples, sont ordinairement composés de plusieurs tubes ou vésicules dans lesquels se développent
les œufs. Ces capsules ovigères, de forme variable, débouchent de

chaque côté dans un canal excréteur ou *trompe*, et les deux trompes se réunissent en un oviducte commun, dont la portion terminale appelée *vagin*, s'ouvre sur le dernier segment de l'abdomen. On y trouve annexés des organes glandulaires qu'on désigne d'une manière générale sous le nom de *glandes sébifiques ;* de plus, l'oviducte est pourvu d'ordinaire d'une *poche copulatrice* et d'un *réceptacle séminal.* Enfin des pièces analogues à celles qui composent l'armure copulatrice du mâle sont en connexion avec l'orifice génital ; elles sont transformées en instruments qui servent à la ponte des œufs (*oviscaptes*) et qui parfois sont propres à percer des trous dans les corps où ceux-ci sont déposés (*tarières*). Dans certains cas, elles constituent des organes de défense en rapport avec des glandes à venin, et connus sous le nom d'*aiguillons*, chez les Abeilles par exemple.

Les œufs développés dans les tubes ovariens s'entourent d'une enveloppe résistante ou *coque*. Ils sont de formes très diverses et présentent souvent à leur surface des saillies qui donnent lieu à

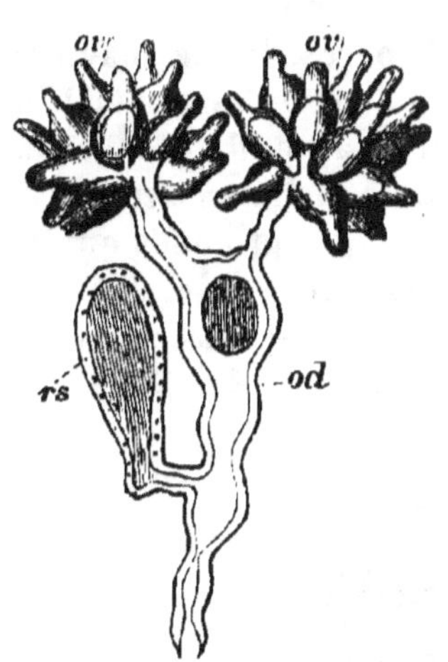

Fig. 388. — Appareil génital femelle du *Dorthesia urticæ*. — *o v*, ovaires ; *o d*, oviducte dans lequel on voit un œuf, par transparence ; *r s*, réceptacle séminal.

des dessins variés. La coque est percée d'un et parfois de plusieurs orifices ou *micropyles*, généralement situés au pôle antérieur de l'œuf, qui permettent aux spermatozoïdes de pénétrer à l'intérieur pour opérer la fécondation. Celle-ci se fait au moment où l'œuf passe dans l'oviducte, au niveau de l'orifice du réceptacle séminal, qui y verse alors un peu de son contenu, et on comprend ainsi que la femelle, après un seul accouplement, puisse produire un grand nombre d'œufs féconds. Mais il y a des Insectes chez lesquels le développement des œufs s'effectue bien qu'il n'y ait pas eu fécondation, et on sait que cette reproduction parthénogénétique peut se poursuivre pendant plusieurs générations, comme on l'a observé chez les Pucerons. Ces phénomènes de parthénogénèse se montrent chez certaines espèces d'une façon régulière, par exemple chez les Aphides qu'on voit se reproduire ainsi pendant tout l'été, et chez plusieurs Cynips dont les mâles sont inconnus ; chez d'autres, comme le papillon du Ver à soie, ce mode de génération n'apparaît que d'une manière accidentelle. Parfois les œufs non fécondés ne donnent naissance qu'à des mâles (Abeilles) ; parfois au contraire ils ne produisent que des femelles (Cynips). Enfin, il y a quelques Insectes qui se multiplient non seulement à l'âge adulte, mais encore à l'état larvaire; N. Wagner a constaté, en effet, que certaines larves de Diptères du groupe des Cécidomyies, sont susceptibles de se reproduire sous cette forme et donnent naissance à des larves semblables à elles-mêmes, qui se développent dans l'intérieur de leur corps.

La plupart des Insectes sont ovipares et quelques-uns seulement vivipares. D'une manière générale, l'embryon, au sortir de l'œuf, est dans un état de développement peu avancé de sorte qu'il doit subir avant d'atteindre la forme adulte une série de transformations ou de *métamorphoses*. Celles-ci comportent des changements plus ou moins profonds qui les ont fait distinguer en métamorphoses *complètes* et métamorphoses *incomplètes*. Dans le premier cas, le jeune passe successivement par les états de *larve* et de *nymphe*, avant d'arriver à l'état d'Insecte parfait (fig. 389).

FIG. 389. — Métamorphoses de l'Abeille. — *a*, larve de grandeur naturelle; *b*, grossie; *c*, nymphe de grandeur naturelle vue en dessus; *d*, nymphe grossie vue en dessous; *e*, adulte.

Les larves ont le corps composé d'anneaux semblables entre eux et présentent plus ou moins l'apparence de Vers, ce qui les fait souvent désigner sous ce nom. Les unes sont entièrement dépourvues de pattes, tandis que d'autres portent des appendices parmi lesquels on en distingue de deux sortes : ceux qui sont articulés et insérés sur les anneaux thoraciques, et ceux qui sont inarticulés et insérés sur les anneaux de l'abdomen. On appelle les premiers *pattes écailleuses* ou *vraies pattes*, et les seconds *pattes membraneuses* ou *fausses pattes*. Il y a beaucoup de larves, par exemple celles des Coléoptères, qui ne possèdent que des pattes écailleuses; les larves qui sont en outre munies de fausses pattes appartiennent essentiellement aux Lépidoptères, et sont connues sous le nom de *chenilles*. Pendant la période larvaire, l'Insecte prend un accroissement considérable et subit un certain nombre de mues, c'est-à-dire qu'il renouvelle plusieurs fois la couche cuticulaire dont il est revêtu. Il passe ensuite à l'état de nymphe; alors il s'isole, se renferme dans une enveloppe protectrice, où il reste plongé dans l'immobilité sans prendre aucune nourriture.

On distingue, d'après leur forme, plusieurs espèces de nymphes. On appelle *momies* ou simplement nymphes celles dont les différentes parties apparaissent nettement sous une pellicule transparente; telles sont les nymphes des Coléoptères et des Hyménoptères. On nomme *chrysalides* celles dont le corps est recouvert d'une membrane chitineuse durcie qui en laisse néanmoins reconnaître les traits; cette forme est propre aux Lépidoptères. Enfin, on donne le nom de *pupes* à celles qui sont renfermées dans la dernière membrane larvaire formant autour d'elles une enveloppe épaisse qui ne permet pas d'en distinguer les parties; c'est ainsi que se présentent les nymphes des Diptères. Dans certains cas, la métamorphose se complique, et le nombre de phases que traverse l'Insecte dans son développement se multiplie; c'est ce qu'on observe chez les Méloïdes où cette *hypermétamorphose*, selon l'expression employée par lui, a été reconnue par Fabre, d'Avignon, en 1857.

Les Insectes à métamorphoses incomplètes sont ceux dont les larves, moins éloignées que les précédentes de la forme adulte, parcourent néanmoins des phases de développement marquées par des mues, mais sans passer par l'état de nymphes, car elles sont toujours actives et continuent à prendre de la nourriture. Les Hémiptères, les Orthoptères et certains Névroptères (Libellules, Éphémères) ont des métamorphoses incomplètes. Il y a enfin quelques Insectes qui, au sortir de l'œuf, présentent déjà les caractères de l'animal adulte et ne subissent pas de métamorphose; ce sont des formes aptères, dégradées et, pour la plupart, parasites, comme les Poux, les Ricins.

Les Insectes forment une des classes zoologiques les plus importantes, non seulement par le nombre immense d'animaux qu'elle renferme, mais par la diversité de leurs mœurs, par la puissance de leur instinct et de leur intelligence, par le rôle considérable qu'ils jouent dans la nature. Parmi eux on trouve des espèces sociales (Fourmis, Abeilles, etc.) et on sait quel vaste champ d'observations s'ouvre pour le naturaliste qui étudie l'organisation de ces sociétés, et la part que prend à la vie commune chacun des membres qui les composent. Rien n'est plus fait pour exciter à la fois l'étonnement et l'admiration que l'industrie déployée par certains Insectes dans l'édification des nids, dans les soins qu'exige l'élevage des jeunes, et c'est là sans contredit un des côtés les plus attrayants de leur étude, mais nous ne saurions y insister ici.

Les Insectes sont répandus dans toutes les régions du globe, depuis les pôles jusqu'à l'équateur, et l'immense variété de leurs formes est en rapport avec la diversité des contrées qu'ils habitent.

Dans les âges géologiques, on les voit apparaître à l'époque dévonienne; ils ont laissé des débris dans les terrains carbonifères et jurassiques et se montrent fort nombreux dans les terrains tertiaires.

On s'est servi pour la classification des Insectes de trois ordres de caractères : ceux qui sont tirés de la métamorphose, de la conformation des ailes et de la structure des organes buccaux. La considération des métamorphoses dans la classification fut introduite par Swammerdam, et elle permet, en effet, de diviser les Insectes en grandes catégories, suivant qu'ils ont des métamorphoses complètes (*Insecta metabola*), des métamorphoses incomplètes (*Insecta hemimetabola*) ou qu'ils n'ont pas de métamorphose (*Insecta ametabola*); mais ces divisions ne cadrent pas exactement avec les groupes naturels établis d'après les caractères de l'adulte. Ainsi, les Insectes sans métamorphose ne se séparent pas nettement des Insectes à métamorphoses incomplètes, et, parmi ceux-ci, il en est qu'on réunit communément dans le même groupe avec des Insectes à métamorphoses complètes (Névroptères). C'est en se fondant sur les particularités présentées par les ailes que Linné distribua les Insectes en un certain nombre d'ordres dont les noms sont encore aujourd'hui en usage. Il avait appelé *Coléoptères* ceux dont les ailes supérieures sont transformées en élytres et recouvrent les ailes inférieures; *Hémiptères* ceux dont les ailes supérieures ont la forme de demi-élytres ; *Lépidoptères*, ceux dont les ailes sont recouvertes d'écailles; *Névroptères*, ceux dont les ailes présentent des nervures nombreuses; *Hyménoptères*, ceux qui ont des ailes membraneuses ; et *Diptères*, ceux qui n'ont que deux ailes. A ces ordres, Linné ajoutait celui des *Aptères*, dans lequel il faisait rentrer, avec les véritables Insectes privés d'ailes, tous les Articulés qui sont également dépourvus de ces organes, et dont on a formé depuis les classes des Myriapodes, des Arachnides et des Crustacés.

A la fin du siècle dernier, Fabricius, professeur à Kiel, eut recours pour classer les Insectes aux caractères fournis par la conformation de la bouche. Il établit ainsi des groupes qui, pour la plupart, correspondent aux ordres linnéens, mais il leur appliqua des dénominations qui n'ont pas prévalu. Parmi ces groupes, il en est un, celui des *Ulonata*, qui renferme des Insectes appartenant aux Coléoptères de Linné et caractérisés par le développement du lobe externe des mâchoires, en forme de casque ou *Galea*. De son côté, Olivier créait en 1796, pour ces mêmes Insectes, un ordre particulier et leur donnait le nom d'*Orthoptères* qui leur est resté.

Depuis, de nouvelles subdivisions ont été proposées, et certains entomologistes ont élevé au rang d'ordres quelques groupes secondaires que l'on s'accorde plus généralement à rattacher aux grands ordres linnéens. D'autre part, on a reconnu que les Aptères renfermaient des formes qui, par la disposition des organes buccaux et quelques autres caractères, se rapprochaient de certains groupes ailés auxquels on les a réunis. En effet, l'absence des ailes ne constitue qu'un caractère sans valeur au point de vue taxionomique, puisque ces organes manquent parfois chez la femelle, tandis que le mâle en est pourvu, comme on le voit chez le Ver luisant par exemple. Cet ordre a donc été abandonné. En définitive, la classification des Insectes, ainsi comprise, peut se résumer dans le tableau suivant :

Lécheurs.	Quatre ailes membraneuses transparentes...		*Hyménoptères.*
Broyeurs.	Quatre ailes, les supérieures en forme d'élytres, les inférieures pliées transversalement...		*Coléoptères.*
	Quatre ailes, les supérieures parcheminées, les inférieures pliées en éventail...		*Orthoptères*
	Quatre ailes membraneuses et réticulées....		*Névroptères.*
Suceurs.	Quatre ailes	recouvertes d'écailles colorées.	*Lépidoptères.*
		les supérieures souvent en forme de demi-élytres, les inférieures membraneuses.....	*Hémiptères.*
	Deux ailes ; les inférieures transformées en balanciers...		*Diptères.*

ORDRE I. — DIPTÈRES.

Les Diptères, comme l'indique leur nom (de δίς, deux, πτερόν, aile), possèdent seulement deux ailes : ce sont les antérieures, d'apparence membraneuse, tandis que les postérieures n'existent qu'à l'état rudimentaire et sont représentées par les *balanciers*. Souvent ceux-ci sont munis à leur base de deux petites écailles, concaves en dessous et convexes en dessus, qu'on nomme *cuillerons* ou *ailerons*. La tête est petite, arrondie et unie au thorax par un pédoncule court et grêle; elle porte des yeux à facettes de grande dimension et en général trois ocelles. La forme des antennes varie : tantôt elles sont courtes et terminées par une pointe sétiforme ; tantôt elles sont longues, filiformes, quelquefois plumeuses. Ce caractère a été utilisé dans la classification.

Les pièces de la bouche forment un suçoir, d'où le nom de *Antliata* donné par Fabricius à ces Insectes (de ἀντλία, canal).

D'ordinaire, en effet, la lèvre inférieure constitue une trompe renfermant des soies cornées ou stylets qui représentent les mandibules et les mâchoires ; parfois cette trompe est molle et terminée par deux lèvres charnues, comme on le voit dans les Mouches. Le tube digestif est pourvu d'un estomac suceur longuement pédonculé.

Les anneaux du thorax sont soudés, excepté chez les Puces ; on y remarque au voisinage des ailes deux pièces latérales nommées *épaulettes*. Les pattes sont généralement longues, grêles et munies à leur extrémité de manchons ou *pelotes* qui permettent à ces animaux de se fixer sur les corps les plus lisses, d'adhérer aux surfaces les mieux polies. L'abdomen est souvent pédiculé et ordinairement les derniers anneaux constituent un pondoir ou oviscapte rétractile.

Les Diptères subissent des métamorphoses complètes. Leurs larves sont dépourvues de pattes ; beaucoup d'entre elles vivent en parasites ou sur des corps en putréfaction (*asticots*) ; quelques-unes sont aquatiques. La plupart se transforment en pupes, et restent enveloppées dans leur dernière peau ; il en est qui, sous forme de nymphes, sont mobiles, et nagent librement dans l'eau, par exemple celles des Cousins.

On divise les Diptères en quatre groupes ou sous-ordres : *Aphaniptères* ou Puces, *Pupipares, Chétocères* et *Némocères*.

1. Aphaniptères.

Les Puces ont été regardées par certains naturalistes comme formant un ordre distinct, et Kirby leur a donné le nom d'Aphaniptères (de ἀφανής, non apparent ; πτερόν, aile). Ce sont, en effet, des Insectes aptères, dont le corps est ovalaire, comprimé latéralement, et le thorax divisé en trois anneaux distincts. La tête est petite et porte des antennes très courtes, composées de quatre articles. Les pattes sont robustes, les postérieures beaucoup plus longues que les autres et propres au saut.

Leur bouche est armée d'un suçoir ou *rostelle* qui se compose : de mâchoires en forme de lamelles foliacées portant chacune un palpe quadriarticulé ; de mandibules allongées, sétiformes et dentées sur les bords ; d'un stylet aigu qui représente la languette et constitue l'agent essentiel de la piqûre ; enfin, d'une gaine articulée formée par la lèvre inférieure et les palpes labiaux.

L'abdomen est volumineux et composé de neuf segments ; tous les anneaux du corps sont garnis de soies épineuses.

Les Aphaniptères constituent une seule famille, celle des PULICIDÉS, comprenant un certain nombre d'espèces qui vivent en parasites sur les animaux à sang chaud. Tout le monde connaît la Puce qui attaque l'homme ou Puce commune (*Pulex irritans*). La femelle est environ quatre fois plus grosse que le mâle. Elle dépose ses œufs dans la poussière, dans les fentes des planchers. De ces œufs sortent des larves blanches, transparentes et privées de pattes, qui sont nourries par la mère ; celle-ci leur dégorge dans la bouche une partie du sang qu'elle a sucé. Abandonnées à elles-mêmes elles mourraient de faim. Au bout de douze à quinze jours, chaque larve se file un petit cocon où elle se transforme en nymphe.

Il y a des espèces de Puces propres à différents animaux : *Pulex canis, Pulex felis*, etc... On appelle vulgairement *Chique* ou *Puce pénétrante*, une espèce qui habite les régions chaudes de l'Amérique, et dont on a fait un genre à part: *Rhynchoprion* ou *Sarcopsylla penetrans* (fig. 389). La femelle, après avoir été fécondée, pénètre sous la

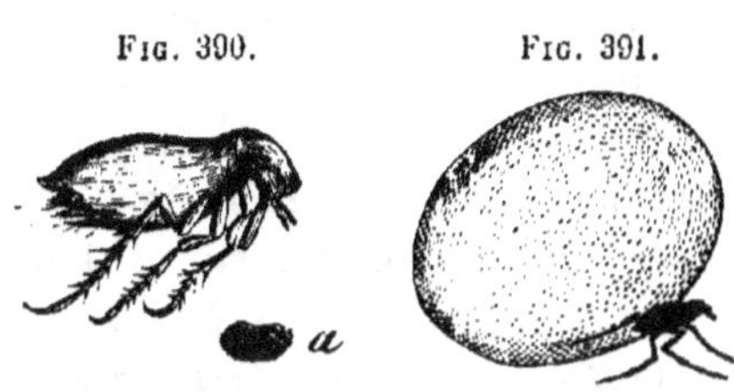

Fig. 390.   Fig. 391.

Fig. 390. — *Pulex penetrans*. Chique. *a*, œuf.
Fig. 391. — Chique gorgée.

peau de l'homme ou des animaux pour sucer le sang. Son abdomen se gonfle alors considérablement et acquiert le volume d'un petit pois (fig. 390) ; si dans ces conditions la ponte a lieu, il peut en résulter des ulcérations graves, et la Chique doit être extraite avec précaution pour prévenir des accidents de cette nature.

2. Pupipares.

Les *Pupipares* ou *Nymphipares* sont ainsi nommés parce qu'ils naissent sous la forme de pupes ou de nymphes. Pour eux la période larvaire se passe dans l'intérieur du corps de la mère, où il subissent plusieurs mues. Ces Insectes ont le corps ramassé, ordinairement élargi et déprimé dans sa partie abdominale, des antennes courtes, composées parfois de deux articles seulement, des pattes robustes terminées par des ongles crochus. Les ailes sont rudimentaires ou font défaut. Le

Fig. 392. — Hippobosque.

suçoir est formé de deux pièces sétiformes et de deux valves servant de gaine. Tous les Pupipares sont parasites.

Nous citerons comme appartenant à ce groupe :

Les Hippobosques, qui vivent sur les chevaux (*Hippobosca equina*) (fig. 392), c'est la Mouche-araignée de Réaumur ;

Les Ornithomyies, qui sont parasites des Oiseaux (*Ornithomyia avicularia*);

Les Mélophages, qui sont aptères et se trouvent sur les Moutons (*Melophagus ovinus*);

Les Nyctéribies, qui sont dépourvues d'ailes, munies de pattes fort longues, et ressemblent tout à fait à des Araignées; elles sont parasites des Chauves-Souris (*Nycteribia Latreillii*).

3. Brachycères.

Les Brachycères (de βραχύς, court; κέρας, corne), nommés aussi Chétocères (Macquart), sont caractérisés par la forme de leurs antennes courtes, composées de trois articles et terminées par une soie grêle. Le type de ce groupe nous est fourni par les Mouches. Le corps est large, épais; la tête grosse, avec des yeux très développés. La bouche en forme de trompe renferme un nombre variable de soies, deux, quatre ou six; aussi Macquart a-t-il divisé ces Insectes en *Dichœtes*, *Tétrachœtes* et *Hexachœtes*.

Les ailes ne manquent jamais; elles sont ovalaires et recouvrantes. Les larves vivent dans la terre ou dans l'eau; le plus souvent dans des matières en décomposition; parfois elles sont parasites; on leur donne vulgairement le nom d'*asticots*.

Les Brachycères se divisent en plusieurs familles, parmi lesquelles nous mentionnerons les *Muscidés*, les *Æstridés*, les *Syrphidés*, les *Asilidés* et les *Tabanidés*, comme les plus importantes.

Les MUSCIDÉS ou Mouches proprement dites renferment de nombreuses espèces dont la plus connue est la Mouche domestique (*Musca domestica*), commune dans l'intérieur des maisons, et dont les larves vivent dans le fumier. La Mouche à viande ou Mouche bleue (*Calliphora vomitoria*) (fig. 393), la Mouche verte (*Lucilia cæsar*), la Mouche vivipare (*Sarcophaga carnaria*)

Fig. 393. — *Calliphora vomitoria*.

se développent dans les chairs en putréfaction, et leurs larves dévorent les cadavres. Elles pullulent au point que « Linné a pu dire sans trop d'hyperbole que trois Mouches consomment le cadavre d'un Cheval aussi vite que le fait un Lion » (Macquart).

Les larves de ces Mouches peuvent parfois se rencontrer accidentellement sur l'homme, dans des plaies ou dans certaines cavités naturelles, comme la bouche, les narines, et de nombreux faits de ce genre sont relatés dans les ouvrages spéciaux. On a même donné un nom particulier, celui de *myasis*, à la présence de ces larves dans le corps de l'Homme ou des animaux. Une espèce de la Guyane, que le docteur Coquerel a fait connaître, la Mouche hominivore (*Lucilia hominivorax*), dépose ses œufs dans les fosses nasales de l'Homme, et ses larves occasionnent souvent des accidents mortels (1).

Dans le centre de l'Afrique, il existe une Mouche, la Tsé-tsé (*Glossina morsitans*), dont la piqûre, d'après les récits des voyageurs, notamment de Livingstone, est mortelle pour certains animaux domestiques : Bœuf, Cheval, Mouton et Chien ; elle serait, au contraire, sans danger pour l'Homme, mais elle n'en crée pas moins une difficulté des plus sérieuses pour l'exploration de cette contrée, en attaquant les animaux qui servent au transport et à l'alimentation des voyageurs.

Les larves de certaines Mouches vivent en parasites sur d'autres Insectes, en particulier sur les chenilles des Lépidoptères qu'elles détruisent en grand nombre ; ce sont les Tachinaires (*Tachina larvarum*, etc.) et quelques autres formes que pour ce motif l'on désigne parfois sous le nom d'*Entomobies*. Enfin, il y a une foule de petites Mouches dont les larves attaquent les végétaux et sont nuisibles à l'agriculture ; ainsi, celle du *Dacus oleæ* qui dévore l'intérieur de l'olive ; celle du *Chlorops lineata* qui ronge les tiges du jeune blé.

Les ŒSTRIDÉS sont voisins des Mouches, mais leur trompe est rudimentaire, et à l'état adulte, ils ne prennent aucune nourriture. Leurs larves vivent en parasites sur différents Mammifères, soit dans l'épaisseur des téguments, soit dans le tube digestif, soit dans certaines cavités naturelles, comme les fosses nasales, ce qui a fait diviser parfois ces animaux en *Cuticoles*, *Gastricoles* et *Cavicoles*.

Les Hypodermes (*Hypoderma bovis*, etc...) déposent leurs œufs sur divers Ruminants, et leurs larves en pénétrant dans le tissu cellulaire sous-cutané y déterminent des tumeurs où elles se développent. Il existe dans l'Amérique du Sud, une espèce (*Cuterebra* ou *Dermatobia noxialis*) (fig. 394-395) qui accidentellement attaque l'Homme, et les habitants du pays sont souvent affectés de tumeurs provoquées

FIG. 394.

FIG. 395.

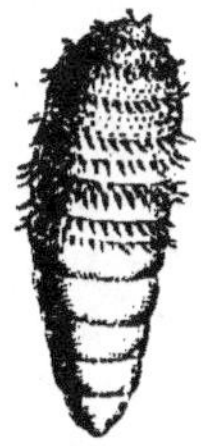

FIG. 394, 395. — *Cuterebra noxialis* et sa larve (d'après J. Goudot).

1) Coquerel, *Notes sur les larves...* (*Ann. Soc. entom. de France*, 3ᵉ série, t. VI, 1858, p. 171).

par la présence de ses larves, auxquelles ils donnent le nom de *Vers macaques*.

Les Œstres, dont le plus commun est l'Œstre du Cheval (*Œstrus equi*) (*Gastrophilus*) (fig. 396), appartiennent à la catégorie des Gastricoles. La femelle dépose sur le corps de ces animaux, aux endroits qu'ils ont l'habitude de lécher, des œufs qui adhèrent aux poils. De ces œufs sortent des larves que le Cheval, en se léchant, introduit dans son tube digestif; là ces larves se fixent à la mu-

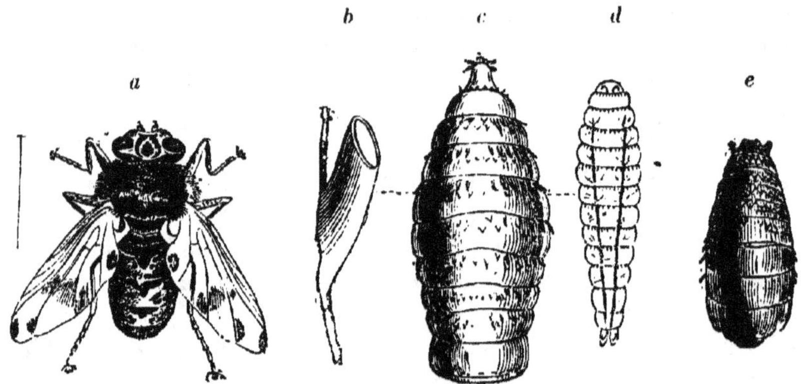

FIG. 396. — *Gastrophilus equi.* — *a,* insecte parfait; *b,* œuf attaché à un poil; *c,* larve; *d,* la même dans une première phase de développement; *e,* nymphe.

queuse stomacale au moyen de leurs mandibules en forme de crochets; de plus les anneaux de leur corps sont garnis de pointes aiguës qui servent aussi à les retenir. Elles subissent plusieurs mues, puis, à un moment donné, elles se détachent et sont entraînées au dehors avec les excréments. Elles se changent alors en pupes et subissent leur dernière transformation.

La Céphalémyie du Mouton (*Cephalemyia ovis*) vit à l'état de larve dans les cornets olfactifs et les sinus frontaux des Moutons; c'est donc un Œstridé cavicole; les œufs sont pondus par la femelle dans les narines de ces animaux.

Les SYRPHIDÉS comprennent un grand nombre d'espèces aux couleurs variées, dont la période larvaire se passe dans des conditions d'existence très diverses. Quelques-unes de ces larves sont aquatiques; par exemple, celles de l'Éristale qu'on trouve dans les mares peu profondes, et dont le corps se termine par un long tube respiratoire. A cette famille appartiennent les Volucelles, qui déposent leurs œufs dans les nids de certains Hyménoptères, tels que les Bourdons, les Guêpes, auxquels elles ressemblent par leur coloration; leurs larves dévorent celles de ces Insectes.

Les Asilidés sont d'assez grande taille, pourvus d'un suçoir à quatre soies (Tétrachœtes, de Macquart) et généralement carnassiers. L'une des espèces les plus communes dans nos pays est l'Asile crabroniforme (*Asilus crabroniformis*). Il fait sa proie d'autres Insectes dont il suce le sang, mais parfois il pique les gros animaux et l'homme lui-même.

Les Tabanidés renferment les plus gros et les plus robustes des Diptères. Ils ont un suçoir armé de six soies chez la femelle, de quatre seulement chez le mâle (Hexachœtes de Macquart.) Ils volent en bourdonnant et tourmen-

FIG. 397. — *Tabanus bovinus.*
Taon des Bœufs.

tent les quadrupèdes, comme les Bœufs, les Chevaux, qu'ils piquent jusqu'au sang. Le Taon des Bœufs (*Tabanus bovinus*) (fig. 397) est connu de tout le monde. Les larves vermiformes vivent dans la terre et paraissent se nourrir des matières végétales.

4. Némocères.

Les Némocères (de νῆμα, fil, κέρας, corne) ont des antennes filiformes composées de plus de six articles, parfois plumeuses chez les mâles. Ils se distinguent en outre par leur corps frêle et délicat, par leurs pattes longues et grêles. Ils se partagent en deux grandes familles : les *Culicidés* et les *Tipulidés*.

Les Culicidés ont pour type le Cousin (*Culex pipiens*) qui abonde dans les endroits marécageux, et dont chacun connaît l'avidité pour le sang de l'homme ainsi que l'insupportable bourdonnement. C'est aux femelles que sont dues les piqûres douloureuses causées par ces Insectes ; leur armature buccale (fig. 399) se compose de cinq stylets représentant le labre, les mandibules et les mâchoires, renfermés dans une gaine formée par la lèvre inférieure. Le mécanisme de la piqûre a été observé par Réaumur qui le décrit ainsi : « Après que le Cousin s'est posé sur le lieu où il doit piquer, on voit qu'il fait sortir du bout libre de sa trompe une pointe très fine ; qu'il tâte successivement la peau en quatre ou cinq endroits avec le bout de cette pointe, probablement afin de choisir le lieu où se trouve un vaisseau dans lequel le sang puisse être puisé à souhait. Quand il a fait son choix, on en est averti par la petite douleur que la piqûre cause sur-le-champ. La pointe de l'aiguillon composé s'introduit dans la peau ; elle y pénètre. L'étui quoique solide a une sorte de flexibilité, il se courbe à mesure que l'aiguillon pénètre dans les chairs, il devient d'abord un arc dont l'aiguillon ou les cinq filets réunis forment la corde. L'extrémité libre et renflée reste toujours sur le bord du trou pour maintenir et empêcher de vaciller cet instrument délicat et si faible. C'est par un expédient semblable que les ouvriers, lorsqu'ils ont à percer de très petits trous dans des corps très durs, savent

Fig. 398.

Fig. 399.

 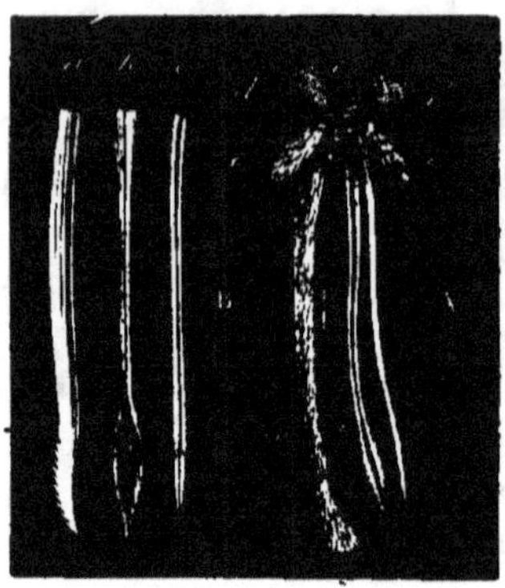

Fig. 398. — A, Cousin, et B, sa larve.

Fig. 399. — Appareil buccal du Cousin. — A, trompe: *a*, lèvre inférieure servant de gaine; *b*, mâchoires et mandibules, en forme de soies, réunies ensemble; *c*, lèvre supérieure formant une cinquième soie; *d d*, yeux; *e*, tête; *f f*, palpes maxillaires; B, soies isolées : *a*, une des deux soies dentées en scie; *b*, une des deux soies terminées par une lancette; *c*, lèvre supérieure.

maintenir la pointe déliée du foret. Au fur et à mesure que l'aiguillon pénètre, l'étui se courbe de plus en plus ; il s'y fait même un angle d'abord obtus, qui le devient de moins en moins et qui finit par se plier tout à fait en deux sur sa longueur, quand la tête du Cousin est prête à toucher la peau (1). »

Les femelles déposent à la surface des eaux leurs œufs agglutinés les uns aux autres et formant une sorte de petit radeau. De ces œufs, sortent des larves aquatiques, pourvues à leur extrémité abdominale d'une couronne de cils nateurs, et d'un tube respiratoire porté par l'avant-dernier anneau (fig. 398, B.). Ces larves subissent plusieurs mues, puis se transforment en nymphes dont l'abdomen se termine par deux lamelles qui constituent des organes de natation, et dont le thorax élargi et gonflé d'air porte deux tubes qui servent à la respiration. Quand vient le moment de l'apparition de l'insecte parfait, la nymphe flotte à la surface de l'eau, sa peau se fend dans la région dorsale exposée à l'air et forme une espèce de nacelle, d'où se dégage le Cousin, qui, au bout d'un instant, peut déployer ses

(1) Réaumur, *Mémoires...*, t. IV, p. 636.

ailes et prendre son vol; mais si en ce moment le vent souffle un peu trop fort, l'embarcation chavire et le Cousin périt dans le naufrage.

On appelle *Maringouins, Moustiques*, des espèces de Cousins qui, dans certaines contrées, constituent un véritable fléau souvent décrit dans les récits des voyageurs.

Les TIPULIDÉS ont en général beaucoup de ressemblance avec les Cousins, mais leur trompe est trop faible pour qu'ils puissent piquer les animaux, et ils se nourrissent de sucs végétaux. Leurs larves ont des habitats très différents. Les unes sont aquatiques, les autres terrestres; il y en a qui vivent dans des champignons, d'autres dans des galles; aussi a-t-on divisé ces Insectes en plusieurs groupes, sous les noms de *Culiciformes, Terricoles, Fungicoles* et *Gallicoles*. C'est aux Gallicoles qu'appartiennent les Cécidomyies qui ont la faculté de se reproduire à l'état larvaire (*Miastor*). Plusieurs espèces attaquent les céréales; l'une d'elles (*Cecidomyia destructor*) ravage les blés aux États-Unis, où elle a reçu le nom de *Mouche de Hesse*.

Il est quelques Tipulidés assez semblables à des Mouches, et que pour ce motif on appelle *musciformes*. Un de leurs genres, le G. *Simulia*, fait exception parmi les Tipulidés en ce que les femelles ont, comme celles des Cousins, l'habitude de piquer les animaux pour sucer leur sang.

ORDRE II. — HÉMIPTÈRES

Les Hémiptères (de ἥμισυς, demi, πτερόν, aile) tirent leur nom de la disposition que présentent les ailes antérieures chez un grand nombre d'entre eux, où elles ont la forme d'*hémélytres;* mais ce caractère n'est pas général, car souvent les quatre ailes sont membraneuses. Les Insectes qui appartiennent à cet ordre sont plus nettement caractérisés par la constitution de leur appareil buccal transformé en bec ou rostre; aussi Fabricius les appelait-il des *Rhynchotes* (de ῥύγχος, bec). Le rostre se compose de quatre stylets qui correspondent aux mandibules et aux mâchoires, et sont renfermés dans un tube, ordinairement formé de trois articles, qui représente la lèvre inférieure. Ce tube est complété dans sa partie basilaire par la lèvre supérieure allongée et triangulaire. A l'état de repos, le rostre est en général replié sous le ventre, entre les pattes.

Les Hémiptères ne subissent que des métamorphoses incomplètes; les larves, au sortir de l'œuf, présentent déjà la forme générale de l'adulte dont elles ne diffèrent que par l'absence des ailes, qui apparaissent ultérieurement. Dans certains cas, celles-ci ne se développent pas, et les Insectes restent aptères; c'est ce qui a lieu en particulier chez les parasites.

Les mœurs des Hémiptères offrent peu de variété. Ils se nourrissent en géneral du suc des végétaux, mais quelques-uns d'entre eux, comme les Punaises, attaquent les animaux. On divise cet ordre en trois sous-ordres : les *Aptères*, caractérisés par l'absence d'ailes; les *Hétéroptères*, à ailes antérieures en forme d'hémélytres, et les *Homoptères*, à ailes antérieures membraneuses.

1. Aptères.

Ces Insectes constituent l'ordre des Anoploures de certains entomologistes. Ils furent rapprochés des Hémiptères d'abord par Fabricius, puis par Burmeister. Ils vivent tous, en parasites, sur les animaux à sang chaud dont ils sucent le sang; ils ne subissent pas de métamorphoses.

A ce groupe appartiennent les PÉDICULIDÉS ou Poux, dont plusieurs sont parasites de l'Homme, et, à ce titre, présentent un intérêt particulier.

Ils ont un suçoir inarticulé, rétractile et armé de crochets à son extrémité.

Le Pou de tête (*Pediculus capitis*) est blanc avec les segments bordés de noir (fig. 400, 401). Il se rencontre particulièrement sur la tête des enfants mal tenus. Les œufs, connus sous le nom de *lentes*, sont piriformes et attachés aux cheveux. Les petits qui en naissent subissent plusieurs mues, mais point de métamorphoses; au bout de dix-huit jours, ils sont en état de se reproduire. La multiplication de ces animaux se fait avec une remarquable rapidité. Leeuwenhoeck a calculé que deux femelles pouvaient

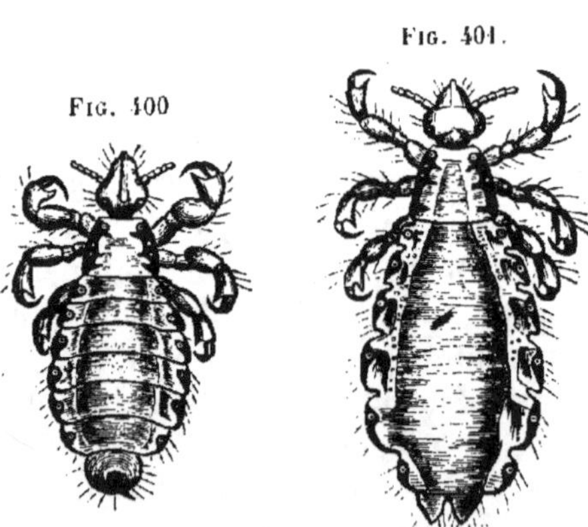

Fig. 400

Fig. 401.

Fig. 400, 401. — *Pediculus capitis.*
Pou de tête (mâle). — Pou de tête (femelle).

produire dans l'espace de deux mois dix-huit mille individus.

Une autre espèce de Pou propre à l'Homme est le Pou du corps (*Pediculus vestimenti*); il est plus grand que le précédent, d'un blanc sale, et n'a pas les anneaux bordés de noir. Il se trouve sur les gens malpropres et dans leurs vêtements. On appelle Pou des

malades (*Pediculus tabescentium*) celui qu'on a vu parfois se développer en quantité prodigieuse sur certaines personnes, et occasionner la maladie pédiculaire, ou *phtiriase*, qui peut devenir rapidement mortelle, mais ce Pou ne paraît pas former une espèce
distincte de la précédente.

Le Pou du pubis (*Phtirius inguinalis*), vulgairement appelé
« Morpion », est aussi un parasite de l'espèce humaine, et paraît être
spécial à la race blanche. Son corps est élargi, déprimé, et ses
quatre pattes postérieures sont terminées par des griffes très fortes.
Il s'attache aux poils du pubis, des aisselles, quelquefois à la barbe
et aux sourcils, mais on ne le rencontre jamais dans les cheveux.

Un certain nombre d'autres espèces de Poux vivent sur les Mammifères. Les Singes nourrissent le *Pedicinus eurygaster;* le Chien,
l'*Hematopinus pilifer* (fig. 402); le Cochon, l'*Hematopinus suis*, etc.

FIG. 402.

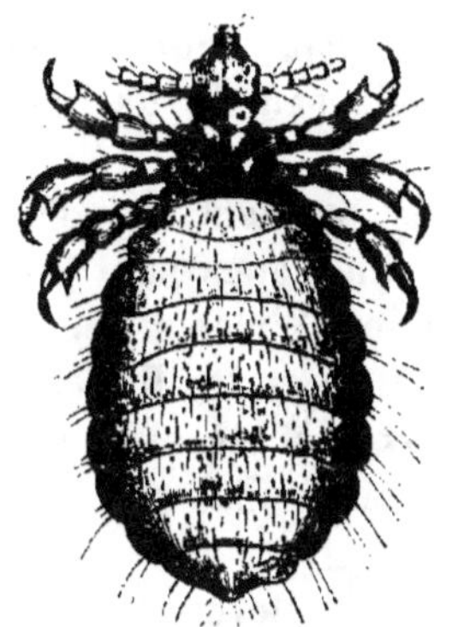

FIG. 403.

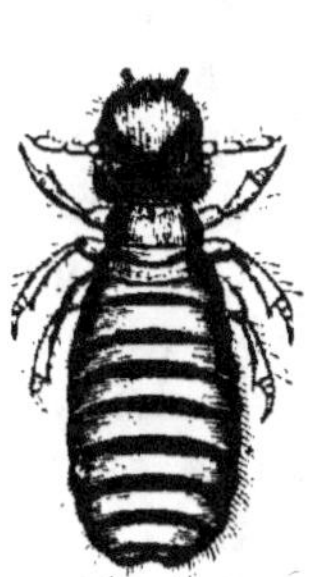

FIG. 404.

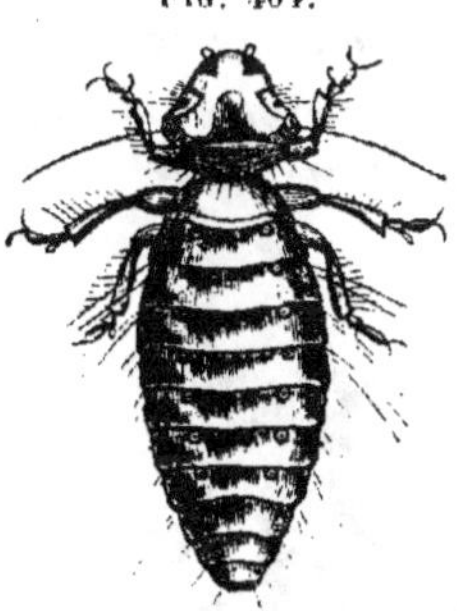

FIG. 402. — *Hematopinus pilifer.*
FIG. 403. — Trichodecte du Mouton (*Trichodectes ovis*).
FIG. 404. — Liothée pâle du Coq (*Liotheum pallidum*).

On place habituellement auprès des Péliculidés des Insectes qui
sont, comme eux, parasites, aptères, sans métamorphoses, et qui leur
ressemblent beaucoup par leur apparence extérieure, mais dont
l'appareil buccal n'est pas conformé de même; ce sont les *Ricins*
ou *Mallophages* de Nitzch. Ils n'ont pas de rostre, mais des mandibules en forme de crochets, et des mâchoires rudimentaires : aussi
ont-ils été séparés des Poux et rapprochés des Orthoptères par
quelques entomologistes. Ces Insectes vivent sur les Mammifères et
sur les Oiseaux; ils paraissent se nourrir de productions épidermoïdes, de poils et de plumes; cependant ils peuvent aussi sucer le
sang. On en connaît un grand nombre répartis dans plusieurs
genres : les Trichodectes, dont une espèce, le Trichodecte du Mouton
(*Trichodectes ovis*), est représenté dans la figure 403; les Gyropes;

les Philoptères ; les Liothées (fig. 404), etc. Ces deux derniers sont parasites des Oiseaux.

2. Hétéroptères.

Les Hétéroptères (de ἕτερος, différent) ont les ailes antérieures en forme d'hémélytres, cependant certains d'entre eux sont **aptères**. Quelquefois la femelle seule est privée d'ailes, tandis que le mâle en est pourvu. Le rostre est inséré sur le front et replié sous le corselet pendant le repos. Plusieurs de ces Insectes répandent une odeur forte, due à la sécrétion d'une glande qui est située dans le métathorax, et qui débouche entre les pattes postérieures. Ils sont d'une manière générale désignés sous le nom de *Punaises* ; les uns sont terrestres, les autres aquatiques ; aussi les partage-t-on, d'après leur genre de vie, en deux groupes : les *Hydrocorises* et les *Géocorises*. Les principaux genres d'Hydrocorises sont :

Les Notonectes, ou Punaises à avirons (*Notonecta*), qui nagent renversés sur le dos et se servent, en guise de rames, de leurs pattes postérieures très allongées ;

Les Corixes (*Corixa*), qui vivent au Mexique, et dont les œufs récoltés et séchés par les indigènes sont employés par eux comme aliment (Virlet d'Aoust) ;

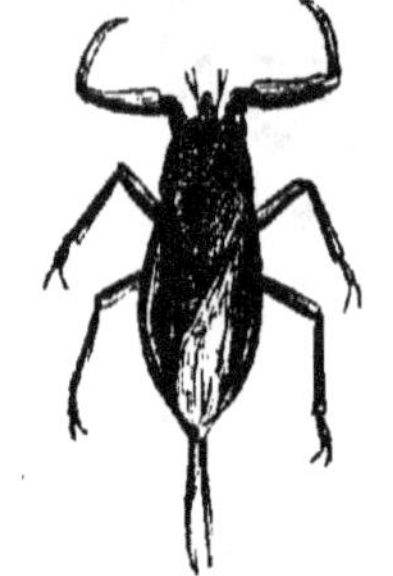

FIG. 405. — *Nepa cinerea.*

Les Nèpes (*Nepa*) (fig. 405) et les Ranatres (*Ranatra*) dont l'abdomen est terminé par deux longs appendices constituant un tube respiratoire.

Parmi les Géocorises, nous citerons :

Les Hydromètres (*Hydrometra*), qui ont le corps linéaire et les pattes fort longues, enduites à leur extrémité d'une matière grasse, ce qui leur permet de courir à la surface des eaux sans y enfoncer ;

Les Réduves, dont une espèce, le Réduve masqué (*Reduvius personatus*), a été ainsi nommée parce que, dans les maisons. mal tenues où on la trouve, sa larve se dissimule en s'enveloppant de poussière, de filaments et de débris de toute sorte. Cet Insecte à l'état larvaire, comme à l'âge adulte, se nourrit principalement d'Araignées et de Punaises des lits, auxquelles il fait une chasse active. Sa piqûre du reste est fort douloureuse ;

Les Punaises des bois, dont les espèces sont nombreuses et dont l'une, le *Pentatoma decoratum* (fig. 406), se trouve communément sur diverses Crucifères, et se fait remarquer par une coloration variée de rouge et de noir ;

Enfin, la Punaise des lits (*Acanthia lectularia*) (fig. 407), qui se

FIG. 406.

FIG. 407.

FIG. 406. — Punaise des Crucifères (*Pentatoma decoratum*).
FIG. 407. — Punaise des lits (*Acanthia lectularia*).

nourrit du sang de l'Homme, et dont tout le monde connaît les habitudes; elle n'a que des rudiments d'ailes.

3. Homoptères.

Les Homoptères (de ὁμός, semblable) ont en général les ailes supérieures membraneuses et semblables aux ailes inférieures; quelquefois cependant elles sont coriaces, mais elles ne présentent jamais la forme de demi-élytres. Le bec naît de la partie inférieure de la tête. Les femelles sont ordinairement munies d'un oviscapte, à l'aide duquel elles entaillent les végétaux, pour y déposer leurs œufs; souvent elles sont aptères.

Trois grandes familles principales composent ce groupe : les *Coccidés*, les *Aphididés* et les *Cicadidés*.

Les COCCIDÉS ou Cochenilles ont des femelles aptères qui, au moment de la ponte, se fixent sur les végétaux en y enfonçant leur rostre, elles sont alors immobiles et déposent au-dessous d'elles leurs œufs que leur corps, en se desséchant, recouvre ensuite d'une sorte de coque protectrice. Dans cet état, elles ont l'aspect de petites galles, d'où le nom de *Gallinsectes* qui leur a été donné par Réaumur, et, après lui, par d'autres entomologistes. Les mâles, plus petits que les femelles, acquièrent des ailes, et, par exception à ce qui se passe chez les autres Hémiptères, subissent une métamorphose complète; leurs larves s'entourent d'un cocon et se transforment en pupes; les adultes n'ont qu'un bec rudimentaire et ne prennent pas de nourriture.

Certaines espèces présentent un intérêt particulier, à cause des matières colorantes qu'elles fournissent à l'industrie. Ainsi, la Cochenille ordinaire se compose de petits grains d'un brun rougeâtre, qui ne sont autre chose que les corps des femelles desséchés du *Coccus cacti* (fig. 408, 409), originaire du Mexique où il vit sur divers Opuntias. Cette Cochenille a été importée dans différents pays, aux Antilles, en Espagne,

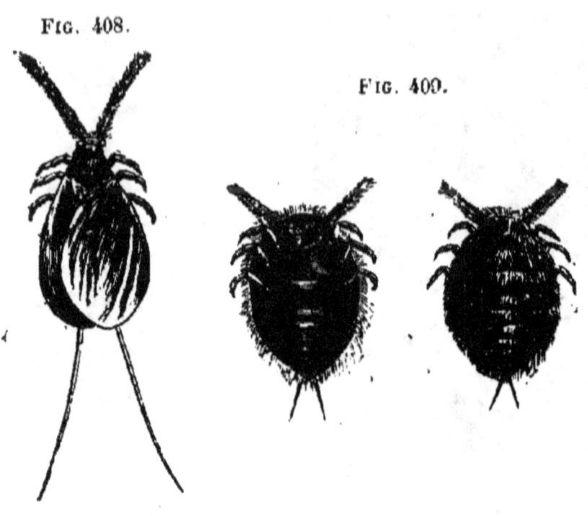

Fig. 408.

Fig. 409.

FIG. 408. — Cochenille. (*Coccus cacti*) (mâle).
FIG. 409. — Cochenille (femelle).

en Algérie. C'est d'elle qu'on tire la magnifique couleur rouge, connue sous le nom de *carmin*.

La laque est une sorte de résine qui s'écoule du *Ficus religiosa* et de quelques autres arbres des Indes, à la suite des piqûres que font les femelles du *Coccus lacca*.

Il y a un grand nombre d'espèces de cette famille qui sont nuisibles à différents végétaux, et en particulier aux arbres fruitiers; par exemple, celles qui vivent sur les pêchers (*Chermes persicæ*); les poiriers (*Ch. pyri*); les orangers (*Ch. Hesperidum*); les figuiers (*Ch. Caricæ*) (fig. 410); les oliviers (*Ch. oleæ*), etc....

Le Kermès, animal employé pour la teinture rouge qu'il fournit, et qui entre dans certaines préparations pharmaceutiques, est une espèce qui se trouve, dans le midi de l'Europe, sur le chêne vert (*Quercus ilicis*).

Les APHIDIDÉS ou Pucerons se nourrissent du suc des végétaux sur lesquels ils vivent; ils sont remarquables par leur polymorphisme et leur reproduction parthénogénétique. On sait que c'est sur une de leurs espèces, le Puceron du plantain, que Bonnet constata pour la première fois ce mode de génération (voy. p. 72). Les femelles qui produisent des œufs fécondés sont privées d'ailes, et se montrent en automne, en même temps que les mâles qui sont ailés.

Les œufs pondus par elles traversent l'hiver, éclosent au printemps,
et donnent naissance à des individus vivipares qui se reproduisent
parthénogénétiquement pendant tout l'été, et qui diffèrent par leurs
caractères des femelles sexuées ovipares. Chez certaines espèces,
ces phénomènes se compliquent de diverses manières, et le nombre

Fig. 410. — Kermès du figuier (*Chermes caricæ*).

des formes qui se succèdent dans un cycle évolutif devient parfois
plus considérable. C'est ce qui a lieu chez les *Phylloxeras* dont
l'histoire est aujourd'hui connue, grâce surtout aux travaux de
Balbiani.

L'espèce qui ravage nos vignobles, et que nous donnerons comme
exemple, à cause de l'intérêt spécial qu'elle présente, le *Phylloxera*

vastatrix (fig. 411), fut observée pour la première fois, en 1868, par
Planchon, de Montpellier.

Pendant toute la belle saison, des individus aptères vivent en
nombre immense sur les racines des vignes malades qu'ils épuisent;
ce sont des femelles agames qui, au lieu d'être vivipares, comme
dans le cas précédent, sont ovipares. Les œufs qu'elles pondent
éclosent au bout de quelques jours, en donnant naissance à des
larves qui subissent plusieurs mues. Environ huit générations se
succèdent ainsi pendant l'été, par voie de parthénogénèse. Quand

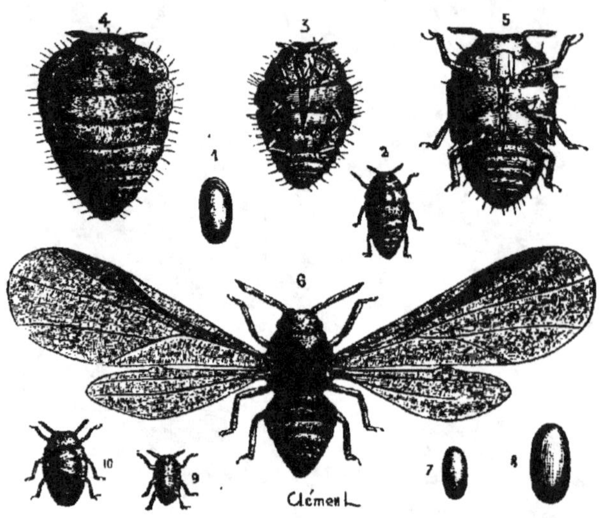

Fig. 411. — *Phylloxera vastatrix.* — 1, œuf de femelle agame; 2, larve; 3, femelle agame,
aptère, vue en dessous; 4, femelle agame, aptère, vue en dessus; 5, nymphe avec des rudiments d'ailes; 6, femelle ailée; 7, œuf mâle; 8, œuf femelle; 9, individu sexué mâle;
10, individu sexué femelle.

arrivent les froids, les mères meurent, mais les larves en grand
nombre hivernent sur les racines; au printemps suivant, elles re-
prennent une vie active, et se transforment en mères pondeuses.
Ces femelles aptères et *sédentaires* ne sont pas les seules qu'on
observe; il y en a d'autres, agames comme les premières, mais
ailées, et pouvant se transporter à de grandes distances; c'est par
elles que l'espèce se propage au loin. Elles proviennent de larves
qui, à la troisième mue, se présentent sous forme de nymphes portant des fourreaux d'ailes, et deviennent ailées à la quatrième. Ces
femelles *migratrices* déposent des œufs, en petit nombre, sur les
bourgeons et les jeunes feuilles des vignes où elles se sont abattues.
Ces œufs sont de deux sortes, et diffèrent par la grosseur; ils
donnent à l'éclosion des individus aptères, mais *sexués;* les plus

gros produisent des femelles, et les autres des mâles. Sous cette forme sexuée, les Phylloxeras sont uniquement voués à leur rôle de reproducteurs ; ils ont un rostre rudimentaire et ne prennent aucune nourriture. La femelle fécondée pond un œuf unique et ne tarde pas à mourir. Cet œuf fixé sur le cep par un petit pédicelle passe ainsi la mauvaise saison, d'où le nom d'*œuf d'hiver* qui lui a été donné. Au printemps, il éclôt et il en sort un individu aptère, qui produit par agamie des descendants dont les uns se fixent sous les feuilles de vigne, où leur présence développe des *galles*, tandis que les autres émigrent sur les racines, où ils renouvellent les colonies souterraines. On comprend par ce qui précède l'importance qu'il y aurait à détruire l'œuf d'hiver, puisque c'est là le point de départ des générations qui vivent sur les racines, et qui disparaîtraient nécessairement, si l'on pouvait rompre ainsi le cycle biologique qui assure la perpétuité de l'espèce.

Le nombre des Pucerons est considérable, et il n'est guère de végétaux qui n'en nourrissent une ou plusieurs espèces. Beaucoup d'entre eux, comme le Puceron du rosier (*Aphis rosæ*), ont l'abdomen muni de deux longs tubes, qui laissent suinter un liquide sucré dont les Fourmis se montrent très avides.

Les CICADIDÉS (Cicadaires de Latreille) ont pour type la Cigale qui habite les contrées méridionales, et qu'on ne rencontre pas dans le nord de l'Europe où l'on donne improprement ce nom à une Sauterelle, la grande Sauterelle verte, qui appartient à l'ordre des Orthoptères.

Les Cigales étaient célèbres dans l'antiquité, et renommées pour leur chant qui a donné lieu à de poétiques légendes ; les Égyptiens en faisaient le symbole de la musique, et, pourtant, ce chant aigu et strident n'a rien d'harmonieux. Il est produit seulement par les mâles, car les femelles sont muettes, et c'est aux heures les plus chaudes du jour qu'il se fait entendre avec le plus d'intensité.

Il a été, de la part des naturalistes, et de Réaumur en particulier, l'objet d'observations qui ont été complétées en dernier lieu par l'étude spéciale qu'en a faite Carlet (1). Voici la description que donne cet auteur de l'appareil musical de la Cigale :

« Cet appareil (fig. 412), situé à la base de l'abdomen, est entouré de deux paires d'organes protecteurs : les *volets* et les *cavernes*. Les *volets* ou *opercules* sont deux écailles demi-circulaires situées sous le ventre. Les *cavernes* sont deux cavités latérales dont on voit l'entrée dès qu'on a soulevé les volets. Sur la paroi interne de la caverne se trouve une membrane convexe (*timbale*), qui est

(1) Carlet, *Mémoire sur l'appareil musical de la Cigale* (*Annales des sciences naturelles*, 6ᵉ série, t. V, 1877).

l'organe producteur du son. Les deux timbales forment les peaux d'un véritable tambour dont la caisse est constituée par une énorme *cavité thoraco-abdominale*. Celle-ci communique directement avec l'extérieur par une paire de gros stigmates situés un peu en avant des timbales. Les parois de la caisse sont formées par le squelette

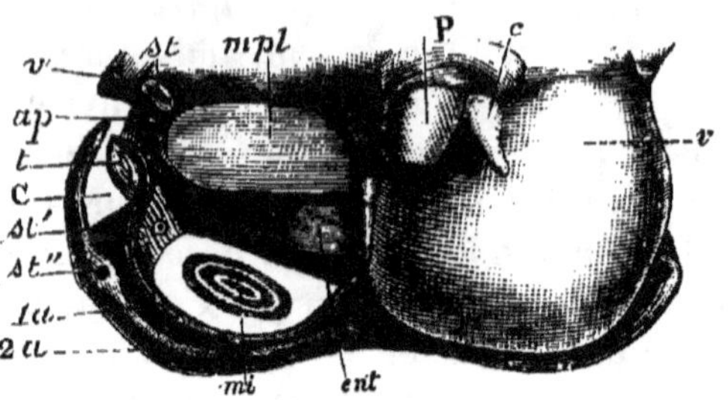

FIG. 412. — Appareil musical de la Cigale. — 1 a, 1ᵉʳ anneau de l'abdomen; 2 a, 2ᵉ anneau de l'abdomen; *ent*, entogastre; *mi*, miroir; *mpl*, membrane plissée; P, patte de la troisième paire; *st*, *st'*, *st''*, stigmates; *t*, timbale; *v*, volet droit; le gauche a été enlevé pour faire voir les parties qu'il recouvre; *ap*, apophyse de la membrane plissée; *c*, cheville de Réaumur, ou trochantin de la troisième patte; C, caverne.

tégumentaire, sauf à la partie ventrale, où elles sont constituées par deux paires de membranes délicates (*membranes plissées, miroirs*), que l'on découvre en enlevant les opercules. Ces membranes sont séparées par une bande chitineuse (*entogastre*). La timbale est mise en mouvement par un muscle (*muscle de la timbale*) qui s'implante à sa face interne par un fort tendon.

» L'appareil musical de la Cigale est, en somme, un tambour à deux peaux sèches et convexes (*timbales*) dont l'Insecte joue en contractant simultanément deux muscles qui vont du centre de l'instrument à chacune des peaux, celles-ci revenant sur elles-mêmes par leur élasticité (1). »

Les Cigales femelles sont pourvues d'un oviscapte, à l'aide duquel elles pratiquent sur les arbres des entailles où elles pondent leurs œufs. De ces œufs naissent de petites larves qui descendent le long du tronc, et s'enfoncent en terre pour y sucer les racines. Elles acquièrent des rudiments d'ailes, et après avoir passé l'hiver dans un état d'engourdissement, reviennent au jour, remontent sur les arbres, et se dépouillent de leur peau pour compléter leur développement.

Les espèces de Cigales sont nombreuses; celles qu'on rencontre dans le midi de la France sont : la Cigale plébéienne (*Cicada plebeia*), sur les frênes et les oliviers; la Cigale de l'Orne (*Cicada Orni*) (fig. 413).

Auprès des Cigales et formant autant de familles distinctes, se rangent : les Cicadelles ou CICADELLIDÉS; les FULGORIDÉS, à la tête renflée et

(1) Carlet, *Précis de Zoologie médicale* p. 428, Paris. 1881

phosphorescente, dont la plus belle espèce est le célèbre Fulgore porte-lanterne (*Fulgora lanternaria*), qui vit à la Guyane et au Brésil ; les MEMBRACIDÉS, remarquables par la bizarrerie de leurs formes et habitant l'Amérique, sauf le Centrote cornu ou Petit-diable (*Centrotus cornutus*) qui se trouve dans nos pays.

ORDRE III. — LÉPIDOPTÈRES

Les Lépidoptères (de λε-πίς, écaille ; πτερόν, aile) ont quatre ailes membraneuses et couvertes de petites écailles colorées, dont les teintes va-

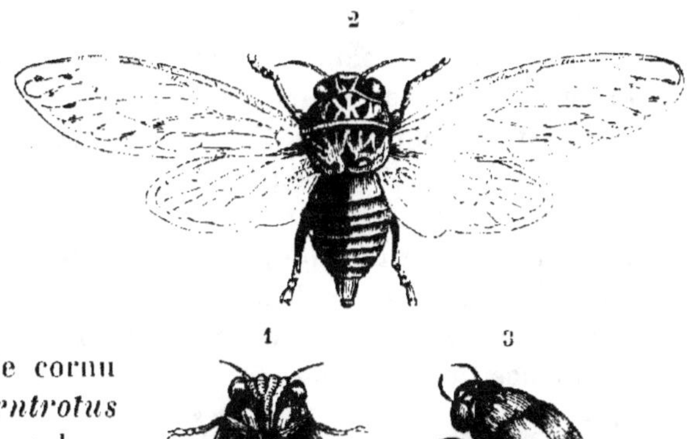
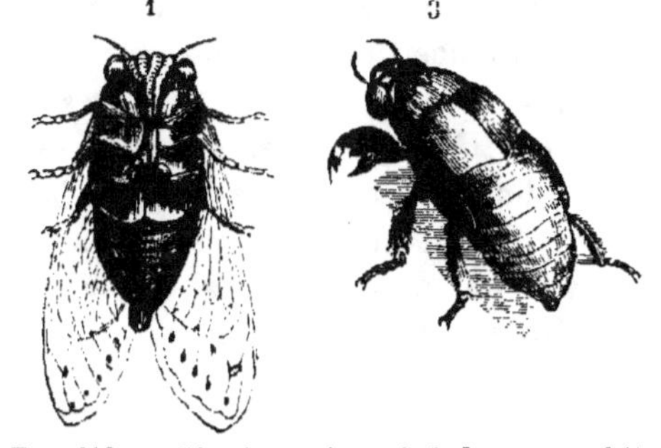

FIG. 413. — *Cicada orni.* — 1, 2, Insecte parfait ; 3, sa larve.

riées ont parfois beaucoup de vivacité et d'éclat. Ce sont des Insectes suçeurs munis d'une trompe qui, à l'état de repos, est roulée en spirale. Cette trompe est constituée par les mâchoires très allongées ; à la base, de chaque côté, se trouvent des palpes labiaux velus portés par une pièce triangulaire qui correspond à la lèvre inférieure ; la lèvre supérieure et les mandibules sont rudimentaires.

Les antennes sont multiarticulées, et présentent des différences de forme qui ont parfois servi pour la subdivision de l'ordre ; ainsi, Duméril distingue, d'après ce caractère, quatre groupes de Lépidoptères : les *Rhopalocères*, qui ont les antennes renflées en massue à leur extrémité ; les *Clostérocères*, qui les ont renflées au milieu, ou en fuseau ; les *Nématocères*, chez qui elles sont en forme de fil et souvent pectinées ou plumeuses ; les *Chétocères*, enfin, chez qui elles sont atténuées au bout et ressemblent à une soie.

Les anneaux du thorax sont soudés entre eux. Les pattes, grêles et délicates, ont les tarses toujours composés de cinq articles ; parfois celles de la première paire sont rudimentaires et il semble, au premier abord, qu'il n'y en ait que quatre au lieu de six.

Les Lépidoptères présentent souvent un dimorphisme sexuel très marqué. En général, les mâles sont ornés de couleurs plus vives et plus brillantes que les femelles. On a constaté chez certaines espèces des cas de parthénogénèse (*Psyche*). Ces Insectes subissent des métamorphoses complètes. Les larves ont la forme de *chenilles*, c'est-à-dire qu'indépendamment des six pattes écailleuses portées sur les anneaux thoraciques, elles sont munies dans la région ventrale de fausses pattes, dont le nombre est variable, mais le plus souvent est de cinq paires. Ces chenilles se transforment en *chrysalides* qui sont tantôt suspendues à découvert, et tantôt renfermées dans un cocon soyeux.

Linné divisait les Lépidoptères en Diurnes, Crépusculaires et Nocturnes; mais cette classification manque d'exactitude. Nous avons vu plus haut celle que Duméril a proposée. Blanchard, se fondant sur la disposition des ailes, les partage en deux sections : les *Chalinoptères* et les *Achalinoptères*. Les premiers ont les ailes postérieures liées aux ailes antérieures au moyen d'un crin raide qui entre dans un anneau situé à la base de celles-ci; ils comprennent les Papillons crépusculaires et nocturnes. Les seconds ont les ailes dépourvues de frein; ils correspondent aux Diurnes de Linné et aux Rhopalocères de Duméril.

1. Chalinoptères.

Ces Papillons ont, pour la plupart, les ailes retenues par un frein (χαλινός, frein); en outre, celles-ci pendant le repos ne sont jamais redressées, mais, au contraire, rabattues sur le corps. En règle générale, ils n'ont pas l'habitude de voler le jour; ce sont des Crépusculaires ou des Nocturnes. Au lieu des couleurs éclatantes qu'on remarque chez les Diurnes, ils ont des teintes grises et sombres. Leurs antennes présentent diverses formes, et, en effet, ce sousordre comprend les trois groupes des *Chétocères*, des *Nématocères* et des *Clostérocères* de Duméril.

a. — Chétocères ou Séticornes.

Ils se divisent en plusieurs familles :

Les Ptérophoridés sont remarquables par leurs ailes divisées, paraissant composées d'un certain nombre de plumes. Les Ptérophores (*Pterophorus*), les Ornéodes (*Alucita*) (fig. 414), montrent cette disposition des organes du vol.

FIG. 414. — *Alucita hexadactyla.*

Les Tinéidés ou Teignes comprennent les plus petits Lépidoptères connus. On sait les dégâts que produisent certaines de leurs chenilles; beaucoup d'entre elles se construisent des fourreaux formés de matières diverses. La Teigne tapissière (*Tinea tapezella*) ronge les draps, les tissus de laine; la Teigne des pelleteries (*Tinea pellionella*) s'attaque aux fourrures. Une espèce justement redoutée des agriculteurs est la Teigne des grains (*Tinea granella*), qui vit aux dépens des céréales mises en grenier; sa chenille, connue sous le nom de Ver blanc du blé, dévore l'intérieur farineux du

Fig. 415. — *Yponomeuta cognatella* (Yponomeute cousine), grossie.

grain. La Teigne des ruches (*Tinea cerella*) se nourrit de cire. Il y a différentes espèces dont les chenilles vivent sur les végétaux. Les unes, qualifiées de *mineuses* par Réaumur, pénètrent dans l'épaisseur des feuilles dont elles détruisent le parenchyme; d'autres habitent réunies sous des toiles dont elles entourent les feuilles qui leur servent de nourriture, par exemple les Yponomeutes (*Yponomeuta*) (fig. 415).

Les Tortricidés ou Tordeuses (G. *Tortrix* L.) sont ainsi nommés parce que la plupart de leurs chenilles roulent les feuilles, et les lient au moyen de quelques fils soyeux pour s'en faire un abri ; quelques-unes cependant vivent dans l'intérieur des bourgeons ou des fruits (*Carpocapsa*), qui deviennent alors véreux.

Les Pyralidés se distinguent des Tordeuses par leurs palpes très longs et arqués. L'un d'eux, la Pyrale de la vigne (*Pyralis vittana* ou *pilleriana*) (fig. 416), est tristement célèbre par les ravages qu'il a parfois causés dans nos pays vignobles et a été l'objet d'une remarquable monographie d'Audouin, qui avait reçu la mission de chercher un remède au fléau (1).

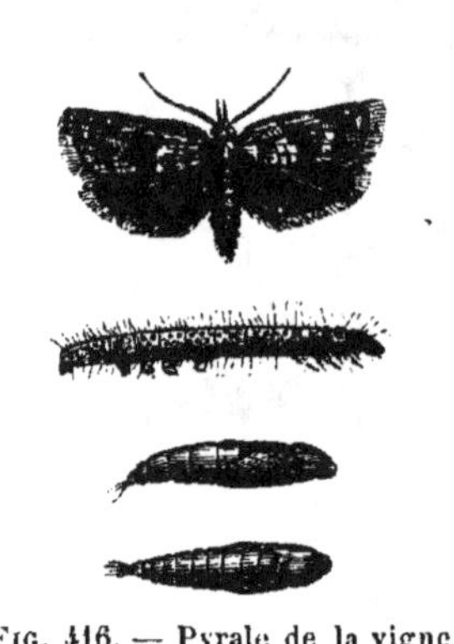

Fig. 416. — Pyrale de la vigne, chenille et chrysalide.

« Le Papillon, de la taille de la plupart des Tordeuses, a les ailes jaunes, avec des reflets verdâtres et dorés et des bandes brunes plus ou moins marquées. Il se montre au mois de juillet ; la ponte a lieu bientôt après à la face supérieure des feuilles, sous la forme de petites plaques très faciles à apercevoir. Au mois d'août, éclosent les petites chenilles. Celles-ci, malgré la température élevée, ne prennent aucune nourriture ; chacune se suspend à un fil, attendant que l'agitation de l'air lui fasse atteindre le cep ou l'échalas.

Ces chenilles pénètrent alors entre les fissures du bois ou de l'écorce, commencent leur hivernage, qui doit durer jusqu'au printemps. Au retour de la belle saison, elles grimpent sur les pousses de la vigne et enlacent feuilles et grappes naissantes de fils soyeux, qui les réunissent en paquets. Elles rongent, elles dévorent ainsi, parfaitement à l'abri des dangers extérieurs ; dans l'espace de quelques semaines, les vignes, attaquées par un grand nombre d'individus, sont mises dans la condition la plus pitoyable, toute récolte est perdue..... Audouin montra qu'il était facile d'anéantir les œufs en enlevant les feuilles chargées de plaques bien visibles pour tout le monde ; il avait reconnu en même temps les stations d'hiver des jeunes chenilles, et cette observation ne devait pas tarder à être mise à profit. L'enlèvement des œufs exigeait, en effet, une main d'œuvre assez considérable. On eut l'idée de procéder, pendant l'hiver, à un échaudage des ceps et des échalas ; c'était la certitude d'atteindre toutes les chenilles sans exception. Le succès fut com-

(1) Victor Audouin, *Hist. des insectes nuisibles à la vigne, particulièrement de la Pyrale.* Paris, 1842.

plet, et, aujourd'hui, jamais les vignes n'ont à souffrir de la
présence de la Pyrale, si cette simple précaution n'est pas né-
gligée (1). » A la même famille appartiennent les Aglosses, dont

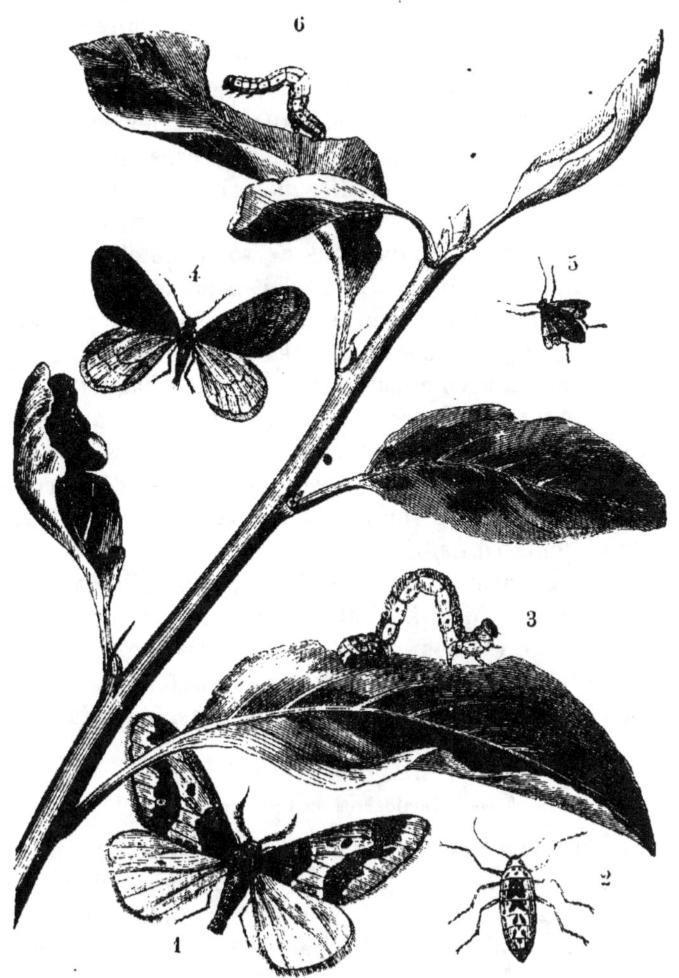

FIG. 417. — 1, Géomètre effeuillante mâle (*Geometra defoliaria*); 2, la femelle; 3, la chenille; 4, Géomètre hyémale mâle (*Geometra trumaria*); 5, la femelle; 6, la chenille.

les chenilles présentent cette particularité qu'elles se nourrissent
de substances animales, principalement de graisse (*Aglossa pin-
guinalis*).

Les Papillons dont il vient d'être question sont tous de très petite
taille; c'est pourquoi les Allemands les réunissent dans un même

(1) E. Blanchard, *Métamorphoses des Insectes*, p. 294. Paris, 1877.

groupe sous le nom de *Microlépidoptères*. D'autres, aux antennes également sétiformes, mais de plus grande taille, forment les deux familles des *Géométridés* et des *Noctuélidés*.

Les GÉOMÉTRIDÉS, ou Phalénidés, méritent surtout de fixer l'attention à cause de leurs chenilles qui sont fort singulières. Elles ne possèdent, en général, que deux paires de pattes membraneuses situées en arrière, et ont une démarche caractéristique. Quand elles veulent avancer, elles fixent leurs pattes antérieures, et rapprochent de celles-ci l'extrémité postérieure du corps qui forme alors une sorte de boucle (fig. 417) ; elles détachent ensuite les pattes écailleuses qu'elles portent en avant par un mouvement d'extension, et recommencent la même manœuvre, de sorte qu'elles paraissent arpenter le sol ; aussi Réaumur leur avait-il donné le nom d'*Arpenteuses*. A l'état de repos ces chenilles restent souvent pendant des heures entières complètement immobiles et dressées sur leur pattes postérieures, ayant ainsi l'apparence de petites baguettes de bois (fig. 417). La plupart s'enfoncent dans la terre pour se transformer en chrysalides. Cette famille renferme de nombreuses espèces. Les femelles de quelques-unes se font remarquer par l'état rudimentaire, ou même l'absence complète des ailes ; ainsi la Géomètre défeuillante (*Geometra defoliaria*).

Les NOCTUÉLIDÉS forment une vaste famille de Papillons nocturnes, aux couleurs sombres, qui, à l'état de chenilles, se nourrissent de plantes basses ou de racines, et sont parfois très nuisibles à l'agriculture, par exemple : la Noctuelle des moissons (*Noctua* ou *Agrotis segetum*) ; la Noctuelle des choux (*Hadena brassicæ*) ; la Noctuelle potagère (*Hadena oleracea*), etc.

b. — Nématocères ou Filicornes.

On donne aussi aux Papillons qui appartiennent à ce groupe le nom de *Bombycines*, tiré du grand genre *Bombyx*, dont l'espèce la plus connue, à cause de son importance industrielle, est le Bombyx du mûrier, vulgairement appelé Ver à soie. Ils sont caractérisés par la forme de leurs antennes qui sont ordinairement pectinées ou plumeuses. Leurs chenilles sont pourvues de seize pattes et s'entourent d'un cocon soyeux pour se transformer en chrysalides. A l'état adulte, ils ont une trompe rudimentaire, et ne prennent aucune nourriture.

Le Bombyx du mûrier (*Bombyx* ou *Sericaria mori*) est originaire de la Chine, et l'histoire en a été faite avec détail dans un grand nombre d'ouvrages spéciaux ; nous n'en reproduirons ici que les traits essentiels. Les œufs de ce Papillon portent dans le commerce le nom de *graine de ver à soie*. Quand on en veut amener l'éclosion,

au moment où la feuille de mûrier, qui doit servir à la nourriture
est assez développée, on les soumet à une incubation artificielle.
Les chenilles qui en naissent sont appelées *magnans* dans le midi
de la France, et on nomme magnaneries les bâtiments dans lesquels on les élève. L'éducation des Vers à soie dure environ trente-
quatre jours et se partage en un certain nombre de phases ou d'*âges*

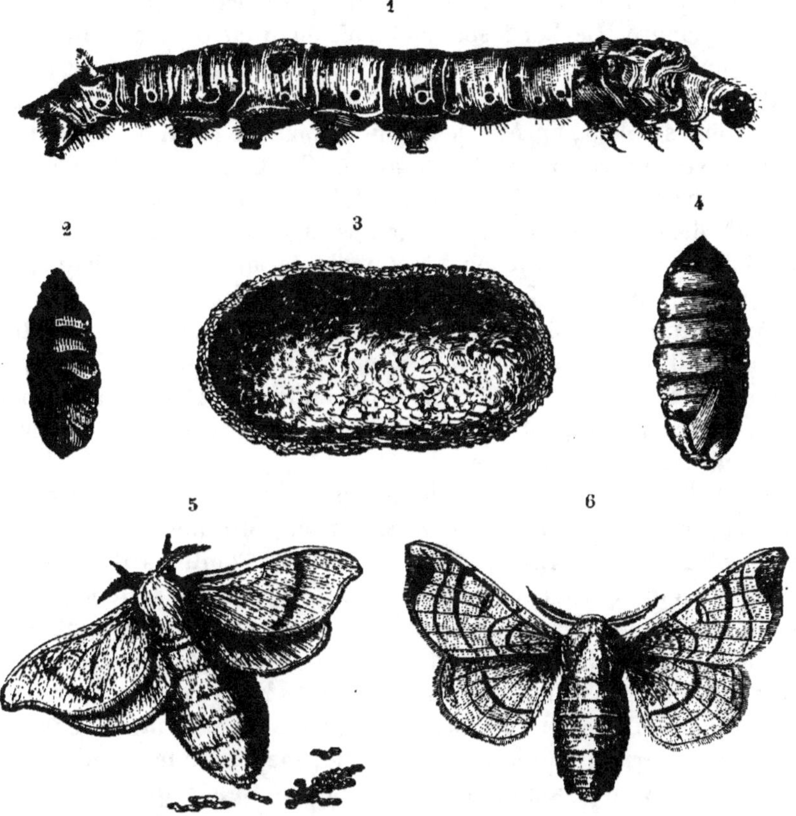

Fig. 418. — 1, chenille de Bombyx du mûrier, dite Ver *à soie*, dans son plus grand développement, parvenue à son cinquième âge; 2, chrysalide; 3, cocon; 4, chrysalide; 5, Papillon femelle; 6, Papillon mâle.

séparés par des mues; celles-ci sont au nombre de quatre. La durée
des âges successifs n'est pas la même; elle est de cinq jours pour
le premier âge, de quatre pour le second, de six pour le troisième,
de sept pour le quatrième et de dix pour le cinquième. Chaque mue
est précédée par une période d'engourdissement pendant laquelle
les Vers cessent de manger; elle est suivie, au contraire, d'une
période de voracité qu'on appelle *frèze*. Arrivé à la fin du cinquième
âge, le Ver commence à jeter autour de lui des fils de soie destinés

à servir de supports au cocon dont il s'enveloppe, pour y passer l'hiver à l'état de chrysalide. La soie est sécrétée par une paire de glandes, en forme de tubes enroulés sur eux-mêmes, et occupant presque toute la longueur du corps, sur les côtés de l'appareil digestif. Chacune de ces glandes se continue par un tube très grêle, ou *filière*, et les deux filières se réunissent en un canal commun, dans lequel les deux fils sont tordus ensemble de manière à n'en faire plus qu'un. Ce canal aboutit à un petit orifice percé dans la lèvre inférieure. Le Ver à soie met trois ou quatre jours à filer son cocon, puis il subit une cinquième mue, et se transforme en chrysalide. Il reste dans cet état pendant un temps qui varie de quinze à vingt jours; alors, après une dernière mue, le papillon sortant de sa coque se montre sous sa forme ailée. C'est le moment de la reproduction; l'accouplement a lieu et les femelles fécondées pondent des œufs destinés à éclore au printemps suivant. On a observé quelquefois des cas de parthénogénèse, mais ce mode de reproduction ne se montre qu'exceptionnellement chez ces Insectes.

Il y a d'autres Bombyces producteurs de soie, dont on a cherché, avec plus ou moins de succès, à tirer parti industriellement; par exemple : les Bombyces du ricin et de l'ailante (*Attacus arrindia et Attacus cynthia*); l'*Attacus Yama-maï* ou Ver à soie du chêne; l'*Attacus cecropia*, etc.

On trouve communément dans nos pays certaines espèces européennes, comme le *Bombyx quercùs* ou Minime à bandes; le Bombyx neustrien ou Livrée, etc... Parmi ces Papillons il en est un qui offre un intérêt particulier: c'est le *Bombyx processionea*, dont les chenilles dites *Processionnaires* ont des mœurs fort singulières. Ces chenilles réunies en grand nombre vivent abritées sous des toiles qui leur constituent une sorte de nid. Elles doivent leur nom à l'habitude qu'elles ont de former, quand elles sortent de leur demeure, une véritable procession. En tête, marche une chenille que les autres suivent à la file, et par rangs bien alignés, qui vont s'élargissant de la tête à la queue de la colonne; les mouvements de la troupe sont réglés d'après ceux de la chenille conductrice. Une autre particularité des *Processionnaires*, c'est qu'elles ont le corps couvert de poils qui se détachent avec une très grande facilité, et causent de très vives et pénibles démangeaisons, quand ils sont portés au contact de la peau; aussi ne faut-il toucher à ces chenilles ou à leurs nids qu'avec beaucoup de précaution. Réaumur a fait connaître avec détails les accidents causés par ces poils urticants (1). Quand vient le moment de la métamorphose, chaque chenille se file

____

(1) Réaumur, *Mémoires...*, t. II, p. 179.

dans le nid commun un cocon particulier, où elle se change en chrysalide.

Parmi les Papillons appartenant à quelques familles voisines des Bombycidés, il y en a qui sont fort nuisibles à la végétation; ce sont surtout les Liparis dont plusieurs espèces sont communes en France: le Cul-brun (*Liparis chrysorrhœa*), que les ordonnances relatives à l'échenillage ont pour but de combattre; le Cul-doré (*Liparis auriflua*); le Zigzag (*Liparis dispar*), etc.

Fig. 419. — *Orgyia antiqua.* — 1, mâle; 2, femelle; 5, chenille.

L'Orgye antique (*Orgyia antiqua*) est un joli Papillon dont la femelle n'a que des rudiments d'ailes (fig. 419). Les chenilles ont le corps garni de poils disposés en aigrettes sur des mamelons; elles se trouvent parfois en grand nombre sur les arbres fruitiers qu'elles dépouillent de leurs feuilles.

Les Psychés (*Psyche*) ont également des femelles aptères, vermiformes; on a observé chez elles des phénomènes de parthénogénèse. Les chenilles habitent dans des fourreaux qu'elles confectionnent avec des débris végétaux, fragments de feuilles ou de bois.

D'autres espèces ont des chenilles qui vivent dans l'intérieur du bois ; ainsi, la Zeuzère du marronnier (*Zeuzera Æsculi*) et le Cossus perce-bois (*Cossus ligniperda*), rendu célèbre par le Mémoire de Lyonnet « sur la chenille qui ronge le bois du saule ».

c. — Clostérocères ou Fusicornes.

A ce groupe appartiennent les familles des Zygænidés, des Sésiadés et des Sphingidés.

Le type de la première nous est fourni par la Zygène de la Filipendule (*Zygæna filipendulæ*) très répandue dans nos pays ; celui de la seconde par la Sésie apiforme (*Sesia apiformis*), qui offre une singulière ressemblance extérieure avec certains Hyménoptères. La troisième comprend les Sphinx dont les nombreuses espèces ont été réparties en différents genres : *Sphinx*, *Deilephila*, *Acherontia*, *Macroglossa*, etc... Le nom de Sphinx vient de l'attitude particulière des chenilles que l'on voit souvent appuyées sur leurs pattes abdominales, et redressant la partie antérieure de leur corps, rester ainsi immobiles pendant des heures entières dans une pose qui rappelle celle qu'on attribue au monstre de la Fable.

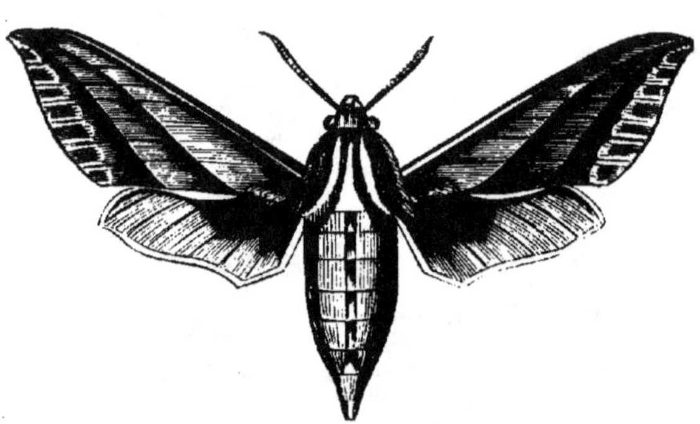

Fig. 420. — Sphinx de la vigne.
(*Deilephila elpenor*).

La plus grosse espèce de Sphinx (*Acherontia atropos*) porte sur son corselet de couleur sombre, une tache claire qui figure grossièrement un crâne humain ; de plus, ce Papillon a la faculté d'émettre un son aigu auquel la superstition populaire prête une signification sinistre ; aussi a-t-il été regardé comme présage de malheur et de mort.

2. Achalinoptères.

Les ailes de ces Papillons sont dépourvues de frein et redressées pendant le repos. Leurs antennes se terminent en massue (Rhopalocères, de Duméril). D'ordinaire, les chrysalides, plus ou moins anguleuses, ne s'enferment pas dans un cocon, mais se suspendent au moyen de fils. Ce groupe comprend les Papillons *diurnes*, généralement remarquables par la beauté et l'éclat de leurs couleurs. On peut le partager, avec Blanchard, en quatre grandes familles : les *Hespériidés*, les *Erycinidés*, les *Nymphalidés* et les *Papilionidés*.

Les Hespériidés (G. *Hesperia*) sont de petits Papillons aux couleurs ternes, aux ailes médiocrement développées, au vol lent et saccadé. Les chrysalides, contrairement à ce qui a lieu chez les autres Rhopalocères, s'enveloppent d'une mince coque soyeuse.

Les Érycinidés sont assez petits de taille, mais ornés de couleurs variées ; la plupart d'entre eux ont les ailes postérieures prolongées en une sorte de queue, aussi les anciens entomologistes leur donnaient-ils le nom de *Petits-porte-queue*. Les chenilles de ces Papillons se distinguent par leur forme particulière ; elles ont le corps large, déprimé et une apparence qui rappelle celle des Cloportes. Les Polyommates (*Polyommatus*), les Théclas (*Thécla*), les Lucines (*Nemeobius lucina*) composent cette famille.

Fig. 421.— Nymphalidé (*Argynnis Paphia*) avec pattes antérieures atrophiées.

Les Nymphalidés comprennent un grand nombre d'espèces diverses, mais qui présentent pour caractère commun d'avoir les pattes antérieures atrophiées (fig. 421). Ces pattes courtes et velues sont appliquées sur la poitrine, simulant autour du cou une sorte de palatine,

c'est pourquoi on les a nommées quelquefois *pattes palatines*. Elles
sont impropres à la marche, aussi ces Papillons ne se posent-ils
que sur quatre pattes. Les chrysalides des Nymphalidés sont suspendues par l'extrémité du corps et la tête en bas. Nous mentionnerons dans cette famille : les Satyres (*Satyrus*), qui sont répandus
dans tous les pays, et que Linné appelait *Plébéiens*, parce qu'ils
ont des teintes grises et ternes, au lieu des couleurs éclatantes
des autres Papillons ; les Nymphales (*Nymphalis*), dont nous avons

FIG. 422. — Vanesse Grande-Tortue (*Vanessa polychloros*).

deux espèces européennes, le Grand-Mars (*N. iris*) et le Petit-Mars
(*N. ilia*); les Sylvains (*Limenitis*), dont l'un, le Petit-Sylvain (*L. si-
bylla*) est commun dans nos bois ; les Vanesses (*Vanessa*), bien connues de tous sous les noms de Paon-de-jour (*Vanessa Io*), Belle-
Dame (*V. cardui*), Vulcain (*V. atalanta*), Grande-Tortue (*V. polychloros*) (fig. 422), etc. ;
les Argynnes, vulgaire-
ment appelés *Nacrés*,
à cause des taches blan-
ches et brillantes que
leurs ailes portent en
dessous; les Mélitées
(*Melitæa*) ou Damiers,
aux ailes jaunes qua-
drillées de noir.

FIG. 423. — *Pieris brassicæ*. Grand Papillon
du chou femelle.

Les PAPILIONIDÉS ont
les pattes antérieures
bien développées ; les
ailes postérieures portent d'ordinaire un prolongement caudiforme, ce qui leur a valu le nom de *Porte-queue*. Les chenilles

sont fixées par des fils formant ceinture autour du corps. Cette
famille renferme plusieurs genres parmi lesquels : les Piérides
(*Pieris*), ou Papillons blancs, dont le type nous est offert par une
espèce très commune dans les jardins, le Papillon du chou (*P. brassicæ*) (fig. 323), et dont les chenilles font beaucoup de ravages ;
les Coliades (*Colias*), dont les diverses espèces répandues dans nos
campagnes doivent à la couleur jaune de leurs ailes les noms de
Soufre (*C. hyale*), de Souci (*C. edusa*), etc...; les Parnassiens
(*Parnassius*) dont l'un, l'Apollon (*P. Apollo*), remarquable par
ses grandes ailes blanches tachées de noir et de rouge, se trouve
communément dans les montagnes des Alpes, du Jura...; les
Machaons (*Papilio Machaon*), répandus dans toute l'Europe, etc...

ORDRE IV. — NÉVROPTÈRES

Les Névroptères appartiennent à la catégorie des Insectes dont
les appendices buccaux sont disposés pour la mastication. Ils sont
pourvus de quatre ailes membraneuses et parcourues par des nervures nombreuses qui, en général, forment un réseau serré
(νεῦρον, nerf, πτερόν, aile) ; mais cet ordre ne constitue pas un groupe
aussi naturel et aussi bien caractérisé que les autres. On y range
des Insectes qui ont entre eux d'assez grandes différences, tant sous
le rapport des mœurs que sous le rapport de l'organisation, et
parmi eux, il en est qui se rapprochent à beaucoup d'égards des
Orthoptères. La conformation des pièces de la bouche n'est pas la
même chez tous ; aussi Fabricius dans sa classification les sépa-
rait-il en deux ordres distincts : les *Odonates* et les *Synistates ;*
les premiers ayant les mâchoires cornées et dentées, les seconds
ayant les mâchoires soudées avec la lèvre inférieure. Au point de
vue du développement, ils se partagent en deux catégories ; les uns,
en effet, ne présentent, comme les Orthoptères, que des métamorphoses incomplètes, tandis que les autres subissent des métamorphoses complètes, et, d'après ce caractère, on les a divisés en deux
sous-ordres : les *Pseudo-Névroptères* et les *Névroptères proprement dits.*

1. Névroptères proprement dits.

Ce sont les Névroptères à métamorphoses complètes. Ils ont été
subdivisés par Latreille en *Plicipennes* et *Planipennes*, suivant que
les ailes postérieures se replient en long ou sont simplement
couchées sur le dos pendant le repos, sans se replier jamais.

a. — Plicipennes.

On leur donne aussi parfois le nom de *Trichoptères* (Blanchard), parce que leurs ailes portent de petits poils très fins, analogues aux écailles des Papillons, disposition qui établit un lien entre ces deux ordres d'Insectes. Ils constituent la grande famille des PHRYGANIDÉS qui renferme de nombreuses espèces, intéressantes par les particularités de leur genre de vie.

Les larves sont aquatiques et s'abritent dans des étuis ou fourreaux, qu'elles construisent avec divers matériaux, tels que brins

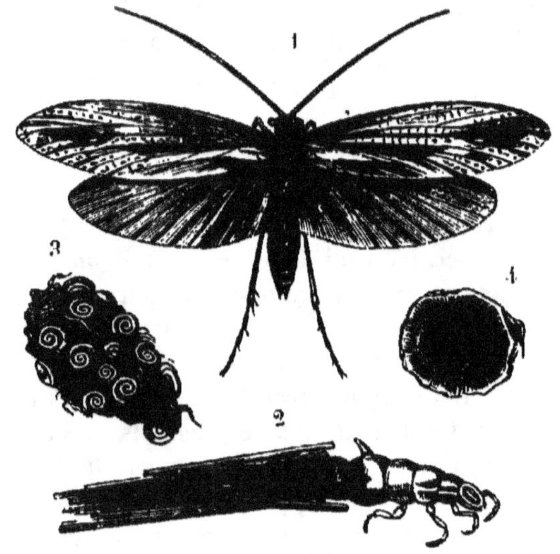

FIG. 424. — *Phryganea grandis.* — 1, Insecte parfait; 2, larve avec son fourreau; 3, fourreau appartenant à une autre espèce et contenant l'Insecte à l'état de nymphe; 4, son couvercle treillissé, grossi.

d'herbe, morceaux de bois, fragments de pierre, petites coquilles réunies ensemble par de la soie (fig. 424); c'est pourquoi Réaumur les appelait des *Teignes aquatiques.* En général, elles traînent avec elles leur fourreau, dont elles font sortir seulement la partie antérieure de leur corps, et dans lequel elles se renferment au moindre danger; quelques-unes demeurent dans des abris fixes (*Hydropsychés*).

La respiration de ces larves se fait au moyen de branchies trachéennes, en forme de filaments, situées sur les segments abdominaux; chez certaines d'entre elles, l'abdomen porte à son extrémité deux tubes respiratoires. Les nymphes habitent dans les fourreaux construits par les larves, mais elles les abandonnent pour se transformer, hors de l'eau, en Insectes parfaits. Ceux-ci ressemblent par leur aspect à certains Papillons nocturnes aux couleurs grisâtres; à cet état, ils ne prennent aucune nourriture, et les pièces de la bouche sont rudimentaires, impropres à la mastication.

Les Phryganes sont très répandues et se trouvent dans les lieux marécageux, au bord des eaux. Le type de ces Névroptères nous est donné par la Grande Phrygane (*Phryganea grandis*) (fig. 424,1).

b. — Planipennes.

Chez ceux-ci les ailes ne se replient pas et les adultes ont les pièces de la bouche bien conformées pour la mastication. Ils se distribuent en plusieurs familles :

Les Semblidés (G. *Semblis*), représentés dans nos pays par le Semblide de la boue (*S. lutaria*) ; les larves, au moment de la métamorphose, sortent de l'eau et se creusent dans la terre humide une loge, où elles se transforment en nymphes ;

Les Panorpidés (G. *Panorpa*), autrefois appelés *Mouches-Scorpions* parce que, chez le mâle, l'abdomen est terminé par une sorte de pince qui présente quelque ressemblance avec l'appendice caudal des Scorpions ;

Les Hémérobidés (G. *Hemerobius*), ou Demoiselles terrestres, dont les larves dévorent les Pucerons auxquels elles font une chasse continuelle, ce qui les a fait nommer par Réaumur les Lions des Pucerons ;

Fig. 425. — *Myrmeleo formicarius.* — *a*, insecte parfait ; *b*, larve ; *c*, la même, grossie ; *d*, cocon ; *e*, piège en forme d'entonnoir.

Les Myrméléonidés (G. *Myrmeleo*), particulièrement intéressants à cause des mœurs des larves qui chassent les Fourmis, d'où leur nom (μύρμεξ, fourmi ; λέων, lion). Le Fourmilion, que tout le monde connaît, ressemble à une Libellule sous sa forme ailée (fig. 425,*a*). Sa larve a une tête large munie de grosses mandibules perforées et propres à la succion. Elle recherche les terrains sablonneux où elle se creuse un trou en forme d'entonnoir. Pour cela, elle décrit à reculons une série de tours, dont le diamètre va graduellement en décroissant, et lance au dehors avec la tête comme avec une pelle, le sable qui doit être rejeté. Puis elle se cache au fond de cet entonnoir qui lui sert d'affût, et si une Fourmi, venant à s'aventurer sur les bords du trou, roule le long de sa paroi, c'est en vain qu'elle cherche à se cramponner, car la larve qui la guette précipite sa chute en faisant tomber sur elle une pluie de sable.

Il y a des espèces voisines dont les larves ont des mœurs analogues, mais chassent à découvert ; ce sont : les *Palpares* dont fait partie le Myrméléon libelluloïde, grande et belle espèce qui se trouve dans le midi de la France ; les Ascalaphes (*Ascalaphus*), qui habitent l'Europe méridionale.

2. Pseudo-Névroptères.

Les Insectes qui composent ce sous-ordre ne présentent que des métamorphoses incomplètes, et plusieurs auteurs, à l'exemple d'Erichson, se fondant sur ce caractère, les réunissent aux Orthoptères, dont ils forment alors, sous ce même nom de Pseudo-Névroptères, une section distincte. Mais ce changement est-il bien nécessaire ? Comme tous les groupes de transition, celui-ci occupe une position intermédiaire entre les premiers et les seconds, et peut être rattaché par conséquent soit aux uns, soit aux autres ; aussi nous semble-t-il préférable de conserver à l'ordre des Névroptères son ancienne délimitation. Les Pseudo-Névroptères se partagent en *Amphibiotiques* et *Corrodants*, selon qu'ils ont des larves aquatiques ou des larves terrestres.

a. — Amphibiotiques.

Ils forment trois familles : les *Perlidés*, les *Éphéméridés* et les *Libellulidés*.

Les PERLIDÉS renferment les Perles (*Perla*) et les Némoures (*Nemura*), qu'on rencontre communément au bord des eaux.

Les ÉPHEMÉRIDÉS (G. *Ephemera*) doivent ce nom à la brièveté de leur vie sous la forme adulte ; mais si l'on considère leur existence entière, on voit que la durée en est relativement longue, car ils vivent au moins un an à l'état de larves. Ces larves sont aquatiques et respirent au moyen de branchies trachéennes (fig. 426,2) portées sur les segments abdominaux, mais variées de forme.

Une des particularités les plus intéressantes présentées par ces

Insectes, c'est que l'animal parvenu à sa forme ailée, subit encore
une dernière mue. En effet, il se dépouille bientôt d'une peau
mince qui recouvrait tout le corps, y compris les ailes. On donne à

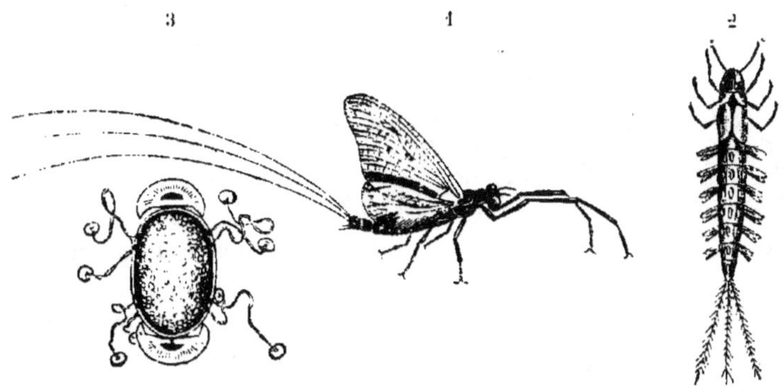

Fig. 426. — *Ephemera vulgata.* — 1, Insecte parfait ; 2, larve; 3, œuf.

la forme ailée pendant la période qui précède la mue le nom de
Subimago, celui d'*Imago* des anciens auteurs correspondant à
l'état parfait qui la suit. A l'âge adulte, ces Insectes ne prennent
aucune nourriture et ont les pièces buccales atrophiées.

Parfois les Éphémères apparaissent en nombre considérable.
Réaumur donne dans ses Mémoires un curieux récit de ce phénomène observé par lui sur les bords de la Marne. « La quantité
d'Éphémères, dit-il, qui remplissait l'air au-dessus de tout le courant du bras de rivière, et surtout auprès du bord où j'étais, n'est
ni exprimable, ni concevable ; mais c'était principalement autour de
moi et de ceux qui m'avaient accompagné, qu'elle était plus prodigieuse. Lorsque la neige tombe à plus gros flocons et plus pressés
les uns contre les autres, l'air n'en est pas si rempli que celui qui
nous environnait l'était d'Éphémères. A peine eus-je resté quelques minutes dans la même place, que la marche sur laquelle mes
pieds portaient fut toute couverte d'une couche d'Éphémères qui n'a-
vait pas moins de deux ou trois pouces d'épaisseur, et qui en certains
endroits en avait plus de quatre. Près de la dernière marche, une
étendue de la surface de l'eau de cinq à six pieds au moins, en tous
sens, était entièrement cachée par une couche d'Éphémères ; ce que
le courant, plus lent là qu'ailleurs, en emportait, était plus que
remplacé par celles qui tombaient continuellement dans cet endroit.
Plusieurs fois je fus obligé d'abandonner ma place et de remonter
au haut de l'escalier, ne pouvant plus soutenir cette pluie d'Éphémères qui, ne tombant pas, ou aussi perpendiculairement qu'une
pluie, ou avec une obliquité aussi constante, frappait sans disconti-
nuation et d'une manière très incommode, toutes les parties de

mon visage ; des Éphémères entraient dans mes yeux, dans ma bouche, dans mon nez... (1) »

Les LIBELLULIDÉS (fig. 427) sont de beaux Insectes, aux formes élégantes, que l'on voit voltiger dans le voisinage des eaux, et que l'on appelle vulgairement des *Demoiselles*. Ce sont des animaux carnassiers, au vol rapide, aux mâchoires cornées et dentées (*Odonata*). Chez eux l'accouplement a lieu suivant un mode tout particulier. « Lorsque le rapprochement sexuel va avoir lieu, dit Milne Edwards, le mâle saisit par le cou la femelle au moyen d'une pince dont l'extrémité de son abdomen est

FIG. 427. — Demoiselle fiancée (*Lestes sponsa*).

armée, et les deux individus placés ainsi presque bout à bout, volent ensemble pendant plus ou moins longtemps; enfin, ils se posent sur quelque feuille et, lorsque la femelle est disposée au coït, elle se recourbe en avant, en arc, de façon à amener l'extrémité postérieure de son corps contre la face inférieure de la base de l'abdomen du mâle, où se trouve un organe préhenseur très complexe qu'au premier abord on avait supposé être un appareil fécondateur, mais qui n'a pas de connexions organiques avec les parties essentielles de l'appareil de la génération, et qui remplit seulement les fonctions d'un instrument excitateur, ou peut-être d'un spermatophore. Bientôt le mâle, à l'aide des crochets ou des autres pièces mobiles dont cet organe est garni, saisit le bout de l'abdomen de sa compagne qui s'y est présenté de la sorte, et l'y maintient pendant très longtemps enfoncé dans la dépression médiane, dont la partie est creuse. Ce rapprochement sexuel dure souvent près d'une demi-heure, et il est probable que la femelle puise dans l'appareil où sa vulve se trouve ainsi engagée, du sperme déposé préalablement dans cette partie par l'orifice éjaculateur situé, comme je l'ai déjà dit, près de l'anus (2). »

Les larves vivent dans l'eau et sont, comme les adultes, très carnassières. Elles sont munies d'un appareil préhensile spécial, nommé *masque*, constitué par la lèvre inférieure. Celle-ci, compo-

<hr>

(1) Réaumur, *Mémoires*, 1743, t. VI, p. 483.
(2) Milne Edwards, *Leçons sur la Physiologie*, etc., t. IX, p. 179.

sée de trois articles, est extrêmement développée et susceptible de se replier en dessous ; elle est terminée par deux pièces en forme de crochets qui représentent ses lobes externes. Pour s'emparer d'une proie qui passe à sa portée, la larve projette vivement sa lèvre en avant et saisit avec ses pinces la victime qui est ensuite portée à la bouche par le retrait de ce singulier organe.

Ces larves offrent aussi de l'intérêt par la façon dont la respiration s'effectue chez elles. Quelques-unes ont des branchies trachéennes visibles à l'extérieur et situées à l'extrémité de l'abdomen, mais la plupart ont une respiration intestinale. De nombreuses lamelles membraneuses et parcourues par des trachées occupent la surface du gros intestin dont les parois musculaires se dilatent et se contractent alternativement, agissant à la manière d'une pompe qui aspire et expulse l'eau par un mouvement régulier, à travers l'orifice anal. De plus, le liquide rejeté de l'intestin a pour effet de pousser l'animal en avant, et sert ainsi à la locomotion.

Le nombre des espèces de Libellules est considérable ; elles se groupent autour de trois types principaux : les Agrions (*Agrion puella, Lestes sponsa...*) (fig. 427); les Æschnes (*Æschna grandis...*) et les Libellules (*Libellula depressa, quadrimaculata...*).

b. — Corrodants.

La principale famille appartenant à ce groupe est celle des *Termites*. Les TERMITIDÉS, Termites ou Fourmis blanches, ont depuis longtemps fixé l'attention des voyageurs et des naturalistes, à cause de leurs mœurs fort curieuses, et des ravages qu'ils occasionnent parfois, mais la plupart sont exotiques et habitent les pays tropicaux, aussi les observations faites à leur sujet ne sont-elles pas complètes. Heureusement, il y en a deux espèces appartenant à l'Europe méridionale, qui sont mieux connues, grâce surtout aux travaux de Lespès sur l'une d'elles, le Termite lucifuge (*Termes lucifugus*) (1).

Ces Insectes vivent en sociétés nombreuses dans des habitations qui tantôt sont établies dans des troncs d'arbres, tantôt sont construites avec de la terre à la surface du sol, et qu'on désigne sous le nom de *nids* ou *termitières*. Ces sociétés sont composées de plusieurs sortes d'individus, les uns pourvus d'ailes et sexués, les autres sans ailes et neutres, par atrophie des organes sexuels mâles ou femelles. Les neutres se partagent en *ouvriers* et *soldats* (fig. 428). Ceux-ci se distinguent des premiers par les proportions plus fortes de leur tête, de forme carrée, et par la puissance plus grande de leurs

---

(1) Lespès, *Recherches sur l'organisation et les mœurs du Termite lucifuge* (*An. des sc. nat.*, 4ᵉ série, t. V, 1856).

mâchoires ; ils sont préposés à la défense du nid, tandis que les ouvriers sont chargés des travaux domestiques.

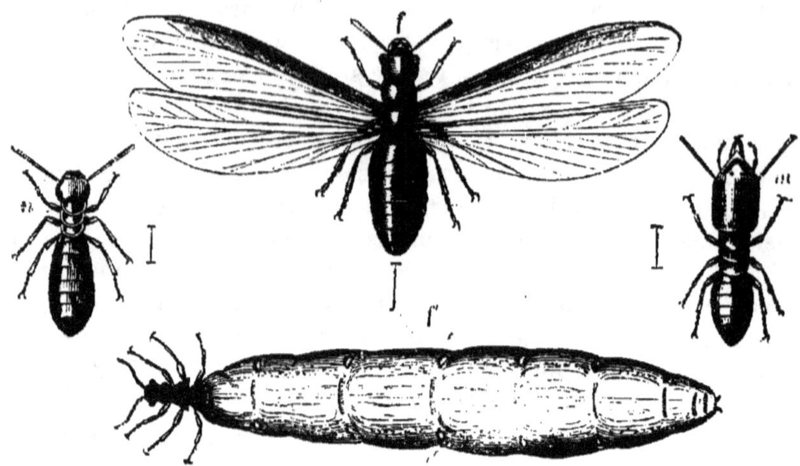

FIG. 428. — Termite lucifuge. — *f*, femelle ; *n*, ouvrier ; *m*, soldat ; *f'* femelle fécondée d'une espèce de Ceylan.

Lespès a reconnu que les larves semblables entre elles à un premier stade de développement présentent dans un second stade certaines différences, suivant qu'elles devront devenir des individus neutres ou des individus sexués. Dans un troisième stade celles de la première forme ressemblent déjà aux ouvriers et aux soldats, tandis que les autres montrent des rudiments d'ailes. Celles-ci se transforment en nymphes, qui elles-mêmes sont de deux sortes : les nymphes à longs fourreaux et les nymphes à fourreaux courts qui donnent naissance à des Insectes ailés différents par la taille ; des premières proviennent ceux que Lespès appelle *petits rois* et *petites reines*, paraissant vers le mois de mai, et des secondes ceux qu'il nomme *grands rois* et *grandes reines*, ne paraissant qu'au mois d'août. On ignore dans quelles conditions se fait l'accouplement, mais bientôt ces Insectes perdent leurs ailes, et chaque couple peut devenir le point de départ d'une colonie nouvelle. Les reines fécondées sont remarquables par l'énorme développement de leur abdomen (fig. 428, *f'*).

Les dégâts que causent les Termites en creusant des galeries dans les bois de charpente de certains édifices sont considérables, et ont été observés à La Rochelle, à Rochefort et dans quelques autres villes de la même région, envahies par ces Insectes.

Parmi les espèces exotiques, il en est une, le Termite belliqueux ou fatal (*Termes fatale*), que les récits du voyageur anglais Smeathman ont rendue célèbre, et qui habite l'Afrique tropicale. Il construit des nids en terre dont la forme est celle de monticules coniques ayant jusqu'à 3 et 4 mètres de hauteur (1).

Deux autres petites familles prennent place parmi les Corrodants, ce sont :

Les PSOCIDÉS (G. *Psocus*), dont une espèce dépourvue d'ailes et ayant l'apparence d'un Pou, habite nos maisons, attaquant les vieux papiers, les collections d'histoire naturelle, et faisant entendre parfois un bruit particulier qui ressemble au battement d'une montre et lui a fait donner le nom de Frappeur (*Troctes pulsatorius*);

Les EMBIDÉS, qui ne renferment que des formes exotiques, propres aux pays chauds.

ORDRE V. — ORTHOPTÈRES

Les Orthoptères (de ὀρθός, droit, πτερόν, aile) ont été ainsi nommés par Olivier, à cause de la disposition de leurs ailes inférieures qui sont droites, et se plient longitudinalement. Les ailes supérieures, appelées *tegmina* par Illiger, sont chitineuses, parcheminées et se croisent généralement l'une sur l'autre ; elles forment le passage des ailes ordinaires aux hémélytres et aux élytres. Parfois les organes du vol font défaut ; ils manquent dans le petit groupe aptère des Thysanoures.

Les pièces de la bouche sont disposées pour broyer et sont semblables par leur conformation à celles des Coléoptères ; toutefois les branches de la lèvre inférieure qui composent la languette restent ordinairement distinctes ; de plus, le lobe externe des mâchoires est très développé et en forme de casque, ce qui lui a valu le nom de *galea* que lui a donné Fabricius et qu'on a traduit improprement par celui de *galète*.

Les Orthoptères ont la tête grosse, munie de longues antennes pluriarticulées et d'yeux à facettes volumineux. Leur prothorax est libre, généralement grand. Chez eux les pattes présentent de remarquables modifications ; elles se transforment parfois en organes propres à fouir (pattes fouisseuses de la Courtilière) ; ou en instruments de préhension (pattes ravisseuses de la Mante) ; tantôt, celles de la dernière paire, très longues et très développées, servent au saut (Sauterelles) ; tantôt elles ne se différencient pas des autres, et ne servent comme elles qu'à la course. Sur ce caractère a été fondée la division des Orthoptères en *Sauteurs* et *Coureurs*.

L'abdomen a une forme allongée et se termine par des appendices qui chez les femelles de beaucoup d'entre eux constituent une tarière ou un oviscapte. Le tube digestif se fait remarquer

(1) Quatrefages, *Souvenirs d'un naturaliste*, t. II, p. 377 et suiv. Paris, 1854.

par un haut degré de complication ; on`y trouve un jabot, un gésier
et un ventricule chylifique muni de cæcums gastriques (fig. 379).
L'appareil salivaire est extrêmement développé et se compose, outre
les glandes salivaires, d'une paire de poches ou de réservoirs,
dans lesquels s'accumule le liquide sécrété. Enfin, les canaux de
Malpighi sont en nombre considérable.

C'est chez des Insectes appartenant à cet ordre qu'on a observé l'existence d'organes auditifs. Les mâles et les femelles se distinguent souvent par des caractères sexuels bien marqués ; ainsi, certaines femelles
sont privées d'ailes (*Heterogamia*) ou n'en ont que de rudimentaires (*Periplaneta*) tandis que les mâles en sont pourvus. Chez les
Orthoptères sauteurs, les mâles produisent des sons qui ont
pour but d'attirer les femelles ; celles-ci au contraire sont silencieuses.

Parfois les œufs sont déposés dans la terre au moyen de l'oviscapte qui termine l'abdomen de la femelle ; parfois ils sont renfermés dans une capsule particulière (*oothèque*). Les larves qui en
naissent sont aptères, mais ont déjà l'apparence et la forme de
l'adulte, et ne subissent que des métamorphoses incomplètes ; après
quatre ou cinq mues sucessives, les ailes sont développées et l'Insecte est arrivé à l'état parfait.

Les Orthoptères ont été divisés par Latreille en *Coureurs* et
Sauteurs.

1. Coureurs.

Les Coureurs se distribuent en quatre familles.

Les FORFICULIDÉS (G. *Forficula*) se distinguent par les appendices.
en forme de pince qui terminent leur abdomen. C'est à cause de
cette particularité que Duméril les a appellés *Labidoures* (de λαϐίς,
ίδος, pince, ούρά, queue). Les ailes supérieures constituent de petits
élytres, courts et tronqués, et ne se croisant pas sur la ligne médiane ;
les ailes postérieures, membraneuses et très grandes, se replient non
seulement dans le sens de la longueur, mais encore deux fois en travers, pour se loger sous les élytres ; de là le nom d'*Euplexoptères*
donné par quelques entomologistes à ces Insectes, considérés comme
formant un ordre à part.

Les Forficules, dont l'espèce la plus commune est le Perce-Oreille
(*Forficula auricularia*) (fig. 429) ont des habitudes nocturnes.
Les femelles pondent leurs œufs en tas, sous une pierre ou dans tout
autre coin obscur, et veillent sur eux avec une sollicitude qui rappelle celle des Poules pour leurs poussins (de Geer). D'après une
croyance populaire, qui paraît avoir donné lieu à cette dénomination de Perce-oreille, les Forficules pourraient, dans certains cas

occasionner les accidents les plus graves en s'introduisant dans les oreilles, perçant le tympan et pénétrant jusque dans le cerveau!... D'un autre côté, l'origine de ce nom serait différente, à en croire Duméril. Il aurait été donné à ces Insectes à cause de la ressemblance que leurs appendices abdominaux présentent avec la pince dont se servaient autrefois les bijoutiers pour percer les oreilles, de manière à y attacher des pendants, et c'est par une fausse interprétation du nom qu'aurait pris naissance le préjugé que nous rappelions. Quoi qu'il en

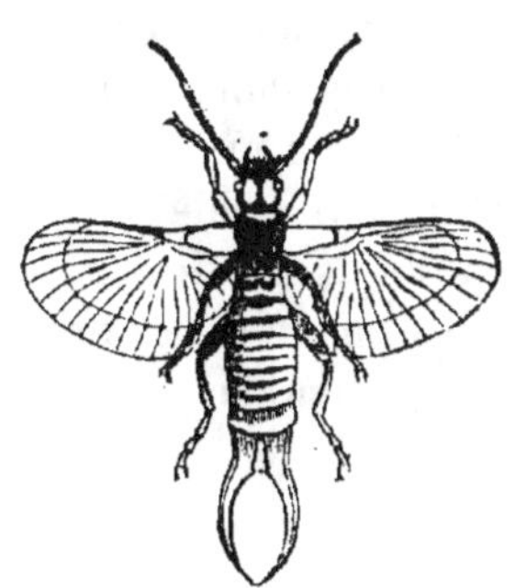

FIG. 429. — Perce-oreille
(*Forficula auricularia*).

soit, les Forficules sont des animaux tout à fait inoffensifs.

Les BLATTIDÉS (G. *Blatta*) sont des Insectes nuisibles et fort désagréables, bien connus de tous sous les noms de *Cancrelats*, de *Cafards*, car ils ne se rencontrent que trop fréquemment dans nos maisons, et en particulier dans les cuisines, les boulangeries. Ce sont des animaux pourvus de longues antennes sétacées, dont le prothorax fort grand recouvre la tête, et dont le corps aplati leur permet de se glisser dans les fentes les plus étroites. Ils courent avec une remarquable agilité et fuient la lumière; c'est la nuit qu'ils se montrent en troupes nombreuses dans les lieux qui en sont infestés, attaquant nos denrées, nos provisions, et d'une manière générale, les substances animales et végétales les plus diverses. Ils exhalent une odeur repoussante dont les matières qu'ils ont touchées restent imprégnées.

Les femelles, très fécondes, pondent leurs œufs renfermés dans une capsule ou oothèque (*cocon* de Léon Dufour), en forme de fève ou de haricot, et improprement appelée par le vulgaire *œuf de cafard*. Elles traînent pendant quelque temps cette capsule formant à l'extrémité de l'abdomen une saillie qui augmente peu à peu jusqu'à ce qu'elle soit expulsée. La substance qui constitue l'oothèque est fournie par un organe glandulaire (*glande séricifique* de Léon Dufour), composé de tubes en cæcum, et annexé à l'appareil génital.

On connaît plusieurs espèces de Blattes répandues dans toute l'Europe, mais on trouve principalement en Allemagne et en Russie, la Blatte germanique (*Blatta germanica*); en Laponie, la Blatte laponne (*Blatta laponica*), et, chez nous, la Blatte commune ou Blatte des cuisines (*Periplaneta orientalis*) (fig. 430), ainsi nommée parce qu'elle nous est venue d'Orient.

Les MANTIDÉS (G. *Mantis*) (fig. 431) sont remarquables par leur corps allongé et par la conformation de leurs membres antérieurs qui constituent des *pattes ravisseuses ;* les jambes sont dentelées et se replient contre les cuisses où elles se logent dans une gouttière dont les bords sont aussi garnis d'épines (fig. 372, E, F). C'est au moyen de cette arme puissante que ces Insectes, qui sont carnassiers, saisissent leur proie. Ils sont d'une grande férocité et se tiennent à l'affût, la partie antérieure du corps et les pattes dressées, immobiles pendant des heures entières, pour guetter les petits animaux qui passent à leur portée. Cette attitude, qui ressemble à celle de

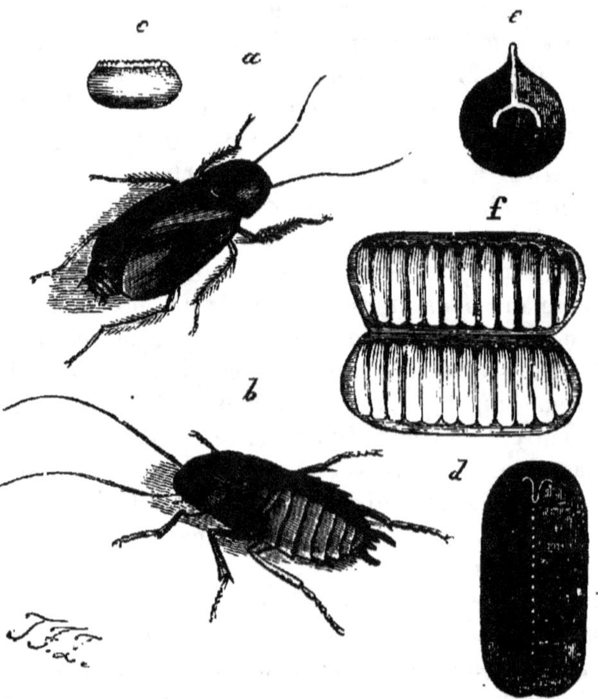

Fig. 430. — Blatte des cuisines (*Periplaneta orientalis*). — *a*, mâle; *b*, femelle; *c*, oothèque; *d*, la même, vue d'en haut; *e*, la même, vue par un bout; *f*, la même, ouverte.

la prière et de la méditation, a inspiré sur le compte des Mantes un grand nombre d'idées superstitieuses que rappellent les noms divers par lesquels on les a désignées. Le mot Mante vient du grec μαντις qui veut dire devin; dans le midi de la France on les appelle *Prega-Diou*, Prie-Dieu.; les dénominations données aux différentes espèces : *Mantis religiosa, sancta. oratoria,* ont une signification analogue. Les Mantes pondent leurs œufs dans une coque qu'elles fixent contre une pierre ou contre une branche d'arbre.

Les Phasmidés (G. *Phasma*) comprennent des Insectes aux formes les plus bizarres, au corps allongé et parfois linéaire, aux ailes sou-

vent rudimentaires ou nulles, aux pattes longues et grêles. La
plupart sont exotiques ; toutefois, on trouve dans nos départements

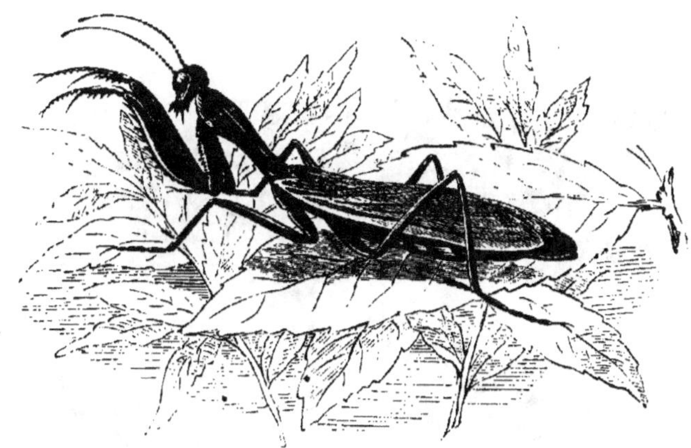

FIG. 431. — Mante religieuse.

méditerranéens le Bacille de Rossi (*Bacillus Rossii*), qui est aptère
et ressemble à une mince baguette de bois. Certaines espèces
pourvues d'ailes ont l'apparence de feuilles (*Phyllium*).

2. Sauteurs.

Les Orthoptères sauteurs se divisent en trois familles : *Acrididés*
ou Criquets, *Locustidés* ou Sauterelles, *Gryllidés* ou Grillons.

Les ACRIDIDÉS (G. *Acridium*), confondus par le vulgaire avec les
vraies Sauterelles, se distinguent de celles-ci par leur corps plus
ramassé, par leurs antennes plus courtes, et par leurs tarses composés de trois articles au lieu de quatre. En outre, les femelles
portent à l'extrémité de l'abdomen quatre petites pièces cornées
plus ou moins acuminées, au lieu de l'oviscapte, en forme de sabre,
que possèdent les Sauterelles.

Les Criquets sont des sauteurs par excellence et font des bonds
énormes. Les mâles produisent un son strident par le frottement
des pattes de derrière contre les nervures saillantes des élytres, et
on a comparé ce mécanisme à celui de l'archet raclant les cordes
du violon; les femelles sont silencieuses. Il existe des organes
auditifs situés à la base de l'abdomen.

Ces Insectes sont célèbres par les migrations qu'ils exécutent
parfois en troupes innombrables, détruisant sur leur passage toute
végétation, et ravageant les pays qu'ils traversent comme un fléau
dévastateur. C'est à eux que doit être attribuée la huitième plaie
d'Égypte ; dans les temps modernes leur apparition a été observée

à diverses reprises, et notre colonie d'Afrique, en particulier, a eu souvent à souffrir de leurs invasions (1). C'est le Criquet voyageur (*Pachytylus migratorius*) (fig. 432) qui accomplit ces funestes

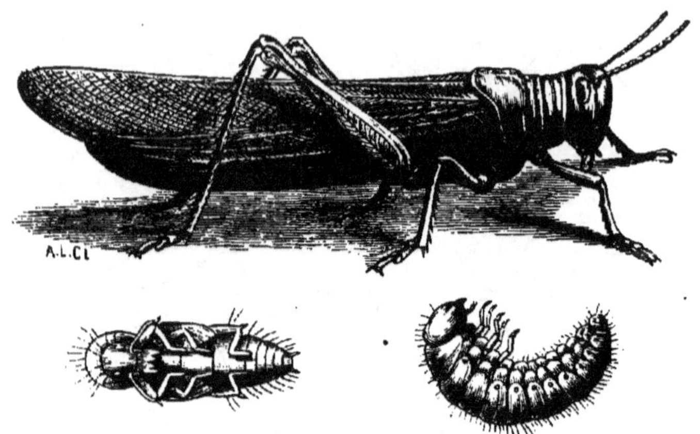

Fig. 432. — Criquet voyageur. États de larve, de nymphe et d'insecte parfait.

voyages. Dans certaines contrées, en Afrique et en Orient, les Criquets sont utilisés comme aliment, et on donne le nom d'*Acridophages* aux populations qui en font usage.

Les Locustidés ou Sauterelles vraies ont pour type la grande Sauterelle verte (*Locusta viridissima*) (fig. 433) commune dans

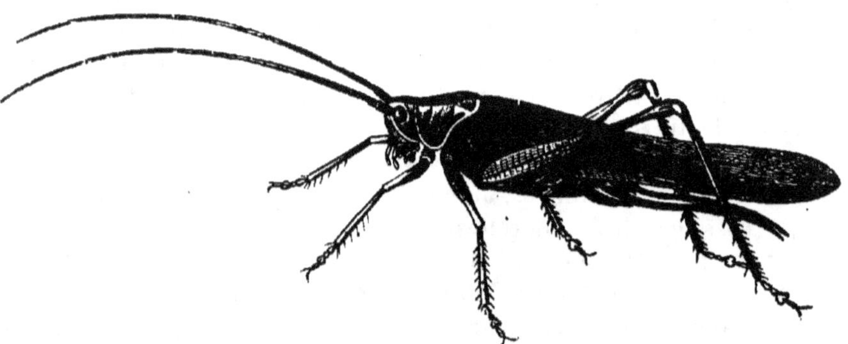

Fig. 433. — Sauterelle verte (*Locusta viridissima*).

nos pays, et improprement appelée Cigale dans le nord de la France. Les femelees sont munies d'une longue tarière à deux valves qui leur sert à déposer leurs œufs dans le sol. Les mâles font entendre un son qui est produit par le frottement des élytres

____

(1) Voy. Brehm. *Insectes*, éd. française, t. I, p. 412 et suiv.

l'un contre l'autre; celui de droite présente à sa base un espace membraneux nommé *miroir*, sorte de tambour de basque qui entre en vibration sous l'action de l'élytre gauche muni d'une forte nervure transversale. Des organes auditifs sont situés dans les pattes antérieures, à la base des jambes.

Les GRYLLIDÉS ou Grillons ont le corps plus court, plus large que les Sauterelles; les femelles sont pourvues d'un oviscapte qui est long, mais très grêle. Tout le monde connaît le chant du Grillon qui a valu à cet Insecte le nom vulgaire de *Cri-cri;* c'est le mâle qui le produit en frottant avec rapidité ses élytres l'un contre l'autre.

Les Grillons habitent d'ordinaire dans des trous qu'ils creusent en terre, chacun vivant solitaire dans son terrier, d'où il ne sort que la nuit; tel est le Grillon des champs (*Gryllus campestris*), le plus commun dans nos campagnes. On a donné le nom de Grillon domestique (*Gryllus domesticus*) à une espèce qui vit dans nos maisons; celui-ci se tient dans les crevasses des murailles et recherche les endroits chauds comme le voisinage des fours ou des cheminées.

A la famille des Gryllidés appartiennent encore des Insectes essentiellement fouisseurs, les Taupes-Grillons ou Courtilières

FIG. 434. — Courtilière (*Gryllotalpa vulgaris*).

(*Gryllotalpa vulgaris*) (fig. 434) qui creusent des galeries souterraines à l'aide de leurs pattes antérieures transformées en instruments propres à fouir. Les femelles n'ont pas d'oviscapte; elles déposent leurs œufs en un point des galeries formant une sorte de chambre ou de nid qui en renferme deux cents en moyenne. Ces œufs éclosent en juillet; les larves, après avoir subi plusieurs mues, passent l'hiver engourdies et ne complètent leur développement que l'année suivante.

Les Taupes-Grillons sont nuisibles et causent de grands dégâts dans nos cultures en attaquant les racines des plantes qui languissent et meurent; elles sont d'une voracité extraordinaire, et se nourrissent également de proies vivantes, vers, larves, etc.

On peut rapprocher des Orthoptères un petit groupe d'Insectes *aptères* dont les pièces de la bouche sont rudimentaires mais disposées pour broyer, et qui ne présentent pas de métamorphoses. Ce sont les *Thysanoures*, ainsi nommés (de θύσανοι, franges, οὐρά, queue) parce que leur corps porte à son extrémité de longs filets ciliés, ou un appendice bifide replié au-dessous de l'abdomen et propre au saut (Podures).

Ils comprennent les *Campodes*, les *Podures* et les *Lepismes* dont

FIG. 435. — *Lepisma saccharina.*

on fait autant de familles. Le Lépisme du sucre (*Lepisma saccharina*) (fig. 435) est bien connu, car il se trouve dans nos maisons; il se fait remarquer par sa couleur blanche et d'un éclat argenté, qui est due à la présence de petites écailles dont son corps est couvert.

On s'accorde assez généralement pour rattacher aussi aux Orthoptères de petits Insectes dont Haliday a fait l'ordre des *Thysanoptères*.

Ils sont caractérisés par leurs ailes bordées de cils, par leurs mandibules sétacées et par leurs pattes dont l'extrémité porte une sorte de ventouse (*Physopodes*). Ils vivent sur les végétaux, particulièrement dans les fleurs. Ce groupe *incertæ sedis* a pour type le G. *Thrips*, dont une espèce, le *Thrips des Céréales*, cause des dommages à l'agriculture en attaquant le grain de blé nouvellement formé.

ORDRE VI. — COLÉOPTÈRES

Les Coléoptères (de κολεός, étui, πτερόν, aile) sont caractérisés par leurs ailes antérieures, de consistance cornée, en forme d'*élytres*. Pendant le repos, ces élytres sont en contact l'un avec l'autre par leur bord interne qui est droit, et l'on donne le nom de *suture* à leur ligne de jonction; quelquefois ils sont soudés entre eux, et, dans ce cas, les ailes membraneuses font défaut (Carabe). Celles-ci sont les seules qui servent au vol; elles se replient transversalement au-dessous des élytres qui les recouvrent et les protègent.

Les antennes présentent une conformation variée dont on a tiré parti pour caractériser certains groupes; elles sont filiformes ou

sétiformes, en fuseau ou en chapelet, en peigne ou en scie, etc...
tantôt droites, tantôt coudées ou brisées. A l'exception de quelques
formes qui vivent dans des cavernes obscures et sont devenues
aveugles par rétrogradation des organes visuels, ces Insectes possèdent des yeux à facettes bien développés, mais sont généralement
dépourvus de stemmates.

Les appendices buccaux sont conformés pour broyer (fig. 375);
le labre s'articule avec le bord de la pièce frontale appelée *épistome*
ou *chaperon*; viennent ensuite les deux mandibules, puis les mâchoires portant une ou deux paires de palpes maxillaires. La lèvre
inférieure est articulée sur un prolongement de la gorge qu'on désigne sous le nom de *ganache*; elle est munie de deux palpes labiaux.

Le prothorax, souvent appelé *corselet*, est libre, très développé
et de forme variable : carré, triangulaire, ovale, etc... Les autres
segments thoraciques, mésothorax et métathorax, sont recouverts
par les élytres ; toutefois ceux-ci sont ordinairement séparés à leur
base par une pièce visible du mésothorax qui forme ce qu'on nomme
l'*écusson*. L'abdomen est sessile, c'est-à-dire qu'il se continue avec
le thorax sans présenter aucun étranglement ; il est mou dans sa
partie supérieure protégée par les élytres; il porte sur les côtés les
orifices des trachées ou stigmates.

Les pattes varient dans leurs formes, dans leurs proportions, et
subissent des modifications en rapport avec les conditions d'existence des animaux auxquels elles appartiennent. Les tarses ne sont
pas toujours composés d'un même nombre d'articles et fournissent
ainsi un caractère qui, depuis Geoffroy, a été utilisé pour la subdivision de l'ordre. Le système nerveux présente parfois une coalescence marquée des ganglions de la chaîne ventrale. Chez les
Coléoptères carnassiers, le tube digestif est pourvu d'un gésier bien
constitué, garni, à l'intérieur, de pièces dures, cornées. Les vaisseaux de Malpighi ne sont pas nombreux, comme chez les Orthoptères; il y en a quatre ou six seulement.

Les mâles et les femelles se distinguent par des caractères
sexuels secondaires : différences dans la taille, la couleur, dans la
forme des antennes, etc... Ce sont des Insectes à métamorphoses
complètes. Les larves sont en général munies de six pattes, mais
parfois elles sont apodes, vermiformes; elles ont une tête distincte
et des pièces buccales disposées sur le même type que chez l'adulte;
quelques-unes sont parasites. Elles se transforment en nymphes
immobiles, ayant l'apparence de momies, et sous cet état ne prennent aucune nourriture.

Les mœurs des Coléoptères sont fort diverses; il en est dont la
vie est aquatique et dont l'organisation présente des particularités

produites par adaptation à ce genre d'existence (Dytiques, etc.). Leur régime est également très varié ; la plupart sont phytophages et se nourrissent de différentes substances végétales, mais certains d'entre eux se nourrissent de matières animales et de proies vivantes.

De tous les ordres d'Insectes, celui des Coléoptères est le plus vaste, car il renferme plus de cent mille espèces. En se fondant sur le nombre d'articles dont se composent les tarses, on l'a subdivisé en quatre sous-ordres : les *Pentamères*, qui ont cinq articles à tous les tarses ; les *Hétéromères*, qui ont cinq articles aux tarses des deux paires de pattes antérieures, et seulement quatre à ceux de la paire postérieure ; les *Tétramères* ou *Cryptopentamères*, qui ont aux tarses quatre articles distincts et un cinquième rudimentaire ; les *Trimères* enfin ou *Cryptotétramères*, qui n'ont jamais plus de trois articles distincts et un quatrième rudimentaire.

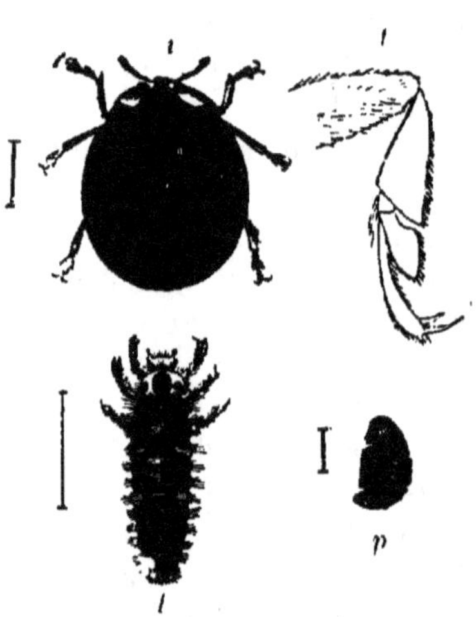

FIG. 436. — Coccinelle à sept points (*Coccinella septempunctata*). — *l*, larve ; *p*, nymphe ; *i*, insecte parfait ; *t*, tarse.

1. Trimères (Cryptotétramères).

A ce groupe appartient la famille des COCCINELLIDÉS, ainsi nommée du G. *Coccinella* dont une espèce aux élytres rouges marqués de points noirs, la Coccinelle à sept points (*C. septempunctata*) (fig. 436) est très répandue dans nos pays, et connue sous le nom vulgaire de Bête à bon Dieu. Les larves de ces Insectes étaient appelées par Réaumur Vers mangeurs de Pucerons. Elles se nourrissent, en effet, de ces petits animaux dont elles détruisent de grandes quantités, et rendent par là de véritables services à l'horticulture. Pour se métamorphoser en nymphes, elles se suspendent par leur extrémité postérieure.

2. Tétramères (Cryptopentamères).

Ce sous-ordre, beaucoup plus considérable que le précédent, renferme plusieurs familles importantes.

Les CHRYSOMÉLIDÉS ont pour type le genre *Chrysomèle* dont le nom rappelle les brillantes couleurs à reflets dorés. Ces Insectes, à l'état de larve et à l'état parfait, se nourrissent de feuilles ; c'est ainsi que plusieurs d'entre eux sont fort nuisibles à l'agriculture.

La Chrysomèle du peuplier (*Lina populi*) est très commune sur cet arbre dont elle détruit le feuillage. Le Doryphore de la pomme de terre (*Leptinotarsa decemlineata*), originaire d'Amérique, a acquis une triste renommée par les ravages qu'il exerce dans les champs où l'on cultive cette solanée. Un Eumolpe (*Eumolpus vitis*) (fig. 437) généralement connu sous le nom d'Écrivain à cause des dessins particuliers qu'il trace sur les feuilles en les rongeant, dévaste parfois les vignobles de nos pays.

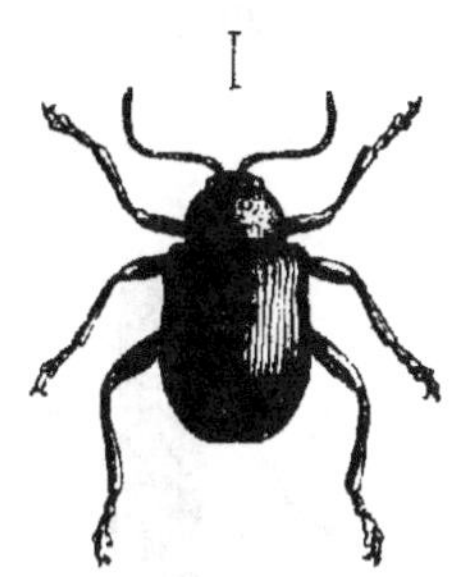

FIG. 437. — Eumolpe adulte (*Eumolpus vitis*).

Les Altises (*Altica*), vulgairement appelées Puces de terre parce qu'elles ont la faculté de sauter, font beaucoup de mal aux plantes potagères et particulièrement à celles de la famille des Crucifères.

Il y a des Chrysomélidés dont les larves ont la singulière habitude de se recouvrir de leurs excréments qui les enveloppent d'un manteau protecteur ; ainsi, les larves des Criocères dont une espèce, d'un très beau rouge, se trouve sur les lis (*Crioceris merdigera*) (fig. 438). Certaines espèces enfin, par exemple les Donacies (*Donacia*), vivent au bord des eaux sur les plantes aquatiques ; les larves se transforment en nymphes dans des coques fixées sur les racines de ces plantes.

Les CÉRAMBYCIDÉS, ou *Longicornes* de Latreille, se font remarquer par leurs antennes d'une longueur considérable et dépassant en général celle du corps, surtout chez les mâles (fig. 439). Elles sont plus courtes chez les femelles qui, en outre, se distinguent souvent par certaines différences de forme ou de coloration, et par quelques autres caractères sexuels secondaires. Chez elles, l'abdomen est terminé par un pondoir tubuleux, au moyen duquel les œufs sont déposés dans les fentes de l'écorce des arbres. Les larves sont munies de mandibules puissantes, et se creusent des galeries dans

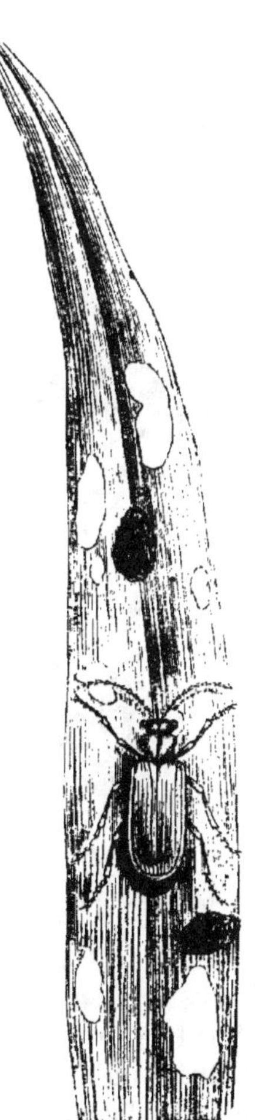

FIG. 438. — Criocère des lis, grossi (*Crioceris merdigera*).

l'intérieur des troncs et des branches, dont elles-rongent le bois qui leur sert de nourriture (*Xylophages*).

FIG. 439. — Rosalie des Alpes (*Cerambyx alpinus*).

Cette famille est extrêmement nombreuse et contient de trois à quatre mille espèces. Nous citerons comme lui appartenant : les Capricornes (*Cerambyx*) dont l'un, le grand Capricorne (*C. heros*), se rencontre sur les chênes, qui sont parfois minés à l'intérieur par les ravages de sa larve ; les Callidies (*Callidium*), ainsi nommés (de καλλός, beau) à cause de la beauté de leurs formes et de leurs couleurs ; les Lamies (*Lamia*); les Leptures (*Leptura*); les Priones (*Prionus*), etc...

Les SCOLYTIDÉS sont des Insectes xylophages de petite taille, mais

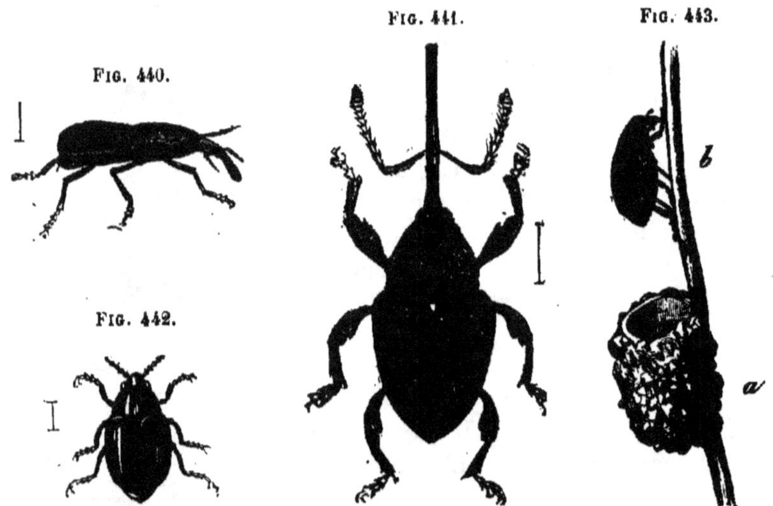

FIG. 440. — Charançon du blé (*Calandra granaria*).
FIG. 441. — Charançon des noisettes (*Balaninus nucum*).
FIG. 442. — Bruche de la lentille (*Bruchus pallidi cornis*).
FIG. 443. — Larin du Tréhala. — *a*, coque; *b*, Larin au moment où il vient d'en sortir.

qui causent de grands ravages dans les forêts. A l'état parfait comme à l'état larvaire, ils s'attaquent aux arbres et particulièrement aux Conifères, qu'ils sillonnent de galeries, creusées d'ordinaire entre le bois et l'écorce. Ils comprennent les G. *Scolytus*, *Tomicus*, *Hylesinus*...

Les CURCULIONIDÉS ou Charançons, vulgairement appelés Portebecs parce qu'ils ont la tête prolongée en une sorte de rostre, ce qui leur a valu aussi le nom de *Rhynchophores*, forment une famille immense, la plus vaste que l'on connaisse. Elle renferme un grand nombre d'espèces nuisibles, parmi lesquelles la plus connue est le Charançon du blé (*Calandra granaria*) (fig. 440) dont la larve vit dans le grain et le dévore, de sorte que ces Insectes causent des pertes considérables, quand ils envahissent les greniers où l'on emmagasine le blé.

Le Charançon des noisettes (*Balaninus nucum*) (fig. 441); la Bruche des pois (*Bruchus Pisi*); celle des lentilles (*Bruchus pallidi cornis*) (fig. 442); celle des fèves (*Bruchus rufimanus*); le Charançon des pommiers (*Anthonomus pomorum*); celui du poirier (*Anthonomus pyri*); le Coupe-bourgeon (*Rhynchites conicus*); l'Attelabe de la vigne (*Rhynchites betuleti*), etc... sont autant de Curculionidés qui méritent une mention par les dégâts qu'ils occasionnent.

C'est aussi dans cette famille que prend place un Insecte du G. *Larinus* dont la larve se transforme en nymphe dans une sorte de coque portée par les tiges d'une espèce d'*Onopordon* de Syrie (fig. 443). Ces coques, connues sous le nom de Tricala ou Tréhala, sont employées en Orient contre certaines affections des voies respiratoires.

3. Hétéromères.

Dans ce sous-ordre se trouve d'abord la famille des MÉLOIDÉS, nommés aussi *Insectes vésicants*, parce que plusieurs d'entre eux ont la propriété de développer, quand on les met en contact avec la peau, une irritation suivie du soulèvement de l'épiderme par accumulation de sérosité.

Les Méloïdés sont particulièrement intéressants, à cause des transformations successives par lesquelles ils passent avant d'arriver à l'état adulte, et qui, constituant une métamorphose plus compliquée que la métamorphose ordinaire, ont été désignés par Fabre sous le nom d'*hypermétamorphose*. C'est sur une espèce du G. *Sitaris* qu'ont porté les remarquables observations de ce naturaliste (fig. 444). Il a reconnu que la jeune larve se présente d'abord sous forme de *triongulin*, avec trois paires de longues pattes terminées par des griffes, des antennes sétiformes et des filets caudaux; elle est armée de fortes mandibules et pourvue de quatre ocelles. Cette larve pénètre dans l'intérieur des nids d'une Abeille solitaire (*Anthophora pilipes*). Pour y arriver, elle s'accroche aux poils qui garnissent le thorax des Anthophores mâles, ceux-ci apparaissant avant les femelles, sur le corps desquelles,

au moment de l'accouplement, elle passe ensuite. Puis, quand la
ponte a lieu, quand l'œuf est déposé dans une cellule préparée
pour le recevoir, elle s'y laisse tomber avec lui. Cet œuf doit lui
fournir, en effet, sa première nourriture et elle ne tarde pas à le
dévorer, sa coque lui servant de radeau pour flotter à la surface
du miel contenu dans la cellule. Bientôt elle subit une première
mue et prend une nouvelle forme ; elle est molle, blanche, très
convexe sur sa face ventrale, avec des pattes rudimentaires et

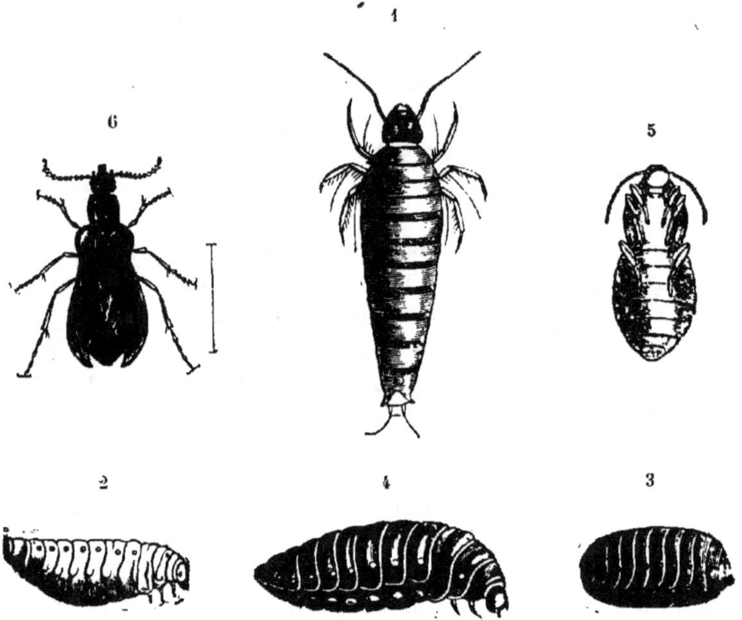

Fig. 444. — Hypermétamorphose du *Sitaris muralis* (d'après Fabre). — 1, première larve ou
Triongulin ; 2, seconde larve ; 3, pseudo-chrysalide ; 4, troisième larve ; 5, nymphe
(face ventrale) ; 6, *Sitaris muralis* adulte.

aveugle ; cette deuxième larve se nourrit du miel qu'elle trouve
autour d'elle ; puis, elle se transforme en un corps ovalaire,
segmenté, inerte, ayant toute l'apparence d'une pupe ou d'une
chrysalide. Elle ne prend alors aucune nourriture et traverse en
général l'hiver sous cette forme, nommée par Fabre *pseudo-chrysalide*. A la pseudo-chrysalide succède une troisième larve, à peu
près semblable à la seconde, et qui bientôt se change en une véritable nymphe, d'où sort, au bout de quelques semaines l'insecte
parfait. Ainsi, dans ce mode d'évolution, la larve ne devient nymphe
qu'après avoir passé par quatre formes : larve primitive ou triongulin, deuxième larve, pseudo-chrysalide et troisième larve.

Les principales espèces vésicantes appartiennent aux genres *Lytta*, *Mylabris* et *Meloe*.

La Cantharide (*Lytta vesicatoria*) (fig. 445) est la plus employée pour la préparation des vésicatoires. Elle est d'une belle couleur vert doré, avec des antennes noires, fili-formes, composées de onze articles. Cet Insecte se trouve surtout dans le midi de l'Europe et abonde en Espagne, d'où le nom de Mouche d'Espagne qui lui est souvent donné. Il vit en sociétés nombreu-ses sur les frênes, les lilas, les troënes qu'il dépouille de leurs feuilles. Pour faire la récolte des Cantharides, on les fait tom-ber en secouant les arbres où elles se tiennent, et on les reçoit sur des toiles

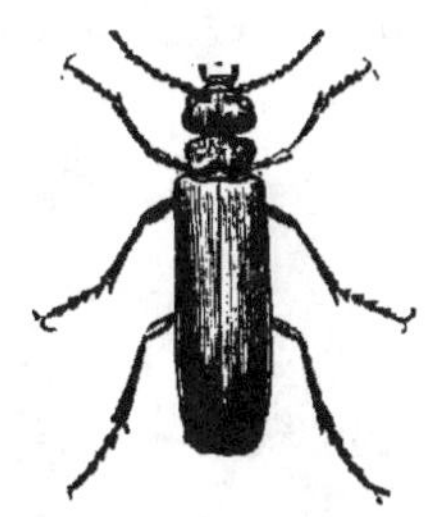

Fig. 445. — Cantharide (*Lytta vesicatoria*).

étendues au-dessous; c'est de grand matin, quand elles sont en-gourdies par le froid, qu'on procède à cette opération. On les asphyxie d'ordinaire en les exposant à la vapeur du vinaigre bouil-lant, puis on les sèche, et on les conserve en vase clos.

.Le développement des Cantharides a pu être suivi récemment dans ses diverses phases par Lichtenstein qui a réussi, dans des éducations artificielles, à obtenir toutes les transformations de l'Insecte (1). Ce développement a la plus grande analogie avec celui des *Sitaris*, mais on ignore encore de quelle espèce d'Abeilles les larves sont parasites dans les conditions naturelles; c'est peut-être des Bourdons?

Les Mylabres (*Mylabri*) ont les mêmes propriétés que la Can-tharide. Ils s'en distinguent par la forme de leurs antennes renflées à l'extrémité et par la coloration de leurs élytres, marqués trans-versalement de bandes jaunes ou rougeâtres sur fond noir. On en trouve communément une espè-ce, le *Mylabris variabilis* (fig. 446), dans le midi de la France.

Les Méloés (*Meloe*) sont privés d'ailes et leurs élytres croisés à la base, mais écartés ensuite l'un de l'autre, ne forment

Fig. 447.

Fig. 446.

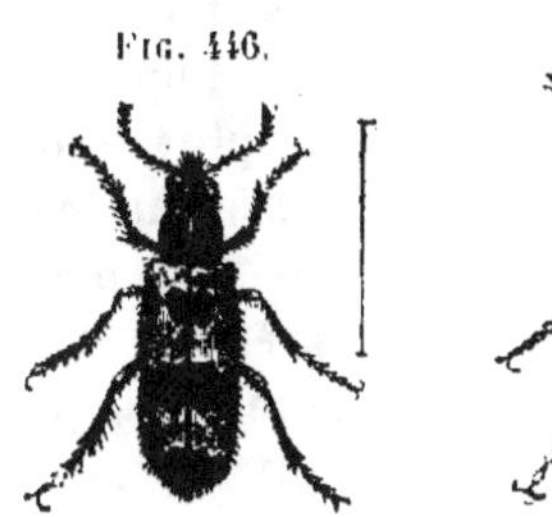

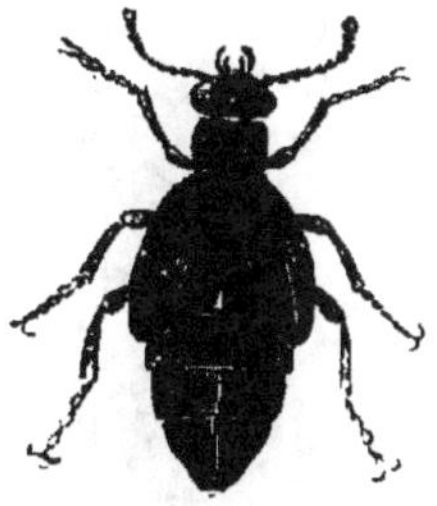

Fig. 446. — *Mylabris variabilis*.
Fig. 447. — *Meloe proscarabæus*, femelle.

pas une suture droite comme cela a lieu chez les Coléoptères en

(1) *Comptes rendus de l'Acad. des sciences*, t. LXXXVIII, p. 1089, 1879.

règle générale ; de plus, chez les femelles ces élytres sont très courts et ne recouvrent qu'une partie de l'abdomen qui est très volumineux (fig. 447). Le Méloé commun (*Meloe proscarabæus*) est le plus répandu ; il est d'un bleu foncé, à reflets violets.

Nous devons citer encore comme appartenant aux Hétéromères la famille des TÉNÉBRIONIDÉS composée d'Insectes dont la coloration uniformément noire leur avait valu le nom de *Mélasomes*, sous lequel les désignait Latreille. Les plus connus sont les Ténébrions et les Blaps. Les premiers sont représentés chez nous par une espèce, le Ténébrion meunier (*Tenebrio molitor*) (fig. 448) qu'on rencontre communément dans les boulangeries et dont la larve appelée Ver de farine (fig. 448) est recherchée pour nourrir les Rossignols que l'on garde en captivité. Les seconds, dé pourvus

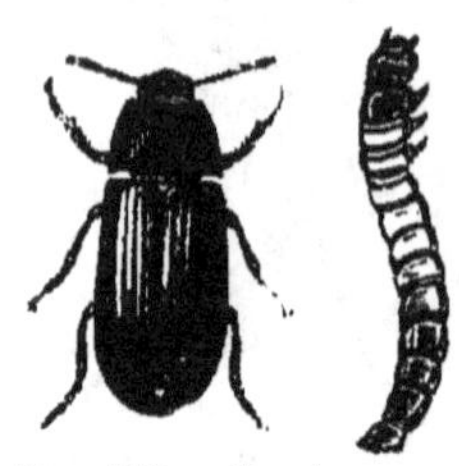

FIG. 448. — *Tenebrio molitor.* Sa larve.

d'ailes, ont les élytres soudés et terminés en pointe ; ils fuient la lumière et habitent les caves, les lieux sombres et humides, se nourrissent de détritus animaux et végétaux ; quand on les touche, les doigts restent imprégnés d'une odeur fétide. Le vulgaire regarde ces Insectes comme étant de sinistre augure, d'où les dénominations de Blaps porte-malheur, Présage de mort (*Blaps mortisaga*) qui leur ont été données.

4. Pentamères.

Ce sous-ordre, le plus vaste de tous, comprend des Insectes de mœurs fort diverses.

Les PTINIDÉS sont des xylophages et renferment des espèces nuisibles qui, à l'état de larves, attaquent et détériorent le bois employé dans nos constructions ; c'est pourquoi on les a appelés aussi *Térédyles* ou *Perce-bois.* Les plus communs sont les Vrillettes (*Anobium*) (fig. 449) qu'on trouve fréquemment dans nos maisons où leurs larves rongent l'intérieur des vieilles boiseries, des vieux meubles, qu'on dit alors tout vermoulus, et dont la surface est criblée de petits trous ronds, semblables à ceux que ferait une

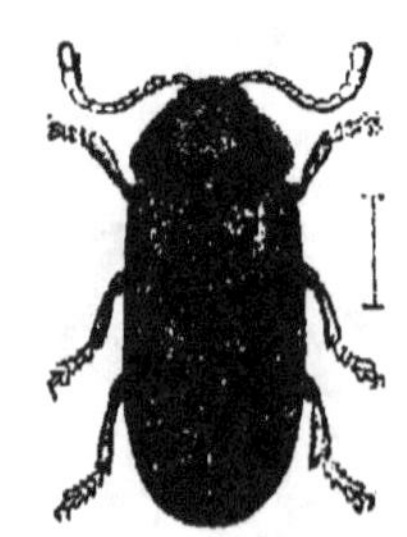

FIG. 449. — Vrillette marquetée (*Anobium tesselatum*).

vrille très fine. Ces Insectes font entendre à certains moments un bruit de tic tac, produit par le choc plusieurs fois répété de leur tête contre le bois, et qui n'est autre chose qu'un signal d'appel entre le mâle et la femelle, mais qui, interprété comme un présage funeste leur a valu le nom d'Horloges de la mort.

Les Lymexylons ou Ruine-bois (*Lymexylon navale*) sont très répandus dans les forêts de Chine, du nord de l'Europe, et ont causé parfois de grands dégâts dans les chantiers de la marine. Les Ptines (*Ptinus fur*) hantent nos demeures, et leurs larves ravagent les herbiers et les collections d'histoire naturelle qui sont mal entretenus.

Les CLÉRIDÉS (*Clerus*) se rencontrent sur les fleurs, sur les troncs des vieux arbres, mais paraissent avoir une nourriture animale, et leurs larves en particulier dévorent celles d'autres Insectes. Ainsi le Clairon des ruches (*Trichodes apiarius*) dépose ses œufs dans les nids des Abeilles, et les larves qui en naissent font leur proie de celles qui sont contenues dans leurs cellules.

Les MALACODERMES de Latreille ou Coléoptères à peau molle,

FIG. 450. — Lampyres, mâle et femelle (*Lampyris splendidula*).

présentent en général des différences sexuelles marquées ; leurs larves comme les précédentes sont carnivores. A cette famille appartiennent les Lampyres (*Lampyris*) (fig. 450) bien connus de tout le monde sous le nom de Vers luisants. On désigne ainsi la femelle qui est phosphorescente, privée d'ailes et vermiforme ; le mâle est ailé et faiblement lumineux. Les Lucioles (*Luciola*) se distinguent des Lampyres en ce que les deux sexes sont ailés et phosphorescents ; on peut en observer une espèce, la *L. lusitanica*, dans le Var et les Alpes-Maritimes.

Parmi les Malacodermes, se rangent les Téléphores (*Telephorus*), les Malachies (*Malachius*), les Driles (*Drilus*)... Ces derniers fournissent un des plus remarquables exemples de dimorphisme sexuel.

Les ÉLATÉRIDÉS présentent la singulière propriété, quand ils sont renversés sur le dos, de se relever par un mécanisme tout particulier. Dans cette position l'animal se cambre en s'appuyant sur ses extrémités ; alors une pointe qui prolonge son prosternum en arrière vient s'arc-bouter contre le bord antérieur du mésosternum ; puis, par un effort brusque, cette pointe s'échappe avec un bruit sec de la fossette où elle était reçue, et, faisant ressort, détermine un choc assez violent du corps contre le sol pour qu'il soit projeté en l'air. L'Insecte recommence cette manœuvre jusqu'à ce qu'il retombe sur ses pattes. C'est cette particularité qui a valu aux Élatéridés les noms de Taupins, Maréchaux, Toque-maillets par lesquels on les désigne vulgairement.

Certaines espèces américaines répandent dans l'obscurité une vive lueur ; ce sont les Pyrophores ou Mouches à feu. L'un d'eux appelé Cucujo (*Pyrophorus noctilucus*) (fig. 451) est célèbre à ce point de vue. La lumière que donnent ces Insectes est suffisante pour qu'on puisse lire à leur clarté des caractères assez fins, et les Indiens les utilisent, dit-on, comme moyen d'éclairage, soit dans leurs travaux, soit dans leurs courses nocturnes.

Auprès des Élatéridés, mais formant une famille distincte, celle des BUPRESTIDÉS, se placent les Buprestes qu'on nomme aussi Richards, à cause de la richesse et de l'éclat de leurs couleurs, à reflets métalliques. Latreille réunissait toutes les familles précédentes dans son groupe des *Serricornes*, c'est-à-dire ayant les antennes dentées en scie.

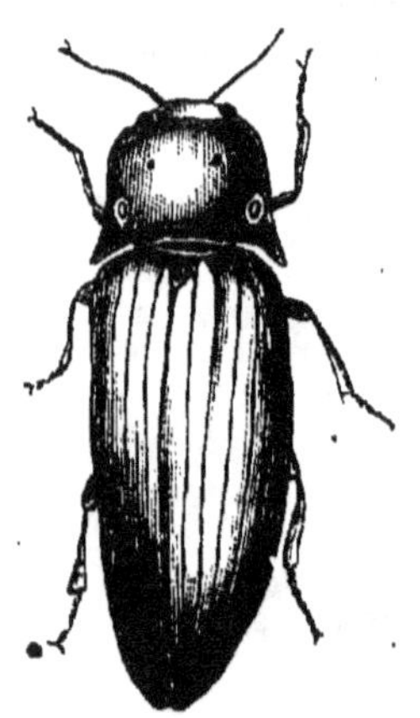

FIG. 451. — Cucujo (*Pyrophorus noctilucus*).

Les SCARABÉIDÉS ou *Lamellicornes* renferment des Insectes de formes et de mœurs fort diverses. Suivant la nature de leur régime on peut les diviser en *Coprophages* et *Phytophages*.

Parmi les premiers, il y en a qui ont la singulière habitude de déposer leurs œufs dans de petits amas de fiente qu'ils roulent en boule et qu'ils enfouissent ensuite, d'où le nom de Pilulaires qu'on leur a donné parfois.

Les Scarabées (*Ateuchus sacer*) (fig. 452) que les Égyptiens honoraient comme un animal sacré, les Gymnopleures (*Gymnopleurus*), les Sisyphes (*Sisyphus*) sont des constructeurs de boules. D'autres vivent dans les matières de déjection de certains animaux, des Ruminants en particulier, mais sans faire de boules ; ce sont les Bousiers (*Copris*), les Aphodies (*Aphodius*), les Géotrupes (*Geotrupes*).

Parmi les Phytophages nous citerons les Cétoines (*Cetonia*) (fig. 453) et les Hannetons (*Melolontha*) (fig. 454).

Ces derniers causent de grands dommages à l'agriculture ; leurs larves appelées Vers blancs vivent dans la terre où elles rongent les racines des végétaux qu'elles font ainsi périr. Chez nous elles mettent en général trois ans pour effectuer leur développement, traversant l'hiver enfouies et engourdies dans le sol, de telle sorte que quand, une année, il y a eu abondance de Hannetons, on les voit reparaître en grand nombre trois ans après ; leur appari-

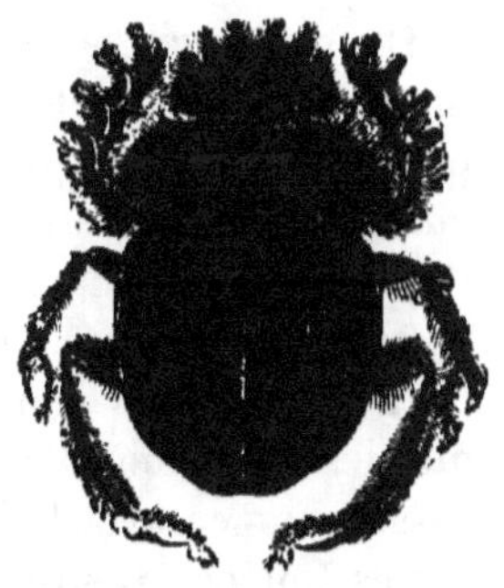

Fig. 452. — Scarabée sacré (*Scarabæus sacer*).

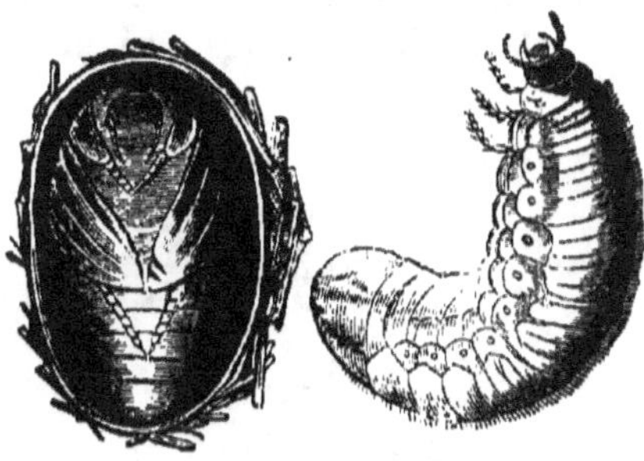

Fig. 453. — Cétoine dorée (*Cetonia aurata*). — Larve, nymphe et insecte parfait.

tion en masse est donc périodique. Dans certains pays, en Allemagne, sous l'influence de conditions un peu différentes, leur cycle évolutif est de quatre ans au lieu de trois. A l'état parfait les Hannetons ne vivent que quelques semaines, du milieu d'avril à la fin de mai ; ils dévastent alors les arbres, les ormes surtout, qu'ils dépouillent de leurs feuilles. Le meilleur moyen pour préserver les campagnes contre les ravages de ces Insectes et de

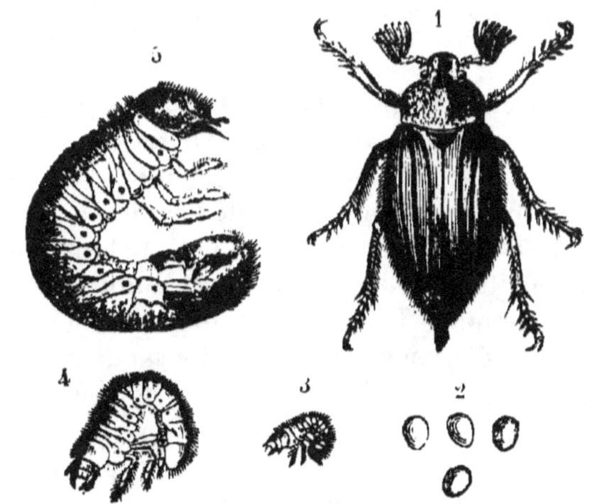

Fig. 454. — 1, Hanneton commun (*Melolontha vulgaris*) ; — 2, les œufs ; 3, Ver blanc de première année ; 4, le même, au printemps de la deuxième année ; 5, Ver blanc de la troisième année.

leurs larves serait le hannetonnage, c'est-à-dire leur destruction pratiquée méthodiquement à l'âge adulte.

On réunissait autrefois aux Lamellicornes les Lucanidés, qui se distinguent pourtant par leurs antennes coudées et dentelées en peigne; c'est pourquoi on les en a séparés, et sous le nom de *Pecticornes* on en a fait une famille distincte. On trouve dans toute l'Europe une grande espèce de Lucane, le Lucane cerf-volant (*Lucanus cervus*), remarquable par les proportions qu'atteignent chez le mâle les mandibules, qui sont bifurquées à l'extrémité et munies au milieu d'une grosse dent, présentant ainsi une certaine ressemblance avec le bois des Cerfs.

Les Coléoptères qui composaient l'ancien groupe des Clavicornes de Latreille sont aujourd'hui répartis en plusieurs familles : Dermestidés, Histéridés, Silphidés, etc.

Parmi les Insectes qui en font partie, nous mentionnerons les Dermestes qui, à l'état de larves aussi bien qu'à l'état adulte, se nourrissent de matières animales desséchées, et dont une espèce très commune, le Dermeste du lard (*Dermestes lardarius*), se rencontre dans nos maisons, et partout où il y a des substances qui peuvent lui servir d'aliments, comme peaux, fourrures, etc. Deux autres Insectes de la même famille sont redoutés, à cause des dégâts que font leurs larves; ce sont :

Fig. 455. — *Attagenes pellio.* — Larve de grandeur naturelle et grossie.

l'Attagène des pelleteries (*Attagenes pellio*) (fig. 455) et l'Anthrène des musées (*Anthrenus museorum*).

Aux Histéridés et aux Silphidés appartiennent des espèces qui font leur nourriture de matières animales ou végétales en putréfaction. Il y en a qui ont l'habitude d'enterrer les cadavres de petits animaux, tels que Mulots, Taupes, Oiseaux, etc..., dans lesquels les femelles déposent leurs œufs, et qui servent ensuite d'aliment aux larves; c'est à cette particularité de leurs mœurs que les Nécrophores ou Fossoyeurs (*Necrophorus*) doivent leur nom.

Les Staphylinidés, que l'on appelle aussi *Brachélytres*, à cause de la brièveté de leurs élytres, se nourrissent en général de substances corrompues. Certains d'entre eux vivent en parasites dans les nids des Fourmis. On en a découvert dans des nids de Termites, au Brésil, que Schiödte a fait connaître et qui sont vivipares (1). Ils se font remarquer par le développement extraordinaire de leur abdomen qu'ils portent relevé et recourbé au-dessus du thorax (fig. 456).

FIG. 456. — Staphylin vivipare (*Corotoca Melantho*). Femelle vue de côté (d'après Schiödte).

Les HYDROPHILIDÉS, ou *Palpicornes* de Latreille, étaient ainsi nommés parce qu'ils ont de longs palpes maxillaires en forme d'antennes, dépassant souvent celles-ci. Ce sont pour la plupart des animaux à vie aquatique, comme l'Hydrophile brun (*Hydrophilus piceus*) qui se trouve communément dans les eaux stagnantes. Ces Insectes viennent à la surface de l'eau puiser l'air dont ils ont besoin pour respirer. Les femelles pondent leurs œufs dans une coque qu'elles tissent au moyen d'une sorte de soie formée par des glandes qui sont situées dans l'abdomen ; cette coque est fixée aux feuilles des végétaux aquatiques. Les larves, auxquelles Réaumur donnait le nom de Vers assassins, sont carnassières et mangent surtout de petits Mollusques, tels que Limnées et Planorbes ; les adultes, au contraire, recherchent comme nourriture les plantes aquatiques.

La série des Coléoptères pentamères se termine enfin par ceux qui ont des habitudes carnassières et chassent des proies vivantes ; aussi étaient-ils réunis sous la dénomination de *Carnassiers*, mais ceux-ci se partageaient, selon leur mode d'existence, en terrestres et aquatiques. Aujourd'hui on en forme généralement quatre familles, chacun de ces groupes ayant été subdivisé à son tour, le premier en *Cicindélidés* et *Carabides*, le second en *Dyticidés* et *Gyrinidés*.

Les GYRINIDÉS comprennent de petits Insectes que l'on voit souvent réunis en troupes à la surface des eaux où ils décrivent avec rapidité des cercles nombreux, ce qui leur a fait donner le nom de

(1) Observations sur des Staphylins vivipares (Extrait in *Ann. des Sc. nat.*, 4e série, t. V, 1856).

Gyrins (*Gyrinus*), de même que celui de Tourniquets par lequel on les désigne vulgairement.

Les Dyticidés sont de grande taille et ont pour type les Dytiques, dont une espèce, le Dytique bordé (*Dytiscus marginalis*) (fig. 457), est très commune dans les eaux stagnantes de nos pays. Ces Insectes présentent un dimorphisme sexuel assez marqué ; les mâles ont l'extrémité des pattes antérieures élargie en forme de disque arrondi, et garnie de ventouses. Cette disposition ne se rencontre pas chez les femelles, mais celles-ci ont d'ordinaire les élytres sillonnés, tandis que les mâles les ont lisses. Les larves, comme les adultes, vivent de proie ; quand vient l'époque de la métamorphose, elles quittent l'eau et s'enferment dans la terre humide où elles se transforment en nymphes.

FIG. 457.

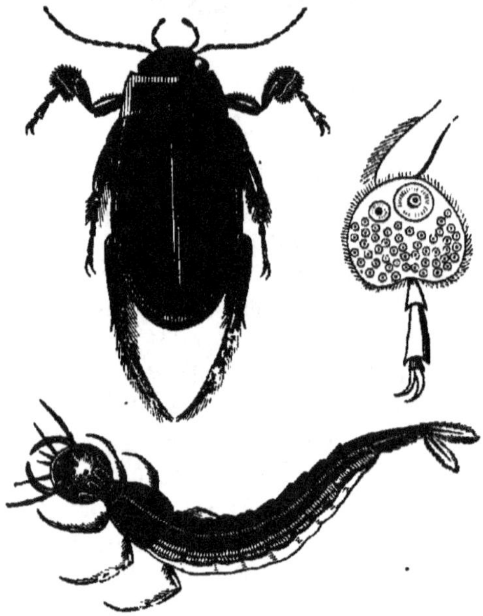

FIG. 458.

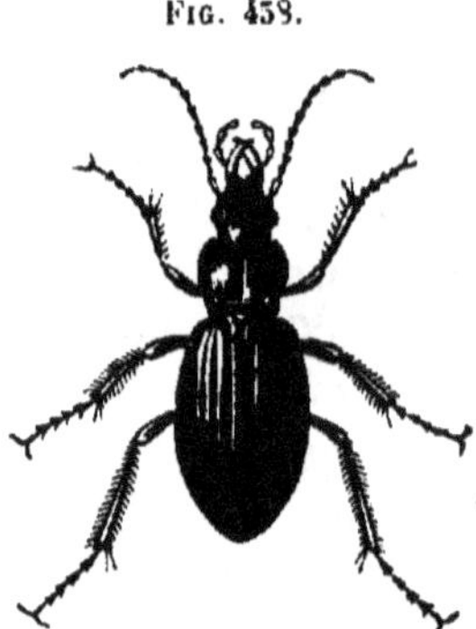

FIG. 457. — *Dytiscus marginalis*. — Le mâle, la larve et l'extrémité d'une patte antérieure.
FIG. 458.— Carabe doré (*Carabus auratus*).

Les Carabidés sont nombreux en espèces, parmi lesquelles il en est qui sont privées d'ailes. Tels sont les Carabes (*Carabus*), qui ont donné leur nom à la famille, et dont une espèce, d'un vert doré, le Carabe doré (*C. auratus*) (fig. 458), qu'on appelle vulgairement Jardinier, abonde dans nos campagnes.

A cette famille appartiennent les Calosomes (*Calosoma*), les Féronies (*Feronia*), les Harpales (*Harpalus*), les Scarites (*Scarites*), les Brachins (*Brachinus*), etc... Ces derniers, quand ils sont attaqués, ont la singulière propriété de lancer par l'anus quelques gouttelettes d'un liquide corrosif qui se vaporise aussitôt en faisant explosion; de là les noms de Canonniers ou Bombardiers donnés souvent à ces Coléoptères.

Les Cicindélidés sont les plus féroces des Carnassiers, les Tigres des Insectes, suivant l'expression de Linné... Ils ont pour principal représentant en France, la Cicindèle champêtre (*Cicindela campestris*), d'un beau vert, avec cinq points blancs sur chaque élytre.

ORDRE VII. — HYMÉNOPTÈRES

Parmi les Insectes, les Hyménoptères sont sans contredit ceux qui occupent le premier rang par le développement de leur intelligence. A cet ordre appartiennent, en effet, ces espèces sociales, comme les Fourmis, si remarquables par leurs mœurs, leur industrie, leur activité psychique, et dont l'histoire est toute pleine de détails vraiment merveilleux.

Les Hyménoptères (de ὑμήν, membrane, πτερόν, aile) sont munis de quatre ailes membraneuses, transparentes, présentant un petit nombre de nervures. Ces ailes sont horizontales pendant le repos, et croisées au dessus du corps; pendant le vol, celles du même côté s'unissent entre elles, au moyen d'un certain nombre de petits crochets (*hamuli*), qui garnissent le bord antérieur des secondes et accrochent le bord postérieur des premières. Ici, comme dans les autres groupes, on rencontre des formes aptères.

La tête est mobile et porte de grands yeux à facettes, indépendamment desquels il existe en général trois ocelles sur le front. Les antennes sont très variées de forme. Les pièces de la bouche offrent une disposition intermédiaire à celles des Insectes broyeurs et des Insectes suceurs; elles constituent un appareil propre à lécher, et les Hyménoptères sont des Insectes *lécheurs*. La lèvre supérieure et les mandibules sont à peu près conformées de même que chez les Coléoptères et les Orthoptères, mais les mâchoires et la lèvre inférieure sont plus ou moins allongées, et les premières forment une sorte de gaine qui renferme plusieurs appendices déliés dépendant de la lèvre inférieure, et constituant la *trompe*. De ces appendices le plus important, impair et médian, représente la languette; les autres sont, de chaque côté, le lobe externe de la languette qu'on appelle *paraglosse* et le palpe labial. Les mâchoires portent chacune un palpe maxillaire plus ou moins développé, souvent rudimentaire (Abeille). Fabricius avait donné à ces Insectes le nom de *Piezata* (de πιέζω, je comprime) à cause de la forme aplatie des mâchoires.

Le prothorax est soudé au mésothorax; celui-ci présente le plus souvent, à la base de chacune des deux ailes antérieures, une petite pièce écailleuse, nommée épaulette (*Ptérigode* de Latreille).

L'abdomen est généralement pédiculé, c'est-à-dire qu'il est uni au thorax par une portion rétrécie, comme on le voit dans les Guêpes et les Abeilles. Chez les femelles, il est terminé par une tarière ou par un aiguillon venimeux. Cet appareil varie dans sa forme, mais ne change pas dans sa composition organique (Lacaze-Duthiers) (1). Il est constitué par un fourreau formé de deux valves très allongées, et contenant des organes perforants ou *poinçons*,

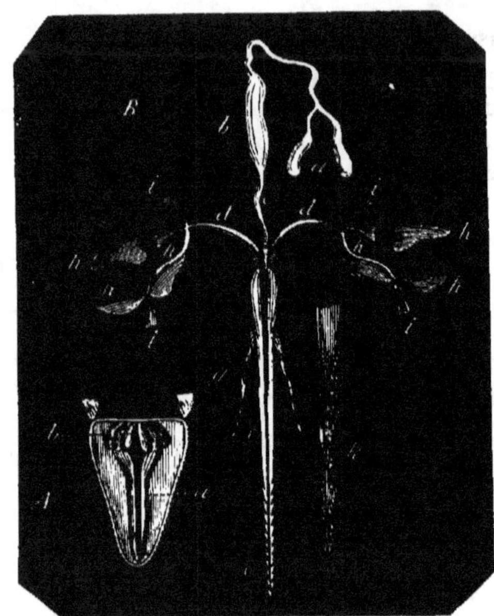

FIG. 459. — Appareil venimeux de l'Abeille. — A, extrémité de l'abdomen avec l'aiguillon rétracté : *a*, aiguillon dans son fourreau; *b*, sa base composée de pièces solides et de muscles. — B, appareil développé : *a*, glandes à venin; *b*, réservoir du venin; *c*, son canal excréteur; *d d*, racines des dards composant l'aiguillon; *e*, les deux dards appliqués l'un contre l'autre; *f*, gorgeret; *g*, valves; *h h*, pièces solides chitineuses; *i i*, muscles; *k*, extrémité dentelée d'un dard, très grossie.

au nombre de deux, qui glissent dans la rainure d'une pièce impaire, creusée en gouttière, qu'on appelle *gorgeret*. Quand des instruments de ce genre sont en rapport avec des glandes à venin, ils constituent un appareil vulnérant comme le dard de la Guêpe ou de l'Abeille (fig. 459).

Les Insectes de cet ordre sont en général bien doués pour le vol; ils possèdent des trachées vésiculeuses développées. Chez eux, les métamorphoses sont complètes; les larves ne vivent à l'air libre

(1) Lacaze-Duthiers, *Recherches sur l'armure génitale femelle des Insectes.* Thèse de Paris, 1853.

que dans un petit nombre de cas : elles sont munies alors, outre
les pattes écailleuses, de six ou huit paires de pattes abdominales,
et sont désignées sous le nom de *fausses chenilles*; mais, le plus
souvent, elles sont apodes, vermiformes, parfois parasites, et sont
renfermées soit dans le corps d'autres Insectes, soit dans les tissus
de certains végétaux, soit dans des chambres ou cellules incubatrices spécialement construites pour les recevoir. Les conditions
dans lesquelles elles vivent sont donc fort diverses, mais toutes
dénotent de la part des femelles une admirable prévoyance pour
assurer le développement de leur progéniture, et, chez les espèces
sociales, les soins dont les jeunes sont entourés constituent un des
traits les plus remarquables de leurs mœurs. C'est cette éducation
des larves, en effet, qui forme la base fondamentale de ces sociétés
dont l'organisation atteint chez les Fourmis son plus haut degré de
perfection. Dans ces sociétés, outre les individus sexués, on trouve
un nombre considérable de *neutres* ou d'*ouvrières*, qui ne sont
que des femelles incomplètement développées et qui, par une sorte
de division du travail, sont chargées des travaux de construction ou
autres, et, en particulier, de l'élevage des jeunes.

En général les larves, pour se transformer en nymphes, s'entourent d'une coque soyeuse. Chez les Fourmis, ce sont ces petites
coques de forme ovale, contenant des nymphes que le vulgaire
prend pour des œufs et qu'on désigne communément sous le nom
d'*œufs de fourmis*.

On divise les Hyménoptères en deux sous-ordres, suivant que les
femelles sont pourvues d'une tarière, ou munies d'un aiguillon; les
premiers sont appelés *Térébrants*, les seconds *Porte-aiguillons*

1. Térébrants.

Les Hyménoptères térébrants se partagent en trois grandes
familles : les *Tenthrédidés*, les *Cynipsidés* et les *Ichneumonidés*.

Les TENTHRÉDIDÉS, ou Porte-scies de Latreille, sont caractérisés
par leur abdomen sessile, c'est-à-dire attaché au thorax dans toute
sa largeur. Les œufs sont déposés sous l'épiderme des feuilles qui
servent de nourriture aux larves; celles-ci, en effet, sont *phytophages*. Elles ressemblent à des chenilles à cause de l'existence sur
leur abdomen de pattes membraneuses, ce qui leur a valu le nom
de *fausses chenilles*, mais elles s'en distinguent par le nombre plus
considérable de ces pattes qui est de douze à seize, tandis que chez
les chenilles véritables, il ne dépasse pas dix. Au moment de se
transformer, elles filent un cocon, qui est tantôt fixé sur les végétaux, et tantôt enfoui dans le sol (*Lyda*).

Les Lophyres (*Lophyrus*), les Tenthrèdes (*Tenthredo*), les Hylotomes (*Hylotoma*) (fig. 460) sont les principaux genres appartenant à cette famille.

Fig. 460. — Tenthrède des rosiers (*Hylotoma rosarum*).

Les Cynipsidés sont aussi nommés *Gallicoles* (Latr.) parce que
les piqûres que font les femelles sur les végétaux pour y déposer

Fig. 461. — Noix de galle.

leurs œufs, y déterminent la formation d'excroissances qu'on appelle
galles. Leurs larves sont vermiformes, dépourvues d'anus, et vivent

en parasites dans l'intérieur de ces galles, où elles trouvent leur
nourriture, et où elles se transforment ensuite en nymphes. Les formations de ce genre provoquées par
la piqûre des Cynipsidés se rencontrent sur différents végétaux. La noix
de galle (fig. 461) employée dans
l'industrie, à cause de sa richesse en
tannin, est produite sur une espèce
de chêne qui se trouve en Orient, le
Quercus infectoria, par le *Cynips
gallæ tinctoriæ*. Les rosiers portent souvent un grand nombre de
galles dues à un Insecte voisin, le
Rhodites rosæ (fig. 462).

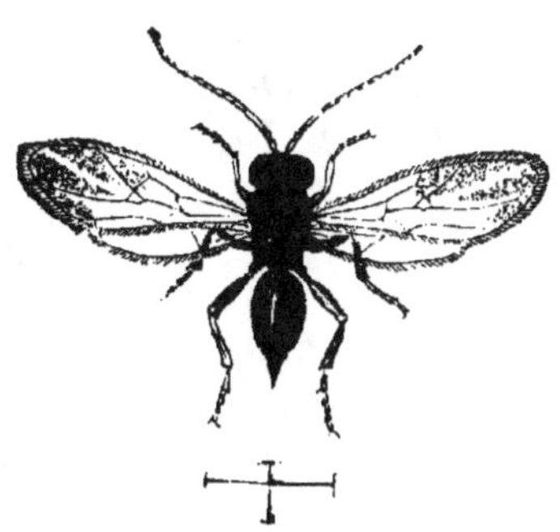

Fig. 462. — *Rhodites rosæ.*

Les Ichneumonidés, ou Entomo-
phages, ont des larves apodes, dépourvues d'anus, et parasites
d'autres larves, parfois même parasites de parasites, comme celles

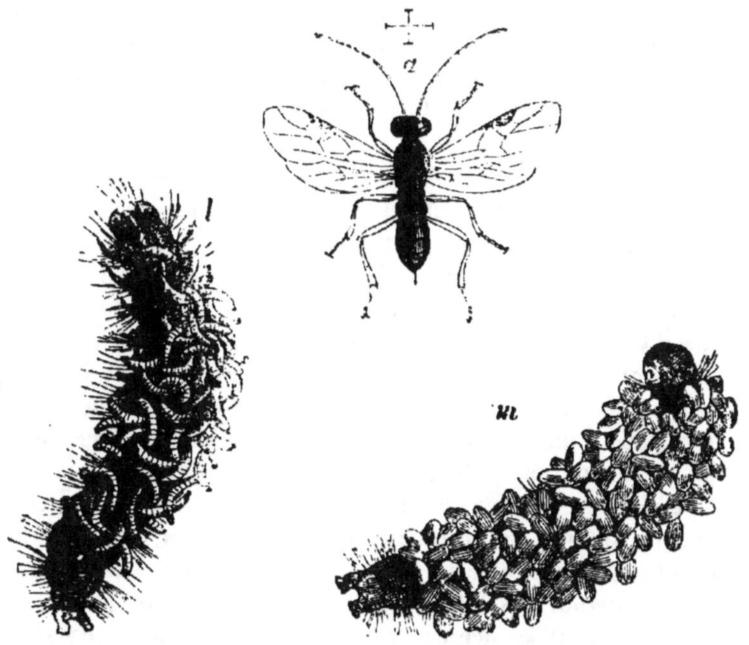

Fig. 463. — *a, Microgaster nemorum,* très grossi; *l,* chenille d'où sortent les larves
de *Microgaster* qui l'ont tuée; *m,* les mêmes larves dans leur cocon.

des Chalcides, qui vivent souvent aux dépens des larves de *Microgaster*, lesquelles ont envahi le corps de certaines chenilles. Presque tous les Insectes de ce groupe introduisent leurs œufs sous la

peau de leurs victimes ; quand ces œufs sont éclos, les larves se nourrissent des tissus de l'hôte qui les porte ; puis chacune d'elles se transforme en nymphe dans un petit cocon soyeux (fig. 463).

Comme faisant partie des Entomophages, nous citerons : les Ichneumons (*Ichneumon*), les Pimples (*Pimpla*), les Ophions (*Ophion*), les Bracons (*Bracon*), etc...

2. Porte-Aiguillons.

Dans ce groupe les femelles possèdent un aiguillon rétractile, en communication avec des glandes à venin. L'abdomen de ces Insectes est toujours pédiculé ; les larves sont toutes vermiformes, dépourvues d'anus. Les porte-aiguillons se distribuent en plusieurs familles.

Les CHRYSIDIDÉS, qu'on désigne aussi sous le nom de Guêpes dorées, ont le corps teint de couleurs brillantes, d'un éclat métallique ; ils jouissent de la singulière propriété de pouvoir se rouler en boule, ce qui leur est un moyen de défense contre la piqûre des autres Hyménoptères dont ils violent le domicile. Les femelles ont, en effet, l'habitude de pondre leurs œufs dans les nids d'espèces différentes et en particulier des fouisseurs, où leurs larves vivent en parasites, au détriment de celles qui en sont les propriétaires légitimes.

Les G. *Chrysis, Parnopes, Hedychrum, Cleptes* composent cette famille.

Les SPHÉGIDÉS, ou Guêpes fouisseuses, vivent solitaires et se distinguent des Guêpes proprement dites par leurs antennes non coudées et leurs ailes qui ne se replient pas. Les mœurs de ces Insectes sont des plus curieuses. Les femelles creusent dans le sol des nids où elles déposent leurs œufs, et où elles enferment auprès de chacun d'eux les matières destinées à servir de nourriture à la future larve ; or, celle-ci est carnassière, et ce sont d'autres Insectes, tels que Criquets, Charançons, Chenilles, etc..., chaque espèce ayant son gibier spécial, que la femelle chasse dans ce but et perce de son aiguillon. Cette piqûre atteignant les ganglions nerveux a pour résultat de plonger l'animal dans un état de paralysie, qui le laisse inerte et sans défense, quoique encore vivant et par conséquent à l'abri de toute corruption, à la merci de la larve dont il deviendra la pâture. C'est surtout aux intéressantes observations de Fabre, que nous devons la connaissance de ces faits. Voici, d'après ce naturaliste, comment s'y prennent ces Hyménoptères pour s'emparer de leur victime et la réduire à l'impuissance. Il s'agit d'un *Sphex* capturant un Grillon :

« Malgré ses vigoureuses ruades, malgré les coups de tenaille de ses mandibules, le Grillon est terrassé, étendu sur le dos. Les dispositions du meurtrier sont bientôt prises. Il se met ventre à ventre avec son adversaire, mais en sens contraire, saisit avec ses mandibules l'un ou l'autre des deux filets abdominaux du Grillon, et maîtrise avec ses pattes de devant les efforts convulsifs des grosses cuisses postérieures. En même temps, ses pattes intermédiaires étreignent les flancs pantelants du vaincu, et ses pattes postérieures s'appuyant, comme deux leviers, sur sa face font largement bâiller l'articulation du cou. Le Sphex recourbe alors verticalement l'abdomen de manière à ne présenter aux mandibules du Grillon qu'une surface insaisissable, et l'on voit, non sans émotion, son stylet empoisonné plonger une première fois dans le cou de la victime, puis une seconde fois dans l'articulation des deux segments antérieurs du thorax. En bien moins de temps qu'il n'en faut pour le raconter, le meurtre est consommé, et le Sphex, après avoir réparé le désordre de sa toilette, s'apprête à charrier au logis la victime dont les membres sont encore animés des frémissements de l'agonie (1).»

Les Guêpes fouisseuses comprennent un grand nombre d'espèces appartenant aux G. *Sphex, Ammophila, Pelopœus* (fig. 464), *Cerceris, Bembex*, etc… Ces derniers présentent cette particularité de mœurs, qu'ils approvisionnent à diverses reprises leurs larves des mouches qui servent à leur nourriture.

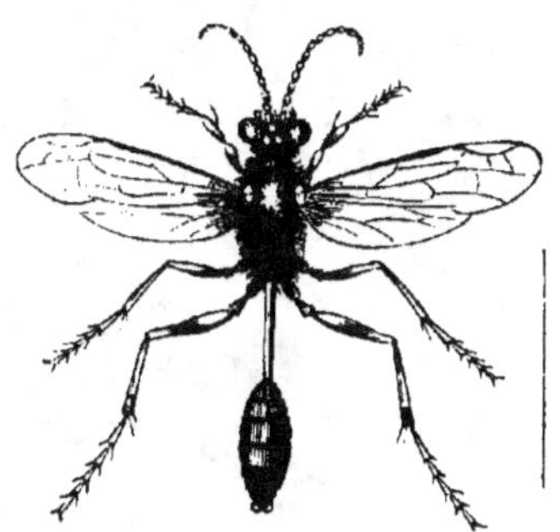

FIG. 464. — *Pelopœus spirifex.*
P élopéo tourneur.

Les VESPIDÉS, ou Guêpes, ont aussi reçu le nom de *Diploptères* (Latr.) parce que leurs ailes antérieures sont pliées longitudinalement pendant le repos. Ce sont des Insectes agiles, aux formes élégantes, aux couleurs variées de jaune et de noir, aux antennes généralement coudées. Les uns vivent solitaires, les autres en société.

Les premiers ont des mœurs analogues à celles des Guêpes fouisseuses (Eumènes, Odynères). Ils construisent, soit dans la terre, soit dans la tige de certains végétaux, des cellules qui reçoivent chacune un œuf, et où, par une merveilleuse prévoyance, l'Insecte place en même temps la nourriture nécessaire à la larve qui en sortira. Ce sont ordinairement d'autres larves ou des Araignées que la mère a frappées de son aiguillon, et plongées par ce moyen dans un état particulier d'engourdissement et de mort apparente.

Les *Guêpes sociales* forment des sociétés annuelles, plus ou

(1) Fabre, *Étude sur l'instinct et les métamorphoses des Sphégiens* (*Ann. des Sc. nat.*, 4e série, t. VI, 1856, p. 154).

moins nombreuses, qui se composent de trois sortes d'individus : mâles, femelles et ouvrières ; celles-ci sont ailées comme les autres. Elles construisent des nids avec des matières végétales qu'elles triturent, qu'elles imprègnent de salive, et dont elles font une sorte de carton. Ces nids, nommés *guêpiers*, sont composés de rayons superposés ou de gâteaux formés chacun par un seul rang d'alvéoles, ordinairement hexagonales. Ils sont suspendus à des branches d'arbre (Guêpe de bois), établis dans des vieux troncs creusés à l'intérieur (Frelon, fig. 465) ou enfouis dans le sol (Guêpe commune).

Fig. 465. — Guêpe frelon (*Vespa crabro*).

« Au printemps, dit Blanchard, une femelle isolée, une mère commence à édifier un nid ; le nid sera petit, les cellules peu nombreuses ; la femelle pond un œuf dans chacune des cellules qu'elle a construites, et quand ses larves sont écloses, elle va butiner pour les nourrir ; sa sollicitude pour sa progéniture sera de tous les instants. Voilà les larves de notre Guêpe parvenues au terme de leur croissance ; pouvant filer un peu de soie, elles confectionnent une coque soyeuse de la capacité de leur cellule, de sorte que chaque loge semble fermée par un petit couvercle. Bien enfermées, elles se transforment en nymphes ; les adultes naissent bientôt après. Ces nouvelles Guêpes sont toutes des ouvrières, des travailleuses, des femelles stériles, créées pour remplir les devoirs de la maternité envers une progéniture qui ne vient pas d'elles. A peine nées, ces ouvrières se mettent à la besogne, et, dès ce moment, la femelle féconde, si laborieuse quand elle était seule, va se reposer, ne plus s'occuper en aucune façon de ses jeunes ; elle a des nourrices. Les ouvrières augmentent l'étendue du nid, préparent des logements pour les larves, et, ce travail achevé, la mère fait une nouvelle grande ponte : un œuf est déposé dans chaque cellule, et, cette fois, les larves qui vont éclore ne donneront pas seulement des ouvrières, mais aussi des femelles fécondes et des mâles. Le nombre

des couvées de chaque année n'a pas été exactement déterminé, et
ce nombre paraît varier selon les espèces. Souvent on remarque les
alvéoles des guêpiers encore remplies de larves, ou de couvain,
comme on dit vulgairement, lorsque les menaces de l'hiver commencent à se manifester un peu rudement ; les Guêpes comprennent que
les champs ne leur donneront plus de pâture, alors elles tuent
toutes les larves, et dans l'habitation, quelques jours plus tôt pleine
de vie, d'animation, d'activité, de mouvement, règne la solitude (1). »
Il n'y a que des femelles fécondes qui passent l'hiver, réfugiées
dans des trous où elles cherchent un abri contre le froid ; chacune
d'elles, au printemps suivant, fonde une colonie nouvelle.

A côté des Guêpes (*Vespa*) se placent les Polistes (*Polistes*), les
Polybies (*Polybia*), les Épipones (*Épipone*)... qui ont des mœurs
semblables.

Les APIDÉS sont des Hyménoptères producteurs de miel, c'est
pourquoi on les appelle aussi des *Mellifères*. Ils se distinguent des
Guêpes par la disposition des ailes antérieures qui restent étalées
pendant le repos et ne se replient jamais. Parmi eux, il y en a qui
sont solitaires, d'autres qui forment des sociétés ; tous en général
construisent des nids où les larves sont élevées et nourries d'une
pâtée composée de miel et de pollen.

Apidés solitaires. — Ils sont nombreux en espèces, et chacune
d'elles ne comprend que deux sortes d'individus, les mâles et les femelles. Chaque nid est construit par une seule mère, qui y dépose
des œufs et y place en même temps les provisions nécessaires à la
nourriture des larves. On remarque une très grande diversité dans
la façon dont ces Insectes font leurs nids et dans les matériaux qu'ils
emploient ; aussi Réaumur leur donnait-il des noms en rapport avec
le mode de construction qui leur était propre. Il distinguait les
Abeilles *charpentières* (Xylocopes), les Abeilles *maçonnes* (Chalicodomes, Osmies), les Abeilles *tapissières* (Mégachiles), etc...

Parmi ces Apidés solitaires, les uns ont les pattes postérieures
élargies, avec le premier article du tarse garni de poils et formant
ce qu'on appelle une *brosse*, ce qui en fait des organes propres à la
récolte du pollen, tandis que les autres ne présentent pas cette
disposition et recueillent le pollen à l'aide de poils implantés sur la
face ventrale de leur abdomen.

Au nombre de ces derniers se trouvent : les Anthidies (*Anthi-
dium*), les Osmies (*Osmia*), les Chalicodomes (*Chalicodoma*), les
Mégachiles (*Megachile*)...

Parmi les premiers se rangent : les Andrènes (*Andrena*), les

(1) Blanchard, *Métamorphoses des Insectes*, p. 404 Paris, 1877.

Dasypodes (*Dasypoda*), les Xylocopes (*Xylocopa*), les Anthophores (*Anthophora*).

On réunit sous le nom de *Nomadines* des Abeilles solitaires qui ont l'habitude de déposer leurs œufs dans les nids d'espèces voisines où leurs larves vivent en parasites. Chez elles (*Nomada*, *Melecta*...) les pattes postérieures n'ont ni dilatations, ni faisceaux de poils pour la récolte du pollen.

Apidés sociaux. — Ceux-ci forment soit des sociétés annuelles, comme nous l'avons vu chez les Guêpes (Bourdons), soit des sociétés permanentes (Abeilles). Les individus qui les composent sont de trois sortes : femelles, mâles et ouvrières ou neutres. Ceux-ci ont le tibia des pattes postérieures élargi et creusé à la face externe d'une petite cavité nommée *corbeille*. Cette cavité sert à recevoir une boulette de pollen recueilli par la *brosse* que forment des poils qui garnissent le premier article du tarse, dit *pièce carrée* (fig. 467). Tous, mâles, femelles et neutres sont ailés.

Les Bourdons (*Bombus*, fig. 466) sont communs dans nos pays, où on en compte plusieurs espèces. Ils font leur nid dans la terre, et chaque colonie, fondée au printemps par une seule femelle, ne comprend qu'un nombre d'individus relativement restreint, de trente à deux

FIG. 466. — Bourdon terrestre (*Bombus terrestris*).

cents, rarement plus. Dans ces colonies se trouvent des parasites qui appartiennent à une espèce voisine et qui sont semblables aux Bourdons par la forme comme par la coloration ; ce sont les Psithyres (*Psithyrus*) dont Lepelletier de Saint-Fargeau a fait connaître les habitudes. Ces Insectes qui ne renferment pas d'ouvrières, et dont les femelles sont impropres à la construction des nids ainsi qu'à la récolte du pollen, pénètrent dans la demeure des Bourdons et y pondent leurs œufs ; les larves qui naissent de ces œufs sont confondues et élevées avec celles des Bourdons. C'est là, comme on voit, un cas remarquable de *mimétisme*.

Les Abeilles (*Apis*) présentent un intérêt particulier à cause de leur importance économique, comme producteurs de cire et de miel ; cependant, quoique ces Insectes fussent connus dès la plus haute antiquité, les premières notions exactes que l'on ait eues sur leur organisation, sur la composition de leurs sociétés, sont dues à Swammerdam ; plus tard vinrent les observations de Maraldi, de Réaumur, ensuite celles de François Huber qui méritèrent à ce naturaliste d'être regardé comme le véritable historien des Abeilles. Depuis, les recherches de Dzierzon, de Siebold, etc..., ont complété nos connaissances à leur sujet.

Les sociétés d'Abeilles sont en majeure partie composées d'ouvrières (fig. 468, A) dont le nombre est extrêmement considérable, et varie de quinze à trente mille pour chacune d'elles. Ce sont des

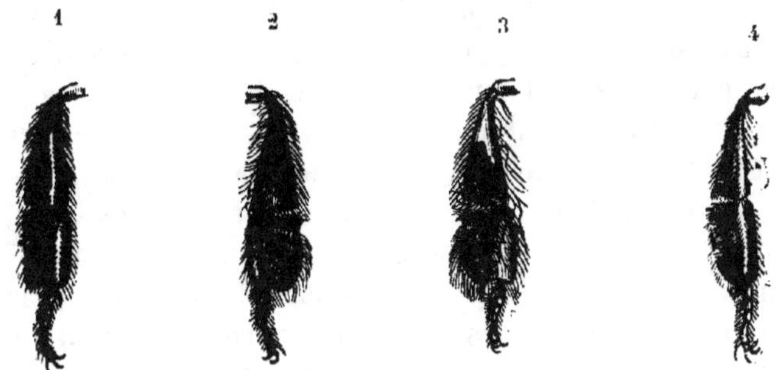

FIG. 467. — Pattes postérieures de l'Abeille : 1, de la reine; 2, de l'ouvrière, vue en dessous 3, la même vue en dessus; 4, du faux-bourdon.

femelles stériles armées d'un aiguillon, et dont les pattes postérieures propres à recueillir le pollen, sont pourvues d'une *corbeille* et d'une *brosse* (fig. 467). On a distingué deux catégories d'ouvrières : les

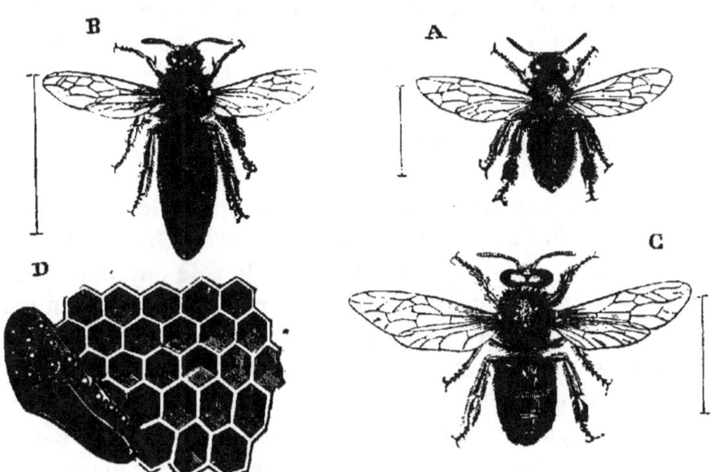

FIG. 468 — Abeille. — A, ouvrière ou neutre; B, mâle ou faux-bourdon; C, femelle ou reine; D, portion de gâteau avec les alvéoles ordinaires et une alvéole ou *cellule royale.*

pourvoyeuses ou *nourrices*, spécialement chargées de la récolte du miel et du pollen, ainsi que des soins à donner aux larves, et les *architectes* ou *cirières*, dont la fonction principale est de produire la cire et de la mettre en œuvre pour la construction des gâteaux. Cette substance sécrétée par des glandes cutanées exsude, sous forme de petites lamelles, à la face inférieure de l'abdomen, dans les *aires ciriéres*; c'est elle qui joue le plus grand rôle dans les travaux d'architecture exécutés par ces Insectes, mais, quand ils s'établissent, soit dans une ruche, soit dans le creux d'un arbre, ils commencent par en boucher tous les trous, toutes les fissures au moyen d'une couche de matière résineuse nommée *propolis*, dont ils revêtent la paroi intérieure de leur habitation ; ils recueillent cette substance sur les bourgeons des peupliers et de quelques autres arbres. Ils s'en servent également pour fixer au plafond de la ruche les gâteaux ou rayons, disposés verticalement, et formés chacun de deux rangées de cellules hexagonales qui se touchent par le fond. Ces cellules sont employées à deux usages et reçoivent soit des œufs, soit des provisions de miel et de pollen. Elles ne sont pas toutes de même grandeur ; les plus petites et les plus nombreuses servent de berceau aux larves d'ouvrières ou à leur *couvain*, suivant l'expression des apiculteurs ; d'autres plus grandes sont destinées au couvain des mâles ; enfin, il y a sur le bord des rayons quelques cellules irrégulières, ovoïdes et de dimensions considérables, où sont élevées les femelles fécondes, et qu'on nomme pour ce motif *cellules royales* (fig. 468, D).

Outre les ouvrières, chaque société d'Abeilles renferme une femelle féconde, mais une seule, qu'on appelait autrefois le *roi* ou la *reine*, et un certain nombre de mâles ou *faux-bourdons*, quinze cents environ (fig. 468, B et C). Ceux-ci sont dépourvus d'aiguillon et vivent dans une oisiveté absolue. La reine est uniquement chargée de la ponte.

Quand une femelle a pris naissance, on la voit, au bout de quelques jours, s'élever dans les airs suivie de la foule des faux-bourdons. Pendant son vol elle s'accouple avec l'un d'eux, et quand elle revient à la ruche elle est fécondée ; le rôle des mâles est alors terminé, et à la fin de l'été, lorsque les provisions diminuent, les ouvrières les mettent à mort en les perçant de leur aiguillon. Mais, deux femelles ne peuvent pas vivre ensemble dans la même ruche. Parfois, les deux rivales mises en présence se livrent un combat qui se termine par la mort de l'une d'elles ; ou bien, et c'est le cas ordinaire, la vieille reine, suivie d'une partie des ouvrières, abandonne la ruche, formant ce qu'on nomme un *premier essaim*, pour aller fonder un autre établissement. Alors la jeune reine extermine les larves royales qui restent dans la ruche où elle règnera seule ; mais il n'en est pas toujours ainsi, et si les ouvrières sont très nombreuses, il pourra se former un *second essaim* dans des conditions analogues aux précédentes.

La reine qui a été fécondée peut donner des œufs d'où sortiront

soit des femelles, soit des mâles, suivant qu'elle aura versé ou non
sur eux, au moment de leur passage dans l'oviducte, une certaine
quantité de la semence emmagasinée dans le réceptacle séminal.
En effet, des observations de Dzierzon, de Siebold et de Leuckart,
il résulte que, si elle a été mise dans l'impossibilité de s'accoupler,
les œufs qu'elle pond ne donnent naissance qu'à des mâles. Les
larves qui proviennent des œufs fécondés peuvent devenir soit des
neutres soit des femelles, selon les conditions dans lesquelles elles
se développent. Celles qui sont destinées à se transformer en
reines sont logées dans les cellules beaucoup plus vastes que les
autres qui sont situées sur le bord des rayons, et qu'on appelle cellules royales ; elles reçoivent en outre une nourriture plus succu-
lente et plus abondante, désignée sous le nom de *pâtée royale*. En
effet, si par accident une colonie vient à perdre sa reine, immédiatement une jeune larve d'ouvrière est choisie ; sa cellule est agrandie
aux dépens des cellules voisines, dont les cloisons sont détruites et les
habitantes sacrifiées ; elle est nourrie avec la pâtée royale, et elle devient une reine, reine de *sauveté*, comme l'appellent les apiculteurs.

Les larves filent un petit cocon, se transforment en nymphes dans
leurs cellules, que les ouvrières ferment alors avec un couvercle de
cire bombé. Les cellules contenant du miel sont fermées également,
mais leur couvercle est plat. Après un nombre de jours qui varie,
suivant qu'il s'agit des mâles, des neutres ou des femelles, le développement de l'Insecte est terminé. Il dure vingt-quatre jours pour
les premiers, vingt et un pour les seconds, seize seulement pour les
femelles.

Aux approches de l'hiver, la colonie ne renferme plus que la
reine et les ouvrières, les faux-bourdons ayant péri. Elles se ramas-
sent alors en peloton dans la ruche, et passent ainsi la mauvaise
saison, sans prendre de nourriture.

Nous avons en Europe deux espèces d'Abeilles : l'Abeille commune (*Apis mellifica*) et l'Abeille ligurienne (*Apis ligustica*).

Les Mélipones (*Melipona*) sont de petites Abeilles américaines, qui
présentent cela de particulier qu'elles sont dépourvues d'aiguillon.

Les FORMICIDÉS, ou Fourmis, sont des Hyménoptères sociaux, dont
les colonies, désignées sous le nom de *Fourmilières*, sont composées de mâles, de femelles et de neutres. Ceux-ci sont dépourvus
d'ailes, et parfois on en reconnaît de deux sortes qui se distinguent
par la grosseur de la tête et la forme des mandibules ; les uns sont
des *ouvrières*, les autres des *soldats*, désignations qui indiquent
leur rôle différent dans la société dont ils font partie. Les femelles
et les neutres sont munis de glandes à venin, qui sécrètent de l'acide
formique, mais ils n'ont pas toujours un aiguillon. Certaines es-

pèces en sont privées ; la liqueur acide est alors versée sur les blessures faites par les mandibules.

Les habitudes, les mœurs des Fourmis dénotent un remarquable développement de l'intelligence, et sont bien faits pour exciter l'étonnement et l'admiration de ceux qui les observent ; aussi, depuis l'apparition de l'ouvrage célèbre que leur consacra, au commencement de ce siècle, Pierre Huber, le fils de François Huber, l'historien des Abeilles, bien des naturalistes, parmi lesquels Forel, Lubbock, Lespès, Moggridge..., se sont-ils plu à les étudier (1). Ces Insectes montrent dans l'édification de leurs demeures une merveilleuse habileté, et savent, selon les circonstances, modifier leurs constructions. A l'intérieur on y trouve un grand nombre de galeries et de chambres affectées à différents usages, et en particulier au logement des œufs, des larves et des nymphes qui sont, de la part des ouvrières, l'objet des soins les plus attentifs. Parfois, il

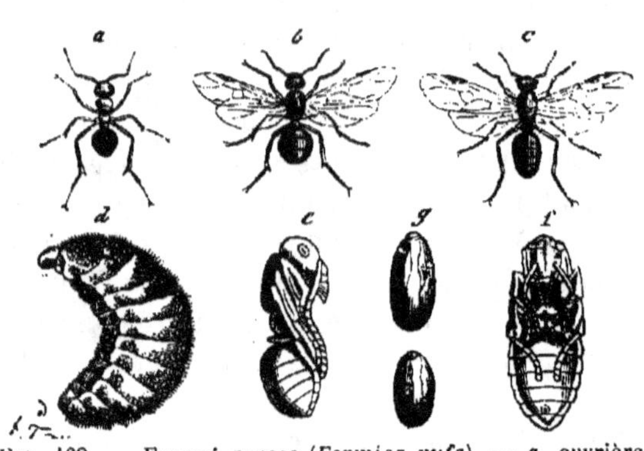

existe aussi de véritables magasins où les Fourmis prévoyantes amassent des provisions, ainsi que l'a constaté Moggridge.

Les larves, vermiformes, tissent en général un cocon de soie dans lequel elles se changent en nymphes ; ces cocons sont vulgairement

FIG. 469. — Fourmi rousse (*Formica rufa*). — *a*, ouvrière ; *b*, femelle ; *c*, mâle ; *d*, larve (grossie) ; *e, f*, nymphe ; *g*, cocons.

appelés *œufs de fourmis*. Les unes, et c'est le plus grand nombre, deviennent des ouvrières aptères ; les autres se transforment en individus sexués et ailés. Ceux-ci, à un moment donné, prennent leur vol et s'élèvent dans l'air pour s'accoupler ; puis, retombés sur le sol, les mâles périssent, et les femelles fécondées, dépouillées de leurs ailes, tantôt sont ramenées par les ouvrières dans l'ancienne fourmilière pour y pondre leurs œufs, et tantôt vont au loin fonder de nouvelles colonies. .

Il faudrait bien des pages pour esquisser le tableau des manifestations si variées auxquelles donne lieu la vie de ces intelligents animaux ; nous ne saurions l'essayer sans sortir des limites de cet ouvrage. Nous nous bornerons à citer les lignes suivantes qui ré-

(1) Pierre Huber, *Recherches sur les mœurs des Fourmis indigènes*. Genève, 1810.

sument brièvement les traits les plus saillants de leur histoire :
« Les Fourmis vivent en société, elles se construisent des habitations, prennent soin de leurs petits, se rendent des secours mutuels
et travaillent de concert pour atteindre un but déterminé ; elles ont
un langage particulier, se livrent de fourmilière à fourmilière,
nous allions dire de peuplade à peuplade, des guerres acharnées,
savent faire servir à la satisfaction de leurs besoins d'autres Insectes, tels que des Pucerons et des Cochenilles qui sont pour eux
une espèce de bétail ; enfin, il en est certaines espèces qui, supérieures aux autres par la force et par le courage, soumettent les
espèces les plus faibles et se font servir par elles (1). »

Les Formicidés renferment un grand nombre d'espèces réparties
en plusieurs genres : *For-
mica, Polyergus, Ponera,
Myrmica*, etc... On trouve
au Mexique une singulière
espèce, le *Myrmecocystus
mexicanus* (fig. 470) dont
l'abdomen est extrême-

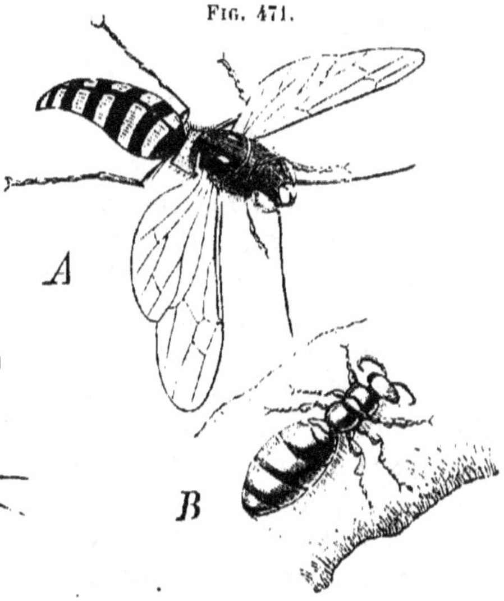

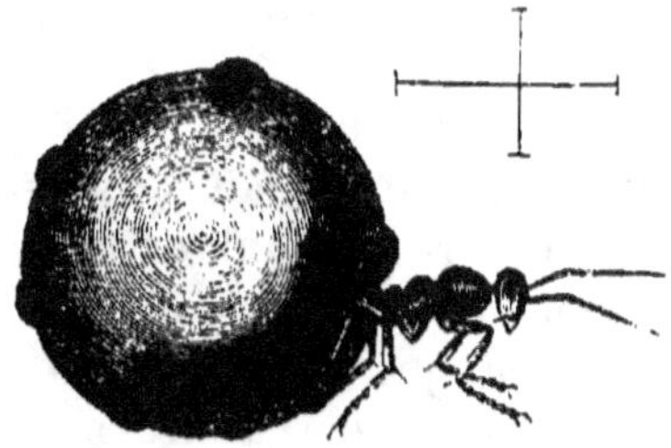

FIG. 470. — *Myrmecocystus mexicanus*.
FIG. 471. — *Thynnus australis* (Mutillidés). — A, mâle ; B, femelle.

ment distendu et transformé en une sorte de vessie pleine d'une
matière sucrée analogue au miel.

Sous le nom d'*Hétérogynes*, Latreille réunissait avec les Fourmis
dans un même groupe des Insectes dont les femelles sont aptères,
et présentent avec elles une certaine ressemblance, mais qui vivent
solitairement et ne renferment pas d'individus neutres. Ce sont les
Mutilles (*Mutilla*) (fig. 471), bien différentes des Fourmis par leurs
mœurs ; elles pondent, en effet, leurs œufs dans les nids des Bourdons, et leurs larves dévorent celles de ces Insectes. On en fait
aujourd'hui une famille distincte : les HÉTÉROGYNIDÉS, comprenant
outre les Mutilles, les Scolies (*Scolia*), les Tiphies (*Tiphia*), etc...

(1) *Les Insectes*, de Brehm, éd. française, par Künckel d'Herculais, t. II, p. 6.

QUATRIÈME EMBRANCHEMENT
MOLLUSQUES OU MALACOZOAIRES

Les animaux qui forment cet embranchement se font remarquer par la mollesse de leur corps dépourvu de squelette, ce qui leur a valu le nom qu'ils portent (μαλακός, mou); néanmoins ils sont munis pour la plupart d'une coquille calcaire sécrétée par la peau. Ils présentent une symétrie binaire, quoique souvent altérée, et diffèrent du reste beaucoup entre eux par leur forme générale, mais ils ne sont jamais composés d'une suite de segments ou métamères plus ou moins semblables, et par là ils se distinguent nettement des Annelés. De même, les ganglions qui entrent dans la constitution de leur système nerveux n'affectent jamais la disposition d'une double chaîne abdominale.

D'après Milne Edwards, cet embranchement comprend les *Mollusques proprement dits* et les *Molluscoïdes*. Ceux-ci ont une organisation inférieure; leur système nerveux, au lieu de renfermer plusieurs masses ganglionnaires réunies par des cordons de communication, est rudimentaire et constitué par un ganglion unique, d'où partent quelques filets nerveux.

Chez les Mollusques proprement dits la reproduction est toujours ovipare, tandis que chez les Molluscoïdes elle se fait aussi par gemmiparité, et les individus ainsi produits, restant unis entre eux, constituent souvent des colonies semblables à celles qui existent chez les Zoophytes; c'est pourquoi on avait primitivement rangés avec ceux-ci un certain nombre de ces animaux (Bryozoaires).

PREMIER SOUS-EMBRANCHEMENT
MOLLUSCOIDES

Sous ce nom, Milne Edwards a réuni dans un même sous-embranchement la classe des Tuniciers, créée par Lamarck en 1816 pour les Ascidies et les Biphores, et celle des Bryozoaires, comprenant des animaux rangés autrefois parmi les Polypes. Depuis lors, la position de ces groupes, du premier surtout, est devenue l'objet d'une controverse qui est loin d'être épuisée. A la suite des travaux de Kowalevsky sur le développement des Ascidies, montrant qu'il existait certaines ressemblances entre leur larve et l'embryon d'un Vertébré (*Amphioxus*), les débats se sont ouverts sur la place qui appartient à ces animaux dans les cadres zoologiques.

Les uns les regardent comme constituant un type particulier ; les autres les placent parmi les Vers, dont on a fait en Allemagne une sorte de caput mortuum où l'on relègue tout ce qui est embarrassant à classer ; quelques-uns parmi les plus hardis les élèvent au rang de Vertébrés, mais jusqu'ici aucune de ces opinions ne s'appuie sur une démonstration convaincante. De même pour les Bryozoaires dont certains auteurs font des Vers, sans que cette manière de voir soit suffisamment justifiée. En cet état de choses, il nous paraît préférable de conserver la classification de Milne Edwards plutôt que de la remplacer par une autre dont la base serait tout au moins incertaine.

Les deux classes que renferment les Molluscoïdes sont faciles à caractériser :

Bouche non entourée de tentacules........................ *Tuniciers.*
Bouche entourée de tentacules.......................... .... *Bryozoaires.*

Ire CLASSE. — BRYOZOAIRES

Les Bryozoaires (*Polyzoaires* des zoologistes anglais) ont été ainsi nommés par Ehrenberg, qui le premier en a fait une classe distincte, à cause de la ressemblance de leurs colonies avec des mousses (βρύον, mousse). Ils portent autour de la bouche une couronne de tentacules ciliés servant à la respiration (fig. 472), d'où le nom de *Ciliobranches*, par lequel on les a aussi désignés (Farre). Les téguments de ces animaux prennent une consistance cornée, ou même pierreuse, et donnent naissance, par suite de l'agrégation d'un certain nombre d'entre eux, à une sorte de polypier. Ce polypier se compose de loges ou *zoécies*, dont la disposition varie beaucoup, et dans l'intérieur

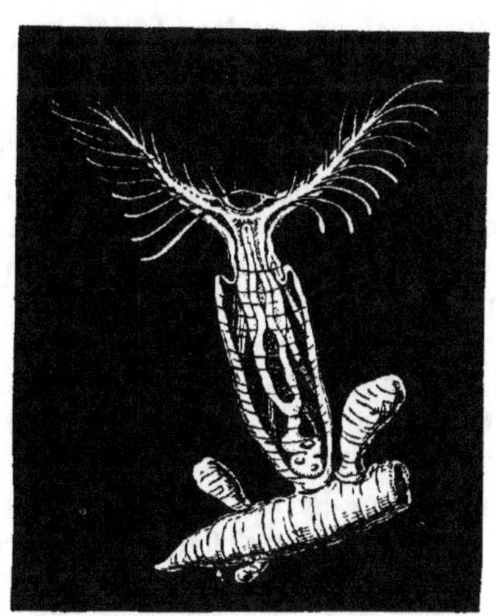

Fig. 472. — *Plumatella.*

de chacune desquelles se trouve un polypide. La couche extérieure durcie ou *ectocyste,* qui forme chaque cellule, est revêtue intérieurement d'une couche tégumentaire molle, qui limite la cavité générale du corps et qu'on appelle *endocyste.* Le polypide peut faire saillir au dehors par l'ouverture de la loge son extrémité orale, et déployer ses tentacules péribuccaux, ou bien en se contractant rentrer à l'intérieur. Dans certains cas, sur le bord de l'ouverture, se développe un opercule qui la ferme quand l'animal s'est retiré dans sa coque.

L'organisation des Bryozoaires offre encore bien des points au sujet desquels les observateurs sont en désaccord. « L'histoire de ces animaux est aujourd'hui même si incomplètement éclaircie, dit Joliet, que l'on discute encore pour savoir à quel degré de l'échelle zoologique on doit les placer (1). »

Leur système nerveux est formé d'un seul ganglion placé entre la bouche et l'ouverture anale ; de ce ganglion partent quelques filets qui se rendent aux tentacules et à l'œsophage. Indépendamment de ce système nerveux propre à chaque individu, Fritz Müller en a décrit un autre en forme de réseau, qui serait commun à toute une colonie et mettrait en communication les différents individus dont elle est composée ; il l'a nommé *système nerveux colonial*, mais, d'après les recherches de Joliet, ce prétendu système nerveux aurait une tout autre signification. Sa structure intime n'est pas celle d'un tissu nerveux. Il est en général composé de cellules fusiformes et dérive de l'endocyste avec lequel il conserve de nombreux rapports ; il joue le principal rôle dans la formation des bourgeons reproducteurs, et dans le développement des organes sexuels. Joliet a proposé pour lui le nom d'*endosarque*.

Il n'existe pas chez les Bryozoaires d'organes des sens différenciés. Le tube digestif en forme d'anse est suspendu dans la cavité du corps. La bouche placée au centre des tentacules est parfois surmontée d'un prolongement labial mobile, appelé *épistome*. Elle donne accès dans un œsophage cilié plus ou moins long, auquel fait suite un estomac en cul-de-sac, dont le fond est rattaché par un cordon, ou *funicule*, à la partie basilaire de la cavité générale ; ce ligament appartient à l'endosarque. L'intestin remonte latéralement et aboutit à l'anus situé dans le voisinage de la bouche, mais le plus souvent en dehors du cercle tentaculaire. Les parois de l'estomac renferment des cellules hépatiques colorées en brun.

La respiration s'effectue par la portion antérieure et protractile du corps, ainsi que par les tentacules ciliés qui entourent la bouche, et sont creusés d'un canal rempli de sang. Le courant que produisent ces appendices dans l'eau ambiante a aussi pour effet de porter dans la cavité digestive les particules nutritives qui y sont en suspension.

(1) Lucien Joliet, *Contributions a l'histoire des Bryozoaires des côtes de France.* Thèse de la Fac. des Sc. de Paris 1877.

Allman a donné le nom de *Lophophore* au disque circumbuccal qui porte les tentacules; ce disque n'est pas toujours annulaire; il est quelquefois bilobé, ou en forme de fer à cheval (Lophopodes).

La multiplication se fait chez les Bryozoaires par oviparité ou par gemmiparité. Leurs colonies se forment par bourgeonnement; les nouveaux individus qui prennent ainsi naissance restent unis entre eux, mais la gemmation a encore un autre rôle, et c'est par elle que s'effectue le renouvellement du polypide dans l'intérieur de sa loge. Celui-ci, en effet, arrivé au terme de son existence, se désorganise et se réduit en une petite masse, ou *corps brun*, sur la nature duquel diverses opinions ont été émises, mais qui paraît, d'après les observations de Joliet, n'être autre chose que le résidu d'un polypide antérieur, comme l'avaient soutenu déjà Grant et Nitsche. Il se forme alors un bourgeon interne, qui le plus souvent tire son origine de l'endosarque ou quelquefois de l'endocyste (Pédicellines) et qui produit un polypide nouveau. Enfin, chez les Bryozoaires d'eau douce, Allman a observé des germes caducs, qui se forment sur le funicule de ces animaux et qu'il a nommés *statoblastes*.

Les éléments sexuels sont produits par des cellules mères, qui constituent soit l'ovaire, soit le testicule, et qui se développent dans le tissu du funicule d'une manière constante pour l'organe mâle et très générale pour l'organe femelle; chez quelques espèces, on trouve, en effet, sur les parois de la loge des œufs provenant de l'endocyste.

L'hermaphrodisme forme la règle générale, et les cas dans lesquels les loges sont unisexuées représentent l'exception, mais quoique les sexes soient réunis sur le même individu, la fécondation est réciproque, c'est-à-dire que pour être fécondés les œufs doivent subir l'action de zoospermes appartenant à une autre loge (Joliet). De l'œuf sort une larve ciliée dont le développement a provoqué les recherches de divers observateurs, et a été l'objet d'une étude très importante due à J. Barrois (1). Ce naturaliste ramène les différentes formes présentées par les larves des Bryozoaires à un type idéal unique, composé d'une *gastrula*, dont le corps est divisé par une couronne de cils vibratiles en deux parties inégales, l'une antérieure qui porte la bouche, et l'autre postérieure ou aborale, beaucoup plus volumineuse que la première. De ce type dérivent trois formes principales : 1° par l'adjonction d'organes accessoires, ventouse et organes tactiles, *Entoproctes* (fig. 473); 2° par extension de la couronne ciliaire sur la face aborale qu'elle recouvre

____

(1) J. Barrois, *Mémoire sur l'Embryologie des Bryozoaires*. Thèse de la Fac. des Sc. de Paris, 1877.

comme d'un manteau, *Cyclostomes* ; 3° par division de la face aborale en deux parties, l'une terminale (ventouse), l'autre intermédiaire entre celle-ci et la couronne, *Escharines*. Enfin, cette dernière forme très répandue peut se modifier à son tour et donner naissance à des formes secondaires parmi lesquelles le *Cyphonautes* (fig. 474), pourvu d'une coquille à deux valves et reconnu par A. Schneider pour être une larve de Bryozoaire (*Membranipora pilosa*). Après une période pendant laquelle elle mène une vie errante, la larve ciliée se fixe ; elle subit alors une métamorphose régressive et se transforme en un Bryozoaire, point de départ d'une colonie nouvelle.

On s'est demandé par quoi était représenté l'individu dans le Bryozoaire. Est-ce par la colonie considérée dans son ensemble ? Est-ce, suivant l'opinion la plus ancienne, par la zoécie et le polypide réunis pour former l'un des éléments qui la composent ? Est-ce enfin

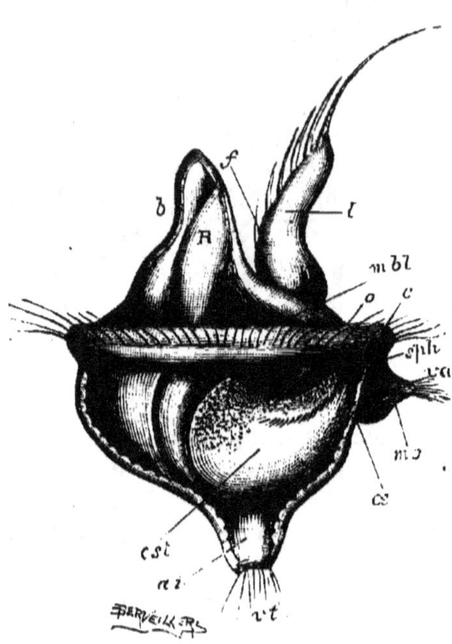

FIG. 473. — Larve libre de *Pedicellina echinata*. — *œ*, œsophage ; *est*, estomac ; R, rectum ; *o*, bouche de la gastrula ; *mi*, mésoderme aboral ; *vt*, bouton terminal du corps ; *vt, va, bl*, organes tactiles ; *mo*, *m bl*, masses musculaires servant de soutien à ces organes ; *f*, fente semi-circulaire causant la division de la masse *bl* ; *sph*, bord antérieur contractile de la face aborale (d'après J. Barrois).

par chacune de ces parties prises isolément ? C'est à cette dernière conclusion qu'arrive Joliet. Il admet deux sortes d'individus, la zoécie et le polypide auquel il donne le nom de *zoïde*. La zoécie est asexuée et produit par gemmation le zoïde ; celui-ci donne naissance par voie sexuée à la larve. Ainsi, d'après cette manière de voir, les phénomènes de reproduction chez les Bryozoaires se rangeraient dans la catégorie des générations alternantes. Il faut ajouter que les colonies de Bryozoaires présentent un polymorphisme analogue à celui qui existe chez les Siphonophores. Souvent, en effet, on y trouve des appendices particuliers connus sous les noms d'*aviculaires*, de *vibraculaires*, qui agissent comme organes de préhension ; les premiers ont la forme d'une tête d'oiseau, les seconds se terminent par un long filament mobile. Ils peuvent être regardés morphologiquement comme des individus adaptés à un rôle spécial. Il en est de même des *Ovicelles*, sortes de capsules dont les loges sont parfois surmontées, et dans lesquelles les œufs émigrent et se développent jusqu'à l'éclosion de la larve.

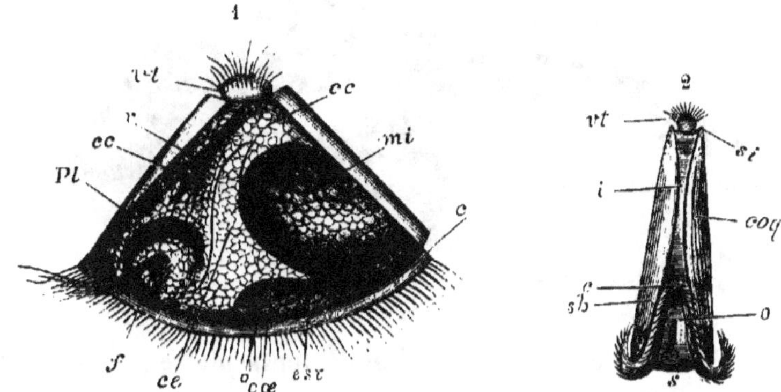

Fig. 474. — Larve libre de *Membranipora pilosa* (*Cyphonantes*).— 1. *c*, couronne; *Pl*, plumet ciliaire; *f*, fossette du plumet; *vt*, bouton terminal du corps; *est*, estomac; *o*, bouche de la gastrula; *m i*, mésoderme aboral; *cc*, cavité de segmentation ou cavité du corps; *cœ*, diverticulum latéral de la cavité *ce*. — 2. La même, vue de devant: *c*, couronne; *coq*, coquille; *vt*, bouton terminal; *si*, son sillon de séparation; *o*, bouche de la gastrula; *s*, face orale; *i*, face aborale; *sb*, sillon de séparation (d'après J. Barrois).

Les Bryozoaires sont en majorité des animaux marins; ils se fixent sur les corps les plus divers, et certains d'entre eux perforent les coquilles des Lamellibranches qui les portent. Ils sont représentés par de nombreux fossiles dans les formations géologiques, principalement dans les terrains jurassique et crétacé.

Nitsche a divisé les Bryozoaires en *Entoproctes* et en *Ectoproctes*, suivant que l'anus est placé en dedans ou en dehors du cercle tentaculaire; les Ectoproctes se subdivisent eux-mêmes en *Lophopodes* et *Stelmatopodes* d'après le mode de disposition des tentacules.

ORDRE I. — ENTOPROCTES

Les Entoproctes sont caractérisés par la position de l'anus, en dedans de la couronne de tentacules. A ce groupe appartiennent les PÉDICELLINES, Bryozoaires marins dont les colonies sont formées d'individus nés par bourgeonnement sur des stolons, et distants les uns des autres.

Au voisinage des Pédicellines se place le G. *Loxosoma* (fig. 475), découvert par Claparède à Saint-Vaast-la-Hougue, nommé par Keferstein et étudié en dernier lieu par Carl Vogt (1). Les Loxosoma

(1) C. Vogt, *Sur le Loxosome...* (*Archiv. de Zool. expérim.*, t. V, 1876).

sont des Bryozoaires solitaires de très petite taille, portés par un

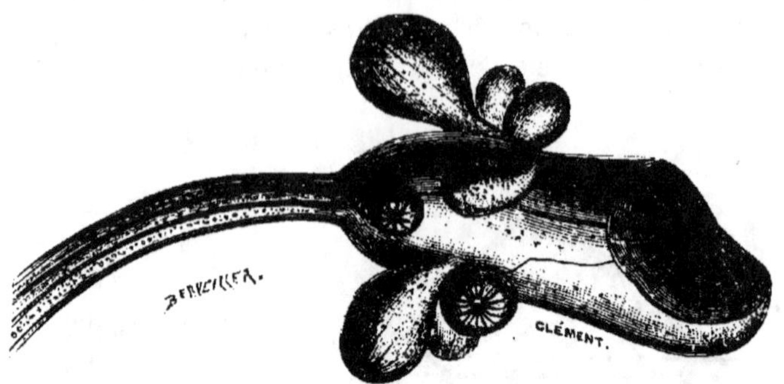

FIG. 475. — *Loxosoma Kefersteinii*, avec des bourgeons en voie de développement
(d'après Claparède).

pédicule contractile, avec une couronne tentaculaire placée latéralement, et à sexes séparés.

ORDRE II. —· LOPHOPODES

Les Bryozoaires ectoproctes qui composent cet ordre habitent
tous les eaux douces, et se distinguent par leur lophophore bilobé,
en forme de fer à cheval (*Hippocrépiens* de Gervais). Allman les a
appelés *Phylactolœmates* (de φυλάσσω, garder ; λαῖμα, gosier), parce
qu'ils ont la bouche munie d'un épistome mobile. Ils forment deux
familles :

Les CRISTATELLIDÉS, remarquables par la disposition de leurs
colonies composées d'individus rangés en cercles concentriques, et
pourvues d'un disque pédieux qui leur permet de se déplacer en
rampant ;

Les PLUMATELLIDÉS, dont les colonies sont fixes. Ici se place le
G. *Lophopus* auquel appartient l'espèce que Trembley a décrite
sous le nom de *Polype à panaches* dans un de ses célèbres
mémoires.

ORDRE III. — STELMATOPODES

Cet ordre comprend les Bryozoaires ectoproctes dont les tentacules sont portés sur un lophophore annulaire, et formant autour
de la bouche un cercle complet (*Infundibulés*, de Gervais). Ils
sont dépourvus d'épistome, caractère qui leur a fait donner par
Allman le nom de *Gymnolœmates* (de γυμνός, nu ; λαῖμα, gosier). Ces
animaux sont tous marins, à peu d'exceptions près (Paludicelles), et
généralement polymorphes.

On les a divisés, d'après la forme de l'ouverture des loges, en trois groupes :

1. *Cyclostomes*. Orifices des loges larges et sans appendices sur les bords ; la plupart sont fossiles : TUBULIPORIDÉS.

2. *Cténostomes*. Ouvertures des loges garnies d'une couronne de soies : ALCYONIDIDÉS ; VÉSICULARIDÉS ; PALUDICELLIDÉS.

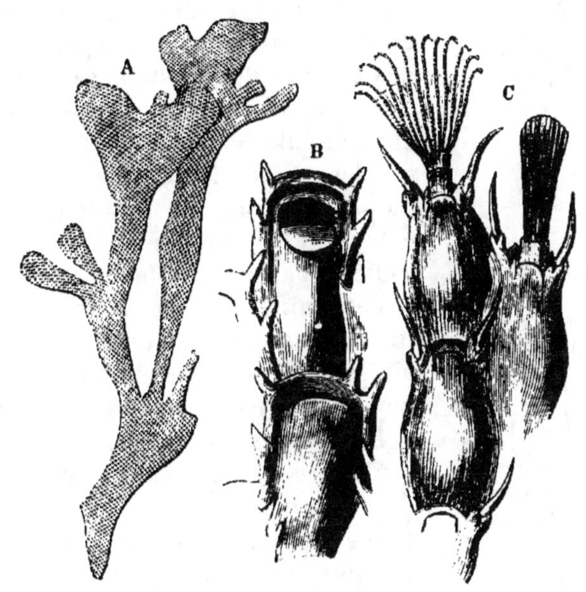

FIG. 476. — A, Flustre foliacé (*Flustra foliacea*) gr. nat. ; B, deux calices du même, grossis ; C, *Flustra cornuta*, trois calices grossis, le supérieur avec l'animal déployé au dehors.

3. *Chilostomes*. Ouvertures des loges munies d'un opercule ; quelquefois latérales : CELLARIDÉS, FLUSTRIDÉS (fig. 476), ESCHARIDÉS.

2ᵉ CLASSE. — TUNICIERS

La classe des Tuniciers (Acéphales sans coquille, de Cuvier) est composée d'animaux dont les rapports avec les autres groupes zoologiques sont, comme nous l'avons dit, très diversement appréciés.

Le corps, en forme de sac (Ascidies) ou de cylindre (Salpes), est revêtu d'une enveloppe ou *tunique*, de consistance variable, le plus souvent rigide et dure, qui leur a valu le nom de Tuniciers. Cette couche externe de la peau ou du manteau a cela de particulier qu'elle est en grande partie composée d'une substance isomère avec la cellulose végétale. Chez ceux de ces animaux qui sont réunis en colonies, elle forme une masse commune dans laquelle ceux-ci sont parfois comme enchâssés (Synascidies). La tunique est pour ainsi dire doublée par une couche molle de tissu conjonctif (couche palléale interne) qui constitue la paroi de la cavité viscérale. Extérieurement on trouve deux orifices, généralement rapprochés l'un de l'autre (Ascidies) (fig. 477); le premier, orifice d'entrée, par lequel pénètrent l'eau et les aliments; le second, orifice de sortie, qui sert à l'expulsion de l'eau, des fèces et des produits sexuels.

Au-dessous du manteau, il existe une couche musculaire composée de fibres longitudinales et de fibres annulaires; chez les Salpes, ce sont des faisceaux rubanés qui entourent la cavité du corps, et qui, par leur contraction, renouvellent l'eau à l'intérieur, et déterminent des mouvements de locomotion. Les Appendiculaires et les larves d'Ascidies sont pourvues d'un appendice caudal mobile, sur lequel nous aurons à revenir.

Le système nerveux est représenté par une seule masse ganglionnaire située au-dessous de l'enveloppe cutanée, entre l'orifice d'entrée et l'orifice de sortie; il en part des filets nerveux qui se distribuent au manteau, aux viscères et parfois aux organes des sens, quand on a pu en constater l'existence. On regarde comme organes visuels des taches pigmentaires dont la connexion avec le centre nerveux n'a cependant été reconnue que chez les Salpes.

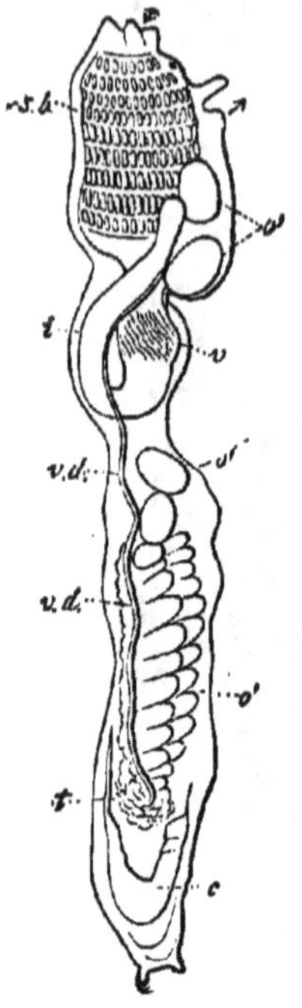

Fig. 477. — Organisation d'une Ascidie. — *sb*, sac branchial; *v*, estomac; *t*, extrémité de l'intestin; *c*, cœur; *t*, testicules; *vd*, canal déférent; *o*, ovaire; *o'*, œufs mûrs dans la cavité viscérale. Les deux petites flèches indiquent l'entrée et la sortie de l'eau par les deux orifices du manteau (d'après Milne Edwards).

Le tube digestif des Tuniciers présente une disposition particulière; il est précédé, en effet, par une grande cavité ou chambre branchiale au fond de laquelle se trouve placé l'ouverture de l'œsophage (fig. 477, *sb*). L'orifice d'entrée de cette chambre est donc commun à l'appareil respiratoire et à l'appareil digestif, et les aliments traversent cette espèce de vestibule pour arriver à l'œsophage. On regarde en général comme servant à ce passage un sillon ventral, pourvu de cils vibratiles, qui aboutit à la bouche; il est formé par un repli dont la saillie extérieure dans la cavité générale porte le nom d'*endostyle*. Cependant, chez les Ascidies, d'après les observations de Giard, les matières alimentaires suivent une sorte de canal dorsal correspondant à une série de languettes membraneuses qu'on remarque dans cette région (1). L'œsophage cilié conduit dans une portion plus ou moins élargie, l'estomac ; celui-ci est suivi d'un intestin qui, après s'être recourbé sur lui-même, vient déboucher dans un cloaque (Ascidies), ou dans une partie analogue de la chambre respiratoire (Salpes). A ce tube digestif sont annexés des organes sécréteurs, représentés par des follicules hépatiques logés dans l'épaisseur des parois stomacales ou réunis en une masse glandulaire qui entoure l'estomac.

Chez tous les Tuniciers le liquide sanguin est mis en mouvement par un organe central d'impulsion, de forme allongée, tubulaire, situé dans le fond de la cavité viscérale (fig. 477, c). Chacune de ses extrémités se prolonge en un vaisseau qui débouche dans un système de lacunes, dont les ramifications forment dans les parois du manteau un réseau vasculaire délicat, et paraissent, comme les vaisseaux sanguins des organes respiratoires, avoir le caractère de véritables vaisseaux. Un phénomène remarquable, découvert par Van Hasselt en 1820, s'observe dans le fonctionnement de cet appareil circulatoire ; c'est que la contraction du cœur se fait tantôt dans un sens, tantôt dans un autre, de sorte que la direction du courant sanguin est alternativement renversée, à des intervalles irréguliers, mais très courts.

La disposition des organes respiratoires présente un intérêt spécial. Nous avons indiqué déjà la position de la chambre branchiale qui précède le tube digestif ; les parois en sont ordinairement percées d'ouvertures nombreuses et rangées en séries, de manière à former une sorte de treillis, dont les lames sont garnies de cils vibratiles. Ceux-ci déterminent par leurs mouvements un courant d'eau qui traverse cette cavité, et renouvelle le liquide en contact avec le réseau membraneux. D'un autre côté, chaque partie de cet appareil est creusée d'un canal où circule le sang, et les conditions nécessaires à l'échange respiratoire sont ainsi réalisées. L'eau qui a servi à la respiration passe à travers les fentes branchiales, dans le compartiment désigné sous le nom de cloaque, et est expulsée par l'orifice de sortie. Cette cage treillissée a été regardée comme correspondant à la couronne tentaculaire des Bryozoaires, dont les tentacules seraient reliés entre eux par des prolongements transversaux, et, au lieu de se déployer à l'extérieur, seraient renfermés dans une cavité formée par une extension de l'enveloppe tégumentaire, mais l'étude du développement a montré que cette chambre branchiale était constituée par la première portion du tube digestif.

(1) Giard, *Recherches sur les Synascidies* (*Archiv. de Zool. expériment.*, t. I, p. 525 et suiv.).

La disposition de l'organe respiratoire présente parfois quelques modifications; chez les Salpes, la branchie a la forme d'un gros ruban cilié dirigé obliquement de l'orifice buccal à l'orifice œsophagien ; chez les Doliolum, c'est une cloison transversale percée de deux séries latérales de fentes, qui divise en deux parties la cavité branchiale.

Les Tuniciers possèdent les deux modes de reproduction, sexuelle et asexuelle : ces animaux sont hermaphrodites; leurs glandes génitales forment une seule masse, logée près des viscères, dans le fond de la cavité du corps, et sont d'ordinaire pourvues d'un canal excréteur qui débouche dans le cloaque. C'est en général dans cette cavité que s'opère la fécondation. La multiplication par voie de bourgeonnement est très répandue, et il en résulte la formation de colonies qui offrent une grande diversité dans la disposition des individus qui les composent. Quand ce mode de reproduction appartient à une forme qui s'intercale d'une façon régulière entre deux générations sexuées dans le cycle évolutif de l'espèce, il se produit une génération alternante. On l'observe chez les Salpes, où elle fut, comme on sait, découverte par Chamisso.

Le développement s'accompagne de métamorphose chez les Ascidies, et présente avec celui de l'Amphioxus certains points de ressemblance, qui sont devenus l'objet d'études nombreuses et d'appréciations diverses, depuis que Kowalevsky a appelé sur eux l'attention des naturalistes.

Les Tuniciers sont tous marins ; la plupart vivent fixés à l'âge adulte, mais sont libres pendant la période larvaire. Plusieurs d'entre eux sont phosphorescents, en particulier les Pyrosomes et les Salpes. Ils n'ont laissé aucune trace sous forme de fossiles dans les couches terrestres. Ils se répartissent en deux ordres : les *Ascidiens* et les *Salpiens*.

ORDRE Ier. — ASCIDIENS

Ces animaux, à l'exception des Appendiculaires et des Pyrosomes, sont fixés et ne peuvent se mouvoir. Leur corps a la forme d'une petite outre, ce qui leur a valu le nom qu'ils portent (de ἀσκίδιον, petite outre); il présente deux orifices généralement rapprochés l'un de l'autre, entre lesquels est placé le ganglion nerveux; l'un, orifice d'entrée, conduit dans la chambre branchiale treillissée ; l'autre, orifice de sortie, donne issue à l'eau qui a servi à la respiration, et aux matières contenues dans le cloaque. Le tube digestif fait suite à la cavité branchiale ; il se recourbe sur lui-même, et vient déboucher dans le cloaque qui reçoit aussi les pro-

duits sexuels. Quelquefois cependant l'anus est extérieur (Appendiculaires).

La larve des Ascidies (fig. 478, 2) est mobile, pourvue d'ordinaire d'un
appendice caudal et rappelant alors par sa forme un têtard de Grenouille. Son développement pré-
sente un très grand intérêt, à
cause de l'analogie qu'on lui a
trouvée avec celui de l'Amphioxus, d'où l'idée admise et
défendue par certains naturalistes
de l'origine ascidienne des Vertébrés.

L'œuf, après qu'il a été fécondé,
se segmente, puis se transforme
par invagination des cellules vitellines en un corps pourvu d'une
cavité intérieure, autrement dit
en une *gastrula* (fig. 478, 1). Les
deux feuillets de cette gastrula
laissent entre eux un espace vide,
rudiment de la cavité générale.
Jusque-là rien de particulier, mais
bientôt apparaît le système nerveux dont la genèse, il est vrai,
n'est pas décrite de la même façon
par tous les observateurs (1).
Sur les bords de l'ouverture ou
bouche primitive, il se fait une
échancrure qui se continue par
un sillon dorsal à la surface de
l'embryon. C'est de ce sillon,
regardé comme l'analogue de la
gouttière primitive des Vertébrés,
que naîtrait le tube médullaire
par le rapprochement de ses
bords et leur jonction sur la ligne
médiane (Küpffer). Le mode d'apparition du système nerveux serait par conséquent le même dans

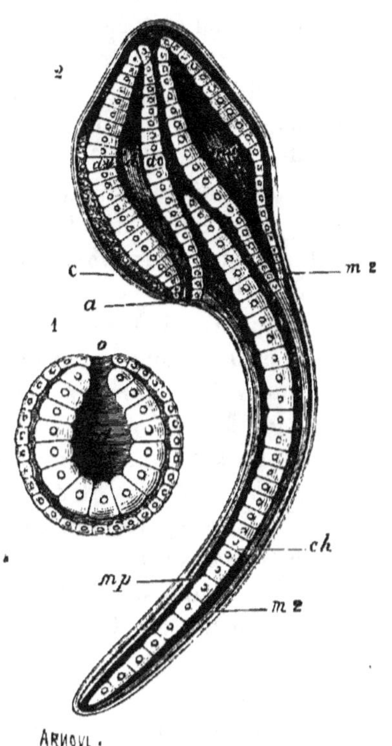

Fig. 478. — 1. *Gastrula* de l'Ascidie. La
paroi de l'intestin primitif (*d*), qui s'ouvre
en *o* par une bouche primitive, est formée
de deux couches de cellules, savoir : du
feuillet intestinal interne et du feuillet
cutané externe, le premier constitué par
des grandes et le second par des petites
cellules. — 2. Larve libre de l'Ascidie. La
notocorde *ch* sépare le tube médullaire (*m*)
et le tube intestinal (*d*) ; elle se prolonge
en une longue nageoire caudale ; *m¹*, ampoule cérébrale ; *m²*, tube médullaire ; *mp*,
lamelle musculaire ; *c*, cœlom (cavité viscérale) ; *do*, paroi dorsale de l'intestin ;
du, paroi abdominale ; *a*, anus (d'après
Hæckel).

les deux cas, mais sur ce point important les opinions sont partagées, et il règne beaucoup d'incertitude. Il en est de même pour le

(1) Voy. Giard, *Embryogénie des Ascidies* (*Archiv. de Zool. expériment.*, t. I.
p. 233, 1872).

cordon hyalin, de consistance cartilagineuse, qui se développe dans l'axe de l'appendice caudal de la larve, et qu'on a assimilé à la corde dorsale de l'embryon d'Amphioxus. De nouvelles recherches sont donc nécessaires pour justifier l'hypothèse de la parenté de l'Ascidie avec les Vertébrés.

Quoi qu'il en soit, la larve, après une certaine période de liberté, subit une métamorphose regressive ; elle perd la faculté de se mouvoir et se fixe, au moyen de trois papilles d'adhérence qu'elle porte à la partie antérieure du corps. La queue disparaît et avec elle la prétendue notocorde ; le système nerveux se réduit à un simple ganglion de peu de volume ; les organes nutritifs au contraire prennent un plus grand développement, et l'organisation acquiert les caractères que nous avons indiqués comme appartenant aux animaux de cet ordre.

Certaines Ascidies sont isolées, solitaires, tandis que d'autres, en plus grand nombre, produisent par bourgeonnement de nouveaux individus, qui par leur réunion constituent des colonies. Parfois les bourgeons se développent sur des prolongements radiculaires, ou *stolons*, et les individus ainsi produits sont plus ou moins distants les uns des autres ; d'autres fois ils forment une seule masse, et sont enfouis dans une couche palléale commune. Milne Edwards s'est servi de ce caractère pour diviser les Ascidies, en Ascidies simples, sociales et composées. Deux groupes particuliers sont formés par les Appendiculaires et les Pyrosomes.

1. Appendiculaires.

On donne ce nom à des Ascidies de petite taille, qui ne se fixent jamais, et sont caractérisées par la présence d'un appendice caudal. Leur forme rappelle celle des larves, aussi ont-elles été d'abord regardées comme telles. Elles se distinguent en outre des Ascidies ordinaires par l'absence d'un cloaque ; leur chambre branchiale communique avec l'extérieur par deux ouvertures latérales, et leur anus s'ouvre directement au dehors sur la face ventrale. Les glandes génitales n'ont pas de canal excréteur. On a signalé chez elles la présence d'une vésicule auditive, reposant sur le ganglion nerveux. Enfin, elles ont la propriété de sécréter une enveloppe gélatineuse transparente, formant ce que Mertens a appelé leur *maison*, à cause de ses grandes dimensions par rapport à leur corps. Ces animaux sont connus surtout par les travaux de Gegenbaur et de Fol (1).

(1) Gegenbaur, *Bemerkungen über die Organisation der Appendicularien* (*Zeitsch. f. wiss. Zool.*, t. VI, 1855). — Hermann Fol, *Études sur les Appendiculaires du détroit de Messine* (*Mém. de la Soc. de Phys. et d'Hist. nat. de Genève*, vol. XXI, 1872).

2. Ascidies simples.

Les Ascidies simples sont celles qui restent isolées; c'est parmi elles que se trouvent les espèces les plus grandes. Quelques-unes sont portées sur un long pédoncule, par exemple les *Boltenia*, mais la plupart sont sessiles. A ce groupe appartiennent : le G. Ascidie (*Ascidia*) de Linné, dont le nom a été étendu à l'ordre entier ; le G. Molgule (*Molgula*), dont certaines espèces, par une remarquable particularité, ont un embryon anoure (Lac.-Duth.). Cette dissemblance des embryons a motivé la création d'un nouveau genre pour les Molgules à larves en têtard, le G. *Lithonephrya* de Giard, ainsi nommé à cause d'une concrétion rougeâtre qui remplit l'organe rénal ; le G. *Cynthia*, etc.

3. Ascidies sociales.

On distingue sous le nom d'Ascidies sociales ou agrégées, celles qui forment des colonies, dans lesquelles les individus sont développés sur des stolons ramifiés et sont par conséquent plus ou moins espacés entre eux. Cependant ils restent d'ordinaire en communi-

Fig. 479. — *Clavelina lepadiformis*.

cation par les canaux qui parcourent les stolons, d'où résulte une circulation commune pour toute la colonie.

Les Clavelines (*Clavelina*) (fig. 479), les Pérophores (*Perophora*), etc., sont des Ascidies agrégées (1).

(1) Lacaze-Duthiers, *Recherches sur les Ascidies*, etc. (*Archiv. de Zool. expér.*, t. III, 1874).

4. Ascidies composées.

Les Ascidies composées ou *Synascidies* se distinguent des précédentes en ce que les individus nés par bourgeonnement sont enveloppés dans une même couche palléale, formant ainsi une seule

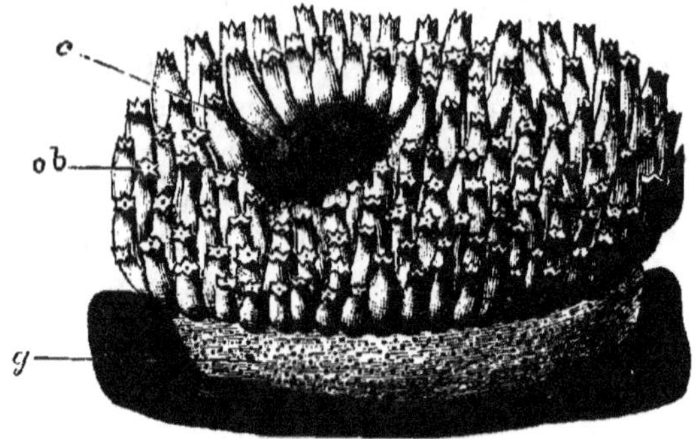

FIG. 480. — *Amaroucium densum* (Giard). — *c*, cloaque commun ; *ob*, ouvertures branchiales ; *g*, granulations du pédicule.

masse, et ont en général un cloaque commun autour duquel ils sont très régulièrement disposés en cercle (Botrylles, etc.) (fig. 480).

Ces Ascidies se répartissent en trois familles : les BOTRYLLIDÉS, les DIDEMNIDÉS, les POLYCLINIDÉS.

5. Pyrosomiens.

Ces animaux ont été découverts par Péron dans l'océan Atlantique (*Pyrosoma atlanticum*). Ils forment des colonies flottantes composées de nombreux individus qui, par leur organisation, se rappro-

FIG. 481. — Pyrosome géant (*Pyrosoma giganteum*).

chent des Salpes, d'où la dénomination d'Ascidies salpiformes par laquelle on les désigne quelquefois. Les Pyrosomes sont remarquables par leur vive phosphorescence et les changements de coloration qu'ils présentent. Dans la Méditerranée, on observe les *Pyrosoma elegans* et *P. giganteum* (fig. 481).

ORDRE II. — SALPIENS

Les Salpiens (fig. 482) sont des animaux nageurs dont le corps
de forme cylindroïde est remarquable par sa transparence cristalline. Les orifices d'entrée et de sortie, au lieu d'être voisins comme
chez les Ascidies, sont éloignés l'un de l'autre, le premier placé à
l'extrémité antérieure, le second à l'extrémité opposée.

Le canal digestif forme avec les viscères et les organes sexuels
une masse arrondie et colorée qu'on appelle *tubercule* ou *nucléus*.
La branchie est constituée soit par un tube plein de sang suspendu
obliquement à la voûte de la chambre respiratoire (Salpes), soit
par une cloison transversale, percée de deux rangées de fentes, qui
divise cette chambre en deux compartiments (*Doliolum*). Le système nerveux est plus développé que celui des Ascidies ; il existe
quelques organes spéciaux de sensation.

Les Salpes se présentent sous deux formes ; ils sont tantôt *solitaires*, tantôt *agrégés*. Les premiers sont dépourvus d'organes

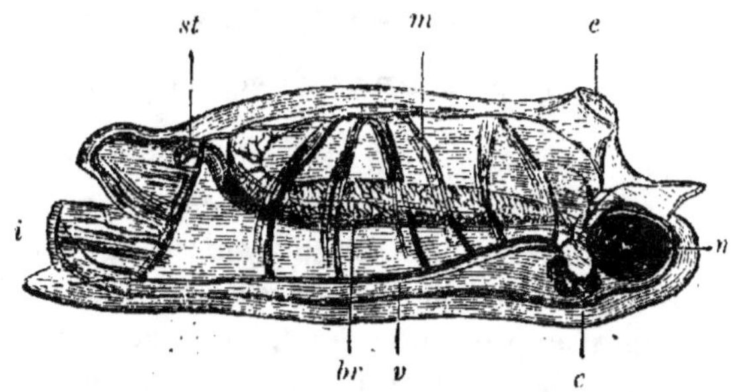

Fig. 482. — *Salpa maxima*. — *i*, orifice d'entrée ; *e*, orifice de sortie ; *st*, stolon gemmifère ;
m, muscles ; *br*, branchie ; *c*, cœur ; *n*, nucléus ; *v*, vaisseau sanguin.

sexuels, et donnent naissance par bourgeonnement à de nouveaux
individus, qui se développent sur un stolon prolifère, et constituent
des chaînes de Biphores ou Biphores agrégés (fig. 483) lesquels sont
sexués, et reproduisent à leur tour des Biphores solitaires.

Il s'établit ainsi une alternance régulière de générations, l'une
agame, représentée par les individus solitaires, l'autre sexuée,
représentée par les individus agrégés. Ceux-ci sont hermaphrodites,
mais ne produisent pas simultanément des œufs et des spermatozoïdes, le développement des premiers précédant celui des seconds,
de sorte qu'il doit y avoir fécondation réciproque. L'ovaire se réduit
chez les Salpes à une seule capsule pédonculée contenant un œuf ;
celui-ci après la segmentation se divise en deux parties, dont l'une,
basilaire, est désignée sous le nom de *placenta*, et l'autre, terminale,

forme l'embryon qui ne quitte l'organisme maternel qu'à l'état de
jeune Sa'pe ; ces animaux sont donc vivipares.

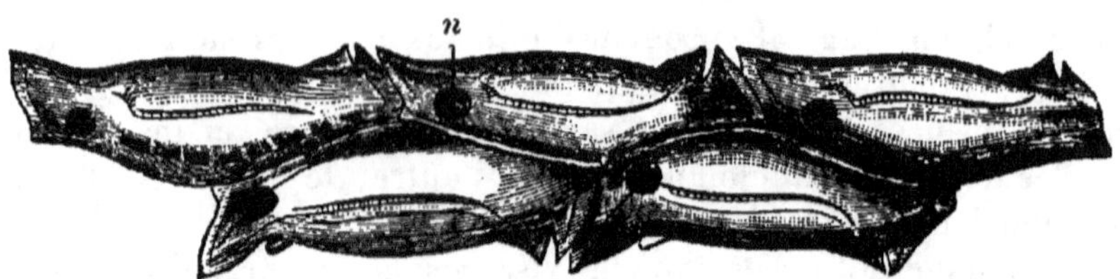

FIG. 483. — *Salpa zonaria*. — Fragment d'une chaîne de Biphores agrégés produits
par gemmation ; *n*, nucléus.

Chez les *Doliolum*, qui prennent place dans ce groupe à côté des
Salpa, les phénomènes de reproduction se compliquent par la
métamorphose des larves, et par la succession de deux générations
agames de forme différente, intercalées entre deux générations
sexuées.

DEUXIÈME SOUS-EMBRANCHEMENT

MOLLUSQUES PROPREMENT DITS

Les Mollusques sont des animaux mous, sans squelette, dont la
peau se compose d'un épiderme et d'une couche conjonctive dermique intimement unie à une couche musculaire sous-jacente,
formant ainsi une enveloppe dermo-musculaire contractile. Souvent
l'épiderme est vibratile, du moins par places, et en particulier sur
les organes respiratoires, suivant que le revêtement ciliaire dont
les jeunes larves sont pourvues persiste en totalité ou seulement
en partie. La peau contient dans son épaisseur des glandes de
forme très simple et fournissant des produits de sécrétion, tels que
mucus, matières colorantes. Parmi ces glandes cutanées, il faut
ranger celles qui produisent le *byssus*, formé de filaments élastiques, au moyen desquels certains Mollusques (Moules, Pinnes, etc.)
s'attachent aux corps étrangers. Parfois, par exemple chez les
Calmars, les Seiches, la peau renferme en outre des cellules
sphériques, remplies de pigment et nommées *chromatophores*.
Ces organes présentent des contractions intermittentes, d'où résultent des jeux de couleur, très remarquables et très variés. Enfin,
il y a souvent dans la couche dermique des corpuscules calcaires,
plus ou moins comparables aux spicules des Zoophytes.

Les téguments forment chez la plupart des Mollusques un double
repli, qui, partant de la région dorsale, recouvre en partie ou même

enveloppe complètement le corps de l'animal (fig. 484). Cette expansion cutanée a reçu à cause de cette disposition le nom de *manteau*, et l'on appelle *cavité palléale* l'espace compris entre ses deux lobes. Le manteau affecte des rapports intimes avec les organes de la respiration, et présente diverses modifications dont il sera question à propos de ces organes ; mais il a en outre une importance particulière, parce qu'il donne naissance à la coquille dont les Mollusques sont généralement pourvus. Cette coquille est, en effet, un produit de sécrétion qui se développe

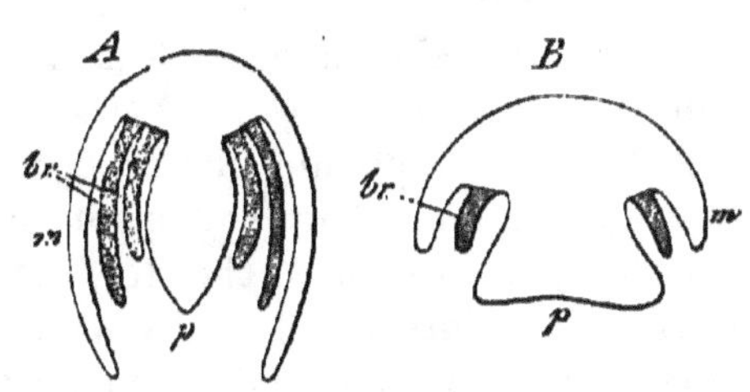

FIG. 484. — Coupes verticales schématiques d'une Lamellibranche (A) et d'un Gastéropode (B). — *m*, manteau ; *p*, pied ; *br*, branchies (d'après Gegenbaur).

d'ordinaire à la surface libre du manteau ; elle est composée d'une substance fondamentale organique, et d'une quantité variable de carbonate de chaux. C'est à la présence de ce sel qu'elle doit la dureté pierreuse qu'on lui trouve dans la plupart des cas ; quelquefois pourtant elle est de consistance cornée (Aplysie).

Les coquilles sont formées par un assemblage de lamelles superposées, comme on peut facilement l'observer dans les Huîtres. Certaines d'entre elles présentent à l'examen microscopique une couche extérieure composée de prismes verticaux, rappelant par sa structure l'émail dentaire des Mammifères

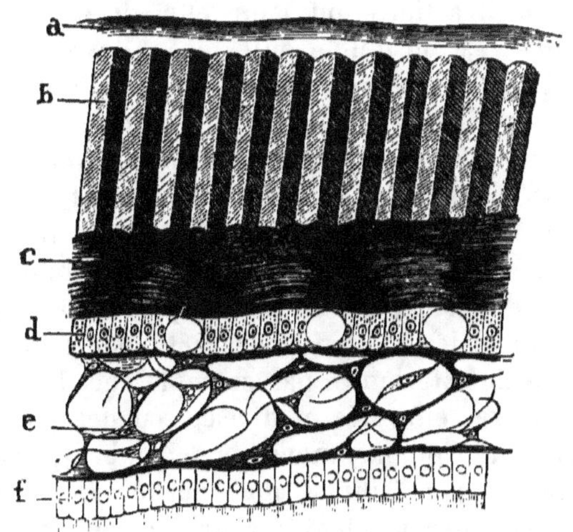

FIG. 485. — Coupe perpendiculaire à travers le test et le manteau de l'Anodonte. — *a*, cuticule ; *b*, couche des colonnettes ; *c*, couche feuilletée du test ; *d*, épithélium externe du manteau ; *e*, couche conjonctive du manteau ; *f*, épithélium interne (fort. gros.) (d'après Leydig).

(fig. 485). La couche interne lamelleuse offre souvent un aspect brillant, irisé, et constitue la matière à laquelle on donne le nom de *nacre*. Le développement de la coquille se fait en étendue par le dépôt des substances que sécrètent les bords du manteau au fur et à mesure que l'animal grandit ; il se fait en épaisseur par l'accumulation des couches que sécrète la surface de ce même manteau.

Le test ainsi produit est revêtu d'une couche de cuticule nommée à tort *épiderme* et formant, quand elle acquiert une certaine épaisseur, ce qu'on appelle le *drap marin*. Il suit de là qu'en réalité ce n'est pas extérieurement à la peau, mais bien entre l'épithélium et la cuticule que la coquille est développée. Parfois même elle se forme profondément dans l'intérieur du manteau et n'apparaît pas au dehors, chez les Limaces par exemple. Parmi les coquilles dites *internes*, il faut ranger la lame cornée, en forme de plume, renfermée dans l'épaisseur-du manteau des Calmars, et la pièce solide improprement appelée *os de Seiche* qui se trouve chez le Mollusque de ce nom.

Les coquilles présentent une grande variété de formes. Chez les Acéphales, elles sont *bivalves* (fig. 486), c'est-à-dire composées de deux pièces ou valves, unies entre elles au moyen d'une charnière, pouvant s'ouvrir et se fermer par le jeu d'un ligament élastique articulaire, qui tend à les écarter, et de muscles adducteurs dont les contractions ont pour effet de les rapprocher. Les coquilles *univalves*, ou d'une seule pièce, des Gastéropodes sont généralement enroulées ou spiralées (fig. 487, 488), et de la manière dont se fait cet enroulement résultent diverses modifications qu'on distingue par les épithètes de *discoïde, globuleuse, fusiforme*, etc. Les Gastéropodes ont la faculté de se retirer dans leur coquille, et plusieurs d'entre eux portent à l'extrémité de leur pied une pièce cornée ou calcaire qui en ferme complètement l'ouverture ; on donne à cette pièce le nom d'*opercule* (fig. 488 ²).

Parmi les Céphalopodes actuels on ne trouve que rarement une coquille extérieure, par exemple chez le Nautile. Cette coquille est univalve, enroulée et divisée par des cloisons intérieures en une série de compartiments ou chambres, dont la dernière seule est occupée par l'animal, mais qui toutes lui ont successivement servi de demeure pendant le cours de son accroissement (fig. 550). Un tube ou *siphon* occupé par un pédoncule, prolongement du manteau, et partant de la première cloison, traverse toutes les loges jusqu'à la dernière, sans communiquer toutefois avec l'intérieur de chacune d'elles ; ces loges sont remplies d'air plus ou moins altéré, et nommées pour ce motif *chambres à air*.

Chez un grand nombre de Mollusques, il se forme dans la région ventrale, par suite du développement considérable de la couche musculaire sous-cutanée, un organe locomoteur particulier appelé *pied* (fig. 484). Chez les Acéphales, il se présente sous forme d'un appendice charnu, subcylindrique ou comprimé, susceptible de s'allonger, et pouvant faire saillie au dehors de la coquille ; parfois très grand, il est dans certains cas rudimentaire, ou fait entièrement défaut (Huîtres). Chez les Hétéropodes, le pied comprimé

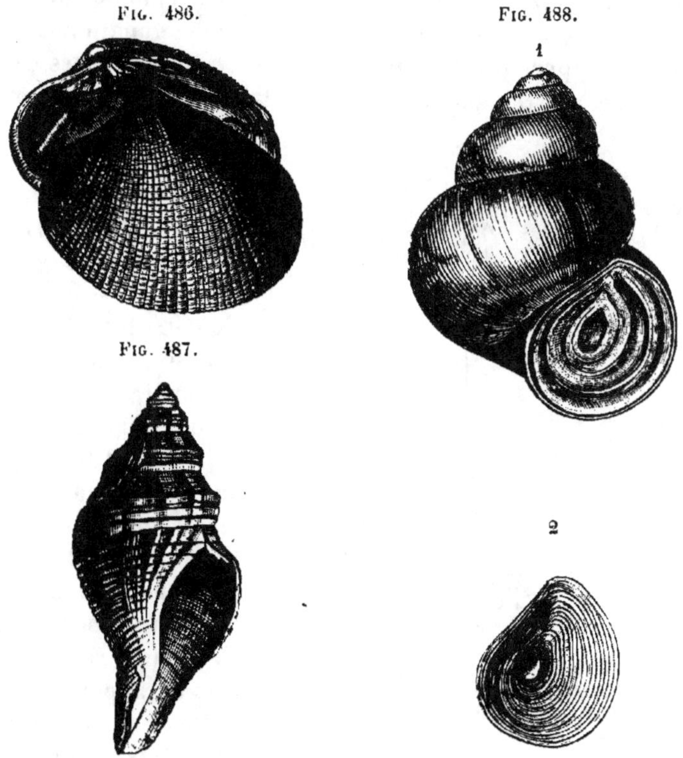

FIG. 486.

FIG. 488.

FIG. 487.

FIG. 486. — Coquille bivalve. *Venus Dombeyi.*
FIG. 487. — Coquille univalve fusiforme. *Fusus morio*, 1/3.
FIG. 488. — 1, coquille de Paludine ; 2, opercule de la même.

latéralement forme à la face inférieure du corps une nageoire verticale, mais chez les Gastéropodes, en général, il s'étale sur une large surface qui sert à la reptation, ou qui, agissant comme une ventouse, leur permet d'adhérer avec force aux corps étrangers (Patelle). C'est encore cet organe, modifié dans son développement, qui constitue les nageoires aliformes des Ptéropodes.

L'absence d'un squelette interne est de règle chez les Mollusques, cependant on trouve chez les Céphalopodes quelques pièces cartilagineuses qui en représentent les rudiments. La plus importante consiste en une espèce de boîte crânienne qui loge les centres nerveux ; de plus, ce cartilage céphalique porte les capsules auditives, fournit des pièces de soutien aux organes visuels, et donne insertion à divers muscles. Il existe encore quelques autres parties cartilagineuses dans la région cervicale, au voisinage de l'entonnoir (cartilages cardinaux), et à la base des nageoires.

Le système nerveux des Mollusques atteint un degré de complication élevé chez les formes supérieures (Céphalopodes); mais, d'une manière générale, se compose de groupes ganglionnaires plus ou moins rapprochés les uns des autres. Ceux de ces groupes, qualifiés d'*essentiels* par Milne Edwards, à cause de leur présence normale chez tous les Mollusques, sont au nombre de trois. L'un, formé par les *ganglions cérébroïdes* ou *sus-œsophagiens* est placé au-dessus de l'œsophage ; les deux autres sont situés au-dessous de ce canal, et sont unis au premier par des connectifs, qui, passant de chaque côté du tube digestif, constituent un double collier œsophagien. De ces deux derniers groupes, l'un occupe une position antérieure par rapport à l'autre ; on appelle *ganglions pédieux* ceux qui sont en avant, et *ganglions sous-*

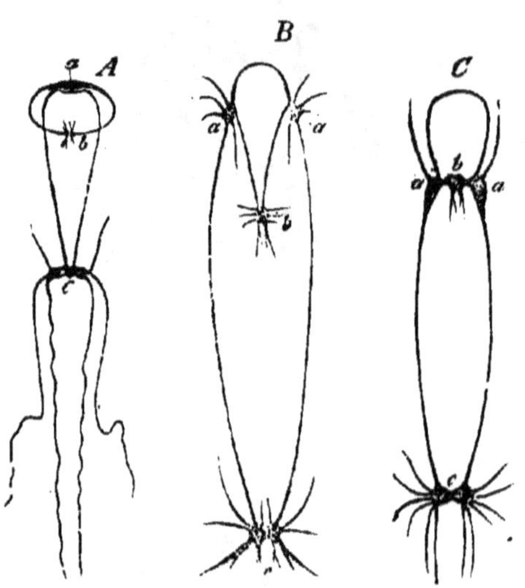

Fig. 489. — Système nerveux des Lamellibranches.— A, *Teredo*; B, *Anodonta*; C, *Pecten*; a, ganglions sus-œsophagiens; b, ganglions pédieux; c, ganglions viscéraux.

intestinaux ou *viscéraux* ceux qui sont en arrière. La disposition que nous venons d'indiquer se montre dans toute sa simplicité chez les Lamellibranches (fig. 489). Chez les Gastéropodes, et surtout chez les Céphalopodes, le système nerveux se complique davantage, et présente un plus haut degré de centralisation, mais on y retrouve les mêmes parties fondamentales. Il existe en outre des ganglions et des nerfs qui représentent un système stomato-gastrique.

Les organes des sens ont une assez grande importance chez les Mollusques. La sensibilité tactile est départie à tous les points de la surface générale du corps qui ne sont pas recouverts par une coquille, mais elle est particulièrement développée dans des appendices qui ne sont que des expansions de la peau, tels que les lobes cutanés placés auprès de la bouche chez un grand nombre de ces animaux, les prolongements contractiles dont sont garnis les bords du manteau chez beaucoup d'Acéphales, les *tenta-cules* portés sur la tête des Gastéropodes, les *bras* des Céphalopodes. On a constaté l'existence de l'odorat chez les Mollusques céphalés, mais il n'est pas toujours possible d'en déterminer exactement le siège. Pour les Gastéropodes terrestres, on le place dans le bouton terminal des tentacules oculifères, qui reçoit entre ses éléments épithéliaux les extrémités renflées d'un nerf émané des ganglions cérébroïdes. Dans les Gastéropodes pulmonés aquatiques, Lacaze-Duthiers a décrit un organe spécial placé au voisinage du pneumo-stome et formé par l'invagination, au milieu d'un amas de cellules nerveuses ganglionnaires, d'une portion de la peau revêtue de son épithélium vibratile ; cet appareil paraît destiné à apprécier certaines qualités spéciales du milieu am-biant (1). Enfin chez les Céphalo-podes, on regarde comme servant à l'olfaction des fossettes situées sur les côtés de la tête, derrière les yeux, et auxquelles se distri-buent les filets terminaux des nerfs olfactifs.

Les organes de l'ouïe consistent en vésicules closes, ou *otocystes*, pleines d'un liquide qui tient en suspension des corpuscules cal-caires, *otolithes*, agités par les cils vibratiles dont la paroi interne est tapissée (fig. 490). Ces vésicules occupent une position variable,

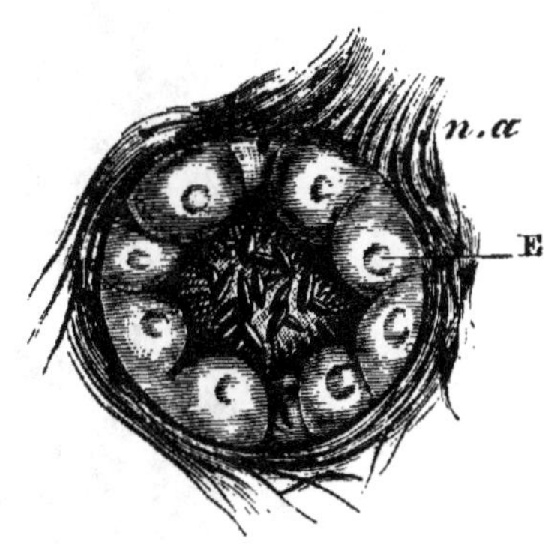

FIG. 490. — Otocyste de *Clausilia nigri-cans*, grossie 500 fois. — E, cellules ciliées ; *n a*, nerf auditif. Au centre de l'otocyste se voient des otolithes ellip-tiques (d'après Lacaze-Duthiers).

mais sont toujours en connexion avec les ganglions cérébroïdes, d'où les nerfs acoustiques tirent constamment leur origine, ainsi que l'a démontré Lacaze-Duthiers. Les organes de la vision man-quent chez la plupart des Acéphales ; cependant chez certains d'entre eux, ils existent à divers degrés de développement et sont placés sur les bords du manteau, en nombre parfois considérable (Pecten, Spondyle). Les Ptéropodes sont aussi dépourvus d'yeux ou n'en ont que de rudimentaires, mais en général ces organes sont bien développés chez les Mollusques céphalés, au nombre de deux, et situés dans la région céphalique. Leur structure présente une très grande complication chez les Céphalopodes, et rappelle jusqu'à un certain point celle de l'œil des Vertébrés.

(1) Lacaze-Duthiers, *Système nerveux des Gastéropodes* (*Archiv. de Zool expér.*, t. I, p. 483).

L'appareil de la digestion offre chez les Mollusques une assez
grande uniformité. La cavité alimentaire est toujours séparée de
la cavité générale et consiste en un tube ouvert à ses deux
extrémités, mais ce tube ne suit pas une direction rectiligne ;
il décrit une courbe en forme d'anse, souvent compliquée de replis
et de circonvolutions, et ses deux orifices sont plus ou moins rapprochés l'un de l'autre. On divise ce canal digestif en trois régions :
l'œsophage, l'estomac et l'intestin, qui se distinguent par leur
position, par leur volume et par la nature des formations appendi-

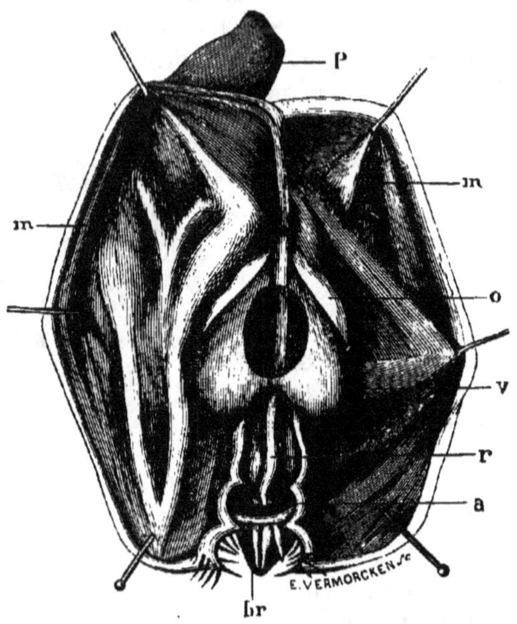

Fig. 491. — Anodonte. Cœur traversé par l'intestin. — *p*, pied ; *m, m*, manteau ; *o*, oreillette
v, ventricule dont la paroi a été excisée en dessus pour montrer l'intestin qui le traverse ;
r, rectum ; *a*, anus ; *br*, extrémité des branchies.

culaires qui y sont annexées. La bouche est parfois représentée par
une simple ouverture, dépourvue d'organes pour la préhension ou
la division des aliments (Acéphales). Des instruments de cette
nature se développent chez les Mollusques céphalés dans la partie
antérieure du tube œsophagien, qui forme alors un renflement
musculeux nommé *bulbe pharyngien* ou *masse buccale ;* en outre,
la bouche est protractile, et dans certains cas, s'allonge en une
véritable trompe. L'œsophage a une longueur variable et se renfle
quelquefois en une sorte de jabot. L'estomac est constitué par la
portion moyenne, généralement élargie, du tube digestif, qui le
plus souvent est entourée par le foie ; chez les Céphalopodes les

parois très musculeuses de la poche stomacale et la couche cuticulaire épaisse qui en revêt la surface interne, l'ont fait comparer à
un gésier. L'intestin forme des replis plus ou moins nombreux avant
d'aboutir à l'anus ; parfois il est muni au voisinage du pylore d'un
appendice cæcal ; souvent il est élargi dans sa portion terminale ou
rectum, et, particularité remarquable, chez beaucoup de Lamellibranches et quelques Gastéropodes, il traverse l'organe central de
la circulation (fig. 491).

Les organes glandulaires annexés au tube digestif sont les glandes
salivaires et le foie. Les premières ne se rencontrent que chez les
Gastéropodes et les Céphalopodes. Elles sont placées auprès de
l'œsophage et présentent quelque variété dans leur disposition ; parfois il y en a deux paires, comme dans le Poulpe, l'une antérieure,
l'autre postérieure. Le foie paraît exister chez tous les Mollusques ;
il constitue d'ordinaire une masse volumineuse, composée de plusieurs lobes, et en connexion avec la portion moyenne du tube intestinal.

La cavité viscérale, distincte de l'appareil digestif, renferme un
liquide particulier, le sang. Celui-ci est mis en mouvement par un
organe central ou cœur (fig. 492) et circule dans un système plus

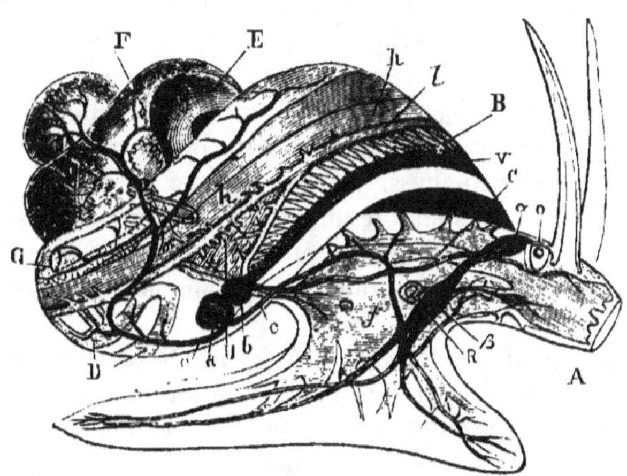

Fig. 492. — App. circulatoire de la Paludine vivipara. — *a*, ventricule ; *b*, oreillette,
c, artère céphalique ; *e*, artère hépatique ; *f, g, h*, sinus veineux ; *l*, artère branchiale ;
r, veine branchiale. — α, ganglions sus-œsophagiens ; β, ganglions sous-œsophagiens. —
A, bulbe pharyngien ; B, branchies ; C, œsophage ; D, replis de l'intestin ; E, estomac ;
F, foie ; G, appareil génital ; U, rein ; R, oreille (d'après Leydig).

ou moins développé de vaisseaux différenciés, mais a toujours une
partie de son trajet formée par des espaces ou des lacunes interorganiques. Le système vasculaire n'est donc jamais clos ; de plus
nous verrons que souvent il est en communication avec l'extérieur,
de sorte qu'une certaine quantité d'eau peut pénétrer dans l'appa-

reil circulatoire. Le cœur est composé, chez la plupart des Mollusques, d'une ou deux oreillettes, et d'un ventricule (Otocardiés de Haeckel). Il reçoit le sang qui revient des organes respiratoires, où il a été soumis à l'action du fluide respirable; c'est donc un *cœur artériel*. Il est toujours placé dans le voisinage de ces organes, et, en général, dans la région dorsale du corps. Du ventricule partent deux troncs artériels, ou *aortes*, souvent réunis en un seul à leur point d'origine et sur une petite étendue (Gastéropodes); ce sont les artères antérieure ou *céphalique*, et postérieure ou *viscérale*. Après avoir fourni un certain nombre de branches, ces vaisseaux aboutissent dans les espaces lacunaires, d'où le sang est conduit dans les organes respiratoires, et ramené ensuite par des veines dans l'oreillette du cœur.

La surface tégumentaire est, chez tous les Mollusques, le siège de phénomènes respiratoires. Quelques-uns ont une respiration simplement cutanée, mais la plupart sont munis d'organes spéciaux affectés à cette fonction. D'ordinaire, et en raison de la vie aquatique du plus grand nombre d'entre eux, ce sont des *branchies;* mais chez ceux de ces animaux qui vivent à terre, le même appareil se change par adaptation en une cavité appropriée à la respiration aérienne ou *poumon*. Les branchies ne sont autre chose que des expansions de la peau; elles sont situées entre le pied et le manteau qui les recouvre et leur constitue une cavité particulière où elles sont cachées; c'est la *cavité branchiale*. Elles ont tantôt la forme d'appendices ramifiés, tantôt celle de tubes aplatis en larges lamelles (Lamellibranches). Le poumon se présente comme une poche aérifère formée par le manteau et communiquant par une ouverture avec l'extérieur; les plis nombreux qui recouvrent sa paroi interne offrent une grande surface pour les vaisseaux sanguins respirateurs.

Il existe, en général, chez les Mollusques des organes d'excrétion, ou *reins*, représentés par des glandes volumineuses et bien développées. On regarde, en effet, comme tels chez les Lamellibranches et les Gastéropodes un organe glandulaire connu sous le nom de *corps de Bojanus*, et chez les Céphalopodes des masses spongieuses qui entourent les grosses veines voisines du cœur.

Tous les Mollusques se reproduisent par voie sexuelle. Chez eux l'hermaphrodisme est le cas le plus fréquent; cependant, beaucoup de Lamellibranches, beaucoup de Gastéropodes et tous les Céphalopodes ont les sexes séparés. Les organes reproducteurs affectent des dispositions fort diverses, surtout par suite du développement de parties accessoires dont l'existence n'est pas constante et qui sont annexées aux glandes sexuelles ou à leurs canaux évacuateurs.

Nous indiquerons les principales de ces dispositions à propos des différentes classes.

Au sortir de l'œuf, la plupart des Mollusques ont la forme de larves munies dans la région céphalique d'une expansion cutanée, ou voile (*velum*), bordée de cils vibratiles, et servant d'organe locomoteur, ou présentant parfois des cils disposés en cercle autour du corps (fig. 493).

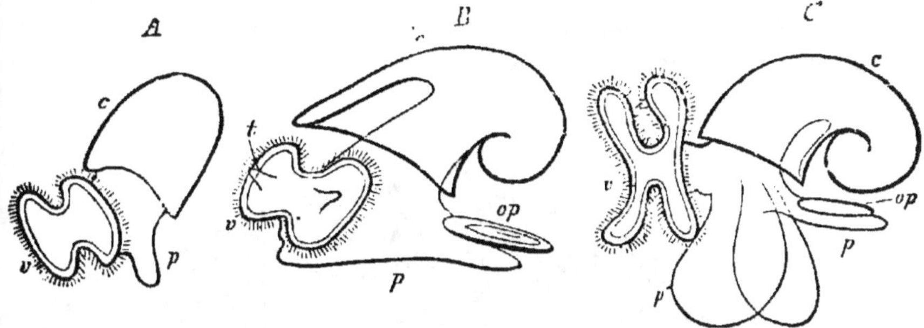

FIG. 493. — Larves de Mollusques. — A, larve d'un Gastéropode; B, état postérieur; C, larve d'un Ptéropode; *v*, voile; *c*, coquille; *p*, pied; *op*, opercule; *t*, tentacules.

Presque tous ces animaux sont aquatiques et principalement marins; ceux qui se sont adaptés à la vie terrestre forment un groupe peu nombreux, celui des Pulmonés; ils habitent de préférence les lieux humides. Les Mollusques jouent un rôle important dans l'histoire géologique du globe par le nombre considérable de leurs espèces fossiles appartenant aux diverses couches sédimentaires, depuis les formations les plus anciennes jusqu'aux plus récentes.

Le tableau suivant indique la division des Mollusques en cinq classes :

	Une tête distincte	entourée de bras..........	*Céphalopodes.*
		non entourée de bras......	*Céphalophores.*
Mollusques.	Pas de tête,	Coquille univalve, tubuleuse.......	*Scaphopodes.*
	distincte :	Coquille \ des branchies..........	*Lamellibranches.*
	Acéphales.	bivalve \ pas de branchies.......	*Brachiopodes.*

1re CLASSE. — BRACHIOPODES

Cette classe comprend des animaux pourvus d'une coquille à deux valves inégales dont l'une est ventrale et l'autre dorsale. La valve ventrale, d'ordinaire plus grande que l'autre, se prolonge par son sommet en un crochet souvent perforé, par lequel elle est fixée. Elle s'articule avec la valve opposée par des saillies d'engrenage formant une *charnière*, qui manque parfois, et sur cette différence a été fondée la division des Brachiopodes en deux groupes. A la face interne de la coquille s'étendent les lobes palléaux dont les bords sont munis de soies.

Le système nerveux est constitué par des ganglions qui sont unis entre eux de façon à former un anneau œsophagien, mais dont les analogies avec les parties correspondantes chez les autres Mollusques sont fort incertaines. Ces ganglions émettent des nerfs périphériques nombreux. L'existence d'organes des sens n'a pas été constatée.

Des côtés de la bouche partent de longs bras roulés en spirale (fig. 494), qui sont les analogues des lobes buccaux que nous trou-

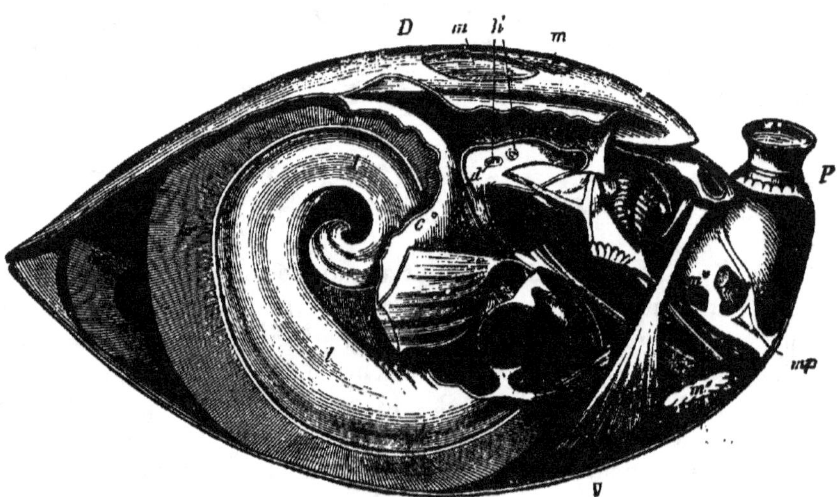

FIG. 494. — *Waldheimia australis.* — D, face dorsale; V, face ventrale; P, tige; *ll*, bras roulés en spirale; *br*, filets branchiaux; *c*, paroi antérieure de la cavité viscérale; *d*, œsophage; *d'*, estomac; *h'* orifices des canaux biliaires; *h*, foie; *r*, ouverture interne avec plis transverses de l'oviducte droit : on remarque à son bord antérieur un des cœurs en forme de bourse; quelques plis de l'ouverture de l'oviducte gauche sont visibles; *e*, grand canal branchial. Muscles : *m*, d'occlusion (leurs points d'attache se voient sur la face dorsale); *m'*, divaricateur; *m''*, ajusteur ventral; *m**, portion du précédent; *m***, portion de l'ajusteur dorsal; *mp*, muscles de la tige (d'après Hancock).

verons chez les Lamellibranches, et qui ont valu à ces animaux le nom de Brachiopodes. Ces bras sont parcourus par une gouttière le long de laquelle est disposée une frange ciliée, dont les mouvements déterminent un courant qui amène à l'ouverture buccale les particules alimentaires; ces bras agissent en même temps comme organes de respiration. Souvent ils sont soutenus par des pièces solides formant ce qu'on appelle le squelette brachial. La bouche conduit dans un œsophage ordinairement court, qui se continue avec l'estomac entouré d'un foie volumineux; l'intestin décrit une ou plusieurs

circonvolutions, et débouche par un anus latéral dans la cavité palléale; mais chez un certain nombre de Brachiopodes, il n'existe pas
d'ouverture anale, et l'intestin se termine en cul-de-sac. Ce tube
digestif, dans sa partie moyenne et dans sa partie rectale, est uni à
la paroi du corps par des lames ou ligaments mésentéroïdes particuliers (*ligaments gastro- et iléo-pariétal*).

L'appareil circulatoire se compose d'un cœur placé à la face dorsale de l'estomac, et duquel partent deux troncs artériels latéraux,
ou aortes, aboutissant à un système de lacunes interorganiques, d'où
le sang est ramené au cœur par un tronc veineux antérieur situé
au-dessus de l'œsophage. De nombreux canaux sanguins parcourent
les bras et le manteau, qui, baignant d'un autre côté dans de l'eau
sans cesse renouvelée, réalisent toutes les conditions nécessaires à
l'échange gazeux; aussi les bras sont-ils regardés comme étant des
branchies par certains naturalistes, et, d'un autre côté, le rôle que
joue la surface interne du manteau dans la respiration de ces animaux leur avait fait donner par de Blainville le nom de *Pallio-
branches*.

On trouve chez les Brachiopodes une ou quelquefois deux paires
de canaux à parois glanduleuses qui débouchent au dehors de chaque
côté de la bouche, et s'ouvrent d'autre part dans la cavité viscérale
par un élargissement infundibuliforme. Ces canaux remplissent les
fonctions de reins, et servent en même temps de conduits évacuateurs des œufs, ou d'oviductes (Hancock).

On n'a encore que des notions incomplètes sur la reproduction et
le développement de ces animaux. Les sexes sont séparés chez la
plupart d'entre eux, et les organes génitaux sont situés de chaque
côté du corps, soit dans la cavité viscérale, soit dans l'épaisseur des
lobes du manteau. Ils naissent sous forme de larves ciliées qui
nagent librement d'abord, puis se fixent et prennent les caractères
de l'adulte.

Les Brachiopodes habitent dans toutes les mers, mais les espèces
actuellement vivantes sont peu nombreuses, tandis que les fossiles
appartenant à cette classe et représentant pour la plupart des formes
aujourd'hui éteintes, abondent dans les couches géologiques, et en
particulier dans les terrains siluriens. Deshayes a divisé les Brachiopodes en *Articulés* et *Inarticulés*, suivant que les valves de la coquille sont unies ou non par une charnière. A ce caractère, s'en joignent d'autres propres à chacun de ces groupes. Ainsi les Articulés
sont munis d'un squelette brachial, et les Inarticulés en sont dépourvus; les premiers ont un tube digestif terminé en cæcum; les seconds
ont un intestin qui débouche au dehors par une ouverture anale.

Les Inarticulés comprennent les familles des LINGULIDÉS, des

Discinidés et des Craniidés. Les Lingules (*Lingula*) (fig. 495) sont remarquables par le long pédoncule charnu qui sert à les fixer, et par leurs valves à peu près égales.

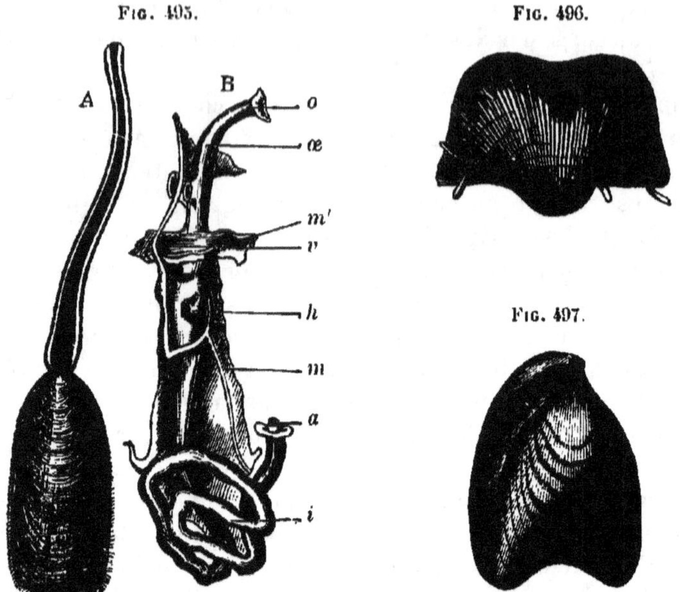

Fig. 495. — A, *Lingula anatina*, 1/2; B, son appareil digestif: *o*, bouche; *a*, anus; *œ*, œsophage; *h*, embouchure des conduits hépatiques; *v*, estomac; *i*, intestin; *m*,*m'*, mésentère.
Fig. 496. — *Productus longispinus*.
Fig. 497. — *Terebratula digona*.

Les Articulés se partagent en cinq familles : Orthidés, Productidés (fig. 496), Spiriféridés, Rhynchonellidés et Térébratulidés (fig. 497).

Les trois premières sont exclusivement fossiles; les deux dernières seules sont représentées dans la forme actuelle.

2ᵉ CLASSE. — LAMELLIBRANCHES

Les Mollusques lamellibranches de de Blainville étaient autrefois réunis aux Brachiopodes sous le nom de *Conchifères* (Lamarck). Ils sont encore réunis dans une même classe, celle des *Acéphales*, par Milne Edwards; les uns et les autres, en effet, sont dépourvus de tête, mais leur organisation est assez différente pour qu'on s'accorde aujourd'hui à les séparer.

Ces animaux sont, comme les Brachiopodes, munis d'une coquille à deux valves, mais ces valves, de même que les lobes du manteau qui les sécrètent, sont placées latéralement sur les côtés du corps, au lieu d'être l'une dorsale et l'autre ventrale. Elles sont en général à peu près semblables par la forme et les dimensions, sauf dans quelques groupes, les Huîtres par exemple, qui sont *inéquivalves ;* du côté dorsal elles sont articulées par une charnière formée de dents qui s'engrènent, et, de plus, reliées par un ligament élastique. Tantôt elles se touchent exactement sur toute l'étendue de leurs bords, et la coquille est alors fermée ou *close*, tantôt elles restent sur certains points plus ou moins écartées l'une de l'autre, pour le passage d'organes tels que les siphons ou le pied, et on qualifie de *bâillantes* les coquilles de cette sorte. Souvent les coquilles présentent à l'extérieur des côtes qui rayonnent du sommet vers la circonférence, ou des lignes concentriques qui correspondent aux diverses zones d'accroissement. La surface interne est lisse, mais marquée d'un certain nombre d'empreintes qui offrent de l'intérêt comme étant

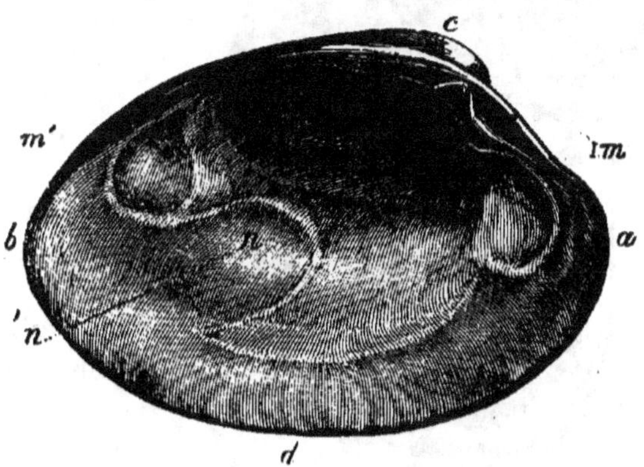

Fig. 498. — Valve de Cythérée. — *a*, extrémité antérieure ; *b*, extrémité postérieure ; *c*, crochet ; *d*, bord ventral ; *m*, *m'*, impressions musculaires ; *n*, sinus formé par l'impression palléale et occupé par le rétracteur des siphons.

en rapport avec quelques caractères anatomiques (fig. 498). Ainsi, les points d'attache des muscles adducteurs forment des impressions bien marquées, au nombre de deux, et semblables entre elles quand les deux adducteurs sont également développés ; mais, parfois, l'un de ces muscles, l'antérieur, s'atrophie ou disparaît, et alors l'impression de l'adducteur postérieur reste seule. C'est sur ce caractère que Lamarck avait établi sa division des Lamellibranches en *Monomyaires* et *Dimyaires*.

On appelle *impression palléale* celle qui est produite par les bords du manteau, et *sinus palléal* la concavité que présente celle-ci en arrière, quand il existe des siphons rétractiles (fig. 498, *n*).

Le pied, organe de locomotion, est, chez les Lamellibranches, de forme et de grosseur variables ; chez ceux qui n'ont pas la faculté de se mouvoir, il est rudimentaire, et alors il renferme souvent des glandes qui sécrètent des filaments élastiques au moyen desquels ces animaux s'amarrent pour ainsi dire aux corps sous-marins (Moules, Jambonneaux). On donne à ces fils le nom de *byssus* (fig. 499, *c*). Certaines espèces qui vivent enfoncées dans la vase ont un pied volumineux dont elles se servent pour fouir le sol; d'autres, qu'on désigne sous le nom de *M. perforants*, creusent le bois,

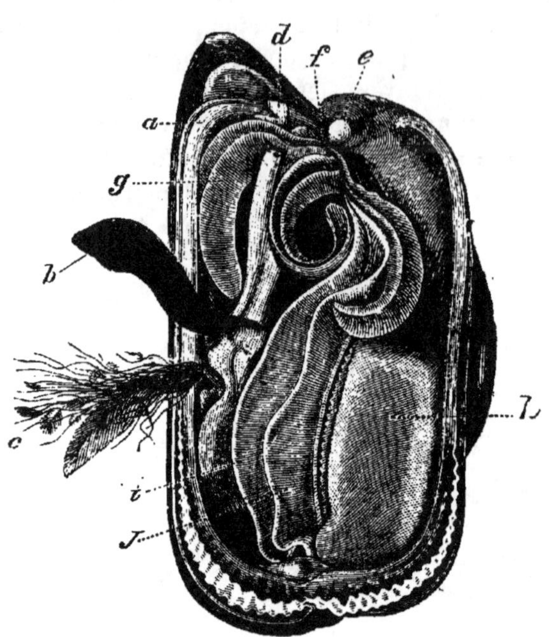

FIG. 499. — *Mytilus edulis.* — Moule commune, ouverte. — *a*, bord du manteau; *b*, pied; *c*, byssus; *d, e*, muscles du pied; *f*, bouche; *g*, tentacules ou palpes labiaux; *h*, manteau; *i*, branchie interne; *j*, branchie externe.

comme les Tarets, ou même la pierre, comme les Pholades, soit à l'aide de leur coquille, dont les bords agissent à la façon d'une lime, soit à l'aide de leur pied lui-même, suivant l'opinion de Hancock. Une grande incertitude règne encore sur les moyens qu'emploient ces Mollusques pour creuser les tubes dont ils font leur demeure.

Le système nerveux des Lamellibranches se compose de trois paires de ganglions essentiels dont nous avons indiqué la présence chez les Mollusques (fig. 489). Les ganglions *cérébroïdes* peu développés sont en général plus ou moins écartés entre eux et placés sur les côtés de l'œsophage; ils sont alors réunis par une commissure filiforme. De chacun d'eux naissent quelques filets nerveux, dont l'un va se distribuer au bord du manteau et s'anastomose avec un rameau marginal fourni à cette région par le ganglion postérieur, formant ainsi le nerf *circumpalléal*, décrit par Duvernoy chez un grand nombre de Lamellibranches. Des ganglions cérébroïdes partent des connectifs qui les relient aux ganglions des deux autres paires. Les ganglions *sous-œsophagiens* ou *pédieux* sont d'ordinaire intimement unis entre eux et à une distance des premiers qui varie beaucoup suivant les espèces. Leur développement est en rapport avec celui du pied, auquel ils fournissent des nerfs, et parfois ils font défaut, par exemple dans l'Huître. Les ganglions de la troisième paire, ou *ganglions viscéraux*, placés en arrière, contre la face inférieure du muscle adducteur de la coquille, sont rattachés aux ganglions cérébroïdes par des connectifs très longs qui embrassent la masse viscérale ; ils sont d'un volume plus considérable que les autres, tantôt confondus en une seule masse, tantôt simplement accolés. Ils fournissent plusieurs paires de nerfs qui se distribuent au manteau et aux organes respiratoires ; aussi sont-ils souvent désignés sous le nom de *ganglions branchiaux*. Quelques anatomistes les regardent comme appartenant au système sympathique (Gegenbaur). En général, on décrit, comme représentant ce système, des filaments émanés des cordons de communication qui unissent les divers ganglions entre eux, et destinés au cœur, aux organes digestifs et aux organes génitaux.

La sensibilité spéciale est peu développée chez les Lamellibranches. Le toucher s'exerce par la surface du corps, là où il n'y a pas de coquille, et particulièrement par les appendices ou prolongements cutanés, tels que les lobes placés au voisinage de la bouche, ou les tentacules portés par les bords du manteau chez beaucoup d'entre eux (Lime, Pecten). Les organes de l'ouïe consistent en deux otocystes placées sur les ganglions pédieux, mais recevant un nerf acoustique dont l'origine est dans les ganglions cérébroïdes. Les organes de la vue manquent chez les formes qui sont fixées à l'état adulte, mais dans ce cas, ils paraissent exister pendant l'âge larvaire et disparaître ensuite par un phénomène de rétrogradation. Ces organes se présentent, chez les animaux qui en sont pourvus, sous forme de petits boutons colorés qui garnissent le bord du manteau et reçoivent leurs nerfs du rameau circumpalléal, lequel offre, de distance en distance, de petits renflements ganglionnaires.

Tantôt réduits à de simples taches de pigments, on les trouve parfois composés d'une cornée, d'un cristallin, d'une choroïde et d'une couche rétinienne de bâtonnets.

L'appareil digestif des Lamellibranches est peu compliqué. La bouche, en forme de fente transversale, est logée dans la cavité du manteau, derrière le muscle adducteur antérieur ; elle est pourvue de deux paires de lobes membraneux garnis de cils vibratiles qui, indépendamment de leur rôle comme organes tactiles, servent à conduire dans le tube digestif les particules nutritives en suspension dans l'eau. A la bouche fait suite un œsophage court, lequel se continue en une partie élargie où débouchent les canaux biliaires et qui constitue l'estomac. Celui-ci porte souvent dans sa région pylorique un prolongement en cæcum qui renferme dans son intérieur un corps hyalin, styliforme, d'apparence cartilagineuse, qu'on désigne sous le nom de *tige cristalline*. La présence de cette tige n'est pas constante; parfois elle manque, et d'autres fois, chez des espèces où il n'y a pas de cœcum, on la trouve dans le canal intestinal lui-même. L'intestin, généralement long, décrit plusieurs circonvolutions entre les lobes du foie qui est très volumineux, et, particularité que nous avons déjà signalée, il traverse d'ordinaire le cœur, puis il va s'ouvrir, par un orifice anal, dans la partie postérieure de la cavité palléale. La surface interne du tube digestif est tapissée par un épithélium ciliaire.

Dans le système vasculaire, le sang est mis en mouvement, chez les Lamellibranches, par un organe central ou cœur, situé dans la région dorsale, sous la charnière qui réunit les deux valves de la coquille. Le cœur est placé dans une cavité spéciale formée par le *péricarde*; il est composé d'un ventricule et de deux oreillettes latérales. Du ventricule partent deux troncs aortiques, l'un antérieur, l'autre postérieur, qui aboutissent par leurs ramifications dans un système de lacunes interorganiques. De là, le sang est conduit aux organes respiratoires et ramené ensuite au cœur par des vaisseaux particuliers, *vaisseaux branchio-cardiaques*. Il est donc hématosé quand il arrive dans cet organe, lequel, par conséquent, est un cœur artériel. On sait que dans la plupart des Lamellibranches celui-ci est traversé par l'intestin; dans l'Arche de Noé, il est même dédoublé en deux cœurs latéraux, ayant chacun une oreillette et un ventricule, mais les aortes qui en naissent se réunissent entre elles pour former un tronc médian antérieur et un tronc médian postérieur suivant la disposition ordinaire.

Quelques points sont à noter dans le trajet que parcourt le sang. Les lacunes sanguines, sans paroi propre, dont l'existence a été démontrée par Milne Edwards, constituent un ensemble de cavités irrégulières et forment par places de vastes réservoirs ou sinus veineux, dont les principaux sont : l'un impair, sur la ligne médiane du corps, et deux autres, pairs, latéralement placés à la base des branchies. Le sang qui y est contenu ne passe pas en totalité dans les organes respiratoires avant de revenir au cœur, et une partie de celui qui a circulé dans le manteau est portée directement dans les oreillettes par des conduits veineux particuliers. D'un autre côté, la plus grande portion du sang qui se rend aux branchies, n'y arrive qu'après avoir traversé le *corps de Bojanus*, pourvu de canaux qui y forment une espèce de système porte. Or, cet organe communique, par des orifices particuliers, avec le péricarde (fig. 500, *pi*) et le réseau lacunaire, aussi l'eau qui y pénètre du dehors peut-elle se mélanger au sang dans une certaine proportion. En outre, on a reconnu à la surface du pied l'existence d'ouvertures

qui mettent les lacunes veineuses en communication avec le milieu
ambiant. Certains anatomistes même ont décrit sous le nom de
vaisseaux aquifères ces canaux qu'ils considéraient comme formant
un système particulier, mais qui appartiennent en réalité au système lacunaire général. Ils consti-
tuent dans le pied un appareil érectile
qui amène la turgescence de cet organe
quand il se remplit d'eau.

Les Lamellibranches respirent au
moyen de branchies lamelleuses,
comme l'indique leur nom (fig. 499);
cependant la surface du manteau est
aussi le siège de phénomènes respiratoires, et, chez les jeunes, il n'y a pas
d'autre organe pour l'accomplissement
de cette fonction, mais les branchies
ne tardent pas à paraître. Le développement en a été étudié par Lacaze-
Duthiers (1). Il résulte des recherches
de ce naturaliste que ces organes naissent dans le fond du sillon que le manteau forme avec le corps, par une
double rangée de bourgeons qui, par
leur allongement, constituent les lamelles branchiales. Celles de la même
série se soudent entre elles par leur
extrémité inférieure, puis, continuant
à s'accroître, elles se réfléchissent, en
dehors pour la série interne, en dedans

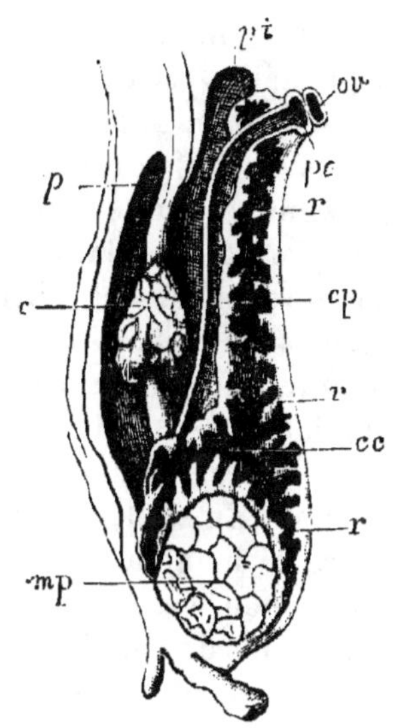

Fig. 500. — Cœur et organe de Bojanus de l'*Unio pictorum.* — *r*,
coupe de l'organe de Bojanus;
p, péricarde; *c*, cœur; *ov*, orifice
génital; *pe*, orifice externe de la
poche périphérique *cp*; *pi*, orifice
péricardique ou interne de la poche
centrale *çc*; *mp*, muscle postérieur
des valves (d'après Lacaze-Duthiers).

pour la série externe, et remontent vers leur ligne d'insertion. Il se
forme ainsi de chaque côté du corps deux branchies lamelleuses. Dans
certains cas, ces lamelles restent libres dans toute leur étendue et
les branchies ont l'aspect d'une frange; c'est ce qu'on voit dans les
Pectens, les Spondyles et les Limes. Le plus souvent les lamelles
de la même rangée sont unies par un grand nombre de petites
barres transversales qui forment ainsi avec elles comme une sorte
de treillage. Les barres verticales sont creusées, sur leur bord interne
et externe, d'un canal sanguin; les transverses ne sont pas vasculaires. Toutes ces parties sont recouvertes d'un épithélium ciliaire.

La branchie extérieure se développe après la branchie interne,

(1) Lacaze-Duthiers, *Mém. sur le développement des branchies des Mollusques
lamellibranches* (*Annales des sciences naturelles*, 4ᵉ série, t. V, 1856).

et quelquefois ce développement est moins complet ; cette branchie
est alors plus petite, comme dans les Tellines (*Tellina solidula*)
où cette disproportion est considérable. Dans quelques cas même
ce développement n'a pas lieu du tout, et Valenciennes a constaté
que dans la *Tellina crassa*, il n'existait qu'une seule branchie : il
en est de même dans les Lucines et les Corbeilles. Quelquefois
cependant c'est la branchie extérieure qui est la plus grande, comme,
par exemple, dans les Clavagelles.

Les deux feuillets lamelleux qui composent chaque branchie
peuvent se souder entre eux dans une certaine étendue ; c'est ce
qu'on voit dans la branchie compacte des Tarets. Lorsqu'il y a
soudure entre les surfaces correspondantes des deux branchies
situées du même côté du corps, celles-ci ont l'apparence d'un
organe unique, ainsi qu'on l'observe chez les Clavagelles et les
Pholadomyes. Enfin, la soudure des branchies appartenant aux
deux côtés, droit et gauche, peut simuler un organe impair et
médian. En effet, lorsque les branchies, étendues de chaque côté,
entre le manteau et le corps, s'arrêtent au bord postérieur de
l'abdomen, comme dans la Moule, celle de droite ne saurait s'unir
avec celle de gauche, mais, dans la plupart des cas, elles se prolongent au delà ; elles peuvent alors rester libres, comme chez les
Dreissènes, ou se souder entre elles sur la ligne médiane, comme
chez les Anodontes, les Huîtres, les Vénus. Que maintenant cette
portion postabdominale devienne prédominante, l'appareil respiratoire ne semblera plus constitué que par une branchie unique,
impaire et médiane, plus ou moins biburquée à son extrémité antérieure. Les Tarets offrent un exemple de cette disposition.

Le manteau forme toujours aux branchies un abri protecteur,
mais sa conformation varie, et il convient d'indiquer les principales
modifications qu'il présente. Tantôt, ses lobes sont libres dans tout
leur contour, et ne sont unis que sur le dos de l'animal ; ils forment
ainsi une large fente par où passent l'eau nécessaire à la respiration, les aliments et les excréments, et par où passe aussi le pied
quand il y en a un (Huîtres, Peignes, etc.) ; tantôt la grande fente
palléale se subdivise en plusieurs ouvertures distinctes. Parfois les
bords du manteau, en se soudant dans une certaine étendue, donnent lieu a une sorte de boutonnière qui est placée à la partie postérieure et qui correspond à l'anus. Par cette ouverture s'échappent les fèces, et la fente formée par les lobes palléaux restés libres
dans leur portion antérieure sert au passage de l'eau, des aliments
et du pied (Moules, Anodontes, etc.). D'autres fois ces lobes se
joignent en un nouveau point de leur contour, et laissent alors
entre eux trois ouvertures, dont la postérieure est un orifice excré-

teur comme dans le cas précédent. Les deux autres donnent accès dans la partie de la chambre palléale où sont les branchies, et de plus l'antérieure livre passage au pied. Celle-ci est très grande chez les Isocardes, par exemple, et une grande quantité d'eau arrive en la traversant dans la cavité branchiale, mais chez les Tridaches elle est fort réduite, et l'orifice moyen sert spécialement au passage de l'eau. Dans un grand nombre de Lamellibranches (Bucardes, Tellines, Vénus, etc.), les deux orifices postérieurs s'allongent sous forme de tubes qui peuvent se souder dans une étendue plus ou moins grande en une sorte de trompe. On a donné à ces tubes le nom de *siphons* (fig. 501). L'un, inférieur, correspond à l'orifice moyen et sert à conduire l'eau et les aliments dans la chambre palléale (tube inspirateur); l'autre, le supérieur, sert à l'évacuation des excréments et de l'eau qui a traversé l'appareil branchial. La fente antérieure du manteau par où passe le pied est ici fort large, mais, chez d'autres Lamellibranches, cette fente se resserre en une ouverture plus étroite, qui livre uniquement passage à cet organe, et les siphons restant disposés comme précédemment , la chambre palléale est fermée dans toute son étendue, ce qui a fait donner par Cuvier à ce groupe de Mollusques le nom d'Enfermés.

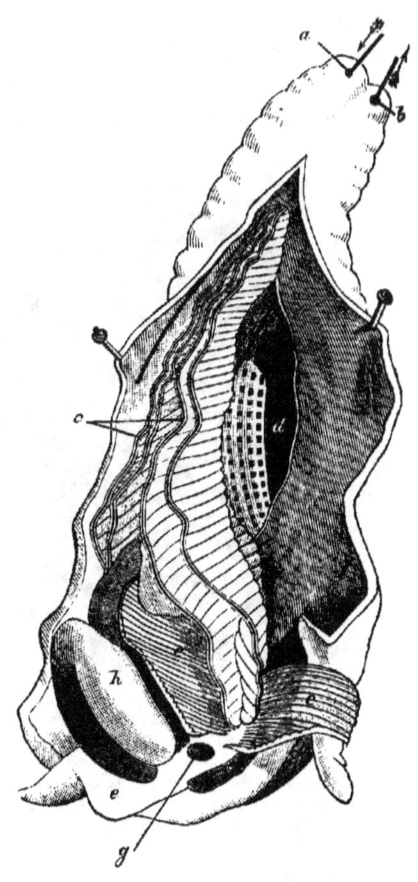

Fig. 501. — Pholade ouverte. — *a*, orifice d'entrée; *b*, orifice de sortie; *c*, branchies flottantes; *d*, arrière-cavité où l'eau entrée en *a*. et qui a traversé les branchies, arrive pour sortir en *b*; *e*, appendices buccaux; *h*, pied; *g*, bouche (d'après Alder et Hancock).

Chez eux l'eau et les aliments ne peuvent arriver dans la cavité palléale que par le siphon inspirateur. Cette disposition s'observe chez les Myes, les Lutraires, les Pholades (fig. 501), etc.

Le corps de Bojanus (fig. 500) est aujourd'hui généralement regardé comme un organe d'excrétion urinaire. Il consiste en une paire

de glandes colorées en brun verdâtre ou jaunâtre, placées au-dessous
du péricarde, dans la région dorsale du corps, et parfois soudées
inférieurement sur la ligne médiane. Chaque glande est constituée par une poche caverneuse, à charpente conjonctive, présentant à l'intérieur, des anfractuosités irrégulières, dont la surface
est revêtue de cellules de sécrétion vibratiles. L'orifice en est situé
à la base du pied, et quelquefois il est commun avec celui des
organes génitaux. Chacun de ces organes glandulaires communique
avec le péricarde, et nous avons vu plus haut le rôle qu'ils jouent
comme intermédiaires entre l'appareil circulatoire et l'extérieur.

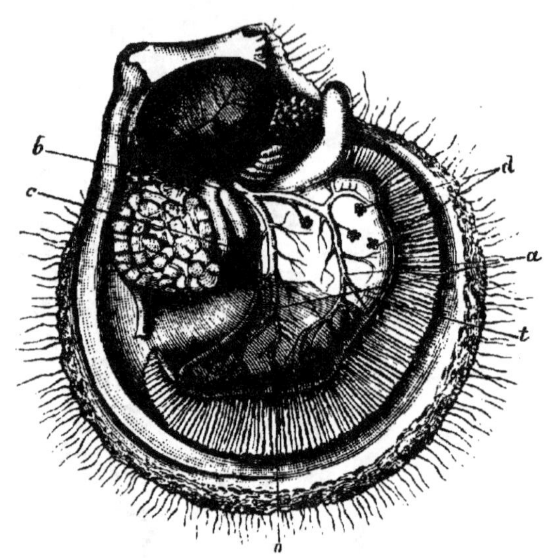

FIG. 502. — Organes génitaux du *Pecten glaber*. — *a*, conduits excréteurs du testicule et de l'ovaire ; *d*, petits îlots
de glande femelle isolés au milieu de la glande mâle ;
b, orifice commun aux organes des deux sexes et placé
dans l'organe de Bojanus qui s'ouvre en *c* ; *o*, ovaire ; *t*, testicule (d'après Lacaze-Duthiers).

L'appareil génital
des Lamellibranches
est fort simple ; il est
représenté par des
glandes paires, pla-
cées de chaque côté
du corps, et munies
chacune d'un canal
excréteur qui s'ouvre
au dehors par un ori-
fice situé à côté de
l'orifice rénal avec le-
quel il est quelque-
fois confondu ; parfois
aussi ce canal débou-
che dans l'organe mê-
me de Bojanus (Pec-
ten, Spondyle, etc.)
qui sert alors à l'éva-
cuation des produits
sexuels.

La plupart des La-
mellibranches ont les sexes séparés, toutefois l'hermaphrodisme
est fréquent parmi eux ; dans ce cas, tantôt la glande elle-même
est hermaphrodite, c'est-à-dire produit à la fois des ovules et
des spermatozoïdes, tantôt les glandes mâle et femelle sont distinctes, tout en étant voisines l'une de l'autre. La première de
ces dispositions se rencontre dans l'Huître, la seconde dans le
Peigne (fig. 502). C'est par le transport des spermatozoïdes au moyen
des courants que la fécondation s'opère.

A quelques exceptions près, tous ces animaux sont ovipares. En
général les œufs fécondés séjournent entre les valves de la coquille,
parfois dans les feuillets branchiaux, jusqu'à ce qu'ils aient atteint

un certain degré de développement. Les embryons présentent une
sorte de métamorphose plus ou moins marquée, et portent ordinairement, au pôle antérieur, une ex-
pansion ciliée, *velum*, qui fonctionne
comme organe de locomotion.

Les Lamellibranches, sont en majorité des animaux marins; les uns
vivent fixés aux rochers, et parfois
réunis en grand nombre, formant
alors des *bancs* (Huîtres); les autres,
qui ne sont pas sédentaires, se déplacent en rampant. Certains d'entre
eux vivent enfoncés dans le sable
ou la vase ; d'autres perforent à
l'aide de leur coquille soit le bois,
comme les Tarets, soit la pierre,
comme les Pholades (fig. 503), et
habitent dans les trous qu'ils ont
creusés. Dans les couches géologiques on trouve une immense quantité de formes appartenant à cette
classe, et leur nombre va croissant,
depuis le silurien jusque dans les

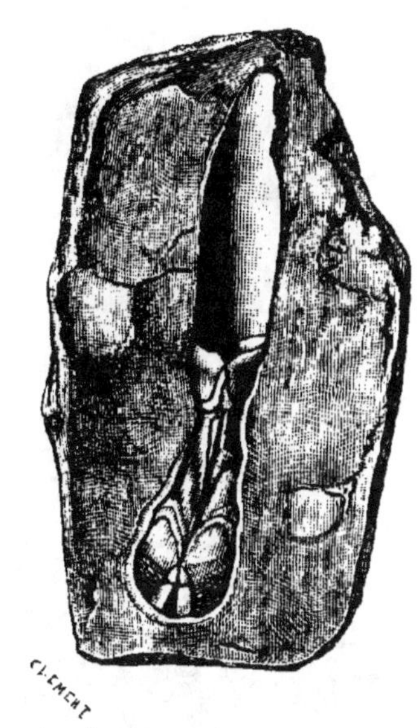

FIG. 503. — Pholade dans la pierre
où elle s'est creusé un trou.

terrains les plus récents; ils fournissent beaucoup de fossiles caractéristiques des terrains qui les renferment.

Lamarck les divise en *Monomyaires* et *Dimyaires*, suivant qu'ils
ont un ou deux muscles adducteurs ; d'Orbigny en *Orthocon-
ques* et *Pleuroconques* suivant que leur coquille est à valves égales
ou inégales. A l'exemple de Woodward, nous les partagerons en
deux groupes : *Asiphoniens* et *Siphoniens*, d'après l'absence ou la
présence de siphons.

ORDRE I. — ASIPHONIENS

Ce groupe comprend les familles suivantes : *Ostréidés, Pectinidés, Aviculidés, Mytilidés, Trigoniadés* et *Unionidés*.

Les OSTRÉIDÉS ont la coquille inéquivalve, écailleuse, à charnière
ordinairement dépourvue de dents, avec un seul muscle adducteur
(fig. 504). Le manteau de l'animal est entièrement ouvert ; le pied
est nul ou rudimentaire.

Cette famille est formée essentiellement par les Huîtres (*Ostrea*),
dont plusieurs espèces sont recherchées comme comestibles (*O. edulis*) : les Huîtres d'Ostende, de Marennes, de Cancale, sont les plus

estimées. Elles vivent fixées par leur valve gauche qui est concave,
et sur laquelle la valve droite, aplatie s'applique comme un couvercle.
Elles forment des bancs qui ont parfois une grande étendue. Il y en

a un grand nombre d'espè-
ces fossiles, parmi lesquelles
les sous-genres *Gryphœa* et
Exogyra.

A côté des *Ostrea* se placent les G. *Anomia*, *Pla-
cuna*, etc.

Les Pectinidés sont quel-
quefois réunis aux Ostréidés (Forbes et Hanley). Ils
s'en distinguent néanmoins
par plusieurs caractères, et
en particulier par la structure des branchies dont les
lamelles sont libres et non
soudées à leur extrémité. A
cette famille appartiennent
les G. *Pecten*, *Spondylus*,
Lima.

Les *Pecten* ou Peignes ont
la coquille ordinairement
marquée de côtes rayon-
nantes (fig. 505), et sont remarquables par la façon dont
ils se meuvent, en ouvrant
et fermant alternativement

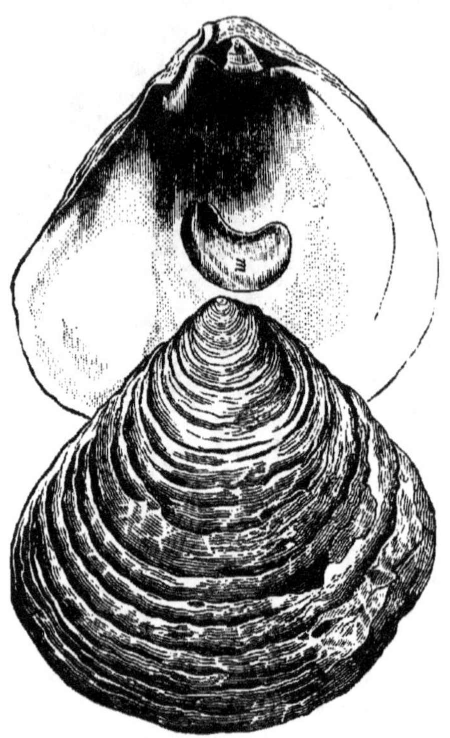

Fig. 504. — Huître ordinaire. — *a*, sa valve creuse
vue par la face intérieure; *b*, sa valve plate ou
operculaire, vue par la face extérieure; *m*, impression du muscle adducteur.

leurs valves. Plusieurs sont comestibles. Le *Pecten jacobœus*, ou
coquille de saint Jacques, est une grande espèce très abondante
dans la Méditerranée; on la nomme aussi *Pèlerine*, parce qu'elle
servait d'emblème aux pèlerins qui se rendaient en Terre-Sainte.

Les Aviculidés ont la coquille inéquivalve, très oblique, recouverte intérieuremeut d'une épaisse couche de nacre. Il y a deux
muscles adducteurs, mais dont l'un, l'antérieur, est très peu développé. Les bords du manteau sont libres dans tout leur pourtour.
Le pied est petit et sécrète un byssus.

C'est dans les Avicules que se range l'Aronde ou Huître perlière
(*Avicula margaritifera*) (fig. 506), qui se trouve principalement
dans le golfe Persique et dans la mer des Indes. Quelques auteurs
en font un genre particulier, sous le nom de *Meleagrina*, Lamarck.

Cette famille comprend aussi les Pinnes (*Pinna*) vulgairement appelées Jambonneaux, à cause de la forme de leur grande coquille triangulaire. Elles sont communes dans la Méditerranée, et vivent à moitié enfouies dans le sable, amarrées par un byssus puissant, dont les filaments sont utilisés en Sicile pour la fabrication de certains tissus.

FIG. 505.

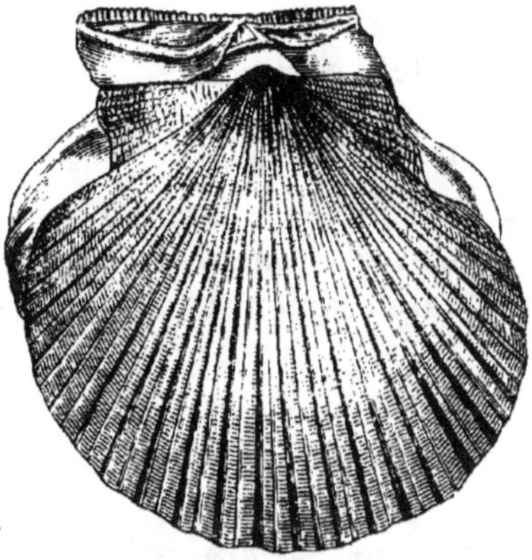

FIG. 506.

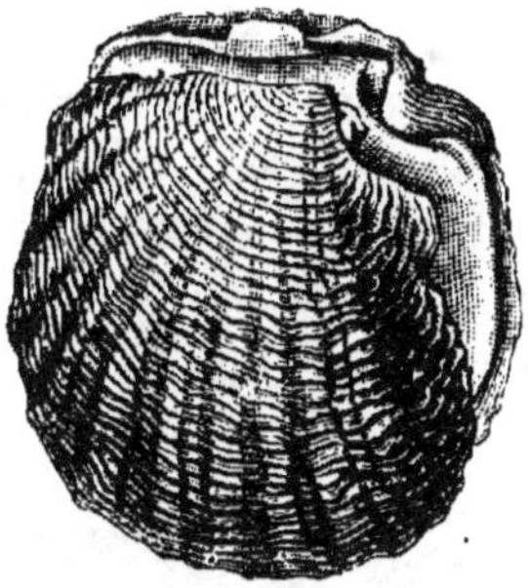

FIG. 505. — *Pecten gibbus.* — Coquille un peu réduite, vue en dessus, les valves détachées de manière à laisser voir la charnière.
FIG. 506. — *Avicula margaritifera.*

Les MYTILIDÉS ont pour type la Moule commune (*Mytilus edulis*) qui est comestible et connue de tout le monde. Nous citerons comme faisant partie de ce groupe, les Lithodomes (*Modiola lithophaga*) qui perforent les Coraux, les coquilles (fig. 507) et les roches cal-

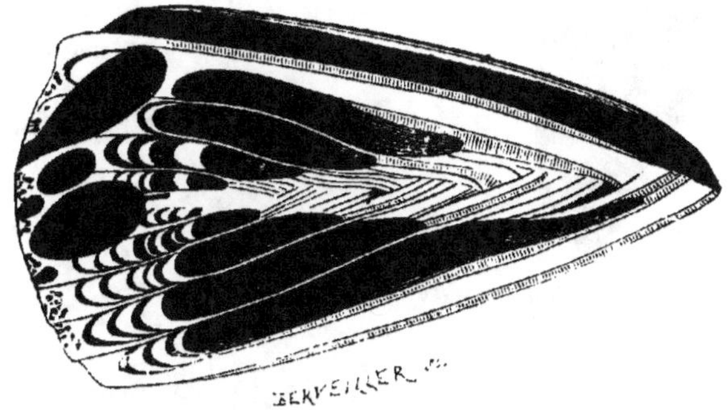

FIG. 507. — Coupe d'un cône perforé par des Lithodomes (d'après Woodward).

caires les plus dures. C'est à eux que sont dues les perforations qu'on observe à une certaine hauteur dans les colonnes du temple de Sérapis, à Pouzzoles, et qui fournissent la preuve des changements de niveau subis par cette côte maritime.

Les Dreissènes (*Dreyssena*) ressemblent beaucoup aux Moules, mais se trouvent dans les fleuves et les rivières.

Les Unionidés ou *Najadés* vivent, comme les Dreissènes, dans les eaux douces. Les Mulettes (*Unio*), très répandues en France, et dont une espèce (*Unio margaritifera*) produit les perles d'eau douce; les Anodontes ou Moules d'étang (*Anodonta*), communs dans toute l'Europe, en forment les genres principaux.

ORDRE II. — SIPHONIENS

Woodward subdivise cet ordre en deux sections :

1. Siphons courts; impression palléale simple;

2. Siphons longs; impression palléale formant un sinus.

Chacune de ces sections comprend plusieurs familles :

Section I. — Chamidés, Tridacnidés, Cardiadés, Lucinidés, Cycladidés, Cyprinidés, et la famille, aujourd'hui éteinte, des Hippuritidés (fig. 508).

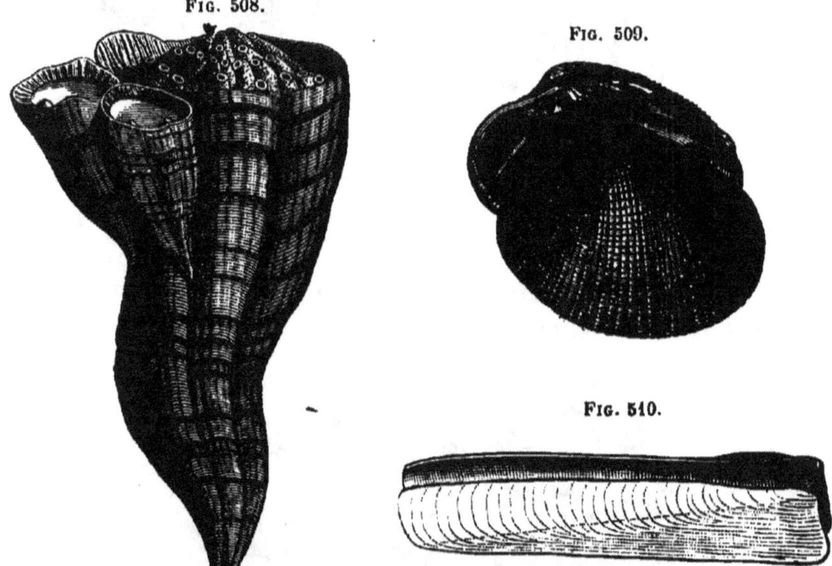

Fig. 508.

Fig. 509.

Fig. 510.

Fig. 508. — Groupe d'*Hippurites Toucasianus*, à différents âges.
Fig. 509. — *Venus Dombeyi*.
Fig. 510. — *Solen vagina*.

Section II. — Vénéridés (fig. 509), Mactridés, Tellinidés, Solénides (fig. 510), Myacidés, Anatinidés, Gastrochænidés et Pholadidés.

Parmi toutes les formes qui se répartissent dans ces nombreuses familles nous mentionnerons seulement celles qui se distinguent par quelque particularité intéressante.

Au genre *Tridacna*, de la famille des Tridacnidés (1), appartient

(1) L. Vaillant, *Rech. sur les Tridacnes* (*Ann. des sc. nat.*, 5ᵉ série, t. IV, 1865).

une coquille remarquable par ses dimensions colossales (*Tridacna gigas*), vulgairement appelée « Bénitier » et originaire de l'océan Indien. On peut en voir dans l'église Saint-Sulpice, à Paris, qui mesurent 60 centimètres de large environ, et servent de bénitiers.

Les CARDIADÉS ou Bucardes fournissent une espèce comestible (*Cardium edule*) qu'on trouve en abondance sur nos côtes.

Les VÉNÉRIDÉS renferment aussi plusieurs espèces alimentaires ; dans le midi de la France, on mange, sous le nom de « Clauvisses », les *Venus decussata, virginea*, etc., qui sont fort appréciées.

Les CYCLADIDÉS (*Cyclas*) sont des formes d'eau douce qui vivent enfoncées dans la vase, d'où elles font saillir seulement l'extrémité de leurs siphons.

Les GASTROCHÆNIDÉS (Tubicolidés de Lamarck) comprennent des animaux marins qui habitent des trous creusés dans la pierre (*Saxicava*) ou la vase, et, de plus, sont parfois entourés d'un tube calcaire sécrété par le manteau (*Clavagella, Aspergillum*) (fig. 511).

Les PHOLADIDÉS ont des mœurs analogues et percent soit dans la pierre (Pholades), soit dans le bois (Tarets), des galeries qui leur servent de demeure.

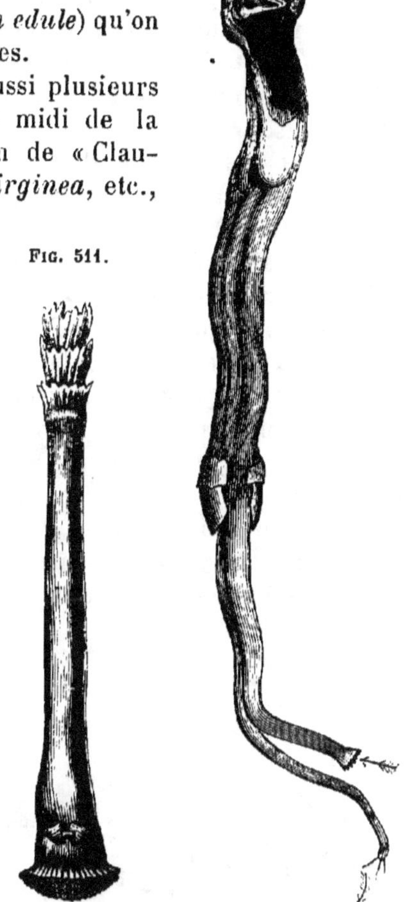

FIG. 512.

FIG. 511.

FIG. 511. — *Aspergillum vaginiferium.*
FIG. 512. — *Teredo fatalis.* — Taret fatal, de grandeur naturelle (d'après de Quatrefages).

Les Tarets (*Teredo navalis*) (fig. 512) sont célèbres par les dégâts qu'ils ont souvent causés dans les constructions en bois sousmarines. Ainsi, au commencement du dernier siècle, la Hollande faillit être envahie par les flots, par suite de la rupture de ses digues, minées par les Tarets.

3ᵉ CLASSE. — SCAPHOPODES

Cette classe se compose d'un seul genre, le Dentale, qui était rangé parmi les Gastéropodes, et n'en a été séparé qu'à la suite des travaux de Lacaze-Duthiers (1). Ce singulier Mollusque se rapproche des Lamellibranches par un certain nombre de caractères communs, et établit le passage entre ceux-ci et les Céphalophores, formant un groupe intermédiaire distinct.

Le corps est entouré d'un manteau en forme de sac et pourvu d'un pied trilobé (fig. 514). Il est renfermé dans une coquille tubulaire (fig. 513), d'où le nom de *Solénoconques* (de σωλήν, tube; χόγχη, coquille) donné par Lacaze-Duthiers à ces animaux. La tête est rudimentaire, sans yeux ni tentacules. Le système nerveux se compose de trois paires de ganglions : cérébroï es, pédieux et viscéraux. Sur les ganglions pédieux reposent deux otocystes qui renferment un grand nombre d'otolithes. La bouche est portée par un mamelon caché dans la cavité du manteau ; elle est entourée

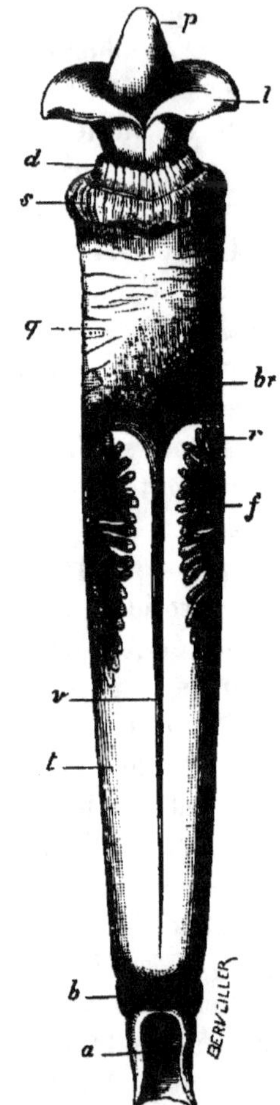

Fig. 514.

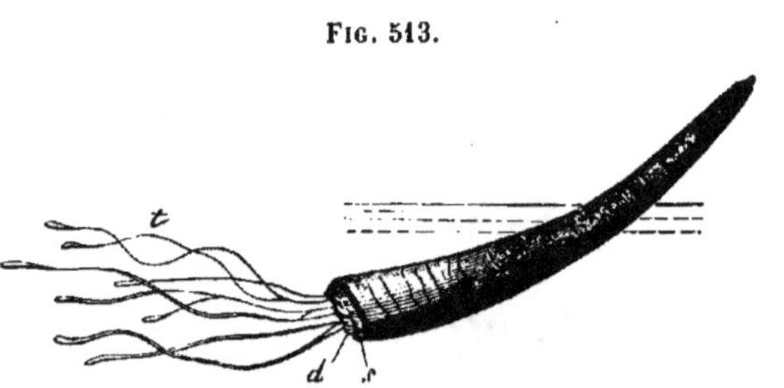

Fig. 513.

Fig. 513. — Dentale placé dans sa position naturelle; il est oblique à la surface du sable où il vit enfoncé. — *s*, bourrelet antérieur du manteau; *d*, son bord festonné ; *t*, tentacules.
Fig. 514. — Dentale sorti de la coquille et vu par la face inférieure. — *p*, lobe médian du pied ; *l*, lobes latéraux; *q. s. d*, partie antérieure du tube du manteau; *s*, bourrelet terminal du manteau; *d*, son bord festonné ; *t*, partie postérieure du tube du manteau; *br*, région branchiale du manteau; *f*, lobes du foie; *v*, vaisseau médian bifurqué en avant; *a, b*, partie terminale du corps de l'animal; *r*, corps de Bojanus (d'après Lacaze-Duthiers).

de huit appendices labiaux à bords découpés. En outre, à la base

(1) Lacaze-Duthiers, *Histoire de l'organisation et du développement du Dentale* (*Annales des sciences naturelles*, 4ᵉ série, t. VI, 1856).

du mamelon on trouve des filaments grêles, pris autrefois pour des branchies, mais qui paraissent être des organes tactiles. L'arrière-bouche est armée d'une *râpe linguale*, formée de cinq séries longitudinales de pièces articulées entre elles. Le tube digestif n'offre rien de particulièrement remarquable, si ce n'est que la portion terminale de l'intestin est dilatée en forme de poche, et exécute des mouvements alternatifs de diastole et de systole, qui ont pour effet d'attirer et puis d'expulser l'eau du dehors. Il s'ensuit que cette poche doit être le siège de phénomènes respiratoires; mais l'échange gazeux s'effectue en outre par la surface du manteau. Cette portion pulsatile de l'intestin avait été prise pour le cœur, qui, en réalité, fait défaut, mais elle en remplit indirectement le rôle, car elle traverse un réservoir ou sinus sanguin, et, par suite, ses mouvements se communiquent au liquide environnant.

Les Dentales sont dioïques, mais n'ont pas d'organes copulateurs, et leur appareil génital très simple présente, dans les deux sexes, la plus grande ressemblance. De l'œuf fécondé naissent des larves qui portent des cils vibratiles, disposés en couronnes, avec une houppe à l'extrémité antérieure. Puis apparaît la coquille; les cercles ciliés se rapprochent, et il se forme un disque entouré de cils, ou *velum*; le pied se montre ensuite. Ces animaux vivent dans le sable ou la vase, au fond de la mer. On en connaît une cinquantaine d'espèces actuellement vivantes, formant le genre *Dentalium* et l'ordre des Solénoconques.

Il y a des espèces fossiles de Dentale appartenant au terrain dévonien.

4ᵉ CLASSE. — CÉPHALOPHORES

Cette classe de Mollusques comprend ceux de ces animaux qui possèdent une tête plus ou moins distincte, munie d'ordinaire de deux ou quatre tentacules.

Le manteau n'est jamais assez étendu pour envelopper complètement l'animal; mais il fournit, comme chez les Lamellibranches, un abri aux organes respiratoires, qui sont le plus souvent renfermés dans une chambre formée par lui et située au-dessus du corps. Il présente du reste diverses modifications sur lesquelles nous aurons à revenir, et parfois il fait défaut. La coquille, sécrétée par le manteau et placée dans la région dorsale, est univalve; dans un seul cas, elle est multivalve et composée de pièces ou plaques imbriquées et disposées longitudinalement (Chiton) (fig. 515). Elle est ordinairement spiralée (fig. 516), mais affecte une très grande variété de formes, qui sont minutieusement décrites dans les ouvrages de Conchyliologie. On y distingue un sommet et une base. Le sommet est le point par où a débuté la formation de la coquille et où commence la spire; la base est la partie opposée au sommet et formée par le dernier tour de la spire qui porte l'*ouverture* ou *bouche* de la coquille.

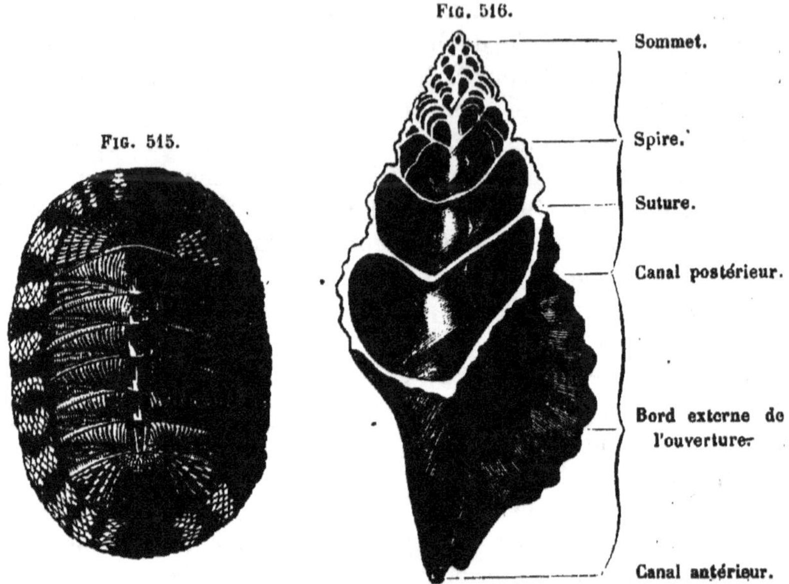

Fig. 515. — Coquille multivalve du *Chiton squamosus*.
Fig. 516. — Coupe d'une coquille spiralée du Triton (*Triton corrugatus*) (d'après Woodward).

L'axe autour duquel se fait l'enroulement est représenté, quand les tours sont serrés les uns contre les autres, par une pièce solide appelée *columelle*, mais parfois il est creux, et on donne alors le nom d'*ombilic* à la cavité qui occupe le centre de la spire. En général, les tours sont en contact les uns avec les autres, et leur ligne d'union est nommée *suture;* quelquefois, ils sont séparés entre eux, et les coquilles qui présentent cette disposition sont dites *scalaires*. On distingue aussi les coquilles *dextres* et les coquilles *sénestres*, suivant que l'enroulement spiral se fait de gauche à droite ou de droite à gauche Le pourtour de l'ouverture a reçu le nom de *péristome*. Il correspond au bord du manteau: tantôt il est continu, sans interruption; tantôt il est échancré ou prolongé en un canal, et sur ce caractère a été fondée la division des *Holostomes* et des *Siphonostomes*.

Le pied, ordinairement très développé, présente diverses modifications. Chez les Gastéropodes, il constitue dans la région ventrale un disque charnu qui sert à la reptation; chez les Hétéropodes, il forme une nageoire impaire verticale; chez les Ptéropodes, ses parties latérales sont transformées en nageoires paires. Huxley distingue dans le pied trois parties qui présentent, suivant les cas, un développement très inégal : une antérieure, *propodium*, une moyenne, *mésopodium*, et une postérieure, *métapodium*. A ces parties s'ajoute le rebord latéral ou *épipodium*, qui parfois prend la forme d'expansions membraneuses ou de prolongements lobés.

La peau se compose d'une membrane épithéliale, épiderme, formée de cellules prismatiques, portant des cils vibratiles sur toute la surface du corps chez les espèces aquatiques, et seulement sur certains points chez les espèces terrestres. Au-dessous de cet épiderme se trouve une couche dermique de tissu conjonctif, intimement unie à une trame forte et serrée de fibres musculaires dont la présence explique la contractilité remarquable de la peau. Cette enveloppe renferme des glandes cutanées qui sont de deux sortes : les unes appelées *glandes calcaires* par Meckel, mais plus exactement désignées sous le nom de *glandes muqueuses*, sont très répandues, surtout dans le bord du manteau; les autres, signalées par Gray dans cette même région, ont été nommées *glandes pigmentaires* (Farbdrüse) par Carl Semper; elles sécrètent, en effet, un produit coloré. Les premières sont des follicules simples en forme de petites outres contenant des cellules de sécrétion; les secondes sont des glandes monocellulaires.

Indépendamment du système musculaire cutané, il existe chez les Céphalophores divers muscles isolés dont les plus importants s'insèrent sur la columelle, et agissent comme rétracteurs des différents organes auxquels ils se rendent.

Ces muscles présentent avec le système nerveux une connexion remarquable que Cuvier avait déjà signalée dans son *Anatomie du Colimaçon*. « Ce qu'il y a de plus singulier, dit-il à propos du système nerveux, c'est sa soumission au système musculaire. Une cellulosité serrée unit les muscles rétracteurs des grandes cornes à l'enveloppe du cerveau ou dure-mère, et les principales languettes des muscles rétracteurs du pied à celle du ganglion; d'où il résulte que ces muscles ne peuvent se raccourcir sans entraîner ces deux masses médullaires (1). » La figure 317 montre que chez le *Zonites algirus*, du muscle rétracteur du pied se détache une bandelette musculaire qui se divise en deux languettes. De celles-ci la plus externe se porte au tentacule supérieur; l'autre s'unit au névrilème du collier nerveux et se rend ensuite au petit tentacule. Cet en-

(1) Cuvier, *Mémoire sur la Limace et le Colimaçon*, p. 35.

semble musculaire peut être désigné sous le nom de *muscle rétracteur commun des tentacules et du collier nerveux.*

Le système nerveux nous présente à considérer les mêmes masses ganglionnaires que celui des Lamellibranches, mais à un plus haut degré de concentration. Nous y trouvons les ganglions *cérébroïdes, pédieux* et *viscéraux,* seulement plus rapprochés les uns des autres, et, par conséquent, réunis par des connectifs moins longs; en outre, les premiers offrent un développement plus considérable. Ces divers ganglions groupés autour de l'œsophage, forment un anneau ou *collier nerveux œsophagien* qui se compose d'une portion supérieure, ou *sus-œsophagienne,* et d'une portion inférieure, ou *sous-œsophagienne,* reliées par un double cordon latéral. La masse nerveuse sus-œsophagienne (fig. 518) est constituée par les deux ganglions cérébroïdes, d'où naissent, entre autres, les nerfs des organes des sens, N. tentaculaire, optique et acoustique, lesquels tirent leur origine d'un lobule particulier, désigné par Lacaze-Duthiers sous le nom de *lobule de la sensibilité spéciale.* La masse nerveuse sous-œsophagienne (fig. 519) est formée par la réunion de plusieurs ganglions qu'il faut diviser en deux groupes : l'un antérieur, symétrique, et composé des deux *ganglions pédieux;* l'autre, postérieur, asymétrique, composé de cinq ganglions dont les deux premiers ne donnent naissance à aucun nerf, mais reçoivent d'une part le cordon postérieur latéral, et, d'autre part, celui qui rattache entre eux les deux groupes inférieurs. Le cordon latéral antérieur aboutit, de chaque côté, aux ganglions pédieux. Ceux-ci fournissent des rameaux qui se rendent dans le pied, et se distribuent aux muscles et aux téguments de cette région. Les ganglions viscéraux envoient des

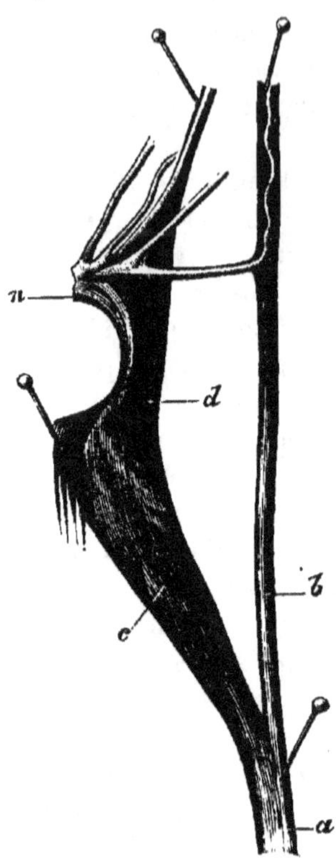

Fig. 517. — Connexion du système nerveux avec le système musculaire chez un Gastéropode (*Zonites algirus*) — *a,* bandelette musculaire qui se détache du muscle rétracteur du pied; *b,* faisceau qui se porte au tentacule supérieur; *c,* faisceau qui s'unit à l'enveloppe névrilématique du collier œsophagien et se porte ensuite au petit tentacule; *n,* collier nerveux œsophagien.

nerfs au manteau, aux organes respiratoires, aux parois de la cavité
viscérale, au cœur et aux organes génitaux; on trouve parfois de
petits ganglions accessoires sur leur trajet.

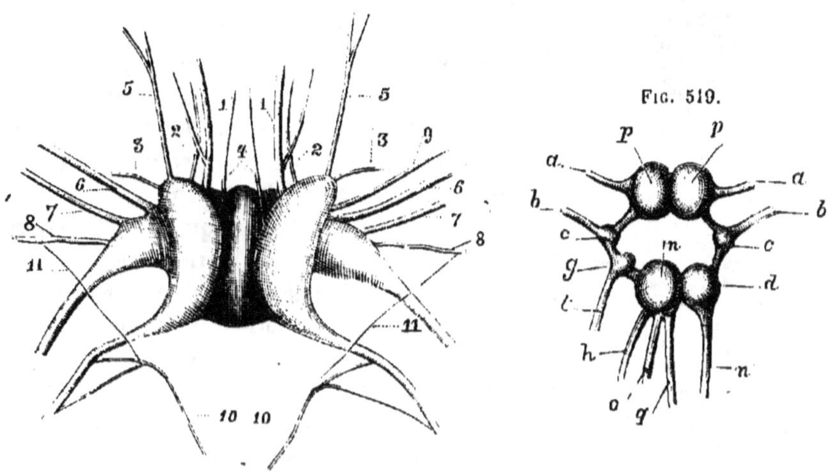

FIG. 518. — Ganglions cérébroïdes avec les nerfs auxquels ils donnent naissance (*Zonites
algirus*). — 1, nerf tentaculaire; 2, nerf optique; 3, nerf acoustique; 4, nerf frontal; 5, nerf
labial supérieur; 6, nerf du petit tentacule; 7, nerf labial inférieur; 8, filet qui va au ganglion stomato-gastrique; 9 nerf pénial (impair); 10, nerf qui se détache du cordon latéral
postérieur; 11, anastomose de ce nerf avec le stomato-gastrique.

FIG. 519. — Ganglions sous-œsophagiens (*Zonites algirus*). — p, ganglions pédieux; a, cordon latéral antérieur; b, cordon latéral postérieur; c, ganglion auquel aboutit ce cordon
latéral de chaque côté; d, ganglion droit d'où part un nerf n destiné au pneumostome;
m, ganglion médian d'où partent trois nerfs: l'un, o, qui se rend au côté externe de l'orifice
respiratoire; l'autre, q, sur l'oviducte; le troisième, h, dans le pied avec une branche de
l'artère céphalique; g, ganglion gauche d'où part un nerf t, qui se rend aux téguments de
ce côté.

On considère comme appartenant au stomato-gastrique deux ganglions punctiformes placés sous l'œsophage; ils sont reliés entre eux
par une commissure et communiquent avec la masse cérébrale par
deux filets très ténus. Ils envoient des filaments à l'appareil buccal,
aux glandes salivaires, à l'œsophage.

On rencontre chez les Céphalophores des organes spéciaux pour
le tact, la vue et l'ouïe. Le tact s'exerce par toute la surface de la
peau qui est douée d'une assez grande sensibilité, mais plus particulièrement par les tentacules, les lobes buccaux, ou les prolongements cutanés qui parfois occupent certaines régions du corps, par
exemple les bords du manteau. On a reconnu que beaucoup de ces
animaux étaient doués de la faculté de percevoir les odeurs, mais
on ne sait que bien peu de chose sur le siège de l'olfaction. Pour
les Gastéropodes terrestres on le place dans la portion terminale
des grands tentacules qui renferment un nerf émané des ganglions

cérébroïdes, le *nerf tentaculaire* ou *olfactif*, et terminé par un renflement ganglionnaire (fig. 520.). De ce ganglion partent des troncs nerveux qui se ramifient et se résolvent en fibrilles. « Ces fibrilles vont se perdre dans l'épiderme, entre les grandes cellules épithéliales, sous la forme de filaments renflés à leur extrémité (Jobert). » Chez les Gastéropodes pulmonés aquatiques, c'est une fossette formée par la peau, garnie de cils vibratiles, et en communication avec un nerf particulier, qui constitue probablement un organe olfactif (Lacaze-Duthiers).

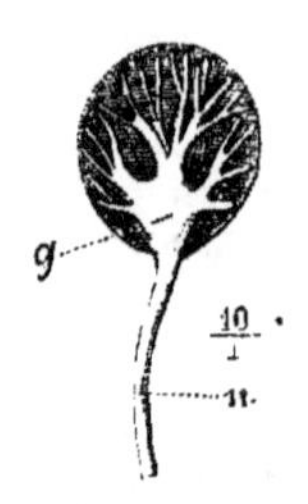

Fig. 520. — Mode de distribution du nerf tentaculaire dans le bouton terminal (*Zonites algirus*). — *n*, nerf; *g*, ganglion d'où partent les troncs nerveux qui, en se ramifiant, vont à la périphérie de l'organe.

Il n'y a pas longtemps qu'on a reconnu l'existence du sens de l'ouïe dans les Céphalophores. Signalés d'abord par Eydoux et Souleyet, les organes auditifs de ces animaux ont été, depuis, l'objet de travaux importants et nombreux, parmi lesquels le dernier paru, de Lacaze-Duthiers, offre un intérêt capital. En effet, on avait cru jusqu'ici que, dans un grand nombre de cas, les vésicules auditives étaient en rapport avec les ganglions antérieurs de la masse sous-œsophagienne, c'est-à-dire avec les ganglions pédieux, sur lesquels elles reposent; or Lacaze-Duthiers est arrivé à constater que, si la position de la vésicule auditive était variable, le nerf auditif ne tirait pas moins toujours son origine du ganglion cérébroïde. Ce résultat a une grande importance, en ce qu'il démontre la fixité des connexions de ces organes avec les centres nerveux (1).

La disposition des Otocystes par rapport aux ganglions pédieux présente l'un des quatre modes suivants :

1° Otocystes éloignées des ganglions pédieux ;

2° Otocystes voisines, mais séparées des ganglions pédieux;

3° Otocystes reposant sur le centre pédieux (fig. 521);

4° Otocystes en rapport direct et apparent avec le centre sus-œsophagien.

La paroi de la vésicule est formée par une membrane de tissu conjonctif revêtue intérieurement d'un épithélium vibratile. Dans le liquide qui remplit l'otocyste flottent les otolithes mis en mouvement par les cils vibratiles ; quelquefois il n'y a qu'un seul de ces corpuscules solides (Hétéropodes). Les yeux sont au nombre de deux, situés dans la région céphalique, tantôt portés par les tenta-

(1) Lacaze-Duthiers, *Otocystes des Mollusques* (*Archiv. de Zool. expér.*, t. I, 1872).

cules (par ceux de la paire postérieure, quand il y a quatre de ces
appendices), tantôt placés plus ou moins près de leur base. Ces
organes ont une structure assez complexe (fig. 522). On y distingue
une enveloppe conjonctive externe, ou sclérotique, formant comme

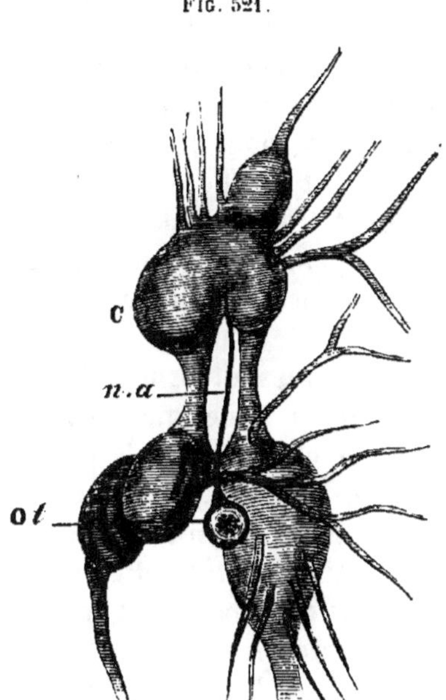

Fig. 521.

une coque, à la partie antérieure de laquelle se trouve
une cornée transparente. Intérieurement à la sclérotique
on rencontre une membrane
ténue, colorée en noir, ou choroïde, et une tunique nerveuse
ou rétinienne, dans laquelle on
a reconnu l'existence de corps

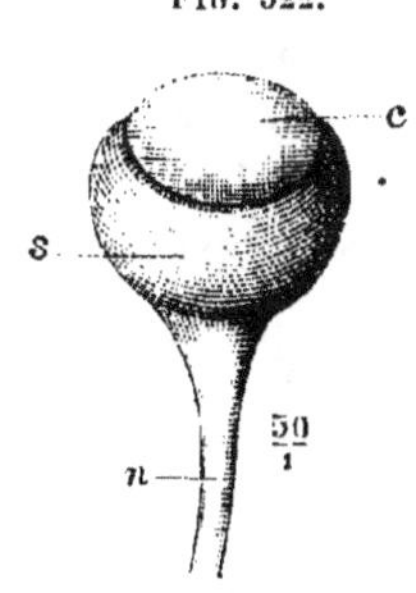

Fig. 522.

Fig. 521. — Otocyste *ot*, reposant sur le centre pédieux (*Limax agrestis*). — *n.a*, nerf auditif venant des ganglions cérébroïdes *c* (d'après Lacaze-Duthiers).
Fig. 522. — Œil (*Zonites algirus*). — *c*, cornée ; *s*, sclérotique ; *n*, nerf optique.

bâtonnoïdes. Derrière la cornée, il y a un cristallin volumineux, et
la cavité de l'œil est remplie par un corps vitré gélatineux. Le nerf
optique tire son origine du lobule de la sensibilité spéciale, tout à
côté du nerf tentaculaire, avec lequel il est souvent accolé, sans se
confondre avec lui, comme on l'a cru parfois à tort. Les organes de
la vue font défaut chez la plupart des Ptéropodes et chez quelques
autres Céphalophores (Chiton, Vermet).

L'appareil digestif des Céphalophores (fig. 523) est beaucoup plus
perfectionné que celui des Lamellibranches, et comprend des organes destinés à la préhension et à la division des aliments. Chez
ces animaux, le développement d'une tête entraîne des modifications importantes dans la première portion du tube digestif. La
bouche, au lieu d'être cachée entre les lobes du manteau, s'ouvre à
l'extrémité antérieure du corps. Elle est entourée de lèvres contractiles, et s'allonge souvent en forme de trompe. Elle conduit dans
une cavité dont la paroi épaisse et musculeuse a valu à cette partie

le nom de *bulbe pharyngien* ou de *masse buccale*, et où se trouvent des organes masticateurs particuliers. Ceux-ci varient beaucoup dans leur composition. Ils consistent en une ou plusieurs pièces cornées implantées dans la voûte du pharynx, et en une lame garnie d'une multitude de petites dents, placée sur le plancher de la bouche ; les premières sont désignées sous le nom de *mâchoires*, et la seconde sous le nom de *langue* ou *râpe linguale*. Celle-ci repose sur une saillie cartilagineuse en forme de fer à cheval, et s'engage en arrière dans un fourreau membraneux, dont le fond constitue une espèce de matrice où se développe cet organe. La langue porte à sa surface un nombre ordinairement très considérable de crochets, ou dents, dont la forme et l'arrangemement varient beaucoup suivant les genres ou les espèces, et fournissent ainsi un caractère qui a été utilisé dans la classification. D'une manière générale, ces dents sont disposées par rangées transversales, et forment longitudinalement des séries dont l'une occupe la ligne médiane, et les autres sont placées latéralement par rapport à la première.

A la masse buccale fait suite un œsophage plus ou moins long qui parfois présente une portion dilatée constituant un *jabot* (fig. 523, *vp.*). La portion moyenne et élargie du tube digestif forme l'estomac, qui est entouré par le foie, et où débouchent les canaux biliaires ; elle est souvent divisée en plusieurs segments, dont l'un, muni de parois musculeuses et armé, à l'intérieur, de pièces solides, devient un véritable *gésier*, propre à broyer les aliments, comme on le voit dans l'Aplysie, par exemple. L'intestin décrit plusieurs circonvolutions au milieu des lobules du foie, et s'ouvre au dehors par un anus dont la position est variable. En général, cet orifice est placé dans la région antérieure du corps, et à droite de l'ouverture respiratoire.

Les organes glandulaires annexés au canal digestif sont les glandes salivaires et le foie (fig. 523, *gs, h*). Les premières sont situées sur les côtés de l'œsophage, et plus ou moins loin en arrière de la masse buccale. Quelquefois, ce sont de simples tubes à parois glanduleuses, mais le plus souvent ce sont des glandes composées, à acini monocellulaires, dont le canal excréteur, passant avec l'œsophage à travers le collier œsophagien, vient s'ouvrir dans la cavité buccale. Il n'existe d'ordinaire qu'une seule paire de ces glandes, qui peuvent même être réunies en une seule masse, mais en conservant leurs canaux excréteurs distincts ; dans quelques cas, il y en a une double paire, par exemple chez les Janthines, les Littorines.

Le foie, comme celui des Lamellibranches, est très volumineux, et forme une masse lobuleuse qui entoure l'estomac et l'intestin ;

les follicules qui le composent renferment des cellules de sécrétion colorées par une substance d'un jaune brunâtre. Parfois l'organe hépatique, au lieu d'être ainsi centralisé, est en quelque sorte diffus, formé d'éléments épars représentés par des diverticules du tube digestif, qui s'étendent dans le corps de l'animal, se ramifient et pénètrent jusque dans les cirres branchiaux qui occupent la région

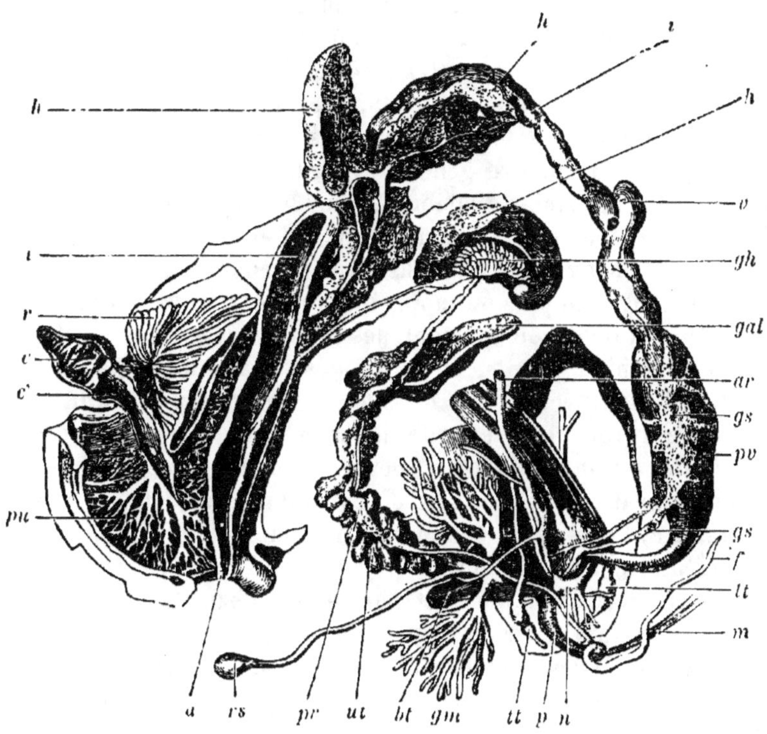

Fig. 523. — Anatomie de l'*Helix pomatia*. — *tt*, tentacules; *n*, ganglions sus-œsophagiens; *gs*, glandes salivaires; *pv*, jabot; *v*, estomac; *i*, intestin; *h*, foie; *a*, anus; *pu*, poumon; *c*, ventricule; *c*, oreillette; *ar*, artère céphalique; *gh*, glande hermaphrodite; *gal*, glande de l'albumine; *pr*, prostate; *ut*, utérus; *p*, pénis; *f*, flagellum; *m*, muscle rétracteur du pénis; *bt*, sac du dard; *rs*, réceptacle séminal ou poche copulatrice; *gm*, vésicules multifides; *r*, organe urinaire (d'après Cuvier).

dorsale chez les Éolidiens. C'est à cette disposition que de Quatrefages a donné le nom de *phlébentérisme*, et les Mollusques qui la présentent sont par conséquent appelés *Phlébentérés*. Souvent l'ouverture de ces appendices cæcaux est assez large pour que des matières alimentaires puissent pénétrer dans leur intérieur, comme l'a observé Milne Edwards, et, dans ce cas, la cavité digestive se trouve ainsi augmentée en étendue.

Le système circulatoire, malgré des modifications diverses régies par la disposition des organes respiratoires, est constitué sur le même type fondamental que celui des Lamellibranches. Le cœur (fig. 523 *c, c'*) est situé dans la région dorsale du corps, enveloppé par un péricarde. Il se compose d'un ventricule et d'une oreillette. Quelquefois celle-ci est fort peu développée (ainsi, chez plusieurs Nudibranches) et quelquefois elle est double, par exemple chez l'Haliotide. Certains Céphalophores ont comme les Lamellibranches le cœur traversé par le rectum (Haliotide, Turbo, Nérite...).

L'aorte se divise après un court trajet en deux artères, l'une qui se dirige en avant, l'*artère céphalique*, l'autre qui se dirige en arrière, l'*artère viscérale*. Ces artères fournissent un certain nombre de branches, dont les dernières ramifications débouchent dans le système lacunaire général. Jourdain a observé sur l'*Arion rufus* que les artérioles distribuées dans les organes se terminent à leur surface par une extrémité tronquée et béante ; c'est par ces orifices que le sang se répand dans la cavité générale (1). Les voies de retour du sang sont plus ou moins différenciées suivant le degré de localisation et de développement des organes respiratoires. Quand ceux-ci sont bien définis, il existe des canaux distincts qui leur apportent le sang veineux (*artères branchiales* ou *pulmonaires*), et d'autres qui ramènent ensuite le sang dans l'oreillette (*veines branchiales* ou *pulmonaires*). Chez les Céphalophores, comme chez les Lamellibranches, il peut y avoir communication entre le système vasculaire et l'extérieur, communication qui s'établit de même par l'intermédiaire de l'organe de Bojanus, ou par un orifice qui est placé à la surface du pied, et par lequel l'eau pénètre dans un système de canaux formant l'*appareil aquifère* de certains naturalistes. Le plus grand nombre des Céphalophores vit dans l'eau, et respire au moyen de branchies, mais il y en a quelques-uns qui vivent dans l'air, et, chez eux, ce sont les mêmes parties, qui, modifiées par adaptation à ce nouveau milieu, constituent l'appareil respiratoire.

Dans les formes les plus inférieures la respiration est simplement cutanée et se fait par la surface tégumentaire garnie de cils vibratiles (Limapontie, Actéon); mais en règle générale elle s'effectue par des appendices membraneux dont la forme et la position varient du reste beaucoup; ce sont les branchies. Quelquefois ces organes sont placés à découvert dans la région dorsale ou sur les côtés du corps (Nudibranches); le plus souvent, ils sont situés sous le manteau qui leur fournit un abri, soit qu'il les couvre d'un simple repli cutané, soit qu'il forme une cavité dans laquelle ils sont logés

____

(1) Jourdain, *Sur la terminaison des artérioles viscérales de l'Arion rufus* (*Comptes rendus*, t. LXXXVIII, p. 186, 1879).

(*chambre respiratoire*). Cette chambre occupe la région antérieure du dos, et reçoit l'eau nécessaire à la respiration par l'ouverture ménagée en avant, entre le bord du manteau et la nuque de l'animal ; les organes digestif, urinaire et générateur y viennent déboucher.

On peut comprendre la formation de la chambre respiratoire par le développement autour de la région dorsale des deux lobes du manteau, nommés *lobes tergaux* par Milne Edwards (1). Ces lobes, en s'agrandissant, viennent se joindre au-dessus de cette région où se trouve placé l'appareil respiratoire, et, se soudant alors, ils constituent la voûte membraneuse qui s'étend sur le dos de l'animal et forme la chambre respiratoire. Chez certains Prosobranches, cette voûte, à cause de la soudure incomplète des deux lobes tergaux, présente une fente longitudinale correspondant à une fente de la coquille, ou à une série de trous ménagés dans son épaisseur. Cette fente est sur la ligne médiane chez les Émarginules ; elle est latérale chez les Haliotides, les Vermets, et cette disposition s'explique par le développement inégal des deux lobes tergaux. Parfois la chambre respiratoire est divisée en deux loges par une cloison longitudinale qui porte sur chacune de ses faces une branchie (Phasianelles) ; cette cloison descendant de la voûte, reste incomplète chez les Turbos et les Stomatelles. On peut considérer sa formation comme résultant de la juxtaposition des deux lobes tergaux qui, une fois soudés par leur bord supérieur, continuent à s'accroître plus ou moins. Une modification intéressante dans l'appareil de la respiration chez un grand nombre de Prosobranches consiste dans le prolongement de l'orifice inspirateur en forme de siphon. Cet orifice est formé par une simple fente ou boutonnière chez les *Holostomes;* mais, chez les *Siphonostomes*, il existe un siphon protractile par lequel l'eau est conduite dans la chambre respiratoire. Ce siphon est formé par le bord libre du manteau qui, en s'allongeant et se recourbant en dessous, constitue une gouttière ou un tube ouvert à son extrémité ; le bord de la coquille présente une dépression ou un canal pour le passage de cet organe.

Chez les Gastéropodes à respiration aérienne l'appareil respiratoire se modifie et consiste en une poche dans l'intérieur de laquelle est amené l'air, et dont les parois sont parcourues par de nombreux canaux sanguins. Cette poche est désignée sous le nom de *poumon* (fig. 523 *pu*), et on appelle *Pulmonés* les animaux qui en sont pourvus. Le poumon, comme la chambre respiratoire, est formé par le manteau. A l'intérieur, au lieu de branchies, on voit, sur les parois,

---

(1) Milne Edwards, *Leçons sur la Phys. et l'Anat....*, t. II, p. 57, Paris, 1857.

des nervures saillantes qui s'entre-croisent et forment un réseau
aréolaire ; ces nervures sont vasculaires et augmentent la surface
par laquelle le sang est en contact avec l'air. Le poumon communique au dehors par un orifice étroit et tortueux qui s'ouvre sur
le côté gauche de la nuque ; on le nomme *pneumostome*. Toutes les
parties de cet appareil respiratoire sont lubrifiées par une humeur
visqueuse que sécrètent des organes glandulaires particuliers.

Les Limnées, les Planorbes, les Ancyles..., bien que vivant dans
l'eau, sont des Gastéropodes pulmonés et à respiration aérienne; ils
viennent puiser à la surface du liquide l'air qui leur est nécessaire.
Toutefois, il est à remarquer que chez les Limnées l'organe pulmonaire peut facilement fonctionner comme une chambre branchiale
et servir à la respiration aquatique, de sorte que ces animaux
peuvent être regardés comme une forme de passage entre les Gastéropodes branchifères et les Gastéropodes pulmonés (1). Il y a encore
un Mollusque fort intéressant en ce qu'il possède à la fois un poumon et une branchie : c'est l'Ampullaire, qui habite les eaux douces,
et qui, suivant les cas, respire l'air en nature ou l'air dissous dans
l'eau.

Chez les Céphalophores, l'organe d'excrétion urinaire, ou organe
de Bojanus, est presque toujours impair et situé latéralement, dans
le voisinage du cœur. Il consiste en une sorte de poche qui présente
intérieurement des replis portant les cellules de sécrétion.à leur
surface. Ces cellules renferment des concrétions solides, d'un
jaune brun. Un canal excréteur plus ou moins long accompagne
l'intestin et va s'ouvrir, auprès de l'anus, dans la cavité palléale.
Nous avons indiqué plus haut la communication qui existe entre
le péricarde et le rein, et qui permet l'introduction d'une certaine
quantité d'eau dans le système vasculaire.

L'appareil de la génération présente, chez les Céphalophores, un
plus grand degré de complication que chez les Lamellibranches.
Au lieu d'être pair, comme celui de ces animaux, il est impair et
composé essentiellement d'une glande génitale unique, d'où part
un canal évacuateur simple, mais il varie beaucoup dans la disposition des parties qui s'ajoutent à l'organe fondamental. Ces animaux sont les uns androgynes, les autres dioïques. Dans le
premier cas, les éléments mâles et femelles sont produits par le
même lobule glandulaire : aussi appelle-t-on *glande hermaphrodite*
(fig. 524) la glande qui leur donne naissance, et qui avait été

<hr>

(1) Voy. Moquin-Tandon, *Histoire naturelle des Mollusques*.... Paris, 1855,
t. I, p. 75 et 81 : et Von Siebold, *Sur le pouvoir d'adaptation des Mollusques*....
in *Revue des sciences naturelles*, 1876, t. IV, p. 201.

considérée tantôt comme un ovaire, tantôt comme un testicule,
avant qu'on eût reconnu son double rôle. De cette glande naît un
canal efférent commun pour le transport des ovules et du sperme
jusqu'à l'orifice sexuel, mais ce canal, représentant à la fois le
canal déférent et l'oviducte, reste rarement simple (Ptéropodes).
Ordinairement il se divise, après un trajet plus ou moins long, en
deux branches qui, par des modifications diverses et le dévelop-

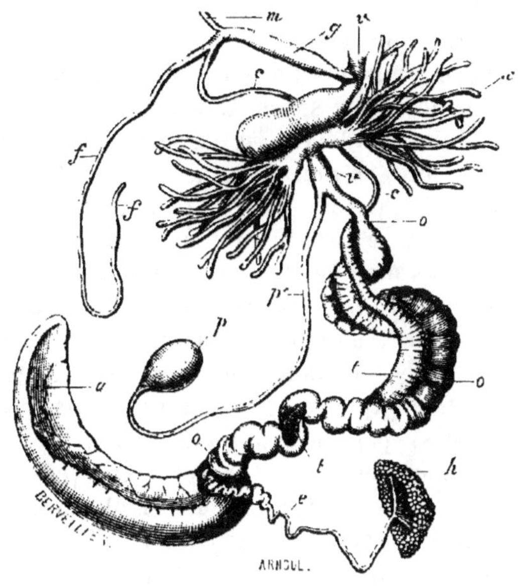

Fig. 524. — Appareil générateur de l'*Helix pomatia*. — *h*, glande hermaphrodite ; *e*, son
canal excréteur ; *a*, glande de l'albumine ; *oo*, oviducte ; *ll*, prostate ; *p*, poche copulatrice ;
p', son canal ; *cc*, canal déférent ; *f*, flagellum ; *g*, gaine du pénis ; *m*, son muscle rétracteur ; *v, v*, vestibule ; *x*, vésicules multifides (d'après Baudelot).

pement de parties accessoires, constituent deux systèmes d'organes
distincts, l'un mâle, l'autre femelle.

L'appareil femelle comprend un *oviducte* qui reste souvent uni
au canal déférent sur une certaine étendue ; une glande volumineuse qui y débouche, *glande de l'albumine*, que Cuvier regardait
comme le testicule, et un réceptacle séminal, ou *poche copulatrice*,
parfois longuement pédonculé. A ces parties s'en ajoutent souvent
d'autres, telles que des glandes accessoires qui sont quelquefois
ramifiées, et reçoivent le nom de *vésicules multifides* (Hélices) ;
une bourse à parois musculeuses renfermant une pièce solide,
styliforme, qui sert d'organe excitateur. On donne à cette bourse le
nom de *sac du dard*. L'oviducte se termine souvent dans une cavité
commune avec l'appareil mâle et qu'on appelle *vestibule génital*,

mais d'autres fois il s'ouvre isolément au dehors, et sa portion terminale constitue alors le vagin.

Les organes mâles se composent du canal déférent, dont la première portion est souvent unie à l'oviducte sous forme de *gouttière déférente*, d'un appareil glandulaire annexé à ce canal et connu sous le nom de *prostate*, d'un appendice copulateur constitué tantôt par l'extrémité elle-même du canal déférent, modifié dans sa structure et susceptible de se renverser au dehors, tantôt par une, sorte de papille ou de *pénis*, logé dans l'intérieur de sa portion terminale qui constitue ce qu'on appelle le *fourreau de la verge*. Ce fourreau porte souvent un long tube appendiculaire, nommé *flagellum*, où se forme le spermatophore (*capreolus*) qui parfois, quand le flagellum fait défaut, se développe dans le canal déférent lui-même (Zonite) ou dans la gaine du pénis (Arion).

On a vu que les appareils mâle et femelle aboutissent dans une cavité commune, ou se terminent par deux orifices distincts, qui sont quelquefois très éloignés l'un de l'autre (Limnée). Une particularité digne de remarque, c'est que parfois l'organe copulateur est à une certaine distance de l'ouverture génitale, et n'est relié à elle que par une gouttière servant à amener le sperme jusqu'au pénis, lors de la copulation (Aplysie). Les diverses parties que nous avons indiquées n'entrent pas nécessairement dans la composition de l'appareil générateur des Céphalophores androgynes. Ainsi, chez les Limaces, on ne trouve ni les vésicules multifides, ni la poche à dard, ni le flagellum qui existent chez les Hélices. En outre, la conformation de ces parties varie beaucoup ; mais nous ne saurions entrer dans plus de détails sur ce point.

Il y a un certain nombre de Céphalophores dioïques, parmi lesquels les uns s'accouplent, tandis que les autres ne s'accouplent pas. Ceux-ci ont des organes qui présentent dans les deux· sexes une si grande analogie de structure qu'on ne distingue les mâles et les femelles que par l'examen microscopique des produits sexuels ; chez les premiers, la présence de l'organe copulateur caractérise les mâles. Les parties accessoires appartenant à l'appareil génital sont ici moins nombreuses que dans les formes hermaphrodites (fig. 525, 526). Cependant l'oviducte est pourvu d'une poche copulatrice, et parfois d'une glande de l'albumine ; le canal déférent présente quelquefois un renflement qui sert de réservoir séminal. Souvent ce canal débouche en arrière du pénis, et il est alors relié à cet organe par une gouttière ciliée.

Presque tous les Céphalophores sont ovipares. Quelques-uns cependant sont vivipares, et la Paludine en est l'exemple le plus connu. Les jeunes se développent dans l'intérieur de l'oviducte dilaté de façon à constituer une poche incubatrice (fig. 525, *o*). Les œufs subissent une segmentation totale, et le développement de l'embryon est direct ou lié à des métamorphoses. Dans ce cas,

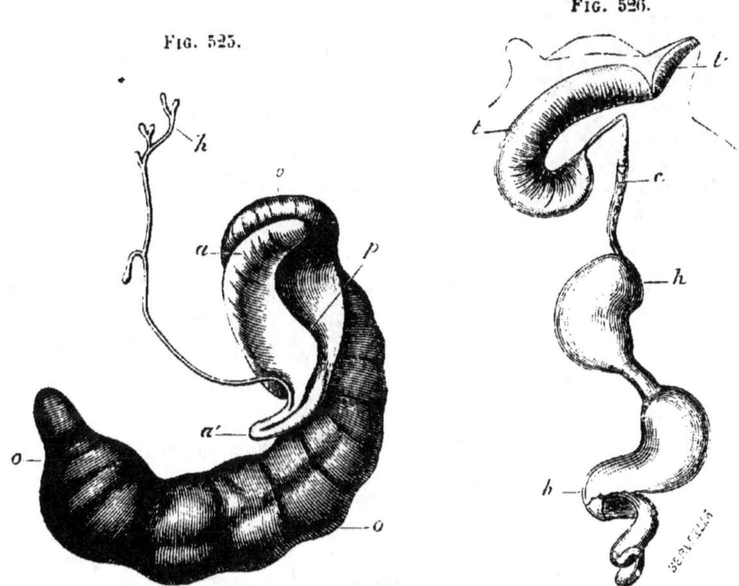

FIG. 525.

FIG. 526.

FIG. 525. — Appareil femelle de la Paludine vivipare. — *h*, ovaire; *a*, glande de l'albumine; *c'*, canal de cette glande recevant le tube ovarien; *p*, poche copulatrice; *o, o, o*, oviducte (d'après Baudelot).

FIG. 526. — Appareil mâle de la Paludine vivipare. — *h, h*, les deux portions du testicule; *c*, canal déférent; *t, t'*, les deux portions de la prostate (d'après Baudelot).

les larves portent sur la partie céphalique du corps une expansion membraneuse ciliée, *velum*, qui leur sert d'organe locomoteur; quelquefois elles ont le corps entouré de plusieurs anneaux de cils (certains Ptéropodes). Les jeunes sont toujours munis d'une coquille, alors même que celle-ci doit disparaître plus tard.

On divise les Céphalophores en trois ordres : *Ptéropodes, Gastéropodes, Hétéropodes*, caractérisés, les premiers par deux nageoires latérales, les seconds par un disque charnu ventral, les derniers par une nageoire verticale.

ORDRE I. — PTÉROPODES

Les Ptéropodes ont été ainsi nommés (de πτερόν, aile ; πούς, pied) à cause de la présence de nageoires en forme d'ailes, développées sur les côtés du cou et formées par les lobes latéraux du pied (fig. 527). Le corps est tantôt nu, et tantôt revêtu d'une coquille fragile et transparente dans laquelle l'animal peut se retirer; la portion céphalique est plus ou moins distincte ; elle porte la bouche et une paire ou deux de tentacules.

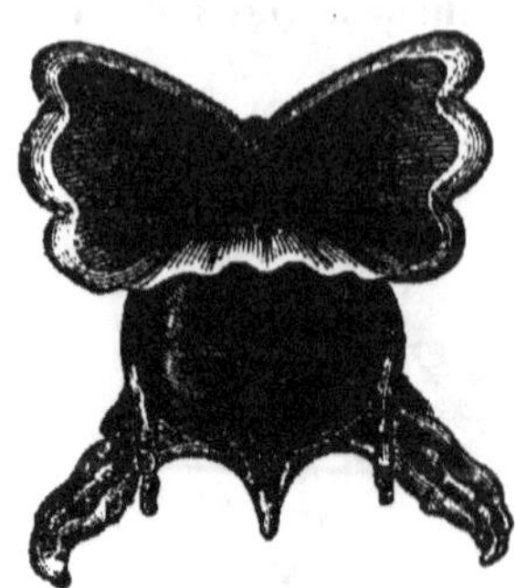

FIG. 527. — Hyale tridentée (*Hyalea tridentata*), d'après Rang et Souleyet.

On remarque certaines différences dans l'organisation des Ptéropodes, suivant qu'ils sont nus ou pourvus d'une coquille. Le système nerveux des premiers présente la disposition qui est générale chez les Céphalophores, les ganglions cérébroïdes étant au-dessus de l'œsophage, tandis que, chez les seconds, ces ganglions, reliés par une longue commissure, sont rejetés sur les côtés, ou même au-dessous de l'œsophage. Dans la plupart des cas, les yeux manquent ou sont rudimentaires. Les otocystes sont placées au voisinage des ganglions pédieux et renferment de nombreux otolithes.

L'appareil digestif (fig. 528) subit diverses modifications. Chez les Ptéropodes nus la bouche est souvent prolongée en forme de

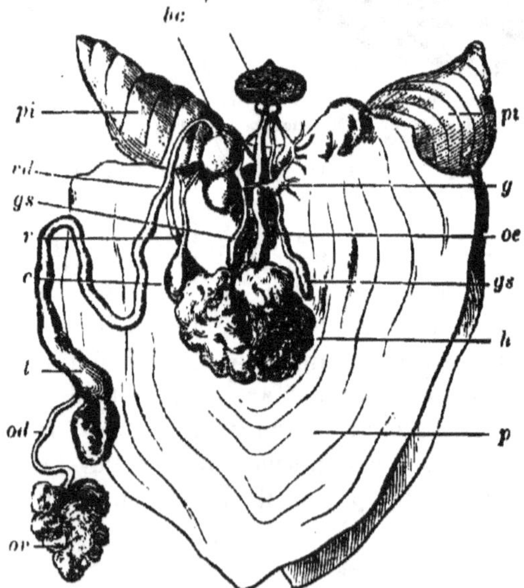

FIG. 528. — *Clio borealis.* — *p*, surface interne du manteau ; *p i*, nageoires ; *o*, bouche ; *œ*, œsophage ; *gs*, glandes salivaires ; *h*, foie ; *r*, rectum ; *c*, cœur ; *g*, ganglion sus-œsophagien ; *or*, glande hermaphrodite ; *od*, son canal excréteur ; *t*, prostate ; *vd*, canal efférent ; *bc*, poche copulatrice (d'après Cuvier).

trompe, et munie d'appendices préhensiles, qui font défaut chez les Ptéropodes à coquille. On y trouve une râpe linguale et des mâchoires latérales plus ou moins développées. L'estomac est tantôt une simple poche membraneuse entourée par le foie, et tantôt il est divisé en chambres dont l'une constitue un gésier. Les glandes salivaires manquent en général ou sont rudimentaires. L'anus s'ouvre à la partie antérieure du corps et d'ordinaire sur le côté droit, quelquefois sur le côté gauche.

Il n'y a rien de particulier à signaler dans la disposition des organes circulatoires. La respiration peut être simplement cutanée (Clio), mais le plus souvent elle s'effectue à l'aide de branchies renfermées dans la cavité palléale. Toutefois, chez les Pneumodermes, ces organes sont externes et portés à l'extrémité postérieure du corps.

Tous les Ptéropodes ont les sexes réunis. La glande hermaphrodite est pourvue d'un canal évacuateur simple pour le transport du sperme et des œufs. Sur son parcours on trouve une poche copulatrice et une glande albuminipare. L'orifice sexuel est situé au-devant de l'anus. Quelquefois l'organe copulateur est formé par la portion terminale du canal excréteur; quelquefois il en est séparé.

Les œufs, agglutinés par une matière albumineuse, forment de longs cordons qui flottent à la surface de la mer. Les larves qui en naissent sont munies d'un *velum* à bords ciliés et portent une coquille. Celle-ci tantôt continue à se développer, et tantôt tombe pour être remplacée par une autre. Chez les Ptéropodes nus, quand les larves perdent leur coquille embryonnaire et leur voile, elles acquièrent trois cercles de cils disposés autour du corps, comme le sont ceux des larves d'Annélides, et cette forme correspond à une seconde phase larvaire.

Tous les Ptéropodes sont des animaux pélagiques de petite taille qui habitent la haute mer, où ils sont souvent réunis en bancs considérables. Ils se meuvent au moyen de leurs ailes natatoires qu'ils agitent avec une extrême rapidité ; ils sont répandus dans toutes les zones et sous toutes les latitudes.

Cet ordre se divise en deux sections : les *Thécosomes* et les *Gymnosomes*.

1. Thécosomes.

Les Thécosomes (de θήκη, étui ; σῶμα, corps) sont caractérisés par la présence d'une coquille, qui pourtant fait quelquefois défaut (*Tiedemannia*); par une tête non distincte, des tentacules rudimentaires, et un pied uni aux nageoires. Leurs larves n'ont jamais de ceintures ciliées.

Les familles des HYALIDÉS (*Hyalea*) (fig. 527), des CYMBULIDÉS, des LIMACINIDÉS appartiennent à cette section.

2. Gymnosomes.

Les Gymnosomes (de γυμνός, nu ; σῶμα, corps) sont dépourvus de coquille et de manteau ; chez eux la tête est distincte, les branchies manquent ou sont extérieures, les nageoires sont séparées du pied. Leurs larves présentent des cercles ciliés.

Ils forment deux familles : les CLIONIDÉS et les PNEUMODERMIDÉS.

ORDRE II. — GASTÉROPODES

Les Gastéropodes constituent la division la plus importante des Céphalophores, celle dans laquelle le type de la classe se trouve en quelque sorte réalisé, aussi a-t-on souvent donné ce nom à la classe elle-même, soit qu'on y réunit la totalité ou seulement une partie des Mollusques céphalophores.

La tête des Gastéropodes est bien développée et porte une paire ou deux de tentacules. Le pied qui occupe la région ventrale (γαστήρ,

FIG. 529. — *Conus textilis.*

ventre ; πούς, pied) est de forme variable, mais en général large, discoïde, et sert à l'animal pour ramper ; sa face inférieure est souvent désignée sous le nom de *sole* (fig. 529). Le manteau plus ou moins étendu, et placé dans la région dorsale, sécrète d'ordinaire une coquille univalve ; cependant, plusieurs parmi ces Mollusques sont nus.

Les organes respiratoires sont ceux dont les caractères ont été utilisés pour la subdivision de ce vaste groupe. Tantôt, en effet, il y a des poumons, et tantôt des branchies ; de plus celles-ci affectent des dispositions diverses que Cuvier avait prises pour bases de sa classification. Il avait ainsi établi, outre les Pulmonés, sept ordres de

Gastéropodes branchifères, sous les dénominations suivantes, qui s'expliquent d'elles-mêmes : Pectinibranches, Scutibranches, Cyclobranches, Tubulibranches, Tectibranches, Inférobranches et Nudibranches ; mais Milne Edvards a proposé depuis une division beaucoup plus naturelle, et aujourd'hui généralement adoptée, de ces animaux qu'il partage en deux groupes seulement : celui des *Opisthobranches* et celui des *Prosobranches*, suivant que l'oreillette, où débouchent les veines branchiales, est située en arrière du ventricule ou en avant, disposition qui est liée à celle des organes respiratoires eux-mêmes (1).

Les Prosobranches comprennent les quatre premiers groupes de Cuvier, et les Opisthobranches correspondent aux trois derniers. Parmi ceux-ci se trouvent les Nudibranches qui respirent soit par la peau, soit par des appendices branchiaux à découvert sur la surface du corps. Quelquefois ces appendices renferment des prolon-

Fig. 530. — *Æolis papillosa.*

gements du tube digestif (Æolidiens) (fig. 530). Les autres Gastéropodes opisthobranches ont les branchies cachées sous un repli du manteau, soit qu'étant paires elles soient placées des deux côtés du corps, comme on l'observe chez les Phyllidies (Inférobranches), soit qu'il n'y en ait qu'une impaire, et située alors latéralement, comme on le voit chez les Pleurobranches, les Aplysies (Tectibranches). Dans les Prosobranches, en règle générale, les branchies sont renfermées dans une cavité ou chambre spéciale, formée par le manteau dans la région dorsale ; chez les Cyclobranches seulement, elles sont disposées en cercle dans le sillon qui sépare le manteau du pied (Patelles).

Envisagées au point de vue de leur conformation, les branchies sont ordinairement constituées par une tige principale qui porte des lamelles secondaires placées latéralement, mais de forme très variable ; quelquefois elles sont étroites, d'autres fois élargies comme de petits feuillets ; elles peuvent aussi se plisser latéralement, se ramifier ou se subdiviser en lanières plus fines. Dans

(1) Milne Edwards, *Note sur la classification naturelle des Mollusques Gastéropodes* (*Annales des sciences naturelles*, 3ᵉ série, 1848, t. IX, p. 102).

certains cas, la branchie consiste en une seule rangée de lamelles disposées, comme les dents d'un peigne, à la voûte de la cavité respiratoire, d'où le nom de Pectinibranches donné par Cuvier aux Gastéropodes qui présentent cette disposition. Ces tiges lamelleuses sont creusées de canalicules sanguins, et leur surface est garnie de cils vibratiles.

Les organes dont la bouche est armée pour la division des aliments, c'est-à-dire les mâchoires et en particulier la râpe linguale, ont fourni des caractères dont quelques naturalistes se sont servis pour établir des groupes secondaires dans la classification des Gastéropodes. C'est à Troschel principalement que l'on doit les essais qui ont été tentés dans ce sens (1).

Parmi les Gastéropodes, les uns ont les sexes séparés et les autres réunis. Nous avons vu plus haut, dans ses traits essentiels, quelle était la constitution de l'appareil génital. Ceux de ces animaux qui sont hermaphrodites doivent néanmoins s'accoupler pour que la fécondation ait lieu, et cet accouplement se fait suivant divers modes. Tantôt il est simple, c'est-à-dire que deux individus étant réunis, l'un fonctionne comme mâle et l'autre comme femelle (Ancyles, Valvées), mais plus souvent il est réciproque, c'est-à-dire que chacun des individus joue à la fois le rôle de mâle et de femelle vis-à-vis de son conjoint (Limaces, Hélices...). Parfois même l'accouplement se fait entre plus de deux individus ; ainsi les Limnées forment de longues chaînes, chacun d'eux agissant comme mâle vis-à-vis de celui qui le précède, et comme femelle vis-à-vis de celui qui le suit.

Ces animaux sont généralement ovipares. Les œufs des espèces terrestres ont d'ordinaire une coque solide, ceux des espèces aquatiques sont réunis en masses arrondies ou en cordons tantôt cylindriques, tantôt aplatis, quelquefois enroulés sur eux-mêmes. Souvent ils sont renfermés, en nombre plus ou moins grand, dans des capsules dont la forme est très variable (fig. 531). Ces capsules elles-

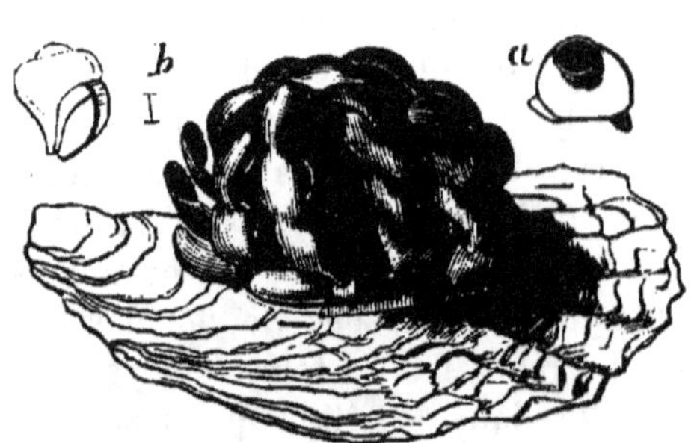

Fig. 531. — Capsules nidamentaires de Buccin fixées sur une coquille d'Huître ; chaque capsule contient cinq ou six jeunes. — *a* représente le côté interne d'une capsule laissant voir le trou par lequel le jeune est sorti ; *b*, jeune Buccin venant d'éclore.

(1) Troschel, *Das Gebiss der Schnecken....* Berlin, 1856.

mêmes sont agglomérées de différentes façons ; ainsi, chez les Aplysies, elles forment par leur réunion un cylindre gélatineux, fixé à des corps sous-marins. Chez les Janthines le pied sécrète une matière glutineuse, qui prend l'aspect d'un radeau flottant et qui, d'après certains observateurs, porte les œufs attachés à sa surface (fig. 532).

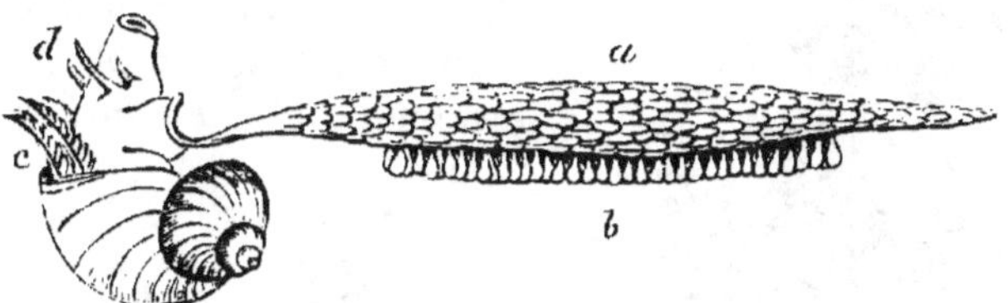

Fig. 532. — Janthine et son radeau (*Janthina fragilis*). — *a*, flotteur; *b*, capsules d'œufs; *c*, branchies; *d*, tentacules et pédoncules oculaires (d'après Quoy et Gaimard).

Le développement des Gastéropodes ne se fait pas toujours de la même façon. Il se complique de métamorphoses chez ceux qui ont des branchies, tandis qu'il est direct chez les Pulmonés. Ceux-ci, dans leur jeune âge, sont donc dépourvus de l'expansion membraneuse ou velum que portent les larves des premiers, et ils présentent au sortir de l'œuf la forme de l'adulte.

Les Gastéropodes sont en grande majorité des animaux aquatiques et la plupart marins ; les formes terrestres sont relativement fort peu nombreuses. Ils sont très répandus et se rencontrent sous toutes les latitudes. Ils sont en général carnassiers ; toutefois il y a des espèces herbivores comme les Escargots, les Limaces...

Des fossiles appartenant à cet ordre se trouvent dans les terrains les plus anciens (silurien), et leur nombre va croissant jusqu'à l'époque actuelle.

1. Opisthobranches.

Parmi les Gastéropodes opisthobranches, les uns respirent par la peau, les autres par des branchies qui sont à découvert, ou abritées par le manteau et situées vers la partie postérieure du corps (ὄπισθεν, en arrière ; βράγχια, branchies). L'oreillette est placée derrière le ventricule. La plupart sont dépourvus de coquille ; tous ont les sexes réunis. Ils se partagent en deux sections : les *Nudibranches* et les *Tectibranches*.

a. — Nudibranches.

On réunit sous ce nom les Gastéropodes nus dont la respiration est cutanée (*Abranches*), et ceux qui ont des branchies externes sur le dos ou sur les côtés du corps. Ils forment plusieurs familles.

Les ELYSIDÉS et les PHYLLIROÏDÉS n'ont pas d'organes respiratoires distincts (*Dermibranches* de Quatrefages).

Les Æolidés (fig. 533) portent sur le dos ou sur les flancs des appendices branchiaux dans lesquels pénètrent des ramifications de l'estomac (*Phlébentérés*). Ici se place le G. *Glaucus* représenté par la figure 55 (p. 65).

Les Tritoniadés qui renferment les G. *Tritonia* (fig. 533), *Tethys*, etc..., ont des branchies feuilletées, rameuses ou plumeuses, rangées longitudinalement de chaque côté du dos.

FIG. 533.

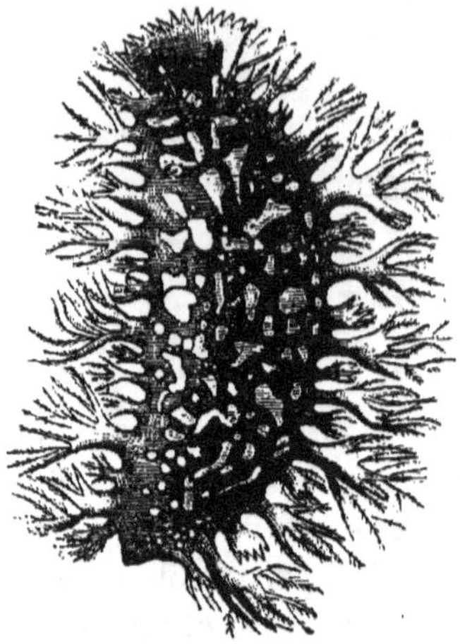

FIG. 534.

FIG. 533. — *Tritonia elegans*, grandeur naturelle.

Les Doridés ont des branchies plumeuses, parfois rétractiles, disposées en rosette autour de l'anus.

b. — Tectibranches.

Comme leur nom l'indique, ceux-ci se distinguent des précédents par leurs branchies placées sous un repli du manteau. Plusieurs ont une coquille soit externe, soit interne. Ils se répartissent en quatre familles.

Les Phyllidiidés (*Phillidia*) ont de chaque côté du corps des branchies feuilletées dans le sillon qui sépare le manteau du pied (Inférobranches de Cuvier). Ils sont sans coquille.

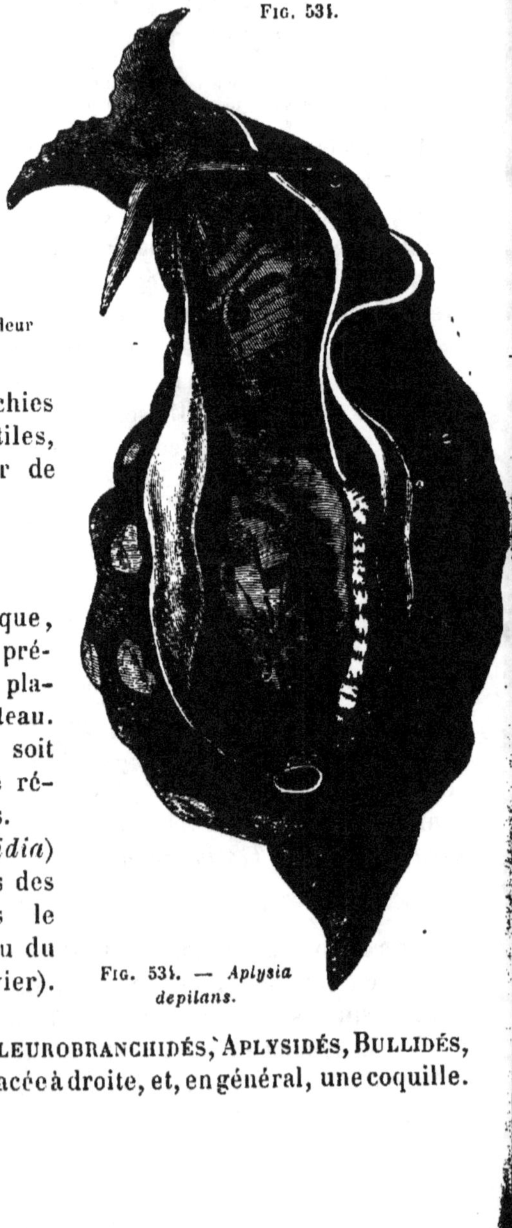

FIG. 534. — *Aplysia depilans*.

Dans les autres familles, Pleurobranchidés, Aplysidés, Bullidés, il y a une branchie latérale, placée à droite, et, en général, une coquille.

Les Aplysies ou « Lièvres de mer » sont remarquables par leur grande taille. L'*Aplysia depilans* (fig. 534) qui vit sur les bords de la Méditerranée atteint 15 ou 16 centimètres de longueur. La coquille flexible et demi-transparente est logée dans l'épaisseur du lobe du manteau qui recouvre la branchie. Les flancs se prolongent en deux replis qui se réfléchissent sur le dos et peuvent servir à la natation. Cet animal est inoffensif, mais quand on l'inquiète, il émet par le bord du manteau un liquide coloré auquel on attribuait autrefois des propriétés vénéneuses.

2. Prosobranches.

Les Prosobranches possèdent tous une coquille dans laquelle l'animal peut généralement se retirer. Les branchies sont d'ordinaire renfermées dans une chambre respiratoire formée par le manteau; elles sont situées en avant du cœur (πρόσω, en avant; βράγχια, branchies). De même l'oreillette est placée devant le ventricule. Les sexes sont séparés.

Woodward divise les Prosobranches en deux sections : les *Holostomes* et les *Siphonostomes*.

a. — Holostomes.

Ils sont caractérisés par l'ouverture *entière* de leur coquille qui est spiralée ou patelliforme, par exception multivalve chez le Chiton, ordinairement munie d'un opercule. La plupart sont herbivores. Il y en a parmi eux qui habitent les eaux douces.

Fig. 536.

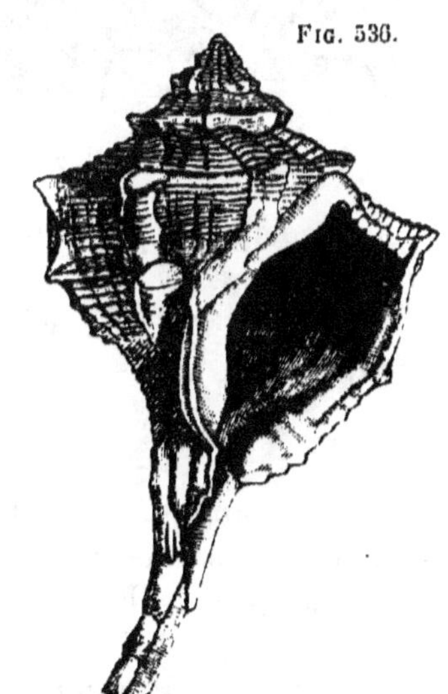

Fig. 535.

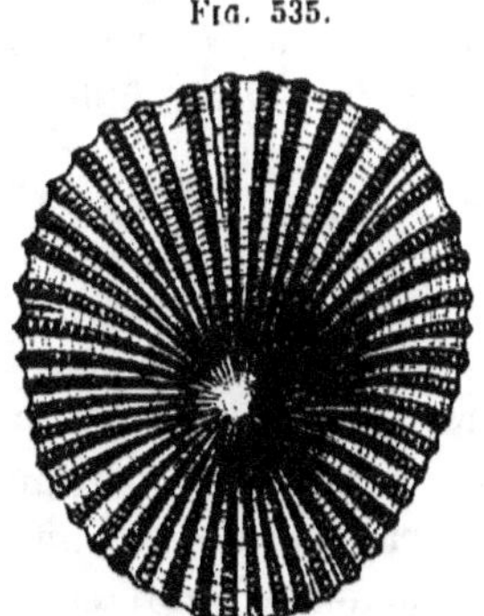

Fig. 535. — *Patella lugubris (Holostome)*. — Coquille de grandeur naturelle, vue en dessus.
Fig. 536.—*Murex brandaris (siphonostome)*.—Coquille de grandeur nat., montrant l'ouverture.

Les familles qui composent ce groupe sont nombreuses, ce sont :
Les Chitonidés (fig. 515) et les Patellidés (fig. 535) qui formaient l'ordre des *Cyclobranches* de Cuvier ;

Les Fissurellidés, les Haliotidés, les Trochidés et les Nériti-
dés, qui formaient celui des *Scutibranches*.

Tous ces Gastéropodes ont pour trait commun d'être dépourvus
d'organe copulateur. A ces familles il faut ajouter les suivantes,
qui faisaient partie des *Pectinibranches* de Cuvier : Paludinidés,
Littorinidés, Turritellidés, Calyptréidés, Mélanidés, Céri-
thidés, Pyramidellidés et Naticidés.

b. — Siphonostomes.

Ceux-ci ont l'ouverture de la coquille échancrée ou prolongée en
un canal qui donne passage au siphon (fig. 536). Ils sont tous marins et carnassiers.

Fig. 537. — *Oliva maura.*

Cette section comprend plusieurs familles qui appartenaient toutes
aux *Pectinibranches*. Ce sont : les Cypréidés, les Volutidés, les
Conidés, les Buccinidés (fig. 537), les Muricidés (fig. 536) et les
Strombidés.

3. Pulmonés.

Ce sous-ordre comprend les Gastéropodes terrestres ou d'eau
douce, dont la chambre respiratoire, pourvue d'un riche réseau vasculaire, est appropriée à la respiration aérienne, et constitue une
sorte de poumon. La position du cœur par rapport à cet organe est
la même que chez les Prosobranches, c'est-à-dire qu'il est placé
derrière lui. La plupart des Pulmonés ont une coquille qui est quelquefois rudimentaire et qui peut même faire complètement défaut
(Oncidie). Les uns sont operculés, les autres, en nombre beaucoup plus grand, inoperculés. Ces derniers sont androgynes, tandis
que les Operculés sont dioïques. Tous sont ovipares. On cite cepen-

dant comme vivipares quelques espèces de *Clausilies* et de *Pupa*.
On connaît aussi quelques exemples de reproduction parthénogénétique chez les animaux de cet ordre.

Les Pulmonés se partagent en *Operculés* et *Inoperculés*.

a. — Operculés.

Ils forment deux familles seulement : les ACICULIDÉS et les CYCLOSTOMIDÉS.

b. — Inoperculés.

Ce sont les Gastéropodes les plus connus, car ils sont terrestres pour la plupart, et certains d'entre eux, Limaces, Arions, Escargots, sont très communs dans nos campagnes. Ils se distribuent en cinq familles : *Limnæidés*, *Auriculidés*, *Oncididés*, *Limacidés* et *Hélicidés.*

Les LIMNÆIDÉS habitent les eaux douces. Ils ont deux tentacules seulement avec les yeux situés à leur base. Leur coquille est mince, d'apparence cornée, à bord tranchant. Quand ils nagent, c'est dans une position renversée, la coquille en bas. Pendant l'hiver ou en temps de sécheresse, ils s'enfoncent dans la vase. Cette famille comprend les G. *Limnæa* (fig. 538), *Physa*, *Planorbis* et *Ancylus*.

FIG. 538. — *Limnæa stagnalis* Lam. — *a*, tête ; *b*, cornes ; *c*, yeux ; *p*, pied.

Les AURICULIDÉS, comme les Limnæidés, n'ont que deux tentacules, à la base desquels sont placés les yeux. Leur coquille est épaisse, oblongue, à spire courte, le dernier tour étant au contraire très allongé. Ils habitent les régions chaudes, dans les lieux humides ou inondés, en particulier dans les eaux saumâtres, voisines de la mer.

Les ONCIDIDÉS n'ont également que deux tentacules, mais ces tentacules sont rétractiles et portent les yeux à leur extrémité. Ce sont des mollusques nus, limaciformes, ayant l'organe copulateur éloigné de l'ouverture génitale. Ils vivent dans les endroits marécageux ou sur les bords de la mer. Une espèce (*Oncidium celticum*) se trouve sur la côte de Cornouailles.

Les LIMACIDÉS possèdent quatre tentacules rétractiles, dont les supérieurs portent les yeux à leur extrémité. Ils n'ont qu'une coquille rudimentaire. Leur corps est allongé, et la *sole* en occupe toute la surface inférieure. Le manteau est petit, en forme de bouclier, avec les orifices respiratoire et excréteur sur le côté droit. L'orifice génital est près de la base du tentacule oculifère droit. Les principaux genres de cette famille sont : *Limax* (fig. 539), *Arion*, *Testacella*, etc...

FIG. 539. — Limace rouge (*Limax rufus*).

Les HÉLICIDÉS ont, comme les Limacidés, quatre tentacules rétractiles dont les supérieurs sont oculifères, mais ils sont pourvus d'une coquille externe bien développée. Ces animaux, pendant l'hiver, ou en temps de sécheresse, se retirent dans leur coquille, et en bouchent l'ouverture au moyen d'une couche de mucus mélangé de carbonate de chaux, et formant ce qu'on appelle un *épiphragme*. A cette famille appartiennent les genres : *Clausilia, Pupa, Achatina, Bulimus, Helix*, etc... Le nombre des espèces d'Hélix est immense ; on en connaît plus de seize cents. Certaines d'entre elles sont comestibles, et, dans nos pays, ce sont les Hélices vigneronne (*H. pomatia*), némorale (*H. nemoralis*), chagrinée (*H. aspersa*), etc..., qui sont recherchées comme telles.

ORDRE III. — HÉTÉROPODES

Les Hétéropodes ont été ainsi nommés par Lamarck (de ἕτερος, différent ; πούς, pied) à cause de la disposition particulière de leur pied qui, au lieu de former un disque ventral, comme dans les Gastéropodes, constitue une nageoire impaire et médiane (fig. 540). Souvent cette nageoire est munie d'une espèce de ventouse qui représente la partie centrale du pied, le *mésopodium* de Huxley, tandis qu'une queue ou nageoire terminale correspond au *métapodium*. Le corps de ces animaux est transparent, gélatineux ; la tête

très développée se prolonge en une trompe cylindrique; elle porte
une paire de tentacules et des yeux d'une organisation très complète. Le système nerveux se compose des mêmes masses ganglionnaires que celui des Gastéropodes, mais les différents centres sont
éloignés les uns des autres; ainsi les ganglions sous-œsophagiens ou
pédieux sont placés fort en arrière des ganglions cérébroïdés, et
forment avec eux un collier œsophagien très allongé. De même les
ganglions viscéraux, au lieu d'être rapprochés des ganglions pédieux,
en sont à une grande distance. Les vésicules auditives sont placées
auprès du centre sus-œsophagien d'où émanent les nerfs acoustiques;
chacune d'elles ne renferme qu'un otolithe. Les viscères sont réu-

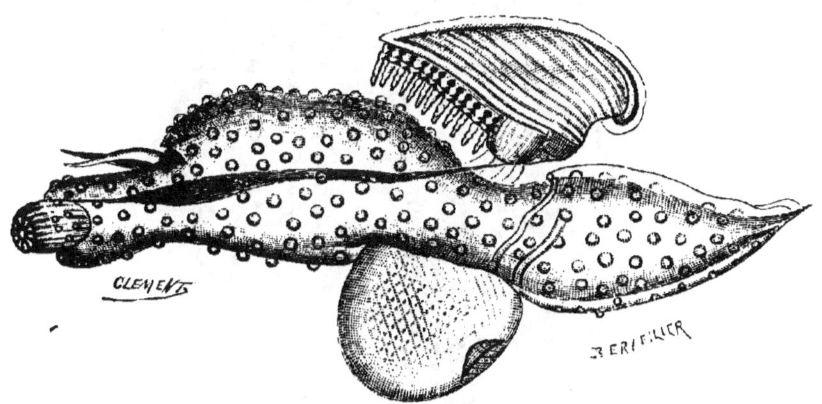

FIG. 540. — *Carinaria mediterranea*, 1/2.

nis en une masse d'un petit volume formant une sorte de nucléus,
qui a valu à ces animaux le nom de *Nucléobranches* par lequel les
désignait de Blainville. L'appareil circulatoire est principalement
lacunaire. Le cœur composé d'une oreillette et d'un ventricule a
une disposition *prosobranche*. L'aorte fournit plusieurs artères qui
s'ouvrent dans la cavité générale par des extrémités béantes. Il n'y
a pas de veines pour le retour du sang au cœur. Quelquefois l'enveloppe tégumentaire sert seule à la respiration, mais d'ordinaire
il existe des branchies sous forme de lamelles ciliées placées à la
partie antérieure du sac viscéral, dans le voisinage du cœur.

Les Hétéropodes sont tous dioïques. La glande sexuelle est logée
avec le foie dans la partie postérieure du nucléus, et son conduit
évacuateur, canal déférent ou oviducte suivant les sexes, débouche
sur le côté droit du corps. Chez les mâles, le pénis est à quelque
distance de l'ouverture génitale à laquelle il est relié par une gouttière ciliée; il se compose de deux parties, le pénis proprement dit
et un appendice glandulaire. Chez les femelles, on trouve une poche

séminale et une glande albuminipare annexées à l'oviducte, dont la portion terminale élargie forme le vagin.

Les œufs sont réunis en cordons cylindriques. Les larves qui en naissent sont munies d'un voile cilié, d'une coquille très mince et d'un opercule, puis le voile subit un développement rétrograde, l'opercule disparaît le plus souvent, et quelquefois aussi la coquille (Firole), et le jeune prend la forme de l'animal adulte.

Fig. 541. — *Atlante Peronii.*

Les Hétéropodes sont des Mollusques pélagiques qui nagent à la surface de la mer dans une position renversée, c'est-à-dire leur nageoire ventrale dirigée en haut. Ils habitent les régions chaudes, cependant on en trouve quelques-uns dans la Méditerranée. Ils forment deux familles : les *Firolidés* et les *Atlantidés.*

Les Firolidés sont nus ou n'ont qu'une coquille petite, hyaline, recouvrant seulement le nucléus, et hors de laquelle les branchies font saillie. A cette famille appartiennent les Firoles (*Firola*) qui n'ont pas de coquille, et les Carinaires (*Carinaria*) dont la coquille est remarquable par sa délicatesse et sa transparence (fig. 540).

Les Atlantidés sont pourvus d'une coquille bien développée, quelquefois avec un opercule, dans laquelle l'animal peut se retirer. Chez eux les branchies sont cachées dans la cavité du manteau.

Cette famille est formée par le genre *Atlante*, actuellement vivant (fig. 541), et plusieurs fossiles parmi lesquels le genre *Bellerophon*.

5ᵉ CLASSE. — CÉPHALOPODES

Les Céphalopodes sont, de tous les Mollusques, ceux qui présentent l'organisation la plus élevée. Ils sont caractérisés par la couronne de bras qu'ils portent sur la tête, autour de la bouche, et qui leur a valu leur nom (de κεφαλή, tête; πούς, pied) (fig. 542). Ces

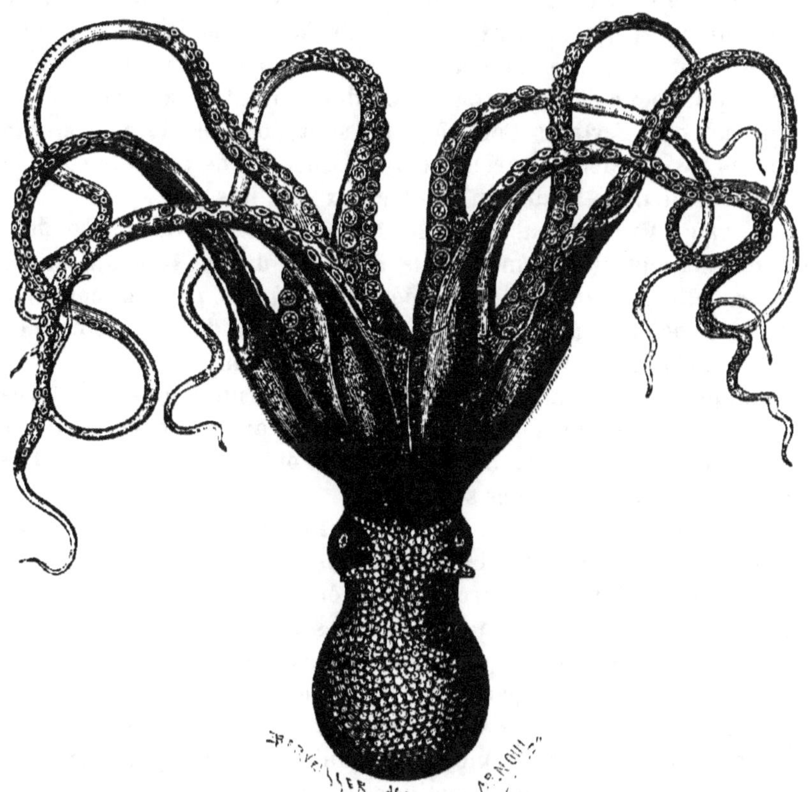

Fig. 542. — *Octopus vulgaris*.

bras sont considérés par Huxley comme dérivant de la portion antérieure du pied ou *propodium*. D'ordinaire ils sont garnis à leur face interne de ventouses disposées longitudinalement sur une ou deux rangées; parfois ils sont réunis à leur base par une membrane qui s'étend de l'un à l'aure. Ils sont au nombre de huit ou dix, chez le Nautile seulement en nombre beaucoup plus considérable et dépourvus de ventouses. Le manteau bien développé forme, à la face ventrale du corps, par la soudure de ses deux bords sur la ligne médiane, une poche ou sac palléal dans l'intérieur duquel les branchies sont renfermées, et où sont situés l'anus ainsi que les orifices des organes génitaux et urinaires.

Dans la fente qui forme avec le cou le bord antérieur du manteau, et qui constitue l'ouverture de cette poche, se trouve un organe membraneux, sorte d'entonnoir renversé dont le tube fait saillie au dehors et dont la partie élargie est renfermée dans la chambre respiratoire; Huxley le regarde comme l'analogue de l'*épipodium*. Il sert à l'expulsion de l'eau et des produits contenus dans la cavité du manteau, et qui en sont chassés par la contraction des parois. En outre, la projection de cette colonne liquide produit un choc en retour qui a pour effet la progression de l'animal en sens opposé.

On sait que certains Céphalopodes sont pourvus d'une coquille interne (os de Seiche); rarement ils possèdent une coquille externe (Nautile, Spirule); beaucoup d'entre eux sont nus.

La peau est remarquable par les changements de coloration dont elle est susceptible, changements qui sont dus aux modifications que les cellules pigmentaires, ou *chromatophores*, peuvent éprouver dans leur forme, par suite de la contraction ou du relâchement de fibres musculaires soumises à la volonté de l'animal.

Quelques pièces cartilagineuses constituent un squelette interne rudimentaire; la plus importante d'entre elles est le cartilage céphalique qui sert d'organe de protection ou de soutien aux centres nerveux et aux organes des sens.

Le système nerveux (fig. 543) atteint un degré de perfectionnement bien supérieur à celui qu'il présente chez tous les autres Mollusques; cependant on y retrouve les mêmes groupes ganglionnaires fondamentaux, réunis en un collier œsophagien volumineux. La masse sus-œsophagienne ou cérébroïde est très développée et composée de deux parties séparées par un sillon; l'une supérieure (cervelet de Cuvier), qui ne donne naissance à aucun nerf; l'autre inférieure (cerveau proprement dit), qui en fournit plusieurs dont les principaux sont les nerfs optiques. La masse sous-œsophagienne, plus volumineuse que le cerveau, est formée par la réunion de deux centres, le centre pédieux en avant, le centre viscéral en arrière. Le premier, *ganglion en patte d'oie* de Cuvier, donne naissance aux nerfs des bras; le second envoie des nerfs au manteau, à l'entonnoir, aux viscères et aux branchies. On remarque, en outre, un certain nombre de ganglions accessoires développés sur le trajet des nerfs. Les plus importants sont : les ganglions des nerfs optiques situés au dehors du cartilage crânien, qui présentent un volume considérable; les renflements ganglionnaires des nerfs des bras; les ganglions palléaux (*ganglions étoilés* de Cuvier), placés de chaque côté à la face interne du manteau auquel ils envoient des rameaux nombreux; les ganglions branchiaux, qui se trouvent à la base des branchies.

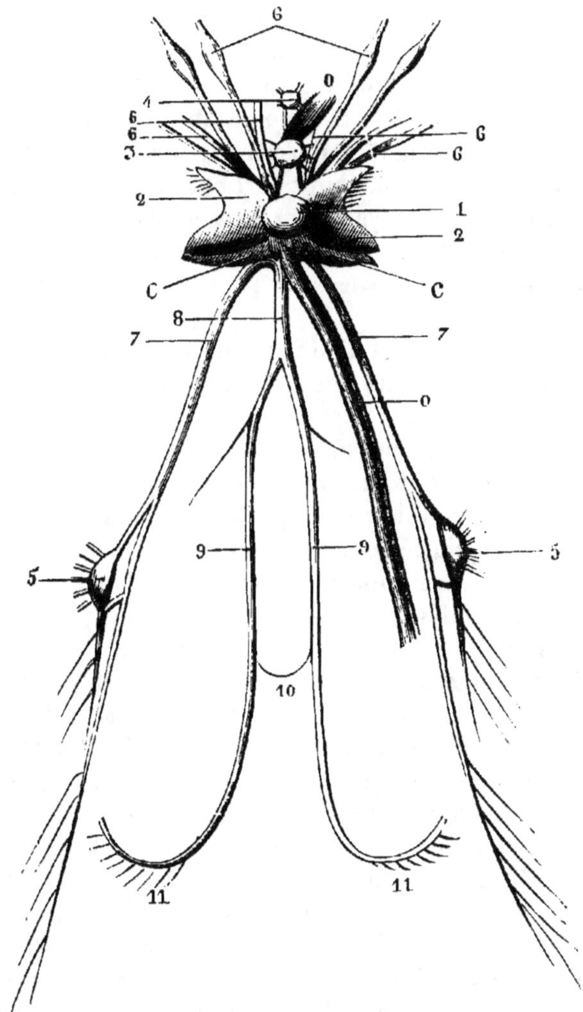

Fig. 543. — Système nerveux de la Seiche. — 1, cerveau; 2, ganglions optiques; 3, ganglion sus-pharygien; 4, ganglion sous-pharyngien; 5, ganglions étoilés; 6, nerfs des bras; 7, nerfs palléaux; 8, tronc commun des nerfs viscéraux; 9, nerfs viscéraux; 10, anse anastomotique; 11, nerfs des branchies. — O, œsophage; C, coupe du cartilage céphalique.

Enfin, le système nerveux stomato-gastrique est constitué par deux petits ganglions qui se trouvent au-dessous du pharynx (*ganglions sous-pharyngiens*), et un ganglion stomacal réuni aux précédents par des filets qui accompagnent l'œsophage. Parfois il existe deux autres ganglions au-dessus du pharynx (*ganglions sus-pharyngiens*), regardés par Brandt comme appartenant au stomato-gastrique, mais que Chéron considère comme faisant partie du cerveau en se fondant sur des raisons que nous ne saurions rapporter ici et qui paraissent péremptoires (1).

Le développement des organes des sens est en rapport avec celui que nous a offert le système nerveux. Le tact s'exerce par toute la surface de la peau et en particulier par les bras ou tentacules circumbuccaux. On considère comme organes olfactifs deux fossettes situées sur les côtés de la tète, derrière les yeux, et qui reçoivent du cerveau un nerf spécial voisin du nerf optique. Les organes auditifs consistent en deux otocystes qui sont logées dans la partie postérieure du cartilage crânien et sont innervées par un nerf dont l'origine apparente est dans le centre pédieux, mais l'origine réelle dans le cerveau.

L'appareil de la vision se distingue par sa grande perfection qui le rend comparable à celui des Vertébrés. Les yeux sont très gros et logés de chaque côté de la tète dans des cavités orbitaires, en partie cartilagineuses et en partie fibreuses, constituant une enveloppe nommée *capsule oculaire*. Cette capsule contient le *bulbe oculaire*, et, derrière lui, un ganglion d'une grosseur remarquable formé par le nerf optique (*ganglion optique*).

En outre, on observe autour de ce ganglion un corps de consistance molle et de couleur blanche, sur la nature duquel on n'est pas fixé. Le bulbe oculaire est constitué par une tunique cartilagineuse ou *sclérotique*, laquelle circonscrit une cavité où se trouvent un *corps vitré* et un *cristallin* fort gros. Celui-ci fait saillie à travers une ouverture arrondie (pupille) formée par le bord antérieur de la capsule oculaire. Au-devant de lui, il existe une sorte de chambre antérieure limitée extérieurement par une lame diaphane qui tient lieu de cornée transparente, mais qui n'est autre chose qu'une portion modifiée de la peau. Cette lame est perforée de telle façon que l'eau pénètre du dehors dans la chambre antérieure; parfois même elle fait défaut. La face externe de la sclérotique est revêtue d'une membrane à éclat argenté qui se réfléchit sur le bord de l'ouverture pupillaire et s'étend jusqu'au pourtour du cristallin; on lui donne le nom de *membrane argentée*. Le cristallin est divisé en deux parties par une lame de tissu conjonctif qui se relie à la sclérotique, et qui forme sur ses bords un *anneau ciliaire*. En arrière du cristallin est la chambre postérieure remplie par le corps vitré qui est renfermé dans une membrane hyaloïde très

____

(1) Chéron, *Système nerveux des Céphalopodes* (*Ann. des sc. nat.*, 5ᵉ série, t. V, 1866).

mince. La sclérotique est percée, dans sa partie postérieure, d'un grand nombre de petits trous au travers desquels passent les filaments du nerf optique qui vont former, à l'intérieur du globe oculaire, une rétine de structure très complexe, et que l'on distingue en *rétine interne* et *rétine externe*, séparées l'une de l'autre par une couche pigmentaire ou *choroïde*.

L'appareil digestif (fig. 544) présente, chez les Céphalopodes, quelques particularités qui méritent d'être signalées. La bouche placée au centre du cercle de tentacules qui servent comme organes de préhension, est entourée par une sorte de lèvre circulaire et munie de deux mâchoires puissantes, l'une supérieure et l'autre inférieure, celle-ci étant plus saillante que la première, de sorte que leur aspect rappelle celui d'un bec de perroquet renversé. A ces mâchoires s'ajoute une râpe linguale analogue à celle des Gastéropodes. L'œsophage est long et traverse le cartilage crânien ; tantôt il est simple, et tantôt il est pourvu d'un jabot (Poulpe). L'estomac est ovale ou arrondi, à parois membraneuses, et constitue une sorte de gésier, ses deux orifices cardiaque et pylorique sont très voisins l'un de l'autre. Au point où le pylore s'ouvre dans l'intestin on observe un appendice en forme de cæcum plus ou moins allongé et souvent contourné en spirale (Poulpe, Seiche). Les canaux excréteurs du foie débouchent dans l'intérieur de cet appendice dont le rôle est mal connu. L'intestin se dirige en avant, à peu près directement, et se termine par l'anus, à la base de l'entonnoir.

Il y a deux paires de glandes salivaires (fig. 544, *g, h*), l'une antérieure auprès de la masse buccale, l'autre postérieure, bien en arrière de la précédente, sur les côtés de l'œsophage. Celle-ci manque chez le Nautile. Le foie est très volumineux, partagé en deux lobes plus ou moins confondus, et muni de deux canaux excréteurs. Chez le Nautile, il est divisé en quatre lobes, et possède quatre canaux excréteurs.

L'appareil circulatoire, bien qu'en partie lacunaire, comme dans les autres Mollusques, est beaucoup plus riche en vaisseaux et comprend des veines et des capillaires bien développés. Le cœur (fig. 544 *p.*) est situé au fond du sac viscéral et reçoit deux ou quatre veines branchiales, suivant qu'il y a deux ou quatre branchies. Ces canaux, avant de déboucher dans le ventricule, sont dilatés en forme de réservoirs contractiles représentant les oreillettes, et les orifices auriculo-ventriculaires sont munis de valvules qui empêchent le retour du sang vers les branchies. Du ventricule partent deux troncs artériels : une aorte antérieure ou céphalique et une aorte postérieure ou abdominale.

La première fournit deux artères au manteau, *artères palléales*,

quelques rameaux à divers organes, et se divise, dans la tête, en
autant de branches qu'il y a de bras autour de la bouche. La

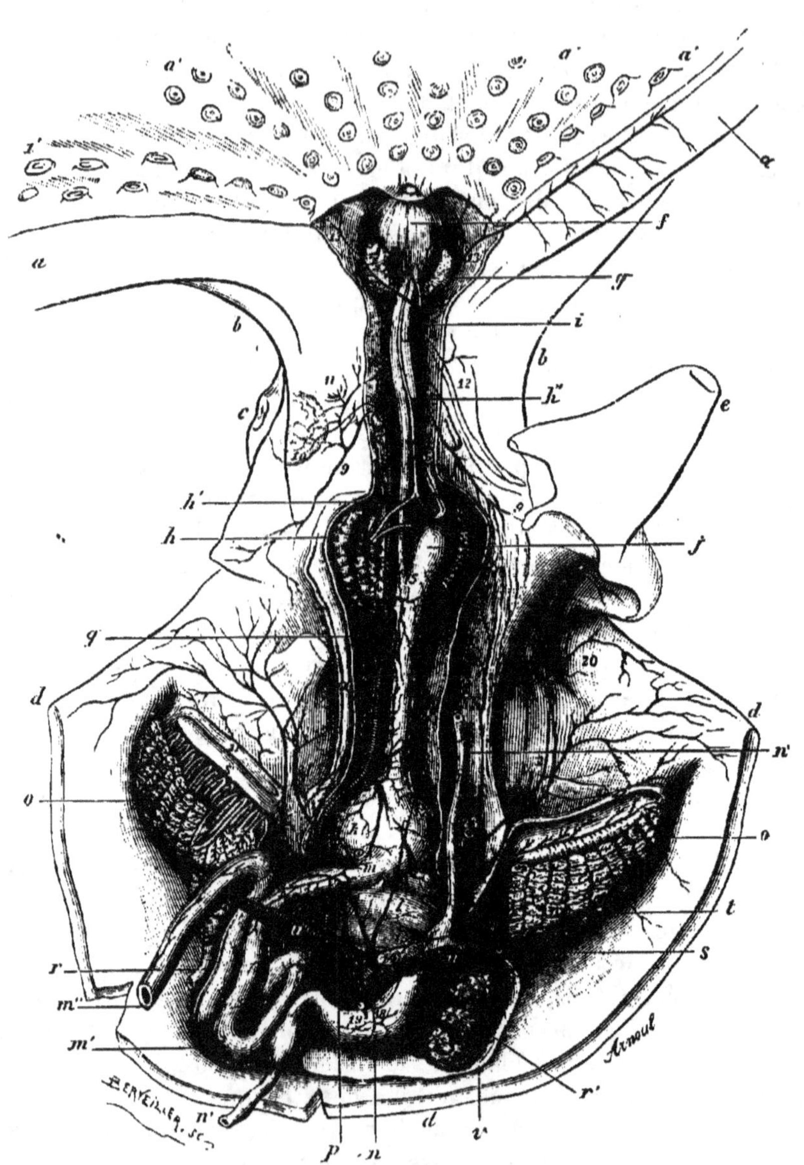

FIG. 544. — Organisation du Poulpe (*Octopus vulgaris*) *.

seconde se distribue à l'intestin et à l'appareil génital. Les dernières ramifications artérielles se continuent dans un réseau de
vaisseaux capillaires à parois propres, mais le sang s'épanche

néanmoins dans des espaces lacunaires et le système circulatoire n'est pas clos.

Les veines qui ramènent le sang des différentes parties du corps aboutissent dans un gros tronc, impair et médian, nommé *veine céphalique*. Celle-ci se divise en deux branches, ou *veines caves*, qui se rendent à la base des branchies et reçoivent deux troncs venant du manteau et des glandes génitales. Ces vaisseaux, avant leur entrée dans l'organe respiratoire, présentent chacun une partie renflée contractile, qu'on appelle *cœur branchial* et au delà de laquelle ils prennent le nom d'*artères branchiales*. Le sang, amené par leurs ramifications dans les feuillets branchiaux, traverse un réseau capillaire et revient au cœur par les veines branchiales. La circulation est donc complète chez les Céphalopodes, c'est-à-dire que la totalité du sang passe dans l'appareil respiratoire pour y être hématosée, tandis que dans les autres classes de Mollusques, il y en a une portion qui retourne au cœur sans avoir traversé les branchies. Chez les Tétrabranchiaux (Nautile) la veine céphalique se divise en quatre branches, et celles-ci sont dépourvues de cœurs branchiaux.

On remarque sur les gros troncs veineux qui se rendent aux branchies des appendices particuliers en forme de grappes, connus sous le nom de *corps spongieux*, et que l'on considère comme des organes urinaires (fig. 544, *r'*, *r'*). Ils sont situés dans deux poches membraneuses (cellules latérales) qui s'ouvrent chacune par un orifice dans la chambre branchiale. D'après quelques observateurs, il existerait des communications entre ces cellules et les cavités veineuses, de sorte qu'une certaine quantité d'eau pourrait par là se mêler au sang, comme chez les Gastéropodes.

Les Céphalopodes respirent par des branchies qui sont au nombre de deux (*Dibranchiaux*), ou de quatre (*Tétrabranchiaux*), et disposées symétriquement sur les côtés, au fond de la cavité du

---

* *a*, base des bras garnis de leurs ventouses (*a'*); *b, b*, tête; *c*, un des yeux; *d, d*, manteau ouvert et étendu; *e*, entonnoir; *f*, bulbe pharyngien; *g*, glandes salivaires antérieures; *h*, glandes salivaires postérieures avec leur ligament suspenseur (*h'*) et leur conduit excréteur (*h''*); *i*, œsophage; *j*, jabot; *k*, gésier; *l*, estomac spiral ou accessoire; *m*, extrémité pylorique de l'intestin et de chaque côté les tronçons des canaux hépatiques; *m'*, circonvolutions de l'intestin; *m''*, anus rejeté de côté; *n*, ovaire; *n, n'*, oviductes; *o, o'*, branchies; *p*, ventricule aortique ou cœur du milieu (Cuv.); *q*, aorte ascendante ou céphalique; 1, son origine; 2, artères palléales; 3, artère gastrique; 4, artère hépatique; 5, artères œsophagiennes; 6, artère salivaire; 7, 8, artères pharyngiennes; 9, artères principales de l'entonnoir; 10, artères palpébrales; 11, artères auriculaires; 12, artères dorsales de l'entonnoir; 13, artères tentaculaires; 14, artère aorte postérieure; 15, artères nourricières des branchies; 16, artère duodénale; 17, artère anale; 18, artère péricardique; 19, artère génitale profonde; *r, r*, veines caves coupées près de leur origine et rejetées de côté; *r', r'*, appendices glanduleux de ces veines (reins); *s, s*, cœurs veineux; *s'*, artère branchiale; 20, veines du manteau; 21, tronc veineux du support branchial; 22, réseau veineux occupant l'intérieur de ce support; 23, origine des conduits qui se rendent de la cavité abdominale à l'origine des veines caves; *t*, vaisseau branchio-cardiaque ou veine branchiale; *u, u*, oreillette du cœur aortique; *v*, paroi tégumentaire de l'abdomen (d'après Milne Edwards).

manteau (fig. 544, *o, o*). Elles ont la forme de panaches pyramidaux constitués par des lamelles membraneuses qui s'insèrent latérale-ment sur une tige parcourue par deux canaux sanguins, l'un affé-rent, l'autre efférent. Le sac branchial a une paroi musculaire, dont la contractilité permet à l'animal de le dilater ou de le resserrer, et d'exécuter ainsi des mouvements d'expiration ou d'inspiration qui appellent l'eau dans l'intérieur du sac ou la chassent au dehors.

Quand le sac se distend pour l'inspiration, l'eau pénètre par la fente élargie du manteau, dont le bord antérieur s'écarte du cou, et quand il se resserre pour l'expiration, la fente se ferme et l'en-tonnoir seul offre un passage au liquide qui a servi à la respiration et qui entraîne les excréments. Le renouvellement de l'eau est ainsi assuré et n'est pas dû ici à la présence de cils vibratiles qui font défaut à la sur-face de l'appareil respiratoire.

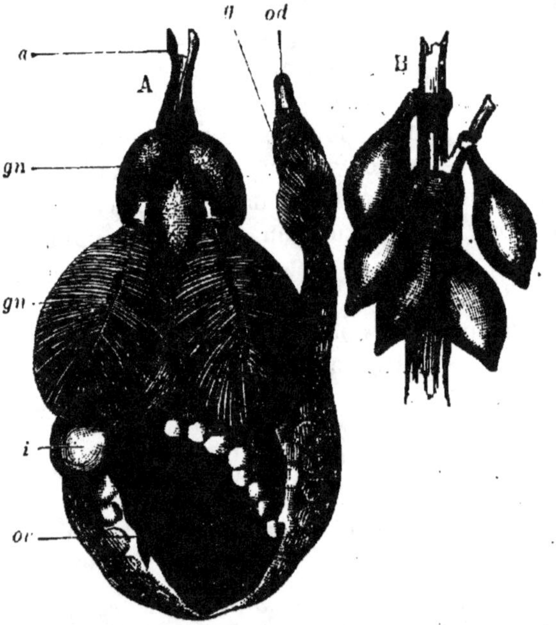

Il existe, chez les Céphalopodes di-branchiaux, un or-gane particulier qui sécrète un liquide noirâtre et qu'on nomme à cause de cela *poche à encre*. Son conduit excré-teur s'ouvre à côté de l'anus (1). En cas de danger, ces animaux lancent au dehors cette liqueur, qui, en teignant l'eau autour d'eux, les dérobe à la vue de leurs ennemis.

FIG. 545. — Appareil génital femelle, A, et œufs, B, de la Seiche. — *ov*, ovaire ; *gn*, glandes nidamentaires ; *od*, extrémité de l'oviducte ; *g*, glandes accessoires de l'oviducte ; *i*, intestin ; *a*, anus.

C'est ce produit fourni par la Seiche qui sert en peinture sous le nom de *Sépia*.

Les Céphalopodes sont tous dioïques et ovipares. L'ovaire (fig. 545, *ov*) est constitué par une glande impaire située dans le

(1) *Recherches sur la poche du noir des Céphalopodes des côtes de France*, par Paul Girod. Thèses de la Faculté des Sciences de Paris, 1882.

fond de la cavité viscérale et logée dans une poche formée par le
péritoine. C'est de cette poche que part l'oviducte qui ne se continue
pas directement avec la glande, de sorte que les œufs tombent d'abord
dans la capsule ovarienne pour passer de là dans le canal excréteur.
L'oviducte est tantôt simple et tantôt double ; il débouche près du

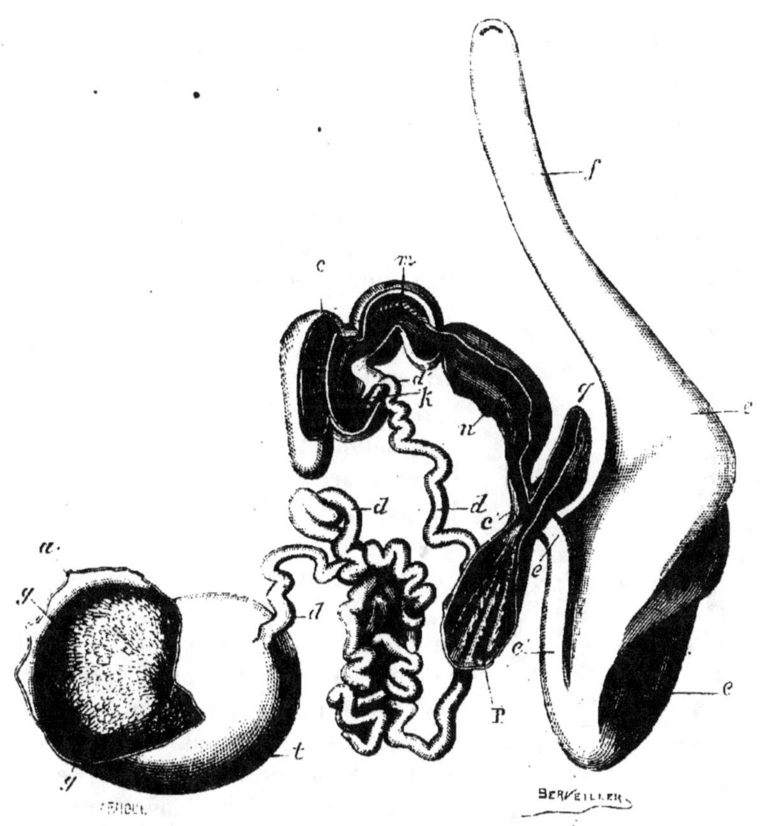

Fig. 546. — Organes mâles de la Seiche officinale. — *t*, testicule ; *a*, sa membrane propre ;
gg, culs-de-sac des canaux séminifères ; *dd*, canal déférent ; *d'*, son embouchure dans la
vésicule séminale *c m n*, contournée sur elle-même et présentant à l'intérieur de nombreux
replis ; *k*, boudin de spermatozoïdes arrivant dans cette vésicule ; *c'*, son embouchure dans
la poche complémentaire (prostate) *p q* ; *l*, canal excréteur de cette poche s'ouvrant en *e'*
dans le *réceptacle de Needham e e* ; *f*, son canal excréteur dont l'extrémité forme le pénis
(d'après Duvernoy). *Mémoires de l'Académie des sciences*, t. XXIII.

rectum, à la base de l'entonnoir. Il présente sur son trajet des
glandes accessoires qui consistent en éléments glanduleux disséminés dans ses parois, ou réunis en un renflement plus ou moins
volumineux. En outre, il existe souvent une paire de glandes de
structure lamelleuse, et dont le conduit excréteur s'ouvre à côté de
l'orifice génital ; on les nomme *glandes nidamentaires*. Elles

fournissent une matière visqueuse qui enveloppe les œufs, et les réunit ensemble de diverses façons, sous forme de tubes, de rubans, de chapelets, ou de masses ressemblant à des grappes de raisin. C'est ainsi que les pêcheurs désignent les œufs de la Seiche sous le nom de *raisin de mer.*

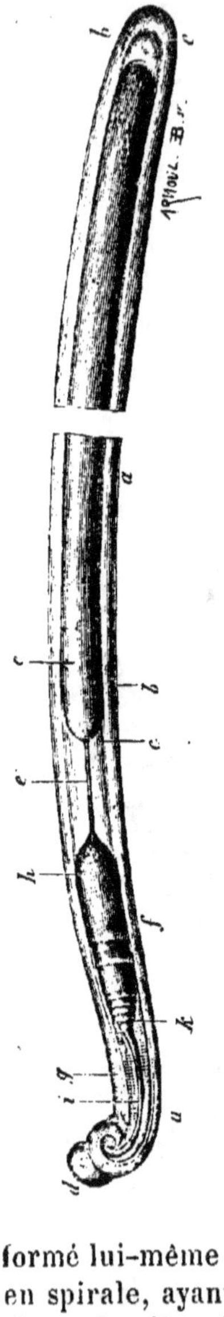

Le testicule (fig. 546, *t*), comme l'ovaire, est logé dans un sac péritonéal, d'où nait le canal déférent. Celui-ci est toujours unique, mais présente sur son parcours plusieurs annexes : d'abord une partie dilatée dont les parois sont glandulaires, et qui joue le rôle de *vésicule séminale;* puis un appendice, quelquefois deux, qu'on a comparé à une prostate et que Milne Edwards appelle *poche complémentaire;* enfin, un vaste sac ou *réceptacle de Needham*, qui contient les spermatophores, et va déboucher dans la chambre branchiale, sur une saillie papilleuse, à la base de l'entonnoir.

Les spermatophores, appelés *tubes à ressort* par Swammerdam qui, le premier, les a observés sur la Seiche, ont une structure compliquée (fig. 547); ils ne sont bien connus que depuis les recherches dont ils ont été l'objet de la part de Milne Edwards (1). Ils se composent d'un étui ou enveloppe extérieure, plus ou moins effilé à son extrémité antérieure, et contenant dans sa partie postérieure un *réservoir spermatique,* en forme de boudin, tandis que la partie antérieure est occupée par un appareil éjaculateur. Celui-ci est formé lui-même de plusieurs parties : la *trompe*, ou tube contourné en spirale, ayant l'apparence d'un ressort à boudin; le sac qui est situé derrière la trompe et occupe toute la largeur de l'étui;

Fig. 547. — Spermatophore de la Seiche officinale. — *a, a*, étui formé par une enveloppe externe sub-cartilagineuse *b* et par une enveloppe interne membraneuse et contractile *c; d*, extrémité antérieure du spermatophore; *e*, réservoir spermatique; *f*, appareil éjaculateur composé de plusieurs tuniques *g*, d'un sac *h* et d'un tube *i*, ou trompe; *e*, connectif réunissant le réservoir spermatique à l'appareil éjaculateur (d'après Milne Edwards). *Annales des sciences naturelles*, 2ᵉ série, t. XVIII, planche XIII).

(1) Milne Edwards, *Sur les Spermatophores des Céphalopodes* (*Annales des Sc. nat.*, 2ᵉ série, t. XVIII, 1842).

enfin, le *connectif*, ou ligament qui relie ce sac au réservoir spermatique. On trouve ces corps emmagasinés en grand nombre dans le réceptacle de Needham. Quand ils sont en contact avec l'eau, la trompe se déroule au dehors en se retournant comme un doigt de gant, et entraîne à sa suite le sac qui se retourne également, puis le réservoir spermatique qui s'échappe, par suite de la déchirure du connectif, à travers le tube ainsi formé.

Une remarquable particularité présentée par les Céphalopodes consiste dans la transformation, à des degrés très divers à la vérité, de l'un des bras du mâle en organe de copulation. On sait, en effet, depuis Aristote, que ces animaux s'accouplent, mais le rôle du bras copulateur, quoique mentionné par l'illustre philosophe de Stagire, n'a été établi que par les observations de Verany et Vogt, en 1851 (1). Étudié chez les Argonautes et les Trémoctopes, où il se montre

Fig. 549.

Fig. 548.

FIG. 548. — Hectocotyle dans sa vésicule.
FIG. 549. — *Tremoctopus carena* mâle, avec l'hectocotyle. — *a*, ouverture du sac qui contenait l'hectocotyle ; *b*, vésicule qui contenait le fouet ; *c*, fouet (d'après Verany et Vogt).

au plus haut degré de modification qu'on lui connaisse, ce bras se développe dans une sorte de vésicule pédonculée où il est roulé en spirale (fig. 548). Il se distingue des autres par des dimensions

(1) Verany et Vogt, *Mémoire sur les Hectocotyles...* (*Annales des Sc. nat.*, 3ᵉ série, t. XVII, 1851).

plus grandes, et présente à son extrémité un appendice flabelliforme, ou *fouet*, renfermé dans une petite poche vésiculeuse, mais qui devient libre à un moment donné (fig. 549). Longtemps on a méconnu la vraie nature de ces corps que l'on a pris d'abord pour des vers parasites, et pour lesquels Cuvier, les regardant comme tels, avait formé un genre nouveau sous le nom d'*Hectocotyle*. Ce nom est resté attaché au bras copulateur qui se détache de l'individu mâle et porte dans la cavité palléale de la femelle le spermatophore qu'il renferme. Steenstrup a démontré que les bras hectocotylisés à des degrés variables, et ne se séparant pas de l'individu mâle auquel ils appartiennent, existent d'une manière générale chez les Céphalopodes.

Les œufs de ces animaux sont le siège d'une segmentation partielle (œufs méroblastes). La partie segmentée du vitellus forme une tache embryonnaire qui, en se développant, se sépare de plus en plus du vitellus nutritif. Plus tard celui-ci forme une vésicule vitelline extérieure placée sur la tête, et qui communique au-dessous de la bouche avec l'intérieur de l'embryon.

Tous les Céphalopodes sont marins, les uns vivant près des côtes, les autres en pleine mer. Ils sont très voraces et se servent de leurs bras musculeux pour s'emparer de leur proie ; parfois même ils sont dangereux pour l'homme dont ils paralysent les mouvements en l'enlaçant ainsi avec force. Ils comprennent un grand nombre de formes fossiles, qu'on trouve surtout en abondance dans les terrains secondaires, par exemple les Ammonites et les Bélemnites.

Cette classe se divise en deux ordres caractérisés par la présence de deux ou quatre branchies, et nommés en conséquence *Dibranchiaux* et *Tétrabranchiaux*.

ORDRE I. — TÉTRABRANCHIAUX

Cet ordre n'est plus représenté dans la faune actuelle que par le genre Nautile. Les Céphalopodes qui le composent se distinguent des Dibranchiaux non seulement par le nombre de leurs branchies, mais encore par leur coquille cloisonnée, et par leurs tentacules qui sont nombreux, rétractiles et dépourvus de ventouses ; d'où le nom d'*Inacétabulés* par lequel on désigne aussi parfois ces animaux.

L'anatomie du Nautile (fig. 550) présente, en outre, certaines particularités dont nous avons indiqué les plus importantes à propos de l'organisation des Céphalopodes en général.

Cet ordre se partage en deux familles : les *Nautilidés* et les *Ammonitidés*.

Les Nautilidés, outre le genre vivant Nautile (*Nautilus*), en comprennent un certain nombre de fossiles : *Orthoceras, Gomphoceras*, etc... Le Nautile est remarquable par sa grande et belle coquille cloisonnée, à siphon central, à ouverture simple, et fermée par une espèce de capuchon que forment, en se soudant, les deux tentacules brachiaux de la paire dorsale. Ces appendices sont nom-

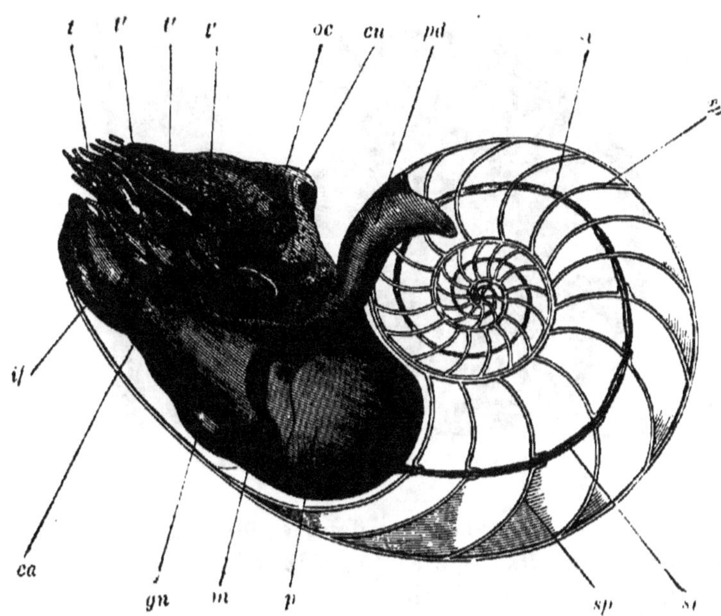

Fig. 550. — *Nautilus pompilius.* — *ca*, dernière chambre occupée par l'animal ; *sp*, cloisons qui séparent les chambres ; *si*, siphon ; *p*, manteau ; *pd*, son lobe dorsal ; *m*, muscle rétracteur ; *gn*, glande nidamentaire ; *if*, entonnoir ; *t*, tentacules internes ou *labiaux* ; *t'*, tentacules externes ou *brachiaux* ; *oc*, yeux ; *cu*, capuchon formé par deux tentacules dorsaux (d'après R. Owen).

breux et on en distingue de deux sortes : les tentacules externes ou *brachiaux*, et les tentacules internes ou *labiaux* (fig. 550, *t, t'*). Les premiers, rangés de chaque côté de la tête sur une double série, sont au nombre de trente-huit, indépendamment de la paire qui constitue le capuchon (fig. 550, *cu*). Les seconds, ou tentacules labiaux, sont répartis autour de la bouche en quatre groupes qui en comprennent chacun douze ; ceux-ci sont un peu plus petits que les premiers et d'une couleur plus blanche (1).

Le Nautile flambé (*Nautilus pompilius*) habite la mer des Indes.

(1) Owen, *Sur l'animal du Nautile* (*Annales des sciences naturelles*, 1ʳᵉ série, t. XXVIII, 1833).

De nombreuses espèces se rencontrent jusque dans les terrains les plus anciens.

Les AMMONITIDÉS sont tous fossiles. Leur coquille se distingue de celle des Nautilidés par la position du siphon qui est externe (dorsal), par la forme des cloisons repliées en zigzags souvent très compliqués. Les Ammonites (*Ammonites*) (fig. 551), qui ont donné

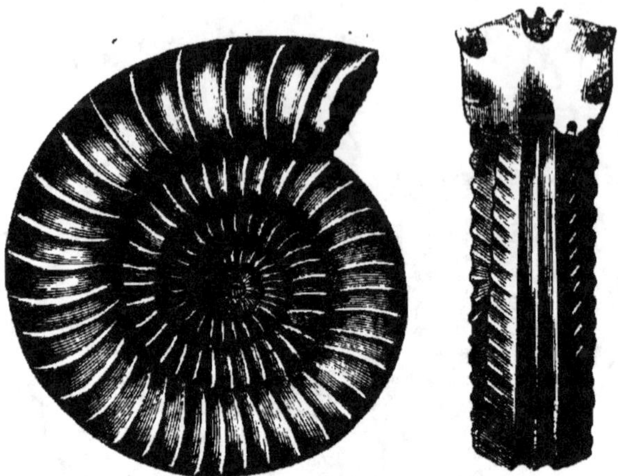

FIG. 551. — *Ammonites bisulcatus*.

leur nom à la famille, abondent dans les terrains secondaires ; on en connaît environ 700 espèces. Les *Goniatites*, les *Ceratites*, etc... appartiennent à la même famille.

ORDRE II. — DIBRANCHIAUX

Les Céphalopodes, dont les branchies sont au nombre de deux seulement, sont désignés parfois sous le nom d'*Acétabulifères*, parce qu'ils ont les bras pourvus de ventouses. La plupart d'entre eux n'ont pas de coquille extérieure et leur peau nue renferme des chromatophores. Tantôt la coquille fait entièrement défaut ; tantôt elle existe à l'état de lamelle calcaire ou cornée, dans l'épaisseur du manteau. Les bras sont au nombre de huit ou de dix, et, d'après ce caractère, on a divisé les Dibranchiaux en deux sections ou sous-ordres, les *Octopodes* et les *Décapodes*.

1. Décapodes.

Les dix bras, dont sont pourvus les Décapodes, n'ont pas tous la même longueur ; il y en a deux beaucoup plus longs que les autres, et ayant la forme de tentacules dilatés à leur extrémité qui parfois est seule garnie de ventouses (Seiche) (fig. 552). Ces ventouses sont pédonculées. Le corps est allongé et présente deux expansions ou nageoires latérales. Il y a toujours une coquille interne.

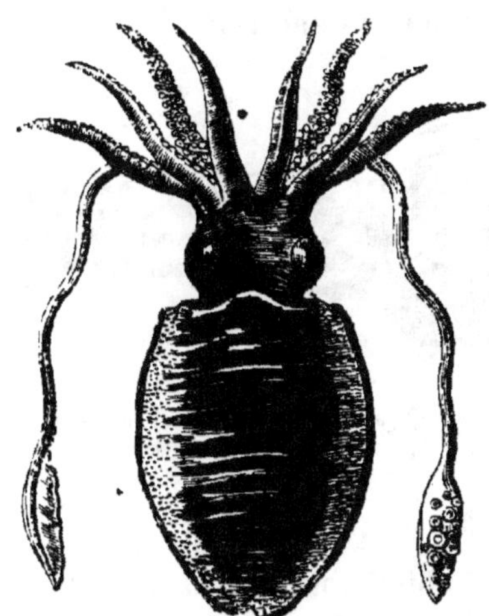

Fig. 552. — Seiche officinale (*Sepia officinalis*).

Les Décapodes se distribuent en quatre familles :

Les SPIRULIDÉS, qui se distinguent par leur coquille extérieure, à tours séparés, et ne renferment qu'un seul genre, le G. *Spirula* ;

Les BÉLEMNITIDÉS, tous fossiles, appelés autrefois *pierres de la foudre* (fig. 553) ;

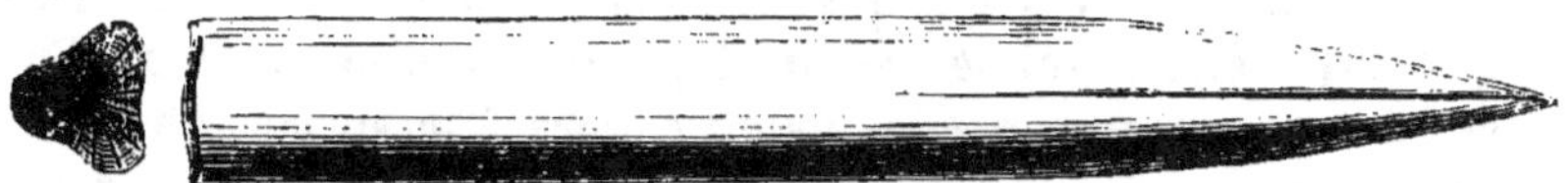

Fig. 553. — *Belemnites bipartitus*.

Les SÉPIADÉS, dont la coquille interne consiste en une plaque calcaire lamelleuse (os de Seiche). La Seiche (*Sepia officinalis*) est commune sur les côtes de l'Europe, et on en trouve souvent les coquilles sur la plage ;

Les TEUTHIDÉS, dont la coquille est cornée, en forme de plume. A cette famille appartiennent les Calmars (*Loligo*), les Calmarets (*Loligopsis*), etc.

2. Octopodes.

Les bras sont ici au nombre de huit, et garnis de ventouses sessiles. Les Octopodes forment deux familles : les *Octopodidés* et les *Argonautidés*.

Les Octopodidés ont pour type le genre Poulpe (*Octopus*), dont le corps a la forme d'une bourse, et dont les longs bras terminés en pointe portent une double rangée de ventouses (fig. 544). Ce Mollusque est commun sur nos côtes. Dans les Elédones (*Eledone*), les bras n'ont qu'une rangée de ventouses.

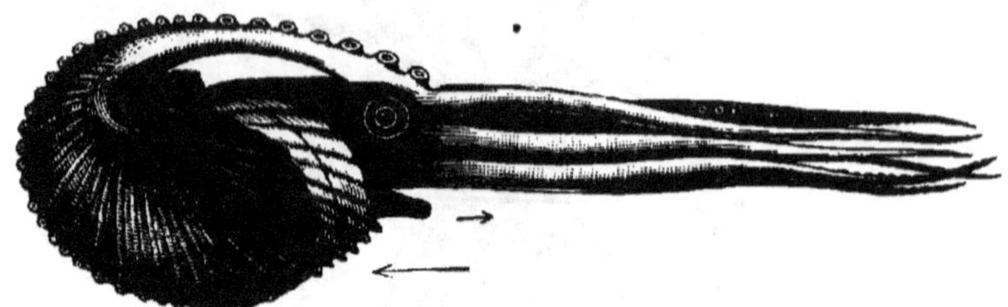

Fig. 554. — *Argonauta argo* nageant, 1/4. — (La petite flèche indique la direction du courant sortant de l'entonnoir ; la grande flèche, celle dans laquelle l'animal est chassé par le recul.)

Les Argonautidés sont ainsi nommés du G. Argonaute (*Argonauta*), qui a été l'objet d'un grand nombre de fables. La femelle possède deux bras dont les extrémités forment des expansions membraneuses, qui sécrètent une coquille mince et transparente, dans l'intérieur de laquelle sont déposés les œufs. Cette coquille n'existe pas chez le mâle dont les bras dorsaux ne sont pas dilatés à leur extrémité. Elle ne doit pas être considérée comme l'analogue des coquilles ordinaires, et peut être plutôt comparée au radeau de la Janthine. Les mâles diffèrent encore des femelles en ce qu'ils sont beaucoup plus petits et ont un bras hectocotylisé.

On croyait autrefois que les Argonautes, dont on ne connaissait que les femelles, se servaient de leur coquille comme d'une nacelle pour naviguer par les temps calmes, à la surface de la mer, en déployant au vent leurs bras membraneux en guise de voiles. Il n'en est rien ; l'animal nage, ses bras dorsaux appliqués sur les côtés de la coquille, et en chassant l'eau par son entonnoir (fig. 554).

L'Argonaute de la Méditerranée était connu d'Aristote sous le nom de *Nautilus*. C'est l'*Argonauta argo* de Linné. Il y en a d'autres espèces dans les régions chaudes ; toutes habitent la pleine mer.

CINQUIÈME EMBRANCHEMENT

VERTÉBRÉS OU OSTÉOZOAIRES

Des divers embranchements dont se compose le règne animal, celui des Vertébrés est le plus nettement délimité. Les traits communs offerts par l'organisation de ces animaux avaient déjà frappé Aristote qui les réunissait sous le nom d'animaux sanguins ($\epsilon\nu\alpha\iota\mu\alpha$), et avait reconnu chez eux l'existence d'un squelette intérieur, cartilagineux ou osseux. La dénomination de Vertébrés, qui sert à les désigner aujourd'hui, a été proposée par Lamarck, et rappelle le caractère le plus important qui distingue ces animaux, c'est-à-dire la présence d'un axe squelettique ou *colonne vertébrale*. Chez eux, on trouve en effet, tout au moins à l'état d'ébauche, une charpente solide interne essentiellement constituée par une tige axiale cartilagineuse ou osseuse, composée de pièces articulées, qui occupe une position déterminée par rapport aux grands appareils organiques. Au-dessus d'elle sont placés

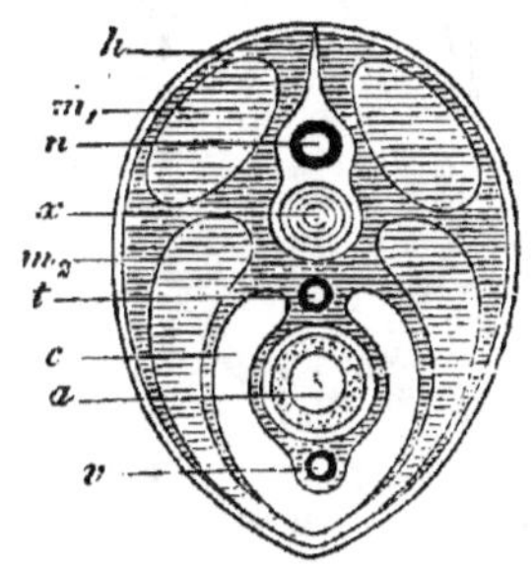

Fig. 555. — Section transversale du prototype vertébré idéal. — *n*, tube de la moelle épinière ; *x*, corde dorsale ; *t*, vaisseau dorsal ; *v*, vaisseau ventral ; *a*, tube digestif ; *c*, cavité viscérale ; *m₁*, muscles dorsaux ; *m₂*, muscles abdominaux ; *h*, épiderme (d'après Haeckel).

tous les centres nerveux, et au-dessous les organes de nutrition, tube digestif et autres viscères (fig. 555).

Cette tige centrale caractéristique apparaît de très bonne heure dans l'embryon des Vertébrés où elle est appelée *corde dorsale* ou *notocorde*. Elle est constituée alors par du tissu cellulaire entouré d'une enveloppe membraneuse, nommée *gaine de la corde*, et quelquefois elle persiste sous cet état, par exemple dans l'Amphioxus, le plus inférieur des Vertébrés ; mais, d'une manière générale, cette tige se segmente en un certain nombre de disques osseux ou vertèbres, comprenant une partie centrale ou corps de la vertèbre, et des lames latérales dirigées les unes en haut, les autres en bas. Ces lames forment donc deux arcs distingués en arc supérieur ou neural, et arc inférieur ou hémal. Les premiers circonscrivent la cavité qui renferme les centres nerveux, et les seconds celle qui contient les appareils de la vie nutritive (fig. 556).

A cette partie axiale du squelette sont rattachés des membres articulés ou appendices locomoteurs dont le nombre est de deux paires au plus, et qui font parfois défaut.

Les pièces qui sont placées à l'entrée des voies digestives, et qui servent à diviser ou à broyer les aliments, c'est-à-dire les mâchoires, appartiennent au système axial, et, contrairement à ce qui a lieu chez les Arthropodes, n'ont rien de commun avec les appendices locomoteurs. Elles ne sont pas placées latéralement, comme chez ces derniers, mais au-dessus l'une de l'autre, et se meuvent dans le sens vertical.

Le corps présente une symétrie bilatérale, qui est à la vérité plus ou moins altérée dans la disposition de certains organes internes, comme le tube digestif par exemple, mais qui, à part quelques exceptions, se conserve intacte dans le squelette et la forme extérieure de l'animal.

Le système nerveux, très développé chez les Vertébrés, en raison de la supériorité de leur organisation, offre une disposition caractéristique. Sa partie centrale est constituée par un cordon logé dans la cavité que forment les arcs vertébraux supérieurs (fig. 556, *n*) et terminé en avant par un renflement de volume plus ou moins considérable et de structure plus ou moins compliquée. Cette dernière portion forme le *cerveau* ou l'*encéphale*; la première est appelée *moelle épinière*, et l'ensemble est désigné sous le nom d'*axe cérébro-spinal*. De cet axe partent tous les nerfs qui se rendent à la périphérie du corps. On trouve, en outre, chez les Vertébrés, de chaque côté de la colonne vertébrale, un ensemble de ganglions nerveux reliés entre eux par des connectifs; ces ganglions, d'une part, sont rattachés au système cérébro-spinal par des filets nerveux, et d'autre part, donnent naissance à des nerfs qui se distribuent aux organes nutritifs. Cet ensemble de ganglions et de rameaux nerveux constitue le *grand sympathique* (fig. 41).

Un caractère essentiel des Vertébrés est d'avoir un système vasculaire complet, c'est-à-dire entièrement clos, et contenant un sang rouge dont la coloration est due à la présence de globules ou *hématies*. Il existe toujours un organe central d'impulsion, ou cœur, qui par des phénomènes alternatifs de contraction et de dilatation met en mouvement le sang contenu dans l'appareil circulatoire; seul l'Amphioxus est dépourvu de cet organe, et seul aussi il a le sang

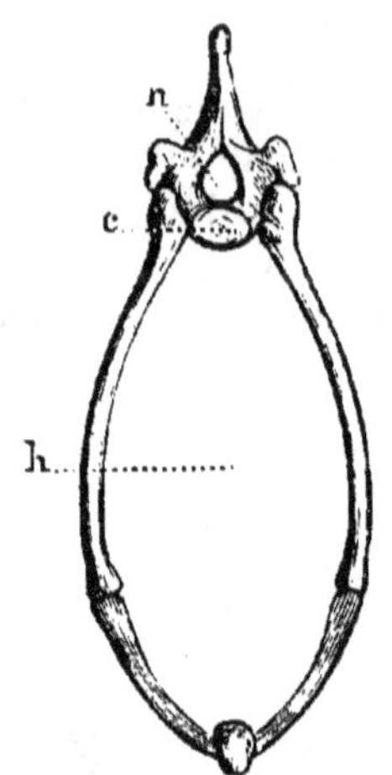

FIG. 556. — Vertèbre thoracique de Mammifère. — *c*, centrum; *n*, arc neural; *h*, arc hémal.

blanc. Indépendamment du système vasculaire sanguin, les Vertébrés sont pourvus d'un *système lymphatique* dans lequel circule un liquide appelé *chyle* ou *lymphe*, qui joue dans la nutrition un rôle important.

Tels sont les traits principaux qui caractérisent les animaux vertébrés ; mais il importe d'examiner succinctement le mode de constitution des grands appareils dont se compose leur organisme.

Le squelette intérieur forme, comme nous l'avons indiqué, la charpente du corps ; le squelette tégumentaire, si répandu chez les Invertébrés, n'offre en général qu'un faible développement, mais il est représenté par un nombre plus ou moins grand de plaques osseuses qui se développent dans les téguments, et qui s'unissent souvent au squelette interne d'une façon intime, par exemple dans la carapace des Tortues. Certains os même, paraissant appartenir à ce dernier, sont des os dermiques : tels sont la clavicule et quelques-uns de ceux dont se compose le crâne.

Dans le squelette proprement dit, on distingue une partie axile et une partie appendiculaire. La première, colonne vertébrale ou épine du dos, est formée de segments vertébraux (*ostéodesmes*) qui se composent d'une partie centrale, ou corps de la vertèbre (*cycléal* de Geoffroy Saint-Hilaire, *centrum* d'Owen), et de deux arcs, l'un supérieur, l'autre inférieur. Le cycléal se développe aux dépens de la gaine qui entoure la corde dorsale, sous forme d'un anneau cartilagineux qui s'étend de plus en plus vers le centre ; chez les Vertébrés inférieurs cet anneau reste perforé, mais le plus souvent il se remplit intérieurement, et le disque ainsi constitué varie dans sa forme suivant que ses deux faces sont concaves, ou que l'une est concave, tandis que l'autre est convexe, ou enfin qu'elles sont toutes deux planes et parallèles.

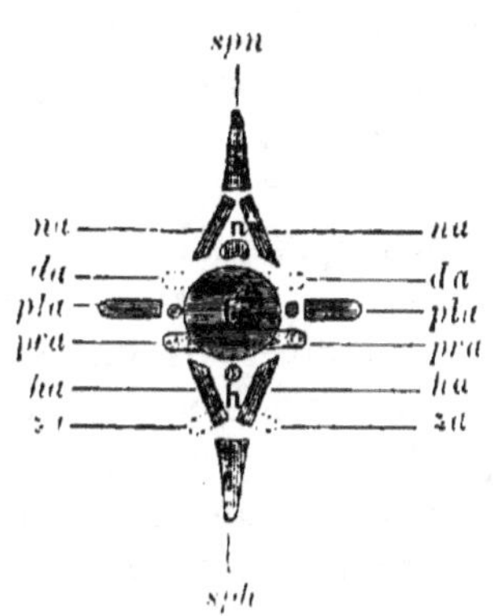

FIG. 557. — Composition de la vertèbre. — C, centre de la vertèbre ; *na*, neurapophyses ; *spn*, ap. épineuse ou neurépine ; *n*, coupe de la moelle épinière ; *ha*, hémapophyses ; *sph*, hémépine ; *h*, coupe du vaisseau sanguin ; *pla*, pleurapophyses ; *da*, diapophyses ; *pra*, parapophyses ; *za*, zygapophyses (d'après Owen).

L'arc supérieur circonscrit le canal rachidien dans lequel est renfermée la moelle épinière, c'est pourquoi on l'appelle *arc neural*. L'arc inférieur forme la cavité viscérale où sont logés les organes nutritifs, et en particulier l'appareil circulatoire ; de là le nom d'*arc hémal* qui lui a été donné. Les lames qui constituent l'arc neural ont été appelées *neurapophyses* par Owen ; elles se prolongent, après s'être rencontrées supérieurement, en une épine médiane ou apophyse épineuse, représentée parfois par un os distinct, c'est la *neurépine*. Les lames qui forment l'arc hémal ont reçu le nom d'*hémapophyses* ; elles sont unies en dessous par une pièce impaire ou *hémépine*. Chacun de ces arcs peut se compliquer par le développement de pièces ou d'apophyses secondaires, qui s'ajoutent aux précédentes et entrent dans la composition de la vertèbre ; ce sont, dans la terminologie d'Owen, les *zygapophyses*, les *parapophyses*, les *pleurapophyses*, etc. (fig. 557). Aussi, les divers segments, quoique construits sur un type commun, étant composés d'éléments qui varient dans leur nombre et dans leur forme, sont-ils loin d'être semblables les uns aux autres, soit qu'on les envisage dans des animaux différents ou dans différentes régions d'un même animal. Des caractères particuliers distinguent en effet certains groupes de vertèbres, constituant alors dans la colonne vertébrale des régions plus ou moins nombreuses, telles que les régions cervicale, dorsale, etc. A son extrémité antérieure, le squelette axial présente une portion renflée qui constitue la *tête*, et qui fournit une enveloppe solide protectrice à l'extrémité correspondante de la moelle épinière transformée en cerveau. L'homologie des pièces qui entrent dans la composition de la tête osseuse avec des éléments vertébraux, suivant l'idée émise par Gœthe, est généralement acceptée en principe, mais les anatomistes sont loin d'être d'accord sur le nombre des vertèbres dont serait formée la tête et sur la signification des divers os qui en font partie. Nous ne saurions tenter ici de donner même un simple aperçu des opinions soutenues à cet égard et des discussions auxquelles elles ont donné lieu (1).

On admet généralement que le crâne se compose de trois segments : l'un postérieur ou *occipital*, l'autre moyen ou *pariétal*, et le troisième antérieur ou *frontal*. Aux pièces osseuses qui entrent dans la composition de ces segments s'ajoutent des os membraneux. C'est dans le segment postérieur que le caractère vertébral s'accuse le plus nettement ; le centre de la vertèbre y est représenté par cette partie de l'occipital qui en forme l'apophyse basilaire chez l'Homme et qu'on nomme os *basi-occipital*. Les parties latérales, ou os *exoccipitaux*, en constituent les neuropophyses, et le *sus-occipital* la neurépine ; les pleurapophyses appartiennent à l'appareil hyoïdien.

Les deux segments suivants ont pour centres le sphénoïde postérieur ou *basi-sphénoïde*, et le sphénoïde antérieur ou *pré-sphé-*

(1) Voy. sur la *Composition vertébrale du crâne*, Geoffroy Saint-Hilaire (*Ann. des sciences nat.*, 1re série, t. III, 1824). — Owen, *Principes d'ostéologie comparée*, etc... Paris, 1855.

noïde. Leurs neurapophyses sont formées pour le premier par les grandes ailes du sphénoïde, ou *alisphénoïdes*, pour le second par les ailes orbitaires du même os, ou *orbito-sphénoïdes*. On peut considérer les pièces qui constituent les arcs hyoïde et maxillaire comme représentant les pleurapophyses de ces segments vertébraux. Plusieurs anatomistes admettent une quatrième vertèbre céphalique, ou *vertèbre nasale*, qui aurait pour centre l'*ethmoïde*. Il y a en outre des pièces osseuses au nombre de trois, quelquefois quatre, désignées sous les noms de *pro-otique, opisthotique, épiotique*, qui constituent la charpente solide de l'appareil auditif, et qui s'intercalent entre le segment pariétal et le segment occipital. Chez les Vertébrés supérieurs, ces pièces se réunissent en un seul os, formant la partie *pétreuse* ou *mastoïdienne* du temporal. Enfin, la boîte crânienne se complète par l'adjonction de divers os membraneux : les *nasaux*, les *frontaux*, les *pariétaux*, de même que la portion écailleuse des *temporaux*, appartiennent à cette catégorie.

On voit par ce qui précède que les arcs céphaliques inférieurs fournissent les pièces solides qui dans la région faciale entourent l'entrée des voies digestives et respiratoires, c'est-à-dire les arcs maxillaire et hyoïde. Derrière ceux-ci, il s'en trouve d'autres, les *arcs branchiaux*, qui forment avec les premiers un ensemble auquel Gegenbaur donne le nom de *squelette viscéral*. Ce squelette présente de grandes modifications dans les diverses classes : l'arc hyoïdien seul est constant et se rencontre chez les Vertébrés supérieurs ; les suivants, nommés arcs branchiaux parce qu'ils portent les branchies chez les Vertébrés à respiration aquatique, sont en nombre variable ; le plus souvent il y en a cinq paires. Ils ne se montrent que transitoirement, pendant la période embryonnaire, chez les Vertébrés à respiration aérienne. Chez ces animaux, au lieu de constituer des organes permanents, ils s'atrophient et disparaissent.

La colonne vertébrale, ou *rachis*, qui fait suite au squelette céphalique, présente une très grande variété, tant sous le rapport du nombre de segments osseux qui la constituent que du nombre de régions qu'on y peut distinguer. Quelquefois, en effet, on n'y compte pas plus de dix vertèbres, par exemple chez la Grenouille, tandis qu'il y en a plusieurs centaines chez certains Serpents. D'un autre côté, on n'y distingue pas toujours le même nombre de régions. On en reconnaît cinq chez les Vertébrés supérieurs : ce sont les régions *cervicale, dorsale, lombaire, sacrée* ou pelvienne, et *coccygienne* ou caudale ; chez les Poissons on n'en trouve que deux, l'antérieure qui correspond au tronc, et la postérieure à la queue. En outre, chacune de ces régions considérée en elle-même varie aussi beaucoup au point de vue de sa longueur, comme du nombre de vertèbres qu'elle comprend.

Les arcs inférieurs des vertèbres présentent un développement en rapport avec le volume de la cavité viscérale qu'ils entourent, et sont formés par des pièces distinctes et articulées sur le corps vertébral, connues sous le nom de *côtes*. Cependant, on voit ces arcs inférieurs, dans la région caudale des Poissons, montrer une ressemblance complète avec les arcs supérieurs, et former un canal sous-rachidien qui loge des vaisseaux sanguins, comme le canal rachidien loge la moelle (fig. 558). Les os en V que l'on trouve dans la même région chez les Crocodiliens, les Sauriens, représentent les arcs inférieurs. Le nombre des côtes est extrêmement variable ; elles peuvent être réparties sur toutes les vertèbres du tronc (Poissons, Serpents), mais souvent elles n'existent que dans certaines régions, dans la région thoracique en particulier. Parfois elles sont rudimentaires, ou manquent complètement (Cyclostomes, Chimères). En général, elles sont unies sur la face ventrale par l'intermédiaire de pièces médianes (*hémépines*, Ow.) qui constituent par leur assemblage le *sternum*; celui-ci apparaît chez les Amphibiens, et varie beaucoup dans sa forme chez les différents Vertébrés; il fait défaut chez les Ophidiens.

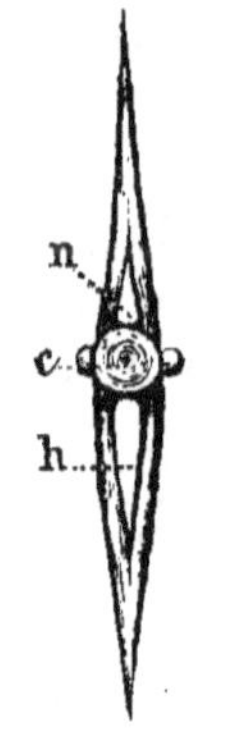

FIG. 558. — Vertèbre caudale de Turbot. — *c*, centrum ; *n*, arc neural; *h*, arc hémal.

Les membres se distinguent en antérieurs ou thoraciques, et en postérieurs ou abdominaux, d'après la position qu'ils occupent (fig. 559, 560). Ils présentent une grande variété de formes, en rapport avec les usages auxquels ils sont adaptés. Organes de locomotion, ce sont des pattes chez les animaux terrestres, des ailes chez les animaux aériens, des nageoires chez les animaux aquatiques; mais, quelle que soit la différence qu'on observe dans leur conformation, ce sont toujours des organes homologues, composés des mêmes éléments morphologiques. Dans leur squelette, il y a d'abord une portion basilaire et plus ou moins fixe rattachée à la colonne vertébrale; on appelle ceinture *scapulaire* ou *thoracique* celle qui porte les membres antérieurs, et ceinture *pelvienne* celle qui porte les membres postérieurs. L'une et l'autre, primitivement formées par une pièce cartilagineuse unique, sont plus tard composées de plusieurs os.

La ceinture scapulaire est constituée de chaque côté par une pièce dorsale, l'*omoplate*, et deux pièces ventrales, le *coracoïde* et le *procoracoïde*. Ce dernier disparaît chez les Crocodiles et ne se

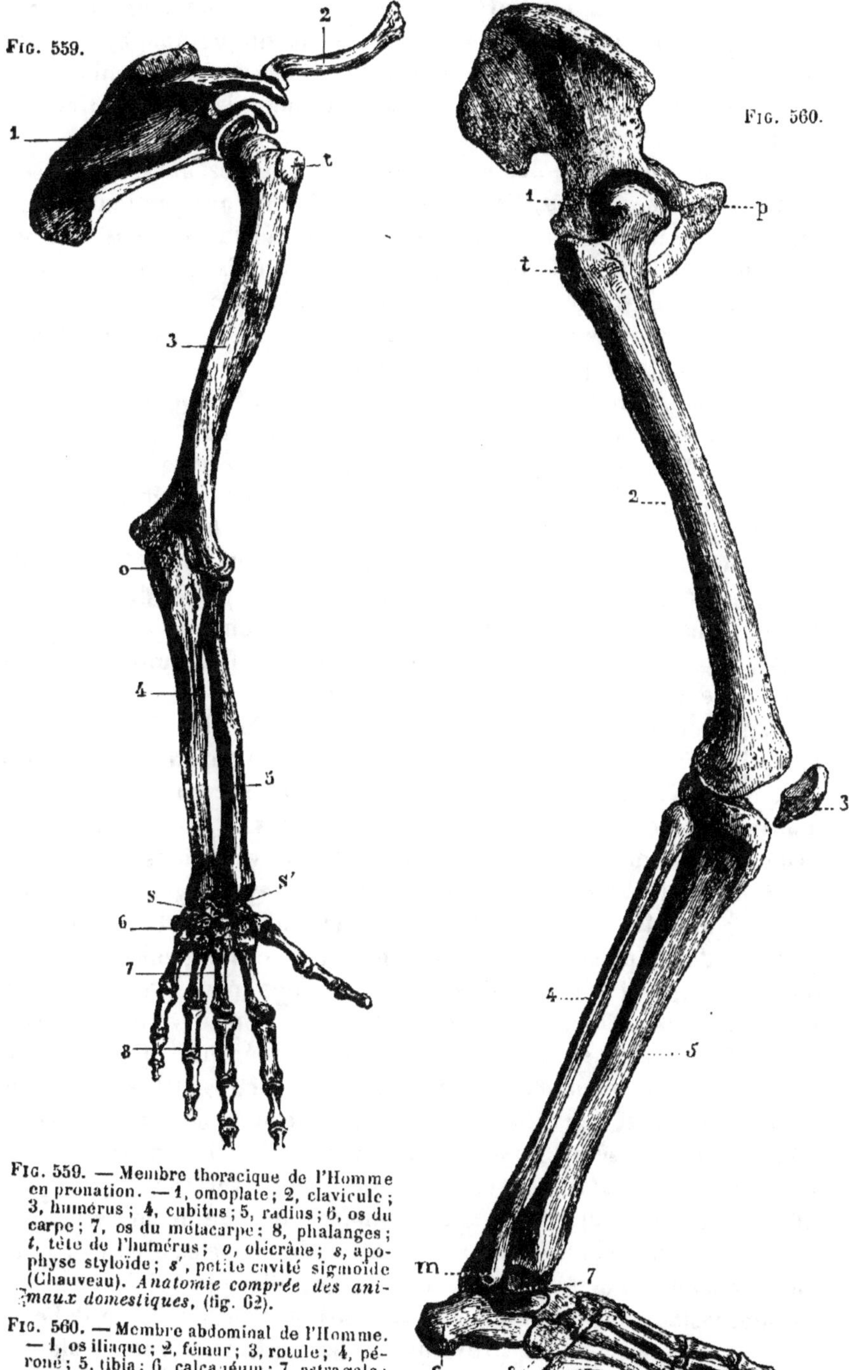

FIG. 559. — Membre thoracique de l'Homme en pronation. — 1, omoplate; 2, clavicule; 3, humérus; 4, cubitus; 5, radius; 6, os du carpe; 7, os du métacarpe: 8, phalanges; *t*, tête de l'humérus; *o*, olécrâne; *s*, apophyse styloïde; *s'*, petite cavité sigmoïde (Chauveau). *Anatomie comprée des animaux domestiques*, (fig. 62).

FIG. 560. — Membre abdominal de l'Homme. — 1, os iliaque; 2, fémur; 3, rotule; 4, péroné; 5, tibia; 6, calcanéum; 7, astragale: 8, cuboïle; 9, os du métatarse; 10, phalanges; *p*, épine du pubis; *m*, malléole; *t*, trochanter (Chauveau).

SICARD.

rencontre plus chez les Vertébrés supérieurs ; à son tour, le coracoïde se réduit chez les Mammifères à une simple apophyse, mais souvent il se développe une pièce nouvelle, un os dermique, la *clavicule*, qui joue un rôle important dans la constitution de l'épaule.

La portion basilaire des membres postérieurs est aussi composée de trois pièces, l'*ilium*, l'*ischion* et le *pubis*, qui par leur union forment chez les Vertébrés supérieurs l'os de la hanche, ou *os iliaque* (fig. 560, 1). Les os iliaques, généralement unis entre eux sur la ligne médiane et inférieure du corps par la symphyse pubienne, s'articulent supérieurement avec les vertèbres sacrées, constituant ainsi une ceinture qu'on appelle *bassin*.

Dans leur portion mobile, les membres sont composés de pièces articulées qui peuvent jouer les unes sur les autres comme des leviers. Au bras et à la cuisse correspond un seul os, l'*humérus* pour l'un, le *fémur* pour l'autre. Le segment suivant renferme deux os : le *cubitus* et le *radius* à l'avant-bras ; le *tibia* et le *péroné* à la jambe. Enfin, la portion terminale qui constitue soit un pied, soit une main, comprend un certain nombre de pièces disposées en séries transversales, et distinguées sous les noms de *carpe* et de *tarse*, de *métacarpe* et de *métatarse*, auxquels font suite les doigts et les orteils divisés eux-mêmes en phalanges.

L'appareil actif de la locomotion présente chez les Vertébrés des complications qui sont en rapport avec le développement du squelette interne ; en effet, des muscles nombreux servent à mettre en mouvement les diverses pièces qui composent cette charpente osseuse, et montrent dans leur disposition des variations qui correspondent à celles du squelette lui-même. Ils se partagent naturellement en muscles du tronc et muscles des membres. Les premiers sont très développés chez les Poissons, où ils constituent de chaque côté du corps et sur toute sa longueur des masses musculaires appelées *masses latérales*. Chacune de ces masses est divisée longitudinalement en deux parties, l'une supérieure, l'autre inférieure, par une membrane tendineuse, de sorte qu'il y a quatre muscles latéraux, deux dorsaux et deux ventraux. Ces muscles eux-mêmes sont divisés transversalement par des ligaments intermusculaires, en autant de segments qu'il y a de vertèbres. C'est par différenciation de ces masses musculaires que se forme chez les Vertébrés supérieurs le grand nombre de muscles distincts qui appartiennent au système rachidien, et parmi lesquels il faut ranger les intercostaux, et probablement aussi les muscles droits de l'abdomen. A ces muscles qui proviennent des masses latérales s'ajoute un petit groupe de muscles abdominaux qui ne se trouve pas chez les Poissons, les Myxinoïdes exceptés. Ce sont les muscles oblique externe, oblique interne et transversal de l'abdomen.

Le diaphragme, qui sépare en deux parties la cavité viscérale des Mammifères, n'existe pas chez les Poissons; il se montre à l'état rudimentaire chez les Tortues; il est représenté chez les Oiseaux par un double plan musculo-fibreux (Sappey).

A la tête, on distingue deux groupes de muscles : les muscles masticateurs et les muscles de la face. Les premiers (*temporal, masséter...*) servent à mettre en mouvement la mâchoire inférieure ; les seconds donnent aux parties molles de la face, aux lèvres en particulier, une mobilité plus ou moins grande. Ils ne sont bien développés que chez les Mammifères, et ils font complètement défaut chez les Poissons.

Les muscles des membres qui, en agissant sur les leviers dont ceux-ci se composent, jouent le principal rôle dans la locomotion, présentent, comme ces membres eux-mêmes, la plus grande variété de dispositions, suivant les usages auxquels ces parties sont adaptées. D'une manière générale, on les distingue en muscles *extenseurs, fléchisseurs, abducteurs* et *adducteurs*, selon le sens des mouvements qu'ils impriment aux membres quand ils se contractent.

Indépendamment des muscles du squelette, dont nous venons de parler, il y en a qui sont unis à l'enveloppe tégumentaire, et qu'on désigne sous le nom de *muscles de la peau*. Ils sont développés surtout chez les Vertébrés supérieurs, dans les régions dorsale et cervicale, et en particulier chez les animaux qui ont la faculté de se rouler en boule (Hérisson, Échidné).

L'enveloppe tégumentaire des Vertébrés se compose de deux parties: l'une profonde, appelée *derme* ou *chorion*, l'autre superficielle, nommée *épiderme*. Le derme est formé essentiellement par des fibres entre-croisées de substance conjonctive au milieu desquelles on rencontre des éléments musculaires épars; dans son épaisseur, on trouve des nerfs, des vaisseaux et des glandes, à sa surface, des éminences, ou *papilles*, qui ont une importance particulière comme organes tactiles. L'épiderme consiste en un revêtement cellulaire qui se subdivise en deux couches : le *réseau muqueux de Malpighi* et la *couche cornée*. La première est formée par des assises de cellules jeunes, sphéroïdales ou polyédriques, tandis que la seconde est constituée par des assises de cellules plus anciennes, aplaties et lamelleuses, dont les plus extérieures se détachent et tombent par desquamation. La membrane épidermique donne naissance à des prolongements appelés *poils* ou *plumes*, selon leur forme ; les écailles, au contraire, ne sont pas,

comme on l'a cru longtemps, des productions épidermoïdes, mais s
forment dans l'épaisseur du derme.

L'axe cérébro-spinal, dont il a déjà été question plus haut
constitue la partie centrale du système nerveux. L'encéphale, qu
est le siège des perceptions sensitives et des facultés intellectuelles,
atteint un développement d'autant plus grand que les animaux
occupent un rang plus élevé dans la série des Vertébrés.

Chez le plus inférieur d'entre eux, l'*Amphioxus*, ce renflemen
antérieur n'existe pas, et l'on ne trouve qu'un simple cordon nerveux qui s'étend d'une extrémité à l'autre du corps. L'axe cérébro-
spinal est logé dans le canal formé par les arcs vertébraux supérieurs,
et entouré par des enveloppes membraneuses, au nombre de trois,
qui sont, en allant de dehors en dedans : la *dure-mère*, l'*arachnoïde*
et la *pie-mère*. Cette dernière est riche en vaisseaux sanguins et
envoie des prolongements dans l'intérieur de la masse nerveuse
dont elle recouvre exactement la surface interne. Ces trois membranes réunies constituent ce qu'on appelle les *méninges*. Un liquide,
liquide céphalo-rachidien, est contenu dans les mailles du tissu
cellulaire sous-arachnoïdien.

Deux substances différentes d'aspect entrent dans la composition
de l'axe cérébro-spinal : la substance *grise* et la substance *blanche*.
La première est essentiellement formée de cellules et constitue les
centres nerveux proprement dits ; la seconde consiste dans un amas
de fibres primitives qui relient ces centres les uns aux autres et les
rattachent aux nerfs périphériques.

L'encéphale, bien qu'il présente de très grandes modifications
chez les différents Vertébrés, comprend toujours les mêmes parties
essentielles qui, chez l'embryon, se montrent sous forme de trois
dilatations ou cellules cérébrales, distinguées, d'après leur position,
en antérieure, moyenne et postérieure (fig. 69). L'encéphale se
partage en trois portions qui correspondent à ces cellules et qu'on
appelle *prosencéphale*, *mésencéphale*, *épiencéphale*. Le mésencéphale ne donne naissance qu'à une seule paire de vésicules
cérébrales, les *lobes optiques*. Les deux autres parties, au contraire,
se subdivisent : le prosencéphale forme les *hémisphères cérébraux*
et les *corps striés* d'une part (cerveau antérieur de Baer), les
couches optiques d'autre part (cerveau intermédiaire de Baer).
L'épiencéphale forme le *bulbe rachidien*, ou *moelle allongée*, et le
cervelet.

Le centre de l'axe cérébro-spinal est occupé par un canal longitudinal qui provient de ce que ce cordon nerveux se forme chez
l'embryon par le relèvement des bords de la bandelette primitive,
d'où résulte la formation d'une gouttière qui se ferme ensuite par

la réunion de ces mêmes bords. Dans l'encéphale, ce canal se transforme en cavités creusées à l'intérieur des différents lobes et
nommées *ventricules*. Au prosencéphale appartiennent les ventricules
latéraux et le troisième ventricule ; au mésencéphale, le ventricule
optique qui devient l'aqueduc de Sylvius chez les Mammifères ; à la
moelle allongée, le quatrième ventricule. Ces cavités sont en communication les unes avec les autres.

De l'axe cérébro-spinal (fig. 561) partent des cordons nerveux
qui vont se distribuer à la périphérie du corps ; on les distingue en
nerfs rachidiens et *nerfs crâniens*
ou *cérébraux*, suivant qu'ils naissent de la moelle épinière ou de
l'encéphale. La plupart des nerfs
sont mixtes, c'est-à-dire composés
de deux sortes de fibres, les unes
motrices et les autres sensitives, de
sorte qu'ils servent à la fois de conducteurs aux excitations qui, partant
des centres nerveux, provoquent des
contractions musculaires, et aux
impressions qui, produites à la périphérie, sont perçues par les centres
nerveux. Tous les nerfs rachidiens
sont ainsi constitués et naissent de
la moelle épinière par deux racines,
appelées à cause de leur position
chez l'Homme, *racines antérieures*
et *racines postérieures ;* les premières sont motrices, les secondes
sensitives, suivant une découverte
dont l'honneur revient à Magendie.
A chaque segment vertébral appartient une paire de nerfs rachidiens ; aussi le nombre en est-il
variable comme celui des vertèbres
elles-mêmes.

Les nerfs qui naissent de l'encéphale sont au nombre de douze

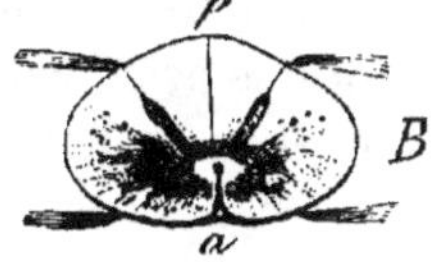

FIG. 561. — Moelle épinière vue par sa
face antérieure. — A A A, racines antérieures rachidiennes naissant par
des divisions radiculaires qui se réunissent ensuite pour constituer les
faisceaux de la racine ; P P P, racines
postérieures ; *c d*, filaments anastomotiques existant parfois entre les racines
postérieures ; *g*, ganglion des racines
postérieures ; *m*, nerf mixte (Claude
Bernard, *Leçons sur le système nerveux*, fig. 1).
B, section transversale de la moelle
au milieu du bulbe cervical (d'après
Todd and Bowman).

paires au plus et diffèrent entre eux au point de vue de leur rôle
physiologique : les uns, en effet, sont affectés à la sensibilité spéciale :
N. olfactifs, N. optiques ; d'autres sont exclusivement moteurs :
N. spinaux ; d'autres, enfin, sont à la fois sensitifs et moteurs :
N. trijumeau.

Le grand sympathique, appelé par Bichat « système nerveux de la vie organique », se rencontre chez tous les Vertébrés, à l'exception de l'Amphioxus et des Cyclostomes. Il est constitué par un grand nombre de ganglions reliés au système cérébro-spinal et unis entre eux par des cordons de communication. Les rameaux efférents fournis par ces ganglions et destinés aux organes nutritifs s'anastomosent le plus souvent par des branches multiples, et forment des plexus qui comprennent dans leur réseau des ganglions secondaires (plexus hypogastrique, solaire, etc.).

Les organes des sens présentent de nombreuses particularités et atteignent à un haut degré de complication. Le tact a pour siège la peau, et pour organes des corpuscules de nature spéciale (corpuscules du tact, de Pacini), qui forment les terminaisons des nerfs sensitifs. Le goût réside dans la muqueuse qui recouvre la partie postérieure de la langue et l'arrière-bouche; les impressions gustatives y sont recueillies par des papilles où viennent se terminer des filets nerveux émanés du glosso-pharyngien et du lingual. Les organes de l'odorat consistent en deux cavités ou fossettes placées sur la tête et tapissées par une muqueuse dans laquelle vient se distribuer un nerf spécial, le nerf olfactif. Ces cavités sont presque toujours paires, cependant quelquefois il n'en existe qu'une seule (Cyclostomes). Chez les Vertébrés à respiration aérienne, elles communiquent en arrière avec la bouche, et forment alors un orifice d'entrée pour les voies respiratoires ; chez les Poissons, à quelques exceptions près, cette communication n'existe pas.

L'organe de l'audition est essentiellement constitué par une vésicule primordiale, développée de chaque côté de la tête et portant sur ses parois les appareils terminaux du nerf acoustique. Son intérieur est rempli d'un liquide transparent dans lequel se trouvent des otolithes. Cette vésicule, (fig. 562) presque toujours divisée en deux parties, *utricule* et *saccule*, prend le nom de vestibule et se complique par le développement de diverticules (*canaux semi-circulaires, limaçon*) qui forment avec elle un ensemble nommé *oreille interne* ou *labyrinthe*. L'oreille moyenne et l'oreille externe ne sont que des parties complémentaires de cet appareil et font souvent défaut.

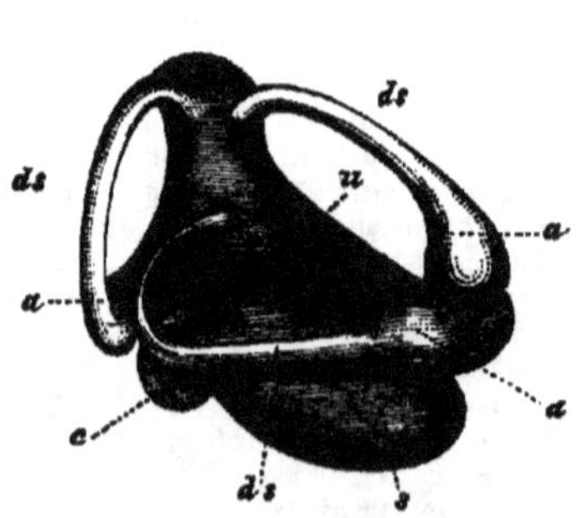

Fig. 562. — Oreille interne de la Murène. — *ds*, canaux semi-circulaires; *a*, leurs dilatations ampullaires; *u*, utricule; *s*, saccule; *c*, cysticule (d'après Hasse et Nuhn).

Les yeux des Vertébrés, au nombre de deux, sont des organes compliqués à la composition desquels prennent part le système nerveux et les téguments. Les nerfs optiques émanés du mésencéphale s'épanouissent en une membrane sensible aux impressions lumineuses, la *rétine* (fig. 563, 3). Au devant de celle-ci se trouve un appareil dioptrique représenté par divers milieux réfringents : *cornée, humeur aqueuse, cristallin, humeur vitrée*. A ces parties s'ajoutent, d'une part, les enveloppes de l'œil, *sclérotique* et *choroïde*, d'autre part, des appa-

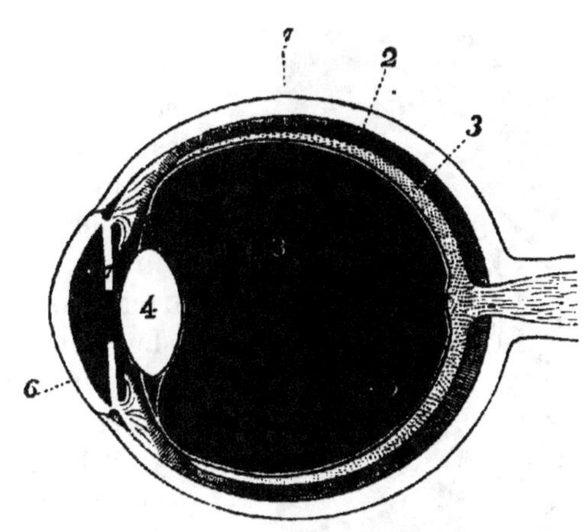

Fig. 563. — Coupe du globe oculaire. — 1, sclérotique; 2, choroïde; 3, rétine; 4, cristallin; 5, membrane hyaloïde; 6, cornée; 7, iris; 8, corps vitré (d'après Dalton).

reils annexes tels que muscles, paupières, etc. Chez l'Amphioxus, comme chez certains Invertébrés, l'œil consiste en une simple tache de pigment.

Les organes de nutrition sont situés au-dessous du squelette axial, et contenus dans la cavité viscérale. Le tube digestif s'ouvre à l'extrémité antérieure du corps par un orifice d'entrée, ou orifice buccal, et comprend une première portion qui lui est commune avec les organes respiratoires : c'est la *cavité buccale*. Cette disposition présente une remarquable analogie avec celle que l'on rencontre dans les Ascidies, et fournit un argument en faveur du rapprochement établi par quelques naturalistes entre ces animaux et les Vertébrés. La cavité buccale ne reste simple que chez les Poissons et les Batraciens; dans les autres classes elle est divisée en deux étages par une cloison qu'on nomme *palais;* d'où résulte la séparation d'une cavité supérieure, ou nasale, de la cavité buccale proprement dite; il reste en arrière une portion commune qu'on appelle *pharynx*. D'une manière générale, la bouche des Vertébrés constitue un appareil propre à diviser les aliments par le jeu des mâchoires qui se meuvent dans le sens vertical. Souvent le bord libre des mâchoires est recouvert par un repli de la peau formant des lèvres qu'on trouve bien développées chez les Mammifères.

La bouche est armée, dans la plupart des cas, de pièces dures appelées *dents*, parmi lesquelles il faut distinguer celles qui sont de simples formations épithéliques (*odontoïdes* de Milne Edwards), des dents proprement dites qui sont produites par la muqueuse et constituées par un tissu spécial analogue au tissu osseux. Comme exemple des premières, on peut citer les pièces cornées qui composent l'armature buccale des Cyclostomes, les fanons des Baleines; le revêtement corné, qui constitue le bec des Oiseaux et de quelques autres animaux, appartient aussi à cet ordre de formations.

Les dents proprement dites sont formées par trois tissus différents qui sont : l'*ivoire* ou *dentine*, l'*émail* et le *cément* (fig. 564). L'ivoire constitue la majeure partie de la dent. Il est caractérisé par la présence d'une multitude de canalicules parallèles entre eux et dirigés de la cavité du bulbe vers la surface de l'organe. L'émail revêt extérieurement la couronne dentaire, et se compose de prismes microscopiques serrés les uns contre les autres. Le cément ressemble beaucoup à de l'os, et forme principalement l'enveloppe de la racine. Quand l'émail et le cément ne forment qu'une couche superficielle de revêtement, on dit que les dents sont simples; mais parfois ces substances pénètrent plus profondément

FIG. 564. — Coupe longitudinale d'une dent incisive. — A, émail; B, ivoire; C, cavité dentaire; D, collet de la dent; E, cément (Magitot).

et remplissent des sillons ou des anfractuosités creusés dans la

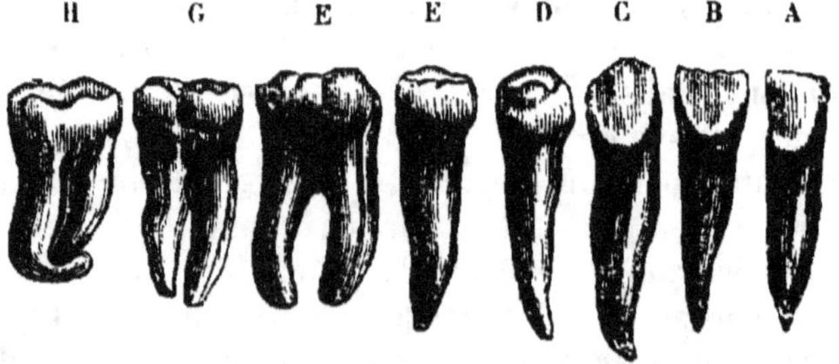

FIG. 565. — Dents de l'Homme. — A, première incisive; B, seconde incisive; C, canine; D, E, petites molaires; F, G, H, grosses molaires.

dentine, donnant lieu ainsi à des dispositions variées; on désigne les dents constituées de la sorte sous le nom de dents *composées*.

Chez les Mammifères les dents ne se trouvent que sur les bords des mâchoires, mais chez les Vertébrés inférieurs elles peuvent exister sur différents points de la cavité buccale. Il y en a quelquefois sur le vomer, *dents roméniennes*, sur les palatins, *dents palatines*, etc. Tantôt les dents qui garnissent les bords des mâchoires sont semblables entre elles, et tantôt elles sont de plusieurs sortes (fig. 565). On les distingue alors par des noms particuliers : on appelle *incisires* les dents qui sont implantées sur les os intermaxillaires ou incisifs à la mâchoire supérieure, et celles qui leur correspondent à la mâchoire inférieure ; *canines*, celles qui de chaque côté viennent immédiatement après les précédentes, et *molaires*, celles qui sont situées en arrière des canines sur les os maxillaires. Parfois les dents qui arment les mâchoires sont susceptibles de renouvellement, et peuvent être remplacées par d'autres dont les germes sont disposés derrière les premières sur une ou plusieurs rangées. Chez les Mammifères, en général, celles qui apparaissent les premières n'ont qu'une existence temporaire ; on les nomme *dents de lait*. Elles tombent à un moment donné, et alors se développent les dents permanentes, nommées aussi *dents de remplacement*. Il y a donc chez eux deux dentitions qui se succèdent, et qui le plus souvent diffèrent par le nombre de pièces dont chacune d'elles se compose. Toutes les molaires, en effet, ne sont pas représentées dans la première dentition, et l'on distingue sous le nom de *prémolaires*, ou fausses molaires, celles d'entre elles qui sont précédées par des dents de lait.

Un grand intérêt s'attache pour les naturalistes à la considération des caractères tirés de la dentition des Mammifères, parce que les particularités qu'elle présente sont très utilement employées dans la classification. Aussi a-t-on cherché à exprimer brièvement ces caractères au moyen de ce qu'on appelle une *formule dentaire*. On établit cette formule en désignant chaque espèce de dents par la lettre initiale de son nom, puis en représentant par des chiffres superposés et séparés par un trait horizontal, le nombre de ces dents sur chacun des côtés des mâchoires supérieure et inférieure. Ainsi, la formule dentaire de l'Homme adulte sera la suivante :

$$ i\,\frac{2}{2},\ c\,\frac{1}{1},\ p\,m\,\frac{2}{2},\ m\,\frac{3}{3}. $$

Ce qui veut dire qu'il existe à chaque mâchoire et de chaque côté, deux incisives, une canine, deux prémolaires et trois molaires vraies, soit en tout trente-deux dents.

En général, on trouve dans la bouche un organe important par son rôle physiologique, en connexion par sa base avec l'os hyoïde et

libre par son extrémité antérieure : c'est la *langue* (1). La structure
en est très variable : quelquefois elle consiste simplement en un
prolongement médian de l'os hyoïde recouvert par une couche de
tissu conjonctif, et tapissé par la muqueuse buccale (Poissons), mais
le plus souvent cet organe est musculeux, protractile et propre à
exécuter des mouvements variés.

L'œsophage, qui fait suite à la bouche, est large et court chez la
plupart des Vertébrés inférieurs, long et étroit chez les Mammifères
et les Oiseaux. Chez ces derniers, il présente fréquemment une dilatation, ou une expansion appendiculaire qui sert de réservoir alimentaire, et qu'on désigne sous le nom de *jabot*. Par son orifice postérieur ou cardiaque, l'œsophage s'ouvre dans l'estomac, portion
élargie du tube digestif, mais dont la forme varie beaucoup. Le
plus souvent il est constitué par une seule cavité et on le qualifie
alors de *simple;* parfois, il se compose de plusieurs poches, et,
dans ce cas, on le dit *multiple* (Ruminants).

L'intestin est séparé de l'estomac par la valvule pylorique et
s'étend jusqu'à l'anus. Cette partie du tube digestif a une longueur
très variable, mais qui d'ordinaire représente plusieurs fois celle du
corps ; aussi forme-t-elle un certain nombre de circonvolutions.
On la divise en *intestin grêle* et *gros intestin*, le premier étant,
comme l'indique son nom, beaucoup plus étroit que le second. Tous
deux se subdivisent à leur tour, l'intestion grêle en *duodénum*,
jéjunum et *iléon*, le gros intestin en *côlon* et *rectum ;* mais ces distinctions sont purement artificielles. Souvent, chez les Poissons,
l'intestin présente, au voisinage du pylore, des prolongements en
forme de cæcum, simples ou ramifiés, qu'on appelle à cause de
leur situation *appendices pyloriques*, et qu'on regardait autrefois
comme représentant le pancréas de ces animaux. Chez les Vertébrés
supérieurs, on trouve au commencement du gros intestin, un appendice cæcal plus ou moins développé ; quelquefois, c'est un large
cæcum, quelquefois un tube grêle nommé *appendice vermiforme*,
chez l'Homme par exemple. Certains animaux en sont dépourvus,
tandis que d'autres en possèdent deux, ainsi la plupart des Oiseaux.
Le canal digestif aboutit à un orifice terminal, généralement situé à
l'extrémité postérieure du tronc ; cependant chez beaucoup de Poissons l'anus est porté en avant et parfois même placé sous la gorge.
Souvent aussi l'intestin, au lieu de s'ouvrir au dehors isolément,
débouche dans une cavité qui lui est commune avec les organes
génito-urinaires et à laquelle on donne le nom de *cloaque*.

Le tube digestif est enveloppé et suspendu en quelque sorte dans la

(1) Voy. pour l'ensemble de l'appareil digestif, fig. 52, p. 62.

chambre viscérale par un repli de la membrane péritonéale qui s'étend sur les parois de cette cavité ; ce repli porte le nom de *mésentère*.

Des glandes nombreuses servant à la sécrétion de liquides propres à modifier les aliments et à les rendre assimilables sont annexées au canal intestinal. Dans la région buccale, il existe un appareil salivaire en général bien développé, mais qui fait défaut ou ne se trouve qu'à l'état rudimentaire chez les animaux aquatiques (Poissons, Batraciens, Cétacés). Deux glandes importantes, le *foie* et le *pancréas*, sont en connexion avec la première portion de l'intestin. Le foie est volumineux, ordinairement divisé en lobes et traversé par le sang veineux qui parcourt le système de la veine porte. Les conduits excréteurs qui en partent s'unissent entre eux de façon à constituer un, deux ou quelquefois plusieurs troncs qui s'ouvrent dans l'intestin. A ces canaux hépatiques se trouve généralement annexé un réservoir où s'accumule la bile, et qu'on appelle *vésicule du fiel*.

Le pancréas, situé dans le voisinage du foie, manque chez un certain nombre de Poissons, mais se rencontre dans toutes les autres classes de Vertébrés. Il est pourvu d'un canal excréteur qui débouche dans l'intestin à côté du canal hépatique, et souvent se réunit à lui ; il y a parfois deux conduits excréteurs au lieu d'un. Indépendamment de ces glandes qui forment des organes distincts, il en est d'autres dont le rôle physiologique est considérable, mais qui sont logées dans l'épaisseur des parois du tube digestif : ce sont dans l'estomac les glandes pepsiques ou *follicules gastriques*, et dans l'intestin les *glandes de Lieberkühn* et de *Brunner*.

L'appareil circulatoire des Vertébrés est formé par un système vasculaire clos. Le liquide nourricier qui se meut dans ces canaux tient en suspension des globules rouges qui lui donnent sa coloration ; il contient en outre des corpuscules, ou globules blancs, analogues à ceux qu'on trouve dans le sang des Invertébrés. Cet appareil présente diverses modifications en rapport avec la disposition qu'affectent les organes respiratoires. Chez tous les Vertébrés, l'Amphioxus excepté, il y a un cœur qui est situé dans la portion thoracique de la cavité viscérale, au-dessous de l'œsophage, et qui est entouré par une double enveloppe ou *péricarde* (fig. 54, p. 46) ; mais cet organe n'est pas toujours constitué de même, et on lui reconnaît trois formes principales. Tantôt il se compose de deux cavités seulement, une oreillette et un ventricule, et il est placé sur le trajet du sang veineux : c'est un cœur veineux (Poissons) ; tantôt il comprend trois cavités, deux oreillettes et un ventricule, celui-ci contenant alors du sang artériel et du sang veineux plus ou moins mélangés (Batraciens, Reptiles) ; tantôt enfin il est séparé en deux moitiés, formées chacune par une oreillette et un ventricule, et sans communication entre elles ; celle de droite reçoit exclusivement du sang veineux et celle de gauche du sang artériel. Entre ces trois formes il existe des degrés intermédiaires établissant le passage de l'une à l'autre. La circulation subit des changements qui correspondent à ces modifications de l'organe central. Dans le premier cas, le sang en parcourant le cercle circulatoire ne traverse le cœur qu'une fois ; on dit alors que la circulation est *simple*. On la dit double, au contraire, quand le sang est ramené deux fois au cœur avant de revenir à son point de départ (grande et petite circulation) ; mais elle est *double et incomplète*, s'il y a mélange du sang artériel et du sang veineux dans un ventricule unique, tandis qu'elle est *double et complète* quand tout le sang artériel et tout le sang veineux traversent le cœur sans se mêler (fig. 566).

Pendant les premières périodes de la vie embryonnaire, l'appareil circulatoire est constitué de la même façon chez tous les Vertébrés, et les différences qu'on y observe ensuite, se produisent au cours du développement ; ainsi, les dispositions diverses que l'on

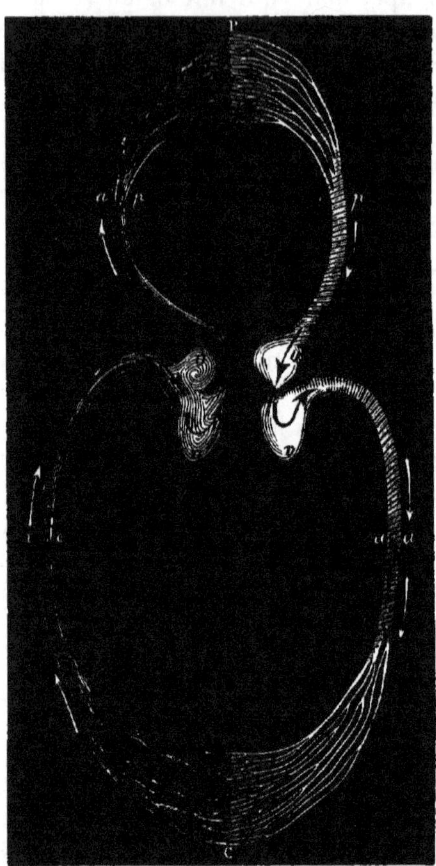

Fig. 566. — Schéma de l'appareil circulatoire. — *o, o*, oreillettes ; *v, v*, ventricules ; *a, a*, aorte ; *c*, réseau capillaire ; *v c*, veine cave ; *ap*, artère pulmonaire ; *p*, capillaires du poumon ; *vp*, veines pulmonaires. (Les flèches indiquent la direction du courant sanguin. *Nouveau Dictionn, de méd. et de Chir.*)

rencontre chez les animaux adultes dérivent d'une même forme primitive, permanente chez les uns, transitoire chez les autres. Le sang, au sortir du cœur, passe dans un tronc vasculaire, *bulbe artériel* ou *aorte ascendante*, qui naît du ventricule, et fournit deux séries de vaisseaux artériels, ou *arcs aortiques*, situés les uns à droite, les autres à gauche. Ces arcs, généralement au nombre de cinq, sont recourbés

en dehors et en haut, puis se réunissent entre eux de chaque côté
pour constituer deux vaisseaux qui se confondent en un tronc
médian dirigé en arrière et nommé *aorte dorsale* (fig. 567). Du
premier de ces arcs part une artère qui se distribue à la région
céphalique : c'est la *carotide*. Ce système de crosses aortiques se
modifie de diverses façons, soit par l'atrophie de certaines de ses
parties, soit par le développement de
parties nouvelles. Ainsi, chez les Vertébrés à respiration aquatique, il se
forme sur le parcours de chacune
d'elles un réseau capillaire branchial
qui divise l'arc primitif en deux portions : une portion afférente portant
aux branchies du sang veineux, *artères branchiales*, et une portion ef-
férente amenant dans l'aorte le sang
hématosé, *artères épibranchiales*

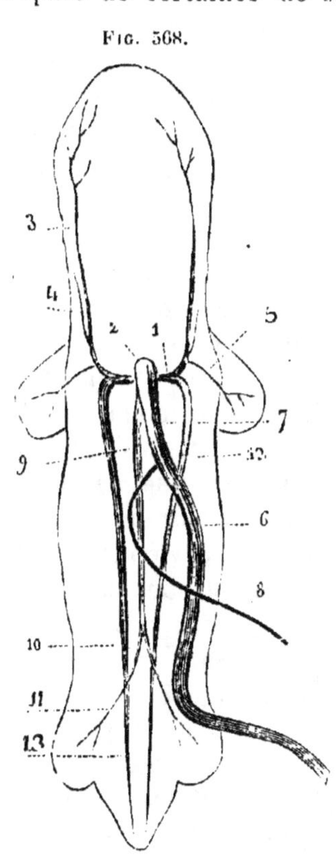

Fig. 568.

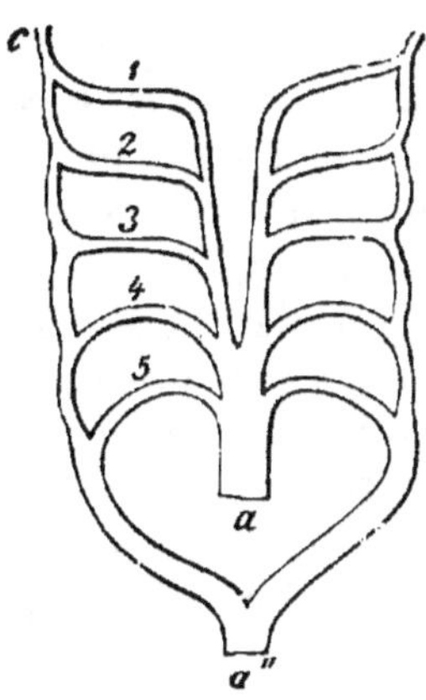

Fig. 567.

Fig. 567. — Schéma des arcs aortiques primitifs. — *a*, bulbe artériel; 1-5, arcs aortiques;
a'', aorte dorsale ; *c*, carotide.

Fig. 568. — Système veineux primitif. — 1, canal de Cuvier; 2, tronc veineux commun primitif; 3, veine cardinale antérieure ou jugulaire primitive; 4, jugulaire interne; 5, sous-
clavière; 6, veine ombilicale; 7, la même veine au niveau du foie; 8, veine omphalo-
mésentérique; 9, veine cave inférieure; 10, anastomose entre la veine cave inférieure
et les veines cardinales, à l'endroit où celles-ci reçoivent les veines crurales; 11, veines
crurales; 12 et 13, veines cardinales postérieures.

(veines branchiales). Chez les Vertébrés à respiration pulmonaire les
artères qui se distribuent aux poumons tirent leur origine de la dernière paire d'arcs aortiques; plusieurs des arcs primitifs disparaissent ou se transforment, et il n'en reste plus qu'une paire ou
même un seul, soit à droite (Oiseaux), soit à gauche (Mammifères),
qui se continue avec l'aorte dorsale.

Le sang transporté par les artères se répand dans un riche

réseau .capillaire, et est ensuite ramené au cœur par les veines. La disposition de cette partie du système vasculaire présente aussi de nombreuses modifications : primitivement elle est très simple (fig. 568). Le sang est ramené au cœur par quatre vaisseaux longitudinaux, deux antérieurs et deux postérieurs, les premiers appelés *veines jugulaires*, les seconds *veines cardinales*. De chaque côté, la veine jugulaire et la veine cardinale s'unissent pour former un tronc commun, *canal de Cuvier*, qui se porte en dedans et débouche dans un réservoir veineux, sorte de vestibule précédant l'oreillette et désigné sous le nom de *sinus précardiaque*, ou *sinus de Cuvier*. En outre les veines qui viennent du tube digestif forment une autre voie de retour, mais qui ne conduit pas directement le sang au cœur ; en effet, ces veines se réunissent en un vaisseau, la *veine porte*, qui se rend au foie et s'y ramifie en un réseau vasculaire dont les branches efférentes constituent ensuite la veine hépatique, laquelle débouche dans le sinus précardiaque. Parfois on trouve aussi un système porte rénal placé sur le trajet des veines cardinales.

La portion veineuse de l'appareil circulatoire subit diverses transformations, dont les plus considérables sont produites par réduction de quelques-uns des troncs primitifs. Ainsi, les veines cardinales perdent de leur importance, ne reçoivent plus qu'une petite quantité de sang, et deviennent les *veines azygos*, dont parfois même une seule persiste à droite, celle de gauche étant alors représentée, sous le nom d'*hémiazygos*, par une branche de la première. La plus grande partie du sang qui provient des viscères et des membres postérieurs retourne au cœur par un tronc impair unique qui reçoit les veines hépatiques, et qui porte le nom de *veine cave inférieure* ou *postérieure*. Les troncs antérieurs primitifs se modifient par suite du développement des veines appartenant aux membres thoraciques, et qui, en s'unissant aux veines jugulaires, forment dans le voisinage du cœur les troncs qu'on nomme *veines caves antérieures*. Souvent (chez la plupart des Mammifères) il n'y a qu'une veine cave antérieure, celle de droite, où viennent déboucher les vaisseaux du côté gauche par une branche anastomotique transversale considérablement élargie, tandis que la veine cave antérieure du même côté s'est atrophiée.

On a vu que la présence d'un système lymphatique était spéciale à la classe des Vertébrés ; c'est un appareil de perfectionnement qui manque chez l'Amphioxus et qui est d'autant plus développé que l'organisation est plus élevée. Chez les Vertébrés inférieurs, les lymphatiques sont représentés par des cavités qui entourent les vaisseaux sanguins, et qui se continuent à la périphérie dans une sorte de réseau lacunaire sans parois propres ; ces cavités ont avec le système veineux des communications nombreuses. Chez les Vertébrés supérieurs, la portion périphérique de ce système est constituée par de très fins réseaux capillaires, d'où naissent des vaisseaux, qui se réunissent les uns aux autres, et forment en définitive un petit nombre de troncs terminaux débouchant dans les grosses veines voisines du cœur. Le principal de ces troncs est connu sous le nom de *canal thoracique;* c'est à lui qu'aboutissent, outre les lymphatiques des membres postérieurs, les *chylifères*, ou lymphatiques de l'intestin, qui apportent dans le courant sanguin une partie des matériaux nutritifs élaborés par la digestion. Parfois, notamment chez les Batraciens, les vaisseaux lymphatiques présentent en certains points des dilatations à parois musculaires et contractiles, qu'on appelle *cœurs lymphatiques.* Enfin sur le trajet de ces vaisseaux, on trouve des organes particuliers qui produisent des globules blancs destinés à se transformer ultérieurement en globules sanguins ; ce sont les *ganglions lymphatiques* (fig. 569) et les follicules clos, ou *glandes de Peyer*, disséminés sous la muqueuse intestinale. A côté de ces organes, il faut ranger la *rate* et les autres glandes vasculaires sanguines (corps thyroïde), comme ayant une structure analogue, et comme servant aussi à la formation des globules blancs.

Chez les Vertébrés les organes de la respiration affectent la forme de *branchies* ou de *poumons*, suivant que ces animaux respirent dans l'eau ou dans l'air. La peau reste toujours à la vérité, quand elle est souple et molle, le siège de phénomènes respiratoires, mais elle n'a qu'un rôle accessoire dans l'accomplissement de cette fonction. Les branchies sont constituées par de petites lamelles trian-

Fɪɢ. 569. — Ganglion lymphatique.

gulaires, disposées le plus souvent en deux rangées sur le bord externe des arcs branchiaux. Ces arcs forment par leur bord concave ou interne le plancher de la bouche, et sont séparés par des fentes à travers lesquelles passe l'eau qui arrive aux branchies. En dehors, la chambre branchiale est limitée par un repli de la peau, simplement membraneux (Batraciens), ou pourvu de pièces solides (*opercule* et *rayons branchiostèges* des Poissons). La fente formée par le bord postérieur de ce repli porte le nom d'*ouverture des ouïes* et sert d'orifice expirateur. Parfois les branchies sont extérieures, ainsi qu'on le voit chez les jeunes Têtards, chez les Batraciens dits *pérennibranches*.

Les poumons (fig. 54, p. 64) consistent d'une manière générale en poches ou sacs membraneux d'une structure plus ou moins compliquée, qui reçoivent l'air atmosphérique, et renferment dans leur paroi un riche réseau vasculaire destiné à mettre le sang en rapport avec le fluide respirable. Ils sont au nombre de deux, et, en général, d'un volume à peu près égal, mais dont l'un peut rester rudimentaire (Ophidiens). Ces organes sont renfermés dans la partie antérieure ou thoracique de la cavité viscérale; ils communiquent avec l'extérieur par un conduit plus ou moins long qui s'ouvre au fond de la bouche, et qui est également en rapport avec les fosses nasales, ouvertes en arrière dans la cavité buccale. Chez les Vertébrés supérieurs (Mammifères) un voile membraneux nommé *voile du palais* s'étend du bord antérieur des arrière-narines vers la base de la langue; il sert à établir une séparation entre les voies aériennes et digestives au moment de la déglutition.

Les voies aériennes proprement dites commencent à l'ouverture pratiquée au fond de la bouche, derrière la base de la langue. Cette ouverture donne accès dans un tube placé sous l'œsophage et destiné à porter l'air aux poumons; la portion antérieure de ce tube qui présente une organisation spéciale en rapport avec la production de la voix, constitue le *larynx*, et le tube lui-même est appelé *trachée-artère*. Dans certains cas, la trachée-artère arrive aux poumons sans se diviser, mais généralement elle se bifurque pour aller se ramifier plus ou moins dans chaque poumon, et on donne le nom de *bronches* à ces ramifications. Enfin, l'appareil respiratoire, constitué comme nous venons de l'indiquer, est renfermé dans une sorte de cage formée par les parois de la partie antérieure du corps, et dont les mouvements interviennent dans le mécanisme de la respiration, pour déterminer soit l'entrée, soit la sortie de l'air. Les conduits respiratoires qui amènent l'air aux poumons sont tapissés par une membrane muqueuse recouverte d'un épithélium vibratile. Parfois les poumons coexistent avec les branchies, mais, en règle générale, leur développement entraîne la disparition de ces derniers organes.

Les organes d'excrétion urinaire ou *reins* (fig. 570), sont constitués essentiellement par un nombre plus ou moins grand de petits cæcums renflés en ampoule, renfermant chacun un peloton de vaisseaux sanguins, et appelés *glomérules de Malpighi*. Ces cæcums forment la portion terminale de tubes étroits ou canalicules urinifères, qui tantôt se réunissent entre eux, et tantôt débouchent isolément dans un conduit excréteur commun nommé *uretère*. Celui-ci s'ouvre parfois directement au dehors, mais d'ordinaire il aboutit à un réservoir placé sur son trajet et qu'on appelle *vessie urinaire*. Chez la plupart des Vertébrés, les Poissons seuls exceptés, les reins qui apparaissent dans l'embryon n'ont qu'une existence temporaire ; on donne à ces organes transitoires le nom de *corps de Wolff*, ou *reins primitifs*. Ils sont remplacés par les reins permanents, ou reins proprement dits, qui se développent sur les canaux excréteurs des premiers, mais s'en séparent ensuite complètement.

Les Vertébrés se reproduisent tous par voie sexuelle, et chez eux, à part quelques exceptions (Serrans), les sexes sont séparés. Les glandes génitales, ovaires et testicules, sont paires et logées dans

FIG. 570. — Coupe du rein montrant les calices, le bassinet et les infundibula (Lionel Beale).

la cavité viscérale ; elles se développent sur le côté interne des reins primitifs, et présentent au début une entière similitude. Parfois les produits sexuels tombent simplement dans la cavité viscérale et, de là, arrivent au dehors par des pores abdominaux situés auprès de l'anus (nombreux Poissons) ; le plus souvent ils sont évacués par des conduits particuliers qui dérivent des *reins primordiaux*.

Ceux-ci, en effet, sont munis d'un canal excréteur primitivement simple, mais duquel se sépare un second tube désigné sous le nom de *canal de Müller*. De ces canaux, le premier, ou canal de Wolff, devient le canal déférent chez le mâle ; le second devient l'oviducte chez la femelle. Dans leur portion terminale, les canaux déférents et les oviductes se modifient de diverses façons. Souvent chacun se réunit à son congénère, et le canal ainsi formé débouche soit dans le cloaque, où s'ouvrent aussi le rectum et les organes urinaires, soit dans le voisinage de l'anus, par un orifice commun aux organes génitaux et urinaires. Ils peuvent se compliquer en outre par la formation de glandes annexes, et par le développement d'organes copulateurs, d'où résultent des dispositions variées propres aux différents groupes de Vertébrés.

Parmi ces animaux, les uns sont ovipares, les autres vivipares. Chez ces derniers, l'œuf fécondé séjourne et se développe dans une poche incubatrice qui n'est autre chose qu'une partie différenciée de l'oviducte à laquelle on donne le nom d'*utérus*. Celui-ci est généralement simple par suite de la réunion des deux oviductes. On a vu ailleurs (p. 80) quels sont les phénomènes principaux qui se manifestent dans le développement embryonnaire des animaux vertébrés ; nous n'y reviendrons pas. D'ordinaire ce développement est direct ; on n'observe des métamorphoses que chez les Batraciens et quelques Poissons.

Linné avait établi quatre classes de Vertébrés : *Mammalia*, *Aves*, *Amphibia*, *Pisces*, et cette division, adoptée par Cuvier, a été universellement admise jusque vers le milieu de ce siècle. Cependant de Blainville, dès 1816, avait séparé les Reptiles des Amphibiens et porté ainsi le nombre des classes à cinq. La légitimité de ce changement fut confirmée par les données de l'embryologie. On sait, en effet, que certains Vertébrés, au cours de leur développement, sont munis d'une vésicule allantoïde, tandis que d'autres en sont dépourvus. Milne Edwards a basé sur ce caractère la subdivision de l'embranchement en deux groupes principaux : celui des *Allantoïdiens* et celui des *Anallantoïdiens*. Or les Reptiles se rangent avec les Oiseaux et les Mammifères parmi les premiers ; les Batraciens au contraire, ou Amphibiens, prennent place à côté des Poissons parmi les seconds. On admet donc aujourd'hui cinq classes de Vertébrés réparties en deux sous-embranchements, comme l'indique le tableau suivant :

<pre>
         (Une vésicule allantoïde   (Des mamelles et des poils.   Mammifères.
         { et un amnios chez l'embryon. { Pas de (Des plumes....   Oiseaux.
         (Allantoïdiens   (mamelles (Des écailles ... Reptiles.
Vertébrés{   ' Des métamorphoses ; des poumons
         (Ni vésicule allantoïde   (chez l'adulte................. Batraciens.
         {   ni amnios.   ) Point de métamorphoses ; des bran-
         (Anallantoïdiens   (chies à tous les âges........... Poissons.
</pre>

<h3 style="text-align:center">1re CLASSE. — POISSONS</h3>

Les animaux qui appartiennent à cette classe sont essentiellement aquatiques, et présentent dans leur organisation des caractères en rapport avec ce mode d'existence. Ils sont munis de nageoires, les unes paires correspondant aux membres, les autres impaires placées sur la ligne médiane du corps ; ils respirent par des branchies, et ont un cœur simple veineux.

Chez eux la surface tégumentaire est quelquefois nue, mais en général elle est couverte d'*écailles*, qui sont des productions solides du derme, et non des formations épidermiques, comme on l'a cru longtemps. Dans certains cas, ces écailles sont très petites et cachées sous la peau (Anguilles); le plus souvent elles ont l'aspect de la-

melles imbriquées comme les tuiles d'un toit, mais elles présentent dans leur forme et leur disposition des différences qui ont été employées comme caractère de classification. On distingue quatre sortes d'écailles (fig. 571): les écailles *cycloïdes*, constituées par des disques minces et flexibles, à surface marquée de sillons concentriques et de stries rayonnantes, à bord lisse et régulier; les écailles *cténoïdes*, qui ne diffèrent des précédentes que par leur bord dentelé ou hérissé d'épines sur une portion de son étendue; les écailles *ganoïdes*, formées par une matière osseuse couverte d'une couche

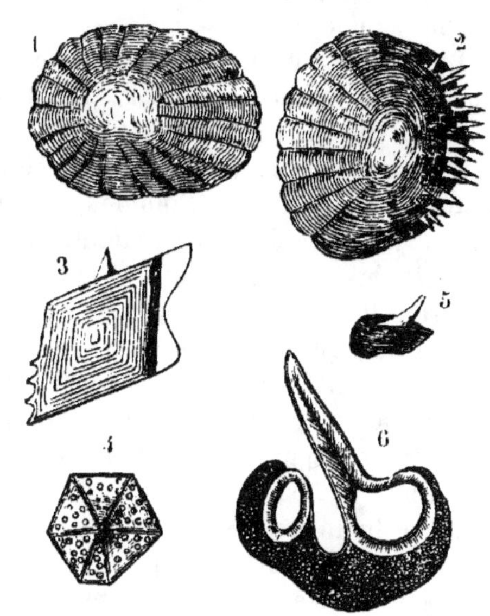

FIG. 571. — Écailles de Poissons. — 1, écaille cycloïde; 2, écaille cténoïde; 3, écaille ganoïde; 4, écaille placoïde; 5, écaille en boucle; 6, coupe de la même, grossie.

superficielle d'émail; enfin, les écailles *placoïdes*, également osseuses mais sans émail, en forme de tubercules ou de plaques surmontées d'un crochet (écailles en boucle des raies) (fig. 571, 5, 6).

Le squelette des Poissons se montre à des degrés très divers de développement, suivant qu'on l'observe chez les animaux les plus inférieurs ou les plus élevés de la classe. Chez l'*Amphioxus*, il est simplement représenté par la corde dorsale qui persiste pendant toute la vie sous sa forme embryonnaire; chez les Cyclostomes, la corde dorsale s'entoure d'une enveloppe cartilagineuse, mais sans qu'il y ait segmentation du rachis. Cette segmentation n'apparaît que chez les Plagiostomes (Squales et Raies) par le développement des anneaux vertébraux. Chez la plupart des Poissons, les vertèbres prennent la forme biconcave, et leur centre perforé est occupé par les restes de la notocorde. Elles demeurent cartilagineuses chez certains d'entre eux, mais chez beaucoup d'autres elles s'ossifient, ainsi que les autres pièces du squelette, d'où la division des Poissons en *cartilagineux* et *osseux*. A chacun de ces corps vertébraux correspondent des arcs, l'un neural, l'autre hémal. Les côtes manquent dans les groupes inférieurs (Cyclostomes, Chimères); quand elles existent, elles ne se rattachent pas à un sternum, celui-ci faisant toujours défaut, et, si elles s'unissent inférieurement, c'est par l'intermédiaire de pièces qui appartiennent au dermo-squelette.

La partie antérieure élargie de la colonne vertébrale qui loge l'encéphale se présente chez les Cyclostomes sous forme d'une capsule fibro-cartilagineuse. Chez les Sélaciens, la boîte crânienne est encore cartilagineuse dans toutes ses parties, mais chez les Esturgeons, parmi les Ganoïdes, des pièces osseuses s'y développent, et on y trouve dans la région basilaire un os assez grand nommé par Huxley *parasphénoïde;* en outre, il existe, à la face supérieure, des plaques tectrices formées par des os dermiques, disposition qui dès lors se retrouve dans le crâne osseux de tous les Poissons. Ce crâne, qui reste cartilagineux en quelques points, comprend un grand nombre. de pièces qui se partagent entre ses divers segments, et dont nous ne pouvons ici faire l'étude détaillée (fig. 572).

A la boîte crânienne est suspendu un appareil squelettique entourant l'ouverture buccale et formé par les arcs céphaliques inférieurs : c'est l'appareil maxillaire. Dans les Poissons cartilagineux, il manque chez les Cyclostomes, et ne se montre que chez les Sélaciens, où il est constitué par une partie supérieure (os *palato-carré*, de Huxley) et une partie inférieure articulée avec la précédente (*mâchoire inférieure*). Toutes deux sont en connexion avec une pièce qui appartient à l'arc hyoïdien et qui s'attache elle-même au crâne, pièce désignée par Huxley sous le nom d'*hyomandibulaire;* à ces arcs maxillaires s'ajoutent quelques cartilages labiaux.

Chez les Poissons osseux, cet appareil se complique singulière-

1, frontal; 2. préfrontal; 3, ethmoïde; 4, postfrontal; 5, aile du sphénoïde; 6, sphénoïde; 7, pariétal; 8, sus-occipital; 0, ex-occipital; 10, occipital latéral; 12, lacrymal; 13, rocher; 14, cavité orbitaire; 15, 15, 15, anneau osseux sous-orbitaire; 17, intermaxillaire; 18, maxillaire supérieur; 20, nasal; 21, surtemporal; 23, temporal; 24, transverse; 25, ptérygoïdien interne 26, jugal; 27, tympanique; 28, operculaire; 30, préoperculaire; 31, symplectique; 32, sous-operculaire; 33, interoperculaire; 34, dentaire; 35, articulaire; 36, angulaire. — *aaa,* vertèbres; *b,* vertèbres caudales soudées; *c, c,* apophyses transverses; *d, d,* les deux apophyses transverses, soudées au-dessous de la région caudale, laissent entre elles un canal pour le passage de l'artère caudale; *e, e,* côtes; *f, f.* appendices costaux ou arêtes proprement dites; *g, g,* apophyses épineuses; *h, h,* os interépineux antérieurs; *i, i,* os interépineux postérieurs; *k, k,* rayons épineux de la première nageoire dorsale; *l, l, m, m,* rayons de la deuxième nageoire dorsale; *n, n, o,* rayons de la nageoire caudale; *p, p,* apophyses épineuses inférieures; *p, p,* apophyses épineuses inférieures; *q, q,* apophyses interépineuses inférieures; *r, s,* rayons de la nageoire anale. — A, B, omoplate divisé en deux parties; C. humérus; D, cubitus; E. radius; F, 4 os du carpe; G, rayon de la nageoire qui est encore articulé avec le radius; H, rayons ramifiés de la nageoire; J, K, deux os représentant le coracoïdien; L, membre postérieur; M, un rayon épineux de la nageoire ventrale; N, rayons mous de la même nageoire.

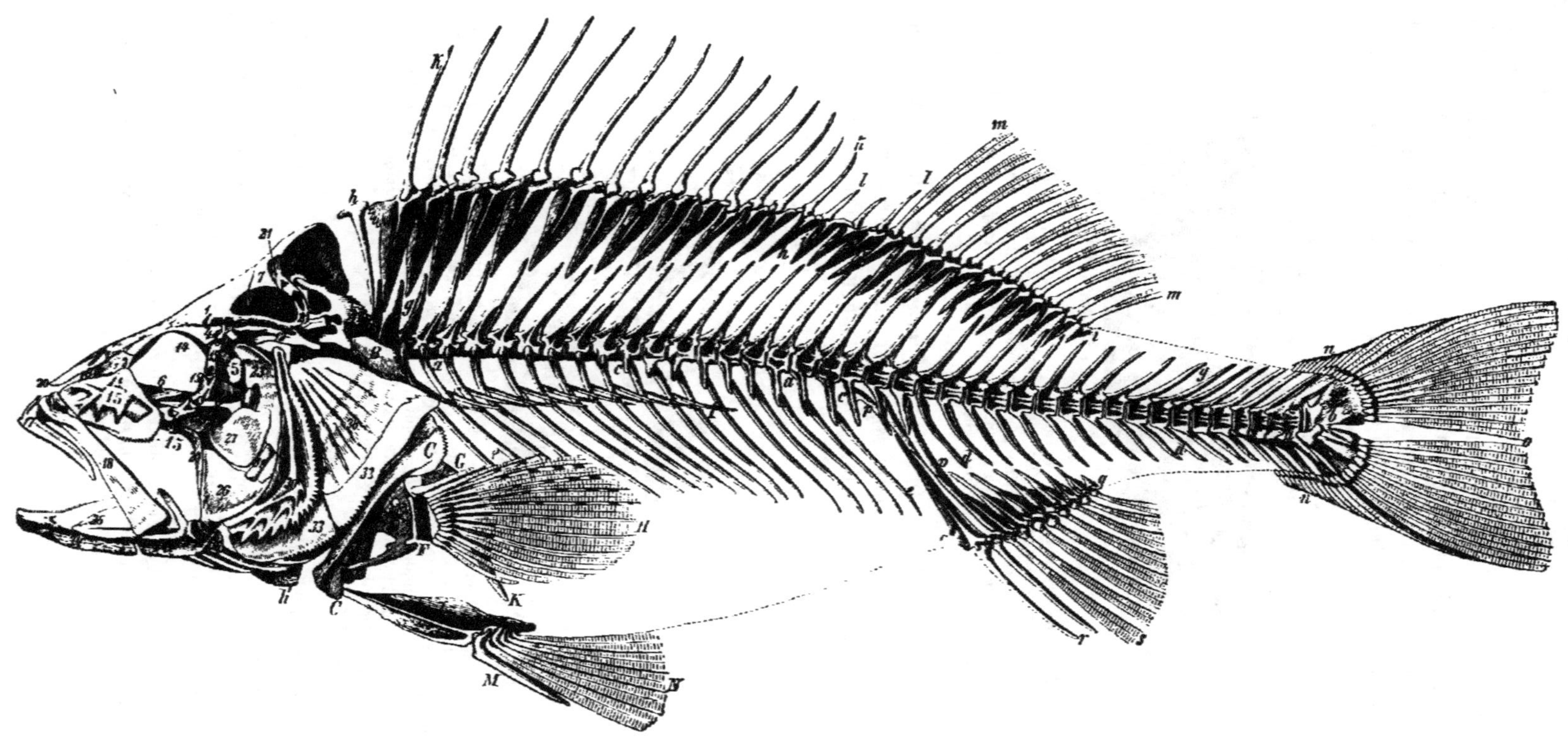

Fig. 572. — Squelette de la Perche fluviatile (d'après Cuvier).

ment et se compose d'un grand nombre de pièces (fig. 573, 574). La mâchoire inférieure est attachée à la base du crâne par l'intermédiaire de plusieurs os formant ce qu'on appelle le *suspenseur* de cette mâchoire. On y trouve (1) l'os *hyomandibulaire*, ou *temporal*

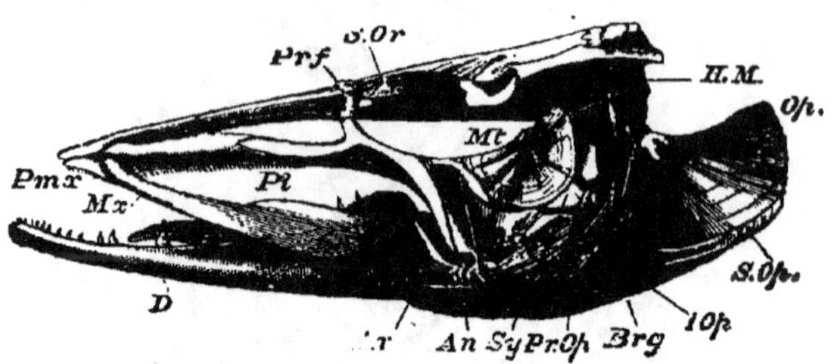

Fɪɢ. 573. — Crâne de Brochet (*Esox lucius*) vu de côte. — P*rf*, préfrontal; **Sor**, sous-orbitaire; **Pl**, arc palato-ptérygoïde; **Mt**, métaptérygoïde; **Hm**, hyomandibulaire; **Sy**, symplectique; **Qu**, os carré; **Ar**, articulaire; **An**, angulaire; **D**, dentaire; **Mx**, maxillaire; **Pmx**, prémaxillaire; **Op**, operculaire; **Sop**, sous-operculaire; **Iop**, interoperculaire; **Pr.op**, préoperculaire; **Brg**, rayons branchiostèges.

de Cuvier, qui s'articule avec le crâne, puis le *tympanique* (métaptérygoïde), le *symplectique*, et enfin l'os *carré* à la partie inférieure, portant l'articulation de la mâchoire. La mâchoire elle-

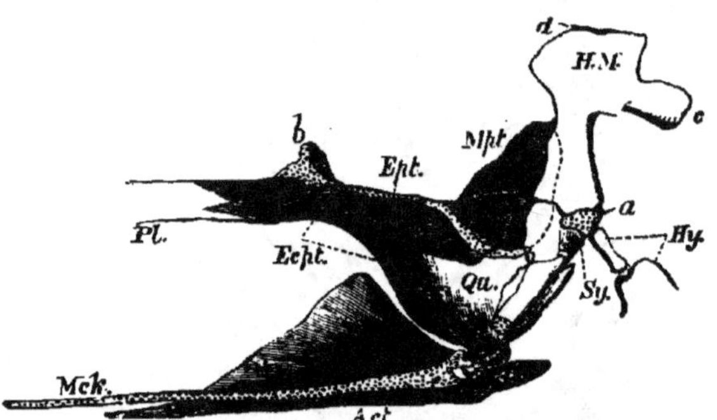

Fɪɢ. 574. — Arc palato-carré du Brochet, avec le hyomandibulaire **Hm**, et le symplectique **Sy** vus du côté interne. — **Pl**, palatin; **Ecpt**, ectoptérygoïde; **Ept**, entoptérygoïde; **Mpt**, métaptérygoïde; **Qu**, os carré; **Hy**, arc hyoïdien; *a*, cartilage interposé entre le hyomandibulaire et le symplectique; *b*, ce qui forme comme un pédicule à l'arc ptérygo-palatin; *c*, apophyse de l'hyomandibulaire avec laquelle s'articule l'opercule; *d*, tête de l'hyomandibulaire qui s'articule avec le crâne; **Art**, pièce articulaire de la mâchoire inférieure; **Mck**, cartilage de Meckel.

même comprend plusieurs pièces, chacune de ses branches étant formée de trois os qu'on désigne sous les noms de *dentaire, articulaire* et *angulaire*. Plusieurs os entrent également dans la composition de l'appareil maxillaire supérieur : ce sont les

(1) Les os dont il est ici question ont reçu différents noms de la part des auteurs, et il en résulte une synonymie assez compliquée (voy. Milne Edwards, *Leçons sur l'anatomie...* t. VI, p. 33 et suiv.).

ptérygoïdiens en arrière, puis les *palatins*, et au-devant de ceux-ci, les os *maxillaires* et *prémaxillaires*. Derrière le suspenseur de la mâchoire se trouvent des pièces osseuses qui constituent l'opercule ; elles sont au nombre de quatre : *préoperculaire, operculaire, sous-operculaire* et *interoperculaire*.

L'arc hyoïdien et les arcs branchiaux, dont on compte ordinairement cinq, embrassent le fond de l'arrière-bouche et constituent la charpente solide de l'appareil respiratoire. Leurs branches latérales sont réunies inférieurement par une pièce médiane ou *copule*, et remontent jusque sous le crâne, auquel elles se rattachent par les pièces terminales qu'on appelle *os pharyngiens supérieurs*; les branches du dernier arc, représentées chacune par une pièce unique et ne portant pas de branchies, ont reçu le nom d'*os pharyngiens inférieurs*. Le premier de ces arcs, ou arc hyoïdien, sert de base à la langue par sa partie médiane qui se continue en avant avec l'*os lingual* ; ses branches portent les rayons branchiostèges, lesquels entrent avec l'opercule dans la constitution de l'appareil qui recouvre et protège l'ensemble des organes respiratoires.

Les membres des Poissons ont la forme de nageoires placées latéralement et distinguées en nageoires pectorales et nageoires ventrales ; ce sont des organes homologues, quoique de forme et de position variables. Les premières, ou nageoires pectorales, sont portées par la ceinture scapulaire ; celle-ci est primitivement représentée par un cartilage simple (Sélaciens), duquel se forment par ossification, chez les Poissons osseux, les deux os correspondant à l'omoplate et au coracoïde. Secondairement, il s'y ajoute aussi des os dermiques, et notamment ceux auxquels on a donné le nom de *clavicules ;* une autre pièce, de même origine et placée de chaque côté au-dessus de la clavicule (*os sus-claviculaire*), s'articule avec le crâne, auquel la ceinture scapulaire se trouve ainsi suspendue.

La ceinture pelvienne, à laquelle sont attachés les membres postérieurs, est constituée, soit par une pièce cartilagineuse unique (Sélaciens), soit par deux pièces osseuses triangulaires représentant un bassin rudimentaire, mais sans connexion avec le rachis.

Les nageoires pectorales sont plus développées que les ventrales. Leur squelette présente chez les Sélaciens la composition la plus compliquée, et, d'après Gegenbaur, de cette forme fondamentale dérivent, par rétrogradation de certaines parties, celles qu'on observe chez les autres Poissons et chez tous les Vertébrés en général.

A la base de ces membres se trouvent trois pièces d'où partent des rayons formés par d'autres pièces plus petites, disposées en séries (fig. 575). Gegenbaur a distingué sous les noms de *propterygium*, *mesopterygium* et *metapterygium* les parties qui, dans cet ensemble, sont constituées par chaque pièce basilaire avec les rayons correspondants. Ce squelette se modifie diversement par suite de réductions partielles, et les transformations qui en résultent conduisent au squelette des Amphibiens, dans lequel le membre n'est plus représenté que par sa portion la plus constante, c'est-à-dire par le metapterygium (1). Il faut noter en outre que, chez les Poissons osseux, des productions dermiques s'ajoutent à ce squelette primaire pour compléter les nageoires dont elles forment les *rayons*.

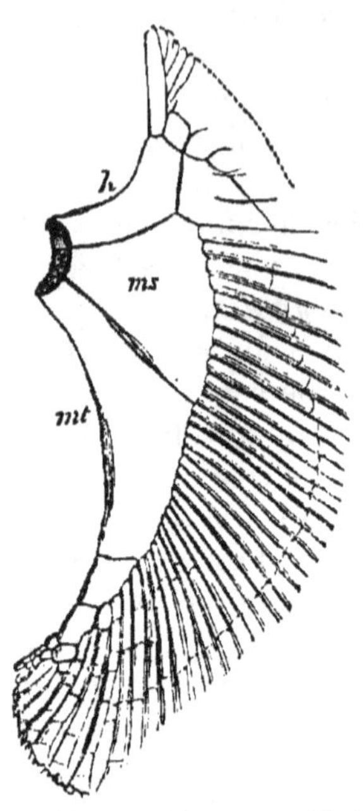

Fig. 575. — Membre pectoral droit d'un Angelot (*Squatina*). — *h*, propterygium; *ms*, mesopterygium; *mt*, metapterygium.

Les membres, et plus particulièrement les membres postérieurs, peuvent faire défaut (Malacoptérygiens *apodes* de Cuvier). Leur position est variable et parfois les nageoires ventrales sont portées fort en avant, jusque sous la gorge.

Indépendamment des nageoires latérales, les Poissons sont munis de nageoires impaires, placées sur la ligne médiane, et nommées, d'après leur position, nageoires *dorsale*, *caudale* et *anale*. Ces nageoires sont formées par un repli de la peau, dans lequel se développent des parties solides, ou *rayons*, qui sont en connexion avec le rachis par l'intermédiaire de pièces, qu'on appelle *os interépineux*, chez les Poissons à squelette osseux. La nageoire caudale varie dans ses rapports avec la portion terminale de la colonne vertébrale et dans sa forme extérieure; on la dit *homocerque*, lorsque ses deux lobes, supérieur et inférieur, sont égaux et symétriques ; on la dit *hétérocerque*, dans le cas contraire.

Le système musculaire des Poissons est constitué par les *masses latérales* qui s'étendent tout le long du corps, et dont il a été question plus haut (p. 546).

Le système nerveux présente la forme la plus simple qu'on lui trouve chez les Vertébrés. La partie antérieure, ou encéphalique, se compose de renflements, placés à la suite les uns des autres et correspondant aux diverses régions qu'on y distingue (fig. 576). La moelle

(1) Voy. Gegenbaur, *Anatomie composée*, éd. franç., p. 645.

allongée, qui continue la moelle épinière, est plus large que celle-ci,
et ses deux moitiés sont séparées supérieurement par le quatrième
ventricule. Le cervelet est très inégalement développé chez les
différents Poissons, et s'étend au-dessus de la portion antérieure de
ce ventricule. Les lobes optiques (mésencéphale) acquièrent un
volume considérable, aussi ont-ils été décrits quelquefois comme
le cerveau proprement dit; ils sont creusés intérieurement d'un
ventricule. Le prosencéphale comprend des hémisphères cérébraux
peu développés, réunis parfois en une masse unique; au-devant de

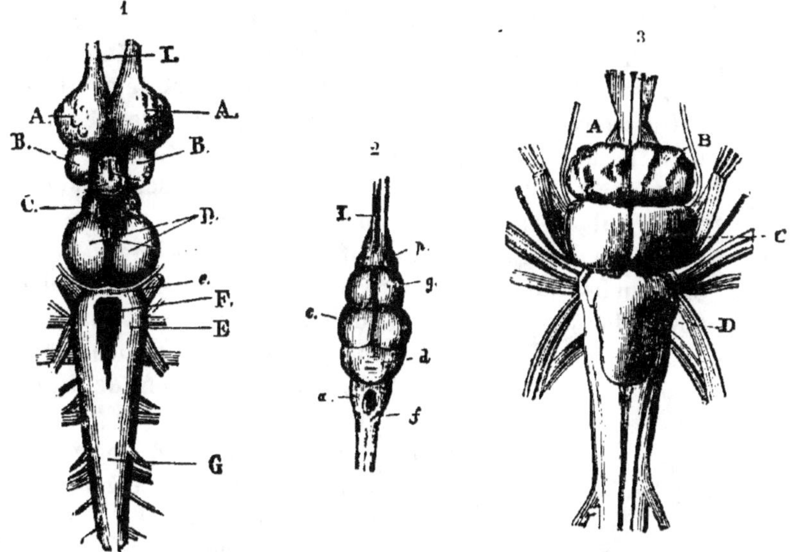

Fig. 576. — Cerveaux de Poissons. — 1, cerveau de *Petromyzon fluviatilis* : A, lobes
olfactifs; I, nerfs olfactifs; B, hémisphères cérébraux; C, cerveau intermédiaire de Baer
(couches optiques); D, mésencéphale, ou lobes optiques; E, moelle allongée; F, quatrième
ventricule; e, bandelette qui représente le cervelet; G, moelle épinière. — 2, cerveau de
Lepidosteus semiradiatus : I, nerfs olfactifs; p, lobes olfactifs; g, hémisphères cérébraux; c, lobes optiques; d, cervelet; f, moelle allongée; a, quatrième ventricule. —
3, cerveau de Brochet (*Esox lucius*) : A, lobes olfactifs au-dessus desquels on voit les
nerfs optiques; B, hémisphères cérébraux; C, lobes optiques; D, cervelet.

ceux-ci se trouvent deux lobes pédonculés, souvent très gros, qui
donnent naissance aux nerfs olfactifs et portent le nom de *lobes
olfactifs*. Le grand sympathique n'a qu'une faible importance chez
les Poissons en général, et paraît même manquer chez quelques-uns
d'entre eux (Cyclostomes).

Comme le système nerveux, les organes des sens sont relativement
peu développés chez les Poissons. La sensibilité tactile s'exerce au
moyen d'organes fort divers. Ce sont principalement les lèvres ou
les appendices cutanés portés par le museau et nommés *barbillons*
qui sont affectés à cet usage, mais parfois aussi d'autres parties,

telles que certains rayons des nageoires, peuvent servir au toucher. En outre, il existe généralement chez les Poissons, de chaque côté du corps, et ordinairement sur toute la longueur, des organes spéciaux qui communiquent avec l'extérieur par une série d'orifices correspondant à une ligne appelée par les zoologistes *ligne latérale*. On les regardait autrefois comme étant de nature glandulaire, et on les distinguait sous le nom de *canaux muqueux* ; mais les recherches des histologistes modernes ont démontré que c'étaient des organes sensoriels pourvus de terminaisons nerveuses analogues aux corpuscules du tact (1).

Le sens du goût, fort peu développé, paraît avoir son siège dans la muqueuse buccale. L'existence de l'odorat a été niée chez les Poissons (Constant Duméril), mais cette opinion est démentie par les faits. On trouve chez eux, sur les côtés de la tête, des fosses nasales dont la muqueuse plissée reçoit les extrémités des nerfs olfactifs (bâtonnets olfactifs). En général, ces fosses nasales se terminent en cul-de-sac et ne communiquent pas avec la bouche, mais s'ouvrent au dehors par deux orifices situés au-devant l'un de l'autre. Quelquefois elles sont représentées par une cavité médiane simple (Cyclostomes), caractère auquel certains zoologistes ont attaché une grande importance, et qui a valu à ces animaux le nom de *Monor-rhiniens* (Haeckel).

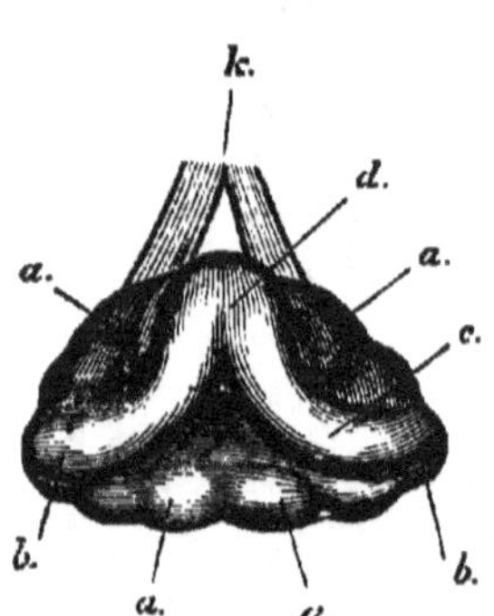

Fig. 577. — Labyrinthe membraneux du *Petromyzon marinus*. — *a*, vestibule; *b*, ampoules; *c*, les deux canaux semi-circulaires; *d*, leur union et commune ouverture dans le vestibule; *k* nerf auditif.

L'appareil de l'ouïe est formé uniquement par le *labyrinthe membraneux*, comprenant le vestibule et les trois canaux semi-circulaires; parfois même ceux-ci sont réduits à deux (Lamproie) (fig. 577), ou même à un seul (Myxine). Chez certains Poissons, l'oreille est reliée, soit par un prolongement tubulaire, soit par une chaîne d'osselets, à une grande poche aérifère, nommée *vessie natatoire*, et regardée comme l'analogue du poumon. Cette poche, dont le rôle physiologique est complexe, sert dans ce cas à renforcer les sons.

Les yeux des Poissons sont ordinairement à découvert et dépourvus d'appareil palpébral, cependant certains Squales possèdent une paupière placée à l'angle interne de l'œil et susceptible de s'étendre au-devant de cet organe; c'est l'analogue de celle qui est connue,

(1) Voy. J. Chatin, *Organes des sens*, p. 104 et suiv., Paris, 1880.

chez les Oiseaux, sous le nom de *membrane nictitante*. La cornée présente une faible courbure ; le cristallin est très volumineux, sphérique, et fait saillie au-devant de la pupille, de sorte que la chambre antérieure, occupée par l'humeur aqueuse, est fort réduite. Comme dispositions particulières à l'œil des Poissons, il faut noter l'existence d'un repli de la choroïde analogue au *peigne* des Oiseaux, et nommé à cause de sa configuration *ligament falciforme*, et, en outre, celle d'un bourrelet formé par un plexus vasculaire sanguin autour du nerf optique, et appelé très improprement *glande choroïdienne*.

L'appareil digestif des Poissons s'ouvre antérieurement par un orifice buccal, placé à l'extrémité du museau ou parfois à sa face inférieure. Chez les Poissons suceurs (Lamproie), la bouche est disposée en manière de ventouse et munie de papilles cornées (*odontoïdes*). Elle a la forme d'un disque circulaire, ce qui a valu à ces animaux le nom de *Cyclostomes*. En général, cette portion vestibulaire du tube digestif constitue une cavité spacieuse située à la base du crâne et entourée par les arcs branchiaux. Elle est ordinairement garnie de dents nombreuses, portées non seulement par les mâchoires, mais souvent aussi par d'autres pièces osseuses, vomer, palatins, etc. Ces dents sont pour la plupart en forme de cônes ou de crochets, et formées par de la dentine sans couche extérieure d'émail ou de cément (dents *gymnosomes*, de Milne Edwards). Elles se développent sur un mamelon vasculaire placé à la surface de la muqueuse (dents *phanérogénètes*), et sont dépourvues de racines ; elles ne sont donc pas implantées dans des alvéoles, excepté chez quelques Ganoïdes, et quand elles adhèrent à l'os, c'est par suite d'une simple soudure.

Les dents usées tombent, et sont remplacées par d'autres qui naissent près des premières ; le renouvellement de ces organes s'effectue ainsi pendant toute la vie de l'animal.

Chez les Poissons, il n'y a pas de glandes salivaires, excepté chez les Lamproies, où on en trouve une paire dont les canaux excréteurs débouchent dans l'intérieur de la ventouse orale. La langue est rudimentaire ; l'œsophage large et court se continue sans ligne de démarcation tranchée avec l'estomac, qui se recourbe d'ordinaire et forme un cul-de-sac dirigé en arrière. Le pylore est marqué à l'intérieur par un repli annulaire, ou *valvule pylorique*. Il existe fréquemment dans son voisinage des appendices en cæcum, connus sous le nom d'*appendices pyloriques*, variant beaucoup dans leur nombre et leur disposition. Ils ont été considérés par Cuvier, et à son exemple par d'autres anatomistes, comme représentant le pancréas de ces animaux ; mais c'est là une opinion qu'on a dû abandonner, car on a constaté chez certains Poissons la coexistence des deux organes, et, en outre, Claude Bernard a reconnu que le liquide contenu dans ces appendices n'avait aucun des caractères du suc pancréatique.

L'intestin, qui fait suite à l'estomac, est quelquefois droit, mais souvent il se replie sur lui-même et décrit des anses ou des circonvolutions. La tunique muqueuse, qui le tapisse intérieurement, présente en général des plis nombreux à direction longitudinale, et parfois elle forme un large repli contourné en hélice et nommé *valvule spirale* (Sélaciens). Le rectum est court et ne se distingue de l'intestin que par un peu plus de largeur; chez les Sélaciens, il aboutit avec les conduits génitaux et urinaires dans une portion commune ou *cloaque;* mais, chez tous les autres Poissons, il débouche au dehors par une ouverture anale isolée, située à la face ventrale. Le foie existe toujours; il est volumineux, tantôt formant une masse unique, et tantôt divisé en deux ou trois lobes, quelquefois plus; il est pourvu, à quelques exceptions près, d'une vésicule biliaire. Le pancréas fait souvent défaut et n'est jamais bien développé.

On sait que chez les Poissons la circulation est simple (fig. 578). Le cœur est situé dans la région jugulaire et entouré par le péricarde qui est ordinairement fermé, mais qui communique parfois avec la cavité péritonéale (Plagiostomes). Ce cœur se compose d'une oreillette et d'un ventricule; il reçoit le sang veineux rapporté par les veines des différentes parties du corps, et versé dans un réservoir ou sinus qui précède l'oreillette. Le ventricule est en général suivi d'un renflement, appelé *bulbe artériel*, formé par la base élargie du tronc d'où partent les artères. Tantôt le bulbe est pourvu de valvules semi-lunaires multiples disposées en séries (Ganoïdes, Plagiostomes) (fig. 589), tantôt il n'en présente que deux placées à l'orifice ventriculaire (Poissons osseux). Le tronc qui lui fait suite, nommé aorte ascendante, fournit à droite et à gauche des branches, ou *crosses aortiques*, transformées en artères branchiales chez les Poissons. Elles suivent, en effet, le bord inférieur des arcs branchiaux correspondants, et se résolvent en réseaux vasculaires qui occupent les branchies. De ces réseaux naissent des vaisseaux efférents qui reçoivent le sang après qu'il a traversé l'organe respiratoire et constituent les artères épibranchiales, ou veines branchiales, logées comme les précédentes à la face inférieure des arcs branchiaux, mais plus profondément qu'elles. Ces artères se réunissent pour former l'*aorte descendante* ou *dorsale*, d'où partent les vaisseaux qui distribuent le sang artériel dans l'organisme; en outre, celles de la première paire donnent naissance de chaque côté à une

branche dirigée en avant et destinée à la tête ; c'est *l'artère carotide*
ou *céphalique*. Ces deux vaisseaux céphaliques s'anastomosent généralement entre eux sous la base du crâne, et constituent ainsi un
anneau vasculaire auquel on donne le nom de *cercle artériel* ou
céphalique.

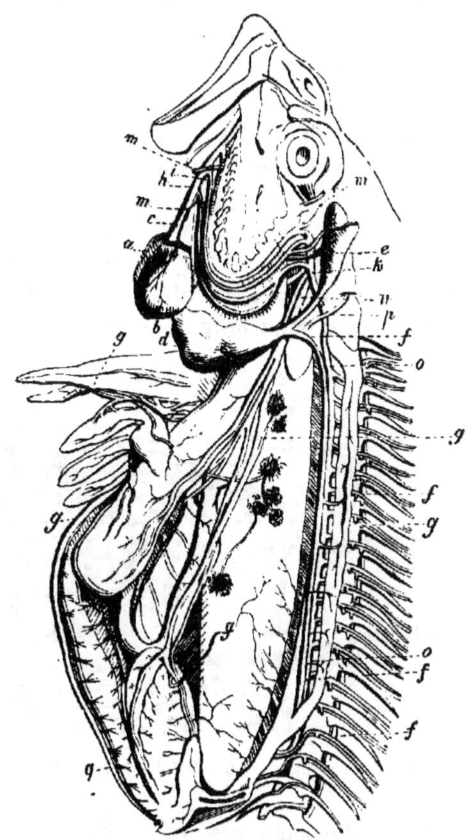

Fig. 578. — Appareil circulatoire de la Perche. — *a*, oreillette du cœur ; *b*, ventricule ;
c, bulbe artériel ; *d*, sinus veineux précédant l'oreillette ; *e*, tronc et sinus veineux de la
tête ; *f, f*, grands troncs veineux des organes du mouvement (l'un est situé sous l'épine, et
l'autre passe par le canal vertébral, au-dessous de la moelle épinière ; il reçoit les vei-
nules du dos et des reins) ; *g*, tronc des veines des organes digestifs, des reins, du foie et
de la vessie natatoire ; *h*, artère branchiale ; *i*, rameau qu'elle donne à chaque branchie ;
k, veines branchiales dont la réunion forme la grande artère *l*, ou l'aorte qui envoie le
sang dans les différentes parties du corps, excepté à la tête et au cœur qui le reçoivent des
branches *m, m*, émanées des arcs branchiaux (d'après Cuvier).

Le sang retourne au cœur par deux troncs longitudinaux postérieurs,
ou *veines cardinales*, et deux troncs longitudinaux antérieurs, ou
veines jugulaires. La veine cardinale et la veine jugulaire du même
côté se réunissent pour former le *canal de Cuvier* dirigé transversalement en dedans, et aboutissant au sinus qui sert de vestibule à

l'oreillette. Les veines cardinales font suite à un vaisseau impair situé dans la région postérieure du corps, ou *veine caudale*, mais sur leur parcours un système porte rénal se trouve interposé, de façon que le sang veineux qui arrive par cette voie traverse les reins soit en totalité, soit seulement en partie (1). La veine porte hépatique, constituée par les veines de l'estomac, de l'intestin et de la rate, se ramifie dans le foie, d'où le sang revient au cœur par les veines hépatiques qui débouchent dans le sinus précardiaque.

Le système lymphatique est constitué par des sinus qui s'étendent sous la colonne vertébrale, et sont en communication avec un ensemble de cavités ou de réseaux appartenant aux parois du corps et aux différents viscères.

La respiration s'effectue chez les Poissons au moyen de branchies dont la conformation générale a été précédemment indiquée, mais qui présentent dans leur disposition des modifications

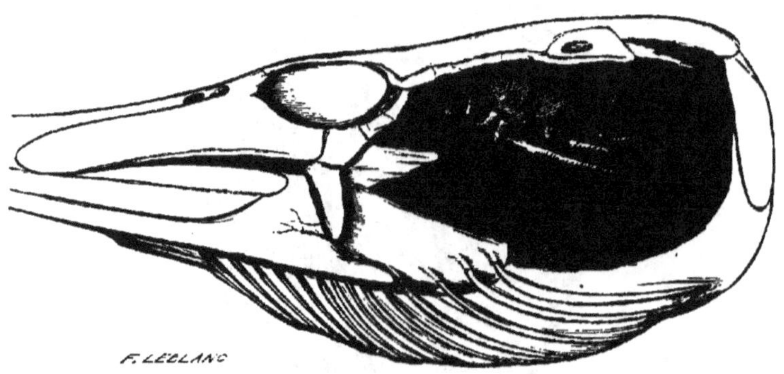

Fig. 579. — Appareil branchial du Brochet (d'après Émile Blanchard).

importantes. Chez les Poissons osseux et chez les Ganoïdes, ces organes sont *libres* dans la chambre respiratoire (fig. 579); ils sont formés par un grand nombre de lamelles rangées en deux séries le long du bord externe de chacun des arcs branchiaux. Ces lamelles branchiales sont soutenues par une tige solide, et sont recouvertes par une muqueuse qui forme sur chacune d'elles des plis nombreux disposés en travers. La surface de l'organe respiratoire est ainsi considérablement accrue. Au-dessous de cette membrane s'étend un réseau serré de capillaires sanguins fournis par un rameau de l'artère branchiale. L'hématose se fait sur toute

---

(1) Voy. Jourdain, *Recherches sur la veine porte rénale*, thèse de la Faculté des sciences de Paris, 1860.

l'étendue des lamelles, et le sang revient par un petit vaisseau qui, longeant le bord externe, aboutit dans l'artère épibranchiale (fig. 580).

En général les quatre paires d'arcs branchiaux portent des branchies composées chacune de deux rangées de lamelles, mais ces organes peuvent subir des réductions. Ainsi quelquefois il n'y a sur le dernier arc qu'une rangée de lamelles constituant la branchie (Labroïdes), ou même celle-ci manque entièrement (Baudroies, Diodons). Chez les Malthées on ne trouve plus que deux branchies complètes et une branchie unisériale ; chez l'Amphipnous, on n'en voit plus que deux, dont une rudimentaire. Par contre, chez certains Poissons, il existe une *branchie accessoire* placée à la face interne de l'opercule ; elle est très développée chez l'Esturgeon, chez la Chimère.

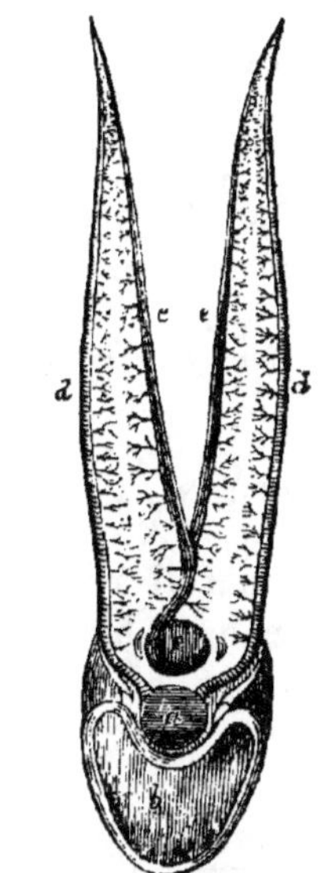

Fig. 580. — Schéma de la circulation du sang dans les branchies. — *a*, veine branchiale (artère épibranchiale); *b*, arceau branchial (coupe transversale); *c*, branches de l'artère branchiale ; *d*, branches de la veine branchiale.

Chez les Cyclostomes et les Sélaciens, les branchies, au lieu d'être libres dans la chambre respiratoire, sont adhérentes dans toute leur longueur aux parois de cavités séparées, qui communiquent chacune avec l'extérieur par un orifice spécial, et avec l'arrière-bouche par une fente pharyngienne. C'est à ces branchies que Cuvier a donné le nom de *branchies fixes*. Cette disposition, si différente en apparence de la précédente, n'en est pourtant qu'une modification. Qu'on suppose, en effet, qu'entre les deux rangées de lamelles branchiales qui règnent sur chaque arc viscéral il se développe une cloison unissante, et que cette cloison prenne une extension suffisante pour rejoindre la paroi operculaire et se souder avec elle, on aura la chambre branchiale subdivisée en cinq compartiments distincts ; sur les parois antérieure et postérieure de ces compartiments seront les branchies adhérentes dans toute leur étendue.

Qu'un orifice expirateur s'ouvre sur la paroi externe pour mettre en communication avec l'extérieur chaque cavité ainsi formée, et on aura le mode d'organisation que présente l'appareil respiratoire des Sélaciens. Chez ces Poissons, il y a effectivement de chaque côté cinq branchies en forme de sacs, communiquant avec la bouche par les fentes hyoïdiennes, et avec l'extérieur par les ouvertures operculaires. Dans chacune de ces poches se trouvent deux rangées de lamelles branchiales, sauf dans la dernière qui n'en contient qu'une seule, et cet arrangement est obtenu avec les mêmes éléments qui constituent les branchies des Poissons osseux, mais qui sont ici groupés d'une autre façon. C'est ce que montre clairement la formule suivante donnée par Milne Edwards. La lettre B représente une branchie complète et la lettre *b* une demi-branchie, les accolades indiquant le mode de groupement de celles-ci, et les exposants le rang de chaque branchie :

$$
\begin{array}{lccccc}
\textit{Poissons osseux}\ldots & \text{B. ac.} & \text{B}' & \text{B}^2 & \text{B}^3 & \text{B}^4 \\
 & & \overbrace{b.\ b.} \mid \overbrace{b.\ b.} & \mid \overbrace{b.\ b.} & \mid \overbrace{b.\ b.} & \mid b. \\
\textit{Sélaciens}\ldots\ldots\ldots & & \text{B}' & \text{B}^2 & \text{B}^3 & \text{B}^4 \qquad \text{B}^5
\end{array}
$$

L'appareil respiratoire des Cyclostomes est également composé de sacs branchiaux, mais il présente diverses modifications. Chez les Lamproies, on voit extérieurement sept orifices très étroits placés à la suite les uns des autres (fig. 581), et donnant dans un même nombre de sacs branchiaux qui contiennent chacun deux séries de lamelles branchiales. Chez les larves de ces poissons (Ammocètes), les ouvertures de communication entre ces sacs et l'arrière-bouche sont très larges ; chez les Lam-

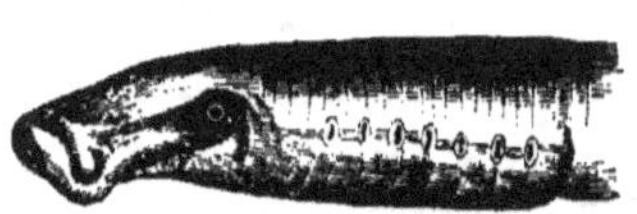

Fig. 581. — Partie antérieure du corps du *Petromyzon Planeri* (d'après E. Blanchard).

proies adultes, ces orifices internes débouchent dans un canal commun placé sous l'œsophage ; ce canal s'ouvre au fond de la cavité buccale et se termine en arrière par un cul-de-sac (fig. 582).

Les Myxines ont de chaque côté six ou sept poches branchiales en forme de disques aplatis (fig. 583). De chacune d'elles part un canal interne qui s'ouvre isolément dans l'œsophage, et un canal externe qui se réunit avec ses congénères en un tronc unique. Celui de gauche débouche dans un canal percé au centre de l'œsophage, canal *œsophago-cutané*, qui vient s'ouvrir à la face ventrale du corps. A cause de cette disposition, de Blainville a donné à ces Poissons le nom de *Gastrobranches*. Le tronc commun de droite débouche directement au dehors par un orifice situé à côté du précédent.

Chez les Cyclostomes, la charpente solide formée par les arcs branchiaux fait presque entièrement défaut.

Certains Poissons présentent des dispositions spéciales de leur appareil respiratoire qui leur permettent de vivre plus ou moins longtemps hors de l'eau. Ainsi ceux que Cuvier a appelés *Pharyngiens labyrinthiformes* (Anabas, Gourami) sont pourvus de réservoirs placés au-dessus des branchies et servant à emmagasiner de l'eau. Ces réservoirs sont composés de cellules formées par des lames foliacées qui dépendent des os pharyngiens supérieurs (fig. 584) et sont recouvertes d'une membrane riche en vaisseaux sanguins.

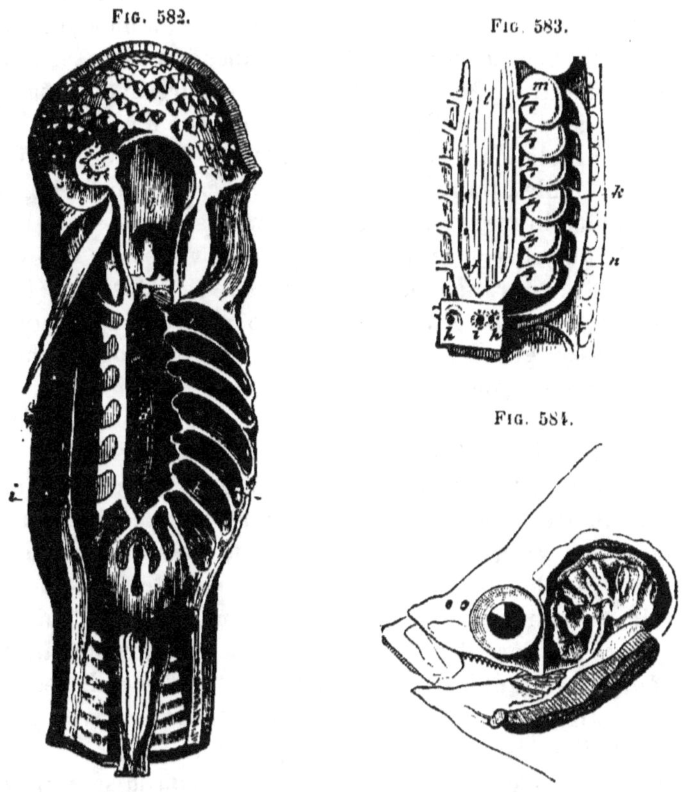

FIG. 582.

FIG. 583.

FIG. 584.

FIG. 582. — Appareil respiratoire de la Lamproie (d'après R. Owen).
FIG. 583. — Appareil respiratoire de la Myxine. — *m*, sacs branchiaux ; *k*, leur canal efférent commun ; *h*, son orifice ; *i*, orifice communiquant avec l'œsophage *l*; *f*, trou de communication de l'œsophage avec les sacs (d'après R. Owen).
FIG. 584. — Appareil branchial du Gourami (*Osphromenus olfax*).

Chez le *Saccobranchus singio*, poisson du Gange, il règne de chaque côté du corps, au-dessus des apophyses transverses, un long sac qui contient de l'air et reçoit du sang par l'intermédiaire d'une artère branchiale ; ces organes servent certainement à la respiration. Chez l'*Amphipnous* on trouve deux sacs analogues derrière la tête.

Souvent il existe chez les Poissons, à la partie supérieure de la cavité viscérale, une grande poche membraneuse et remplie d'air, qu'on appelle *vessie natatoire*. Cette poche constitue un appareil hydrostatique, grâce auquel les poissons qui en sont pourvus peuvent faire varier le poids spécifique de leur corps, et changer la position de leur centre de gravité (Monoyer), conditions qui favorisent leur locomotion dans l'eau. La vessie natatoire, de forme variable, est tantôt close (*Physoclistes*), tantôt pourvue d'un canal pneumatique (*Physostomes*) qui s'ouvre généralement dans l'œsophage. On la considère comme l'homologue du poumon, et, en effet, la transition s'établit entre ces deux organes par une série de formes intermédiaires. Ainsi, parfois la vessie présente à sa surface interne une structure celluleuse et est pourvue d'un réseau vasculaire bien développé (*Amia, Lepidosteus.*) Chez le Polyptère cet organe est double ; on trouve en communication avec l'œsophage deux sacs membraneux pleins d'air, dont les parois sont sillonnées de plis très fins et reçoivent du sang par des vaisseaux qui viennent des derniers arcs branchiaux. Enfin chez le Lepidosiren (Dipneustes) une ouverture placée à la partie supérieure du pharynx donne accès dans deux grandes poches aériennes qui ont tous les caractères de véritables poumons.

Chez les Poissons, les reins sont formés par les corps de Wolff ou reins primitifs ; ils sont au nombre de deux, mais souvent unis en une seule masse. Ces organes ont un volume considérable et occupent d'ordinaire toute la longueur de la cavité viscérale. Les canaux excréteurs, ou *uretères*, se réunissent en un tronc commun qui présente généralement une dilatation en forme de poche servant de réservoir (vessie urinaire), et qui débouche au dehors par un orifice placé derrière l'anus. Cet orifice est tantôt confondu avec le pore génital, et tantôt il en est distinct. Quelquefois les organes génito-urinaires s'ouvrent avec le rectum dans une cavité commune ou cloaque (Plagiostomes, Dipneustes).

Sauf quelques cas exceptionnels d'hermaphrodisme (Serrans), tous les Poissons ont les sexes séparés. Parfois les glandes génitales sont dépourvues de conduits évacuateurs, et les produits sexuels tombent dans la cavité abdominale, d'où ils arrivent au dehors par un pore génital (Cyclostomes, Anguilles). Cette disposition se rencontre aussi chez les femelles des Salmones, tandis que chez les mâles il existe des canaux vecteurs, ou canaux déférents. Le plus souvent des canaux spéciaux servent au transport soit des œufs, soit de la semence, mais ils ne sont pas toujours constitués de la même façon. Tantôt, en effet, ils consistent en un simple prolongement tubuleux de la glande elle-même (Téléostéens), tantôt ce sont des organes surajoutés dérivant des corps de Wolff (Plagiostomes). Les deux oviductes, ainsi que les deux canaux déférents, s'unissent presque toujours en un canal commun qui se jette dans le canal urinaire, ou qui débouche directement au dehors. Chez les Plagiostomes et les Dipneustes, ces conduits vont s'ouvrir dans le cloaque.

Les Poissons sont pour la plupart ovipares, quelques-uns sont vivipares, comme la Blennie vivipare, les Anableps, les Pœcilies parmi les Téléostéens, et divers Squales (*Mustelus, Carcharias*) parmi les Plagiostomes. Les œufs se développent alors dans l'ovaire, ou dans une portion élargie de l'oviducte qui a reçu le nom d'*uté-rus*, mais en général, ils sont expulsés avant même que la fécondation ait eu lieu. Celle-ci se fait extérieurement, sans aucun rapprochement sexuel, le mâle arrosant les œufs de sa laitance après la ponte. Il y a cependant certains Poissons qui s'accouplent, et chez les Plagiostomes des appendices cartilagineux, appartenant aux nageoires abdominales, sont transformés en organes copulateurs.

La réproduction n'a lieu qu'une fois par an, à des époques variables selon les espèces. Souvent il se produit alors des changements remarquables dans l'aspect extérieur des mâles, dont les téguments se colorent de nuances vives et brillantes, qui constituent ce qu'on a appelé leur « parure de noce ». On observe aussi, au moment de la reproduction, des particularités intéressantes dans .les habitudes et les mœurs des Poissons. Il en est qui exécutent

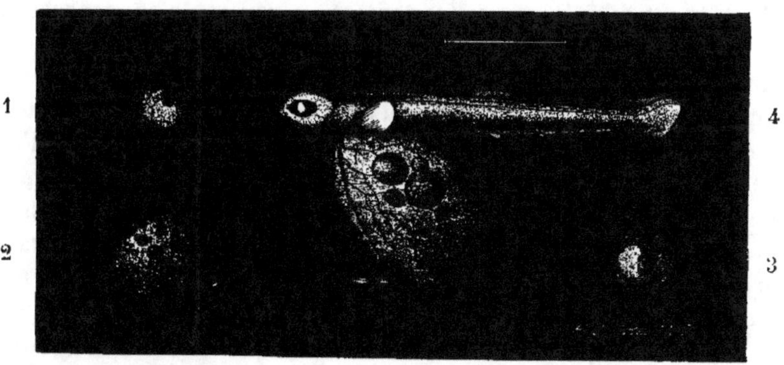

Fig. 585. — Œuf de Saumon et animal après éclosion. — 1, œuf de Saumon après la fécondation, de grandeur naturelle; 2, le même, grossi; 3, œuf dont l'embryon est distinct au travers de la coque; 4, Saumon venant d'éclore, grossi (d'après Ém. Blanchard).

des voyages pour lesquels ils se réunissent en troupes nombreuses. Ceux qui habitent les grandes profondeurs les quittent pour se rapprocher des rivages à l'époque du frai. Certains d'entre eux venant de la mer remontent le cours des fleuves et des rivières pour y déposer leurs œufs (Saumons...), tandis que d'autres émigrent des eaux douces vers la mer (Anguilles). En général, ces animaux ne prennent aucun soin des jeunes, et, après la fécondation, les œufs sont abandonnés à eux-mêmes; mais quelques-uns cependant font exception, et il y en a même qui construisent de véritables nids et veillent sur leur progéniture avec une réelle sollicitude.

Les œufs des Poissons, étant pour la plupart de ceux qu'on nomme *méroblastes*, subissent une segmentation partielle. L'embryon est en connexion par sa face ventrale avec la vésicule vitelline, d'où il tire les matériaux nutritifs nécessaires à son développement, et, quand il éclôt, le jeune porte encore cette vésicule suspendue à la région abdominale (fig. 585). On sait que pendant la période embryonnaire ces animaux ne possèdent ni *amnios*, ni *vésicule allantoïde* (1) ; ils présentent en naissant la forme qui appartient à l'adulte, c'est-à-dire qu'ils ne subissent pas de métamorphoses, sauf dans quelques cas exceptionnels (Lamproies).

Les Poissons, en grande majorité, sont carnassiers, et plusieurs d'entre eux sont même puissamment armés pour la chasse. Quelques-uns sont pourvus d'organes électriques qui leur servent, par les commotions qu'ils produisent, soit à paralyser leur proie, soit à se défendre contre leurs ennemis : tels sont les Gymnotes, les Torpilles, etc... Ces organes, de forme et de position variables, sont constitués d'une manière générale par des prismes hexagonaux entourés de tissu conjonctif et placés à côté les uns des autres. Ces prismes sont divisés transversalement en segments superposés par des diaphragmes qui alternent régulièrement avec des couches de substance gélatineuse, et qui reçoivent par une de leurs faces un rameau nerveux dont les terminaisons forment ce qu'on nomme la *plaque électrique*. On a comparé cette disposition à celle d'une pile voltaïque à colonne. Les filets nerveux terminaux qui constituent les lames électriques émanent soit des nerfs trijumeaux et pneumogastriques (Torpille), soit des nerfs spinaux. Ces organes offrent avec les muscles une analogie complète ; l'électricité produite sous l'influence de l'excitation nerveuse excito-motrice n'est pas autre chose qu'une transformation de la force qui se traduirait en mouvement si ces parties étaient formées de tissu musculaire normal.

Les Poissons ont fourni un grand nombre de fossiles aux diverses couches géologiques, depuis les terrains dévoniens jusqu'aux formations récentes ; c'est à eux qu'appartiennent les premiers représentants du type vertébré.

« La classe des Poissons, a écrit Cuvier, est de toutes celle qui offre le plus de difficultés, quand on veut la subdiviser en ordres d'après des caractères fixes et sensibles » (2). Avant lui, un premier

---

(1) Voy. chap. IV, p. 76.
(2) Cuvier, *Règne animal*, 2ᵉ éd., t. II, p. 128.

et remarquable essai avait été tenté par Pierre Artedi, zoologiste suédois, contemporain de Linné qui, après sa mort, publia ses travaux (1738). Les Poissons étaient déjà divisés par lui en Chondroptérygiens, Malacoptérygiens et Acanthoptérygiens, dénominations qui furent adoptées par Cuvier, et qui sont encore communément employées pour désigner, la première ceux de ces animaux qui ont un squelette cartilagineux, les deux autres ceux qui ayant un squelette osseux ont des nageoires pourvues ou dépourvues de piquants. Linné conserva d'abord la classification d'Artedi; plus tard, il la modifia, mais avec peu de bonheur, en éloignant des Poissons pour les rapprocher des Batraciens, sous le nom de *Amphibia nantes*, des formes dont la véritable place était avec les premiers (tous les Cartilagineux et quelques autres, Baudroies, Coffres, etc...); il fut mieux inspiré en rangeant parmi les Mammifères les Cétacés réunis jusque-là aux Poissons. Dans cette classe ainsi réduite, il établit quatre ordres d'après les caractères tirés de l'absence ou de la situation des nageoires ventrales (Apodes, Jugulaires, Thoraciques et Abdominaux). Après Linné vient Cuvier, dont la classification, suivie par la généralité des naturalistes pendant une période qui s'étend jusqu'à nos jours, est résumée dans le tableau suivant :

TABLEAU DE LA CLASSIFICATION ICHTYOLOGIQUE DE CUVIER

Poissons

- **Osseux**
  - Mâchoire supérieure mobile
    - Branchies en forme de peignes
      - Des rayons épineux à la nageoire dorsale ...... *Acanthoptérygiens.*
      - Pas de rayons épineux, *Malacoptérygiens;* Nageoires ventrales
        - en arrière de l'abdomen ...... *M. abdominaux.*
        - sous les pectorales ...... *M. subbrachiens.*
        - nulles ..... *M. apodes.*
    - Branchies en forme de houppes .... *Lophobranches.*
  - Mâchoire supérieure soudée au crâne .... *Plectognathes.*
- **Cartilagineux Chondroptérygiens**
  - Branchies libres; une seule ouverture des ouïes .... *Sturioniens.*
  - Branchies adhérentes; Plusieurs ouvertures
    - Mâchoire inférieure mobile .. *Sélaciens.*
    - Mâchoires disposées en cercle. *Cyclostomes.*

L. Agassiz, postérieurement à Cuvier, fut conduit par ses études sur les Poissons fossiles à se servir du caractère tiré de la structure des écailles pour répartir ces animaux en quatre groupes sous les noms de *Ganoïdes, Placoïdes, Cycloïdes* et *Cténoïdes.* Les trois derniers correspondaient à peu près aux Chondroptérygiens, Malacoptérygiens et Acanthoptérygiens de Cuvier; le premier, celui des

Ganoïdes, était nouveau et réalisait un sérieux progrès, en permettant de rapprocher, d'après leurs affinités véritables, de nombreux fossiles et certaines formes actuelles qui s'écartent des autres Poissons autant par leur organisation que par la nature de leurs écailles; aussi cet ordre, bien que modifié dans ses limites, a-t-il été maintenu depuis.

En 1844, Jean Müller proposa une nouvelle classification qu'on peut qualifier de fondamentale, car elle n'a été modifiée par les ichtyologistes qui ont suivi dans aucun de ses traits essentiels. Le célèbre zoologiste allemand divisa les Poissons en six groupes ou sous-classes, la première comprenant ceux qui sont munis de poumons ou *Dipnoï*; la seconde réunissant sous le nom de *Teleostei* presque tous les Poissons osseux; la troisième formée par les Ganoïdes (*Ganoïdei*); la quatrième et la cinquième correspondant l'une aux Sélaciens (*Elasmobranchii*), l'autre aux Cyclostomes (*Marsipobranchii*); la dernière enfin ne renfermant que le seul G. Amphioxus (*Leptocardii*). Ces groupes ont été généralement admis, et leur valeur hiérarchique seule est diversement appréciée; à la vérité, ils n'ont pas tous la même importance, et quelques-uns même parmi eux ont pu être considérés comme constituant de véritables classes, par exemple, les Leptocardes, les Cyclostomes. Quoi qu'il en soit, la distribution des Poissons ainsi comprise est indiquée dans le tableau suivant :

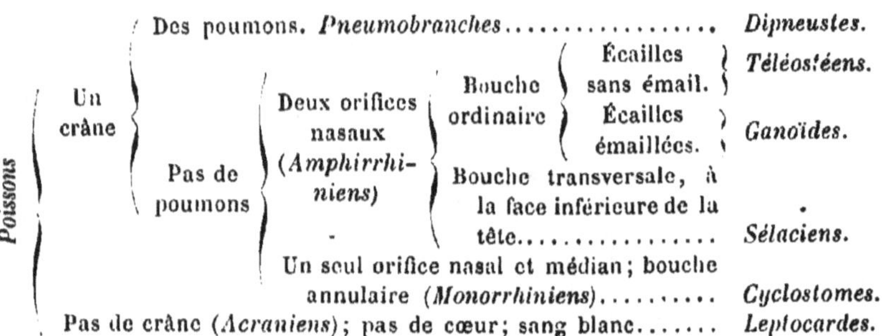

I. — ACRANIENS

ORDRE DES LEPTOCARDES

Ce groupe est constitué par le seul genre *Amphioxus* ou *Branchiostome*, qui présente un très grand intérêt à cause des particularités de son organisation. Le corps de ce singulier Poisson (fig. 586) est comprimé latéralement, de forme lancéolée; il est dépourvu de nageoires paires, et muni seulement d'une nageoire impaire qui enveloppe la queue et se prolonge dans les régions dorsale et ventrale en un repli étroit.

L'axe vertébral reste à l'état de corde dorsale ; il n'existe pas de capsule crânienne (*Acraniens*, Haeckel) et la moelle épinière ne présente pas de renflement cérébral. Les organes des sens se réduisent à une simple tache de pigment pour la vision, et à une petite fossette garnie de cils vibratiles, servant à l'olfaction ; il n'y

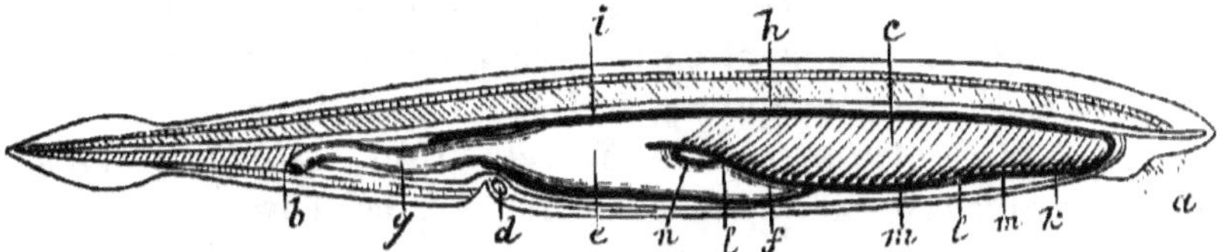

FIG. 586. — *Amphioxus lanceolatus.* — *a*, bouche garnie de cirres ; *b*, anus ; *c*, sac branchial ; *d*, pore abdominal ; *e*, portion renflée du tube digestif ; *f*, cæcum hépatique ; *g*, portion grèle du tube digestif ; *h*, corde dorsale ; *i*, aorte ; *k*, arc aortique ; *l*, vaisseau pharyngien inférieur ; *m*, bulbilles des artères branchiales ; *n*, tronc veineux sus-hépatique.

a pas d'organe auditif. L'ouverture buccale placée au-dessous de l'extrémité antérieure est entourée par une sorte de cadre cartilagineux qui porte une couronne de cirres mobiles. Elle donne accès dans une grande cavité branchio-pharyngienne qui offre une remarquable analogie avec le sac branchial des Ascidies. Ses parois en claire-voie, parcourues par des vaisseaux sanguins et couvertes de cils vibratiles, sont le siège du travail respiratoire. L'eau, passant à travers les fentes branchiales, arrive dans la cavité péribranchiale, d'où elle est rejetée au dehors par une ouverture placée à la partie inférieure et ventrale (*pore abdominal*). La chambre respiratoire est suivie

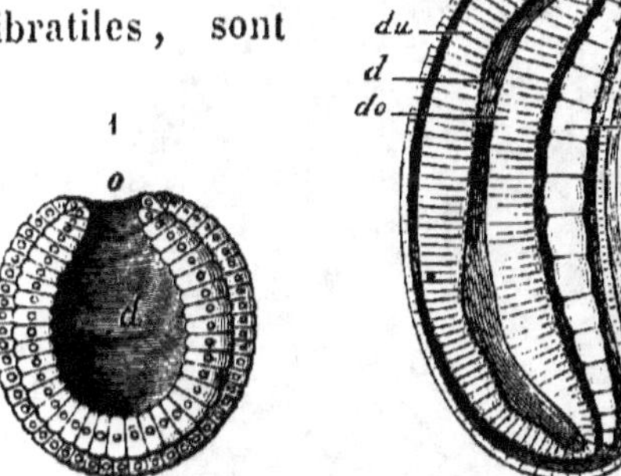

FIG. 587. — 1, gastrula de l'*Amphioxus*; *o*, bouche primitive; *d*, cavité intestinale primitive. — 2, larve de l'*Amphioxus*; *ch*, corde dorsale; *m*, tube médullaire; *ma*, son orifice antérieur; *d*, tube intestinal; *do*, sa paroi dorsale; *du*, sa paroi abdominale; *h*, lamelle cornée (d'après Haeckel).

du tube digestif qui, dans sa partie antérieure ou stomacale, se prolonge en un cæcum hépatique revêtu d'une couche glandulaire colorée. L'intestin s'étend jusque vers le tiers postérieur du corps où est situé l'orifice anal, un peu à gauche. Le système vasculaire est dépourvu d'un organe central d'impulsion ou cœur, et le sang est mis en mouvement par les vaisseaux eux-mêmes qui sont contractiles sur divers points, disposition comparable à celle qu'on trouve chez les Vers. Le sang est incolore.

Les produits sexuels, sécrétés par des glandes qui occupent la partie supérieure de la cavité viscérale, tombent dans cette cavité et sont expulsés par le pore abdominal suivant de Quatrefages, par la bouche suivant Kowalevsky. Les œufs subissent une segmentation complète. L'embryon devient libre de bonne heure sous forme de larve ciliée (fig. 587: cette larve, par des changements ultérieurs, se transforme en un animal parfait; chez elle c'est la ligne primitive et la corde dorsale qui apparaissent tout d'abord.

L'Amphioxus, *A. lanceolatus* Yarrel (*Branchiostoma lubricum* Costa) est long de 4 à 5 centimètres. Pallas l'avait observé et l'avait pris pour un Gastéropode nu qu'il avait nommé *Limax lanceolatus*. On le trouve dans différentes localités, sur les plages sablonneuses de la Méditerranée et de la mer du Nord. On l'a signalé aussi en Amérique.

II. — P. MONORRHINIENS
ORDRE DES CYCLOSTOMES

Les Cyclostomes ont été ainsi nommés à cause de la forme circulaire de leur bouche (de κύκλος, cercle ; στόμα, bouche) dépourvue de mâchoires et disposée pour la succion (fig. 588). Ils sont cylindriques, vermiformes et privés de membres, c'est-à dire de nageoires pectorales et ventrales. Leur peau est lisse, sans écailles.

Leur squelette est cartilagineux, peu développé ; l'axe vertébral est représenté par une corde dorsale persistante qui n'offre que des traces de segmentation ; le crâne est constitué par une capsule cartilagineuse incomplète. L'encéphale, quoique petit et très simple, est divisé en cerveau postérieur, moyen et antérieur ; il présente des lobes olfactifs volumineux. L'organe de l'odorat fournit un caractère distinctif important ; il n'existe, en effet, chez les Cyclostomes qu'une seule fosse nasale placée sur la ligne médiane (*Monorrhiniens*) ;

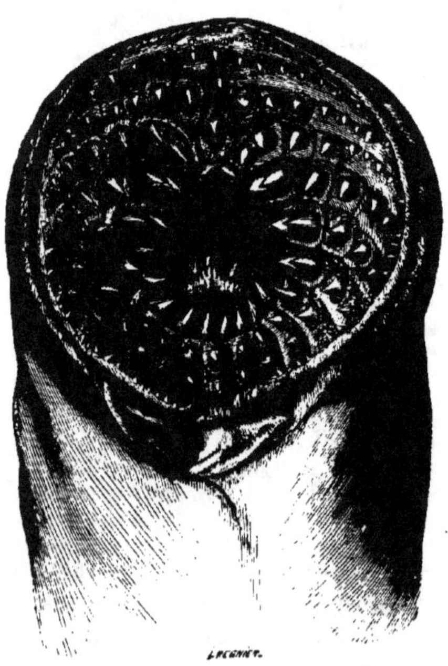

FIG. 588. — Bouche de la Lamproie marine (*Petromyzon marinus*).

cette fosse est tantôt terminée en cul-de-sac (Lamproie), tantôt en communication avec le pharynx (Myxine). Les yeux sont au nombre de deux, mais parfois rudimentaires et cachés sous la peau. Les organes auditifs ne se composent que du vestibule, et d'un ou deux canaux semi-circulaires.

L'appareil respiratoire est constitué par six ou sept sacs branchiaux dont la disposition a été indiquée plus haut (p. 576), disposition qui a valu à ces animaux le nom de Marsipobranches. Il n'y a pas de vessie natatoire. Le cœur est entouré par un péricarde qui communique avec la cavité péritonéale ; il est suivi d'un bulbe aortique non musculeux, muni de deux valvules seulement. Les reins (reins primitifs) sont formés d'éléments constitutifs, ou corpuscules de Malpighi, isolés et débouchant séparément dans les uretères ; ceux-ci se réunissent en un tronc commun qui aboutit à un pore abdominal placé derrière l'anus. Les glandes génitales sont impaires et sans canaux excréteurs ; leurs produits, œufs ou spermatozoïdes, tombent dans l'abdomen et arrivent au dehors par le pore abdominal. On a constaté chez les Lamproies l'existence de métamorphoses ; ces animaux à l'état jeune diffèrent notablement de la forme qui leur appartient à l'âge adulte. Les larves ont été regardées longtemps comme constituant un genre spécial sous le nom d'*Ammocètes*.

Les Cyclostomes se partagent en deux familles, les *Myxinidés* et les *Pétromyzonidés*.

Les MYXINIDÉS sont de petits animaux marins qui vivent en parasites sur d'autres Poissons, et qui parfois même pénètrent dans leur cavité abdominale. Linné les rangeait parmi les Vers, dont ils offrent l'apparence. On en connaît deux genres : les Myxines (*Myxine*) qui n'ont que deux ouvertures branchiales externes, une de chaque côté, et les Bdellostomes (*Bdellostoma*), qui en ont six ou sept.

Les PÉTROMYZONIDÉS comprennent les Lamproies (*Petromyzon*). Les unes vivent dans la mer et remontent à l'époque du frai les fleuves et les rivières. Ce sont : la Grande Lamproie (*Petromyzon marinus*), et la Lamproie fluviatile (*P. fluviatilis*). Celle-ci, de taille beaucoup plus petite que la première, n'habite pas exclusivement les eaux douces, comme son nom semblerait l'indiquer et comme on l'a cru longtemps. Cela n'est vrai que pour une autre espèce, la petite Lamproie de rivière (*P. Planeri*), vulgairement nommée « Sucet », dont la larve est l'*Ammocetes branchialis* que Aug. Müller a suivi dans ses métamorphoses (1).

(1) Aug. Müller *Verläufiger Bericht über die Entwicklung der Neunaugen*, (*Archiv. de Müller*, 1856, p. 223).

III. — P. AMPHIRRHINIENS

ORDRE I. — SÉLACIENS

Les Sélaciens, ou Élasmobranches, forment un groupe très naturel regardé par les uns comme un ordre, par les autres comme une sous-classe. Ce sont des Poissons cartilagineux (σέλαχος, poisson cartilagineux). Leur colonne vertébrale est composée de vertèbres biconcaves, ou amphicœliques, plus ou moins développées, avec les restes de la corde dorsale au centre. Le crâne consiste en une boîte cartilagineuse, qui tantôt s'articule au moyen de deux condyles et tantôt ne présente pas d'articulation avec l'axe vertébral. La bouche fournit un caractère important par sa position à la face inférieure de la tête. Elle est constituée par deux mâchoires, dont l'inférieure est suspendue au crâne par l'os hyomandibulaire, et dont la supérieure est également mobile, excepté chez les Chimères. Ces mâchoires portent des dents qui varient beaucoup par le nombre et par la forme, mais ne sont jamais implantées dans des alvéoles. Les Poissons de cet ordre sont caractérisés par la structure des pièces solides développées dans l'épaisseur du derme, et nommées *placoïdes* par Agassiz ; parfois ces pièces sont petites, très rapprochées les unes des autres, et donnent à la peau une disposition rugueuse, *chagrinée ;* parfois elles ont la forme de plaques portant des appendices épineux (*boucles* des Raies). Les nageoires sont très grandes ; souvent les pectorales sont étendues horizontalement sur les côtés du corps qui acquiert ainsi une largeur considérable et une forme toute particulière (fig. 591) ; les ventrales sont situées près de l'anus, et ont chez le mâle plusieurs de leurs rayons transformés en appendices copulateurs ; la nageoire caudale est hétérocerque.

Les Sélaciens l'emportent sur les autres Poissons par le développement de leur cerveau ; les hémisphères sont relativement volumineux ; le cervelet recouvre en totalité ou en partie le quatrième ventricule, et peut même avancer au-dessus du mésencéphale. Les nerfs optiques, par l'entre-croisement d'une partie de leurs fibres, forment un *chiasma*. Les yeux sont pourvus chez les Squales d'une paupière analogue à la membrane clignotante.

L'appareil respiratoire est constitué par des sacs branchiaux, qui sont d'ordinaire au nombre de cinq et s'ouvrent par autant de fentes situées sur les côtés de la région cervicale chez les Squales, rejetées à la face inférieure du corps chez les Raies ; il n'y a qu'une seule fente branchiale externe recouverte par un rudiment d'opercule chez les Chimères. La vessie natatoire fait toujours défaut. En général, la cavité de l'arrière-bouche communique avec l'extérieur par deux ouvertures, ou *évents*, placées à la partie supérieure de la tête et correspondant à la trompe d'Eustache des Vertébrés d'une organisation plus élevée. L'estomac en forme de sac est suivi d'un intestin court muni d'une *valvule spirale*. Le rectum aboutit dans un cloaque, où débouchent également les organes génitaux et urinaires. Le cœur présente un bulbe artériel contractile, garni à l'intérieur de valvules multiples disposées sur plusieurs rangs (fig. 589). Les reins, d'après les recherches de Balfour et Semper, offrent chez l'embryon une remarquable analogie avec les organes segmentaires des Vers. Les uretères présentent d'ordinaire une dilatation formant vessie, et s'unissent dans leur partie terminale en un canal commun.

La reproduction comporte chez les Sélaciens le rapprochement des sexes et une fécondation intérieure. Les glandes génitales sont pourvues de conduits excréteurs particuliers. Les testicules

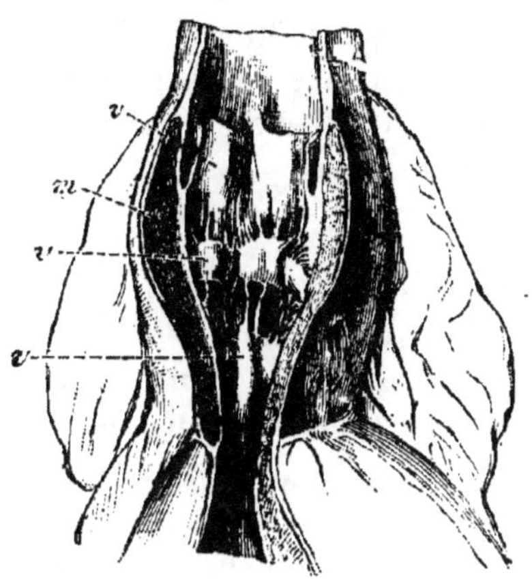

Fig. 589. — Bulbe aortique d'un Squale (*Lamna*). — v, v, v, valvules; m, paroi musculaire.

possèdent un épididyme d'où naît le canal déférent qui va déboucher de chaque côté dans l'uretère correspondant. Les ovaires sont généralement au nombre de deux, mais quelquefois réduits à un seul; ils ne sont pas en continuité avec les oviductes. Ceux-ci, rapprochés à leur extrémité antérieure dans la cavité abdominale, ont une entrée commune, infundibuliforme, qui a reçu le nom de *pavillon*. Souvent ils se dilatent dans leur partie postérieure de façon à constituer des chambres utérines, et s'unissent ensuite l'un à l'autre avant de s'ouvrir dans le cloaque.

Parmi les Sélaciens les uns sont ovipares, les autres vivipares. Les œufs des premiers sont entourés d'une enveloppe dure comme du parchemin et de forme très singulière, quadrilatérale, avec une corne ou un long appendice contourné sur lui-même à chacun de ses angles. Ceux des espèces vivipares n'ont qu'un mince chorion et séjournent dans la cavité utérine où s'accomplit le développement de l'embryon. Dans quelques cas, des connexions s'établissent entre cet embryon et l'organisme maternel au moyen d'une sorte de placenta ombilical qui avait été déjà observé par Aristote sur l'Émissole (*Mustelus lœvis*). Par une disposition comparable à celle que présentent les Batraciens, les jeunes embryons sont pourvus de filaments branchiaux externes qui, à la vérité, n'ont qu'une existence temporaire fort courte, et disparaissent longtemps avant la naissance.

Les Sélaciens sont des animaux essentiellement marins; quelques-uns cependant se rencontrent dans les grands fleuves de l'Amérique et de l'Inde. Certains d'entre eux sont électriques (Torpilles). Ces Poissons ont laissé des restes fossiles dans les différentes couches géologiques, et déjà leur existence se révèle à l'époque silurienne par des débris de dents et d'épines (Ichtyodorulites).

On divise les Sélaciens en deux groupes : les *Holocéphales* et les *Plagiostomes*.

1. Holocéphales.

Les Holocéphales de Jean Müller, ou Chimériens, ont de chaque côté un seul orifice branchial externe, la mâchoire supérieure soudée au crâne, la peau nue. La tête de ces singuliers animaux est volumineuse, avec de gros yeux sans paupière, et une ouverture buccale petite à la partie inférieure du museau; il n'y a pas d'évents. Les mâchoires portent, en guise de dents, des lames

Fig. 590. — *Callorhyncus antarcticus*.

osseuses, dont quatre en haut et deux en bas. La corde dorsale est persistante, et les vertèbres sont représentées par de simples anneaux d'incrustation calcaire. Ces Poissons forment une seule famille, celle des CHIMÉRIDÉS, qui ne renferme elle-même que deux genres : les Chimères, ou Chats de mer (*Chimæra monstrosa*), qui se trouvent dans les mers du Nord et quelquefois dans la Méditerranée ; les Callorhynques (*Callorhyncus antarcticus*) (fig. 590), qui habitent les mers du Sud.

2. Plagiostomes.

Les Plagiostomes ont de chaque côté plusieurs orifices branchiaux externes ; la bouche s'ouvre à la face inférieure de la tête par une large fente qui forme une courbe à concavité postérieure ; au-devant de la bouche et sur la même face se trouvent les narines. La mâchoire supérieure est unie au crâne par une articulation mobile. En général il existe des évents. La peau est rarement nue ; d'ordinaire elle est garnie de pièces cornées, placoïdes. Les corps vertébraux sont distincts et la corde dorsale est plus ou moins réduite.

Les Plagiostomes se partagent en *Rajides* et *Squalides*.

a. Rajides.

Ces poissons ont pour type la Raie. Leur corps est aplati, discoïde, terminé par une queue généralement longue, mince, et souvent garnie d'épines. Les orifices branchiaux sont situés sur la face ventrale ; la tête porte des évents. Ils se distribuent en plusieurs familles. Ce sont :

Les Rajidés, ou Raies, dont le disque est de forme rhomboïdale, la queue dépourvue de piquants. Leur chair est estimée comme aliment. L'espèce la plus commune est la Raie bouclée (*Raja clavata*) (fig. 591);

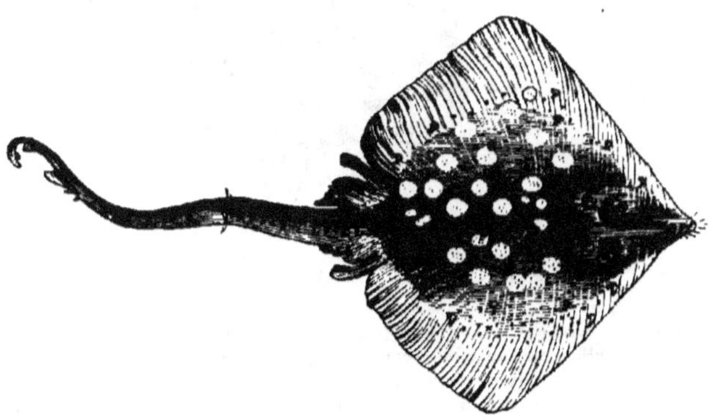

Fig. 591. — Raie bouclée (*Raja clavata*).

Les Trigonidés, ou Pastenagues (*Trygon*), qui se distinguent des Raies par leur queue armée de piquants ;

Les Myliobatidés, ou Mourines, appelés aussi Aigles de mer (*Myliobates aquila*), parce que leur aspect rappelle jusqu'à un certain point celui d'un Oiseau de proie aux ailes étendues ;

Les TORPÉDIDÉS, ou Torpilles (*Torpedo*), dont le corps est nu, en forme de disque circulaire, la queue courte. Ils sont pourvus d'un appareil électrique logé, de chaque côté, entre la tête, les branchies et le bord interne des nageoires, composé d'une multitude de colonnes disposées verticalement (fig. 592). On trouve des Torpilles dans l'Océan et dans la Méditerranée ;

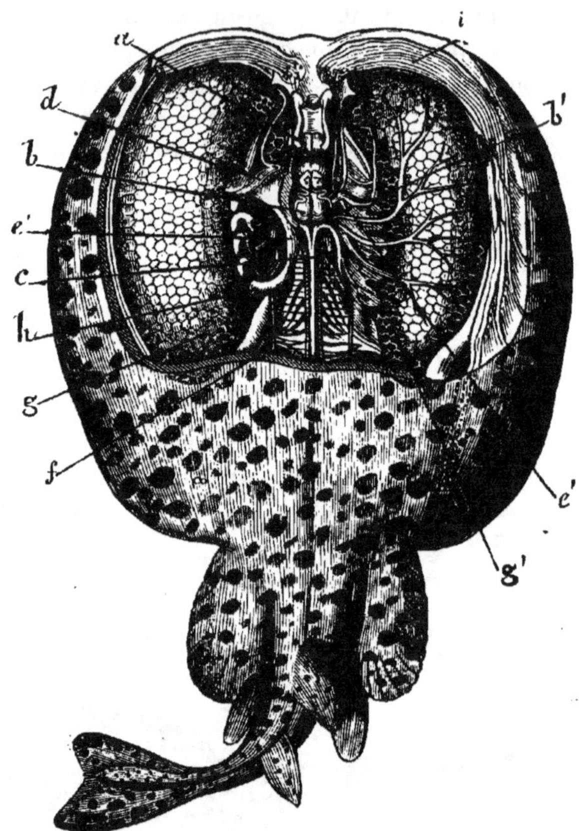

Fig. 592. — Torpille marbrée. — *a*, cerveau ; *b*, moelle allongée ; *c*, moelle épinière ; *d*, portion électrique du trijumeau ou cinquième paire ; *e*, *e'*, portion électrique des pneumogastriques ou nerfs de la huitième paire ; *f*, nerf récurrent ; *g*, organe électrique gauche non entamé ; *g'*, organe électrique droit disséqué pour montrer la distribution des nerfs ; *h*, la dernière des chambres branchiales ; *i*, tubes mucipares (organes tactiles).

Les SQUATINO-RAJIDÉS, qui établissent le passage entre les Rajidés et les Squalidés ; leur corps moins large et plus allongé se termine par une queue épaisse, charnue, et porte deux nageoires dorsales bien distinctes. C'est dans cette famille que se rangent les Scies (*Pristis*), remarquables par leur museau prolongé en une longue lame qui porte des dents implantées de chaque côté.

b. Squalides

Les Squalides ont un corps allongé, fusiforme, un museau pointu; les orifices branchiaux sont situés sur les côtés du cou; les nageoires pectorales ne sont pas disposées horizontalement comme celles des Rajides; leur queue est forte, charnue, infléchie en haut. Ce sont des animaux de grande taille, très voraces et très redoutables. On les divise en plusieurs familles d'après les caractères tirés de la position des nageoires, de la forme des dents, de la présence ou de l'absence des évents. Parmi ces familles nous citerons comme les principales:

Les SQUATINIDÉS, ou Anges (*Squatina*), qui se rapprochent un peu des Raies par la forme élargie de leur corps et n'ont pas de nageoire anale;

Les SPINACIDÉS, ou Aiguillats (*Spinax*), qui manquent de nageoire anale comme les précédents, mais ont le corps allongé;

Les CARCHARIIDÉS, ou Requins (*Carcharias*), bien connus par leur férocité, à gueule armée de dents triangulaires, disposées sur plusieurs rangs chez l'adulte. Ils n'ont pas d'évents. Auprès d'eux se rangent les Marteaux (*Zygæna*) (fig. 593), caractérisés par la forme de leur tête qui leur a valu ce nom. Certains zoologistes en font une famille particulière;

FIG. 593. — Marteau (*Zygæna Malleus*).

Les GALÉIDÉS ou Mylandres (*Galeus*), qui ressemblent aux Requins, mais sont pourvus d'évents. A ce groupe appartiennent les Émissoles (*Mustelus*);

Les SCYLLIDÉS enfin, ou Chiens de mer (*Scyllium*), qui sont ovipares et pondent des œufs entourés d'une enveloppe résistante, tandis que les autres Squalides sont vivipares.

ORDRE II. — GANOÏDES

L'ordre des Ganoïdes, institué par Agassiz, ne comprend qu'une partie des Poissons que ce zoologiste y faisait rentrer, car plusieurs d'entre eux en ont été séparés par Jean Müller pour être réunis aux Téléostéens; ce sont les Plectognathes, les Lophobranches et les Siluroïdes. Ce groupe est très riche en espèces fossiles, mais il n'a qu'un petit nombre de représentants dans la faune actuelle; c'est à lui qu'appartiennent les Sturioniens, qui formaient un ordre dans la classification de Cuvier, et quelques-uns des Malacoptérygiens abdominaux du même auteur (Lépidostée, Polyptère, Amie).

Par leurs caractères anatomiques les Ganoïdes sont intermédiaires entre les Sélaciens et les Téléostéens. Leur corps est le plus souvent recouvert de plaques émaillées rhomboïdales, mais parfois d'écailles rondes qui ressemblent à celles des Poissons ordinaires (*Amia*). Chez la *Spatularia*, par exception, la peau est nue.

Les nageoires fournissent un caractère commun à la plupart des Ganoïdes et auquel Jean Müller attachait une grande importance : c'est la présence sur leur bord antérieur, particulièrement à la nageoire caudale, de petites épines (fulcres) disposées sur ou deux rangs. La queue est hétérocerque.

Le squelette est tantôt osseux et tantôt cartilagineux; parfois la corde dorsale persiste, et autour d'elle se développent de simples anneaux cartilagineux (Esturgeons), mais en général les vertèbres sont entièrement ossifiées. Les premiers conservent le crâne cartilagineux primitif avec des os de recouvrement surajoutés, tandis que les autres possèdent un crâne plus ou moins complètement ossifié.

Le système nerveux n'a rien de remarquable, si ce n'est que les nerfs optiques offrent un chiasma. Les branchies sont libres, recouvertes par un opercule qui porte souvent une branchie accessoire à sa face interne (Esturgeon). En général, il existe des évents. Toujours il y a une vessie natatoire qui est quelquefois double (Polyptère); cette vessie n'est pas close et s'ouvre dans l'œsophage par un canal aérien. Le cœur présente un bulbe artériel contractile et garni de plusieurs rangs de valvules. L'intestin est pourvu d'un repli spiral très développé, excepté chez le Lépidostée où ce repli est rudimentaire.

Les organes génitaux ont beaucoup de rapport avec ceux des Sélaciens, mais offrent cette particularité que les testicules ne se continuent pas avec leur conduit excréteur; les spermatozoïdes, de même que les œufs, tombent dans la cavité abdominale, d'où ils sont évacués par un canal à orifice infundibuliforme, fonctionnant comme oviducte chez la femelle, comme canal déférent chez le mâle. Ces conduits débouchent le plus souvent dans les voies urinaires.

Enfin, la cavité viscérale communique avec l'extérieur par des pores abdominaux (Hyrtl).

Les Ganoïdes ont été divisés par Jean Müller, d'après la nature de leur squelette, en cartilagineux, ou *Chondroganoïdes*, et osseux, ou *Ostéoganoïdes*.

1. Chondroganoïdes.

Ce sous-ordre correspond aux anciens Sturioniens de Cuvier. Il renferme deux familles actuellement vivantes, les *Acipenséridés* et les *Spatularidés*.

Les ACIPENSÉRIDÉS, ou Esturgeons (*Acipenser*), sont des poissons de grande taille et à corps allongé qui habitent la mer, mais remontent les fleuves au printemps pour y déposer leurs œufs. Ils sont recherchés pour leur chair qui est délicate, pour leurs œufs avec lesquels on prépare un aliment très estimé en Russie et connu sous le nom de « caviar », et pour leur vessie natatoire qui fournit l'ichtyocolle, ou colle de poisson.

On distingue plusieurs espèces d'Esturgeons : l'Esturgeon ordinaire (*Acipenser sturio*) (fig. 594); le Grand Esturgeon (*A. huso*) qui atteint jusqu'à 12 ou 15 pieds de long; le Sterlet ou Petit Esturgeon (*A. rhutenus*) qui n'a guère plus de 2 pieds de long, etc.

Ces Poissons abondent principalement dans la mer Noire, la mer Caspienne et dans les fleuves qui s'y jettent, le Danube, le Dniéper, le Volga, etc.

FIG. 594. — Esturgeon commun (*Acipenser sturio*).

Le Scaphirhynque (*Scaphirhyncus*) est un Poisson du Mississipi qui appartient à la même famille.

Les SPATULARIDÉS ont la peau nue et doivent leur nom à la forme de leur museau qui ressemble à une spatule (*Spatularia*). Ils habitent les fleuves de l'Amérique du Nord.

A côté de cette famille, il s'en trouve quelques autres uniquement composées de formes fossiles : CÉPHALASPIDÉS, PYCNODONTIDÉS, CHONDROSTÉIDÉS...

2. Ostéoganoïdes.

Ces Poissons se subdivisent en *Rhombifères* et *Cyclifères*, les premiers ayant le corps couvert d'écailles rhomboïdales et les seconds d'écailles cycloïdes. La plupart sont fossiles.

a. Rhombifères.

Les Rhombifères, autrefois très nombreux ne sont plus représentés à l'époque actuelle que par les Polyptères et les Lépidostées formant les deux familles des POLYPTÉRIDÉS et des LÉPIDOSTÉIDÉS.

Les Polyptères (*Polypterus*) (fig. 595) sont des Poissons africains que Geoffroy Saint-Hilaire a le premier fait connaître lors de

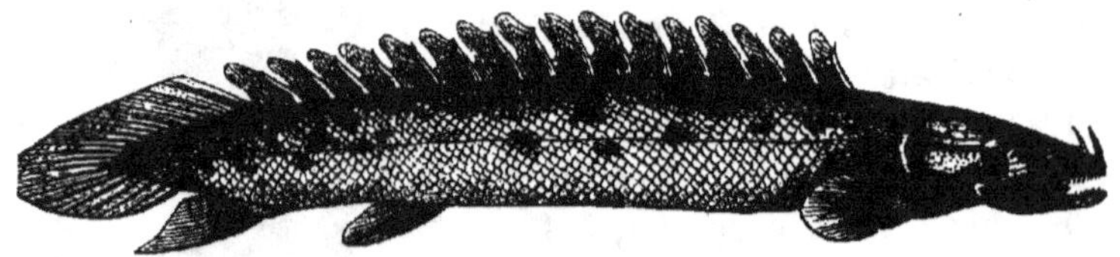

FIG. 595. — Polyptère du Sénégal (*Polypterus bichir*).

l'expédition d'Égypte. Ils se distinguent par diverses particularités, et entre autres par le grand nombre de leurs nageoires dorsales, par la forme de leur nageoire caudale arrondie, homocerque, par leur vessie natatoire double.

Les Lépidostées (*Lepidosteus*) vivent dans les fleuves de l'Amérique du Nord. Ce sont de grands Poissons carnivores, dont les nageoires portent sur leur bord antérieur deux rangées de fulcres. Leurs vertèbres, par une exception remarquable, sont opisthocœliques comme celles des Reptiles. Les évents manquent.

De nombreux fossiles prennent place parmi les Rhombifères et se rangent en plusieurs familles : ACANTHODIDÉS, DIPTÉRIDÉS, LÉPIDOTIDÉS.

b. Cyclifères.

Les Cyclifères n'ont qu'un représentant vivant, l'*Amia calva*, qui compose à lui seul la famille des AMIADÉS. Il habite les fleuves de la Caroline et forme le passage des Ganoïdes aux Téléostéens.

A ce groupe appartiennent les familles fossiles des HOLOPTYCHIDÉS et des CŒLACANTHIDÉS.

Les Ganoïdes ont fait leur apparition à l'époque silurienne. Ils abondent dans les terrains dévoniens, et représentent seuls avec les Sélaciens la classe des Poissons jusqu'aux formations jurassiques, où commencent à se montrer les Téléostéens.

ORDRE III. — TÉLÉOSTÉENS

Cet ordre correspond aux Poissons osseux de Cuvier, les Ostéoganoïdes exceptés, et il est de beaucoup le plus important si l'on considère le nombre de formes qui le composent, mais ces formes sónt unies par un ensemble de caractères communs qui ne permet pas de les distribuer en groupes d'une valeur égale à celle des autres divisions de la classe, ayant la valeur d'ordres.

Jean Müller les a nommés Téléostéens à cause de la nature de leur squelette (de τέλειος, parfait; ὀστέον, os). Ils sont, en effet, pourvus de vertèbres ossifiées distinctes, biconcaves, et d'une boîte crânienne osseuse. Les téguments portent le plus souvent des écailles cycloïdes ou cténoïdes ; quelquefois les écailles sont très petites et ne font pas saillie à la surface, de sorte que la peau paraît nue (Anguille). Dans certains cas, le squelette externe se compose de plaques osseuses constituant une véritable cuirasse (Lophobranches, Plectognathes).

Les nageoires présentent des rayons épineux ou seulement des rayons mous, caractère utilement employé dans la classification ; parfois les ventrales font défaut, les pectorales rarement. La queue est homocerque.

La disposition des dents est très variable ; il peut y en avoir sur tous les os de la bouche et du pharynx (fig. 596). L'intestin n'est pas pourvu, comme dans les deux ordres précédents, d'une valvule spirale. Les branchies sont libres, presque toujours pectinées (chez les Lophobranches excepté), le plus souvent au nombre de quatre, recou

Fig. 596. — Dents pharyngiennes de l'Ablette.

vertes par un opercule qui ne porte jamais de branchie accessoire. Il n'existe pas d'évents. La plupart des Téléostéens possèdent une vessie natatoire, tantôt close (*Physoclistes*), tantôt pourvue d'un conduit aérien (*Physostomes*).

Le bulbe artériel n'est pas contractile et est muni seulement de deux valvules.

Les nerfs optiques s'entre-croisent, mais ne forment pas un véritable chiasma.

Ces Poissons sont généralement ovipares et pondent un très grand nombre d'œufs qui sont fécondés en dehors de l'organisme maternel; quelques-uns sont vivipares.

En se fondant sur les caractères fournis par la forme des branchies, par la disposition de la mâchoire supérieure, par la structure des nageoires et de la vessie natatoire, on peut diviser les Téléostéens en cinq groupes, ou sous-ordres, dont voici le tableau :

Téléostéens :
- Branchies pectinées :
  - Mâchoire supérieure mobile :
    - Des rayons épineux ..... *Acanthoptères* } *Physoclistes.*
    - Pas de rayons épineux / Vessie natatoire :
      - sans canal aérien. *Anacanthines* } *Physoclistes.*
      - avec un canal aérien. *Malacoptères (Physostomes).*
  - Mâchoire supérieure soudée au crâne.. *Plectognathes.*
- Branchies en forme de houppes................ *Lophobranches.*

1. Lophobranches.

Les Lophobranches sont de petits Poissons fort singuliers, caractérisés par la disposition en houppes de leurs branchies (λόφος, houppe); chez eux l'ouverture des ouïes est réduite à un étroit orifice supérieur. Leur corps est *cuirassé* et de forme plus ou moins polyédrique ; la tête se prolonge en un museau tubulaire qui se termine par une bouche très petite dépourvue de dents. Les nageoires sont en général rudimentaires, ou peu développées, excepté chez les Pégases dont les pectorales très grandes ressemblent à des ailes. La vessie natatoire manque parfois; quand elle existe, elle est close.

Une curieuse particularité présentée par ces animaux, c'est que les mâles sont chargés des œufs jusqu'au moment de l'éclosion; tantôt ils sont fixés sur le thorax ou l'abdomen, tantôt ils sont reçus dans une sorte de poche formée par deux replis de la peau et placée sous la queue (Syngnathe, Hippocampe) (fig. 597).

Fig 597. — Hippocampe avec sa poche ovifère.

Dans ce groupe se rangent :

Les Pégasidés ou Pégases (*Pegasus*), qui habitent la mer des Indes et se distinguent par leur corps large, aplati, et par la grandeur des nageoires pectorales ;

Les Syngnathidés, qui comprennent les Syngnathes (*Syngnathus*) et les Hippocampes, ou Chevaux marins (*Hippocampus*), dont on trouve plusieurs espèces sur nos côtes : *Syngnathus acus, Hippocampus antiquorum*, etc.

2. Plectognathes.

Les Plectognathes (de πλεκτός, soudé ; γνάθος, mâchoire) doivent ce nom à la disposition de la mâchoire supérieure dont les os sont soudés au crâne. L'ouverture buccale est petite, et son bord supérieur est constitué uniquement par les intermaxillaires qui sont très développés. Les téguments portent soit des plaques osseuses formant cuirasse (Coffres), soit des écailles dures, rhomboïdales, soit encore des aiguillons qui hérissent la surface du corps; parfois ils renferment un grand nombre de corpuscules osseux qui leur donnent un aspect chagriné. L'appareil operculaire est caché sous la peau et ne laisse à l'extérieur qu'une fente branchiale étroite. D'ordinaire les côtes manquent ainsi que les nageoires abdominales. Presque toujours il existe une vessie natatoire close.

Les Plectognathes se divisent en *Sclérodermes* et *Gymnodontes*. Ceux-ci se distinguent des premiers en ce que leurs dents, au lieu d'être séparées, sont réunies en une sorte de bec tantôt indivis, tantôt double.

a. Sclérodermes.

Ce groupe comprend les deux familles des Ostracionidés et des Balistidés.

Les Ostracions, ou Coffres (*Ostracion*), sont remarquables par leur corps anguleux recouvert d'une cuirasse inflexible et en forme de coffre; c'est pourquoi on leur a donné ce nom. Ils habitent les mers tropicales.

Les Balistes (*Balistes*) ont le corps comprimé, la peau écailleuse ou chagrinée, teintée de couleurs variées. Ils appartiennent, comme les précédents, aux régions chaudes.

b. Gymnodontes.

Les Gymnodontes se partagent aussi en deux familles :

Les Molidés, ou Môles (*Orthagoriscus mola*), nommés « Poissons lunes » à cause de la forme singulière de leur corps comprimé, discoïde et comme tronqué en arrière ;

Les Tétrodontidés, ou Poissons globuleux, pourvus d'une vaste poche extensible, dépendant de l'œsophage et qu'ils peuvent remplir d'air, ce qui leur permet de se gonfler comme des ballons; ils flottent alors à la surface de l'eau, le ventre en l'air. Les G. *Diodon*,

Triodon et *Tetrodon* composent cette famille; ils vivent dans les mers tropicales. Les Diodons sont appelés vulgairement « Orbes épineux, Hérissons de mer, » parce qu'ils ont le corps couvert d'aiguillons très forts, qui se redressent quand ils se gonflent, et leur fournissent ainsi un moyen de défense.

3. Malacoptères ou Physostomes.

Ce sous-ordre réunit les Malacoptérygiens abdominaux et apodes de Cuvier, sauf toutefois quelques-uns de ces derniers (Équilles, Lançons) qui prennent place dans les Anacanthines. Ces Poissons sont caractérisés, indépendamment de la structure des nageoires à rayons mous, par la présence d'une vessie natatoire pourvue d'un canal aérien, de là le nom de Physostomes que leur a donné Jean Müller. Cette vessie ne fait défaut que dans quelques cas exceptionnels. Tantôt les nageoires abdominales manquent (apodes), tantôt elles existent et sont situées alors en arrière des pectorales (abdominaux). Cette division en apodes et abdominaux, déjà faite par Linné, a été maintenue, mais en ne donnant à ces groupes qu'une valeur secondaire.

a. Apodes.

Les Apodes se divisent en trois familles:

Murénidés. — Ce sont des Poissons serpentiformes dont le plus connu est l'Anguille (*Anguilla vulgaris*) (fig. 598), qu'on trouve dans toutes les eaux douces, le bassin du Danube excepté. En automne, les Anguilles se rendent dans la mer pour y frayer; au printemps, les jeunes, presque aussi ténus que des fils et de couleur blanche, remontent en quantités immenses de la mer dans les fleuves et les rivières. On appelle « montée » cette masse de petites Anguilles qui arrive ainsi, à un moment donné, dans les cours d'eau. Du reste, bien des points sont encore inconnus relativement à la reproduction de ces animaux; ainsi on ignore quelle est leur forme adulte. On a pensé que c'était peut-être le Congre ou Anguille de mer (*Conger*), mais ce n'est pas démontré.

Les Murènes (*Murœna*), qui ont donné leur nom à la famille, sont exclusivement marines et communes dans la Méditerranée. Elles manquent de nageoires pectorales. Autrefois, les Romains appréciaient beaucoup leur chair et les élevaient en grand nombre dans de vastes viviers.

Synbranchidés. — Ces Poissons sont ainsi nommés, parce que les ouvertures des ouïes sont réunies chez eux en une seule, inférieure et médiane. Cette famille est formée par les deux G. *Synbran-*

chus et *Amphipnous*. Ce dernier n'a que des branchies rudimentaires, mais il possède derrière la tête, de chaque côté, un sac membraneux qui communique avec la bouche, et qui fonctionne comme organe de respiration aérienne ; il habite le Bengale.

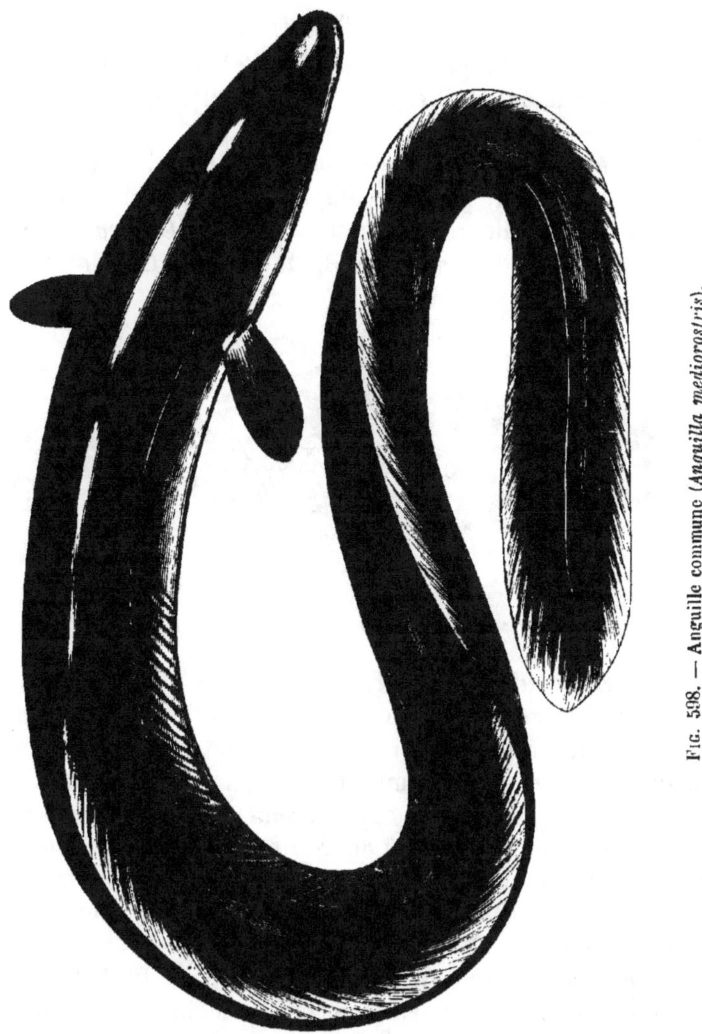

Fig. 598. — Anguille commune (*Anguilla mediorostris*).

GYMNOTIDÉS. — Les Gymnotes (*Gymnotus*), Poissons électriques, propres à l'Amérique méridionale, sont célèbres par les observations de Humboldt (1). Ils peuvent produire des commotions

(1) Humboldt, *Observ. sur l'Anguille électrique (Gymnotus electricus) du Nouveau continent (Voyage aux régions équat. du N. Cont.*, partie zool., t. I, p. 91, et suiv.).

assez fortes pour foudroyer les Hommes et même les Chevaux. Leur appareil électrique s'étend horizontalement de chaque côté, dans presque toute la longueur du corps, et forme environ les deux tiers du volume de l'animal. Celui-ci atteint cinq ou six pieds de long.

b. Abdominaux.

Ce groupe renferme un grand nombre d'espèces comestibles et se partage en plusieurs familles, dont nous ne citerons que les principales :

Les CLUPÉIDÉS, ainsi nommés du G. *Clupea*, Hareng, sont des Poissons de mer qui, pour la plupart, fournissent d'importantes ressources alimentaires. Outre le Hareng (*Clupea harengus*) (fig. 600), on trouve dans cette famille la Sardine (*Clupea sardina*),

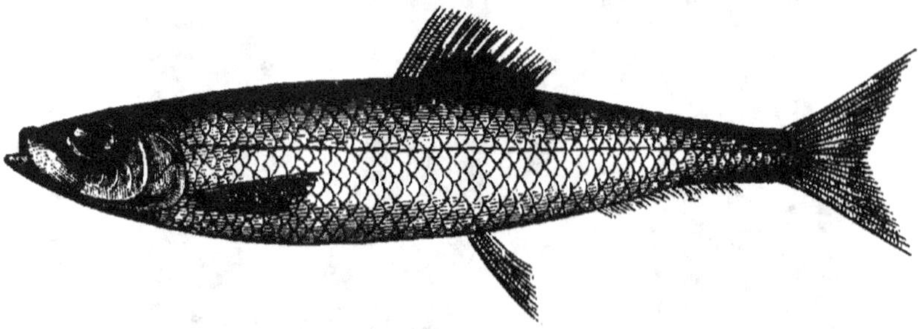

Fig. 600. — Hareng (*Clupea harengus*).

l'Anchois (*Engraulis encrasicholus*), l'Alose (*Alausa vulgaris*). Celle-ci quitte la mer et remonte les fleuves à l'époque du frai, vers le moi de mai, c'est pourquoi elle est appelée « Maifisch » par les Allemands. On sait quelle importance a particulièrement la pêche des Harengs ; ces Poissons apparaissent à certaines époques en bancs immenses dans les mers du Nord et descendent jusque dans la Manche. Ils sont pêchés en quantités énormes par de nombreux navires frétés dans ce but, et donnent lieu à un commerce considérable. Les Sardines et les Anchois, qui sont aussi l'objet de pêches importantes, se trouvent dans l'Océan et dans la Méditerranée ; l'hiver ces Poissons se tiennent dans les profondeurs de la mer, mais en été ils abondent sur nos côtes.

Les SALMONIDÉS ont le corps fusiforme, généralement coloré de teintes vives qui souvent varient aux divers âges. Ils possèdent une seconde nageoire dorsale adipeuse, c'est-à-dire dépourvue de rayons. Ils sont voraces et ont la bouche armée de dents nombreuses. Ils nagent avec beaucoup de rapidité et recherchent les eaux les plus limpides. Les uns sont migrateurs, vivant alternativement dans la mer et dans les eaux douces; les autres ne quittent pas celles-ci.

Le genre principal, appartenant à cette famille, est le Saumon (*Salmo*), grand et beau Poisson dont on connaît plusieurs espèces. Le Saumon commun (*S. salar*) présente dans ses mœurs des particularités intéressantes. Au printemps, ces Poissons, réunis en troupes, passent de la mer dans les fleuves et les rivières pour y frayer. Ils remontent ces cours d'eau très haut, vers leur source, et si dans leur marche ils rencontrent quelque obstacle, digue ou cascade, ils le franchissent en exécutant des sauts parfois très étendus. Pendant la première période de leur vie, les jeunes demeurent aux lieux de leur naissance; à un moment donné, ils se modifient dans leur aspect et se forment en troupes pour gagner les eaux de l'Océan; ils y séjournent un certain temps, et quand vient l'époque du frai,

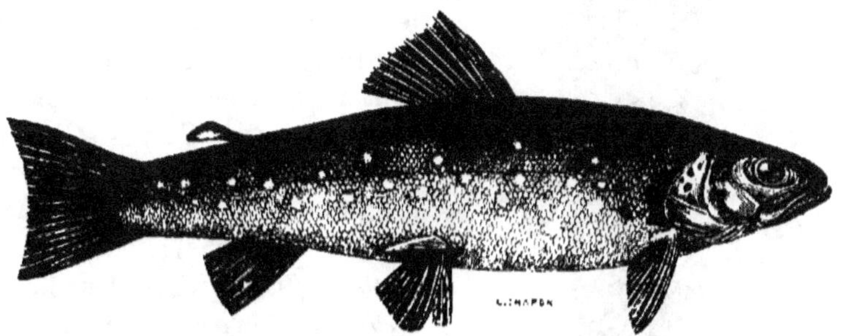

FIG. 600. —Truite commune (*Trutta* ou *Salmo fario*).

ils reparaissent dans les eaux douces. Ils passent ainsi alternativement des unes dans les autres. Comme le Saumon, la Truite saumonnée (*S. trutta*) émigre de la mer dans les fleuves et leurs affluents, au moment de la reproduction. D'autres espèces, l'Ombre chevalier (*S. salvelinus*), la Truite des lacs (*S. lacustris*), la Truite commune (*S. fario*) (fig. 600), etc., vivent constamment dans les eaux douces.

Parmi les Salmonidés se rangent encore: les Ombres (*Thymallus*), ainsi nommés parce qu'ils nagent avec une rapidité telle qu'ils paraissent fuir comme une ombre; ils vivent dans les rivières et les ruisseaux limpides des pays alpestres; les Lavarets et les Féras (*Coregonus*), très renommés par leurs qualités alimentaires, et habitant les premiers le lac du Bourget, les seconds le lac de Genève; les Éperlans (*Osmerus*), petits Poissons de mer qui remontent les fleuves pour y frayer, mais toujours à peu de distance.

Les Ésocidés, ou Brochets (*Esox*), ont une large bouche, puissamment armée, et des habitudes essentiellement carnivores qui leur ont valu le surnom de « Requins des rivières ». Ils sont répandus dans les eaux douces de presque tous les pays. Le Brochet commun (*Esox lucius*) (fig. 601) peut atteindre une taille considérable, jusqu'à 2 mètres de long. Sa chair est estimée comme aliment.

Les CYPRINIDÉS sont caractérisés par une bouche étroite, souvent munie de barbillons, n'ayant pas de dents sur les mâchoires, mais sur les os pharyngiens inférieurs (dents pharyngiennes). Cette famille comprend le plus grand nombre de Poissons qui peuplent nos cours d'eau et sont recherchés comme comestibles. Ainsi : les Carpes (*Cyprinus carpio* (fig. 602); les Barbeaux (*Barbus fluviatilis*); les Tanches (*Tinca vulgaris*); les Goujons (*Gobio fluviatilis*); les Brêmes (*Abramis brama*), etc., On y range aussi les Loches (*Cobitis*), dont on fait cependant quelquefois une famille à part (ACANTHOPSIDÉS). L'une des espèces de ce genre la Loche des étangs (*Cobitis fossilis*) (fig. 603), fournit un remarquable exemple d'adaptation. On a constaté, en effet, que, suivant les conditions dans lesquelles il se trouve placé, ce Poisson respire soit par ses branchies, soit par son tube digestif qui peut faire office de poumon. On comprend ainsi que cet animal ne périsse pas quand, pendant l'été,

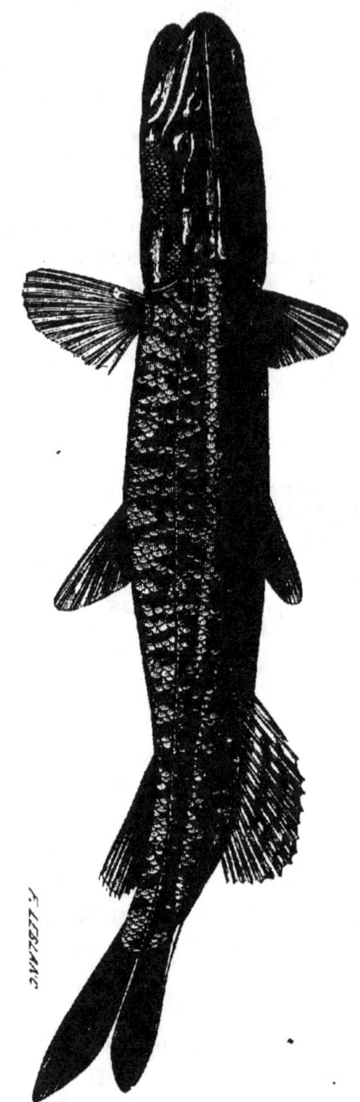

Fig. 601. — Brochet commun (*Esox lucius*).

les eaux stagnantes qu'il habite viennent à se dessécher. Alors, en effet, il s'enfonce dans le fond vaseux de sa demeure, et il respire en introduisant par la bouche de l'air dans son intestin qui joue le rôle d'organe pulmonaire.

Les Siluridés se distinguent par leur peau nue, ou garnie de plaques osseuses au lieu de véritables écailles ; ils ont le premier rayon de leurs nageoires pectorales et de la dorsale formé par une grosse

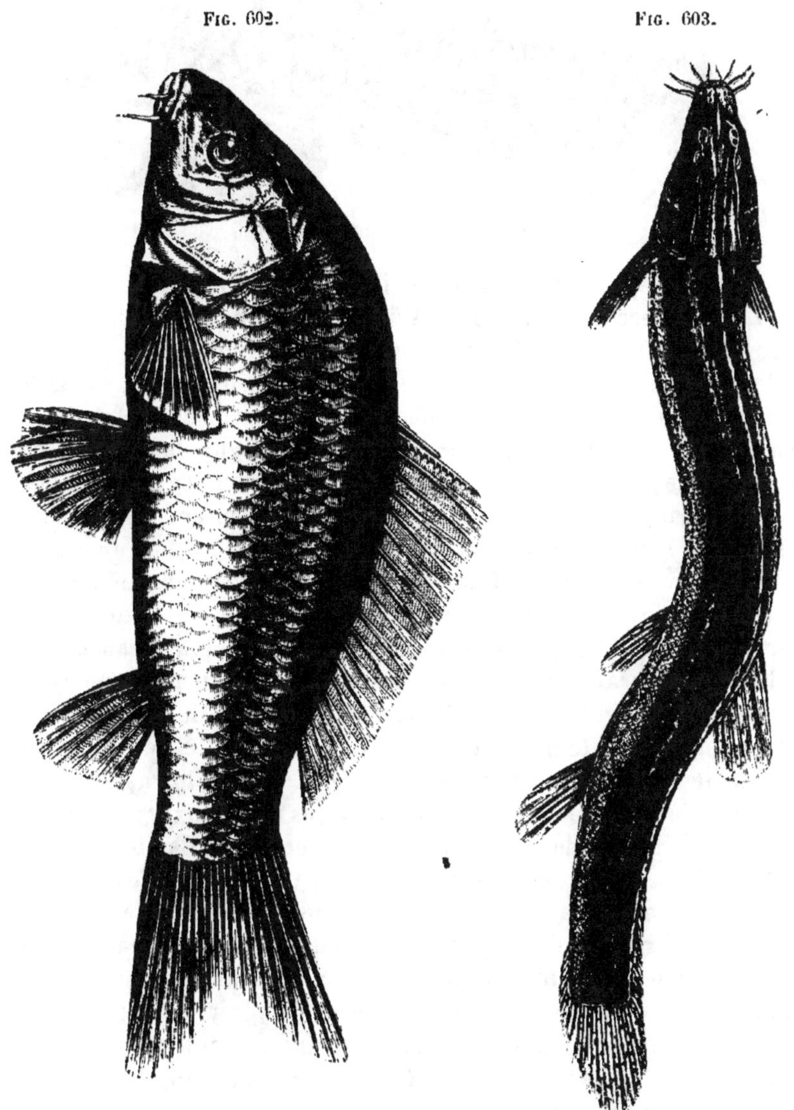

Fig. 602. — Carpe (*Cyprinus carpio*).
Fig. 603. — Loche des étangs (*Cobitis fossilis*).

épine articulée ; ils possèdent souvent une nageoire adipeuse. Ces poissons habitent les eaux douces et sont presque tous propres aux pays chauds. On n'en trouve en Europe qu'une seule espèce, le

Silure şaluth (*Silurus glanis*) (fig. 604). Le Silure électrique (*Malapterurus electricus*) vit dans le Nil et se trouve aussi au Sénégal.

FIG. 604. — ·Silure (*Silurus glanis*).

Il possède un appareil électrique qui s'étend de chaque côté, sous la peau, et entoure le tronc. Les Arabes lui donnent, à cause de ses propriétés, le nom de « Raasch » qui veut dire tonnerre.

Deux genres de Siluroïdes, le *Saccobranchus* du Gange, et l'*Heterobranchus* du Nil, présentent dans leurs organes respiratoires des dispositions particulières. Chez le premier il règne de chaque côté du corps une grande poche membraneuse qui s'ouvre dans la bouche, reçoit du sang par l'intermédiaire du quatrième arc branchial et contient de l'air dans son intérieur ; c'est là certainement un organe qui sert à la respiration. Chez le second, il existe des appendices ramifiés sur les arcs branchiaux de la deuxième et de la quatrième paire. Ces appendices sont logés dans une cavité placée. au-dessus de l'appareil branchial, et sont recouverts d'une membrane riche en vaisseaux sanguins. Ces Poissons ont la faculté de pouvoir vivre plus ou moins longtemps hors de l'eau. Cette faculté se rencontre également et à un très haut degré chez le *Callichtys asper*, petit Poisson qu'on trouve communément dans les ruisseaux et les lagunes d'eau douce autour de Rio-de-Janeiro, et nommé «Camboata» par les Brésiliens. Ici, comme chez la Loche des étangs, c'est le tube digestif qui sert à la respiration aérienne, ainsi que l'a observé Jobert (1). Il résulte des expériences instituées par ce naturaliste que dans l'eau le *Callichtys* ne peut respirer uniquement par ses branchies, et qu'il meurt s'il est empêché de venir à la surface du liquide respirer une certaine quantité d'air; il peut vivre au contraire hors de l'eau, à l'air libre, à la seule condition d'être placé dans un milieu humide.

4. Anacanthines.

Les Anacanthines de Müller renferment les Malacoptérygiens subbrachiens de Cuvier et quelques-uns des Apodes. Les nageoires

(1) Jobert, *Recherches...* (*Annales des sc. nat.*, 6° série. t. V, 1877).

ventrales manquent donc parfois, et quand elles existent, elles sont placées dans la région jugulaire. La vessie natatoire est dépourvue de canal aérien, caractère qui rapproche ces Poissons des Acanthoptères avec lesquels ils sont réunis par Ch. Bonaparte sous le nom de *Physoclistes* ; quelquefois elle fait défaut.

Les Ophidiidés comprennent ceux de ces Poissons qui sont apodes, anguilliformes ; ils sont ainsi nommés du G. *Ophidium*, vulgairement Donzelle, qui habite la Méditerranée. Une espèce voisine, le *Fierasfer*, est parasite des Holothuries, et se loge dans le tube digestif de ces animaux. A la même famille appartiennent les Lançons et les Équilles qui n'ont pas de vessie natatoire et forment le G. *Ammodytes*.

Les Gadidés ont des nageoires ventrales placées sous la gorge, mais ne présentent du reste rien d'anormal dans leur forme extérieure ; la plupart sont marins et sont recherchés comme aliment.

Le type de la famille est fourni par la Morue (*Gadus morrhua*) (fig. 605) qui est, comme on le sait, l'objet d'une pêche très productive

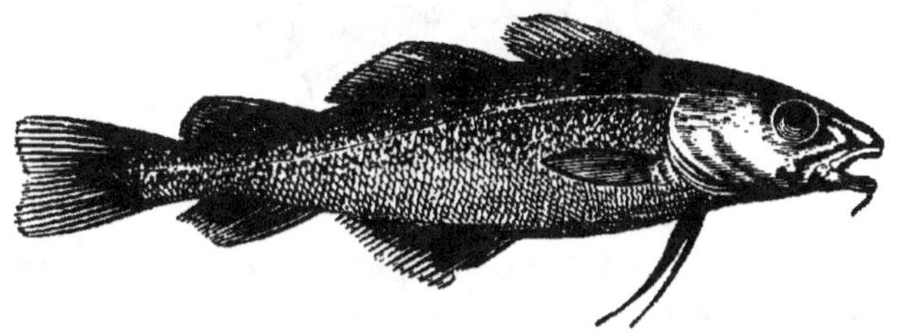

Fig. 605. — Morue (*Gadus morrhua*).

à laquelle de nombreux bâtiments sont occupés, principalement dans les eaux de Terre-Neuve. On conserve ce Poisson en le salant ou en le faisant sécher ; dans ce cas il prend le nom de « Stockfisch ». Quelquefois on le pêche sur nos côtes où on l'appelle « Cabillaud ». Outre son importance alimentaire, qui est considérable, la Morue est d'une grande utilité à cause d'un produit qu'on en retire, l'huile de foie de Morue, dont l'emploi médicinal est très répandu.

Parmi les autres espèces du G. *Gadus*, nous citerons l'Égrefin (*G. æglefinus*) et le Merlan (*G. merlangus*).

La Lotte (*Lota vulgaris*) est le seul Poisson de cette famille que l'on rencontre dans les eaux douces ; elle est remarquable par l'étrangeté de son aspect, due à sa tête déprimée et suivie d'un corps presque cylindrique ; sa chair est estimée.

Les Pleuronectidés, ou Poissons plats, se distinguent par la forme singulière de leur corps comprimé latéralement et asymétrique. Le côté supérieur, qui porte les yeux et regarde la lumière, est for-

tement coloré, tandis que le côté inférieur est dépourvu de pigment.
La vessie natatoire manque. Ce sont des Poissons marins qui affec-
tionnent les fonds de sable et s'y tiennent ordinairement appliqués ;
la chair de la plupart d'entre eux est excellente. Nous trouvons, en
effet, dans cette famille le Turbot (*Rhombus*), la Plie (*Pleuronectes*)
(fig. 606) dont on connaît différentes espèces sous les noms de
« Carrelet, Flet, Limande » ; la Sole (*Solea*), etc.

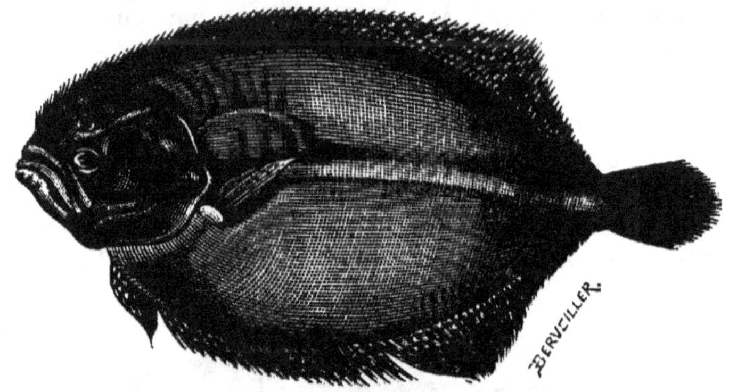

Fig. 606. — Plie (*Pleuronectes rhombus*).

Les Scombrésocidés ont les os pharyngiens inférieurs soudés,
caractère qui leur est commun avec quelques Acanthoptères, d'où
leur réunion avec ces derniers dans un sous-ordre particulier, celui
de *Pharyngognathes* proposé par Müller ; mais ce groupe paraît un
peu artificiel et n'a pas été généralement accepté.

Fig. 607. — Poisson volant (*Exocœtus acutus*).

Les Scombrésocidés renferment un petit nombre de genres,
Scombresox, Belone, etc., parmi lesquels il en est un fort curieux,
le G. *Exocœtus* (fig. 607). Les Exocets, en effet, sont des Poissons

volants, dont les nageoires pectorales très développées peuvent fonctionner en guise d'ailes, et permettent à ces animaux de s'élever au-dessus des flots et de franchir des distances assez grandes qu'on évalue à 200 mètres et plus.

5. Acanthoptères.

Les Acanthoptères de Müller, ou Acanthoptérygiens de Cuvier, sont caractérisés par la présence de rayons épineux aux nageoires, ainsi que l'indique leur nom. Les ventrales sont ordinairement situées sur la poitrine. La vessie natatoire est close. Les os pharyngiens inférieurs sont séparés, excepté chez un petit nombre d'entre eux formant le groupe des Pharyngognathes. Cet ordre très vaste comprend une trentaine de familles dont nous ne mentionnerons que les plus importantes.

a. Pharyngognathes.

Dans ce groupe se placent :

Les CHROMIDÉS, auxquels appartient le curieux Poisson nommé « Pater familias » (*Chromis niloticus*), dont la bouche paraît servir de chambre incubatrice pour le développement des jeunes. Ce sont des Poissons fluviatiles ;

Les LABRIDÉS, ou Labroïdes, qui sont marins. Leurs principaux genres sont : les Labres ou Vieilles de mer (*Labrus*), dont plusieurs espèces remarquables par la beauté de leurs couleurs habitent nos mers ; les Girelles (*Julis*) ; les Scares (*Scarus*), etc.

b. Acanthoptères proprement dits.

Parmi les Acanthoptères proprement dits, ou à os pharyngiens non soudés, nous citerons :

Les PERCIDÉS, ou Percoïdes, grande famille qui a pour type la Perche commune ou Perche de rivière (*Perca fluviatilis*) (fig 608), dont l'anatomie a été particulièrement étudiée par Cuvier et sert ordinairement d'exemple quand il s'agit de l'organisation des Poissons.

Dans les Percidés se rangent de nombreuses espèces tant marines que fluviatiles. Ce sont les Bars ou Loups (*Labrax*), les Gremilles (*Acerina*), les Aprons (*Aspro*), dont une espèce habite le Rhône, etc. Nous devons encore mentionner les Serrans (*Serranus*), que l'on trouve sur nos côtes et qui fournissent un remarquable exemple d'hermaphrodisme, par exception à ce qui a lieu chez tous les autres Vertébrés ;

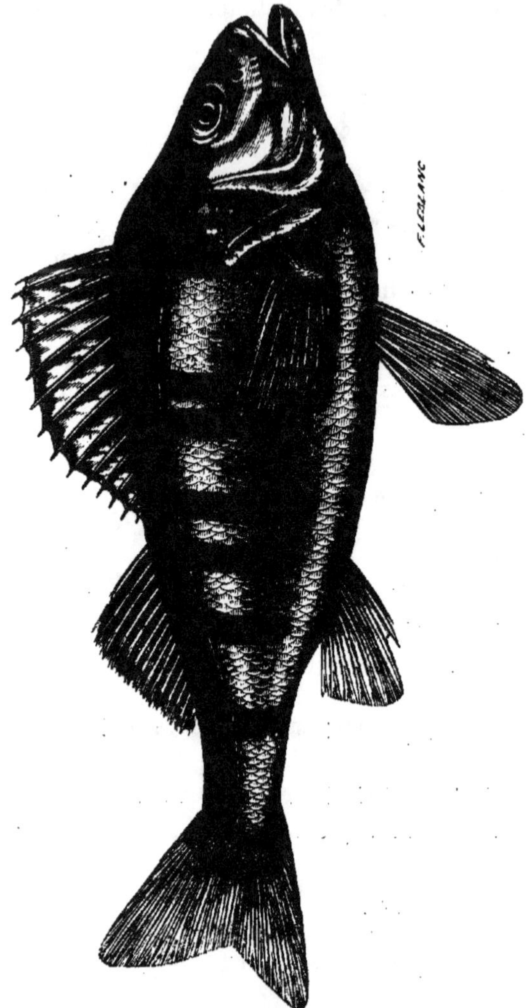

FIG. 608. — Perche de rivière (*Perca fluviatilis*)

Les TRACHINIDÉS, ou Vives (*Trachinus*) (fig. 609), dont la première dorsale est munie d'épines très aiguës qui produisent des piqûres douloureuses auxquelles sont exposés les pêcheurs ou les baigneurs quand ils marchent dans l'eau, ces Poissons ayant l'habitude de se tenir enfoncés dans le sable ;

Les MULLIDÉS, ou Mulles (*Mullus*), qui sont estimés à cause de la délicatesse de leur chair ; on les appelle Rougets sur les bords de la Méditerranée. Ils sont célèbres par les changements de couleur qu'ils présentent en mourant et pour lesquels ils étaient recherchés par les Romains qui

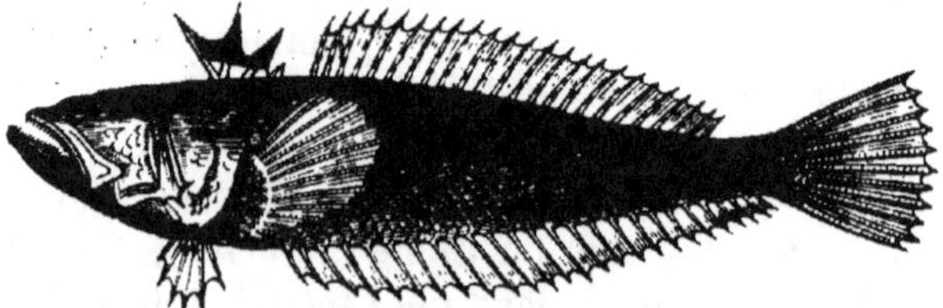

FIG. 609. — Vive araignée (*Trachinus araneæ*).

trouvaient, paraît-il, un plaisir particulier à ce spectacle.

Les Triglidés ont les os sous-orbitaires très développés qui s'étendent sur la joue et vont se souder avec le préopercule ; c'est pourquoi Cuvier leur donnait le nom de « Joues cuirassées » ; souvent ils portent sur la tête des épines ou des piquants. Les Trigles ou Grondins (*Trigla*), les Rascasses (*Scorpæna*), les Chabots (*Cottus*) dont une espèce, le Chabot de rivière (*Cottus gobio*), habite les eaux douces, etc., composent cette famille. On y place aussi les Dactyloptères (*Dactylopterus*) appelés « Hirondelles de mer » parce que leurs grandes nageoires pectorales leur permettent de se soutenir quelques instants dans les airs.

Les Gastérostéidés, ou Épinoches (*Gasterosteus*), présentent un intérêt particulier à cause de leurs mœurs. Le mâle, en effet, construit un nid pour recevoir les œufs et veille sur sa progéniture (1). Leur nom vient de ce qu'ils portent des épines isolées sur le dos. Ce sont les plus petits de nos Poissons d'eau douce.

Fig. 610. — Thon (*Thynnus vulgaris*).

Les Scombéridés renferment plusieurs Poissons précieux pour l'alimentation, Maquereaux, Thons, etc. Le Maquereau vulgaire

(1) Voy. Blanchard, *Poissons des eaux douces de la France*, p. 190 et suiv. Paris, 1880.

(*Scomber scombrus*) est un Poisson de passage qui abonde en été sur les côtes de l'Océan et de la Méditerranée, et qui sé retire en hiver dans les grandes profondeurs.

Le Thon (*Thynnus vulgaris*) (fig. 610) habite la Méditerranée et se rencontre à certaines époques de l'année en bancs considérables qui deviennent l'objet d'une pêche spéciale et très productive (1). Ce Poisson peut atteindre jusqu'à 4 ou 5 mètres de long.

Comme appartenant à cette famille, nous citerons aussi les Pilotes (*Neucrates ductor*), ainsi nommés parce qu'ils accompagnent et semblent guider les Requins à la suite des navires ; les Rémoras (*Echeneis naucrates*), dont la tête porte une sorte de disque ovalaire à lames transversales, au moyen duquel ils se fixent sur d'autres corps et d'ordinaire s'attachent aux flancs des Squales qui les transportent alors avec eux. D'après un préjugé très répandu encore chez les matelots, il suffit qu'un de ces Poissons se fixe ainsi à un navire pour arrêter celui-ci dans sa marche.

Les BLENNIDÉS tirent leur nom des Blennies (*Blennius*) (fig. 611) qu'on appelle vulgairement « Baveuses » parce que leur peau est nue et leur corps enduit de mucosités. Ce sont des Poissons de mer, à l'exception d'une espèce, la Blennie cagnette, qui est fluviatile.

FIG. 611. — Blennie cagnette (*Blennius sujefianus*).

Les LABYRINTHIFORMES sont caractérisés par la structure feuilletée des os pharyngiens supérieurs qui forment, au-dessus des branchies, des cellules compliquées servant à emmagasiner de l'eau, de sorte que ces Poissons peuvent vivre un certain temps dans l'air, et même se transporter

(1) Voy. de Quatrefages, *Souvenirs d'un naturaliste*, t. I, p. 282 et suiv. Paris, 1854.

à terre à d'assez grandes distances. L'Anabas (*Anabas scandens*) (fig 621) de l'Inde, le Gourami (*Osphromenus olfax*) sont des Labyrinthiformes.

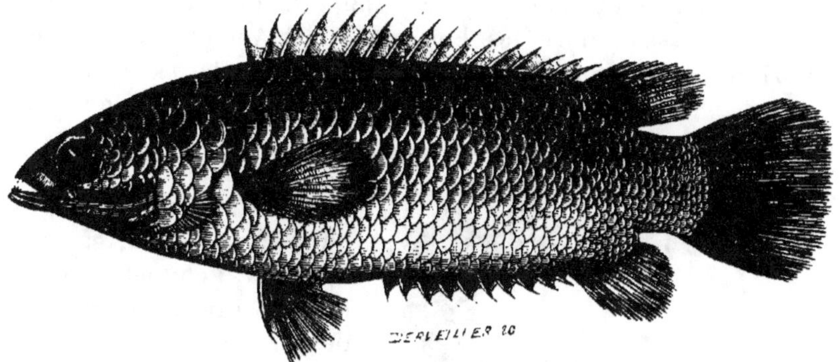

FIG. 612. — *Anabas testudineus.*

Les FISTULARIDÉS (Bouches en flûte) sont remarquables par la longueur de leur museau en forme de tube, et par le mode d'articulation de la tête avec la colonne vertébrale au moyen d'un condyle occipital *convexe.* Cette famille se compose des G. *Fistularia, Aulostoma, Centriscus* étrangers à nos mers, à l'exception d'une espèce appelée Bécasse de mer (*Centriscus scolopax*), qui habite la Méditerranée.

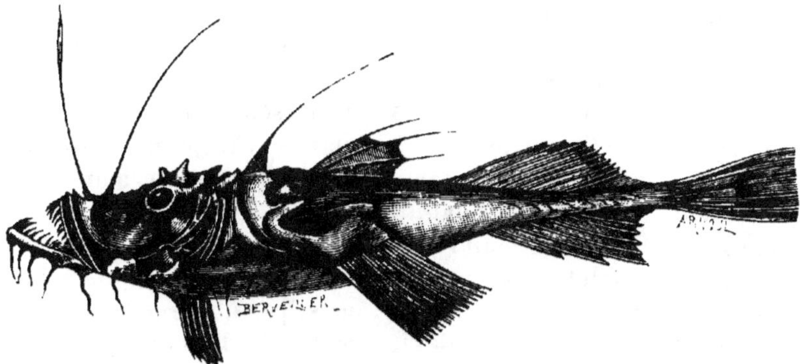

FIG. 613. — Baudroie (*Lophius piscatorius*).

Les PÉDICULIDÉS sont ainsi nommés à cause de la disposition des nageoires pectorales qui sont portées sur des sortes de bras formés par l'allongement des os du carpe. Les Chironectes (*Chironectes*), les Malthées (*Malthe*) qui habitent les mers tropicales, les Baudroies (*Lophius piscatorius*) (fig. 613), qu'on pêche sur nos côtes, appartiennent à cette famille.

IV. — PNEUMOBRANCHES

ORDRE DES DIPNEUSTES

Les animaux qui composent ce groupe sont connus depuis peu et forment passage entre les Poissons et les Amphibiens. Lorsqu'en 1837 on découvrit le *Lépidosiren* qui vit dans les eaux douces du

FIG. 614. — *Lepidosiren paradoxa.*

Brésil et de l'Afrique inter-tropicale, l'embarras fut grand pour décider si l'on avait affaire à un Reptile ichtyoïde ou à un Poisson, et on lui appliqua l'épithète de Para-doxal, à cause de l'étrangeté de son organisation. Bientôt, à côté du Lépidosiren prit place un nouveau genre afri-cain, le *Protoptère*, et der-nièrement le *Ceratodus Forsteri*, découvert en Aus-tralie, est venu s'ajouter à ces deux représentants d'un petit groupe caractérisé par la présence simultanée d'organes servant à la respiration aérienne, ou de poumons, et d'organes servant à la respiration aquatique, ou de branchies ; de là le nom de Pneumo-branches qui lui a été donné.

« Durant la saison sèche de l'année, durant l'été, dit Haeckel, ces étranges animaux s'enfouissent dans l'argile desséchée, au milieu d'un nid de feuilles, et là ils respirent par des poumons, comme les Amphibiens. Pendant la saison humide, au contraire, ils vivent dans les rivières et les marais et respirent l'eau par des branchies, comme les Poissons. Par leur forme extérieure, ils res-semblent aux Poissons anguilliformes et sont comme eux recou-verts d'écailles. Par maintes particularités de leur structure in-terne, du squelette, des extrémités, etc..., ils se rapprochent plus des Poissons que des Amphibiens ; mais, par d'autres caractères, ils ressemblent au contraire davantage à ces derniers, par exemple par la conformation des poumons, du nez et du cœur. Aussi, est-ce entre les zoologistes un éternel sujet de dispute que de savoir si les Pneumobranches sont des Poissons ou des Amphibiens. Des natu-ralistes distingués se sont prononcés en faveur de l'une et de l'autre opinion. En réalité, les Dipneustes ne sont ni des Poissons ni des Amphibiens tant le mélange des caractères est intime (1) » et

(1) Haeckel, *Hist. de la Création nat.*, éd. franç., Paris, 1874, p. 517.

Haeckel conclut en en faisant une classe nouvelle servant de trait d'union entre les premiers et les seconds. Les Dipneustes se partagent en *Monopneumones* et *Dipneumones*, suivant qu'ils ont un poumon seulement, ou qu'ils en ont deux.

Les Monopneumones ne renferment que le G. australien *Ceratodus* (fig. 615), dont on trouve des dents fossiles dans le jurassique et même dans le trias (Muschelkalk.)

FIG. 615. — *Ceratodus Forsteri* (d'après Gunther).

Les Dipneumones comprennent les deux G. *Protopterus* et *Lepidosiren* qui habitent, le premier (*Pr. annectens*) l'Afrique tropicale, et le second (*L. paradoxa*) le Brésil.

2e CLASSE. — BATRACIENS (AMPHIBIENS)

Les Batraciens (de βάτραχος, grenouille) étaient autrefois réunis aux Reptiles sous le nom de Reptiles nus. Ils en furent séparés par de Blainville qui, se fondant sur les caractères de leur organisation, proposa d'en faire une classe distincte, voisine de celle des Poissons, tandis que les Reptiles vrais ou écailleux se rapprochent davantage des Oiseaux. On sait que ces vues furent confirmées par l'embryologie, les premiers prenant place parmi les Anallantoïdiens et les seconds parmi les Allantoïdiens.

La conformation générale des Batraciens est en rapport avec la vie amphibie, quoiqu'elle présente de nombreuses variations. Tantôt, chez ceux de ces animaux qui ont des habitudes plus particulièrement aquatiques, le corps est allongé et terminé par une longue queue; tantôt, chez les espèces plus spécialement terrestres, il est ramassé et dépourvu de queue (Anoures). Les membres sont plus ou moins développés. Chez les Protées, ils sont rudimentaires; chez les Sirènes, il n'y en a que deux, les postérieurs manquent; chez les Cécilies, ils font entièrement défaut.

La peau est presque toujours nue; elle joue un rôle important comme organe respiratoire, et peut même suffire à l'accomplissement de cette fonction et au maintièn de la vie, ainsi que l'ont montré les expériences de Spallanzani et de W. Edwards sur la Grenouille. Quelquefois elle porte des écailles rudimentaires (Cécilies), ou renferme des plaques osseuses dermiques (Ceratophys). On y trouve de nombreuses glandes cutanées fournissant une sécrétion abondante qui lubrifie la surface du corps et possède dans certains cas des propriétés vénéneuses. Ces glandes sont, les unes disséminées, les autres groupées, et celles-ci forment parfois des saillies verruqueuses très prononcées, ou même des masses d'un certain volume comme celles qu'on nomme *parotides* chez les Crapauds. La peau est aussi très riche en cellules pigmentaires dont le jeu peut produire de curieux changements de coloration, chez les Rainettes, par exemple.

Le squelette des Batraciens (fig. 616) présente quelques particularités importantes. Les corps vertébraux renferment le plus sou-

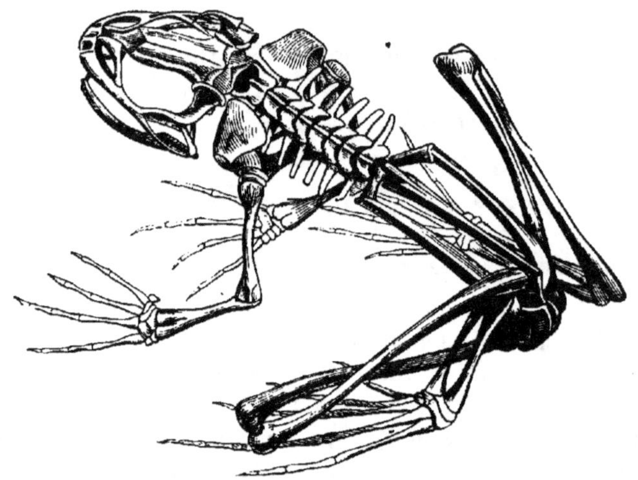

Fig. 616. — Squelette de Grenouille.

vent dans leur centre des restes de la corde dorsale; ils varient dans leur forme et sont tantôt biconcaves ou amphicœliques (Protée), tantôt procœliques (la plupart des Anoures), quelquefois opisthocœliques (Salamandre). Ils sont séparés par des cartilages intervertébraux qui n'existent pas chez les Poissons. La tête s'articule avec la colonne vertébrale au moyen de deux condyles occipitaux situés latéralement.

Le nombre des Vertèbres est extrêmement variable : très petit chez les Anoures, où on n'en compte que dix en y comprenant la pièce appelée coccyx, il est considérable chez les Pérennibranches :

ainsi il est de 99 chez la Sirène, et il atteint le chiffre de 230 chez les Cécilies. Généralement les apophyses transverses sont bien développées, mais, chez les Cécilies excepté, les côtes sont rudimentaires, ou font complètement défaut. Il n'y a jamais de côtes sternales, et le sternum même manque chez les Urodèles, dont la ceinture scapulaire est interrompue en dessous; souvent il n'est représenté que par des pièces cartilagineuses. Le bassin des Anoures présente une forme particulière; les os iliaques très longs sont en connexion par leur extrémité antérieure avec la colonne vertébrale, et se réunissent en arrière avec les os ischio-pubiens qui sont soudés ensemble et forment un disque vertical, dont les faces latérales portent les cavités cotyloïdes. Chez les Urodèles le bassin est fort réduit.

La boîte crânienne reste en partie cartilagineuse, mais comprend un certain nombre de pièces osseuses produites les unes par ossification de la capsule primitive (occipitaux latéraux, prootiques, etc.), les autres par ossification du derme (pariétaux, frontaux, etc.). A la base, il existe, comme chez les Poissons, un large parasphénoïde qui ne se rencontre plus chez les Reptiles et les autres Vertébrés. Dans la région antérieure, on remarque un os singulier, l'*os en ceinture* de Cuvier, ainsi nommé à cause de sa forme annulaire et correspondant, du moins en partie, aux ailes orbitaires du sphénoïde. L'appareil maxillaire supérieur est soudé avec le crâne auquel la mâchoire inférieure est suspendue par l'intervention de l'os carré.

Le squelette branchial présente des modifications en rapport avec le mode de respiration. Il subit une réduction considérable chez les Batraciens dont les branchies sont transitoires et remplacées par des poumons; il ne reste alors, après la métamorphose, que l'arc hyoïdien. Chez les Pérennibranches, au contraire, tous les arcs branchiaux persistent.

Le système nerveux des Batraciens se rattache de près, par sa conformation générale, à celui des Poissons, bien qu'il lui soit un peu supérieur. La moelle allongée est creusée d'un large sinus rhomboïdal, ou quatrième ventricule (fig. 617). Le cervelet est rudimentaire et consiste en une petite bande transversale étendue au-

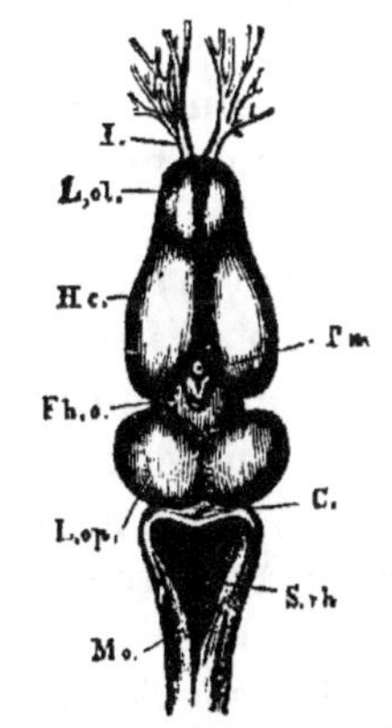

Fig. 617 — Cerveau de *Rana esculenta*.—I, nerfs olfactifs; L,*ol*, lobes olfactifs; H*c*, hémisphères cérébraux; F*h,o*, couches optiques; P*n*, glande pinéale; L,*op* lobes optiques; C, cervelet; S,*rh*, sinus rhomboïdal ou quatrième ventricule; M*o*, moelle allongée.

dessus de ce ventricule. Les lobes optiques sont à découvert comme ceux des Poissons, mais moins volumineux comparativement aux hémisphères cérébraux qui offrent un plus grand développement. Les lobes olfactifs sont gros et séparés chacun du lobe cérébral correspondant par un simple rétrécissement. Les nerfs optiques forment un chiasma.

Les organes des sens accusent un faible degré de perfectionnement. Le toucher s'exerce d'une manière générale par la peau qui est nue et riche en terminaisons nerveuses; de plus, on trouve chez les larves des *organes latéraux* analogues à ceux des Poissons. Les Batraciens avalent leur proie sans la diviser, aussi le goût paraît devoir être peu développé chez eux, cependant il existe, car on a constaté sur leur langue la présence de papilles gustatives. L'odorat a pour siège la muqueuse qui tapisse les fosses nasales paires et en communication avec la bouche par des orifices internes placés très en avant, et même parfois dans la région labiale (Protée, Sirène). L'organe de l'ouïe se compose d'une oreille interne et, dans certains cas, d'une oreille moyenne; la première est représentée par un labyrinthe et trois canaux semicirculaires; la seconde, quand elle existe, est formée par une caisse du tympan qui communique avec le pharynx par une trompe d'Eustache. Quelquefois, les deux trompes se réunissent et s'ouvrent par un orifice commun dans la région palatine (Pipa). La membrane du tympan est tantôt visible au dehors et tantôt cachée sous la peau; elle est reliée à la fenêtre ovale par la *columelle* dont la structure est très variable. Les yeux sont parfois dépourvus de paupière (Pérennibranches, Pipas). Chez les Anoures, ils sont munis d'une membrane nictitante très mobile. Chez certains Batraciens à vie souterraine, les organes de la vue, par un remarquable phénomène de rétrogradation, sont atrophiés, rudimentaires et cachés sous la peau (Protées, Cécilies).

L'appareil digestif n'offre rien de remarquable. Ordinairement la bouche est armée de dents pointues, recourbées en crochet, insérées sur les mâchoires et au palais; quelquefois, chez les Pipas, par exemple, elles manquent. La langue des Batraciens inférieurs ressemble à celle des Poissons; elle est peu développée, peu mobile et formée par un prolongement de l'hyoïde; mais, chez la plupart des Anoures, elle est musculaire, protractile, et constitue un organe de préhension. Elle fait défaut chez les Pipas et les Dactylètres. L'estomac est simple, plus ou moins élargi, droit ou plus souvent recourbé sur lui-même au voisinage du pylore. L'intestin est relativement court, et la muqueuse qui le tapisse est sillonnée, comme celle des Poissons osseux, par un grand nombre de plis longitudinaux, généralement ondulés ou en zig zag. On trouve chez les Batraciens un foie et un pancréas annexés au tube digestif (fig. 648), mais pas de glandes salivaires.

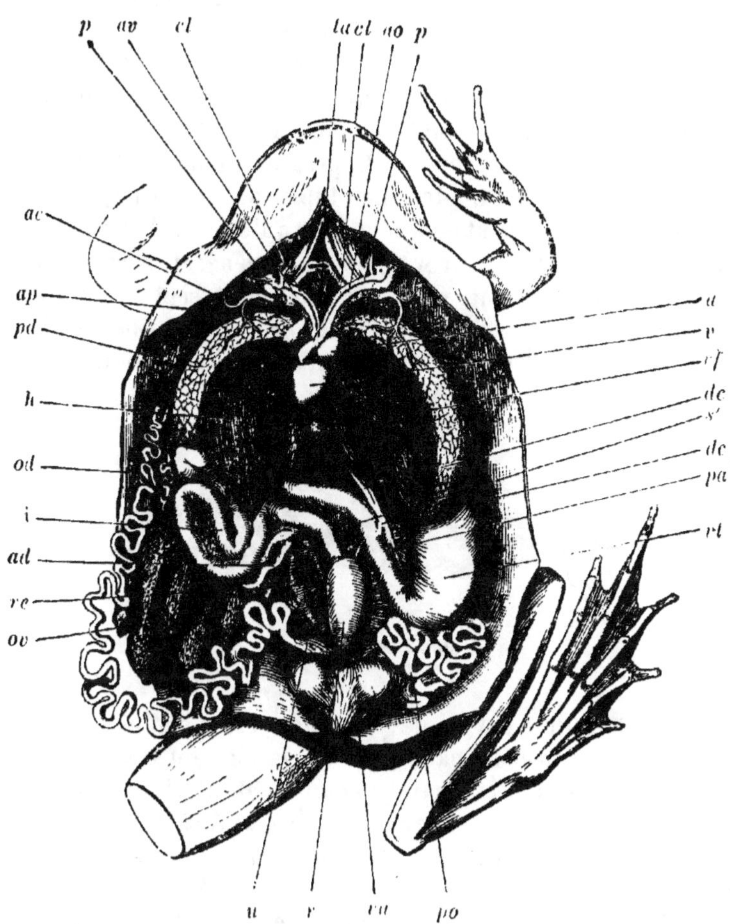

Fig. 648. — Anatomie de la Grenouille. — *a*, oreillette; *v*, ventricule; *ta*, bulbe artériel; *ao*, crosse de l'aorte; *cl*, carotides; *p*, troncs pulmonaires; *ac*, branche tégumentaire; *ap*, artère pulmonaire; *pd*, poumon droit; *h*, foie; *vf*, vésicule du fiel; *dc*, canal hépatique; *pa*, pancréas; *s*, rate; *vt*, estomac; *i*, intestin grêle; *r*, rectum; *re*, reins; *ad*, corps adipeux; *vu*, vessie urinaire; *ov*, ovaire; *od*, oviducte; *u*, dilatation de ce conduit, en forme d'utérus.

Les organes de circulation et de respiration présentent des modifications corrélatives les unes des autres. En effet, quand au cours du développement la respiration pulmonaire succède à la respiration branchiale, l'appareil circulatoire subit des changements correspondants.

Tous les Batraciens, au moins pendant leur jeune âge, respirent

par des branchies. Celles-ci affectent deux dispositions différentes ;
tantôt elles sont portées sur les arcs viscéraux et cachées sous la
peau, tantôt elles naissent de l'extrémité supérieure de ces arcs,
sont placées extérieurement et semblent former un prolongement
de la peau. On voit les premières chez les têtards des Batraciens
anoures, et les secondes chez les larves des Salamandres et chez
les Batraciens pérennibranches, qui ne sont sans doute que les
jeunes d'espèces peu ou point connues. Les têtards des Anoures
sont pourvus néanmoins, pendant la première période de la vie, de
branchies externes très simples. Les tubes qui les composent sont
en forme de doigts de gant ; on n'en voit qu'un chez le têtard de la
Rainette ou Grenouille des arbres, mais, en général, ils sont d'abord
bifides ou trifides et ont plus tard de cinq à sept ramifications.
Ils disparaissent vers le septième jour (Lereboullet). Chez les larves
des Salamandres et des Tritons et chez les Pérennibranches, ces

FIG. 619. — Larve de Triton.

branchies extérieures ont un développement plus complet (fig. 619).
Elles ont l'apparence de panaches, et varient du reste dans leur
forme suivant les espèces, mais se composent en général d'une tige
ramifiée dont la surface est garnie de cils vibratiles ; elles sont au
nombre de trois de chaque côté, souvent de longueur inégale
(Sirène).

Chez les Anoures dont les branchies externes n'ont qu'une
existence très courte, des branchies internes se développent sur les
arcs cartilagineux de l'appareil hyoïdien qui sont d'ordinaire au
nombre de quatre (fig. 620). Elles sont portées sur le bord convexe et externe de ces arcs et sont formées par de petites houppes de
filaments très fins. Elles sont recouvertes par la peau qui forme au-
dessus d'elles un repli, lequel n'est libre que par un point très
limité et constitue ainsi un orifice fort petit à la partie inférieure
et postérieure de la région cervicale. Les vaisseaux qui portent le sang aux branchies suivent le bord inférieur des arcs branchiaux.

Lorsque les Batraciens arrivent à l'état parfait, ils sont pourvus

d'organes de respiration aérienne, de poumons. La trachée-artère
qui amène l'air dans ces organes est rudimentaire. Chez les Anoures elle constitue une sorte de larynx
qui sert à la production des sons ;
les bronches sont très courtes, membraneuses. Les poumons consistent
en deux sacs, généralement égaux et
de forme ovoïde, sur les parois desquels courent quelques vaisseaux sanguins. Leur structure varie. Chez les
Protées ce sont de simples poches
dont la cavité ne présente aucune
trace de divisions cellulaires et dont
les parois sont très peu riches en
vaisseaux ; chez les Tritons ce sont
deux longues vessies, dans lesquelles
on ne trouve également aucune division, mais dont les parois sont plus
vasculaires. Dans la Sirène, les poumons très longs s'étendent sous forme
de deux sacs cylindriques jusqu'à
l'extrémité postérieure de l'abdomen ;
leur cavité ne présente que des
cellules peu marquées. Chez les Salamandres, les poumons sont divisés
en cellules larges et nombreuses et
cette disposition se montre beaucoup
plus complète chez les Crapauds, les
Grenouilles et surtout chez les Pipas.

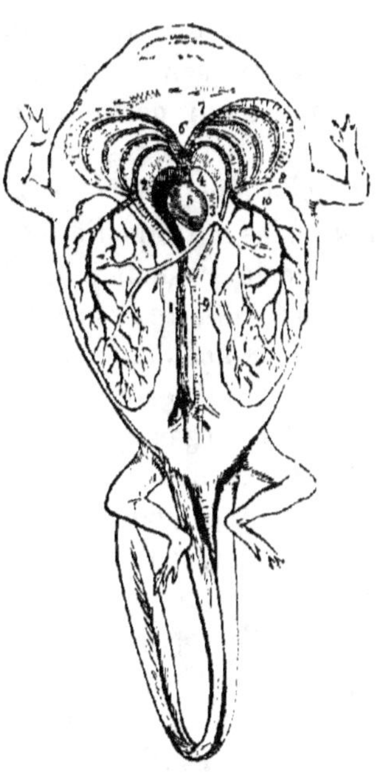

Fig. 620. — Branchies internes et
poumon d'une larve de Grenouille.
— 1, veine cave ; 2, oreillette
droite ; 3, veines pulmonaires ; 4,
oreillette gauche ; 5, ventricule ;
6, bulbe artériel ; 7, artères branchiales ; 8, veines branchiales ; 9,
aorte ; 10, artère pulmonaire venant des quatre arcs branchiaux.

Les côtes étant rudimentaires ou nulles, la respiration se fait par
le jeu de l'appareil hyoïdien et des parois de la cavité thoraco-
abdominale.

La disposition de l'appareil circulatoire varie suivant que la respiration est branchiale ou pulmonaire ; dans le premier cas elle est
analogue à celle que l'on observe chez les Poissons. Le cœur se
compose alors d'une oreillette et d'un ventricule suivi d'un bulbe
aortique qui en est séparé par un étranglement connu sous le
nom de *détroit de Haller*. Le tronc qui continue le bulbe se divise
en une double série d'arcs aortiques, ordinairement au nombre de
quatre paires, qui entourent l'œsophage et se réunissent au-dessus
de lui pour constituer l'aorte dorsale. Les arcs des trois premières
paires seulement fournissent des anses vasculaires qui se ramifient
dans les branchies externes ; le quatrième arc ne se rend pas dans

l'appareil respiratoire et débouche directement dans l'aorte dorsale. Quand des branchies internes se développent et remplacent les branchies externes, il se forme sur les arcs hyoïdiens un réseau capillaire qui se distribue dans les appendices membraneux dont ces arcs se garnissent, tandis que la portion terminale de ce système vasculaire qui occupait les branchies externes s'atrophie et disparaît avec elles. Dans tous les cas, l'arc aortique primitif se trouve divisé en une *artère branchiale*, vaisseau afférent qui conduit le sang dans la branchie, et une *artère épibranchiale*, vaisseau efférent qui le ramène dans l'aorte dorsale, après qu'il a traversé le réseau capillaire respiratoire. Mais avec l'apparition des poumons un nouveau changement se montre. Alors, en effet, le dernier arc vasculaire ne reste pas simple; il donne naissance à un rameau qui se rend à l'organe pulmonaire et forme ainsi l'origine de l'artère qui porte ce nom; il y a alors coexistence d'une circulation branchiale et d'une circulation pulmonaire. Chez les Perennibranches, le système vasculaire présente d'une façon permanente cette disposition, qui n'est que transitoire chez les autres Batraciens. Chez ceux-ci, l'atrophie des branchies entraîne la disparition du système capillaire qui s'y distribue, et la reconstitution des crosses aortiques simples a lieu par suite du développement d'une branche anastomotique basilaire (Rusconi). Certaines de ces crosses, il est vrai, peuvent disparaître, du moins en partie, et il en résulte des modifications nouvelles, mais secondaires, et des variations nombreuses dans la disposition des gros troncs vasculaires. Ainsi le premier arc fournit les artères carotides qui le prolongent directement quand il s'atrophie dans sa portion terminale; de même le dernier arc peut former uniquement le tronc des artères pulmonaires, bien qu'il conserve souvent un petit canal de communication avec l'aorte (canal de Botal). L'apparition des poumons entraîne aussi un changement dans la conformation du cœur; l'oreillette, primitivement simple, se divise en deux par le développement d'une cloison intérieure. Il se forme ainsi une oreillette droite et une oreillette gauche, la première recevant les veines caves, la seconde les veines pulmonaires. Le ventricule reste unique et présente seulement des traces de séparation. Le sang veineux est ramené au cœur par deux troncs antérieurs, ou veines caves antérieures, et une veine cave postérieure. Il traverse sur son parcours un système porte hépatique et un système porte rénal.

Le système lymphatique très développé se compose d'un vaste réseau lacunaire sous-cutané et de cavités qui accompagnent les vaisseaux sanguins dans les différentes parties de l'organisme. Tout cet ensemble aboutit au réservoir sous-vertébral qui quelque-

fois devient tubuleux et prend la forme d'un *canal thoracique* (Salamandre). On observe aussi des réservoirs contractiles qui ont reçu
le nom de *cœurs lymphatiques*. Ils sont au nombre de quatre, disposés par paires, et situés deux dans la région scapulaire et deux
dans la région iliaque. A ce système lymphatique se rattachent un
thymus (représenté par deux glandes connues sous le nom de
glandes carotidiennes) et une rate.

Les organes urinaires et les organes de la génération présentent
chez les Batraciens les plus étroites connexions. Les reins dérivent
de la portion postérieure des corps de Wolff dont la partie antérieure disparaît ou ne laisse que des débris. De leur bord externe
partent des canalicules qui débouchent, soit isolément, soit après
s'être réunis, dans les canaux primitifs ou canaux de Wolff, et ceux-ci
vont s'ouvrir direc-
tement dans le cloa-
que; il existe à la
vérité une vessie
urinaire, mais com-
plètement séparée de
ces conduits et com-
muniquant avec le
cloaque par un ori-
fice particulier.

Les glandes
sexuelles naissent
au bord interne de
la portion postérieure
et persistante des
reins primordiaux.
Chez les mâles, cha-
que testicule envoie
ses canaux efférents
dans le rein corres-

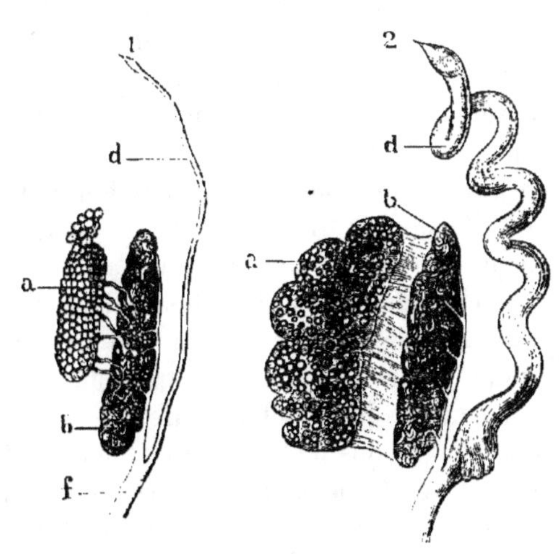

Fig. 621. — Organes génito-urinaires de *Bufo maculiven-
tris*. — 1, du mâle : *a*, testicule; *b*, reins ; *d*, ancien
canal de Müller. — 2, de la femelle : *a*, ovaire ; *l*, rein ;
e, oviducte formé par le canal de Müller (grandeur naturelle).

pondant (fig. 621, 1) qui, étant ainsi traversé par le sperme,
fonctionne comme un épididyme, et son conduit excréteur, ou
uretère, sert en même temps de canal déférent. Chez les femelles (fig. 621, 2) on trouve une disposition un peu différente
quoique originellement semblable. Les œufs tombent, en effet,
dans la cavité abdominale par rupture des parois de l'ovaire, et
ils sont conduits au dehors par un oviducte qui n'est autre
chose que le canal secondaire du rein primitif appelé *canal
de Müller*, lequel est ici développé, tandis qu'il s'atrophie chez
le mâle. Cet oviducte se réunit dans sa portion terminale avec

le conduit urinaire primitif qui fonctionne uniquement comme uretère.

On remarque chez les Batraciens des différences sexuelles, différences de taille, de coloration, ou autres, qui souvent n'apparaissent qu'à l'époque de la reproduction. L'accouplement de ces animaux consiste dans un simple rapprochement des sexes, sans qu'il y ait une véritable copulation, les mâles étant dépourvus de pénis. Cependant la fécondation est parfois intérieure, quand les orifices sexuels étant mis en contact, la liqueur séminale peut pénétrer dans les voies génitales de la femelle (Salamandres terrestres); mais la fécondation est plus souvent extérieure. En général, chez les Anoures, le mâle se cramponne sur le dos de la femelle qu'il tient étroitement serrée, et il féconde les œufs en les arrosant de sa semence au moment où ils sont évacués au dehors. Les œufs sont nombreux et ordinairement agglutinés entre eux, tantôt réunis en masses informes, tantôt disposés en cordon ou en chapelet; chez les Tritons, ils sont isolés et fixés sur les plantes aquatiques à l'aide de la matière visqueuse qui les entoure.

La plupart des Batraciens abandonnent leurs œufs après qu'ils ont été fécondés; il y a pourtant quelques exceptions. Ainsi, le Crapaud accoucheur doit son nom à l'habitude qu'a le mâle de tirer à lui le chapelet formé par les œufs agglutinés, et de l'entortiller autour de ses cuisses. Il en reste chargé jusqu'au moment de l'éclosion; alors il se plonge dans l'eau qui fait éclater les œufs d'où s'échappent les petits têtards. Le Pipa ou Crapeau de Surinam place les œufs sur le dos de la femelle; leur présence y détermine un gonflement de la peau, qui, en se boursouflant autour d'eux, leur forme des espèces de loges dans lesquelles s'opèrent non seulement le développement, mais encore les métamorphoses des têtards. Les *Notodelphys* portent leurs œufs dans une poche incubatrice située sur le dos.

Le développement des Batraciens offre un intérêt particulier. Les œufs subissent une segmentation totale suivie de la formation de l'embryon, lequel est, comme celui des Poissons, toujours dépourvu d'allantoïde et d'amnios (*Anallantoïdiens*). L'évolution embryonnaire dans l'œuf est courte, et d'ordinaire, quand l'éclosion a lieu, le développement n'est pas achevé; il se continue donc après la naissance et donne lieu à une métamorphose plus ou moins marquée (fig. 622). Les larves ou têtards présentent le type Poisson; elles respirent par des branchies; elles n'ont pas de membres, et sont munies d'une queue qui leur sert comme organe de locomotion. Puis, par degrés, elles se transforment et acquièrent des caractères nouveaux; la respiration pulmonaire se substitue à la respiration branchiale ; la queue se réduit et disparaît, tandis que les membres se développent, et l'animal devient propre à la vie terrestre. Mais c'est là le terme le plus élevé de ce développement, et tous les Batraciens ne l'atteignent pas. Il en est qui s'arrêtent à des degrés inférieurs, probablement sous l'influence de conditions d'existence particulières, et qui offrent alors d'une manière permanente des formes qui sont

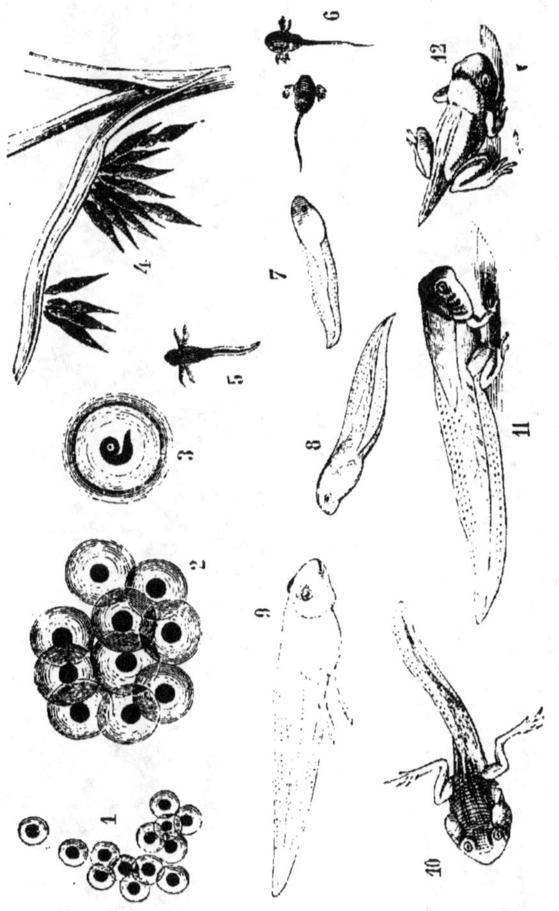

Fig. 622. — Métamorphoses de la Grenouille. — 1, œufs après la ponte ; 2, les mêmes un peu plus tard ; 3, larve dans l'œuf ; 4, 5, larves après l'éclosion ; 6-12, développement progressif de la larve en voie de métamorphose.

transitoires chez d'autres. Cette action du milieu est mise en évidence par des observations nombreuses qui prouvent une corrélation intime entre les conditions extérieures et les phénomènes de développement. Ainsi l'Axolotl du Mexique (fig. 623), qui vit dans l'eau et peut même se reproduire sous cette forme larvaire, se métamorphose, quand l'eau vient à manquer, en un Triton de l'Amérique du Nord, l'Amblystome, qui n'a pas de branchies et respire par des

FIG. 623. — Axolotl muni de branchies et Axolotl les ayant perdues après sa transformation.

poumons. D'un autre côté on connaît des Batraciens dont les larves vivent en dehors de leur milieu normal qui est l'eau, et se développent dans des conditions qui remplacent jusqu'à un certain point ce milieu. Il suffit, en effet, que les branchies soient dans un état constant d'humidité pour qu'elles puissent remplir leur fonction d'organes respiratoires, résultat qui peut être atteint de diverses manières par voie d'adaptation (1).

Les Batraciens sont, en règle générale, des animaux aquatiques pendant le premier âge, et il en est parmi eux qui le demeurent toute la vie; les autres sont plus ou moins complètement adaptés à la vie terrestre, et la plupart sont amphibies. Leur nourriture consiste en matières végétales et en petits animaux, Vers et Insectes. Ils forment une classe peu nombreuse représentée dans les faunes anciennes, à partir de l'époque tertiaire, par des formes appartenant aux familles encore existantes, et, à une époque plus reculée, par de gigantesques Amphibiens, *Labyrinthodontes*, aujourd'hui disparus.

La classification de ces animaux est très simple. On les divise en trois ordres suivant qu'ils sont privés de membres, *Apodes*, ou que, étant pourvus de membres, ils possèdent une queue, *Urodèles*, ou n'en ont pas, *Anoures*.

ORDRE I. — APODES

Les Vertébrés qui forment cet ordre ont été longtemps regardés comme des Serpents dont ils ont l'apparence extérieure (fig. 624).

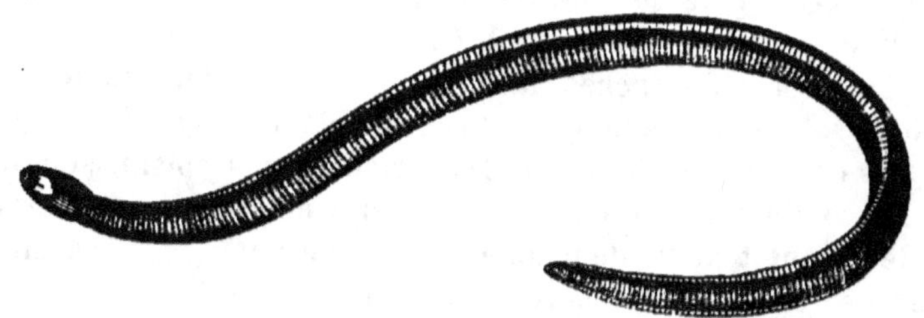

Fig. 624. — *Cæcilia bivittata.*

Ils sont dépourvus de membres et ont le corps recouvert d'écailles, très petites à la vérité et contenues dans l'épaisseur de la peau, mais par leur organisation ils se rattachent aux Batraciens.

Leur squelette se compose de vertèbres biconcaves dont le centre est occupé par une corde dorsale persistante ; le crâne s'articule

(1) Voy. Jourdain, *Revue internationale des sciences*, t. I, p. 216, 1878.

avec la colonne vertébrale au moyen de deux condyles occipitaux. Les côtes sont rudimentaires; les ceintures thoracique et postérieure font défaut comme les membres. La respiration paraît être branchiale dans le jeune âge; elle est pulmonaire ensuite, et les poumons présentent cela de particulier qu'ils sont asymétriques comme chez les Serpents, celui de gauche étant plus ou moins atrophié. Ce sont des animaux souterrains, aussi leurs yeux sont-ils rudimentaires et recouverts par la peau.

Cet ordre ne renferme qu'une famille, celle des CÉCILIDÉS, composée de quatre G. seulement, *Cæcilia*, *Siphonops*, *Epicrium* et *Rhinotrema*, tous étrangers à l'Europe, habitant les régions tropicales de l'Amérique et de l'Inde.

ORDRE II. — URODÈLES

Les Urodèles ont le corps allongé et terminé par une longue queue; c'est pourquoi Duméril leur a donné ce nom (de οὐρά, queue; δῆλος, apparent). Ils sont ordinairement pourvus de deux paires de pattes courtes, réduites par exception, chez la Sirène, à une seule paire, l'antérieure, qui elle-même est rudimentaire. Par leur conformation générale, ces animaux se montrent plus particulièrement adaptés à la vie aquatique. Chez beaucoup d'entre eux les branchies externes persistent après que les poumons se sont développés (*Pérennibranches*); chez d'autres, il reste un orifice branchial distinct de chaque côté du cou après que les branchies ont disparu (*Pérobranches*); chez d'autres enfin, les Salamandres, il n'y a plus, quand le développement est achevé, ni branchies, ni orifice branchial. Ce sont là des degrés que l'organisme parcourt pour atteindre une forme plus élevée.

Chez les Pérennibranches, la corde dorsale est persistante et les vertèbres sont amphicœliques; chez les Salamandres, il n'y a plus de restes de la corde dorsale et les vertèbres sont opisthocœliques. Les yeux sont petits, tantôt recouverts simplement par la peau transparente et tantôt munis de paupières bien développées. L'organe de l'ouïe n'est formé que par l'oreille interne.

Les Urodèles sont pour la plupart ovipares; quelques-uns sont vivipares (Salamandres terrestres), mais souvent, alors même que la reproduction a lieu par oviparité, la fécondation est intérieure. Le développement s'accompagne de métamorphose, et suivant que celle-ci se poursuit plus ou moins loin, l'animal atteint un degré d'organisation plus ou moins élevé.

On partage les Urodèles en deux groupes ou sous-ordres : les Ichtyodes de Wagler, appelés Trématodères (à cou perforé) par Duméril, et les Atrétodères (à cou non perforé) du même auteur.

1. Ichtyodes ou Trématodères.

Ces Batraciens se distinguent par l'existence d'un orifice branchial de chaque côté du cou, avec ou sans branchies externes ; par la persistance de la notocorde et la forme biconcave des vertèbres ils se rapprochent des Poissons. On les divise en *Pérennibranches* et *Pérobranches*, suivant qu'ils conservent ou non leurs branchies externes.

a. — Pérennibranches.

A ce groupe appartiennent les familles des Sirénidés (*Siren*), des Protéidés (*Proteus*) et des Ménobranchidés (*Menobranchus*).

Le Protee (*Proteus anguinus*) (fig. 625) est un animal aveugle qui vit dans les eaux souterraines de l'Istrie et de la Carniole et fournit un bel exemple de rétrogradation d'organes demeurés sans usage.

Fig. 625. — Protée (*Proteus anguinus*).

C'est à côté des Ménobranches que prendrait place l'Axolotl, si, au lieu d'une forme transitoire de l'Amblystome, il représentait une forme définitive et achevée. Le Ménobranche même ne doit être laissé dans ce groupe qu'avec doute, car, d'après Cope, il correspondrait à un état larvaire du G. *Batrachoseps*, qui appartient comme l'Amblystome aux Atrétodères.

b. — Pérobranches.

Les Pérobranches (privés de branchies) comprennent les deux familles des Amphiumidés (*Amphiuma*) et des Ménopomidés (*Menopoma*). Cette dernière renferme un G. remarquable par sa grande taille qui peut atteindre un mètre de long : c'est le *Cryptobranchus*. Chez lui les orifices branchiaux sont oblitérés. Il habite le Japon.

2. Atrétodères (Salamandres).

Les Atrétodères, ou Salamandres, sont caractérisés par leurs vertèbres opisthocœliques et la présence au-devant des yeux de véritables paupières. Ces animaux ont la propriété de modifier la coloration de leur peau par le jeu des chromatophores qui y sont contenus, et, au moment de la reproduction, les mâles se distinguent souvent par des caractères sexuels secondaires ; ainsi, l'on voit chez nos Tritons communs une crête dentelée se développer sur le dos et la queue.

Les Atrétodères se distribuent en deux familles principales, les TRITONIDÉS et les SALAMANDRIDÉS. La première comprend les Tritons, ou Salamandres aquatiques (*Triton cristatus, Tr. punctatus,*

FIG. 626. — *Triton vittatus.*

Tr. vittatus (fig. 626), etc...); la seconde, les Salamandres terrestres (*Salamandra maculosa, S. atra,* etc...). Ici se place l'Amblystome, qui habite l'Amérique du Nord (*Amblystoma mexicanum*) et représente la forme adulte de l'Axolotl (fig. 623).

ORDRE III. — ANOURES

Les Anoures, c'est-à-dire les Batraciens privés de queue, ont le corps ramassé, les membres bien développés, au moyen desquels ils peuvent progresser par sauts (*Salientia*, de Merrem). Leur vie est plus spécialement terrestre. Le squelette se compose de vertèbres procœliques en très petit nombre, généralement dix. Il n'y a pas de côtes. La peau est nue, riche en glandes dont la présence la rend souvent verruqueuse. Les yeux sont gros, saillants, munis de paupières. L'organe de l'audition comprend une oreille moyenne qui communique avec la cavité buccale par une trompe d'Eustache. La langue fait quelquefois défaut, et ce caractère a été utilement employé dans la classification; d'ordinaire elle constitue un organe de préhension. La respiration n'est branchiale que pendant la période larvaire; elle est pulmonaire à l'âge adulte, mais elle s'effectue aussi par la peau qui intervient pour une part importante dans cette fonction. À l'entrée des voies respiratoires une sorte de larynx sert d'organe vocal, particulièrement chez les mâles qui produisent des sons éclatants, surtout pendant la saison de la reproduction, grâce à l'existence de poches vocales qui jouent le rôle d'appareil résonnateur.

Chez les Anoures, il n'y a pas de véritable accouplement et la fécondation est extérieure. Le développement comporte la suite de métamorphoses que nous avons indiquées et qui conduit la forme larvaire, ou têtard, à la forme adulte. Ces animaux vivent pour la plupart dans le voisinage des eaux, cependant plusieurs d'entre eux, les Rainettes, par exemple, ont des habitudes tout à fait terrestres. Pendant la saison froide·ils se retirent dans des trous, ou s'enfoncent dans la terre et s'y engourdissent.

Les Anoures ont été divisés par Wagler en *Aglosses* et *Phanéroglosses*. Aux Aglosses appartiennent les PIPIDÉS (*Pipa*) et les DACTYLÉTHRIDÉS (*Dactylethra*), les premiers américains, et les seconds africains.

Les Phanéroglosses renferment plusieurs familles : *Ranidés, Pélobatidés, Bufonidés* et *Hylidés*.

Les RANIDÉS ont pour type la Grenouille (*Rana*) (fig. 627). L'espèce la plus connue de nos pays est la Grenouille verte (*Rana escu-*

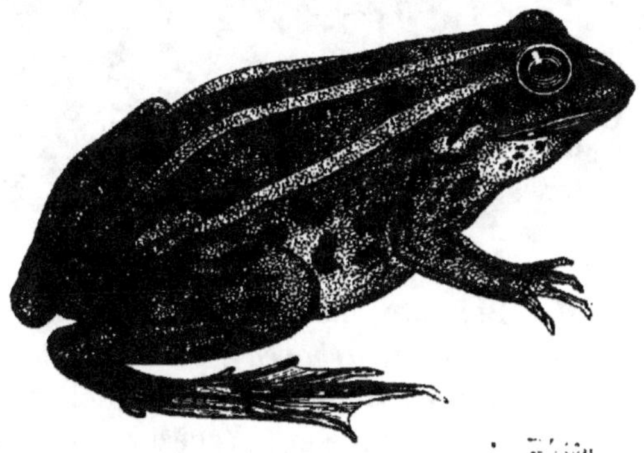

FIG. 627. — *Rana palustris.*

lenta). Les autres genres de cette famille sont les Discoglosses (*Discoglossus*), les Pélodytes (*Pelodytes*), etc.

Les PÉLOBATIDÉS sont semblables aux Crapauds, mais ont des dents à la mâchoire supérieure, tandis que ceux-ci en sont dépourvus. Les principaux genres de Pélobatidés sont les *Pelobates* qui ont donné leur nom à la famille, les *Alytes*, dont le Crapaud accoucheur forme une espèce (*Alytes obstetricans*) (fig. 628), et les « Sonneurs » (*Bombinator*) ainsi nommés à cause du caractère de leur cri.

Les BUFONIDÉS sont les Crapauds proprement dits dont plusieurs espèces sont répandues dans nos campagnes : le Crapaud commun (*Bufo vulgaris*), le Crapaud vert (*Bufo viridis*), etc... Ces animaux sont l'objet d'une réprobation générale à cause de leur laideur repoussante, de leur aspect hideux, et cependant ils méritent d'être appréciés et recherchés pour les services qu'ils rendent à l'agriculture en détruisant un grand nombre d'Insectes, de Vers ou de larves nuisibles.

Les HYLIDÉS, ou Rainettes (*Hyla*), ont pour caractère d'avoir les doigts munis à leur extrémité de pelotes discoïdes qui servent comme de ventouses; c'est pourquoi on leur a donné le nom de *Disco-dactyles*.

FIG. 628. — *Alytes obstetricans.*

Outre le G. *Hyla*, Rainette, qui se trouve en France et vit principalement sur les arbres (*H. arborea*), cette famille renferme un grand nombre d'espèces exotiques, parmi lesquelles nous citerons le *Notodelphys* qui vit au Mexique et à Vénézuela, et dont la femelle porte ses œufs dans une poche dorsale (*N. ovifera*); l'*Hylodes* qui a été l'objet des curieuses observations de Bavay (1), et qui parcourt dans l'intérieur de l'œuf toutes les phases de son développement (*H. martinicensis*).

3° CLASSE. — REPTILES

La classe des Reptiles appartient à la division des Vertébrés allantoïdiens. Circonscrite comme elle l'est aujourd'hui, après séparation des Batraciens, elle correspond aux Reptiles vrais ou écailleux de l'ancienne classification.

La forme extérieure du corps est variable, mais le plus souvent allongée, excepté chez les Tortues. Les membres sont au nombre de deux paires, mais ils sont parfois rudimentaires ou réduits à une seule paire (quelques Scincoïdes), et souvent ils manquent entièrement (Orvet, Serpents). A cause de leur direction latérale, ces membres ne peuvent porter le tronc au-dessus du sol, mais ils lui

(1) Bavay, Sur l'*Hylodes martinicensis et ses métamorphoses* (*Revue des sciences naturelles*, t. I, p. 281, 1873).

fournissent des points d'appui pour se pousser en avant par une sorte de reptation. Dans les formes apodes, ce sont les mouvements seuls de la colonne vertébrale et des côtes qui interviennent pour produire la reptation, et c'est à ce mode général de locomotion que les Reptiles doivent leur nom.

La peau de ces animaux forme un revêtement solide composé d'écailles ou de scutelles, qui sont parfois imbriquées comme les tuiles d'un toit ; chez les Tortues, il se développe dans le derme de grandes plaques osseuses qui s'unissent avec le squelette interne et constituent la cuirasse dont le corps est entouré. Les glandes cutanées, moins nombreuses que chez les Batraciens, sont ordinairement groupées dans certaines régions ; ainsi, chez les Lézards, elles sont rangées en séries à la face inférieure des cuisses ; chez les Crocodiles, elles forment des amas sous la gorge et au voisinage de l'anus. La peau est généralement riche en pigments qui produisent souvent des colorations très vives, quelquefois changeantes, comme on peut le voir dans les Caméléons, que cette faculté de changer de couleur a rendus célèbres (1). Il y a des Reptiles chez lesquels l'enveloppe épidermique se renouvelle périodiquement, et cette mue peut se répéter plusieurs fois par an (Serpents) ; l'animal se dépouille alors de son vieil épiderme comme d'un fourreau.

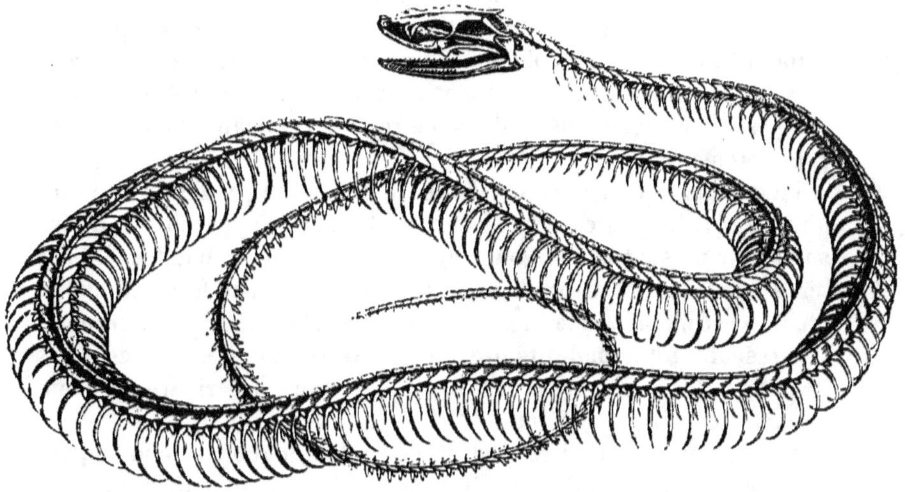

Fig. 629. — Squelette de Serpent.

Le squelette (fig. 629) présente des variations assez grandes, mais il est toujours développé à un plus haut degré que chez les Batra-

(1) Voy. Brücke, *Ueber den Farbenwechsel der Chamæleonen (Sitzungsberichte der Akad. der Wissenschaften. Wien, 1851).*

ciens. La corde dorsale n'est pas persistante, excepté chez les Geckos; la boîte crânienne est plus complètement ossifiée; la colonne vertébrale montre des régions plus distinctes, sauf dans le cas où l'absence des membres les fait disparaître. Les vertèbres sont généralement opisthocœliques; on ne leur trouve la forme biconcave que chez des espèces aujourd'hui éteintes (Hydrosauriens) et, par exception, chez les Geckos, parmi les animaux vivants. Leur nombre varie beaucoup et souvent il est très considérable; chez certains Serpents, en effet, il dépasse quatre cents.

La tête s'articule sur la colonne vertébrale au moyen d'un seul condyle occipital. Il existe des côtes sur toutes les vertèbres du tronc, hormis sur les deux premières. Dans les formes apodes elles se répètent uniformément le long du corps, et les dernières vertèbres seules en sont dépourvues; elles sont mobiles et libres à leur extrémité ventrale, et le sternum fait défaut de même que les membres. Chez les Sauriens, au contraire, les côtes sont réunies dans la région thoracique par un sternum. Une disposition particulière est offerte par les Tortues dont le squelette dermique uni au squelette interne forme, comme on sait, une cuirasse qui comprend deux parties, l'une dorsale, désignée sous le nom de *carapace*, et l'autre ventrale, sous le nom de *plastron*. Il entre un certain nombre de pièces osseuses dans la composition de chacune de ces parties, et parmi celles qui forment la carapace se trouvent les côtes qui sont intimement unies à des plaques appartenant au squelette dermique. Il n'y a ni côtes sternales, ni sternum, et le plastron est tout entier composé d'os dermiques; dans la région cervicale les côtes font complètement défaut.

La mâchoire inférieure s'articule avec le crâne par l'intermédiaire d'un os carré, mais cet os et ceux qui forment l'appareil maxillaire supérieur ne sont pas toujours unis entre eux au même degré. Chez les Tortues et les Crocodiles, ils sont solidement fixés, et aucun d'eux n'est mobile; chez les Lézards et surtout chez les Serpents, ils présentent une mobilité plus ou moins grande. De plus, chez ces derniers, les deux branches de la mâchoire inférieure peuvent s'écarter considérablement.

Le squelette viscéral est réduit à l'hyoïde, lequel porte la langue. Chez un certain nombre de Reptiles, les ceintures thoracique et pelvienne manquent ainsi que les membres, ou ne sont représentées que par des vestiges. Quand les membres sont développés, leur forme varie suivant les conditions d'existence de l'animal auquel ils appartiennent. Chez les Ichtyosaures de l'époque jurassique, ils constituaient des organes de natation, et de même chez les Tortues marines de l'époque actuelle, ils sont transformés en nageoires, tandis que chez les Ptérodactyles, ils étaient conformés pour le vol (fig. 643).

Le système nerveux (fig. 630) est plus élevé que celui des Batraciens. Le cervelet est très petit chez la plupart des Ophidiens et des Sauriens, mais plus développé chez les Chéloniens, et surtout chez les Crocodiles, où il montre un commencement de division en deux lobes latéraux. Les hémisphères cérébraux atteignent un volume plus grand et s'étendent un peu au-dessus du mésencéphale. Les lobes olfactifs, placés au-devant des hémisphères, en sont parfois très rapprochés

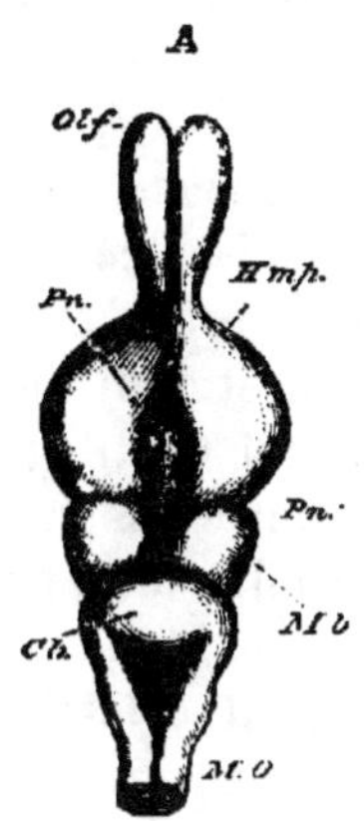

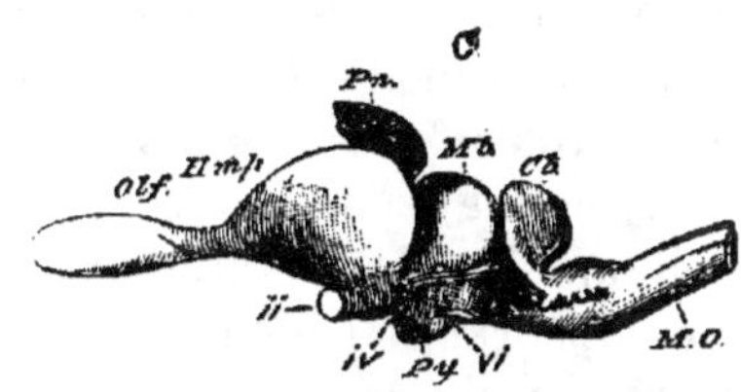

Fig. 630. — Cerveau d'un Reptile (Lézard). — A, vu d'en haut; C, vu du côté gauche. — Olf, lobes olfactifs; Pn, glande pinéale; Hmp, hémisphères cérébraux; Mb, lobes optiques ou cerveau moyen; Cb, cérébellum; MO, moelle allongée; II, IV, VI, seconde, quatrième et sixième paires de nerfs cérébraux; Py, corps pituitaire.

(Chéloniens, Crocodiliens), et, dans d'autres cas, ils en sont séparés par des bandelettes olfactives plus ou moins longues (Serpents, Lézards). Un perfectionnement se montre dans la disposition de quelques-uns des nerfs cérébraux qui s'isolent à leur origine, au lieu de rester réunis à des nerfs voisins comme dans les Vertébrés des classes précédentes; ainsi le nerf facial se sépare du trijumeau, le glosso-pharyngien et le spinal du pneumogastrique.

Chez les Reptiles, la nature des téguments est peu favorable à l'exercice du toucher, et on n'a sur les organes qui y sont affectés que des notions incomplètes. Cependant on a constaté la présence de corpuscules tactiles dans la langue des Serpents, dans celle des Caméléons et des Geckos, ainsi que dans leurs pattes. La plupart de ces animaux avalent leur proie sans la mâcher, et le goût chez eux paraît être peu développé. Au sujet de l'odorat il y a divergence d'opinion. D'après Duméril, ce sens serait très imparfait, pourtant chez les Crocodiles la muqueuse olfactive présente une certaine surface et s'étend sur des lames cartilagineuses en forme de cornets; chez les autres Reptiles, cet appareil est très réduit, et en particulier chez les Serpents, mais souvent il existe dans la voûte palatine un organe que Leydig a nommé *organe de Jacobson* et qu'il considère comme servant à l'odorat. Il consiste en deux sphères creuses qui communiquent avec la bouche et reçoivent des fibres du nerf olfactif (Sauriens et Ophidiens). L'appareil de l'audition se montre développé à divers degrés. L'oreille externe fait toujours défaut; parfois même les parties qui constituent l'organe de l'ouïe sont entièrement cachées sous la peau. Chez les Serpents, l'oreille moyenne manque, mais elle existe dans les autres ordres. Généralement la membrane du tympan est visible au dehors et de forme convexe. A sa face interne s'applique une *columelle* en partie cartilagineuse, qui chez les Serpents, malgré l'absence de la caisse, est représentée par une petite pièce étendue entre la peau et la fenêtre ovale. L'oreille interne se compose de trois canaux semi-circulaires et d'un limaçon qu'on voit apparaître pour la première fois. Un plan cartilagineux le divise en deux rampes, l'une vestibulaire et l'autre tympanique. Toujours on trouve sur la paroi qui sépare l'oreille moyenne de l'oreille interne une fenêtre ovale et une fenêtre ronde. L'organe de la vue présente aussi quelques variations. Chez les Serpents et les Geckos, l'appareil palpébral manque et les yeux sont recouverts par la peau formant une capsule transparente. Chez les Chéloniens et les Crocodiliens, il y a à l'angle interne de l'œil une troisième paupière, ou membrane nictitante, et une glande particulière, dite *glande de Harder*. Le globe oculaire est de forme sphérique mais de grosseur variable. La sclérotique est cartilagineuse et souvent munie d'un anneau osseux qui entoure la cornée; celle-ci est plus ou moins convexe. La pupille est ordinairement circulaire, verticale chez les Crocodiles. Un repli choroïdien, analogue au ligament falciforme des Poissons, se montre plus ou moins développé dans l'œil de beaucoup de Reptiles, et constitue chez les Sauriens un *peigne* comparable à celui des Oiseaux.

L'appareil digestif des Reptiles présente des particularités différentes suivant les ordres. On a vu que les diverses pièces qui forment la charpente buccale étaient tantôt très mobiles les unes par rapport aux autres, tantôt, au contraire, solidement unies entre elles. Chez les Tortues, les mâchoires sont revêtues d'une sorte de bec corné, mais, en général, elles sont armées de dents; celles-ci sont coniques, souvent recourbées en arrière et homomorphes. Elles ne servent pas à diviser, mais seulement à saisir la proie qui est ensuite engloutie. Parfois il y a aussi des dents sur les os palatins et ptérygoïdiens. On observe quelque variété dans le mode d'implantation de ces organes; tantôt les dents sont soudées à la face interne du bord alvéolaire des mâchoires (*Pleurodontes*); tantôt elles sont fixées au sommet de ce bord alvéolaire (*Acro-*

dontes); quelquefois elles sont implantées dans des alvéoles (Crocodiles).

Dans certains cas, il existe des dents particulières qui sont en connexion avec des glandes à venin et constituent ainsi des armes dangereuses. Ce sont celles qu'on trouve chez les Serpents venimeux et qu'on désigne sous le nom de *crochets* (fig. 636). Ces crochets sont sillonnés par une cannelure, ou parcourus par un canal servant à conduire le liquide toxique dans la plaie qu'ils ont faite. Les glandes à venin ne sont que des glandes salivaires modifiées, mais, en général, chez les Reptiles, les organes salivaires ne sont guère représentés que par des glandules sous-muqueuses logées dans la langue ou au voisinage des mâchoires; pourtant, chez les Tortues, il existe une paire de glandes sub-linguales.

La langue varie beaucoup dans sa forme et dans ses usages, tantôt large, courte et épaisse, tantôt étroite et bifide. Chez les Chéloniens elle est peu mobile, tandis que chez les Serpents et les Lézards elle est protractile, et que chez les Caméléons elle constitue un véritable organe de préhension. L'œsophage est plus ou moins long, et se continue souvent sans ligne de démarcation tranchée avec l'estomac, qui est droit chez les Ophidiens et les Sauriens, mais qui se recourbe transversalement et forme un cul-de-sac chez les Chéloniens et les Crocodiles. L'intestin est séparé de l'estomac par un bourrelet ou une valvule pylorique; sa longueur varie suivant le régime de l'animal, mais il est généralement court et ne décrit qu'un petit nombre de circonvolutions; sa muqueuse est sillonnée de plis longitudinaux. Le gros intestin, très large, aboutit à un cloaque. Il y a toujours un foie et un pancréas annexés au tube digestif; le conduit pancréatique est ordinairement simple et s'ouvre à côté du canal cholédoque.

Chez les Reptiles, la respiration est toujours pulmonaire. Les poumons communiquent avec l'extérieur au moyen d'une longue trachée, pourvue d'une charpente solide formée par des anneaux cartilagineux complets ou incomplets. Ils présentent entre eux de grandes différences sous le rapport de la forme, du volume, de la structure et même du nombre; souvent, en effet, l'un d'eux disparaît par régression. Ainsi, chez beaucoup d'Ophidiens, il ne reste qu'un seul de ces organes, et, s'il y a deux poches pulmonaires distinctes, l'une d'elles est rudimentaire. Chez le Boa, cependant, on trouve deux poumons de volume à peu près égal; chez le Python tigré, le gauche est seulement de moitié plus petit que le droit. Une disposition analogue à celle-ci se rencontre chez les Orvets, qui sont des Sauriens serpentiformes, mais, chez les autres animaux de cet ordre, les deux organes respiratoires sont également développés.

Les poumons consistent d'ordinaire en de simples sacs divisés
par un grand nombre de cloisons en cellules qui se multiplient au
voisinage de l'orifice bronchique. Cette partie même est la seule où

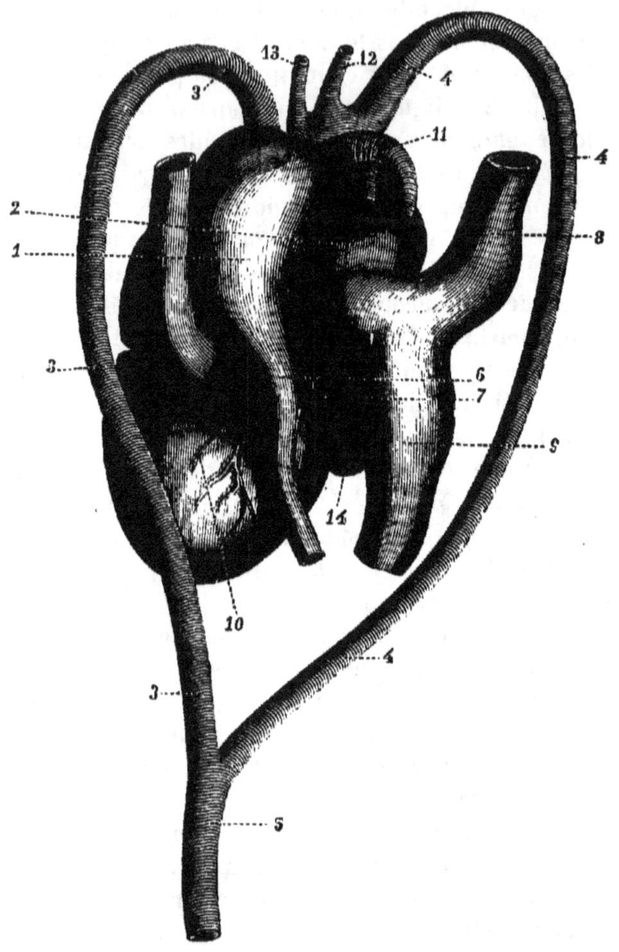

Fig. 631. — Cœur et gros troncs vasculaires du Python. — 1, oreillette gauche; 2, oreillette
droite; 3,3,3, aorte gauche se continuant en arrière jusqu'à son point de réunion avec
l'aorte droite 4,4,4, et formant avec elle un tronc commun 5; 6, veine pulmonaire s'ouvrant dans l'oreillette gauche; 7, veine jugulaire gauche s'ouvrant dans l'oreille droite, et
logée dans une gouttière de l'oreillette gauche; 8, veine jugulaire droite; 9, veine cave
postérieure; 10, face supérieure du ventricule; 11, artère pulmonaire; 12, artère carotide
commune droite; 13, idem, gauche; 14, portion de l'oreillette droite (d'après Jacquart)
(*Annales des Sciences naturelles*, 4e série, t. IV, 1855).

l'on trouve des cellules dans le poumon très allongé des Serpents.
Chez les Tortues, les poumons sont adhérents aux parois thoraciques; à chacun d'eux, arrive une bronche qui y débouche par

une série d'orifices dans des compartiments placés de chaque côté et formés par des cloisons transversales. Chacun de ces compartiments est lui-même divisé en cellules. On a pensé longtemps que l'entrée de l'air, dans cet appareil respiratoire, se faisait par déglutition à cause de l'immobilité du thorax, mais il a été reconnu que la respiration s'effectue par un mécanisme analogue à celui qu'on observe chez les autres Vertébrés (1).

Les organes de circulation montrent divers degrés de perfectionnement qui conduisent à la séparation complète des deux cœurs ; néanmoins, les deux sangs se mélangent toujours plus ou moins dans l'appareil circulatoire. Le cœur (fig. 632) se compose, comme celui des Batraciens, de deux oreillettes et d'un ventricule unique, mais celui-ci est divisé en deux loges par une cloison qui est le plus souvent incomplète et ne devient complète que chez les Crocodiles. En général, la loge droite, où arrive le sang veineux, est beaucoup plus grande que l'autre et renferme les deux orifices aortiques, de sorte que le sang artériel, versé dans la loge gauche, doit traverser la première pour pénétrer dans ces orifices et se mêler ainsi au sang veineux qui y est contenu, mais en vertu de dispositions organiques spéciales, les courants artériel et veineux restent en majeure partie distincts.

Chez certains Sauriens, tels que les Iguanes, la division du cœur en deux chambres s'accuse davantage, et chacune de ces chambres est pourvue d'un orifice aortique, mais la cloison interventriculaire est toujours largement ouverte. Chez les Crocodiles, la séparation des ventricules est complète, et il part une crosse aortique de chacun d'eux ; les deux sangs ne peuvent donc plus se mêler dans le cœur, mais ce mélange se fait plus loin, car les crosses aortiques droite et gauche se réunissent en un canal commun, l'aorte dorsale, et de plus, à leur base, elles communiquent entre elles par un pertuis appelé *foramen de Panizza*.

Les gros troncs aortiques, qui partent du cœur et proviennent des arcs aortiques primitifs, offrent quelques différences dans leur disposition. Originairement, les arcs sont au nombre de cinq paires qui entourent l'œsophage et forment par leur réunion les racines de l'aorte, mais des modifications se produisent qui diminuent leur nombre (fig. 632), et en définitive, il n'y en a plus qu'un seul, le quatrième, ou quelquefois deux, le troisième et le quatrième (Lézards), qui se continuent avec l'aorte. Le cinquième arc forme les artères pulmonaires ; le troisième, les artères carotides ; les deux

(1) Voy. Paul Bert, *Leçons sur la physiologie comparée de la respiration,* p. 286 et suiv. Paris, 1870.

premiers sont transitoires et disparaissent. Il survient en outre des
changements qui altèrent la symétrie de ces parties. Ainsi, d'une
manière générale, le tronc aortique gauche ne fournit aucune
branche et les deux carotides prennent naissance sur le tronc

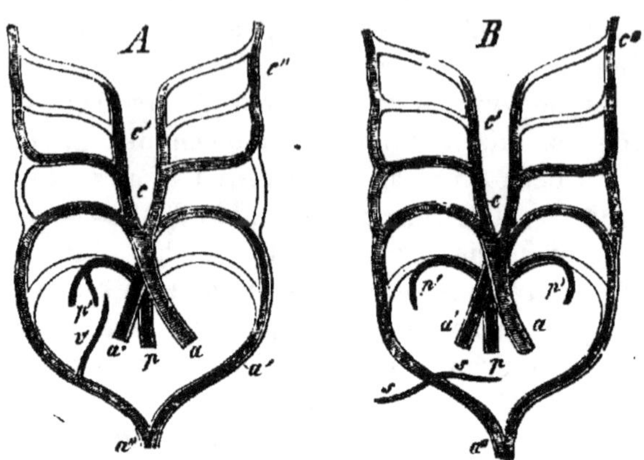

Fig. 632. — Schéma de la transformation des arcs aortiques primitifs, chez les Reptiles. —
A, Serpent; B, Lézard. — *a*, tronc aortique gauche; *a'*, le droit; *c*, carotide commune;
c', carotide externe; *c''*, carotide interne; *p*, artère pulmonaire; *p'*, ses ramifications;
v, artère vertébrale; *s*, artère sous-clavière (d'après Rathke).

artériel droit. Chez les Crocodiles, il se produit une sorte de torsion des gros troncs vasculaires, d'où il résulte que la crosse aortique
droite a son orifice dans le ventricule gauche, et la crosse aortique
gauche le sien dans le ventricule droit. Enfin, on observe dans
l'origine et la disposition des principales artères, carotides, sous-
clavières, etc., des variations secondaires sur lesquelles nous ne
saurions nous arrêter.

Le système veineux ressemble à celui des Batraciens ; les veines
caves antérieures et la veine cave postérieure aboutissent à un sinus
qui débouche dans l'oreillette. Outre le système porte hépatique,
il y a encore un système porte rénal. Le système lymphatique est
très développé ; il forme autour des artères de larges cavités ou de
riches plexus qui les enveloppent. Le grand sinus abdominal loge
l'aorte dans son intérieur et se termine en avant par deux *canaux
thoraciques* qui débouchent dans les veines jugulaires ou sous-
clavières. On trouve dans la région pelvienne une paire de cœurs
lymphatiques. Chez les Crocodiles, on voit apparaître les organes
appelés *ganglions lymphatiques*.

Les reins permanents sont, chez les Reptiles, des organes de
formation secondaire et ne correspondent pas aux reins primitifs.
Leur forme est généralement en rapport avec celle du corps. Ceux
des Serpents sont divisés en un grand nombre de lobes disposés en

série le long de la colonne vertébrale. Les uretères ont une longueur
variable et débouchent directement dans le cloaque. Quelquefois
ils se dilatent dans leur partie terminale et forment ainsi un petit
réservoir urinaire (Serpents). Parfois il existe une vessie spéciale
qui s'ouvre dans la paroi antérieure du cloaque, mais ne reçoit pas
les uretères (Tortues, Lézards).

Chez les Serpents, l'urine est de consistance solide, sous forme
de concrétions blanchâtres très riches en acide urique.

Dans cette classe, les organes génitaux sont plus perfectionnés
que dans la précédente, et se complètent par le développement
d'organes copulateurs qui servent à porter la liqueur séminale dans
l'appareil génital de la femelle ; aussi, chez ces animaux, la fécondation est-elle toujours intérieure. Les glandes sexuelles sont situées
au voisinage des reins et maintenues par un repli du péritoine.
Leurs conduits excréteurs sont formés chez le mâle par le canal de
Wolff qui devient le canal déférent, et chez la femelle par le canal
de Müller qui devient l'oviducte. Ces conduits vont s'ouvrir dans le
cloaque, et la partie dans laquelle ils aboutissent, ainsi que les
uretères, forme parfois une petite cavité secondaire, qu'on désigne
sous le nom de *sinus urogénital*.

Les oviductes présentent un trajet flexueux et contiennent dans
leur paroi des éléments glandulaires qui sécrètent les enveloppes
de l'œuf. Quelquefois leur portion terminale dilatée se transforme
en chambre incubatrice (utérus) où se développe l'embryon dans
les espèces vivipares. Les organes copulateurs dont sont pourvus
les Reptiles sont constitués de la même façon dans les deux sexes,
mais ils sont peu développés chez les femelles, où ils forment un
clitoris. Chez les mâles, ils se présentent sous deux formes différentes. Tantôt ce sont des organes tubulaires terminés en cul-de-
sac, au nombre de deux, qui au repos s'étendent en arrière du
cloaque, et dans l'érection se déroulent au dehors sous forme de
pénis; leur surface est quelquefois garnie d'épines, et l'on y remarque, à la partie antérieure, une gouttière qui sert à conduire
le sperme. Cette disposition se rencontre chez les Serpents et les
Lézards. Tantôt, chez les Tortues et les Crocodiles, le pénis est
simple et plein, situé sur la paroi antérieure du cloaque, et susceptible de se gonfler par l'afflux du sang dans son intérieur; il est
également creusé d'une gouttière longitudinale pour l'écoulement
du sperme.

La plupart des Reptiles sont ovipares; quelques-uns cependant,
comme la Vipère, sont vivipares. En général, ils ne prennent aucun
soin des œufs qui sont abandonnés après la ponte. Ces œufs sont
toujours pourvus d'une coque qui est souvent calcaire. Ils subissent

une segmentation partielle et l'embryon présente dans son développement des caractères propres aux Vertébrés supérieurs ou Allantoïdiens, c'est-à-dire qu'il s'entoure d'une enveloppe amniotique et
qu'il possède une vésicule allantoïde dont le rôle, comme organe
respiratoire, est si important pendant la vie embryonnaire de ces
animaux.

Les Reptiles ont en majorité des habitudes terrestres, cependant
il y en a beaucoup qui fréquentent les eaux et s'y tiennent de préférence, par exemple les Crocodiles, les Tortues marines. Ils abondent dans les régions voisines de l'Équateur, et en particulier dans
les lieux chauds et humides ; ils sont en petit nombre dans les pays
tempérés. Presque tous sont carnivores ; les espèces de grande
taille se nourrissent de Vertébrés et sont redoutables même pour
l'Homme.

On trouve beaucoup de restes fossiles appartenant aux animaux
de cette classe dans les couches géologiques du globe. Les Reptiles
font leur apparition dès la période primaire (*Ptérosaures*), et sont
représentés par des formes nombreuses aux différentes époques de la
période secondaire (*Iguanodons, Plésiosaures, Ichtyosaures*, etc.).
Les premiers Chéloniens se montrent à l'époque jurassique, et les
Ophidiens ne se rencontrent qu'au commencement de l'époque
tertiaire.

On divise les Reptiles actuels en quatre ordres, de la façon
suivante :

Reptiles	Corps entouré d'une carapace.........................		*Chéloniens.*
	Pas de carapace	Cœur à quatre cavités ; pénis simple...........	*Crocodiliens.*
		Cœur à trois cavités ; pénis double	Des paupières ; bouche non dilatable........ *Sauriens.*
			Pas de paupières ; bouche dilatable............. *Ophidiens.*

Aux Crocodiliens et aux Sauriens se rattachent des groupes fossiles importants qui sont regardés par certains naturalistes comme
formant des ordres particuliers.

ORDRE I. — OPHIDIENS

Les Ophidiens (de ὄφις, Serpent) sont des Reptiles écailleux, à
corps allongé, cylindrique et apode ; parfois cependant on leur
trouve des rudiments de membres postérieurs (Pythons), et l'on sait,
d'autre part, que certains animaux, qui étaient autrefois rangés
auprès des Serpents à cause de l'absence de membres et de leur
ressemblance extérieure avec eux, ont dû en être éloignés depuis
à cause des caractères de leur organisation ; ainsi les Cécilies ont

été reportées parmi les Batraciens, et plusieurs formes apodes,
l'Orvet par exemple, ont pris place parmi les Sauriens.

Les écailles qui recouvrent le corps des Ophidiens présentent
souvent des différences de forme suivant la région qu'elles occupent ;
c'est ainsi que dans certains cas on distingue des plaques céphaliques qui, d'après leur position, reçoivent des noms particuliers, et
de même des plaques abdominales ou sous-caudales, tandis que le
dos et les flancs sont revêtus par des écailles ordinaires.

Un caractère important de l'ordre est tiré de la mobilité des
pièces qui composent la charpente buccale (fig. 633), d'où il résulte

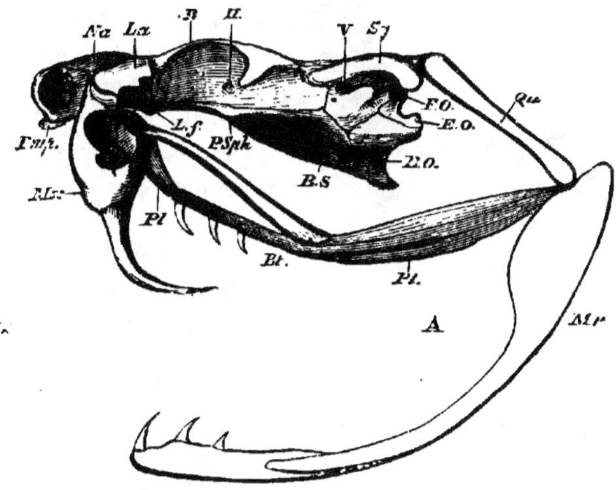

FIG. 633. — Crâne de Crotale, vu du côté gauche. — M*r*, maxillaire inférieur ; M*x*, maxillaire supérieur ; P*mp*, prémaxillaire ; N*a*, nasal ; L*a*, lacrymal ; L*f*, fossette lacrymale ;
B, sus-orbitaire ; P*Sph*, présphénoïde ; BS, basisphénoïde ; BO, basioccipital ; EO, exocci-
pital ; S*q*, squamosal ; FO, fenêtre ovale ; II, ouverture pour le passage du nerf optique ;
V, ouverture pour le passage du nerf de la cinquième paire ; P*l*, palatin ; P*t*, ptérygoïdien ;
B*t*, portion du ptérygoïdien qui est antérieure à l'articulation de cet os avec le transverse
et qui porte des dents ; Q*u*, os carré.

pour ces animaux la possibilité de dilater leur bouche d'une façon
parfois extraordinaire. Les dents dont les mâchoires sont armées
sont nombreuses, en forme de crochets, et offrent un intérêt particulier à cause de la variété de leurs dispositions, d'après lesquelles
on a établi la classification des Ophidiens (D uméril et Bibron). Dans
un petit groupe de Serpents, on ne rencontre de dents que sur l'une
ou l'autre des deux mâchoires, soit sur la mâchoire supérieure,
soit sur la mâchoire inférieure (*Opotérodontes*). Chez tous les
autres, les deux mâchoires sont armées de dents, et souvent même
il s'en trouve sur les os palatins et ptérygoïdiens ; mais on sait que
beaucoup de Serpents ont à la mâchoire supérieure des crochets
très développés qui communiquent avec une glande à venin

(fig. 633). Ces crochets ne sont pas toujours conformés de la même manière. Tantôt ils sont simplement creusés en avant d'un sillon ou d'une gouttière, et tantôt ils sont parcourus par un canal central.

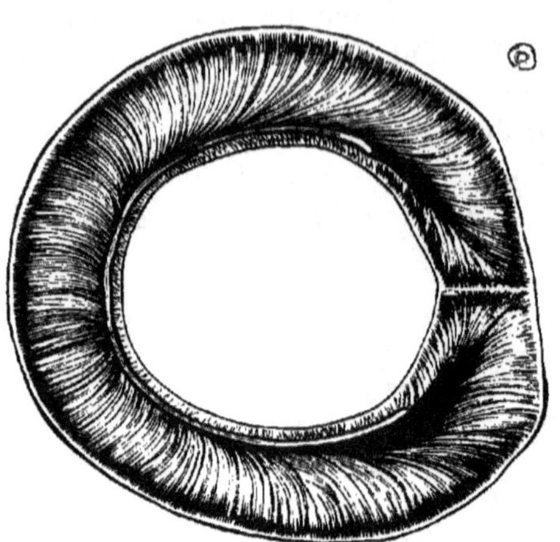

Fig. 634. — Coupe d'un crochet d'Ophidien solénoglyphe.

Dans ce cas, les animaux qui les portent sont dits *Solénoglyphes* , c'est-à-dire munis de crochets dont le sillon est transformé en tuyau (fig. 634). Quand les crochets sont seulement cannelés, ils peuvent être situés soit à la partie postérieure, soit à la partie antérieure de la bouche, et, suivant qu'ils occupent la première ou la seconde de ces positions, les Serpents sont appelés *Opisthoglyphes* ou *Protéroglyphes*.

Enfin, il y a des Ophidiens qui n'ont ni dents tubulaires, ni dents cannelées, et qui ont reçu le nom d'*Aglyphodontes*.

Nous avons eu l'occasion d'indiquer les principales particularités de l'organisation des Serpents en faisant l'étude des Reptiles en général. Nous rappellerons seulement que tous les organes de ces animaux participent de la forme allongée du corps. L'absence de paupières, d'oreille moyenne et de vessie urinaire, s'ajoute aux caractères que nous avons donnés ci-dessus, comme distinguant cet ordre de celui des Sauriens.

La locomotion chez les Serpents s'effectue par reptation, et les membres faisant défaut, c'est par les mouvements qu'exécute la colonne vertébrale, et par le jeu des côtes mobiles et libres à leur extrémité inférieure, que s'opère la progression ; de plus, les écailles qui sont situées à la face ventrale du corps et qui sont en connexion avec les côtes y concourent également. Chez eux, la reptation consiste en une série d'ondulations latérales qui se succèdent avec rapidité, et en sens inverse les unes des autres, dans les différentes parties du corps, celui-ci restant toujours appliqué contre le sol dans toute sa longueur ; ou bien elle consiste en flexions, dans le sens vertical, de la colonne vertébrale qui se détache du sol sur une certaine étendue et décrit ainsi des courbes plus ou moins marquées. C'est par un mécanisme semblable à celui-ci que ces animaux peuvent aussi exécuter des bonds.

Les Ophidiens se nourrissent de proies qu'ils tuent soit en les empoisonnant au moyen de leurs crochets à venin, soit en les étouffant et les broyant sous la pression des replis dont ils les entourent. Puis ils les engloutissent en entier, grâce à la dilatabilité de leur bouche, mais ce n'est souvent qu'avec une très grande lenteur qu'ils parviennent à les avaler, quoique la déglutition soit facilitée par la sécrétion d'une abondante salive. Pendant ce temps, le larynx projeté en avant est situé entre les branches de la mâchoire et peut ainsi continuer à entretenir la respiration. Tant que dure la digestion, ces animaux restent plongés dans un profond état de torpeur.

Les Serpents sont propres aux régions chaudes ; c'est là qu'on trouve les espèces qui atteignent la taille la plus considérable et celles qui sont le plus dangereuses par la puissance de leur venin. Dans les climats tempérés, ils sont représentés par des formes plus petites et moins venimeuses, sinon toujours inoffensives. Ce sont, en général, des animaux terrestres qui recherchent les lieux déserts; cependant il y en a quelques-uns qui ont des habitudes aquatiques et sont amphibies (Serpents de mer).

La classification des Ophidiens basée sur les caractères tirés des dents et de leur disposition, d'après Duméril, se résume dans le tableau suivant :

		des crochets venimeux à la mâchoire supérieure	tubulaires.............	*Solénoglyphes.*
	aux deux mâchoires		cannelés { situés en avant.	*Protéroglyphes.*
Des dents			cannelés { situés en arrière.	*Opisthoglyphes.*
		toutes semblables, rondes et pleines....		*Aglyphodontes.*
	seulement à l'une ou à l'autre des mâchoires........			*Opotérodontes.*

1. Opotérodontes (1).

Ce groupe renferme des Serpents de très petite taille, vermiformes, à bouche étroite, non extensible, n'ayant de dents qu'à l'une ou à l'autre des deux mâchoires. Ils possèdent des vestiges de membres postérieurs. Ils vivent dans des trous creusés en terre, ou sous les pierres, et se nourrissent de Vers et de larves d'Insectes.

Les Opotérodontes se divisent en deux familles, suivant qu'ils ont des dents à la mâchoire supérieure, ÉPANODONTES, ou à la mâchoire inférieure, CATODONTES. Le *Typhlops vermicularis* est le seul représentant de cet ordre qui existe en Europe. On le trouve en Grèce, dans l'île de Chypre. Il appartient à la famille des Épanodontes.

(1) De ὁπότερος, l'un ou l'autre; ὀδούς, dent.

2. Aglyphodontes.

Les Aglyphodontes (de α priv.; γλυφή, sillon ; ὀδούς, dent) sont des Serpents non venimeux (Innocua). Les deux mâchoires sont armées de dents, en forme de crochets, sans canal ni sillon ; elles sont extensibles, excepté chez quelques petits Serpents exotiques, *Uropeltidés* et *Tortricidés*, qui par ce caractère se rapprochent des Opotérodontes, auxquels les réunissait Jean Müller sous le nom d'*Angiostomata*, par opposition aux autres Aglyphodontes à bouche dilatable, qu'il appelait *Eurystomata*. Le type de ces Serpents nous est donné par les Couleuvres de nos pays; mais, parmi les espèces étrangères à l'Europe, il y en a qui atteignent une taille énorme, par exemple, les Pythons, qui ont jusqu'à dix ou douze mètres de long.

Les Aglyphodontes comprennent plusieurs familles dont deux principales : les *Colubridés* et les *Péropodes*, ou *Pythonidés*.

Les Colubridés (*Coluber*) sont très répandus et renferment un grand nombre d'espèces parmi lesquelles nous citerons les suivantes que l'on rencontre en Europe : la Couleuvre d'Esculape (*Coluber Æsculapii*), la Couleuvre verte et jaune (*Zamenis atrovirens*), la Couleuvre à collier (*Tropidonotus natrix*), la Couleuvre vipérine (*Tr. viperinus*), la Couleuvre lisse (*Coronella lœvis*). Günther a réparti les Colubridés dans quatre sous-familles : Coronellines, Natricines, Colubrines et Dryadines.

Les Pythonidés, ou Péropodes, sont pour la plupart remarquables par leur grande taille et leur force musculaire. C'est à cette famille qu'appartiennent les Pythons (*Python*) qui habitent l'Afrique et l'Inde, les Boas (*Boa constrictor*) qui vivent dans les parties chaudes de l'Amérique, les Eryx dont une espèce, l'*Eryx jaculus*, se trouve dans le midi de l'Europe.

Une petite famille, celle des Acrochordidés (*Acrochordus*) mérite d'être signalée, comme renfermant des Serpents dont le corps est recouvert d'écailles en forme de tubercules verruqueux. Ils habitent les îles de la Sonde.

3. Opisthoglyphes.

Les Opisthoglyphes (de ὄπισθεν, en arrière; γλυφή, sillon) ne se séparent des Couleuvres que par la présence de crochets cannelés situés sur la mâchoire supérieure; aussi les réunit-on parfois dans un même groupe sous le nom de « Colubridés » (Gerv. et Van Ben.) ou de « Colubriformes » (Claus.). Les crochets ne sont pas toujours annexés à une glande venimeuse, auquel cas ils sont inoffensifs; mais, alors même que la glande existe, leur position est défavorable pour qu'ils puissent servir à mordre et à inoculer le poison dans la blessure ; toutefois il y a des espèces qui sont réputées dangereuses.

Tous ces Serpents sont exotiques à une seule exception près, la Couleuvre de Montpellier (*Cœlopeltis insignitus*), qui se trouve dans l'Europe méridionale, en Grèce, en Espagne et dans le midi de la France. On n'a jamais constaté d'accident occasionné par cette couleuvre (Gerv. et Van Ben.).

4. Protéroglyphes.

Les Protéroglyphes (πρότερον, en avant; γλυφή, sillon) sont toujours pourvus de glandes à venin qui communiquent avec de grands crochets creusés d'un sillon et placés en avant sur la mâchoire supérieure. Ce sont des animaux propres aux régions chaudes et souvent ornés de brillantes couleurs; ils n'ont aucun représentant en Europe. On les divise en deux familles, les *Élapidés* et les *Hydrophidés*.

Les ÉLAPIDÉS renferment des Serpents qui sont célèbres à divers titres et, en particulier, à cause de la puissance de leur venin. C'est à cette famille qu'appartiennent les Najas (*Naja*) qui ont la propriété singulière d'écarter transversalement leurs premières paires de côtes et d'élargir ainsi la partie antérieure de leur corps (fig. 635). Ils ont aussi la faculté de se dresser sur la queue et de se raidir comme des bâtons. Les jongleurs indiens et égyptiens savent, entre autres exercices, provoquer chez eux cette rigidité par un procédé qui remonte à la plus haute antiquité, car il était connu au temps des Pharaons.

Une espèce de l'Inde des plus redoutables, la Cobra di Capello (*Naja tripudians*), est appelée aussi « Serpent à lunettes » à cause d'une tache

Fig. 635. — *Naja* (Aspic des anciens).

en forme de lunettes qu'elle porte sur le cou. L'espèce africaine (*Naja Haye*) est l'Aspic des anciens, l'Aspic de Cléopâtre, car c'est ce Serpent qui servit à la reine d'Égypte pour se donner la mort après la bataille d'Actium. Galien rapporte qu'à Alexandrie on exécutait les condamnés à mort en les faisant mordre par des Aspics.

Parmi les Élapidés nous mentionnerons encore les *Elaps* qui ont donné leur nom à la famille. L'un d'eux, le Serpent corail (*E. corallinus*), est remarquable par les anneaux colorés dont son corps est marqué. On raconte qu'au Brésil ces animaux sont recherchés pour leur beauté, et que les dames ne craignent pas de les porter enroulés autour des bras en guise de bracelets. Ils sont venimeux cependant, mais leur bouche est trop petite pour qu'ils puissent mordre.

Les Hydrophiidés, ou Serpents de mer, sont des animaux aquatiques comme l'indique leur nom. Leur corps est comprimé et leur queue aplatie en forme de rame. Ils sont vivipares et vivent principalement dans la mer des Indes.

5. Solénoglyphes.

Les Solénoglyphes (de σωλήν, tuyau ; γλυφή, sillon) sont caractérisés par leur tête de forme triangulaire, par leur pupille verticale et surtout par leurs crochets venimeux, tubulaires, situés en avant de la mâchoire supérieure et que l'animal redresse quand il veut mordre (fig. 636). Il n'y a de chaque côté qu'un seul de ces crochets, et derrière lui une ou plusieurs dents de remplacement. Un exemple

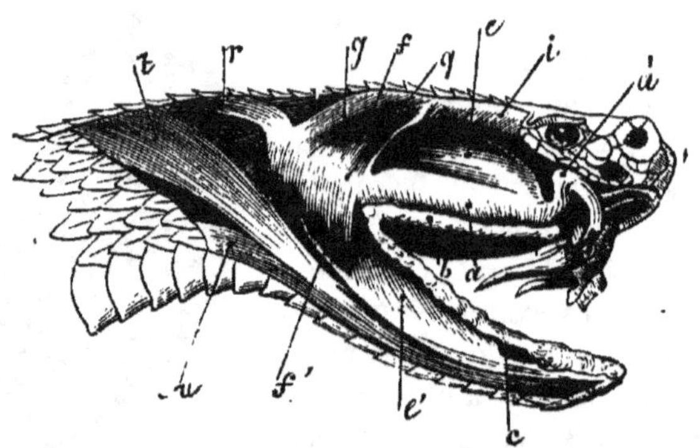

Fig. 636. — Appareil venimeux du Crotale. — *a*, glande venimeuse; *a'*, son canal excréteur aboutissant aux dents en crochet; *b*, glande salivaire sus-maxillaire; *c*, glande salivaire sous-maxillaire; *e*, *e'*, muscle temporal antérieur; *f*, *f'*, muscle temporal postérieur; *g*, muscle digastrique; *i*, muscle temporal moyen; *q*, ligament articulo-maxillaire; *r*, muscle cervico angulaire; *t*, muscle vertébro-mandibulaire; *u*, muscle costo-mandibulaire.

de Serpent solénoglyphe nous est fourni par la Vipère de nos pays. Ce groupe se partage en deux familles seulement, les *Vipéridés* et les *Crotalidés*.

Les Vipéridés (*Vipera*) sont représentés en France par trois espèces : la Vipère commune, ou Aspic (*V. aspis*), la Vipère ammodyte, ou à museau cornu (*V. ammodytes*), et la petite Vipère, ou Vipère Péliade (*Pelias berus*). Les caractères distinctifs

de ces trois espèces indigènes sont indiqués dans le petit tableau
suivant :

Tête portant
- des écailles seulement ; tronqué............... *V. commune.*
- museau — prolongé en corne. .. *V. ammodyte.*
- trois plaques sur le vertex................... *V. péliade.*

On rencontre en Algérie, dans le Sahara, une espèce du G. Céraste
(*Cerastes*) caractérisée par des plaques sourcilières relevées et simulant de petites cornes : c'est le Céraste d'Égypte (*C. ægyptiacus*)
(fig. 637) dont la piqûre est très dangereuse.

Les CROTALIDÉS sont tous étrangers à l'Europe. Ce sont les plus
redoutables des Serpents venimeux. Ils comprennent les G. *Cro-
talus, Trigonocephalus* et *Bothrops*.

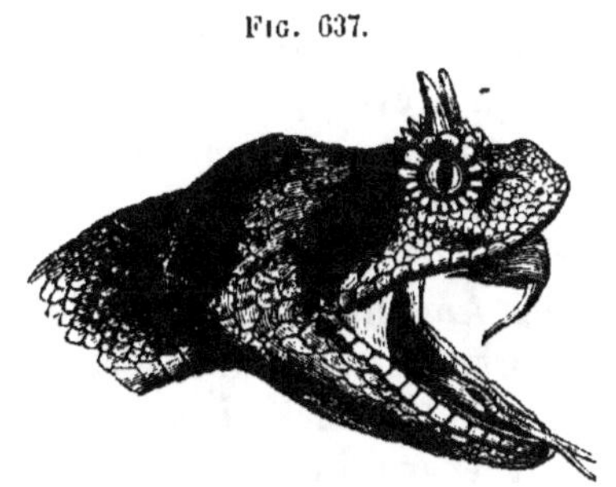

FIG. 637. — Céraste (*Cerastes ægyptiacus*).   FIG. 638. — Sonnette caudale du Crotale.

Les Crotales, ou Serpents à sonnettes, sont ainsi nommés parce
qu'ils ont la queue garnie d'une série de grelots formés par des
segments de sphère cornés et emboîtés les uns dans les autres
(fig. 638). Cet appareil produit un bruit particulier qui s'entend
d'assez loin. Il y a plusieurs espèces de Crotales : *Cr. durissus,
Cr. horridus*, etc. Ils habitent l'Amérique.

Un Serpent tristement célèbre par les accidents mortels qu'il
occasionne est le Fer de lance, ou Vipère jaune de la Martinique,
qui appartient au G. *Bothrops* (*B. lanceolatus*). Il est très commun
dans les Antilles où il fait de nombreuses victimes.

ORDRE II. — SAURIENS

Les Sauriens ont en général le corps pourvu de deux paires de
membres et divisé en régions distinctes, le tronc étant séparé de
la tête par un cou bien apparent et se continuant en arrière par une
longue queue. Parfois les membres sont rudimentaires, ou font entiè-

rement défaut ; tantôt les deux paires manquent ; tantôt une seule paire, soit l'antérieure (*Pseudopus*), soit la postérieure (*Chirotes*). Les ceintures thoracique et pelvienne existent toujours plus ou moins développées, et il en est de même du sternum, excepté chez les Amphisbènes. La bouche n'est pas dilatable comme celle des Ophidiens, les os qui composent sa charpente étant plus solidement unis entre eux et au crâne. Les dents présentent une certaine variété de formes, et de plus un mode d'implantation différent, car tantôt elles naissent du sommet du bord alvéolaire, et tantôt elles sont soudées sur le côté interne de ce bord. C'est en se fondant sur ce caractère que Wagler avait divisé les Sauriens en *Acrodontes* et *Pleurodontes*, mais c'est surtout de la conformation de la langue qu'on a tiré parti dans la classification. Ainsi, Wiegmann, en 1834, établissait dans l'ordre des Sauriens trois divisions sous les noms de *Leptoglosses*, *Rhiptoglosses* et *Pachyglosses*, suivant que la langue de ces animaux était étroite, protractile ou épaisse. De plus, il subdivisait les Leptoglosses en Fissilingues et Brévilingues, et les Pachyglosses en Crassilingues et Latilingues. Ces dénominations sont souvent employées, surtout dans les ouvrages allemands.

Sous le rapport des sens, les Sauriens sont mieux partagés que les Ophidiens. Les yeux, excepté chez les Amphisbènes et les Geckos, sont pourvus de paupières mobiles ; l'oreille comprend une caisse du tympan qui ne manque que chez les Amphisbènes. Les téguments présentent une certaine variété d'aspect par suite du développement d'écailles, de tubercules ou de verrues, et de la diversité de coloration que produit parfois le jeu des chromatophores, chez le Caméléon en particulier.

Chez les Sauriens, l'oviparité forme la règle ; quelques espèces cependant sont vivipares (Orvet). Ces animaux sont principalement répandus dans les régions chaudes ; ils sont insectivores. Quelques-uns sont employés comme aliment dans certains pays, les Iguanes par exemple, en Amérique.

La classification qui suit est celle de Duméril, avec cette seule modification que les Amphisbéniens y sont séparés des Chalcidiens et forment une famille distincte. Les Sauriens sont ainsi distribués en huit groupes ou familles.

Amphisbénidés (*Amphisbœna*). Ce sont des animaux serpentiformes, dépourvus de membres, à corps cylindrique et dont la peau présente des sillons, les uns longitudinaux, les autres transversaux la divisant en une série d'anneaux ; de là le nom d'Annelés qui leur est donné parfois.

Ils n'ont ni paupières, ni membrane du tympan ; leur langue est courte et épaisse. Ils ont l'habitude de vivre sous terre, comme les

Cécilies, ce qui explique l'atrophie de leurs yeux rudimentaires et recouverts par la peau. Cette famille comprend plusieurs genres dont l'un, le G. *Chirotes*, possède par exception deux membres antérieurs.

Scincidés. Les Scincidés rappellent plus ou moins les Serpents par la forme de leur corps; quelques-uns d'entre eux sont apodes ou seulement bipodes. La membrane du tympan est souvent cachée sous la peau. La forme apode la plus connue est l'Orvet (*Anguis fragilis*) (fig. 639), très répandu en Europe. On le nomme aussi

Fig. 639. — Orvet (*Anguis fragilis*).

« Serpent de verre » parce qu'il se raidit quand on le touche, et se casse alors avec la plus grande facilité. L'espèce qui a donné son nom à la famille, le Scinque des Boutiques (*Scincus officinalis*), possède quatre membres ayant chacun cinq doigts plats et dentelés. Il vit dans diverses contrées de l'Afrique et était autrefois employé en médecine.

Chalcididés (*Chalcis*). On les a appelés aussi « Ptychopleures » à cause de la présence d'un repli cutané qui s'étend de chaque côté du corps sur toute sa longueur. Certains d'entre eux sont privés de membres, ou n'en ont que de rudimentaires, et ressemblent à des Serpents (*Pseudopus, Ophiosaurus*).

Le Scheltopusick (*Pseudopus Pallasii*) est le seul représentant européen de cette famille; il habite le sud de la Russie et de l'Autriche.

Les deux familles des Scincidés et des Chalcididés forment le groupe des Brévilingues de Wiegmann.

ASCALABOTES, ou GECKOTIDÉS (Latilingues de Wiegmann). Ce sont des animaux à peau verruqueuse, d'un aspect repoussant, dont les doigts portent des pelotes adhésives qui leur permettent de grimper le long des murs, et même de courir contre les plafonds. Ils passent à tort pour venimeux.

Les Geckotidés habitent les pays chauds, mais il y en a quelques espèces dans l'Europe méridionale. Le Gecko des murailles (*Platydactylus muralis*) (fig. 640) et le Gecko verruqueux (*Hemidac-*

FIG. 640. — Gecko (*Platydactylus muralis*).

tylus verruculatus) se trouvent sur notre littoral méditerranéen, à Cette, Marseille, etc.

IGUANIDÉS (Crassilingues de Wiegmann). Cette famille se compose d'espèces de grande taille, et se divise très naturellement en deux groupes caractérisés par la disposition des dents et par leur distribution géographique. Les uns, en effet, sont acrodontes et habitent l'ancien continent, les autres sont pleurodontes et habitent le nouveau monde.

Parmi les premiers se trouve un genre curieux, le Dragon volant (*Draco volans*) (fig. 641), qui existe à Java et qui doit à la présence de larges replis membraneux étendus sur les côtés du corps la faculté de se soutenir dans l'air.

Ici se placent des Sauriens voisins des Iguanes, mais dont on fait quelquefois une famille à part, celle des AGAMIDÉS (*Agama*). Ils se distinguent des Iguanidés par des formes plus lourdes, mais surtout par leurs mœurs, car ils vivent à terre, se cachant dans des trous, tandis que les premiers ont l'habitude de vivre sur les arbres, aussi leur a-t-on donné le nom d'*Humivagues*, mais, comme les Iguanidés, les uns sont acrodontes et propres à l'Afrique ou à l'Inde, les autres pleurodontes et propres à l'Amérique.

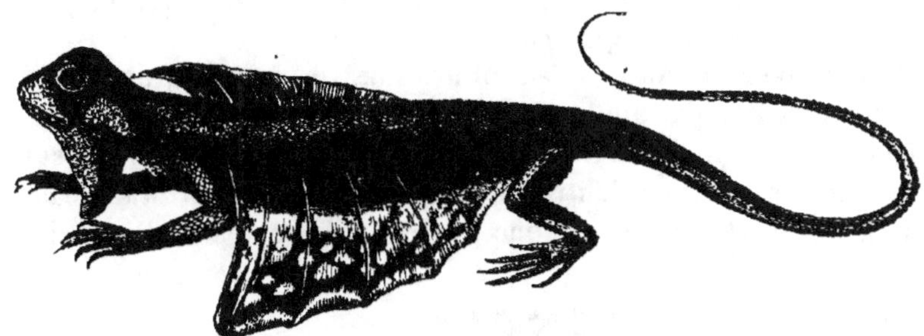

FIG. 641. — *Draco volans.*

CAMÉLÉONIDÉS (Vermilingues de Wiegmann). Ces animaux (fig. 642) se distinguent par de remarquables particularités. Leur langue très longue, vermiforme et protractile constitue un véritable organe de préhension. Leurs pattes sont terminées par cinq doigts formant deux groupes opposés, de façon à pouvoir agir comme des pinces, disposition qui leur permet de grimper avec facilité. De plus, ils ont une queue prenante qui leur sert à s'accrocher aux branches des arbres sur lesquels ils vivent. Leur corps

FIG. 642. — Caméléon à nez bifide (*Chamæleon*).

comprimé latéralement, leur tête de forme pyramidale, leur donnent une physionomie singulière. Leur peau est chagrinée et susceptible, comme on le sait, de changer de couleur. Ils sont acrodontes.

Les Caméléons sont lents dans leurs mouvements, et ils s'emparent des Insectes dont ils font leur nourriture en les guettant à l'affût, et en dardant sur eux leur langue quand ils passent à leur portée. Ils habitent l'Asie, l'Afrique et le sud de l'Espagne. Il y en a plusieurs espèces appartenant toutes au G. *Chamæleon.*

LACERTIDÉS. Cette famille se compose des Lézards dont plusieurs vivent dans nos pays et sont bien connus. Ils ont la langue mince, protractile et bifide (Fissilingues de Wiegmann). Ils sont pleurodontes. On distingue les Lézards du nouveau monde de ceux qui habitent l'ancien continent, et quelques-uns en font une famille à part sous le nom d'AMÉIVIDÉS.

Les espèces qu'on trouve en France sont les suivantes : le Lézard des murailles (*Lacerta muralis*), le Lézard des souches (*L. agilis*), le Lézard vert (*L. viridis*), le Lézard ocellé (*L. ocellata*), et le Lézard vivipare (*L. vivipara*).

VARANIDÉS (*Varanus*). Ce sont des Lézards de très grande taille, à langue également bifide (Fissilingues). Il y en a deux espèces en Afrique, l'une, le Varan du Nil (*Monitor niloticus*) qui atteint jusqu'à deux mètres de long ; l'autre, le Varan du désert (*Varanus arenarius*), qui n'est autre chose que le Crocodile terrestre des anciens.

Fig. 643. — *Pterodactylus spectabilis.*

Aux Sauriens se rattachent de nombreux fossiles qui forment des groupes particuliers, tels que les PROTOSAURIENS qui sont les représentants les plus anciens de cet ordre, car ils appartiennent aux formations permiennes ; les DINOSAURIENS qui comprennent les Mégalosaures, les Iguanodons, etc., ces animaux gigantesques des terrains mésozoïques ; les PTÉROSAURIENS, ou Sauriens volants, de l'époque jurassique, qui se rapprochent des Oiseaux par certains traits de leur organisation et qui rattachent ainsi l'une à l'autre des classes entre lesquelles il semble qu'il ne puisse y avoir rien de commun. La figure 643 représente un de ces Sauriens, le Ptérodactyle (*Pterodactylus spectabilis*).

ORDRE III. — CROCODILIENS

Les Crocodiliens ont été longtemps réunis avec les Sauriens dans un même ordre, mais ils leur sont bien supérieurs par leur organisation qui leur assignerait même le premier rang parmi les Reptiles. Chez eux les vertèbres sont amphi- ou opisthocœliques dans les espèces fossiles, mais procœliques dans les formes actuellement vivantes. Indépendamment des côtes thoraciques, il existe un certain nombre de côtes ventrales qui ne remontent pas jusqu'aux vertèbres lombaires, mais qui sont portées par un sternum abdominal ; il y en a aussi, mais peu développées, dans la région cervicale, et qui ne permettent pas au cou de se fléchir latéralement. La mâchoire supérieure est solidement fixée au crâne, et la mâchoire inférieure s'articule avec un os carré immobile ; les dents sont implantées dans des alvéoles. Les deux cœurs, le cœur droit et le cœur gauche, sont séparés par une cloison interventriculaire complète. La peau est garnie dans la région dorsale de pièces osseuses dermiques formant cuirasse, caractère qui a fait quelquefois désigner les Crocodiliens sous le nom de Cuirassés (*Loricata* Merr.). Ils possèdent quatre membres, dont les doigts sont plus ou moins réunis par une membrane, disposition en rapport avec leurs habitudes aquatiques ; ils ont une longue queue comprimée latéralement.

Les Crocodiles nous montrent à un degré de per-

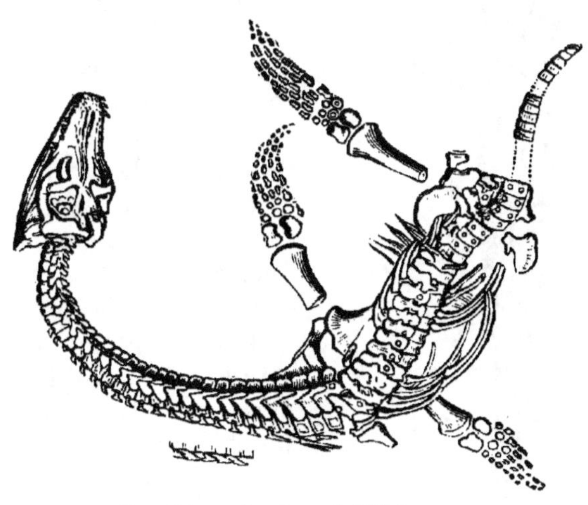

Fig. 644. — Squelette de Plésiosaure.

fectionnement plus élevé l'organisation que devaient avoir un certain nombre de Sauriens fossiles de l'époque secondaire, dont les membres étaient en forme de nageoires et la vie exclusivement aquatique. Ces animaux aujourd'hui disparus forment les familles des NOTHOSAURIENS, des PLÉSIOSAURIENS (fig. 644) et des

Icithyosauriens; c'est pourquoi Carl Vogt a proposé le nom d'*Hydrosauriens* pour désigner l'ordre comprenant ces formes anciennes et les Crocodiles actuels.

Les Crocodiliens proprement dits renferment aussi des espèces fossiles dont les unes, caractérisées par des vertèbres biconcaves, composent le groupe des Amphicœliens d'Owen, ou Téléosauriens, et les autres, caractérisées par des vertèbres opisthocœliques, forment celui des Opisthocœliens d'Owen, ou Sténosauriens.

Enfin, les espèces actuelles se réunissent dans une seule famille, celle des Crocodilidés, ou Procœliens d'Owen, c'est-à-dire à vertèbres procœliques.

Ces grands Reptiles habitent les régions chaudes des deux continents et vivent dans les lacs ou les grands fleuves. Ils plongent et nagent avec la plus grande facilité. Ce sont des animaux carnassiers qui se nourrissent de Poissons ou autres Vertébrés et sont dangereux pour l'Homme lui-même. Ils se partagent en Crocodiles, Gavials et Caïmans qu'on peut regarder comme formant des sous-familles.

Les Crocodiles (*Crocodilus*) habitent l'Afrique et le sud de l'Asie. Ils sont caractérisés par leur quatrième dent inférieure plus longue et reçue dans une échancrure de la mâchoire supérieure. L'espèce la plus anciennement connue, déjà décrite par Aristote et par Pline, est le Crocodile du Nil (*Cr. vulgaris*) que les Égyptiens adoraient autrefois comme un animal sacré.

Les Gavials (*Gavialis*) vivent dans l'Inde (fig. 645) ; les Caïmans (*Alligator*) en Amérique.

Fig. 645. — Gavial du Gange.

ORDRE IV. — CHÉLONIENS

Les Chéloniens se distinguent nettement de tous les autres Reptiles par la forme de leur corps discoïdal et la présence d'une enveloppe solide qui les protège. On a vu déjà que cette cuirasse est formée de deux parties, l'une supérieure ou dorsale, la *carapace*, l'autre inférieure ou ventrale, le *plastron*, et l'on sait qu'elle est constituée par l'union d'éléments empruntés au squelette interne et d'éléments appartenant au squelette dermique. La carapace (fig. 646), en effet, comprend une série de pièces médianes ou *neurales* (huit) correspondant aux apophyses épineuses des vertèbres dorsales, et, de chaque côté de celles-ci, des pièces transversales en même nombre, formées par les côtes unies à des plaques dites *costales*, et plus ou moins confondues

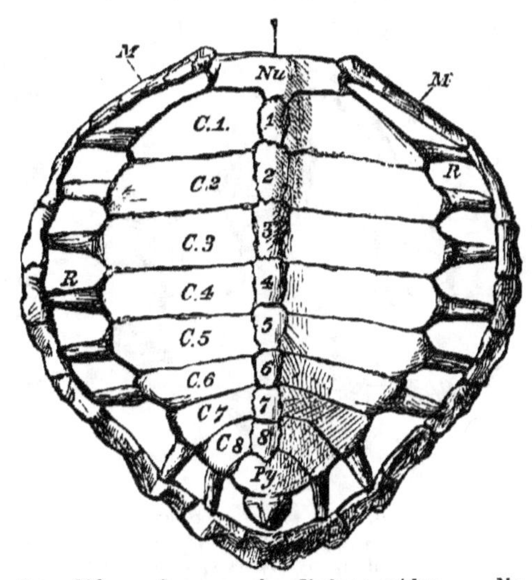

FIG. 646. — Carapace de *Chelone midas*. — Nu, plaque nuquale ; M, plaques marginales ; R, côtes ; 1-8, plaques neurales ; C1-C8, plaques costales ; Py, plaques pygales.

avec elles (fig. 646 et 647) ; enfin, sur les bords, une série de pièces dites *marginales*, au nombre de onze de chaque côté, auxquelles aboutissent les côtes. Il y a en outre quelques plaques dermiques complémentaires qui s'ajoutent aux précédentes : ainsi une plaque

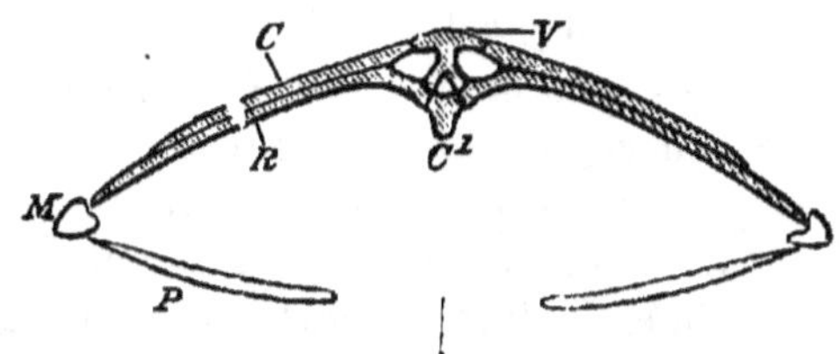

FIG. 647. — Section transversale d'un squelette de *Chelone midas* dans la région dorsale. — C¹, centre ; V, plaque neurale ; C, plaque costale ; R, côte ; M, plaque marginale ; P, élément latéral du plastron.

nuquale située dans la région cervicale au-devant de la première plaque neurale, et trois autres plaques dans la région sacrée, appelées *plaques pygales*, qui suivent la huitième plaque neurale. Les pièces costales ne se rejoignent pas toujours entre elles sur toute leur longueur, et dans ce cas laissent subsister une certaine portion des espaces intercostaux (fig. 646). Chez les Tortues terrestres elles s'unissent dans toute leur étendue.

Le plastron (fig. 648), placé à la face ventrale du corps, est composé de neuf pièces, dont une antérieure impaire et quatre autres, paires. Geoffroy Saint-Hilaire, considérant le plastron comme l'analogue du sternum des autres Vertébrés, avait donné à ces os les noms suivants, en allant d'avant en arrière : *endosternal, épisternaux, hyosternaux, hyposternaux* et *xyphosternaux*, mais aujourd'hui la plupart des anatomistes, suivant l'opinion de Rathke, les regardent comme ayant une origine dermique, et on peut avec Huxley remplacer les dénominations précédentes par celles-ci : *entoplastron, épiplastrons, hyoplastrons, hypoplastrons* et *xyphoplastrons*. Ce naturaliste pense que l'entoplastron représente l'épisternum, ou interclavicule, que l'on trouve développé chez beaucoup de Vertébrés, et que les deux épiplastrons correspondent aux clavicules. Suivant leur degré de développement, les os du plastron peuvent être réunis ou non.

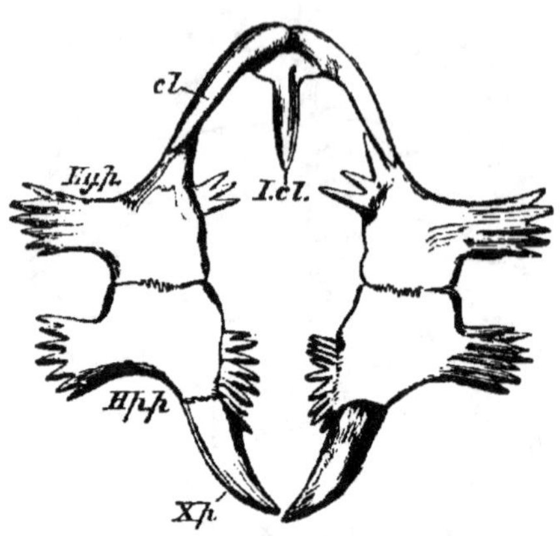

Fig. 648. — Plastron de *Chelone midas*. — Icl, interclavicule (entoplastron) ; cl, clavicule (épiplastron); Hyp, hyoplastron; Hpp, hypoplastron; Xp. xyphoplastron.

La surface externe de la boîte osseuse, formée par le bouclier dorsal et par le bouclier ventral, est recouverte d'épaisses plaques épidermiques régulièrement disposées et constituées par la substance connue sous le nom d'*écaille*.

La tête, le cou et les membres sont les seules parties du corps qui sortent de la carapace, et encore peuvent-elles d'ordinaire y rentrer complètement. Les vertèbres cervicales au nombre de huit sont très mobiles; il en est de même des vertèbres caudales; le cou et la queue sont donc flexibles, tandis que toutes les autres portions de la colonne vertébrale sont unies avec la carapace. Les os dont se compose la tête sont solidement fixés, et l'os carré, avec lequel s'articule la mâchoire inférieure, est soudé au crâne.

La bouche n'est pas armée de dents; elle porte un bec corné comparable à celui des Oiseaux.

Les membres, au nombre de quatre, présentent des modifications en rapport avec le genre de vie de ces animaux. Chez les espèces aquatiques, ils sont adaptés à la locomotion dans l'eau; ainsi, chez les Tortues marines, ils sont transformés en nageoires, tandis que chez les Tortues terrestres, les pattes sont en forme de moignons

et portent des doigts très courts. Les ceintures scapulaire et pelvienne sont situées à l'intérieur de la carapace ; la première est
constituée par les omoplates et les os coracoïdes et procoracoïdes.
Le bassin ne présente rien de particulier dans sa composition.

Ajoutons à tous ces caractères que les yeux des Chéloniens sont
pourvus, outre les paupières, d'une membrane nictitante, que
l'oreille possède toujours une caisse du tympan dont la membrane
est recouverte extérieurement par une plaque squameuse un peu
différente des autres, que la langue est molle, papilleuse et paraît
servir comme organe de gustation.

Les Tortues sont ovipares ; elles pondent des œufs revêtus d'une
coque dure qu'elles déposent d'ordinaire dans des trous, ou qu'elles
enfouissent dans le sable. Elles se nourrissent de matières végétales,
cependant celles qui fréquentent les eaux mangent aussi des Poissons, des Mollusques ou des Crustacés. Elles habitent les régions
chaudes.

Le genre de vie de ces animaux varie beaucoup, et coïncide avec
des différences dans leur conformation, différences qui ont servi à
les classer. On les divise en quatre familles suivant qu'elles sont
marines, fluviales, paludines ou terrestres.

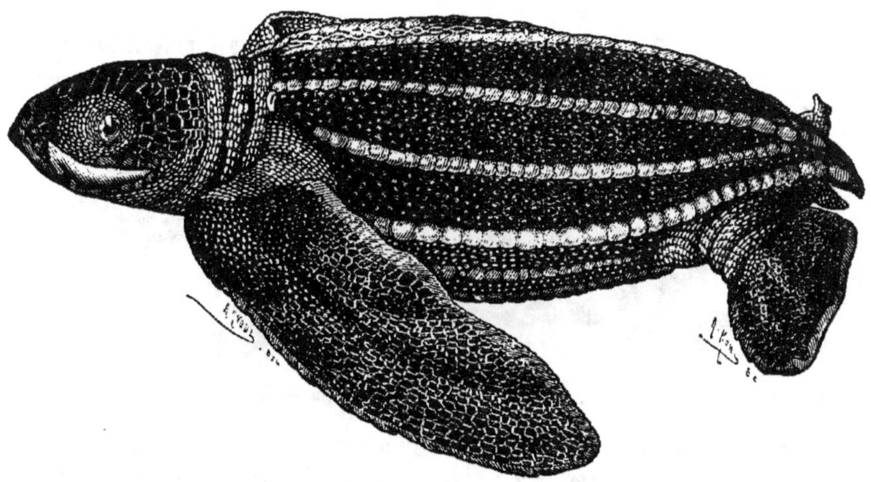

Fig. 649. — Tortue marine (*Sphargis coriacea*).

CHÉLONIDÉS, Tortues marines ou Thalassites. La tête ni les
membres ne peuvent rentrer dans la carapace ; les pattes ont la
forme de rames natatoires (fig. 649), les antérieures beaucoup plus
longues que les postérieures. Ces Tortues ne quittent les eaux marines qu'à l'époque de la ponte pour venir déposer leurs œufs à
terre, où elles les enfouissent dans des trous qu'elles creusent sur le

rivage. Elles retournent ensuite à la mer où se rendent également les jeunes aussitôt après l'éclosion. Elles atteignent parfois une taille extraordinaire, et il y en a dont le corps pèse jusqu'à 300 kilogrammes.

C'est aux Chélonidés qu'appartiennent les Tortues qui fournissent l'*écaille*, et en particulier le Caret (*Chelonia imbricata*) qu'on trouve dans l'océan Indien et l'océan Atlantique ; la Tortue franche, ou Tortue verte (*Ch. esculenta*), dont la chair délicate constitue un aliment recherché ; la Tortue luth (*Sphargis coriacea*) (fig. 649) qui se distingue par l'absence de plaques cornées, et dont la carapace et le plastron sont recouverts d'une peau coriace, semblable à du cuir.

TRIONYCIDÉS, Tortues fluviales ou Potamites. La carapace et le plastron sont incomplètement ossifiés et recouverts d'une peau dépourvue de lames cornées, ce qui leur a valu le nom de « Tortues molles » par lequel on les désigne quelquefois. Comme dans la famille précédente, la tête et le cou ne sont pas rétractiles. Les pattes portent des doigts libres et mobiles, mais unis par une membrane natatoire. Ce sont des animaux aquatiques, qui habitent les grands fleuves de l'Afrique, de l'Inde et de l'Amérique. Le *Tryonix ferox*, de l'Amérique du Nord, est renommé pour sa chair savoureuse.

ÉMYDIDÉS, Tortues paludines ou Élodites. Elles forment le passage entre les Tortues essentiellement aquatiques et les Tortues

FIG. 650. — Matamata (*Chelys fimbriata*).

terrestres. Leurs pattes sont terminées par cinq doigts libres, mais plus ou moins palmés. La carapace et le plastron sont entièrement ossifiés et recouverts de plaques cornées. La tête et les membres peuvent se cacher sous la carapace, mais la tête s'y retire par deux procédés différents ; tantôt elle rentre dans une sorte de gaine formée par la peau qui entoure le cou ; tantôt elle s'infléchit latéralement sous la carapace. D'après ce caractère, Duméril a divisé la famille en deux groupes ou sous-familles, les *Cryptodères* et les *Pleurodères*. Comme exemple des premiers, nous citerons les Cistudes dont une espèce, la Tortue bourbeuse (*Cistudo europæa*), est très commune dans le sud de l'Europe, et comme exemple des seconds, les Chélydes, parmi lesquels le Matamata (*Chelys fimbriata*) (fig. 650) de l'Amérique méridionale, remarquable par la forme de sa carapace, par les franges et les barbillons qui garnissent son cou et son menton, par son nez prolongé en forme de trompe.

TESTUDINIDÉS, Tortues terrestres ou Chersites. La carapace est très bombée; elle est complètement ossifiée ainsi que le plastron. Celui-ci est quelquefois mobile dans sa partie antérieure qui peut s'appliquer contre le bord de la carapace quand l'animal y est renfermé (*Pyxis*). Quelquefois c'est la partie postérieure de la carapace qui est mobile et peut s'abaisser contre le plastron (*Cynixis*). La tête et les membres sont rétractiles; ceux-ci sont en forme de moignons. Ces tortues se nourrissent de végétaux.

On en trouve trois espèces en Europe dans la région méditerranéenne : la Tortue grecque (*Testudo græca*), la Tortue mauresque (*T. mauritanica*) et la Tortue bordée (*T. marginata*).

4ᵉ CLASSE. — OISEAUX

La classe des Oiseaux est une de celles dont les limites sont les plus nettes, par suite des caractères particuliers que détermine chez eux l'adaptation à la vie aérienne; aussi, a-t-elle été établie dès l'origine de la classification et concorde-t-elle avec la distinction que fait le vulgaire lui-même de ces animaux parmi tous les autres.

Les traits généraux qui leur appartiennent et les caractérisent sont les suivants : Ils ont le corps couvert de plumes; par leur conformation générale, ils sont plus ou moins appropriés à la locomotion dans l'air, et ont les membres antérieurs transformés en organes de vol, c'est-à-dire en ailes; chez eux le cœur droit et le cœur gauche sont complètement séparés, et il n'y a en aucun point mélange de sang artériel et de sang veineux; leur circulation est donc *double et complète* ; du ventricule gauche naît une seule crosse aortique recourbée *à droite;* la tête s'articule avec la colonne vertébrale, au moyen d'un seul condyle occipital; enfin, ce sont des Allantoïdiens ovipares.

Mais, quoique les Oiseaux constituent dans la faune actuelle un groupe parfaitement défini, ils se rattachent néanmoins aux Reptiles par des formes intermédiaires aujourd'hui disparues, par les *Ptérosauriens* dont il a été fait mention précédemment, et surtout par un animal que l'on a découvert dans les schistes de Solenhofen, l'*Archæopterix*, dont les caractères sont tels qu'on ne saurait dire avec certitude, s'il doit être classé parmi les Reptiles ou parmi les Oiseaux. Quoi qu'il en soit, ceux-ci présentent de nombreuses particularités qui en font des animaux essentiellement organisés pour le vol et leur donnent une physionomie propre.

La présence de plumes à la surface du corps forme le trait le plus saillant qui soit commun aux Oiseaux et qui en même temps leur appartienne exclusivement ; c'est pourquoi de Blainville leur donnait le nom de *Pennifères*. Les plumes sont des formations épidermiques analogues aux poils ; elles se développent dans des follicules dermiques au fond desquels se trouve le bulbe ou la papille qui les produit. On y distingue deux parties principales : d'abord un **axe** primaire, ou *hampe*, formé d'un tube corné creux et d'une tige, ou *rachis*, qui y fait suite ; puis de chaque côté de la tige, une série de branches appelées *barbes*, qui elles-mêmes portent latéralement des barbules. Le tube corné contient dans son intérieur ce qu'on nomme l'*âme de la plume*, constituée par les restes desséchés de la papille qui se flétrit quand la croissance de la plume est achevée ; il porte à chacune de ses extrémités un petit orifice, ou *ombilic*, l'un qui en occupe la base, et l'autre placé sur sa face interne au point où commence la tige. Le plus souvent il existe auprès de celui-ci un appendice muni de barbes et désigné sous le nom d'*hyporachis*, qui prend parfois un assez grand développement pour constituer une tige accessoire. A partir de ce point on remarque sur la face interne de la tige un sillon longitudinal qui la divise en deux parties et sépare les deux séries latérales de barbes qui y sont insérées.

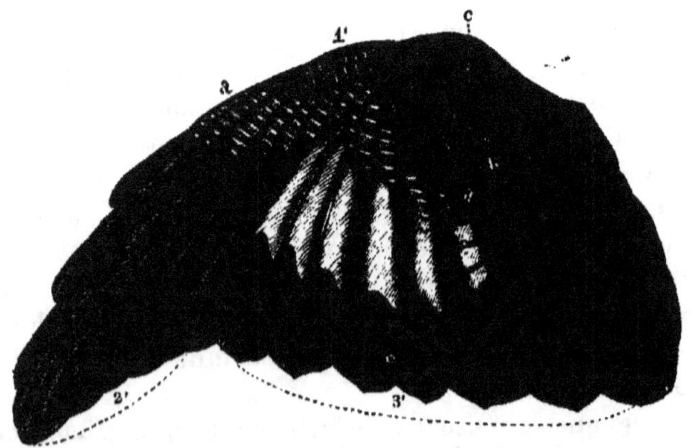

Fig. 651. — Aile de Geai glandivore. — 1', pennes du pouce ; 2', pennes de la main (primaires) ; 3', pennes de l'avant-bras (secondaires) ; *a a*, grandes couvertures supérieures de l'aile ; *b*, couvertures moyennes ; *c*, petites couvertures.

La forme des plumes varie beaucoup et on en distingue de plusieurs sortes. Ainsi on nomme *pennes* (fig. 651) les grandes plumes

de l'aile et de la queue; les unes, celles de l'aile, sont appelées
rémiges, parce qu'elles font office de rames, les autres, celles de la
queue, *rectrices*, parce qu'elles servent à diriger le vol. Les rémiges
se subdivisent aussi, d'après la position qu'elles occupent, en rémiges
primaires fixées sur la main, en rémiges *secondaires* portées par
l'avant-bras, en rémiges *scapulaires* insérées sur l'humérus et
ressemblant davantage aux plumes ordinaires, en rémiges *bâtardes*
formant un petit faisceau implanté sur le pouce. On donne le nom
de *tectrices*, ou *couvertures*, aux plumes qui recouvrent la base
des pennes. Enfin, les petites plumes souples et flexibles qui forment sur le corps de l'Oiseau une couche protectrice plus ou moins
épaisse, constituent le *duvet*.

On sait que le plumage des Oiseaux est diversement coloré, et que
dans certains cas sa coloration change, soit que la couleur elle-
même des plumes se modifie, soit que, celles-ci se renouvelant par
le phénomène de la mue, les plumes nouvelles n'aient pas la même
coloration que les anciennes. De pareils changements s'observent
surtout chez les mâles à l'époque de la reproduction, et donnent
lieu alors à l'apparition d'une livrée spéciale, ou *parure de noce*.

Chez les Oiseaux, les téguments sont dépourvus d'organes glandulaires, mais il existe le plus souvent une glande bilobée, placée
sous le croupion, *glande uropygienne*, qui sécrète une matière
huileuse servant à enduire les plumes et à les protéger contre l'action de l'eau; aussi, cette glande est-elle particulièrement développée chez les espèces aquatiques.

Le squelette des Oiseaux (fig. 652) se distingue par de nombreuses particularités qui, pour la plupart, sont en rapport avec la
vie aérienne propre à ces animaux. La plus remarquable consiste
dans la légèreté relative que présentent les os par suite de l'introduction d'une certaine quantité d'air dans les cavités dont ils sont
creusés. Cette *pneumaticité* se développe pendant le jeune âge et
n'atteint pas toujours le même degré; elle est d'autant plus grande
que les Oiseaux sont mieux conformés pour le vol. Elle n'existe pas
chez ceux qui sont incapables de voler, comme l'Autruche. Un autre
caractère résulte de la soudure d'un grand nombre de pièces qui
d'ordinaire restent distinctes. Ainsi les différents os qui composent
la boîte crânienne s'unissent entre eux de très bonne heure, et, les
sutures mêmes disparaissant, ils semblent former une pièce unique.
Les os de la face, au contraire, sont faiblement unis au crâne, et présentent souvent une certaine mobilité. La mandibule supérieure est
en majeure partie constituée par les intermaxillaires qui se soudent
en un seul os impair et médian, de chaque côté duquel se trouvent
les maxillaires très réduits. La mâchoire inférieure, en forme de V

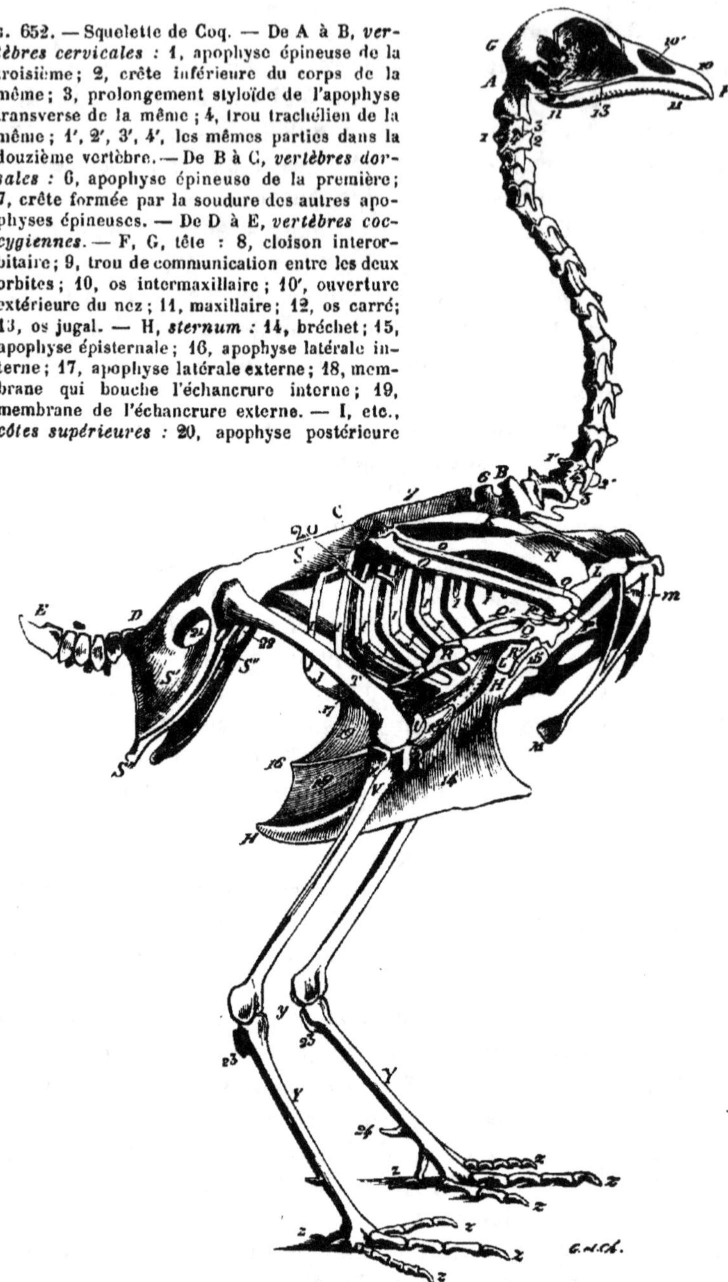

Fig. 652. — Squelette de Coq. — De A à B, *vertèbres cervicales* : 1, apophyse épineuse de la troisième ; 2, crête inférieure du corps de la même ; 3, prolongement styloïde de l'apophyse transverse de la même ; 4, trou trachélien de la même ; 1', 2', 3', 4', les mêmes parties dans la douzième vertèbre. — De B à C, *vertèbres dorsales* : 6, apophyse épineuse de la première ; 7, crête formée par la soudure des autres apophyses épineuses. — De D à E, *vertèbres coccygiennes.* — F, G, tête : 8, cloison interorbitaire ; 9, trou de communication entre les deux orbites ; 10, os intermaxillaire ; 10', ouverture extérieure du nez ; 11, maxillaire ; 12, os carré ; 13, os jugal. — H, *sternum* : 14, bréchet ; 15, apophyse épisternale ; 16, apophyse latérale interne ; 17, apophyse latérale externe ; 18, membrane qui bouche l'échancrure interne ; 19, membrane de l'échancrure externe. — I, etc., *côtes supérieures* : 20, apophyse postérieure de la cinquième. — J, *côtes inférieures.* — K, *omoplate.* — L, *os caracoïdien.* — M, *fourchette ; m, m,* ses deux branches. — N, *humérus.* — O, *cubitus ; o, radius.* — P, P', *os du carpe.* — Q, Q', *os du métacarpe.* — R, première phalange du *grand doigt de l'aile ; r,* seconde phalange du même. — R', phalange du *pouce.* — S, *ilium.* — S', *ischium.* S", *pubis ;* 21, trou sciatique ; 22, ouverture ovulaire. — T, *fémur.* — U, *rotule.* — V, *tibia.* — X, *péroné.* — y, *os unique du tarse.* — Y, *métatarse ;* 23, apophyse supérieure : représentant un métatarsien soudé ; 24, apophyse qui supporte l'ergot. — z, etc., doigts (d'après Chauveau).

et primitivement composée de plusieurs os, est suspendue au crâne par l'intermédiaire d'un os carré mobile.

L'articulation de la tête avec la colonne vertébrale se fait au moyen d'*un seul* condyle placé sur la ligne médiane et en avant du trou occipital.

La colonne vertébrale se fait remarquer par la fixité des vertèbres dorsales et sacrées qui constituent sa portion moyenne, et qui sont plus ou moins complètement soudées entre elles. Les vertèbres cervicales sont, au contraire, très mobiles et disposées de telle façon que le cou, décrivant une double courbure, se ploie en forme d'S, ce qui lui permet de s'allonger et de se raccourcir avec facilité. Le nombre en est très variable, comme la longueur du cou lui-même, chez les différents Oiseaux; il est le plus ordinairement de 13 ou 14, mais peut s'élever jusqu'à 23 ou 24 (Cygne). Les vertèbres dorsales, toujours unies entre elles par ankylose, sont moins nombreuses; on en compte de 7 à 11. Elles portent des côtes dont les deux premières sont généralement libres à leur extrémité inférieure, tandis que les autres s'articulent sous un angle plus ou moins aigu avec les côtes sternales qui s'unissent inférieurement au sternum et sont complètement ossifiées. Elles sont en outre pourvues d'apophyses récurrentes (*ap. uncinées*) qui, partant du bord postérieur de chacune d'elles, vont s'appuyer sur la face externe de la côte suivante, et donnent ainsi une solidité plus grande aux parois thoraciques.

Le sternum est très développé et forme une sorte de bouclier quadrilatéral qui recouvre la poitrine et s'étend sur une partie de l'abdomen. Il est muni le plus souvent à sa face inférieure d'une crête médiane et longitudinale, appelée *bréchet*, qui augmente la surface d'insertion des muscles pectoraux servant au vol. Ce bréchet est plus ou moins saillant, et se trouve très réduit ou disparaît même entièrement chez les Oiseaux qui ne volent pas (Coureurs). A sa partie postérieure, le sternum présente en général des échancrures plus ou moins profondes, qui souvent sont limitées par des prolongements osseux très étendus qu'on désigne sous le nom d'*apophyses abdominales*; parfois ces échancrures sont remplacées par des trous. A cause de leur fixité, ces caractères, tirés de la forme du sternum, ont été utilisés pour la détermination des divers groupes.

Les vertèbres dorsales sont suivies par une série de vertèbres intimement soudées et correspondant aux régions lombaire et sacrée qui, chez les Oiseaux, ne sont pas distinctes l'une de l'autre. Ces vertèbres sont en nombre variable, de 9 à 20, et constituent un sacrum très allongé qui s'unit latéralement avec les os iliaques et forme avec eux le bassin. Celui-ci est très développé, mais il reste ouvert en dessous par suite de l'écartement des pubis, excepté chez l'Autruche, qui présente une symphyse pubienne. En arrière du sacrum, viennent les vertèbres appartenant à la région caudale; celles-ci sont mobiles et peu nombreuses (de 5 à 9). En effet, il est à remarquer que la queue est fort réduite chez les Oiseaux actuels, tandis que dans le représentant le plus ancien de la classe, l'*Archæopteryx*, qui vivait à l'époque jurassique, elle avait une longueur comparable à celle qu'on lui trouve chez les Sauriens, et comprenait une vingtaine de vertèbres environ.

La ceinture antérieure ou scapulaire se compose de trois os pairs : l'omoplate, le coracoïdien et la clavicule (fig. 653). L'omoplate est située sur la cage thoracique, du côté dorsal et parallèlement à la colonne vertébrale; elle est de forme étroite et allongée; par son extrémité antérieure elle s'articule avec les deux autres os de l'épaule. Le coracoïdien (fig. 653, *co*) est le plus solide de ces os; il s'étend de l'articulation scapulo-humérale, où il concourt avec l'omoplate à la formation de la cavité glénoïde, au bord antérieur du sternum, constituant ainsi une sorte d'arc-boutant entre cet os et l'épaule. La clavicule se soude en avant avec

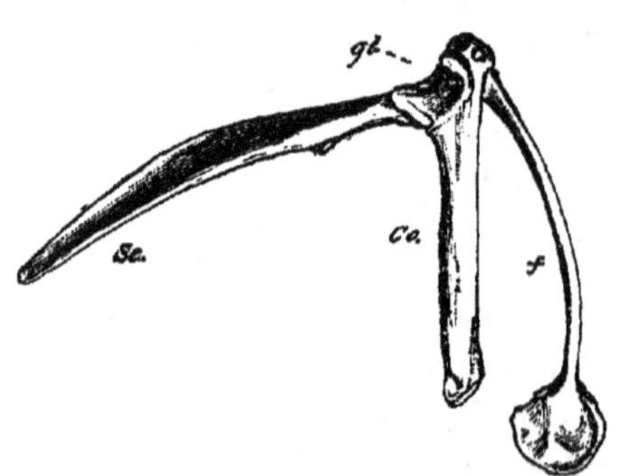

FIG. 653. — Scapulum droit Sc et coracoïde Co d'un Poulet. — *gl*, cavité glénoïde; *f*, clavicule droite ou moitié droite de la fourchette.

celle du côté opposé et forme avec elle une pièce en V qu'on nomme la *fourchette* (fig. 652, M), dont la pointe est en rapport avec l'extrémité antérieure du bréchet, tandis que ses branches s'articulent de chaque côté avec la tête de l'omoplate. La fourchette n'est pas toujours unie au sternum ; quelquefois même les clavicules peu développées restent séparées l'une de l'autre, ou manquent complètement (*Apteryx*).

Les membres antérieurs et les membres postérieurs diffèrent chez les Oiseaux par suite de la transformation des premiers en organes servant au vol.

Les membres pelviens qui constituent les pattes offrent surtout de l'intérêt par la disposition et la forme variables des doigts qui fournissent d'utiles caractères pour la classification (fig. 654). Le fémur est court; le tibia, plus long, constitue, pour ainsi dire, la jambe à lui seul, car le péroné est rudimentaire. Un seul os résultant de la soudure de trois métatarsiens fait suite à la jambe; on

l'appelle *os canon*. Une épiphyse supérieure représente le tarse.
L'os canon porte inférieurement trois surfaces articulaires distinctes
qui donnent chacune une attache à un doigt ; pourtant le nombre de
ces appendices est ordinairement de quatre, mais, dans ce cas, il y
en a un, le pouce, le plus souvent dirigé en arrière, qui s'articule
plus haut que les autres (fig. 654, *c*, *i*, *k*, *l*), sur un petit os styli-

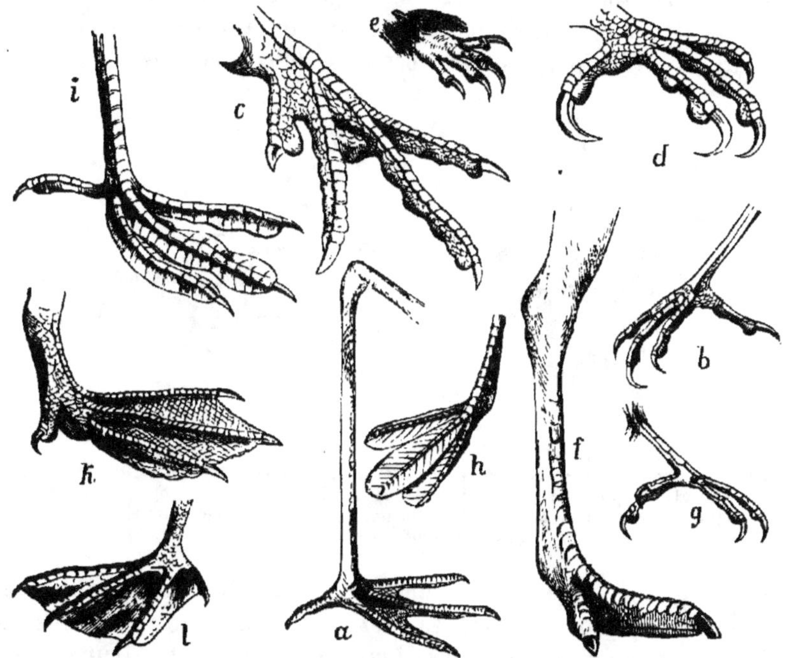

FIG. 655. — Oiseaux. Différentes formes de pattes. — *a*, pied de Cigogne (Échassier);
b, pied de Grive (Passereau); *c*, pied de Faisan (Gallinacé); *d*, pied de Faucon (Rapace);
e, pied de Martinet (Passereau); *f*, pied d'Autruche (Coureur); *g*, pied de Pic (Grimpeur);
h, pied de Grèbe (Palmipède); *i*, pied de Foulque (Échassier); *k*, pied de Canard (Palmipède); *l*, pied de Phaéton (Palmipède).

forme représentant un quatrième métatarsien ; ce nombre est quelquefois réduit à trois, par exemple chez le Casoar, le Nandou, et
même à deux chez l'Autruche d'Afrique (fig. 654, *f*). Parfois le
doigt externe est, comme le pouce, dirigé en arrière (Grimpeurs)
(fig. 654, *g*) ; il y a alors deux doigts antérieurs et deux postérieurs.
Le nombre des phalanges va presque toujours en augmentant régulièrement depuis le pouce qui en a deux jusqu'au doigt externe qui
en a cinq.

　　Le squelette des membres antérieurs, ou des ailes, est modifié
principalement dans sa portion terminale. L'humérus et les deux os
de l'avant-bras, radius et cubitus, ne présentent rien de particu-

lier. Deux petits os constituent le carpe, et primitivement il en
entre trois dans la composition du métacarpe, mais deux d'entre
eux seulement se développent, et forment par la soudure de leurs
extrémités une pièce osseuse dont le milieu est occupé par un
espace vide (fig. 652). Le premier métacarpien est représenté par
une simple saillie située à l'extrémité supérieure et sur le côté
radial de cette pièce ; il porte une seule phalange qui constitue un
pouce rudimentaire ; un autre doigt également rudimentaire s'insère à l'extrémité opposée et du côté interne du métacarpe ; le doigt
médian, ou *principal*, est seul formé de deux phalanges.

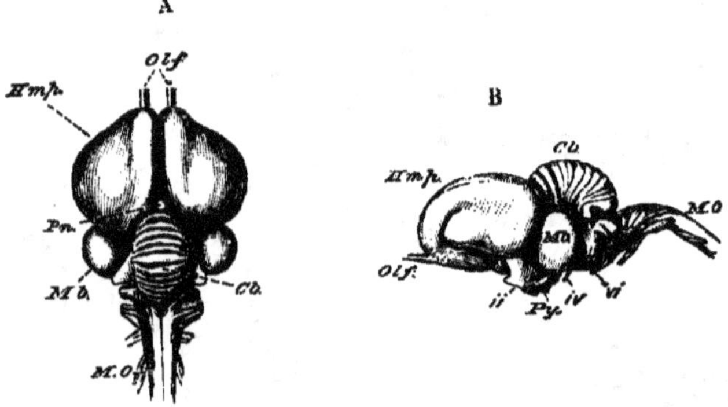

Fig. 655. — Cerveau d'Oiseau. — A, vu d'en haut ; B, vu du côté gauche. — *Olf*, lobes olfactifs ; **Pn**, glande pinéale ; **Hmp**, hémisphères cérébraux ; **Mb**, lobes optiques ou cerveau
moyen ; **Cb**, cérébellum ; **M O**, moelle allongée ; **II, IV, VI**, seconde, troisième et sixième
paires de nerfs cérébraux ; **Py**, corps pituitaire.

Les fonctions de relation, et en particulier celles de l'intelligence,
sont beaucoup plus développées chez les Oiseaux que chez les Vertébrés des classes précédentes, aussi leur cerveau présente-t-il un volume
relativement plus considérable et parvient-il à un plus haut degré
de perfectionnement. Parmi les particularités qui caractérisent l'axe
cérébro-spinal de ces animaux, il faut noter d'abord l'existence dans
la région lombaire d'un élargissement du sillon tergal de la moelle,
d'où résulte entre les cordons postérieurs un intervalle désigné sous
le nom de *sinus rhomboïdal*, ou de *ventricule lombaire* (M. Ed.). Le
bulbe rachidien est assez volumineux et forme avec la moelle épinière
un angle prononcé ; sa face supérieure, où se trouve le quatrième
ventricule, est recouverte par le cervelet (fig. 655). Celui-ci est beaucoup plus développé que chez les Reptiles ; il se compose d'un grand
lobe médian et de deux petits appendices latéraux. Le lobe médian
présente à sa surface des sillons transversaux, et la substance blanche
centrale, en se prolongeant dans les replis formés par la substance
grise corticale, donne lieu à des ramifications analogues à celles qui
chez les Mammifères ont reçu le nom d'*arbre de vie*. La commissure,

qui chez ces derniers constitue le pont de Varole, n'existe pas chez les Oiseaux. Au-devant du cervelet, les lobes optiques, ou *tubercules bijumeaux*, sont écartés l'un de l'autre et situés sur les côtés de l'encéphale ; ils sont réunis par une bande commissurale qui passe au-dessus de l'aqueduc de Sylvius et sont creusés d'un ventricule. Les couches optiques sont petites. Les hémisphères cérébraux sont dépourvus de circonvolutions, cependant on remarque sur leur face inférieure une dépression représentant la scissure de Sylvius. Ils sont réunis par un petit faisceau de fibres transversales situées au devant des couches optiques et formant ce qu'on appelle la commissure antérieure, mais il n'y a pas de *corps calleux*, et l'absence de cette grande commissure cérébrale constitue le caractère différentiel le plus important entre le cerveau des Oiseaux et celui des Mammifères. Les ventricules latéraux sont vastes, et sur leur plancher s'élèvent des éminences qui correspondent aux corps striés. En avant des hémisphères cérébraux se trouvent les lobes olfactifs qui sont creux et communiquent avec les ventricules latéraux.

Des organes servant au toucher n'ont été reconnus chez les Oiseaux que dans ces dernières années où la présence de corpuscules tactiles a été constatée dans le bec d'un grand nombre d'entre eux, parfois aussi sur la langue et dans la peau des doigts (1) (Perroquets, etc.). Le goût est très peu développé, la langue étant surtout un organe de tact. Il en est de même de l'odorat, malgré l'opinion contraire des anciens, qui croyaient que les Oiseaux carnassiers étaient guidés par lui quand ils accouraient de très loin pour se jeter sur leur proie, mais diverses expériences ont démontré que c'était la vue qui leur servait en pareil cas. Les narines sont étroites et consistent en de simples petites ouvertures dont la forme et la position varient ; les fosses nasales sont assez spacieuses et communiquent avec la bouche par des arrière-narines en forme de fentes très rapprochées l'une de l'autre, et quelquefois confondues en une seule. Indépendamment des glandules contenues dans l'épaisseur de la muqueuse, il existe une glande volumineuse, particulière aux Oiseaux, qui verse son produit de sécrétion dans les fosses nasales. Cette *glande nasale* est située dans la région frontale et développée surtout chez les Oiseaux aquatiques.

L'organe de l'ouïe (fig. 656) est formé par une oreille interne et une oreille moyenne.

L'oreille externe manque, cependant on en trouve quelquefois des vestiges (Hibou, Chouette). L'oreille moyenne, ou caisse du tympan, est large et irrégulière. Elle communique par plusieurs

<hr>

(1) Voy. J. Chatin, *Organes des sens...*, p. 82 et suiv. Paris, 1880.

orifices avec des cellules creusées dans l'épaisseur des os du crâne, et avec le pharynx par une large trompe d'Eustache qui se réunit inférieurement à celle du côté opposé. La membrane du tympan est de forme ovalaire et un peu convexe en dehors; elle est reliée à la membrane qui forme la fenêtre ovale par une tige comprenant une partie osseuse, la *columelle*, et en dehors une partie cartilagineuse. Il y a aussi une fenêtre ronde qui fait communiquer la caisse avec l'oreille interne. Celle-ci se compose d'un vestibule relativement petit, de trois canaux semi-circulaires bien développés, et d'un limaçon représenté par un simple tube sub-conique et légèrement recourbé; il présente un renflement en forme

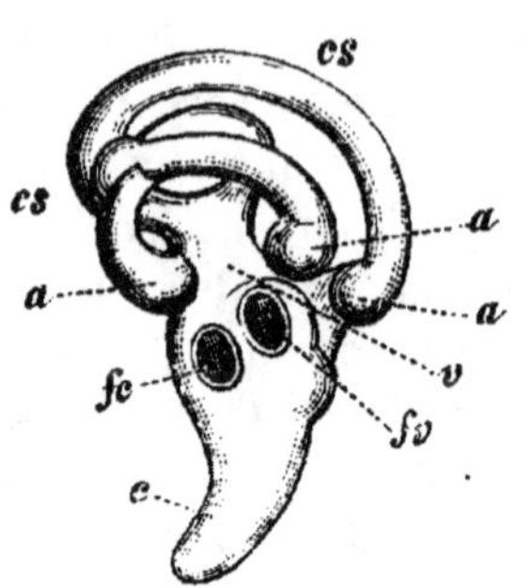

FIG. 656. — Oreille d'Oiseau. — *cs*, les trois canaux semi-circulaires; *a*, leurs dilatations ampullaires; *v*, vestibule; *fv*, fenêtre ovale; *c*, limaçon; *fc*, fenêtre ronde (d'après Nuhn).

d'ampoule qui a reçu le nom de *lagena* ; il est divisé intérieurement en une rampe tympanique et une rampe vestibulaire.

Les yeux sont volumineux, pourvus de trois paupières dont deux, l'une supérieure et l'autre inférieure, se meuvent verticalement, tandis que la troisième, ou *membrane nictitante*, s'étend horizontalement et de dedans en dehors au-devant de l'œil. Elle est semi-transparente d'ordinaire et mise en mouvement par des muscles spéciaux (M. carré et M. pyramidal). Outre des glandes lacrymales, assez petites en général, les Oiseaux possèdent un autre organe glandulaire qui est situé dans l'angle interne de l'œil, et dont le développement est lié à celui de la membrane nictitante. C'est la *glande de Harder* que nous avons déjà rencontrée chez certains Reptiles. Le globe de l'œil se distingue par la longueur plus grande de son diamètre antéro-postérieur et par sa division en deux segments sphériques d'inégal diamètre, l'antérieur étant le plus petit. La sclérotique présente en avant, autour de la cornée, un cercle osseux formé de plaques imbriquées, et quelquefois il existe en arrière un second anneau osseux autour du point par lequel le nerf optique pénètre dans l'œil. La cornée est en général très convexe. Enfin, chez tous les Oiseaux, à l'exception de l'*Apteryx*, on trouve un organe spécial nommé *peigne* (fig. 657), qui est formé par un prolongement de la choroïde; il se montre déjà, quoique beaucoup moins développé, chez certains Reptiles, et correspond au ligament falciforme des Poissons. Le peigne s'avance plus ou moins loin dans le corps vitré et atteint parfois la face postérieure du cristallin ; il présente à sa surface des

plis en nombre variable qui lui ont valu son nom. Diverses opinions
ont été émises au sujet des fonctions remplies par cet organe, qui
paraît servir surtout
comme une sorte
d'écran pour inter-
cepter certains
rayons lumineux et
limiter le champ vi-
suel (1).

On sait que les
Oiseaux sont doués
d'une vue très per-
çante ; ils possèdent
un pouvoir d'accom-
modation considéra-
ble dû à la grande
contractilité de l'iris
et à la puissance du
muscle ciliaire.

L'appareil digestif
des Oiseaux offre

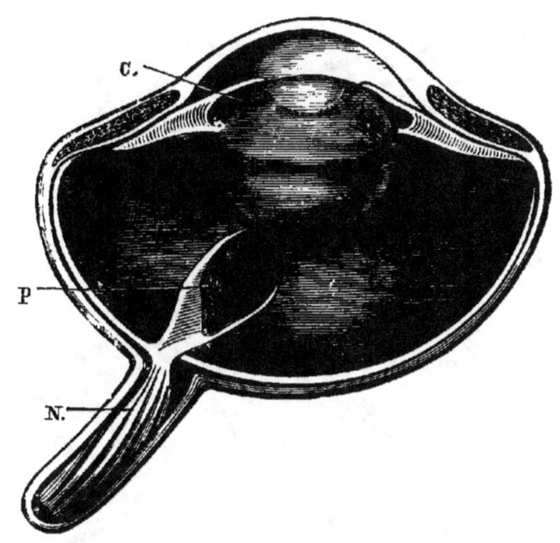

Fig. 657. — Œil de Cygne. — N, nerf optique; C, cristallin;
P, peigne (d'après Leuckart).

quelques particularités intéressantes. D'abord les mâchoires, au
lieu d'être armées de dents, sont recouvertes d'un étui corné qui
constitue le bec. La conformation de cet organe varie beaucoup,
et est en rapport avec l'usage auquel il sert suivant le régime
et les mœurs de ces animaux. Ainsi, il est puissant, à bords
tranchants et quelquefois dentelés, avec un crochet à l'extrémité
de la mandibule supérieure, chez ceux qui sont carnivores et
déchirent leur proie (Faucons et les Rapaces en général). Il est
long et grêle chez certains Insectivores comme les Colibris, ou
bien court et large mais profondément fendu (Fissirostres) chez
ceux qui poursuivent au vol, le bec ouvert, les Mouches ou les
Papillons dont ils se nourrissent, chez les Hirondelles par exemple.
Il est court aussi, mais robuste, épais et conique chez les Granivores qui s'en servent pour broyer des graines à enveloppe résistante,
comme les Moineaux. Il est plus ou moins long, mais souvent élargi
et revêtu d'une peau molle riche en corpuscules tactiles, chez ceux
qui fouillent la vase pour y chercher leur nourriture (Canards,
Bécasses). Du reste, la variété de formes que présente le bec des
Oiseaux est telle, ainsi qu'on peut le voir dans la figure 658, qu'on
ne saurait en donner la description détaillée dans une étude géné-

(1) Voy. J. Chatin, *Organes des sens...*, p. 504 et suiv. Paris, 1880.

rale, mais on comprend qu'à cause de cette variété même on en ait tiré d'excellents caractères pour la classification.

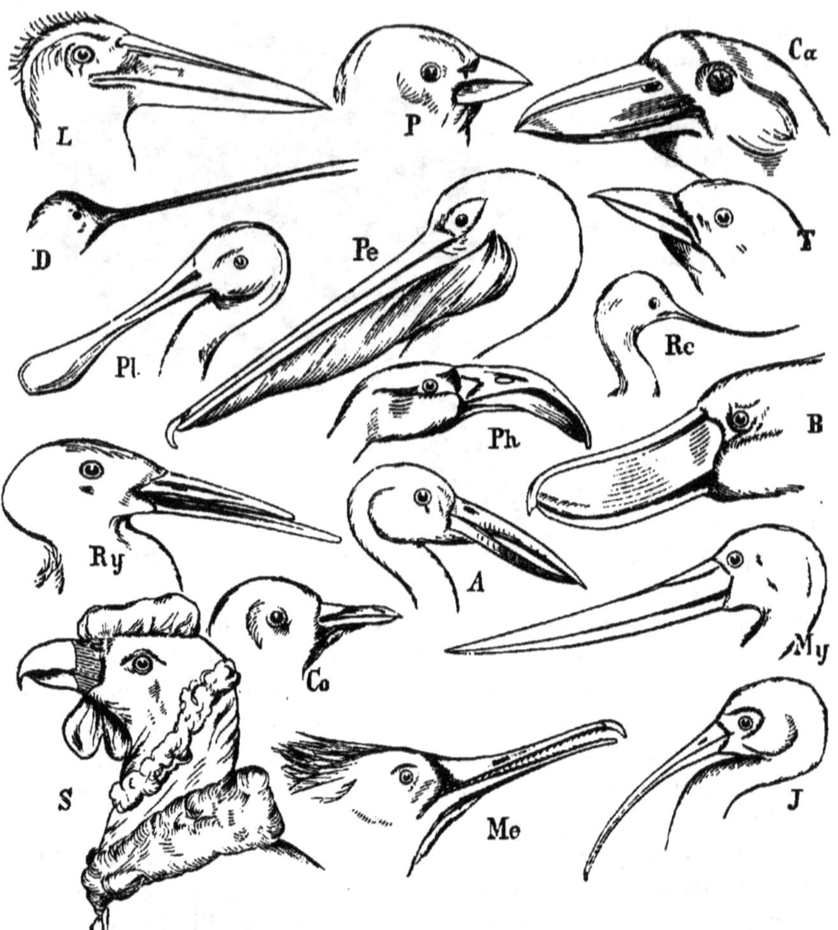

FIG. 658. — Différentes formes de becs d'Oiseaux. — L, Marabout à sac; D, Docimaste porte-épée; Pl, Spatule blanche; Ry, Bec-en-ciseaux; S, Condor; P, Moineau domestique; Pe, Pélican; Ph, Flamant; A, Anastome ou Bec-ouvert; Co, Colombe colombin; Me, Harle bièvre; Ca, Savacou huppé (Bec-en-cuiller); T, Grive litorne; Re, Récurvirostre avocette; B, Baléniceps roi (Bec-en-sabot); My, Jabiru du Sénégal; J, Ibis rouge.

La langue des Oiseaux est ordinairement dure et cornée, charnue seulement chez quelques-uns d'entre eux (Perroquets), parfois rudimentaire (Pélican). Quelquefois elle est protractile et sert à la préhension des aliments (Pics); dans ce cas elle est dardée hors de la bouche par un mécanisme remarquable.

L'os hyoïde, sur lequel elle est insérée par sa base, est muni de deux longues cornes dirigées en arrière, et qui donnent chacune attache par leur extrémité à un muscle, lequel d'autre part s'attache à la mâchoire inférieure. Par leur contraction, ces muscles portent en avant l'os hyoïde et avec lui la langue, et plus les cornes hyoïdiennes sont longues, plus ce mouvement doit avoir d'étendue. En effet, chez les Pics, où la langue est projetée hors de la bouche à une assez grande distance pour aller saisir les Insectes, qui y adhèrent grâce à la salive visqueuse dont elle est enduite, on voit ces cornes remonter jusque derrière la tête.

L'appareil salivaire est rudimentaire chez les Oiseaux aquatiques, mais chez les espèces terrestres on trouve sous la langue, ou sur d'autres points des parois de la bouche, des glandes plus ou moins développées. Il n'existe pas de voile du palais. L'œsophage a une longueur qui varie avec celle du cou et présente souvent sur son trajet un renflement en forme de poche, nommé *jabot*, où les aliments s'accumulent et commencent à se ramollir, mais ne sont pas digérés. Le jabot est développé surtout chez les Oiseaux carnassiers et granivores. Chez les Pigeons, cet organe joue un rôle tout particulier ; il sécrète, en effet, une matière qui sert à l'alimentation des jeunes pendant la première période de leur existence. L'œsophage aboutit à un estomac qui se subdivise en deux portions : la première porte le nom de *ventricule succenturié*, ou *ventricule pepsique*, et contient dans ses parois les glandes qui fournissent le suc gastrique; la seconde, appelée *gésier*, correspond à la portion pylorique de l'estomac, et constitue un organe de trituration remarquable par l'épaisseur de sa couche musculaire et le revêtement corné qui tapisse sa surface interne. Elle varie du reste beaucoup chez les divers Oiseaux, et sa tunique musculaire est faible chez les Carnivores, tandis qu'elle acquiert une très grande puissance chez les Granivores.

Il y a une relation manifeste entre son développement et le régime de l'animal, de telle sorte que l'action triturante exercée par cet organe est d'autant plus forte que les aliments sont plus durs et plus difficiles à broyer.

L'orifice pylorique est étroit, mais présente quelquefois une dilatation qui forme une poche accessoire.

La longueur de l'intestin n'est jamais bien considérable ; elle est égale à deux ou trois fois la longueur du corps chez les Carnivores, et elle atteint de cinq à neuf fois cette longueur chez ceux dont l'alimentation est végétale.

L'intestin forme une première anse duodénale autour du pancréas, puis il se replie plus ou moins, décrivant des anses secondaires, avant d'aboutir au gros intestin ; celui-ci est court, et présente en général à son point d'union avec l'intestion grêle *deux* appendices tubuleux en cul-de-sac, ou *cœcums*.

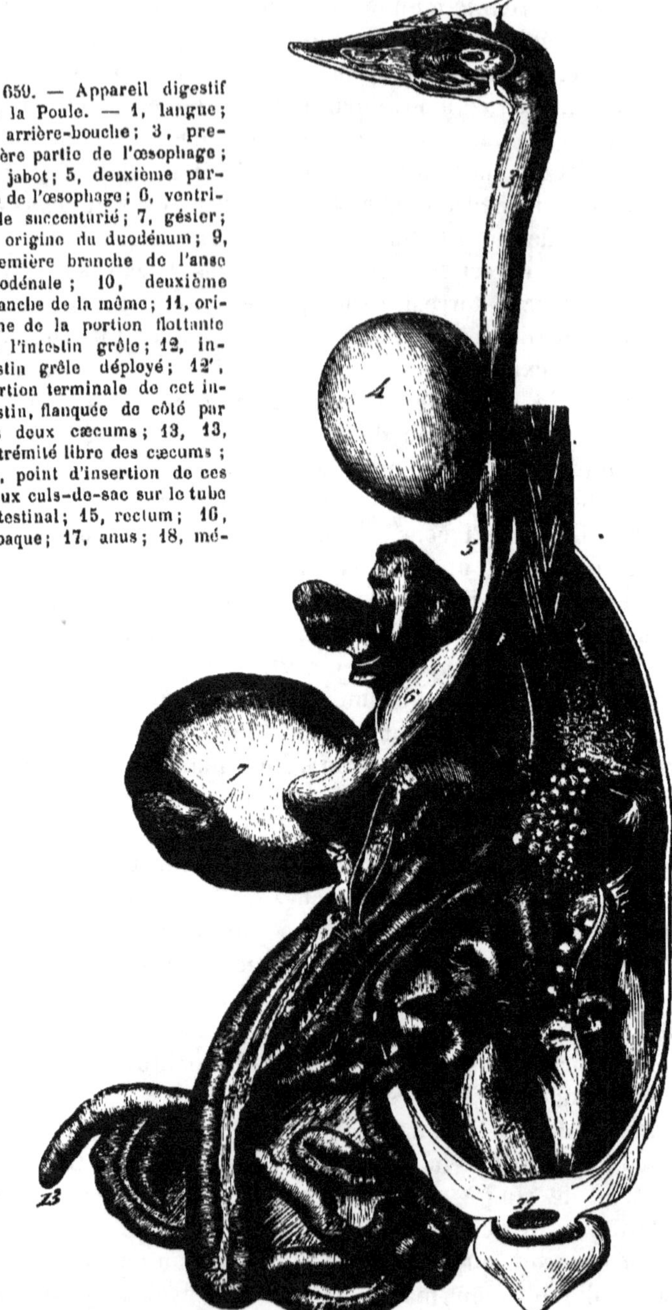

FIG. 650. — Appareil digestif de la Poule. — 1, langue; 2, arrière-bouche; 3, première partie de l'œsophage; 4, jabot; 5, deuxième partie de l'œsophage; 6, ventricule succenturié; 7, gésier; 8, origine du duodénum; 9, première branche de l'anse duodénale; 10, deuxième branche de la même; 11, origine de la portion flottante de l'intestin grêle; 12, intestin grêle déployé; 12', portion terminale de cet intestin, flanquée de côté par les deux cæcums; 13, 13, extrémité libre des cæcums; 14, point d'insertion de ces deux culs-de-sac sur le tube intestinal; 15, rectum; 16, cloaque; 17, anus; 18, mésentère; 19, lobe gauche du foie; 20, lobe droit du même; 21, vésicule biliaire; 22, point d'insertion des canaux pancréatiques et biliaires; 23, pancréas; 24, face diaphragmatique du poumon; 25, ovaire (en état d'atrophie); 26, oviducte (d'après Chauveau, *Anatomie comparée des Animaux domestiques*).

Le gros intestin s'ouvre dans le cloaque par un orifice entouré d'un sphincter formant une sorte d'anus interne.

Le foie est volumineux, partagé en deux lobes à peu près égaux, auxquels s'en ajoute parfois un troisième beaucoup plus petit, comparable au lobe de Spigel. Le pancréas est de forme allongée, et composé ordinairement de deux lobes ; il y a deux et quelquefois trois canaux excréteurs qui débouchent directement dans l'intestin.

Dans la classe des Oiseaux l'appareil pulmonaire (1) est pourvu d'un tube respiratoire très long, dont la longueur dépasse même quelquefois celle du cou, et qui alors se replie sur lui-même en formant une ou deux anses (Cygne, Alector). La trachée est cylindrique, ou un peu aplatie d'avant en arrière, et les anneaux qui la forment sont cartilagineux, ou plus ou moins ossifiés, comme chez l'Autruche et le Cygne. Elle n'a pas le même diamètre dans toute son étendue et présente quelquefois des parties renflées. Chez le Casoar de la Nouvelle-Hollande, on trouve, à sa partie moyenne, une poche très développée qui est en communication avec elle par un orifice pratiqué dans sa paroi. Enfin, la trachée présente, à sa partie inférieure, une sorte de caisse, ou tambour, qui est l'organe vocal des Oiseaux, et qu'on nomme *larynx inférieur*.

La trachée se bifurque à l'entrée de la cavité thoracique, quelquefois plus haut (Colibri), et les bronches sont formées de demi-anneaux cartilagineux dont la convexité est toujours tournée en dehors. Rarement ces anneaux sont complets. Chaque bronche pénètre dans le poumon vers le milieu de sa face viscérale, et, devenue membraneuse, elle se ramifie, diminue un peu de calibre et se porte vers le bord postérieur de cet organe, où elle s'ouvre par deux orifices dans une cavité particulière. Elle fournit des canaux secondaires qui naissent très régulièrement sur ses deux côtés par une série de trous au nombre de onze, quatre internes et sept externes. On donne le nom de *bronches diaphragmatiques* à ceux des canaux qui naissent du côté interne du tronc primitif, parce qu'ils vont à la face inférieure ou diaphragmatique du poumon, et on appelle *bronches costales* ceux qui partent du côté externe de ce même tronc et se rendent à la face supérieure. Ces diverses bronches se portent à la périphérie du poumon, où elles se divisent à leur tour et se subdivisent, étalant à sa surface leurs ramifications qui rentrent ensuite dans le parenchyme pulmonaire. Des canalicules aérifères naissent aussi directement des troncs générateurs et sont semblables aux précédents. Tous ces canalicules s'ouvrent les uns dans les

______

(1) Voy. Sappey, *Recherches sur l'appareil respiratoire des Oiseaux.* Paris, 1847.

autres et se confondent avec le tissu aréolaire qui forme le parenchyme du poumon.

La membrane muqueuse des bronches perd son épithélium vibratile dans les canalicules de terminaison, et n'est plus recouverte que d'une couche épithélique hyaline.

Les poumons sont accolés aux parois thoraciques par une membrane assez résistante, que tendent des muscles particuliers. Sappey considère cette espèce de cloison fibro-musculaire comme un diaphragme qu'il nomme diaphragme pulmonaire, et il appelle diaphragme thoraco-abdominal un plan également fibro-musculaire qui sépare les viscères du thorax de ceux de l'abdomen. Les poumons adhèrent de toutes parts aux organes qui les entourent par l'intermédiaire de tissu cellulaire, et leur surface n'est pas recouverte d'une membrane séreuse; il n'y a donc pas de plèvre chez les Oiseaux.

On a vu que le tronc bronchique primitif traversait le poumon et allait déboucher à la surface de cet organe par deux orifices. Ces orifices ne sont pas les seuls, et il y en a trois autres à la face inférieure du poumon : l'un, placé à l'angle antérieur, communique avec l'extrémité de la première bronche diaphragmatique; les deux autres sont situés auprès du point par lequel la bronche pénètre dans le poumon, et dépendent de la troisième bronche diaphragmatique. Ces ouvertures donnent entrée dans tout un système de poches à air, à la surface desquelles la membrane muqueuse pulmonaire se continue.

L'existence de ces sacs aériens avait été reconnue par Harvey (1651), et leur disposition avait été étudiée depuis par Perrault; plus récemment ils ont été l'objet des recherches de Nat. Guillot et de Sappey. Ces réservoirs (fig. 660) sont limités par une membrane de nature celluleuse, fortifiée en quelques points par des fibres élastiques. Ils sont au nombre de neuf, et reçoivent de l'air dans leur cavité par les orifices que nous avons signalés. L'un de ces réservoirs, impair, placé sur la ligne médiane, au-devant du thorax et à la base du cou, porte, à cause de ses rapports avec la clavicule, le nom de *réservoir inter-claviculaire*; il communique avec les deux poumons. Les autres sacs aériens sont pairs et symétriques. Ce sont : les *réservoirs abdominaux*, très grands, qui sont placés de chaque côté dans l'abdomen; les *réservoirs diaphragmatiques*, qu'on distingue en antérieurs et postérieurs, placés sur les parties latérales dans la cavité thoracique, et enfin les *réservoirs cervicaux*, situés à la base du cou. Les réservoirs diaphragmatiques sont clos de toutes parts et ne communiquent qu'avec l'ouverture bronchique, mais tous les autres se continuent avec les cavités creusées dans les os. L'air que contient ce système de sacs aériens ne joue aucun rôle dans la respiration. Les usages de cet appareil pneumatique sont relatifs au poids du corps et à son équilibre, au mécanisme de l'effort et à la production de la voix.

Le cœur des Oiseaux est volumineux, placé sur la ligne médiane

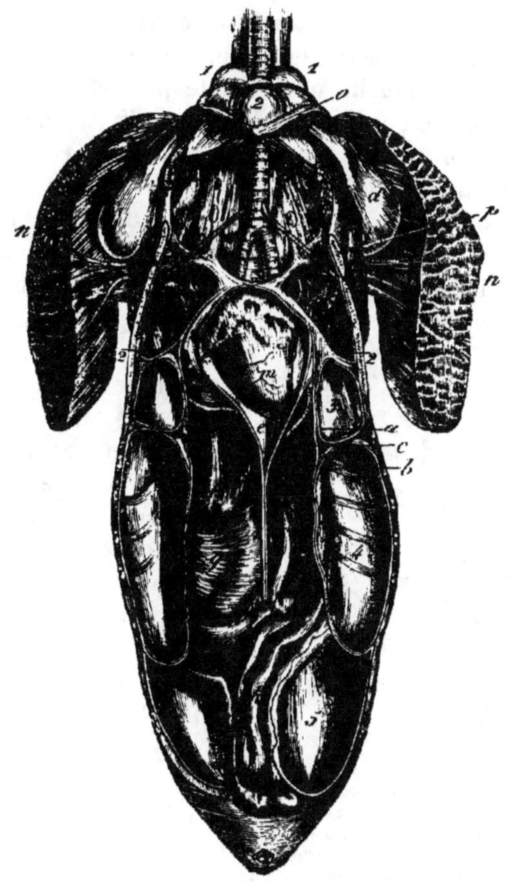

Fig. 660. — Réservoirs aériens d'un Oiseau (Canard). — 1,1, extrémité antérieure des réservoirs cervicaux ; 2,2, réservoir thoracique inter-claviculaire ; 3, réservoir diaphragmatique antérieur ; 4, réservoir diaphragmatique postérieur ; 5, réservoir abdominal. — *a*, membrane constituant le réservoir diaphragmatique antérieur ; *b*, membrane qui constitue le réservoir diaphragmatique postérieur ; *c*, coupe du diaphragme thoraco-abdominal ; *d*, prolongement sous-pectoral du réservoir thoracique ; *e*, péricarde ; *f*, foie ; *g*, gésier ; *h*, intestin ; *m*, cœur ; *n, n*, muscle grand pectoral coupé transversalement un peu au-dessous de son insertion à l'humérus ; *o*, clavicule antérieure ; *p*, clavicule postérieure du côté droit, coupée et repoussée au dehors (d'après Sappey).

dans la partie antérieure du thorax (fig. 660 *m*) et divisé en deux moitiés complètement séparées, composées chacune d'un ventricule et d'une oreillette. Quelques points sont à noter dans la conformation intérieure de cet organe. Le ventricule droit entoure partiellement le ventricule gauche, de telle sorte que, sur une section transversale, il présente la forme d'un croissant. Sa valvule auriculaire consiste en une lame charnue qui semble formée par un prolongement de la paroi externe du ventricule s'étendant, au voisinage de l'oreillette, sur la cloison interventriculaire convexe. Or l'orifice auriculo-ventriculaire est situé dans l'espace compris entre cette cloison et la valvule, de sorte que, quand celle-ci se contracte pendant la systole, elle s'applique sur la première et ferme ainsi cet orifice. La valvule auriculaire du côté gauche ne présente pas cette disposition ; elle est constituée par un voile membraneux, divisé en deux ou trois lobes, dont les bords libres sont retenus par des cordons fixés aux parois du ventricule ; ces parois ont une très grande épaisseur. L'orifice de l'aorte, de même que l'orifice de l'artère pulmonaire dans le ventricule droit, est garni de trois valvules semi-lunaires.

Il n'y a chez les Oiseaux qu'une seule crosse aortique, recourbée *à droite*, d'où partent deux troncs brachio-céphaliques qui se divisent en artères carotide et sous-clavière (fig. 661). L'aorte descendante donne naissance à de nombreuses branches intercostales et viscérales, et se termine par une artère sacrée moyenne après avoir fourni les artères crurales et ischiatiques destinées aux membres pelviens. Il est à remarquer que sur le trajet de plusieurs vaisseaux on trouve des *réseaux admirables*, réseau ophtalmique, réseau du peigne, etc..., et un réseau sous-cutané abdominal très riche, découvert par Barkow, qui paraît être en rapport avec l'incubation.

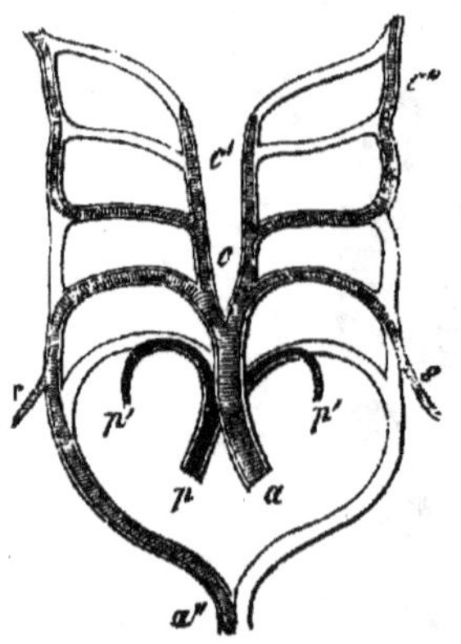

Fig. 661. — Schéma de la transformation des arcs aortiques primitifs, chez les Oiseaux. — *a*, tronc aortique ; *a''*, aorte dorsale ; *c*, carotide commune ; *c'*, carotide externe ; *c''*, carotide interne ; *p*, artère pulmonaire ; *p'*, ses branches ; *s*, artère sous-clavière (d'après Rathke).

Le système lymphatique est constitué par des vaisseaux dans lesquels on observe de nombreuses *valvules* ; ils aboutissent à deux canaux thoraciques, l'un droit et l'autre gauche, qui se jettent chacun dans la veine cave supérieure correspondante ; il y a aussi quelques anastomoses entre les lymphatiques et les veines dans la région pelvienne. Les ganglions sont en petit nombre, et ne se rencontrent que sur le trajet de certains gros troncs, principalement au cou. Parfois il existe dans le bassin des cœurs lymphatiques, mais le plus souvent ce sont de simples dilatations non contractiles.

Les reins sont logés dans les régions lombaire et sacrée (fig. 663 *k*).

Ils sont ordinairement divisés en trois lobes distincts, composés
de lobules dont les canaux urinifères s'unissant les uns aux autres
viennent déboucher en définitive dans les uretères. Ceux-ci ne présentent aucune dilatation pouvant servir de réservoir urinaire, et
aboutissent dans le cloaque, en dedans des orifices des organes
génitaux dont ils sont complètement séparés. Il n'y a pas de vessie
urinaire ; il existe à la vérité dans la paroi postérieure du cloaque
une poche membraneuse appelée *bourse de Fabricius*, que certains
naturalistes ont regardée comme une vessie, mais il n'en est rien ;
c'est un organe de nature glandulaire.

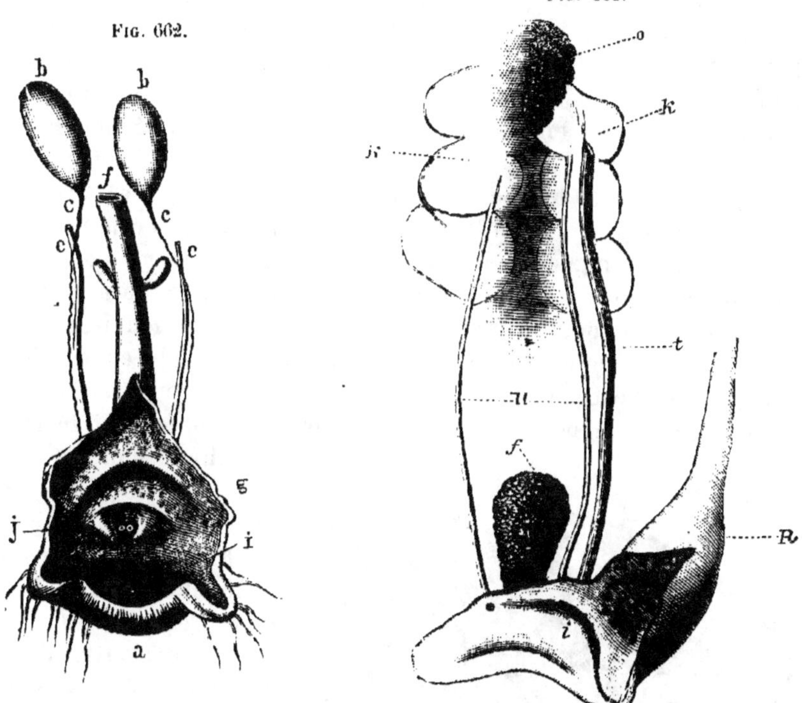

Fig. 662. — Appareil générateur mâle du Pigeon. — *a*, anus ; *b b*, testicules ; *c c*, conduits
déférents ; *e e*, uretères ; *f*, gros intestin ; *g*, renflement cloacal du rectum ; *i*, loge copulatrice du vestibule commun ; *j*, papille sexuelle droite au sommet de laquelle débouche le
canal déférent. Entre celle-ci et la papille gauche se trouvent les orifices des uretères
(d'après Martin Saint-Ange, *Savants étrangers*, 1856, t. XIV, pl. VIII).

Fig. 663. — Appareil génital femelle du Pigeon. — *o*, ovaire ; *t*, oviducte ; *i*, son orifice
dans le cloaque ; *k, k*, reins ; *u*, uretère ; *f*, bourse de Fabricius ; R, rectum ouvert dans sa
partie terminale.

Les organes génitaux des Oiseaux ont la plus grande ressemblance avec ceux des Reptiles, mais leurs canaux évacuateurs sont
indépendants des uretères et s'ouvrent dans le cloaque par des orifices particuliers. Les testicules, au nombre de deux, sont situés
dans la cavité abdominale au-dessus des reins (fig. 662). Ils sont

inégalement développés, celui de gauche étant en général plus gros que celui de droite ; leur volume varie avec les saisons, et devient beaucoup plus considérable à l'époque de la reproduction. Les conduits spermatiques forment un épididyme qui d'ordinaire est peu marqué, et se continue par un canal déférent flexueux allant déboucher à la partie postérieure du cloaque au sommet d'une papille conique. Souvent ce canal se dilate dans sa partie inférieure pour former une vésicule séminale. La plupart des Oiseaux sont dépourvus d'organe copulateur, mais quelques-uns d'entre eux présentent sur la paroi antérieure du cloaque un pénis plus ou moins développé, représenté parfois par un simple tubercule.

L'appareil femelle est *impair* (fig. 663) par avortement des organes de droite. L'ovaire est d'abord mince et lamelleux, mais les œufs en se développant font saillie à sa surface et la rendent bosselée, puis, en augmentant de volume, ils deviennent pédonculés et lui donnent alors l'aspect d'une grappe de raisin. L'oviducte ne joue pas seulement le rôle d'un conduit évacuateur ; c'est aussi un organe sécréteur qui fournit à l'ovule certaines parties complémentaires. On y distingue trois portions : d'abord la *trompe*, dont l'extrémité en forme d'entonnoir est désignée sous le nom de *pavillon ;* puis une portion dont la muqueuse présente des plis longitudinaux et sécrète l'albumine qui se dépose autour de l'ovule en couches successives ; c'est pourquoi on lui donne le nom de *tube albuminipare ;* enfin, la portion terminale courte et renflée, qui sécrète la matière dont est formée la coquille de l'œuf, et qu'on appelle *chambre coquillière* ou quelquefois, mais fort improprement, utérus. L'oviducte s'ouvre dans le cloaque en dehors de l'embouchure du conduit urinaire ; on observe un clitoris dans les espèces dont les mâles sont pourvus d'un pénis.

Dans l'œuf des Oiseaux (fig. 664) la sphère vitelline est entourée par les couches qui constituent ce qu'on appelle le blanc de l'œuf. La première couche qui se dépose est plus

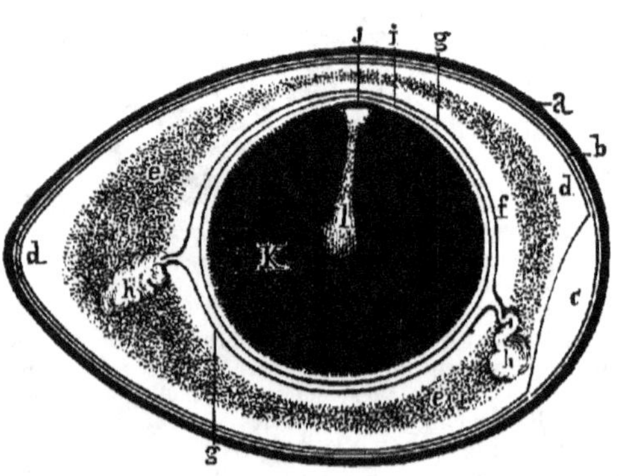

Fig. 664. — Œuf d'Oiseau (coupe). — *a*, coquille ; *b*, double membrane de la coque ; *c*, chambre à air ; *d*, couche albumineuse superficielle fluide ; *e*, couche albumineuse moyenne épaisse ; *f*, couche profonde liquide ; *g*, membrane chalazifère ; *h*, chalazes ; *i*, membrane vitelline ; *j*, cicatricule ; *k*, jaune ; *l*, *latebra* du jaune.

dense que les autres et forme la *membrane chalazifère*, qui présente à chacun de ses pôles, et suivant le grand axe de l'œuf, un prolongement contourné en spirale, qu'on nomme *chalaze*. Cette torsion des chalazes est due à un mouvement de rotation subi par l'œuf pendant son passage dans l'oviducte. Extérieurement l'albumen est entouré par une membrane composée de deux feuillets unis l'un à l'autre. Sur cette membrane se dépose le liquide blanchâtre qui est sécrété dans la chambre coquillière et qui, en se solidifiant, produit une coquille d'épaisseur variable. Celle-ci est toujours perméable à l'air et l'on trouve une certaine quantité de ce gaz emmagasinée à la grosse extrémité de l'œuf, entre les deux feuillets de la membrane du test qui, en s'écartant en ce point, laissent un intervalle qu'on nomme *chambre à air*.

La sphère vitelline se compose de la vésicule germinative, ou vésicule de Purkinje, de forme lenticulaire ou discoïdale, entourée d'une couche de matière granuleuse qui constitue le vitellus formateur, nommé aussi *disque proligère* ou *cicatricule*. Il apparaît comme une tache opaque à la surface du globe vitellin, et correspond à l'extrémité d'un cordon de substance blanche qui s'étend de ce point au centre du vitellus, où il présente un renflement sphérique. Cette partie a été désignée par Purkinje sous le nom de *latebra*; elle constitue le vitellus blanc nutritif qui de plus s'étend en une couche mince sur toute la surface du vitellus jaune. Ce dernier forme la portion la plus considérable du vitellus nutritif; il est enveloppé de la membrane dite vitelline.

La fécondation s'opère dans la partie supérieure de l'oviducte, avant que l'œuf ait acquis son albumen et sa coquille; elle est suivie d'une segmentation partielle limitée à la cicatricule, ou vitellus formateur, qui donne naissance au blastoderme, dans le centre duquel apparaissent bientôt l'aire germinative et la ligne primitive, premier rudiment de l'embryon. Cet embryon présente au cours de son développement les organes caractéristiques des Vertébrés supérieurs, l'*amnios* et la *vésicule allantoïde*.

Tous les Oiseaux sont ovipares. Pour que le développement s'effectue dans l'œuf fécondé, il faut qu'après la ponte il soit soumis à une température déterminée, d'environ 40 degrés. Dans certains cas la chaleur solaire peut suffire, par exemple pour les œufs d'Autruche dans les régions tropicales, mais c'est l'exception. Presque toujours les parents, d'ordinaire la femelle, les recouvrent de leur corps, c'est-à-dire les *couvent*, afin de les maintenir à une température convenable. La durée de l'incubation varie suivant les espèces, mais elle est constante pour chacune d'elles; elle peut n'être que de douze jours (Colibris), et durer jusqu'à huit semaines (Autruche).

Après l'éclosion, les jeunes ne subissent pas de métamorphoses ; néanmoins, ils ne présentent pas tous en naissant une organisation développée au même degré ; ainsi, les uns sont déjà couverts de duvet, capables de marcher et même de chercher leur nourriture, tandis que les autres sont nus, faibles, et ne peuvent ni se mouvoir ni s'alimenter.

Les organes sexuels entrent en activité à des époques déterminées, généralement au printemps dans les pays tempérés. Pendant la période que dure cette activité, pendant la « saison des amours », les individus de sexe différent, étant poussés par un attrait particulier à se rapprocher, forment des associations plus ou moins durables, quelquefois même permanentes (Colombes). Les espèces chez lesquelles après l'accouplement le mâle et la femelle se séparent sont rares ; le plus souvent ils restent réunis et vivent, soit à l'état de monogamie, ce qui est la règle ordinaire, soit à l'état de polygamie, mais, dans l'un et l'autre cas, ces unions sexuelles donnent naissance à la constitution de sociétés domestiques basées sur l'instinct de la reproduction d'abord, et puis sur les soins qu'exigent l'élevage et l'éducation des jeunes. Chose remarquable, le développement de ces sociétés est en rapport avec celui de l'intelligence des animaux, et dénote chez les parents des sentiments d'affection réciproque l'un envers l'autre et de tendresse pour leur progéniture, sentiments sur lesquels repose l'existence de ce groupe social qu'on appelle « famille ». C'est principalement dans les phénomènes destinés à assurer la formation des sociétés conjugales et domestiques chez les Oiseaux que se manifeste, de la façon la plus sensible, la puissance de leurs instincts. L'appariation est généralement précédée de préliminaires dans lesquels les mâles, à la poursuite de la femelle, développent certains avantages ou certaines qualités de nature à leur soumettre celle-ci, et à les faire triompher de leurs rivaux.

Ces faits rentrent dans la catégorie de ceux que Darwin a groupés sous le nom de *Sélection sexuelle*, et d'où résulte le développement de caractères sexuels secondaires plus ou moins marqués. Ces caractères, de même que les moyens de séduction employés par les mâles, varient suivant les espèces. Tantôt, au moment de la reproduction, le mâle revêt sa « parure de noces » et se couvre d'un plumage aux brillantes couleurs ou se distingue par des ornements particuliers tels que houppes, plumets, crêtes, etc... Tantôt c'est par des parades, des danses et des jeux qu'il cherche à charmer la femelle, et, à cet égard, les observations recueillies par les naturalistes sont aussi nombreuses qu'intéressantes. Nous nous bornerons à citer l'exemple le plus connu, celui du Tétra ou Coq

de Bruyère dont le curieux manège est accompagné de sons rappelant le bruit que ferait une meule à aiguiser, ce qui fait dire de lui
qu'il « remoud » (1). Parfois, ce sont de véritables combats que se
livrent les mâles pour arriver à la possession de la femelle ; c'est à
ses habitudes belliqueuses que le *Combattant* doit son nom, et on
sait que beaucoup de Gallinacés sont pourvus d'ergots qui leur servent d'armes dans de semblables luttes. Mais, ce qu'il y a de plus
curieux, c'est l'usage que font certains Oiseaux de leur voix pour
traduire leurs émotions, leurs sentiments, et en particulier pour
appeler les femelles ou pour les captiver. On a observé que les femelles des Canaris et des Pinsons choisissaient le meilleur chanteur
pour s'apparier avec lui. « Chez nombre d'Oiseaux, dit Haeckel, il
y a un vrai tournoi musical entre les mâles qui luttent pour la possession des femelles. On sait que dans beaucoup d'espèces d'Oiseaux
chanteurs, les mâles, à l'époque du rut, se réunissent en nombre
devant la femelle ; qu'en sa présence ils entonnent leurs chansons
et que la femelle choisit pour époux celui qui lui a plu davantage.
D'autres Oiseaux chanteurs mâles chantent seuls dans la solitude
des bois pour attirer les femelles, et celles-ci vont trouver le chanteur qui les séduit davantage (2). »

L'organe producteur de la voix est situé, comme nous l'avons indiqué déjà en parlant des organes de la respiration, à la partie inférieure du cou ; on le nomme *larynx inférieur* ou *syrinx*. Sa conformation varie avec les espèces, et c'est chez les Oiseaux chanteurs
qu'il est le plus perfectionné. Il se compose essentiellement de la
partie terminale de la trachée qu'on appelle *tambour* et qui se continue inférieurement avec les bronches par deux ouvertures, entre
lesquelles une cloison médiane et membraneuse, faisant saillie dans
la cavité du tambour, constitue la membrane nommée à cause de
sa forme *membrane semi-lunaire*. A la base de cette membrane, au
point de jonction des deux bronches, se trouve une languette osseuse,
au-dessous de laquelle une portion de la paroi de chacune d'elles
est formée par une membrane dite *tympaniforme*. De plus, deux
replis transversaux, l'un interne, l'autre externe, s'étendent en manière de lèvres à l'ouverture de chaque bronche et forment des
cordes vocales. Des muscles spéciaux, en agissant sur les différentes
pièces solides qui entrent dans la constitution de cet appareil, déterminent des mouvements destinés à donner aux membranes vibrantes
le degré de tension nécessaire pour la production des divers sons.
Parfois des organes résonnateurs, en forme d'ampoules irrégulières,
sont annexés au larynx et donnent à la voix une sonorité plus grande.

(1) Voy. Brehm, *Vie des animaux*, t. IV, p. 309.
(2) Haeckel, *Histoire de la Création naturelle...*, p. 237.

De semblables dilatations s'observent chez beaucoup de Lamellirostres, et en particulier chez le Cygne trompetteur. Sous le rapport
des sons qu'ils font entendre, les Oiseaux présentent une très grande
variété, et on a pu distinguer parmi eux, à côté des Oiseaux chanteurs, des siffleurs, des jaseurs, des criards, etc...

Presque tous les Oiseaux construisent un nid pour y déposer et y
couver leurs œufs. La plupart font preuve d'une remarquable habileté dans la construction de ces nids, dont la forme et la structure
sont fort diverses suivant l'espèce à laquelle ils appartiennent. Certains Oiseaux nichent à terre, comme l'Autruche, mais beaucoup
parmi eux garnissent le trou dans lequel ils pondent leurs œufs,
d'herbe, de mousse (Bécasses, Vanneaux, etc.), ou même de leur
propre duvet (Eider). D'autres nichent dans des trous d'arbres
qu'ils approprient à cet usage (Pics). Il y en a qui fixent leurs nids
soit contre des rochers, soit contre des murs (Hirondelles), et ils les
construisent avec de la terre par des procédés comparables jusqu'à
un certain point à ceux qu'emploient les maçons; c'est pourquoi on
les a appelés « Oiseaux maçons ». Mais, le plus souvent, les nids des
Oiseaux sont placés dans les branches des arbres, formés par l'assemblage de brins d'herbe et de fragments végétaux et tapissés
intérieurement de mousse, de coton ou de duvet; dans certains cas,
les filaments flexibles employés à la construction des nids sont
entrelacés de façon à former une sorte de panier (Oiseaux vanniers).
Un Passereau de l'Afrique australe, le *Sylvia sertoria*, fait son nid
en cousant ensemble, au moyen d'un lien végétal, deux feuilles dont
l'une reste suspendue à l'arbre, tandis que l'autre en a été détachée.
Les Tisserands construisent des nids attachés par une partie rétrécie formant pédoncule à une branche flexible, et ces nids sont
percés d'une ouverture inférieure, de sorte que les Serpents ou
autres ennemis de l'Oiseau ne peuvent y pénétrer. Quelquefois, mais
rarement, des Oiseaux vivant en société nidifient à côté les uns des
autres de façon que leurs nids sont agglomérés en grand nombre.
Les Républicains (*Phoceus socius*) fournissent un exemple de ce
genre de constructions, et abritent en outre sous une toiture commune le groupe ainsi formé.

Une des particularités les plus curieuses que nous offrent les
mœurs des Oiseaux consiste dans les migrations périodiques que
bon nombre d'entre eux exécutent pour se transporter d'une région
dans une autre. C'est ainsi que certaines espèces, fuyant les hivers
de nos climats, vont chercher dans les contrées méridionales une
température plus clémente, tandis que d'autres, partant de régions
plus septentrionales, nous arrivent en automne, et, quand vient le
printemps, remontent vers le nord. Ces voyages ont lieu d'une façon

régulière, à des dates qui varient pour les différentes espèces, mais qui sont à peu près fixes pour chacune d'elles. Cependant les circonstances extérieures ne sont pas sans influence, et l'arrivée ou le départ des Oiseaux voyageurs peut être avancé ou reculé, suivant que la saison est elle-même hâtive ou retardée. Il y a donc un rapport manifeste entre les conditions de température et cet instinct des migrations, qui ne saurait s'expliquer autrement que comme le résultat d'une habitude acquise et transmise, en vertu de la loi d'hérédité, à travers les générations.

L'exemple de migration le plus connu est celui qui nous est fourni par les Hirondelles. Ces Oiseaux nous quittent en automne et se réunissent alors en grandes troupes qui se dirigent vers le midi et franchissent la Méditerranée. Au printemps, ils reparaissent dans nos pays et reviennent aux lieux mêmes d'où ils étaient partis pour y reprendre possession de leurs anciennes demeures. Plus de la moitié des Oiseaux d'Europe sont des Oiseaux migrateurs; parmi eux nous citerons : les Oies, les Cigognes, les Grues, les Cailles, les Pigeons voyageurs, etc... Indépendamment des migrations régulières et périodiques, on en observe parfois d'autres qui se produisent sous 'influence de causes accidentelles, comme la disette par exemple.

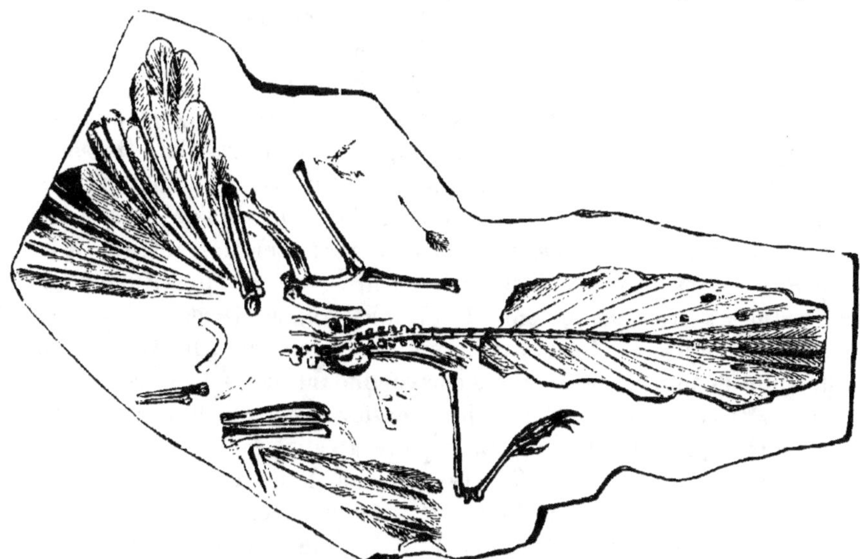

FIG. 665. — *Archæopteryx lithographica.*

La plupart des Oiseaux fossiles, et le nombre en est du reste peu considérable, appartiennent à la période tertiaire, principalement à l'époque miocène; cependant la craie renferme déjà des restes d'Échassiers et de Palmipèdes. L'*Archæopteryx* (fig. 665), cet intermédiaire entre les Reptiles et les Oiseaux, se rencontre seul dans le Jurassique. Certaines espèces de grande taille qui ont vécu dans les temps historiques, *Palæornis*, *Dinornis*, *Palapteryx*, *Didus*, se sont éteintes depuis.

L'uniformité d'organisation que l'on rencontre chez les Oiseaux rend leur classification particulièrement difficile. « Cette classe, dit Haeckel, s'est adaptée de mille manières aux conditions du milieu extérieur, sans pour cela s'écarter notablement du type héréditaire de la structure anatomique (1) », et, en effet, les formes qui la composent se relient pour la plupart entre elles par degrés insensibles sans se répartir en groupes bien nettement délimités. Aussi le nombre des classifications proposées est-il grand sans qu'aucune d'elles ait obtenu l'assentiment général.

Pierre Belon, le fondateur de l'Ornithologie, tenta le premier, en 1555, dans son *Histoire naturelle des Oiseaux*, de grouper ces animaux d'après un ordre méthodique, et il y réussit dans une certaine mesure. Plus tard, en 1676, Willoughby et Ray eurent le mérite de reconnaître l'importance des caractères tirés des pattes et du bec, caractères constamment employés depuis. Linné, en 1740, partagea les Oiseaux en six ordres, sous les noms suivants : *Accipitres*, *Picæ*, *Anseres*, *Grallæ*, *Gallinæ*, *Passeres*. La classification de Cuvier diffère à peine de celle de Linné. Les ordres sont également au nombre de six : *Rapaces*, *Passereaux*, *Grimpeurs*, *Gallinacés*, *Échassiers*, *Palmipèdes*. Sauf quelques changements, ces groupes ont été conservés par la plupart des naturalistes. On en a augmenté le nombre en séparant les *Coureurs* (Autruches) des Échassiers, les *Colombins* des Gallinacés, et quelquefois aussi les Perroquets ou *Préhenseurs*, des Grimpeurs. Certains auteurs, à la vérité, ont multiplié davantage les ordres, tandis que Huxley les a réduits à trois seulement : les SAURURÉS, ou Oiseaux à queue pennée comprenant le seul G. fossile *Archæopteryx ;* les RATITES, à sternum dépourvu de bréchet, correspondant aux Coureurs; et les CARINATES caractérisés par un bréchet développé et renfermant tous les autres groupes. Ces divisions peuvent être considérées comme formant des sous-classes. En résumé, dans l'état actuel des choses, en laissant l'Archæopteryx de côté, comme occupant une position intermédiaire entre les Oiseaux et les Reptiles, on peut admettre la classification suivante :

____

(1) Haeckel, *loc. cit.*, p. 530.

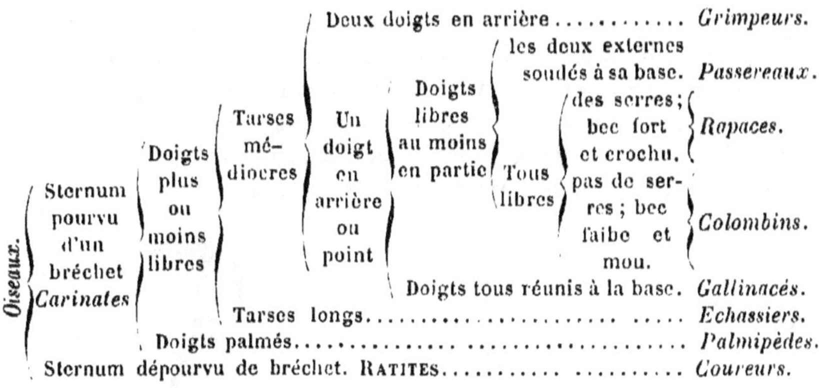

I. — RATITES

ORDRE DES COUREURS OU BRÉVIPENNES

Les Coureurs sont presque tous des Oiseaux de grande taille, qui, par suite d'une adaptation spéciale à la locomotion terrestre, se sont écartés sensiblement du type général de la classe. La perte de la faculté de voler a entraîné chez eux des particularités par lesquelles ils se distinguent assez nettement des autres Oiseaux, pour justifier la formation de la sous-classe des RATITES opposée à celle des CARINATES.

Ils sont caractérisés par un sternum aplati, dépourvu de carène, et par des ailes rudimentaires, impropres au vol. L'absence de rémiges aux ailes et de rectrices à la queue leur a fait donner aussi le nom de « Brévipennes » par lequel on les désigne souvent. Leurs pieds ont trois, quelquefois seulement deux doigts dirigés en avant; le pouce fait toujours défaut, excepté chez l'*Apteryx*. Les pattes sont fortes, robustes et pourvues de muscles vigoureux, tandis que ceux de la poitrine et de l'épaule sont peu développés. Les os ne sont pas creusés de cavités pneumatiques. Les clavicules manquent ou sont rudimentaires.

Les Oiseaux de cet ordre vivent dans les plaines désertes des régions chaudes de l'hémisphère sud; il n'y en a aucun représentant en Europe. Ils se nourrissent en général de substances végétales. On n'en connaît qu'un petit nombre d'espèces appartenant pour la plupart à la famille des STRUTHIONIDÉS, qui a pour type l'Autruche (*Struthio*) (fig. 666).

Cet oiseau, le plus grand de tous, car il atteint environ 2^{m},50 de haut, a reçu le nom d'Autruche-Chameau (*Str. camelus*) à cause des traits de ressemblance qu'il présente avec cet animal qui habite comme lui les déserts de l'Afrique. Il a des pattes longues, fortes, dépourvues de plumes, et terminées par *deux* doigts, dont l'externe seul est armé d'un ongle. La tête et le cou sont nus. Les ailes et la queue portent, au lieu de pennes, des plumes molles et pendantes. Les mâles sont pourvus d'un pénis simple, érectile; ils sont polygames. Les femelles déposent leurs œufs à terre dans un même trou servant de nid. Ces œufs sont couvés par le mâle.

Fig. 666. — Autruche (*Struthio camelus*).

Les Autruches sont à la course d'une rapidité étonnante qui dépasse celle des meilleurs chevaux. Elles courent les ailes étendues.

L'Autruche d'Amérique, ou Nandou (*Rhea americana*), se distingue de l'Autruche d'Afrique par ses pattes tridactyles ayant un ongle à chaque doigt, par des ailes plus courtes encore, dépourvues, ainsi que la queue, de plumes pendantes.

Les Casoars (*Casuarius*) et les Émous (*Dromœus*) qui habitent la Nouvelle-Hollande sont les représentants des Autruches dans cette

·contrée. On les considère parfois comme formant une famille distincte de la précédente.

La famille des APTÉRYGIDÉS est formée du seul genre *Apteryx* (fig. 667). Ce sont des Oiseaux beaucoup plus petits que les précédents, qui prennent place auprès d'eux par l'absence de bréchet

FIG. 667. — *Apteryx australis.*

au sternum, par l'atrophie des ailes, par le défaut de queue, mais qui s'en séparent par la forme de leur bec long et mince, par la longueur médiocre de leurs tarses et par la présence d'un doigt postérieur aux pattes. Ils habitent la Nouvelle-Zélande.

Une troisième famille, celle des DINORNITHIDÉS, est exclusivement composée d'espèces fossiles, de taille gigantesque, qui ont existé à la Nouvelle-Zélande dans les temps historiques et ont disparu depuis. Ce sont les *Dinornis*, *Æpiornis* et *Palapteryx*.

II. — CARINATES

ORDRE I. — PALMIDÈDES OU NAGEURS

Les Oiseaux appartenant à cet ordre présentent des caractères en harmonie avec leur genre de vie aquatique. Ils sont couverts d'un plumage épais, serré et enduit d'une matière grasse sécrétée par la glande uropygienne. Leur cou est long; les pattes sont généralement placées à l'arrière du corps et courtes, excepté chez les Flamants, où elles ont une longueur considérable, ce qui a fait parfois ranger cet Oiseau parmi les Échassiers. Les doigts sont complètement *palmés*, ce qui a valu son nom à l'ordre : Palmipèdes. Ce sont des Oiseaux nageurs dont la démarche à terre est lourde et pénible ; quelques-uns sont incapables de voler (Manchots), tandis que d'autres ont un vol d'une puissance extraordinaire (Goélands, Mouettes) ; aussi leurs ailes présentent-elles de nombreuses modifications. Chez les Manchots, elles sont transformées en organes de natation, en nageoires couvertes de plumes semblables à des écailles. Le bec varie aussi de forme suivant le genre de nourriture. Tantôt il est long et pointu; tantôt large, plat et revêtu d'une peau molle.

Les Palmipèdes vivent en troupes, et l'on voit souvent certains d'entre eux réunis en grand nombre au bord de la mer. Ils sont monogames et nichent à terre, parfois dans des nids grossièrement faits.

Cuvier divisait cet ordre en quatre familles : les *Brachyptères* ou Plongeurs, les *Lamellirostres*, les *Totipalmes* et les *Longipennes*. Depuis, on a subdivisé ces groupes en groupes secondaires considérés comme des familles, mais la classification de Cuvier a été en somme fort peu modifiée.

1. Brachyptères.

Les Brachyptères (de βραχύς, court; πτερόν, aile) sont des Oiseaux essentiellement aquatiques, dont les ailes très courtes servent de rames natatoires et sont peu propres, sinon tout à fait impropres, au vol. La position des pieds placés très en arrière donne à leur corps une attitude verticale et rend leur marche à terre difficile et embarrassée, mais, en revanche, ils nagent et ils plongent avec la plus grande aisance.

On a divisé les Brachyptères en trois familles : les *Apténoditydés*, les *Alcidés* et les *Colymbidés*.

Les APTÉNODYTIDÉS, ou Impennes, ont les ailes converties en nageoires et couvertes de plumes imbriquées, aplaties en forme d'écailles ; des mœurs qui les ont rendus incapables de voler et en ont fait en quelque sorte des habitants des eaux : aussi les désigne-t-on quelquefois sous le nom d'Oiseaux-Poissons. Ils comprennent

Fig. 668. — Manchot (*Aptenodytes patagonica*).

les G. Manchot (*Aptenodytes*) (fig. 668), Sphénisque (*Spheniscus*) et Gorfou (*Eudyptes*). Ils habitent les régions froides de l'hémisphère sud et viennent couver à terre sur les côtes de l'extrémité

méridionale de l'Amérique et des îles de l'Océan Pacifique, où on
les voit alors réunis en grand nombre et rangés en longues files.

Les ALCIDÉS ont des ailes petites, étroites, mais moins complètement transformées en nageoires que celles des précédents, et leur
permettant parfois un vol de
peu de durée. Les Pingouins
(*Alca*), les Macareux (*Mormon Fratercula*) (fig. 669), les
Guillemots (*Uria*) composent
cette famille. Ils vivent dans
les mers du Nord en troupes
considérables.

Les COLYMBIDÉS sont pourvus
d'ailes qui, quoique encore
courtes et obtuses, peuvent
néanmoins servir au vol. Les
uns, les Grèbes (*Podiceps*),
habitent les eaux douces; les
autres, les Plongeons (*Colym-*

FIG. 669. — Macareux (*Mormon
fratercula*).

bus), habitent les eaux salées, mais viennent pondre dans les
étangs ou les marais d'eau douce. Ils vivent par couples, les premiers dans les pays tempérés, les seconds dans les régions froides.
Les Grèbes présentent cette particularité d'avoir des doigts qui, au
lieu d'être réunis par une palmature complète, sont garnis chacun
d'une membrane à bords sinueux.

2. Lamellirostres.

Les Lamellirostres sont caractérisés par un bec large, garni sur
les bords de lamelles transversales ou de dentelures, et recouvert
d'une peau molle, riche en terminaisons nerveuses. Les ailes sont
de longueur moyenne et peuvent soutenir un vol prolongé. Les pattes
ont les trois doigts antérieurs réunis par une membrane et le postérieur libre. Ces Oiseaux nagent et plongent avec facilité. Ils vivent
en grandes troupes, principalement sur les lacs ou les étangs des
contrées froides et tempérées, quelquefois aussi sur les mers des
mêmes régions ; l'hiver ils émigrent vers des contrées plus chaudes.
Ils sont monogames, et la femelle construit un nid qu'elle garnit de
duvet.

Les Lamellirostres forment deux familles : celle des ANATIDÉS
dans laquelle, à côté des Canards (*Anas*) dont on compte un grand
nombre d'espèces, Sarcelle (*A. querquedula*), Souchet (*A. clypeata*),
Macreuse (*A. nigra*), Eider (*A. mollissima*), etc., se rangent les
Oies (*Anser*), les Cygnes (*Cygnus*) et les Harles (*Mergus*);

Celle des Phénicoptéridés, composée du seul G. Flamant (*Phœnicopterus*), remarquable par la grande longueur de ses pattes.

3. Totipalmes.

Les Totipalmes (Stéganopodes d'Illiger) doivent ce nom à la palmature complète de leurs pieds dont les quatre doigts sont réunis par une membrane. Ils ont le corps allongé et sont pourvus d'ailes bien développées. Ils sont à la fois bons voiliers et bons nageurs. Ils forment une seule famille, celle des Pélicanidés. Les Pélicans (*Pelecanus*) (fig. 670) sont de grands Oiseaux qui se font

Fig. 670. — Pélican (*Pelecanus perspicillatus*).

remarquer par un bec très long terminé en crochet et par une vaste poche dilatable qu'ils portent au-dessous de la mâchoire inférieure et où ils accumulent des aliments. Ils habitent l'Afrique et l'Europe orientale. Les Cormorans (*Phalacrocorax*), les Frégates (*Tachypetes*), les Fous (*Sula*), etc., appartiennent à la même famille.

4. Longipennes.

Les Longipennes, ainsi nommés à cause de la longueur de leurs ailes, sont des Oiseaux grands voiliers, au vol extrêmement puissant. On les rencontre en mer à des distances immenses, loin de toute terre. La palmature de leurs pieds ne s'étend qu'aux trois doigts antérieurs; le pouce manque souvent. Ils nichent en société sur les côtes; le mâle et la femelle couvent alternativement.

On divise les Longipennes en deux familles : les Laridés et les Procellaridés. La première comprend les Goélands (*Larus*), les

Hirondelles de mer (*Sterna*), les Mouettes pillardes (*Lestris*), les Becs en ciseaux (*Rhynchops*), etc. La seconde se compose des Oiseaux appelés d'une manière générale « Oiseaux de tempête », parce que la puissance de leur vol leur permet de lutter contre les

Fig. 671. — Pétrel (*Procellaria glacialis*).

vents les plus violents et qu'ils paraissent se jouer au milieu de la tourmente. Ils ne plongent pas, mais effleurent en quelque sorte les vagues pour saisir les proies dont ils se nourrissent. Les Pétrels (*Procellaria*) (fig. 671), les Albatros (*Diomedea*), les Oiseaux de Saint-Pierre (*Thalassidroma*) et les Puffins (*Puffinus*) se rangent dans cette famille.

ORDRE II. — ÉCHASSIERS

Les Échassiers ont des jambes d'une longueur telle qu'ils semblent montés sur des échasses (fig. 672), de là leur nom. Leur bec et leur cou sont également très longs, de sorte qu'ils peuvent sans se baisser prendre à terre leur nourriture. Ce sont des Oiseaux de rivage qui marchent à gué dans les eaux peu profondes, et dont la conformation est en rapport avec ce genre de vie particulier. Le bas de la jambe et le tarse sont dépourvus de plumes. Les pattes ont les doigts tantôt séparés, tantôt unis à la base par une membrane peu étendue; parfois le doigt postérieur est rudimentaire ou nul. Le bec varie beaucoup dans sa forme, selon le régime qui est lui-même très variable. Il est long mais faible chez ceux qui cherchent dans la vase leur nourriture composée de Vers et de larves (Longirostres); il est long aussi, mais solide et tranchant, chez ceux qui se nourrissent de Poissons, de Grenouilles et même de petits Mammifères (Cultrirostres); il est court et robuste chez ceux qui mangent des graines aussi bien que des Insectes ou des Vers (Pressirostres). Les ailes sont en général de grandeur moyenne, mais tandis que bon nombre de ces Oiseaux ont un vol prolongé, d'autres ne volent pas ou volent mal, et courent avec une grande rapidité (Courvite). Les Échassiers sont monogames, vivent par couples et nichent à terre ou quelquefois sur l'eau. La plupart sont migrateurs.

Cet ordre se rattache par certaines espèces aux Palmipèdes (Poules

FIG. 672. — Héron géant (*Ardea Goliath*).

d'eau), tandis que par d'autres il se relie aux Gallinacés (Outardes).

Cuvier, indépendamment des Brévipennes qu'il rangeait parmi les Échassiers, divisait ceux-ci en quatre familles : *Pressirostres, Cultrirostres, Longirostres* et *Macrodactyles*. Depuis on a plus ou moins multiplié ces groupes, mais sous des noms divers on admet assez généralement quatre divisions principales, qui correspondent à peu près à celles de Cuvier, et qu'on peut regarder comme des familles.

Les RALLIDÉS (*Rallus*), caractérisés par des doigts fort longs (Macrodactyles de Cuvier), sont les plus aquatiques des Échassiers, d'où le nom de *Paludicoles* qu'on leur donne aussi quelquefois. Leurs ailes sont courtes et leur vol est lourd; parfois leurs doigts présentent des expansions membraneuses. Ils nagent bien, habitent par couples les étangs, les marais, et construisent un nid qui parfois est flottant sur l'eau; le mâle prend part à l'incubation.

Les Râles (*Rallus*), les Poules d'eau (*Gallinula*), les Foulques (*Fulica*) sont les principaux genres de Macrodactyles.

Les Scolopacidés, ou Limicoles, habitent les localités marécageuses. Leur bec est long et faible (Longirostres de Cuvier), revêtu d'une peau molle et riche en corpuscules tactiles. Quelquefois les doigts antérieurs sont légèrement palmés (Avocettes). Ce groupe comprend des genres nombreux répartis en plusieurs sous-familles que certains ornithologistes élèvent même au rang de familles.

Ce sont les Chevaliers (*Totanus*), les Échasses (*Himantopus*), les Avocettes (*Recurvirostra*) ou « Totaniens » ; les Sanderlings (*Cali-*

Fig. 673. — Bécasse commune (*Scolopax rusticola*).

dris), les Combattants (*Machetes*), les Maubèches (*Tringa*) ou « Tringiens » ; les Courlis (*Numenius*) ou « Numéniens » ; les Bécasses (*Scolopax*) (fig. 673), Bécassines (*Gallinago*), etc..., ou « Scolopaciens ».

Les Ardéidés, ou Hérodiens, sont de grands Échassiers dont le bec est fort et tranchant (Cultrirostres de Cuvier), dont les pattes, très longues, ont les doigts réunis par une courte membrane. Ils ont, en général, un vol puissant et nichent sur les arbres.

Les Ibis (*Ibis*), que les anciens Égyptiens regardaient comme un Oiseau sacré, les Cigognes (*Ciconia*), qui étaient également pour eux l'objet d'un culte religieux, les Grues (*Grus*), célèbres par leurs voyages périodiques en troupes nombreuses, les Spatules (*Platalea*), remarquables par leur bec élargi en forme de spatule, les Hérons (*Ardea*) (fig. 672), « au long bec emmanché d'un long cou », etc.., se rangent dans cette famille, qu'on a subdivisée, comme la précédente, en plusieurs sous-familles : Ibidiens, Ciconiens, etc...

Les Alectoridés se distinguent par la forme de leur bec (Pressi-

rostres de Cuvier), par la longueur médiocre des pattes, par l'absence ou l'état rudimentaire du pouce qui ne touche pas à terre,
par des ailes courtes qui ne fournissent jamais qu'un vol médiocre.

FIG. 674. — Vanneau à aigrette (*Vanellus spinosus*).

Les principaux genres appartenant à cette famille sont les Plu-
viers (*Charadrius*), les Vanneaux (*Vanellus*) (fig. 674), les Huîtriers
(*Hœmatopus*), les Courvites (*Cursorius*), les Outardes (*Otis*), dont
on a fait parfois autant de sous-familles.

ORDRE III. — GALLINACÉS

Les Gallinacés sont des Oiseaux terrestres, aux formes lourdes,
au corps ramassé. Les ailes sont courtes, arrondies et impropres à
donner un vol rapide et prolongé. Le bec varie de forme, mais
généralement il est court, plus ou moins bombé, à pointe recourbée, à base molle et membraneuse. La tête est petite et souvent
armée chez les mâles de crêtes ou de houppes colorées. Les pattes
sont fortes, de longueur médiocre, ayant les doigts antérieurs, parfois les deux externes seulement, réunis à la base. Le doigt postérieur est ordinairement petit, situé à un niveau plus élevé que les
autres, quelquefois rudimentaire et réduit à sa portion unguéale.
Les mâles sont souvent pourvus d'un *ergot* dont ils se servent
comme d'une arme. Les doigts sont terminés par des ongles un peu
recourbés et propres à gratter le sol, ce que ces Oiseaux ont, en
effet, l'habitude de faire, pour chercher à terre leur nourriture qui
consiste principalement en graines. C'est cette particularité dans
leurs mœurs qui leur a fait donner aussi le nom de « Pulvérateurs ».
La queue est en général bien développée, composée de quatorze
rectrices et quelquefois davantage. Le plumage est serré et souvent

coloré de teintes brillantes, en particulier chez les mâles; sous ce rapport, il y a parfois entre les deux sexes de si grandes différences qu'au premier abord on pourrait croire que le mâle et la femelle ne sont pas de la même espèce.

Les Gallinacés sont pour la plupart polygames. Le plus souvent ils nichent à terre. Le mâle ne s'occupe ni de l'incubation des œufs, ni de l'éducation des petits; ceux-ci peuvent dès leur naissance courir et manger seuls, mais ils sont néanmoins entourés par la mère de soins tendres et vigilants.

On trouve des Gallinacés à peu près dans toutes les régions du globe. « Aucun groupe d'Oiseaux de même valeur, dit Burmeister, n'est aussi répandu sur toute la surface de la terre, ne présente des types aussi variés que les Pulvérateurs ou Gallinacés. Il y en a partout; non seulement ce sont des Oiseaux domestiques accompagnant l'homme sous toutes les latitudes, mais encore chaque contrée habitable de la terre a son type propre. A la vérité ce type est souvent si défiguré qu'il faut un certain travail pour constater la parenté originelle de tous ces Oiseaux. »

Cet ordre est généralement partagé en six familles : *Crypturidés, Cracidés, Mégapodidés, Phasianidés, Tétraonidés* et *Ptéroclidés.* Cependant certains auteurs, par des subdivisions plus ou moins légitimes, élèvent beaucoup ce nombre; ainsi Brehm le porte à quinze.

Les CRYPTURIDÉS (*Crypturus*) sont de petits Gallinacés qui ressemblent aux Râles. Leur bec est long et mince, leur queue presque nulle. Ils sont assez hauts sur jambes. Ils comprennent les Tinamous (*Crypturus*), les Inambous (*Rhynchotus*) et quelques autres genres qui habitent l'Amérique du Sud.

Les CRACIDÉS (*Crax*) se distinguent du type ordinaire des Gallinacés par divers caractères : leurs tarses sont longs et dépourvus d'ergots; leur doigt postérieur est bien développé et inséré au même niveau que les autres. Ils vivent en monogamie, et nichent sur les arbres, où ils construisent un nid grossier. Cette famille se compose

Fig. 675. — Hocco roux (*Crax rubra*).

d'Oiseaux habitant les forêts de l'Amérique du Sud : les Hoccos (*Crax*) (fig. 575), les Pénélopes (*Penelope*), etc...

Les Dindons (*Meleagris*), qui sont souvent rangés parmi les Phasianidés, se rapprochent davantage des Cracidés par l'ensemble de leurs caractères. Certains naturalistes les regardent comme formant une petite famille distincte, la famille des Méléagridés. Tout le monde connaît ces Gallinacés de forte taille qui se distinguent par la peau nue et verruqueuse dont leur tête et le haut de leur cou sont couverts, par les appendices membraneux qu'ils portent sous la gorge et sous la tête, par leur queue qu'ils étalent en faisant la roue comme les Paons. Ils sont originaires d'Amérique, d'où ils ont été importés vers le milieu du seizième siècle, et ils sont aujourd'hui un de nos Oiseaux domestiques les plus communs.

Les Mégapodidés (*Megapodius*) sont de taille moyenne. Ils ont des pattes assez élevées, terminées par des doigts fort longs, tous au même niveau. Ils habitent l'Océanie. Une singularité digne de remarque est la façon dont se fait l'incubation de leurs œufs qui sont fort gros. Ces œufs sont enfouis dans un amas de feuilles et de substances végétales mêlées avec de la terre, et dont la fermentation produit la chaleur nécessaire pour que le développement ait lieu. Les G. *Megapodius*, *Talegallus* et quelques autres composent cette famille.

Les Phasianidés sont de tous les Gallinacés ceux qui réalisent le mieux le type de l'ordre. Ils ont la tête en partie nue, les ailes de grandeur médiocre, la queue bien développée. Les pattes sont fortes, avec les trois doigts antérieurs réunis à la base et portant des ongles qui servent à gratter le sol ; le doigt postérieur est

Fig. 676. — Coq (*Gallus*).

petit, placé plus haut que les autres, et au-dessus de lui, il y a un *ergot*. La différence entre les sexes est très marquée ; le mâle est plus grand de taille et couvert d'un plumage plus brillant ; il a souvent la tête surmontée soit d'une crête charnue (Coq) (fig. 676), soit d'une huppe ou d'une aigrette (Paon).

Ces Oiseaux appartiennent à l'ancien continent. Nous trouvons parmi eux la plupart des espèces domestiques dont l'utilité est si grande pour l'Homme. Les genres qui font partie de cette famille sont, en effet : les Coqs (*Gallus*) (fig. 676), dont les variétés et les races si nombreuses paraissent avoir pour souche le « Coq bankiva » qui habite les Indes ; les Faisans (*Phasianus*), dont on connaît le magnifique plumage ; les Paons (*Pavo*), qui étalent, quand ils font la roue, leur superbe queue, composée de plumes longues et ornées de dessins en forme d'yeux ; les Pintades (*Numida*), d'origine africaine, au plumage ardoisé parsemé de taches blanches, etc...

Les Tétraonidés (*Tetrao*) ont la tête couverte de plumes, avec une seule bande nue, ordinairement rouge, à la place du sourcil. Leur queue est cour-te ; leurs pattes sont souvent emplumées jusqu'aux doigts. Les mâles se différencient peu des femelles et sont, en général, dépourvus d'ergots. On range dans cette famille les Tétras dont on connaît plusieurs espèces dans nos contrées : le Grand Coq de bruyère (*Tetrao*

Fig. 677. — Petit Coq de bruyère (*Tetrao tetrix*).

urogallus) ; le Petit Coq de bruyère, ou Lyrure des bouleaux (*T. tetrix*) (fig. 677) ; la Gelinotte (*T. bonasia*), qui est monogame. Les Tétras sont des Oiseaux sédentaires vivant de préférence dans les bois.

On y place également : les Lagopèdes (*Lagopus*), qui habitent les pays de montagnes, Suisse, Pyrénées ; les Perdrix (*Perdix*), dont nous avons deux espèces en France, la Perdrix grise (*P. cinerea*) et la Perdrix rouge (*P. rubra*) ; les Cailles (*Coturnix*), qui franchissent la Méditerranée en troupes nombreuses pour aller l'hiver en Afrique, mais qui, en dehors de leurs voyages, vivent isolées.

Les Ptéroclidés (*Pterocles*) forment la transition des Gallinacés aux Pigeons. Ils se distinguent des autres Gallinacés en ce qu'ils sont bons voiliers, ce qui leur a fait donner le nom vulgaire de « Poules volantes ». Ils vivent dans les déserts et les steppes arides de l'Afrique, de l'Asie et de l'Europe. On en rencontre une espèce dans les landes stériles du midi de la France, appartenant au G. Ganga (*Pterocles*).

ORDRE IV. — COLOMBINS

Les Colombins ont été longtemps réunis aux Gallinacés, mais ils s'en séparent par des traits importants de leur organisation. Leur bec est plus long et plus faible; leurs ailes sont plus développées et propres à fournir un vol rapide et prolongé. Leurs pattes sont courtes, mais terminées par des doigts qui d'ordinaire sont tout à fait libres, et le pouce bien conformé est situé au même niveau que les doigts antérieurs. La queue est courte, un peu arrondie et presque toujours composée de douze rectrices seulement. Les différences sexuelles sont peu marquées. Ce sont des Oiseaux monogames; le mâle concourt à la construction du nid et prend part à l'incubation. Les petits naissent à moitié nus, débiles, aveugles, incapables de se nourrir, et ont besoin pour vivre des soins assidus de leurs parents. Ceux-ci les alimentent d'abord au moyen de la matière caséeuse que sécrète leur jabot.

Les Colombins vivent dans toutes les parties du monde. Ils se réunissent par couples ou forment de petites bandes, et parfois de grandes troupes. Ceux qui habitent le Nord émigrent l'hiver, tandis que ceux des pays chauds sont sédentaires. Leur alimentation est presque exclusivement végétale et se compose de grains, quelquefois de baies ou de fruits.

Cet ordre se divise en *Columbidés* et *Didunculidés*.

Les COLUMBIDÉS forment une famille très vaste. Elle comprend d'abord les Colombes, ou Pigeons (*Columba*), dont les nombreuses espèces domestiques descendent toutes, comme l'a démontré Darwin, du Pigeon biset, ou Pigeon de roche (*C. livia*). Le Biset habite les côtes de l'Europe et des pays méditerranéens; il niche non sur les arbres, mais dans les rochers et les ruines.

Les Pigeons ramiers (*Palumbus*), les Pigeons voyageurs (*Ectopistes*), les Tourterelles (*Turtur*), etc.., appartiennent aux Columbidés.

Les DIDUNCULIDÉS ne renferment qu'un seul genre, *Didunculus*, qui habite les îles de Samoa. Il est caractérisé par un bec comprimé, du double plus haut que large, à mandibule supérieure recourbée et terminée en crochet, à mandibule inférieure portant deux échancrures sur chaque bord.

On a rapproché des Didunculidés certains Oiseaux qui vivaient autrefois aux Mascareignes où ils étaient encore assez nombreux au dix-septième siècle, mais qui sont aujourd'hui éteints. Ce sont les Drontes (*Didus ineptus*), qui ne sont connus que par quelques vieilles descriptions et quelques débris conservés dans les musées de Copenhague et d'Oxford.

ORDRE V. — RAPACES

Les Rapaces, Accipitres ou Oiseaux de proie, sont, comme l'indique leur nom, des Carnassiers ; leur conformation est en rapport avec leur genre de vie, et ils sont puissamment armés pour la chasse. Leur bec est court, à bords tranchants, souvent dentés, avec la mandibule supérieure recourbée en crochet et pointue à son extrémité. La base en est occupée par une membrane qui a reçu le nom de *cire* et dans laquelle sont percées les narines. Les pattes robustes portent quatre doigts armés d'ongles solides et crochus, propres à saisir les proies dont se nourrissent ces Oiseaux, et formant ce qu'on a appelé des *serres* (fig. 678). Les ailes, grandes et longues, fournissent un vol rapide et soutenu. Les yeux possèdent une remarquable faculté d'accommodation qui permet la vision à de très grandes distances.

Les Rapaces sont monogames ; en général ils vivent isolés ou par couples, et nichent soit dans des rochers ou des ruines, soit dans des arbres creux. Leur nid, généralement de construction solide, est appelé *aire*. La femelle couve seule, mais le mâle prend part aux soins que réclament les petits qui naissent faibles et nus. Ces Oiseaux sont très répandus et se rencontrent partout, sous toutes les latitudes. Parmi eux il en est un assez grand nombre qui ont des habitudes nocturnes, d'où la division ordinaire de l'ordre des Rapaces en Diurnes et Nocturnes.

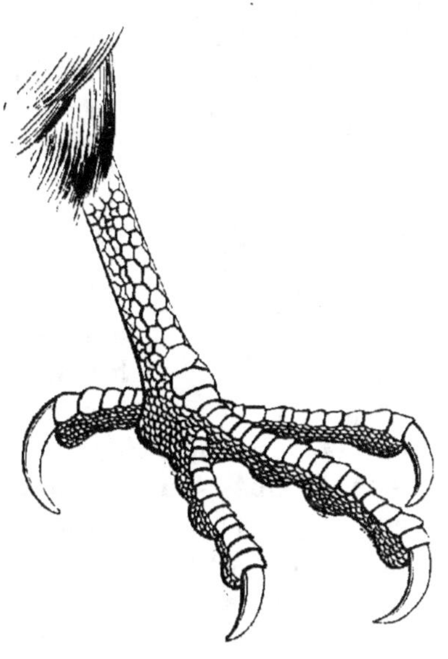

Fig. 678. — Pied de Rapace ou *serre*.

1. Rapaces nocturnes.

Ils forment une seule famille, celle des *Strigidés*.

Les STRIGIDÉS, ou Hiboux (fig. 679), ont un aspect tout particulier qui permet de les reconnaître au premier coup d'œil. Ils ont la tête volumineuse et le cou très court. Leurs yeux sont dirigés en avant et entourés d'un cercle de plumes sétiformes. Le bec est recourbé dès sa racine. Ces Oiseaux pendant le jour se cachent dans leurs retraites et n'en sortent que le soir au crépuscule. Ils sont

éblouis et aveuglés par la grande lumière, aussi est-ce de nuit qu'ils chassent leur proie consistant en petits Oiseaux, ou petits Mammifères comme les Souris, et en Insectes. Leur plumage est souple et leur vol silencieux. Tout le monde connaît le cri de ces Oiseaux qui a quelque chose de triste et que la superstition regarde comme un présage de mauvais augure.

Les Effrayes (*Strix*), les Hulottes ou Chats-Huants (*Syrnium*), les Hiboux (*Otus*) (fig. 679), les Grands-Ducs (*Bubo*), etc., composent cette famille.

Fig. 679. — Hibou (*Otus brachyotus*).

2. Rapaces diurnes.

Les Rapaces diurnes se distribuent en plusieurs familles dont certains ornithologistes ont beaucoup multiplié le nombre, mais qu'on peut réduire à trois : les *Vulturidés*, les *Falconidés* et les *Gypogéranidés*.

Les VULTURIDÉS, ou Vautours (fig. 680), sont de grands Oiseaux qui ont en général la tête et le cou nus ou seulement couverts d'un duvet très fin ; souvent un cercle de plumes formant collerette entoure le cou à sa base. Les ailes sont grandes et un peu arrondies. Les doigts sont forts, mais terminés par des ongles mousses et peu crochus. Les Vautours s'élèvent à de grandes hauteurs ; cependant leur vol est lent. Ils se nourrissent de charognes et ne s'attaquent que par exception à des animaux vivants ; leurs serres ne sont pas assez puissantes pour qu'ils puissent saisir et enlever leur proie. Souvent ils sont réunis en bande. Ils nichent dans les rochers ou dans les arbres.

Les genres qui entrent dans cette famille sont : les Vautours (*Vultur*), qui habitent principalement les hautes montagnes de l'Europe, Alpes, Pyrénées ; les Condors (*Sarcorhamphus*), qui vivent dans l'Amérique du Sud ; les Néophrons (*Neophron*), qui sont propres au continent africain ; les Percnoptères (*Perenopterus*), nommés aussi « Vautours d'Égypte ou Poules des Pharaons », etc.

Ici se placent les Gypaètes, dont on fait souvent un groupe séparé, et qui établissent le passage entre les Vulturidés et les Falconidés. Ils se distinguent des Vautours surtout par leur tête et leur cou emplumés. Le Gypaète barbu (*Gypaetus barbatus*), ou Vautour des Agneaux (fig. 680), habite les montagnes de l'Europe, de l'Asie et de l'Afrique. C'est le plus grand de tous nos Oiseaux de proie.

FIG. 680. — Vautour (*Gypaetus barbatus*).

Les FALCONIDÉS, ou Faucons, forment la famille la plus nombreuse en espèces. Ce sont les Rapaces les mieux armés pour la chasse. Leur bec est fort, le plus souvent denté et courbé à partir de sa base. Les doigts sont terminés par des ongles crochus et constituent des serres puissantes. La tête et le cou sont emplumés.

Le vol de ces Oiseaux est rapide et prolongé, et leur permet de fondre sur les autres Oiseaux ou sur les Mammifères qu'ils capturent, et que souvent ils emportent dans leur aire pour en faire leur nourriture. Certains d'entre eux parmi les plus courageux, les Faucons en particulier, peuvent être dressés à la chasse, et on sait que l'art de la Fauconnerie, très prisé autrefois des grands seigneurs, était cultivé avec beaucoup de soin.

Aux Falconidés appartiennent :

Les Aigles (*Aquila*), à qui leur force et leur courage ont valu d'être pris pour emblème de la puissance et de la fierté. On en connaît plusieurs espèces : l'Aigle fauve (*A. fulva*), l'Aigle doré (*A. chrysaëtos*), l'Aigle impérial (*A. imperialis*), etc.;

Les Milans (*Milvus*), à la queue fourchue, aux ailes fort longues, au vol remarquable par son aisance et sa rapidité ;

Les Buses (*Butea*), au corps lourd, à l'air stupide passé à l'état proverbial ;

Les Autours (*Astur*) et les Éperviers (*Nisus communis*), dont on se sert dans certains pays comme Oiseaux de chasse ;

Les Faucons (*Falco*), dont les diverses espèces employées en Fauconnerie étaient désignées sous les noms de « Cresserelle, Émerillon, Hobereau, Gerfaut » ;

Les Busards (*Circus*), qui se distinguent par la longueur de leurs tarses et fréquentent surtout les plaines et les localités marécageuses.

Les GYPOGÉRANIDÉS forment une petite famille fondée sur un seul genre (*Gypogeranus serpentarius*) qui présente des caractères singuliers. C'est un Oiseau dont le corps est svelte et porté par des tarses très allongés. Il vole mal, mais il court très bien, et son allure par grandes enjambées lui a fait donner le nom de « Messager ». On l'appelle aussi « Secrétaire » parce qu'il a une huppe qui rappelle la plume posée derrière l'oreille de certains scribes. Enfin on le nomme encore « Serpentaire » parce qu'il se nourrit principalement de Serpents. Il habite l'Afrique.

ORDRE VI. — PASSEREAUX

L'ordre des Passereaux comprend un nombre considérable d'Oiseaux de taille petite ou moyenne qui se ressemblent par leur apparence extérieure, et ont surtout pour caractère commun de ne présenter aucune des particularités propres à chacun des autres ordres. Il y a cependant entre eux des différences sensibles, et la forme du bec, par exemple, varie avec le régime, mais on passe des uns aux autres par des gradations légères qui ne laissent exister aucune division tranchée dans le groupe formé par leur réunion.

Ce sont en général des Oiseaux au vol rapide, à la marche sautillante, aux allures vives et gracieuses. Les jambes sont courtes, les tarses recouverts de petites écailles, les doigts faibles et au nombre de quatre, quelquefois tous dirigés en avant (Martinets), mais d'ordinaire trois en avant et un en arrière, les deux externes soudés ensemble à la base, et parfois réunis jusqu'à l'avant-dernière phalange (Syndactyles). Le bec est généralement droit ou simplement arqué, mais de forme variable et sert à caractériser différents groupes de Passereaux. Parfois il présente une échancrure de chaque côté, près de la pointe (Dentirostres); souvent il est sans échancrure, et alors tantôt fort et plus ou moins conique (Conirostres), tantôt faible et allongé (Ténuirostres); quelquefois enfin, il est large, aplati et profondément fendu (Fissirostres).

La plupart des Passereaux ont un appareil vocal bien développé, et, d'après la nature des sons qu'ils font entendre, on les a divisés quelquefois en Oiseaux chanteurs et Oiseaux criards. Ils sont presque tous monogames, et montrent souvent une grande habileté dans la construction de leurs nids. Parfois ils se réunissent en bandes, et beaucoup d'entre eux sont migrateurs.

La classification de ces Oiseaux, en raison même des difficultés qu'elle présente, varie suivant les auteurs, mais leur division d'après les caractères tirés du bec est celle qui donne les résultats les plus satisfaisants. On les répartit ainsi en six groupes, ou sous-ordres, sous les noms de *Fissirostres, Dentirostres, Coracirostres, Conirostres, Ténuirostres* et *Lévirostres* ou Syndactyles.

1. Fissirostres.

Les Fissirostres par divers caractères de leur organisation et par leurs mœurs se rapprochent des Rapaces, auxquels Brehm les réunit avec les Dentirostres dans une même sous-classe, celle des « Prédateurs ».

Ce sont des Oiseaux de taille petite ou moyenne, caractérisés par la forme du bec qui est large, aplati et très profondément fendu. Leur vol est d'une légèreté et d'une rapidité extraordinaires, mais leurs jambes faibles et courtes leur rendent à terre les mouvements difficiles. « C'est au vol que leur vie est liée, dit Brehm; aussi l'air est-il leur véritable patrie. On ne peut assez admirer la force, la durée de leurs exercices. Ils semblent ne pas connaître la fatigue; la puissance des muscles de leurs ailes paraît inépuisable. Certaines espèces passent toute la journée dans l'air sans prendre du repos (1). » Ils se nourrissent d'Insectes qu'ils saisissent au vol, et certains d'entre eux ont des habitudes nocturnes.

On les divise en trois familles : les *Caprimulgidés*, les *Cypsélidés* et les *Hirundinidés*.

Les CAPRIMULGIDÉS, ou Engoulevents, sont des Oiseaux nocturnes. Leur plumage souple et mou ressemble à celui des Hiboux ; comme ceux-ci, ils ont un vol silencieux. La plupart vivent dans les forêts ; ils ne construisent pas de nids et déposent leurs œufs sur le sol, sans même y creuser un trou. Cette famille n'est représentée en Europe que par le G. Engoulevent (*Caprimulgus*).

Les CYPSÉLIDÉS ont pour type les Martinets (*Cypselus*), qui se

(1) Brehm, *Vie des Animaux*. OISEAUX, éd. franç. T. III, p. 520.

distinguent des autres Passereaux par la disposition de leurs doigts tous dirigés en avant. Ils ressemblent beaucoup aux Hirondelles par leur physionomie comme par leurs mœurs. A cette famille appartiennent les Salanganes (*Collocalia esculenta*) (fig. 686), célèbres par leurs nids qui constituent un aliment recherché dans certains pays.

FIG. 681. — Salangane et son nid.

Les HIRUNDINIDÉS, ou Hirondelles, sont répandus par toute la terre, mais quittent aux approches de l'hiver les pays où le froid se fait sentir pour aller dans des contrées plus chaudes. On en connaît plusieurs espèces : l'Hirondelle rustique, ou Hirondelle de cheminée (*Hirundo rustica*) ; l'Hirondelle de fenêtre (*Chelidon urbica*); l'Hirondelle des roches (*Cotyle rupestris*) et l'Hirondelle de rivage (*Cotyle riparia*). Elles habitent toutes nos pays pendant la belle saison et hivernent en Afrique ; nous avons eu déjà l'occasion de parler de leurs migrations (p. 683). .

2. Dentirostres.

Les Dentirostres sont caractérisés par l'échancrure que présente de chaque côté et près de son extrémité la mandibule supérieure. Ce sont des Oiseaux chanteurs, qui volent bien pour la plupart, qui vivent sur les arbres et se nourrissent d'Insectes. Ils habitent les pays froids ou tempérés, mais en général émigrent l'hiver. Ils forment un grand nombre de familles dont nous mentionnerons les principales.

Les LANIIDÉS, ou Pies-grièches (*Lanius*), ont un bec recourbé à la pointe, et forment le passage entre les Passereaux et les Rapaces dont ils ont les goûts carnassiers. Ils sont insectivores et font même la chasse aux petits Oiseaux.

Les MUSCICAPIDÉS, ou Gobe-mouches (*Muscicapa*), ont aussi le bec plus ou moins crochu à l'extrémité et ressemblent par leurs mœurs aux Laniidés.

Les PIPRIDÉS (*Pipra*) comprennent des espèces exotiques au plumage richement coloré, appartenant à l'Amérique, au sud de l'Asie et à la Nouvelle-Hollande; ils se nourrissent principalement de fruits. On peut placer ici les Jaseurs (*Bombycilla*) dont on fait quelquefois une famille distincte et dont une espèce habite l'Europe (*Bombycilla garrula*).

Les MOTACILLIDÉS (*Motacilla*) ont le corps svelte, la queue plus ou moins longue. Ils courent avec aisance, nichent à terre et habitent les lieux humides. Les Hochequeues (*Motacilla*), les Bergeronnettes (*Budytes*), les Pipis (*Anthus*), etc., composent cette famille.

Les SYLVIADÉS (*Sylvia*) renferment les plus petits des Oiseaux chanteurs qui peuplent nos bois : les Roitelets (*Regulus*), les Troglodytes (*Troglodytes*) qui ressemblent aux Roitelets et sont souvent confondus avec eux; les Rousserolles (*Acrocephalus*) qui vivent au bord des étangs et nichent dans les roseaux; les Fauvettes (*Sylvia*) dont les espèces sont nombreuses : F. épervière, F. babillarde, F. à tête noire, etc.; les Pouillots (*Phyllopneuste*); les Rossignols bâtards, ou Chanteurs des jardins (*Hypolaïs*), etc.

Les TURDIDÉS (*Turdus*) sont en général plus grands de taille que les Sylviadés dont ils se distinguent par leur bec un peu comprimé latéralement. Ils comprennent : les Grives (*Turdus*), les Merles (*Merula*), les Cincles ou Merles d'eau (*Cinclus*), les Traquets (*Saxicola*) dont une espèce, le Traquet motteux, est connue dans le Midi sous le nom de « Cul-blanc »; les Rossignols (*Luscinia*) auprès desquels se rangent les Rouges-gorges (*Rubicula*), les Gorges-bleues (*Cyanecula*), etc.

Aux Turdidés se rattache un remarquable Oiseau de la Nouvelle-

FIG. 682. — Oiseau lyre (*Menura superba*).

Hollande, la Lyre (*Menura superba*) (fig. 682), ainsi nommé à cause de la forme en lyre que présente la queue du mâle.

3. Coracirostres.

Les Coracirostres sont parfois d'assez grande taille (Corbeau). Leur bec est de longueur variable, de forme plus ou moins conique, un peu courbé à la pointe, mais non crochu. Leur vol est aisé et rapide. Ils vivent généralement en troupes. Ce sont des insectivores, et les grandes espèces sont de véritables carnassiers qui s'attaquent même à de petits Mammifères. Ils sont répandus partout, sous toutes les latitudes, et forment trois familles : les *Corvidés*, les *Paradiséidés* et les *Sturnidés*.

Les Corvidés, ou Corbeaux, sont de grands Oiseaux, au bec robuste et garni à la base de plumes sétiformes couvrant les narines. Ils vivent dans toutes les parties du monde et sont ordinairement sédentaires. Les genres appartenant à cette famille sont : les Corbeaux (*Corvus*) (fig. 683) dont les différentes espèces, le Corbeau commun (*C. corax*) ; la Corneille (*C. cornix*) ; le Freux (*C. frugilegus*); le Choucas (*C. monedula*) sont considérés comme autant de genres par certains Ornithologistes; les Pies (*Pica*); les Geais (*Garrulus*); les Loriots (*Oriolus*), etc.

FIG. 683. — Corbiveau à gros bec (*Corvus corone*)

Les Paradiséidés, ou Oiseaux de Paradis (*Paradisæa*) (fig. 684), sont célèbres par l'éclat et la beauté de leur plumage. Ils habitent la Nouvelle-Guinée et les îles voisines.

FIG. 684. — Paradisier (*Paradisæa rubra*).

Les Sturnidés, ou Étourneaux (*Sturnus*), sont de taille moyenne ;

ils ont le bec droit, dépourvu de soies à la base. Ils sont sociables et vivent en bandes plus ou moins nombreuses. A côté des Étourneaux, les Martins (*Pastor*), les Pique-bœufs (*Buphaga*), etc., prennent place dans ce groupe auquel se rattachent les Ictéridés (*Icterus*) qui habitent l'Amérique.

4. Conirostres.

Les Conirostres sont les Passereaux par excellence. On y comprenait autrefois les Corbeaux (Coracirostres) qu'on s'accorde assez généralement à en séparer aujourd'hui. Ils ont, comme l'indique leur nom, un bec de forme conique. Ce sont des Oiseaux chanteurs de petite taille, au corps ramassé, à la tête grosse, au cou court, aux ailes moyennes. Ils ont un plumage serré, parfois coloré de teintes assez vives, en particulier chez le mâle. Ils sont omnivores, car ils se nourrissent de fruits, de baies, de graines, de bourgeons et d'Insectes. Ils sont sociables, bien partagés sous le rapport de l'intelligence, et construisent leurs nids avec art. Les Conirostres sont répandus dans toutes les régions du globe. « On les trouve partout, dit Brehm, sur les sommets neigeux des montagnes et dans les plaines glacées du Nord, aussi bien que dans les marais des tropiques; dans les montagnes et dans la plaine; dans les forêts et sur les bords de l'eau comme dans les champs; dans les villes les plus peuplées comme au milieu du désert; partout enfin on en rencontre (1). » Plusieurs parmi eux sont voyageurs et fuient les hivers rigoureux des pays où ils se trouvent. Le nombre de ces Oiseaux est immense; on les distribue en familles plus ou moins nombreuses suivant les vues de chacun.

Les PARIDÉS, ou Mésanges (*Parus*), sont de petits Oiseaux chanteurs, vifs et pétulants, qui se nourrissent surtout d'Insectes, mais parfois aussi de graines. Plusieurs espèces, comme la Mésange charbonnière (*P. major*), la Mésange bleue (*P. cœruleus*), etc.., vivent dans nos bois; d'autres recherchent le voisinage des eaux; ainsi la Mésange des marais (*P. palustris*), la Mésange de Lithuanie ou Rémiz (*Ægithalus pendulinus*).

Les ALAUDIDÉS, ou Alouettes (*Alauda*), vivent dans les champs et ont un plumage couleur de terre; ce sont des Oiseaux qui courent et volent également bien. Nous en avons plusieurs espèces : l'Alouette commune (*A. arvensis*); la Cochevis (*A. cristata*); l'Alouette lulu (*A. arborea*); la Calandre (*A. calandra*), celle-ci dans le midi de la France seulement.

Les EMBÉRIZIDÉS, ou Bruants (*Emberiza*), parmi lesquels nous cite-

(1) Brehm, *La Vie des animaux*. OISEAUX, t. I, p. 70.

rons : le Bruant jaune (*Emberiza citrinella*); le Bruant ortolan (*E. hortulana*); le Proyer (*E. miliaria*), recherchés comme petit gibier.

Les FRINGILLIDÉS, ou Pinsons (*Fringilla*), renferment plusieurs genres importants et riches en espèces, regardés par quelques-uns comme autant de familles. Ce sont :

Les Pinsons (*Fringilla*), comprenant les espèces connues sous les noms de Linottes (*Cannabina*); Chardonnerets (*Carduelis*); Sizerins (*Linaria*), etc.;

Les Moineaux (*Passer*) (fig. 685), qui vivent dans la société de l'Homme et l'accompagnent partout;

FIG. 685. — Moineau domestique.

Les Bouvreuils (*Pyrrhula*), dont une espèce, le Canari (*P. canaria*), très recherchée pour son chant, est devenue un véritable Oiseau domestique;

Les Becs-croisés (*Loxia*), ainsi nommés parce que leurs mandibules recourbées à l'extrémité se croisent l'une sur l'autre.

Les PLOCÉIDÉS sont remarquables par leur habitude de vivre réunis en colonies, et par la façon dont ils construisent leurs nids. Ils habitent l'Afrique, l'Inde et l'Australie. Parmi eux se placent les Tisserands (*Ploceus philippinus*), les Républicains (*Philetœrus socius*), les Veuves (*Vidua regia*), etc.

5. Ténuirostres.

On réunit dans ce groupe des Oiseaux assez différents qui ont pour caractère commun d'avoir un bec long et grêle, tantôt droit, tantôt arqué. C'est parmi les Ténuirostres que se trouvent les Oiseaux les plus élégants par la forme, et les plus brillants par l'éclat de leurs couleurs. Ils sont presque tous exotiques et habitent les contrées chaudes de l'ancien et du nouveau monde. Ils se nourrissent d'Insectes. On les partage en cinq familles.

Les UPUPIDÉS, ou Huppes (*Upupa*), doivent leur nom par onomatopée à leur cri d'amour. La Huppe vulgaire (*Upupa epops*) (fig. 686), qu'on rencontre dans nos pays, y arrive au printemps et repart en automne; elle cherche sa nourriture à terre. Les Moqueurs (*Irrisores*), qui habitent l'Afrique, se rangent à côté des Huppes.

FIG. 686. — Huppe vulgaire (*Upupa epops*).

Les TROCHILIDÉS, ou Colibris (*Trochilus*), renferment les plus petits de tous les Oiseaux, ceux qu'on appelle « Oiseaux-Mouches » et ceux dont le plumage est orné des plus magnifiques couleurs. Ils sont propres à l'Amérique et comptent un grand nombre d'espèces formant plusieurs genres et même, selon certains ornithologistes, plusieurs familles.

Les MÉLIPHAGIDÉS (*Meliphaga*, *Cinnyris*, etc.) ont une langue bifide ou portant à l'extrémité des soies qui la font ressembler à un pinceau; elle leur sert à puiser dans les fleurs le nectar, le pollen et les Insectes dont ils se nourrissent. Ils habitent l'Asie, l'Afrique, l'Océanie et sont comparables aux Colibris par la beauté de leur plumage.

Les CERTHIADÉS, ou Grimpereaux, sont caractérisés par une queue dont les pennes rigides se terminent en pointe, par une langue longue, étroite et cornée. Ils se rapprochent des Grimpeurs par leur manière de vivre, mais leurs pieds ont trois doigts dirigés en avant et un seul en arrière. Les Grimpereaux (*Certhia*); les Tichodromes (*Tichodroma*); les Torchepots (*Sitta*), etc., prennent place dans ce groupe.

Les ANABATIDÉS sont des Oiseaux voisins des précédents qui habitent l'Amérique.

6. Lévirostres ou Syndactyles (1).

Les Lévirostres sont des Oiseaux pourvus d'un bec toujours grand, mais faible, et de forme variable. Ils sont caractérisés par la coufor-

____

(1) De σύν, ensemble; δάκτυλος, doigt.

mation de leurs pieds dont les deux doigts externes sont réunis entre
eux jusqu'à l'avant-dernière articulation, ce qui leur a fait donner
le nom de Syndactyles. Leurs pattes sont petites et faibles et ils se
meuvent maladroitement à terre, mais ils volent fort bien. Ce sont
des Oiseaux criards qui, en général, vivent isolés, se nourrissent
d'Insectes ou parfois de graines, et nichent dans les creux des arbres ou dans des trous. Ils se distribuent en quatre familles principales : *Alcédidés, Méropidés, Coracidés* et *Bucéridés*.

Les ALCÉDIDÉS ont une grosse tête et un bec d'une remarquable
longueur, les ailes et la queue courtes, les pattes petites. Leur
plumage est brillant et coloré. Ces Oiseaux vivent solitaires au bord
des cours d'eau ; ils font leur nourriture de petits Poissons et d'Insectes aquatiques. Ils plongent bien et volent avec rapidité.

La plupart des Alcédidés appartiennent aux régions chaudes,
mais nous en avons une
espèce qui est commune
dans nos pays ; c'est le
Martin-pêcheur (*Alcedo hispida*) (fig. 687).

Les MÉROPIDÉS, ou Guê-
piers(*Merops*), sont de beaux
Oiseaux, aux ailes et à la
queue longues, au plumage
orné de vives couleurs, dont
les mœurs et les habitudes
rappellent celles des Hirondelles. Ils volent admirable-
ment et saisissent au vol les
Insectes dont ils font leur
proie. Ils nichent en com-

FIG. 687. — Martin-pêcheur (*Alcedo hispida*).

munauté dans des cavités creusées sur le versant d'un terrain
plus ou moins escarpé. Ils sont propres aux parties chaudes de
l'ancien continent, et sont représentés par une seule espèce, le
Guêpier vulgaire (*Merops apiaster*), dans le midi de l'Europe.

Les CORACIDÉS appartiennent, comme les Méropidés, aux régions
chaudes de l'ancien monde ; ils ont pour type le Rollier vulgaire
(*Coracias garrulus*), grand et bel oiseau, au plumage richement
coloré, qu'on rencontre en Europe.

Les BUCÉRIDÉS se distinguent par les dimensions vraiment extraordinaires de leur bec, ordinairement pourvu à la base d'une protubérance plus ou moins développée qui ressemble à une corne. Ils
habitent l'Afrique et l'Asie méridionales. Les Calaos (*Buceros*) et
quelques autres genres composent cette famille.

ORDRE VII. — GRIMPEURS OU ZYGODACTYLES (1)

Les Oiseaux qui appartiennent à cet ordre ont avec les Passereaux de grandes affinités. Le caractère tiré de la conformation des pattes et sur lequel repose la distinction des deux groupes est un peu artificiel, et on a vu que certains Passereaux, quoique ne le présentant pas, n'en étaient pas moins des Grimpeurs, comme les Zygodactyles ; aussi quelques naturalistes les réunissent avec eux sous ce nom en faisant des Perroquets un groupe à part.

Les pattes des Zygodactyles sont terminées par des doigts dont deux sont antérieurs et deux postérieurs, mais l'un de ceux-ci, l'externe, est quelquefois reversible, c'est-à-dire peut être dirigé en avant (Coucou). Les tarses sont ordinairement écailleux, rarement emplumés. Le bec est tantôt droit (Pic), tantôt recourbé en crochet (Perroquet). En général, les ailes sont courtes et le vol de ces Oiseaux est médiocre ; mais, grâce à la conformation de leurs pattes, ils sont propres à grimper aux arbres et s'aident quelquefois, pour cela, de leur bec avec lequel ils s'accrochent aux branches, ou de leur queue qui leur sert de point d'appui. Ce sont des Oiseaux criards, mais quelques-uns imitent assez bien les accents de la voix humaine (Perroquets). La plupart habitent les forêts et nichent dans des arbres creux. Leur régime est variable ; les uns se nourrissent d'Insectes, ou même de petits Oiseaux ; les autres de diverses sortes de fruits.

Les Zygodactyles se divisent en deux sous-ordres : les Grimpeurs proprement dits et les Préhenseurs.

1. Grimpeurs proprement dits.

Ces Oiseaux ont un bec de forme et de dimensions très variables, mais le plus souvent droit ou légèrement recourbé et dépourvu de cire à la base. Ils ont une langue mince, protractile. Parfois leur doigt externe est reversible. Ils se partagent en plusieurs familles.

Les RAMPHASTIDÉS, comprenant les Toucans (*Ramphastus*) (fig. 688), les Aracaris (*Pteroglossus*), se distinguent par le grand développement de leur bec à bords dentelés. Ils habitent le Brésil.

Les GALBULIDÉS, ou Jacamars (*Galbula*), sont aussi des Oiseaux de l'Amérique du Sud ; ils ont un bec long et droit.

Les BUCCONIDÉS (*Bucco*) sont appelés vulgairement « Coucous barbus » ou « Oiseaux à moustaches » à cause des soies raides qui

____

(1) De ζύγος, couple ; δάκτυλος, doigt.

garnissent la base de leur bec. La plupart sont propres à l'Amérique méridionale.

Les TROGONIDÉS, ou Couroucous (*Trogon*), ont le bec large, court et bombé, un peu recourbé à la pointe; leur plumage est brillant et coloré. Ils appartiennent aux pays chauds.

Les CUCULIDÉS, ou Coucous (*Cuculus*), ont le doigt externe reversible. Ils sont représentés en Europe par le Coucou gris (*C. canorus*), bien connu par l'habitude qu'il a de déposer ses œufs dans les nids d'autres Oiseaux pour les faire couver par eux. Presque tous les autres Cuculidés sont africains ou américains, et forment divers genres, voire même pour certains auteurs diverses familles.

FIG. 688 -- Toucan toco (*Ramphastus toco*).

Les PICIDÉS, ou Pics (*Picus*), sont des Grimpeurs par excellence. Leurs doigts sont munis d'ongles forts et crochus; quand ils grimpent, ils se servent de leur queue pour prendre un point d'appui. Leurs ailes sont médiocres et leur vol est lourd. Leur bec est allongé, droit, conique; leur langue, longue, grêle, cornée, garnie à l'extrémité de petites épines recourbées en arrière, et très protractile; elle est enduite d'un liquide visqueux et sert à ces Oiseaux pour s'emparer des Insectes et des larves qu'ils cherchent dans les fentes de l'écorce des arbres, et dont ils font leur nourriture. Ils nichent dans les vieux troncs. Ils habitent les forêts et sont répandus dans presque toutes les parties du monde. Cette famille renferme des genres nombreux :

Les Pics (*Picus*) (fig. 689) qui habitent l'Europe et dont on distingue trois espèces : le Pic épeiche ou Grand Pic (*P. major*) ; le

moyen Épeiche (*P. medius*) et le Pic épeichette (*P. minor*) ; les Dryocopes, ou Pics noirs (*Dryocopus martius*), qui se trouvent dans toutes les forêts de l'Europe et de l'Asie ; les Campéphiles, les Mélanerpes, les Colaptes qui sont propres à l'Amérique ; les Apternes, tridactyles par atrophie du pouce, les Gécines, ou Pics verts (*Gecinus viridis*), qui vivent en Europe et en Asie ; les Torcols (*Yunx*) dont l'un, le Torcol vulgaire, très répandu, se trouve dans nos pays, etc.

FIG. 689. — Pic (*Picus medius*).

2. Préhenseurs.

De Blainville a donné aux Perroquets le nom de Préhenseurs, parce qu'ils se servent de leurs pattes pour saisir les aliments et les porter à la bouche. Ils sont caractérisés par la forme particulière de leur bec élevé, épais et recourbé en crochet, avec une cire à la base. Ils ont une langue charnue. Leurs pattes sont fortes, à tarses courts, avec des doigts assez longs terminés par des ongles aigus et crochus. Ce sont des Oiseaux essentiellement grimpeurs, s'aidant de leur bec pour s'accrocher aux branches des arbres. Leurs ailes sont médiocres, et leur vol généralement lourd. Leur plumage est orné de couleurs brillantes et variées, où le vert domine le plus souvent.

Les Perroquets vivent en société et se réunissent d'ordinaire en troupes nombreuses. Ils se nourrissent principalement de fruits et de graines. Ils font leurs nids dans le creux des arbres, quelquefois à terre (Perroquets de terre). La femelle couve seule, mais le mâle prend part aux soins que réclament les jeunes. Ils sont très bien doués sous le rapport des sens et de l'intelligence, et à ce point de vue méritent incontestablement d'être placés au premier rang parmi les Oiseaux. On les a appelés des « Singes ailés » en les comparant à ces animaux dont ils montrent à la fois les qualités et les défauts. Ils ont de la mémoire, du jugement, sont susceptibles d'éducation et s'apprivoisent facilement. On sait à quel point ils imitent la voix et la parole humaines ; ils retiennent les mots qu'on leur apprend et savent ce qu'ils signifient. Cette faculté se développe chez eux d'autant plus qu'elle s'exerce davantage, et, en les élevant avec soin, on obtient d'eux sous ce rapport des résultats étonnants.

Il y a des Perroquets dans toutes les parties du monde, excepté en Europe. On les divise en cinq familles.

Les Strigopidés, ou Perroquets de nuit (*Strigops*), ressemblent aux Hiboux dont ils ont à peu près la taille ; ils ont au dessous des yeux un demi-cercle de plumes effilées ; leur plumage est mou et d'un vert foncé. Ils habitent la Nouvelle-Zélande.

Fig. 690. — Cacatoès à huppe jaune (*Plyctolophus sulfureus*).

Les Sittacidés, ou Perroquets à longue queue, comprennent : les Aras (*Sittace*), remarquables par leur grande taille, leurs couleurs éclatantes, leurs joues dénudées ; — les Perruches (*Conurus*), très voisines des Aras, mais plus petites et aux joues emplumées, tous deux habitant l'Amérique ; — les Paléornis (*Palæornis*) dont une espèce, la Perruche d'Alexandre (*Palæornis torquatus*), fut importée, dit-on, en Europe, par le célèbre conquérant ; elle vit en Afrique ; — les Platycerques, ou Perroquets des prairies (*Platycercus*), qui sont propres à la Nouvelle-Hollande, etc.

Les Plictolophidés, ou Cacatoès (*Plictolophus*) (fig. 690), ont la queue courte, la tête ordinairement ornée d'une huppe mobile ; leur plumage est blanc, parfois mêlé de rouge pâle. Ils habitent la Nouvelle-Hollande et la Nouvelle-Guinée.

Les Loridés (*Lorius*) sont des Perroquets asiatiques dont le bec est relativement assez faible et la langue terminée par un pinceau de fibres cornées ; le fond de leur plumage est rouge.

Les Psittacidés comprennent les vrais Perroquets (*Psittacus*). Celui que l'on nomme habituellement Jaco, ou Perroquet gris, Perroquet à queue rouge, est le type du groupe ; il appartient à l'Afrique occidentale. A côté de lui se placent les Perroquets amazones (*Chrysotis amazonica*) de l'Amérique du Sud ; les Perroquets nains (*Psittacula*) qu'on trouve en Asie, en Afrique, au Brésil, etc.

5ᵉ CLASSE. — MAMMIFÈRES.

La classe des Mammifères renferme les êtres les plus élevés par leur organisation, y compris l'Homme. Elle se compose d'animaux à sang chaud, à génération vivipare et pourvus de mamelles, caractère qui leur a valu le nom de Mammifères. Leur corps est, en règle générale, couvert de poils, et la présence de ces appendices tégumentaires est tellement caractéristique que de Blainville a proposé pour eux la dénomination de *Pilifères*, par opposition à celle de Pinnifères qu'il donnait aux Oiseaux, de Squamifères aux Reptiles, etc. Par leur conformation les Mammifères sont spécialement adaptés à la vie et à la locomotion terrestres; ce n'est que par exception qu'on trouve parmi eux des animaux aquatiques ou aériens.

La peau présente la structure générale que nous avons déjà eu occasion de faire connaître. Elle se compose des deux couches appelées *derme* et *épiderme* (fig. 691). La première composée de tissu

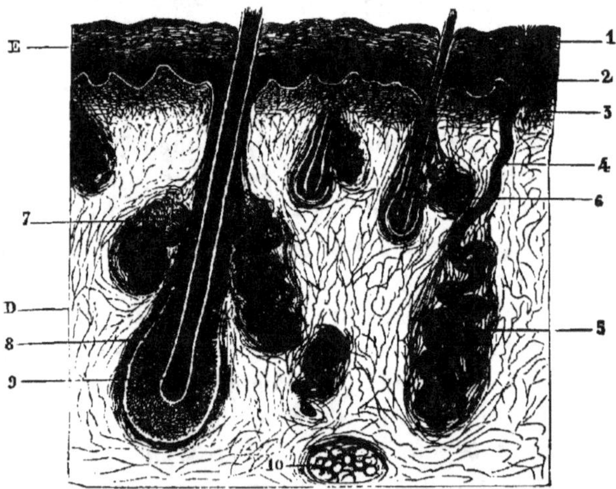

FIG. 691. — Coupe de la peau du Cheval (aile des naseaux). — E, épiderme; D, derme. — 1, couche cornée de l'épiderme; 2, corps muqueux de Malpighi; 3, couche papillaire du derme; 4, canal excréteur d'une glande sudoripare; 5, glomérule d'une glande sudoripare; 6, follicule pileux; 7, glande sébacée; 8, gaine interne du follicule pileux; 9, bulbe du poil; 10, peloton adipeux.

conjonctif, de fibres élastiques, et aussi de fibres musculaires en proportion variable, atteint parfois une épaisseur considérable, et c'est à raison de cette particularité que certains Mammifères ont été désignés par Cuvier sous le nom de Pachydermes. Elle renferme dans son épaisseur de nombreux vaisseaux sanguins et lymphatiques, et elle est garnie à sa surface d'un grand nombre de petites éminences appelées *papilles*, constituées essentiellement par les terminaisons nerveuses qu'on appelle « corpuscules du tact », à cause de leur rôle physiologique. Cette couche dermique est unie par sa face profonde avec le tissu conjonctif sous-cutané ; extérieurement elle est recouverte par l'épiderme divisé lui-même en couche cornée et couche de Malpighi ; c'est dans celle-ci que se trouvent les cellules pigmentaires lorsque la peau est colorée, chez le Nègre par exemple. Elle est formée d'éléments cellulaires jeunes, arrondis, tandis que la couche cornée se compose de cellules minces, lamelleuses, disposées par assises dont les plus superficielles, qui sont aussi les plus anciennes, se détachent et sont successivement remplacées par celles qui sont au-dessous. L'épaisseur de cette couche est très variable.

Les poils, qui par leur présence constituent, comme nous l'avons vu, un trait distinctif des Mammifères, sont des productions épidermoïdes développées dans l'intérieur de fossettes qui occupent le derme, et qu'on nomme *follicules pileux* (fig. 692) (1). Au fond de chaque follicule se trouve une papille formée de tissu conjonctif et riche en vaisseaux sanguins, qui représente l'organe producteur et nourricier du poil. Celui-ci en se développant s'allonge plus ou moins, et ne reste engagé dans le follicule où il a pris naissance que par sa portion basilaire, nommée *racine*. Aux follicules pileux sont annexées des glandes sébacées dont le produit de sécrétion sert à lubrifier les poils, et de petits muscles, insérés latéralement, qui ont pour fonction de les redresser, ce qui leur a fait donner le nom de muscles *horripilateurs* : c'est à leur contraction qu'est dû le phénomène de la « chair de poule ».

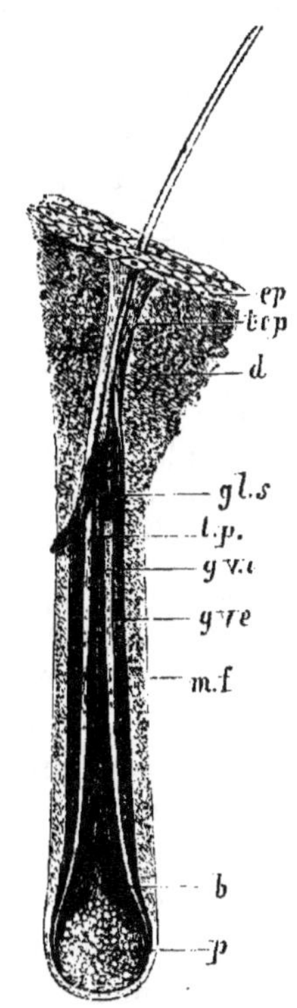

FIG. 692. — Racine et follicule pileux. — *ep*, épiderme ; *t.ep*, tube épidermique ; *d*, derme ; *gl.s*, glande sébacée ; *tp*, tige du poil ; *p*, papille ; *b*, bouton ; *mf*, membrane propre du follicule ; *gve*, gaine vaginale externe ; *gvi*, gaine vaginale interne (d'après L. Vaillant).

Le poil, considéré en lui-même, a la forme d'un cylindre dans lequel on distingue au centre une substance médullaire, et à la périphérie une substance corticale, de consistance cornée, qui est elle-même revêtue d'une mince couche enveloppante qu'on appelle épiderme ou cuticule. La moelle ne constitue pas une partie essentielle du poil, car

(1) Voy. Léon Vaillant, *Essai sur le système pileux dans l'espèce humaine.* Thèse de Paris, 1861.

elle manque parfois, chez le Porc, par exemple. Les poils diffèrent beaucoup entre eux par leur apparence, leur grosseur, leur longueur, etc., et ils présentent à cet égard de nombreuses variétés. Ordinairement on en reconnaît de deux sortes sur le même animal : ceux qui sont longs, soyeux, plus ou moins raides, appelés *jarres*, et ceux qui sont fins, courts, doux au toucher et formant le *duvet*, ou la *bourre*. On donne en particulier le nom de *soies* aux jarres qui sont longues, fortes et raides ; celui de *piquants*, à celles qui ont, comme chez le Hérisson, une grosseur et une rigidité remarquables et sont terminées en pointe à leur extrémité. On appelle *crins* celles qui, étant très longues et très flexibles, ressemblent à des cheveux grossiers. La *laine* est formée de poils frisés qui représentent chez le Mouton le duvet des autres Mammifères, et ne sont mêlés qu'à une petite quantité de jarres. Les influences de milieu et principalement les conditions climatériques entraînent des changements considérables dans le pelage des Mammifères ; ceux qui habitent les pays froids ont en hiver une fourrure beaucoup plus épaisse et beaucoup plus riche en duvet que pendant l'été ; ceux qui vivent dans les pays chauds ont un système pileux peu développé. On a observé aussi que, sous l'influence de la domestication, le pelage se modifiait dans ses caractères. On sait qu'en général les poils tombent d'une manière périodique, et sont remplacés par d'autres qui se développent dans les mêmes follicules. Cette mue a lieu le plus souvent au printemps.

Parfois, un certain nombre de poils agglutinés entre eux forment par leur réunion des organes spéciaux, tels que les ongles, les écailles des Pangolins, les cornes des Rhinocéros, etc. Quelquefois aussi les téguments présentent des pièces solides qui ont une autre origine et sont formées par ossification du derme, par exemple la carapace des Tatous.

On trouve dans la peau des Mammifères deux sortes de glandes qui leur sont propres. Les unes sécrètent la sueur et sont nommées *glandes sudoripares ;* les autres sont des *glandes sébacées* qui, pour la plupart, sont annexées, comme nous l'avons vu, aux follicules pileux. Il existe souvent, en divers points, des organes glandulaires spéciaux qui sont analogues à des glandes sébacées. Nous en donnerons comme exemples les glandes préputiales et les glandes anales, qui prennent parfois une grande importance, les premières chez le Chevrotin porte-musc, les secondes chez la Civette.

Le squelette des Mammifères est semblable dans ses traits généraux à celui de l'Homme (fig. 693) ; les différences principales qu'il présente portent sur la forme des membres et l'étendue plus ou moins grande de la région caudale. La tête est remarquable par le grand

développement du crâne dont le volume relativement à celui de la face
est d'autant plus considérable que l'animal est mieux doué au point
de vue de l'intelligence. C'est pourquoi on a cherché à évaluer le
rapport qui existe entre ces deux régions, et, pour y arriver, on a eu
recours à une méthode qui consiste à mesurer ce qu'on appelle
l'*angle facial*. Camper, qui le premier imagina ce moyen, déter-
minait cet angle à l'aide de deux lignes, l'une horizontale, passant
par le trou auditif et le bord inférieur des narines, l'autre verticale,
menée tangentiellement au front et aux incisives antérieures. On

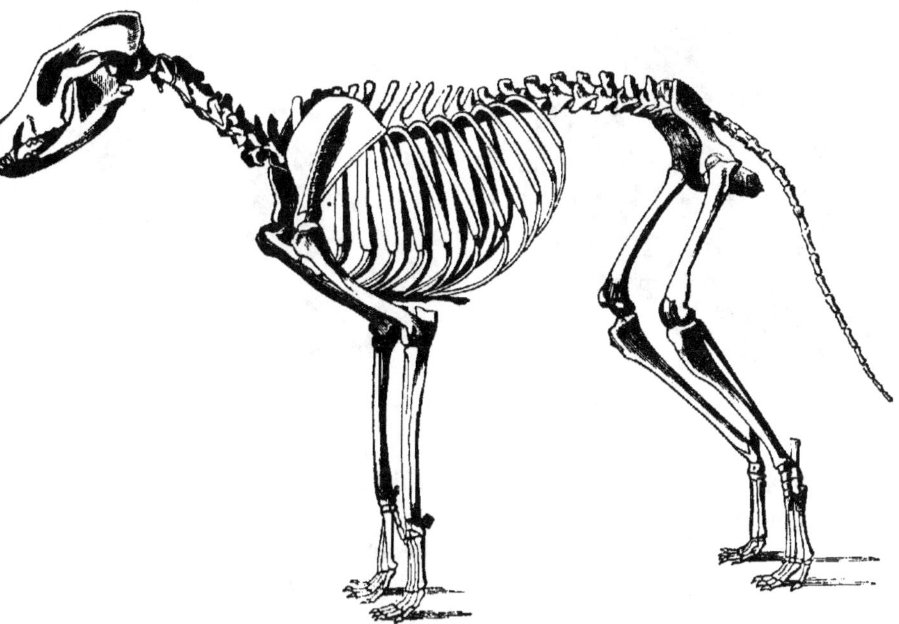

FIG. 693. — Squelette de Chien.

obtient ainsi un angle d'autant plus ouvert que la prédominance du
crâne sur la face est plus marquée. Depuis lors, divers anatomistes,
Cuvier, Geoffroy Saint-Hilaire, Jules Cloquet, etc., ont proposé certaines modifications dans la manière de construire l'angle facial. On
arrive au plus grand degré d'exactitude que puisse donner ce procédé en prenant pour sommet de l'angle le bord alvéolaire supérieur,
la ligne dite horizontale passant toujours par le trou auditif, tandis
que la ligne faciale aboutit immédiatement au-dessus des arcades
sourcilières, au point *sus-orbitaire* de Broca, qui correspond à la
limite antérieure de la boîte crânienne (fig. 694 et 695). C'est l'angle
de Cloquet avec cette seule différence que ce dernier point, le point
sus-orbitaire, est substitué au point le plus saillant du front pour
déterminer la ligne faciale. Naturellement, c'est chez l'Homme

qu'on trouve l'angle facial le plus grand ; il est de 70 degrés environ et varie du reste dans les différentes races. Il n'est que de 38 degrés chez les Chimpanzés, qui sont les plus favorisés sous ce rapport parmi les Singes ; il est de 30 degrés chez les Ours, de 25 chez les Chiens, de 10 seulement chez les Sangliers. Quoi qu'il en soit, les résultats tirés de la comparaison des angles faciaux ne sont qu'approximatifs, et on a recours à des procédés de mensuration plus exacts pour évaluer la capacité crânienne et établir le rapport qui

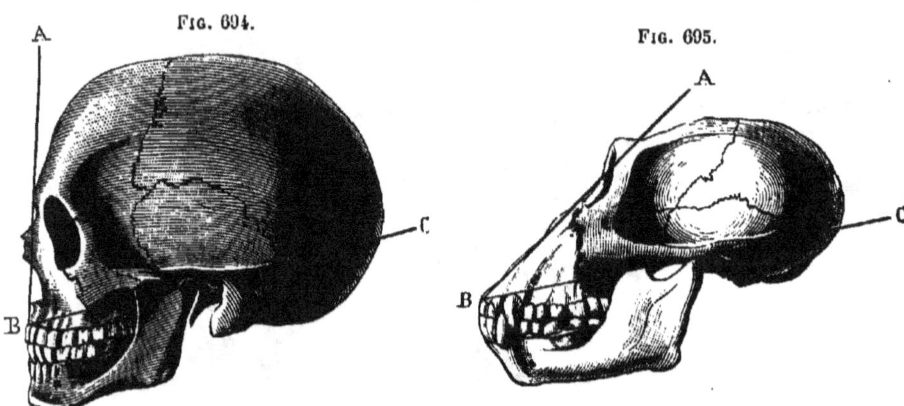

Fig. 694. — Angle acial de l'Homme. — A B, ligne aciale ; B C, ligne horizontale.
Fig. 695. — Angle facial de Chimpanzé. — A B, ligne faciale ; B C, ligne horizontale.

existe entre le volume du crâne et celui de la face, mais nous n'avons pas à nous en occuper ici (1).

Le crâne s'articule avec la colonne vertébrale au moyen de deux condyles occipitaux placés sur les côtés du trou occipital qui, lui, n'occupe pas toujours la même situation. En effet, chez les Mammifères inférieurs, il est rejeté à la face postérieure du crâne, tandis que chez ceux qui ont une organisation plus élevée il se porte en avant, et vient se placer à sa partie inférieure. Il en résulte dans la position de la tête elle-même des changements qui sont en rapport avec l'attitude de l'animal ; ainsi chez l'homme, dont la station est verticale, le trou occipital occupe le milieu de la base du crâne, et la tête est posée transversalement sur la colonne vertébrale, au lieu d'être en prolongement avec elle.

On sait que le crâne est composé de pièces osseuses dont plusieurs ont une origine dermique, formant par leur réunion une boîte solide dans laquelle on distingue trois segments: occipital, temporal et frontal. Le premier est constitué par un os unique, l'os occipital ; le second par le sphénoïde postérieur avec les grandes ailes, par les

(1) Voy. Topinard, *Anthropologie*, p. 40 et suiv. et chap. VIII-X.

temporaux et les pariétaux ; le troisième par le sphénoïde antérieur
avec les petites ailes et par le frontal ou coronal. Inférieurement,
entre celui-ci et le sphénoïde, il y a un espace libre fermé par la
lame criblée de l'ethmoïde. La face se subdivise en trois régions
superposées, ou étages. L'étage supérieur est occupé par les deux
fosses orbitaires, l'étage moyen par les deux fosses nasales et l'étage
inférieur par la cavité buccale. La mâchoire inférieure, qui limite
celle-ci en bas, s'articule directement avec le crâne sans l'intermédiaire d'un os carré, et c'est là un caractère spécial aux Mammifères. La cloison qui sépare la bouche des fosses nasales est principalement formée par les maxillaires supérieurs qui, en avant, laissent
entre eux un intervalle occupé par les os incisifs, et, en arrière,
s'articulent avec les palatins ; ceux-ci complètent la voûte buccale.
Les fosses nasales, dont cette voûte forme le plancher, sont séparées
entre elles par une cloison médiane, constituée par le vomer et la
lame descendante de l'ethmoïde ; plusieurs os entrent dans la composition de leurs parois : nasaux, ethmoïde, sphénoïde, maxillaires
supérieurs et ptérygoïdiens. Ces derniers, soudés au sphénoïde chez
l'homme, ne sont plus représentés que par les apophyses ptérygoïdes.
Enfin, les cavités orbitaires sont formées, dans leur partie inférieure,
par le maxillaire en avant, le sphénoïde en arrière, et dans leur partie
supérieure par le frontal. Chez l'Homme et les Singes, l'ethmoïde
contribue à former leur paroi interne, mais chez les autres Mammifères le frontal s'articule directement avec le maxillaire ; d'ordinaire
cette paroi est complétée par les ailes orbitaires du sphénoïde, et
par un os particulier, l'os *unguis* ou lacrymal, situé dans le voisinage du nez. Extérieurement, le cadre de l'orbite n'est pas toujours
fermé, et, chez beaucoup de Mammifères, cette cavité communique
largement avec la fosse temporale.

L'os hyoïde se compose d'une partie médiane, *corps de l'hyoïde*,
qui porte les restes de deux paires d'arcs viscéraux, constituant ce
qu'on appelle les cornes hyoïdiennes antérieures et postérieures. Les
premières sont formées d'ordinaire par plusieurs pièces dont la
supérieure se soude au rocher et constitue l'apophyse styloïde, mais
souvent la portion moyenne de cet arc est remplacée par un ligament, ligament stylo-mastoïdien, qui sépare cette apophyse du reste
de l'appareil hyoïdien, ainsi qu'on l'observe chez l'Homme. Les
cornes postérieures ne remontent jamais jusqu'à la base du crâne ;
elles sont unies par des ligaments particuliers avec le cartilage
thyroïde du larynx.

La colonne vertébrale (fig. 696) se subdivise en cinq régions auxquelles on donne les noms de cervicale, dorsale, lombaire, sacrée
et caudale, ou coccygienne. La première, ou cervicale, est variable

en étendue et atteint parfois une grande longueur, chez la Girafe par exemple ; cependant le nombre des vertèbres qui la composent est toujours de 7, à quelques exceptions près ; ainsi, il est de 8 ou 9 chez l'Aï (*Bradypus*) et seulement de 6 chez le Lamantin (*Manatus australis*). Il est facile de constater la relation qui existe entre la longueur du cou et la hauteur du train de devant, de sorte que les animaux qui sont hauts sur jambes peuvent néanmoins aller saisir avec la bouche leurs aliments à terre. Le nombre des vertèbres dorsales varie davantage ; en général, il y en a de 12 à 15, mais on en compte 18 chez le Cheval et 20 chez l'Éléphant. Celui des vertèbres lombaires est ordinairement de 6 ou 7, mais il peut descendre à 3 ou même à 2, et s'élever à 9. Enfin, c'est dans la région sacrée et surtout dans la région caudale qu'on observe à cet égard les variations les plus considérables. Ainsi la queue est tantôt rudimentaire et réduite à 3 ou 4 vertèbres (Homme), tantôt très longue et comprenant jusqu'à 46 de ces éléments osseux (Pangolin à longue queue).

Les vertèbres des diverses régions se distinguent par des caractères particuliers dont la description appartient à l'anatomie comparée. Nous nous bornerons à signaler la forme et la disposition spéciales des deux premières vertèbres cervicales, l'*atlas* et l'*axis*, qui sont

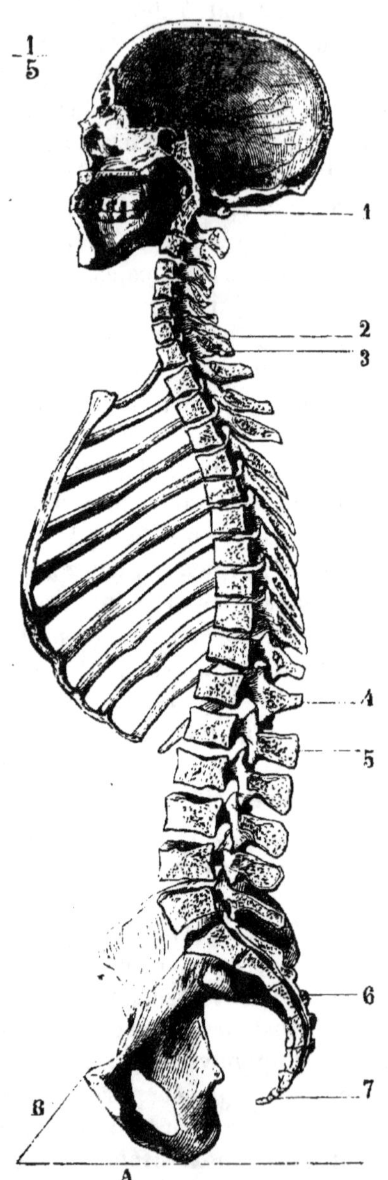

Fig. 696. — Coupe médiane et antéro-postérieure du crâne et du rachis chez l'Homme. — 1, première vertèbre cervicale ; 2, septième vertèbre cervicale ; 3, première vertèbre dorsale ; 4, douzième vertèbre dorsale ; 5, première vertèbre lombaire ; 6, sacrum ; 7, coccyx. — A, horizontale ; B, ligne représentant l'inclinaison du bassin par rapport à l'horizon (Beaunis et Bouchard).

le siège des mouvements de flexion et de rotation que la tête exécute sur la colonne rachidienne.

Les côtes thoraciques sont en même nombre que les vertèbres dorsales avec lesquelles elles s'articulent par leur extrémité supérieure, tandis que, inférieurement, elles s'unissent avec le sternum ; toutes cependant n'atteignent pas cet os, les postérieures restant libres ou se joignant à l'extrémité sternale des côtes antérieures. Dans la région lombaire on trouve quelquefois des côtes développées, mais en général elles ont la forme d'apophyses transverses. Le sternum est composé d'une série de pièces disposées longitudinalement et soudées entre elles de manière à former un os unique dans lequel on distingue trois parties qui sont, d'avant en arrière, le *manubrium*, le *mésosternum* et l'*apophyse xiphoïde*. Le manubrium s'articule avec les clavicules et s'élargit alors d'une façon notable, mais quand les clavicules font défaut, il reste étroit. Chez les Mammifères volants (Chauves-Souris), on remarque à la face antérieure du sternum une crète saillante analogue au bréchet des Oiseaux.

La conformation des membres varie suivant le rôle qu'ils remplissent comme organes de locomotion ou de préhension. La paire antérieure ne fait jamais défaut, tandis que la paire postérieure manque plus ou moins complètement chez les Mammifères pisciformes. La ceinture scapulaire est formée essentiellement par une omoplate, ou scapulum, appliquée de chaque côté sur la cage thoracique, de forme à peu près triangulaire, et présentant à son sommet la surface nommée *cavité glénoïde* qui sert à l'articulation de l'humérus. Sa face externe est divisée en deux parties par une crête osseuse, dont l'extrémité forme une grosse apophyse appelée *acromion* qui s'articule avec la clavicule ; mais celle-ci manque souvent, et en particulier chez les Mammifères, dont les membres uniquement locomoteurs ne se meuvent que dans un plan antéropostérieur. L'os coracoïdien fait généralement défaut ; il n'existe que chez les Monotrèmes, et il est représenté chez les Mammifères ordinaires par une simple tubérosité, l'*apophyse coracoïde*, placée devant la cavité articulaire de l'omoplate.

La ceinture pelvienne n'existe qu'à l'état de vestige chez les Cétacés, mais elle est ordinairement bien développée, et, en s'unissant avec le sacrum, constitue ce qu'on appelle le bassin. Les os iliaques présentent, au point de jonction des trois pièces primitivement distinctes dont ils sont composés (ilion, ischion et pubis), une cavité articulaire, dite *cavité cotyloïde*, destinée à recevoir la tête du fémur. Chez les Monotrèmes et les Marsupiaux le bassin est pourvu en outre de deux os particuliers portés par l'arcade du pubis et dirigés en avant; on les a désignés sous le nom d'*os marsupiaux*.

La portion mobile des membres subit dans sa forme des modifications en rapport avec les usages auxquels elle est adaptée selon le genre de vie des animaux (fig. 697). Chez les Mammifères aquatiques, elle se raccourcit et se transforme en nageoire (Cétacés), ou en patte natatoire (Amphibies); chez les Mammifères volants, elle s'allonge au contraire et donne attache à un repli membraneux qui,

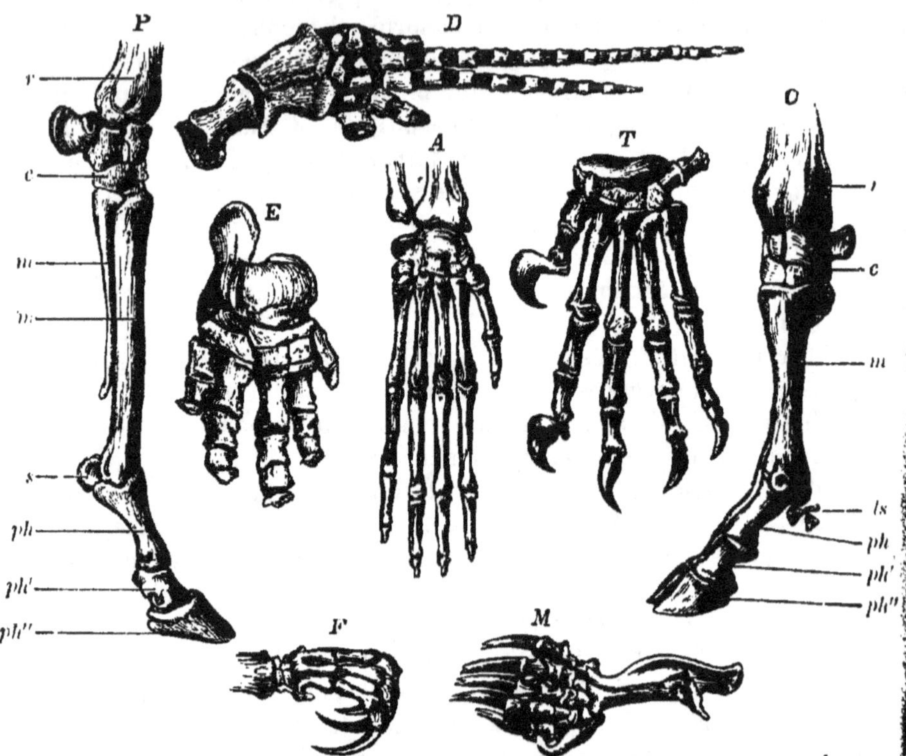

Fig. 697. — Membres comparés de Mammifères. — A, main de l'Orang-Outang ; D, membre du Dauphin (Cétacé); E, pied postérieur de l'Éléphant; F, extrémité antérieure du Paresseux; M, extrémité antérieure de la Taupe; T, extrémité antérieure du Tigre; P, extrémité antérieure du Cheval. — *r*, radius; *c*, carpe; *m, m*, métacarpe; *s*, os sésamoïde; *ph, ph', ph''*, phalanges; O, extrémité antérieure du Taureau; *r, c, m, ph, ph', ph''*, ut supra; *ds*, doigts rudimentaires.

s'étendant entre les doigts et sur les côtés du corps, permet à ces animaux de se transporter dans l'air; enfin, chez les Mammifères terrestres, de nombreuses variations se produisent selon que ces organes sont employés à fouir le sol, à grimper sur les arbres, ou qu'ils deviennent propres à la préhension. L'humérus et le fémur, par suite d'un mouvement de rotation effectué en sens contraire pour chacun d'eux au cours du développement, ont leurs faces homologues qui regardent, l'une en avant, l'autre en arrière, de sorte que la flexion s'opère suivant une direction inverse dans les articulations du coude et du genou. Le cubitus et le radius, qui composent le second segment du membre antérieur, sont parfois susceptibles de tourner l'un sur l'autre de façon à changer la position des extrémités, principalement chez l'Homme, où la main peut ainsi être placée en *pronation*, c'est-à-dire la face palmaire en arrière, ou en supination, c'est-à-dire la face palmaire en avant. Au membre postérieur, le tibia, qui est l'homologue du radius, est l'os principal de la jambe, le péroné étant le plus souvent rudimentaire; mais c'est dans les parties terminales que se montrent les modifications les plus importantes. Le nombre typique des doigts est de cinq, mais il peut devenir moindre par réduction et n'être plus que d'un (Solipèdes). En pareil cas, c'est le doigt du milieu qui reste seul; le pouce, au contraire, disparaît le premier. Les métatarsiens et les métacarpiens se réduisent d'une façon correspondante, et ne sont plus représentés, dans certains cas, que par une pièce unique qu'on appelle l'*os du canon*. Différentes variations se rencontrent aussi dans les os du carpe et du tarse disposés sur deux rangées transversales. L'une des modifications les plus importantes dont l'extrémité antérieure puisse être le siège est celle par laquelle le pouce devient opposable, auquel cas on donne à cette extrémité le nom de *main*. Au pied, le pouce est aussi opposable parfois, mais cette particularité qu'on observe chez les Singes ne suffit pas pour que cette extrémité devienne une main, et le nom de Quadrumanes, par lequel on désigne souvent ces animaux, est tout à fait inexact.

Le système nerveux atteint chez les Mammifères son plus haut degré de développement et de perfection. La moelle présente un renflement très marqué correspondant à chaque paire de membres, et se termine par le faisceau des nerfs spinaux postérieurs formant ce qu'on appelle la *queue de cheval;* jamais on ne trouve dans la région lombaire le sinus rhomboïdal qui existe chez les Oiseaux. Le bulbe rachidien est volumineux, et on y remarque un entre-croisement très visible des fibres appartenant aux pyramides antérieures. Le cervelet (fig. 698, C) se compose d'une partie médiane, ou *vermis*, et de deux lobes latéraux qui deviennent d'autant plus gros que les Mammifères sont plus élevés, tandis que le lobe médian, par un phénomène inverse, se réduit graduellement. Ces deux lobes, hémisphères du cervelet, sont reliés transversalement par un faisceau de fibres passant au-dessous du bulbe et constituant le *pont de Varole*, ou *protubérance annulaire*, dont le développement est en rapport avec celui de ces lobes eux-mêmes. Le ventricule qui est creusé dans le cervelet des autres Vertébrés disparaît chez les Mammifères. Les lobes optiques sont moins développés que chez les

Oiseaux ; le plus souvent ils sont cachés par le cervelet et le cerveau qui chevauchent au-dessus d'eux. Chacun de ces lobes est partagé par un sillon transversal, d'où résulte la formation de quatre éminences auxquelles on donne le nom de *tubercules quadrijumeaux*. Ils ne présentent aucune cavité intérieure, et c'est par un canal très étroit, situé au-dessous d'eux et appelé *aqueduc de Sylvius*, que le

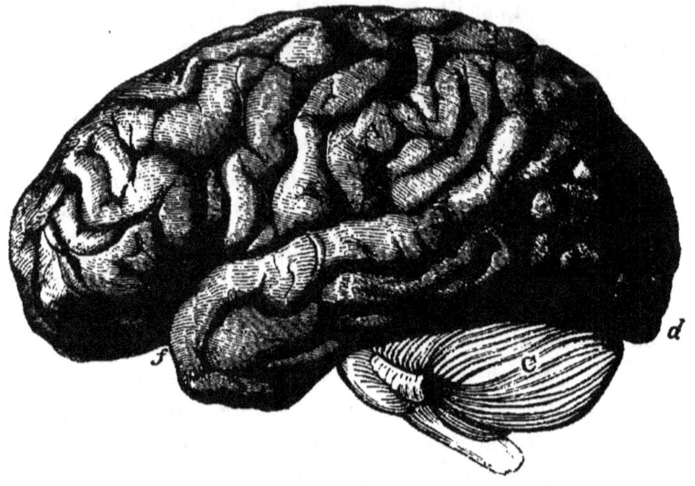

FIG. 698. — Cerveau humain, vu latéralement. — A, hémisphère gauche ; C, cervelet
f, f, scissure de Sylvius.

quatrième ventricule est mis en communication avec le troisième. Celui-ci, placé sur la ligne médiane, présente toujours deux appendices impairs, l'un supérieur, ou *corps pinéal*, l'autre inférieur, ou *corps pituitaire*. Chez les Mammifères, le corps pinéal est caché sous la portion postérieure du cerveau. Sur les côtés du troisième ventricule se trouvent les couches optiques qui sont bien développées et forment en partie le plancher des ventricules latéraux.

Le cerveau antérieur, ou cerveau proprement dit, est divisé en deux lobes d'un volume considérable (fig. 698, A). Chacun d'eux est creusé d'un ventricule, *ventricule latéral*, dont le plancher est formé dans sa partie antérieure par le *corps strié*. Les hémisphères cérébraux sont unis par une commissure, grande commissure cérébrale ou *corps calleux* (fig. 699), qui est spéciale aux Mammifères ; elle forme le plafond des ventricules latéraux et se confond en arrière avec la *voûte* à trois piliers, située au-dessous et dont elle est séparée en avant par un espace vide. Cet espace est divisé par une cloison médiane, ou *cloison transparente*, formée de deux lames nerveuses disposées verticalement et laissant entre elles un intervalle qui constitue le cinquième ventricule. Au-dessous du

corps calleux, s'étendent les ventricules latéraux, séparés l'un de l'autre par la cloison transparente, et présentant deux prolongements, ou *cornes*, l'une antérieure, l'autre infé-
rieure. Celle-ci est gé-
néralement simple, mais, chez les Singes et chez l'Homme, elle se bifurque et donne naissance à une troisième corne nom-
mée *cavité ancyroïde* ou *digitale*. On y remarque une saillie connue sous le nom d'*ergot de Mo-
rand*, ou *petit hippo-
campe;* une saillie ana-
logue appelée *corne d'Ammon*, ou *pied d'hippocampe*, occupe la corne descendante.

Chez les Monotrèmes et les Marsupiaux, l'appa-

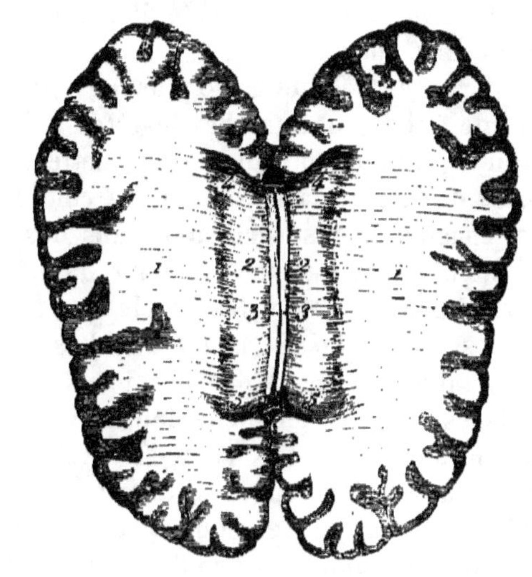

Fig. 600. — Corps calleux du Cheval. — 1, centre ovale de Vicq d'Azyr ; 2, 2, fibres transverses du corps calleux ; 3, 3, tractus longitudinaux ; 4, 4, cornes ou angles de l'extrémité postérieure ; 5, 5, celles de l'extrémité antérieure.

reil commissural du cerveau est rudimentaire. Chez ces animaux et certains autres Mammifères, la surface extérieure des hémisphères cérébraux est lisse, tandis qu'elle présente de nombreuses circonvolutions chez ceux dont l'organisation est plus perfectionnée.

Les Mammifères sont généralement bien doués sous le rapport des sens. Le toucher s'exerce au moyen d'organes très riches en corpuscules du tact, tels que les mains de l'Homme et des Singes, la trompe de l'Éléphant, le museau de la Taupe, etc... Parfois les terminaisons nerveuses sont en rapport avec des poils qui ont reçu le nom de *poils tactiles*.

Le sens du goût est très développé chez la plupart de ces animaux; celui de l'odorat l'est aussi à un haut degré. Les fosses na-
sales sont très grandes et communiquent en outre avec des cavités ou sinus qui, d'après leur position, sont désignés sous les noms de sinus maxillaires, sinus frontaux et sinus sphénoïdaux. Le nez, formé par la paroi antérieure plus ou moins saillante des fosses nasales, se complète au moyen de pièces cartilagineuses mobiles qui entourent les narines; parfois il se transforme en un organe de préhension (trompe de l'Éléphant) ou en un organe fouisseur (groin de Porc). La muqueuse nasale est lubrifiée par le produit de sécrétion de glandes logées dans son épaisseur, et de plus par l'humeur

que fournit la glande lacrymale. Les nerfs olfactifs qui s'y distribuent, après avoir traversé la lame criblée de l'ethmoïde, se ramifient en un grand nombre de filets qui se terminent par des cellules
fusiformes spéciales.

L'organe de l'ouïe est le plus souvent pourvu d'une oreille externe
qui ne fait défaut que chez les Monotrèmes et certains Mammifères
à vie aquatique ou souterraine ; cette oreille externe est ordinairement mobile et parfois de forme compliquée. La caisse du tympan
est spacieuse, et se prolonge dans des cavités accessoires, cellules
mastoïdiennes, qui sont plus ou moins développées. Elle est traversée par la chaîne des osselets, axe osseux composé de quatre
pièces : le *marteau*, l'*enclume*, l'*os lenticulaire* et l'*étrier*. Elle
communique avec le pharynx par la trompe d'Eustache ; chez les
Cétacés, celle-ci débouche dans l'évent. L'oreille interne comprend
toujours trois canaux semi-circulaires de taille variable et un
limaçon bien développé qui décrit deux ou trois tours de spire, quelquefois plus (Chauves-Souris), mais qui, chez les Monotrèmes, a la
forme d'une simple crosse et ressemble à celui des Oiseaux.

Les yeux sont pourvus de deux paupières, l'une supérieure et
l'autre inférieure ; la troisième paupière, ou membrane nictitante,
est plus ou moins réduite et souvent représentée par un simple repli
de la conjonctive (repli semi-lunaire) situé à l'angle interne de
l'œil, où l'on observe également une petite masse glandulaire appelée *caroncule lacrymale*. L'appareil lacrymal existe toujours, mais
il est rudimentaire chez les Cétacés et les Phoques. Chez un grand
nombre de Mammifères, la choroïde, dépourvue de pigment sur une
étendue plus ou moins grande de sa surface, présente en ce point
des teintes brillantes et irisées ; on donne à cette portion de la
choroïde le nom de *tapis*. La forme de la pupille est variable.
Tantôt elle est circulaire, comme chez l'Homme ; tantôt elle est allongée et verticale, comme chez le Chat, ou transversale, comme chez
le Cheval, le Bœuf, etc. Dans certains cas, les yeux subissent, par
défaut d'usage, un mouvement de rétrogradation et s'atrophient progressivement, ainsi qu'on l'observe chez les Mammifères qui vivent
sous terre, comme la Taupe, le Bathyergue et surtout le Spalax, ou
Zemmi, qui est complètement aveugle.

La particularité la plus importante que présente l'appareil digestif des Mammifères est fournie par l'armature buccale composée
chez la plupart d'entre eux de dents que nous avons déjà étudiées à
propos de l'organisation des Vertébrés en général (p. 552). Quelques-uns de ces animaux seulement en sont privés, comme les Échidnés, les Fourmiliers ; d'autres, tels que l'Ornithorhynque et le
Rythine, n'ont pas de véritables dents, mais des organes de nature

cornée, ou odontoïdes. Celles-ci, chez les Baleines, ont la forme de lames longues et flexibles, disposées par rangées transversales à la mâchoire supérieure, et appelées *fanons*.

On sait que la composition du système dentaire des Mammifères subit de nombreuses variations et fournit des caractères d'une très grande valeur pour la classification de ces animaux; la connaissance en est donc nécessaire, et on l'indique d'une manière brève et commode au moyen des formules dentaires qui en sont pour ainsi dire l'expression algébrique; on a vu comment on établissait ces formules.

En général, la bouche est entourée par des lèvres mobiles qui recouvrent le bord alvéolaire des mâchoires, et se continuent avec les joues qui forment latéralement les parois de la cavité buccale. Ces joues prennent parfois assez d'extension pour constituer de véritables poches qu'on nomme *abajoues* et qui servent à emmagasiner des aliments. On en trouve de très développées chez beaucoup de Singes et de Rongeurs. La langue est charnue, ordinairement très mobile et plus ou moins protractile (excepté chez les Cétacés). Elle est attachée à l'os hyoïde par une lame fibreuse médiane placée verticalement dans son épaisseur et appelée *membrane hyo-glosse*. Parfois cette membrane prend la forme d'un cordon fibreux, ou cartilagineux, qui s'étend jusqu'à la pointe de l'organe. Les papilles dont la muqueuse linguale est garnie acquièrent, dans certains cas, une consistance cornée, et constituent autant de petites épines qui hérissent la surface de la langue (Chat). Celle-ci a des usages très variés. Elle joue un rôle important dans la déglutition des solides et des liquides. Parfois elle sert à la préhension; ainsi, c'est à l'aide de la langue que la Girafe cueille sur les arbres les feuilles dont elle fait sa nourriture, et que les Fourmiliers s'emparent des Insectes dont ils vivent. Les glandes salivaires sont bien développées ; cependant elles sont rudimentaires chez les Phoques et manquent chez les Cétacés.

Le pharynx, ou arrière-bouche, présente chez les Mammifères une disposition particulière, due à la présence d'un repli membraneux, *voile du palais*, qui est suspendu au bord postérieur de la voûte palatine, et se continue de chaque côté avec deux saillies dirigées vers la base de la langue (fig. 700). Ces saillies portent le nom de piliers du voile du palais, et on appelle isthme du gosier le passage qui se trouve ainsi circonscrit. Entre les deux piliers, de chaque côté, sont logées les amygdales. Chez l'Homme et chez certains Singes, on remarque sur le bord libre du voile du palais un prolongement médian qu'on nomme *luette*.

L'œsophage est généralement long et aboutit à l'estomac, au-dessous du diaphragme, lequel sépare la cavité thoracique de la cavité abdominale. L'estomac occupe une position transversale ; le plus

souvent il est simple, constitué par une poche unique, mais parfois
il est divisé en plusieurs compartiments formant des cavités distinctes, ainsi qu'on l'observe chez les Ruminants. Il est séparé de
l'intestin par un rétrécissement annulaire qui constitue le pylore
et présente à l'intérieur un repli membraneux, ou *valvule pylorique*.

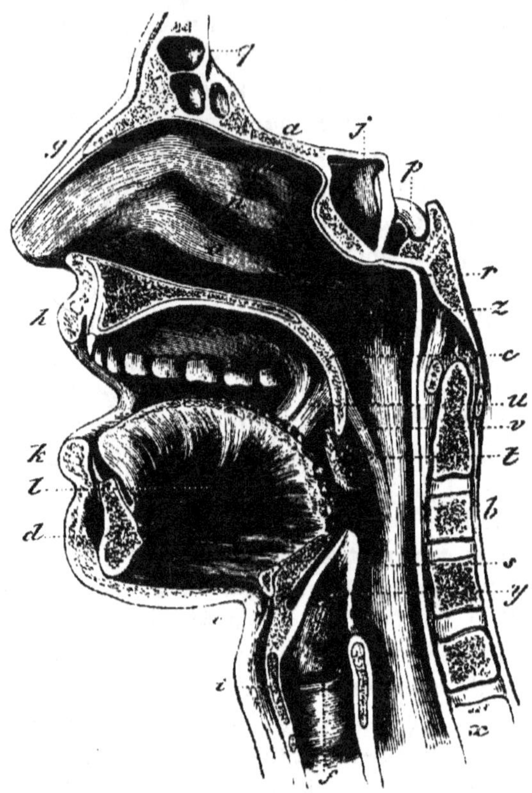

Fig. 700. — Coupe de la tête montrant la bouche et le pharynx. — *k-h*, ouverture buccale ;
l, langue ; *d*, mâchoire inférieure avec insertion du génio-glosse ; *e*, os hyoïde ; *y*, épiglotte ;
f, cavité du larynx ; *c*, voile du palais ; *u*, pilier antérieur du voile ; *v*, pilier postérieur
t, amygdale ; *s*, portion étroite du pharynx se continuant avec l'œsophage ; *z*, ouverture
de la trompe d'Eustache.

L'intestin grêle a d'ordinaire sa limite postérieure également marquée par une valvule, *valvule iléo-cæcale*, et en outre, au point où
commence le gros intestin, celui-ci donne naissance à un cæcum
quelquefois très développé, quelquefois, au contraire, très grêle et
désigné alors sous le nom d'*appendice vermiforme*.

   La longueur relative de l'intestin est très variable, et, en règle
générale, plus grande chez les animaux dont le régime est végétal ;
aussi, tandis qu'elle n'est que de 3 à 5 fois la longueur du corps
chez les Carnivores, elle atteint chez les Herbivores 10, 12 et jusqu'à

28 fois cette longueur (chez le Mouton). Souvent la muqueuse de
l'intestin grêle forme de nombreux replis transversaux, particulièrement développés chez l'Homme, et appelés *valvules conniventes*;
elle est aussi garnie de petits prolongements, ou de villosités, qui
affectent des formes diverses, mais qui font rarement défaut.

Le foie est de forme variable, divisé en plusieurs lobes et pourvu
le plus souvent d'une vésicule du fiel (fig. 701); dans ce cas, le canal
excréteur de celle-ci, ou canal cystique, se réunit au canal hépatique

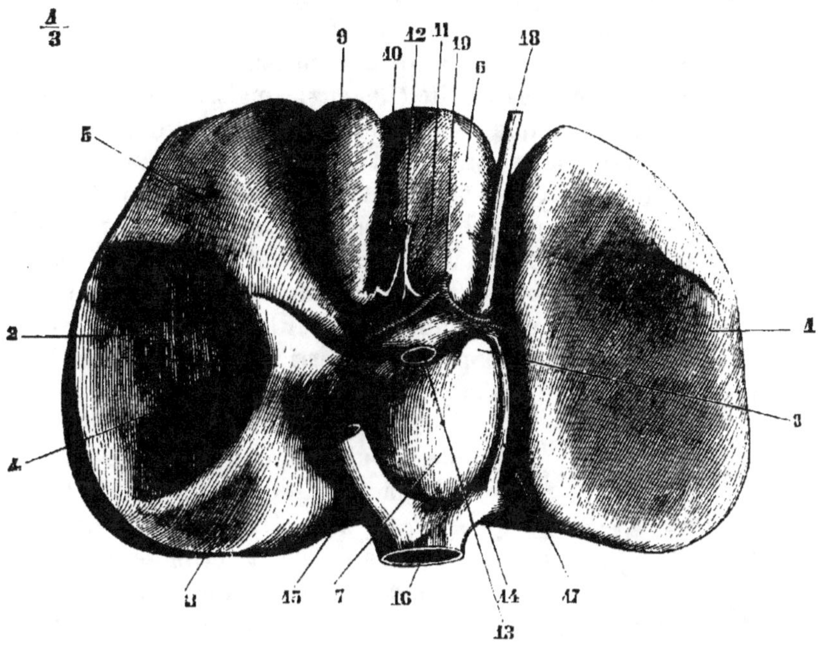

Fig. 701. — Foie de l'Homme (face inférieure). — 1, lobe gauche ; 2, lobe droit ; 3, empreinte de la capsule surrénale droite ; 4, empreinte rénale ; 5, empreinte colique ; 6, lobe
carré ; 7, lobe de Spigel ; 8, son prolongement antérieur ; 9, vésicule biliaire ; 10, canal
cystique ; 11, canal hépatique ; 12, canal cholédoque ; 13, veine porte ; 14, veine sus-hépatique gauche ; 15, veine sus-hépatique droite ; 16, veine cave inférieure ; 17, canal veineux ;
18, cordon de la veine ombilicale ; 19, artère hépatique (d'après Beaunis et Bouchard).

pour former un conduit commun, nommé *canal cholédoque*, qui verse
la bile dans la première portion, ou portion duodénale, de l'intestin.
En ce point débouche également le conduit excréteur du pancréas,
ou *conduit de Wirsung*, qui tantôt s'ouvre dans l'intestin à côté du
canal cholédoque, et tantôt se confond avec lui dans sa portion terminale. Quelquefois il y a deux conduits pancréatiques qui tous les
deux se rendent directement dans l'intestin, ou dont l'un se réunit au
canal cholédoque.

Chez les Mammifères, l'anus, ou orifice terminal du tube digestif, est en général distinct et indépendant de celui des organes génito-urinaires ; chez les Marsupiaux, ces deux orifices sont logés au fond d'une bourse cutanée pourvue d'un sphincter commun ; chez les Monotrèmes, on trouve un cloaque analogue à celui des Oiseaux.

La circulation des Mammifères, comme celle des Oiseaux, est double et complète. Le cœur est formé de deux moitiés, sans communication entre elles, et composées chacune d'une oreillette et d'un ventricule ; celle de droite reçoit le sang veineux ; celle de gauche le sang artériel. Cet organe est de forme conique, et parfois sa division en cœur droit et cœur gauche est marquée extérieurement par une scissure profonde entre les deux ventricules qui sont séparés l'un de l'autre à leur extrémité (Dugong) ; mais, en général, elle est indiquée par un simple sillon interventriculaire. Un autre sillon transversal et circulaire correspond à la ligne de séparation des oreillettes et des ventricules. Le cœur est situé dans la cavité thoracique sur la ligne médiane et dirigé d'avant en arrière ; chez l'Homme et quelques autres Mammifères, il est obliquement couché sur le diaphragme, la pointe tournée à gauche. Il est entouré par le péricarde et suspendu en quelque sorte par les gros vaisseaux dans l'espace qui sépare les deux poumons, derrière le sternum (médiastin antérieur). Les orifices qui mettent en communication les oreillettes et les ventricules sont munis de valvules, dont l'une, celle de gauche, a reçu le nom de *valvule bicuspide* ou *mitrale*, et celle de droite le nom de *valvule tricuspide* ou *triglochine*. Du ventricule gauche part un tronc artériel simple, qui fournit d'abord les artères coronaires du cœur, et forme une crosse aortique recourbée *à gauche*. L'orifice de ce vaisseau dans la cavité ventriculaire est garni de trois valvules sigmoïdes. De la crosse de l'aorte naissent les troncs brachio-céphaliques, d'où partent les artères carotides et sous-clavières, mais il se produit de nombreuses variations dans le mode d'origine de ces vaisseaux suivant qu'ils sont confondus ou non dans leur portion basilaire.

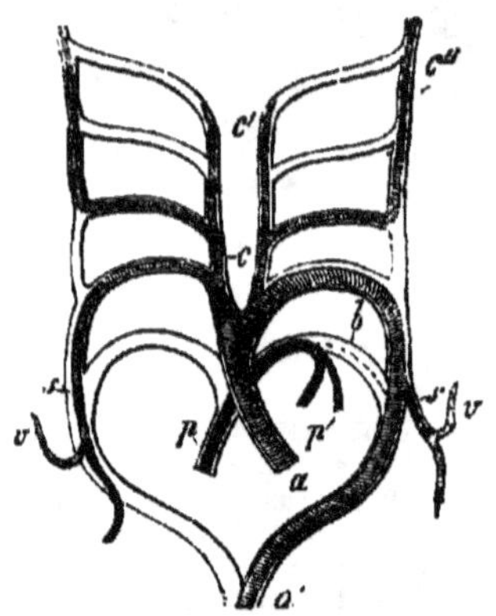

Fig. 702. — Schéma de la transformation des arcs aortiques chez les Mammifères. — *a*, tronc de l'aorte ; *a'*, aorte descendante ; *c*, carotide commune ; *c'*, carotide externe ; *c''*, carotide interne ; *s*, sous-clavière ; *v*, artère vertébrale ; *p*, tronc artériel pulmonaire ; *p'*, ses branches ; *b*, conduit artériel de Botal (d'après Rathke).

Ainsi chez l'Homme il existe un tronc brachio-céphalique droit, tandis que la carotide gauche et la sous-clavière du même côté naissent chacune directement de la crosse de l'aorte ; parfois, au contraire, un seul tronc fournit les deux sous-clavières et les deux carotides (Mouton, Cheval). Les gros troncs artériels, comme dans les autres classes, résultent de la transformation des arcs aortiques primitifs (fig. 702).

L'aorte se continue le long de la colonne vertébrale en se dirigeant vers le bassin (aorte descendante), et, chez les Mammifères qui sont pourvus d'une queue, elle se prolonge jusqu'à l'extrémité de cet organe sous le nom d'artère caudale, mais, quand la queue est rudimentaire, sa portion terminale n'est plus représentée que par un petit vaisseau nommé *artère sacrée moyenne.* Dans son parcours l'aorte descendante donne des branches aux parois du corps (artères intercostales), aux viscères abdominaux (artères cœliaque, mésentériques, rénales...) et enfin à la région pelvienne et aux membres postérieurs (artères iliaques, interne et externe). Parfois, sur le trajet de certains vaisseaux artériels, on rencontre des réseaux admirables.

Le sang veineux fait d'ordinaire retour au cœur par deux veines caves, dont l'une antérieure et l'autre postérieure, qui débouchent dans l'oreillette droite ; mais parfois il y en a trois, dont deux antérieures. L'orifice de la veine cave postérieure est souvent muni d'un repli membraneux appelé *valvule d'Eustachi.* Les vaisseaux de la petite circulation ne présentent aucune particularité importante ; l'artère pulmonaire est garnie, à son entrée dans le ventricule droit, de trois valvules semi-lunaires, et se divise en deux branches destinées chacune à un poumon, suivant une disposition qui est à peu près la même chez tous les Mammifères ; cependant, chez ceux de ces animaux qui sont aquatiques, on remarque à l'origine de cette artère une dilatation considérable. Les veines pulmonaires, qui se jettent dans l'oreillette gauche du cœur, sont en général au nombre de deux de chaque côté, mais ce nombre n'est pas constant.

Le système lymphatique est plus riche en ganglions que dans la classe précédente ; ses vaisseaux sont garnis de valvules plus développées et plus nombreuses. Le canal thoracique est simple, situé à gauche, et débouche dans la veine cave antérieure ; quelquefois néanmoins il est double, et alors celui de droite se réunit à celui de gauche dans sa portion terminale ou se jette isolément dans la veine cave. Il n'y a jamais de cœurs lymphatiques chez les Mammifères.

L'appareil respiratoire se compose de deux poumons disposés symétriquement, un de chaque côté, dans la cavité thoracique, et dans l'intérieur desquels l'air est amené par la trachée-artère (fig. 7043. Celle-ci se bifurque ordinairement en deux bronches qui donnent naissance à de nombreuses ramifications. On compare souvent cet ensemble à un arbre creux dont le tronc serait représenté par la trachée et les racines par les bronches ramifiées. La trachée se divise quelquefois en trois bronches, dont une pour le poumon gauche, deux pour le poumon droit (la plupart des Ruminants, le Porc, etc...). Les anneaux qui en constituent la charpente sont généralement incomplets, à convexité tournée en dehors ; ils ne forment plus dans les bronches que des plaques irrégulières ; pourtant, à chaque bifurcation, on trouve un anneau plus complet qui sert à maintenir l'ouverture béante. Ces cartilages disparaissent entièrement dans les petites ramifications bronchiques. La trachée des Mammifères ne présente pas de dilatations comme celles qu'on y observe parfois chez les Oiseaux ; elle débouche antérieurement dans le larynx, organe producteur des sons, et est dépourvue à son point de bifurcation de l'appareil particulier qui con-

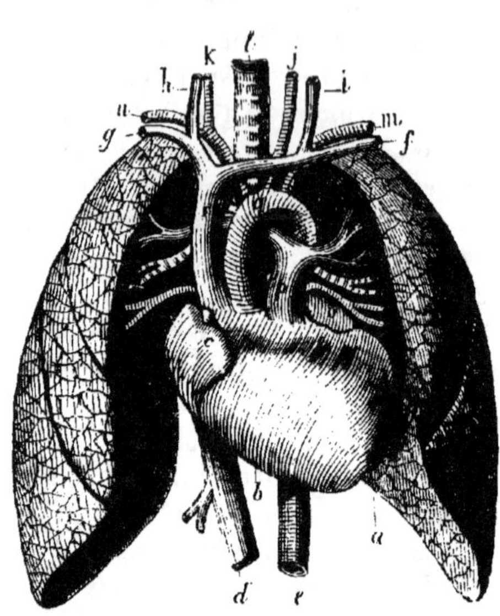

Fig. 703. — Poumons, cœur et principaux vaisseaux de l'Homme. — *a*, ventricule gauche ; *b*, ventricule droit ; *c*, oreillette droite ; *d*, veine cave inférieure ; *e*, aorte pectorale ; *f* et *g*, veines du bras ; *h* et *i*, veines jugulaires ; *j* et *k*, artères carotides ; *l*, trachée-artère ; *m* et *n*, artères du bras ; *o*, oreillette gauche ; *p*, artère pulmonaire ; *q*, crosse de l'aorte ; *r*, veine cave supérieure (d'après Milne Edwards).

stitue le larynx inférieur de ces animaux. Sa longueur est en rapport avec celle du cou, et, en général, elle se porte directement en arrière aux poumons. Les bronches, arrivées dans l'organe respiratoire, se divisent dichotomiquement en bronches de plus en plus petites, et leurs ramifications ultimes se terminent par une extrémité légèrement renflée en forme de vésicule. Les parois de ces canalicules en cul-de-sac sont formées de tissu fibreux et de tissu cellulaire, et sont parcourues par un grand nombre de vaisseaux capillaires sanguins. Leur surface interne n'est plus recouverte, comme dans les premières bronches, par un épithélium à cils vibratiles, mais par un épithélium pavimenteux. Tous ces canalicules constituent par leur réunion le *parenchyme* pulmonaire, et se groupent entre eux pour former ces parties circonscrites du poumon qu'on nomme *lobules*. Les lobules sont indépendants les uns des autres, sans communication entre eux et réunis par un tissu cellulaire dit interlobulaire.

L'organe pulmonaire ainsi constitué est enveloppé par une membrane particulière très mince, de la classe des séreuses, nommée *plèvre*. Elle est formée de deux feuillets, dont l'un s'étend sur la surface du poumon, et l'autre sur les parois de la cavité thoracique. Cette membrane pénètre entre les groupes de lobules qui dépendent d'un même rameau bronchique secondaire, et divise ainsi le poumon en portions qu'on nomme *lobes*. Chez l'Homme, le poumon gauche présente deux lobes, le poumon droit en présente trois, mais ce nombre varie chez les différents Mammifères : il paraît même qu'il n'est pas constant pour tous les individus d'une même espèce.

Les reins sont situés, de chaque côté de la colonne vertébrale, dans la région lombaire, et ont en général la forme de glandes conglomérées. Cependant, chez les Phoques et les Cétacés, ils se composent de lobules séparés entre eux et réunis en grappe sur les branches de l'uretère. Il existe toujours une vessie urinaire dont le conduit excréteur, ou canal de l'urètre, entre en connexion plus ou moins intime avec les conduits évacuateurs des organes génitaux. L'appareil génital se complique par suite de modifications subies par les canaux vecteurs, et du développement de parties annexes importantes. Chez les mâles, les testicules (fig. 704), qui prennent naissance, comme on sait, à côté des reins, gardent rarement cette position ; le plus souvent ils émigrent, descendent dans la région inguinale et y restent logés sous la peau (Rongeurs), ou bien traversent le canal inguinal et arrivent dans une bourse située au-dessous du pubis et nommée *scrotum*. Les canaux déférents débouchent dans l'urètre, plus ou moins près de la vessie ; chacun d'eux porte à son extrémité inférieure un organe glandulaire qu'on appelle *vésicule séminale*, parce qu'il sert de réservoir pour le sperme. Le canal de l'urètre, dans sa portion commune à l'appareil génital et à l'appareil urinaire, fait partie de l'appendice copulateur, ou *pénis*, dont la forme et la disposition sont variables. Il est essentiellement constitué par des organes érectiles unis au canal de l'urètre ; ces organes, qui ont reçu le nom de *corps caverneux*, sont primitivement doubles, mais ils se soudent sur la ligne médiane, et ne restent écartés qu'à leur extrémité postérieure, où ils forment deux prolongements fixés sur les branches ischio-pubiennes du bassin et nommés racines de la verge. En outre, cette portion du canal urétral (portion spongieuse de l'urètre) est entourée d'un tissu caverneux dont la disposition en tube résulte de la soudure par leurs bords de deux corps distincts à l'origine. Un renflement, qui en occupe l'extrémité postérieure, constitue le *bulbe de l'urètre*, et un autre renflement placé à l'extrémité antérieure forme la partie terminale de la verge qui est désignée sous le nom de *gland*. Celui-ci est enveloppé par un repli de la peau appelé *prépuce*. Souvent il y a dans la verge un os pénial dont la grosseur et la forme varient beaucoup. Enfin, le pénis est quelquefois bifide (Monotrèmes, Marsupiaux). Indépendamment des vésicules séminales annexées aux canaux déférents, il y a, chez les Mammifères, des glandes qui s'ouvrent dans le canal de

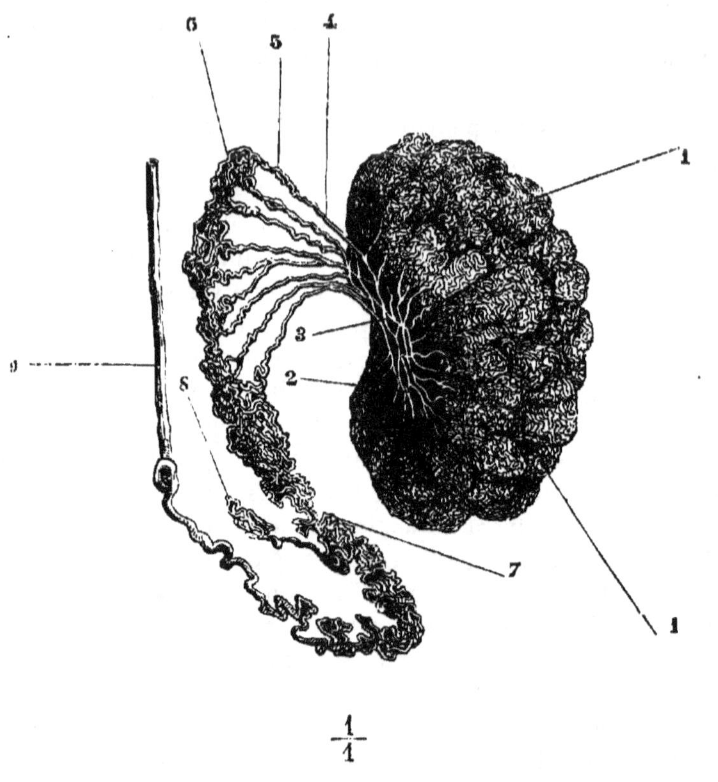

$$\frac{1}{1}$$

Fig. 701. — Testicule, épididyme et origine du canal déférent chez l'Homme. — 1, lobules testiculaires; 2, canalicules droits formant le réseau de Haller 3; 4, partie rectiligne des canaux efférents; 5, partie contournée des mêmes canaux; 6, tête de l'épididyme; 7, canal de l'épididyme enroulé; 8, vaisseau aberrant; 9, canal déférent (Beaunis et Bouchard).

l'urètre ; ce sont la *prostate* et les *glandes de Cowper*. A la partie postérieure de ce même canal, il existe entre les orifices des canaux déférents un petit appendice vésiculaire (organe de Weber), qui représente les restes du canal de Müller, et correspond par conséquent au conduit vecteur de l'appareil génital chez la femelle.

Les ovaires sont logés dans les replis péritonéaux connus sous le nom de ligaments larges ; ils sont symétriques, excepté chez les Monotrèmes, dont l'ovaire droit s'atrophie, tandis que l'ovaire gauche est bien développé. Les oviductes, formés par les canaux de

Müller, se différencient en plusieurs parties distinctes : la supérieure, toujours paire, constituant les *trompes de Fallope*, dont l'extrémité terminale évasée et nommée *pavillon* se trouve dans le voisinage immédiat de l'ovaire ; une seconde partie, généralement simple par suite de la fusion des deux conduits primitifs, mais quelquefois double, servant de chambre incubatrice et appelée *utérus* ; enfin, une troisième partie, le plus souvent impaire comme la précédente, destinée à recevoir le pénis pendant la copulation et désignée sous le nom de *vagin*. Le canal de l'urètre débouche au-devant de l'orifice vaginal, dans un vestibule génito-urinaire ordinairement très court, dont l'entrée forme la vulve. L'utérus présente des variations nombreuses, suivant que les canaux de Müller sont plus ou moins complètement soudés en ce point : ainsi quelquefois les deux utérus restent entièrement séparés l'un de l'autre (Monotrèmes, Marsupiaux) ; parfois ils ne sont réunis qu'à leur extrémité inférieure, de sorte qu'ils sont distincts dans presque toute leur étendue, mais communiquent avec le vagin par un orifice unique (Rongeurs) ; d'autres fois la fusion est poussée plus loin, et l'utérus n'est plus double que dans sa partie supérieure divisée en deux *cornes* qui se continuent avec les trompes (Carnivores, etc.). Enfin, chez les Mammifères les plus élevés, la fusion est complète et l'utérus est simple.

L'orifice d'entrée des voies génito-urinaires présente sur chacun de ses bords deux replis cutanés qui forment les petites et les grandes lèvres, les premières placées au dedans des secondes, lesquelles correspondent au scrotum des mâles. A la partie inférieure (ou antérieure, si la station est verticale) de cet orifice, dans l'angle formé par les petites lèvres, se trouve un organe érectile, analogue au pénis du mâle et nommé *clitoris* ; la forme en est variable. En général il n'est pas perforé, mais quelquefois il est parcouru par le canal de l'urètre (Loris, Makis). Les organes glandulaires sont moins développés que dans l'appareil mâle ; on n'y rencontre que les glandes vulvo-vaginales, ou de Bartholin, qui sont les analogues des glandes de Cowper. Les canaux dits de Gärtner représentent les conduits des reins primordiaux qui, chez le mâle, forment les canaux déférents.

A l'appareil reproducteur se rattachent les glandes mammaires dont le produit de sécrétion sert à l'alimentation des jeunes ; elles existent dans les deux sexes, mais elles sont rudimentaires chez les mâles. Ces glandes appartiennent exclusivement à la classe des Mammifères dont elles constituent un des principaux caractères ; de là le nom qui a été donné à ces animaux. Elles sont produites par différenciation des glandes dermiques, et sont situées à la face ventrale du corps. Elles sont formées par de nombreux acini, dont les conduits excréteurs se réunissent entre eux, de façon à constituer quelques troncs principaux qui vont s'ouvrir au sommet de la glande, sur une saillie nommée *mamelon* ou *tétine*. La position des mamelles varie beaucoup; elles sont placées, en effet, tantôt sur la poitrine, tantôt sur l'abdomen ou dans les aines. Leur nombre est aussi très variable et, d'une manière générale, en rapport avec celui des petits dont se compose chaque portée.

Quand l'organisme a atteint un degré de développement suffisant pour que les organes de la génération entrent en activité, c'est-à-dire à l'âge de la puberté, il se produit divers changements qui affectent des parties sans relations apparentes avec ces organes, par exemple le système tégumentaire, l'appareil vocal. En général l'activité reproductrice n'est pas continue et se manifeste périodiquement, mais d'une façon variable suivant les espèces et suivant les conditions de milieu; on donne le nom de *rut* à cette période d'activité des organes générateurs. Ce moment coïncide chez la femelle avec la chute et le passage dans les trompes d'un ou de plusieurs ovules. C'est alors que ceux-ci rencontrent les spermatozoïdes qui ont été apportés dans l'utérus pendant le coït et que la fécondation s'opère.

L'ovule fécondé subit une segmentation totale suivie du développement du blastoderme; il est entouré d'une enveloppe villeuse ou *chorion* au moyen duquel il se fixe dans l'utérus. On a vu déjà comment chez la plupart des Mammifères l'allantoïde venait se mettre en rapport avec les parois utérines et donnait naissance à un placenta (p. 87), mais celui-ci n'existe pas toujours, et c'est sur la présence ou l'absence de cet organe que repose la division des Mammifères en *Placentaires* et *Implacentaires*. De plus les caractères tirés de sa forme et de sa disposition ont été aussi utilisés dans la classification. Parfois le placenta est composé d'un grand nombre de villosités qui sont éparses sur toute la surface du chorion : *placenta diffus* des Équidés, des Porcins, des Cétacés; parfois les villosités sont réunies par îlots et forment pour ainsi dire autant de petits placentas isolés nommés cotylédons : *placenta cotylédonaire* des Ruminants; dans certains cas, le placenta s'étend autour de l'œuf suivant une zone annulaire : *placenta zonaire* des Carnivores; enfin, d'autres fois, il est concentré sur une surface limitée et prend la forme d'un plateau circulaire : *placenta discoïde* des Primates. Quand cet organe adhère faiblement à la muqueuse utérine et s'en sépare sans qu'aucune portion de celle-ci soit entraînée avec lui au moment de la naissance, autrement dit sans qu'il y ait formation d'une membrane caduque, les Mammifères sont

« adécidués ». Ils sont dits « décidués » dans le cas contraire.

Le temps pendant lequel l'œuf séjourne dans l'organisme maternel varie beaucoup chez les différents Mammifères, et la durée de la gestation, c'est-à-dire de la période pendant laquelle s'accomplit le travail embryogénique, est en rapport avec la taille qui est propre à chaque espèce, et avec le degré de développement que doit atteindre le jeune avant la naissance. Ce degré, en effet, est loin d'être toujours le même, et chez les Marsupiaux les petits viennent au monde dans un tel état d'imperfection qu'ils ne pourraient vivre, si leur développement ne se complétait dans la *poche marsupiale* où ils sont enfermés et suspendus aux tétines de la mère.

On observe chez la plupart des Mammifères un dimorphisme sexuel assez marqué. En général le mâle l'emporte sur la femelle par sa vigueur et sa puissance musculaire; il est mieux armé qu'elle et se distingue souvent par des caractères particuliers, comme l'existence de cornes chez un grand nombre de Ruminants, d'une crinière chez le Lion.

De tous les animaux les Mammifères sont ceux chez lesquels l'intelligence atteint son plus haut degré de développement. On connaît une foule d'exemples qui prouvent qu'ils sont capables de mémoire, de discernement, de réflexion et de jugement. Ils sont susceptibles d'éducation, et on ne saurait rapporter au seul instinct, comme on l'a prétendu, tous les actes qu'ils accomplissent. Leurs mœurs sont très diverses; les uns vivent isolés; les autres se réunissent en troupes, soit d'une façon permanente (sociétés domestiques), soit d'une façon accidentelle (bandes de Loups). Quelques-uns exécutent des migrations (Rennes, Buffles, Lemmings). Beaucoup d'entre eux se construisent des demeures, soit en creusant dans le sol des terriers ou des galeries souterraines, soit en édifiant des habitations d'une architecture compliquée, et comparables aux nids des Oiseaux. Parfois ils accumulent dans leur demeure des provisions qui leur servent pendant la mauvaise saison.

Il y a des Mammifères, dits *hibernants*, qui passent l'hiver engourdis dans leur retraite, et plongés dans une sorte de sommeil léthargique (sommeil hibernal); tels sont les Hérissons, les Marmottes, les Chauves-Souris, etc. Dans cet état ils sont immobiles, pelotonnés sur eux-mêmes et ne prennent aucune nourriture. Chez eux la circulation et la respiration se ralentissent, la température s'abaisse et n'est guère au-dessus de celle du milieu ambiant. L'engourdissement de ces animaux résulte de la diminution d'activité de leurs fonctions, sous l'influence du froid; ils sont impuissants à maintenir leur température propre à un degré suffisamment élevé. On sait que la faculté de conserver une température propre, sensiblement constante malgré les variations extérieures, n'appartient qu'aux Oiseaux et aux Mammifères ; c'est pour ce motif qu'on les appelait animaux à sang chaud, tandis qu'on donnait le nom d'animaux à sang froid à ceux dont la température est très voisine de celle du milieu dans lequel ils vivent et s'élève ou s'abaisse avec elle. On a remplacé ces dénominations par celles beaucoup plus exactes d'animaux à température constante et animaux à température variable. Or on voit que les Mammifères hibernants appartiennent en réalité à cette dernière catégorie.

Les premiers animaux de cette classe qui apparaissent dans les formations géologiques sont les Marsupiaux qu'on rencontre dans le Trias, mais la plupart des fossiles leur appartenant se trouvent dans les terrains tertiaires et quaternaires. Parmi les espèces aujourd'hui disparues, il y en a qui ont été contemporaines de l'Homme dans les temps préhistoriques, par exemple le Mammouth, l'Ours des cavernes, etc...

Linné divisait les Mammifères, *Mammalia*, en sept ordres, sous les noms suivants : *Primates* (Homme, Singes); *Bruta* (Éléphant, Rhinocéros, Édentés, Morses); *Fera* (Carnivores, Insectivores et Marsupiaux alors connus); *Glires* (Rongeurs); *Pecora* (Ruminants); *Belluæ* (Pachydermes, *partim*); *Cete* (Cétacés).

Blumenbach créa un ordre nouveau, celui des *Bimanes*, composé uniquement de l'Homme, qu'il sépara ainsi des Singes ou *Quadrumanes*. Cuvier, en se fondant principalement sur les caractères tirés des membres et de la dentition, établit neuf ordres de Mammifères dont nous donnons ici le tableau :

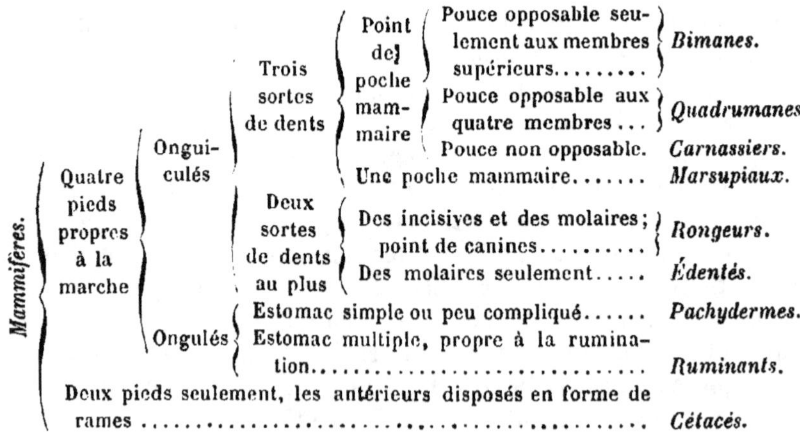

Mammifères					
Quatre pieds propres à la marche	Onguiculés	Trois sortes de dents	Point de poche mammaire	Pouce opposable seulement aux membres supérieurs.........	*Bimanes.*
				Pouce opposable aux quatre membres ...	*Quadrumanes.*
				Pouce non opposable.	*Carnassiers.*
			Une poche mammaire.......		*Marsupiaux.*
		Deux sortes de dents au plus	Des incisives et des molaires; point de canines..........		*Rongeurs.*
			Des molaires seulement.....		*Édentés.*
	Ongulés	Estomac simple ou peu compliqué......			*Pachydermes.*
		Estomac multiple, propre à la rumination.............................			*Ruminants.*
Deux pieds seulement, les antérieurs disposés en forme de rames					*Cétacés.*

De Blainville apporta un perfectionnement considérable à cette classification en séparant des Mammifères ordinaires, qu'il appela

Monodelphes, les Marsupiaux et les Monotrèmes qui s'en éloignent par leur mode de gestation, et il en forma deux sous-classes sous les noms de *Didelphes* et d'*Ornithodelphes*. Depuis, d'autres changements ont été encore introduits dans la distribution des Mammifères. Ainsi, on a reconnu que les caractères par lesquels l'Homme se différencie des Singes n'ont pas une valeur suffisante pour qu'on puisse le regarder comme formant à lui seul un ordre particulier, celui des Bimanes de Blumenbach, et on l'a réintégré dans l'ordre linnéen des Primates dont il constitue la première famille (1). Par contre un groupe de Mammifères grimpeurs, à mains et à pieds préhensiles, qui faisait partie des Quadrumanes, en a été séparé par A. Milne Edwards ; c'est celui des *Lémuriens* considéré aujourd'hui comme un ordre. Les Carnassiers de Cuvier étaient divisés en Chiroptères, Insectivores et Carnivores ; ces groupes ont été élevés au rang d'ordres ; de plus, on a fait aussi un ordre nouveau des Amphibies qui étaient réunis aux Carnivores, mais qui s'en écartent notablement par suite des modifications résultant de leur adaptation à la vie aquatique. Comme celui des Carnassiers, l'ordre des Pachydermes a été démembré, et on en a formé trois ordres distincts, ceux des Proboscidiens, des Jumentés et des Porcins. Les Proboscidiens (Éléphants) sont multiongulés et sont pourvus d'une trompe ; en outre, ils présentent une caduque qui fait défaut chez les autres Pachydermes. Les Jumentés sont caractérisés par le nombre impair de leurs doigts, et comprennent avec les Solipèdes de Cuvier, c'est-à-dire ceux qui n'ont qu'un seul doigt à chaque pied (Cheval), les Rhinocéros et les Tapirs qui étaient rangés dans les Pachydermes ordinaires. Les Porcins ont comme les Ruminants des doigts en nombre pair, et on les a quelquefois réunis avec eux dans un même groupe sous le nom de Bisulques ou Bisulces, c'est-à-dire animaux à pieds fourchus ; mais ils s'en distinguent par la composition de leur système dentaire, et par leur estomac simple impropre à la rumination, aussi est-il préférable de les laisser dans un ordre séparé.

Telles sont les principales modifications successivement apportées à la classification des Mammifères. Il en résulte une distribution nouvelle de ces animaux qui se trouve résumée dans le tableau suivant :

(1) Voy. Huxley, *De la place de l'Homme*, trad. par Dally. Paris, 1868.

TABLEAU DE LA CLASSIFICATION DES MAMMIFÈRES.

ORDRES.

Placentaires ou Monodelphes

- Quatre membres
  - Hétérodontes
    - Onguiculés
      - Trois sortes de dents
        - Membres antérieurs conformés pour la locomotion terrestre ou aérienne
          - Des mains
            - Orbites complètes. Mamelles pectorales............... *Primates.*
            - Orbites incomplètes. Mamelles pectorales et abdominales.. *Lémuriens.*
          - Pas de mains
            - Molaires broyeuses
              - Membres antérieurs aliformes. *Chiroptères.*
              - Membres antérieurs normaux. *Insectivores.*
            - Molaires tranchantes........ *Carnivores.*
        - Membres antérieurs modifiés pour la locomotion aquatique (Pinnipèdes).................... *Amphibies.*
      - Deux sortes de dents; condyle du maxillaire inférieur longitudinal........ *Rongeurs.*
    - Ongulés
      - Cinq doigts à chaque pied; une trompe.................... *Proboscidiens.*
      - Moins de cinq doigts à chaque pied
        - Doigts en nombre pair (*Artiodactyles*)
          - Estomac multiple......... *Ruminants.*
          - Estomac simple.......... *Porcins.*
        - Doigts en nombre impair (*Périssodactyles*)......... *Jumentés.*
  - Homodontes (dents d'une seule sorte; pas d'incisives; quelquefois point de dents).............. *Édentés.*
- Deux membres seulement; pas de membres postérieurs (Mammifères pisciformes)..................... *Cétacés.*

Implacentaires

- Pas de cloaque (DIDELPHES)........................ *Marsupiaux.*
- Un cloaque (ORNITHODELPHES)..................... *Monotrèmes.*

I. — IMPLACENTAIRES
ORDRE I. — MONOTRÈMES

Cet ordre ne renferme que deux genres, l'Échidné et l'Ornithorhynque, qui forment le passage entre les Oiseaux et les Mammifères. Ils se rattachent, en effet, aux premiers par diverses particularités de leur organisation. Comme eux, ils ont un orifice terminal commun pour les organes digestifs et génito-urinaires, c'est-à-dire un cloaque, caractère qui leur a valu le nom de Monotrèmes (de μόνος, seul ; τρῆμα, orifice). Leurs mâchoires sont revêtues d'un étui corné en forme de bec ; leur épaule est pourvue d'un os coracoïdien, et leur cerveau ne présente qu'un corps calleux rudimentaire ; aussi de Blainville, les séparant de tous les autres Mammifères, les considérait-il comme une sous-classe, celle des Ornithodelphes. Cependant ces animaux se rapprochent des Didelphes sous plusieurs rapports, notamment par l'absence d'un placenta, par la présence des os marsupiaux, par la conformation du cerveau ; c'est pourquoi l'on s'accorde généralement aujourd'hui à les placer auprès de ceux-ci, en leur donnant l'importance d'un ordre dans la subdivision des Mammifères implacentaires.

Les Monotrèmes se distinguent par quelques autres particularités remarquables. Chez eux les mamelles existent, mais les conduits galactophores ne s'ouvrent pas sur une partie saillante formant mamelon, ce qui avait d'abord fait méconnaître l'existence de ces organes. Les mâles ont les testicules contenus dans l'abdomen ; ils sont munis sur les pattes postérieures d'un éperon, ou ergot, creusé d'un canal communiquant avec une glande particulière, et qu'on a longtemps regardé comme un appareil venimeux, mais qui parait être un organe excitateur. Les femelles ont un utérus double ; chez elles, comme chez les Oiseaux, l'ovaire droit est atrophié. Les petits naissent dans un état de développement peu avancé, et, chez les Échidnés, ils sont reçus dans une poche marsupiale dont la mère est pourvue. Cet ordre se compose de deux familles représentées chacune par un seul genre, les ORNITHORHYNCHIDÉS et les ÉCHIDNIDÉS.

Les Ornithorhynques (*Ornithorhynchus*) (fig. 705) ont le corps allongé, déprimé et couvert de poils, une queue aplatie, des doigts palmés et terminés par de fortes griffes. Leur museau se prolonge en un large bec de canard, derrière lequel on trouve à chaque mâchoire deux paires d'odontoïdes. Ce sont des animaux aquatiques qui habitent les rivières et les lacs de l'Australie. On n'en connaît qu'une espèce, l'Ornithorhynque paradoxal (*O. paradoxus*).

Les Échidnés (*Echidna*) diffèrent des Ornithorhynques par leur aspect et par leurs habitudes. Ce sont des animaux terrestres et fouisseurs, à queue rudimentaire, qui ont le corps couvert de piquants

Fig. 705. — Ornithorhynque (*Ornithorhynchus paradoxus*).

comme les Hérissons. Ils ont un bec mince et allongé sans odontoïdes sur les mâchoires, une langue filiforme et protractile dont ils se servent comme les Fourmiliers pour s'emparer des Fourmis et des Insectes qui forment leur nourriture. L'Échidné épineux (*E. hystrix*) habite les contrées montagneuses de l'Australie.

ORDRE II. — MARSUPIAUX

Les Marsupiaux sont, comme les Monotrèmes, des Mammifères implacentaires. Ils ont pour principal caractère d'être pourvus d'une

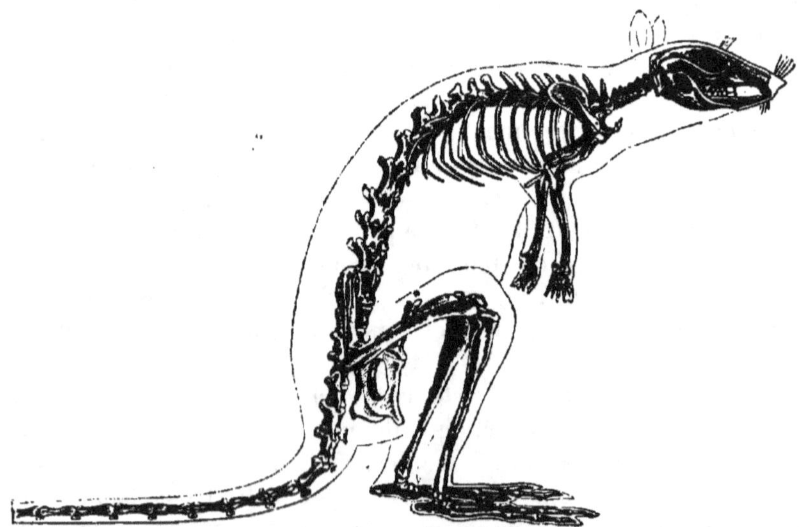

Fig. 706. — Squelette de Kanguroo. — * Os marsupiaux.

poche abdominale qui est formée au-devant des mamelles par un repli cutané, et qui est soutenue par les os marsupiaux (fig. 706);

de là vient leur nom (de μαρσύπιον, bourse). C'est dans cette poche
que les jeunes achèvent de se développer ; après la naissance, ils y
restent pendant plusieurs mois suspendus aux tétines de la mère,
et, quand ils sont devenus assez forts pour pouvoir quitter cet
abri, ils conservent encore longtemps l'habitude de s'y réfugier.

Le cerveau de ces animaux, comme celui des Monotrèmes, dénote
leur infériorité par rapport aux Mammifères placentaires ; les hémisphères sont petits, à circonvolutions à peine indiquées ; le corps

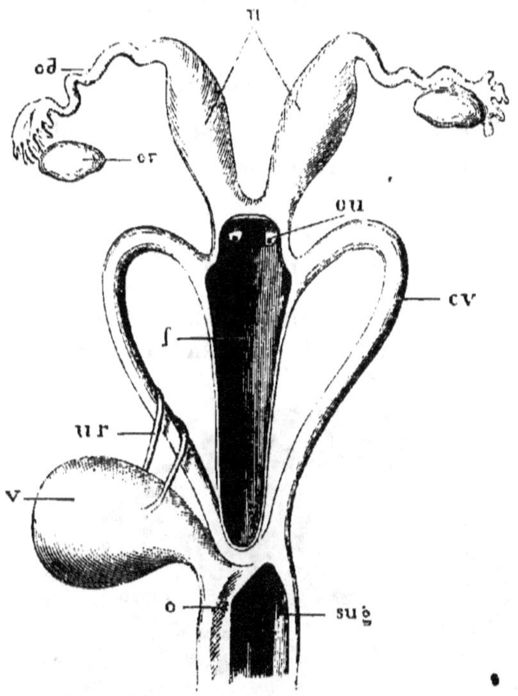

Fig. 707. — Org. générateurs femelles de l'*Halmaturus Benneti*. — *ov*, ovaire ; *od*, oviducte ;
u, utérus ; *ou*, orifice de l'utérus ; *f*, portion commune du vagin ; *cv*, canaux du vagin ; *sug*,
sinus uro-génital ; *v*, vessie urinaire ; *o*, son débouché dans le sinus uro-génital ; *ur*, uretères.

calleux est rudimentaire. Les organes génitaux sont doubles
(fig. 707) ; ainsi, chez la femelle, il y a deux utérus et deux vagins
séparés, mais ceux-ci se réunissent parfois dans leur partie supérieure pour former une cavité commune dans laquelle s'ouvrent les
deux utérus, et d'où chaque vagin part ensuite isolément pour
aboutir au sinus uro-génital. Chez le mâle, le pénis est en général
bifide à son extrémité. Les Marsupiaux diffèrent beaucoup entre
eux sous le rapport de leurs mœurs, de leur régime et de la composition de leur système dentaire. Parmi eux on trouve des formes
représentant divers groupes de Mammifères ordinaires, tels que
Carnivores, Rongeurs, etc., de sorte que ces animaux semblent

former deux séries paralléliques composées de termes correspondants (Is. Geoffroy Saint-Hilaire) (1).

La plupart des Marsupiaux habitent l'Australie; quelques-uns vivent en Amérique. Il n'en existe plus aujourd'hui en Europe, mais il y en a eu pendant l'époque tertiaire, comme l'attestent de nombreux fossiles. Ce sont les premiers Mammifères qui aient paru dans les temps géologiques.

On peut partager les Marsupiaux en deux groupes, les *Phytophages* et les *Créatophages*, suivant que leur régime est végétal ou animal.

1. Phytophages.

Les Marsupiaux phytophages forment trois familles :

Les MACROPODIDÉS, ou Kanguroos, sont herbivores et ont pour formule dentaire :

$$i\ \frac{3}{1},\ c\ \frac{0}{0},\ pm\ \frac{1}{1},\ m\ \frac{4}{4}.$$

Quelquefois il y a une petite canine en haut. Leur estomac est divisé en plusieurs compartiments. Leurs membres antérieurs sont courts,

FIG. 708. — *Halmaturus Thetis.*

tandis que les postérieurs sont longs, disposition qui en fait des animaux sauteurs; les doigts sont au nombre de quatre seulement, le pouce faisant défaut.

(1) Is. Geoffroy Saint-Hilaire, *Classification parallélique des Mammifères* (*Comptes rendus, Acad. des Sc.*, t. XX, 1845).

Les principaux genres de Macropodidés sont les Kanguroos (*Macropus, Halmaturus*) (fig. 708), les Potoroos, ou Kanguroos-Rats (*Hypsiprymnus*), etc. Ils habitent l'Australie.

Les PHALANGISTIDÉS (*Phalangista*) se nourrissent principalement de fruits. Leur estomac est simple; leur formule dentaire varie dans les différents genres. Il y a 2 incisives à la mâchoire inférieure, et 6 à la mâchoire supérieure; les canines inférieures manquent parfois; les molaires sont au nombre de 4 de chaque côté et à chaque mâchoire, mais il s'y ajoute tantôt 1, tantôt 2 ou 3 prémolaires. Ce sont des animaux arboricoles.

Parmi eux se rangent les Phalangers (*Phalangista*), à queue longue et préhensile; les Pétauristes, ou Phalangers volants (*Petaurus*), pourvus d'une membrane aliforme sur les côtés du corps; les Koalas (*Phascolarctos*), à queue rudimentaire.

Les PHASCOLOMYDÉS (*Phascolomys*) représentent, parmi les Marsupiaux, les Rongeurs dont ils ont la dentition :

$$ i\ \frac{1}{1},\ c\ \frac{0}{0},\ pm\ \frac{1}{1},\ m\ \frac{4}{4}. $$

Ils ont des pattes courtes, une queue rudimentaire. Ils forment un seul genre, celui des Phascolomes, ou Wombats (*Phascolomys*), vulgairement nommés « Rats à bourse ou Blaireaux d'Australie ». Ils se creusent des terriers dans lesquels ils restent cachés pendant le jour.

2. Créatophages.

Les Marsupiaux créatophages se distribuent en quatre familles :

Les TARSIPÉDIDÉS (*Tarsipes*) sont de petits animaux grimpeurs, à queue préhensile, qui se nourrissent d'Insectes. On n'en connaît qu'une espèce, de la grosseur d'une Souris, le *Tarsipes rostratus*.

Les PÉRAMÉLIDÉS (*Perameles*) correspondent aux Insectivores parmi les Monodelphes. Leur dentition se compose de :

$$ i\ \frac{1}{3},\ c\ \frac{1}{1},\ pm\ \frac{3}{3},\ m\ \frac{4}{4}. $$

Ils ont les membres postérieurs plus longs que les antérieurs, aussi leur marche consiste-t-elle en une suite de sauts (*Saltatoria* Ow.). Ce sont des animaux fouisseurs. Ils se partagent en deux genres : les Péramèles (*Perameles*) et les Chéropes (*Chœropus*).

Les DASYURIDÉS (*Dasyurus*) présentent le type carnivore. Ils ont des carnassières fortes et longues, des molaires pointues et tranchantes. Il n'y a chez eux que quatre doigts aux pattes postérieures,

le pouce étant rudimentaire; la queue est longue, velue, non préhensile. Les Dasyures (*Dasyurus*), les Myrmécobies (*Myrmecobius*),
les Thylacines, ou Loups à bourse (*Thylacinus*), etc., appartiennent à cette famille.

Les Didelphidés (*Didelphys*) sont des animaux grimpeurs (*Scansoria* Ow.), à queue généralement prenante et nue à l'extrémité. Leurs pattes postérieures ont cinq doigts dont l'interne est opposable, ce qui leur a fait donner aussi le nom de « Pédimanes ». Leur dentition est celle des Carnivores. Leur poche marsupiale est parfois incomplète (*Philander*). Ils habitent

Fig. 709. — *Philander dorsigera*.

l'Amérique. Les Sarigues (*Didelphys*); les Philanders, dont une
espèce, le Philander Enée (*Ph. dorsigera*) (fig. 709), porte ses
petits sur son dos; les Chironectes (*Chironectes*), qui ont des habitudes aquatiques et les pattes postérieures à doigts palmés, composent cette famille.

II. — PLACENTAIRES OU MONODELPHES

ORDRE I. — CÉTACÉS

Les Cétacés sont des animaux marins qui ressemblent aux Poissons par leur genre de vie et par leur apparence extérieure; aussi
ont-ils été quelquefois réunis avec eux quand leur organisation
n'était pas suffisamment connue. Les modifications qu'ils présentent
dans leur constitution, et par lesquelles ils s'éloignent des autres
Mammifères, sont le résultat de leur adaptation à une vie relativement aquatique. Leur corps est fusiforme, terminé par une queue
en forme de rame natatoire dirigée horizontalement (fig. 710). Ils
ont les membres antérieurs transformés en nageoires et sont dépourvus de membres postérieurs. La tête, souvent énorme, semble
se continuer avec le tronc et n'en est pas séparée par un cou distinct; cependant il existe des vertèbres cervicales, comme dans
les autres Mammifères, et en même nombre, mais elles sont ré-

duites à de courts anneaux qui sont tous ou presque tous soudés
entre eux. Les poils qui, en règle générale, couvrent la peau des
Mammifères, ne sont plus représentés que par quelques soies clair-
semées, ou même disparaissent complètement, mais il se développe
dans le tissu cellulaire sous-cutané une quantité considérable de
graisse qui garantit ces animaux contre une déperdition trop grande
de chaleur, et qui, en diminuant leur poids spécifique, favorise
leur locomotion dans l'eau.

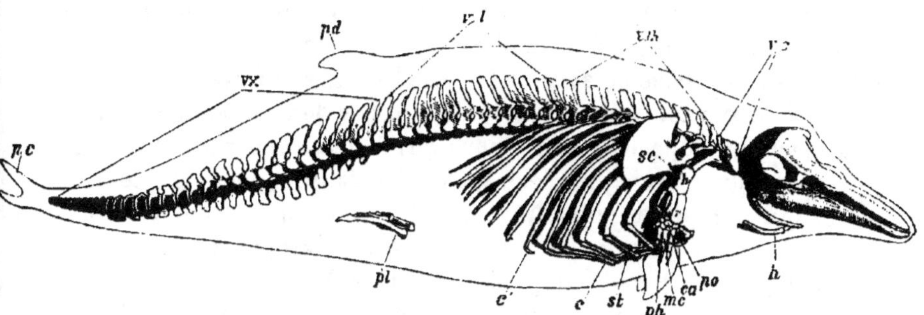

Fig. 710. — Squelette du Dauphin. — *vc*, vertèbres cervicales soudées ; *vth*, vertèbres dorsales ; *vl*, vertèbres lombaires ; *vx*, vertèbres caudales ; *st*, sternum ; *c*, vraies côtes ;
c', fausses côtes ; *sc*, scapulum ; *h*, humérus ; *r*, radius ; *u*, cubitus ; *ca*, os du carpe ; *mc*,
métacarpe ; *ph*, phalanges ; *po*, pouce ; *hy*, os hyoïde ; *pl*, rudiment du bassin ; *pc*, nageoire caudale ; *pd*, nageoire dorsale.

Le cerveau des Cétacés est peu volumineux relativemen à la
masse du corps, mais il présente des circonvolutions à sa surface.
L'oreille externe fait défaut. Les yeux sont petits, à pupille transversale, et contiennent un cristallin sphérique. Le sens de l'odorat
n'existe pas et les nerfs olfactifs manquent. Les fosses nasales
s'ouvrent le plus souvent au sommet de la tête par un orifice simple
ou double (évent), et ne servent qu'à conduire l'air dans le larynx
qui, grâce à une disposition spéciale, s'avance jusque dans les
arrière-narines, de telle sorte que la respiration peut continuer à
se faire par cette voie, pendant que la bouche est remplie d'eau et
que la déglutition des aliments s'effectue. Les dents font souvent
défaut, et chez les Baleines elles sont remplacées par des fanons ;
dans ce cas cependant elles existent chez le fœtus, comme l'a découvert Geoffroy Saint-Hilaire, mais elles ne se développent pas et
tombent avant la naissance. Les poumons sont très vastes et augmentent par la quantité d'air qu'ils renferment la légèreté spécifique
de ces animaux.

Les Cétacés sont dépourvus de membrane caduque et ont un placenta diffus. Les mamelles sont placées dans la région inguinale ;
cependant elles sont parfois pectorales (Sirénides).

On trouve dans les terrains tertiaires des restes fossiles appartenant à cet ordre. On partage les Cétacés en deux groupes ou sous-ordres : les Cétacés carnivores ou Souffleurs, et les Cétacés herbibores ou Sirénides.

1. Cétacés carnivores (Souffleurs).

Les animaux qui forment ce groupe sont pour la plupart remarquables par leur taille gigantesque. Ils ont les narines disposées en évent et situées sur le front. Leurs mâchoires sont parfois pourvues de dents, mais, quand ces dents existent, elles sont d'une seule sorte et de forme conique. Les mamelles sont placées dans la région inguinale. On divise ce sous-ordre en plusieurs familles.

Les Mysticètes, ou Balénidés, n'ont pas de dents, mais sont munis à la mâchoire supérieure de fanons qui forment une sorte de crible à travers lequel s'échappe l'eau introduite dans la gueule du Cétacé, tandis que les petits animaux engloutis avec elle y sont retenus. Leur taille est colossale, ils mesurent de 20 à 30 mètres et plus de longueur, et atteignent un poids de 150 000 kilogrammes. On les rencontre principalement dans les régions polaires, et ils sont l'objet d'une pêche spéciale à cause de l'huile et des fanons qu'on en retire. Les Balénidés comprennent plusieurs genres : les Baleines proprement dites (*Balœna*) dont l'espèce la plus célèbre est celle des mers arctiques (*B. mysticetus*); les Jubartes (*Megaptera*); les Rorquals (*Balœnoptera*).

Les Cétacés qui composent les autres familles se distinguent des précédents par l'existence de dents, soit sur une seule mâchoire, soit sur les deux ; c'est pourquoi on les réunit souvent sous le nom de *Cétodontes*.

Fig. 711. — Cachalot (*Physeter macrocephalus*).

Les Physétérides, ou Cachalots (*Physeter*) (fig. 711), sont munis de dents coniques à la mâchoire inférieure, mais la mâchoire supérieure en est dépourvue. Leur tête est énorme, et présente au-dessus de la face et du crâne de vastes cavités remplies d'une substance grasse connue dans le commerce sous le nom de « spermaceti » ou « blanc de baleine », et employée dans la fabrication de diverses pommades. L'ambre gris est aussi fourni par les Cachalots et se forme dans leur intestin.

L'espèce la plus connue est le *Physeter macrocephalus* qu'on rencontre dans toutes les mers du globe.

Les HYPEROODONTIDÉS (*Hyperoodon*) n'ont à la mâchoire inférieure qu'une ou deux paires de dents bien développées, les autres restant rudimentaires. Leur museau est allongé en forme de rostre, ce qui leur a fait donner aussi le nom de *Rhynchocètes* Esch. Leur taille est moindre que celle des Baleines ou des Cachalots. Ils forment plusieurs genres : *Hyperoodon*, *Ziphius*, etc.

Les MONODONTIDÉS, ou Narvals, ont à la mâchoire supérieure deux dents dirigées en avant, et chez les mâles l'une d'elles prenant un

FIG. 712. — Dent du Narval.

développement extraordinaire constitue une énorme défense qui atteint jusqu'à la moitié de la longueur du corps (fig. 712). Les Narvals (*Monodon monoceros*) composent seuls cette famille. Ils vivent en troupes dans les mers arctiques.

Les DELPHINIDÉS (*Delphinus*) ont des dents coniques nombreuses et à peu près semblables sur les deux mâchoires. Ce sont les moins grands de tous les Cétacés et ceux dont le corps est le plus élancé. On les rencontre dans toutes les mers où ils nagent en troupes. Les Dauphins (*Delphinus*), les Épaulards (*Globicephalus*), les Marsouins (*Phocœna*), les Orques (*Orcinus orca*), les Platanistes (*Platanista*), etc., prennent place dans cette famille.

2. Cétacés herbivores.

Les Cétacés herbivores ont la tête séparée du tronc par un cou court, et les narines situées à l'extrémité du museau qui est garni de poils. Ils possèdent des dents de deux sortes, incisives et molaires. Leurs mamelles sont pectorales. Ces animaux se nourrissent de plantes marines et viennent parfois sur les rivages de la mer pour y paître, ce qui leur a valu le nom de « Veaux marins » ou de « Vaches marines ». Ils ne sont donc pas exclusivement aquatiques, comme les Cétacés ordinaires.

Ils forment une seule famille, celle des SIRÉNIDÉS, qui comprend les Lamantins (*Manatus*) qu'on trouve principalement à l'embouchure de l'Orénoque et de la rivière des Amazones; les Dugongs (*Halicore*) (fig. 713) qui habitent l'océan Indien et la mer Rouge;

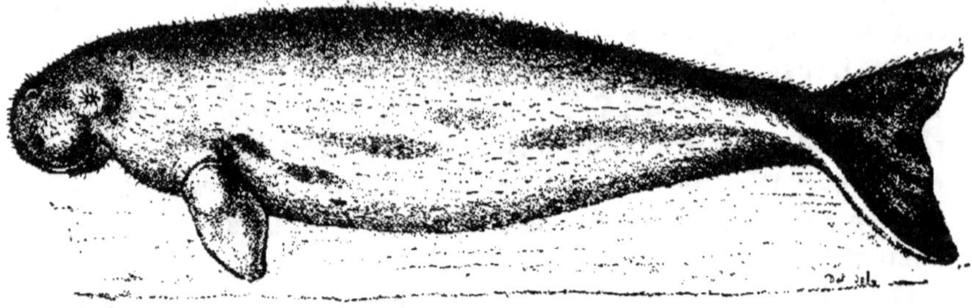

FIG. 713. — Dugong (*Halicore cetacea*).

les Stellères (*Rhytina*) observés par Steller au siècle dernier (1741) sur les côtes de l'île de Behring, et aujourd'hui éteints.

ORDRE II. — ÉDENTÉS

Les Édentés ne sont pas toujours dépourvus de dents, comme semblerait l'indiquer ce nom qui leur a été donné par Cuvier, mais leurs dents, quand ils en ont, sont uniformes (Homodontes), et le plus souvent les incisives et les canines font défaut. Les molaires sont petites, cylindriques, quelquefois très nombreuses, sans racine ni émail. Les extrémités sont pourvues d'ongles vigoureux et crochus. Ces animaux présentent du reste entre eux d'assez grandes différences, tant au point de vue de leur forme extérieure que de leur genre de vie. Les uns se nourrissent d'Insectes; ils ont le museau long et pointu, les mâchoires faibles, les pattes courtes, à doigts terminés par des ongles fouisseurs; souvent leur corps est revêtu d'écailles imbriquées (Pangolin), ou d'une cuirasse osseuse segmentée (Tatou). Les autres se nourrissent de feuilles; ils ont la tête ronde, le museau court, les pattes antérieures plus longues que les postérieures, et les doigts armés d'ongles puissants dont ils se servent pour grimper; leur corps est couvert d'un poil grossier. Tous ces animaux ont une organisation relativement inférieure; leur cerveau est petit, dépourvu de circonvolutions, et leur intelligence est très bornée. Les Édentés se partagent en plusieurs familles : .

Les MYRMÉCOPHAGIDÉS, ou Fourmiliers (*Myrmecophaga*), se distinguent par leur museau effilé, en forme de tube cylindrique, et terminé par une bouche étroite, dépourvue de dents, sauf chez l'Oryctérope. Leur langue est extrêmement longue, filiforme, protractile et visqueuse; elle leur sert pour s'emparer des Insectes et en particulier des Termites dont ils font leur nourriture. Les Tamanoirs (*Myrmecophaga jubata*) (fig. 714) habitent l'Amérique du

FIG. 714. — Tamanoir (*Myrmecophaga jubata*).

Sud. Ils sont caractérisés par une crinière qui, s'étendant le long de la nuque et de l'épine dorsale, se continue par une queue longue et touffue.

Les Tamanduas sont des Fourmiliers grimpeurs également américains, pourvus d'une queue en partie nue et préhensile. Les Oryctéropes (*Orycteropus*) habitent l'Afrique méridionale où ils sont désignés sous le nom de « Cochons de terre ». Ils ont les mâchoires armées de quelques molaires cylindriques, au nombre de huit en haut et six en bas.

FIG. 715. — Pangolin (*Manis longicaudata*).

Les MANIDÉS, ou Pangolins (*Manis*) (fig. 715), manquent de dents comme les Fourmiliers, et se nourrissent comme eux de Termites dont ils s'emparent au moyen de leur langue visqueuse et protractile, mais ils ont le corps recouvert de grandes écailles imbriquées entre lesquelles se trouvent quelques poils isolés. Ces animaux ont la faculté de se rouler en boule et de hérisser leurs écailles pour se protéger contre leurs ennemis. On trouve des Pangolins en Afrique et dans l'Inde.

Les DASYPODIDÉS, ou Tatous (*Dasypus*), sont des animaux à corps lourd, remarquables par la cuirasse composée de plaques osseuses dermiques qui les enveloppe. Les pattes sont courtes, ornées d'ongles fouisseurs qui leur permettent de creuser le sol avec une grande facilité. Les mâchoires sont garnies sur les côtés de petites dents molaires, quelquefois très nombreuses, 26/24. La langue ressemble à celle des Fourmiliers, mais elle est moins large et moins protractile. Les Tatous vivent surtout d'Insectes ; cependant quand la faim les pousse, ils mangent aussi des végétaux. Ils sont nocturnes et se creusent des terriers. Ils habitent l'Amérique du Sud, mais tendent à disparaître.

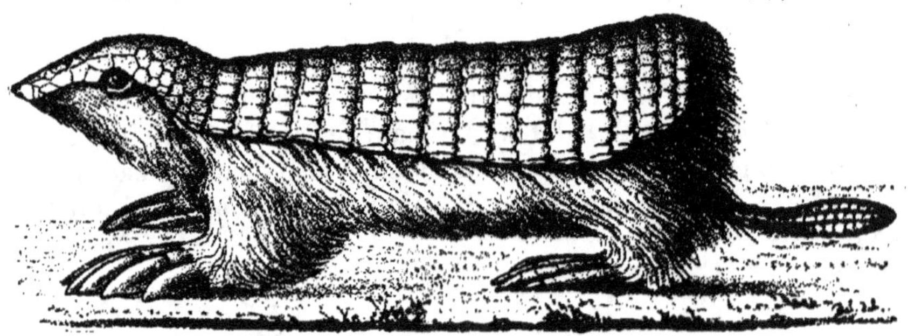

Fig. 716. — Chlamydophore (*Chlamydophorus truncatus*).

Les G. *Dasypus* et *Chlamydophorus* (fig. 716) composent cette famille à laquelle on rapporte aussi le G. fossile *Glyptodon*, Tatou gigantesque, propre au diluvium des pampas de l'Amérique du Sud.

D'autres Édentés fossiles de grande taille, appartenant aux mêmes terrains, les *Megatherium*, *Megalonyx*, *Mylodon*, etc., se rangent à côté des Dasypodidés, dans une famille distincte, celle des MÉGA-THÉRIDÉS, Gravigrades d'Owen.

Les BRADYPIDÉS, Tardigrades ou Paresseux (fig 717), sont remarquables par la lenteur de leurs mouvements ; pourtant ces singuliers animaux rappellent un peu les Singes par leurs mœurs et leurs habitudes. Ils vivent, en effet, sur les arbres dont ils mangent les feuilles et grimpent avec une certaine agilité, mais sur le sol ils se meuvent péniblement, appuyés sur les coudes, et le ventre traînant à terre. Leurs mâchoires portent chacune 4 ou 5 paires de molaires cylindriques dont les premières prennent quelquefois la forme de canines. Les Paresseux sont les seuls Mammifères qui n'aient pas toujours exactement sept vertèbres cervicales ; tantôt ils en ont huit ou neuf, et tantôt seulement six. Leur estomac présente cette particularité qu'il est divisé en quatre cavités distinctes. Leurs mamelles sont au nombre de deux et placées sur la poitrine.

Fig. 717. — Paresseux (*Bradypus tridactylus*).

Ces animaux habitent les forêts de l'Amérique méridionale. Ils forment deux genres : les Aï (*Bradypus*) qui ont trois doigts aux pieds antérieurs ainsi qu'aux pieds postérieurs, et les Unau (*Cholœpus*) qui n'ont que deux doigts aux pieds antérieurs.

ORDRE III. — JUMENTÉS

Les Jumentés sont des Mammifères ongulés, c'est-à-dire à doigts enveloppés par des onglons ou sabots. Ces doigts sont en nombre impair, ce qui a fait désigner aussi ces animaux sous le nom de *Périssodactyles* (de περισσός, impair ; δάκτυλος, doigt) ; de plus, celui du milieu prend un développement plus grand que les autres qui peuvent même être réduits à l'état de vestiges (Solipèdes). Leur fémur a sur son bord externe un troisième trochanter, et leur astragale, de forme ordinaire, n'offre pas à sa face inférieure la poulie qu'on y trouve chez les Ruminants et chez les Porcins. La dentition varie;

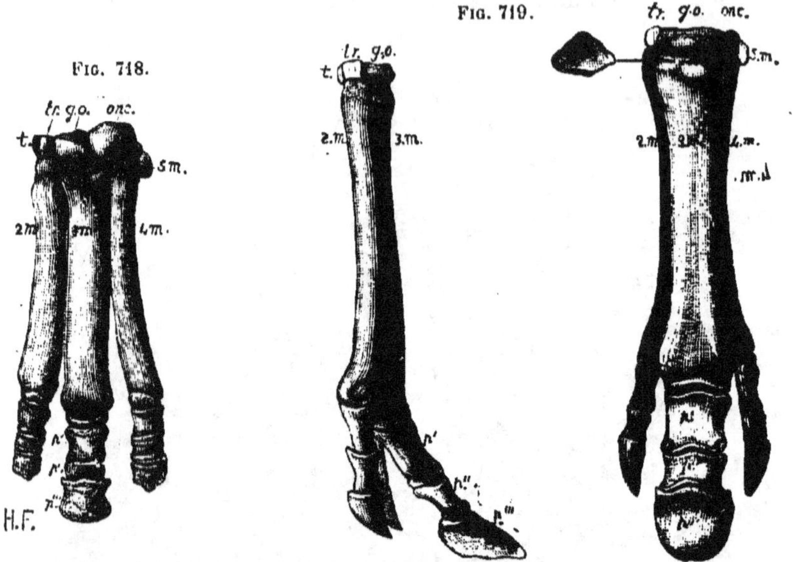

Fig. 718. — Restauration d'une patte de devant gauche du *Palæotherium crassum*, vue de face à 1/3 de grandeur. — *t*, trapèze ; *tr*, trapézoïde ; *g o*, grand os ; *onc*, onciforme ; 2*m*, 3*m*, 4*m*, 5*m*, deuxième, troisième, quatrième et cinquième métacarpien ; *p'*, *p''*, *p'''*, la première, la deuxième et la troisième phalange (d'après Gaudry).

Fig. 719. — Restauration d'une patte de devant gauche d'*Anchitherium aurebanende*, vue de face et du côté interne à 1/5 de grandeur. On a représenté à part la face supérieure du troisième métacarpien. — *t*, trapèze; *tr*, trapézoïde; *g.o*, grand os; *onc*, onciforme; 2*m*, 3*m*, 4*m*, 5*m*, deuxième, troisième, quatrième et cinquième métacarpien ; *p'*, *p''*, *p'''*, la première, la deuxième et la troisième phalange (d'après Gaudry).

elle est ordinairement complète, mais les canines manquent quelquefois (Rhinocéros). Les molaires présentent sur leur surface usée par le frottement des saillies dues aux replis que l'émail forme dans leur intérieur. Les canines sont séparées des molaires par un intervalle nommé *diastème* et vulgairement *barre*. Cet ordre correspond à une partie des Pachydermes de Cuvier. Il comprend, outre les Solipèdes caractérisés par l'existence d'un seul doigt et d'un seul sabot à chaque pied, les Pachydermes à pieds non fourchus, dont la parenté avec les premiers a été mise en évidence par la découverte d'un certain nombre de formes fossiles intermédiaires, telles que les *Palæotherium, Anchitcrium, Hipparion* (fig. 718-21). C'est pourquoi on les réunit aujourd'hui dans un même ordre qui se trouve ainsi composé de trois familles : les *Rhinocéridés*, les *Tapiridés* et les *Équidés* auxquelles appartiennent les formes actuellement existantes, et auxquelles s'ajoutent les groupes éteints des *Lophiodontes* et des *Palæothéridés*.

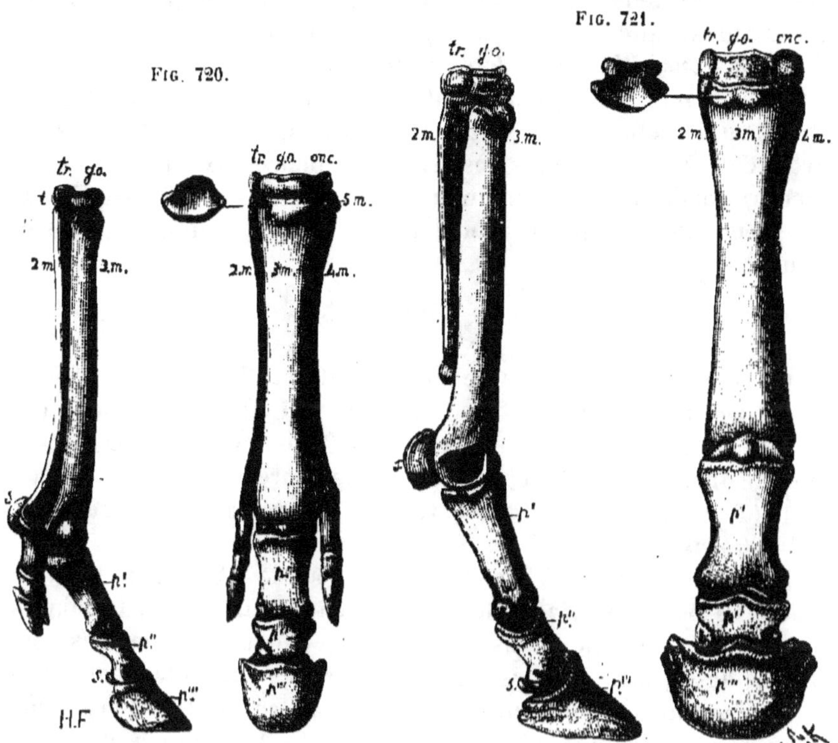

Fig. 720. — Patte de devant gauche d'*Hipparion gracile*, vue de face et du côté interne à 1/5 de grandeur. On a représenté à part la face du troisième métacarpien. — *t*, trapèze ; *tr*, trapézoïde ; *g.o*, grand os ; *onc*, onciforme ; **2m**, **3m**, **4m**, **5m**, deuxième, troisième, quatrième et cinquième métacarpien ; *p'*, *p''*, *p'''*, la première, la deuxième et la troisième phalange (d'après Gaudry).

Fig. 721. — Patte de devant gauche d'un Cheval, vue de face et sur le côté interne, à 1/5 de grandeur. On a représenté à part la face supérieure du troisième métacarpien. — *tr*, trapézoïde ; *g.o*, grand os ; *onc*, onciforme ; **2m**, **3m**, **4m**, deuxième, troisième et quatrième métacarpien ; *p'*, *p''*, *p'''*, la première, la deuxième et la troisième phalange (d'après Gaudry).

Les RHINOCÉRIDÉS (*Rhinoceros*) sont des animaux de grande taille, aux formes lourdes et massives, qui portent sur les os du nez une ou deux cornes de structure fibreuse et de nature épidermique. Leurs membres sont courts et terminés par trois doigts à chaque pied. Leur dentition se distingue par l'absence de canines :

$$i \frac{2}{2}, \quad c \frac{0}{0}, \quad m \frac{7}{7}.$$

Leur corps est recouvert d'une peau dure, très épaisse et dépourvue de poils, qui forme cuirasse et est traversée parfois en quelques endroits de plis profonds.

Aujourd'hui on ne trouve des Rhinocéros qu'en Asie et en Afrique. Ils appartiennent à un seul genre qui comprend plusieurs espèces dont les unes ont deux cornes et les autres une corne unique. On trouve des restes fossiles de formes disparues dans les terrains tertiaires : *Rh. incisivus*, *Rh. tichorhynus*, *Rh. leptorhynus*.

Les TAPIRIDÉS (*Tapirus*) sont caractérisés par la petite trompe mobile qui prolonge leur nez et leur sert d'organe tactile. Ils ont trois doigts aux membres postérieurs et quatre aux membres antérieurs, mais ceux-ci présentent néanmoins le type périssodactyle par la prédominance du troisième doigt. Leur dentition est la suivante :

$$i\ \frac{3}{3},\ c\ \frac{1}{1},\ pm\ \frac{4}{3},\ m\ \frac{3}{3}.$$

On connaît trois espèces de Tapirs dont deux habitent l'Amérique et la troisième l'Inde et les îles voisines. Celle-ci, le **Tapir à dos blanc** (*Tapirus indicus*), fut décrite par Cuvier en 1819. Des espèces américaines, l'une est répandue dans les forêts de l'Amérique du Sud (*T. americanus*), l'autre vit dans les régions des **Cordillères** (*T. villosus*).

Les ÉQUIDÉS (*Equus*) avaient reçu le nom de « Solipèdes » parce que les espèces qui vivent de nos jours ont les extrémités terminées par un doigt unique ; mais on a découvert dans les **couches tertiaires** des formes éteintes à pieds tridactyles qui rattachent nettement ces animaux aux multiongulés périssodactyles. C'est la souche d'où dérivent les Équidés actuels à un seul sabot, chez lesquels les deuxième et quatrième doigts ne sont plus représentés que par les restes des métatarsiens correspondants (fig. 721).

Leur dentition comprend les trois sortes de dents :

$$i\ \frac{3}{3},\ c\ \frac{1}{1},\ pm\ \frac{3}{3},\ m\ \frac{3}{3}.$$

Les canines sont petites et manquent souvent chez les femelles. Les molaires ont une couronne carrée marquée de cinq croissants d'émail ; elles étaient au nombre de 7 chez les Chevaux fossiles ; chez les Chevaux actuels cette septième molaire se montre dans la première dentition et persiste même quelquefois. On nomme *barres* les espaces vides qui séparent les canines des molaires et qui servent à passer le mors. Ce sont des animaux herbivores dont l'estomac est petit et simple, mais dont le cæcum est remarquable par ses grandes dimensions ; l'orifice cardiaque est muni chez eux d'un sphincter qui rend le vomissement impossible. Par leur conformation, les Équidés sont essentiellement propres à la course ; ils vivent en troupes sous la conduite d'un mâle.

Les formes fossiles à pieds tridactyles rangées dans cette famille constituent deux genres : l'un, l'*Anchitherium*, appartient à l'éocène ; l'autre, l'*Hipparion*, se trouve dans le miocène et le pliocène. Les espèces actuelles forment un seul genre, *Equus*, qui apparait dans les couches tertiaires supérieures et dans le diluvium. Ces espèces sont les suivantes :

Le Cheval (*E. cabalus*), originaire de l'Asie centrale. On ne le connait qu'à l'état domestique ; on trouve, à la vérité, dans certaines

Fig. 722. — Tarpan.

contrées des Chevaux vivant en liberté, mais qui paraissent être les descendants de Chevaux domestiques redevenus libres, plutôt que de véritables Chevaux sauvages. Tels sont les « Tarpans » (fig. 722) et les « Chevaux des steppes », en Asie ; les « Khumrahs » en Afrique ; les « Mustangs » dans l'Amérique du Sud, et, dans nos pays, les Chevaux camargues et les Chevaux des dunes de Gascogne.

Les races de Chevaux sont extrêmement nombreuses, et l'on sait à quel point on est arrivé par la sélection artificielle à développer les qualités spéciales de certaines d'entre elles.

L'Ane (*E. asinus*) est caractérisé par des oreilles longues, une crinière courte et droite, une queue ne portant des crins qu'à l'ex-

trémité. On a longtemps regardé l'Asie comme la patrie primitive
de l'Ane ; mais, d'après les recherches les plus récentes, l'Ane sauvage, ou Onagre (*E. onager*), duquel les Anes domestiques tirent
leur origine, est une espèce essentiellement africaine. Par le
croisement de l'Ane et de la Jument, on obtient des hybrides auxquels on donne le nom de Mulets (*E. mulus*). On appelle Bardots
ceux qui résultent de l'accouplement du Cheval et de l'Anesse.

L'Hémione (*E. hemionus*) ou « Dzigguetai » habite les plaines
de la haute Asie et de la Mongolie.

Le Zèbre (*E. zebra*), le Couagga (*E. quagga*) et le Daw
(*E. Burchellii*) (fig. 723), sont des espèces africaines qui se distin-

FIG. 723. — Equus Burchellii (Daw).

guent par les raies dont leur robe est marquée. On en forme quelquefois un genre particulier nommé *Hippotigris*.

ORDRE IV. — PORCINS

Les Porcins étaient réunis dans l'ancien ordre des Pachydermes
avec les Jumentés desquels ils se distinguent par le nombre pair de
leurs doigts. Ordinairement les deux doigts médians d'égale grosseur appuient seuls sur le sol, les deux extérieurs étant plus ou
moins rudimentaires. L'astragale est en forme d'osselet; le fémur
est dépourvu de troisième trochanter. Ces caractères sont communs
aux Porcins et aux Ruminants ; c'est pourquoi on réunit quelquefois

ces animaux dans un même ordre sous le nom de Bisulques, ou Artiodactyles (de ἄρτιος, pair ; δάκτυλος, doigt), cependant ils présentent entre eux d'importantes différences. Les premiers ont le métatarse et le métacarpe composés de plusieurs os distincts, au lieu d'un canon unique ; leurs mâchoires portent trois sortes de dents, tandis que chez les Ruminants la mâchoire supérieure manque généralement d'incisives et de canines ; enfin, ils ont un estomac simple et ne ruminent pas.

Les Porcins se divisent en trois familles : *Anoplothéridés, Suidés* et *Hippopotamidés*.

Les ANOPLOTHÉRIDÉS comprennent exclusivement des espèces éteintes, appartenant aux terrains éocènes et miocènes, et qui paraissent être les formes originaires des Artiodactyles. Ce sont les *Anoplotherium, Xiphodon, Dichobune*, etc.

Les SUIDÉS (*Sus*) ont les troisième et quatrième doigts bien développés, les deux autres rudimentaires. Leur corps est couvert de soies (*Setigera* Ill.). Leur museau obtus est terminé par un boutoir qui leur sert à fouiller la terre. Leur queue est longue, mince et enroulée. Ils ont les trois sortes de dents, mais leur formule dentaire est variable. Les canines très développées se recourbent en haut et constituent de puissantes défenses.

FIG. 724. — Sanglier (*Sus scrofa*).

Les Sangliers (*Sus*) sont la souche de nos diverses races de Cochons domestiques. Ils ont pour formule dentaire :

$$i\ \frac{3}{3},\ c\ \frac{1}{1},\ pm\ \frac{4}{4},\ m\ \frac{3}{3}.$$

Le Sanglier ordinaire (*Sus scrofa*) (fig. 724) est le seul Porcin que l'on trouve en Europe. Il y était autrefois répandu, mais il y devient de plus en plus rare et tend à disparaître. Il est encore commun en Asie et dans le nord de l'Afrique.

Les Pécaris (*Dicotyles*) sont caractérisés par l'absence du doigt externe aux pieds postérieurs. Ils n'ont que deux paires d'incisives à la mâchoire supérieure, et six paires de molaires à l'une et à l'autre mâchoire. Ils habitent l'Amérique méridionale.

Les Babiroussas (*Babyrussa*) ont les canines recourbées au-dessus de la tête et les supérieures ressemblent à de véritables cornes (fig. 725); ils vivent aux Célèbes et aux Moluques.

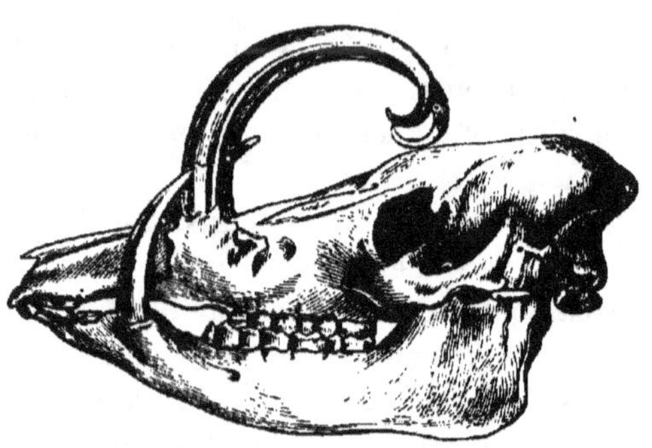

Fig. 725. — Tête osseuse de Babiroussa.

Les Phacochères (*Phacochœrus*) sont propres à l'Afrique.

Les Hippopotamidés sont remarquables par leur corps énorme et massif (*Obesa* Ill.). Leurs jambes très courtes et très grosses sont terminées par quatre doigts qui sont presque égaux et touchent tous le sol. Leur mufle est très large, renflé et obtus. Leurs mâchoires sont fortes et puissantes. Ils ont pour formule dentaire :

$$i\ \frac{2}{2},\ c\ \frac{1}{1},\ m\ \frac{7}{7}.$$

Les canines sont très grosses, les inférieures recourbées en haut. Leur peau très épaisse est presque entièrement nue et sillonnée de plis nombreux.

Ces animaux vivent en troupes sur les bords des fleuves de l'intérieur de l'Afrique; ils ont des habitudes amphibies, nagent et plongent avec facilité. On ne connaît qu'une espèce vivante d'Hippopotames (*Hippopotamus amphibius*), mais on trouve dans les terrains diluviens des restes fossiles d'espèces éteintes.

ORDRE V. — RUMINANTS

Les Ruminants sont caractérisés par leur estomac multiple et par la faculté de ruminer, c'est-à-dire de ramener dans la bouche les aliments qui ont été déjà avalés, pour les soumettre à une seconde mastication; de là vient leur nom.

L'estomac se compose ordinairement de quatre poches distinctes qu'on désigne sous les noms de *panse* ou *rumen*, de *bonnet*, de *feuillet* et de *caillette* (fig. 726). Les deux premières constituent un réservoir dans lequel les aliments sont simplement emmagasinés, et les deux autres représentent le véritable organe de la digestion, dans lequel les aliments n'arrivent qu'après avoir été mâchés une seconde fois. La panse est de beaucoup la plus vaste de ces poches

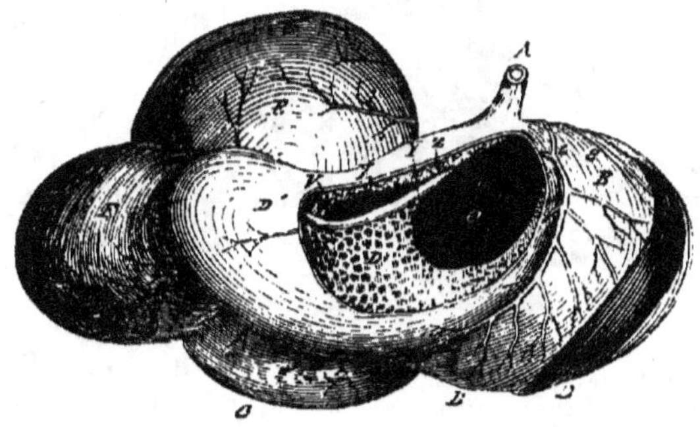

FIG. 726. — Vue antérieure des estomacs du Bœuf. — A, œsophage; B, sac gauche du rumen; C, sac droit; D, réseau; D', intérieur du réseau; E, feuillet; F, caillette; X, gouttière œsophagienne; Y, sa lèvre postérieure; Z, sa lèvre antérieure; V, orifice qui fait communiquer le réseau avec le feuillet; O, l'ouverture qui fait communiquer le rumen avec le réseau (d'après Chauveau).

stomacales, et le plus souvent elle est subdivisée elle-même en deux compartiments. Le bonnet est petit, de forme arrondie et présente sur sa paroi interne une multitude de cellules polygonales formées par des replis de la muqueuse ; à cause de cette disposition on l'appelle aussi quelquefois *réseau*. La troisième poche, ou feuillet, sert en quelque sorte de vestibule à l'estomac proprement dit. On y remarque intérieurement de larges replis parallèles qu'on a comparés à des feuillets, c'est pourquoi on lui a donné ce nom. La caillette enfin est le lieu où le suc gastrique est sécrété, et c'est parce que ce suc a la propriété de faire cailler le lait qu'on a nommé caillette la poche qui le contient.

Lorsque les aliments sont ingérés une première fois, ils vont dans la panse et dans le bonnet, tandis qu'ils se rendent directement dans le feuillet et puis dans la caillette quand, après avoir été ruminés, ils sont avalés une seconde fois. Cela tient à ce que l'œsophage se continue jusque dans le feuillet par une gouttière, dite *gouttière œsophagienne* (fig. 726, X), dont les lèvres s'écartent quand ce sont des matières solides et grossièrement divisées, comme celles que l'animal avale la première fois, qui y arrivent ; elles tombent alors dans les deux premiers estomacs. Ces lèvres restent au contraire rapprochées quand ce sont des substances sous forme de pâte semi-fluide qui y passent ; c'est ce qui a lieu dans la déglutition des matières ruminées.

Quant au retour des aliments à la bouche, ou à leur régestion, il est dû essentiellement à un phénomène d'aspiration produit par la raréfaction de l'air dans la cavité thoracique. Sous cette influence, les aliments passent du rumen dans l'œsophage, dont les contractions péristaltiques les conduisent ensuite jusque dans la cavité buccale pour y être de nouveau mâchés (Toussaint) (1).

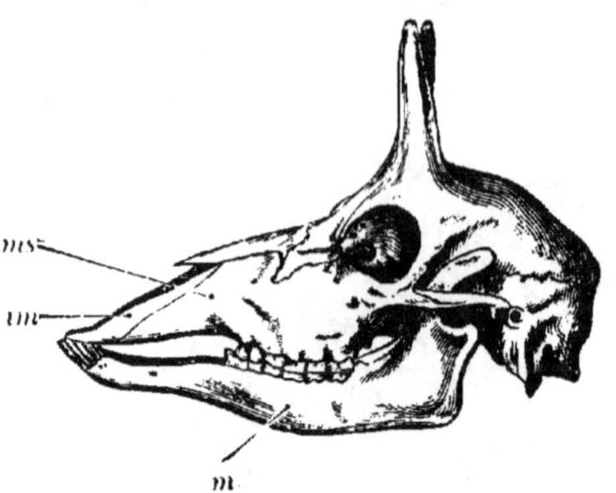

FIG. 727. — Tête d'Antilope. — *ms*, maxillaire supérieur ne portant que des molaires : *im*, intermaxillaire sans dents ; *mi*, maxillaire inférieur avec des incisives et des molaires.

En général, il n'y a chez les Ruminants ni incisives, ni canines à la mâchoire supérieure (fig. 727). Les molaires sont le plus souvent au nombre de six de chaque côté, tant en haut qu'en bas ; elles ont une couronne large, marquée de deux doubles croissants formés par des replis de l'émail. Les métatarsiens et les métacarpiens des deux doigts médians se soudent de bonne heure en une seule pièce appelée *canon*.

La plupart des Ruminants, les mâles en particulier, sont armés de *cornes* ou de *bois*. Les cornes sont des appendices constitués par des excroissances des os frontaux ; ordinairement elles sont enveloppées d'un étui de substance cornée de même nature que les poils ; quelquefois

FIG. 728. — Bois de Cerf.

elles sont revêtues par la peau (Girafe). Les bois se distinguent des cornes en ce qu'ils sont dépourvus d'enveloppe, et qu'ils sont caducs ; ils tombent périodiquement, et se renouvellent en se développant chaque fois davantage et se ramifiant (Cerf).

Cet ordre comprend un grand nombre d'espèces domestiques qui

(1) Toussaint, *De l'intervention des puissances respiratoires dans les actes mécaniques de la digestion. De la Rumination*, p 10-63. Thèse pour le doctorat ès sciences. Lyon, 1877.

rendent à l'Homme les plus utiles services et servent à son alimentation. Il se divise en sept familles : *Camélidés*, *Moschidés*, *Camélopardalidés*, *Cervidés*, *Antilopidés*, *Capridés* et *Bovidés*.

Les CAMÉLIDÉS sont dépourvus de cornes. Ils ont des canines et deux incisives à la mâchoire supérieure ; les incisives sont même de 4 ou 6 dans le jeune âge. Les doigts accessoires manquent ; ceux du milieu sont seuls développés, et posent à terre dans toute leur longueur (*Digitigrades* Sund.) ; ils portent à leur extrémité des sabots très petits. La lèvre supérieure est renflée et fendue. L'estomac se distingue par l'état rudimentaire du feuillet et par la présence, dans la panse, de deux groupes de cellules disposées en séries parallèles, qui servent de réservoirs contenant de l'eau en réserve.

A cette famille appartiennent les Chameaux (*Camelus*) et les Lamas (*Auchenia*).

On connait deux espèces de Chameaux : le Dromadaire (*C. dromedarius*) à une seule bosse, qui est répandu dans le nord de l'Afrique, l'Arabie et l'ouest de l'Asie, et le Chameau de la Bactriane (*C. bactrianus*), à deux bosses, qui se trouve dans l'Asie centrale et orientale. Ces animaux n'existent plus qu'à l'état domestique, et servent comme bêtes de somme.

Les Lamas représentent les Chameaux dans le nouveau monde. Ils sont de taille plus faible et n'ont pas de bosse, mais sont employés aux mêmes usages. On en distingue plusieurs espèces : le Guanaco (*Auchenia huanaco*), dont le Lama proprement dit (*A. lama*) n'est sans doute qu'une variété domestique ; la Vigogne (*A. vicunna*) et l'Alpaca (*A. paco*) qui fournissent, le second surtout, une laine très recherchée pour la fabrication des étoffes.

Les MOSCHIDÉS (*Moschus*) sont de petits Ruminants sans cornes dont la mâchoire supérieure est pourvue de deux longues canines qui, chez les mâles, font saillie hors de la bouche (fig. 729). Le Chevrotain porte-musc (*Moschus moschiferus*) est remarquable par la poche que le mâle porte sous le ventre, entre l'ombilic et les organes génitaux, et qui est remplie de la substance odorante qu'on appelle musc (fig. 730). Ces animaux sont d'une taille un peu inférieure à celle du Chevreuil. Ils vivent dans les pays montagneux de l'Asie centrale.

Fig. 729. — Chevrotain porte-musc.

On range ordinairement parmi les Moschidés les deux genres

Tragulus et *Hyæmoschus* qui se distinguent des Chevrotains par
l'absence de bourse à musc, par leur placenta diffus et par quelques autres caractères. Aussi A. Milne Edwards en fait-il une
famille à part, celle des Tragulidés. Les Tragules habitent les îles
de la Sonde, et les Hyæmoschus l'Afrique occidentale.

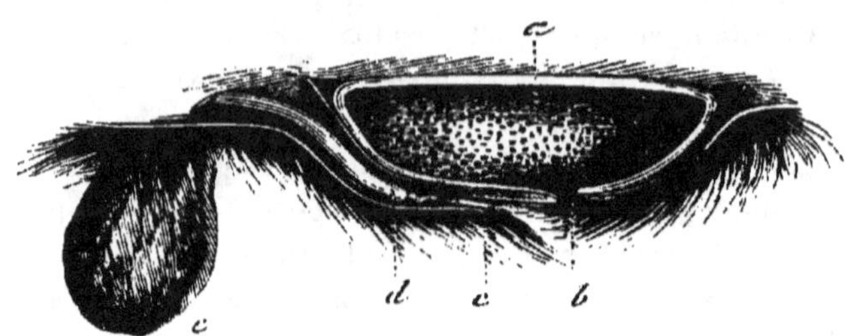

FIG. 730. — Appareil du musc. — *a*, poche du musc coupée verticalement; *b*, son orifice;
c, orifice du prépuce avec un pinceau de poils; *d*, gland dépassé par un prolongement de
l'urètre; *e*, testicule.

Les Camélopardalidés, ou Girafes (*Camelopardalis*), sont caractérisés par la nature de leurs cornes recouvertes d'une peau velue, et
par la singularité de leurs formes. On n'en connaît qu'une seule
espèce (*C. giraffa*) propre à l'Afrique.

Les Cervidés (*Cervus*) sont des Ruminants à cornes caduques, ou
bois, dont les mâles seuls sont pourvus, excepté chez les Rennes où
les femelles en portent également. Ce sont des animaux au corps
svelte, aux jambes fines, aux formes élégantes, aux allures rapides. Ils
vivent pour la plupart dans les forêts, les uns isolés, les autres en
troupes, et sont répandus dans toutes les parties du monde, à l'exception de l'Australie et du sud de l'Afrique. Les Cerfs (*Cervus
elaphus*), les Chevreuils (*C. capreolus*), les Daims (*C. dama*), les
Élans (*C. alces*), les Rennes (*Tarandus rangifer*), etc., composent
cette famille.

Les Ruminants dont il nous reste à parler présentent un caractère
commun, celui d'avoir les cornes enveloppées d'un étui corné, et
creusées à l'intérieur de cellules qui communiquent avec les sinus
frontaux, c'est pourquoi on les réunit sous le nom de «Cavicornes».

Les Antilopidés, ou Antilopes, ressemblent aux Cervidés par leurs
formes élancées; ils ont des cornes généralement rondes, tantôt
droites, tantôt tordues ou contournées de diverses manières; quelquefois les femelles en sont dépourvues (Capricornes). Ces animaux
sont principalement répandus en Afrique. Parmi eux nous citerons
les Antilopes dont une espèce, la Gazelle (*Antilope dorcas*), est
célèbre par sa grâce et sa légèreté; elle vit en troupes nombreuses
dans les plaines de l'Arabie et du nord de l'Afrique. Les Chamois
(*Rupicapra europæa*) et les Saïgas (*Cervicapra Saïga*) sont les

seuls représentants de cette famille en Europe. Les premiers habitent les Alpes et les Pyrénées; les seconds habitent les steppes de l'Europe orientale.

Les CAPRIDÉS (*Capra*) ont les cornes plus ou moins comprimées et anguleuses. Ils forment deux genres : les Chèvres (*Capra*) et les Moutons (*Ovis*).

Les Chèvres, dont on distingue plusieurs espèces, sont répandues partout. On considère l'Égagre (*C. œgagrus*), qui habite les montagnes de l'ouest et du centre de l'Asie, comme la souche de nos Chèvres domestiques. Certaines espèces sont remarquables par la finesse de leur toison, et fournissent une laine qui sert à la fabrication de magnifiques étoffes : ce sont les Chèvres d'Angora et de Cachemire. Les Bouquetins (*C. ibex*) sont regardés par certains naturalistes comme formant un genre séparé ; ils habitent les montagnes de l'ancien monde : Alpes, Pyrénées, Sierra-Nevada, etc. Le Bouquetin des Alpes est devenu extrêmement rare, et ne se trouve plus que dans le voisinage du mont Rose.

Les Moutons comprennent un grand nombre de variétés ou de races domestiques (*Ovis aries*), qui dérivent soit du Mouflon (*O. musimon*) des montagnes de la Corse et de la Sardaigne, soit de l'Argali (*O. argali*), ou Mouton sauvage des montagnes de l'Asie.

Les BOVIDÉS sont des animaux grands et lourds dont les cornes sont recourbées et dirigées en dehors. Le type de cette famille nous est donné par nos Bœufs domestiques (*Bos taurus*) qui paraissent être les descendants de deux espèces diluviennes : *Bos primigenius* et *Bos brachycerus*.

Indépendamment des Bœufs, les Bovidés renferment plusieurs autres genres : les Bœufs musqués (*Ovibos moschatus*) propres au nord de l'Amérique ; les Bisons (*Bonassus*) qui ne se rencontrent plus aujourd'hui qu'en Amérique, mais dont une espèce, le Bison d'Europe, vivait autrefois dans nos contrées, et a conservé quelques représentants en Lithuanie, dans la forêt de Bialowicza, grâce aux mesures spéciales de protection prises à leur égard par les rois de Pologne et les empereurs de Russie; les Buffles (*Bubalus*) répandus en Afrique et en Asie où ils sont domestiques; les Yacks (*Pœphagus*) dont on se sert comme bêtes de somme dans le Thibet et la Mongolie.

ORDRE VI. — PROBOSCIDIENS

Les Proboscidiens, rangés autrefois parmi les Pachydermes, présentent des caractères distinctifs assez tranchés pour qu'on les considère comme formant un ordre séparé. Ce sont les plus grands des Mammifères terrestres. Leurs membres sont pourvus de cinq doigts enveloppés par la peau, et terminés chacun à leur extrémité par un petit sabot arrondi (Multiongulés). La particularité la plus remarquable de leur organisation, et de laquelle ils ont tiré leur

FIG. 731. — Tête d'Éléphant.

non (πρεβοσχίς, trompe), consiste dans l'existence d'une longue trompe très mobile, formée par un prolongement du nez et munie au bout d'un appendice digitiforme (fig. 731). Cette trompe constitue un organe de tact et de préhension fort délicat, en même temps qu'une arme puissante et redoutable ; elle leur sert à porter à la bouche leurs aliments et leurs boissons.

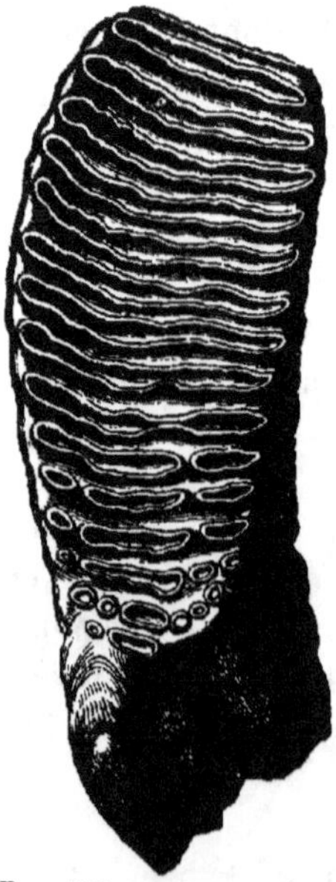

Les Éléphants n'ont que deux sortes de dents : incisives et molaires ; les canines font défaut. Les incisives ne se trouvent, du moins dans les espèces actuellement vivantes, qu'à la mâchoire supérieure ; elles sont au nombre de deux, portées par les intermaxillaires, et forment de longues défenses qui atteignent des dimensions considérables. Les molaires volumineuses présentent à leur surface des îlots qui font saillie et dont la forme varie suivant les espèces (fig. 732). Ces îlots sont constitués par des lames de dentine entourées d'émail, qui sont disposées transversalement et sont soudées les unes aux autres par de la matière cémenteuse. Le renouvellement de ces dents se fait d'une façon toute particulière :

FIG. 732. — Dent molaire d'Éléphant.

il n'y en a d'abord qu'une de chaque côté et à chaque mâchoire, mais à mesure que celle-là s'use, il s'en développe une autre derrière elle

qui avance de plus en plus et finit par la remplacer. Les molaires
qui apparaissent ainsi successivement sont en général au nombre de
six ou sept.

L'estomac des Éléphants est simple ; leur intestin est pourvu d'un
cæcum très vaste. Une particularité digne de remarque, c'est que
les hémisphères cérébraux offrent à leur surface de nombreuses
circonvolutions. Enfin, ces animaux se séparent des autres Ongulés
par d'importants caractères tirés du développement ; ils sont pourvus d'une membrane caduque, comme les Mammifères appartenant
aux ordres plus élevés, et leur placenta est zonaire, au lieu d'être
cotylédonaire ou diffus.

Les Proboscidiens sont bien doués sous le rapport de l'intelligence ;
ils sont d'un naturel doux, et susceptibles d'éducation. Déjà dans
l'antiquité on les employait comme bêtes de somme. Ils vivent en
troupes, sous la conduite des vieux mâles, et habitent l'Inde et
l'Afrique. Il n'en existe actuellement que deux espèces propres
chacune à l'une de ces contrées.

L'Éléphant des Indes (*Elephas indicus*) a la tête oblongue, le
front vertical, les oreilles petites et mobiles, les défenses moins
grandes que l'Éléphant d'Afrique, des molaires à lamelles d'émail
formant des bandes étroites. L'Éléphant d'Afrique (*Elephas africa-
nus*) est plus grand que le précédent. Il a la tête plate, le front incliné,
les oreilles grandes et immobiles, des défenses très développées,
des molaires à lamelles d'émail dessinant des losanges.

Il y avait dans les temps primitifs des Éléphants qui vivaient en
Europe, et dont les restes fossiles commencent à se montrer dans

FIG. 733. — Dinothérium.

les terrains de l'âge miocène. Ainsi, l'on rapporte à cet ordre les
Mastodontes et les *Dinothériums* (fig. 733).

Le gigantesque animal, connu sous le nom de « Mammouth », est
un Éléphant fossile (*El. primigenius*) qui appartient à l'époque
diluvienne, et auprès de lui se placent d'autres espèces éteintes,
telles que *El. antiquus*, *El. meridionalis*, etc.

Nous devons mentionner ici comme famille *incertæ sedis* celle des HYRACIDÉS, ou Damans (*Hyrax*) (fig. 734), petits animaux

FIG. 734. — Daman (*Hyrax capensis*).

africains qui ne sont pas plus gros que des Lapins. On les a successive-ment rangés parmi les Rongeurs et parmi les Pachydermes. Milne Edwards a proposé d'en faire un groupe distinct, les *Hyraciens*. Haeckel les réunit avec les Proboscidiens dans un même ordre, celui des *Chilophores* (1).

ORDRE VII. — RONGEURS

Les Rongeurs sont des Mammifères onguiculés, qui se distinguent essentiellement par le mode de mastication qui leur est propre et qui leur a valu le nom qu'ils portent. Leur système dentaire est

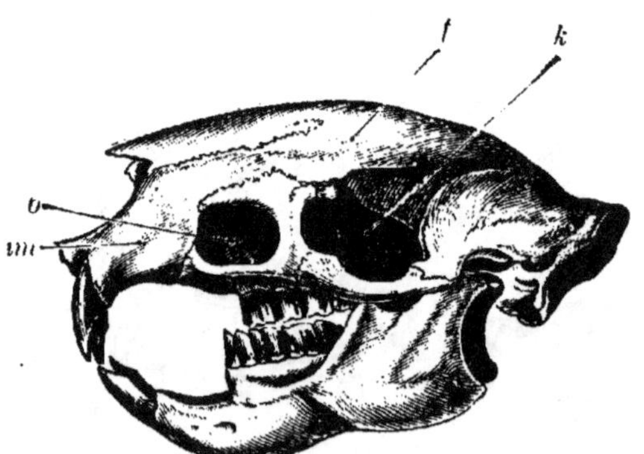

FIG. 735. — Tête de Rongeur (*Hystrix cristata*). — *o*, cavité orbitaire; *im*, os intermaxil-laire; *f*, os frontal; *k*, sphénoïde.

caractérisé par l'existence à chaque mâchoire de deux grandes incisives taillées en biseau, et terminées par un bord tranchant (fig. 735). Ces dents continuent à croître d'une façon indéfinie, mais

(1) Voy. H. George, *Monographie du G. Daman*, thèse de la Faculté des sciences de Paris, 1875.

en même temps qu'elles grandissent, elles s'usent à la pointe par
suite du frottement continu qu'elles exercent l'une sur l'autre. Ce
frottement a aussi pour effet de les rendre tranchantes, parce que
leur face antérieure est recouverte par une couche d'émail très dur,
qui offre plus de résistance que l'ivoire dont le reste de la dent est
formé. Il n'y a pas de canines, et un grand espace vide sépare les
incisives des molaires ; celles-ci, généralement peu nombreuses, de
2 à 6, ont une couronne large et plate, à sillons transversaux.

Le condyle de la mâchoire affecte aussi une disposition particulière, en rapport avec le mode de mastication de ces animaux ; il
a son grand axe dirigé longitudinalement, et il est reçu dans une
cavité articulaire, de forme correspondante, qui ne permet de
mouvements que dans le sens antéro-postérieur.

Les Rongeurs ont en général la lèvre supérieure fendue dans son
milieu, et plusieurs parmi eux possèdent des abajoues. Ce sont
pour la plupart des animaux de petite taille, dont les membres
postérieurs sont plus longs que les membres antérieurs, de sorte
que leur marche se compose d'une suite de sauts (Lièvre). Du
reste, ils présentent dans leur conformation des différences qui
sont en rapport avec leur genre de vie : les uns, en effet, fouissent
le sol, comme les Bathyergues ; d'autres grimpent sur les arbres,
comme les Écureuils ; d'autres enfin ont des habitudes aquatiques,
comme les Campagnols amphibies, ou Rats d'eau. Certains Rongeurs
sont dépourvus de clavicules, et l'on s'est parfois servi de ce caractère
pour diviser ces animaux en *claviculés* et *non claviculés*. Ils sont
tous plantigrades et ont leurs extrémités terminées par quatre ou
cinq doigts libres et armés d'ongles plus ou moins forts. Leur
placenta est de forme discoïde ; chez la femelle, l'utérus est d'ordinaire complètement divisé en deux cornes.

L'intelligence des Rongeurs est bornée, et leur cerveau, d'un
faible volume, ne présente que des circonvolutions peu marquées.
Parmi eux, il en est cependant qui sont remarquables par leurs
mœurs et leurs instincts (Castor). Ils se nourrissent tous de matières
végétales, mais montrent dans leurs habitudes une très grande
diversité. Quelques-uns tombent dans le sommeil hibernal
(Marmottes, etc.).

Cet ordre est extrêmement vaste et se compose d'un assez grand
nombre de familles. Il comprend des animaux dont la grande
fécondité rend la multiplication rapide, malgré la destruction qui
en est faite par les Carnassiers contre lesquels ils sont sans défense.
Répandus sur toute la surface de la terre, on les rencontre à toutes
les altitudes comme sous tous les climats, depuis le pôle jusqu'à
l'équateur. L'île de Madagascar seule fait exception et en est

dépourvue. Ils ont apparu au commencement de l'époque tertiaire, et, des formes fossiles qui leur appartiennent, les unes sont aujourd'hui éteintes, d'autres sont encore représentées dans la faune actuelle.

Les LÉPORIDÉS (*Lepus*) se distinguent des autres Rongeurs par l'existence, à la mâchoire supérieure, d'une seconde paire de petites incisives placées derrière les incisives ordinaires; de là vient qu'on les distingue quelquefois sous le nom de *Duplicidentés*. Ils ont 5 ou 6 paires de molaires à chaque mâchoire. Les membres antérieurs sont terminés par cinq doigts, les membres postérieurs par quatre. Leurs clavicules sont imparfaites.

Tout le monde connaît la forme extérieure des animaux qui composent cette famille, les Lièvres (*Lepus timidus*) et les Lapins (*L. cuniculus*). Ils sont recherchés pour leurs qualités alimentaires, et pour leur fourrure qui est surtout employée dans la fabrication des chapeaux de feutre. Le Lapin, comme on sait, est élevé en domesticité.

On appelle *Léporides*, les produits qui résultent du croisement de ces deux espèces. Les hybrides ainsi obtenus présentent un intérêt particulier, parce que, contrairement à ce qui a lieu d'ordinaire, ils restent féconds entre eux et avec les formes parentes (1).

Parmi les Léporidés, on range les *Lagomys* qui vivent dans les montagnes élevées du nord de l'Asie. Ils diffèrent des Lièvres par leurs oreilles plus courtes, leurs pattes de derrière à peine plus longues que celles de devant, leur queue nulle et leurs clavicules bien développées.

Les CAVIADÉS (*Caria*) sont propres au continent américain. Ils ont les clavicules incomplètes, la queue rudimentaire, quatre doigts aux membres antérieurs seulement et trois aux membres postérieurs, des incisives fortes et quatre molaires à chaque mâchoire. Les Cobayes, ou Cochons d'Inde (*Cavia*), les Agoutis (*Dasyprocta*), les Cabiais (*Hydrochærus*) et les Pacas (*Cœlogenys*) appartiennent à cette famille.

Les HYSTRICIDÉS (*Hystrix*) sont caractérisés par les piquants qui garnissent la surface de leur corps. Ce sont des Rongeurs grands et lourds, à museau court et obtus, à pattes pourvues de quatre ou cinq doigts armés d'ongles recourbés. Ils ont des clavicules incomplètes, des incisives très fortes, des molaires au nombre de 4 partout. Les uns se creusent des terriers, les autres sont grimpeurs et parfois munis d'une queue préhensile (Coendou).

(1) Voy. Broca, *Mémoires d'Anthropologie zoologique. De l'hybridité animale,* p. 468. Paris, 1877.

Nous citerons parmi les premiers les Porcs-épics (*Hystrix*)
(fig. 736) qui sont originaires d'Afrique, mais se trouvent aussi
dans quelques contrées de l'Europe méridionale, Grèce, Sicile, etc.;
parmi les seconds, les Coendous (*Cercolabes prehensilis*) qui
habitent le Brésil et la Guyane, les Ursons (*Erethizon dorsatum*)
qui vivent dans les forêts de l'Amérique du Nord.

Fig. 733. — Porc-épic (*Hystrix cristata*).

Les Cténomydés (*Ctenomys*), qu'on nomme aussi « Rongeurs
muriformes » parce que leur apparence extérieure rappelle celle
des Rats, se distinguent de ceux-ci par leur pelage généralement
raide et mêlé de piquants, par leur queue velue, par leurs
molaires au nombre de 4/4.

Ils appartiennent presque tous à l'Amérique du Sud. Ce groupe comprend les Octodons, les Cténomys... et les Myopotames (*Myopotamus*), ou Coypous, qui ont des habitudes aquatiques analogues à celles des Castors, et que pour cette raison on appelle vulgairement « Castors des marais ».

Les Ériomydés, ou Chinchillas (*Eriomys*), sont des animaux américains ressemblant à des Lapins qui auraient la queue longue et touffue. Ils sont remarquables par la finesse de leur fourrure qui est très estimée. Les Chinchillas (*Eriomys*), les Viscaches (*Lagostomus*), ou Lièvres des pampas, et les *Lagotis* composent cette petite famille.

Les Dipodidés, ou Gerboises (*Dipus*), doivent à la grande longueur de leurs pattes postérieures une physionomie particulière. On les appelait autrefois des « Rats à deux pieds ». Ce sont des animaux nocturnes qui se creusent des terriers et vivent principalement dans les steppes de l'Afrique et de l'Asie. Les Hélamys (*Pedetes*), ou Lièvres sauteurs du sud de l'Afrique, prennent place parmi les Dipodidés.

Les Muridés, ou Rats (*Mus*), ont pour caractères un museau pointu, des oreilles longues garnies de poils rares, une queue longue et le plus souvent nue, écailleuse, des pattes effilées, terminées par cinq doigts, des incisives étroites, des molaires ordinairement au nombre de 3/3, à couronne portant des tubercules mousses. Ces animaux ne se nourrissent pas exclusivement de végétaux; ils sont omnivores. On les trouve répandus partout.

Le G. *Mus*, type de la famille, comprend le Rat ordinaire, ou Rat noir (*M. ratus*), dont l'origine est fort incertaine et qui paraît avoir été introduit en Europe au moyen âge. Actuellement il tend à disparaître devant une espèce plus grande et plus forte, le Surmulot (*M. decumanus*) qui, venant de l'Asie centrale, a envahi nos contrées dans le cours du siècle dernier. D'autres espèces plus petites de taille sont connues sous le nom de Souris. Ce sont : la Souris domestique (*M. musculus*), la Souris des bois ou Mulot (*M. sylvaticus*), la Souris agraire (*M. agrarius*), la Souris naine (*M. minutus*), remarquable par le nid qu'elle construit avec beaucoup d'art pour y déposer ses petits, et enfin plusieurs Souris exotiques, propres à l'Afrique, à l'Amérique, etc.

Les Hamsters (*Cricetus*) se distinguent des Rats par leur queue courte et velue, par les abajoues dont ils sont pourvus, et par un pouce rudimentaire aux pattes antérieures. Le Hamster commun (*Cr. frumentarius*), appelé aussi « Marmotte d'Allemagne », est répandu depuis le Rhin jusqu'en Sibérie. Il a l'habitude d'amasser des provisions dans les chambres dont se compose son terrier.

Pendant la saison froide il tombe dans le sommeil hibernal.

Les *Hydromys*, propres à la Nouvelle-Hollande, vivent au bord des eaux et ont les pattes postérieures palmées. Ils n'ont que 2/2 molaires.

Les ARVICOLIDÉS (*Arvicola*) sont de petits Rongeurs voisins des Muridés, mais à formes trapues, à tête grosse et large, à museau obtus, à oreilles courtes, à queue velue. Ils ont 3/3 molaires, sans racines, à couronne bordée par une ligne d'émail en zigzag. Leur vie est souterraine, et certains d'entre eux ont des habitudes amphibies. Ils sont communs dans les contrées septentrionales des deux continents.

Les Campagnols (*Arvicola*) forment plusieurs espèces dont quelques-unes, comme le Campagnol des champs (*A. arvalis*), le Campagnol agreste (*A. agrestis*), sont bien connues par les ravages qu'elles exercent dans les campagnes. Le Campagnol amphibie, ou Rat d'eau (*A. amphibius*), creuse son terrier dans le voisinage des eaux. Le Campagnol des neiges (*A. nivalis*), découvert en 1841 par Ch. Martins sur le Faulhorn, vit à de grandes altitudes dans les Alpes et les Pyrénées (1).

On range aussi parmi les Arvicolidés les Lemmings (*Myodes*), célèbres par les grandes migrations qu'exécute l'un d'eux, le Lemming de Norwège (*M. lemmus*), et les Ondatras (*Fiber zibethicus*), ou Rats musqués du Canada, dont les mœurs ont quelque analogie avec celles des Castors.

Les SPALACIDÉS (*Spalax*), qu'on appelle aussi « Rongeurs talpiformes » parce qu'ils ressemblent aux Taupes par leurs formes et leur vie souterraine, ont le corps cylindrique, la tête grosse, les yeux et les oreilles cachés, les membres courts et les pieds fouisseurs pourvus de cinq doigts armés d'ongles robustes. Parmi eux nous citerons : les Zemmis, ou Rats-Taupes (*Spalax typhlus*), dont les yeux atrophiés fournissent un bel exemple de réduction d'organes devenus inutiles. Ils habitent la Russie méridionale et l'Asie Mineure; les Bathyergues (*Bathyergus*), que Buffon nommait Grandes Taupes du Cap, et qui sont propres au sud de l'Afrique; les Rats à poches (*Geomys*) qui sont pourvus d'abajoues, et appartiennent à l'Amérique du Nord.

Les CASTORIDÉS ne se composent que du seul genre *Castor* (fig. 737) qui présente un intérêt particulier à cause de ses mœurs. Les Castors sont des Rongeurs aquatiques d'assez forte taille, aux formes lourdes; ils ont une queue large, aplatie et écailleuse, des pieds pourvus de

(1) Ch. Martins, *Le Campagnol des neiges. Du Spitzberg au Sahara*, p. 311. Paris, 1866.

cinq doigts et dont les postérieurs sont palmés, des incisives fortes, colorées en jaune et 4/4 molaires. Ils possèdent à la partie infé-

FIG. 737. — Castor (*Castor fiber*).

rieure de l'abdomen deux poches glandulaires qui débouchent dans le fourreau de la verge (fig. 738) et qui sécrètent une substance particulière, d'une odeur pénétrante, appelée *castoréum*. On sait que les Castors vivent en société et se font remarquer par l'art avec lequel ils construisent des huttes qui leur servent de demeures, et des digues qui forment barrage quand ils s'établissent sur des eaux courantes. Ils se nourrissent de racines et d'écorces, et font des provisions qu'ils emmagasinent dans une chambre de leur habitation. Ces animaux existaient autrefois en Europe, d'où ils ont presque entièrement disparu; ceux qu'on y rencontre encore de nos jours vivent isolés et ne font plus de constructions; ils se creusent des

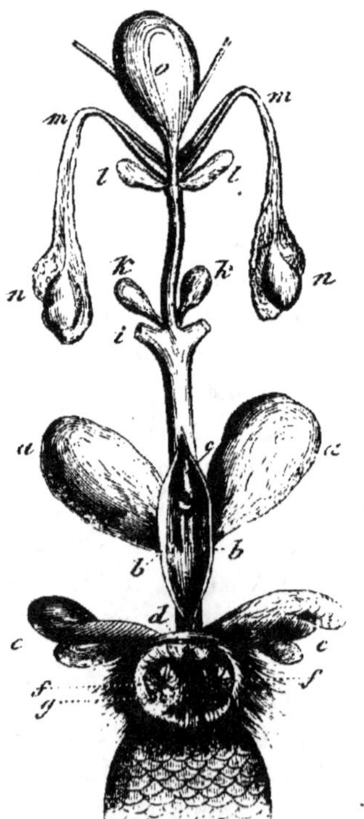

FIG. 738. — Appareil du castoréum. — *a, a*, glandes du castoréum; *b, b*, leurs orifices dans le canal prépuptial; *c*, verge avec son prépuce; *d*, ouverture du canal préputial; *e, e*, glandes anales; *f, f*, leurs orifices; *g*, anus; *h*, portion de la queue; *i*, prostate; *k, k*, glandes de Cowper; *l, l*, vésicules séminales; *m, m*, canaux déférents; *n, n*, testicules; *o*, vessie.

terriers. Ils sont assez communs dans l'Amérique du Nord, bien que leur nombre ait beaucoup diminué par suite de la chasse active dont ils ont été l'objet à cause de leur fourrure qui est recherchée, et du castoréum qui était très employé en médecine comme médicament antispasmodique.

Les Castors actuellement vivants forment une seule espèce, *Castor fiber* de Linné, mais on trouve des restes d'autres espèces fossiles dans les terrains miocènes et pliocènes.

Les Myoxidés (*Myoxus*) sont de gracieux petits animaux qui ressemblent aux Écureuils par quelques-uns de leurs caractères, et grimpent comme eux sur les arbres, quoique avec moins d'agilité. Ils ont des habitudes nocturnes et tombent, quand arrivent les froids, dans le sommeil hibernal. Les Loirs (*Myoxus glis*), les Lérots (*Eliomys nitela*), les Muscardins (*Muscardinus avellanarius*), qui vivent dans nos contrées, appartiennent à cette famille.

Les Sciuridés, ou Écureuils (*Sciurus*) (fig. 739), sont de tous les Rongeurs ceux qui ont l'intelligence la plus développée, les allures

Fig. 739. — Écureuil noir (*Sciurus niger*).

les plus vives, les formes les plus élégantes. Leurs clavicules sont complètes; leurs membres antérieurs peuvent leur servir d'organes de préhension et présentent un pouce rudimentaire, tandis que les membres postérieurs ont cinq doigts. Leur queue est longue et touffue. Ils ont ordinairement 5/4 molaires tuberculeuses.

L'Écureuil commun (*Sciurus vulgaris*), qui habite nos bois, est le type de cette famille. Il est répandu dans toute l'Europe et dans le nord de l'Asie. Il vit sur les arbres et s'y construit avec art une sorte de nid, où il se met à l'abri et où la femelle dépose ses petits. Dans le Nord son pelage devient en hiver d'une belle couleur grise et fournit alors les fourrures estimées, connues sous le nom de « petit gris ».

Dans les Sciuridés se rangent : les *Tamias*, ou Écureuils terrestres, munis d'abajoues, qui habitent la Sibérie et l'Amérique du Nord ; les *Pteromys*, ou Écureuils volants, qui ont une membrane aliforme étendue de chaque côté du corps, entre les membres antérieurs et postérieurs. Il y en a qui vivent dans le nord de l'Europe et de l'Amérique, les Polatouches ; d'autres dans l'Inde, les Pétauristes, ou Taguans.

Les ARCTOMYDÉS, ou Marmottes (*Arctomys*), sont souvent réunis avec les Écureuils dans une même famille. Ils en diffèrent surtout par leurs mœurs et leur genre de vie. Ce sont des animaux qui forment des sociétés, se creusent des terriers et tombent l'hiver dans un profond sommeil. Tout le monde connaît la Marmotte des Alpes (*Arctomys marmotta*) que les petits Savoyards montrent dans nos villes, apprivoisée et dressée à différents exercices.

A côté des Marmottes, on range les Cynomys de la Louisiane (*Cynomys ludovicianus*) nommés « Chiens des prairies » ou « Écureuils jappants », parce qu'ils ont l'habitude d'aboyer ; ils vivent en colonies nombreuses dans l'Amérique du Nord. Les Spermophiles (*Spermophilus*) sont pourvus d'abajoues ; le Souslik (*Sp. citillus*) se trouve dans l'est de l'Europe.

ORDRE VIII. — AMPHIBIES

Cet ordre comprend des Mammifères marins qui, par leur dentition et quelques autres caractères, se rapprochent des Carnassiers auxquels Cuvier les associait, mais qui, par leur conformation générale et leur adaptation à la vie aquatique, s'en éloignent assez pour qu'on en fasse un groupe spécial.

Leur corps est allongé, en forme de fuseau, et couvert à sa surface d'un poil ras et serré (fig. 740). Ils ont des membres courts dont les postérieurs sont dirigés en arrière ; chacun de ces membres porte cinq doigts munis d'ongles, mais réunis par une membrane de manière à constituer des rames natatoires ; aussi désigne-t-on souvent ces animaux sous le nom de *Pinnipèdes*, c'est-à-dire à pieds en forme de nageoires. Leur queue est rudimentaire. Par suite de la disposition de leurs membres, les Amphibies ne peuvent se traîner à terre qu'avec difficulté, tandis qu'ils se meuvent dans l'eau avec la plus grande aisance. Une particularité en rapport avec ce mode d'existence est celle que présentent leurs narines qui sont garnies de valvules servant à les fermer.

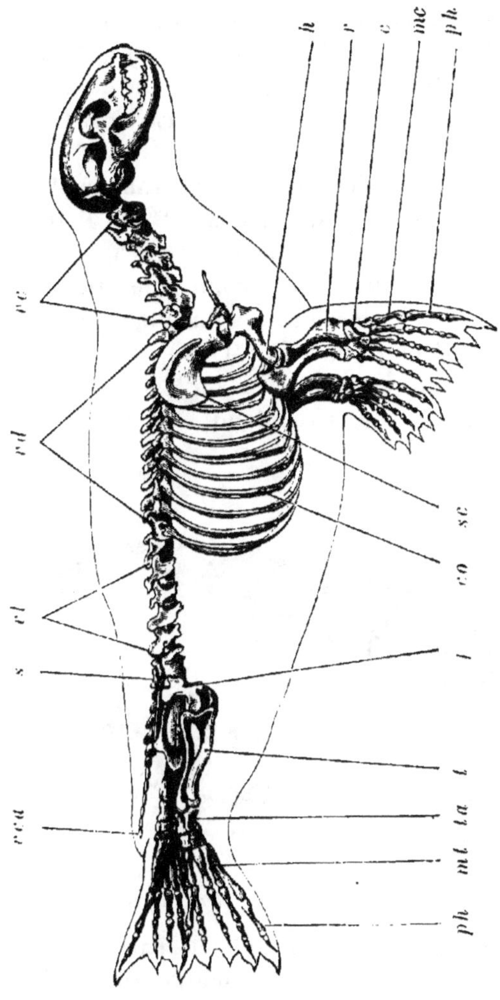

Fig. 740. — Squelette de Phoque. — *sc*, omoplate; *h*, humérus; *r*, radius; *c*, carpe; *mc*, métacarpe; *ph*, phalanges; *co*, côtes; *vc*, vertèbres cervicales; *vd*, vertèbres dorsales, *vl*, vertèbres lombaires; *v*, sacrum; *vca*, vertèbres caudales; *f*, fémur; *t*, tibia; *ta*, tarse; *mt*, métatarse.

Leur système dentaire se compose de trois sortes de dents : incisives, canines et molaires. Chez les Morses, les canines supérieures prennent un développement considérable et constituent de puissantes défenses; à l'âge adulte, il ne reste que deux incisives sur les intermaxillaires, et la mâchoire inférieure en est dépourvue. Le cerveau est volumineux et marqué de circonvolutions. Ce sont pour la plupart des animaux intelligents et sociables. Ils vivent en troupes souvent très nombreuses, et sont principalement répandus dans les régions polaires. Ils se nourrissent de Poissons, de Mollusques et de Crustacés.

On divise cet ordre en trois familles : *Trichéchidés, Otaridés* et *Phocidés.*

Les TRICHÉCHIDÉS, ou Morses (*Trichechus*), sont caractérisés par leurs canines supérieures en forme de défenses, dirigées en bas. Leurs oreilles sont dépourvues de pavillon. On ne connaît qu'une espèce de Morses, ou Chevaux marins, le *Trichechus rosmarus*, qui habite l'océan Glacial arctique.

Les PHOCIDÉS, ou Phoques (*Phoca*), ont les canines supérieures de forme ordinaire ; comme les Morses, ils n'ont pas d'oreille externe. Ce sont des animaux doux et intelligents qui s'apprivoisent facilement. Ils forment plusieurs espèces qui appartiennent presque toutes aux mers glaciales. Ce sont : les Phoques communs, ou Callocéphales (*Callocephalus vitulinus*), appelés aussi « Chiens de mer » ou « Veaux marins » ; les Phoques barbus (*Phoca barbata*) ; les Phoques du Groenland (*Phoca groendlandica*) (fig. 741), etc...

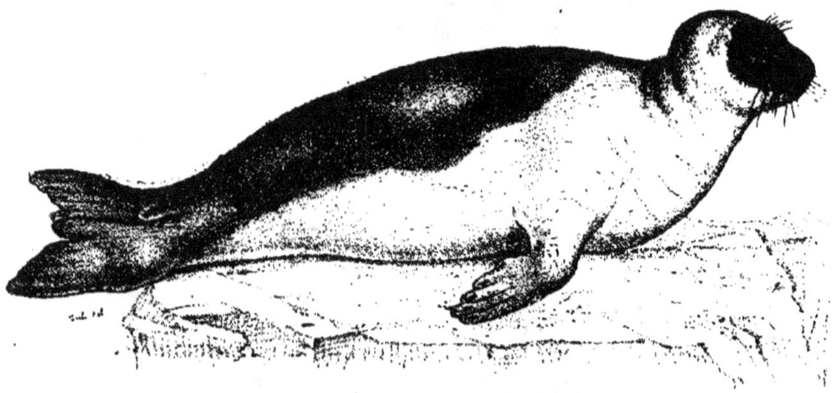

FIG. 741. — Phoque du Groenland (*Phoca Groendlandica*).

Les OTARIDÉS (*Otaria*) sont ainsi nommés parce que leurs oreilles sont munies d'un pavillon. Ils comprennent les Otaries à crinière, ou « Lions marins » (*Otaria jubata*), qui vivent dans la partie septentrionale du Grand Océan, et les Otaries appelées vulgairement « Ours marins » (*O. ursina*), qu'on rencontre dans la partie sud et dans la partie nord du même Océan.

ORDRE IX. — CARNIVORES

Les Carnivores sont, comme l'indique leur nom, des Mammifères essentiellement carnassiers et dont l'organisation présente des caractères en harmonie avec le genre de vie que comporte ce régime. Leur agilité, leur force et leur vigueur leur permettent de poursuivre leur proie, de l'atteindre et de s'en emparer, ou bien leur intelligence leur sert à obtenir le même résultat par la ruse et l'adresse. Ils ont une dentition complète (fig. 742), propre à déchirer la chair des animaux, composée de six incisives à chaque mâchoire, de fortes canines lacérantes, et de mâchelières plus ou moins séca-

Fig. 742. — Tête de Carnassier (*Felis tigris*).

trices, dont l'une, plus grosse et plus tranchante que les autres, a reçu le nom de *dent carnassière;* seules les dernières molaires, au nombre d'une ou deux, qui suivent celle-ci, ont une couronne tuberculeuse. Un point digne de remarque, c'est que les caractères des dents sécatrices et lacérantes sont d'autant plus prononcés que les habitudes de l'animal sont plus sanguinaires. Les mâchoires sont mises en mouvement par des muscles puissants, et le condyle, dont le grand axe est transversal, forme avec la cavité glénoïde une sorte de charnière qui ne permet de déplacement que dans le sens vertical.

Les membres sont bien développés et varient, du reste, dans leur forme suivant la manière de vivre des différents carnivores. Ils sont terminés par quatre ou cinq doigts mobiles, presque toujours pourvus de fortes griffes. Tantôt celles-ci sont *rétractiles*, et, étant relevées, ne s'usent pas pendant la marche, de sorte qu'elles constituent des armes toujours acérées (Chat); tantôt elles sont immobiles et peuvent servir soit à grimper, soit à fouiller le sol. Dans la marche, c'est la plante tout entière du pied qui pose à terre, ou ce sont seulement les doigts, et, d'après ce caractère, on a divisé parfois les Carnassiers en *Plantigrades* et *Digitigrades*. Les clavicules sont rudimentaires, ou font entièrement défaut.

Un estomac simple non divisé, un cæcum peu développé ou nul, un intestin court, sont des particularités de l'appareil digestif en rapport avec le régime carnassier. Le cerveau est assez volumineux et présente quelques circonvolutions; les sens sont en général très perfectionnés. Le placenta est de forme zonaire.

Ces animaux sont répandus sur toute la surface du globe : ils y ont fait leur apparition au commencement de l'époque tertiaire. On les partage en plusieurs familles.

Les Félidés (*Felis*) sont les Carnassiers par excellence ; nous en avons le type dans notre Chat domestique. Ce sont des digitigrades, au corps souple et flexible, aux formes gracieuses, remarquables à la fois par leur agilité et leur force musculaire, les plus fortement armés et les plus féroces des Carnivores. Leurs mâchoires courtes portent des dents formidables. Les canines et les carnassières sont extrêmement développées ; les dents tuberculeuses manquent, ou du moins il n'y en a qu'une très petite à la mâchoire supérieure, et le nombre des molaires est seulement de 4 en haut et de 3 en bas. La langue est munie de papilles dures et cornées qui la rendent râpeuse. Les membres sont vigoureux et ont, les antérieurs cinq doigts, et les postérieurs quatre doigts, tous armés de griffes rétractiles ; la dernière phalange, habituellement relevée par un ligament élastique, peut s'abaisser par la contraction des muscles fléchisseurs des doigs, et les griffes, faisant alors saillie, constituent des armes puissantes. Ces animaux vivent solitaires et ont des représentants dans toutes les parties de l'ancien et du nouveau continent. Ils sont essentiellement sauvages et il n'en existe que deux qui aient pu être apprivoisés par l'Homme, le Chat et le Guêpard.

Fig. 743. — Panthère noire

Les Félidés renferment un certain nombre d'espèces remarquables. Ce sont les Lions (*Felis leo*), qui habitent l'Afrique et quelques parties de l'Asie ; les Cougouars, ou Pumas (*F. concolor*), qui appartiennent à l'Amérique ; les Tigres (*F. tigris*), qui sont répandus en

Asie ; les Jaguars (*F. onca*), qu'on appelle aussi Tigres d'Amérique ;
les Panthères (fig. 743) et les Léopards (*F. pardus*) qu'on trouve en
Afrique et dans les régions chaudes de l'Asie ; les Lynx qui sont
représentés en Europe par le Lynx vulgaire (*Lynx vulgaris*), etc.

Nos diverses races de Chats domestiques paraissent tirer leur
origine soit du Chat de Nubie, ou Chat ganté (*F. maniculata*), soit
du Chat sauvage (*F. catus*), qui vit dans les forêts de l'Europe.

On range encore dans cette famille les Guêpards (*Cynailurus*)
propres les uns à l'Afrique (*C. guttatus*), les autres aux Indes
(*C. jubatus*), et qui forment le passage avec les Canidés.

Les CANIDÉS (*Canis*) sont des digitigrades ayant cinq doigts aux
pieds antérieurs, et quatre aux pieds postérieurs, munis d'ongles non
rétractiles. Leurs mâchoires sont longues et portent 6/7 molaires,
dont deux tuberculeuses placées derrière les carnassières. Leur
tube digestif présente un court cæcum. Ils ont des instincts moins
sanguinaires que les Félidés.

Le genre Chien (*Canis*) comprend les Chiens proprement dits et les
Renards. Les premiers sont des animaux diurnes, à pupille toujours
ronde, à queue en général de longueur moyenne et médiocrement
touffue. Les principales espèces sauvages qui leur appartiennent
sont : le Loup vulgaire (*C. lupus*), qui habite l'Europe et l'Asie et vit
habituellement solitaire ; le Loup des prairies, ou Chacal aboyeur
(*C. latrans*), qui est répandu dans toute l'Amérique du Nord ; le
Chacal, (*C. aureus*), qu'on trouve en Asie et en Afrique ; le Chien
crabier, ou Chien des savanes (*C. cancrivorus*), qui est propre à
l'Amérique, notamment à la Guyane, et était domestiqué chez les
Indiens lorsque les Espagnols arrivèrent dans ces contrées ; le
Buansu, ou Chien primitif (*C. primævus*), découvert par Hodgson
dans le Népaul et qu'on a considéré, avec d'autres, le Chacal en
particulier, comme étant peut-être la souche de nos Chiens domestiques, mais l'origine de ceux-ci (*C. familiaris*) est fort obscure.
Tandis que les uns pensent que les races si nombreuses et si
diverses de Chiens actuellement existantes dérivent d'un type primitif unique, d'autres, parmi lesquels Darwin, regardent comme
plus probable qu'elles descendent d'un petit nombre de formes
voisines, récentes ou éteintes, plus ou moins mélangées ensemble.

Les Renards (*Canis vulpes*) se distinguent des Chiens proprement
dits par leurs habitudes nocturnes, par la forme allongée de leur
pupille. Ils ont une queue longue et touffue, un pelage épais dont
la teinte varie avec les conditions extérieures, avec les saisons. Tout
le monde connaît les mœurs de ces animaux renommés par leur
intelligence et leur ruse.

Le Renard bleu, ou Isatis (*C. lagopus*), des régions polaires fournit une fourrure de couleur grise en été, mais plus ou moins bleue en hiver, qui est fort estimée. Les Fenecs (*Megalotis*) et les Otocyons (*Otocyon*) sont des espèces africaines voisines des Renards, et remarquables par leurs grandes oreilles.

Les HYÉNIDÉS (*Hyæna*) présentent une certaine ressemblance avec les Canidés, mais portent l'arrière-train plus bas que l'avant-train, ce qui leur donne un aspect particulier. Ils ont la tête forte, de grandes oreilles dressées, une crinière le long de l'échine, les pattes terminées par quatre doigts à ongles non rétractiles. Le nombre des molaires est de 5 en haut et de 4 en bas, et il y a, comme chez les Chats, derrière la carnassière supérieure, une petite dent tuberculeuse qui fait défaut à la mâchoire inférieure. Ce sont des animaux voraces mais lâches, à habitudes nocturnes, se nourrissant principalement de charognes.

On connaît trois espèces d'Hyènes : l'Hyène rayée (*Hyæna striata*), l'Hyène tachetée (**H. crocuta**) (fig. 744), et l'Hyène brune

Fig. 744. — Hyène tachetée (*Hyæna crocuta*).

(**H. brunea**). La première est la plus anciennement connue et se trouve en Asie et en Afrique ; les deux autres sont propres au sud de l'Afrique.

A côté des Hyènes se place le Protèle de Lalande (*Proteles Lalandii*) qui vit au Cap.

Les VIVERRIDÉS (*Viverra*), dont le type nous est donné par la Civette, ont le corps allongé, la queue longue et pendante, les jambes courtes terminées par cinq doigts, ou seulement quatre aux pieds de derrière, à ongles généralement rétractiles. La plupart sont digitigrades. Ils ont deux molaires tuberculeuses à la mâchoire supérieure, et une seule à la mâchoire inférieure. Un caractère particulier à certains d'entre eux est d'avoir près de l'anus une poche où s'accumule le produit de sécrétion de glandes spéciales (fig. 745). Cette substance odorante, connue sous le nom de civette et employée comme parfum, est fournie par la Civette d'Afrique (*Viverra civetta*) (fig. 746) et la Civette d'Asie (*V. zibetha*). Une espèce voisine, la Genette (*V. genetta*), est originaire d'Afrique, mais se trouve en Espagne et dans le midi de la France; c'est le seul représentant de la famille en Europe.

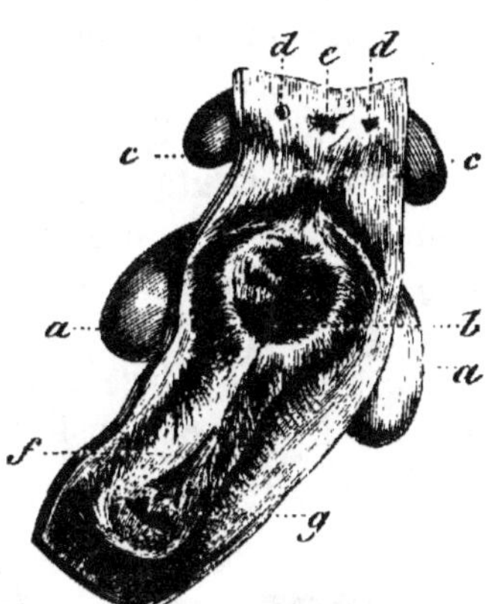

Fig. 745. — Appareil de la Civette. — *a, a,* glandes de la Civette; *b,* leurs orifices s'ouvrant dans la poche; *c, c,* glandes anales; *d, d,* leurs orifices; *e,* anus; *f,* vulve; *g,* clitoris.

On range en outre parmi les Viverridés : les Mangoustes (*Herpestes*) dont l'une, l'Ichneumon, était regardée par les Égyptiens comme un animal sacré; les Paradoxures (*Paradoxurus*), qui sont grimpeurs et vivent dans l'Asie méridionale, etc.

Fig. 746. — Civette (*Viverra civetta*).

Les Mustélidés (*Mustela*) sont des carnassiers de taille petite ou moyenne, à corps allongé, bas sur pattes; celles-ci ont chacune quatre ou cinq doigts munis d'ongles le plus souvent non rétractiles. On trouve parmi eux des digitigrades et des plantigrades. Il n'y a qu'une dent tuberculeuse, tant en haut qu'en bas, derrière la carnassière. Au voisinage de l'anus, il existe des glandes dont la sécrétion exhale en général une odeur fétide. Le pelage de ces animaux est fin, épais, variable avec les saisons, et les fourrures les plus recherchées sont fournies par quelques-uns d'entre eux (Marte, Hermine, etc.). A cette famille appartiennent :

Les Martes (*Mustela*) dont deux espèces, la Marte commune (*M. martes*) et la Fouine (*M. foina*) se trouvent dans nos pays, et dont une autre, la Zibeline (*M. zibelina*), célèbre par la beauté de sa fourrure, vit en Sibérie ;

Les Putois (*Putorius*), parmi lesquels nous citerons : le Putois commun (*P. fœtorius*), répandu dans toute l'Europe ; le Furet (*P. furo*), importé d'Afrique et employé pour chasser le lapin ; la Belette (*P. vulgaris*), le plus petit de nos Carnassiers ; l'Hermine (*P. herminea*), dont le pelage d'hiver est d'une belle couleur blanche dans les pays froids, et constitue une fourrure très estimée ; le Vison

FIG. 747. — Vison d'Europe (*Putorius lutreola*).

d'Europe (*P. lutreola*) (fig. 747) et le Vison d'Amérique (*P. americanus*), qui fréquentent tous deux les eaux et ont les doigts à demi palmés ;

Les Loutres (*Lutra*), animaux aquatiques qui vivent aux bords des étangs et des fleuves, qui ont les pieds complètement palmés, la queue aplatie horizontalement, et dont la fourrure très chaude est fort employée en pelleterie ; les Enhydres, ou Loutres de mer (*Enhydris marina*), qu'on trouve sur les côtes septentrionales du Grand Océan ;

Les Mouffettes (*Mephitis*), qui doivent leur nom à l'horrible odeur que répand le liquide sécrété par leurs glandes anales, qui sont demi-plantigrades et appartiennent à l'Amérique.

De plus, on place aujourd'hui parmi les Mustélidés quelques espèces plantigrades que ce caractère a longtemps fait ranger avec les Ours dans un groupe peu naturel, celui des « Carnivores plantigrades » de Cuvier. Ce sont : les Blaireaux (*Meles*), qui sont communs dans nos contrées, et creusent des terriers où ils s'engourdissent pendant l'hiver ;

Les Ratels (*Melivora*), qui ont beaucoup de rapports avec les Blaireaux, et dont une espèce vit au Cap (*M. capensis*), l'autre dans l'Inde ;

Les Gloutons (*Gulo*), qui par leur port et leurs mœurs ont quelque ressemblance avec les Ours et habitent les contrées boréales (*G. borealis*).

Les Ursidés (*Ursus*) sont des animaux plantigrades, aux formes lourdes, au corps trapu, aux membres épais, à la queue courte. Ils ont à chaque pied cinq doigts armés d'ongles non rétractiles. Leur museau est allongé. Leurs molaires sont au nombre de 6/7, à couronne mousse, peu tranchantes, et la carnassière elle-même est peu développée. Le caractère de leur dentition est en rapport avec leur régime omnivore et en grande partie végétal. Les Ours grimpent avec facilité. Ils vivent solitaires dans les contrées montagneuses et boisées, et établissent leur demeure dans des cavernes, des tannières ou des troncs d'arbres creux ; en général ils sont nocturnes, dorment le jour dans leur retraite et y passent l'hiver dans le sommeil hibernal.

FIG. 748. — Ours brun (*Ursus arctos*).

Les Ours proprement dits sont répandus sous toutes les latitudes, depuis l'équateur jusqu'au pôle. On en distingue plusieurs espèces : l'Ours brun (*U. arctos*) (fig. 748), qu'on trouve dans les montagnes et les grandes forêts de l'Europe et de l'Asie ; l'Ours noir (*U. americanus*) et l'Ours gris, ou Grizzly (*U. cinereus*), de l'Amérique du Nord ; l'Ours jongleur (*U. labiatus*), propre aux Indes orientales ; l'Ours maritime, ou Ours blanc (*U. maritimus*), qui habite le cercle polaire. Plusieurs espèces fossiles, *U. spelæus*, etc., vivaient à l'époque quaternaire.

A côté des Ours, on range : les Ratons (*Procyon*) ; les Coatis (*Nasua*) ; les Kinkajous (*Cercoleptes*), qui sont américains ; les Pandas (*Ailurus*) et les Benturongs (*Ictides*), qui sont asiatiques.

ORDRE X. — INSECTIVORES

Les Insectivores sont des Mammifères plantigrades de petite taille. Ils ont les membres courts, armés de griffes, généralement propres à creuser le sol, et des clavicules complètement développées. Ce sont des Carnassiers qui se nourrissent surtout d'insectes, d'où le nom qui leur a été donné. Leur dentition est en rapport avec ce régime, elle se compose d'Incisives et de canines aiguës, de molaires hérissées de pointes coniques (fig. 749). La plupart de ces animaux se creusent des terriers, ont des habitudes nocturnes, et tombent pendant la saison froide dans le sommeil hibernal. Certains

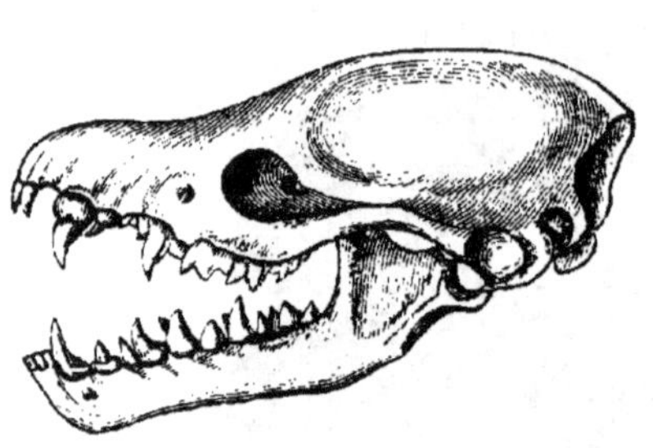

FIG. 749. — Tête osseuse d'un Insectivore (Taupe).

d'entre eux, dont la vie est souterraine, présentent de remarquables modifications produites par adaptation à ce mode particulier d'existence (Taupes). Ils ont tous une intelligence peu développée et leurs hémisphères cérébraux sont dépourvus de circonvolutions. La femelle a un utérus bicorne. Le placenta est de forme discoïde.

Les Insectivores sont très utiles et rendent d'importants services à l'agriculture par le grand nombre d'Insectes et de larves qu'ils détruisent ; cependant leurs services sont méconnus, et le plus souvent ces animaux sont poursuivis, au lieu d'être protégés, comme ils le mériteraient, par les cultivateurs.

On partage cet ordre en trois familles : *Talpidés, Soricidés* et *Erinacéidés.*

Les TALPIDÉS, ou Taupes (*Talpa*), ont le corps ramassé et des membres antérieurs constituant des organes fouisseurs par excellence. Leur cou n'est pas distinct et leur museau se prolonge en une sorte de trompe qui sert au toucher. Les oreilles dépourvues de pavillon externe et les yeux rudimentaires sont cachés dans le pelage qui est fin, épais et velouté. Ces animaux se construisent une habitation souterraine, autour de laquelle rayonnent, dans différentes directions, de longues galeries qu'ils creusent pour chasser les Insectes dont ils se nourrissent. En certains points, ils rejettent à la surface du sol des amas de terre connus sous le nom de *Taupinières*.

La Taupe commune (*Talpa europæa*) est très répandue dans nos campagnes. Les Chrysochlores, ou Taupes dorées du Cap (*Chrysochloris aurata*), les Condylures (*Condylura*) et les Scalopes (*Scalops*), de l'Amérique du Nord, appartiennent à cette famille.

Les SORICIDÉS, ou Musaraignes (*Sorex*), sont de très petits animaux qui par leur apparence extérieure ressemblent aux Souris. Ils sont pourvus sur les flancs, ou à la racine de la queue, de glandes spéciales qui sécrètent une humeur odorante. La plupart mènent une vie souterraine, mais il y en a qui grimpent avec agilité, d'autres qui nagent et qui plongent à merveille (Musaraigne d'eau). Aucun d'eux ne tombe dans le sommeil hibernal. Plusieurs espèces de Musaraignes habitent nos campagnes : la Musaraigne commune, ou Musette (*Sorex vulgaris*), la Musaraigne d'eau (*Sorex fodiens*), la Musaraigne étrusque (*S. etruscus*), qu'on trouve dans le midi de la France et qui est le plus petit des Mammifères connus.

Les Desmans (*Myogale*) sont aquatiques et se distinguent par leur long museau en forme de trompe, par leurs pieds palmés, par leur queue écailleuse et aplatie latéralement à l'extrémité. A sa base, il existe des glandes dont le produit de sécrétion répand une odeur de musc. Le Desman musqué (*M. moschata*) habite le sud de la Russie. Une autre espèce plus petite se trouve dans les Pyrénées.

A côté des Soricidés, se placent les Macroscélides ou « Musaraignes à trompe » (*Macroscelides*) et les Cladobates, ou Tupajas (*Cladobates*), petits animaux arboricoles, qui rappellent les Écureuils et sont propres à l'archipel Indien.

Les ÉRINACÉIDÉS, ou Hérissons (*Erinaceus*), sont caractérisés par les piquants qui garnissent leur dos ; ils ont le corps ramassé, les pattes courtes, le museau allongé, les oreilles bien développées. Ils ont la faculté de se rouler en boule, et n'offrent alors qu'une surface hérissée d'épines qui les protègent contre les atteintes de leurs ennemis. Ils se creusent des terriers où ils passent l'hiver profondément endormis.

Le Hérisson commun (*Erinaceus europœus*) (fig. 750) est répandu dans toute l'Europe. Les Tanrecs (*Centetes*) ressemblent aux Héris-

Fig. 750. — Hérisson commun (*Erinaceus europœus*).

sons, mais n'ont pas des piquants aussi développés, et ne peuvent se rouler en boule. Ils habitent Madagascar.

ORDRE XI. — CHIROPTÈRES

Les Chiroptères, vulgairement appelés Chauves-Souris, se distinguent des Insectivores, auxquels ils tiennent de très près, par leur

Fig. 751. — Squelette de Chauve-Souris. — *sc*, omoplate ; *cl*, clavicule ; *h*, humérus; *r*, radius ; *u*, cubitus ; *c*, carpe ; *d₁*, pouce ; *d₂, d₃*, doigts suivants; *p*, bassin; *f*, fémur; *t*, tibia ; *d*, orteils.

adaptation à la vie aérienne. Ce sont des Mammifères volants dont les membres antérieurs sont transformés en organes aliformes (χείρ, main ; πτερόν, aile). Les os du bras, de l'avant-bras et de la main sont extrêmement allongés (fig. 751); ils soutiennent une membrane cutanée qui, s'étendant entre les doigts et sur les côtés du corps jusqu'aux membres postérieurs, se prolonge souvent en arrière jusqu'à l'extrémité de la queue.

A la main, le pouce seul reste libre et conserve sa forme ordinaire ; il est armé d'un ongle crochu. Les pieds ont une conformation normale et leurs doigts, au nombre de cinq, sont munis de griffes. Celles-ci leur servent pour s'accrocher et se suspendre, la tête en bas, position qui leur est familière. Quand ces animaux marchent à terre, ils poussent leur corps en avant au moyen des pattes postérieures ramenées sous le ventre, et en s'appuyant sur l'extrémité carpienne des pattes antérieures reployées. Quelques espèces courent néanmoins avec rapidité. Certaines particularités rappellent celles qu'on observe chez les Oiseaux et sont en rapport avec la locomotion aérienne : la charpente osseuse est légère ; le sternum présente une crête plus ou moins saillante, comparable au bréchet ; des

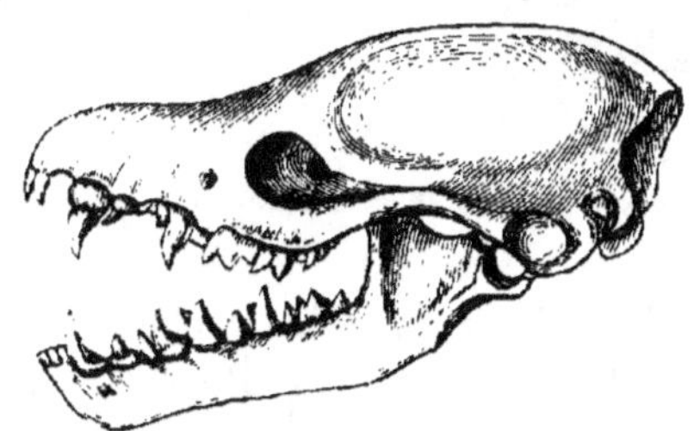

FIG. 752. — Tête osseuse de Chauve-Souris.

clavicules solides servent d'arcs-boutants aux épaules ; les muscles pectoraux sont puissants, et il existe un muscle spécial pour tendre la membrane du vol. Le système dentaire offre les mêmes caractères que celui des Insectivores (fig. 752). Les mamelles sont pectorales ; le placenta est discoïde.

Les Chiroptères sont nocturnes et se dirigent dans l'obscurité avec une remarquable précision, évitant tous les obstacles, sans avoir besoin de la vue pour se guider, ainsi que l'ont montré les expériences bien connues de Spallanzani sur les Chauves-Souris dont les yeux avaient été crevés. Cette faculté est due à l'extrême sensibilité de leurs ailes dont la face inférieure porte un grand nombre de poils tactiles (1). A l'inverse des yeux qui sont très petits, les organes de l'audition sont très développés, et souvent le pavillon de l'oreille acquiert des dimensions extraordinaires ; de plus, une sorte d'opercule généralement constitué par le tragus, ou *oreillon*, peut

____

(1) Voy. Jobert, *Études sur les organes du toucher*, thèse de la Faculté des sciences de Paris, 1872, p. 113.

fermer le conduit auditif (fig. 753). L'odorat est d'une grande finesse, et les narines présentent parfois des lobes ou des prolongements cutanés qui donnent aux espèces qui en sont pourvues une physionomie bizarre (fig. 753, 1).

FIG. 753. — Chauves-Souris ; oreilles et nez. — 1, Rhinolophe ; 2, Oreillard.

Pendant le jour ces animaux restent cachés dans des cavernes ou autres lieux de retraite, tels que les édifices en ruine, les creux des vieux arbres, etc. Ils y sont parfois réunis en nombre considérable, suspendus par les pattes de derrière, et passent ainsi la saison froide plongés dans le sommeil hibernal.

Les Chauves-Souris abondent dans les pays chauds ; elles deviennent rares et finissent par disparaître à mesure qu'on avance vers le nord. Leur régime varie ; la plupart se nourrissent d'Insectes, et parmi elles quelques-unes s'attaquent aux gros animaux dont elles incisent la peau pendant leur sommeil et dont elles sucent le sang (Vampire). Il en est d'autres qui vivent de fruits ; c'est pourquoi on les a partagées en deux groupes : les Chauves-Souris *insectivores* et les Chauves-Souris *frugivores*.

1. Chiroptères insectivores.

Les Chiroptères qui font partie de ce groupe ont les molaires hérissées de tubercules pointus. Aux membres antérieurs, le pouce est le seul doigt qui porte un ongle. Souvent l'intérieur de l'oreille est garni d'un oreillon. Le nez est tantôt lisse, sans expansion cutanée, et tantôt pourvu d'un appendice qu'on désigne, à cause de sa forme, sous le nom de *feuille nasale*. Ce caractère sert à les

diviser en deux familles : les *Gymnorhines*, ou Vespertilionidés, et
les *Phyllorhines*, ou Phyllostomidés.

C'est parmi les VESPERTILIONIDÉS que se rangent la plupart de
nos espèces indigènes : la Chauve-Souris (*Vespertilio murinus*), la
Noctule (*Vesperugo noctula*), l'Oreillard (*Plecotus auritus*), la
Barbastelle (*Synotus barbastellus*), etc.

Les PHYLLOSTOMIDÉS sont représentés dans nos pays par les Rhi-
nolophes, ou Chauves-Souris fers-à-cheval (*Rhinolophus hippo-
crepis*, *Rh. ferrum equinum*). Les Vampires (*Phyllostoma spec-
trum*) sont américains, et sucent parfois le sang des grands animaux
et de l'homme pendant leur sommeil, habitude qui leur a valu le
triste renom dont ils jouissent, mais qui a donné lieu à des récits
où l'imagination ajoute singulièrement à la vérité.

2. Chiroptères frugivores.

Les Chiroptères frugivores, ou Roussettes, ont été nommés aussi
« Chiens volants, Renards volants », parce que leur tête ressemble à
celle de ces animaux. Ils se distinguent des autres Chauves-Souris
par leur grande taille, par la forme de leurs molaires à couronne
plate, par l'existence d'une griffe non seulement au pouce, mais au
doigt indicateur, par l'état rudimentaire de la queue, par l'absence
d'oreillons et d'appendices nasaux. Ils habitent les régions chaudes
de l'Afrique et de l'Inde. Ils forment une seule famille, celle des
PTÉROPIDÉS (*Pteropus*). La Roussette édule (*Pt. edulis*), commune
dans l'archipel Indien, est le plus grand des Chiroptères connus;
l'envergure de ses ailes atteint 1^m,65.

ORDRE XII. — LÉMURIENS

Les Lémuriens étaient autrefois réunis avec les Singes dans un
même groupe; aujourd'hui ils sont considérés par les zoologistes
comme formant un ordre distinct. Leur tête ressemble à celle des
Carnassiers, et leur museau rappelle celui du Renard. Leur taille
est petite. Ils ont les membres postérieurs plus longs que les membres antérieurs; ils se rapprochent des Singes par la conformation
de leurs extrémités dont le pouce est opposable (excepté chez le
Galéopithèque). Les doigts sont en général munis d'ongles plats,
quelquefois de griffes. La dentition est analogue à celle des Insectivores, mais varie dans les différentes espèces. La mâchoire inférieure a ses deux moitiés qui ne sont pas réunies par la symphyse du
menton. Les orbites sont incomplètes et communiquent avec les
fosses temporales. Les mamelles sont pectorales, mais il en existe
parfois une paire ou deux de ventrales. L'utérus est bicorne.

Les Lémuriens sont des animaux grimpeurs, mais leur queue, de longueur variable, n'est jamais préhensile. Ils sont nocturnes et se nourrissent de petits Vertébrés, d'Insectes et de fruits. Ils habitent l'Afrique, Madagascar en particulier, et l'Asie méridionale.

Les LÉMURIDÉS (*Lemur*) forment la principale famille de l'ordre. Chez eux, le pouce est toujours opposable, et les doigts portent des ongles plats, à l'exception du second doigt des extrémités postérieures qui est muni d'une griffe. Presque tous ces animaux habitent Madagascar où ils remplacent les Singes, ce qui leur a fait donner le nom de *Prosimiens*, employé souvent à la place de Lémuriens.

FIG. 754. — *Propithecus diadema*.

Les Makis (*Lemur*), les Indris (*Lichanotus*, *Propithecus*) (fig. 754), les Loris (*Stenops*) composent cette famille. Les derniers, appelés parfois « Singes paresseux » à cause de la lenteur de leurs mouvements, vivent aux Indes.

Les TARSIDÉS (*Tarsius*) se distinguent par la longueur de leurs tarses (Macrotarses de Fitzinger). Outre le second doigt postérieur, le doigt médian est quelquefois armé d'une griffe.

Les Tarsiers (*Tarsius*) habitent les Moluques; les Galagos (*Otolicnus*) sont africains.

Fig. 755 — Galéopithèque (*Galeopithecus volans*).

On range encore parmi les Lémuriens les Cheiromys et les Galéopithèques dont on fait deux familles distinctes.

Les Cheiromys, ou Aye-Aye (*Chiromys*), sont de singuliers animaux nocturnes qui vivent à Madagascar. Par leur port ils ressemblent un peu aux Écureuils dont on les a d'abord rapprochés ; ils ont comme eux une queue longue et touffue. Leur dentition rappelle aussi celle des Rongeurs par l'existence de deux incisives saillantes à chaque mâchoire, mais ces dents sont revêtues d'émail sur toute leur surface. Les extrémités sont terminées par cinq doigts longs et grêles armés de griffes, sauf le gros orteil qui est opposable et porte un ongle aplati.

Les Galéopithèques (*Galeopithecus*) (fig. 755) sont caractérisés par un large repli de la peau qui s'étend sur les côtés du corps, depuis la tête jusqu'à la queue, enveloppe les membres jusqu'aux doigts et forme une sorte de parachute; c'est pourquoi ces animaux ont été désignés parfois sous les noms de « Singes volants, Chiens volants ». Tous les doigts sont munis de griffes et aucune des extré-mités n'a le pouce opposable.

Les Galéopithèques sont nocturnes et vivent sur les arbres, aux branches desquels ils se suspendent pendant le jour par leurs pattes de derrière, à la manière des Chauves-Souris. Ils habitent l'archi-pel Indien.

ORDRE XIII. — PRIMATES

Les Mammifères les plus élevés par leur organisation forment l'ordre linnéen des Primates, c'est-à-dire des animaux qui occupent le premier rang. Ce sont les Singes et l'Homme.

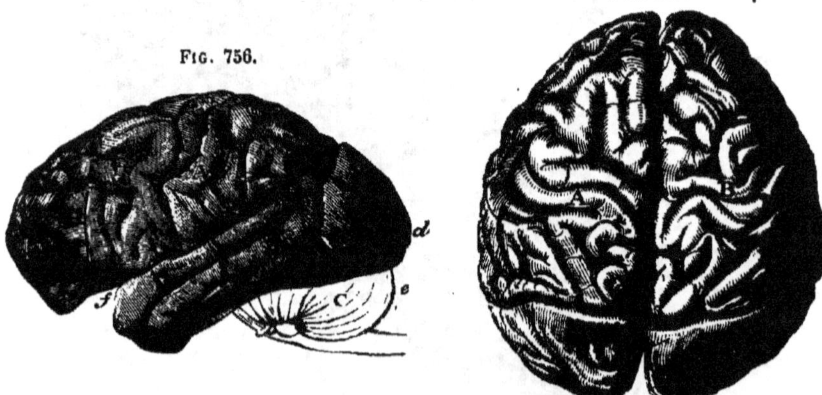

Fig. 756. — Vue latérale d'un cerveau de Chimpanzé. — C, cervelet; *f*, scissure de Sylvius; le cerveau s'étend en arrière (*d*) au delà du cervelet (*e*) (d'après Gratiolet).
Fig. 757. — Surface supérieure du même. — A, hémisphère gauche; B, hémisphère droit.

Les Singes ont été longtemps réunis aux Lémuriens sous le nom de « Quadrumanes », dénomination inexacte en elle-même, car si chez eux les extrémités postérieures présentent un gros orteil oppo-sable, et par suite une certaine ressemblance avec des mains, elles n'en sont pas moins de véritables pieds, comme l'a démontré Huxley (1). Ils ont donc, de même que l'Homme, des mains aux membres antérieurs et des pieds aux membres postérieurs; seule-

(1) Huxley, *La place de l'Homme*, etc., trad. par Dally, p. 212 et suiv. Paris, 1868.

ment ceux-ci sont préhensiles. Les mâchoires, moins allongées chez
les Singes que chez les Lémuriens, et la face, en grande partie
dépourvue de poils, leur donnent une physionomie qui rappelle celle
de l'Homme. La paroi externe de l'orbite est complète, et il n'y a
pas communication entre cette cavité et la fosse temporale. Le cerveau (fig. 756 et 757), plus ou moins volumineux, est creusé de cir-

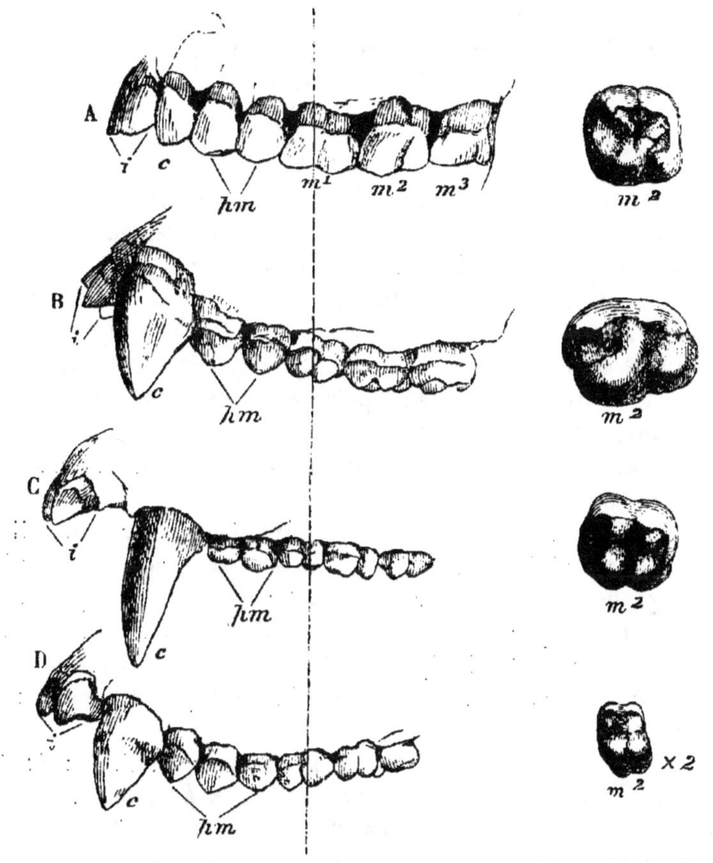

Fig. 758. — Vue latérale de la mâchoire supérieure de plusieurs Primates. — A, Homme,
B, Gorille ; C, Cynocéphale ; D, Cébien. — i, incisives ; c, canines ; pm, prémolaires ; m,
molaires. — Face inférieure de la seconde molaire de chacune de ces espèces.

convolutions, et présente tous les caractères essentiels du cerveau
humain ; comme celui-ci, il possède un troisième lobe qui contient
une cavité ancyroïde et un petit hippocampe. Le cervelet est
complètement recouvert en arrière par les hémisphères cérébraux,
tandis que chez les Lémuriens, il ne l'est qu'imparfaitement.

Le système dentaire offre la plus grande analogie avec celui de
l'Homme (fig. 758). Comme celui-ci, il se compose, chez les Singes

de l'ancien monde, de quatre incisives, de quatre prémolaires et de six grosses molaires à chaque mâchoire, en tout de trente-deux dents; chez les Singes du nouveau monde, il y a quatre prémolaires de plus. Les canines, à la vérité, sont beaucoup plus fortes et saillantes, et il existe dans la série des dents un intervalle appelé *diastème*, situé en haut, entre l'incisive latérale et la canine, en bas, entre la canine et la première prémolaire, et où se place la canine de la mâchoire opposée.

Il n'y a chez les Primates qu'une paire de mamelles pectorales. Cet ordre se partage en deux sous-ordres : les *Simiens* et les *Hominiens*.

1. Simiens.

Les Singes sont des animaux grimpeurs, arboricoles, qui d'ordinaire ont à terre une démarche lourde et embarrassée par suite de la position de leur pied qui ne s'appuie sur le sol que par son bord externe, son articulation avec la jambe étant plus ou moins oblique. Quelques-uns parmi eux ont une attitude qui se rapproche de la verticale et sont des bipèdes imparfaits (Anthropoïdes). Ceux-là sont dépourvus de queue, mais la plupart en ont une qui, chez les Singes américains, est longue et puissante, et leur sert comme une cinquième main pour se suspendre aux branches des arbres, aussi leur agilité est-elle remarquable.

Les Singes sont répandus dans les pays chauds. Autrefois, il y en avait dans le sud de l'Europe; on n'en trouve plus aujourd'hui que sur les rochers de Gibraltar où persistent encore quelques représentants d'une espèce africaine. Ce sont des animaux intelligents et sociables, qui vivent principalement dans les forêts. On a découvert les restes fossiles d'un certain nombre d'espèces appartenant à l'époque tertiaire.

Les Singes se divisent en quatre groupes ou familles : *Arctopithèques, Platyrrhinins, Catarrhinins* et *Anthropoïdes*.

Les ARCTOPITHÈQUES, ou HAPALIDÉS (*Hapale*), se distinguent des Platyrrhinins, avec lesquels on les range souvent, par des caractères tirés de leurs extrémités et de leur dentition. Aux membres antérieurs, le pouce n'est pas opposable et porte, ainsi que les autres doigts, une griffe recourbée; aux membres postérieurs, au contraire, le gros orteil est opposable et porte un ongle plat.

Ils ont pour formule dentaire :

$$i\,\frac{2}{3},\ c\,\frac{1}{1},\ pm\,\frac{3}{3},\ m\,\frac{2}{2}.$$

Ainsi, ils ne possèdent que deux molaires, au lieu de trois, de chaque côté et à chaque mâchoire. Leur cerveau est volumineux, mais dépourvu de circonvolutions. Leur queue est longue et touffue, non préhensile. Ce sont de jolis petits Singes arboricoles, propres à l'Amérique méridionale. Les Ouistitis (*Hapale jacchus*) et les Tamarins (*Midas*) composent cette famille.

Les **Platyrrhinins** ont, comme l'indique leur nom (de πλατύς, large ; ρίν, nez), un nez aplati, sur les côtés duquel s'ouvrent les narines séparées entre elles par une large cloison. Leurs dents sont au nombre de trente-six :

$$i\,\frac{2}{2},\ c\,\frac{1}{1},\ pm\,\frac{3}{3},\ m\,\frac{3}{3}.$$

Leur pouce, parfois rudimentaire (Atèles), est moins opposable que le gros orteil; tous les doigts ont des ongles plats. Ils possèdent en général une queue longue et prenante, jamais de callosités aux fesses, ni d'abajoues. Ils habitent les forêts vierges de l'Amérique du Sud et sont d'une agilité remarquable, grâce à l'usage qu'ils font de leur queue; mais, sous le rapport de l'intelligence, ils sont moins bien partagés que les Singes de l'ancien monde.

Fig. 750. — Sajou apelle (*Cebus Apella*).

Parmi les Platyrrhinins, il en est dont la queue entièrement velue n'est pas préhensile. Ce sont les Sagouins (*Callithrix*), les Saïmiris (*Chrysothrix*), les Sakis (*Pithecia*), les Nyctipithèques (*Nyctipithecus*). Quelques-uns ont la queue couverte de poils sur toute sa longueur, mais susceptible de s'enrouler autour des branches, sans toutefois servir comme organe de préhension; ce sont les Sajous (*Cebus*) (fig. 750). Les autres enfin ont la queue prenante et nue à l'extrémité. Ce sont les Atèles, ou Singes-Araignées (*Ateles*)

et les Hurleurs (*Mycetes*). Ces derniers sont remarquables par la
disposition de leur os hyoïde, en forme de tambour, qui donne à la
voix une puissance extraordinaire.

Les CATARRHININS (de χάτα, dessous; ῥίν, nez) ont les narines
rapprochées et ouvertes au-dessous du nez dont la cloison est étroite.

FIG. 760. — *Cynocéphale babouin* (*Cynocephalus babuin*).

Ils ont le même nombre de dents et la même formule dentaire que
l'Homme :

$$i\,\frac{2}{2},\ c\,\frac{1}{1},\ pm\,\frac{2}{2},\ m\,\frac{3}{3}.$$

Leur queue, de longueur variable, quelquefois nulle (Magot), n'est
jamais prenante. Ils ont tous des callosités aux fesses et possèdent

ordinairement des abajoues. Leur attitude et leur marche sont celles de quadrupèdes (*Cynomorphes* de Huxley). Ils appartiennent tous à l'ancien continent. Parmi eux se rangent :

Les Cynocéphales ou Papions (*Cynocephalus*) (fig. 757), qui sont africains et dont une espèce, l'Hamadryas, était vénérée des Égyptiens ;

Fig. 758. — Gorille (*Gorilla gina*).

Les Macaques (*Macacus*) qui habitent l'Inde, mais dont l'un, le Magot (*M. inuus*), vit dans le nord de l'Afrique et se trouve encore à Gibraltar : c'est lui qui fut disséqué par Galien et servit de base à son anatomie ;

Les Cercopithèques, ou Guenons (*Cercopithecus*), qui sont propres à l'Afrique ;

Les Semnopithèques (*Semnopithecus*), qui sont répandus dans l'Asie méridionale et sont représentés en Afrique par les Colobes (*Colobus*) dont les mains n'ont qu'un pouce rudimentaire.

Les ANTHROPOÏDES, ou Anthropomorphes de Huxley, sont ainsi nommés à cause de leur ressemblance avec l'Homme. Ils n'ont ni queue, ni callosités, ni abajoues. Leur attitude est celle de la demi-station bipède; quand dans la marche ils appuient leurs mains à terre, c'est par leur face dorsale et non par leur face palmaire. Cette famille comprend quatre genres :

Les Gibbons (*Hylobates*), qui ont de petites callosités ischiatiques et appartiennent aux Indes et aux îles voisines;

Les Orangs (*Satyrus*), qui vivent à Bornéo;

Les Chimpanzés (*Troglodytes*), qui habitent la Guinée;

Les Gorilles (*Gorilla*) (fig. 758), qui se trouvent au Gabon où ils ont été découverts par Savage en 1847. Ce sont les plus grands et les plus forts de tous les Singes.

2. Hominiens.

Les Hominiens (*Homo*) sont caractérisés par leur attitude verti-cale, leur marche bipède et la possession d'un langage articulé. Ils forment un seul genre, l'Homme (*Homo sapiens* de Linné), dont l'étude particulière fait l'objet de « l'Anthropologie » que de Qua-trefages a très exactement définie « l'Histoire naturelle de l'Homme faite monographiquement, comme l'entendrait un zoologiste étu-diant un animal ».

Nous ne saurions, sans sortir des bornes de cet ouvrage, faire autre chose que de marquer la place de l'Homme dans les cadres zoolo-giques, renvoyant pour les questions si nombreuses que comporte son étude aux Traités spéciaux d'anthropologie.

FIN

TABLE ALPHABÉTIQUE

DES NOMS DE GENRES, FAMILLES, CLASSES, ETC.,

ET DES MOTS TECHNIQUES

MENTIONNÉS DANS CET OUVRAGE

N. B. — Les noms latins sont imprimés en *italique*.

A

Abajoues, 729.
Abdomen (Arthropodes), 286.
Abdominales (Apophyses), 663.
Abdominaux (Cirripèdes), 301.
— (Malacoptères), 581, 600.
Abeilles, 358, 360, 366, 367, 371, 375, 437, 438, 445, 446.
Abramidopsis Leuckartii, 127.
Abramis, 602.
Abranches (Annélides), 280.
— (Mollusques), 515.
Acalèphes, 179, 193.
Acanthia, 389.
Acanthobdellidés, 273.
Acanthobothries, 235.
Acanthocéphales, 223, 250.
Acanthodesmia, 146.
Acanthodidés, 594.
Acanthomètres, 146.
Acanthopsidés, 602.
Acanthoptères, 596, 607.
Acanthoptérygiens, 581.
Acares, 331.
Acariens, 323, 324, 325, 326, 327, 331.
Acarus, 332.
Accipitres, 684, 699.
Acéphales, 470, 471, 473, 474, 477, 480.
— sans coquille, 459.
Acéphalocystes, 230, 234.
Acéridés, 247.
Acerina, 607.
Acétabulifères, 536.
Achalinoptères, 396, 404.
Achatina, 520.
Acherontia, 404.
Aciculidés, 519.

Acineta, 155.
Acinètes, 134, 151.
Acinétiens, 150, 155.
Acipenser, 593.
Acipenséridés, 593.
Acœles, 246.
Acoustique (Nerf), 56.
Acraniens, 582, 583.
Acraspèdes, 182, 190.
Acrididés, 419.
Acridiens, 56.
Acridium, 419.
Acridophages, 420.
Acrocephalus, 705.
Acrochordidés, 644.
Acrochordus, 644.
Acrodontes, 634, 648.
Acromion, 723.
Acrophalliens, 254.
Actéon, 504.
Actiniaires, 174.
Actinidés, 174.
Actinie (*Actinia*), 174.
Actinophryens, 139, 142.
Actinophrys, 142.
Adaptation, 105.
Adécidués, 87, 739.
Adipeuses (Cellules), 25.
Adipeux (Tissu), 25.
Æginidés, 187.
Ægiria, 157.
Ægithalus, 708.
Æolidés, 516.
Æpiornis, 687.
Æschne (*Æschna*), 413.
Agalma, 190.
Agama, 650.
Agamidés, 650.
Aglosse (*Aglossa*), 399.

FIN DE LA TABLE ALPHABÉTIQUE DES NOMS DE GENRES, ETC.

MOTTEROZ. Adm.-Direct. des Imprimeries réunies, A, rue Mignon, 2, Paris.